CAD/CAM/CAE 微视频讲解大系

中文版 AutoCAD 2018 土木工程设计从入门到精通（实战案例版）

96 集同步微视频讲解 72 个实例案例分析

☑ 疑难问题集 ☑ 应用技巧集 ☑ 典型练习题 ☑ 常用图块集 ☑ 大型图纸案例及视频

天工在线 编著

中国水利水电出版社
www.waterpub.com.cn
· 北京 ·

内 容 提 要

《中文版 AutoCAD 2018 土木工程设计从入门到精通（实战案例版）》是一本 AutoCAD 土木工程设计基础教程，也是一本视频教程，它以 AutoCAD 2018 为软件平台，详细讲述了 AutoCAD 软件在土木工程设计中的方法和技巧。全书分 3 篇共 23 章，其中第 1 篇（第 1~12 章）为基础知识篇，详细介绍了土木工程设计基本概念、AutoCAD 2018 入门、基本绘图设置、二维绘制命令的使用、精确绘制图形、编辑命令的使用、文字与表格、尺寸标注、辅助绘图工具、图纸布局与出图。在讲解过程中，每个重要知识点均配有实例讲解，不仅可以让读者更好地理解和掌握知识点的应用，还可以提高读者的动手能力；第 2 篇和第 3 篇通过别墅和体育馆两个具体的土木工程设计案例，详细介绍了 AutoCAD 在实际项目中的使用过程，通过具体操作，使读者加深对土木工程设计的理解和认识。

《中文版 AutoCAD 2018 土木工程设计从入门到精通（实战案例版）》一书配备了极为丰富的学习资源，其中配套资源包括：1.96 集同步微视频讲解，扫描二维码，可以随时随地看视频，超方便；2. 全书实例的源文件和初始文件，可以直接调用和对比学习、查看图形细节，效率更高。附赠资源包括：1. AutoCAD 疑难问题集、AutoCAD 应用技巧集、AutoCAD 常用图块集、AutoCAD 常用填充图案库、AutoCAD 常用快捷命令速查手册、AutoCAD 常用快捷键速查手册、AutoCAD 常用工具按钮速查手册等；2. 10 套不同类型的大型图纸设计方案及同步视频讲解，可以拓展视野；3. AutoCAD 认证考试大纲和认证考试样题库。

《中文版 AutoCAD 2018 土木工程设计从入门到精通（实战案例版）》涵盖 AutoCAD 土木工程设计所有常用知识点，适合土木工程设计自学者、入门与提高的读者使用，也适合作为应用型高校或相关培训机构的 AutoCAD 土木工程设计教材。本书也适用于 AutoCAD 2017、AutoCAD 2016、AutoCAD 2015、AutoCAD 2014 等版本。

图书在版编目（CIP）数据

中文版 AutoCAD 2018 土木工程设计从入门到精通：实战案例版 / 天工在线编著 . —北京：中国水利水电出版社，2018.8

（CAD/CAM/CAE 微视频讲解大系）

ISBN 978-7-5170-5988-2

Ⅰ. ①中… Ⅱ. ①天… Ⅲ. ①土木工程—建筑制图—AutoCAD 软件 Ⅳ. ① TU204-39

中国版本图书馆 CIP 数据核字（2017）第 262523 号

丛 书 名	CAD/CAM/CAE 微视频讲解大系
书　　名	中文版 AutoCAD 2018 土木工程设计从入门到精通（实战案例版） ZHONGWENBAN AutoCAD 2018 TUMU GONGCHENG SHEJI CONG RUMEN DAO JINGTONG
作　　者	天工在线　编著
出版发行	中国水利水电出版社 （北京市海淀区玉渊潭南路 1 号 D 座 100038） 网址：www.waterpub.com.cn E-mail：zhiboshangshu@163. com 电话：（010）62572966-2205/2266/2201（营销中心）
经　　售	北京科水图书销售中心（零售） 电话：（010）88383994、63202643、68545874 全国各地新华书店和相关出版物销售网点
排　　版	北京智博尚书文化传媒有限公司
印　　刷	三河市龙大印装有限公司
规　　格	203mm×260mm　16 开本　33.25 印张　795 千字　4 插页
版　　次	2018 年 8 月第 1 版　2018 年 8 月第 1 次印刷
印　　数	0001—3000 册
定　　价	89.80 元

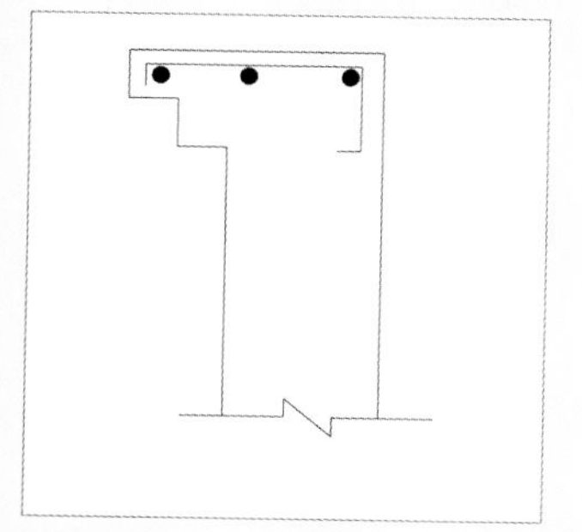

窗台节点详图

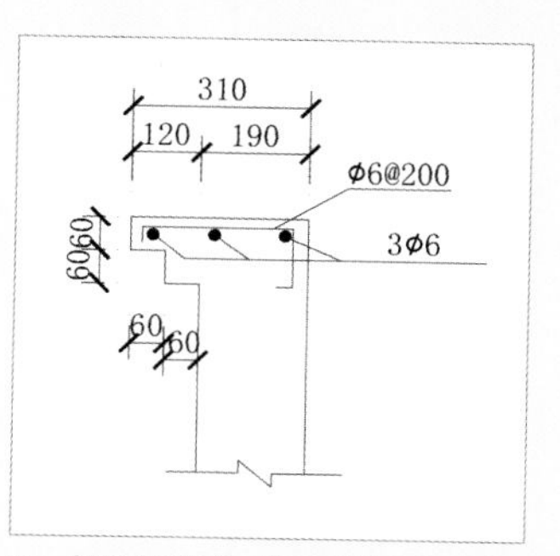

标注窗台节点详图

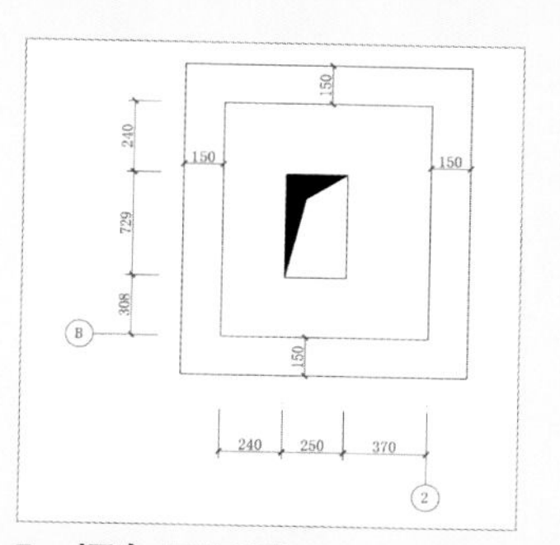

烟囱平面图

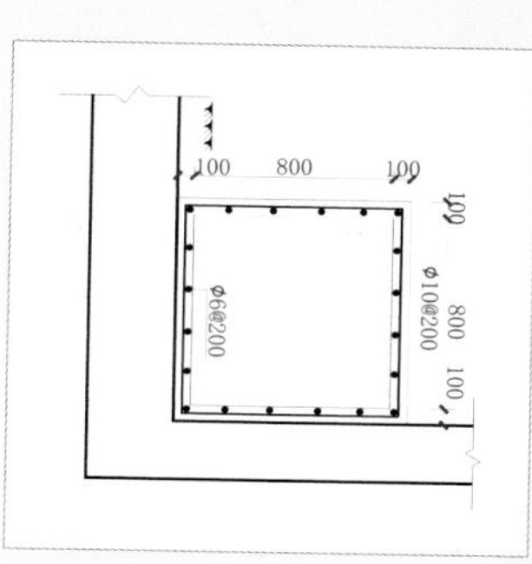

绘制集水坑结构施工图的部分图

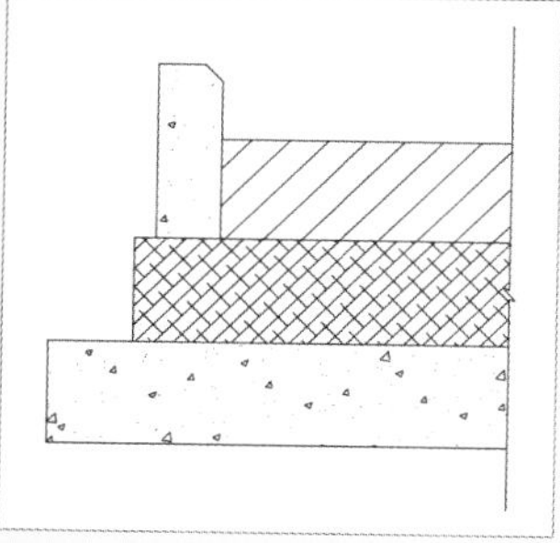

路缘石结构位置图

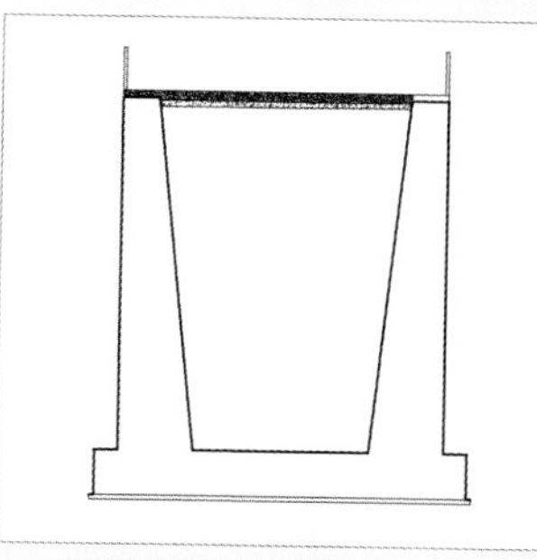

桥边墩剖面图

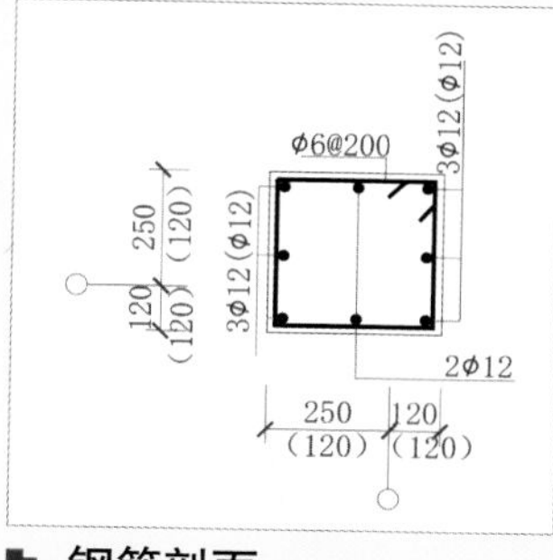

钢筋剖面

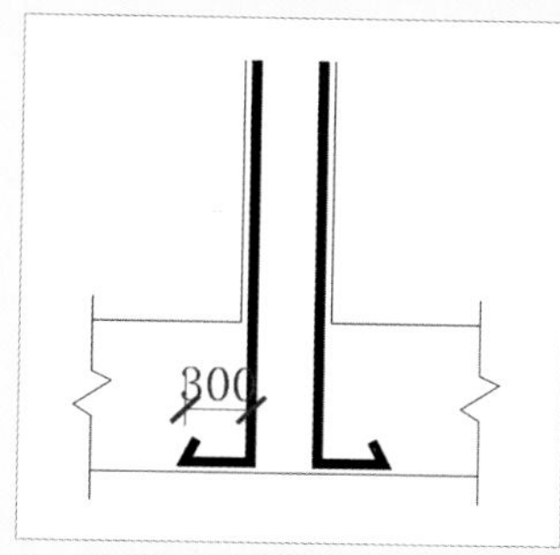

构造柱插筋

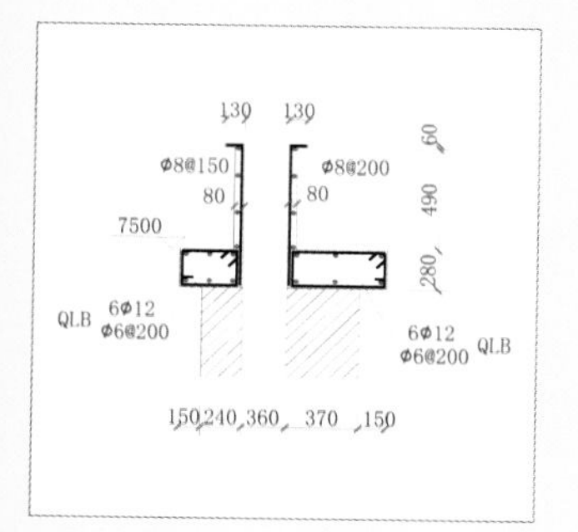

绘制圈梁1

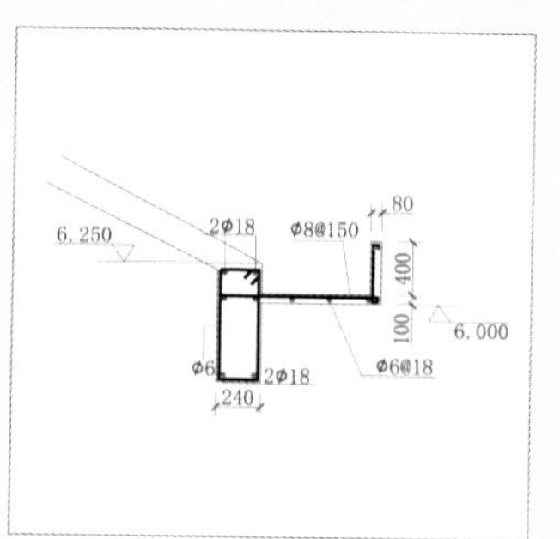

箍筋

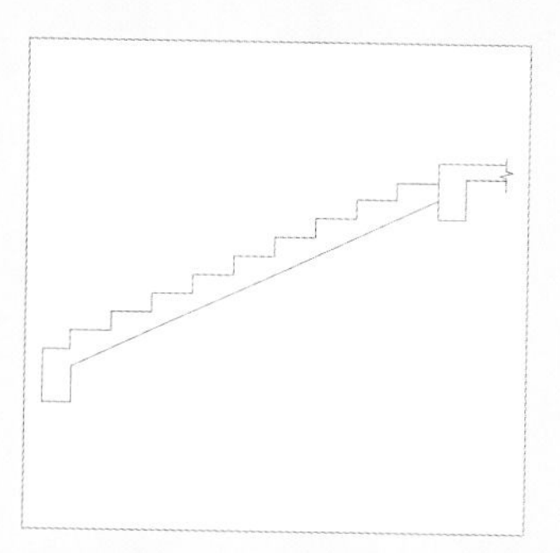

台板

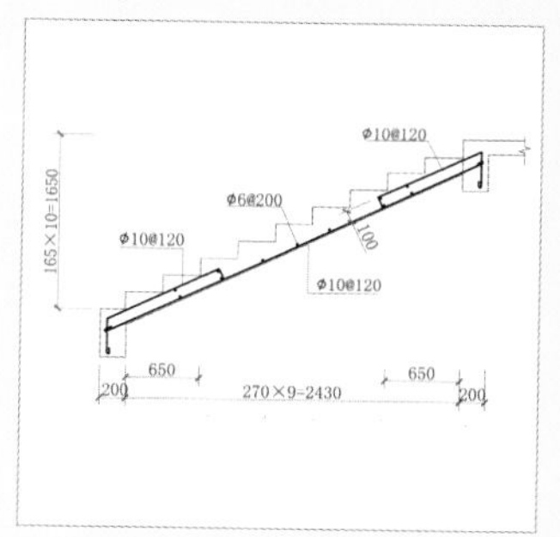

台阶板剖面

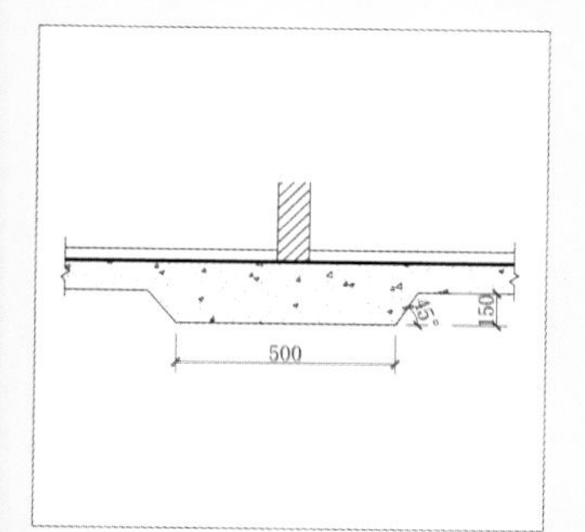

隔墙基础

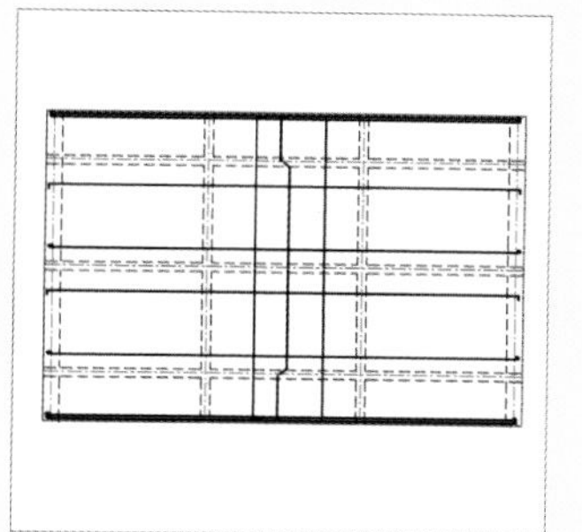

桥面板钢筋

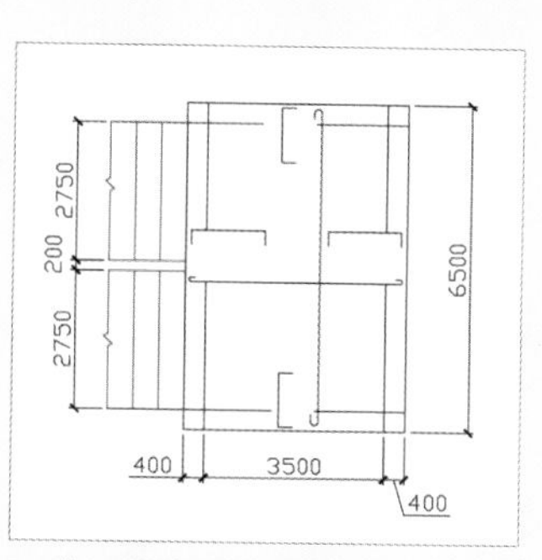

标注楼梯配筋尺寸

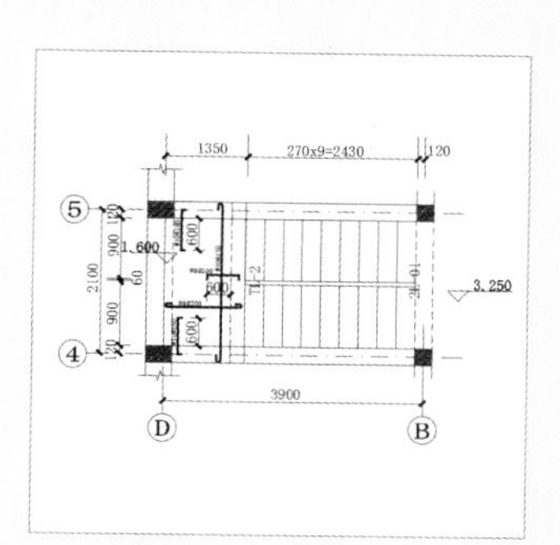

楼梯结构平面图

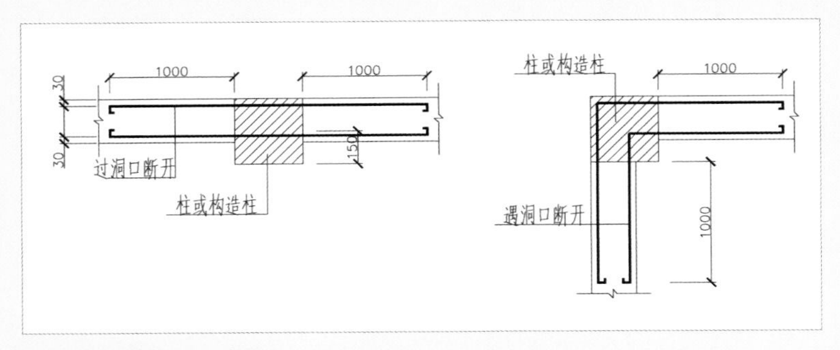

填充墙拉接筋做法

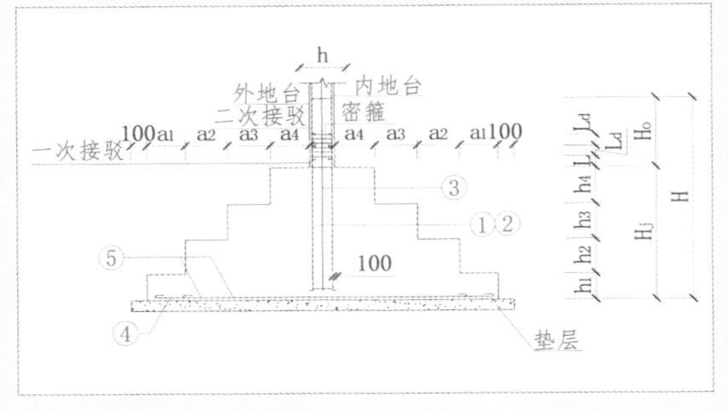

基础剖面大样图

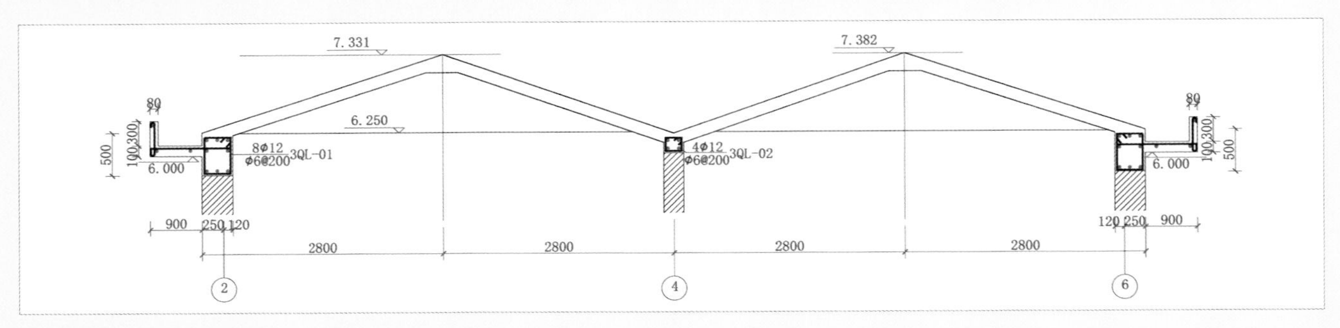

绘制剖面图

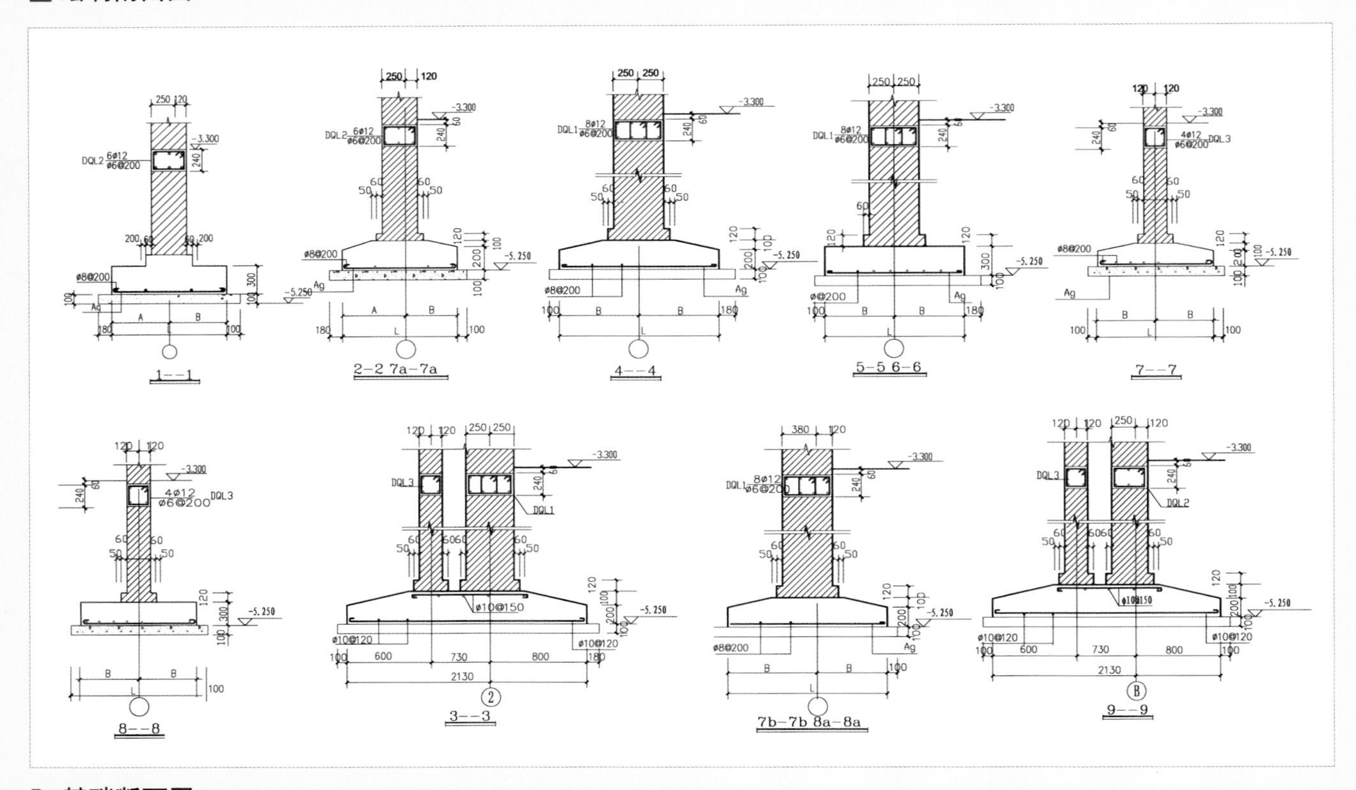

基础断面图

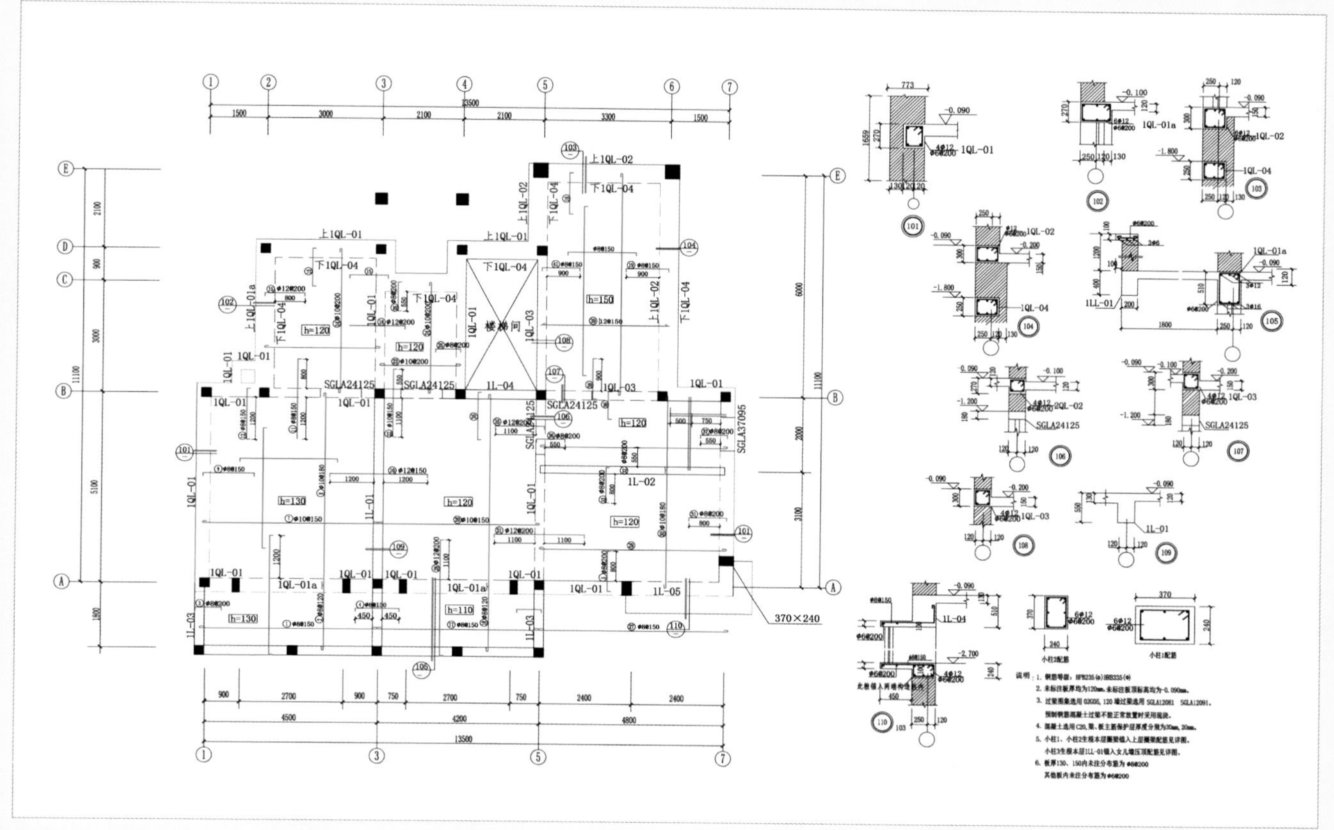

地下室顶板结构平面布置图

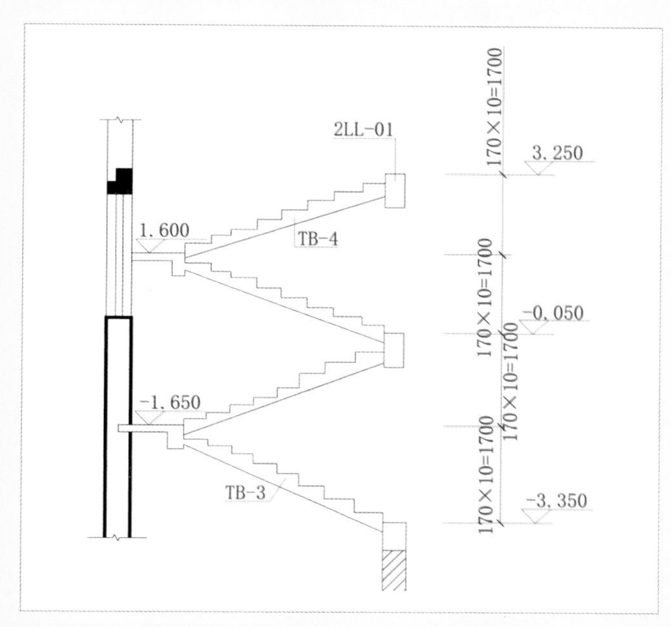

楼梯剖面图的绘制

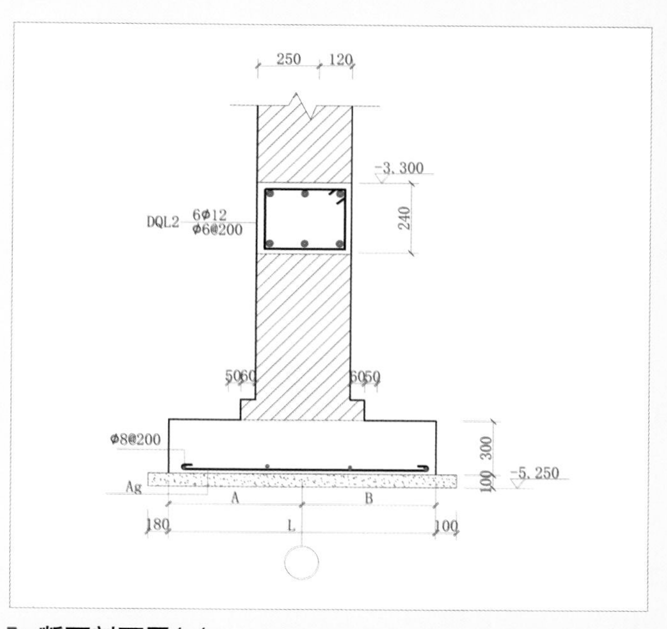

断面剖面图1-1

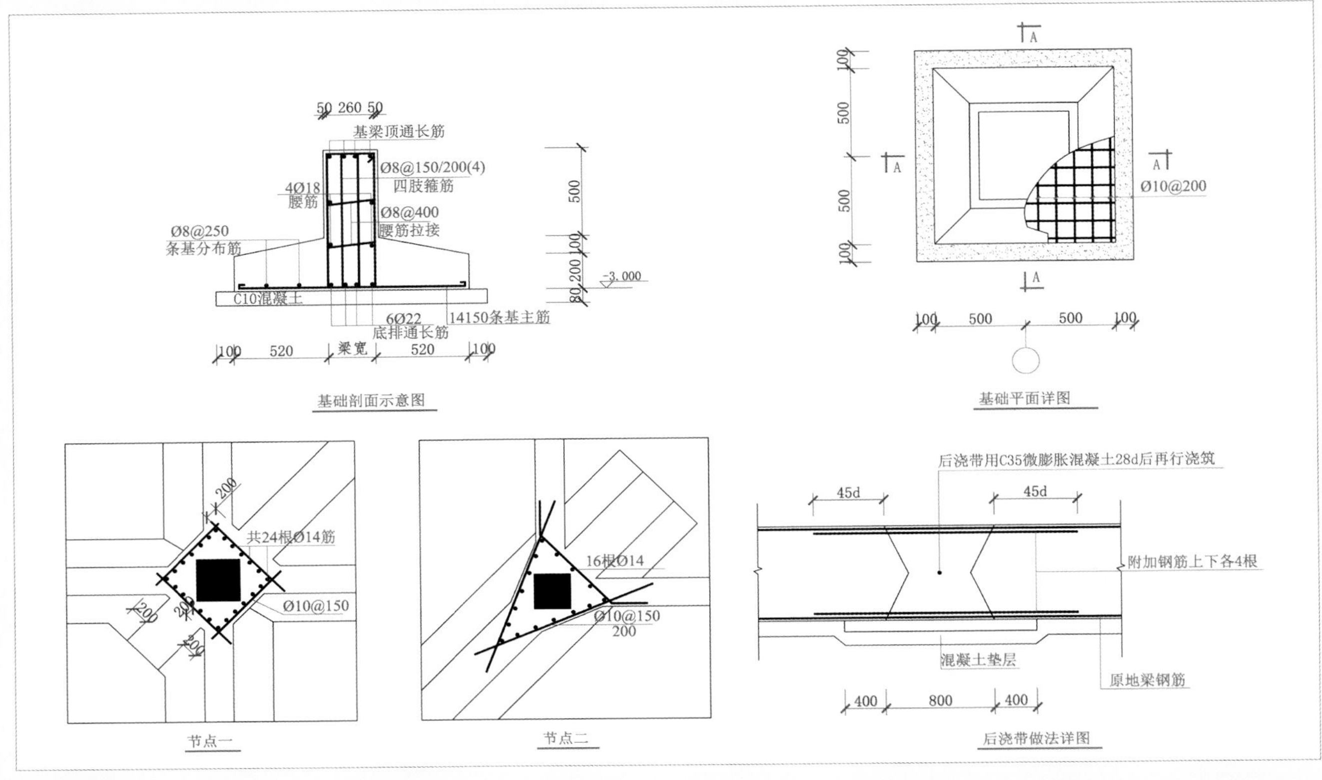

构件详图

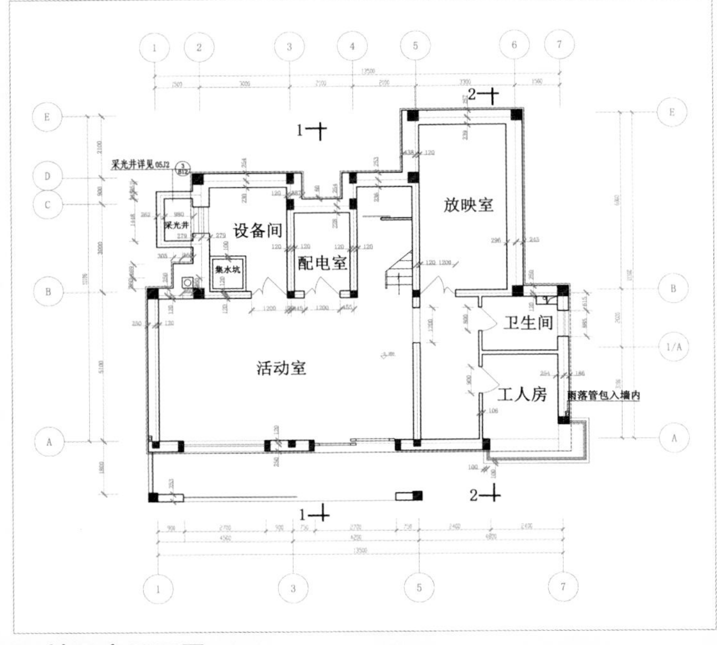

地下室平面图

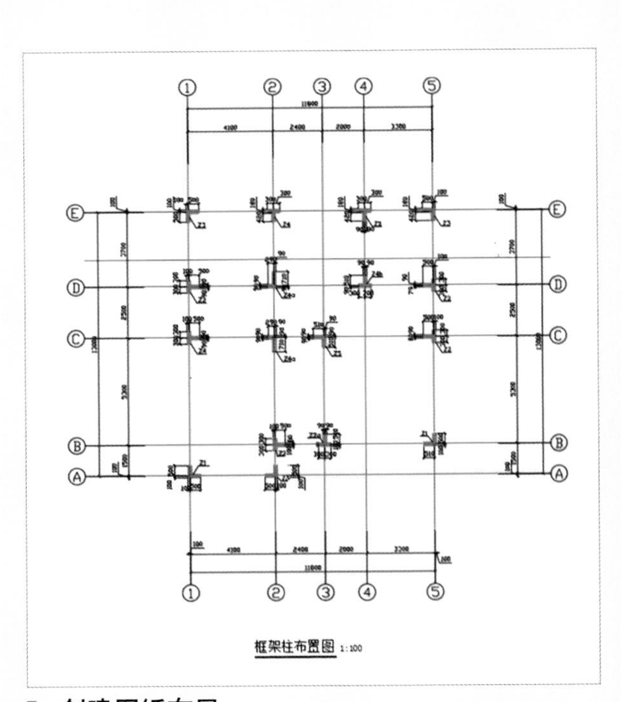

创建图纸布局

Try your best
Never underestimate your power to change yourself!

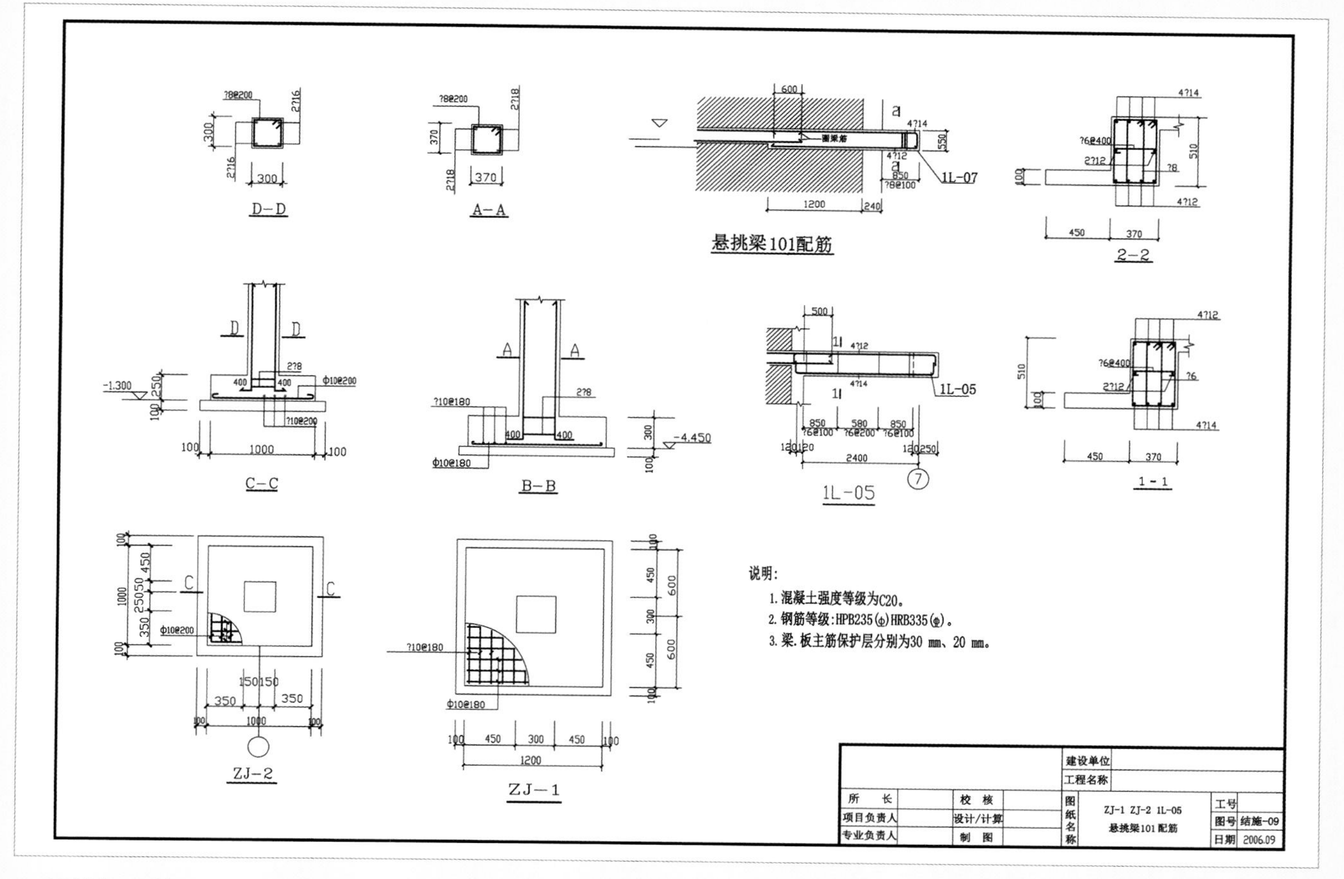
D-D
A-A
悬挑梁101配筋
2-2
C-C
B-B
1L-05
1-1
ZJ-2
ZJ-1
说明：
1. 混凝土强度等级为C20。
2. 钢筋等级：HPB235(ф)HRB335(φ)。
3. 梁.板主筋保护层分别为30 mm、20 mm。
建设单位
工程名称
所 长
项目负责人
专业负责人
校 核
设计/计算
制 图
图纸名称
ZJ-1 ZJ-2 1L-05
悬挑梁101配筋
工号
图号 结施-09
日期 2006.09

悬挑梁配筋图

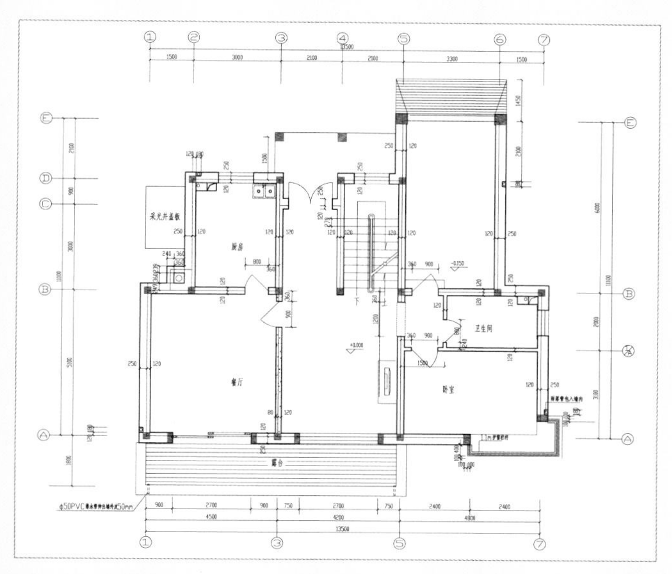

首层平面图

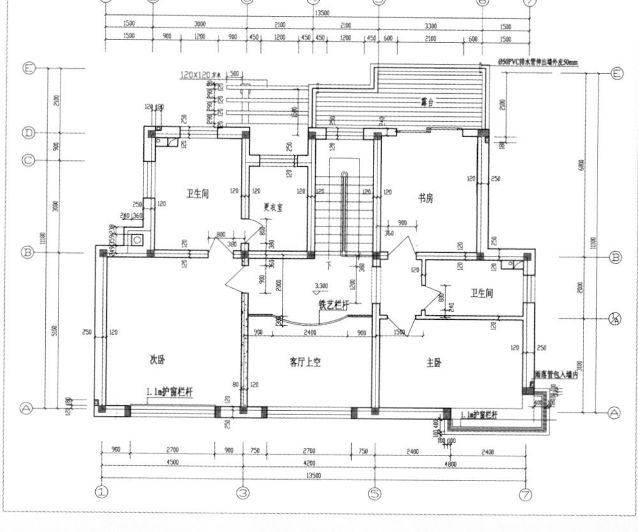

二层平面图

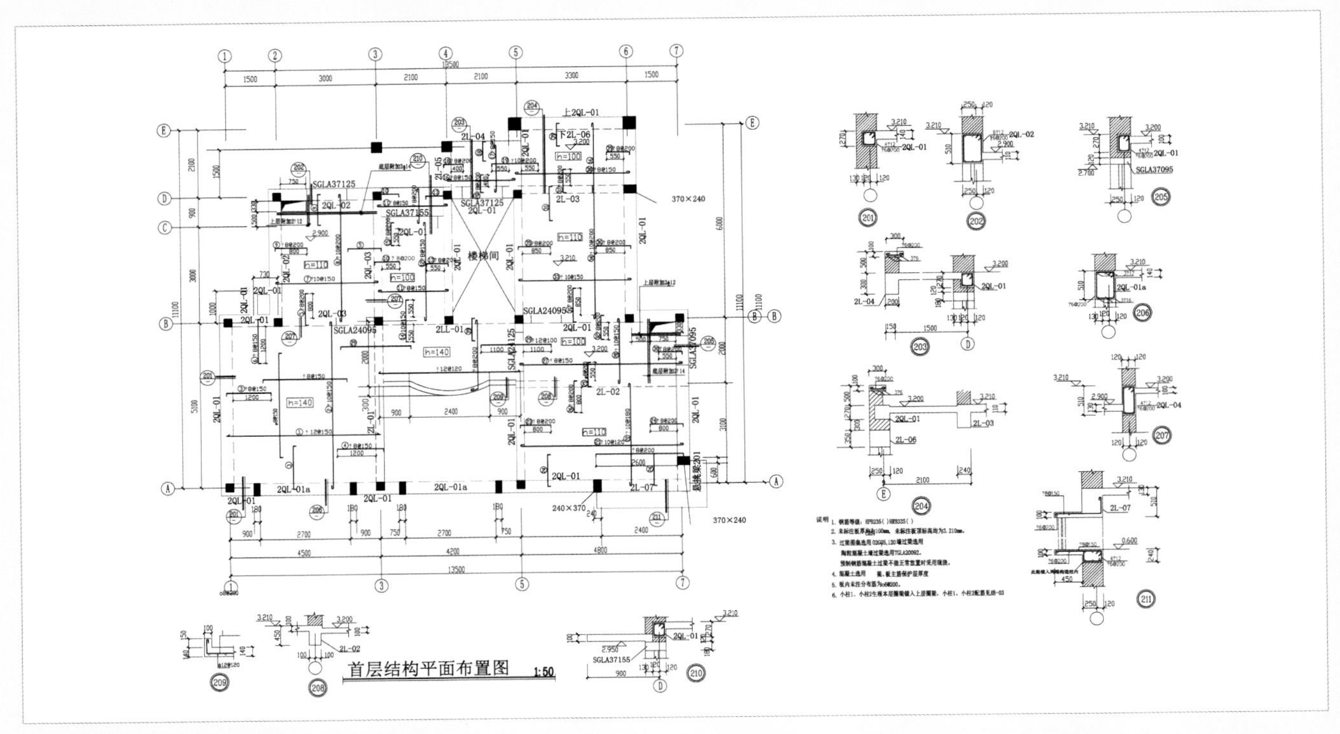

■ 首层结构平面布置图

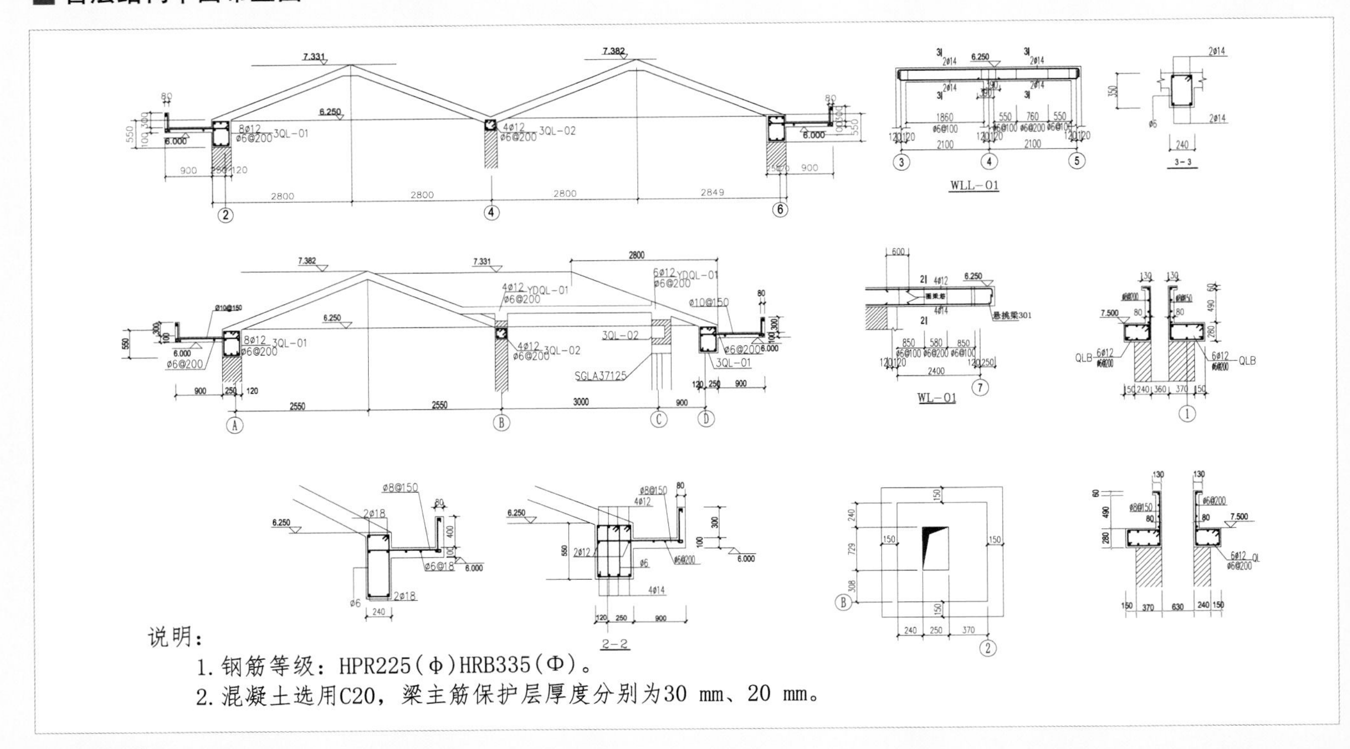

WLL-01
3-3
WL-01
2-2
说明：
1. 钢筋等级：HPR225(Φ)HRB335(Φ)。
2. 混凝土选用C20，梁主筋保护层厚度分别为30 mm、20 mm。

■ 烟囱详图

前　言

Preface

AutoCAD 是 Autodesk 公司开发的自动计算机辅助设计软件，是集二维绘图、三维设计、参数化设计、协同设计及通用数据库管理和互联网通信功能为一体的计算机辅助绘图软件包。随着计算机的发展，计算机辅助设计（CAD）和计算机辅助制造（CAM）技术得到了飞速发展。AutoCAD 软件作为产品设计的一个十分重要的设计工具，因具有操作简单、功能强大、性能稳定、兼容性好、扩展性强等优点，成为计算机 CAD 系统中应用最为广泛的图形软件之一。AutoCAD 软件采用的 .dwg 文件格式，也成为二维绘图的一种常用技术标准。土木工程设计作为 AutoCAD 一个重要应用方向，在平面布置图、结构布置图、结构详图、配筋图等的绘制方面，发挥着重要的作用，更因绘图的便利性和可修改性，使工作效率在很大程度上得到提高。

本书特点

内容合理，适合自学

本书定位以初学者为主，并充分考虑到初学者的特点，内容讲解由浅入深，循序渐进，能引领读者快速入门。在知识点上不求面面俱到，但求够用，学好本书，能满足土木工程设计工作中需要的所有常用技术。

视频讲解，通俗易懂

为了提高学习效率，本书中的大部分实例都录制了教学视频。视频录制时采用模仿实际授课的形式，在各知识点的关键处给出解释、提醒和需注意事项，专业知识和经验的提炼，让你高效学习的同时，更多体会绘图的乐趣。

内容全面，实例丰富

本书主要介绍了 AutoCAD 2018 在土木工程设计中的使用方法和编辑技巧，具体内容包括土木工程设计基本概念、AutoCAD 2018 入门、基本绘图设置、二维绘制命令的使用、精确绘制图形、编辑命令的使用、文字与表格、尺寸标注、辅助绘图工具的使用、图纸布局与出图。在讲解过程中，每个重要知识点均配有实例讲解，可以让读者更好地理解和掌握知识点的应用，并提高动手能力。后面通过别墅和体育馆两个具体的土木工程设计案例，详细介绍了 AutoCAD 在实际工程项目中的使用过程，通过具体操作，使读者加深对土木工程设计的理解和认识。

栏目设置，精彩关键

根据需要并结合实际工作经验，作者在书中穿插了大量的“注意”“说明”“教你一招”等小栏目，给读者以关键提示。为了让读者更多的动手操作，书中还设置了“动手练一练”模块，让读者在快速理解相关知识点后动手练习，达到举一反三的效果。

本书显著特色

体验好，随时随地学习

二维码扫一扫，随时随地看视频。书中大部分实例都提供了二维码，读者朋友可以通过手机扫一扫，随时随地观看相关的教学视频。（若个别手机不能播放，请参考前言中的“本书学习资源列表及获取方式”，下载后在电脑上观看）

资源多，全方位辅助学习

从配套到拓展，资源库一应俱全。本书提供了几乎所有实例的配套视频和源文件。还提供了应用技巧精选、疑难问题精选、常用图块集、全套工程图纸案例、各种快捷命令速查手册、认证考试练习题等，学习资源一网打尽！

实例多，用实例学习更高效

案例丰富详尽，边做边学更快捷。跟着大量实例去学习，边学边做，从做中学，可以使学习更深入、更高效。

入门易，全力为初学者着想

遵循学习规律，入门实战相结合。编写模式采用“基础知识 + 中小实例 + 综合演练 + 模拟认证考试”的形式，有知识，有实例，有习题，内容由浅入深，循序渐进，入门与实战相结合。

服务快，让你学习无后顾之忧

提供 QQ 群在线服务，随时随地可交流。提供 QQ 群、公众号等多渠道贴心服务。

本书学习资源列表及获取方式

为让读者朋友在最短时间学会并精通 AutoCAD 辅助绘图技术，本书提供了极为丰富的学习配套资源。具体如下：

配套资源

（1）为方便读者学习，本书所有实例均录制了视频讲解文件，共 96 集（可扫描二维码直接观看或通过下述方法下载后观看）。

（2）用实例学习更专业，本书包含中小实例共 72 个（素材和源文件可通过下述方法下载后参考和使用）。

拓展学习资源

（1）AutoCAD 应用技巧精选（100 条）

（2）AutoCAD 疑难问题精选（180 问）

（3）AutoCAD 认证考试练习题（256 道）

（4）AutoCAD 常用图块集（600 个）

（5）AutoCAD 常用填充图案集（671 个）

（6）AutoCAD 大型设计图纸视频及源文件（6 套）

（7）AutoCAD 快捷键命令速查手册（1 部）

（8）AutoCAD 快捷键速查手册（1 部）

（9）AutoCAD 常用工具按钮速查手册（1 部）

（10）AutoCAD 2018 工程师认证考试大纲（2 部）

以上资源的获取及联系方式（注意：本书不配带光盘，以上提到的所有资源均需通过下面的方法下载后使用）

（1）读者朋友可以加入下面的微信公众号下载所有资源或咨询本书的任何问题。

（2）登录网站 xue.bookln.cn，输入书名，搜索到本书后下载。

（3）读者可加入 QQ 群 775884496（请注意加群时的提示，并根据提示加入对应的群），作者在线提供本书学习疑难解答、授课 PPT 下载等一系列后续服务，让读者无障碍地快速学习本书。

（4）如果在图书写作上有好的建议，可将您的意见或建议发送至邮箱 945694286@qq.com，我们将根据您的意见或建议在后续图书中酌情进行调整，以更方便读者学习。

特别说明（新手必读）：

在学习本书，或按照本书上的实例进行操作之前，请先在电脑中安装 AutoCAD 2018 中文版操作软件，您可以在 Autodesk 官网下载该软件试用版本（或购买正版），也可在当地电脑城、软件经销商处购买安装软件。

关于作者

本书由天工在线组织编写。天工在线是一个 CAD/CAM/CAE 技术研讨、工程开发、培训咨询和图书创作的工程技术人员协作联盟，包含 40 多位专职和众多兼职 CAD/CAM/CAE 工程技术专家。

天工在线负责人由 Autodesk 中国认证考试中心首席专家担任，全面负责 Autodesk 中国官方认证考试大纲制定、题库建设、技术咨询和师资力量培训工作，成员精通 Autodesk 系列软件。其创作的很多教材成为国内具有引导性的旗帜作品，在国内相关专业方向图书创作领域具有举足轻重的地位。

本书具体编写人员有张亭、秦志霞、井晓翠、解江坤、闫国超、吴秋彦、王玮、王艳池、王培合、王义发、王玉秋、张红松、王佩楷、陈晓鸽、张日晶、左昉、禹飞舟、杨肖、吕波、李瑞、贾燕、刘建英、薄亚、方月、刘浪、穆礼渊、张俊生、郑传文、朱玉莲、徐声杰、韩冬梅、闫聪聪、李兵、甘勤涛、孙立明、李亚莉、李谨、李瑞、张秀辉等，对他们的付出表示真诚的感谢。

致谢

本书能够顺利出版，是作者、编辑和所有审校人员共同努力的结果，在此表示深深地感谢。同时，祝福所有读者在通往优秀设计师的道路上一帆风顺。

编　者

目　录

Contents

第 1 篇　基础知识篇

第 2 篇　别墅土木工程设计实例篇

第 3 篇　体育馆土木工程设计实例篇

AutoCAD 应用技巧集

（本目录对应的内容在赠送的资源包中，需下载后查看，下载方法请查看前言中的相关介绍）

AutoCAD 疑难问题集

（本目录对应的内容在赠送的资源包中，需下载后查看，下载方法请查看前言中的相关介绍）

1

对土木工程设计基本理论和AutoCAD基本功能进行介绍的目的是使读者对土木工程设计的各种基本概念、基本规则有一个感性的认识，了解当前应用于土木工程设计领域的AutoCAD软件的功能特点和基本操作方法，帮助读者进行必要的知识准备。

第1篇　基础知识篇

本篇主要介绍土木工程设计与AutoCAD 2018的相关基础知识，包括土木工程设计基本概念、AutoCAD 2018入门、基本绘图设置、二维绘图命令、二维编辑命令、文字与表格、尺寸的标注方法、辅助绘图工具，以及图纸布局与出图。通过本篇的学习，读者可以打下AutoCAD绘图在土木工程设计方面的应用基础，为后面的具体土木工程设计进行必要的知识准备。

第 1 章　土木工程设计概述

内容简介

一个建筑物的落成，首先要经过建筑设计，然后再进行土木工程设计。土木工程设计的主要任务是确定结构的受力形式、配筋构造、细部构造等。施工时要根据土木工程设计施工图进行施工。因此绘制明确详细的施工图，是十分重要的工作。我国规定了土木工程设计图的具体绘制方法及专业符号。本章将结合相关标准，对土木工程施工图的绘制方法及基本要求做简单的介绍。

内容要点

- 土木工程设计基础知识
- 土木工程设计要点
- 土木工程设计施工图简介
- 制图基本规定
- 施工图编制

案例效果

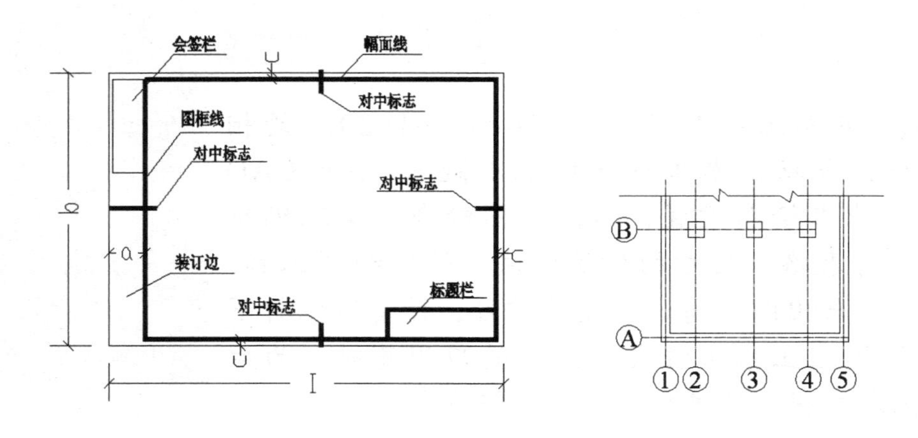

1.1　土木工程设计基础知识

本节简要讲述土木工程设计的相关基础知识，为后面学习具体的土木工程设计进行理论准备。

1.1.1　建筑结构的功能要求

根据我国《建筑结构可靠度设计统一标准》，建筑结构应该满足的功能要求可以概括为：

（1）安全性。建筑结构应能承受正常施工和正常使用时可能出现的各种荷载和变形，在偶然事件（如地震、爆炸等）发生时和发生后保持必需的整体稳定性，不致发生倒塌。

（2）适用性。结构在正常使用过程中应具有良好的工作性。例如，不产生影响使用的过大变形或振幅，不发生足以让使用者不安的过宽的裂缝等。

（3）耐久性。结构在正常维护条件下应具有足够的耐久性，完好使用到设计规定的年限，即设计使用年限。例如，混凝土不发生严重风化、腐蚀、脱落，钢筋不发生锈蚀等。

良好的土木工程设计应能满足上述要求，这样设计的结构是安全可靠的。

1.1.2 结构功能的极限状态

整个结构或者结构的一部分超过某一特定状态就不能满足设计指定的某一功能要求，这个特定状态称为该功能的极限状态，例如，构件即将开裂、倾覆、滑移、压屈、失稳等。也就是说，能完成预定的各项功能时，结构处于有效状态；反之，则处于失效状态。有效状态和失效状态的分界，称为极限状态，是结构开始失效的标志。

极限状态可以分为两类：

（1）承载能力极限状态。结构或构件达到最大承载能力或者达到不适于继续承载的变形状态，称为承载能力极限状态。当结构或构件由于材料强度不够而破坏，或因疲劳而破坏，或产生过大的塑性变形而不能继续承载，结构或构件丧失稳定；结构转变为机动体系时，结构或构件就超过了承载能力极限状态。超过承载能力极限状态后，结构或构件就不能满足安全性的要求。

（2）正常使用极限状态。结构或构件达到正常使用或耐久性能中某项规定限度的状态称为正常使用极限状态。例如，当结构或构件出现影响正常使用的过大变形、裂缝过宽、局部损坏和振动时，可认为结构和构件超过了正常使用极限状态。超过了正常使用极限状态，结构和构件就不能保证适用性和耐久性的功能要求。

结构和构件按承载能力极限状态进行计算后，还应该按正常使用极限状态进行验算。通常在设计时要保证构造措施满足要求，这些构造措施在后面章节的绘图过程中会详细介绍。

1.1.3 土木工程设计方法的演变

随着结构效应及计算方法的进步，土木工程设计方法也从最初的简单考虑安全系数法发展到考虑各种因素的概率设计方法。

1. 容许应力设计方法

对于在弹性阶段工作的构件，容许应力方法有一定的设计可靠性，例如钢结构。尽管材料在受荷后期表现出明显的非线性，但是在当时由于设计人员对于线弹性力学更为熟悉，所以在设计具有明显非线性的钢筋混凝土结构时，仍然采用材料力学的方法。

$$切应力：\tau = \frac{My}{EI}$$

$$剪应力：\sigma = \frac{QS}{Ib}$$

2. 破损阶段设计方法

破损阶段设计方法相对于容许应力设计方法的最大贡献就是：通过大量的钢筋混凝土构件试

验，建立了钢筋混凝土构件抗力的计算表达式。

3. 极限状态设计方法

相对于前两种设计方法，极限状态设计方法的创新点在于：

（1）首次提出两类极限状态：抗力设计值≥荷载效应设计值；裂缝最大值≤裂缝允许值；挠度最大值≤挠度允许值。

（2）提出了不同功能工程的荷载观测值的概念，在观测值的基础上提出了荷载取用值的概念：荷载取用值 = 大于 1 的系数 × 荷载观测值。

（3）提出了材料强度的实测值和取用值的概念：强度取用值 = 小于 1 的系数 × 强度实测值。

（4）提出了裂缝及挠度的计算方法和控制标准。

尽管极限状态设计方法有创新点，但是也存在某些缺点：

（1）荷载的离散度未给出。

（2）材料强度的离散度未给出。

（3）荷载及强度系数仍为认为经验值。

4. 半概率半经验设计法

半概率半经验设计方法其本质是极限状态设计法，但是与极限状态设计方法相比，又有一定的改进：

（1）对荷载在观测值的基础上通过统计给出标准值。

（2）对材料强度在观测的基础上通过统计分析给出材料强度标准值。

但是对于荷载及材料系数仍然是人为经验所定。

5. 近似概率设计法

近似概率设计法将随机变量 R 和 S 的分布只用统计平均值 μ 和标准值 σ 来表征，且在运算过程中对极限状态方程进行线性化处理。

但是此设计方法也存在一些缺陷：

（1）根据截面抗力设计出的结构，存在着截面失效不等于构件失效，更不等于结构失效的问题，因此不能很准确表征结构的抗力效应。

（2）未考虑不可预见的因素的影响。

6. 全概率设计方法

全概率设计方法就是全面考虑各种影响因素，并基于概率论的结构优化设计方法。

1.1.4 结构分析方法

结构分析应以结构的实际工作状况和条件为依据，并且在所有的情况下均应对结构的整体进行分析，结构中的重要部分、形状突变部位以及内力和变形有异常变化的部分（例如较大孔洞周围、节点极其附近、支座和集中荷载附近等），必要时应另作更详细的局部分析，结构分析的结果都应有相应的构造措施作保证。

所有的结构分析方法的建立都基于 3 类基本方程，即力学平衡方程、变形协调（几何）条件和本构（物理）关系。其中力学平衡条件必须满足；变形协调条件对有些方法不能严格符合，但应在不同程度上予以满足；本构关系则需合理地选用。

现有的结构分析方法可以归纳为5类。各类方法的主要特点和应用范围如下：

1. 线弹性分析方法

线弹性分析方法是最基本、最成熟的结构分析方法，也是其他分析方法的基础和特例，适用于分析一切形式的结构和验算结构的两种极限状态。至今，国内外的大部分混凝土结构的设计仍基于此方法。

结构内力的线弹性分析和截面承载力的极限状态设计相结合，实用上简易可行。按此设计的结构，其承载力一般偏于安全。少数结构因混凝土开裂部分的刚度减小而发生内力重分布，可能影响其他部分的开裂和变形状况。

考虑到混凝土结构开裂后的刚度减小，应对梁、柱构件分别采取不等的折减刚度值，但各构件（截面）刚度不随荷载大小的变化而变化，而结构的内力和变形仍可采用线弹性方法进行分析。

2. 考虑塑性内力重分布的分析方法

考虑塑性内力重分布的分析方法一般用来设计超静定混凝土结构，具有充分发挥结构潜力、节约材料、简化设计和方便施工等优点。

3. 塑性极限分析方法

塑性极限分析方法又称塑性分析或极限平衡法。此法在我国主要用于周边有梁或墙等有支承的双向板设计。工程设计和施工实践经验证明，按此法进行计算和构造设计简便易行，可保证安全。

4. 非线性分析方法

非线性分析方法以钢筋混凝土的实际力学性能为依据，引入相应的非线性本构关系后，可准确地分析结构受力全过程的各种荷载效应，而且可以解决一切体形和受力复杂的结构分析问题。这是一种先进的分析方法，已经在国内一些重要结构的设计中采用，并不同程度地纳入国外的一些主要设计规范。但这种分析方法比较复杂，计算工作量大，各种非线性本构关系尚不够完善和统一，至今应用范围仍然有限，主要用于重大结构工程，例如水坝、核电站结构等的分析和地震作用下的结构分析。

5. 试验分析方法

结构或其部分的体形不规则和受力状态复杂，又无恰当的简化分析方法时，可采用试验分析方法。例如，剪力墙及其孔洞周围，框架和桁架的主要节点，构件的疲劳，平面应变状态的水坝等。

1.1.5　土木工程设计规范及设计软件

在土木工程设计过程中，为了满足结构的各种功能及安全性的要求，必须遵从我国制订的土木工程设计规范，主要有以下几种：

（1）《混凝土结构设计规范（2015年版）》GB 50010—2010。本规范是为了在混凝土结构设计中贯彻执行国家的技术经济政策，做到技术先进、安全适用、经济合理、确保质量。此规范适用于房屋和一般构筑物的钢筋混凝土、预应力混凝土以及素混凝土承重结构的设计，但是不适用于轻骨料混凝土及其他特种混凝土结构的设计。

（2）《建筑抗震设计规范（附条文说明）》GB 50011—2010。本规范的制订目的是为了贯彻执行《中华人民共和国建筑法》和《中华人民共和国抗震减灾法》，并实行以预防为主的方针，使建筑经抗震设防后，减轻建筑的地震破坏，避免人员伤亡，减少经济损失。

按本规范进行抗震设计的建筑，其抗震设防的目标是：当遭受低于本地区抗震设防烈度的多遇地震影响时，一般不受损坏或不需修理可继续使用；当遭受相当于本地区抗震设防烈度的地震影响时，可能损坏，经一般修理或不需修理仍可继续使用；当遭受高于本地区抗震设防烈度预估的罕遇地震影响时，不致倒塌或发生危及生命的严重破坏。

（3）《建筑结构荷载规范》GB 50009—2012。本规范是为了适应建筑土木工程设计的需要，以符合安全适用、经济合理的要求而制订的。此规范是根据《建筑结构可靠性设计统一标准》规定的原则制订的，适用于建筑工程的土木工程设计，并且设计基准期为 50 年。建筑土木工程设计中涉及的作用包括直接作用（荷载）和间接作用（如地基变形、混凝土收缩、焊接变形、温度变化或地震等引起的作用）。本规范仅对有关荷载做出规定。

（4）《高层建筑混凝土结构技术规程》JGJ 3—2010。本规程适用于 10 层及 10 层以上或房屋高度超过 28m 的非抗震设计和抗震设防烈度为 6 ～ 9 度抗震设计的高层民用建筑结构，其适用的房屋最大高度和结构类型应符合本规程的有关规定。但是本规程不适用于建造在危险地段场地的高层建筑。

高层建筑的设防烈度必须按照国家规定的权限审批、颁发的文件（图件）确定。一般情况下，抗震设防烈度可采用中国地震烈度区划图规定的地震基本烈度；对已编制抗震设防区划的地区，可按批准的抗震设防烈度或设计地震动参数进行抗震设防，并且高层建筑土木工程设计中应注重概念设计，重视结构的选型和平、立面布置的规则性，择优选用抗震和抗风性能好且经济合理的结构体系，加强构造措施。在抗震设计中，应保证结构的整体抗震性能，使整个结构具有必要的承载能力、刚度和延性。

（5）《钢结构设计规范》GB 50017—2003。本规范适用于工业与民用房屋和一般构筑物的钢结构设计，其中，由冷弯成型钢材制作的构件及其连接应符合现行国家标准《冷弯薄壁型钢结构技术规范》GB 50018—2002 的规定。

本规范的设计原则是根据现行国家标准《建筑结构可靠度设计统一标准》GB 50068—2001 制订的。按本规范设计时，取用的荷载及其组合值应符合现行国家标准《建筑结构荷载规范》GB 50009—2012 的规定；在地震区的建筑物和构筑物，尚应符合现行国家标准《建筑抗震设计规范（附条文说明）》GB 50011—2010、《中国地震动参数区划图》GB 18306—2015 和《构筑物抗震设计规范》GB 50191—2012 的规定。

在钢土木工程设计文件中，应注明建筑结构的设计使用年限、钢材牌号、连接材料的型号（或钢号）和对钢材所要求的力学性能、化学成分及其他的附加保证项目。此外，还应注明所要求的焊缝形式、焊缝质量等级、端面刨平顶紧部位及对施工的要求。

（6）《木结构设计规范》GB 50005—2003。为了贯彻执行国家的技术经济政策，坚持因地制宜，就地取材的原则，合理选用结构方案和建筑材料，做到技术先进、经济合理、安全适用、确保质量。本规范适用于建筑工程中下列砌体的土木工程设计，特殊条件下或有特殊要求的应按专门规定进行设计。

- 砖砌体，包括烧结普通砖、烧结多孔砖、蒸压灰砂砖、蒸压粉煤灰砖无筋和配筋砌体。
- 砌块砌体，包括混凝土、轻骨料混凝土砌块无筋和配筋砌体。
- 石砌体，包括各种料石和毛石砌体。

（7）《无粘结预应力混凝土结构技术规程》JGJ 92—2016。本规程适用于工业与民用建筑和一般构筑物中采用的无粘结预应力混凝土结构的设计、施工及验收。采用的无粘结预应力筋指埋置在混凝土构件中或者体外束。无粘结预应力混凝土结构应根据建筑功能要求和材料供应与施工条件，确定合理的设计与施工方案，编制施工组织设计，做好技术交底，并应由预应力专业施工队伍进行施工，严格执行质量检查与验收制度。

随着设计方法的演变，一般的设计过程都要对结构进行整体有限元分析，因此要借助计算机软件进行分析计算。下面介绍几款国内常用的结构分析设计软件。

（1）PKPM 土木工程设计软件。此软件是一套集建筑设计、土木工程设计、设备设计及概预算、施工软件于一体的大型建筑工程综合 CAD 系统，并且采用独特的人机交互输入方式，使用者不必填写繁琐的数据文件。输入时用鼠标或键盘在屏幕勾画出整个建筑物。软件有详细的中文菜单指导用户操作，并提供了丰富的图形输入功能，有效地帮助输入。实践证明，这种方式设计人员容易掌握，而且比传统的方法效率高十几倍。

其中，结构类包含 17 个模块，涵盖了土木工程设计中的地基、板、梁、柱、钢结构、预应力等方面。本系统具有先进的结构分析软件包，容纳了国内最流行的各种计算方法，例如平面杆系、矩形及异形楼板、高层三维壳元及薄壁杆系、梁板楼梯及异形楼梯、各类基础、砖混及底框抗震、钢结构、预应力混凝土结构分析等。全部结构计算模块均按新的设计规范编制，全面反映了新规范要求的荷载效应组合，设计表达式，抗震设计新概念要求的强柱弱梁、强剪弱弯、节点核心、罕遇地震以及考虑扭转效应的振动耦连计算方面的内容。

同时，本系统有丰富、成熟的结构施工图辅助设计功能，可完成框架、排架、连梁、结构平面、楼板配筋、节点大样、各类基础、楼梯、剪力墙等施工图绘制，并在自动选配钢筋，按全楼或层、跨剖面归并，布置图纸版面，人机交互干预等方面独具特色。在砖混计算中可考虑构造柱共同工作，可计算各种砌块材料，底框上砖房结构 CAD 适用任意平面的一层或多层底框。可绘制钢结构平面图、梁柱及门式刚架施工详图，桁架施工图。

（2）SAP2000 结构分析软件。SAP2000 是 CSI 开发的独立的基于有限元的结构分析和设计程序。它提供了功能强大的交互式用户界面，带有很多工具帮助快速和精确创建模型，同时具有分析最复杂工程所需的分析技术。

SAP2000 是面向对象的，即用单元创建模型来体现实际情况。一个与很多单元连接的梁用一个对象建立，和现实世界一样，与其他单元相连接所需要的细分由程序内部处理。分析和设计的结果对整个对象产生报告，而不是对构成对象的子单元，信息提供更容易解释并且和实际结构更协调。

（3）ANSYS 有限元分析软件。ANSYS 软件主要包括 3 个部分：前处理模块、分析计算模块和后处理模块。

前处理模块提供了一个强大的实体建模及网格划分工具，用户可以方便地构造有限元模型；分析计算模块包括结构分析（可进行线性分析、非线性分析和高度非线性分析）、流体动力学分析、电磁场分析、声场分析、压电分析以及多物理场的耦合分析，可模拟多种物理介质的相互作用，具有灵敏度分析及优化分析能力；后处理模块可将计算结果以彩色等值线显示、梯度显示、矢量显示、粒子流显示、立体切片显示、透明及半透明显示（可看到结构内部）等图形方式显示出来，也可将计算结果以图表、曲线形式显示或输出。

ANSYS 提供了 100 种以上的单元类型，用来模拟工程中的各种结构和材料。该软件有多种不同版本，可以运行在从个人机到大型机的多种计算机设备上，例如 PC、SGI、HP、SUN、DEC、IBM、CRAY 等。

（4）TBSA 系列程序。TBSA 系列程序是由中国建筑科学研究院高层建筑技术开发部研制而成，主要是针对国内高层建筑而开发的分析设计软件。

TBSA、TBWE 多层及高层建筑结构三维空间分析软件，分别采用空间杆—薄壁柱模型和空间杆—墙组元模型，完成构件内力分析和截面设计。

TBSA-F 建筑结构地基基础分析软件，可计算独立、桩、条形、交叉梁系、筏板（平板和梁板）、箱形基础，以及桩与各种承台组成的联合基础；按相互作用原理，结合国家规范，采用有限元法分析；考虑不同地基模式和土的塑性性质、深基坑回弹和补偿、上部结构刚度影响、刚性板和弹性板算法、变厚度板计算；输出结果完善，有表格和平面简图表达方式。

1.2 土木工程设计要点

设计一个建筑物，首先要进行建筑方案设计，然后才能进行土木工程设计。土木工程设计不仅要注意安全性，还要同时关注经济合理性，而后者恰恰是投资方看得见、摸得着的，因此土木工程设计必须经过若干方案的计算比较，其结构计算量几乎占土木工程设计总工作量的一半。

1.2.1 土木工程设计的基本过程

土木工程设计的基本过程如下。

（1）在建筑方案设计阶段，结构专业应该关注并适时介入，给建筑专业设计人员提供必要的合理化建议，积极主动地改变被动地接受不合理建筑方案的局面，只要土木工程设计人员摆正心态，尽心为完成更完美的建筑创作出主意、想办法，建筑师也会认同的。

（2）建筑方案设计阶段的结构配合，应选派有丰富土木工程设计经验的设计人员参与，及时给予指点和提醒，避免不合理的建筑方案直接面对投资方。如果建筑方案新颖且可行，只是造价偏高，就需要结构专业提前进行必要的草算，做出大概的造价分析以提供建筑专业和投资方参考。

（3）建筑方案一旦确定，结构专业应及时配备人力，对已确定建筑方案进行结构多方案比较，其中包括竖向及抗侧力体系、楼屋面结构体系以及地基基础的选型等，通过广泛讨论，选择既安全可靠又经济合理的结构方案作为实施方案，必要时应对建筑专业及投资方作全面的汇报。

（4）结构方案确定后，作为结构工种（专业）负责人，应及时起草本工程土木工程设计统一技术条件，其中包括：工程概况、设计依据、自然条件、荷载取值及地震作用参数、结构选型、基础选型、所采用的结构分析软件及版本、计算参数取值以及特殊结构处理等，以此作为土木工程设计组共同遵守的设计条件，增加协调性和统一性。

（5）加强设计组人员的协调和组织，每个设计人员都有其优势和劣势，作为结构工种负责人，应透彻掌握每个设计人员的素质情况，在责任与分工上要以能调动起大家的积极性和主动性为前提，充分发挥出每个设计人员的智慧和能力，集思广益。设计中的难点问题的提出与解决应经大家讨论，群策群力，共同提高。

（6）为了在有限的设计周期内完成繁重的土木工程设计工作量，应注意合理安排时间，结构分析与制图最好同步进行，以便及时发现问题并及时解决，同时可以为其他专业返提资料提前做好准备。当结构布置作为资料提交各专业前，结构工种负责人应进行全面校审，以免给其他专业造成误解和返工。

（7）基础设计在初步设计期间应尽量考虑完善，以满足提前出图要求。

（8）计算与制图的校审工作应尽量提前介入，尤其对计算参数和结构布置草图等，一定经校审后再实施计算和制图工作，保证设计前提的正确才能使后续工作顺利有效地进行，同时避免带来本专业内的不必要返工。

（9）校审系统的建立与实施也是保证设计质量的重要措施，结构计算和图纸的最终成果必须至少有3个不同设计人员经手，即设计人、校对人和审核人，而每个不同层次的设计人员都应有相应的资质和水平要求。校审记录应有设计人、校审人和修改人签字并注明修改意见，校审记录随设计成果资料归档备查。

（10）建筑土木工程设计过程中，难免存在某个单项的设计分包情况，对此应格外慎重对待。首先要求承担分包任务的设计方必须具有相应的设计资质、设计水平和资源，签订单项分包协议，明确分包任务，提出问题和成果要求，明确责任分工以及设计费用和支付方法等，以免造成设计混乱，出现问题后责任不清，这些问题是土木工程设计中必须避免的。

1.2.2　土木工程设计中需要注意的问题

在对结构进行整体分析后，也要对构件进行验算，验算要根据承载能力极限状态及正常使用极限状态的要求，分别按下列规定进行计算和验算。

（1）承载力及稳定：所有结构构件均应进行承载力（包括失稳）计算；对于混凝土结构失稳的问题不是很严重，尤其是对于钢结构构件，必须进行失稳验算。必要时应进行结构的倾覆、滑移及漂浮验算。

有抗震设防要求的结构还应进行结构构件抗震的承载力验算。

（2）疲劳：直接承受吊车的构件应进行疲劳验算；但直接承受安装或检修用吊车的构件，根据使用情况和设计经验可不作疲劳验算。

（3）变形：对使用上需要控制变形值的结构构件应进行变形验算。例如预应力游泳池，变形过大会导致荷载分布不均匀，荷载不均匀会导致超载，严重的会造成结构的破坏。

（4）抗裂及裂缝宽度：对使用上要求不出现裂缝的构件，应进行混凝土拉应力验算；对使用上允许出现裂缝的构件，应进行裂缝宽度验算；对叠合式受弯构件，应进行纵向钢筋拉应力验算。

（5）其他：结构及结构构件的承载力（包括失稳）计算和倾覆、滑移及漂浮验算，均应采用荷载设计值；疲劳、变形、抗裂及裂缝宽度验算，均应采用相应的荷载代表值；直接承受吊车的结构构件，在计算承载力及验算疲劳、抗裂时，应考虑吊车荷载的动力系数。

预制构件还应按制作、运输及安装时相应的荷载值进行施工阶段验算。预制构件吊装的验算，应将构件自重乘以动力系数，动力系数可以取 1.5，但可根据构件吊装时的受力情况适当增减。

对现浇结构，必要时应进行施工阶段的验算。结构应具有整体稳定性，结构的局部破坏不应导致大范围倒塌。

1.3 土木工程设计施工图简介

建筑结构施工图是建筑结构施工中的指导依据，决定工程的施工进度和结构细节，指导工程的施工过程和施工方法。

1.3.1 绘图依据

我国建筑业的发展是从 20 世纪 60 年代以后开始的。50 年代到 60 年代，我国的结构施工图的编制方法基本上袭用或参照苏联的标准。60 年代以后，我国开始制定自己的施工图编制标准。经过对 50 年代和 60 年代的建设经验及制图方法的总结，我国编制了第一本建筑制图的国家标准——《建筑制图标准》GBJ 3—73，在规范我国当时施工图的制图和编制方法上起到了应有的指导作用。

20 世纪 80 年代，我国进入了改革开放时期，建筑业飞速发展，原有的建筑制图标准已经不适应当时的需要，因此，经过总结我国的工程实践经验，结合我国国情，对原有的建筑制图标准 GBJ 3—73 进行了必要的修改和补充，编制发布了《房屋建筑制图统一标准》GBJ 3—86、《建筑制图标准》GBJ 104—87、《建筑结构制图标准》GBJ 105—87 等 6 本标准。这些标准的制定发布，提高了图面质量和制图效率，符合设计、施工和存档等的要求，使房屋建筑制图做到基本统一与清晰简明，更加适应工程建设的需要。

进入 21 世纪，我国建筑业又上了一个新的台阶，建筑结构形式更加多样化，建筑结构更加复杂。制图方法也由过去的人工手绘转变为计算机制图。因此，制图标准也相应地需要更新和修订。在总结了过去几十年的制图和工程经验的基础上，经过研究总结，对原有规范进行了修订和补充，编制发布了《总图制图标准》GB/T 50103—2010、《建筑制图标准》GB/T 50104—2010、《建筑结构制图标准》GB/T 50105—2010，作为现代制图的依据。

1.3.2 图纸分类

建筑结构施工图没有明确的分类方法，可以按照建筑结构的类型进行分类。如按照建筑结构的结构形式可以分为混凝土结构施工图、钢结构施工图、木结构施工图等；如按照结构的建筑用途可分为住宅建筑施工图、公共建筑施工图等；在某一个特定的结构工程中，可以将建筑结构施工图按照施工部位细分为总图、设备施工图、基础施工图、标准层施工图、大样详图等。

在进行工程设计时，要对设计所需要的图纸进行编排整理、统一规划，列出详细的图纸名称及图纸目录，便于施工人员管理与察看。

1.3.3 名词术语

各个专业都有其专用的术语名词，建筑结构专业也不例外。如果要熟练掌握建筑结构施工图的绘制方法及应用，就要掌握绘制施工图时及施工图之中的各种基本名词术语。

建筑结构施工图中常用的基本名词术语如下。

- 图纸：包括已绘图样与未绘图样的带有图标的绘图用纸。
- 图幅面（图幅）：图纸的大小规格。一般有 A0、A1、A2、A3 等。
- 图线：图纸上绘制的线条。
- 图样：图纸上按一定规则绘制的、能表示被绘物体的位置、大小、构造、功能、原理、流程的图。
- 图面：一般指绘有图样的图纸的表面。
- 图形：指图样的形状。
- 间隔：指两个图样、文字或两条线之间的距离。
- 间隙：指窄小的间隔。
- 标注：单指在图纸上注出的文字、数字等。
- 尺寸：包括长度、角度。
- 图例：以图形规定出的画法，代表某种特定的实物。
- 例图：作为实例的图样。

1.4 制图基本规定

建筑土木工程设计施工图的绘制必须遵守有关国家标准，包括图纸幅面、比例、标题栏及回签栏、字体、图线、各种基本符号、定位轴线等。下面分别进行简要讲述。

1.4.1 图纸规定

1. 标准图纸

绘制结构施工图所用的图纸同建筑绘图图纸是一样的，规定了标准图形的尺寸。标准型图纸幅面有 5 种，其代号为 A0、A1、A2、A3、A4，如图 1-1 所示。幅面尺寸符合表 1-1 所示规定。在绘图时，可以根据所绘图形种类及图形的大小选择图纸。

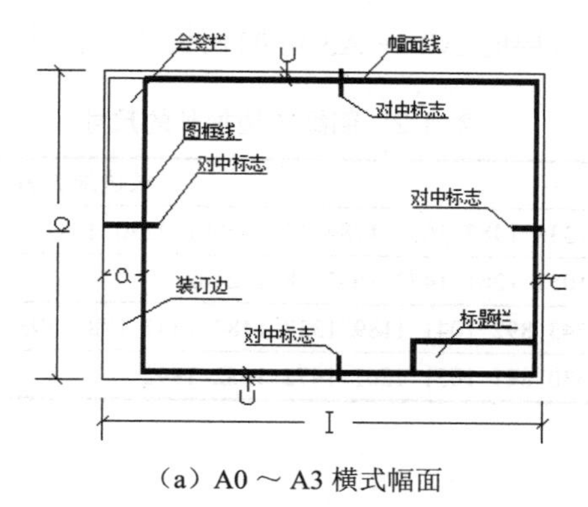

（a）A0 ～ A3 横式幅面

图 1-1 结构施工图标准图纸幅面

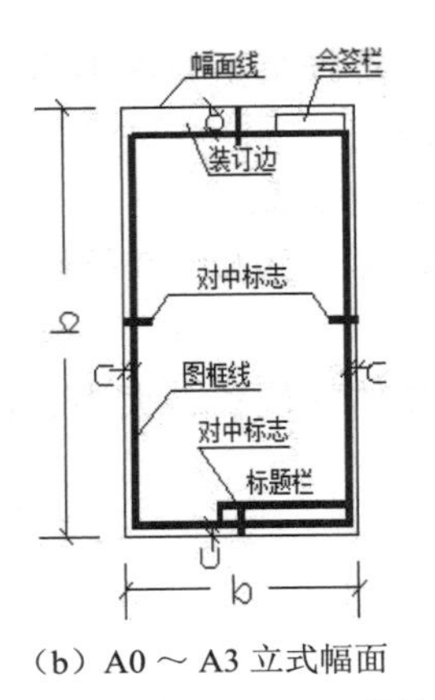

（b）A0 ～ A3 立式幅面

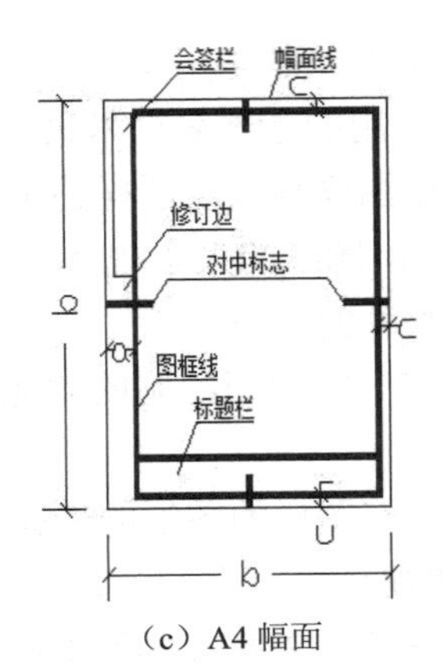

（c）A4 幅面

图 1-1　结构施工图标准图纸幅面（续）

表 1-1　幅面及图框尺寸

（单位：mm）

图幅代号 / 尺寸代号	A0	A1	A2	A3	A4
b×l	841×1189	594×841	420×594	297×420	210×297
c	10			5	
a	25				

☞ **说明**

有特殊需要时，图纸可采用 b×l 为 841mm×891mm 与 1189mm×1261mm 的幅面。

2. 微缩图纸

工程中有时需要对图纸进行微缩复制，这种图纸有一定的特殊要求。在图纸的一个边上应附有一段准确的米制尺度，4 条边上应附有对中标志。米制尺度的总长应为 100mm，分格应为 10mm。对中标志应画在中点处，线宽应为 0.35mm，深入图框内应为 5mm（见图 1-1 中各图的相应位置）。

3. 图纸的加长

图纸的短边一般不得加长，必要时 A0 ～ A3 可加长长边，但应符合表 1-2 所示规定。

表 1-2　图纸长边加长的尺寸

（单位：mm）

幅面代号	长边尺寸	长边加长后尺寸
A0	1189	1338 1487 1635 1784 1932 2081 2230 2387
A1	841	1051 1261 1472 1682 1892 2102
A2	594	743 892 1041 1189 1338 1487 1635 1783 1932 2080
A3	420	630 841 1051 1261 1472 1682 1892

4. 图纸的横式和立式

根据工程绘图需要，图纸可以分为横式和立式。划分方法为：图纸以短边作垂直边称为横式，以短边作水平边称为立式。一般 A0 ～ A3 图纸宜横式使用；必要时，也可立式使用。A4 图纸一般立式使用。

5. 图纸幅面的选择

一套图纸除目录及表格所采用的 A4 幅面外，其余一般不宜多于两种幅面，且应优先选用 A1 或 A2 幅面。当总说明内容较多时，也可采用 A4 幅面，其页数根据篇幅需要确定。

1.4.2 比例设置

绘图时根据图样的用途及被绘物体的复杂程度，应选用表 1-3 中的常用比例，特殊情况下也可选用可用比例。

表 1-3 比例

图　　名	常用比例	可用比例
结构平面图 基础平面图	1:50，1:100 1:150，1:200	1:60
圈梁平面图、总图中管沟、地下设施等	1:200，1:500	1:300
详图	1:10，1:20	1:5，1:25，1:4

☞ 说明

（1）当构件的纵横向断面尺寸相差悬殊时，可在同一详图中的纵、横向选用不同的比例绘制。轴线尺寸与构件尺寸也可选用不同的比例绘制。

（2）计算机绘图时，一般选用足尺绘图。

1.4.3 标题栏及会签栏

工程中所用的图纸包含标题栏和会签栏。标题栏包括工程名称、设计单位以及图纸标号、图名区、签字区等，如图 1-2 所示。标题栏的绘制位置应符合下列规定。

（1）横式使用的图纸，应按图 1-1（a）所示形式布置。

（2）立式使用的图纸，应按图 1-1（b）所示形式布置。

（3）立式使用的 A4 图纸，应按图 1-1（c）所示形式布置。

图标长边的长度应为 180mm；短边长度宜采用 40mm、30mm 或 50mm。

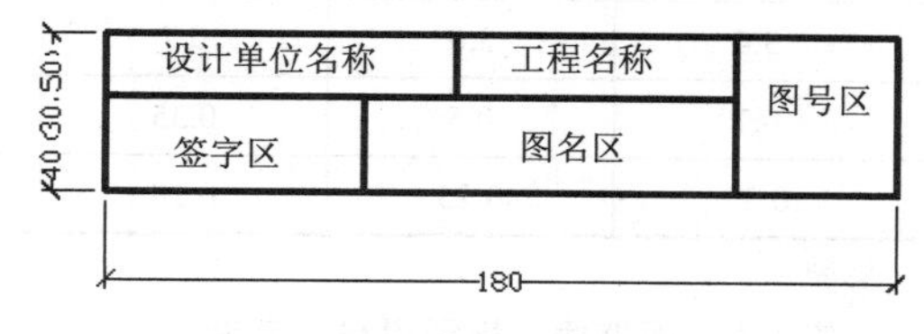

图 1-2 标题栏

图标内各栏应清楚完整地填写，图名应写出主要图形的名称；设计阶段当为施工图设计时可简写成“施工”；签名字迹应清楚易辨。图号的组成应包括工程代号、项目代号、专业代号（或代字）、卷册顺序号及图纸顺序号。涉外工程图标内，各项主要内容下应附有英文译文，设计单位名称上方（或前面）应加“中华人民共和国”字样。

会签栏的格式绘制如图 1-3 所示，其尺寸应为 75mm×20mm，栏内应填写会签人员所代表的专业、姓名、日期（年、月、日）；一个会签栏不够用时，可另加一个，两个会签栏应并列；不需会签的图纸可不设会签栏。

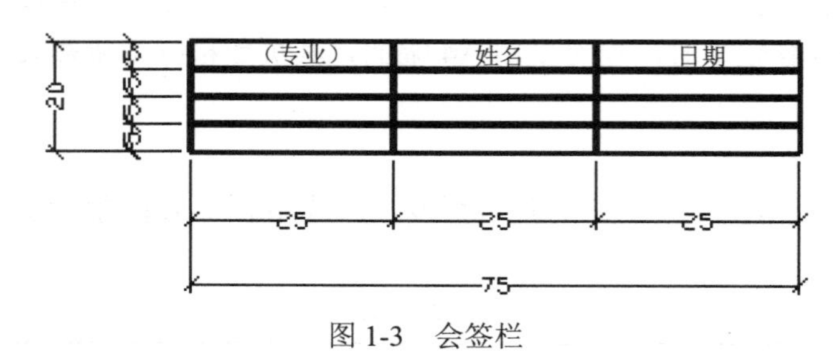

图 1-3　会签栏

1.4.4　字体设置

（1）图纸上的文字、数字或符号等，均应清晰、字体端正。用计算机绘图时，汉字一般用仿宋体，大标题、图册封面、地形图等的汉字，也可书写成其他字体，但应易于辨认。

（2）汉字的简化书写，必须符合国务院公布的《汉字简化方案》和有关规定。

（3）数量的数值注写，应采用正体阿拉伯数字。各种计量单位凡前面有量值的，均应采用国家颁布的单位符号注写。单位符号应采用正体字母。

（4）分数、百分数和比例数的注写，应采用阿拉伯数字和数学符号，例如，四分之三、百分之二十五和一比二十应分别写成 3/4、25% 和 1:20。

（5）当注写的数字小于 1 时，必须写出个位的“0”，小数点应采用圆点，齐基准线书写，例如 0.01。

1.4.5　图线的宽度

图线的宽度 *b*，宜从下列线宽系列中选用：3.0mm、3.4mm、3.0mm、0.7mm、0.5mm、0.35mm。每个图样应根据复杂程度与比例大小，先选定基本线宽 *b*，再选用表 1-4 和表 1-5 中相应的线宽组。

表 1-4　线宽组　（单位：mm）

线　宽　比	线　宽　组					
b	3.0	3.4	3.0	0.7	0.5	0.35
0.5*b*	3.0	0.7	0.5	0.35	0.25	0.18
0.25*b*	0.5	0.35	0.25	0.18	—	—

表 1-5　图框线、标题栏线的宽度　（单位：mm）

幅面代号	图　框　线	标题栏外框线	标题栏分隔线、会签栏线
A0、A1	3.4	0.7	0.35
A2、A3、A4	3.0	0.7	0.35

☞ **说明**

（1）需要微缩的图纸，不宜采用 0.18mm 及更细的线宽。
（2）同一张图纸内，不同线宽中的细线，可统一采用较细的线宽组的细线。

1.4.6 基本符号

绘图中相应的符号应一致，且符合相关规定的要求。如钢筋、螺栓等的编号均应符合相应的规定。具体的符号绘制方法将在第 3 章介绍。

1.4.7 定位轴线

定位轴线应用细点划线绘制。定位轴线一般应编号，且编号应注写在轴线端部的圆内。圆应用细实线绘制，直径为 8 ～ 10mm。定为轴线圆的圆心，应在定位轴线的延长线上或延长线的折线上。平面图上定位轴线的编号，宜标注在图样的下方与左侧。横向编号应用大写拉丁字母，从下至上顺序编写（如图 1-4 所示）。拉丁字母 I、O、Z 不得用于轴线编号。如字母数量不够，可增双字母或单字母加数字注脚，如 AA、BA……YA 或 A1、B1……Y1。

组合较复杂的平面图中定位轴线也可采用分区编号，如图 1-5 所示。编号的注写形式应为“分区号 - 该分区编号”。分区号采用阿拉伯数字或大写拉丁字母表示。

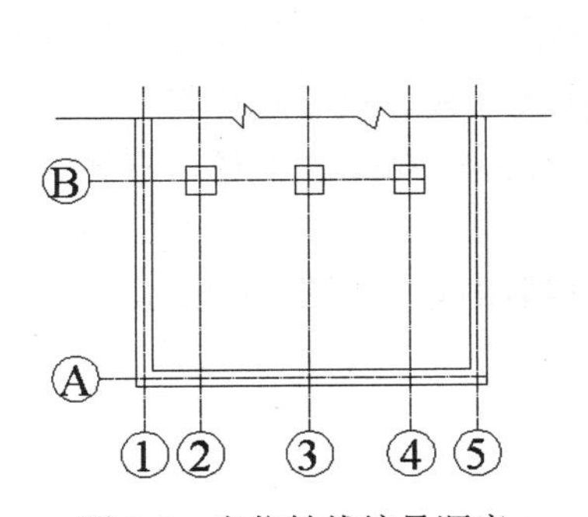

图 1-4　定位轴线编号顺序

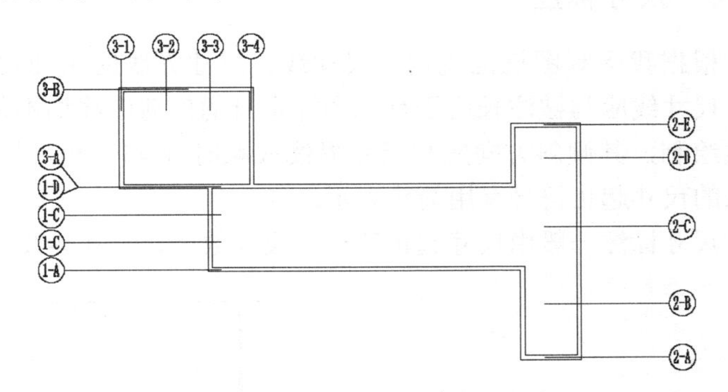

图 1-5　定位轴线分区编号

附加定位轴线的编号，应以分数形式表示，并应按下列规定编写：

（1）两根轴线间的附加轴线，应以分母表示前一轴线的编号，分子表示附加轴线的编号，编号宜用阿拉伯数字顺序编写。例如：

$\frac{1}{2}$ 表示 2 号轴线之后附加的第一根轴线；

$\frac{3}{C}$ 表示 C 号轴线之后附加的第三根轴线。

（2）1 号轴线或 A 号轴线之前的附加轴线的分母应以 01 或 0A 表示。例如：

$\frac{1}{01}$ 表示 1 号轴线之前附加的第一根轴线；

$\frac{1}{0A}$ 表示 A 号轴线之前附加的第一根轴线。

一个详图适用于几根轴线时，应同时注明各有关轴线的编号，如图 1-6 所示。通用详图中的定位轴线，应只画圆，不注写轴线编号。

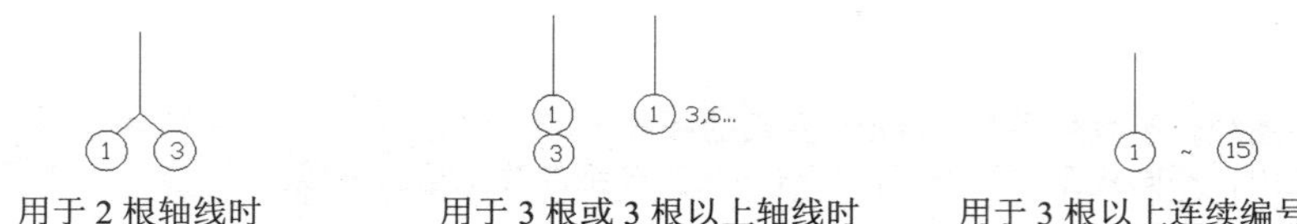

图 1-6　多根轴线编号

圆形平面图中的定位轴线的编号，其径向轴线宜用阿拉伯数字表示，从左下角开始，按逆时针顺序编写；其圆周轴线宜用大写拉丁字母表示，从外向内顺序编写，如图 1-7 所示。折线形平面图中定位轴线的编号可按图 1-8 所示的形式编写。

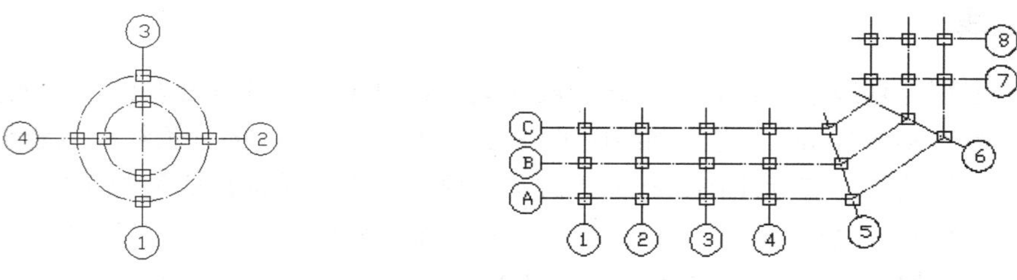

图 1-7　圆形平面定位轴线的编号　　图 1-8　折线形平面定位轴线的编号

1.4.8　尺寸标注

根据我国制图规范规定，尺寸线、尺寸界线应用细实线绘制，一般尺寸界线应与被注长度垂直，尺寸线应与被注长度平行。图样本身的任何图线均不得用作尺寸线。尺寸起止符号一般用粗斜短线绘制，其倾斜方向应与尺寸界线成顺时针 45° 角，长度宜为 2 ～ 3mm。半径、直径、角度与弧长的尺寸起止符号宜用箭头表示。

尺寸标注一般由尺寸起止符号、尺寸数字、尺寸界线及尺寸线组成，如图 1-9 所示。

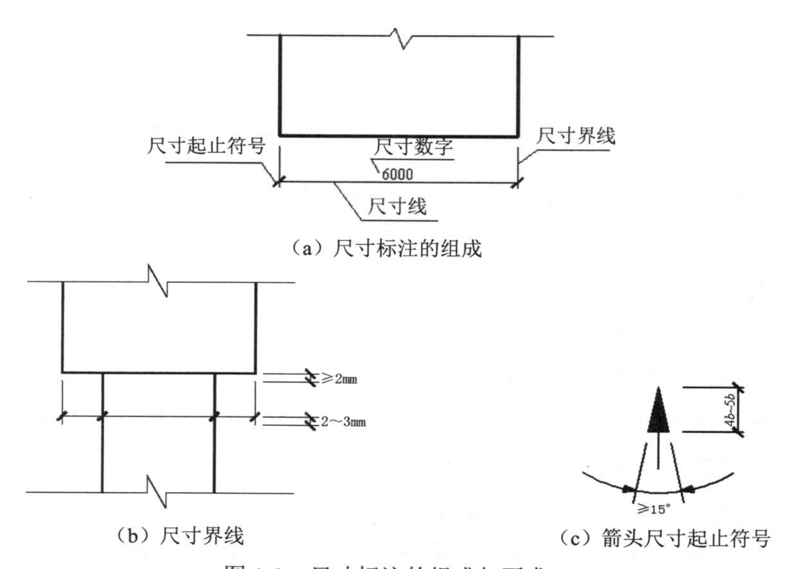

（a）尺寸标注的组成

（b）尺寸界线　　（c）箭头尺寸起止符号

图 1-9　尺寸标注的组成与要求

1.4.9 标高

标高属于尺寸标注在建筑设计中应用的一种特殊情形。在结构立面图中要对结构的标高进行标注。标高主要有以下几种，如图 1-10 所示。

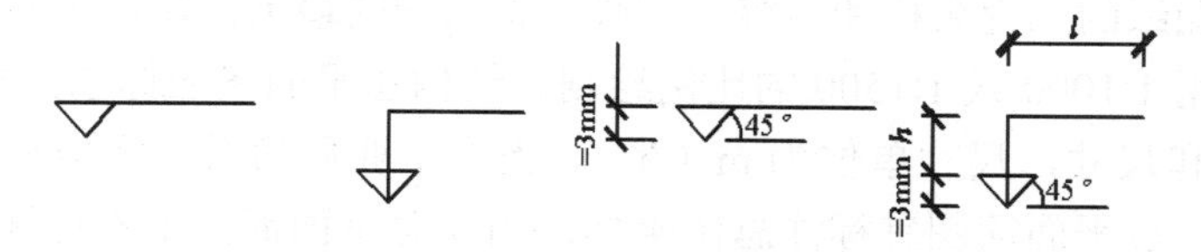

图 1-10 标高符号与要求

标高的标注方法及要求如图 1-11 所示。

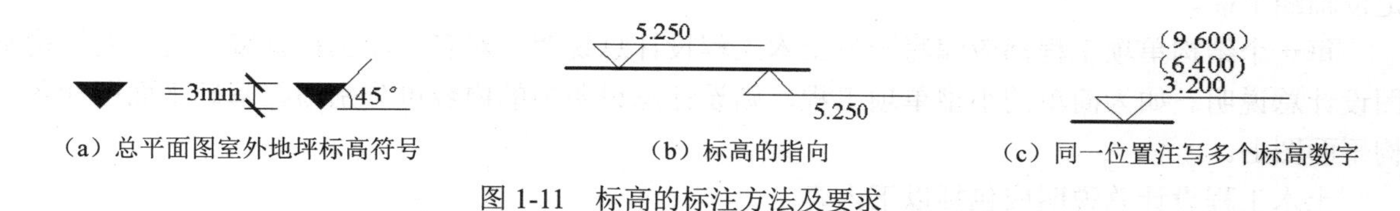

（a）总平面图室外地坪标高符号　　（b）标高的指向　　（c）同一位置注写多个标高数字

图 1-11 标高的标注方法及要求

1.5 施工图编制

一个具体的建筑，其结构施工图往往不是单个图纸或几张图纸所能表达清楚的。一般情况下包括很多单个的图纸。这时，就需要将这些结构施工图编制成册。

1.5.1 编制原则

（1）施工图设计根据已批准的初步设计及施工图设计任务书进行编制。小型或技术要求简单的建筑工程也可根据已批准的方案设计及施工图设计任务书编制施工图。大型和重要的工业与民用建筑工程在施工图编制前宜增加施工图方案设计阶段。

（2）施工图设计的编制必须贯彻执行国家有关工程建设的政策和法令，符合国家（包括行业和地方）现行的建筑工程建设标准、设计规范和制图标准，遵守设计工作程序。

（3）在施工图设计中应因地制宜地积极推广和使用国家、行业和地方的标准设计，并在图纸总说明或有关图纸说明中注明图集名称与页次。当采用标准设计时，应根据其使用条件正确选择。

重复利用其他工程图纸时，要详细了解原图利用的条件和内容，并作必要的核算和修改。

1.5.2 图纸组成

施工图一般由下列图纸依次组成。

1. 图纸目录

包含图纸的名称及图纸所在的页数。图纸目录应按图纸序号排列，先列新绘制图纸，后列选用的重复利用图和标准图。

2. 首页图（总说明）

首页图主要包括本套图纸的标题、总平面图简图及总说明。当设计合同有要求时，还应包括材料消耗总表和钢筋分类总表。

大标题应为本套图纸的工程名称和内容，一般在首页图的最上部由左至右通长书写。

总平面图一般采用 1:1000 或 1:1500 的比例绘制。结构总平面图应标示出柱网布置和定位轴线，特征轴线应标注编号和尺寸，尺寸单位为 m（米）。当为工业厂房时，还应标示出吊车轮廓线，并标注起重量和工作制。总平面简图宜标注总图坐标；当在总平面简图上不标注总图坐标时，则应在相应的基础平面布置图上标注出总图坐标。

设备基础单独编制时，应绘出厂房定位轴线、主要设备基础轮廓线和定位轴线，还应标注特征定位轴线坐标。

每一个结构单项工程都应编写一份土木工程设计总说明，对多子项工程宜编写统一的结构施工图设计总说明。如为简单的小型单项工程，则设计总说明中的内容可分别写在基础平面图和各层结构平面图上。

土木工程设计总说明应包括以下内容。

（1）本工程土木工程设计的主要依据。

（2）设计 ±0.000 标高所对应的绝对标高值。

（3）图纸中标高、尺寸的单位。

（4）建筑结构的安全等级和设计使用年限，混凝土结构的耐久性要求和砌体结构施工质量控制等级。

（5）建筑场地类别、地基的液化等级、建筑抗震设防类别、抗震设防烈度（设计基本地震加速度及设计地震分组）和钢筋混凝土结构的抗震等级。

（6）人防工程的抗力等级。

扼要说明有关地基概况，对不良地基的处理措施及技术要求、抗液化措施及要求、地基土的冰冻深度，地基基础的设计等级。

（7）采用的设计荷载。

（8）选用结构材料的品种、规格、性能及相应产品标准。混凝土结构应说明受力钢筋的保护层厚度、锚固长度、搭接长度、接长方法，预应力构件锚具种类、预留孔洞做法、施工要求及锚具防腐措施等，并对某些构件或部位的材料提出特殊要求。

（9）对水池、地下室等有抗渗要求的建（构）筑物的混凝土，说明抗渗等级，提出需作渗漏试验的具体要求，在施工期间存有上浮可能时，应提出抗浮措施。

（10）所采用的通用做法和标准构件图集；如有特殊构件需作结构性能检验时，应指出检验的方法与要求。

3. 基础平面图

基础平面图主要表示基础的平面位置、基础与墙、柱的定位轴线关系、基础底部的宽度、基础上预留的孔洞、构件、管沟等。

4. 基础详图

基础详图主要表示基础的形状、构造、材料、基础埋置深度和截面尺寸、室内外地面、防潮层位置、所属轴线、基底标高等。

5. 结构平面图

（1）一般建筑的结构平面图，均应有各层结构平面图及屋面结构平面图。具体内容如下。

① 绘出定位轴线及梁、柱、承重墙、抗震构造柱等定位尺寸，并注明其编号和楼层标高。

② 注明预制板的跨度方向、板号、数量及板底标高，标出预留洞大小及位置；预制梁、洞口过梁的位置和型号、梁底标高。

③ 现浇板应注明板厚、板面标高、配筋（亦可另绘放大比例的配筋图，必要时应将现浇楼面模板图和配筋图分别绘制），标高或板厚变化处绘制局部剖面，有预留孔、埋件、设备基础复杂时亦可放大另绘。

④ 有圈梁时应注明位置、编号、标高，可用小比例绘制单线平面示意图。

⑤ 楼梯间可绘斜线注明编号与所在详图号。

⑥ 电梯间应绘制机房结构平面布置（楼面与顶面）图，注明梁板编号、板的厚度与配筋、预留洞大小与位置、板面标高及吊钩平面位置与详图。

⑦ 屋面结构平面布置图内容与楼面平面类同，当屋面上有预留洞或其他设施时应绘出其位置、尺寸与详图，女儿墙或女儿墙构造柱的位置、编号及详图。

⑧ 当选用标准图中节点或另绘节点构造详图时，应在平面图中注明详图索引号。

（2）单层空旷房屋应绘制构件布置图及屋面结构布置图，应有以下内容。

① 构件布置应标示定位轴线，墙、柱、天桥、过梁、门樘、雨篷、柱间支撑、连系梁等的布置、编号、构件标高及详图索引号，并加注有关说明等。

② 屋面结构布置图应标示定位轴线（可不绘墙、柱）、屋面结构构件的位置及编号、支撑系统布置及编号、预留孔的位置、尺寸、节点详图索引号，有关的说明等。

6. 钢筋混凝土构件详图

（1）现浇构件（现浇梁、板、柱及墙等详图）应绘出以下内容。

① 纵剖面、长度、定位尺寸、标高及配筋，梁和板的支座；现浇的预应力混凝土构件还应绘出预应力筋定位图并提出锚固要求。

② 横剖面、定位尺寸、断面尺寸、配筋。

③ 需要时可增绘墙体立面。

④ 若钢筋较复杂不易表示清楚时，宜将钢筋分离绘出。

⑤ 对构件受力有影响的预留洞、预埋件，应注明其位置、尺寸、标高、洞边配筋及预埋件编号等。

⑥ 曲梁或平面折线梁宜增绘平面图，必要时可绘展开详图。

⑦ 一般的现浇结构的梁、柱、墙可采用“平面整体表示法”绘制，标注文字较密时，纵、横向梁宜分二幅平面绘制。

⑧ 除总说明已叙述外需特别说明的附加内容。

（2）预制构件应绘出以下内容。

① 构件模板图：应表示模板尺寸、轴线关系、预留洞及预埋件位置、尺寸，预埋件编号、必要的标高等；后张预应力构件还需表示预留孔道的定位尺寸、张拉端、锚固端等。

② 构件配筋图：纵剖面表示钢筋形式、箍筋直径与间距，配筋复杂时宜将非预应力筋分离绘出；横剖面注明断面尺寸、钢筋规格、位置、数量等。

③ 需作补充说明的内容。

☞ **说明**

对形状简单、规则的现浇或预制构件，在满足上述规定的前提下，可用列表法绘出。

7. 节点构造详图

（1）对于现浇钢筋混凝土结构应绘制节点构造详图（可采用标准设计通用详图集）。

（2）预制装配式结构的节点、梁、柱与墙体锚拉等详图应绘出平、剖面，注明相互定位关系，构件代号、连接材料、附加钢筋（或埋件）的规格、型号、性能、数量，并注明连接方法以及对施工安装、后浇混凝土的有关要求等。

（3）需作补充说明的内容。

8. 其他图纸

（1）楼梯图：应绘出每层楼梯结构平面布置及剖面图，注明尺寸、构件代号、标高；楼梯梁、楼梯板详图（可用列表法绘出）。

（2）预埋件：应绘出其平面、侧面、注明尺寸、钢材和锚筋的规格、型号、性能、焊接要求等。

（3）特种结构和构筑物：如水池、水箱、烟囱、烟道、管架、地沟、挡土墙、筒仓、大型或特殊要求的设备基础、工作平台等，均宜单独绘图；应绘出平面、特征部位剖面及配筋，注明定位关系、尺寸、标高、材料品种和规格、型号、性能。

9. 建筑幕墙的土木工程设计文件

（1）按有关规范规定，幕墙构件在竖向、水平荷载作用下的设计计算书。

（2）施工图纸，包括以下内容。

① 封面、目录（单另成册时）。

② 幕墙构件立面布置图，图中标注墙面材料、竖向和水平龙骨（或钢索）材料的品种、规格、型号、性能。

③ 墙材与龙骨、各向龙骨间的连接、安装详图。

④ 主龙骨与主体结构连接的构造详图及连接件的品种、规格、型号、性能。

☞ **说明**

当建筑幕墙的土木工程设计由有设计资质的幕墙公司按建筑设计要求承担设计时，主体土木工程设计人员应审查幕墙与相连的主体结构的安全性。

10. 钢结构

（1）钢结构设计制图分为钢结构设计图和钢结构施工详图两个阶段。

（2）钢结构设计图应由具有设计资质的设计单位完成，设计图的内容和深度应满足编制钢结构施工详图要求；钢结构施工详图（即加工制作图）一般应由具有钢结构专项设计资质的加工制作单位完成，也可由具有该资质的其他单位完成。

☞ **说明**

若设计合同未指明要求设计钢结构施工详图，则钢结构设计内容仅为钢结构设计图。

（3）钢结构设计图。

① 设计说明设计依据、荷载资料、项目类别、工程概况、所用钢材牌号和质量等级（必要时提出物理、力学性能和化学成分要求）及连接件的型号、规格、焊缝质量等级、防腐及防火措施。

② 基础平面及详图应表达钢柱与下部混凝土构件的连接构造详图。

③ 结构平面（包括各层楼面、屋面）布置图应注明定位关系、标高、构件（可用单线绘制）的位置及编号、节点详图索引号等；必要时应绘制檩条、墙梁布置图和关键剖面图；空间网架应绘制上、下弦杆和关键剖面图。

④ 构件与节点详图：简单的钢梁、柱可用统一详图和列表法表示，注明构件钢材牌号、尺寸、规格、加劲肋做法，连接节点详图，施工、安装要求；格构式梁、柱、支撑应绘出平、剖面（必要时加立面）与定位尺寸、总尺寸、分尺寸、注明单构件型号、规格、组装节点和其他构件连接详图。

（4）钢结构施工详图。

根据钢结构设计图编制组成结构构件的每个零件的放大图，标注细部尺寸、材质要求、加工精度、工艺流程要求、焊缝质量等级等，宜对零件进行编号；并考虑运输和安装能力确定构件的分段和拼装节点。

1.5.3 图纸编排

图纸编排的一般顺序如下。

（1）按工程类别，先建筑结构，后设备基础、构筑物。

（2）按结构系统，先地下结构，后上部结构。

（3）在一个结构系统中，按布置图、节点详图、构件详图、预埋件及零星钢结构施工图的顺序编排。

（4）构件详图，先模板图，后配筋图。

第 2 章　AutoCAD 2018 入门

内容简介

本章学习 AutoCAD 2018 绘图的基本知识，了解如何设置图形的系统参数、样板图，熟悉创建新的图形文件、打开已有文件的方法等，为进入系统学习做准备。

内容要点

- 操作环境简介
- 文件管理
- 基本输入操作
- 模拟认证考试

案例效果

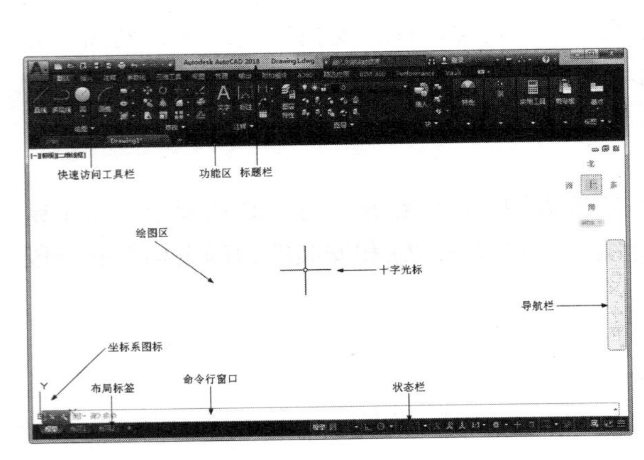

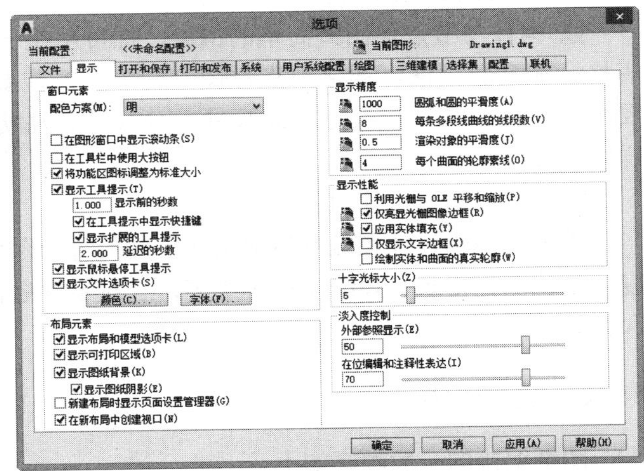

2.1　操作环境简介

操作环境是指和本软件相关的操作界面、绘图系统设置等一些涉及软件的最基本的界面和参数。本节将进行简要介绍。

2.1.1　操作界面

AutoCAD 操作界面是 AutoCAD 显示、编辑图形的区域。一个完整的草图与注释操作界面，包括标题栏、功能区、绘图区、十字光标、导航栏、坐标系图标、命令行窗口、状态栏、布局标签和快速访问工具栏等，如图 2-1 所示。

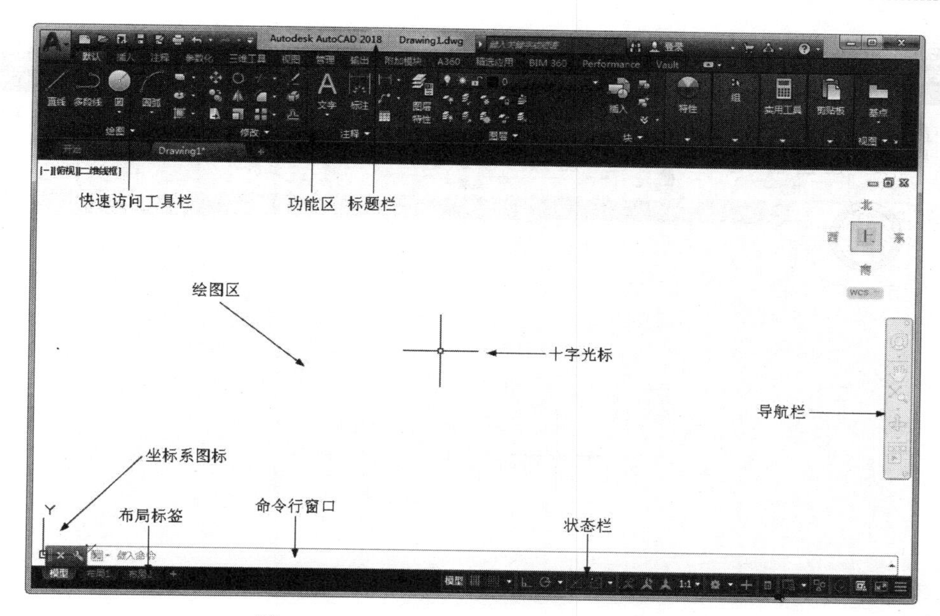

图 2-1　AutoCAD 2018 中文版的操作界面

动手学——设置明界面

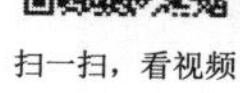
扫一扫，看视频

安装 AutoCAD 2018 后，默认的界面如图 2-1 所示。

【操作步骤】

（1）在绘图区中右击，在弹出的快捷菜单中，选择“选项”命令❶，如图 2-2 所示。

（2）打开“选项”对话框，选择“显示”选项卡，在“窗口元素”选项组的“配色方案”下拉列表框中选择“明”❷，单击“确定”按钮❸，如图 2-3 所示。此时操作界面如图 2-4 所示。

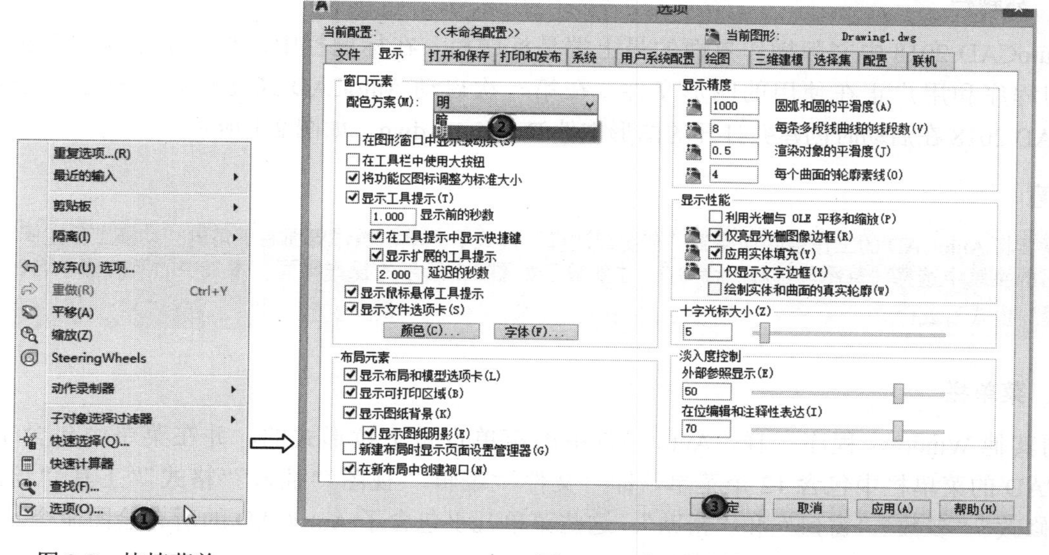

图 2-2　快捷菜单　　图 2-3　“选项”对话框

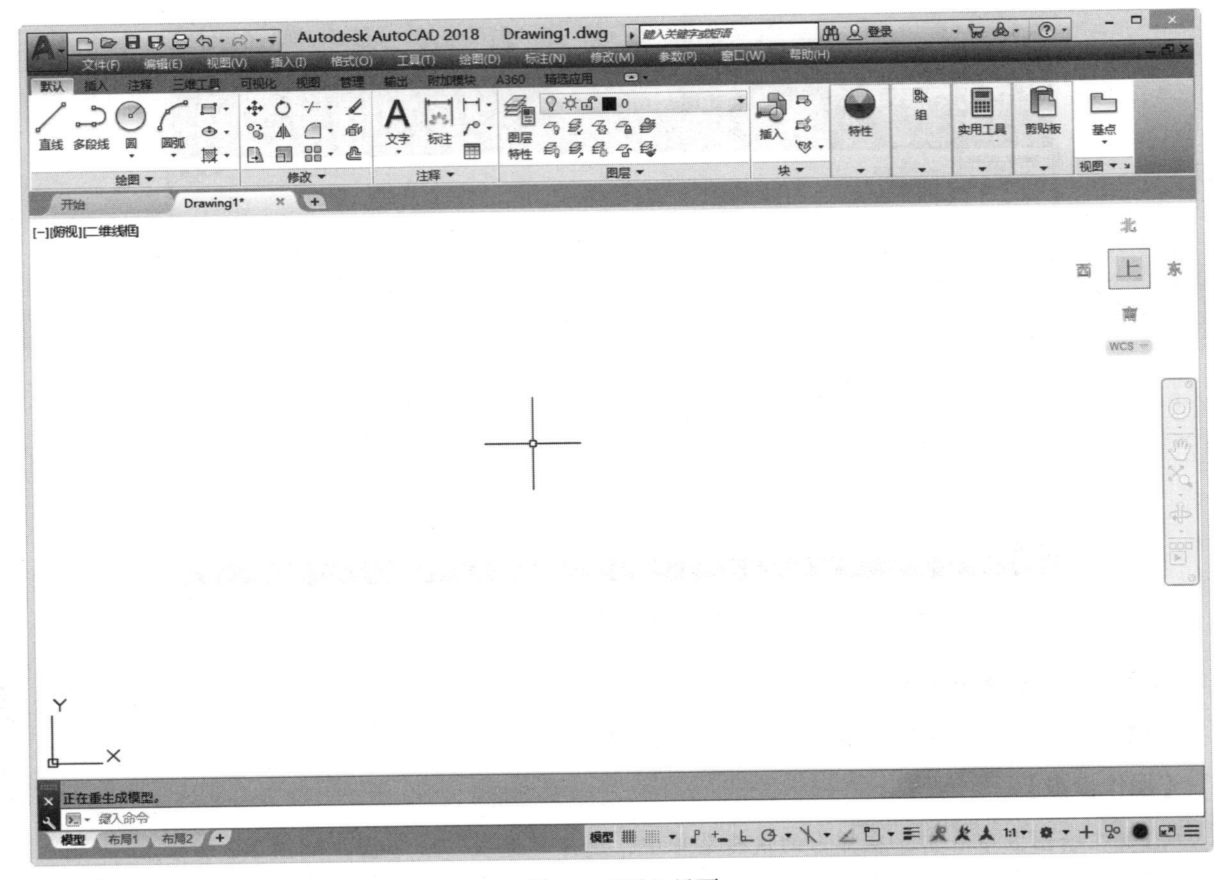

图 2-4 “明”界面

1. 标题栏

AutoCAD 2018 中文版操作界面的最上端是标题栏。在标题栏中，显示了系统当前正在运行的应用程序和用户正在使用的图形文件。在第一次启动 AutoCAD 2018 时，在标题栏中将显示 AutoCAD 2018 在启动时创建并打开的图形文件 Drawing1.dwg，如图 2-1 所示。

注意

需要将 AutoCAD 的工作空间切换到“草图与注释”模式下（单击操作界面右下角的“切换工作空间”按钮，在弹出的菜单中选择“草图与注释”命令），才能显示如图 2-1 所示的操作界面。本书中的所有操作均在“草图与注释”模式下进行。

2. 菜单栏

同其他 Windows 程序一样，AutoCAD 中的菜单也是下拉形式的，并在菜单中包含子菜单。AutoCAD 的菜单栏中包含 12 个菜单，即“文件”“编辑”“视图”“插入”“格式”“工具”“绘图”“标注”“修改”“参数”“窗口”和“帮助”。这些菜单几乎包含了 AutoCAD 的所有绘图命令，后面的章节将对这些菜单功能进行详细讲解。

动手学——设置菜单栏

扫一扫，看视频

【操作步骤】

（1）单击 AutoCAD 快速访问工具栏右侧的下拉按钮❶，在弹出的下拉菜单中选择“显示菜单栏”命令❷，如图 2-5 所示。

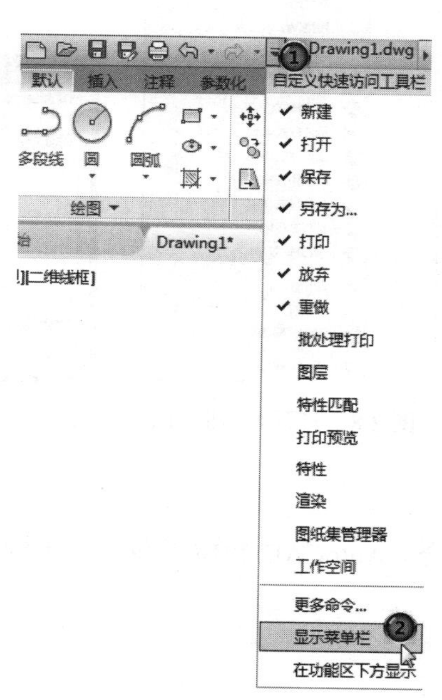

图 2-5　下拉菜单

（2）调出的菜单栏位于界面的上方，如图 2-6 所示。

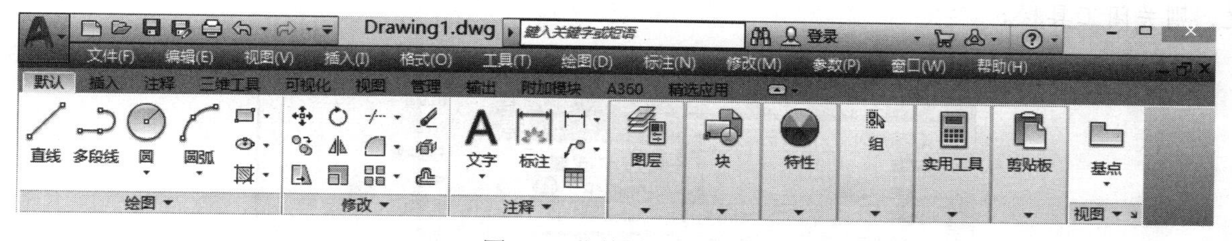

图 2-6　菜单栏显示界面

（3）在图 2-5 所示下拉菜单中选择“隐藏菜单栏”命令，则关闭菜单栏。

一般来讲，AutoCAD 下拉菜单中的命令有以下 3 种。

（1）带有子菜单的菜单命令。这种类型的菜单命令后面带有小三角形。例如，选择菜单栏中的“绘图”→“圆”命令，系统就会进一步显示出“圆”子菜单中所包含的命令，如图 2-7 所示。

（2）打开对话框的菜单命令。这种类型的命令后面带有省略号。例如，选择菜单栏中的“格式”→“表格样式...”命令（如图 2-8 所示），系统就会打开“表格样式”对话框，如图 2-9 所示。

（3）直接执行操作的菜单命令。这种类型的命令后面既不带小三角形，也不带省略号，选择该命令将直接进行相应的操作。例如，选择菜单栏中的“视图”→“重画”命令，系统将刷新所有视口。

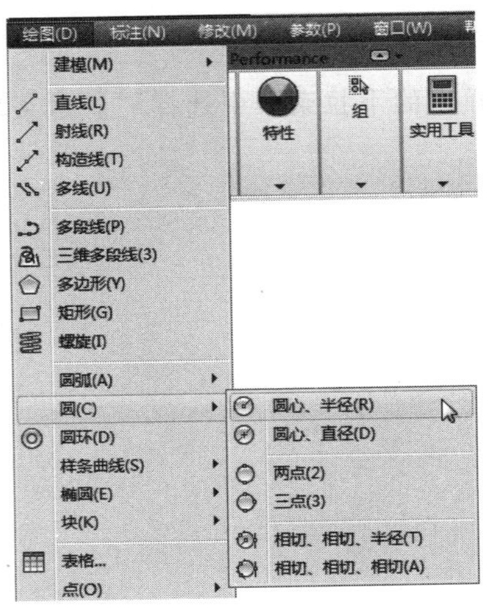

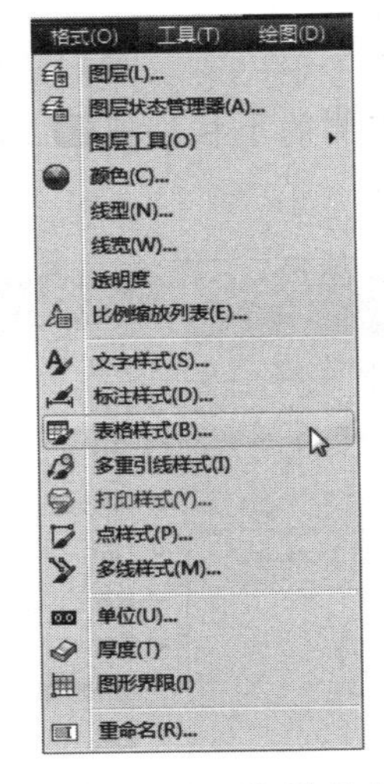

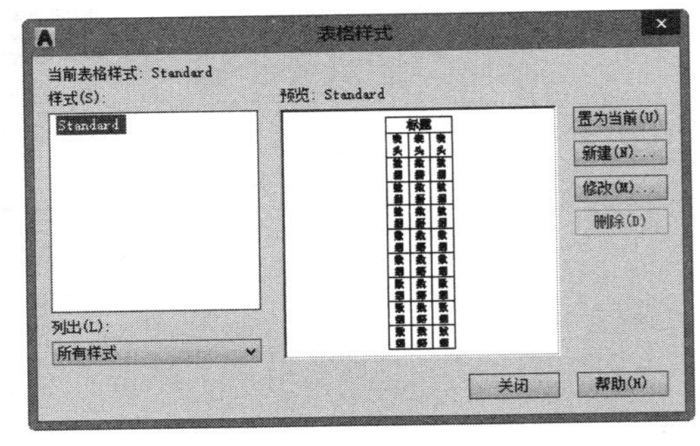

图 2-7　带有子菜单的菜单命令　　图 2-8　打开对话框的菜单命令　　图 2-9　“表格样式”对话框

3. 工具栏

扫一扫，看视频

工具栏是一组按钮工具的集合。AutoCAD 2018 提供了几十种工具栏。

动手学——设置工具栏

【操作步骤】

（1）选择菜单栏中的“工具”❶→“工具栏”❷→AutoCAD❸命令，单击某一个未在界面中显示的工具栏的名称❹（如图 2-10 所示），系统将自动在界面中打开该工具栏，如图 2-11 所示；反之，则关闭工具栏。

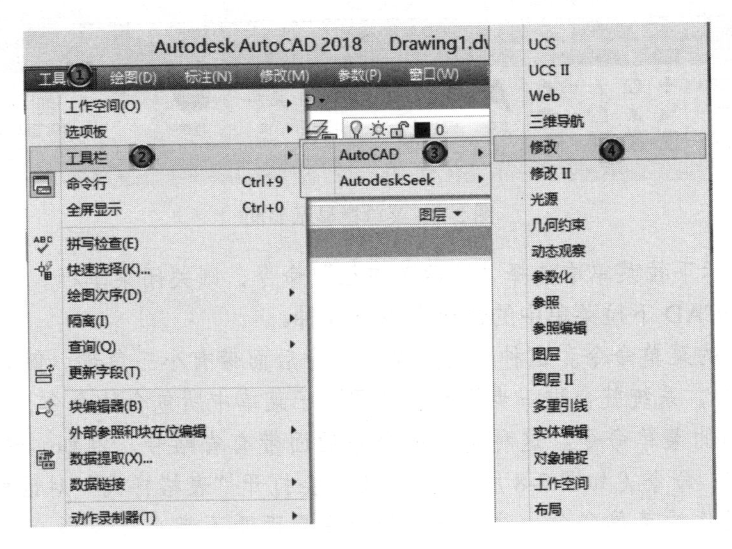

图 2-10　调出工具栏

（2）把光标移动到某个按钮上，稍停片刻即在该按钮的一侧显示相应的功能提示。此时，单击该按钮就可以启动相应的命令。

（3）工具栏可以在绘图区浮动显示（如图2-11所示），此时显示该工具栏标题，并可关闭该工具栏，可以拖动浮动工具栏到绘图区边界，使其变为固定工具栏，此时该工具栏标题隐藏。也可以把固定工具栏拖出，使其成为浮动工具栏。

有些工具栏按钮的右下角带有一个小三角形，单击这类按钮会打开相应的下拉菜单；将光标移动到某一按钮上并单击，该按钮就变为当前显示的按钮；单击当前显示的按钮，即可执行相应的命令，如图2-12所示。

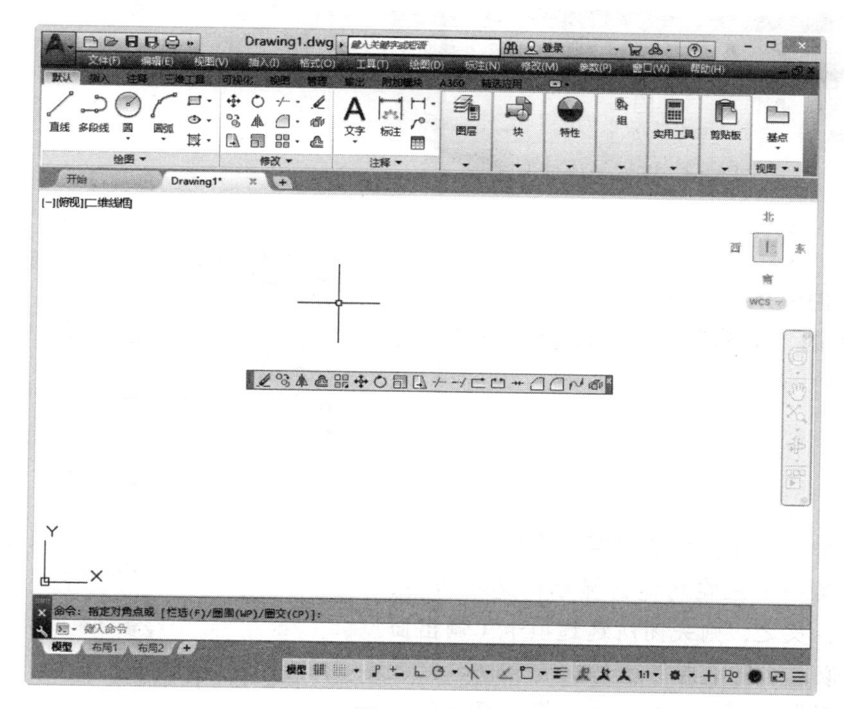

图2-11　浮动工具栏

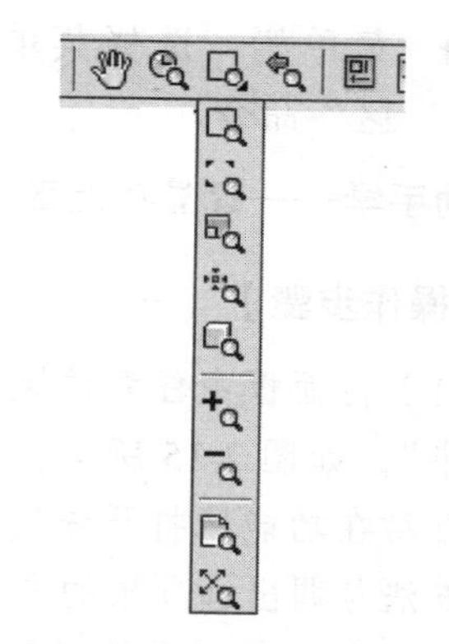

图2-12　带有下拉菜单的工具栏按钮

4. 快速访问工具栏和交互信息工具栏

（1）快速访问工具栏。该工具栏包括“新建”“打开”“保存”“另存为”“打印”“放弃”“重做”和“工作空间”等几个常用的工具。用户也可以单击此工具栏后面的下拉按钮选择需要的常用工具。

（2）交互信息工具栏。该工具栏包括“搜索”“Autodesk A360”“Autodesk App Store”“保持连接”和“帮助”等几个常用的数据交互访问工具按钮。

5. 功能区

在默认情况下，功能区包括“默认”“插入”“注释”“参数化”“视图”“管理”“输出”“附加模块”、A360以及“精选应用”等10个选项卡，如图2-13所示。用户可以通过相应的设置，显示所有的选项卡，如图2-14所示。每个选项卡都是由若干个功能面板组成，集成了大量相关的操作工具，极大方便了用户的使用。单击“精选应用”选项卡后面的▭▾按钮，可以控制功能区的展开与折叠。

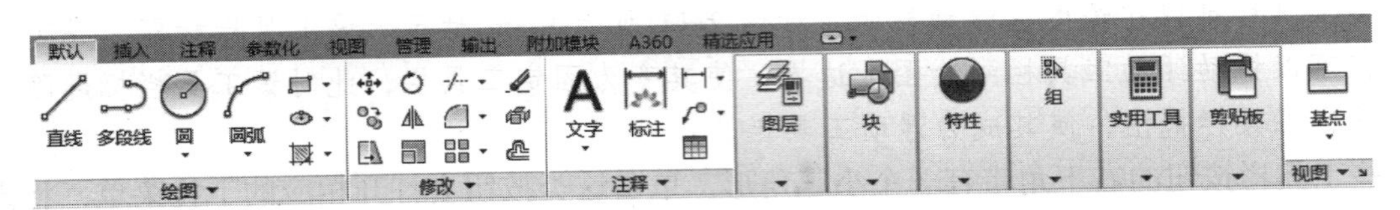

图 2-13 默认情况下出现的选项卡

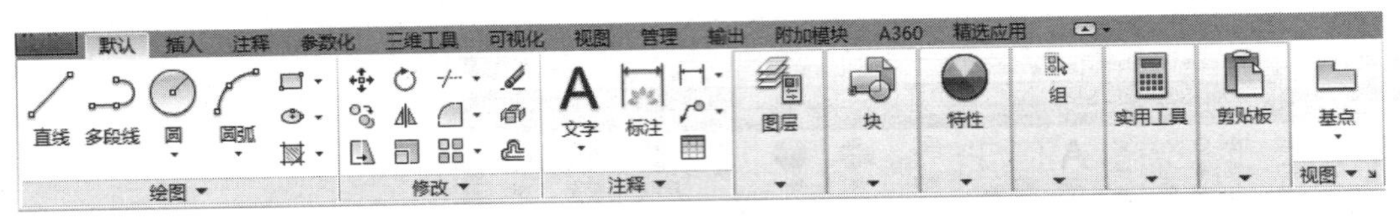

图 2-14 所有的选项卡

【执行方式】

- 命令行：RIBBON（或 RIBBONCLOSE）。
- 菜单栏：选择菜单栏中的“工具”→“选项板”→“功能区”命令。

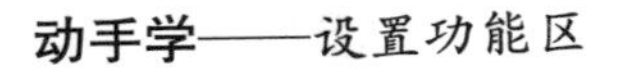

动手学——设置功能区

扫一扫，看视频

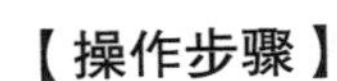

【操作步骤】

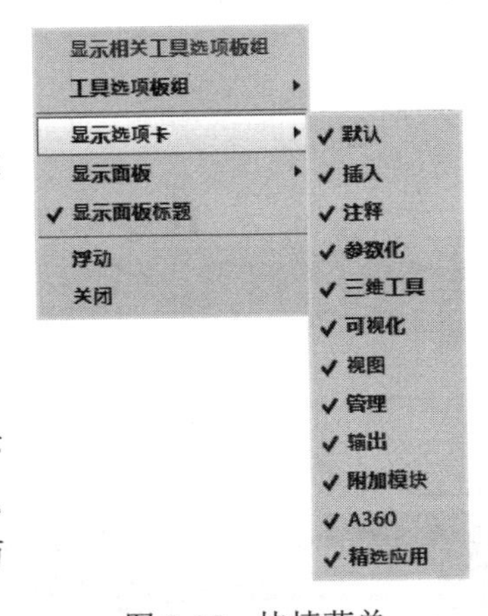

图 2-15 快捷菜单

（1）在面板中任意位置处右击，在弹出的快捷菜单中选择“显示选项卡”，如图 2-15 所示。单击某一个未在功能区显示的选项卡名，系统自动在功能区打开该选项卡；反之，则关闭所选选项卡（调出面板的方法与调出选项板的方法类似，这里不再赘述）。

（2）面板可以在绘图区“浮动”，如图 2-16 所示。将光标放到浮动面板的右上角，将显示“将面板返回到功能区”提示，如图 2-17 所示。单击此处，即可使其变为固定面板。也可以把固定面板拖出，使其成为“浮动”面板。

6. 绘图区

绘图区是指在标题栏下方的大片空白区域，用于绘制图形，用户要完成一幅设计图形，其主要工作都是在绘图区中完成。

7. 坐标系图标

在绘图区的左下角，有一个箭头指向的图标，称为坐标系图标，表示用户绘图时正使用的坐标系样式。坐标系图标的作用是为点的坐标确定一个参照系。根据工作需要，用户可以选择将其关闭。

【执行方式】

- 命令行：UCSICON。

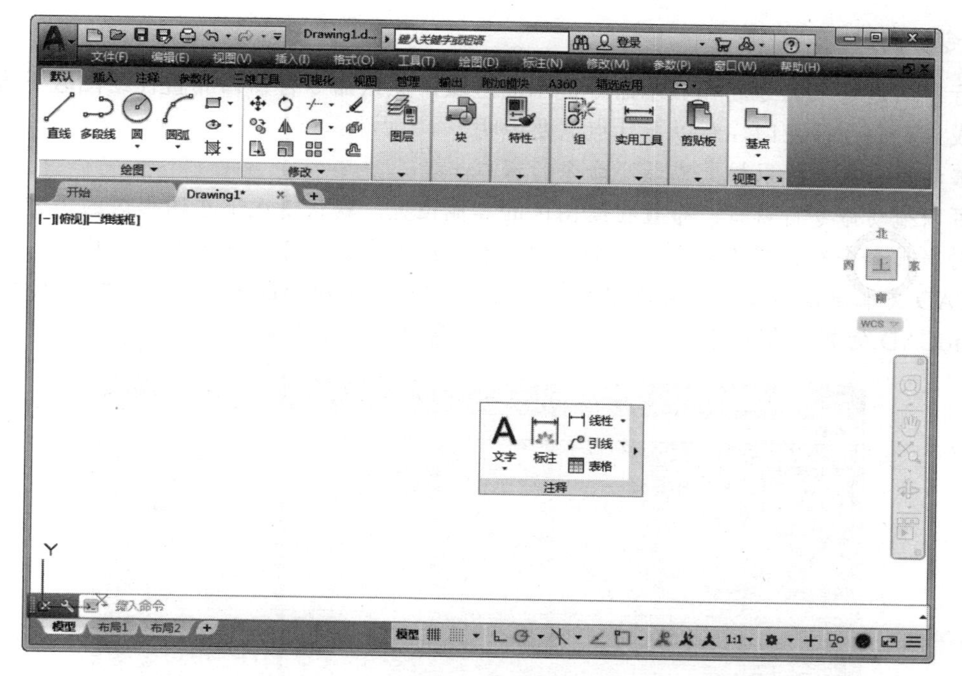

图 2-16 浮动面板

➘ 菜单栏：选择菜单栏中的“视图”→“显示”→“UCS 图标”→“开”命令，如图2-18所示。

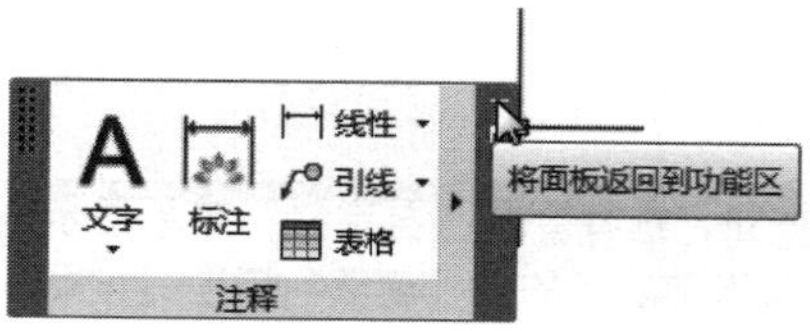

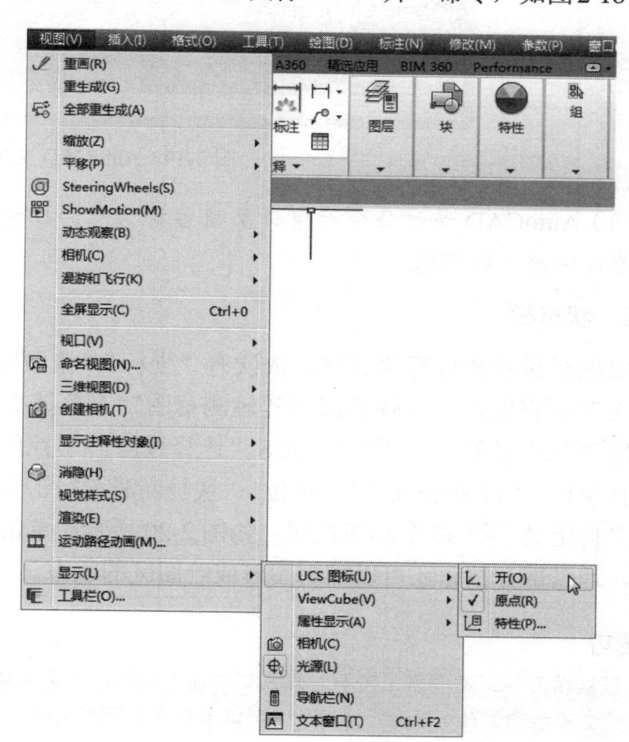

图 2-17 “注释”面板

图 2-18 显示坐标系图标的方式

8. 命令行窗口

命令行窗口是输入命令名和显示命令提示的区域，默认命令行窗口布置在绘图区下方，由若干文本行构成。对命令行窗口，有以下几点需要说明。

（1）移动拆分条，可以扩大或缩小命令行窗口。

（2）可以拖动命令行窗口，布置在绘图区的其他位置。默认情况下在图形区的下方。

（3）对当前命令行窗口中输入的内容，可以按 F2 键用文本编辑的方法进行编辑，如图 2-19 所示。AutoCAD 文本窗口和命令行窗口相似，可以显示当前 AutoCAD 进程中命令的输入和执行过程。在执行 AutoCAD 的某些命令时，会自动切换到文本窗口，列出有关信息。

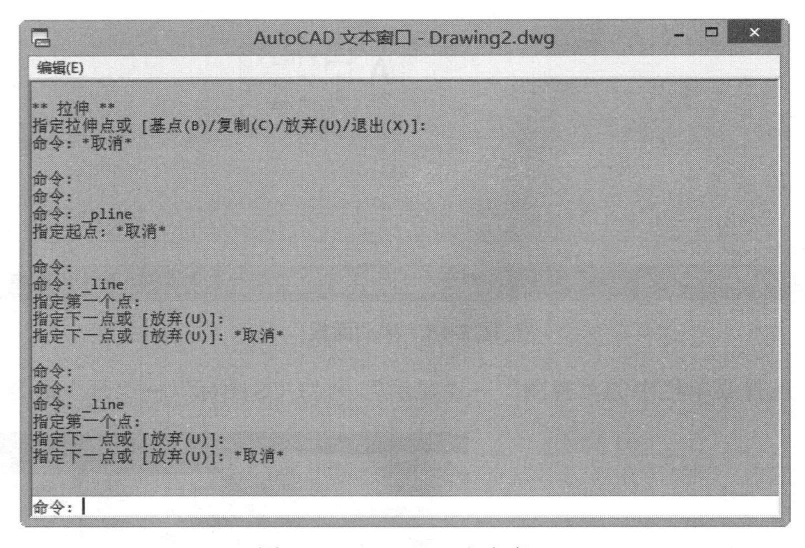

图 2-19　AutoCAD 文本窗口

（4）AutoCAD 通过命令行窗口反馈各种信息，也包括出错信息，因此，用户要时刻关注在命令行窗口中出现的信息。

9. 状态栏

状态栏显示在屏幕的底部，依次有“坐标”“模型空间”“栅格”“捕捉模式”“推断约束”“动态输入”“正交模式”“极轴追踪”“等轴测草图”“对象捕捉追踪”“二维对象捕捉”“线宽”“透明度”“选择循环”“三维对象捕捉”“动态 UCS”“选择过滤”“小控件”“注释可见性”“自动缩放”“注释比例”“切换工作空间”“注释监视器”“单位”“快捷特性”“图形性能”“锁定用户界面”“隔离对象”“全屏显示”“自定义”等 30 个功能按钮，如图 2-20 所示。单击部分开关按钮，可以实现这些功能的开关。此外，通过部分按钮还可以控制图形或绘图区的状态。

✍ 技巧

默认情况下，不会显示所有工具，可以通过状态栏上最右侧的按钮，选择要从“自定义”菜单显示的工具。状态栏上显示的工具可能会发生变化，具体取决于当前的工作空间以及当前显示的是“模型”还是“布局”。

状态栏上的按钮简介如下。

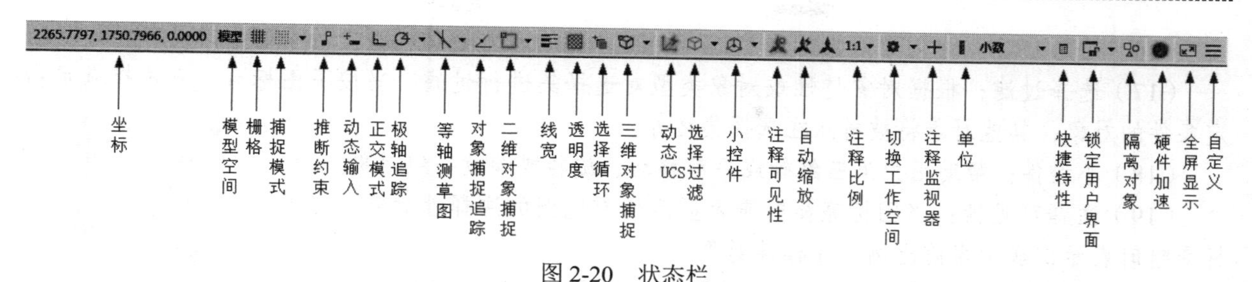

图 2-20 状态栏

（1）坐标：显示工作区鼠标放置点的坐标。

（2）模型空间：在模型空间与布局空间之间进行转换。

（3）栅格：栅格是覆盖整个坐标系 (UCS) XY 平面的直线或点组成的矩形图案。使用栅格类似于在图形下放置一张坐标纸。利用栅格可以对齐对象并直观显示对象之间的距离。

（4）捕捉模式：对象捕捉对于在对象上指定精确位置非常重要。不论何时提示输入点，都可以指定对象捕捉。默认情况下，当光标移到对象的对象捕捉位置时，将显示标记和工具提示。

（5）推断约束：自动在正在创建或编辑的对象与对象捕捉的关联对象或点之间应用约束。

（6）动态输入：在光标附近显示出一个提示框（称之为“工具提示”），工具提示中显示出对应的命令提示和光标的当前坐标值。

（7）正交模式：将光标限制在水平或垂直方向上移动，以便于精确地创建和修改对象。当创建或移动对象时，可以使用“正交”模式将光标限制在相对于用户坐标系 (UCS) 的水平或垂直方向上。

（8）极轴追踪：使用极轴追踪，光标将按指定角度进行移动。创建或修改对象时，可以使用“极轴追踪”来显示由指定的极轴角度所定义的临时对齐路径。

（9）等轴测草图：通过设定“等轴测捕捉 / 栅格”，可以很容易地沿三个等轴测平面之一对齐对象。尽管等轴测图形看似三维图形，但它实际上是由二维图形表示。因此不能期望提取三维距离和面积、从不同视点显示对象或自动消除隐藏线。

（10）对象捕捉追踪：使用对象捕捉追踪，可以沿着基于对象捕捉点的对齐路径进行追踪。已获取的点将显示一个小加号 (+)，一次最多可以获取 7 个追踪点。获取点之后，在绘图路径上移动光标，将显示相对于获取点的水平、垂直或极轴对齐路径。例如，可以基于对象端点、中点或者对象的交点，沿着某个路径选择一点。

（11）二维对象捕捉：使用执行对象捕捉设置（也称为对象捕捉），可以在对象上的精确位置指定捕捉点。选择多个选项后，将应用选定的捕捉模式，以返回距离靶框中心最近的点。按 Tab 键以在这些选项之间循环。

（12）线宽：分别显示对象所在图层中设置的不同宽度，而不是统一线宽。

（13）透明度：使用该命令，调整绘图对象显示的明暗程度。

（14）选择循环：当一个对象与其他对象彼此接近或重叠时，准确的选择某一个对象是很困难的，使用选择循环的命令，单击鼠标左键，弹出“选择集”列表框，里面列出了鼠标点击周围的图形，然后在列表中选择所需的对象。

（15）三维对象捕捉：三维中的对象捕捉与在二维中工作的方式类似，不同之处在于在三维中可以投影对象捕捉。

（16）动态UCS：在创建对象时使UCS的XY平面自动与实体模型上的平面临时对齐。

（17）选择过滤：根据对象特性或对象类型对选择集进行过滤。当按下图标后，只选择满足指定条件的对象，其他对象将被排除在选择集之外。

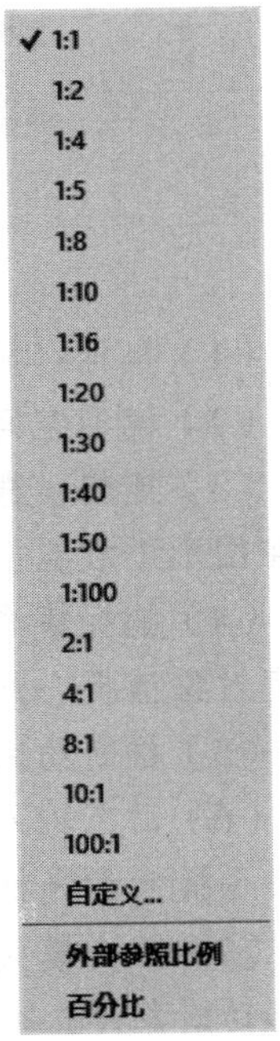

（18）小控件：帮助用户沿三维轴或平面移动、旋转或缩放一组对象。

（19）注释可见性：当图标亮显时表示显示所有比例的注释性对象；当图标变暗时表示仅显示当前比例的注释性对象。

（20）自动缩放：注释比例更改时，自动将比例添加到注释对象。

（21）注释比例：单击右下角的下拉按钮，在弹出的下拉菜单中可以根据需要选择适当的注释比例，如图2-21所示。

（22）切换工作空间：进行工作空间转换。

（23）注释监视器：打开仅用于所有事件或模型文档事件的注释监视器。

（24）单位：指定线性和角度单位的格式和小数位数。

（25）快捷特性：控制快捷特性面板的使用与禁用。

（26）锁定用户界面：按下该按钮，锁定工具栏、面板和可固定窗口的位置和大小。

（27）隔离对象：当选择隔离对象时，在当前视图中显示选定对象。所有其他对象都暂时隐藏；当选择隐藏对象时，在当前视图中暂时隐藏选定对象。所有其他对象都可见。

（28）硬件加速：设定图形卡的驱动程序以及设置硬件加速的选项。

✓ 1:1
1:2
1:4
1:5
1:8
1:10
1:16
1:20
1:30
1:40
1:50
1:100
2:1
4:1
8:1
10:1
100:1
自定义...
外部参照比例
百分比

图2-21　注释比例

（29）全屏显示：该选项可以清除Windows窗口中的标题栏、功能区和选项板等界面元素，使AutoCAD的绘图窗口全屏显示，如图2-22所示。

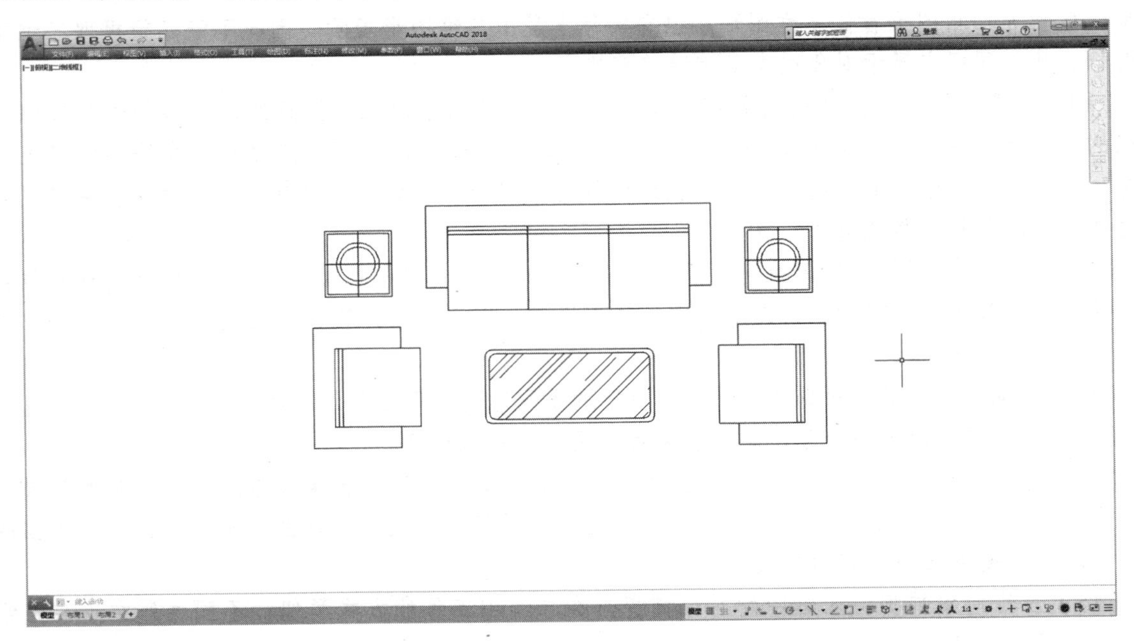

图2-22　全屏显示

（30）自定义：状态栏可以提供重要信息，而无需中断工作流。使用 MODEMACRO 系统变量可将应用程序所能识别的大多数数据显示在状态栏中。使用该系统变量的计算、判断和编辑功能可以完全按照用户的要求构造状态栏。

10. 布局标签

AutoCAD 系统默认设定一个“模型”空间和“布局 1”“布局 2”两个图样空间布局标签，这里有两个概念需要解释一下。

（1）布局。布局是系统为绘图设置的一种环境，包括图样大小、尺寸单位、角度设定、数值精确度等，在系统预设的 3 个标签中，这些环境变量都按默认设置。用户可以根据实际需要改变变量的值，也可设置符合自己要求的新标签。

（2）模型。AutoCAD 的空间分模型空间和图样空间两种。模型空间是通常绘图的环境，而在图样空间中，用户可以创建浮动视口，以不同视图显示所绘图形，还可以调整浮动视口并决定所包含视图的缩放比例。如果用户选择图样空间，可打印多个视图，也可以打印任意布局的视图。AutoCAD 系统默认打开模型空间，用户可以通过单击操作界面下方的布局标签选择需要的布局。

11. 光标大小

在绘图区中，有一个作用类似光标的“十”字线，其交点坐标反映了光标在当前坐标系中的位置。在 AutoCAD 中，将该“十”字线称为十字光标，如图 2-1 所示。

技巧

AutoCAD 通过十字光标坐标值显示当前点的位置。十字光标的方向与当前用户坐标系的 X、Y 轴方向平行，其长度系统预设为绘图区大小的 5%，用户可以根据绘图的实际需要修改大小。

动手学——设置光标大小

扫一扫，看视频

【操作步骤】

（1）选择菜单栏中的“工具”→“选项”命令，打开“选项”对话框。

（2）选择“显示”选项卡，在“十字光标大小”文本框中直接输入数值，或拖动文本框后面的滑块，即可对十字光标的大小进行调整，如图 2-23 所示。

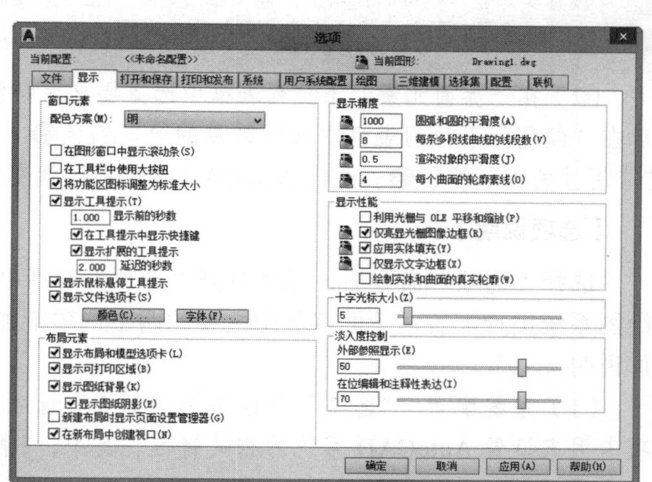

图 2-23 “显示”选项卡

此外，还可以通过设置系统变量 CURSORSIZE 的值修改其大小，命令行提示与操作如下：

```
命令：CURSORSIZE↙
输入 CURSORSIZE 的新值 <5>: 5
```

在提示下输入新值即可修改光标大小，默认值为绘图区大小的 5%。

2.1.2 绘图系统

每台计算机所使用的显示器、输入设备和输出设备的类型不同，用户喜好的风格及计算机的目录设置也不同。一般来讲，使用 AutoCAD 2018 的默认配置就可以绘图，但为了方便使用用户的定点设备或打印机，以及提高绘图的效率，推荐用户在作图前进行必要的配置。

【执行方式】

- 命令行：PREFERENCES。
- 菜单栏：选择菜单栏中的“工具”→“选项”命令。
- 快捷菜单：在绘图区右击，在弹出的快捷菜单中选择“选项”命令，如图 2-24 所示。

图 2-24　快捷菜单

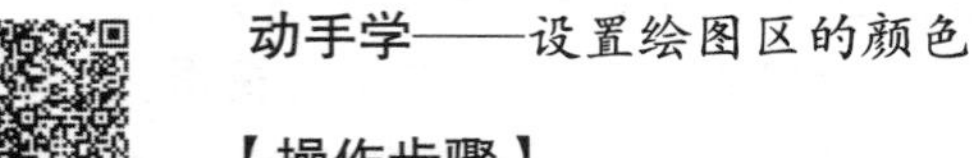

扫一扫，看视频

动手学——设置绘图区的颜色

【操作步骤】

在默认情况下，AutoCAD 的绘图区是黑色背景、白色线条，这不符合大多数用户的习惯，因此修改绘图区颜色是大多数用户都要进行的操作。

（1）选择菜单栏中的“工具”→“选项”命令，打开“选项”对话框，选择“显示”选项卡，如图 2-25 所示。单击“窗口元素”选项组中的“颜色”按钮❶，打开如图 2-26 所示的“图形窗口颜色”对话框。

技巧

设置实体显示精度时请务必注意，精度越高（显示质量越高），计算机计算的时间越长，建议不要将精度设置得太高，将显示质量设定在一个合理的程度即可。

（2）在“界面元素”下拉列表框中选择要更换颜色的元素，这里选择“统一背景”元素❷，然后在“颜色”下拉列表框中选择需要的窗口颜色❸（通常按视觉习惯选择白色为窗口颜色），单击“应用并关闭”按钮❹。此时 AutoCAD 的绘图区就变换了背景色。

【选项说明】

选择“选项”命令后，系统打开“选项”对话框。用户可以在该对话框中设置有关选项，对绘图系统进行配置。下面就其中主要的两个选项卡加以说明，其他配置选项在后面用到时再做具体说明。

（1）系统配置。“选项”对话框中的第 5 个选项卡为“系统”选项卡，如图 2-27 所示。该选项卡用来设置 AutoCAD 系统的相关特性。其中，“常规选项”选项组确定是否选择系统配置的基本选项。

（2）显示配置。“选项”对话框中的第 2 个选项卡为“显示”选项卡，该选项卡用于控制 AutoCAD 系统的外观，可设定滚动条、文件选项卡等显示与否，设置绘图区颜色、十字光标大小、

AutoCAD的版面布局设置、各实体的显示精度等。

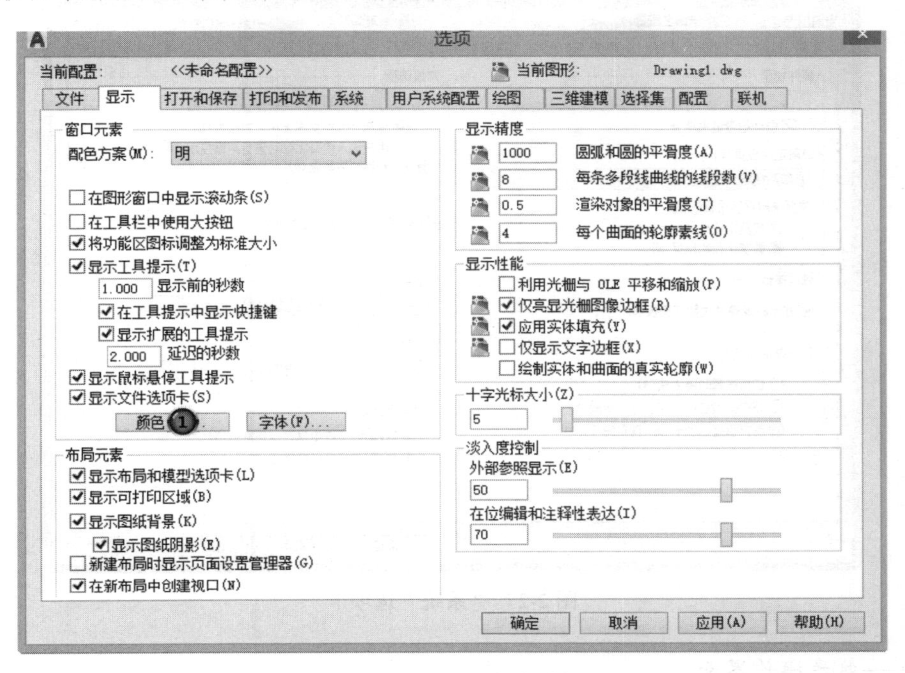

图 2-25 “显示”选项卡

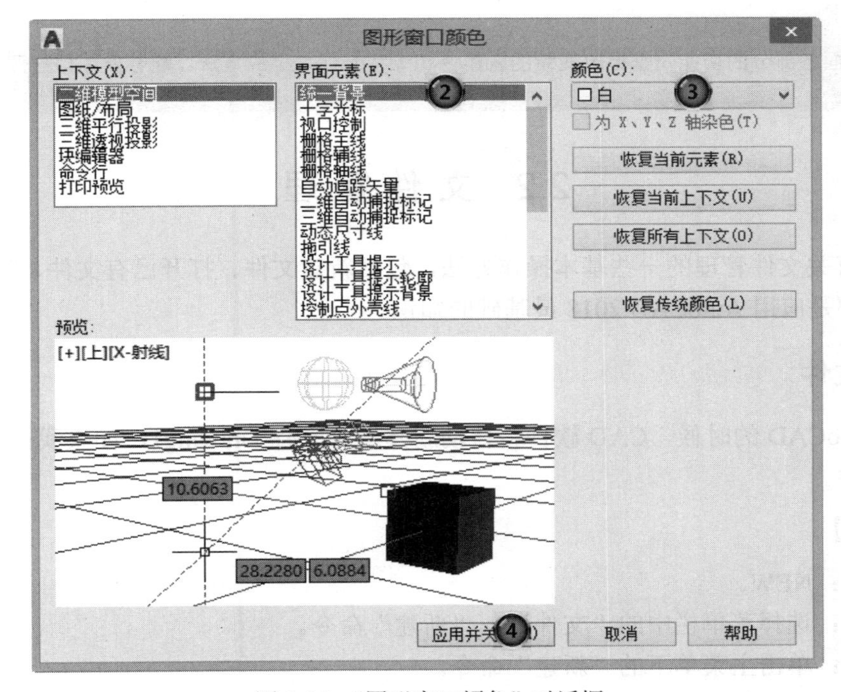

图 2-26 “图形窗口颜色”对话框

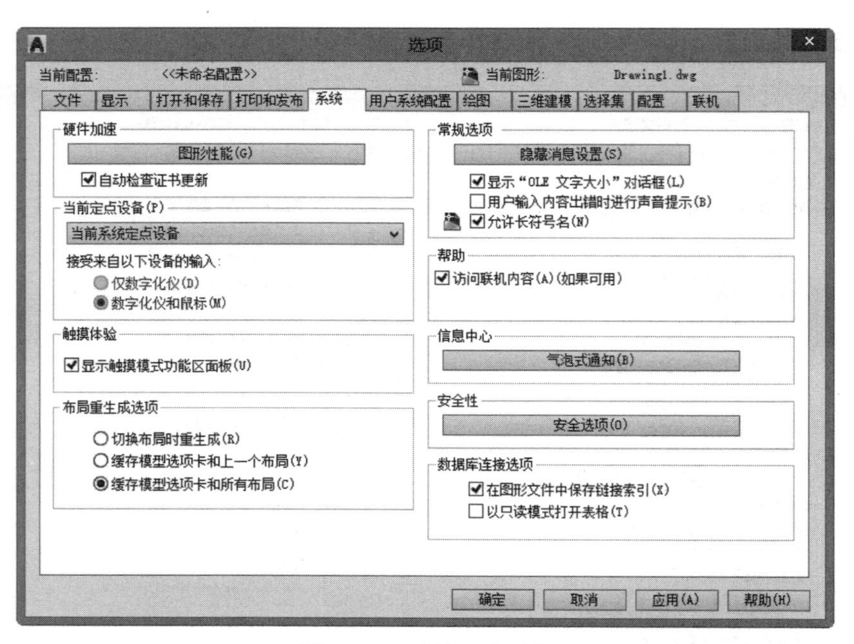

图 2-27 “系统”选项卡

练一练——熟悉操作界面

思路点拨

了解操作界面各部分的功能，掌握改变绘图区颜色和十字光标大小的方法，能够熟练地打开、移动、关闭工具栏。

2.2 文件管理

本节介绍有关文件管理的一些基本操作方法，包括新建文件、打开已有文件、保存文件、删除文件等，这些都是应用 AutoCAD 2018 最基础的知识。

2.2.1 新建文件

当启动 AutoCAD 的时候，CAD 软件会自动新建一个文件 Drawing1，如果我们想新画一张图，可以再新建文件。

【执行方式】

- 命令行：NEW。
- 菜单栏：选择菜单栏中的“文件”→“新建”命令。
- 主菜单：单击主菜单下的“新建”命令。
- 工具栏：单击标准工具栏中的“新建”按钮或单击快速访问工具栏中的“新建”按钮。
- 快捷键：Ctrl+N。

【操作步骤】

执行上述操作后，系统打开如图 2-28 所示的“选择样板”对话框。从中选择适当的模板，单击“打开”按钮，即可新建一个图形文件。

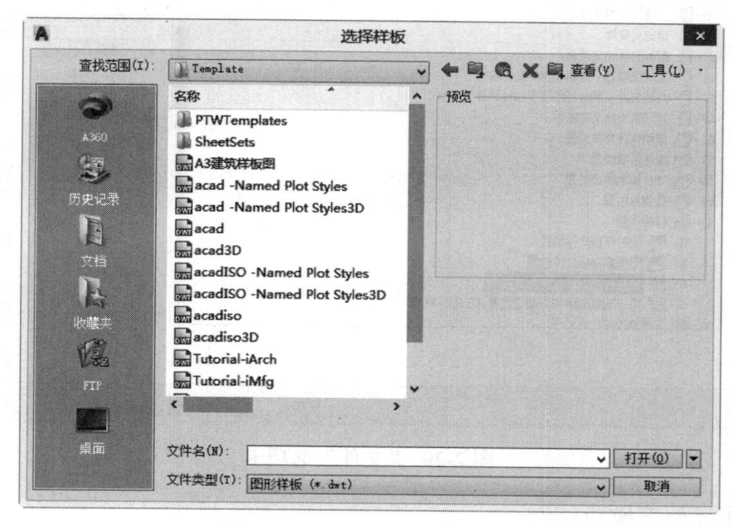

图 2-28 “选择样板”对话框

✍ 技巧

AutoCAD 最常用的模板文件有两个：acad.dwt 和 acadiso.dwt，一个是英制的，一个是公制的。

2.2.2 快速新建文件

如果用户不愿意每次新建文件时都选择样板文件，可以在系统中预先设置默认的样板文件，从而快速创建图形，该功能是创建新图形最快捷的方法。

【执行方式】

➘ 命令行：QNEW。

动手学——快速创建图形设置

扫一扫，看视频

【操作步骤】

要想使用快速创建图形功能，必须首先进行如下设置。

（1）在命令行输入“FILEDIA”，按 Enter 键，设置系统变量为 1；在命令行输入“STARTUP”，设置系统变量为 0。

（2）选择菜单栏中的“工具”→“选项”命令，在弹出的“选项”对话框中选择“文件”选项卡，单击“样板设置”前面的“+”图标，在展开的选项列表中选择“快速新建的默认样板文件名”选项，如图 2-29 所示。单击“浏览”按钮，打开“选择文件”对话框，然后选择需要的样板文件即可。

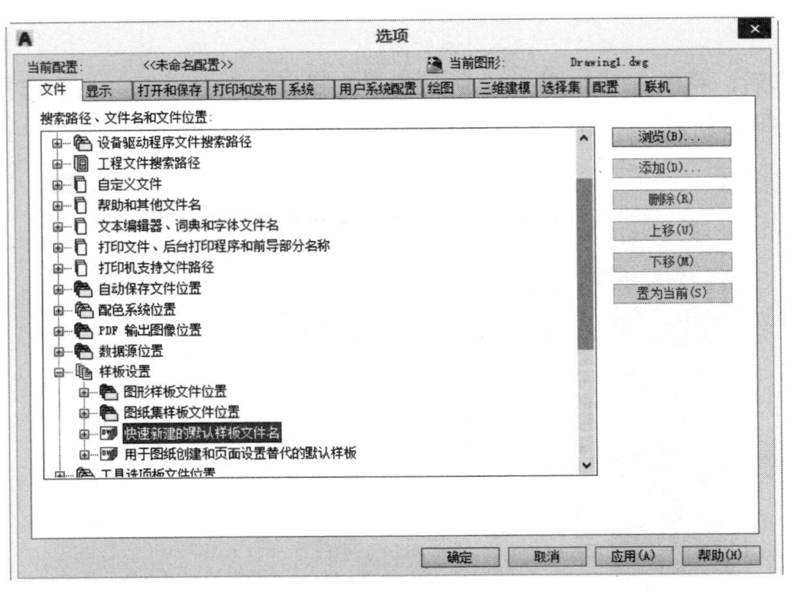

图 2-29 “文件”选项卡

（3）在命令行进行如下操作：

```
命令：QNEW↙
```

执行上述命令后，系统立即从所选的图形样板中创建新图形，而不显示任何对话框或提示。

2.2.3 保存文件

画完图或画图过程中都可以保存文件。

【执行方式】

- 命令名：QSAVE（或 SAVE）。
- 菜单栏：选择菜单栏中的“文件”→“保存”命令。
- 主菜单：单击主菜单下的“保存”命令。
- 工具栏：单击标准工具栏中的“保存”按钮或单击快速访问工具栏中的“保存”按钮。
- 快捷键：Ctrl+S。

执行上述操作后，若文件已命名，则系统自动保存文件；若文件未命名（默认名 Drawing1.dwg），则系统打开如图 2-30 所示“图形另存为”对话框，在“文件名”文本框中重新命名，在“保存于”下拉列表框中指定保存文件的路径，在“文件类型”下拉列表框中指定保存文件的类型，然后单击“保存”按钮，即可将文件以新的名称保存。

技巧

为了保证使用低版本软件的人也能正常打开，可以将文件保存成低版本。
CAD 每年一个版本，还好文件格式不是每年都变，差不多是每 3 年一变。

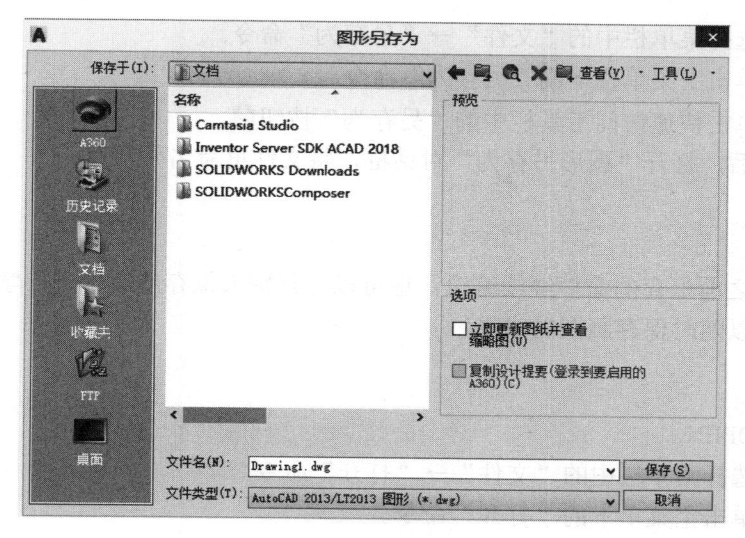

图 2-30 “图形另存为”对话框

动手学——自动保存设置

【操作步骤】

（1）在命令行输入“SAVEFILEPATH”，按 Enter 键，设置所有自动保存文件的位置，如“D:\HU\”。

（2）在命令行输入“SAVEFILE”，按 Enter 键，设置自动保存文件名。该系统变量存储的文件名文件是只读文件，用户可以从中查询自动保存的文件名。

（3）在命令行输入“SAVETIME”，按 Enter 键，指定在使用自动保存时多长时间保存一次图形，单位是“分”。

注意

本实例中输入“SAVEFILEPATH”命令后，若设置文件保存位置为“D:\HU\”，则在 D 盘下必须有“HU”文件夹，否则保存无效。

在没有相应的保存文件路径时，命令行提示与操作如下。

```
命令：SAVEFILEPATH
输入 SAVEFILEPATH 的新值，或输入 "." 表示无 <"C:\Documents and Settings\Administrator\local settings\temp\">: d:\hu\（输入文件路径）
SAVEFILEPATH 无法设置为该值
```

2.2.4 另存文件

已保存的图纸也可以另存为新的文件名。

【执行方式】

- 命令行：SAVEAS。

- 菜单栏：选择菜单栏中的“文件”→“另存为”命令。
- 主菜单：单击主菜单栏下的“另存为”命令。
- 工具栏：单击快速访问工具栏中的“另存为”按钮。

执行上述操作后，打开“图形另存为”对话框，将文件重命名并保存。

2.2.5 打开文件

我们可以打开之前保存的文件继续编辑，也可以打开别人保存的文件进行学习或借用图形，在绘图过程中我们可以随时保存画图的成果。

【执行方式】

- 命令行：OPEN。
- 菜单栏：选择菜单栏中的“文件”→“打开”命令。
- 主菜单：单击主菜单下的“打开”命令。
- 工具栏：单击标准工具栏中的“打开”按钮或单击快速访问工具栏中的“打开”按钮。
- 快捷键：Ctrl+O。

【操作步骤】

执行上述操作后，打开“选择文件”对话框，如图 2-31 所示。

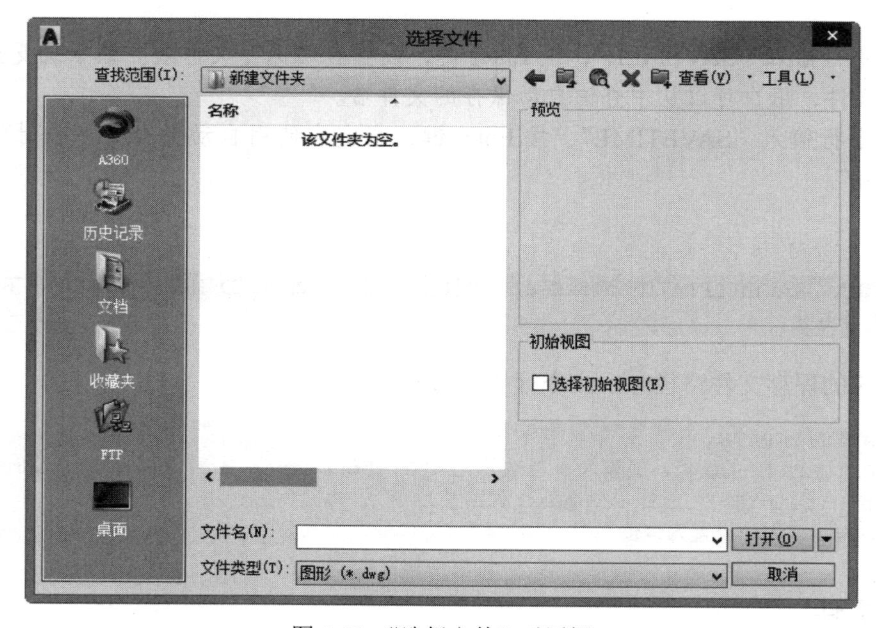

图 2-31 “选择文件”对话框

【选项说明】

在“文件类型”下拉列表框中可选择“.dwg”“.dwt”“.dxf”和“.dws”等文件格式。“.dws”

文件是包含标准图层、标注样式、线型和文字样式的样板文件；“.dxf”文件是用文本形式存储的图形文件，能够被其他程序读取，许多第三方应用软件都支持“.dxf”格式。

✍ **技巧**

高版本 CAD 可以打开低版本 DWG 文件，低版本 CAD 无法打开高版本 DWG 文件。

如果我们只是自己画图的话，可以完全不理会版本，直接取完文件名单击“保存”就可以了。如果我们需要把图纸传给其他人，就需要根据对方使用的 CAD 版本来选择保存的版本了。

2.2.6 退出

绘制完图形后，不继续绘制可以直接退出软件。

【执行方式】

- 命令行：QUIT 或 EXIT。
- 菜单栏：选择菜单栏中的“文件”→“退出”命令。
- 主菜单：单击主菜单栏下的“关闭”命令。
- 按钮：单击 AutoCAD 操作界面右上角的“关闭”按钮■。

执行上述操作后，若用户对图形所做的修改尚未保存，则会打开如图 2-32 所示的系统警告对话框。单击“是”按钮，系统将保存文件，然后退出；单击“否”按钮，系统将不保存文件；若用户对图形所做的修改已经保存，则直接退出。

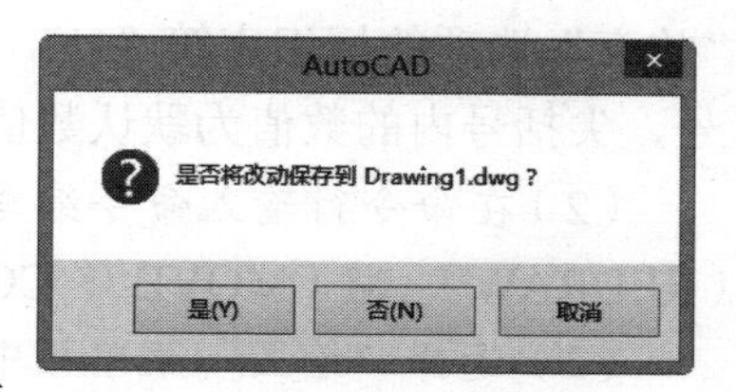

图 2-32 系统警告对话框

练一练——管理图形文件

图形文件管理包括文件的新建、打开、保存、退出等。本练习要求读者熟练掌握 DWG 文件的赋名保存、自动保存的方法。

思路点拨

（1）启动 AutoCAD 2018，进入操作界面。
（2）打开一幅已经保存过的图形。
（3）进行自动保存设置。
（4）尝试在图形上绘制任意图线。
（5）将图形以新的名称保存。
（6）退出该图形。

2.3 基本输入操作

绘制图形的要点在于快和准，即图形尺寸绘制准确并节省绘图时间。本节主要介绍不同命令的操作方法，读者在后面章节中学习绘图命令时，应尽可能掌握多种方法，从中找出适合自己且快速的方法。

2.3.1 命令输入方式

AutoCAD 交互绘图必须输入必要的指令和参数。有多种 AutoCAD 命令输入方式，下面以绘制直线为例，介绍命令输入方式。

（1）在命令行输入命令名。命令字符可不区分大小写，例如，命令“LINE”。执行命令时，在命令行提示中经常会出现命令选项。在命令行输入绘制直线命令“LINE”后，命令行提示与操作如下。

```
命令：LINE↙
指定第一个点：(在绘图区指定一点或输入一个点的坐标)
指定下一点或 [放弃(U)]:
```

命令行中不带括号的提示为默认选项（如上面的“指定下一点或 [放弃 (U)]”），因此可以直接输入直线的坐标或在绘图区指定一点，如果要选择其他选项，则应该首先输入该选项的标识字符与“放弃”选项的标识字符“U”，然后按系统提示输入数据即可。在命令选项的后面有时还带有尖括号，尖括号内的数值为默认数值。

（2）在命令行输入命令缩写字，例如，L（LINE）、C（CIRCLE）、A（ARC）、Z（ZOOM）、R（REDRAW）、M（MOVE）、CO（COPY）、PL（PLINE）、E（ERASE）等。

（3）选择“绘图”菜单栏中对应的命令，在命令行窗口中可以看到对应的命令说明及命令名。

（4）单击“绘图”工具栏中对应的按钮，命令行窗口中也可以看到对应的命令说明及命令名。

（5）在绘图区打开快捷菜单。如果在前面刚使用过要输入的命令，可以在绘图区右击，打开快捷菜单，在“最近的输入”子菜单中选择需要的命令，如图 2-33 所示。“最近的输入”子菜单中存储了最近使用的命令，如果经常重复使用某个命令，这种方法就比较快捷。

（6）在命令行直接回车。如果用户要重复使用上次使用的命令，可以直接在命令行回车，系统立即重复执行上次使用的命令，这种方法适用于重复执行某个命令。

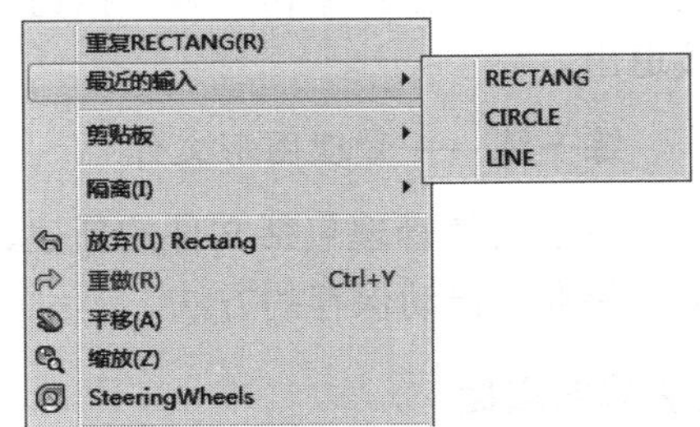

图 2-33 绘图区快捷菜单

2.3.2 命令的重复、撤销和重做

在绘图过程中经常会重复使用相同命令或者用错命令，下面介绍命令的重复和撤销操作。

1. 命令的重复

按 Enter 键，可重复调用上一个命令，不管上一个命令是完成了还是被取消了。

2. 命令的撤销

在命令执行的任何时刻都可以取消或终止命令。

【执行方式】

- 命令行：UNDO。
- 菜单栏：选择菜单栏中的“编辑”→“放弃”命令。
- 工具栏：单击标准工具栏中的“放弃”按钮或单击快速访问工具栏中的“放弃”按钮。

➘ 快捷键：Esc。

3. 命令的重做

已被撤销的命令要恢复重做，可以恢复撤销的最后一个命令。

【执行方式】

➘ 命令行：REDO（快捷命令：RE）。
➘ 菜单栏：选择菜单栏中的“编辑”→“重做”命令。
➘ 工具栏：单击标准工具栏中的“重做”按钮或单击快速访问工具栏中的“重做”按钮。
➘ 快捷键：Ctrl+Y。

AutoCAD 2018 可以一次执行多重放弃和重做操作。单击快速访问工具栏中的“放弃”按钮或“重做”按钮后面的下拉按钮，在弹出的下拉菜单中可以选择要放弃或重做的操作，如图 2-34 所示。

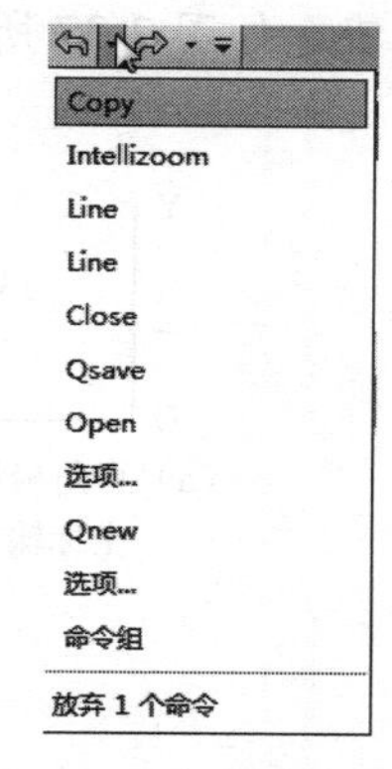

图 2-34 多重放弃选项

2.3.3 命令执行方式

有的命令有两种执行方式，即通过对话框或命令行输入命令。如指定使用命令行方式，可以在命令名前加短划线来表示，如“-LAYER”表示用命令行方式执行“图层”命令。而如果在命令行输入“LAYER”，系统会打开“图层特性管理器”对话框。

另外，有些命令同时存在命令行、菜单栏、工具栏和功能区 4 种执行方式，这时如果选择菜单栏、工具栏或功能区方式，命令行会显示该命令，并在前面加下划线。例如，通过菜单栏工具栏或功能区方式执行“直线”命令时，命令行会显示“_line”。

2.3.4 数据输入法

在 AutoCAD 2018 中，点的坐标可以用直角坐标、极坐标、球面坐标和柱面坐标表示，每一种坐标又分别具有两种坐标输入方式，即绝对坐标和相对坐标。其中，直角坐标和极坐标最为常用，具体输入方法如下。

（1）直角坐标法。用点的 X、Y 坐标值表示的坐标。

在命令行中输入点的坐标“15,18”，则表示输入了一个 X、Y 的坐标值分别为 15、18 的点，此为绝对坐标输入方式，表示该点的坐标是相对于当前坐标原点的坐标值，如图 2-35（a）所示。如果输入“@10,20”，则为相对坐标输入方式，表示该点的坐标是相对于前一点的坐标值，如图 2-35（c）所示。

（2）极坐标法。用长度和角度表示的坐标，只能用来表示二维点的坐标。

① 在绝对坐标输入方式下，表示为“长度 < 角度”，如“25<50”。其中，长度表示该点到坐标原点的距离，角度表示该点到原点的连线与 X 轴正向的夹角，如图 2-35（b）所示。

② 在相对坐标输入方式下，表示为“@ 长度 < 角度”，如“@25<45”。其中，长度为该点到前一点的距离，角度为该点至前一点的连线与 X 轴正向的夹角，如图 2-35（d）所示。

（3）动态数据输入。单击状态栏中的“动态输入”按钮，系统打开动态输入功能，可以在绘图区动态地输入某些参数数据。例如，绘制直线时，在光标附近会动态地显示“指定第一个点：”，以及后面的坐标框。当前坐标框中显示的是目前光标所在位置，可以输入数据，两个数据之间以逗号隔开，如图 2-36 所示。指定第一点后，系统动态显示直线的角度，同时要求输入线段长度值，如图 2-37 所示。其输入效果与“@ 长度 < 角度”方式相同。

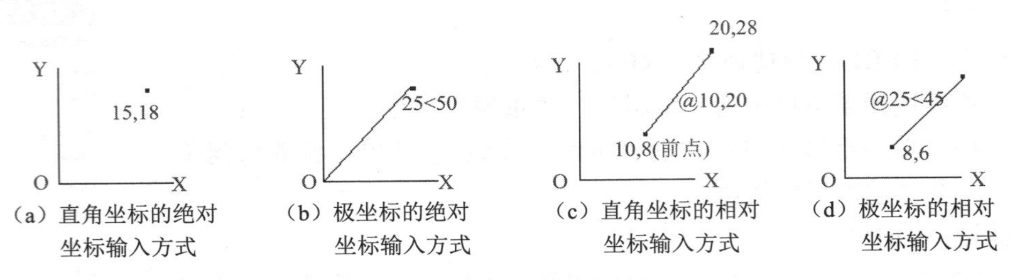

图 2-35　数据输入方法

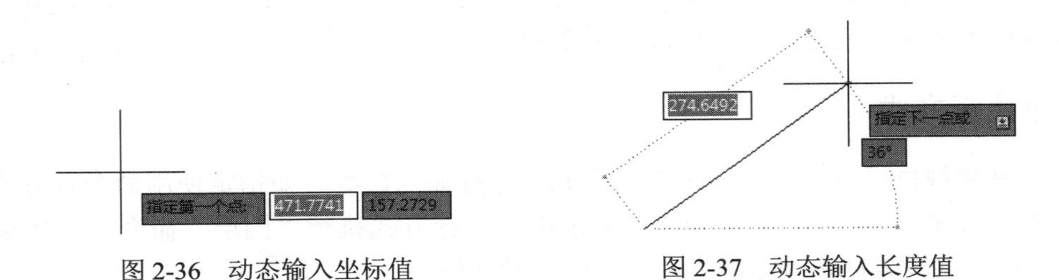

图 2-36　动态输入坐标值　　图 2-37　动态输入长度值

（4）点的输入。在绘图过程中，常需要输入点的位置，AutoCAD 提供了如下几种输入点的方式。

① 用键盘直接在命令行输入点的坐标。直角坐标有两种输入方式：“x,y”（点的绝对坐标值，如“100,50”）和“@x,y”（相对于上一点的相对坐标值，如“@ 50,-30”）。

极坐标的输入方式为“长度 < 角度”（其中，长度为点到坐标原点的距离，角度为原点至该点连线与 X 轴的正向夹角，如“20<45”）或“@ 长度 < 角度”（相对于上一点的相对极坐标，如“@ 50<-30”）。

② 用鼠标等定标设备移动光标，在绘图区单击直接取点。

③ 用目标捕捉方式捕捉绘图区已有图形的特殊点（如端点、中点、中心点、插入点、交点、切点、垂足点等）。

④ 直接输入距离。先拖动出直线以确定方向，然后用键盘输入距离，这样有利于准确控制对象的长度。

（5）距离值的输入。在 AutoCAD 命令中，有时需要提供高度、宽度、半径、长度等表示距离的值。AutoCAD 系统提供了两种输入距离值的方式，一种是用键盘在命令行中直接输入数值，另一种是在绘图区选择两点，以两点的距离值确定出所需数值。

扫一扫，看视频

动手学——绘制线段

【操作步骤】

（1）单击“默认”选项卡“绘图”面板中的“直线”按钮，绘制长度为 10mm 的直线。

（2）在绘图区移动光标指明线段的方向，但不要单击鼠标，然后在命令行输入“10”，这样就在指定方向上准确地绘制了长度为10mm的线段，如图2-38所示。

图2-38　绘制线段

练一练——数据操作

AutoCAD 2018人机交互的最基本内容就是数据输入。本练习要求用户熟练地掌握各种数据的输入方法。

思路点拨

（1）在命令行输入“LINE”命令。
（2）输入起点在直角坐标方式下的绝对坐标值。
（3）输入下一点在直角坐标方式下的相对坐标值。
（4）输入下一点在极坐标方式下的绝对坐标值。
（5）输入下一点在极坐标方式下的相对坐标值。
（6）单击直接指定下一点的位置。
（7）单击状态栏中的“正交模式”按钮，用光标指定下一点的方向，在命令行输入一个数值。
（8）单击状态栏中的“动态输入”按钮，拖动光标，系统会动态显示角度，拖动到选定角度后，在长度文本框中输入长度值。
（9）按Enter键，结束绘制线段的操作。

2.4　模拟认证考试

1. 下面不可以拖动的是（　　）。

A. 命令行　B. 工具栏　C. 工具选项板　D. 菜单

2. 打开和关闭命令行的快捷键是（　　）。

A. F2　B. Ctrl+F2　C. Ctrl+F9　D. Ctrl+9

3. 文件有多种输出格式，下列的格式输出不正确的是（　　）。

A. .dwfx　B. .wmf　C. .bmp　D. .dgx

4. 在AutoCAD中，若光标悬停在命令或控件上时，首先显示的提示是（　　）。

A. 下拉菜单　B. 文本输入框
C. 基本工具提示　D. 补充工具提示

5. 在“全屏显示”状态下，以下（　　）部分不显示在绘图界面中。

A. 标题栏　B. 命令窗口　C. 状态栏　D. 功能区

6. 坐标(@100,80)表示（　　）。

A. 表示该点距原点X方向的位移为100，Y方向位移为80
B. 表示该点相对原点的距离为100，该点与前一点连线与X轴的夹角为80°
C. 表示该点相对前一点X方向的位移为100，Y方向位移为80
D. 表示该点相对前一点的距离为100，该点与前一点连线与X轴的夹角为80°

7. 要恢复用U命令放弃的操作，应该用（　　）命令。

A. redo（重做）　　　　B. redrawall（重画）

C. regen（重生成）　　　　D. regenall（全部重生成）

8. 若图面已有一点 A（2,2），要得到另一点 B（4,4），以下坐标输入不正确的是（　　）。

A. @4,4　　　　B. @2,2　　　　C. 4,4　　　　D. @2<45

9. 在 AutoCAD 中，如何设置光标悬停在命令上基本工具提示与显示扩展工具提示之间显示的延迟时间？（　　）

A. 在“选项”对话框的“显示”选项卡中进行设置

B. 在“选项”对话框的“文件”选项卡中进行设置

C. 在“选项”对话框的“系统”选项卡中进行设置

D. 在“选项”对话框的“用户系统配置”选项卡中进行设置

第 3 章　基本绘图设置

内容简介

本章学习关于二维绘图的参数设置知识。了解图层、基本绘图参数的设置并熟练掌握，进而应用到图形绘制过程中。

内容要点

- 基本绘图参数
- 显示图形
- 图层
- 综合演练——设置样板图绘图环境
- 模拟认证考试

案例效果

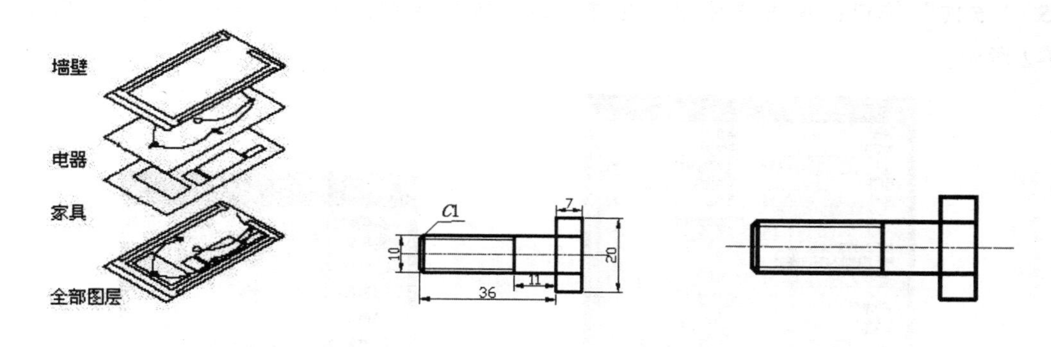

3.1　基本绘图参数

绘制一幅图形时，需要设置一些基本参数，如图形单位、图幅界限等，这里进行简要介绍。

3.1.1　设置图形单位

在 AutoCAD 中对于任何图形而言，总有其大小、精度和所采用的单位，屏幕上显示的仅为屏幕单位，但屏幕单位应该对应一个真实的单位，不同的单位其显示格式也不同。

【执行方式】

- 命令行：DDUNITS（或 UNITS，快捷命令：UN）。
- 菜单栏：选择菜单栏中的“格式”→“单位”命令。

扫一扫，看视频

动手学——设置图形单位

【操作步骤】

（1）执行上述操作后，系统打开“图形单位”对话框，如图3-1所示。

（2）在长度类型下拉列表中选择长度类型为小数，在精度下拉列表中选择精度为0.00。

（3）在角度类型下拉列表中选择十进制度数，在精度下拉列表中选择精度为0.0。

（4）其他采用默认设置，单击“确定”按钮，完成图形单位的设置。

【选项说明】

（1）“长度”与“角度”选项组：指定测量的长度与角度的当前单位及精度。

（2）“插入时的缩放单位”选项组：控制插入到当前图形中的块和图形的测量单位。如果块或图形创建时使用的单位与该选项指定的单位不同，则在插入这些块或图形时，将对其按比例进行缩放。插入比例是原块或图形使用的单位与目标图形使用的单位之比。如果插入块时不按指定单位缩放，则在其下拉列表框中选择“无单位”选项。

（3）“输出样例”选项组：显示用当前单位和角度设置的例子。

（4）“光源”选项组：控制当前图形中光度控制光源的强度的测量单位。为创建和使用光度控制光源，必须从下拉列表框中指定非“常规”的单位。如果“插入比例”设置为“无单位”，则将显示警告信息，通知用户渲染输出可能不正确。

（5）“方向”按钮：单击该按钮，在弹出的“方向控制”对话框中可以进行方向控制设置，如图3-2所示。

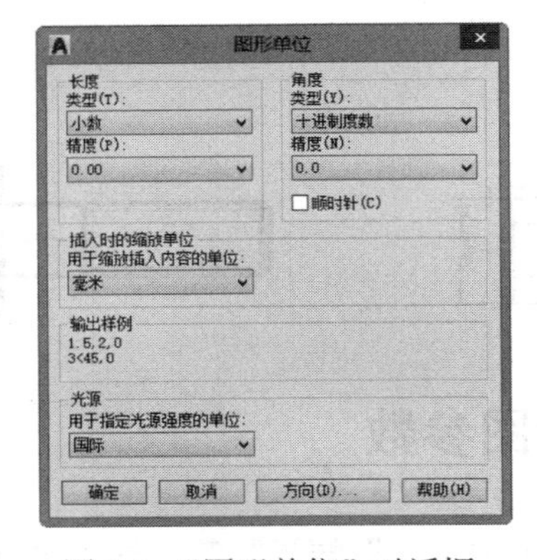

图3-1 “图形单位”对话框

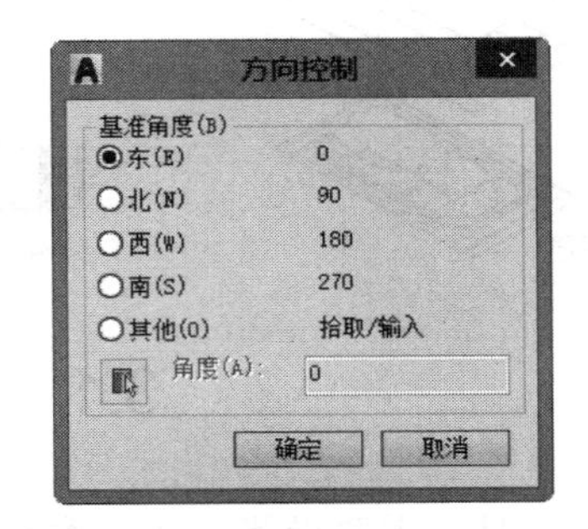

图3-2 “方向控制”对话框

3.1.2 设置图形界限

绘图界限用于标明用户的工作区域和图纸的边界，为了便于用户准确地绘制和输出图形，避免绘制的图形超出某个范围，可使用CAD的绘图界限功能。

【执行方式】

- 命令行：LIMITS。
- 菜单栏：选择菜单栏中的“格式”→“图形界限”命令。

扫一扫，看视频

动手学——设置A4图形界限

【操作步骤】

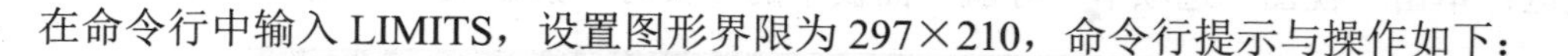

在命令行中输入LIMITS，设置图形界限为297×210，命令行提示与操作如下：

```
命令：LIMITS↙
重新设置模型空间界限：
指定左下角点或 [开(ON)/关(OFF)] <0.0000,0.0000>:（输入图形边界左下角的坐标后按Enter键）
指定右上角点 <12.0000,90000>:297,210（输入图形边界右上角的坐标后按Enter键）
```

【选项说明】

（1）开(ON)：使图形界限有效。系统在图形界限以外拾取的点将视为无效。

（2）关(OFF)：使图形界限无效。用户可以在图形界限以外拾取点或实体。

（3）动态输入角点坐标：可以直接在绘图区的动态文本框中输入角点坐标，输入横坐标值后，按“,”键，接着输入纵坐标值，如图3-3所示；也可以按光标位置直接单击，确定角点位置。

图3-3　动态输入

✍ 技巧

在命令行中输入坐标时，请检查此时的输入法是否是英文输入状态。如果是中文输入法，例如输入“150，20”，则由于逗号“，”的原因，系统会认定该坐标输入无效。这时，只需将输入法改为英文重新输入即可。

练一练——设置绘图环境

在绘制图形之前，先设置绘图环境。

思路点拨

（1）设置图形单位。
（2）设置A3图形界限。

3.2　显示图形

恰当地显示图形的最一般方法就是利用缩放和平移命令。使用这两个命令可以在绘图区域放大或缩小图像显示，或者改变观察位置。

3.2.1　图形缩放

缩放命令将图形放大或缩小显示，以便观察和绘制图形，该命令并不改变图形实际位置和尺寸，只是变更视图的比例。

【执行方式】

➘ 命令行：ZOOM。

- 菜单栏：选择菜单栏中的“视图”→“缩放”→“实时”命令。
- 工具栏：单击标准工具栏中的“实时缩放”按钮。
- 功能区：单击“视图”选项卡“导航”面板中的“实时”按钮，如图 3-4 所示。

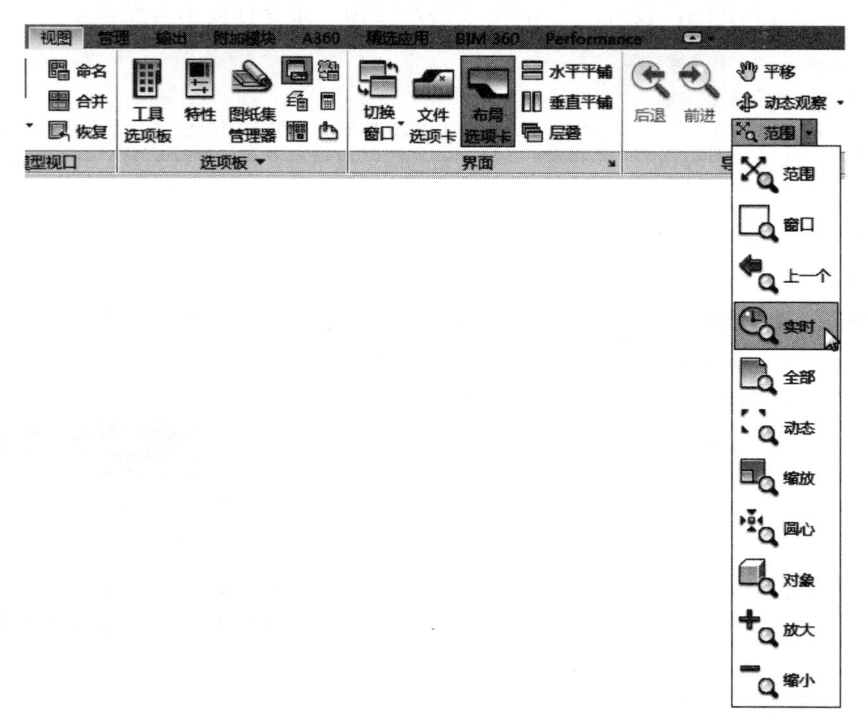

图 3-4　单击“实时”按钮

【操作步骤】

```
命令：ZOOM
指定窗口的角点，输入比例因子 (nX 或 nXP)，或者 [全部(A)/中心(C)/动态(D)/范围(E)/上一个(P)/比例(S)/窗口(W)/对象(O)] <实时>:
```

【选项说明】

（1）输入比例因子：根据输入的比例因子以当前的视图窗口为中心，将视图窗口显示的内容放大或缩小输入的比例倍数。nx 是指根据当前视图指定比例，nxp 是指定相对于图纸空间单位的比例。

（2）全部 (A)：缩放以显示所有可见对象和视觉辅助工具。

（3）中心 (C)：缩放以显示由中心点和比例值 / 高度所定义的视图。高度值较小时增加放大比例，高度值较小时减小放大比例。

（4）动态 (D)：使用矩形视图框进行平移和缩放。视图框表示视图，可以更改它的大小，或在图形中移动。移动视图框或调整它的大小，将其中的视图平移或缩放，以充满整个视口。

（5）范围 (E)：缩放以显示所有对象的最大范围。

（6）上一个 (P)：缩放显示上一个视图。

（7）窗口 (W)：缩放显示矩形窗口指定的区域。

（8）对象 (O)：缩放以便尽可能大地显示一个或多个选定的对象并使其位于视图的中心。

（9）实时：交互缩放以更高视图的比例，光标将变为带有加号和减号的放大镜。

☞ **教你一招**

在使用 AutoCAD 绘图过程中大家都习惯于用滚轮来缩小和放大图纸，但在缩放图纸的时候经常会遇到这样的情况：即滚动滚轮，而图纸无法继续放大或缩小。这时状态栏中会提示“已无法进一步缩小”或“已无法进一步放大”。这时视图缩放并不满足我们的要求，还需要继续缩放。出现这种现象是为什么呢？

（1）CAD 在打开显示图纸的时候，首先读取文件里写入的图形数据，然后生成用于屏幕显示的数据。生成显示数据的过程在 AutoCAD 中称为重生成，经常使用 RE 命令的人应该不会陌生。

（2）当用滚轮放大或缩小图形到一定倍数的时候，AutoCAD 判断需要重新根据当前视图范围来生成显示数据，因此就会提示无法继续缩小或放大。直接输入 RE 命令，按 Eenter 键，然后就可以继续缩放了。

（3）如果想显示全图，最好不要用滚轮，直接输入 Zoom 命令并按 Eenter 键，然后输入 E 或 A，按 Eenter 键，AutoCAD 在全图缩放时会根据情况自动进行重生成。

3.2.2　平移图形

利用平移，可通过单击和移动光标重新放置图形。

【执行方式】

- 命令行：PAN。
- 菜单栏：选择菜单栏中的“视图”→“平移”→“实时”命令。
- 工具栏：单击标准工具栏中的“实时平移”按钮。
- 功能区：单击“视图”选项卡“导航”面板中的“平移”按钮，如图 3-5 所示。

执行上述命令后，用鼠标按下“实时平移”按钮，然后移动手形光标即可平移图形。当移动到图形的边沿时，光标就变成一个三角形显示。

另外，在 AutoCAD 2018 中，为显示控制命令设置了一个右键快捷菜单，如图 3-6 所示。在该菜单中，用户可以在显示命令执行的过程中透明地进行切换。

图 3-5　“导航”面板

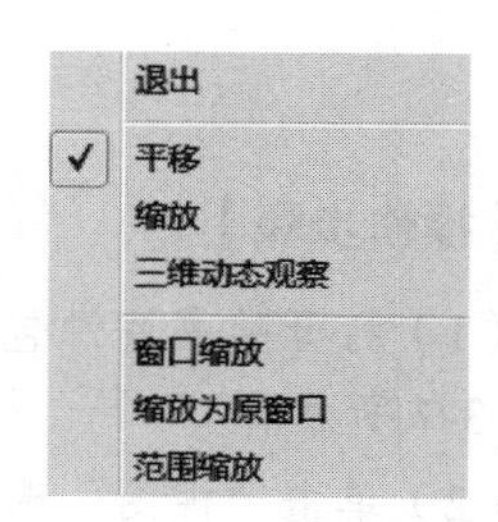

图 3-6　右键快捷菜单

动手学——查看图形细节

调用素材：初始文件 \ 第 3 章 \ 别墅框架柱布置图 .dwg

本例查看如图 3-7 所示别墅框架柱布置图的细节。

扫一扫，看视频

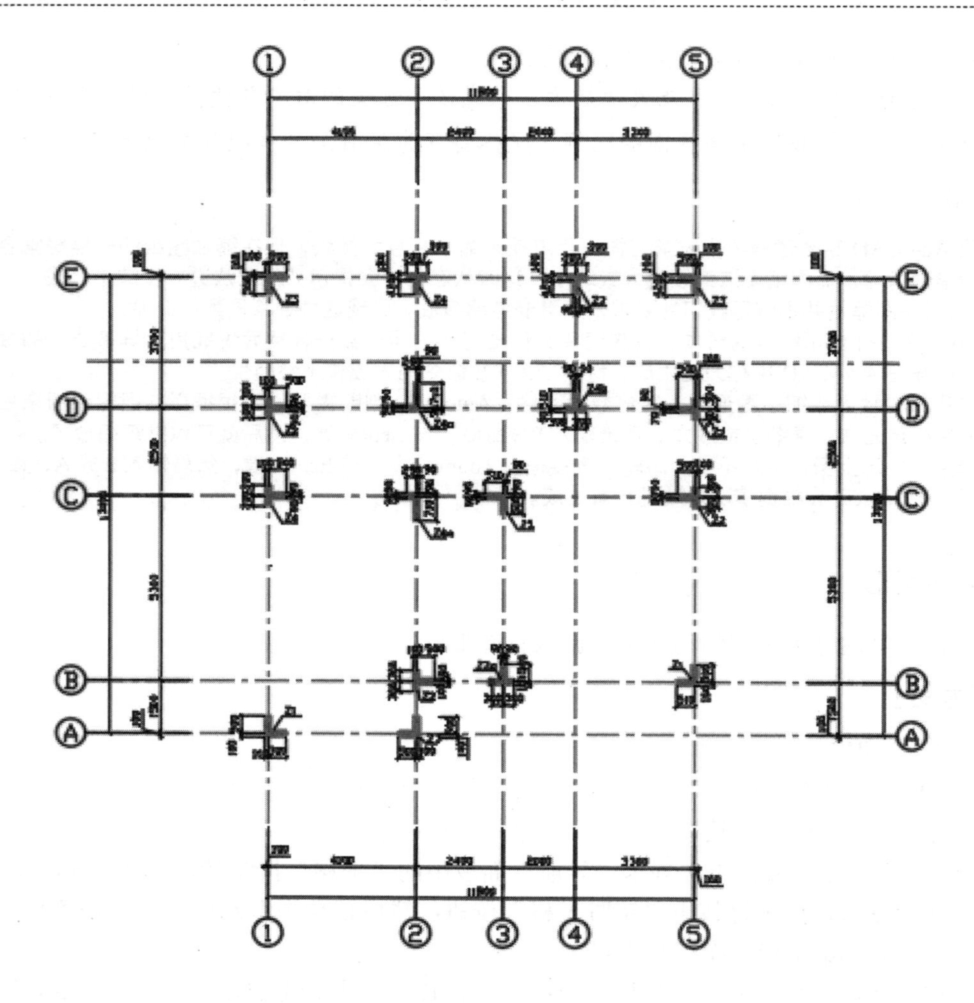

图 3-7　别墅框架柱布置图

【操作步骤】

（1）打开随书资源包中或通过扫码下载的“初始文件 \ 第 3 章 \ 别墅框架柱布置图 .dwg”文件，如图 3-7 所示。

（2）单击“视图”选项卡“导航”面板中的“平移”按钮，用鼠标将图形向左拖动，如图 3-8 所示。

（3）右击鼠标，在弹出的快捷菜单中选择“缩放”命令，如图 3-9 所示。

绘图平面出现缩放标记，向上拖动鼠标，将图形实时放大。单击“视图”选项卡“导航”面板中的“平移”按钮，将图形移动到中间位置，结果如图 3-10 所示。

（4）单击“视图”选项卡“导航”面板中的“窗口”按钮，用鼠标拖出一个缩放窗口，如图 3-11 所示。单击确认，窗口缩放结果如图 3-12 所示。

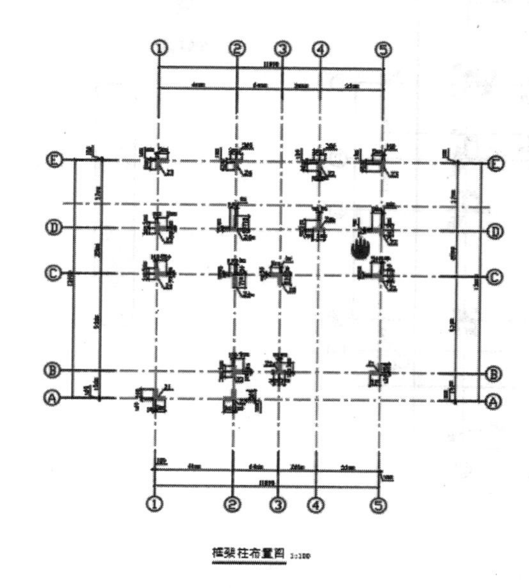

图 3-8　平移图形

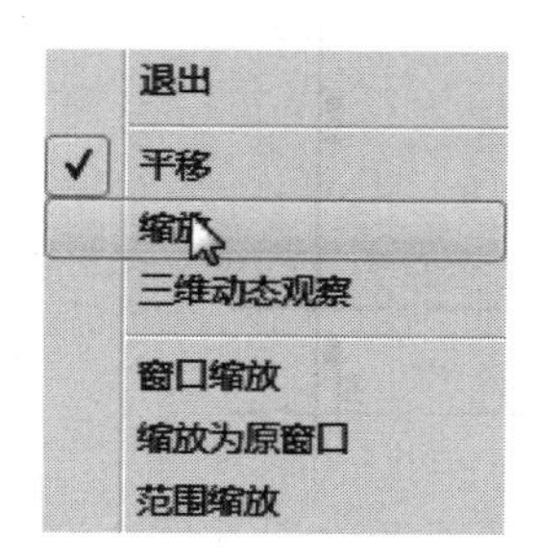

图 3-9　快捷菜单

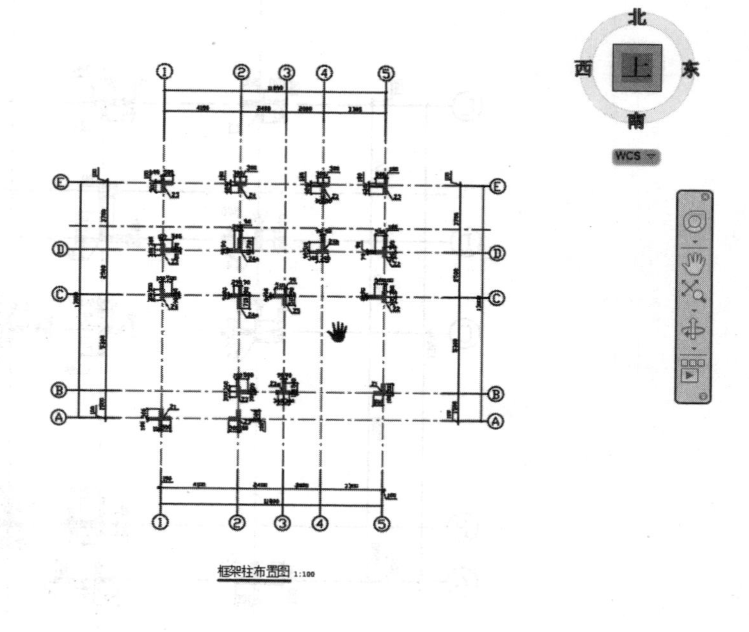

图 3-10　实时放大后平移

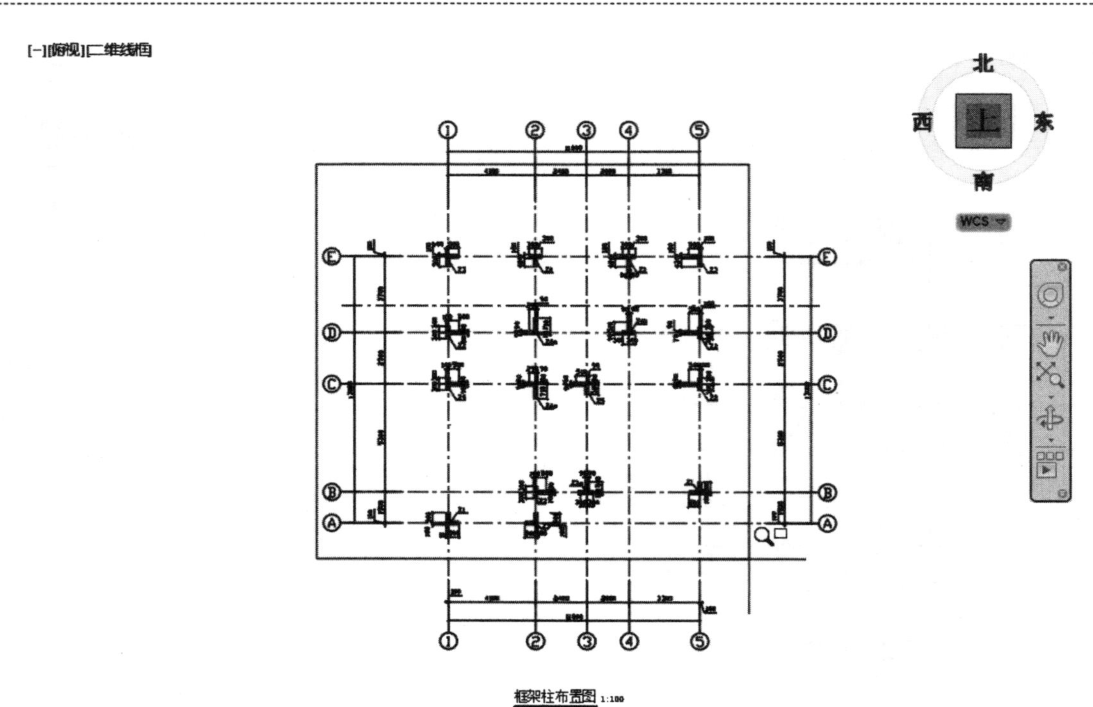

图 3-11　缩放窗口

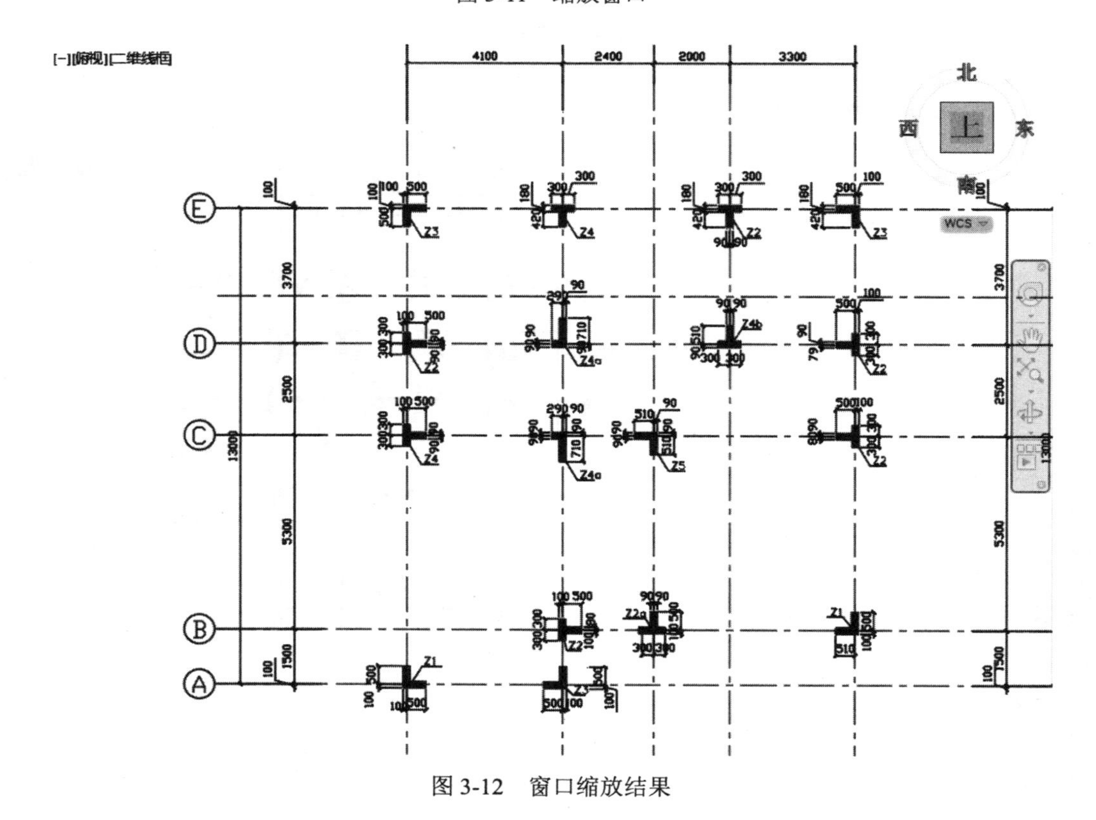

图 3-12　窗口缩放结果

（5）单击“视图”选项卡“导航”面板中的“圆心”按钮，在图形上要查看的大体位置指定一个缩放中心点，如图3-13所示。在命令行提示下输入缩放比例2X，缩放结果如图3-14所示。

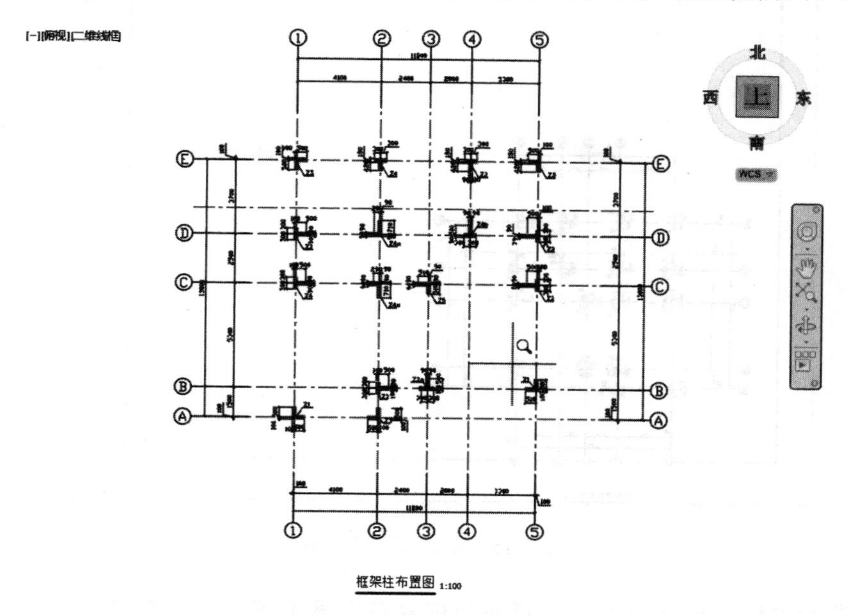

图3-13　指定缩放中心点

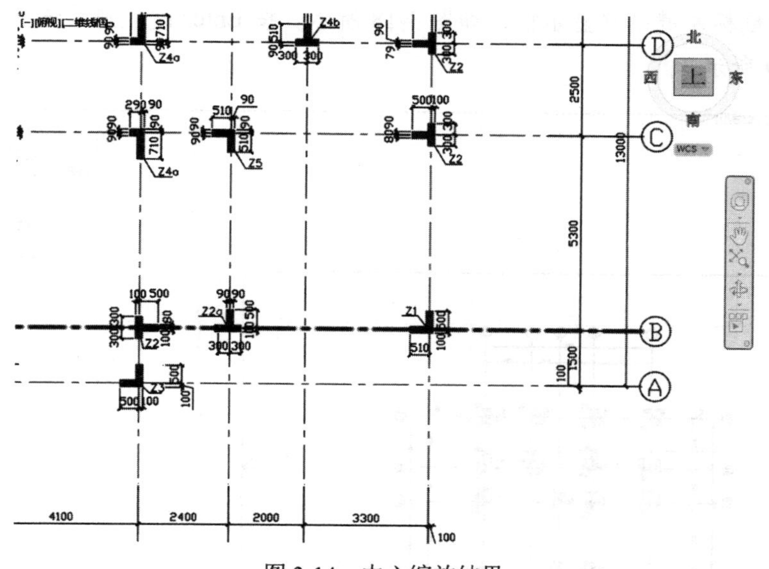

图3-14　中心缩放结果

（6）单击“视图”选项卡“导航”面板中的“上一个”按钮，系统自动返回上一次缩放的图形窗口，即中心缩放前的图形窗口。

（7）单击“视图”选项卡“导航”面板中的“动态”按钮，这时图形平面上会出现一个中心有小叉的显示范围框，如图3-15所示。

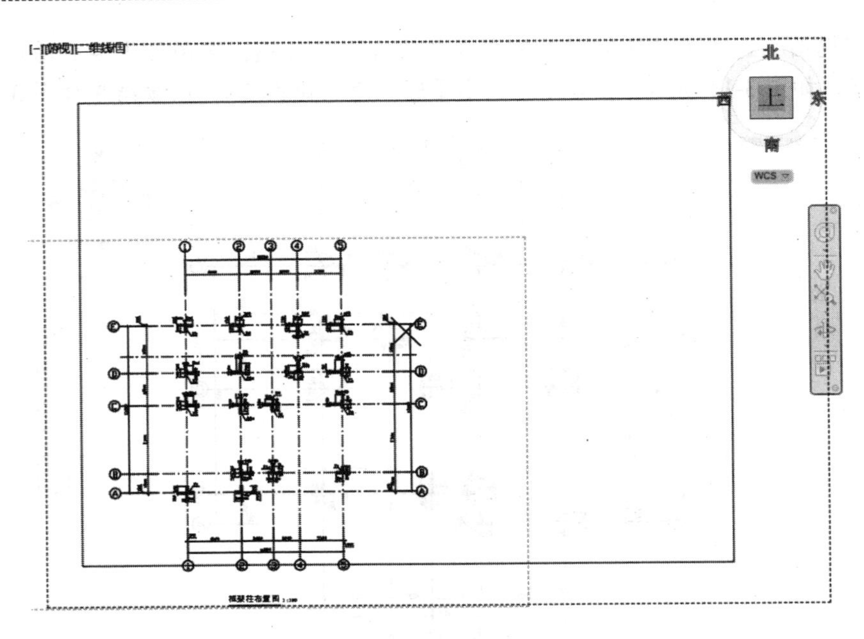

图 3-15　动态缩放范围窗口

（8）单击鼠标左键，会出现右边带箭头的缩放范围显示框，如图 3-16 所示。拖动鼠标，可以看出带箭头的范围框大小在变化，如图 3-17 所示。继续单击鼠标左键，范围框又变成带小叉的形式，可以再次拖动鼠标左键平移显示框，如图 3-18 所示。按 Enter 键，则系统显示动态缩放后的图形，结果如图 3-19 所示。

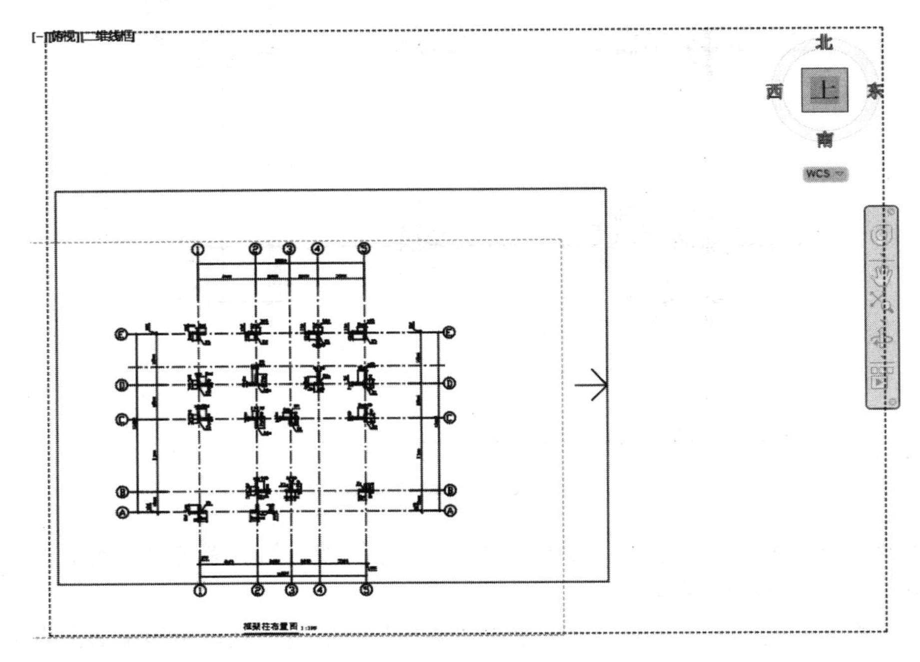

图 3-16　右边带箭头的缩放范围显示框

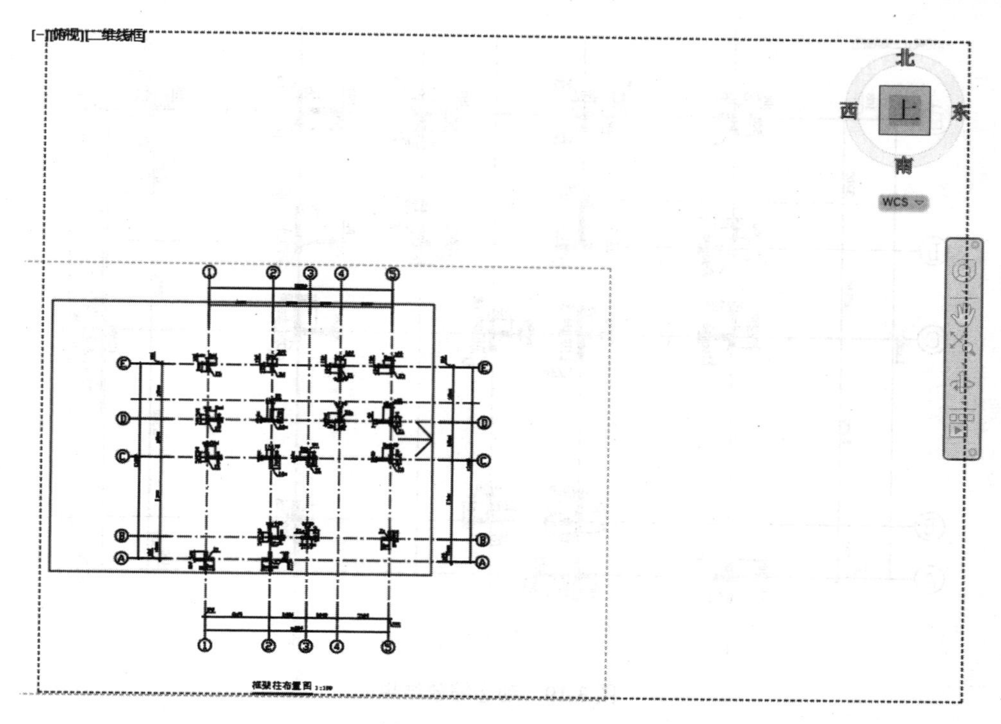

图 3-17　变化的范围框

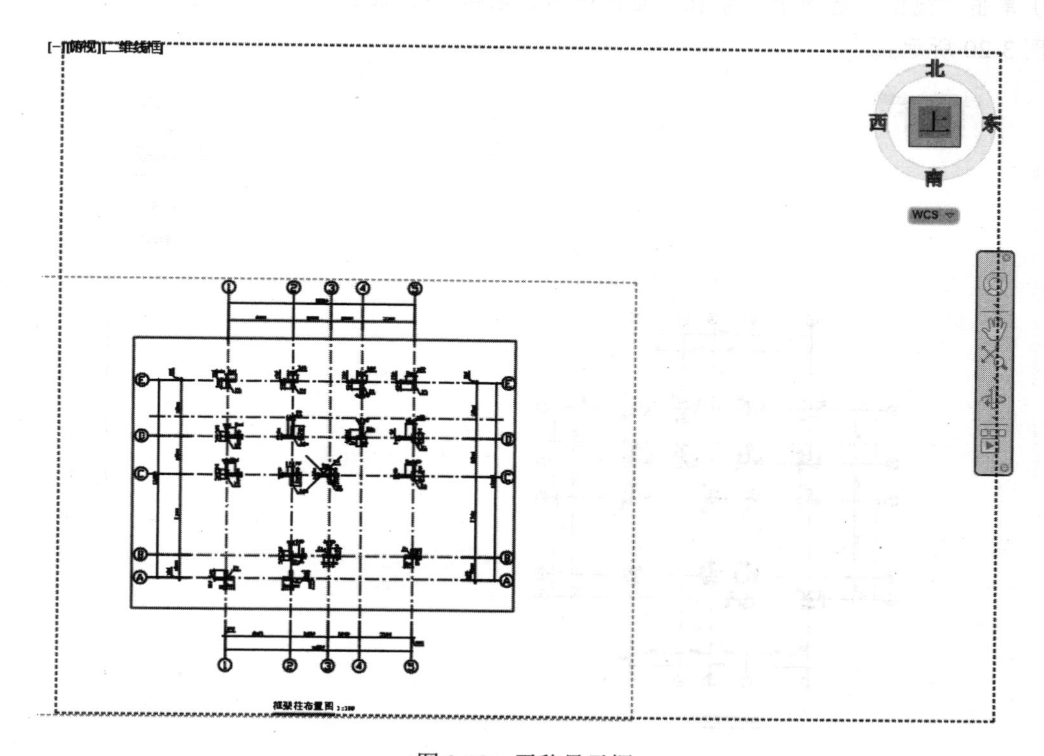

图 3-18　平移显示框

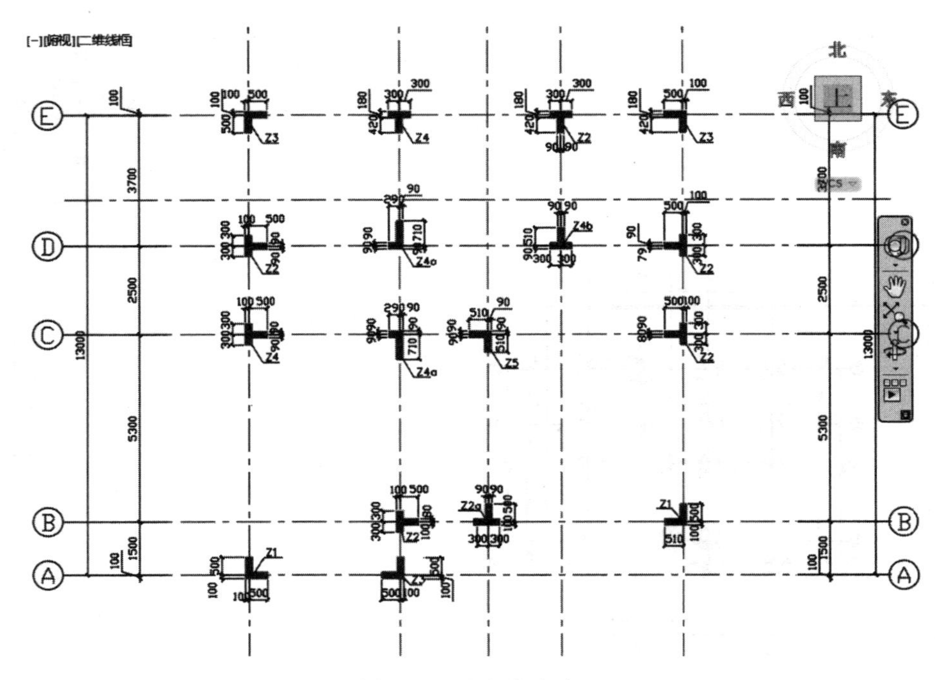

图 3-19　动态缩放结果

（9）单击“视图”选项卡“导航”面板中的“全部”按钮，系统将显示全部图形画面，最终结果如图 3-20 所示。

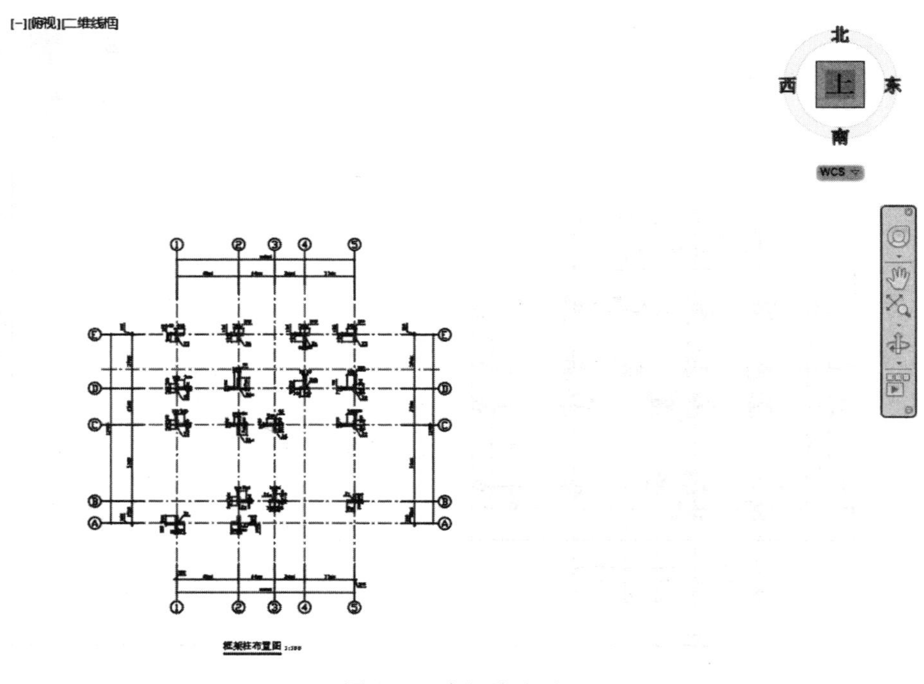

图 3-20　全部缩放图形

（10）单击“视图”选项卡“导航”面板中的“对象”按钮，并框选图3-21中深色图案所示的范围，系统进行对象缩放，最终结果如图3-22所示。

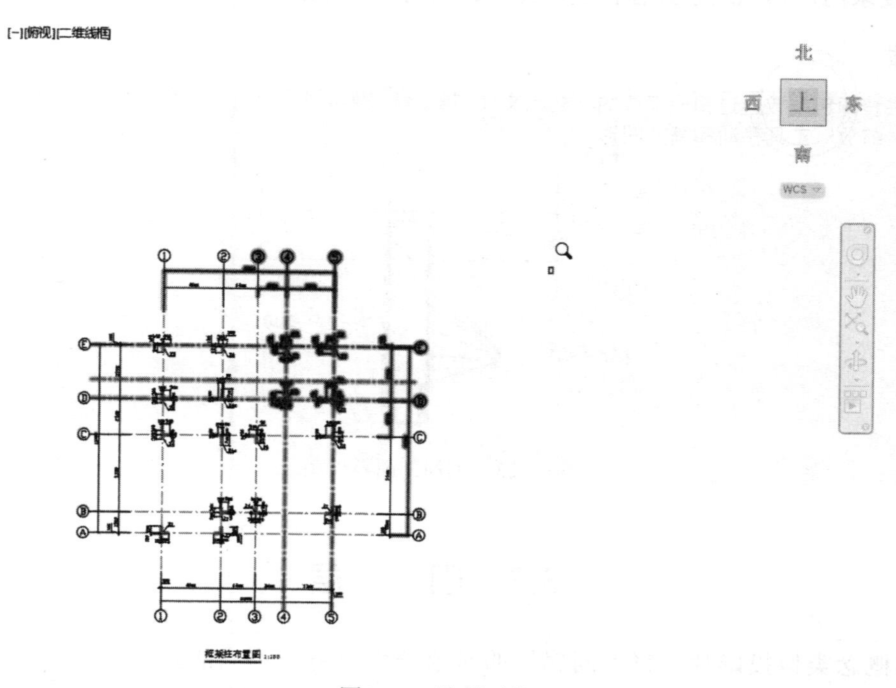

图3-21　选择对象

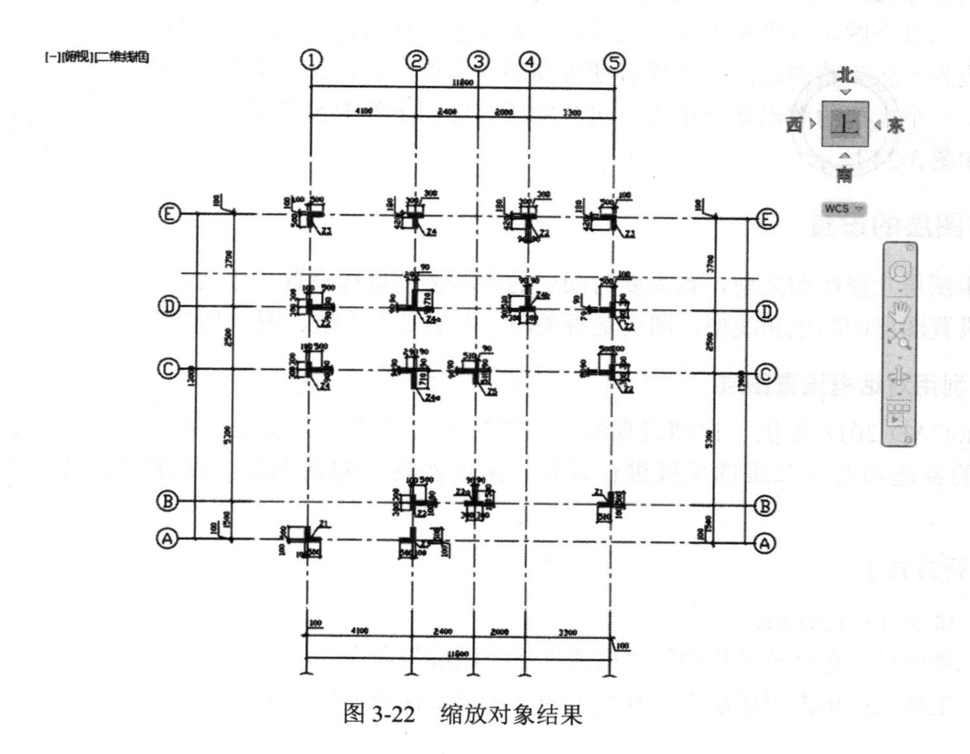

图3-22　缩放对象结果

练一练——查看零件图细节

本练习要求用户熟练地掌握各种图形显示工具的使用方法。

思路点拨

打开随书资源包中或通过扫码下载的“初始文件\第 3 章\钢筋剖面 .dwg”文件（如图 3-23 所示），利用“平移”工具和“缩放”工具移动和缩放图形。

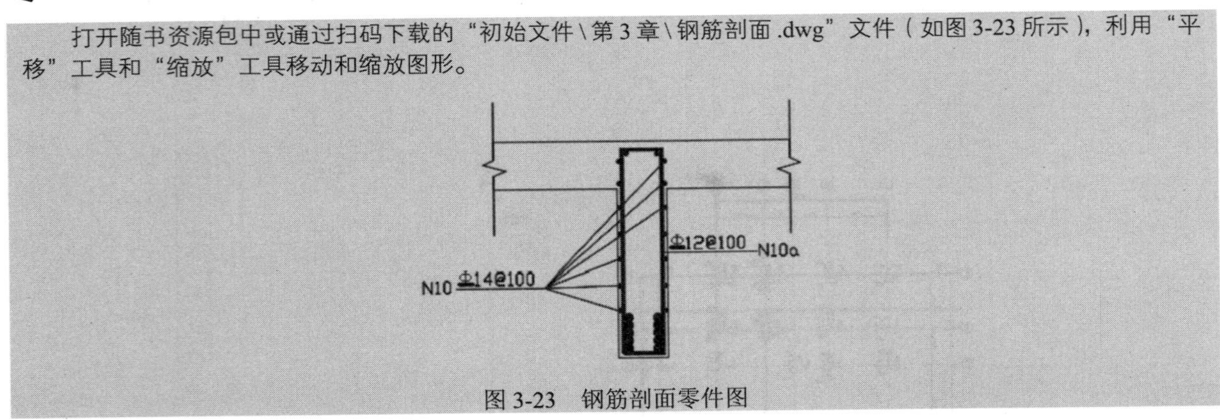

图 3-23 钢筋剖面零件图

3.3 图 层

图层的概念类似投影片，将不同属性的对象分别放置在不同的投影片（图层）上。例如，将图形的主要线段、中心线、尺寸标注等分别绘制在不同的图层上，每个图层可设定不同的线型、线条颜色，然后把不同的图层堆栈在一起成为一张完整的视图，这样可使视图层次分明，方便图形对象的编辑与管理。一个完整的图形就是由它所包含的所有图层上的对象叠加在一起构成的，如图 3-24 所示。

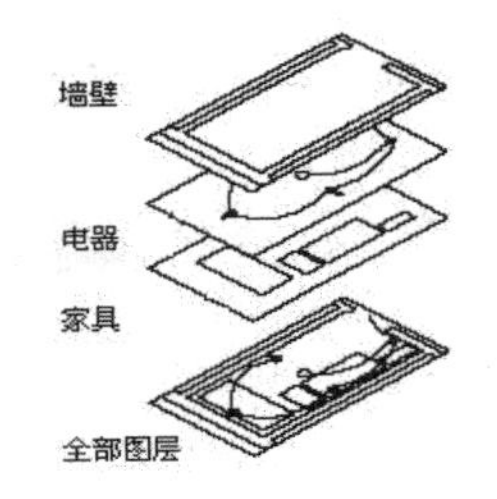

图 3-24 图层效果

3.3.1 图层的设置

在用图层功能绘图之前，首先要对图层的各项特性进行设置，包括建立和命名图层、设置当前图层、设置图层的颜色和线型、图层是否关闭、图层是否冻结、图层是否锁定，以及图层删除等。

1. 利用对话框设置图层

AutoCAD 2018 提供了详细直观的“图层特性管理器”选项板，用户可以方便地通过对该选项板中的各选项及其二级选项板进行设置，从而实现创建新图层、设置图层颜色及线型的各种操作。

【执行方式】

- 命令行：LAYER。
- 菜单栏：选择菜单栏中的“格式”→“图层”命令。
- 工具栏：单击“图层”工具栏中的“图层特性管理器”按钮。

➘ 功能区：单击“默认”选项卡“图层”面板中的“图层特性”按钮或单击“视图”选项卡“选项板”面板中的“图层特性”按钮。

【操作步骤】

执行上述操作后，系统打开如图3-25所示的“图层特性管理器”选项板。

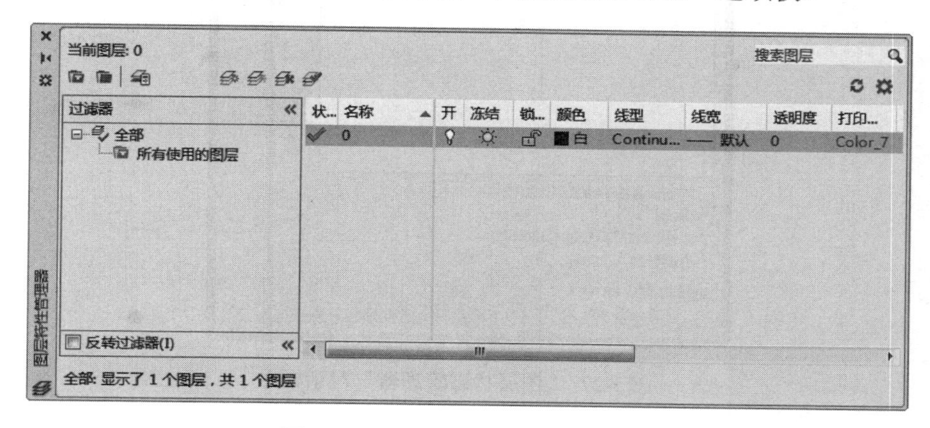

图3-25 “图层特性管理器”选项板

【选项说明】

（1）“新建特性过滤器”按钮：单击该按钮，打开“图层过滤器特性”对话框，从中可以基于一个或多个图层特性创建图层过滤器，如图3-26所示。

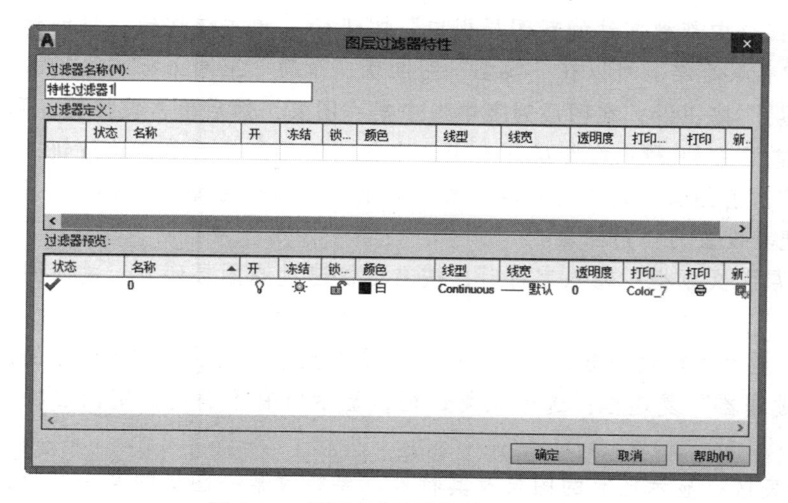

图3-26 “图层过滤器特性”对话框

（2）“新建组过滤器”按钮：单击该按钮，可以创建一个“组过滤器”，其中包含用户选定并添加到该过滤器的图层。

（3）“图层状态管理器”按钮：单击该按钮，可以打开“图层状态管理器”对话框，如图3-27所示。从中可以将图层的当前特性设置保存到命名图层状态中，以后可以再恢复这些设置。

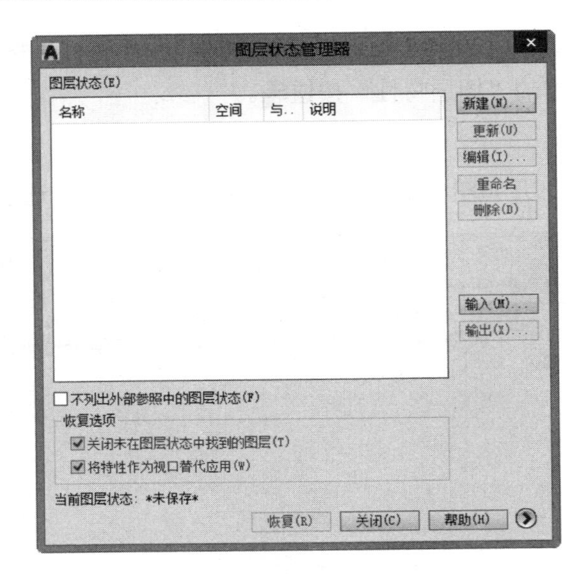

图 3-27 “图层状态管理器”对话框

（4）“新建图层”按钮：单击该按钮，图层列表中出现一个新的图层名称“图层 1”，用户可使用此名称，也可改名。要想同时创建多个图层，可选中一个图层名后，输入多个名称，各名称之间以逗号分隔。图层的名称可以包含字母、数字、空格和特殊符号，AutoCAD 2018 支持长达 222 个字符的图层名称。新的图层继承了创建新图层时所选中的已有图层的所有特性（颜色、线型、开/关状态等），如果新建图层时没有图层被选中，则新图层具有默认的设置。

（5）“在所有视口中都被冻结的新图层视口”按钮：单击该按钮，将创建新图层，然后在所有现有布局视口中将其冻结。可以在“模型”空间或“布局”空间上访问此按钮。

（6）“删除图层”按钮：在图层列表中选中某一图层，然后单击该按钮，则把该图层删除。

（7）“置为当前”按钮：在图层列表中选中某一图层，然后单击该按钮，则把该图层设置为当前图层，并在“当前图层”列中显示其名称。当前层的名称存储在系统变量 CLAYER 中。另外，双击图层名也可把其设置为当前图层。

（8）“搜索图层”文本框：输入字符时，按名称快速过滤图层列表。关闭图层特性管理器时并不保存此过滤器。

（9）状态行：显示当前过滤器的名称、列表视图中显示的图层数和图形中的图层数。

（10）“反转过滤器”复选框：选中该复选框，显示所有不满足选定图层特性过滤器中条件的图层。

（11）图层列表区：显示已有的图层及其特性。要修改某一图层的某一特性，单击它所对应的图标即可。右击空白区域或利用快捷菜单可快速选中所有图层。列表区中各列的含义如下。

① 状态：指示项目的类型，有图层过滤器、正在使用的图层、空图层或当前图层 4 种。

② 名称：显示满足条件的图层名称。如果要对某图层修改，首先要选中该图层的名称。

③ 状态转换图标：在“图层特性管理器”选项板的图层列表中有一些图标，单击这些图标，可以打开或关闭相应的功能。各图标功能说明如表 3-1 所示。

表 3-1　图标功能

图　示	名　称	功 能 说 明
/	打开 / 关闭	将图层设定为打开或关闭状态。当呈现关闭状态时，该图层上的所有对象将隐藏；只有处于打开状态的图层才会在绘图区中显示或由打印机打印出来。因此，绘制复杂的视图时，先将不编辑的图层暂时关闭，可降低图形的复杂性。如图 3-28（a）和图 3-28（b）所示分别为尺寸标注图层打开和关闭时的情形
/	解冻 / 冻结	将图层设定为解冻或冻结状态。当图层呈现冻结状态时，该图层上的对象均不会显示在绘图区上，也不能由打印机打出，而且不会执行重生（REGEN）、缩放（ZOOM）、平移（PAN）等命令的操作，因此若将视图中不编辑的图层暂时冻结，可加快执行绘图编辑的速度。而 / （开 / 关闭）功能只是单纯将对象隐藏，因此并不会加快执行速度
/	解锁 / 锁定	将图层设定为解锁或锁定状态。被锁定的图层，仍然显示在绘图区，但不能编辑修改被锁定的对象，只能绘制新的图形，这样可防止重要的图形被修改
/	打印 / 不打印	设定该图层是否可以打印图形
/	视口冻结 / 视口解冻	仅在当前布局视口中冻结选定的图层。如果图层在图形中已冻结或关闭，则无法在当前视口中解冻该图层。

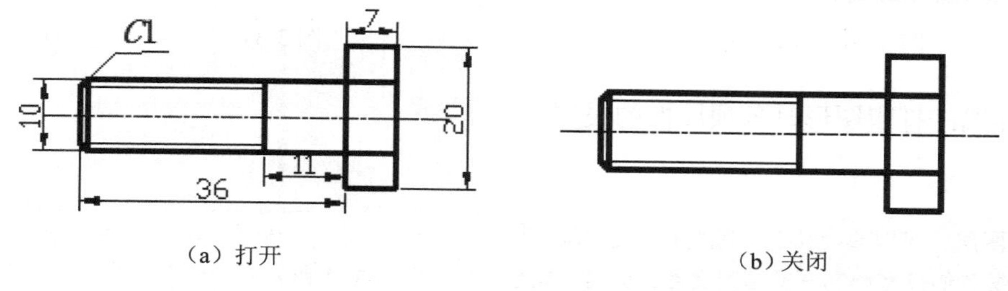

（a）打开　　　　（b）关闭

图 3-28　打开或关闭尺寸标注图层

④ 颜色：显示和改变图层的颜色。如果要改变某一图层的颜色，单击其对应的颜色图标，AutoCAD 系统打开如图 3-29 所示的“选择颜色”对话框，用户可从中选择需要的颜色。

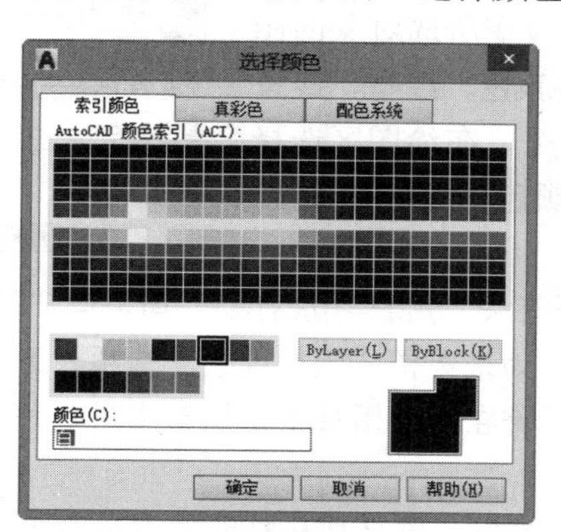

（a）索引颜色

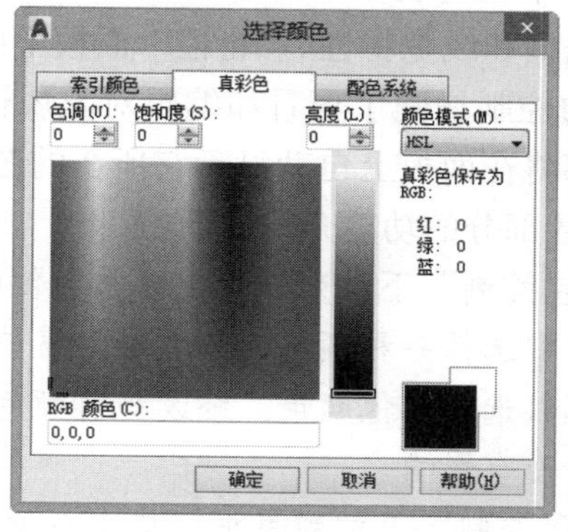

（b）真彩色

图 3-29　“选择颜色”对话框

⑤ 线型：显示和修改图层的线型。如果要修改某一图层的线型，单击该图层的“线型”，系统

打开“选择线型”对话框，如图 3-30 所示。其中列出了当前可用的线型，用户可以根据需要选择。

⑥ 线宽：显示和修改图层的线宽。如果要修改某一图层的线宽，单击该图层的“线宽”，打开“线宽”对话框，如图 3-31 所示。其中“线宽”列表框中显示了当前可选用的线宽，用户可从中选择需要的线宽；“旧的”选项显示了前面赋予图层的线宽，当创建一个新图层时，采用默认线宽（其值为 0.01in，即 0.22mm），默认线宽的值由系统变量 LWDEFAULT 设置，“新的”选项显示了赋予图层的新线宽。

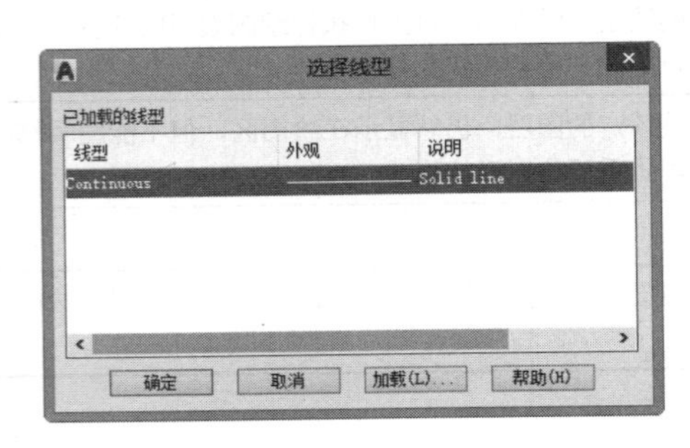

图 3-30 “选择线型”对话框

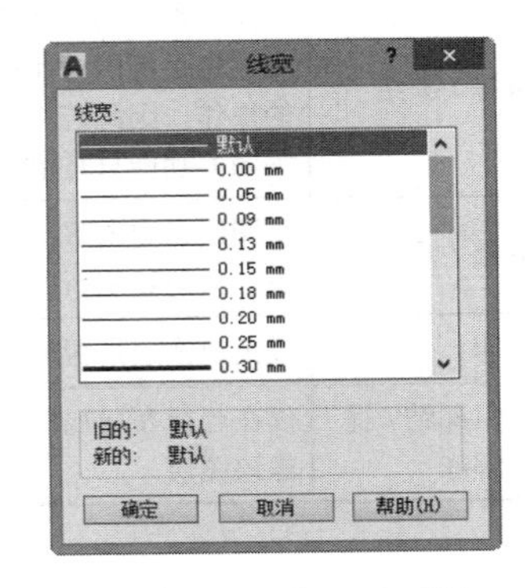

图 3-31 “线宽”对话框

⑦ 打印样式：打印图形时各项属性的设置。

技巧

合理利用图层，可以事半功倍。我们在开始绘制图形时，可预先设置一些基本图层。每个图层锁定自己的专门用途，这样做我们只需绘制一份图形文件，就可以组合出许多需要的图纸，需要修改时也可针对各个图层进行。

2. 利用面板设置图层

AutoCAD 2018 提供了一个“特性”面板，如图 3-32 所示。用户可以利用面板下拉列表框中的选项，快速地查看和改变所选对象的图层、颜色、线型和线宽特性。“特性”面板上的图层颜色、线型、线宽和打印样式的控制增强了查看和编辑对象属性的命令。在绘图区选择任何对象，都将在面板上自动显示它所在的图层、颜色、线型等属性。“特性”面板各部分的功能介绍如下。

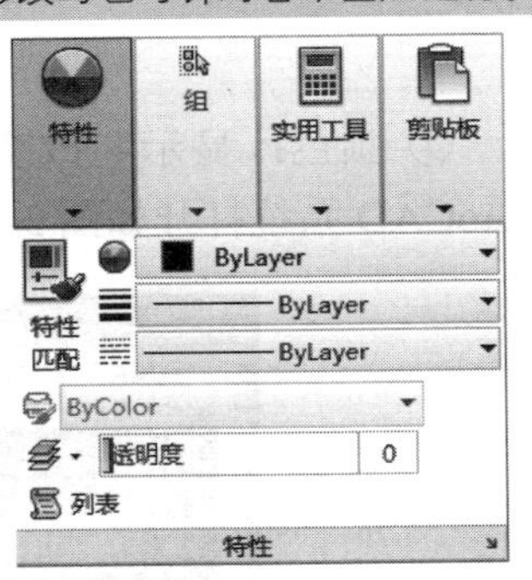

图 3-32 “特性”面板

（1）“颜色控制”下拉列表框：单击右侧的向下箭头，用户可从打开的选项列表中选择一种颜色，使之成为当前颜色，如果选择“选择颜色”选项，系统打开“选择颜色”对话框以选择其他颜色。修改当前颜色后，不论在哪个图层上绘图都采用这种颜色，但对各个图层的颜色没有影响。

（2）“线型控制”下拉列表框：单击右侧的向下箭头，用户可从打开的选项列表中选择一种线型，使之成为当前线型。修改当前线型后，不论在哪个图层上绘图都采用这种线型，但对各个图层的线型设置没有影响。

（3）“线宽控制”下拉列表框：单击右侧的向下箭头，用户可从打开的选项列表中选择一种线宽，使之成为当前线宽。修改当前线宽后，不论在哪个图层上绘图都采用这种线宽，但对各个图层的线宽设置没有影响。

（4）“打印类型控制”下拉列表框：单击右侧的向下箭头，用户可从打开的选项列表中选择一种打印样式，使之成为当前打印样式。

☞ **教你一招**

图层的设置有哪些原则?

（1）在够用的基础上越少越好。不管是什么专业、什么阶段的图纸，图纸上的所有的图元可以按照一定的规律来组织整理，比如说，建筑专业的平面图，就按照柱、墙、轴线、尺寸标注、一般汉字、门窗墙线、家具等来定义图层，然后在画图的时候，根据类别把该图元放到相应的图层中去。

（2）0 层的使用。很多人喜欢在 0 层上画图，因为 0 层是默认层，白色是 0 层的默认色，因此，有时候看上去，屏幕上白花花一片，这样不可取。不建议在 0 层上随意画图，而是建议用来定义块。定义块时，先将所有图元均设置为 0 层，然后在定义块。这样，在插入块时，插入时是哪个层，块就是那个层了。

（3）图层颜色的定义。图层的设置有很多属性，在设置图层时，还应该定义好相应的颜色、线型和线宽。图层的颜色定义要注意两点：一是不同的图层一般来是要用不同的颜色。二是颜色的选择应该根据打印时线宽的粗细来选择。打印时，线型设置越宽的图层，颜色就应该选用越亮的。

3.3.2　颜色的设置

AutoCAD 绘制的图形对象都具有一定的颜色，为了更清晰地表达绘制的图形，可把同一类的图形对象用相同的颜色绘制，而使不同类的对象具有不同的颜色，以示区分，这样就需要适当地对颜色进行设置。AutoCAD 允许用户设置图层颜色，为新建的图形对象设置当前色还可以改变已有图形对象的颜色。

【执行方式】

- 命令行：COLOR（快捷命令：COL）。
- 菜单栏：选择菜单栏中的“格式”→“颜色”命令。
- 功能区：在“默认”选项卡中展开“特性”面板，打开颜色下拉列表框，从中选择“更多颜色”选项，如图 3-33 所示。

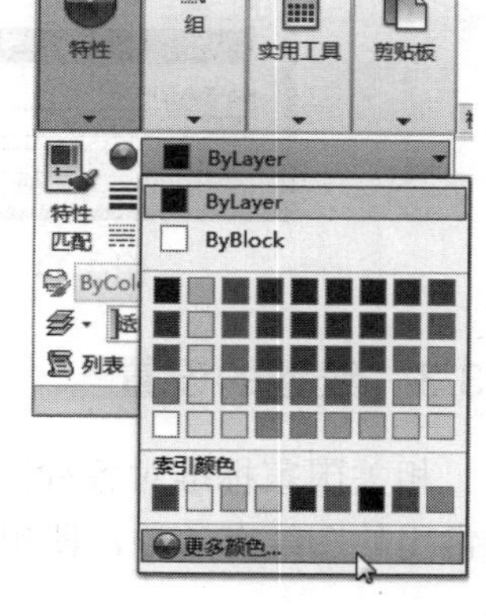

图 3-33　颜色下拉列表框

【操作步骤】

执行上述操作后，系统打开如图 3-29 所示的“选择颜色”对话框。

【选项说明】

1. “索引颜色”选项卡

选择此选项卡，可以在系统所提供的 222 种颜色索引表中选择所需要的颜色，如图 3-29（a）所示。

（1）“颜色索引”列表框：依次列出了 222 种索引色，在此列表框中选择所需要的颜色。

（2）“颜色”文本框：所选择的颜色代号值显示在“颜色”文本框中，也可以直接在该文本框中输入自己设定的代号值来选择颜色。

（3）ByLayer 和 ByBlock 按钮：单击这两个按钮，颜色分别按图层和图块设置。这两个按钮只有在设定了图层颜色和图块颜色后才可以使用。

2. “真彩色”选项卡

选择此选项卡，可以选择需要的任意颜色，如图 3-29（b）所示。可以拖动调色板中的颜色指示光标和亮度滑块选择颜色及其亮度。也可以通过“色调”“饱和度”和“亮度”的调节钮来选择需要的颜色。所选颜色的红、绿、蓝值显示在下面的“颜色”文本框中，也可以直接在该文本框中输入自己设定的红、绿、蓝值来选择颜色。

在此选项卡中还有一个“颜色模式”下拉列表框，默认的颜色模式为 HSL 模式，即如图 3-29（b）所示的模式。RGB 模式也是常用的一种颜色模式，如图 3-34 所示。

3. “配色系统”选项卡

选择此选项卡，可以从标准配色系统（如 Pantone）中选择预定义的颜色，如图 3-35 所示。在“配色系统”下拉列表框中选择需要的系统，然后拖动右边的滑块来选择具体的颜色，所选颜色编号显示在下面的“颜色”文本框中，也可以直接在该文本框中输入编号值来选择颜色。

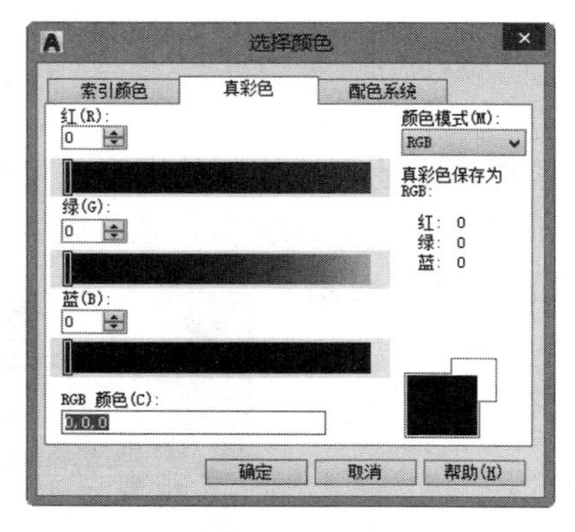

图 3-34　RGB 模式

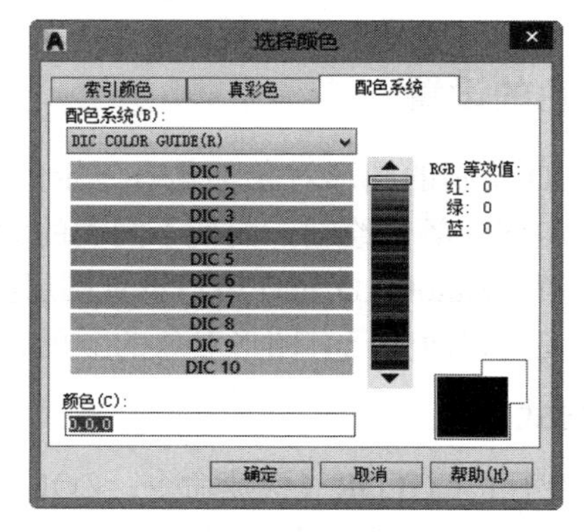

图 3-35　“配色系统”选项卡

3.3.3　线型的设置

相关国家标准对各种图线名称、线型、线宽以及在图样中的应用做了规定，如表 3-2 所示。其中常用的图线有 4 种，即粗实线、细实线、虚线、细点划线。

表 3-2　图线的线型及应用

图线名称	线　型	线　宽	主要用途
粗实线	————	*b*	可见轮廓线，可见过渡线
细实线	————	约 *b*/2	尺寸线、尺寸界线、剖面线、引出线、弯折线、牙底线、齿根线、辅助线等
细点划线	——— — ———	约 *b*/2	轴线、对称中心线、齿轮节线等
虚线	—— —— —— ——	约 *b*/2	不可见轮廓线、不可见过渡线

续表

图线名称	线　型	线　宽	主要用途
波浪线		约 $b/2$	断裂处的边界线、剖视与视图的分界线
双折线		约 $b/2$	断裂处的边界线
粗点划线		b	有特殊要求的线或面的表示线
细点划线		约 $b/2$	相邻辅助零件的轮廓线、极限位置的轮廓线、假想投影的轮廓线

1. 在“图层特性管理器”选项板中设置线型

单击“默认”选项卡“图层”面板中的“图层特性”按钮，打开“图层特性管理器”选项板，如图 3-25 所示。在图层列表的“线型”列下单击线型名，系统打开“选择线型”对话框，如图 3-30 所示。对话框中选项的含义如下。

（1）“已加载的线型”列表框：显示在当前绘图中加载的线型，可供用户选用，其右侧显示线型的形式。

（2）“加载”按钮：单击该按钮，打开“加载或重载线型”对话框，用户可通过此对话框加载线型并把它添加到线型列中。但要注意，加载的线型必须在线型库（LIN）文件中定义过。标准线型都保存在 acad.lin 文件中。

2. 直接设置线型

【执行方式】

- 命令行：LINETYPE。
- 功能区：在“默认”选项卡中展开“特性”面板，打开线型下拉列表框，从中选择“其他”选项，如图 3-36 所示。

【操作步骤】

执行上述操作后，系统打开“线型管理器”对话框，如图 3-37 所示。用户可在该对话框中设置线型。

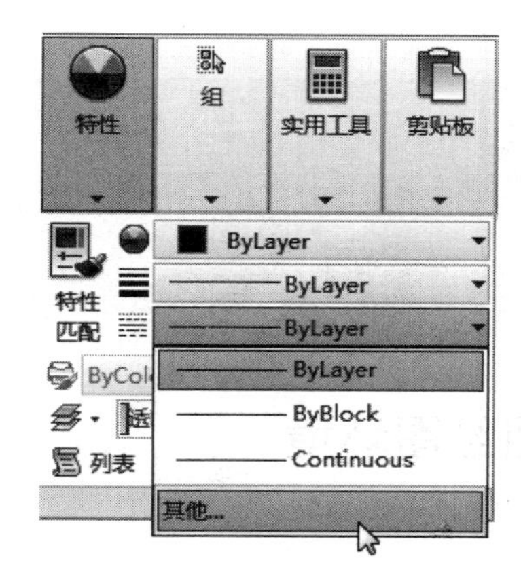

图 3-36　线型下拉列表框

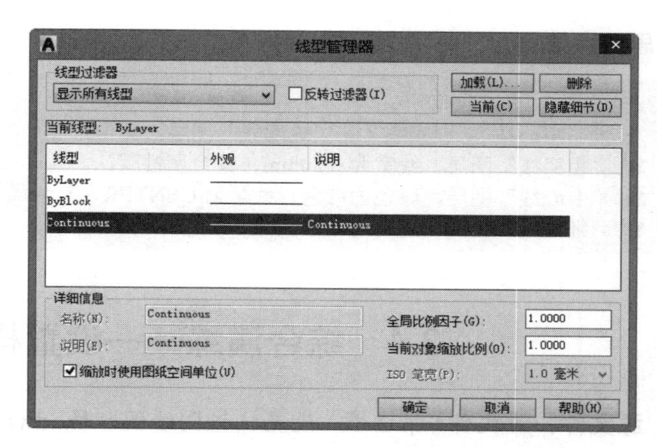

图 3-37　“线型管理器”对话框

3.3.4 线宽的设置

图线分为粗、细两种，粗线的宽度 b 应按图样的大小和图形的复杂程度，在 0.2 ～ 2mm 之间选择，细线的宽度约为 $b/2$。AutoCAD 提供了相应的工具帮助用户来设置线宽。

1. 在“图层特性管理器”中设置线宽

按照 3.3.1 节讲述的方法，打开“图层特性管理器”选项板，如图 3-25 所示。在图层列表的“线宽”列下单击线宽，在弹出的“线宽”对话框中列出了 AutoCAD 设定的线宽，用户可从中选取。

2. 直接设置线宽

【执行方式】

- 命令行：LINEWEIGHT。
- 菜单栏：选择菜单栏中的“格式”→“线宽”命令。
- 功能区：在“默认”选项卡是展开“特性”面板，打开“线宽”下拉列表框，从中选择“线宽设置”选项，如图 3-38 所示。

【操作步骤】

在命令行输入上述命令后，系统打开“线宽”对话框，该对话框与前面讲述的相关知识相同，不再赘述。

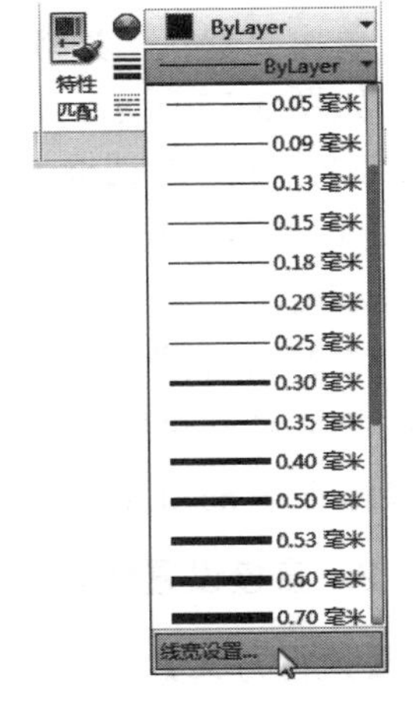

图 3-38 线宽拉菜列表框

☞ **教你一招**

有时设置了线宽，但在图形中却显示不出效果来，为什么呢？出现这种情况一般有两种原因。

（1）没有打开状态上的“显示线宽”按钮。

（2）线宽设置的宽度不够。AutoCAD 只能显示出 0.30mm 以上线宽的宽度，如果宽度低于 0.30mm，就无法显示出线宽的效果。

练一练——设置绘制螺母的图层

思路点拨

源文件：源文件 \ 第 3 章 \ 设置图层 .dwg

设置“中心线”“细实线”和“轮廓线”图层。其中：

- “粗实线”图层，线宽为 0.30mm，其余属性默认。
- “中心线”图层，颜色为红色，线型为 CENTER，其余属性默认。
- “细实线”图层，所有属性都为默认。

扫一扫，看视频

3.4 综合演练——设置样板图绘图环境

源文件：源文件 \ 第 3 章 \ 设置样板图绘图环境 .dwg

打开“.dwg”格式的图形文件，设置图形单位与图形界限，最后将设置好的文件保存成

“.dwt”格式的样板图文件。绘制过程中要用到打开、单位、图形界限和保存等命令。

【操作步骤】

（1）打开文件。单击快速访问工具栏中的“打开”按钮，打开资源包中的“源文件\第 3 章\A3 样板图 .dwg”文件。

（2）设置单位。选择菜单栏中的“格式”→“单位”命令，打开“图形单位”对话框，如图 3-39 所示。设置“长度”的“类型”为“小数”,“精度”为 0；“角度”的“类型”为“十进制度数”,“精度”为 0，系统默认逆时针方向为正，“用于缩放插入内容的单位”设置为“毫米”。

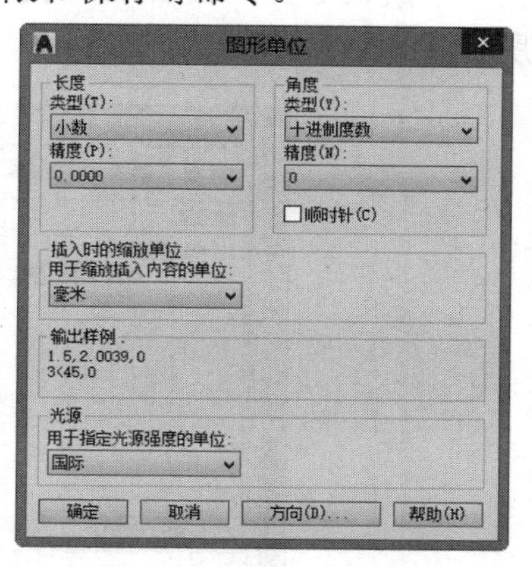

图 3-39 “图形单位”对话框

（3）设置图形边界。

在这里，不妨按国标 A3 图纸幅面设置图形边界。A3 图纸的幅面为 420×297 毫米。

选择菜单栏中的“格式”→“图形界限”命令，设置图幅，命令行提示与操作如下。

```
命令：LIMITS
重新设置模型空间界限：
指定左下角点或 [开(ON)/关(OFF)] <0.0000,0.0000>:0,0
指定右上角点 <420.0000,297.0000>: 420,297
```

本实例准备设置样板图，图层设置如表 3-3 所示。

表 3-3　图层设置

图　层　名	颜　　色	线　　型	线　　宽	用　　途
0	7（白色）	CONTINUOUS	*b*	图框线
CEN	2（黄色）	CENTER	1/2*b*	中心线
HIDDEN	1（红色）	HIDDEN	1/2*b*	隐藏线
BORDER	5（蓝色）	CONTINUOUS	*b*	可见轮廓线
TITLE	6（洋红）	CONTINUOUS	*b*	标题栏零件名
T—NOTES	4（青色）	CONTINUOUS	1/2*b*	标题栏注释
NOTES	7（白色）	CONTINUOUS	1/2*b*	一般注释
LW	5（蓝色）	CONTINUOUS	1/2*b*	细实线
HATCH	5（蓝色）	CONTINUOUS	1/2*b*	填充剖面线
DIMENSION	3（绿色）	CONTINUOUS	1/2*b*	尺寸标注

（4）设置图层名称。单击“默认”选项卡“图层”面板中的“图层特性”按钮，打开“图层特性管理器”选项板，如图 3-40 所示。在该选项板中单击“新建”按钮，在图层列表中出

现一个默认名为“图层 1”的新图层，如图 3-41 所示。单击该图层名，将其改为 CEN，如图 3-42 所示。

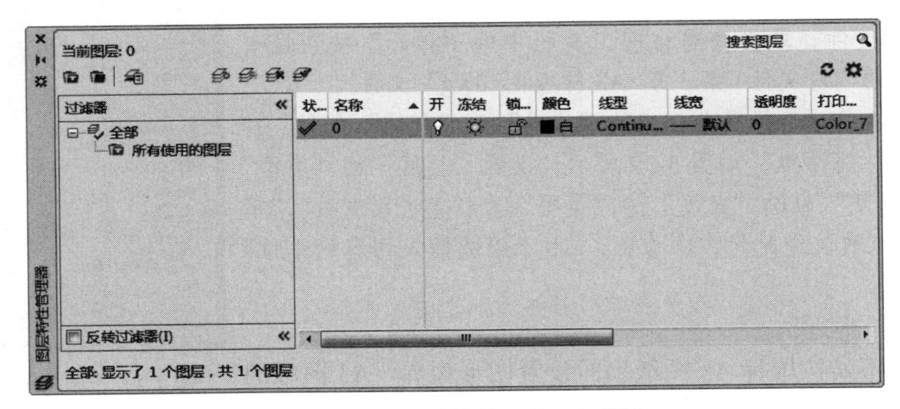

图 3-40 “图层特性管理器”选项板

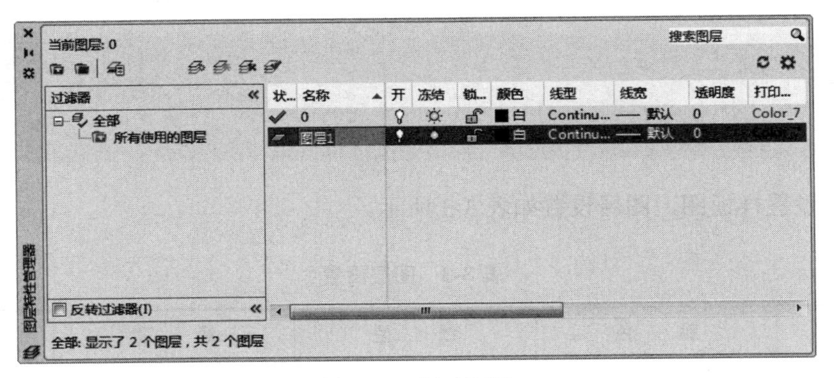

图 3-41 新建图层

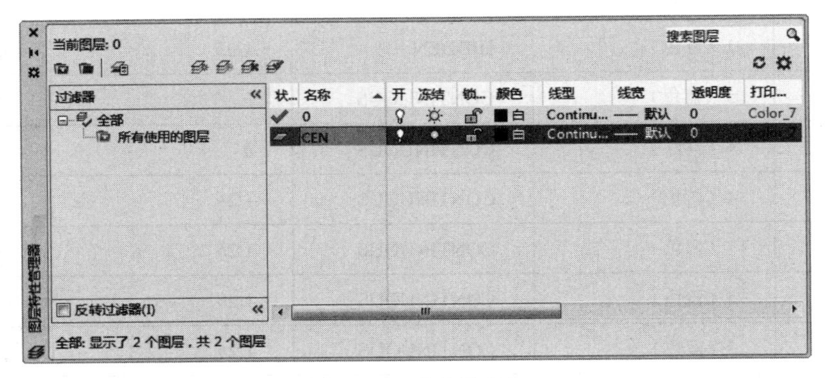

图 3-42 更改图层名

（5）设置图层颜色。为了区分不同的图层上的图线，增加图形不同部分的对比性，可以为不同的图层设置不同的颜色。单击刚建立的 CEN 图层“颜色”列下的色块，打开“选择颜色”对话框，如图 3-43 所示。在该对话框中选择黄色，单击“确定”按钮。此时在“图层特性管理器”选项板中可以发现 CEN 图层的颜色变成了黄色，如图 3-44 所示。

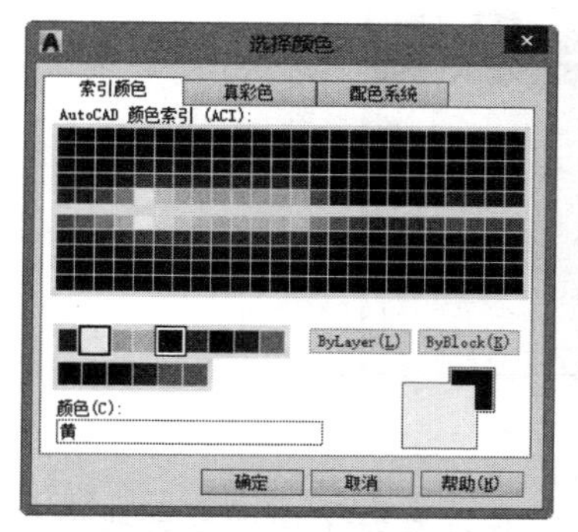

图 3-43 “选择颜色”对话框

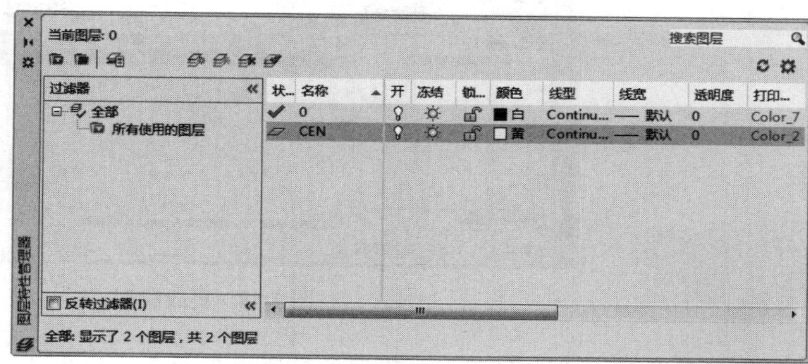

图 3-44　更改颜色

（6）设置线型。在常用的工程图纸中，通常要用到不同的线型，这是因为不同的线型表示不同的含义。在上述“图层特性管理器”选项板中单击 CEN 图层“线型”列下的线型，打开“选择线型”对话框，如图 3-45 所示。单击“加载”按钮，打开“加载或重载线型”对话框，如图 3-46 所示。在该对话框中选择 CENTER 线型，单击“确定”按钮。系统回到“选择线型”对话框，这时在“已加载的线型”列表框中就出现了 CENTER 线型，如图 3-47 所示。选择 CENTER 线型，单击“确定”按钮。此时在“图层特性管理器”选项板中可以发现 CEN 图层的线型变成了 CENTER 线型，如图 3-48 所示。

图 3-45 “选择线型”对话框

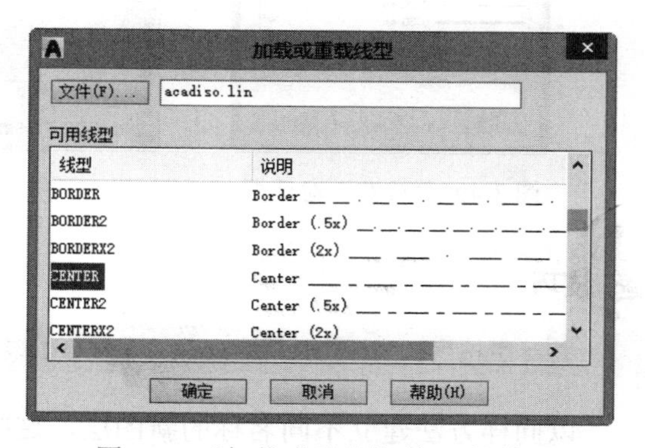

图 3-46 “加载或重载线型”对话框

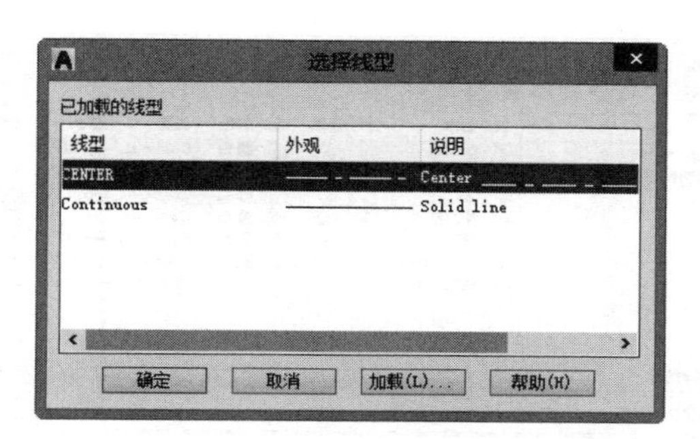

图 3-47　加载线型

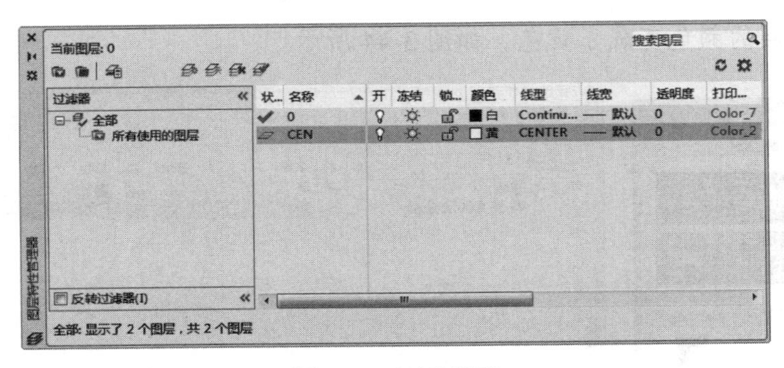

图 3-48　更改线型

（7）设置线宽。在工程图中，不同的线宽也表示不同的含义，因此也要对不同图层的线宽进行设置。在上述“图层特性管理器”选项板中单击 CEN 图层“线宽”列下的线宽，打开“线宽”对话框，如图 3-49 所示。在该对话框中选择适当的线宽，单击“确定”按钮。此时在“图层特性管理器”选项板中可以发现 CEN 图层的线宽变成了 0.15mm，如图 3-50 所示。

图 3-49　“线宽”对话框

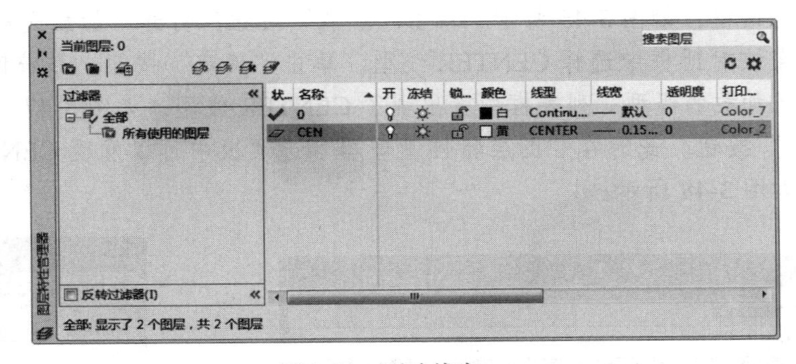

图 3-50　更改线宽

技巧

应尽量按照新国标相关规定，保持细线与粗线之间的比例大约为 1:2。

以同样方法建立不同名称的新图层，这些不同的图层可以分别存放不同的图线或图形的不同部分。最后完成设置的图层如图 3-51 所示。

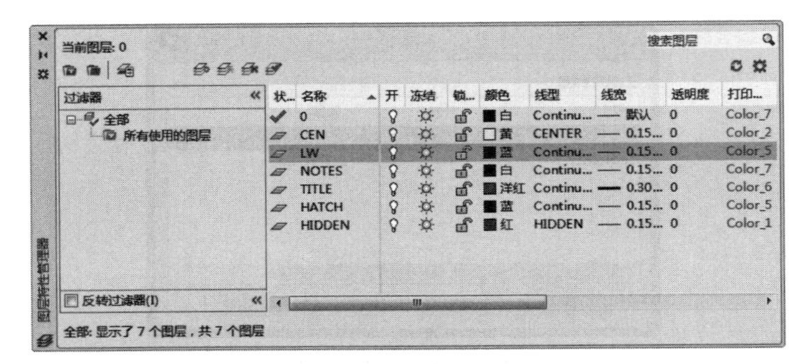

图 3-51　设置图层

（8）保存成样板图文件。单击快速访问工具栏中的“另存为”按钮，打开“图形另存为”对话框，如图 3-52 所示。在“文件类型”下拉列表框中选择“AutoCAD 图形样板（*.dwt）”选项，在“文件名”文本框中输入“A3 样板图”，单击“保存”按钮。在弹出的如图 3-53 所示“样板选项”对话框中接受默认的设置，单击“确定”按钮，保存文件。

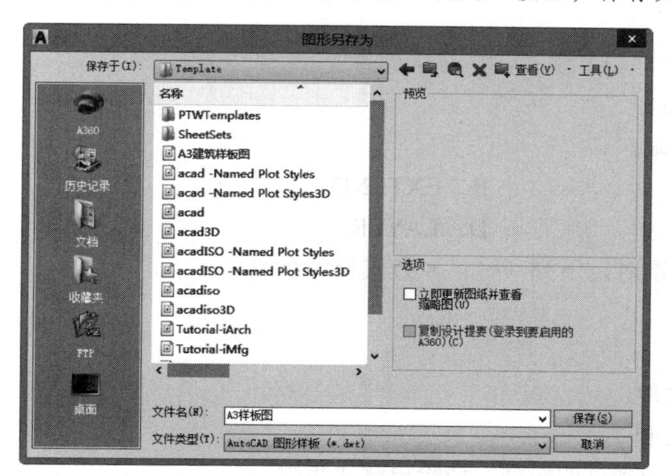

图 3-52　保存样板图

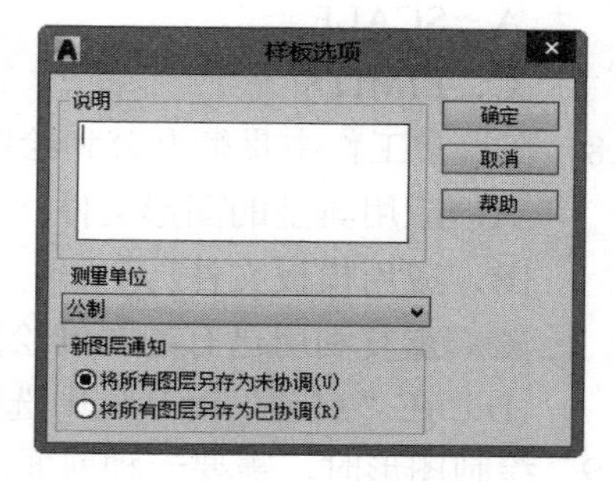

图 3-53　“样板选项”对话框

3.5　模拟认证考试

1．要使图元的颜色始终与图层的颜色一致，应将该图元的颜色设置为（　　）。

A．ByLayer　　B．ByBlock　　C．COLOR　　D．RED

2．当前图形有 5 个图层 0、A1、A2、A3、A4，如果 A3 图层为当前图层，并且 0、A1、A2、A3、A4 都处于打开状态且没有被冻结，下面说法正确的是（　　）。

A．除了 0 层其他层都可以冻结

B．除了 A3 层外其他层都可以冻结

C．可以同时冻结 5 个层

D．一次只能冻结一个层

3．如果某图层的对象不能被编辑，但能在屏幕上可见，且能捕捉该对象的特殊点和标注尺寸，该图层状态为（　　）。

A．冻结　　B．锁定　　C．隐藏　　D．块

4．对某图层进行锁定后，则（　　）。

A．图层中的对象不可编辑，但可添加对象

B．图层中的对象不可编辑，也不可添加对象

C．图层中的对象可编辑，也可添加对象

D．图层中的对象可编辑，但不可添加对象

5．要查看图形中的全部对象，下列（　　）操作是恰当的。

A．在 ZOOM 下执行 P 命令
B．在 ZOOM 下执行 A 命令
C．在 ZOOM 下执行 S 命令
D．在 ZOOM 下执行 W 命令

6．不可以通过“图层过滤器特性”对话框中过滤的特性是（　　）。

A．图层名、颜色、线型、线宽和打印样式
B．打开还是关闭图层
C．锁定还是解锁图层
D．图层是 ByLayer 还是 ByBlock

7．用（　　）命令可以设置图形界限。

A．SCALE
B．EXTEND
C．LIMITS
D．LAYER

8．在日常工作中贯彻办公和绘图标准时，下列（　　）方式最为有效。

A．应用典型的图形文件
B．应用模板文件
C．重复利用已有的二维绘图文件
D．在“启动”对话框中选取公制

9．绘制图形时，需要一种前面没有用到过的线型，请给出解决步骤。

第 4 章　简单二维绘图命令

内容简介

本章将对一些比较简单、基本的二维绘图命令进行详细的介绍。通过本章的学习，读者可以了解直线类、圆类、点类、平面图形等命令，一步步迈入绘图知识的殿堂。

内容要点

- 直线类命令
- 圆类命令
- 点类命令
- 平面图形命令
- 综合演练——门
- 模拟认证考试

案例效果

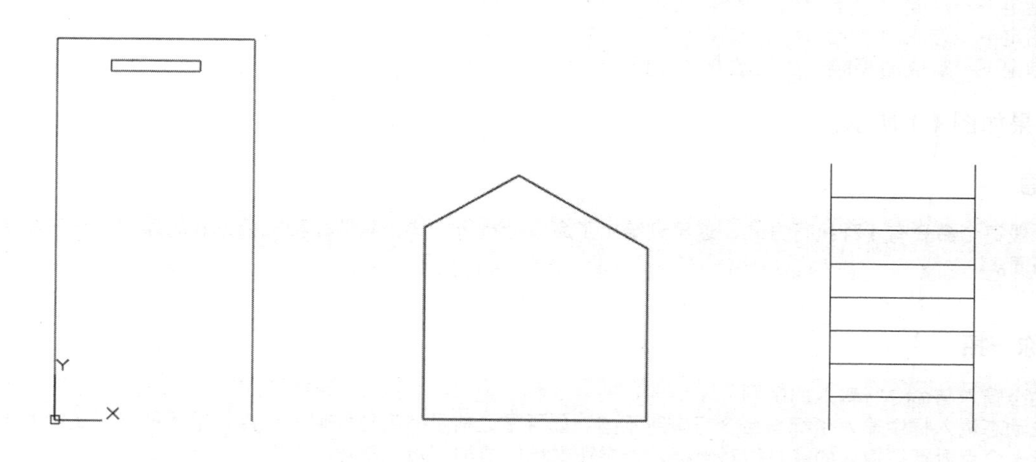

4.1　直线类命令

直线类命令包括“直线”“射线”和“构造线”，这几个命令是 AutoCAD 中最简单的绘图命令。

4.1.1　直线

无论多么复杂的图形，都是由点、直线、圆弧等按不同的粗细、间隔、颜色组合而成的。其中直线是 AutoCAD 绘图中最简单、最基本的一种图形单元，连续的直线可以组成折线，直线与圆弧的组合又可以组成多段线。直线在机械制图中常用于表达物体棱边或平面的投影，在建筑制图中则常用于建筑平面投影。

【执行方式】

- 命令行：LINE（快捷命令：L）。
- 菜单栏：选择菜单栏中的“绘图”→“直线”命令。
- 工具栏：单击“绘图”工具栏中的“直线”按钮。
- 功能区：单击“默认”选项卡“绘图”面板中的“直线”按钮。

扫一扫，看视频

动手学——*房屋立面图*

源文件：*源文件\第 4 章\房屋立面图 .dwg*

利用“直线”命令绘制如图 4-1 所示房屋立面图。

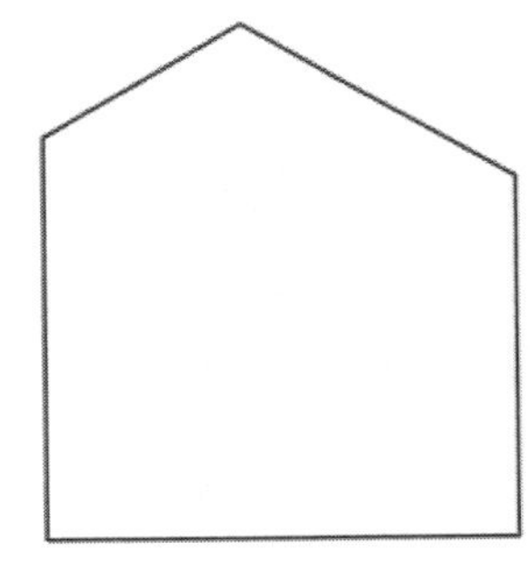

图 4-1　房屋立面图

【操作步骤】

单击“默认”选项卡“绘图”面板中的“直线”按钮，绘制房屋立面图。命令行提示与操作如下。

```
命令： _line
指定第一个点： 50,50
指定下一点或 [放弃(U)]: @0,29
指定下一点或 [放弃(U)]: @16<30
指定下一点或 [闭合(C)/放弃(U)]: @22<-30
指定下一点或 [闭合(C)/放弃(U)]: @0,-26
指定下一点或 [闭合(C)/放弃(U)]: c
```

结果如图 4-1 所示。

注意

一般每个命令有 4 种执行方式，这里只给出了命令行执行方式，其他 3 种执行方式的操作方法与命令行执行方式相同。

教你一招

动态输入与命令行输入的区别：

在动态输入框中输入坐标与命令行有所不同。如果是之前没有定位任何一个点，输入的坐标是绝对坐标；当定位下一个点时默认输入的就是相对坐标，无需在坐标值前加“@”符号。

如果想在动态输入框中输入绝对坐标，需要先输入一个“#”号。例如，输入“#20,30”就相当于在命令行直接输入“20,30”，输入“#20<45”就相当于在命令行中输入“20<45”。

需要注意的是，由于 AutoCAD 现在可以通过鼠标确定方向，直接输入距离后按 Enter 键就可以确定下一点坐标，如果在输入“#20”后就按 Enter 键，这和输入“20”后就直接按 Enter 键没有任何区别，只是将点定位到沿光标方向距离上一点 20 的位置。

【选项说明】

（1）若采用按 Enter 键响应“指定第一个点”提示，系统会把上次绘制图线的终点作为本次图线的起始点。若上次操作为绘制圆弧，按 Enter 键响应后绘出通过圆弧终点并与该圆弧相切的直线段，该线段的长度为光标在绘图区指定的一点与切点之间线段的距离。

（2）在“指定下一点”提示下，用户可以指定多个端点，从而绘出多条直线段。但是，每一段直线都是一个独立的对象，可以进行单独的编辑操作。

（3）绘制两条以上直线段后，若采用输入选项“C”响应“指定下一点”提示，系统会自动连接起始点和最后一个端点，从而绘出封闭的图形。

（4）若采用输入选项“U”响应提示，则删除最近一次绘制的直线段。

（5）若设置正交方式（单击状态栏中的“正交模式”按钮），只能绘制水平线段或垂直线段。

（6）若设置动态数据输入方式（单击状态栏中的“动态输入”按钮），则可以动态输入坐标或长度值，效果与非动态数据输入方式类似，如图 4-2 所示。除了特别需要，以后不再强调，而只按非动态数据输入方式输入相关数据。

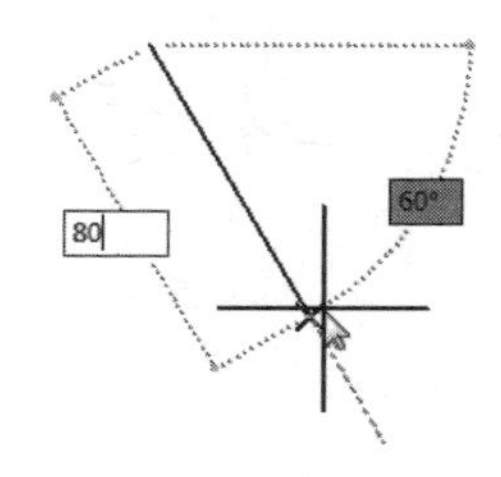

图 4-2　动态输入

✍ 技巧

（1）由直线组成的图形，每条线段都是独立的对象，可对每条直线段进行单独编辑。

（2）在结束直线命令后，再次执行直线命令，根据命令行提示，直接点击回车键，则以上次最后绘制的线段或圆弧的终点作为当前线段的起点。

（3）在命令行中输入三维点的坐标，则可以绘制三维直线段。

4.1.2　构造线

构造线就是无穷长度的直线，用于模拟手工作图中的辅助作图线。构造线用特殊的线型显示，在图形输出时可不作输出。应用构造线作为辅助线绘制机械图中的三视图是构造线的主要用途，构造线的应用保证三视图之间“主、俯视图长对正，主、左视图高平齐，俯、左视图宽相等”的对应关系。如图 4-3 所示为应用构造线作为辅助线绘制三视图的示例，其中细线为构造线，粗线为三视图轮廓线。

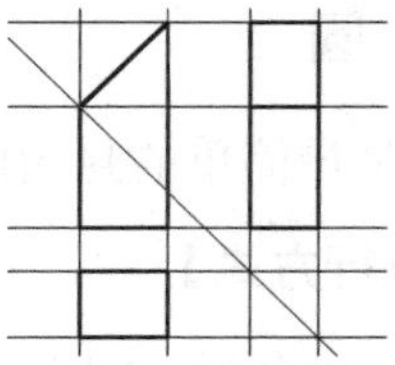

图 4-3　构造线辅助绘制三视图

【执行方式】

- 命令行：XLINE（快捷命令：XL）。
- 菜单栏：选择菜单栏中的“绘图”→“构造线”命令。
- 工具栏：单击“绘图”工具栏中的“构造线”按钮。
- 功能区：单击“默认”选项卡“绘图”面板中的“构造线”按钮。

【操作步骤】

```
命令：XLINE↙
指定点或 [水平(H)/垂直(V)/角度(A)/二等分(B)/偏移(O)]：（给出根点 1）
指定通过点：（给定通过点 2，绘制一条双向无限长直线）
指定通过点：（继续给点，继续绘制线，如图 4-4（a）所示，按 Enter 键结束）
```

【选项说明】

（1）指定点：用于绘制通过指定两点的构造线，如图 4-4（a）所示。

（2）水平 (H)：绘制通过指定点的水平构造线，如图 4-4（b）所示。

（3）垂直 (V)：绘制通过指定点的垂直构造线，如图 4-4（c）所示。

（4）角度 (A)：绘制沿指定方向或与指定直线之间的夹角为指定角度的构造线，如图 4-4（d）所示。

（5）二等分 (B)：绘制平分由指定 3 点所确定的角的构造线，如图 4-4（e）所示。

（6）偏移 (O)：绘制与指定直线平行的构造线，如图 4-4（f）所示。

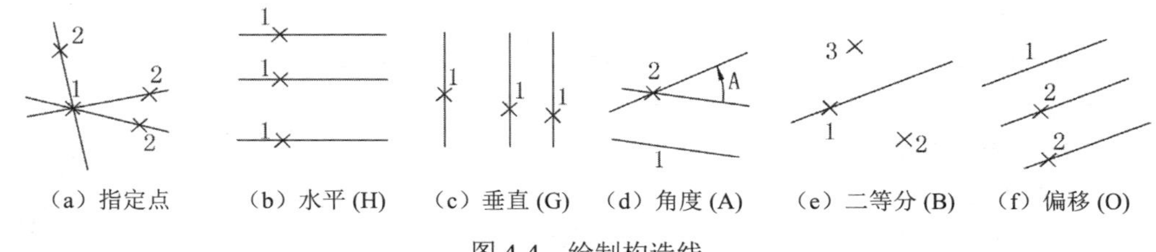

图 4-4　绘制构造线

练一练——绘制标高

利用“构造线”命令绘制如图 4-5 所示的标高。

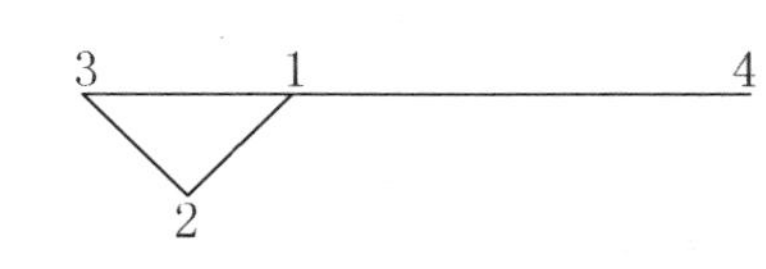

图 4-5　标高

思路点拨

源文件： 源文件 \ 第 4 章 \ 标高 .dwg

为了做到准确无误，要求通过坐标值的输入指定直线的相关点，从而灵活掌握直线的绘制方法。

4.2　圆类命令

圆类命令主要包括“圆”“圆弧”“圆环”“椭圆”及“椭圆弧”等命令，这几个命令是 AutoCAD 中最简单的曲线命令。

4.2.1　圆

圆是最简单的封闭曲线，也是绘制工程图时经常用到的图形单元。

【执行方式】

- 命令行：CIRCLE（快捷命令：C）。
- 菜单栏：选择菜单栏中的“绘图”→“圆”命令。
- 工具栏：单击“绘图”工具栏中的“圆”按钮⊙。
- 功能区：在“默认”选项卡的“绘图”面板中打开“圆”下拉菜单，从中选择一种创建圆的方式，如图 4-6 所示。

扫一扫，看视频

动手学——管道泵视图

源文件： 源文件 \ 第 4 章 \ 管道泵视图 .dwg

本实例绘制管道泵视图，如图 4-7 所示。

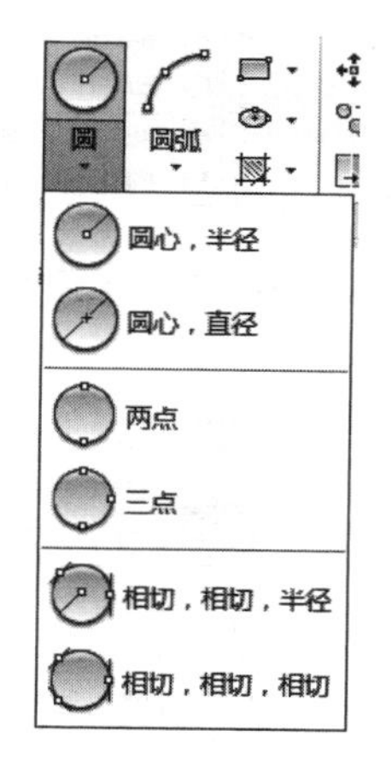

图 4-6 “圆”下拉菜单

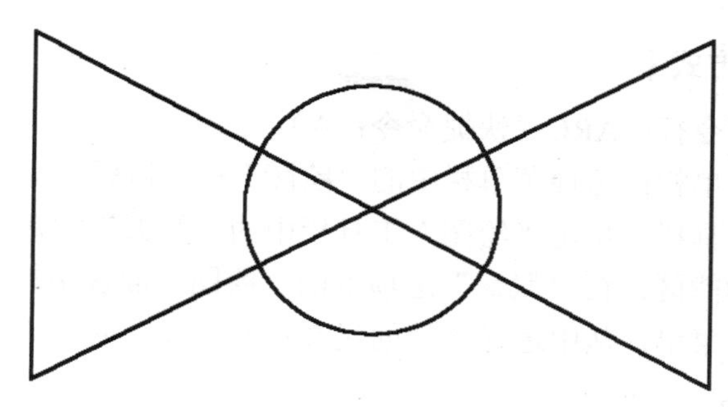

图 4-7 管道泵视图

技巧

有时图形经过缩放或 ZOOM 后，绘制的圆边显示棱边，图形会变得粗糙。可在命令行中输入“RE”命令，重新生成模型，圆边光滑；也可以在“选项”对话框的“显示”选项中调整“圆弧和圆的平滑度”。

【操作步骤】

（1）单击“默认”选项卡“绘图”面板中的“直线”按钮，绘制阀外轮廓。

（2）单击“默认”选项卡“绘图”面板中的“圆”按钮，以交叉直线的交点为圆心，绘制适当大小的圆，完成管道泵视图的绘制。命令行中的提示与操作如下。

```
命令：_circle
指定圆的圆心或 [三点(3P)/两点(2P)/切点、切点、半径(T)]：(选择交叉直线的交点为圆心)
指定圆的半径或 [直径(D)]：(输入适当大小的半径)
```

【选项说明】

（1）切点、切点、半径(T)：通过先指定两个相切对象，再给出半径的方法绘制圆。如图 4-8（a）～图 4-8（d）所示是以“切点、切点、半径”方式绘制圆的各种情形（加粗的圆为最后绘制的圆）。

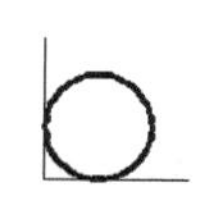

（a）“切点、切点、半径”方式 1

（b）“切点、切点、半径”方式 2

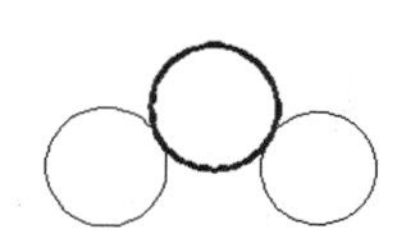

（c）“切点、切点、半径”方式 3

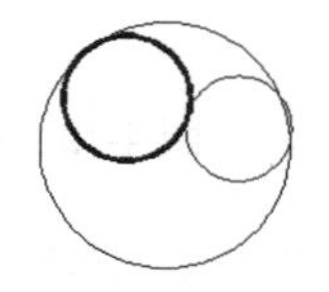

（d）“切点、切点、半径”方式 4

图 4-8 圆与另外两个对象相切

（2）选择菜单栏中的“绘图”→“圆”命令，其子菜单中比命令行多了一种“相切，相切，相切”的绘制方法，如图 4-9 所示。

4.2.2 圆弧

圆弧是圆的一部分。在工程造型中，圆弧的使用比圆更普遍。通常强调的“流线形”造型或圆润的造型实际上就是圆弧造型。

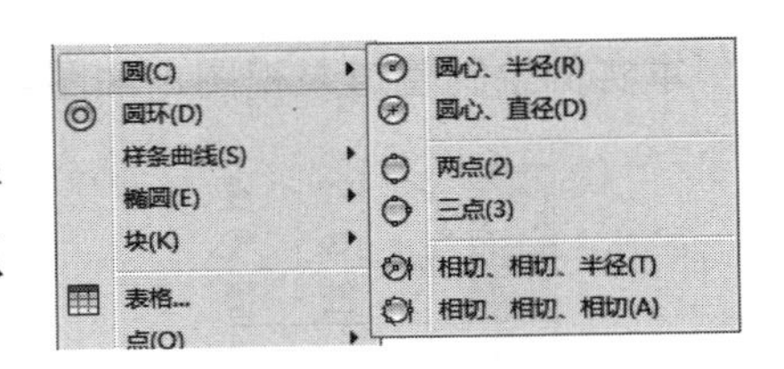

图 4-9 “圆”子菜单

【执行方式】

- 命令行：ARC（快捷命令：A）。
- 菜单栏：选择菜单栏中的“绘图”→“圆弧”命令。
- 工具栏：单击“绘图”工具栏中的“圆弧”按钮。
- 功能区：在“默认”选项卡的“绘图”面板中打开“圆弧”下拉菜单，从中选择一种创建圆弧的方式，如图 4-10 所示。

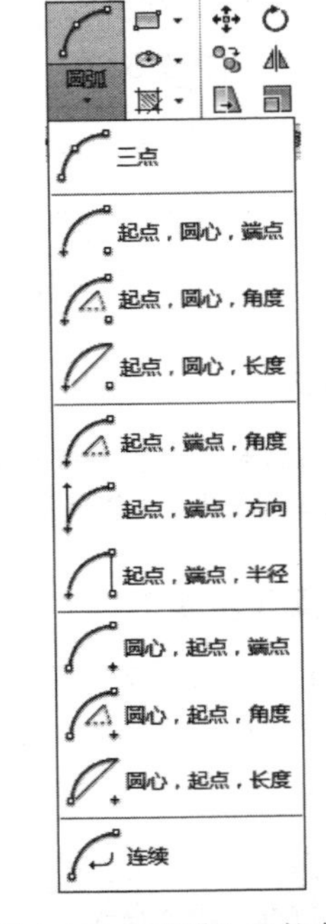

图 4-10 “圆弧”下拉菜单

扫一扫，看视频

动手学——管道

源文件：源文件\第 4 章\管道 .dwg

本实例绘制如图 4-11 所示的管道。

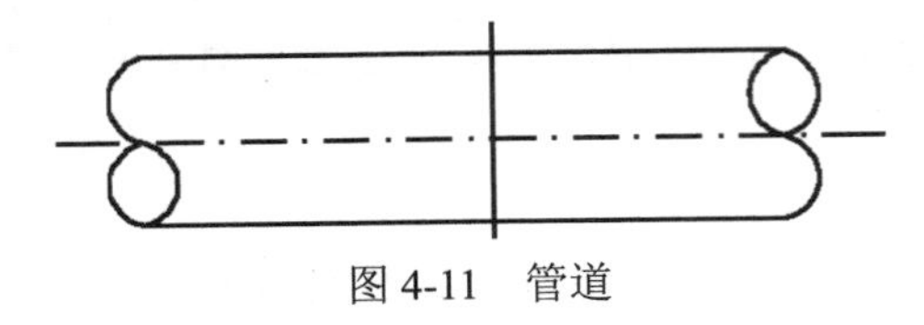

图 4-11 管道

【操作步骤】

（1）单击“默认”选项卡“绘图”面板中的“直线”按钮，绘制竖直和水平的中心线，如图 4-12 所示。

（2）单击“默认”选项卡“绘图”面板中的“直线”按钮，绘制水平的两条直线，如图 4-13 所示。

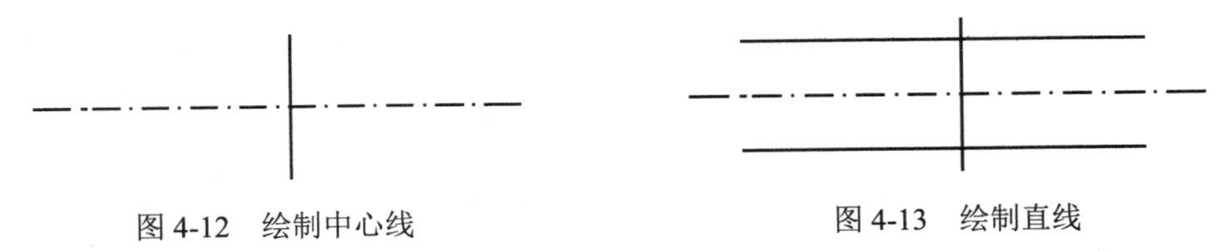

图 4-12 绘制中心线　　图 4-13 绘制直线

（3）单击“默认”选项卡“绘图”面板中的“圆弧”按钮，绘制圆弧。命令行提示与操作如下。

```
命令：_arc↙
指定圆弧的起点或 [圆心(C)]：↙（以中心线上边的直线左端点为起点）
指定圆弧的第二个点或 [圆心(C)/端点(E)]：↙（以“1”点为第二点）
指定圆弧的端点：↙（以“2”点为端点）
```

结果如图 4-14 所示。

（4）重复“圆弧”命令，完成其余5段圆弧的绘制，最终完成管道的绘制。

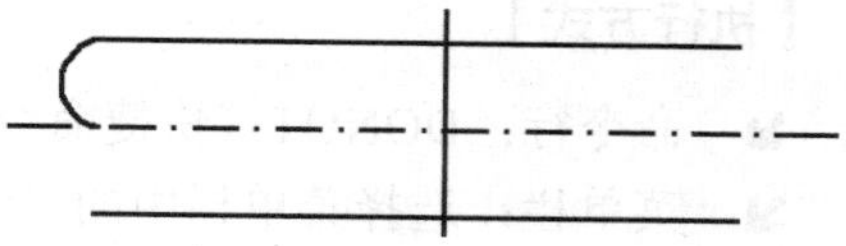

图4-14　绘制圆弧

✍ 技巧

绘制圆弧时，注意圆弧的曲率是遵循逆时针方向的，所以在选择指定圆弧两个端点和半径模式时，需要注意端点的指定顺序，否则有可能导致圆弧的凹凸形状与预期相反。

【选项说明】

（1）用命令行方式绘制圆弧时，可以根据系统提示选择不同的选项，其具体功能与利用菜单栏中的“绘图”→“圆弧”子菜单中提供的11种方式相似。这11种方式绘制的圆弧分别如图4-15（a）～如图4-15（k）所示。

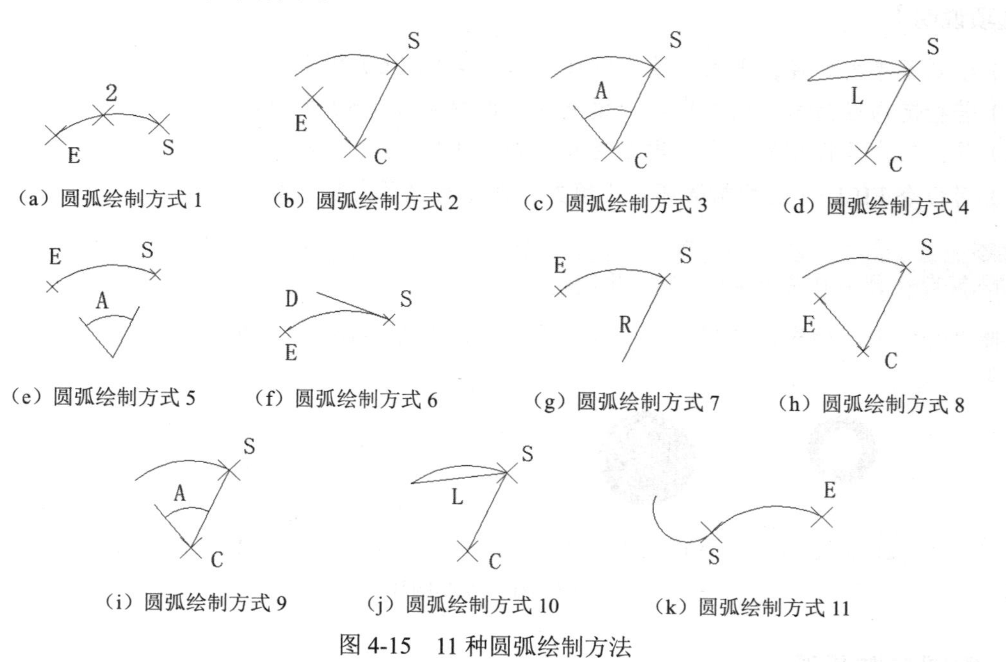

（a）圆弧绘制方式1　（b）圆弧绘制方式2　（c）圆弧绘制方式3　（d）圆弧绘制方式4

（e）圆弧绘制方式5　（f）圆弧绘制方式6　（g）圆弧绘制方式7　（h）圆弧绘制方式8

（i）圆弧绘制方式9　（j）圆弧绘制方式10　（k）圆弧绘制方式11

图4-15　11种圆弧绘制方法

（2）需要强调的是“连续”方式，绘制的圆弧与上一段圆弧相切。如要连续绘制圆弧段，只需提供端点即可。

☞ 教你一招

绘制圆弧时的注意事项：

绘制圆弧时，注意指定合适的端点或圆心，指定端点的时针方向即为绘制圆弧的方向。比如，要绘制下半圆弧，则起始端点应在左侧，终端点应在右侧，此时端点的时针方向为逆时针，即得到相应的逆时针圆弧。

4.2.3　圆环

圆环可以看作是两个同心圆，利用“圆环”命令可以快速完成同心圆的绘制。

【执行方式】

- 命令行：DONUT（快捷命令：DO）。
- 菜单栏：选择菜单栏中的“绘图”→“圆环”命令。
- 功能区：单击“默认”选项卡“绘图”面板中的“圆环”按钮◎。

【操作步骤】

```
命令：DONUT↙
指定圆环的内径 <0.5000>：（指定圆环内径）
指定圆环的外径 <1.0000>：（指定圆环外径）
指定圆环的中心点或 <退出>：（指定圆环的中心点）
指定圆环的中心点或 <退出>：（继续指定圆环的中心点，则继续绘制相同内外径的圆环。用 Enter 键、空格键或右击结束命令，如图 4-16（a）所示）
```

【选项说明】

（1）绘制不等内外径，则画出填充圆环，如图 4-16（a）所示。

（2）若指定内径为零，则画出实心填充圆，如图 4-16（b）所示。

（3）若指定内外径相等，则画出普通圆，如图 4-16（c）所示。

（4）用命令 FILL 可以控制圆环是否填充，命令行提示与操作如下。

```
命令：FILL↙
输入模式 [开(ON)/关(OFF)] <开>:
```

选择“开”表示填充，选择“关”表示不填充，如图 4-16（d）所示。

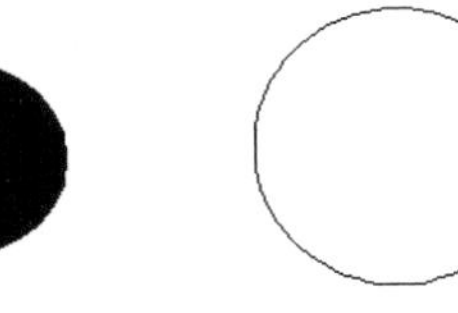

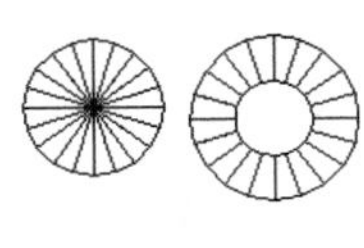

（a）填充圆环　（b）实心填充圆　（c）普通圆　（d）开关圆环填充

图 4-16　绘制圆环

4.2.4　椭圆与椭圆弧

椭圆也是一种典型的封闭曲线图形，圆在某种意义上可以看成是椭圆的特例。椭圆在工程图中的应用并不多，只是在某些特殊造型中才会出现，如室内设计单元中的浴盆、桌子等造型，或机械造型中杆状结构的截面形状等图形。

【执行方式】

- 命令行：ELLIPSE（快捷命令：EL）。
- 菜单栏：选择菜单栏中的“绘图”→“椭圆”→“圆弧”命令。
- 工具栏：单击“绘图”工具栏中的“椭圆”按钮或“椭圆弧”按钮。
- 功能区：在“默认”选项卡的“绘图”面板中打开“椭圆”下拉菜单，从中选择一种创建椭圆（或椭圆弧）的方式，如图 4-17 所示。

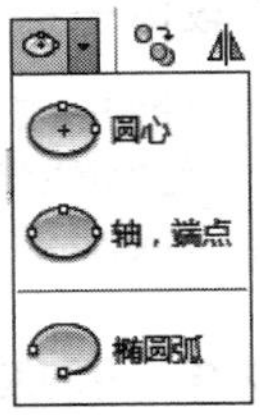

圆心
轴，端点
椭圆弧

图 4-17　“椭圆”下拉菜单

【操作步骤】

```
命令：ELLIPSE↙
指定椭圆的轴端点或 [圆弧(A)/中心点(C)]:
指定轴的另一个端点：
指定另一条半轴长度或 [旋转(R)]:
```

【选项说明】

（1）指定椭圆的轴端点：根据两个端点定义椭圆的第一条轴，第一条轴的角度确定了整个椭圆的角度。第一条轴既可定义椭圆的长轴，也可定义其短轴。椭圆按图 4-18（a）中显示的 1—2—3—4 顺序绘制。

（2）圆弧 (A)：用于创建一段椭圆弧，与“单击‘默认’选项卡‘绘图’面板中的‘椭圆弧’按钮”功能相同。其中第一条轴的角度确定了椭圆弧的角度。第一条轴既可定义椭圆弧长轴，也可定义其短轴。选择该选项，系统命令行中继续提示与操作如下。

```
指定椭圆弧的轴端点或 [中心点(C)]:（指定端点或输入“C”）
指定轴的另一个端点：（指定另一端点）
指定另一条半轴长度或 [旋转(R)]:（指定另一条半轴长度或输入“R”）
指定起点角度或 [参数(P)]:（指定起始角度或输入“P”）
指定端点角度或 [参数(P)/夹角(I)]:
```

其中各选项含义如下。

① 起点角度：指定椭圆弧端点的两种方式之一，光标与椭圆中心点连线的夹角为椭圆端点位置的角度，如图 4-18（b）所示。

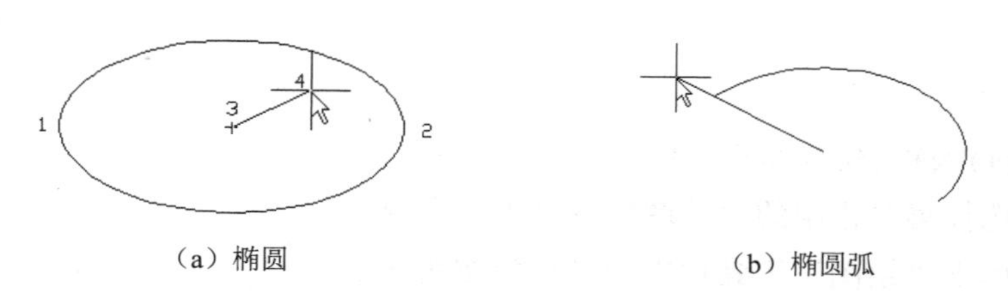

（a）椭圆　　（b）椭圆弧

图 4-18　椭圆和椭圆弧

② 参数 (P)：指定椭圆弧端点的另一种方式。该方式同样是指定椭圆弧端点的角度，但通过以下矢量参数方程式创建椭圆弧。

$$p(u)=c+a\times\cos(u)+b\times\sin(u)$$

其中，c 是椭圆的中心点，a 和 b 分别是椭圆的长轴和短轴，u 为光标与椭圆中心点连线的夹角。

③ 夹角 (I)：定义从起点角度开始的包含角度。

④ 中心点 (C)：通过指定的中心点创建椭圆。

⑤ 旋转 (R)：通过绕第一条轴旋转圆来创建椭圆。相当于将一个圆绕椭圆轴翻转一个角度后的投影视图。

技巧

“椭圆”命令生成的椭圆是以多段线还是以椭圆为实体，是由系统变量 PELLIPSE 决定的。

练一练——绘制带半圆形弯钩的钢筋端部

绘制如图 4-19 所示带半圆形弯钩的钢筋端部。

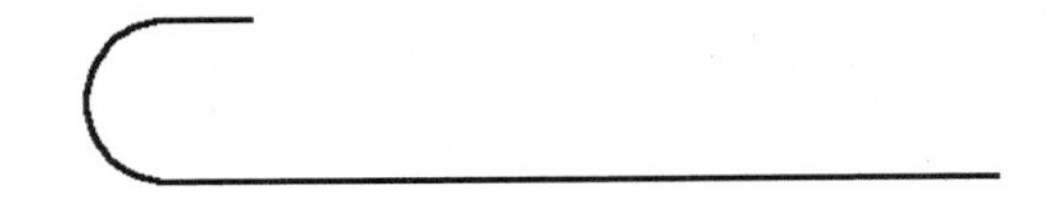

图 4-19　带半圆形弯钩的钢筋端部

思路点拨

源文件：源文件 \ 第 4 章 \ 带半圆形弯钩的钢筋端部 .dwg
利用“直线”和“圆弧”命令，绘制带半圆形弯钩的钢筋端部。

4.3　点类命令

点在 AutoCAD 中有多种不同的表示方式，用户可以根据需要进行设置，也可以设置等分点和测量点。

4.3.1　点

通常认为，点是最简单的图形单元。在工程图形中，点通常用来标定某个特殊的坐标位置，或者作为某个绘制步骤的起点和基础。为了使点更显眼，AutoCAD 为点设置各种样式，用户可以根据需要来选择。

【执行方式】

- 命令行：POINT（快捷命令：PO）。
- 菜单栏：选择菜单栏中的“绘图”→“点”命令。
- 工具栏：单击“绘图”工具栏中的“点”按钮。
- 功能区：单击“默认”选项卡中“绘图”面板中的“多点”按钮。

【操作步骤】

```
命令：_point
当前点模式： PDMODE=0  PDSIZE=0.0000
指定点：（指定点所在的位置）
```

【选项说明】

（1）以菜单栏方式操作时（如图 4-20 所示），“单点”命令表示只输入一个点，“多点”命令表示可输入多个点。

（2）可以单击状态栏中的“对象捕捉”按钮，设置点捕捉模式，帮助用户选择点。

（3）点在图形中的表示样式共有 20 种。可通过 DDPTYPE 命令或选择菜单栏中的“格式”→“点样式”命令，在打开的“点样式”对话框中进行设置，如图 4-21 所示。

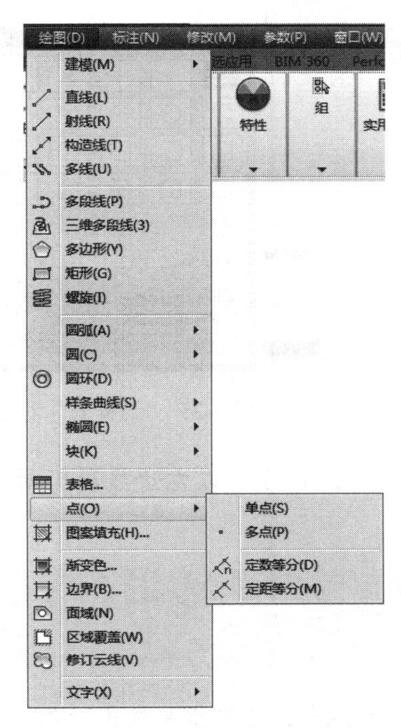

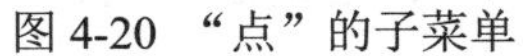
图 4-20　“点”的子菜单

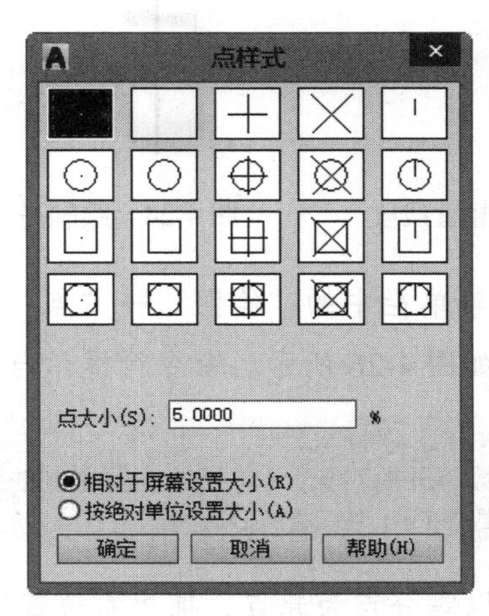

图 4-21　“点样式”对话框

4.3.2　定数等分

有时需要把某个线段或曲线按一定的份数进行等分。这一点在手工绘图中很难实现，但在 AutoCAD 中，可以通过相关命令轻松完成。

【执行方式】

- 命令行：DIVIDE（快捷命令：DIV）。
- 菜单栏：选择菜单栏中的“绘图”→“点”→“定数等分”命令。
- 功能区：单击“默认”选项卡“绘图”面板中的“定数等分”按钮。

动手学——阶梯

源文件：源文件 \ 第 4 章 \ 阶梯 .dwg

本实例绘制如图 4-22 所示的阶梯。

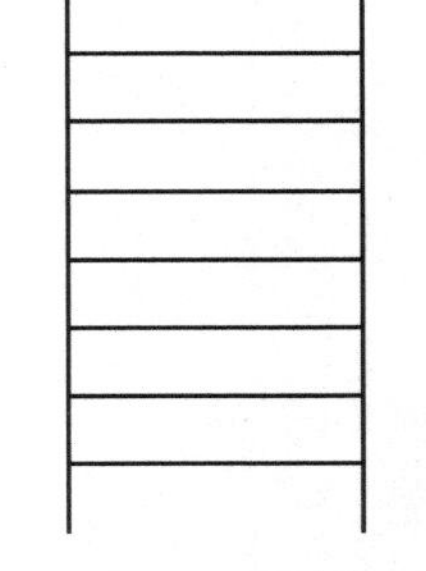

图 4-22　阶梯

扫一扫，看视频

【操作步骤】

（1）单击“默认”选项卡“绘图”面板中的“直线”按钮，以（0，0），（0,100）为端点，绘制一条适当长度的竖直线段，如图 4-23 所示。

（2）单击“默认”选项卡“绘图”面板中的“直线”按钮，以（50，0），（50，100）为端点，绘制另一条竖直线段，如图 4-24 所示。

（3）选择“格式”→“点样式”命令，在打开的“点样式”对话框中选择“X”样式，如图 4-25 所示。

图 4-23　绘制竖直线段　　　　图 4-24　绘制另一条竖直线段

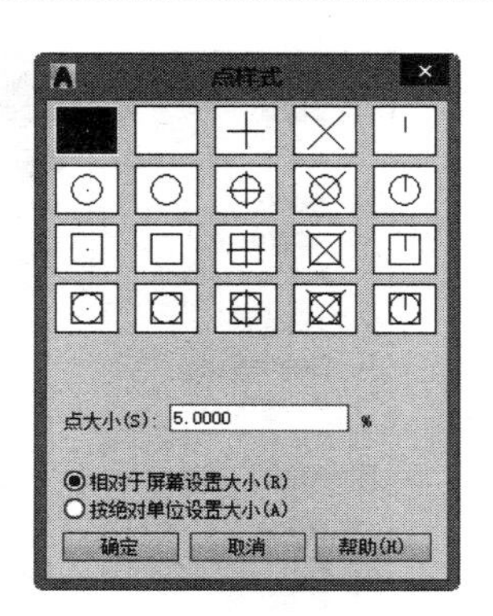

图 4-25　“点样式”对话框

（4）选择菜单栏中的“绘图”→“点”→“定数等分”命令，以左边线段为对象，数目为 8，绘制等分点，如图 4-26 所示。命令行提示与操作如下。

```
命令：DIVIDE ↙
选择要定数等分的对象：（选择绘制的左侧的直线）
输入线段数目或 [ 块 (B)]：8
```

（5）分别以等分点为起点，捕捉右边直线上的垂足为终点，绘制水平线段，如图 4-27 所示。

（6）删除绘制的等分点，结果如图 4-22 所示。

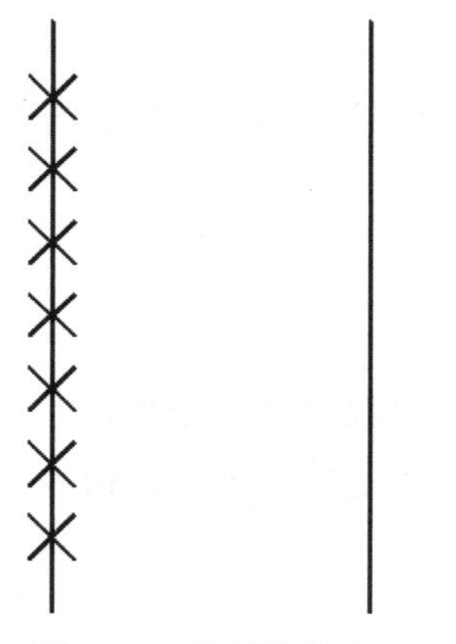

图 4-26　绘制等分点

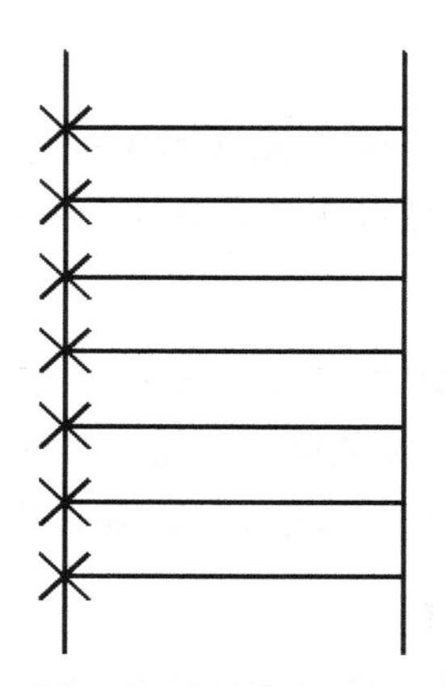

图 4-27　绘制水平线段

【选项说明】

（1）等分数目范围为 2 ～ 32767。

（2）在等分点处，按当前点样式设置画出等分点。

（3）在第二提示行选择“块 (B)”选项时，表示在等分点处插入指定的块（有关块知识的具体讲解见后面章节）。

4.3.3　定距等分

和定数等分类似，定距等分是把某个线段或曲线按给定的长度为单元进行等分。在 AutoCAD

中，可以通过相关命令来完成。

【执行方式】

- 命令行：MEASURE（快捷命令：ME）。
- 菜单栏：选择菜单栏中的“绘图”→“点”→“定距等分”命令。
- 功能区：单击“默认”选项卡“绘图”面板中的“定距等分”按钮。

【操作步骤】

```
命令 :MEASURE ↙
选择要定距等分的对象 :（选择要设置测量点的实体）
指定线段长度或 [ 块 (B)]:（指定分段长度）
```

【选项说明】

（1）设置的起点一般是指定线的绘制起点。

（2）在第 2 提示行选择“块 (B)”选项时，表示在测量点处插入指定的块。

（3）在等分点处，按当前点样式设置绘制测量点。

（4）最后一个测量段的长度不一定等于指定分段长度。

☞ 教你一招

定距等分和定数等分有什么区别?

定数等分是将某个线段按段数平均分段，定距等分是将某个线段按距离分段。例如：一条 112mm 的直线，用定数等分命令时，如果该线段被平均分成 10 段，每一个线段的长度都是相等的，长度就是原来的 1/10；而用定距等分时，如果设置定距等分的距离为 10，那么从端点开始，每 10mm 为一段，前 11 段段长都为 10，那么最后一段的长度并不是 10，因为 112/10 有小数点，并不是整数，所以等距等分的线段并不是所有的线段都相等。

练一练——绘制楼梯

绘制如图 4-28 所示的楼梯。

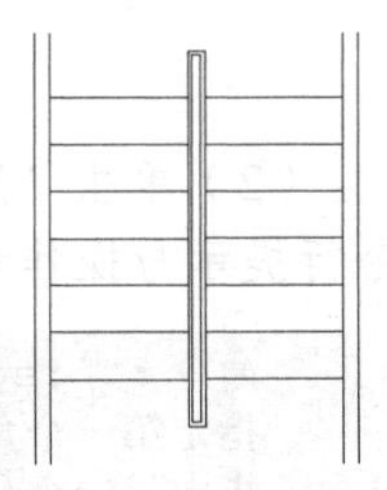

图 4-28　楼梯

思路点拨

源文件：源文件 \ 第 4 章 \ 楼梯 .dwg

（1）利用“直线”命令绘制墙体和扶手。

（2）利用“定数等分”命令，对左边扶手外面线段进行等分。

（3）利用“直线”命令绘制水平线段，并删除等分点。

4.4　平面图形命令

简单的平面图形命令包括“矩形”命令和“多边形”命令。

4.4.1　矩形

矩形是最简单的封闭直线图形，在机械制图中常用来表达平行投影平面的面，在建筑制图中常用来表达墙体平面。

【执行方式】

- 命令行：RECTANG（快捷命令：REC）。
- 菜单栏：选择菜单栏中的“绘图”→“矩形”命令。
- 工具栏：单击“绘图”工具栏中的“矩形”按钮。
- 功能区：单击“默认”选项卡“绘图”面板中的“矩形”按钮。

扫一扫，看视频

动手学——停车场

源文件：源文件\第4章\停车场.dwg

利用“矩形”命令绘制如图4-29所示的停车场。

【操作步骤】

（1）单击“默认”选项卡“绘图”面板中的“直线”按钮，以（0,0）、（0,5500）、（@2700,0）、（@0,-5500）为端点绘制停车场的外轮廓，如图4-30所示。

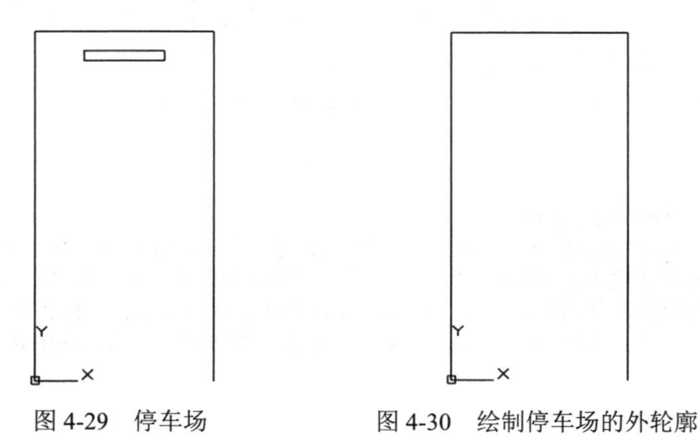

图4-29　停车场　　　　图4-30　绘制停车场的外轮廓

（2）单击“默认”选项卡“绘图”面板中的“矩形”按钮，绘制一个52×52的正方形。命令行提示与操作如下。

```
命令：_rectang
指定第一个角点或 [倒角(C)/标高(E)/圆角(F)/厚度(T)/宽度(W)]: 750,5050
指定另一个角点或 [面积(A)/尺寸(D)/旋转(R)]: @1200,150
```

结果如图4-29所示。

【选项说明】

（1）第一个角点：通过指定两个角点确定矩形，如图4-31（a）所示。

（2）倒角(C)：指定倒角距离，绘制带倒角的矩形，如图4-31（b）所示。每一个角点的逆时针和顺时针方向的倒角可以相同，也可以不同，其中第一个倒角距离是指角点逆时针方向倒角距离，第二个倒角距离是指角点顺时针方向倒角距离。

（3）标高(E)：指定矩形标高（Z坐标），即把矩形放置在标高为Z并与XOY坐标面平行的平面上，并作为后续矩形的标高值。

（4）圆角(F)：指定圆角半径，绘制带圆角的矩形，如图4-31（c）所示。

（5）厚度(T)：主要用在三维中，输入厚度后画出的矩形是立体的，如图4-31（d）所示。

（6）宽度(W)：指定线宽，如图4-31（e）所示。

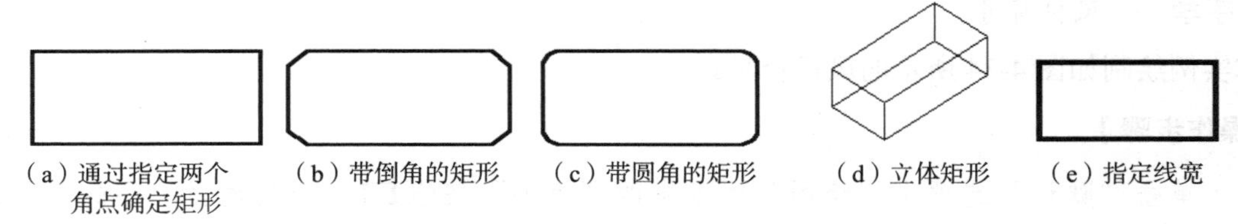

图4-31　绘制矩形

（7）面积(A)：指定面积和长或宽创建矩形。选择该选项，系统提示与操作如下。

```
输入以当前单位计算的矩形面积 <20.0000>：(输入面积值)
计算矩形标注时依据 [长度(L)/宽度(W)] <长度>：(按Enter键或输入“W”)
输入矩形长度 <4.0000>：(指定长度或宽度)
```

指定长度或宽度后，系统自动计算另一个维度，绘制出矩形。如果矩形被倒角或圆角，则长度或面积计算中也会考虑此设置，如图4-32所示。

（8）尺寸(D)：使用长和宽创建矩形，第二个指定点将矩形定位在与第一角点相关的4个位置之一。

（9）旋转(R)：使所绘制的矩形旋转一定角度。选择该选项，系统提示与操作如下。

```
指定旋转角度或 [拾取点(P)] <45>：(指定角度)
指定另一个角点或 [面积(A)/尺寸(D)/旋转(R)]：(指定另一个角点或选择其他选项)
```

指定旋转角度后，系统按指定角度创建矩形，如图4-33所示。

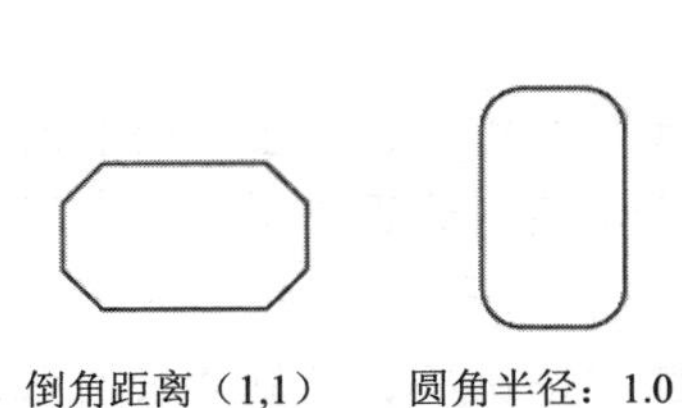

图4-32　利用“面积(A)”绘制矩形

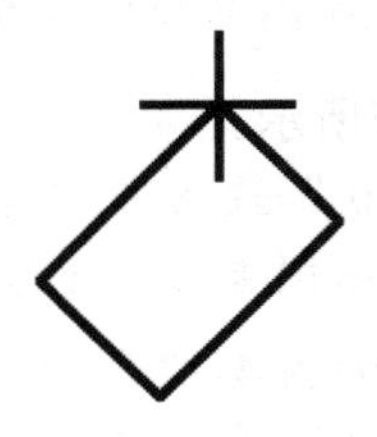

图4-33　旋转矩形

4.4.2　多边形

正多边形是相对复杂的一种平面图形，人类曾经为准确地找到手工绘制正多边形的方法而长期求索。伟大数学家高斯为发现正十七边形的绘制方法而引以为毕生的荣誉，以致他的墓碑被设计成正十七边形。现在利用AutoCAD可以轻松地绘制任意边的正多边形。

【执行方式】

➘ 命令行：POLYGON（快捷命令：POL）。

- 菜单栏：选择菜单栏中的“绘图”→“多边形”命令。
- 工具栏：单击“绘图”工具栏中的“多边形”按钮。
- 功能区：单击“默认”选项卡“绘图”面板中的“多边形”按钮。

扫一扫，看视频

动手学——风机符号

本实例绘制如图 4-34 所示的风机符号。

【操作步骤】

（1）单击“默认”选项卡“绘图”面板中的“矩形”按钮，绘制适当大小的矩形，结果如图 4-35 所示。

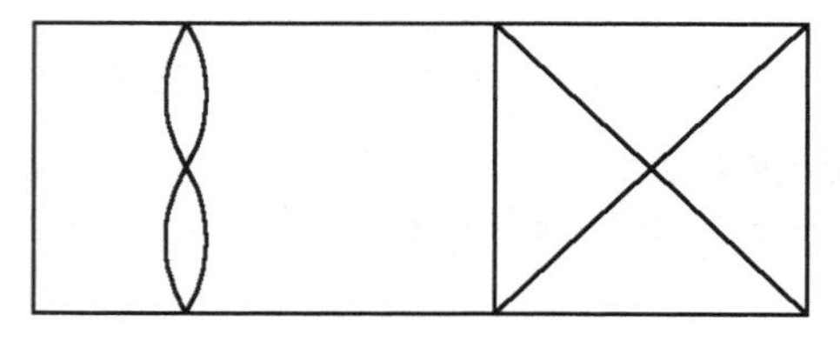

图 4-34　风机符号

图 4-35　绘制矩形

（2）单击“默认”选项卡“绘图”面板中的“多边形”按钮，绘制正方形。命令行提示与操作如下。

```
命令：_polygon
输入侧面数 <4>：↙
指定正多边形的中心点或 [边(E)]：e ↙
指定边的第一个端点：(以上步绘制的矩形的右上端点为第一端点)
指定边的第二个端点：(以上步绘制的矩形的右下端点为第二端点)
```

结果如图 4-36 所示。

（3）单击“默认”选项卡“绘图”面板中的“直线”按钮，以上步绘制的正方形的左下端点和右上端点为两点绘制直线；重复“直线”命令，以上步绘制的正方形的左上端点和右下端点为两点绘制直线，结果如图 4-37 所示。

（4）单击“默认”选项卡“绘图”面板中的“圆弧”按钮，绘制 4 段圆弧，最终完成风机符号的绘制，如图 4-34 所示。

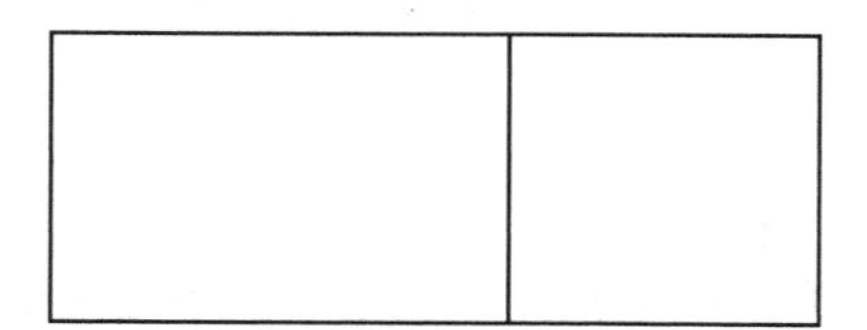

图 4-36　绘制正方形

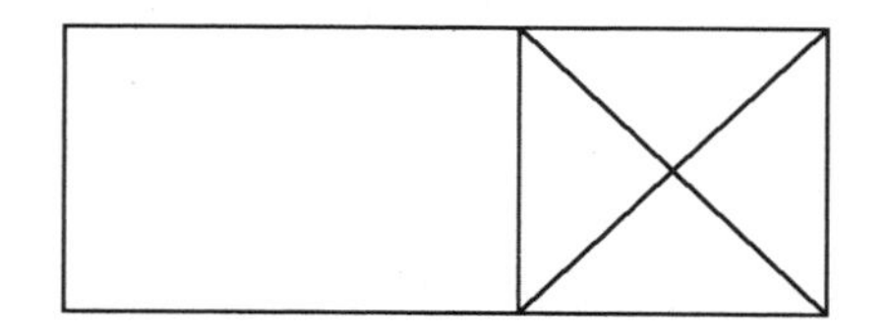

图 4-37　绘制直线

【选项说明】

（1）边 (E)：选择该选项，则只要指定多边形的一条边，系统就会按逆时针方向创建该正多边形，如图 4-38（a）所示。

（2）内接于圆 (I)：选择该选项，绘制的多边形内接于圆，如图 4-38（b）所示。

（3）外切于圆 (C)：选择该选项，绘制的多边形外切于圆，如图 4-38（c）所示。

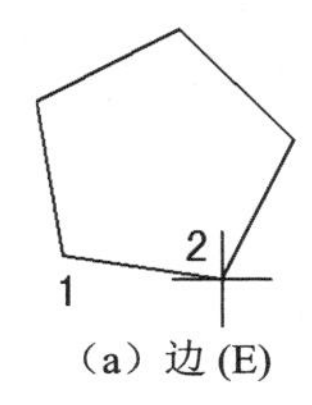

（a）边 (E)

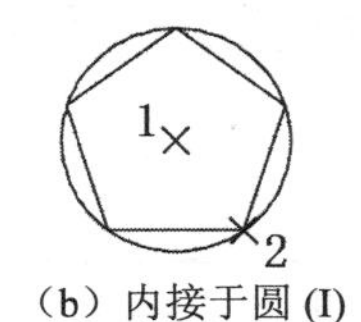

（b）内接于圆 (I)

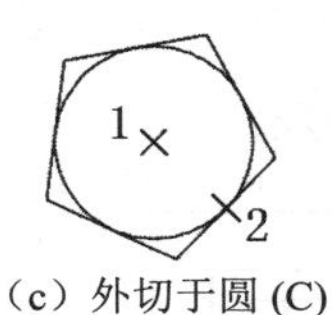

（c）外切于圆 (C)

图 4-38　绘制多边形

练一练——绘制机械连接的钢筋接头

绘制如图 4-39 所示的机械连接的钢筋接头。

图 4-39　机械连接的钢筋接头

思路点拨

源文件：源文件 \ 第 4 章 \ 机械连接的钢筋接头 .dwg

利用“直线”和“矩形”命令，绘制机械连接的钢筋接头。

4.5　综合演练——门

扫一扫，看视频

源文件：源文件 \ 第 4 章 \ 门 .dwg

本实例绘制如图 4-40 所示的门。

【操作步骤】

（1）单击“默认”选项卡“绘图”面板中的“矩形”按钮，分别以 {(0,0)、(800,1980)}、{(150,150)、(@500,1680)} 和 {(250,1100)、(@300,650)} 为角点坐标绘制矩形，如图 4-41 所示。

（2）单击“默认”选项卡“绘图”面板中的“轴、端点”按钮，绘制椭圆。命令行提示与操作如下。

```
命令：_ellipse
指定椭圆的轴端点或 [圆弧 (A)/ 中心点 (C)]：_c
指定椭圆的中心点：400,570
指定轴的端点：@0,320
指定另一条半轴长度或 [旋转 (R)]：150
```

结果如图 4-42 所示。

（3）单击“默认”选项卡“绘图”面板中的“圆”按钮，以 (70,1000) 为圆心，绘制一个半径为 30 的圆，如图 4-43 所示。

（4）单击“默认”选项卡“绘图”面板中的“多边形”按钮，绘制上一步所绘圆的外切六边形。命令行提示与操作如下。

```
命令： _polygon
输入侧面数 <4>: 6
指定正多边形的中心点或 [边(E)]: 70，1000
输入选项 [内接于圆(I)/外切于圆(C)] <I>: C
指定圆的半径：30
```

结果如图 4-44 所示。

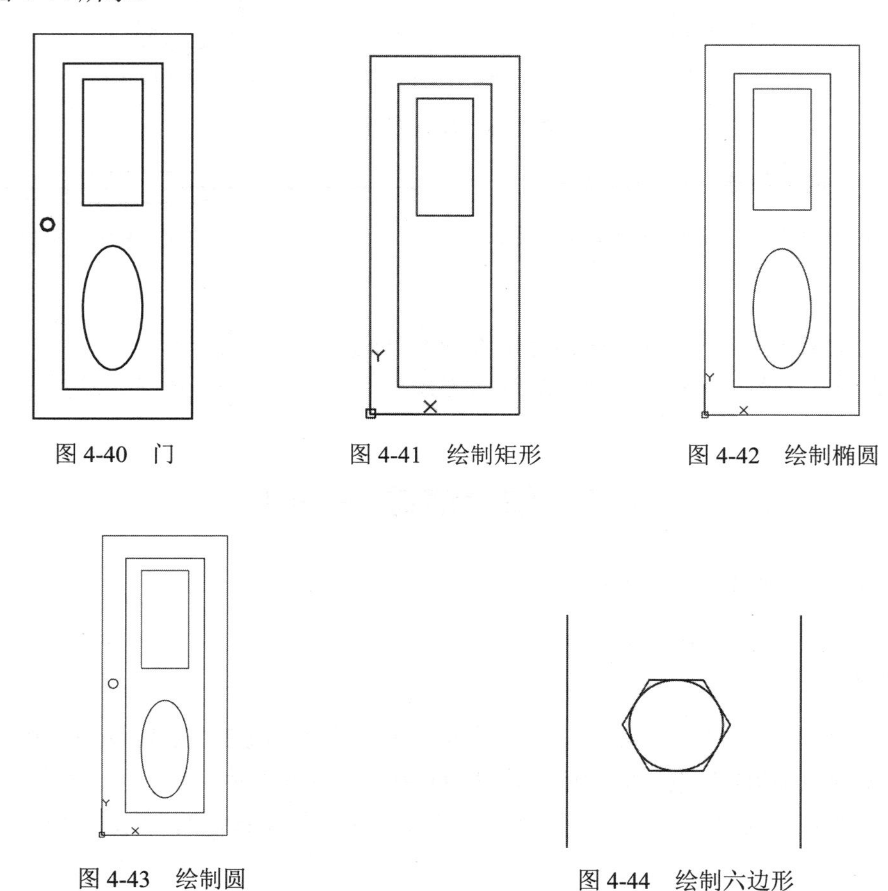

图 4-40　门　　图 4-41　绘制矩形　　图 4-42　绘制椭圆

图 4-43　绘制圆　　图 4-44　绘制六边形

（5）单击“默认”选项卡“绘图”面板中的“圆”按钮，以 (70,1000) 为圆心，绘制六边形的外接圆，结果如图 4-40 所示。

4.6　模拟认证考试

1．已知一长度为 500 的直线，使用“定距等分”命令，若希望一次性绘制 7 个点对象，输入的线段长度不能是（　　）。

A．60　　B．63　　C．66　　D．69

2．在绘制圆时，采用“两点（2P）”选项，两点之间的距离是（　　）。

A．最短弦长　　B．周长　　C．半径　　D．直径

3．用“圆环”命令绘制的圆环，下列说法正确的是（　　）。

A．圆环是填充环或实体填充圆，即带有宽度的闭合多段线

B．圆环的两个圆是不能一样大的

C．圆环无法创建实体填充圆

D．圆环标注半径值是内环的值

4．按住（　　）键可切换所要绘制的圆弧方向。

A．Shift　　B．Ctrl　　C．F1　　D．Alt

5．以同一点作为正五边形的中心，圆的半径为 50，分别用 I 和 C 方式画的正五边形的间距为（　　）。

A．15.32　　B．9.55　　C．7.43　　D．12.76

6．重复使用刚才执行的命令，按（　　）键。

A．Ctrl　　B．Alt　　C．Enter　　D．Shift

7．绘制如图 4-45 所示的锚具端视图。

8．绘制如图 4-46 所示的壳体。

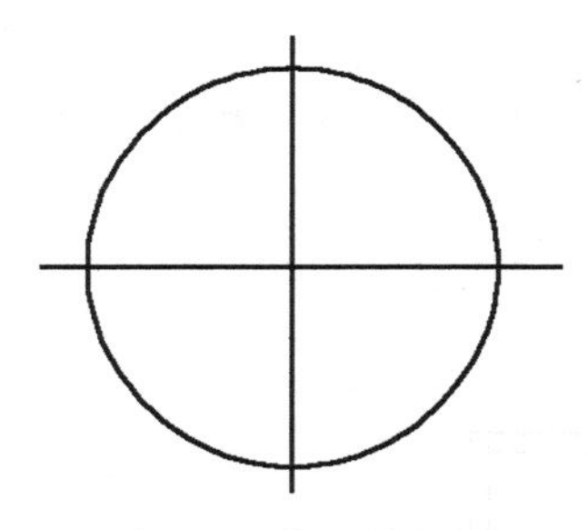

图 4-45　锚具端视图

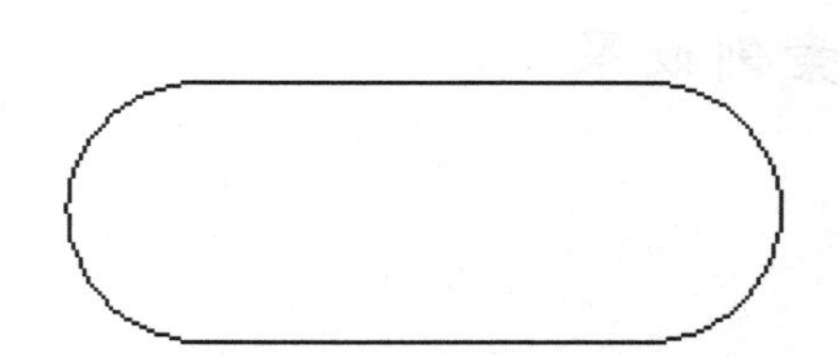

图 4-46　壳体

第 5 章　复杂二维绘图命令

内容简介

本章将循序渐进地介绍一些 AutoCAD 2018 的复杂绘图命令和编辑命令。通过本章的学习，读者可以熟练地掌握使用 AutoCAD 2018 绘制二维几何元素，包括样条曲线、多段线及多线等的方法，同时利用相应的编辑命令修正图形。

内容要点

- 样条曲线
- 多段线
- 多线
- 图案填充
- 模拟认证考试

案例效果

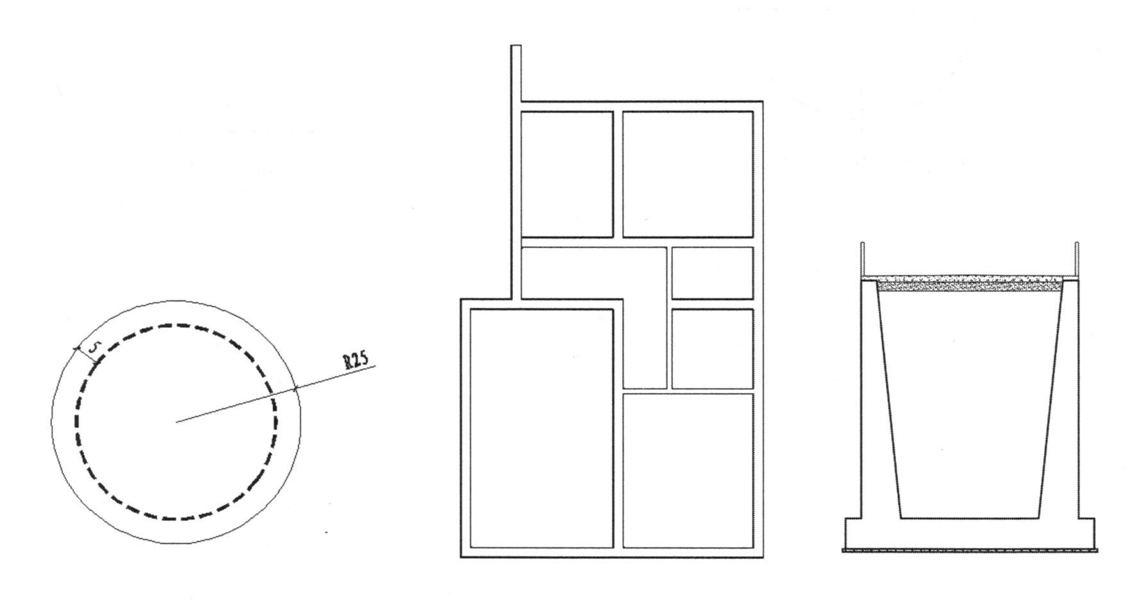

5.1　样条曲线

AutoCAD 使用一种称为非一致有理 B 样条（NURBS）曲线的特殊样条曲线类型。NURBS 曲线在控制点之间产生一条光滑的样条曲线，如图 5-1 所示。

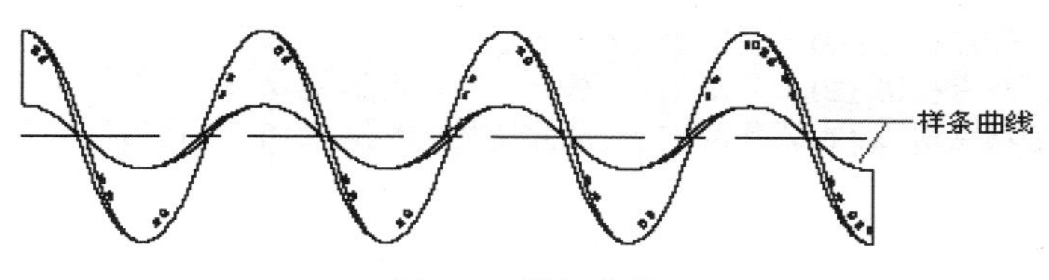

图 5-1　样条曲线

5.1.1　绘制样条曲线

样条曲线可用于创建形状不规则的曲线。例如，为地理信息系统（GIS）应用或汽车设计绘制轮廓线。

【执行方式】

- 命令行：SPLINE。
- 菜单栏：选择菜单栏中的“绘图”→“样条曲线”命令。
- 工具栏：单击“绘图”工具栏中的“样条曲线”按钮。
- 功能区：单击“默认”选项卡“绘图”面板中的“样条曲线拟合”按钮或“样条曲线控制点”按钮。

动手学——木板截面

源文件：源文件 \ 第 5 章 \ 木板截面 .dwg

扫一扫，看视频

本实例绘制的木板截面如图 5-2 所示。

【操作步骤】

（1）单击“默认”选项卡“绘图”面板中的“矩形”按钮，在图中适当位置绘制一个矩形，如图 5-3 所示。

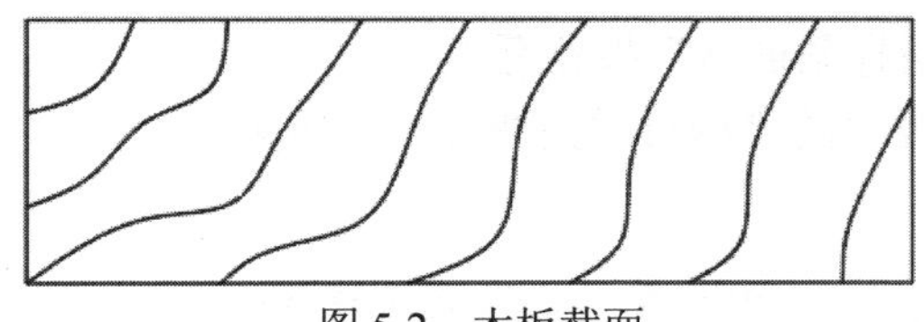

图 5-2　木板截面

图 5-3　绘制矩形

（2）单击“默认”选项卡“绘图”面板中的“样条曲线拟合”按钮，绘制木纹，结果如图 5-2 所示。命令行提示与操作如下。

```
命令：SPLINE
当前设置：方式 = 拟合　　节点 = 弦
指定第一个点或 [方式 (M)/ 节点 (K)/ 对象 (O)]：M
输入样条曲线创建方式 [拟合 (F)/ 控制点 (CV)] <拟合>：F
当前设置：方式 = 拟合　　节点 = 弦
指定第一个点或 [方式 (M)/ 节点 (K)/ 对象 (O)]：　指定起点
输入下一个点或 [起点切向 (T)/ 公差 (L)]：
```

```
输入下一个点或 [端点相切(T)/公差(L)/放弃(U)]:
输入下一个点或 [端点相切(T)/公差(L)/放弃(U)/闭合(C)]:
输入下一个点或 [端点相切(T)/公差(L)/放弃(U)/闭合(C)]:（适当指定下一点）
```

✍ 技巧

在命令前加一下划线表示采用菜单或工具栏方式执行命令，与命令行方式效果相同。

【选项说明】

（1）第一个点：指定样条曲线的第一个点，或者第一个拟合点，或者第一个控制点。

（2）方式 (M)：控制使用拟合点或控制点创建样条曲线。

① 拟合 (F)：通过指定样条曲线必须经过的拟合点创建 3 阶 B 样条曲线。

② 控制点 (CV)：通过指定控制点创建样条曲线。使用此方法创建 1 阶（线性）、2 阶（二次）、3 阶（三次）直到最高为 10 阶的样条曲线。通过移动控制点调整样条曲线的形状。

（3）节点 (K)：用来确定样条曲线中连续拟合点之间的零部件曲线如何过渡。

（4）对象 (O)：将二维或三维的二次或三次样条曲线的拟合多段线转换为等价的样条曲线，然后（根据 DelOBJ 系统变量的设置）删除该拟合多段线。

5.1.2 编辑样条曲线

修改样条曲线的参数或将样条曲线拟合多段线转换为样条曲线。

【执行方式】

- 命令行：SPLINEDIT。
- 菜单栏：选择菜单栏中的“修改”→“对象”→“样条曲线”命令。
- 快捷菜单：选中要编辑的样条曲线，在绘图区右击，在弹出的快捷菜单中选择“样条曲线”子菜单中的相应命令进行编辑。
- 工具栏：单击“修改 II”工具栏中的“编辑样条曲线”按钮。
- 功能区：单击“默认”选项卡“修改”面板中的“编辑样条曲线”按钮。

【操作步骤】

```
命令: SPLINEDIT↙
选择样条曲线:（选择要编辑的样条曲线。若选择的样条曲线是用 SPLINE 命令创建的，其近似点以夹点的颜色显示出来；若选择的样条曲线是用 PLINE 命令创建的，其控制点以夹点的颜色显示出来）
输入选项 [闭合(C)/合并(J)/拟合数据(F)/编辑顶点(E)/转换为多段线(P)/反转(R)/放弃(U)/退出(X)] <退出>:
```

【选项说明】

（1）闭合 (C)：决定样条曲线是开放的还是闭合的。开放的样条曲线有两个端点，而闭合的样条曲线则形成一个环。

（2）合并 (J)：将选定的样条曲线与其他样条曲线、直线、多段线和圆弧在重合端点处合并，形成一个较大的样条曲线。

（3）拟合数据 (F)：编辑近似数据。选择该选项后，创建该样条曲线时指定的各点将以小方格的形式显示出来。

（4）转换为多段线 (P)：将样条曲线转换为多段线。精度值决定多段线与源样条曲线拟合的精确程度。有效值为介于 0 ～ 99 之间的任意整数。

（5）反转 (R)：反转样条曲线的方向。该项操作主要用于应用程序。

技巧

选中已画好的样条曲线，曲线上会显示若干夹点，绘制时点击几个点就有几个夹点。用鼠标点击某个夹点并拖动夹点可以改变曲线形状，可以更改“拟合公差”数值来改变曲线通过点的精确程度，数值为“0”时精确度最高。

练一练——绘制软管淋浴器

绘制如图 5-4 所示的软管淋浴器。

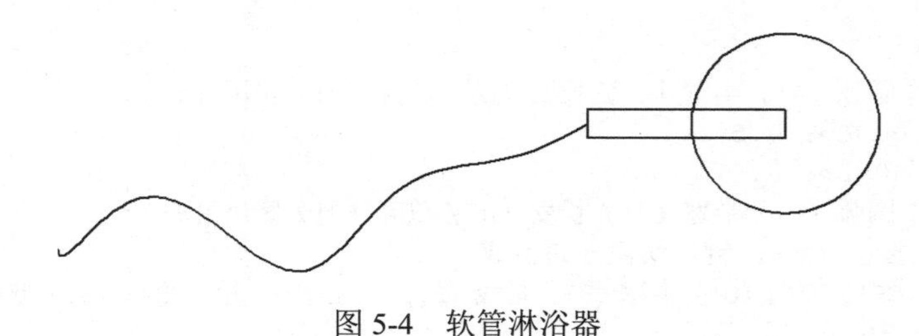

图 5-4　软管淋浴器

思路点拨

源文件：源文件 \ 第 5 章 \ 软管淋浴器 .dwg

（1）利用“圆”和“矩形”命令绘制淋浴器。

（2）利用“样条曲线”命令绘制软管。

5.2 多　段　线

多段线是作为单个对象创建的相互连接的线段组合图形。该组合线段作为一个整体，可以由直线段、圆弧段或两者的组合线段组成，并且可以是任意开放或封闭的图形。

5.2.1 绘制多段线

多段线由直线段或圆弧连接组成，作为单一对象使用。可以绘制直线箭头和弧形箭头。

【执行方式】

- 命令行：PLINE（快捷命令：PL）。
- 菜单栏：选择菜单栏中的“绘图”→“多段线”命令。
- 工具栏：单击“绘图”工具栏中的“多段线”按钮。

➘ 功能区：单击“默认”选项卡“绘图”面板中的“多段线”按钮。

扫一扫，看视频

动手学——支座平面图

源文件： 源文件 \ 第 5 章 \ 支座平面图 .dwg

利用“多段线”命令绘制如图 5-5 所示的支座平面图。

【操作步骤】

（1）单击“默认”选项卡“绘图”面板中的“圆”按钮，以坐标原点为圆心，绘制一个半径为 25 的圆，如图 5-6 所示。

（2）单击“默认”选项卡“绘图”面板中的“多段线”按钮，指定起点线宽为 0.5，端点线宽为 0.5，绘制一个圆。命令行提示与操作如下。

```
命令： _PLINE
指定起点： FROM
基点： 0,0
<偏移>: @20,0
指定下一个点或 [圆弧 (A)/半宽 (H)/长度 (L)/放弃 (U)/宽度 (W)]: W
指定起点宽度 <0.0000>: 0.5
指定端点宽度 <0.5000>: 0.5
指定下一个点或 [圆弧 (A)/半宽 (H)/长度 (L)/放弃 (U)/宽度 (W)]: A
指定圆弧的端点（按住 Ctrl 键以切换方向）或
[角度 (A)/圆心 (CE)/方向 (D)/半宽 (H)/直线 (L)/半径 (R)/第二个点 (S)/放弃 (U)/宽度 (W)]: R
指定圆弧的半径： 20
指定圆弧的端点（按住 Ctrl 键以切换方向）或 [角度 (A)]: A
指定夹角： 180
指定圆弧的弦方向（按住 Ctrl 键以切换方向） <90>: 180
指定圆弧的端点（按住 Ctrl 键以切换方向）或 [角度 (A)/圆心 (CE)/闭合 (CL)/方向 (D)/半宽 (H)/
直线 (L)/半径 (R)/第二个点 (S)/放弃 (U)/宽度 (W)]: CL
```

绘制结果如图 5-7 所示。

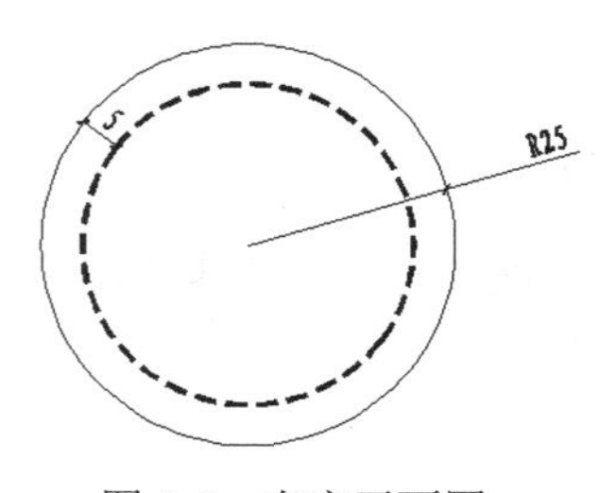

图 5-5　支座平面图

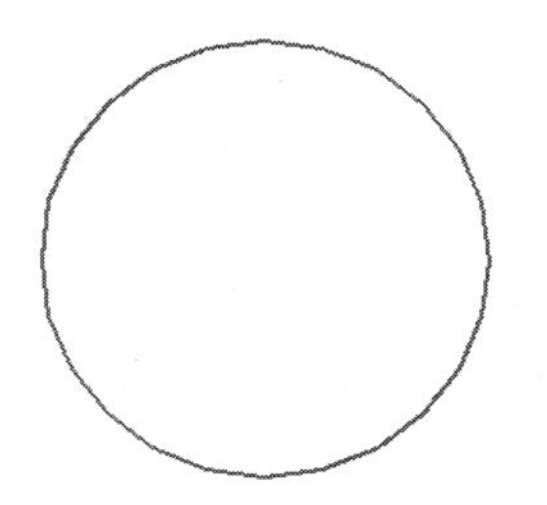

图 5-6　绘制圆

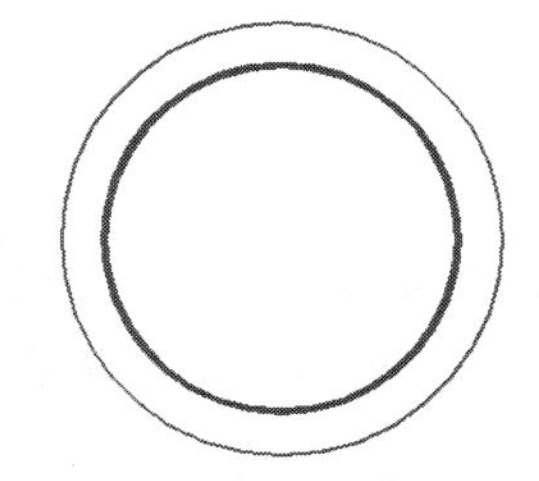

图 5-7　绘制多段线

（3）在“默认”选项卡中展开“特性”面板，打开“线型”下拉列表框，从中选择“其他”选项，打开如图 5-8 所示的“线型管理器”对话框。单击“加载”按钮，打开“加载或重载线型”对话框，从中选择 DASHED2 线型，单击“确定”按钮，如图 5-9 所示。返回到“线型管理器”对话框中，选取刚加载的线型，单击“确定”按钮，将上步绘制的多段线线型更改为 DASHED2 线型，结果如图 5-10 所示。

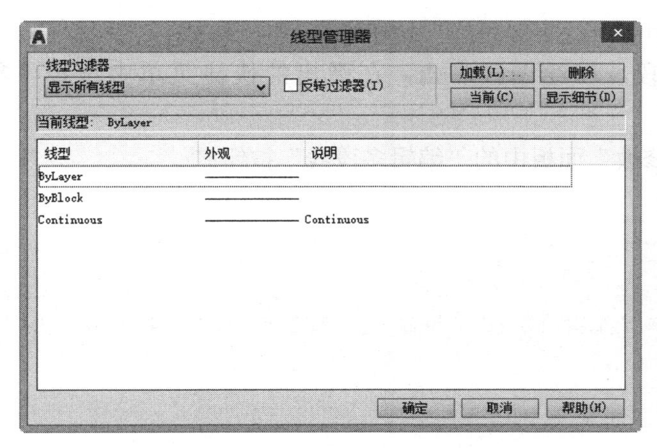

图 5-8 “线型管理器”对话框

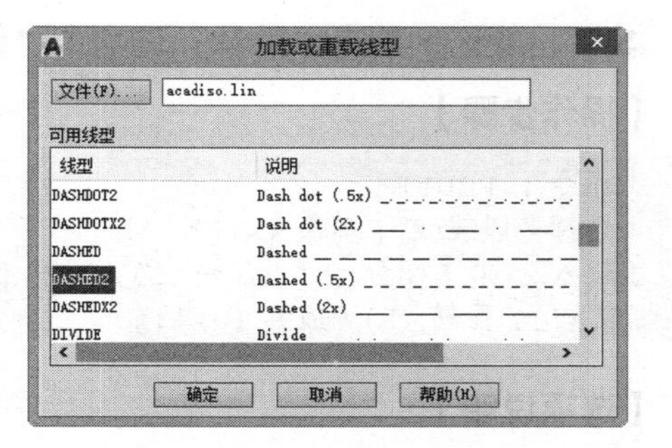

图 5-9 “加载或重载线型”对话框

【选项说明】

（1）圆弧 (A)：绘制圆弧的方法与“圆弧”命令相似。命令行提示与操作如下。

指定圆弧的端点（按住 Ctrl 键以切换方向）或 [角度 (A) / 圆心 (CE) / 方向 (D) / 半宽 (H) / 直线 (L) / 半径 (R) / 第二个点 (S) / 放弃 (U) / 宽度 (W)]：

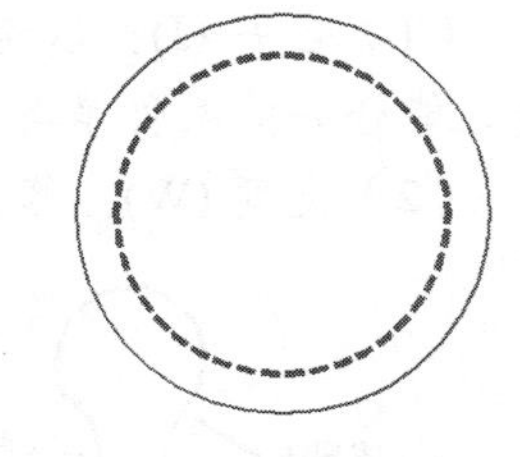

图 5-10 修改线型

（2）半宽 (H)：指定从宽线段的中心到一条边的宽度。

（3）长度 (L)：按照与上一线段相同的角度方向创建指定长度的线段。如果上一线段是圆弧，将创建与该圆弧段相切的新直线段。

（4）宽度 (W)：指定下一线段的宽度。

（5）放弃 (U)：删除最近添加的线段。

☞ 教你一招

定义多段线的半宽和宽度时，注意以下事项。

（1）起点宽度将成为默认的端点宽度。

（2）端点宽度在再次修改宽度之前将作为所有后续线段的统一宽度。

（3）宽线段的起点和端点位于线段的中心。

（4）典型情况下，相邻多段线线段的交点将倒角。但在圆弧段互不相切，有非常尖锐的角或者使用点划线线型的情况下将不倒角。

5.2.2 编辑多段线

编辑多段线可以合并二维多段线、将线条和圆弧转换为二维多段线以及将多段线转换为近似 B 样条曲线的曲线。

【执行方式】

- 命令行：PEDIT（快捷命令：PE）。
- 菜单栏：选择菜单栏中的“修改”→“对象”→“多段线”命令。

- 工具栏：单击“修改 II”工具栏中的“编辑多段线”按钮。
- 快捷菜单：选择要编辑的多线段，在绘图区右击，在弹出的快捷菜单中选择“多段线”→“编辑多段线”命令。
- 功能区：单击“默认”选项卡“修改”面板中的“编辑多段线”按钮。

【操作步骤】

```
命令：PEDIT
选择多段线或 [多条(M)]:
输入选项 [闭合(C)/合并(J)/宽度(W)/编辑顶点(E)/拟合(F)/样条曲线(S)/非曲线化(D)/线型生成(L)/反转(R)/放弃(U)]:j
```

【选项说明】

编辑多段线命令的选项中允许用户进行移动、插入顶点和修改任意两点间的线的线宽等操作，具体含义如下。

（1）合并(J)：以选中的多段线为主体，合并其他直线段、圆弧或多段线，使其成为一条多段线。能合并的条件是各段线的端点首尾相连，如图 5-11 所示。

（2）宽度(W)：修改整条多段线的线宽，使其具有同一线宽，如图 5-12 所示。

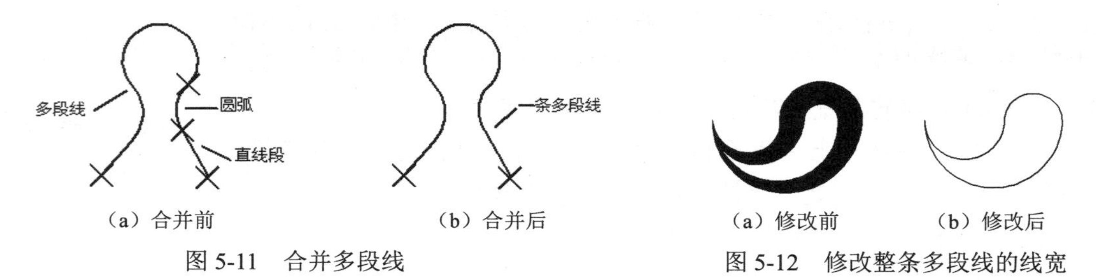

（a）合并前　（b）合并后

图 5-11　合并多段线

（a）修改前　（b）修改后

图 5-12　修改整条多段线的线宽

（3）编辑顶点(E)：选择该选项后，在多段线起点处出现一个斜的十字叉“×”，它为当前顶点的标记，并在命令行出现进行后续操作的提示。

```
[下一个(N)/上一个(P)/打断(B)/插入(I)/移动(M)/重生成(R)/拉直(S)/切向(T)/宽度(W)/退出(X)] <N>:
```

这些选项允许用户进行移动、插入顶点和修改任意两点间的线宽等操作。

（4）拟合(F)：从指定的多段线生成由光滑圆弧连接而成的圆弧拟合曲线，该曲线经过多段线的各顶点，如图 5-13 所示。

（5）样条曲线(S)：以指定的多段线的各顶点作为控制点生成 B 样条曲线，如图 5-14 所示。

图 5-13　生成圆弧拟合曲线

图 5-14　生成 B 样条曲线

（6）非曲线化(D)：用直线代替指定的多段线中的圆弧。对于选择“拟合(F)”选项或“样条曲

线 (S)”选项后生成的圆弧拟合曲线或样条曲线，删去其生成曲线时新插入的顶点，则恢复成由直线段组成的多段线，如图 5-15 所示。

（7）线型生成 (L)：当多段线的线型为点划线时，控制多段线的线型生成方式开关。选择此选项，命令行提示与操作如下。

```
输入多段线线型生成选项 [开 (ON) / 关 (OFF)] <关>:
```

选择 ON 时，将在每个顶点处允许以短划开始或结束生成线型；选择 OFF 时，将在每个顶点处允许以长划开始或结束生成线型。线型生成不能用于包含带变宽的线段的多段线。如图 5-16 所示为控制多段线的线型效果。

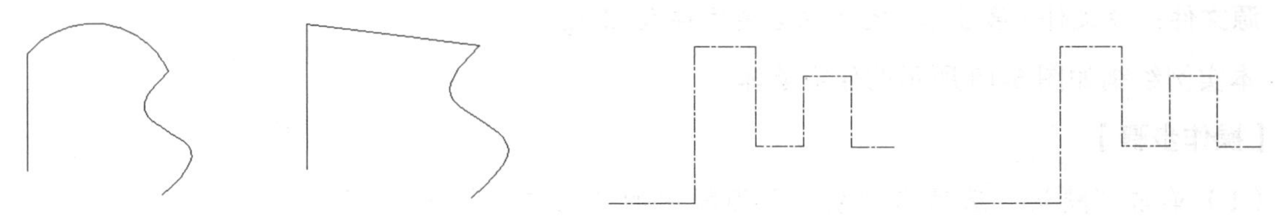

图 5-15　生成直线　　　　图 5-16　控制多段线的线型（线型为点划线时）

☞ **教你一招**

直线、构造线、多段线的区别如下。

（1）直线：有起点和端点的线。直线每一段都是分开的，画完以后不是一个整体，在选取时需要一根一根选取。

（2）构造线：没有起点和端点的无限长的线。其作为辅助线时，和 PS 中的辅助线差不多。

（3）多段线：由多条线段组成一个整体的线段（可能是闭合的，也可以是非闭合的；可能是同一粗细，也可能是粗细结合的）。如想选中该线段中的一部分，必须先将其分解。同样，多条线段在一起，也可以组合成多段线。

注意

多段线是一条完整的线，折弯的地方是一体的。不像直线，线跟线端点相连。另外，多段线可以改变线宽，使端点和尾点的粗细不一，多段线还可以绘制圆弧，这是直线绝对不可能做到的。另外，对偏移命令，直线和多段线的偏移对象也不相同，直线是偏移单线，多段线是偏移图形。

练一练——绘制交通标志

绘制如图 5-17 所示的交通标志。

图 5-17　交通标志

思路点拨

源文件：源文件 \ 第 5 章 \ 交通标志 .dwg

（1）利用“圆环”和“多段线”命令绘制禁止标志。

（2）利用“圆环”“多段线”和“矩形”命令绘制汽车。

5.3　多　　线

多线是一种复合线，由连续的直线段复合组成。多线的一个突出优点是能够提高绘图效率，保证图线之间的统一性。多线一般用于电子线路、建筑墙体的绘制等。

5.3.1 定义多线样式

在使用“多线”命令之前，可对多线的数量和每条单线的偏移距离、颜色、线型和背景填充等特性进行设置。

【执行方式】

- 命令行：MLSTYLE。
- 菜单栏：选择菜单栏中的“格式”→“多线样式”命令。

扫一扫，看视频

动手学——定义住宅墙体的样式

源文件：源文件\第 5 章\定义住宅墙体样式 .dwg

本实例绘制如图 5-18 所示的住宅墙体。

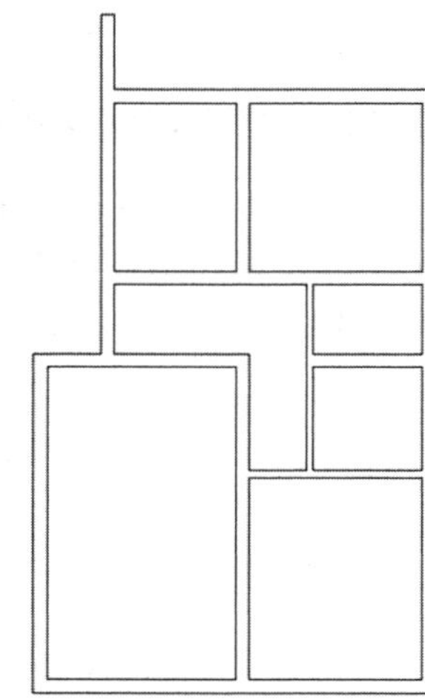

图 5-18 住宅墙体

【操作步骤】

（1）单击“默认”选项卡“绘图”面板中的“构造线”按钮，绘制一条水平构造线和一条竖直构造线，组成“十”字辅助线，如图 5-19 所示。继续绘制辅助线，命令行提示与操作如下。

```
命令: _xline
指定点或 [水平(H)/垂直(V)/角度(A)/二等分(B)/偏移(O)]: O ↙
指定偏移距离或 [通过(T)]<通过>: 1200 ↙
选择直线对象: 选择竖直构造线
指定向哪侧偏移: 指定右侧一点
```

（2）采用相同的方法将偏移得到的竖直构造线依次向右偏移 2400、1200 和 2100，如图 5-20 所示。采用同样的方法绘制水平构造线，依次向下偏移 1500、3300、1500、2100 和 3900。绘制完成的住宅墙体辅助线网格如图 5-21 所示。

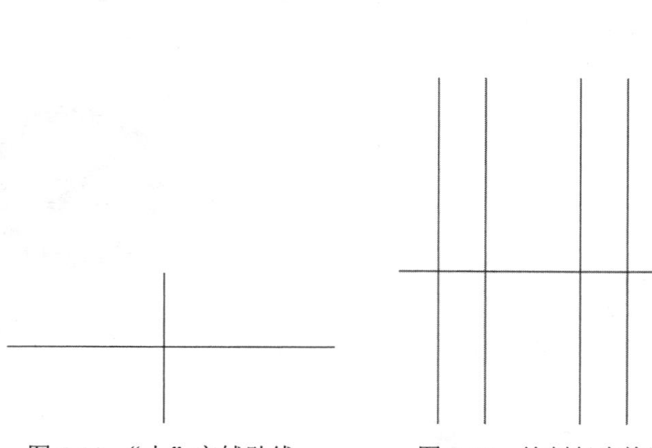

图 5-19 “十”字辅助线　　图 5-20 绘制竖直构造线

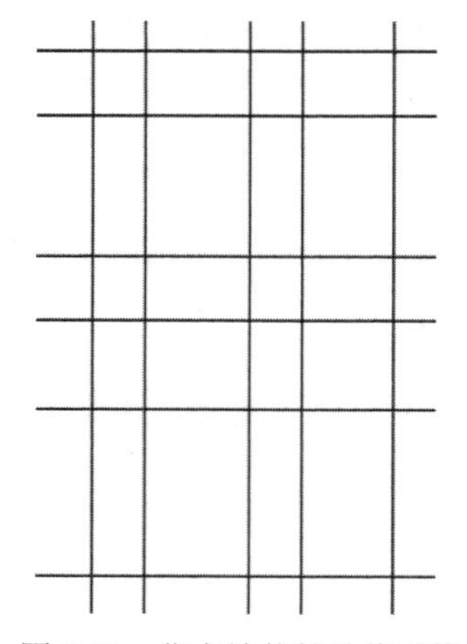

图 5-21 住宅墙体辅助线网格

（3）定义“240 墙”多线样式。选择菜单栏中的“格式”→“多线样式”命令，系统打开如图 5-22 所示的“多线样式”对话框。单击“新建”按钮，系统打开如图 5-23 所示的“创建新的多线样式”对话框。在该对话框的“新样式名”文本框中输入“240 墙”，单击“继续”按钮。

图 5-22　“多线样式”对话框　　　　图 5-23　“创建新的多线样式”对话框

（4）系统打开“新建多线样式：240 墙”对话框，按图 5-24 所示设置多线样式。单击“确定”按钮，返回到“多线样式”对话框，单击“置为当前”按钮，将 240 墙样式置为当前。单击“确定”按钮，完成 240 墙的设置。

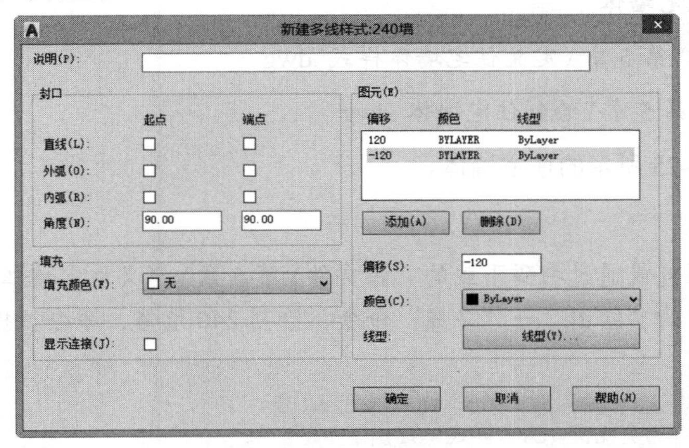

图 5-24　设置多线样式

技巧

在建筑平面图中，墙体用双线表示，一般采用轴线定位的方式，以轴线为中心，具有很强的对称关系，因此绘制墙线通常有 3 种方法。

（1）使用“偏移”命令，直接偏移轴线，将轴线向两侧偏移一定距离，得到双线，然后将所得双线转移至墙线图层。

（2）使用“多线”命令直接绘制墙线。

（3）当墙体要求填充成实体颜色时，也可以采用“多段线”命令直接绘制，将线宽设置为墙厚即可。

推荐选用第二种方法，即采用“多线”命令绘制墙线。

【选项说明】

“新建多线样式”对话框中的选项说明如下。

（1）“封口”选项组：可以设置多线起点和端点的特性，包括以直线、外弧，或内弧封口及封口线段或圆弧的角度。

（2）“填充”选项组：在“填充颜色”下拉列表框中选择多线填充的颜色。

（3）“图元”选项组：在此选项组中设置组成多线的元素的特性。单击“添加”按钮，为多线添加元素；反之，单击“删除”按钮，可以为多线删除元素。在“偏移”文本框中可以设置选中的元素的位置偏移值。在“颜色”下拉列表框中可以为选中元素选择颜色。单击“线型”按钮，可以为选中元素设置线型。

5.3.2 绘制多线

多线的绘制方法和直线的绘制方法相似，不同的是多线由两条线型相同的平行线组成。绘制的每一条多线都是一个完整的整体，不能对其进行偏移、倒角、延伸和修剪等编辑操作，只能用分解命令将其分解成多条直线后再编辑。

【执行方式】

- 命令行：MLINE。
- 菜单栏：选择菜单栏中的“绘图”→“多线”命令。

扫一扫，看视频

动手学——绘制住宅墙体

调用素材：源文件\第 5 章\定义住宅墙体样式 .dwg

源文件：源文件\第 5 章\绘制住宅墙体 .dwg

本实例绘制如图 5-25 所示的住宅墙体。

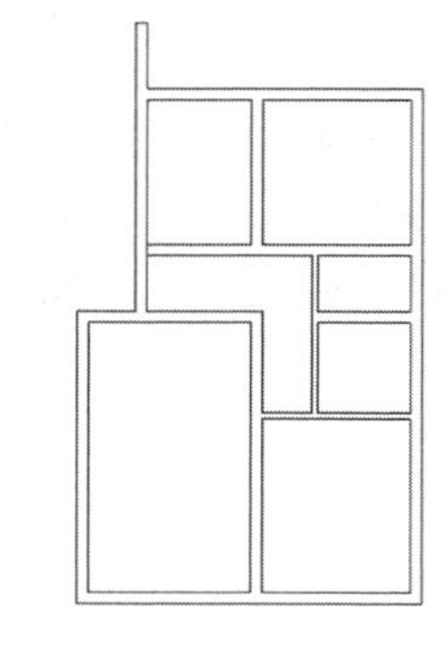

图 5-25 住宅墙体

【操作步骤】

（1）打开随书资源包或通过扫码下载的“源文件\第 5 章\定义住宅墙体样式 .dwg”文件。

（2）选择菜单栏中的“绘图”→“多线”命令，绘制 240 墙体，命令行提示与操作如下。

```
命令： _mline
当前设置： 对正 = 无，比例 = 1.00，样式 = 240 墙
指定起点或 [ 对正 (J) / 比例 (S) / 样式 (ST)]： S
输入多线比例 <1.00>:
当前设置： 对正 = 无，比例 = 1.00，样式 = 240 墙
指定起点或 [ 对正 (J) / 比例 (S) / 样式 (ST)]： J
输入对正类型 [ 上 (T) / 无 (Z) / 下 (B)] < 无 >： Z
当前设置： 对正 = 无，比例 = 1.00，样式 = 240 墙
指定起点或 [ 对正 (J) / 比例 (S) / 样式 (ST)]： 在绘制的辅助线交点上指定一点
指定下一点 ： 在绘制的辅助线交点上指定下一点
```

结果如图 5-26 所示。采用相同的方法根据辅助线网格绘制其余的 240 墙线，绘制结果如图 5-27 所示。

（3）定义 120 墙多线样式。选择菜单栏中的“格式”→“多线样式”命令，系统打开“多线样

式”对话框。单击“新建”按钮，系统打开“创建新的多线样式”对话框，在“新样式名”文本框中输入“120 墙”，单击“继续”按钮。系统打开“新建多线样式：120 墙”对话框，按图 5-28 所示设置多线样式。单击“确定”按钮，返回到“多线样式”对话框，单击“置为当前”按钮，将 120 墙样式置为当前。单击“确定”按钮，完成 120 墙的设置。

（4）选择菜单栏中的“绘图”→“多线”命令，根据辅助线网格绘制 120 的墙体，结果如图 5-29 所示。

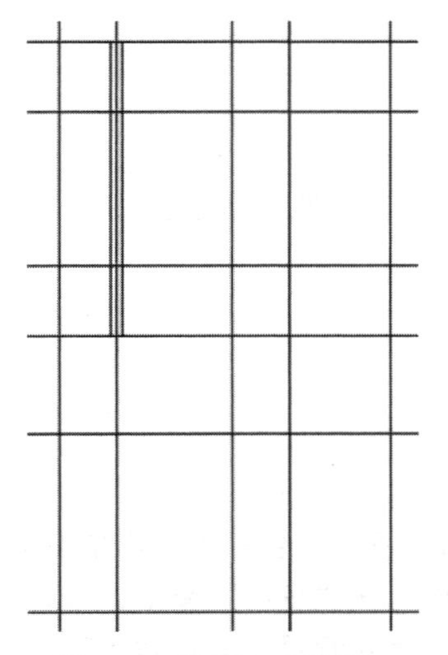

图 5-26　绘制 240 墙线 1

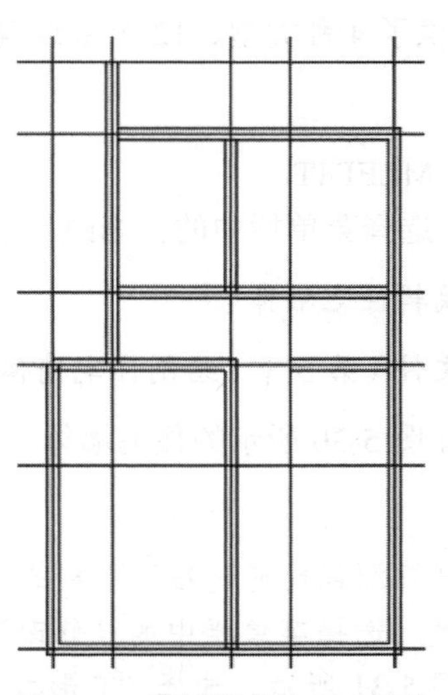

图 5-27　绘制所有的 240 墙线

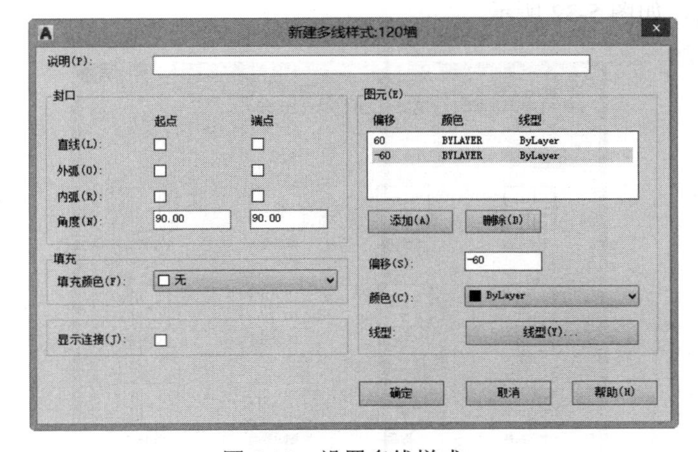

图 5-28　设置多线样式

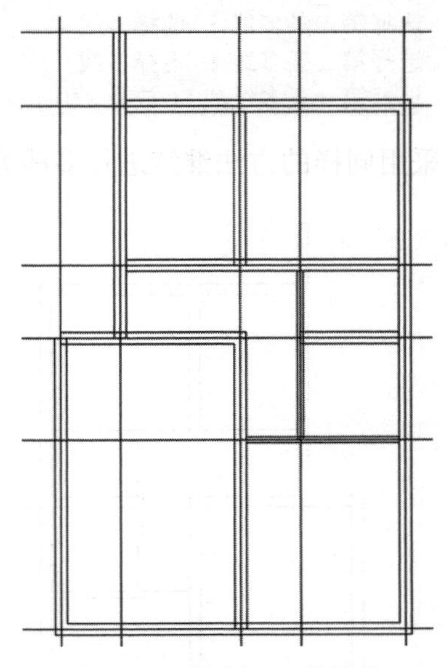

图 5-29　绘制 120 的墙体

【选项说明】

（1）对正 (J)：该选项用于给定绘制多线的基准。共有“上”“无”和“下”3 种对正类型。其中，

“上”表示以多线上侧的线为基准，依此类推。

（2）比例 (S)：选择该选项，要求用户设置平行线的间距。输入值为 0 时，平行线重合；值为负时，多线的排列倒置。

（3）样式 (ST)：该选项用于设置当前使用的多线样式。

5.3.3 编辑多线

AutoCAD 提供了 4 种类型、12 个多线编辑工具。

【执行方式】

- 命令行：MLEDIT。
- 菜单栏：选择菜单栏中的“修改”→“对象”→“多线”命令。

动手学——编辑住宅墙体

扫一扫，看视频

源文件：源文件 \ 第 5 章 \ 绘制住宅墙体 .dwg

本实例绘制如图 5-30 所示的住宅墙体。

【操作步骤】

（1）打开随书资源包或通过扫码下载的“源文件 \ 第 5 章 \ 绘制住宅墙体 .dwg”文件。

（2）编辑多线。选择菜单栏中的“修改”→“对象”→“多线”命令，系统打开“多线编辑工具”对话框，如图 5-31 所示。选择“T 形打开”选项，命令行提示与操作如下。

```
命令： _mledit
选择第一条多线 ： 选择多线
选择第二条多线 ： 选择多线
选择第一条多线或 [ 放弃 (U)] ： 选择多线
```

采用同样的方法继续进行多线编辑，如图 5-32 所示。

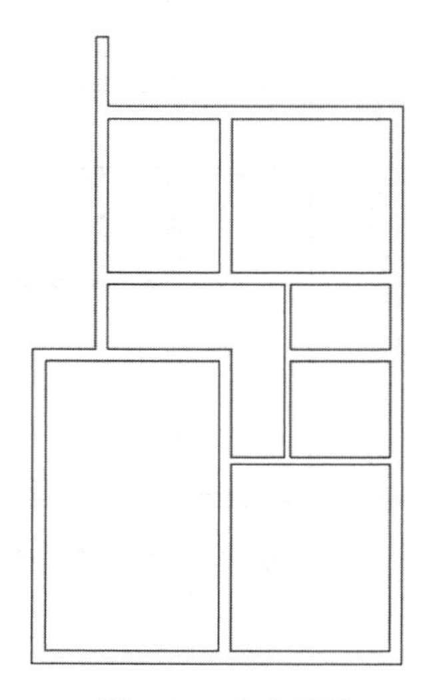

图 5-30　住宅墙体

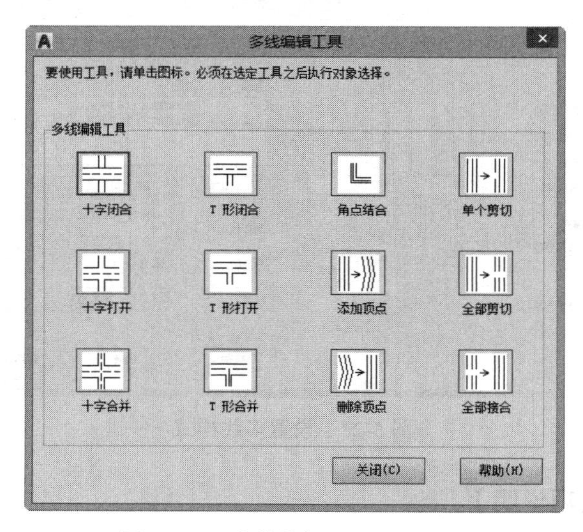

图 5-31　“多线编辑工具”对话框

然后在“多线编辑工具”对话框选择“角点结合”选项，对墙线进行编辑，并删除辅助线。

（3）单击“默认”选项卡“绘图”面板中的“直线”按钮，将端口处封闭，最后结果如图 5-30 所示。

【选项说明】

“多线编辑工具”对话框中的第一列处理十字交叉的多线，第二列处理 T 形相交的多线，第三列处理角点连接和顶点，第四列处理多线的剪切或接合。

练一练——绘制道路网

绘制如图 5-33 所示的道路网。

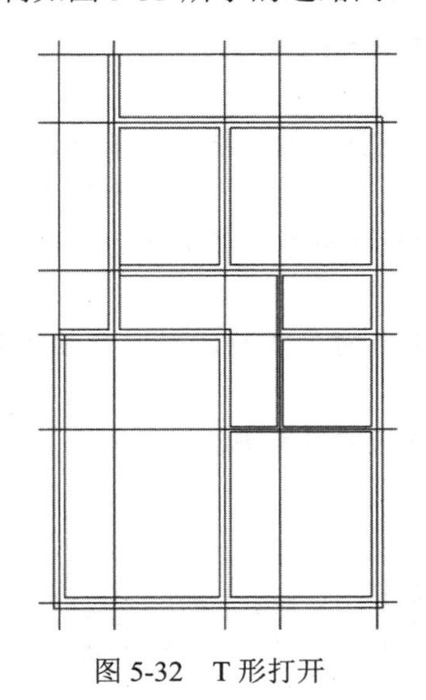

图 5-32　T 形打开

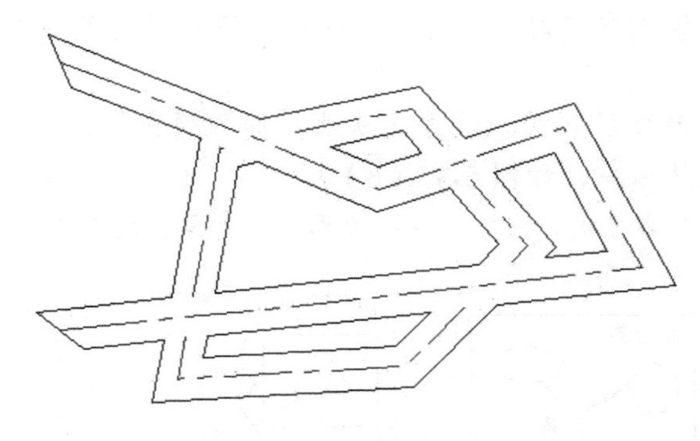

图 5-33　道路网

思路点拨

源文件：源文件\第 5 章\道路网 .dwg

利用“多线样式”“多线”、多线编辑命令绘制道路网。

5.4　图案填充

为了标示某一区域的材质或用料，常对其画上一定的图案。图形中的填充图案不仅描述了对象的材料特性，并且增加了图形的可读性。通常，填充图案既帮助绘图者实现了表达信息的目的，还可以创建渐变色填充，具有增强演示图形效果的作用。

5.4.1　基本概念

1. 图案边界

进行图案填充时，首先要确定填充图案的边界。定义边界的对象只能是直线、双向射线、单向射线、多义线、样条曲线、圆弧、圆、椭圆、椭圆弧、面域等对象，或用这些对象定义的块，而且作为边界的对象在当前图层上必须全部可见。

2. 孤岛

在进行图案填充时，把位于总填充区域内的封闭区称为孤岛，如图 5-34 所示。在使用 BHATCH 命令填充时，AutoCAD 系统允许用户以拾取点的方式确定填充边界，即在希望填充的区域内任意拾取一点，系统会自动确定出填充边界，同时也确定该边界内的岛。如果用户以选择对象的方式确定填充边界，则必须确切地选取这些岛。

3. 填充方式

在进行图案填充时，需要控制填充的范围。AutoCAD 系统为用户设置了以下 3 种填充方式，以实现对填充范围的控制。

（1）普通方式。该方式从边界开始，从每条填充线或每个填充符号的两端向内填充，遇到内部对象与之相交时，填充线或符号断开，直到遇到下一次相交时再继续填充，如图 5-35（a）所示。采用这种填充方式时，要避免剖面线或符号与内部对象的相交次数为奇数，该方式为系统内部的默认方式。

（2）最外层方式。该方式从边界向内填充，只要在边界内部与对象相交，剖面符号就会断开，而不再继续填充，如图 5-35（b）所示。

（3）忽略方式。该方式忽略边界内的对象，所有内部结构都被剖面符号覆盖，如图 5-35（c）所示。

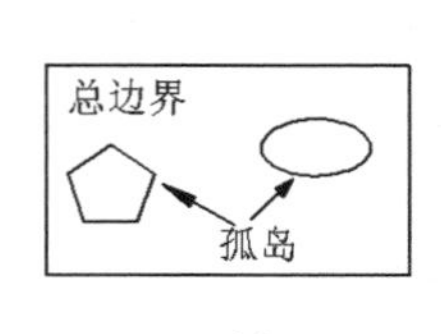

（a）孤岛 1

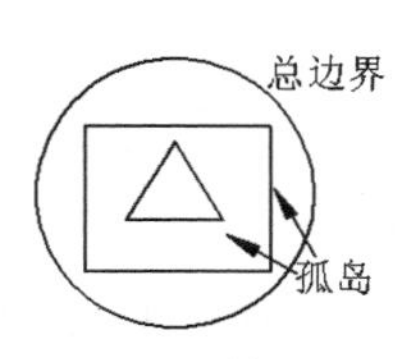

（b）孤岛 2

图 5-34　孤岛

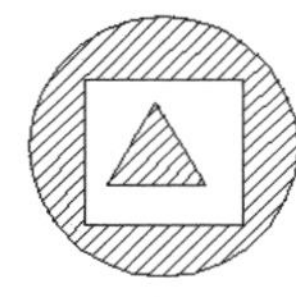
（a）普通方式

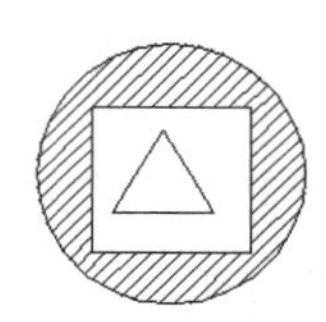
（b）最外层方式

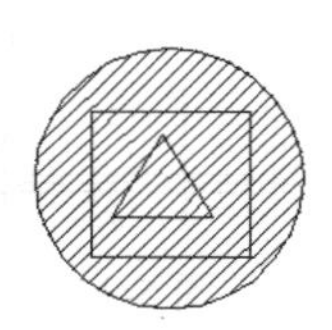
（c）忽略方式

图 5-35　填充方式

5.4.2　图案填充的操作

图案用来区分工程部件或用来表现组成对象的材质。可以使用预定义的图案填充，使用当前的线型定义简单的直线图案或者差集更加复杂的填充图案。可在某一封闭区域内填充关联图案，可生成随边界变化的相关的填充，也可以生成不相关的填充。

【执行方式】

- 命令行：BHATCH（快捷命令：H）。
- 菜单栏：选择菜单栏中的“绘图”→“图案填充”命令。
- 工具栏：单击“绘图”工具栏中的“图案填充”按钮。
- 功能区：单击“默认”选项卡“绘图”面板中的“图案填充”按钮。

扫一扫，看视频

动手学——桥边墩剖面图

源文件：源文件\第 5 章\桥边墩剖面图.dwg

本例绘制桥边墩剖面图，如图 5-36 所示。

【操作步骤】

（1）单击“默认”选项卡“绘图”面板中的“矩形”按钮，绘制一个 8200×100 的矩形。

（2）单击“默认”选项卡“绘图”面板中的“多段线”按钮，指定起点宽度为 30，端点宽度为 30，以矩形的左上端点为起点，坐标为（@100,0）（@0,1000）（@500,0）（@0,7850）（@785,0）（@-7889.5<96）（@1890,0），绘制左侧边墩剖面轮廓线，结果如图 5-37 所示。

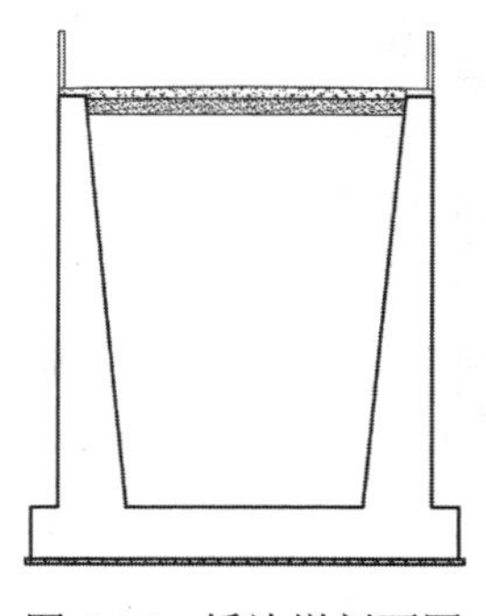

图 5-36　桥边墩剖面图

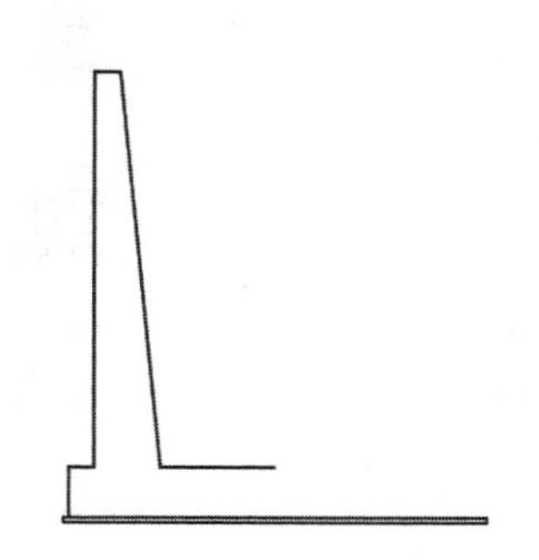

图 5-37　绘制左侧轮廓线

（3）重复“多段线”命令，绘制右侧轮廓线，结果如图 5-38 所示。

（4）单击“默认”选项卡“绘图”面板中的“直线”按钮，绘制桥边墩栏杆和顶部构造，完成的图形如图 5-39 所示。

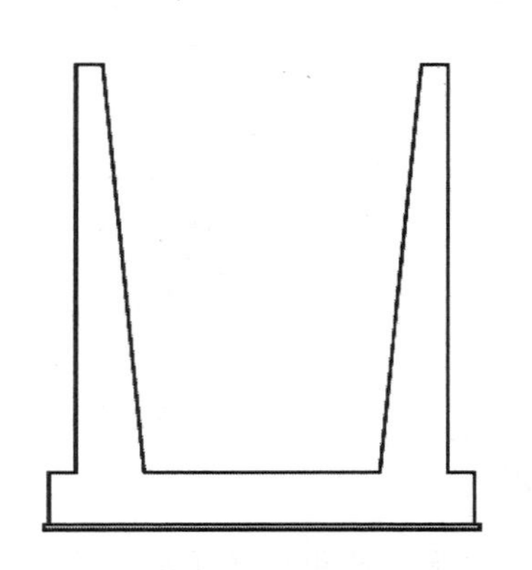

图 5-38　绘制右侧轮廓线

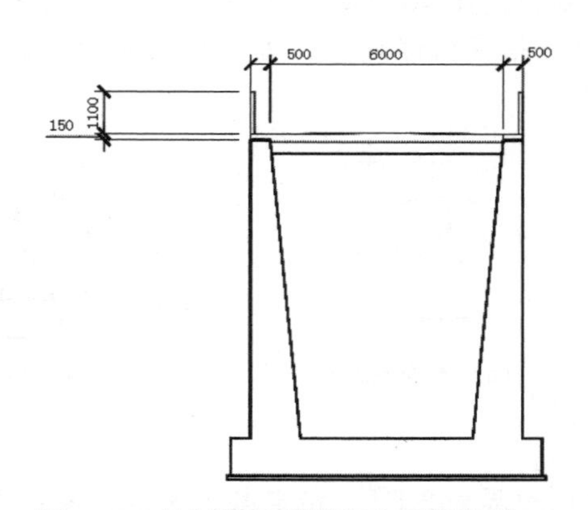

图 5-39　绘制桥边墩栏杆和顶部构造

（5）单击“默认”选项卡“绘图”面板中的“图案填充”按钮，弹出的“图案填充创建”选项卡，如图 5-40（a）所示；单击“图案”面板中的“图案填充图案”按钮，在弹出的下拉列表框中选择 AR-SAND 图案，如图 5-40（b）所示；接着在“特性”面板中设置填充比例，在“关闭”面板中单击“关闭图案填充创建”按钮，完成填充。继续单击“默认”选项卡“绘图”面板中的“图案填充”按钮，弹出“图案填充创建”选项卡；单击“图案”面板中的“图案填充图案”按钮，在弹出的下拉列表框中选择“混凝土 3”图案；接着设置填充比例，单击“关闭图案填充创建”按钮，完成填充。

（a）“图案填充创建”选项卡

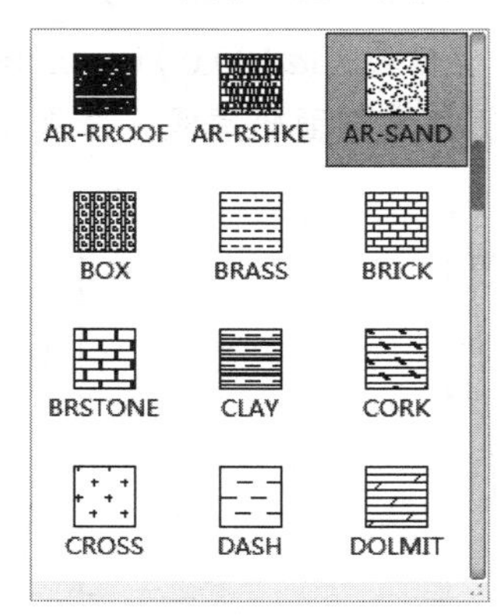

（b）选择填充图案

图 5-40　图案填充

【选项说明】

1. “边界”面板

（1）拾取点：通过选择由一个或多个对象形成的封闭区域内的点，确定图案填充边界，如图 5-41 所示。指定内部点时，可以随时在绘图区中右击，以显示包含多个选项的快捷菜单。

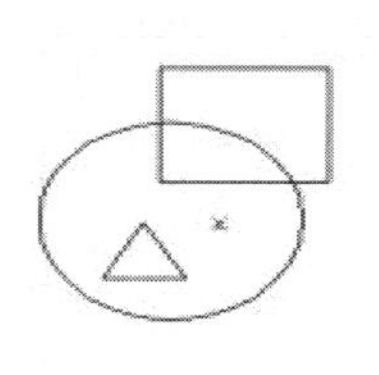

（a）选择一点

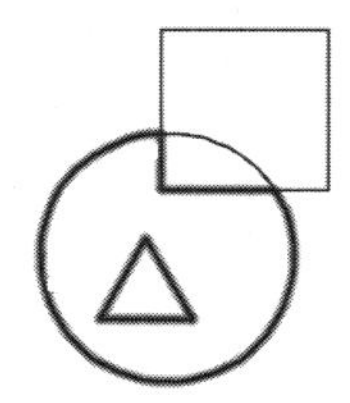

（b）填充区域

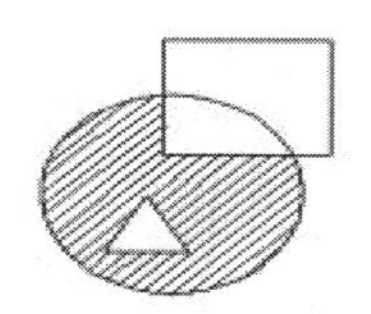

（c）填充结果

图 5-41　边界确定

（2）选择边界对象：指定基于选定对象的图案填充边界。使用该选项时，不会自动检测内部对象，必须选择选定边界内的对象，以按照当前孤岛检测样式填充这些对象，如图 5-42 所示。

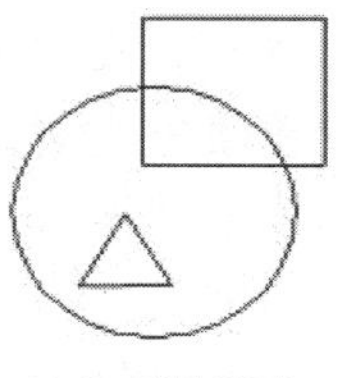

（a）原始图形

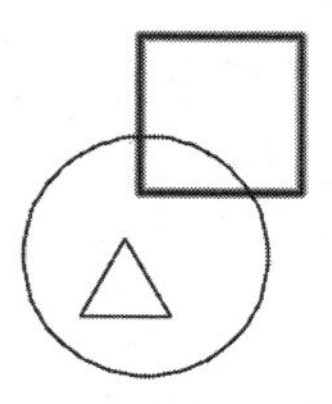

（b）选取边界对象

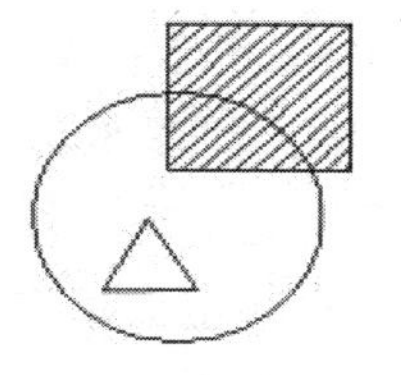

（c）填充结果

图 5-42　选取边界对象

（3）删除边界对象：从边界定义中删除之前添加的任何对象，如图 5-43 所示。

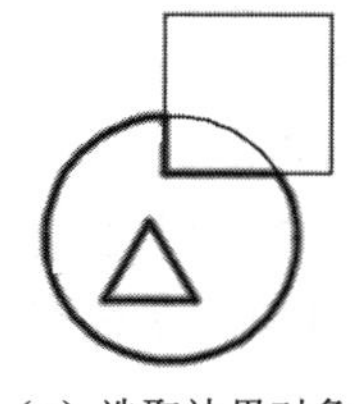
（a）选取边界对象

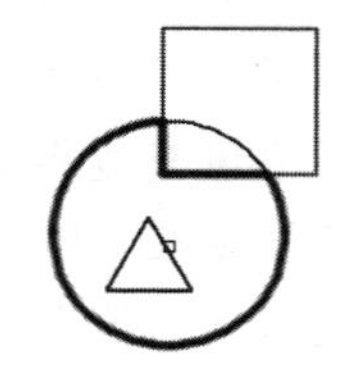
（b）删除边界

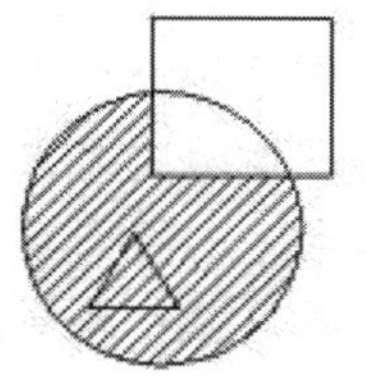
（c）填充结果

图 5-43　删除“岛”后的边界

（4）重新创建边界：围绕选定的图案填充或填充对象创建多段线或面域，并使其与图案填充对象相关联（可选）。

（5）显示边界对象：选择构成选定关联图案填充对象的边界的对象，使用显示的夹点可修改图案填充边界。

（6）保留边界对象：指定如何处理图案填充边界对象。包括以下几个选项。

① 不保留边界（仅在图案填充创建期间可用），不创建独立的图案填充边界对象。

② 保留边界 - 多段线（仅在图案填充创建期间可用），创建封闭图案填充对象的多段线。

③ 保留边界 - 面域（仅在图案填充创建期间可用），创建封闭图案填充对象的面域对象。

（7）选择新边界集。指定对象的有限集（称为边界集），以便通过创建图案填充时的拾取点进行计算。

2. “图案”面板

显示所有预定义和自定义图案的预览图像。

3. “特性”面板

（1）图案填充类型：指定是使用纯色、渐变色、图案还是用户定义的填充。

（2）图案填充颜色：替代实体填充和填充图案的当前颜色。

（3）背景色：指定填充图案背景的颜色。

（4）图案填充透明度：设定新图案填充或填充的透明度，替代当前对象的透明度。

（5）图案填充角度：指定图案填充或填充的角度。

（6）填充图案比例：放大、缩小预定义或自定义填充图案。

（7）相对图纸空间（仅在布局中可用）：相对于图纸空间单位缩放填充图案。使用此选项，很容易做到以适合布局的比例显示填充图案。

（8）双向（仅当“图案填充类型”设定为“用户定义”时可用）：将绘制第二组直线，与原始直线成 90° 角，从而构成交叉线。

（9）ISO 笔宽（仅对于预定义的 ISO 图案可用）：基于选定的笔宽缩放 ISO 图案。

4. “原点”面板

（1）设定原点：直接指定新的图案填充原点。

（2）左下：将图案填充原点设定在图案填充边界矩形范围的左下角。

（3）右下：将图案填充原点设定在图案填充边界矩形范围的右下角。

（4）左上：将图案填充原点设定在图案填充边界矩形范围的左上角。

（5）右上：将图案填充原点设定在图案填充边界矩形范围的右上角。

（6）中心：将图案填充原点设定在图案填充边界矩形范围的中心。

（7）使用当前原点：将图案填充原点设定在 HPORIGIN 系统变量中存储的默认位置。

（8）存储为默认原点：将新图案填充原点的值存储在 HPORIGIN 系统变量中。

5. “选项”面板

（1）关联：指定图案填充或填充为关联图案填充。关联的图案填充或填充在用户修改其边界对象时将会更新。

（2）注释性：指定图案填充为注释性。此特性会自动完成缩放注释过程，从而使注释能够以正确的大小在图纸上打印或显示。

（3）特性匹配。

① 使用当前原点：使用选定图案填充对象（除图案填充原点外）设定图案填充的特性。

② 使用源图案填充的原点：使用选定图案填充对象（包括图案填充原点）设定图案填充的特性。

（4）允许的间隙：设定将对象用作图案填充边界时可以忽略的最大间隙。默认值为 0，此值指定对象必须封闭区域，没有间隙。

（5）独立的图案填充：控制当指定了几个单独的闭合边界时，是创建单个图案填充对象，还是创建多个图案填充对象。

（6）孤岛检测。

① 普通孤岛检测：从外部边界向内填充。如果遇到内部孤岛，填充将关闭，直到遇到孤岛中的另一个孤岛。

② 外部孤岛检测：从外部边界向内填充。此选项仅填充指定的区域，不会影响内部孤岛。

③ 忽略孤岛检测：忽略所有内部的对象，填充图案时将通过这些对象。

（7）绘图次序：为图案填充或填充指定绘图次序。选项包括不更改、后置、前置、置于边界之后和置于边界之前。

5.4.3 渐变色的操作

在绘图过程中，有些图形在填充时需要用到一种或多种颜色。尤其在绘制装潢、美工等图纸时，这就要用到渐变色图案填充功能，利用该功能可以对封闭区域进行适当的渐变色填充，从而达到比较好的颜色修饰效果。

【执行方式】

- 命令行：GRADIENT。
- 菜单栏：选择菜单栏中的“绘图”→“渐变色”命令。
- 工具栏：单击“绘图”工具栏中的“渐变色”按钮。
- 功能区：单击“默认”选项卡“绘图”面板中的“渐变色”按钮。

【操作步骤】

执行上述操作后，系统打开如图 5-44 所示的“图案填充创建”选项卡。各面板中的按钮含义与图案填充的类似，这里不再赘述。

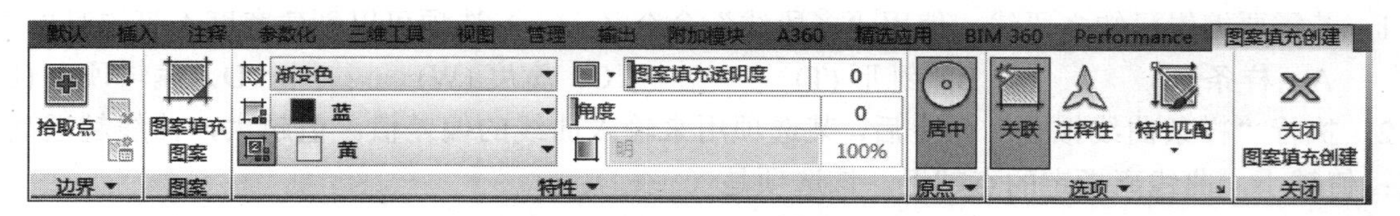

图 5-44 “图案填充创建”选项卡

5.4.4 编辑填充的图案

编辑图案填充功能用于修改现有的图案填充对象，但不能修改边界。

【执行方式】

- 命令行：HATCHEDIT（快捷命令：HE）。
- 菜单栏：选择菜单栏中的“修改”→“对象”→“图案填充”命令。
- 工具栏：单击“修改 II”工具栏中的“编辑图案填充”按钮。
- 功能区：单击“默认”选项卡“修改”面板中的“编辑图案填充”按钮。
- 快捷菜单：选中填充的图案右击，在打开的快捷菜单中选择“图案填充编辑”命令。
- 快捷方法：直接选择填充的图案，打开“图案填充编辑器”选项卡，如图 5-45 所示。

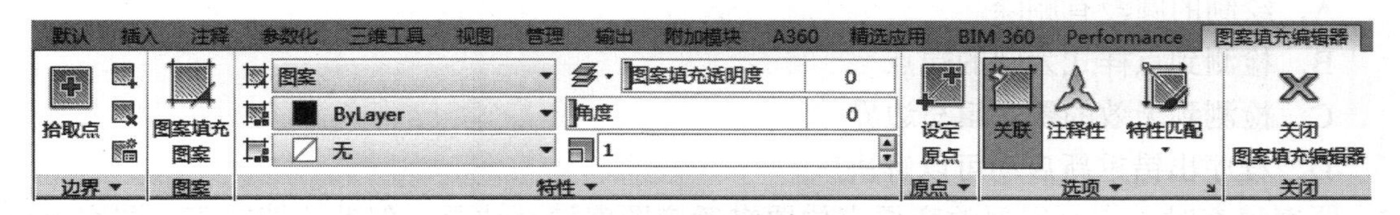

图 5-45 “图案填充编辑器”选项卡

练一练——绘制剪力墙

绘制如图 5-46 所示的剪力墙。

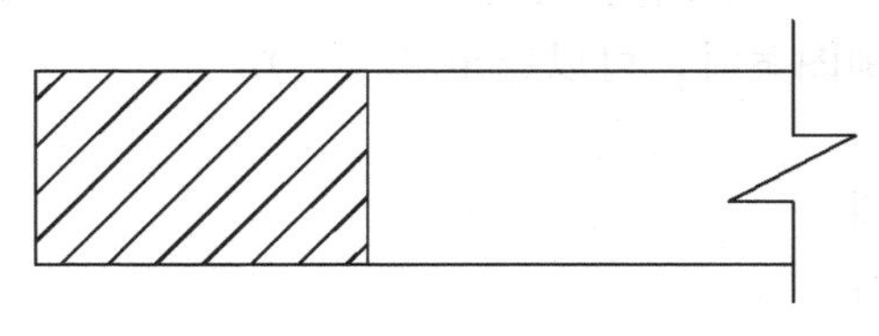

图 5-46　剪力墙

思路点拨

源文件： 源文件 \ 第 5 章 \ 剪力墙 .dwg

（1）利用“直线”命令绘制剪力墙的轮廓。

（2）利用“图案填充”命令填充图形。

5.5 模拟认证考试

1．若需要编辑已知多段线，使用“多段线”命令（　　）选项可以创建宽度不等的对象。

A．样条 (S)　　B．锥形 (T)　　C．宽度 (W)　　D．编辑顶点 (E)

2．执行“样条曲线拟合”命令后，某选项用来输入曲线的偏差值。值越大，曲线越远离指定的点；值越小，曲线离指定的点越近。该选项是（　　）。

A．闭合　　B．端点切向　　C．公差　　D．起点切向

3．无法用多段线直接绘制的是（　　）。

A．直线段　　B．弧线段

C．样条曲线　　D．直线段和弧线段的组合段

4．设置“多线样式”时，下列不属于多线封口的是（　　）。

A．直线　　B．多段线　　C．内弧　　D．外弧

5．下列关于样条曲线拟合点说法错误的是（　　）。

A．可以删除样条曲线的拟合点

B．可以添加样条曲线的拟合点

C．可以阵列样条曲线的拟合点

D．可以移动样条曲线的拟合点

6．填充选择边界出现红色圆圈是（　　）。

A．绘制的圆没有删除

B．检测到点样式为圆的端点

C．检测到无效的图案填充边界

D．程序出错重新启动可以解决

7．图案填充时，有时需要改变原点位置来适应图案填充边界，但默认情况下，图案填充原点坐标是（　　）。

A．0,0　　B．0,1　　C．1,0　　D．1,1

8．根据图案填充创建边界时，边界类型可能是（　　）。

A．多段线　　B．封闭的样条曲线　　C．三维多段线　　D．螺旋线

9．使用填充图案命令绘制图案时，可以选定（　　）。

A．图案的颜色和比例

B．图案的角度和比例

C．图案的角度和线型

D．图案的颜色和线型

10．绘制如图 5-47 所示的图形 1。

11．绘制如图 5-48 所示的图形 2。

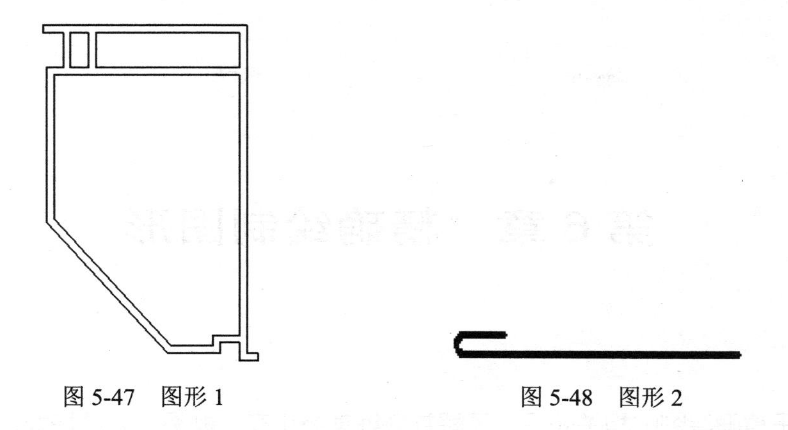

图 5-47　图形 1　　　　图 5-48　图形 2

第 6 章　精确绘制图形

内容简介

本章学习关于精确绘图的相关知识。了解并熟练掌握正交、栅格、对象捕捉、自动追踪、参数化设计等工具，并将各工具应用到图形绘制过程中。

内容要点

- 精确定位工具
- 对象捕捉
- 自动追踪
- 动态输入
- 模拟认证考试

案例效果

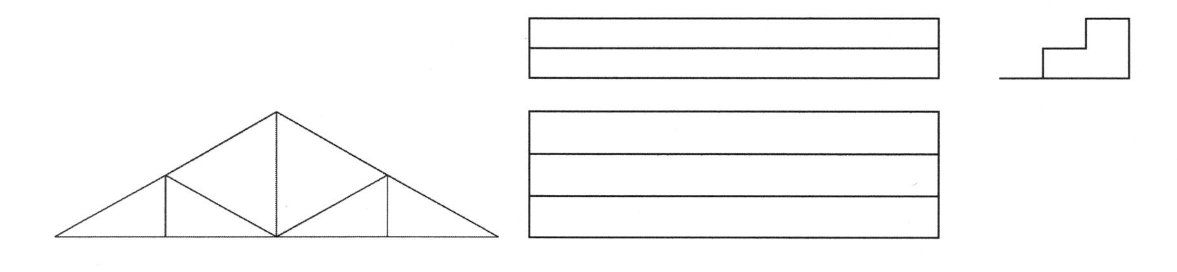

6.1　精确定位工具

精确定位工具是指能够快速、准确地定位某些特殊点（如端点、中点、圆心等）和特殊位置（如水平位置、垂直位置）的工具。

6.1.1　栅格显示

用户可以应用栅格显示工具使绘图区显示网格，类似于传统的坐标纸。本节介绍控制栅格显示及设置栅格参数的方法。

【执行方式】

➘ 菜单栏：选择菜单栏中的“工具”→“绘图设置”命令。

➘ 状态栏：单击状态栏中的“栅格”按钮（仅限于打开与关闭）。

➘ 快捷键：F7（仅限于打开与关闭）。

【操作步骤】

选择菜单栏中的“工具”→“绘图设置”命令，系统打开“草图设置”对话框，选择“捕捉和栅格”选项卡，如图 6-1 所示。

图 6-1　“捕捉和栅格”选项卡

【选项说明】

（1）“启用栅格”复选框：用于控制是否显示栅格。

（2）“栅格样式”选项组：在二维中设定栅格样式。

① 二维模型空间：将二维模型空间的栅格样式设定为点栅格。

② 块编辑器：将块编辑器的栅格样式设定为点栅格。

③ 图纸 / 布局：将图纸和布局的栅格样式设定为点栅格。

（3）“栅格间距”选项组。

“栅格 X 轴间距”和“栅格 Y 轴间距”文本框用于设置栅格在水平与垂直方向的间距。如果“栅格 X 轴间距”和“栅格 Y 轴间距”设置为 0，则 AutoCAD 系统会自动将捕捉的栅格间距应用于栅格，且其原点和角度总是与捕捉栅格的原点和角度相同。另外，还可以通过 GRID 命令在命令行设置栅格间距。

（4）“栅格行为”选项组。

① 自适应栅格：缩小时，限制栅格密度。如果勾选“允许以小于栅格间距的间距再拆分”复选框，则在放大时，生成更多间距更小的栅格线。

② 显示超出界限的栅格：显示超出图形界限指定的栅格。

③ 遵循动态 UCS：更改栅格平面，以跟随动态 UCS 的 XY 平面。

✍ 技巧

在“栅格间距”选项组的“栅格 X 轴间距”和“栅格 Y 轴间距”文本框中输入数值时，若在“栅格 X 轴间距”文本框中输入一个数值后按 Enter 键，系统将自动传送这个值给“栅格 Y 轴间距”，这样可减少工作量。

6.1.2 捕捉模式

为了准确地在绘图区捕捉点，AutoCAD 提供了捕捉工具，可以在绘图区生成一个隐含的栅格（捕捉栅格），这个栅格能够捕捉光标，约束光标只能落在栅格的某一个节点上，使用户能够高精确度地捕捉和选择这个栅格上的点。本节主要介绍捕捉栅格的参数设置方法。

【执行方式】

- 菜单栏：选择菜单栏中的“工具”→“绘图设置”命令。
- 状态栏：单击状态栏中的“捕捉模式”按钮 （仅限于打开与关闭）。
- 快捷键：F9（仅限于打开与关闭）。

【操作步骤】

选择菜单栏中的“工具”→“绘图设置”命令，打开“草图设置”对话框，选择“捕捉和栅格”选项卡，如图 6-1 所示。

【选项说明】

（1）“启用捕捉”复选框：控制捕捉功能的开关，与按 F9 键或单击状态栏上的“捕捉模式”按钮 功能相同。

（2）“捕捉间距”选项组：设置捕捉参数，其中，“捕捉 X 轴间距”与“捕捉 Y 轴间距”文本框用于确定捕捉栅格点在水平和垂直两个方向上的间距。

（3）“极轴间距”选项组：该选项组只有在选择“PolarSnap”捕捉类型时才可用。可在“极轴距离”文本框中输入距离值，也可以在命令行中输入“SNAP”命令，设置捕捉的有关参数。

（4）“捕捉类型”选项组：确定捕捉类型和样式。AutoCAD 提供了两种捕捉栅格的方式：“栅格捕捉”和“PolarSnap（极轴捕捉）”。

① 栅格捕捉：是指按正交位置捕捉位置点。“栅格捕捉”又分为“矩形捕捉”和“等轴测捕捉”两种方式。在“矩形捕捉”方式下捕捉栅格中标准的矩形显示，在“等轴测捕捉”方式下捕捉，栅格和光标十字线不再互相垂直，而是呈绘制等轴测图时的特定角度。在绘制等轴测图时使用这种方式十分方便。

② 极轴捕捉：可以根据设置的任意极轴角捕捉位置点。

6.1.3 正交模式

在 AutoCAD 绘图过程中，经常需要绘制水平直线和垂直直线，但是用光标控制选择线段的端点时很难保证两个点严格沿水平或垂直方向，为此，AutoCAD 提供了正交功能。当启用正交模式时，画线或移动对象时只能沿水平方向或垂直方向移动光标，且只能绘制平行于坐标轴的正交线段。

【执行方式】

- 命令行：ORTHO。
- 状态栏：单击状态栏中的“正交模式”按钮 。
- 快捷键：F8。

【操作步骤】

命令：ORTHO ↙
输入模式 [开(ON)/关(OFF)] <开>:（设置开或关）

✍ 技巧

“正交”模式必须依托于其他绘图工具，才能显示其功能效果。

6.2 对象捕捉

在利用 AutoCAD 画图时经常要用到一些特殊点，如圆心、切点、线段或圆弧的端点、中点等，如果只利用光标在图形上选择，要准确地找到这些点是十分困难的。因此，AutoCAD 提供了一些识别这些点的工具，通过这些工具即可容易地构造新几何体，精确地绘制图形，其结果比传统手工绘图更精确，且更容易维护。在 AutoCAD 中，这种功能称为对象捕捉功能。

6.2.1 对象捕捉设置

在 AutoCAD 中绘图之前，可以根据需要事先设置开启一些对象捕捉模式，绘图时系统就能自动捕捉这些特殊点，从而加快绘图速度，提高绘图质量。

【执行方式】

- 命令行：DDOSNAP。
- 菜单栏：选择菜单栏中的“工具”→“绘图设置”命令。
- 工具栏：单击“对象捕捉”工具栏中的“对象捕捉设置”按钮 。
- 状态栏：单击状态栏中的“对象捕捉”按钮 （仅限于打开与关闭）。
- 快捷键：F3（仅限于打开与关闭）。
- 快捷菜单：按住 Shift 键右击，在弹出的快捷菜单中选择“对象捕捉设置”命令。

【操作步骤】

执行上述操作后，打开“草图设置”对话框的“对象捕捉”选项卡，如图 6-2 所示。

【选项说明】

（1）“启用对象捕捉”复选框：选中该复选框，在“对象捕捉模式”选项组中，被选中的捕捉模式处于激活状态。

（2）“启用对象捕捉追踪”复选框：用于打开或关闭自动追踪功能。

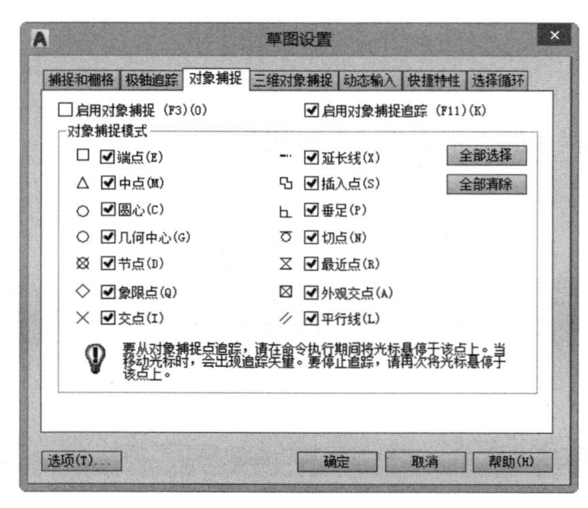

图 6-2 “草图设置”对话框

（3）“对象捕捉模式”选项组：该选项组中列出了多种捕捉模式，选中某一复选框，则相应的捕捉模式处于激活状态。单击“全部清除”按钮，则所有模式均被清除；单击“全部选择”按钮，则所有模式均被选中。

（4）“选项”按钮：单击该按钮，在弹出的“选项”对话框中选择“草图”选项卡，从中可对各种捕捉模式进行设置。

6.2.2 特殊位置点捕捉

在绘制 AutoCAD 图形时，有时需要指定一些特殊位置的点，如圆心、端点、中点、平行线上的点等，可以通过对象捕捉功能来捕捉这些点，如表 6-1 所示。

表 6-1 特殊位置点捕捉

捕捉模式	快捷命令	功能
临时追踪点	TT	建立临时追踪点
两点之间的中点	M2P	捕捉两个独立点之间的中点
捕捉自	FRO	与其他捕捉方式配合使用，建立一个临时参考点作为指出后继点的基点
中点	MID	用来捕捉对象（如线段或圆弧等）的中点
圆心	CEN	用来捕捉圆或圆弧的圆心
节点	NOD	捕捉用 POINT 或 DIVIDE 等命令生成的点
象限点	QUA	用来捕捉距光标最近的圆或圆弧上可见部分的象限点，即圆周上 0°、90°、180°、270° 位置上的点
0 交点	INT	用来捕捉对象（如线、圆弧或圆等）的交点
延长线	EXT	用来捕捉对象延长路径上的点
插入点	INS	用于捕捉块、形、文字、属性或属性定义等对象的插入点
垂足	PER	在线段、圆、圆弧或其延长线上捕捉一个点，与最后生成的点形成连线，与该线段、圆或圆弧正交
切点	TAN	最后生成的一个点到选中的圆或圆弧上引切线，切线与圆或圆弧的交点
最近点	NEA	用于捕捉离拾取点最近的线段、圆、圆弧等对象上的点

续表

捕捉模式	快捷命令	功　　能
外观交点	APP	用来捕捉两个对象在视图平面上的交点。若两个对象没有直接相交，则系统自动计算其延长后的交点；若两个对象在空间上为异面直线，则系统计算其投影方向上的交点
平行线	PAR	用于捕捉与指定对象平行方向上的点
无	NON	关闭对象捕捉模式
对象捕捉设置	OSNAP	设置对象捕捉

AutoCAD 提供了命令行、工具栏和右键快捷菜单 3 种执行特殊点对象捕捉的方法。

在使用特殊位置点捕捉的快捷命令前，必须先选择绘制对象的命令或工具，再在命令行中输入其快捷命令。

6.3　自动追踪

自动追踪是指按指定角度或与其他对象建立指定关系绘制对象。利用自动追踪功能，可以对齐路径，有助于以精确的位置和角度创建对象。自动追踪包括“对象捕捉追踪”和“极轴追踪”两种追踪选项。“对象捕捉追踪”是指以捕捉到的特殊位置点为基点，按指定的极轴角或极轴角的倍数对齐要指定点的路径；“极轴追踪”是指按指定的极轴角或极轴角的倍数对齐要指定点的路径。

6.3.1　对象捕捉追踪

“对象捕捉追踪”必须配合“对象捕捉”功能一起使用，即使状态栏中的“二维对象捕捉”按钮和“对象捕捉追踪”按钮均处于打开状态。

【执行方式】

- 命令行：DDOSNAP。
- 菜单栏：选择菜单栏中的“工具”→“绘图设置”命令。
- 工具栏：单击“对象捕捉”工具栏中的“对象捕捉设置”按钮。
- 状态栏：单击状态栏中的“二维对象捕捉”按钮、“对象捕捉追踪”按钮，或“极轴追踪”按钮右侧的下拉按钮，在弹出的下拉菜单中选择“正在追踪设置”命令，如图 6-3 所示。
- 快捷键：F11。

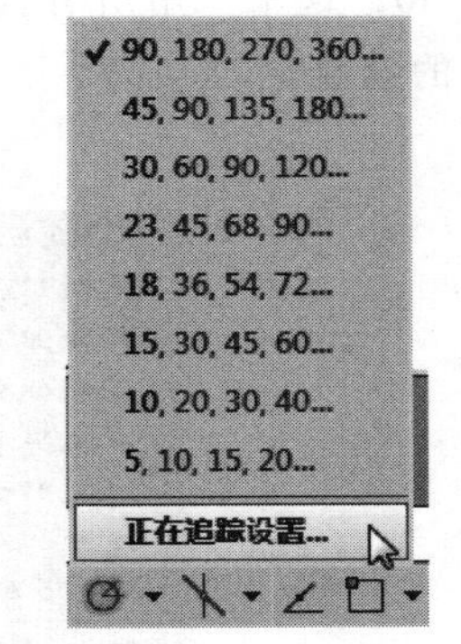

图 6-3　下拉菜单

【操作步骤】

执行上述操作或者在“二维对象捕捉”按钮或“对象捕捉追踪”按钮上右击，在弹出的快捷菜单中选择“设置”命令，在弹出的“草图设置”对话框中选择“对象捕捉”选项卡，选中“启用对象捕捉追踪”复选框，即可完成对象捕捉追踪设置。

6.3.2 极轴追踪

“极轴追踪”必须配合“对象捕捉”功能一起使用，即使状态栏中的“极轴追踪”按钮和“二维对象捕捉”按钮均处于打开状态。

【执行方式】

- 命令行：DDOSNAP。
- 菜单栏：选择菜单栏中的“工具”→“绘图设置”命令。
- 工具栏：单击“对象捕捉”工具栏中的“对象捕捉设置”按钮。
- 状态栏：单击状态栏中的“二维对象捕捉”按钮和“极轴追踪”按钮。
- 快捷键：F10。

扫一扫，看视频

动手学——绘制三角形屋架正立面图

源文件：源文件\第6章\三角形屋架正立面图.dwg

本实例绘制三角形屋架正立面图，如图6-4所示。

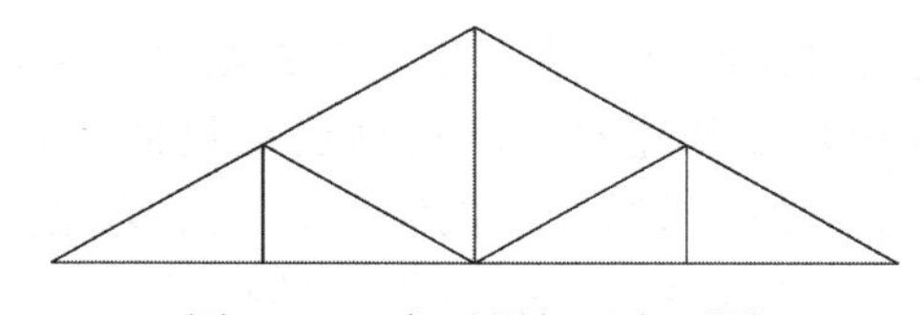

图6-4　三角形屋架正立面图

【操作步骤】

（1）单击状态栏中的“极轴追踪”按钮和“对象捕捉追踪”按钮，打开极轴追踪和对象捕捉追踪。

（2）在状态栏中的“极轴追踪”按钮处单击鼠标右键，在弹出的快捷菜单中选择“正在追踪设置”命令，如图6-5所示。打开“草图设置”对话框的“极轴追踪”选项卡，设置“增量角”为30，选中“用所有极轴角设置追踪”单选按钮，如图6-6所示。单击“确定”按钮，完成极轴追踪的设置。

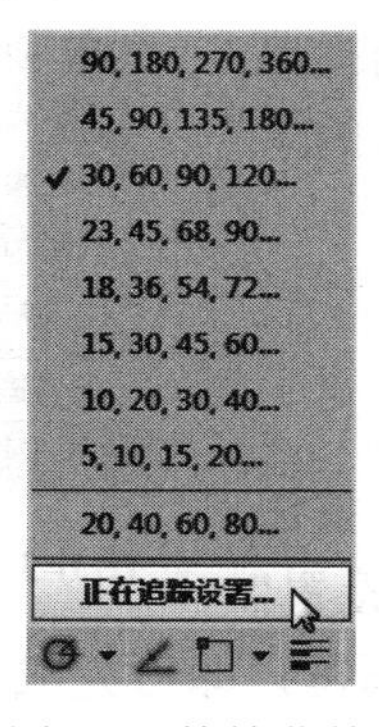

图6-5　快捷菜单

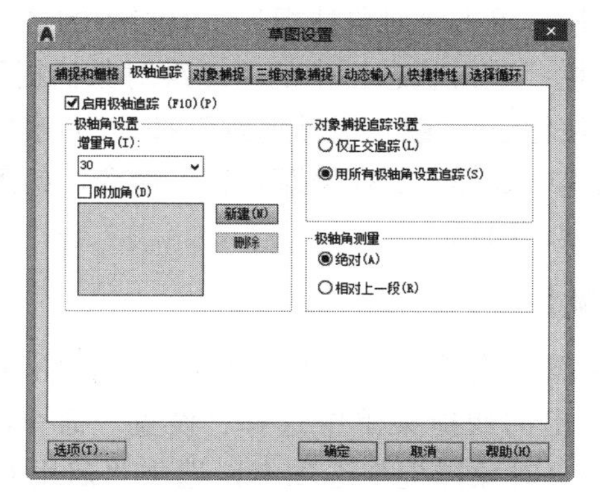

图6-6　“极轴追踪”选项卡

（3）单击“默认”选项卡“绘图”面板中的“直线”按钮，在图中适当位置指定直线的起点，拖动鼠标向右移动，显示极轴角度为0°，如图6-7所示。输入长度为120。

（4）继续单击“默认”选项卡“绘图”面板中的“直线”按钮，捕捉水平直线的左端点和中点，拖动鼠标向上移动，显示极轴角度为30°，在两条虚线的交点处单击鼠标确认端点，如图6-8所示。然后捕捉水平直线的右端点，完成三角形的绘制，如图6-9所示。

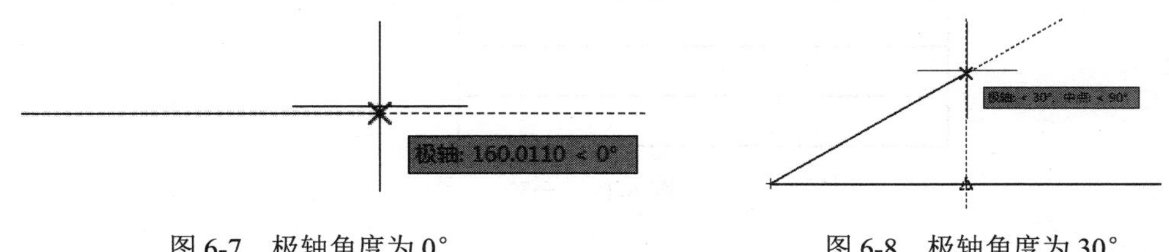

图6-7 极轴角度为0°　　图6-8 极轴角度为30°

（5）单击状态栏中的“二维对象捕捉”按钮，打开对象捕捉功能。单击“默认”选项卡“绘图”面板中的“直线”按钮，捕捉水平直线的中点和斜直线的端点，绘制竖直线，如图6-10所示。

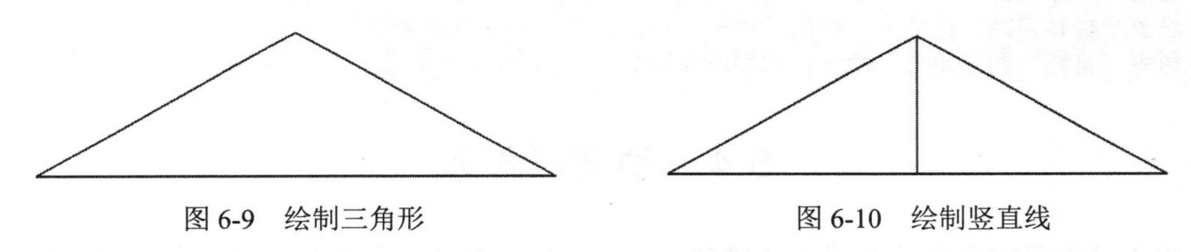

图6-9 绘制三角形　　图6-10 绘制竖直线

（6）单击“默认”选项卡“绘图”面板中的“直线”按钮，捕捉竖直线的端点和左侧斜直线的中点，然后向下移动鼠标，绘制竖直线，如图6-11～图6-12所示。

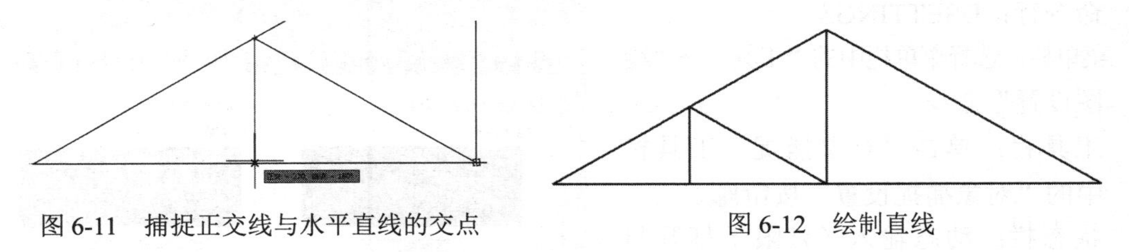

图6-11 捕捉正交线与水平直线的交点　　图6-12 绘制直线

（7）采用相同的方法，绘制另一侧的图形，结果如图6-4所示。

【选项说明】

在“草图设置”对话框的“极轴追踪”选项卡中，各选项功能如下。

（1）“启用极轴追踪”复选框：选中该复选框，即启用极轴追踪功能。

（2）“极轴角设置”选项组：设置极轴角的值，可以在“增量角”下拉列表框中选择一种角度值，也可选中“附加角”复选框，单击“新建”按钮设置任意附加角。系统在进行极轴追踪时，同时追踪增量角和附加角，可以设置多个附加角。

（3）“对象捕捉追踪设置”和“极轴角测量”选项组：按界面提示设置相应单选按钮，利用自动追踪可以完成三视图绘制。

练一练——绘制台阶

绘制如图 6-13 所示的台阶。

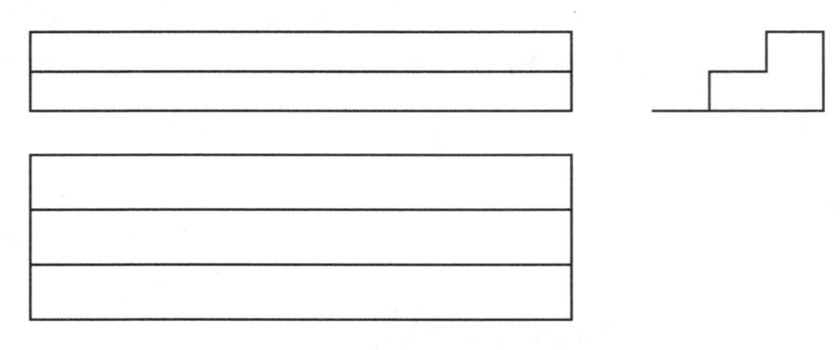

图 6-13　台阶

思路点拨

源文件：源文件 \ 第 6 章 \ 台阶 .dwg

（1）利用“矩形”命令，绘制主视图外形。

（2）启用“对象捕捉”和“对象捕捉追踪”，利用“直线”命令绘制主视图棱线。

（3）设置“极轴追踪”选项卡，利用“矩形”和“直线”命令绘制俯视图。

（4）利用“直线”和“矩形”命令，绘制左视图。

6.4　动态输入

动态输入功能可实现在绘图平面直接动态输入绘制对象的各种参数，使绘图变得直观、简捷。

【执行方式】

- 命令行：DSETTINGS。
- 菜单栏：选择菜单栏中的“工具”→“绘图设置”命令。
- 工具栏：单击“对象捕捉”工具栏中的“对象捕捉设置”按钮。
- 状态栏：动态输入（只限于打开与关闭）。
- 快捷键：F12（只限于打开与关闭）。

【操作步骤】

执行上述操作或者在“动态输入”按钮上右击，在弹出的快捷菜单中选择“动态输入设置”命令，打开“草图设置”对话框的“动态输入”选项卡，如图 6-14 所示。

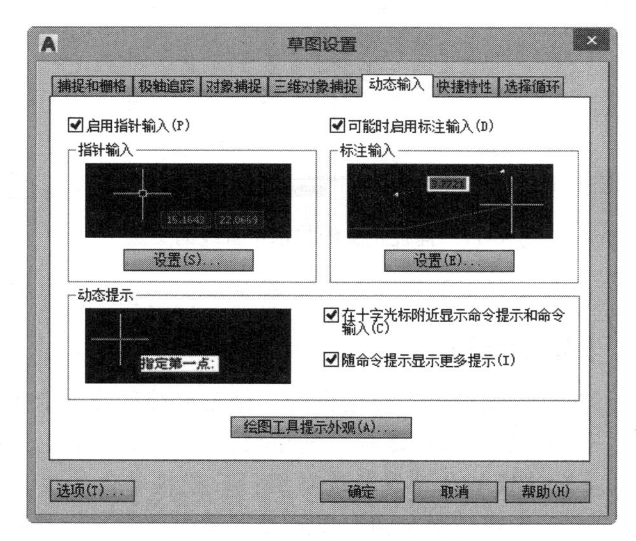

图 6-14　“动态输入”选项卡

6.5 模拟认证考试

1．对“极轴”追踪角度进行设置，把增量角设为 30°，把附加角设为 10°，采用极轴追踪时，不会显示极轴对齐的是（ ）。

A．10　　B．30　　C．40　　D．60

2．当捕捉设定的间距与栅格所设定的间距不同时，（ ）。

A．捕捉仍然只按栅格进行

B．捕捉时按照捕捉间距进行

C．捕捉既按栅格，又按捕捉间距进行

D．无法设置

3．执行对象捕捉时，如果在一个指定的位置上包含多个对象符合捕捉条件。则按（ ）可以在不同对象间切换。

A．Ctrl 键　　B．Tab 键　　C．Alt 键　　D．Shift 键

4．绘制如图 6-15 所示图形。

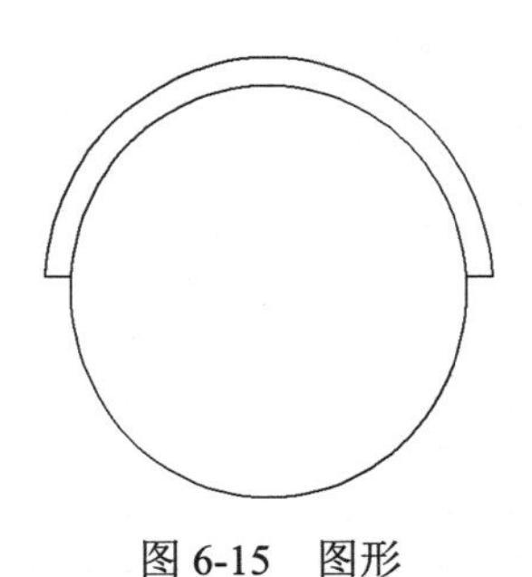

图 6-15 图形

第 7 章　简单编辑命令

内容简介

二维图形的编辑操作配合绘图命令的使用可以进一步完成复杂图形对象的绘制工作，并可使用户合理安排和组织图形，保证绘图准确，减少重复，因此，对编辑命令的熟练掌握和使用有助于提高设计和绘图的效率。

内容要点

- 选择对象
- 复制类命令
- 改变位置类命令
- 综合演练——龙骨布置图
- 模拟认证考试

案例效果

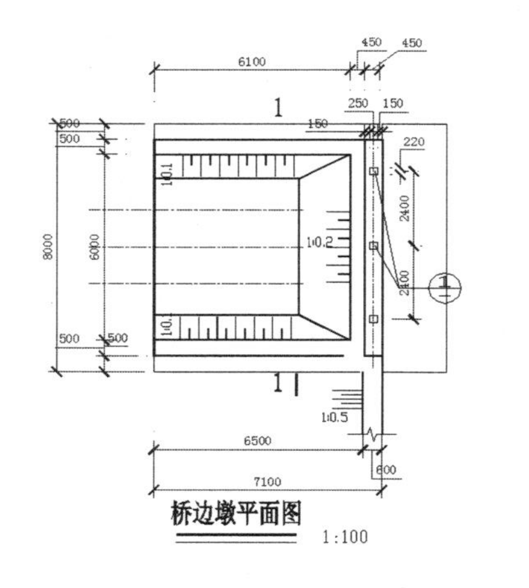

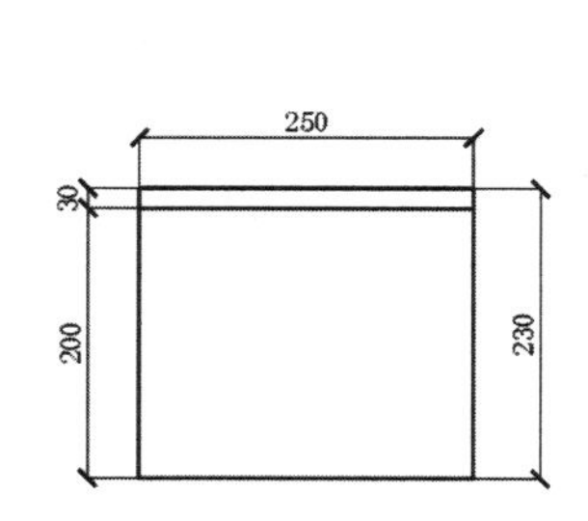

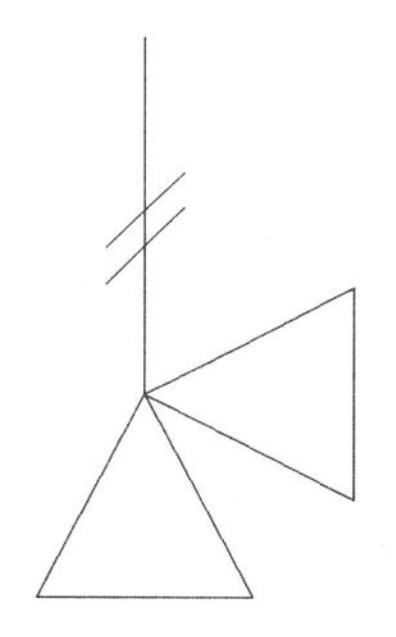

7.1　选择对象

选择对象是进行编辑的前提。AutoCAD 提供了多种对象选择方法，如点取方法、用选择窗口选择对象、用选择线选择对象、用对话框选择对象和用套索选择工具选择对象等。

AutoCAD 2018 提供两种编辑图形的途径。

（1）先执行编辑命令，然后选择要编辑的对象。

（2）先选择要编辑的对象，然后执行编辑命令。

这两种途径的执行效果是相同的，但选择对象是进行编辑的前提。AutoCAD 2018 可以编辑单个的选择对象，也可以把选择的多个对象组成整体，如选择集和对象组，进行整体编辑与修改。

7.1.1　构造选择集

选择集可以仅由一个图形对象构成，也可以是一个复杂的对象组，如位于某一特定层上具有某种特定颜色的一组对象。选择集的构造可以在调用编辑命令之前或之后。

AutoCAD 提供了以下几种方法构造选择集。

- 先选择一个编辑命令，然后选择对象，用回车键结束操作。
- 使用 SELECT 命令。
- 用点取设备选择对象，然后调用编辑命令。
- 定义对象组。

无论使用哪种方法，AutoCAD 都将提示用户选择对象，并且光标的形状由十字光标变为拾取框。

下面结合 SELECT 命令说明选择对象的方法。

【操作步骤】

SELECT 命令可以单独使用，也可以在执行其他编辑命令时自动调用。命令行提示与操作如下。

```
命令：SELECT
选择对象：（等待用户以某种方式选择对象作为回答。AutoCAD 2018 提供多种选择方式，可以输入“?”查看这些选择方式）
需要点或窗口 (W) / 上一个 (L) / 窗交 (C) / 框 (BOX) / 全部 (ALL) / 栏选 (F) / 圈围 (WP) / 圈交 (CP) / 编组 (G) / 添加 (A) / 删除 (R) / 多个 (M) / 前一个 (P) / 放弃 (U) / 自动 (AU) / 单个 (SI) / 子对象 (SU) / 对象 (O)
```

【选项说明】

（1）点：该选项表示直接通过点取的方式选择对象。用鼠标或键盘移动拾取框，使其框住要选取的对象，然后单击，就会选中该对象并以高亮度显示。

（2）窗口 (W)：用由两个对角顶点确定的矩形窗口选取位于其范围内部的所有图形，与边界相交的对象不会被选中。在指定对角顶点时应该按照从左向右的顺序，如图 7-1 所示。

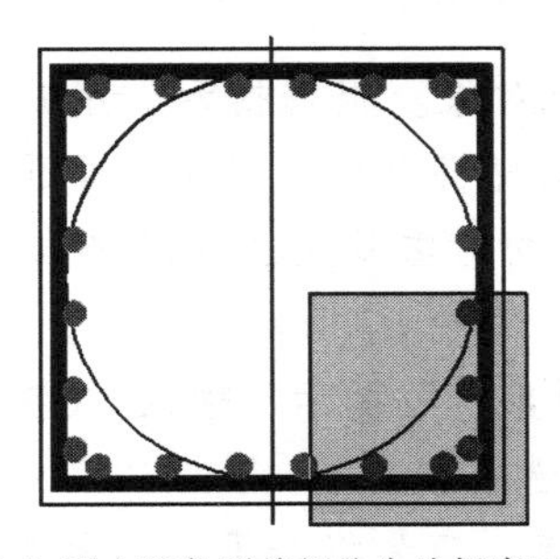

（a）图中深色覆盖部分为选择窗口

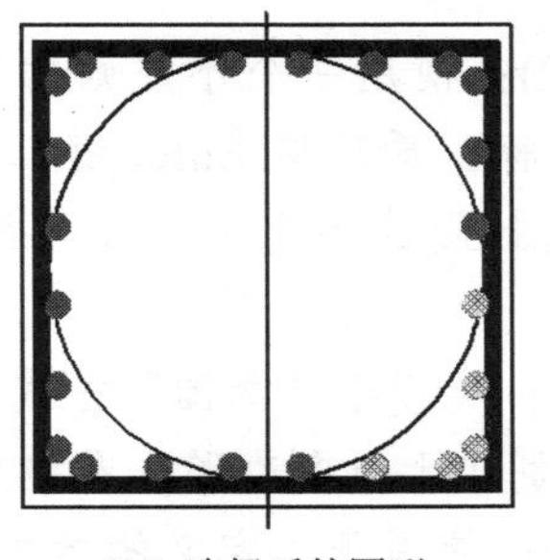

（b）选择后的图形

图 7-1 “窗口”对象选择方式

（3）上一个 (L)：在“选择对象：”提示下输入“L”后，按 Enter 键，系统会自动选取最后绘出的一个对象。

（4）窗交 (C)：该方式与上述“窗口”方式类似，区别在于它不但选中矩形窗口内部的对象，也选中与矩形窗口边界相交的对象。选择的对象如图 7-2 所示。

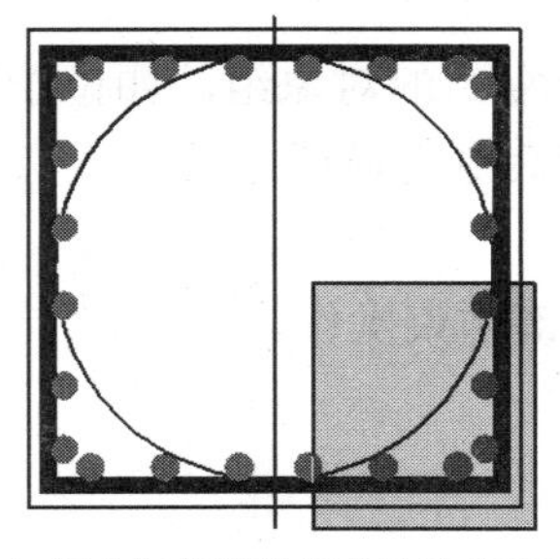
（a）图中深色覆盖部分为选择窗口

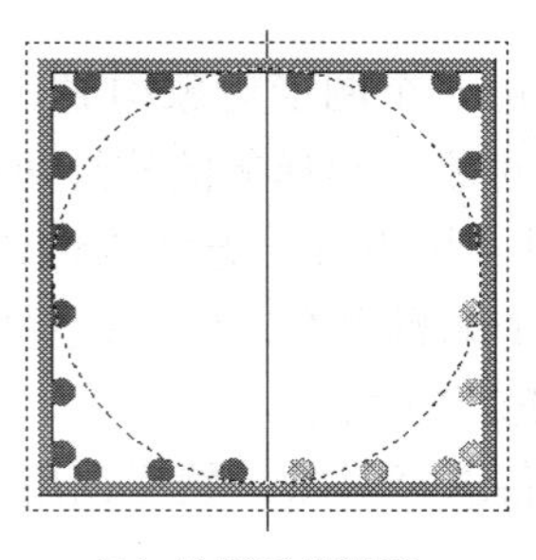
（b）选择后的图形

图 7-2 “窗交”对象选择方式

（5）框 (BOX)：使用时，系统根据用户在屏幕上给出的两个对角点的位置而自动引用“窗口”或“窗交”方式。若从左向右指定对角点，则为“窗口”方式；反之，则为“窗交”方式。

（6）全部 (ALL)：选取图面上的所有对象。

（7）栏选 (F)：用户临时绘制一些直线，这些直线不必构成封闭图形，凡是与这些直线相交的对象均被选中，如图 7-3 所示。

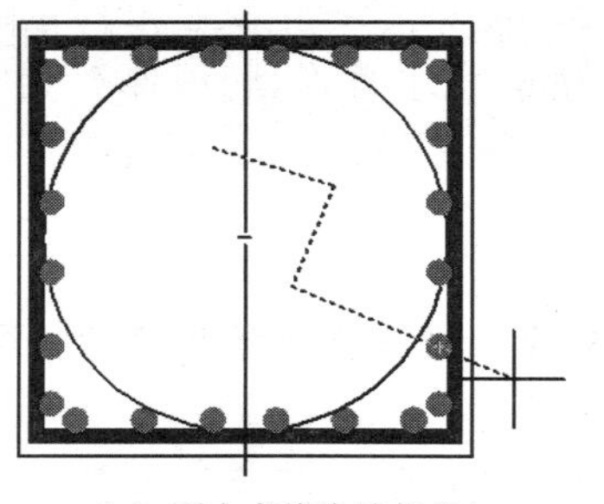
（a）图中虚线为选择栏

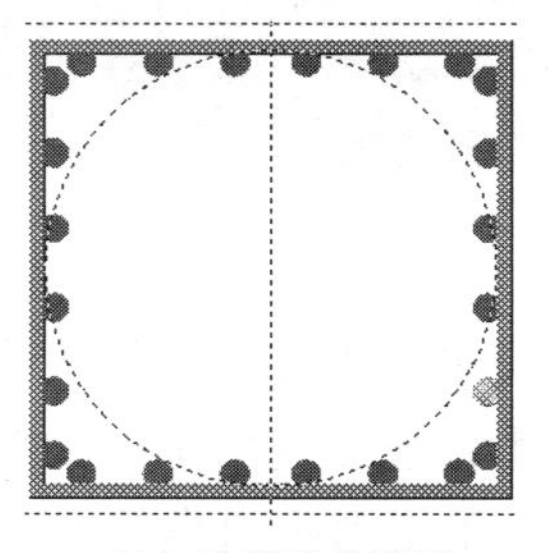
（b）选择后的图形

图 7-3 “栏选”对象选择方式

（8）圈围 (WP)：使用一个不规则的多边形来选择对象。根据提示，用户顺次输入构成多边形的所有顶点的坐标，最后按 Enter 键，结束操作，系统将自动连接第一个顶点到最后一个顶点的各个顶点，形成封闭的多边形。凡是被多边形围住的对象均被选中（不包括边界），如图 7-4 所示。

（9）圈交 (CP)：类似于“圈围”方式，在“选择对象：”提示后输入“CP”，后续操作与“圈围”方式相同。区别在于与多边形边界相交的对象也被选中。

（10）编组 (G)：使用预先定义的对象组作为选择集。事先将若干个对象组成对象组，用组名引用。

（11）添加 (A)：添加下一个对象到选择集。也可用于从移走模式（Remove）到选择模式的切换。

（12）删除 (R)：按住 Shift 键选择对象，可以从当前选择集中移走该对象。对象由高亮度显示状态变为正常显示状态。

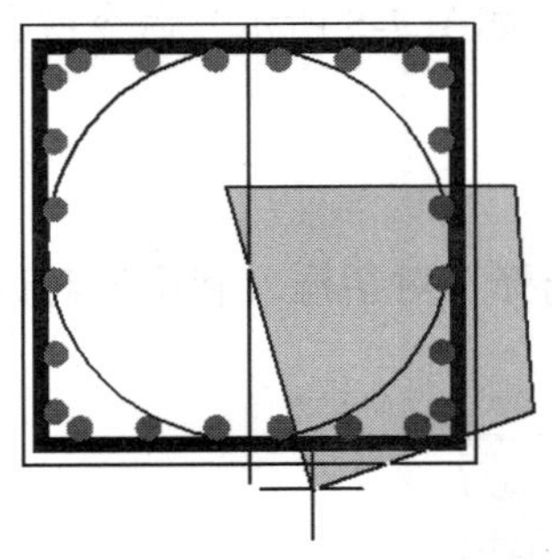

（a）图中十字线所拉出深色多边形为选择窗口

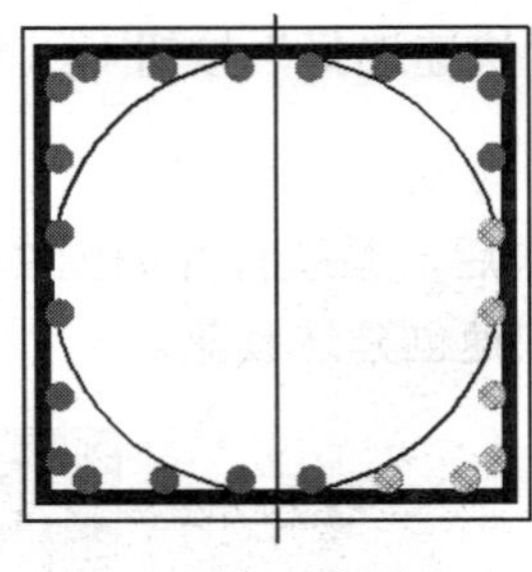

（b）选择后的图形

图 7-4 “圈围”对象选择方式

（13）多个 (M)：指定多个点，不高亮度显示对象。这种方法可以加快在复杂图形上的选择对象过程。若两个对象交叉，两次指定交叉点，则可以选中这两个对象。

（14）上一个 (P)：用关键字 P 回应“选择对象：”的提示，则把上次编辑命令中的最后一次构造的选择集或最后一次使用 SELECT（DDSELECT）命令预置的选择集作为当前选择集。这种方法适用于对同一选择集进行多种编辑操作的情况。

（15）放弃 (U)：用于取消加入选择集的对象。

（16）自动 (AU)：选择结果视用户在屏幕上的选择操作而定。如果选中单个对象，则该对象为自动选择的结果；如果选择点落在对象内部或外部的空白处，系统会提示“指定对角点”，此时，系统会采取一种窗口的选择方式。对象被选中后，变为虚线形式，并以高亮度显示。

（17）单选 (SI)：选择指定的第一个对象或对象集，而不继续提示进行下一步的选择。

（18）子对象 (SU)：使用户可以逐个选择原始形状，这些形状是复合实体的一部分或三维实体上的顶点、边和面。可以选择这些子对象的其中之一，也可以创建多个子对象的选择集。选择集可以包含多种类型的子对象。

（19）对象 (O)：结束选择子对象的功能。使用户可以使用对象选择方法。

技巧

若矩形框从左向右定义，即第一个选择的对角点为左侧的对角点，矩形框内部的对象被选中，框外部的及与矩形框边界相交的对象不会被选中。若矩形框从右向左定义，矩形框内部及与矩形框边界相交的对象都会被选中。

7.1.2 快速选择

有时用户需要选择具有某些共同属性的对象来构造选择集，如选择具有相同颜色、线型或线宽的对象，用户当然可以使用前面介绍的方法选择这些对象，但如果要选择的对象数量较多且分布在较复杂的图形中，会导致很大的工作量。

【执行方式】

- 命令行：QSELECT。

- 菜单栏：选择菜单栏中的“工具”→“快速选择”命令。
- 快捷菜单：在右键快捷菜单中选择“快速选择”（如图 7-5 所示）命令或在“特性”选项板中单击“快速选择”按钮（如图 7-6 所示）。

【操作步骤】

执行上述操作后，系统打开如图 7-7 所示的“快速选择”对话框。利用该对话框可以根据用户指定的过滤标准快速创建选择集。

图 7-5　选择“快速选择”命令

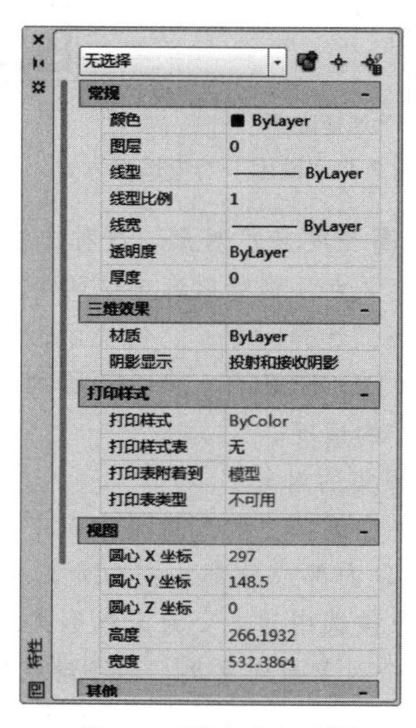

图 7-6　“特性”选项板

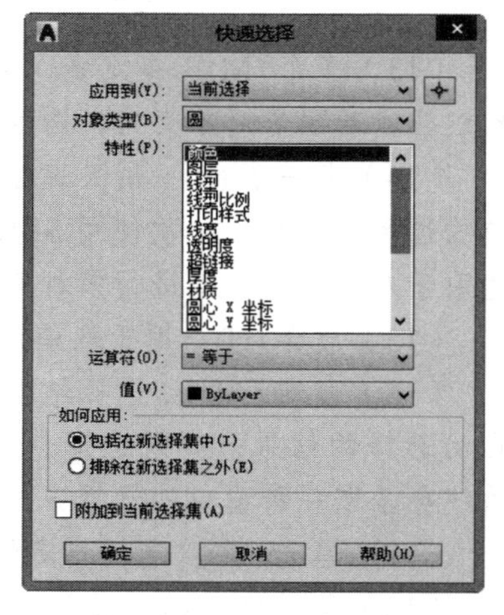

图 7-7　“快速选择”对话框

7.1.3　构造对象组

对象组与选择集并没有本质的区别，当我们把若干个对象定义为选择集并想让它们在以后的操作中始终作为一个整体时，为了简捷，可以给这个选择集命名并保存起来，这个命名了的对象选择集就是对象组，它的名字称为组名。

如果对象组可以被选择（位于锁定层上的对象组不能被选择），那么可以通过它的组名引用该对象组，并且一旦组中任何一个对象被选中，那么组中的全部对象成员都被选中。该命令的调用方法为：在命令行中输入 GROUP 命令。

执行上述命令后，系统打开“对象编组”对话框。利用该对话框可以查看或修改存在的对象组的属性，也可以创建新的对象组。

7.2　复制类命令

本节详细介绍 AutoCAD 2018 的复制类命令。利用这些复制类命令，可以方便地编辑绘制的图形。

7.2.1 “复制”命令

使用“复制”命令，可以将原对象以指定的角度和方向创建对象副本。在 AutoCAD 中默认是多重复制，也就是选定图形并指定基点后，可以通过定位不同的目标点复制出多份来。

【执行方式】

- 命令行：COPY。
- 菜单栏：选择菜单栏中的“修改”→“复制”命令。
- 工具栏：单击“修改”工具栏中的“复制”按钮。
- 功能区：单击“默认”选项卡“修改”面板中的“复制”按钮。
- 快捷菜单：选择要复制的对象，在绘图区右击，在弹出的快捷菜单中选择“复制选择”命令。

动手学——桥边墩平面图

源文件：源文件\第 7 章\桥边墩平面图 .dwg

扫一扫，看视频

本实例绘制如图 7-8 所示的桥边墩平面图。

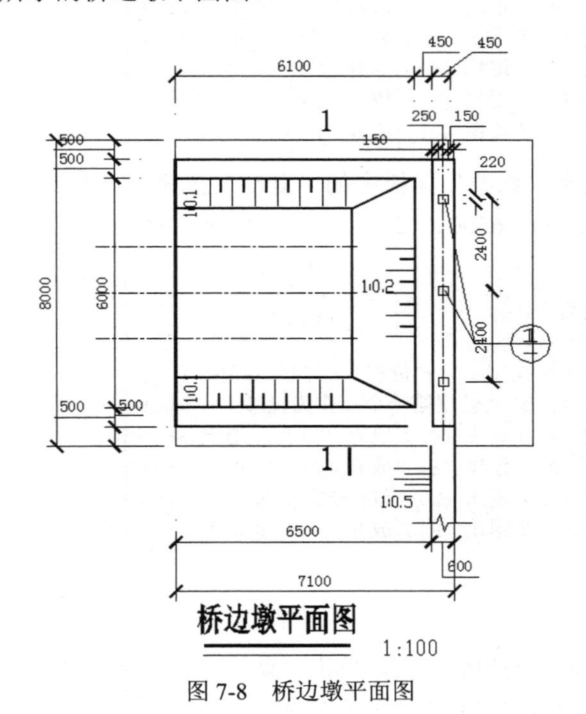

图 7-8 桥边墩平面图

【操作步骤】

（1）设置图层。

新建“尺寸”“定位中心线”“轮廓线”和“文字”4 个图层，并把这些图层设置成不同的颜色，以便在图纸上表达得更清晰。

（2）绘制桥边墩轮廓定位中心线。

① 将“定位中心线”设置为当前图层。在状态栏，单击“正交模式”按钮，打开正交模式，单击“默认”选项卡“绘图”面板中的“直线”按钮，绘制一条长为 9100 的水平直线。

② 单击“默认”选项卡“绘图”面板中的“直线”按钮，绘制相交于端点、相互垂直、长为 8000 的直线，如图 7-9 所示。

③ 单击“默认”选项卡“修改”面板中的“复制”按钮，复制刚刚绘制好的水平直线，分别向上复制的位移分别为 500、1000、1800、4000、6200、7000、7500、8000。命令行提示与操作如下。

```
命令：COPY
选择对象：选择长度为8000的直线
当前设置：  复制模式 = 多个
指定基点或 [位移(D)/模式(O)] <位移>:选择直线中点
指定第二个点或 [阵列(A)] <使用第一个点作为位移>: 500
指定第二个点或 [阵列(A)/退出(E)/放弃(U)] <退出>: 1000
指定第二个点或 [阵列(A)/退出(E)/放弃(U)] <退出>: 1800
指定第二个点或 [阵列(A)/退出(E)/放弃(U)] <退出>: 4000
指定第二个点或 [阵列(A)/退出(E)/放弃(U)] <退出>: 6200
指定第二个点或 [阵列(A)/退出(E)/放弃(U)] <退出>: 7000
指定第二个点或 [阵列(A)/退出(E)/放弃(U)] <退出>: 7500
指定第二个点或 [阵列(A)/退出(E)/放弃(U)] <退出>: 8000
指定第二个点或 [阵列(A)/退出(E)/放弃(U)] <退出>:
```

④ 单击“默认”选项卡“修改”面板中的“复制”按钮，复制刚刚绘制好的垂直直线，分别向右复制的位移分别为 6100、6500、6550、7100、9100。命令行提示与操作如下。

```
命令：COPY
选择对象：选择垂直直线
当前设置：  复制模式 = 多个
指定基点或 [位移(D)/模式(O)] <位移>:选择直线中点
指定第二个点或 [阵列(A)] <使用第一个点作为位移>: 6100
指定第二个点或 [阵列(A)/退出(E)/放弃(U)] <退出>: 6500
指定第二个点或 [阵列(A)/退出(E)/放弃(U)] <退出>: 6550
指定第二个点或 [阵列(A)/退出(E)/放弃(U)] <退出>: 7100
指定第二个点或 [阵列(A)/退出(E)/放弃(U)] <退出>: 9100
```

结果如图 7-10 所示。

（3）绘制桥边墩平面轮廓线。

① 把“轮廓线”图层设置为当前图层，单击“默认”选项卡“绘图”面板中的“多段线”按钮，绘制桥边墩轮廓线并设置起点和端点的宽度为 30。

② 单击“默认”选项卡“绘图”面板中的“多段线”按钮，完成其他线的绘制，如图 7-11 所示。

③ 单击“默认”选项卡“修改”面板中的“复制”按钮，复制定位轴线去确定支座定位线。

④ 单击“默认”选项卡“绘图”面板中的“矩形”按钮，绘制一个 220×220 的矩形作为支座。

⑤ 单击“默认”选项卡“修改”面板中的“复制”按钮，复制支座矩形。完成的图形如

图 7-12 所示。

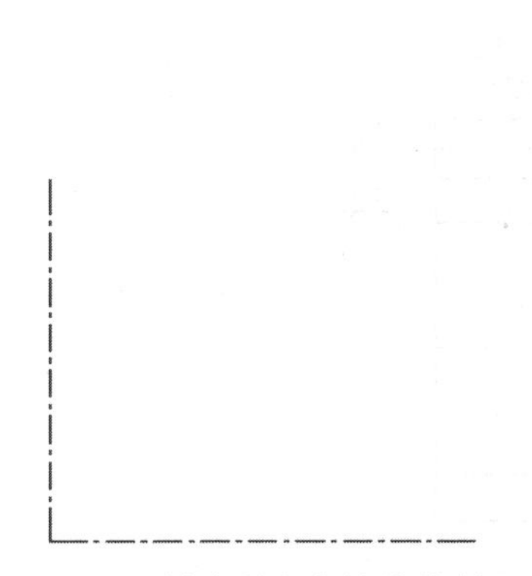

图 7-9 桥边墩定位轴线绘制

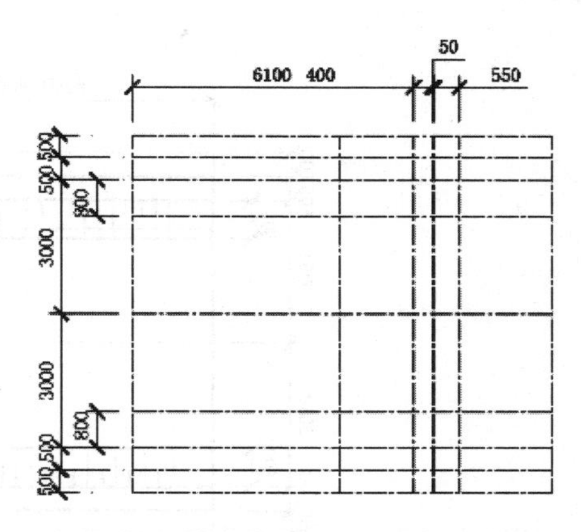

图 7-10 桥边墩平面图定位轴线复制

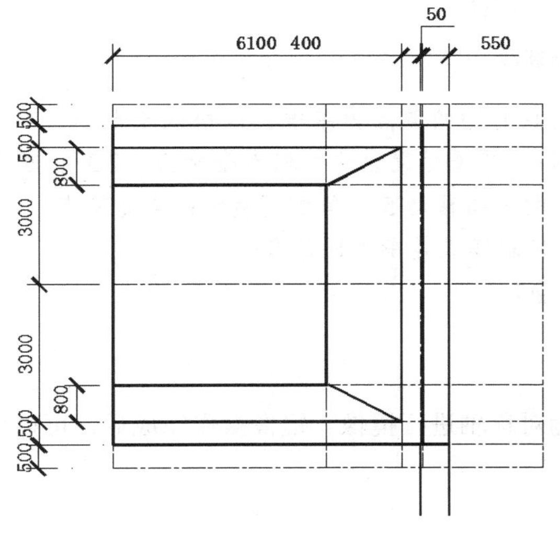

图 7-11 绘制定位轴线

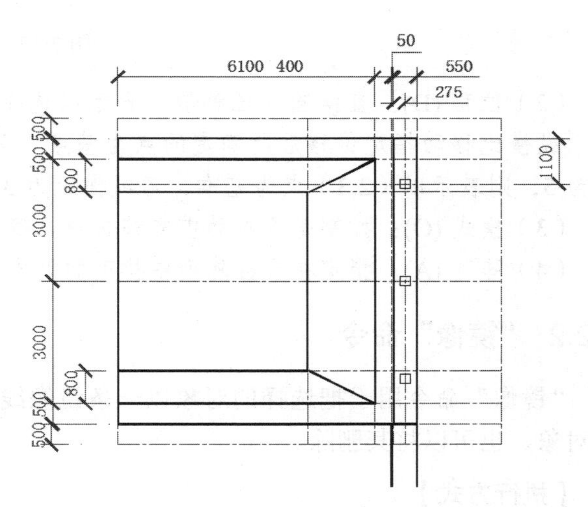

图 7-12 绘制支座

⑥ 单击“默认”选项卡“绘图”面板中的“直线”按钮，绘制坡度和水位线。

⑦ 单击“默认”选项卡“绘图”面板中的“多段线”按钮，绘制剖切线。接下来，绘制折断线，如图 7-13 所示。

⑧ 单击“默认”选项卡“修改”面板中的“删除”按钮，删除多余定位线。

【选项说明】

（1）指定基点：指定一个坐标点后，AutoCAD 2018 把该点作为复制对象的基点。

指定第二个点后，系统将根据这两点确定的位移矢量把选择的对象复制到第二点处。如果此时直接按 Enter 键，即选择默认的“用第一点作位移”，则第一个点被当作相对于 X、Y、Z 的位移。例如，如果指定基点为（2,3）并在下一个提示下按 Enter 键，则该对象从它当前的位置开始，在 X 方向上移动 2 个单位，在 Y 方向上移动 3 个单位。一次复制完成后，可以不断指定新的第二点，从而实现多重复制。

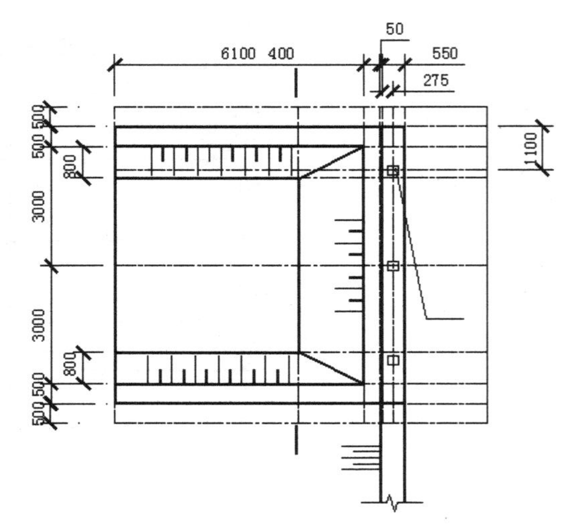

图 7-13　折断线

（2）位移 (D)：直接输入位移值，表示以选择对象时的拾取点为基准，以拾取点坐标为移动方向，纵横比移动指定位移后所确定的点为基点。例如，选择对象时的拾取点坐标为（2,3），输入位移为 5，则表示以（2,3）点为基准，沿纵横比为 3:2 的方向移动 5 个单位所确定的点为基点。

（3）模式 (O)：控制是否自动重复该命令。确定复制模式是单个还是多个。

（4）阵列 (A)：指定在线性阵列中排列的副本数量。

7.2.2 “镜像”命令

“镜像”命令用于把选择的对象以一条镜像线为对称轴进行镜像。镜像操作完成后，可以保留原对象，也可以将其删除。

【执行方式】

- 命令行：MIRROR。
- 菜单栏：选择菜单栏中的“修改”→“镜像”命令。
- 工具栏：单击“修改”工具栏中的“镜像”按钮。
- 功能区：单击“默认”选项卡“修改”面板中的“镜像”按钮。

扫一扫，看视频

动手学——单面焊接的钢筋接头

源文件：源文件 \ 第 7 章 \ 单面焊接的钢筋接头 .dwg

本实例绘制如图 7-14 所示单面焊接的钢筋接头。

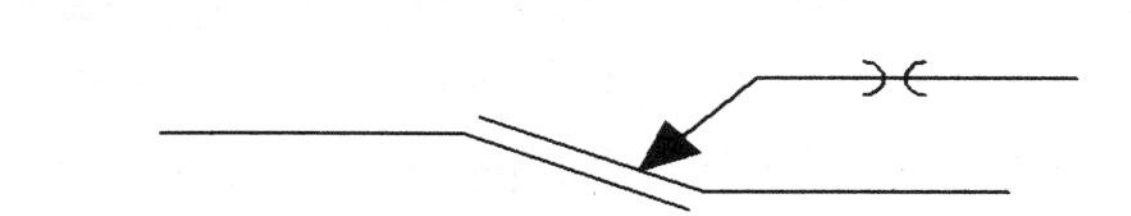

图 7-14　单面焊接的钢筋接头

【操作步骤】

（1）线宽保持默认。单击“默认”选项卡“绘图”面板中的“直线”按钮╱，绘制一条水平直线和一条倾斜的直线，如图7-15所示。

（2）单击“默认”选项卡“修改”面板中的“复制”按钮，将倾斜直线复制到右上方，间距合适即可；再单击“默认”选项卡“绘图”面板中的“直线”按钮╱，绘制直线，如图7-16所示。

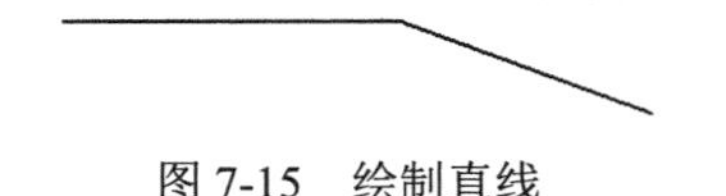

图7-15　绘制直线

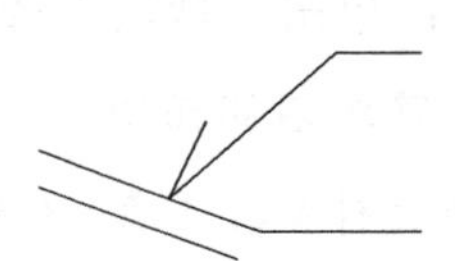

图7-16　复制后绘制直线

（3）单击“默认”选项卡“绘图”面板中的“直线”按钮╱，绘制箭头指示的直线，如图7-17所示。在斜直线的头部，绘制一条倾斜角度稍小的直线，如图7-18所示。

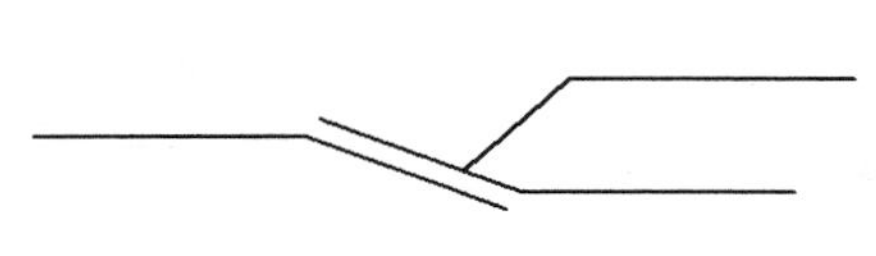

图7-17　绘制箭头1

图7-18　绘制箭头2

（4）单击“默认”选项卡“修改”面板中的“镜像”按钮，选择刚刚绘制的短斜线，单击鼠标右键，然后分别单击箭头长斜线的两个端点，作为镜像轴，按Enter键完成镜像。命令行提示与操作如下。

```
命令：MIRROR
选择对象：选择短斜线
指定镜像线的第一点：指定镜像线的第二点：  <正交 开>箭头长斜线的两个端点
要删除源对象吗？[是(Y)/否(N)] <N>:
```

结果如图7-19所示。

（5）连接两个小倾斜线的端点，形成三角形。单击“默认”选项卡“绘图”面板中的“图案填充”按钮，默认填充图案为SOLID，按Enter键确认。选择三角形的3条边，按Enter键进行填充，如图7-20所示。

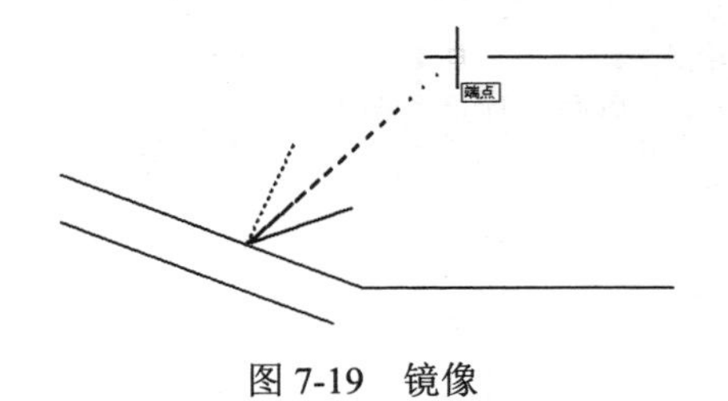

图7-19　镜像

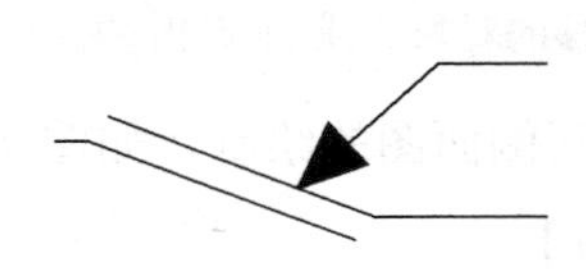

图7-20　填充

（6）在箭头尾部的水平直线处利用“圆弧”命令绘制两个半圆，完成单面焊接的钢筋接头的绘制，如图7-14所示。

✍ 技巧

镜像对创建对称的图样非常有用，其可以快速地绘制半个对象，然后将其镜像，而不必绘制整个对象。

默认情况下，镜像文字、属性及属性定义时，它们在镜像后所得图像中不会反转或倒置。文字的对齐和对正方式在镜像图样前后保持一致。如果制图确实要反转文字，可将 MIRRTEXT 系统变量设置为 1，默认值为 0。

7.2.3 “偏移”命令

“偏移”命令用于保持所选择的对象的形状，在不同的位置以不同的尺寸大小新建一个对象。

【执行方式】

- 命令行：OFFSET。
- 菜单栏：选择菜单栏中的“修改”→“偏移”命令。
- 工具栏：单击“修改”工具栏中的“偏移”按钮。
- 功能区：单击“默认”选项卡“修改”面板中的“偏移”按钮。

扫一扫，看视频

动手学——路缘石侧面图

源文件：源文件\第 7 章\路缘石侧面图 .dwg

本实例绘制如图 7-21 所示的路缘石侧面图。

250
30
200
230

图 7-21　路缘石侧面图

【操作步骤】

（1）在“默认”选项卡中展开“特性”面板，打开“线宽”下拉列表框，将线宽设置为 0.30 毫米。接着单击“默认”选项卡“绘图”面板中的“矩形”按钮，在图形空白位置任选一点为矩形起点，绘制一个 250×230 的矩形，如图 7-22 所示。

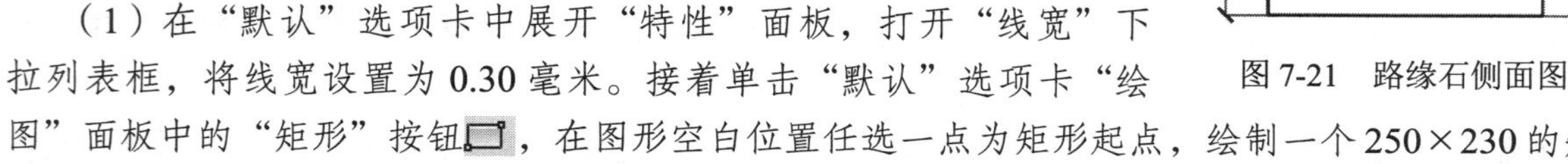

（2）单击“默认”选项卡“修改”面板中的“分解”按钮，选择上步绘制的矩形为分解对象，按 Enter 键确认进行分解。

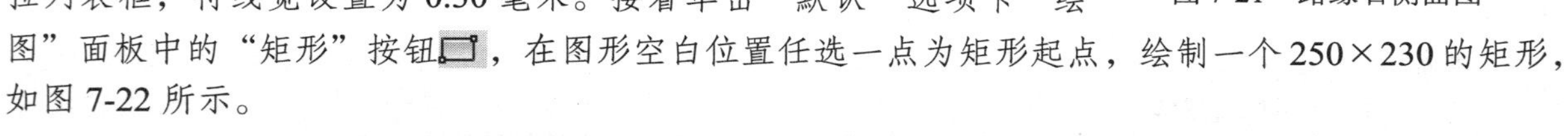

（3）单击“默认”选项卡“修改”面板中的“偏移”按钮，选择上步分解的矩形上方水平边为偏移对象向下进行偏移，偏移距离为 30。命令行操作与提示如下。

```
命令：O↙
当前设置：删除源=否　图层=源　OFFSETGAPTYPE=0
指定偏移距离或 [通过(T)/删除(E)/图层(L)] <通过>: 30↙
选择要偏移的对象或 [退出(E)/放弃(U)] <退出>:↙
指定要偏移的那一侧上的点或 [退出(E)/多个(M)/放弃(U)] <退出>:↙
选择要偏移的对象，或 [退出(E)/放弃(U)] <退出>:↙
```

完成路缘石侧面图的绘制，如图 7-23 所示。

【选项说明】

（1）指定偏移距离：输入一个距离值，或按 Enter 键，使用当前的距离值，系统把该距离值作为偏移距离，如图 7-24 所示。

（2）通过 (T)：指定偏移对象的通过点。选择该选项后出现如下提示。

选择要偏移的对象，或 [退出 (E) / 放弃 (U)] < 退出 >:（选择要偏移的对象，按 Enter 键结束操作）
指定通过点或 [退出 (E) / 多个 (M) / 放弃 (U)] < 退出 >:（指定偏移对象的一个通过点）

操作完毕后，系统根据指定的通过点绘出偏移对象，如图 7-25 所示。

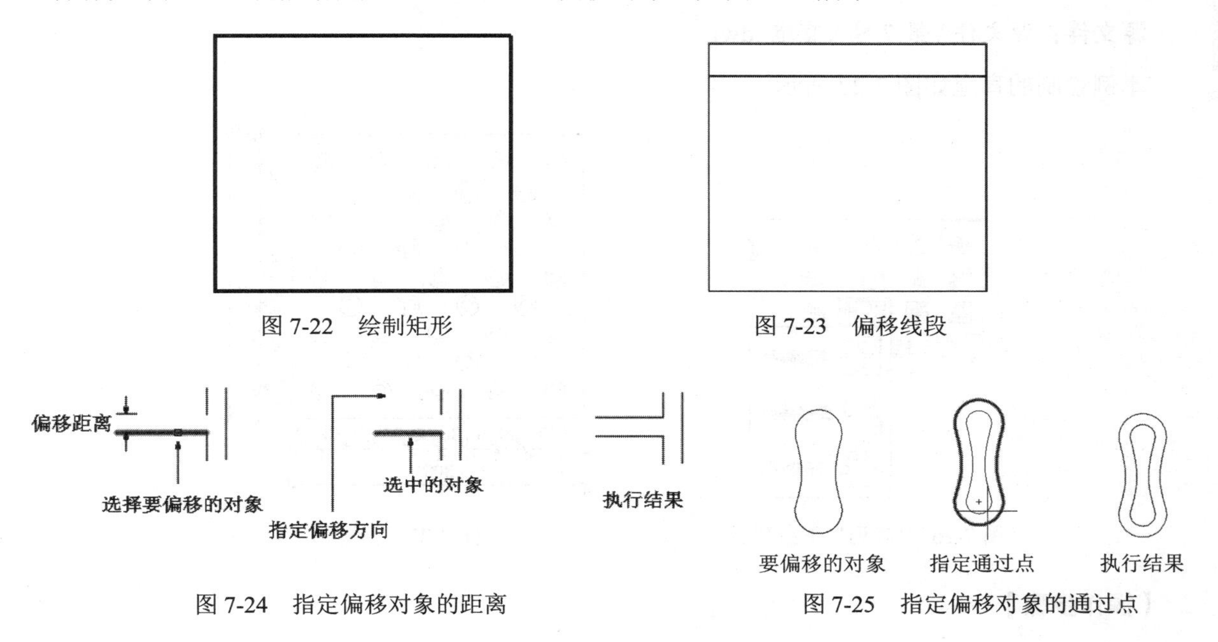

图 7-22　绘制矩形

图 7-23　偏移线段

图 7-24　指定偏移对象的距离

图 7-25　指定偏移对象的通过点

（3）删除 (E)：偏移后，将源对象删除。选择该选项后出现如下提示。

要在偏移后删除源对象吗？ [是 (Y) / 否 (N)] < 否 >:

（4）图层 (L)：确定将偏移对象创建在当前图层上，还是在源对象所在的图层上。选择该选项后出现如下提示。

输入偏移对象的图层选项 [当前 (C) / 源 (S)] < 源 >:

7.2.4 "阵列"命令

阵列是指多次重复选择对象并把这些副本按矩形或环形排列。把副本按矩形排列称为建立矩形阵列，把副本按环形排列称为建立极阵列。建立极阵列时，应该控制复制对象的次数和对象是否被旋转；建立矩形阵列时，应该控制行和列的数量以及对象副本之间的距离。

用该命令可以建立矩形阵列、极阵列（环形）和旋转的矩形阵列。

【执行方式】

- 命令行：ARRAY。
- 菜单栏：选择菜单栏中的"修改"→"阵列"命令。
- 工具栏：单击"修改"工具栏中的"矩形阵列"按钮，或单击"修改"工具栏中的"路径阵列"按钮，或单击"修改"工具栏中的"环形阵列"按钮。

➘ 功能区：单击“默认”选项卡“修改”面板中的“矩形阵列”按钮/“路径阵列”按钮/“环形阵列”按钮，如图7-26所示。

扫一扫，看视频

动手学——盲道

源文件：源文件\第7章\盲道.dwg

本例绘制的盲道如图7-27所示。

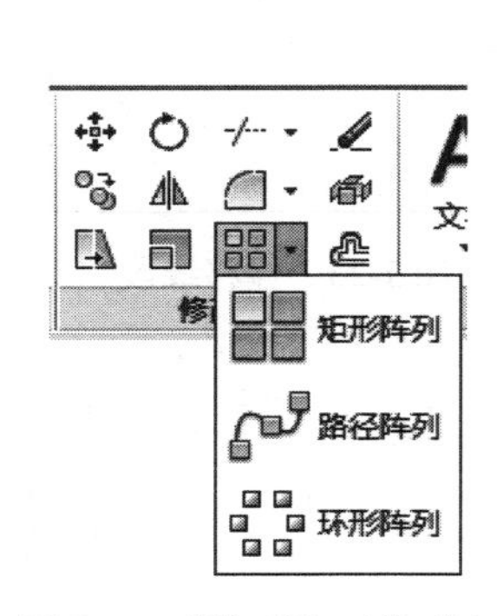

图7-26 “阵列”下拉列表

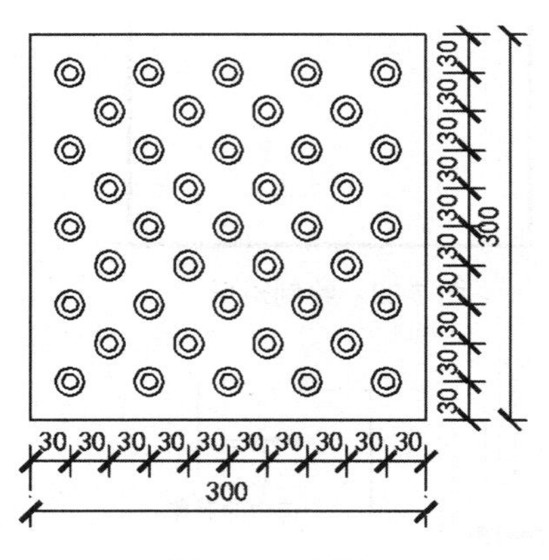

图7-27 盲道

【操作步骤】

（1）单击“默认”选项卡“绘图”面板中的“直线”按钮，绘制两条长为300正交的直线，如图7-28（a）所示。

（2）单击“默认”选项卡“修改”面板中的“矩形阵列”按钮，将行数设置为1，列数设置为11，列偏移为30，绘制竖直线。重复“矩形阵列”命令，将行数设置为11，列数设置为1，行偏移设置为11，绘制水平线。最终完成网格的绘制，如图7-28（b）所示。

（3）单击“默认”选项卡“绘图”面板中的“圆”按钮，绘制两个同心圆（半径分别为4和11），如图7-28（c）所示。

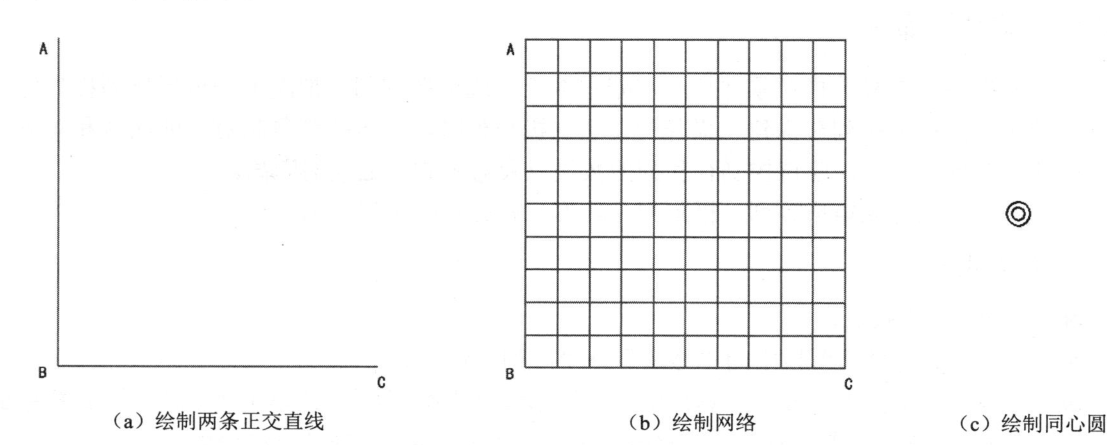

（a）绘制两条正交直线　（b）绘制网络　（c）绘制同心圆

图7-28 提示停步块材网格绘制流程

（4）单击“默认”选项卡“修改”面板中的“复制”按钮，复制同心圆到网格交点，如图 7-29 所示。

（5）单击“默认”选项卡“修改”面板中的“删除”按钮，删除多余直线，然后对该图形进行标注，结果如图 7-27 所示。

【选项说明】

（1）矩形 (R)（命令行：ARRAYRECT）：将选定对象的副本分布到行数、列数和层数的任意组合。通过夹点，调整阵列间距、列数、行数和层数；也可以分别选择各选项输入数值。

（2）极轴 (PO)：在绕中心点或旋转轴的环形阵列中均匀分布对象副本。选择该选项后出现如下提示。

```
指定阵列的中心点或 [基点(B)/旋转轴(A)]:(选择中心点、基点或旋转轴)
选择夹点以编辑阵列或 [关联(AS)/基点(B)/项目(I)/项目间角度(A)/填充角度(F)/行(ROW)/层(L)/旋转项目(ROT)/退出(X)] <退出>:(通过夹点，调整角度，填充角度；也可以分别选择各选项输入数值)
```

（3）路径 (PA)（命令行：ARRAYPATH）：沿路径或部分路径均匀分布选定对象的副本。选择该选项后出现如下提示。

```
选择路径曲线：(选择一条曲线作为阵列路径)
选择夹点以编辑阵列或 [关联(AS)/方法(M)/基点(B)/切向(T)/项目(I)/行(R)/层(L)/对齐项目(A)/Z方向(Z)/退出(X)]
<退出>:(通过夹点，调整阵列行数和层数；也可以分别选择各选项输入数值)
```

练一练——绘制钢筋剖面

绘制如图 7-30 所示的钢筋剖面。

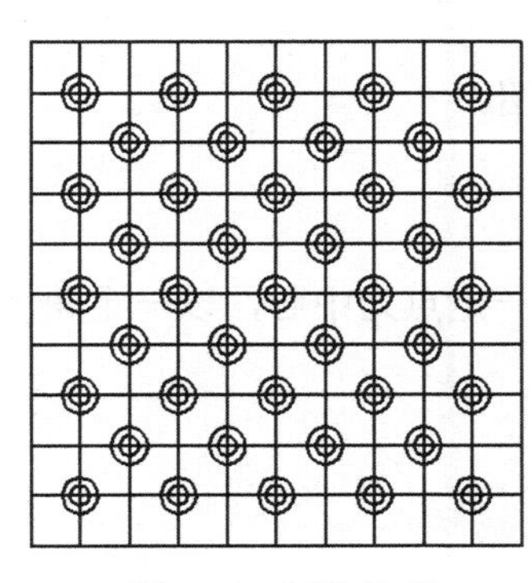

图 7-29 网格阵列

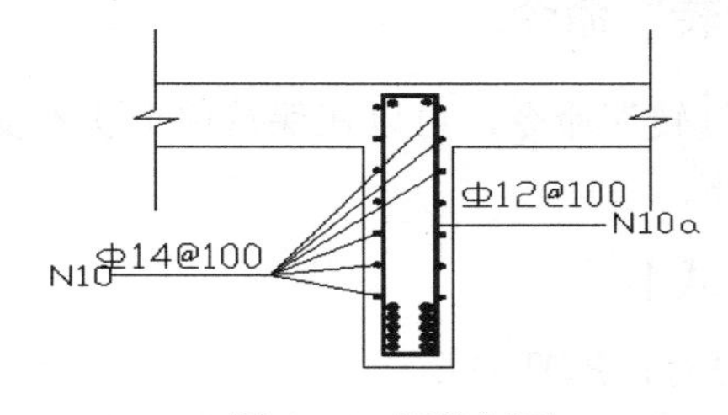

图 7-30 钢筋剖面

思路点拨

源文件： 源文件\第 7 章\钢筋剖面 .dwg

（1）利用“图层”命令设置图层。
（2）利用“直线”命令绘制剖面图的外轮廓。
（3）利用“偏移”“多段线”“圆”“图案填充”和“复制”命令，绘制钢筋。

7.3 改变位置类命令

这一类编辑命令的功能是按照指定要求改变当前图形或图形的某部分的位置，主要包括移动、旋转和缩放等命令。

7.3.1 “移动”命令

“移动”命令对象的重定位，即在指定方向上按指定距离移动对象，对象的位置发生了改变，但方向和大小不改变。

【执行方式】

- 命令行：MOVE。
- 菜单栏：选择菜单栏中的“修改”→“移动”命令。
- 快捷菜单：选择要复制的对象，在绘图区右击，在弹出的快捷菜单中选择“移动”命令。
- 工具栏：单击“修改”工具栏中的“移动”按钮。
- 功能区：单击“默认”选项卡“修改”面板中的“移动”按钮。

【操作步骤】

```
命令：_move
选择对象：选择要移动的对象
选择对象：
指定基点或 [位移(D)] <位移>：指定基点
指定第二个点或 <使用第一个点作为位移>：指定移动点
```

其中各选项功能与“复制”命令类似，这里不再一一介绍。

7.3.2 “旋转”命令

使用“旋转”命令，可以在保持原形状不变的情况下以一定点为中心，以一定角度为旋转角度旋转得到图形。

【执行方式】

- 命令行：ROTATE。
- 菜单栏：选择菜单栏中的“修改”→“旋转”命令。
- 快捷菜单：选择要旋转的对象，在绘图区右击，在弹出的快捷菜单中选择“旋转”命令。
- 工具栏：单击“修改”工具栏中的“旋转”按钮。
- 功能区：单击“默认”选项卡“修改”面板中的“旋转”按钮。

扫一扫，看视频

动手学——弹簧安全阀

源文件：源文件\第7章\弹簧安全阀.dwg

本例绘制如图7-31所示的弹簧安全阀。

【操作步骤】

（1）单击“默认”选项卡“绘图”面板中的“直线”按钮，绘制一条竖直直线。重复“直线”命令，在竖直直线上绘制两条斜线，结果如图7-32所示。

（2）单击“默认”选项卡“绘图”面板中的“多边形”按钮，以竖直直线的下端点为顶点绘制一个适当大小的三角形，如图7-33所示。

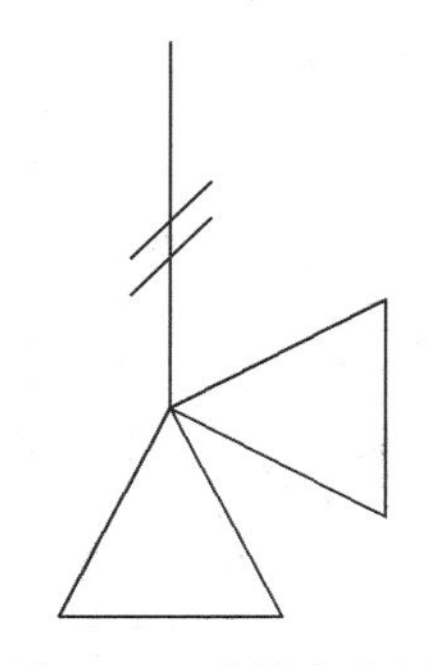

图7-31　弹簧安全阀

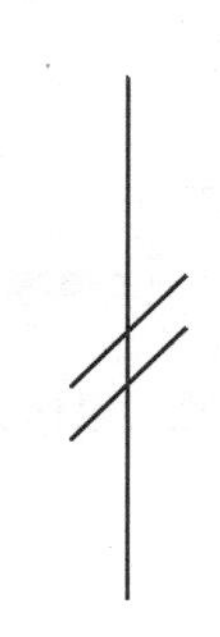

图7-32　绘制直线

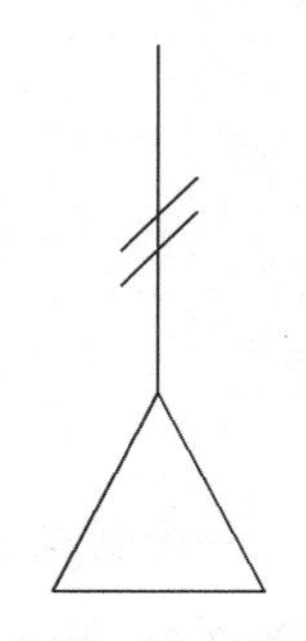

图7-33　绘制三角形

（3）单击“默认”选项卡“修改”面板中的“旋转”按钮，旋转复制三角形，完成弹簧安全阀的绘制。命令行提示与操作如下。

```
命令： ROTATE
UCS 当前的正角方向： ANGDIR=逆时针 ANGBASE=0
选择对象： 找到 1 个
选择对象： 找到 1 个，总计 2 个
选择对象： 找到 1 个，总计 3 个
选择对象：
指定基点：（以三角形的上顶点为基点）
指定旋转角度，或 [ 复制 (C) / 参照 (R)] <0>: c 旋转一组选定对象。
指定旋转角度，或 [ 复制 (C) / 参照 (R)] <0>: 90
```

结果如图7-31所示。

【选项说明】

（1）复制 (C)：选择该选项，旋转对象的同时，保留原对象，如图7-34所示。

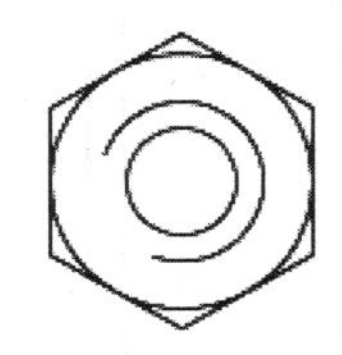

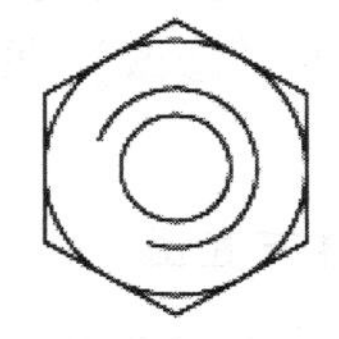

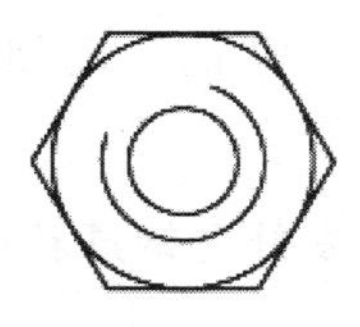

图7-34　复制旋转

（2）参照 (R)：采用参照方式旋转对象时，命令行提示与操作如下。

```
指定参照角 <0>:（指定要参考的角度，默认值为 0）
指定新角度或 [ 点 (P)] <0>:（输入旋转后的角度值）
```

操作完毕后，对象被旋转至指定的角度位置。

✍ 技巧

可以用拖动鼠标的方法旋转对象。选择对象并指定基点后，从基点到当前光标位置会出现一条连线，鼠标选择的对象会动态地随着该连线与水平方向的夹角的变化而旋转，按 Enter 键确认旋转操作，如图 7-35 所示。

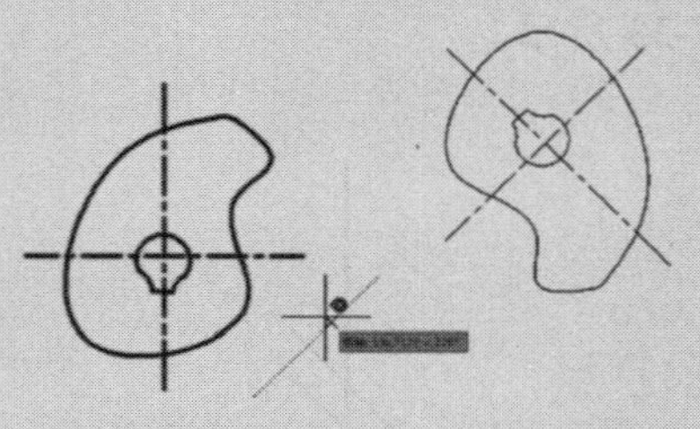

图 7-35　拖动鼠标旋转对象

练一练——绘制双层钢筋配置图

绘制如图 7-36 所示的双层钢筋配置图。

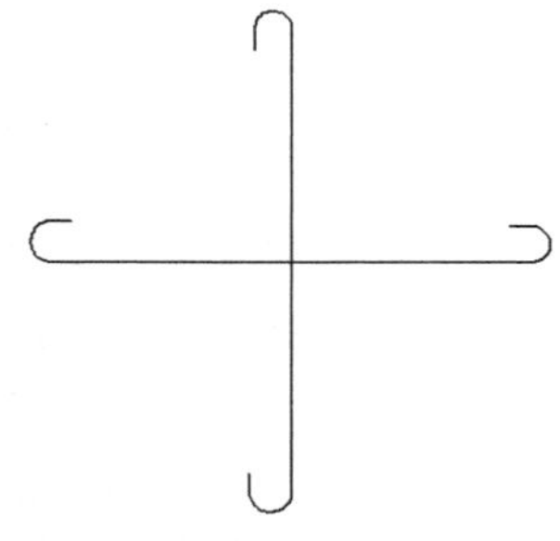

图 7-36　双层钢筋配置图

思路点拨

源文件： 源文件\第 7 章\双层钢筋配置图 .dwg

（1）利用“多段线”命令绘制单层钢筋。

（2）利用“旋转”命令旋转复制另一层图形。

7.3.3 “缩放”命令

“缩放”命令用于将已有图形对象以基点为参照进行等比例缩放。它可以调整对象的大小，使其在一个方向上按照要求增大或缩小一定的比例。

【执行方式】

- 命令行：SCALE。
- 菜单栏：选择菜单栏中的“修改”→“缩放”命令。
- 快捷菜单：选择要缩放的对象，在绘图区右击，在弹出的快捷菜单中选择“缩放”命令。
- 工具栏：单击“修改”工具栏中的“缩放”按钮。
- 功能区：单击“默认”选项卡“修改”面板中的“缩放”按钮。

动手学——直角形发针型钢筋补强布置图

源文件： 源文件\第 7 章\直角形发针型钢筋补强布置图 .dwg

绘制如图 7-37 所示的直角形发针型钢筋补强布置图。

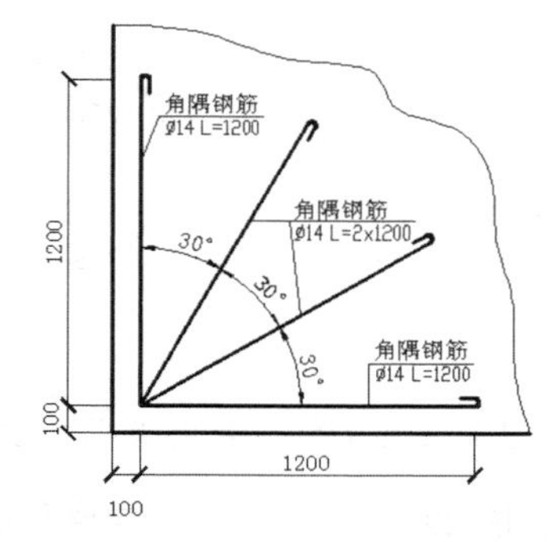

图 7-37　直角形发针型钢筋补强布置图

【操作步骤】

（1）在“默认”选项卡中展开“特性”面板，打开线宽下拉列表框，从中选择 0.30 毫米。

（2）单击“默认”选项卡“绘图”面板中的“多段线”按钮，在图形空白位置绘制长度为 1500 的连续多段线，如图 7-38 所示。

（3）单击“默认”选项卡“修改”面板中的“偏移”按钮，选择前面绘制的连续直线为偏移对象分别向内进行偏移，偏移距离为 100，如图 7-39 所示。

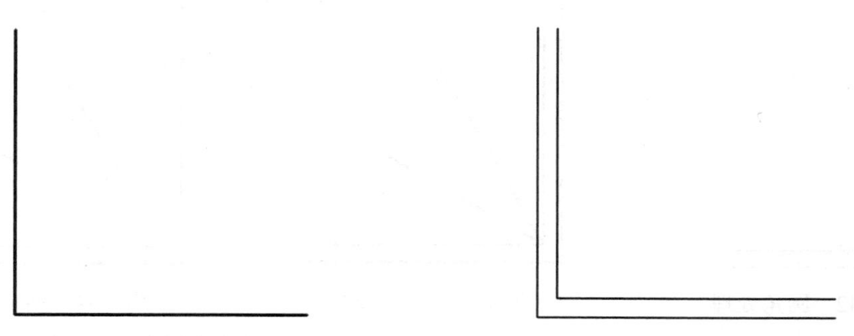

图 7-38　绘制连续直线　　图 7-39　偏移直线

（4）单击“默认”选项卡“修改”面板中的“缩放”按钮，选择上步偏移线段的交点为缩放基点，将偏移线段进行缩放，缩放比例为 0.8，如图 7-40 所示。

（5）单击“默认”选项卡“绘图”面板中的“直线”按钮，在上步图形右侧绘制两条适当长度的直线，如图 7-41 所示。

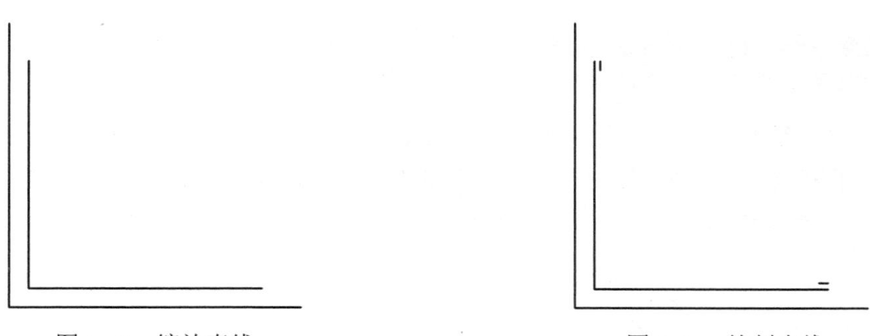

图 7-40　缩放直线　　图 7-41　绘制直线

（6）单击“默认”选项卡“修改”面板中的“圆角”按钮，选择上步图形内的两条直线为圆角对象，对其进行圆角处理，如图 7-42 所示。

（7）单击“默认”选项卡“修改”面板中的“旋转”按钮，选择上步圆角后线段为旋转对象，对其进行旋转复制，旋转角度为 -30°。命令行提示与操作如下。

```
命令 :ROTATE ↙
UCS 当前的正角方向 : ANGDIR= 逆时针   ANGBASE=0
选择对象 : 指定对角点 : ↙（选择旋转对象）
选择对象 : ↙
指定基点 : ↙
指定旋转角度或 [ 复制 (C) / 参照 (R)] <0>:c ↙
旋转一组选定对象。
```

```
指定旋转角度或 [复制 (C)/参照 (R)] <0>:-30 ↙
```

结果如图 7-43 所示。

（8）单击“默认”选项卡“绘图”面板中的“样条曲线拟合”按钮，连接图形，如图 7-44 所示。

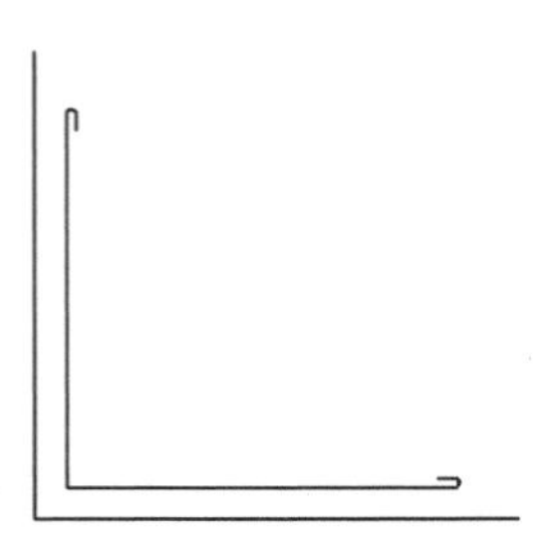

图 7-42　圆角处理

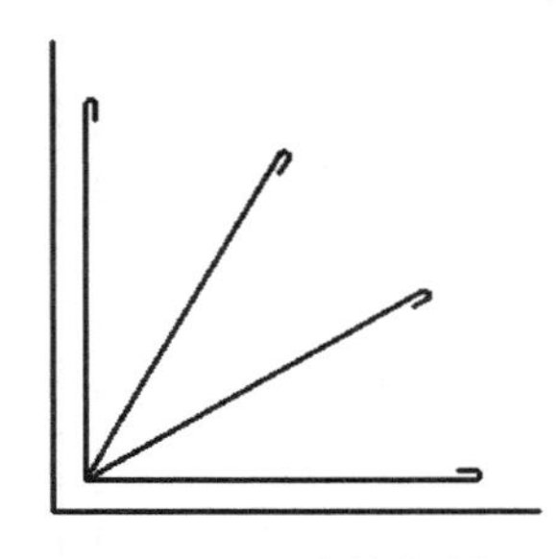

图 7-43　旋转复制

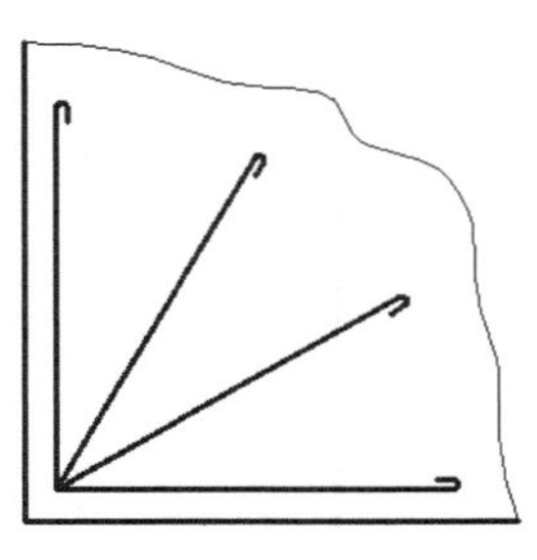

图 7-44　连接图形

【选项说明】

（1）指定比例因子：选择对象并指定基点后，从基点到当前光标位置会出现一条线段，线段的长度即为比例因子。鼠标选择的对象会动态地随着该连线长度的变化而缩放，按 Enter 键，确认缩放操作。

（2）参照 (R)：采用参考方向缩放对象时，命令行提示与操作如下。

```
指定参照长度 <1>:（指定参考长度值）
指定新的长度或 [点 (P)] <1.0000>:（指定新长度值）
```

若新长度值大于参考长度值，则放大对象；否则，缩小对象。操作完毕后，系统以指定的基点按指定的比例因子缩放对象。如果选择“点 (P)”选项，则指定两点来定义新的长度。

（3）复制 (C)：选择该选项时，可以复制缩放对象，即缩放对象时，保留原对象，如图 7-45 所示。

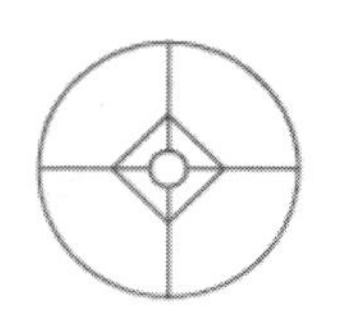
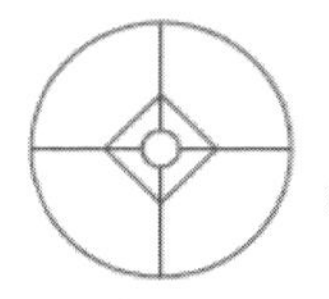

图 7-45　复制缩放

扫一扫，看视频

7.4　综合演练——龙骨布置图

源文件：源文件 \ 第 7 章 \ 龙骨布置图 .dwg

利用上面所学的功能绘制龙骨布置图，如图 7-46 所示。

【操作步骤】

（1）单击“默认”选项卡“绘图”面板中的“直线”按钮，在图形空白区域绘制一条长为

39606 的水平直线，如图 7-47 所示。

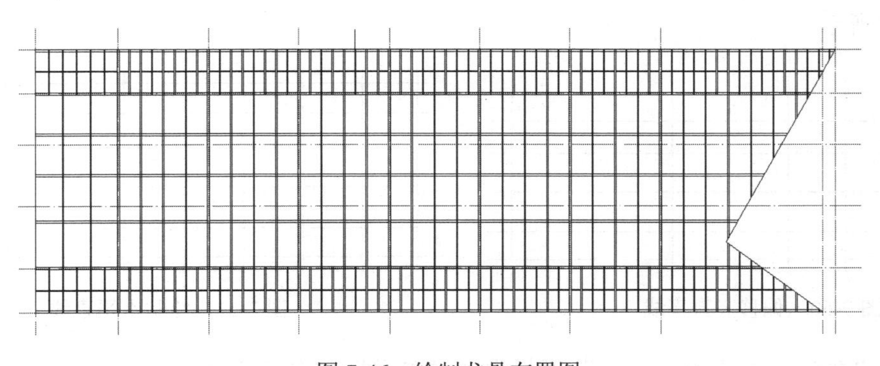

图 7-46　绘制龙骨布置图

图 7-47　绘制直线

（2）单击“默认”选项卡“修改”面板中的“偏移”按钮，选择上步绘制的水平直线为偏移对象向上进行偏移，偏移距离为 2150、3000、3000、2500、2150，如图 7-48 所示。

图 7-48　绘制直线

（3）单击“默认”选项卡“绘图”面板中的“直线”按钮，在图形适当位置绘制一条长为 14800 的竖直直线，如图 7-49 所示。

图 7-49　绘制竖直直线

（4）单击“默认”选项卡“修改”面板中的“偏移”按钮，选择上步绘制的竖直直线为偏移对象向右进行偏移，偏移距离为 3900、4250、4250、4250、4250、4250、4250、7624、612，如图 7-50 所示。

（5）单击“默认”选项卡“绘图”面板中的“直线”按钮，在顶部轴线处绘制一条水平直线，如图7-51所示。

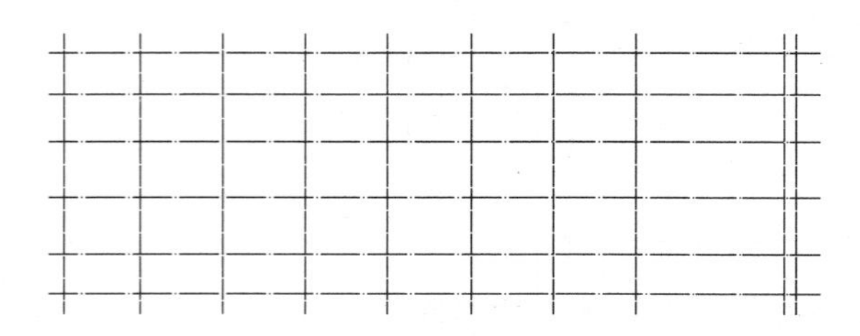

图7-50　偏移竖直直线

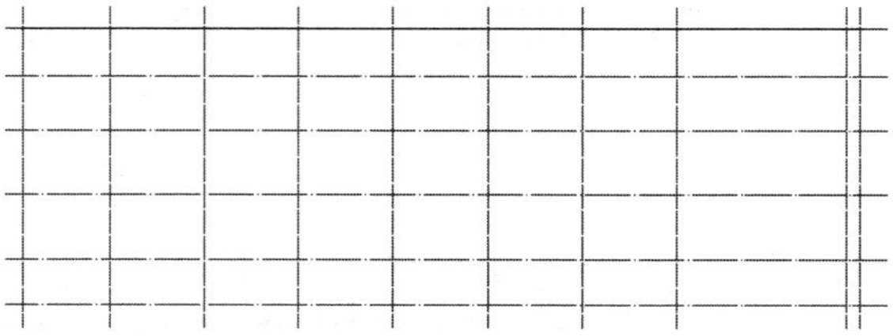

图7-51　绘制水平直线

（6）单击“默认”选项卡“修改”面板中的“偏移”按钮，选择上步绘制的水平直线为偏移对象向下进行偏移，偏移距离为100、950、50、1000、100、1900、100、1900、2150、100、2150、100、1000、50、950、100，如图7-52所示。

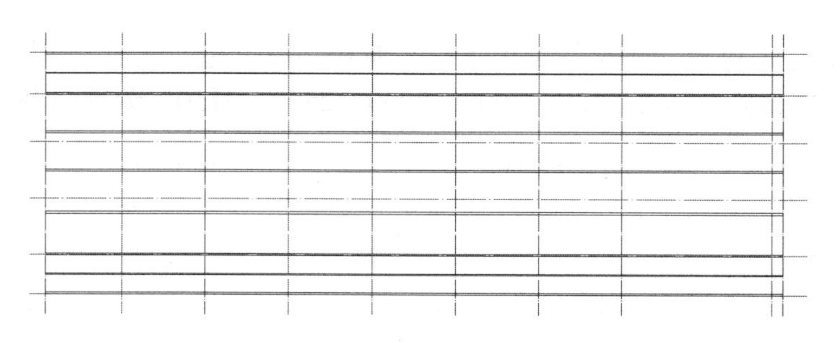

图7-52　偏移水平直线

（7）单击“默认”选项卡“绘图”面板中的“直线”按钮，在左侧竖直轴线上绘制一条竖直直线，如图7-53所示。

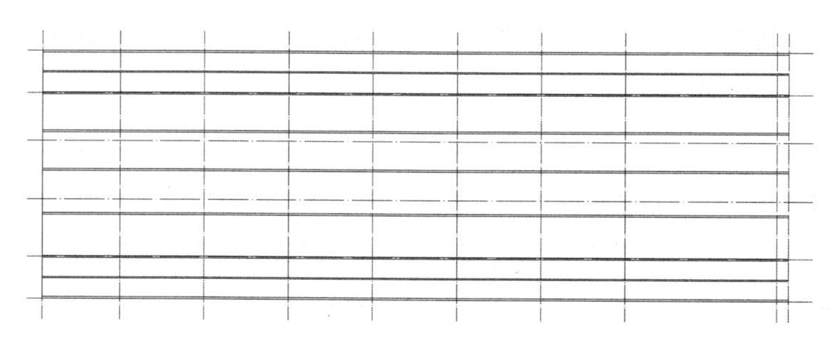

图7-53　绘制竖直直线

（8）单击“默认”选项卡“修改”面板中的“偏移”按钮，选择绘制的竖直直线为偏移对象向右进行偏移，如图7-54所示。

（9）单击“默认”选项卡“绘图”面板中的“直线”按钮，在图形适当位置绘制连续直线，如图7-55所示。

（10）单击“默认”选项卡“修改”面板中的“修剪”按钮（将在第8章详细讲述），对上步图形中的线段进行修剪，如图 7-46 所示。

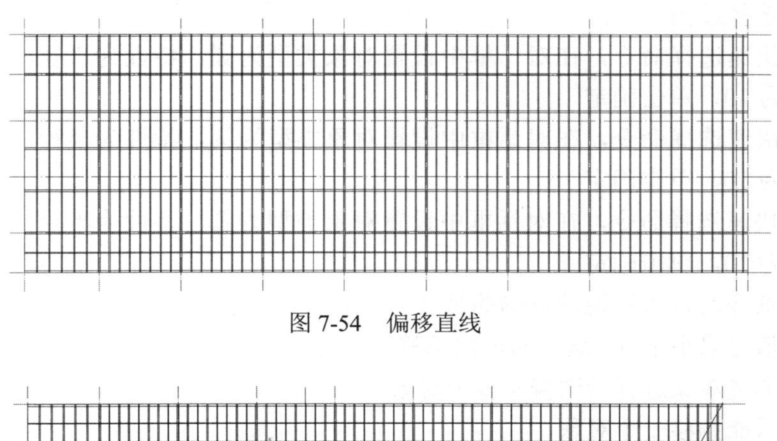

图 7-54　偏移直线

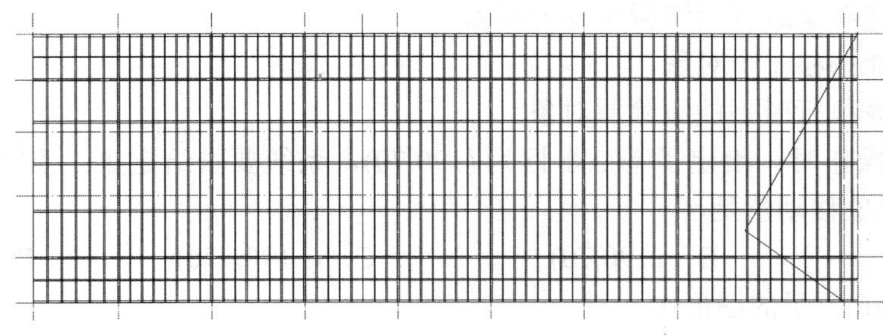

图 7-55　绘制直线

7.5　模拟认证考试

1．在选择集中去除对象，按住（　　）键可以进行去除对象选择。

A．Space　　B．Shift　　C．Ctrl　　D．Alt

2．执行环形阵列命令，在指定圆心后默认创建（　　）个图形。

A．4　　B．6　　C．8　　D．10

3．将半径 10，圆心 (70,100) 的圆矩形阵列。阵列 3 行 2 列，行偏移距离 -30，列偏移距离 50，阵列角度 10°。阵列后第 2 列第 3 行圆的圆心坐标是（　　）。

A．X = 119.2404,Y = 108.6824　　B．X=124.4498,Y = 79.1382

C．X = 129.6593,Y = 49.5939　　D．X = 80.4189,Y = 40.9115

4．已有一个画好的圆，绘制一组同心圆可以用（　　）命令来实现。

A．STRETCH（伸展）　　B．OFFSET（偏移）

C．EXTEND（延伸）　　D．MOVE（移动）

5．在对图形对象进行复制操作时，指定了基点坐标为 (0,0)，系统要求指定第二点时直接按 Enter 键结束，则复制出的图形所处位置是（　　）。

A．没有复制出新图形　　B．与原图形重合

C．图形基点坐标为 (0,0)　　D．系统提示错误

6．在一张复杂图样中，要选择半径小于 10 的圆，如何快速方便的选择？（　　）

A．通过选择过滤

B．执行快速选择命令，在对话框中设置对象类型为圆，特性为直径，运算符为小于，输入值为 10，单击确定

C．执行快速选择命令，在对话框中设置对象类型为圆，特性为半径，运算符为小于，输入值为 10，单击确定

D．执行快速选择命令，在对话框中设置对象类型为圆，特性为半径，运算符为等于，输入值为 10，单击确定

7．使用偏移命令时，下列说法正确的是（　　）。

A．偏移值可以小于 0，这是向反向偏移

B．可以框选对象进行一次偏移多个对象

C．一次只能偏移一个对象

D．偏移命令执行时不能删除原对象

8．在进行移动操作时，给定了基点坐标为 (190,70)，系统要求给定第二点时输入 @，按 Enter 键结束，那么图形对象移动量是（　　）。

A．到原点　　B．(190,70)　　C．(−190,−70)　　D．(0,0)

9．绘制如图 7-56 所示的图形 1。

10．绘制如图 7-57 所示的图形 2。

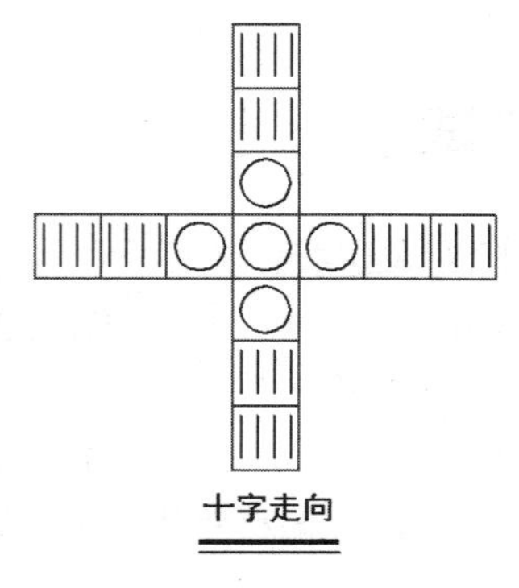

图 7-56　图形 1

图 7-57　图形 2

第 8 章　高级编辑命令

内容简介

编辑命令除了第 7 章讲的命令之外还有“修剪”“延伸”“拉伸”“拉长”“圆角”“倒角”以及“打断”等命令，本章将逐一介绍这些编辑命令。

内容要点

- 圆角和倒角
- 改变图形特性
- 打断、合并和分解对象
- 对象编辑
- 综合演练——路缘石结构位置图
- 模拟认证考试

案例效果

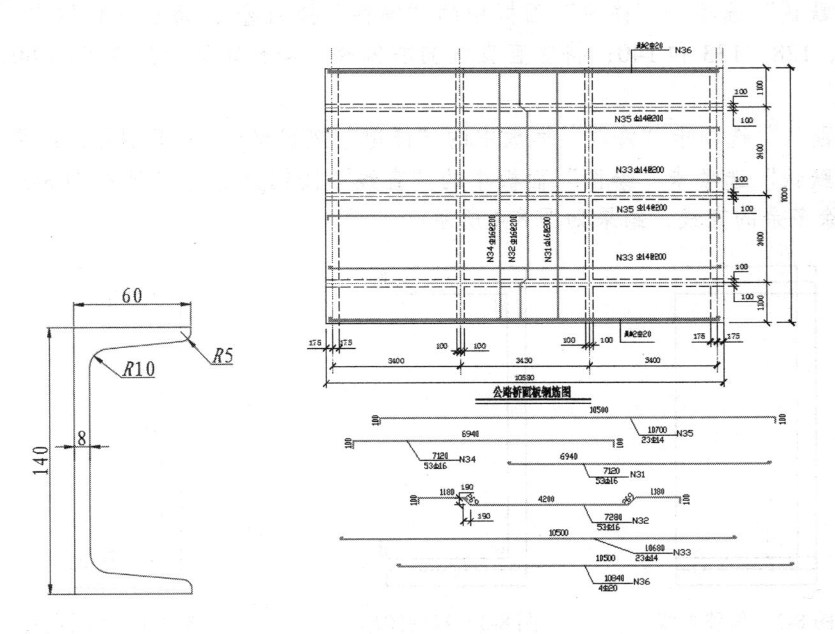

8.1　圆角和倒角

在 AutoCAD 绘图的过程中，圆角和倒角是经常要用到的。在使用“圆角”和“倒角”命令时，要先设置圆角半径、倒角距离，否则命令执行后，很可能看不到任何效果。

8.1.1 “圆角”命令

圆角是指用指定半径决定的一段平滑的圆弧连接两个对象。系统规定可以用圆角连接一对直线段、非圆弧的多段线（可以在任何时刻圆角连接非圆弧多段线的每个节点）、样条曲线、双向无限长线、射线、圆、圆弧和椭圆。

【执行方式】

- 命令行：FILLET。
- 菜单栏：选择菜单栏中的“修改”→“圆角”命令。
- 工具栏：单击“修改”工具栏中的“圆角”按钮。
- 功能区：单击“默认”选项卡“修改”面板中的“圆角”按钮。

扫一扫，看视频

动手学——槽钢截面图

源文件：源文件\第 8 章\槽钢截面图 .dwg

本实例绘制如图 8-1 所示的槽钢截面图。

图 8-1　槽钢截面图

【操作步骤】

（1）单击“默认”选项卡“绘图”面板中的“直线”按钮，以 {(0,0)，(@0,140)，(@60,0)}，为端点坐标，绘制直线。

（2）单击“默认”选项卡“修改”面板中的“偏移”按钮，将水平直线向下偏移，偏移距离分别为 7、12、128、133 和 140；将竖直直线向右偏移，偏移距离分别为 8 和 60，结果如图 8-2 所示。

（3）单击“默认”选项卡“修改”面板中的“修剪”按钮，修剪图形，结果如图 8-3 所示。

（4）单击“默认”选项卡“绘图”面板中的“直线”按钮，分别连接图 8-3 中的 a、b 和 c、d 端点，然后删除多余的直线，结果如图 8-4 所示。

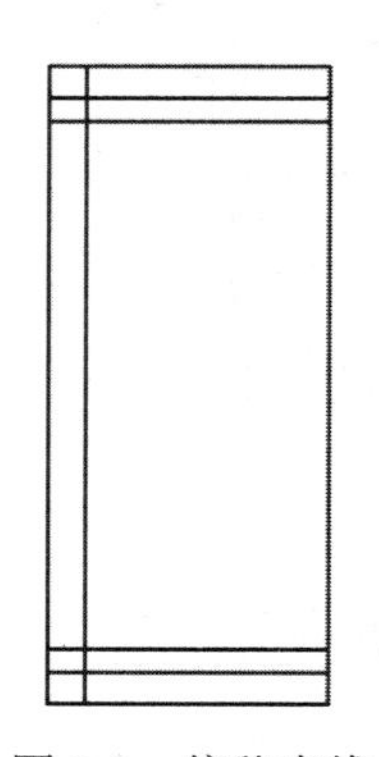

图 8-2　偏移直线

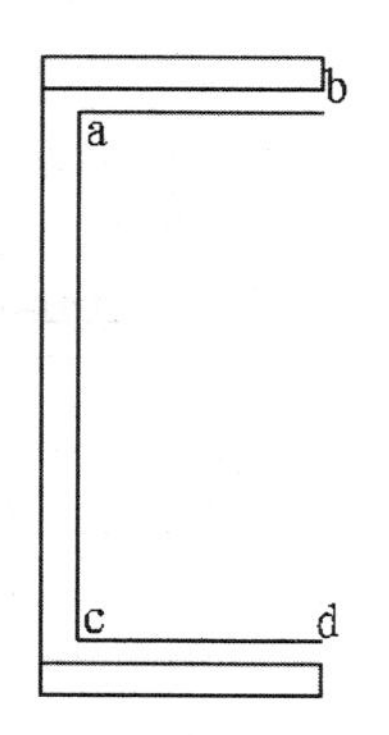

图 8-3　修剪图形

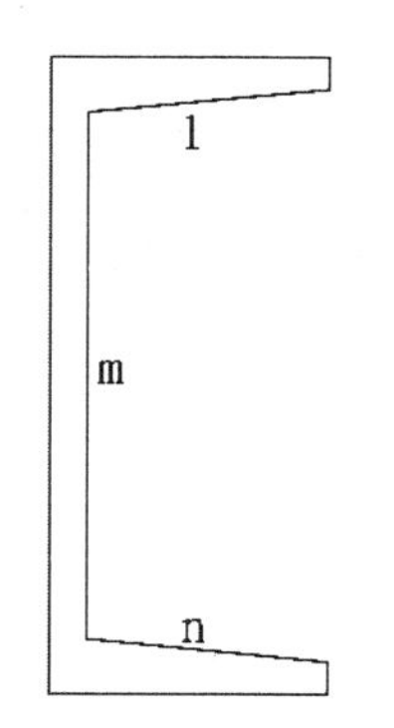

图 8-4　绘制直线

技巧

进行圆角操作时，如果选择的两个对象位于同一图层上，会在改图层创建圆角，否则将在当前图层创建圆角弧，图层会影响生成圆弧的特性。

（5）单击“默认”选项卡“修改”面板中的“圆角”按钮，对槽钢轮廓线进行倒圆角处理，倒圆角半径为 10。命令行提示与操作如下。

```
命令：FILLET
当前设置：模式 = 修剪，半径 =0.0000
选择第一个对象或 [ 放弃 (U) / 多段线 (P) / 半径 (R) / 修剪 (T) / 多个 (M)]：R↙
选择第一个对象或 [ 放弃 (U) / 多段线 (P) / 半径 (R) / 修剪 (T) / 多个 (M)]：r
指定圆角半径 <0.0000> 10↙
选择第一个对象或 [ 放弃 (U) / 多段线 (P) / 半径 (R) / 修剪 (T) / 多个 (M)]：（选择图 8-4 中所示的直线 l）
选择第二个对象，或按住 Shift 键选择对象以应用角点或 [ 半径 (R)]：（选择图 8-4 中所示的直线 m）
命令：FILLET
当前设置：模式 = 修剪，半径 =10.0000
选择第一个对象或 [ 放弃 (U) / 多段线 (P) / 半径 (R) / 修剪 (T) / 多个 (M)]：（选择图 8-4 中所示的直线 m）
选择第二个对象，或按住 Shift 键选择对象以应用角点或 [ 半径 (R)]：（选择图 8-4 中所示的直线 n）
```

重复“圆角”命令，仿照步骤（5）绘制槽钢的其他圆角，结果如图 8-1 所示。

【选项说明】

（1）多段线 (P)：在一条二维多段线的两段直线段的节点处插入圆滑的弧。选择多段线后，系统会根据指定的圆弧半径把多段线各顶点用圆弧平滑连接起来。

（2）修剪 (T)：决定在圆角连接两条边时，是否修剪这两条边，如图 8-5 所示。

（a）修剪方式　（b）不修剪方式

图 8-5　圆角连接

（3）多个 (M)：可以同时对多个对象进行圆角编辑，而不必重新启用命令。

（4）按住 Shift 键并选择两条直线，可以快速创建零距离倒角或零半径圆角。

☞ 教你一招

几种情况下的圆角：

（1）当两条线相交或不相连时，利用圆角进行修剪和延伸。

如果将圆角半径设置为 0，则不会创建圆弧，操作对象将被修剪或延伸直到它们相交。当两条线相交或不相连时，使用圆角命令可以自动进行修剪和延伸，比使用修剪和延伸命令更方便。

（2）对平行直线倒圆角。

不仅可以对相交或未连接的线倒圆角，平行的直线、构造线和射线同样可以倒圆角。对平行线进行倒圆角时，软件将忽略原来的圆角设置，自动调整圆角半径，生成一个半圆连接两条直线，绘制键槽或类似零件时比较方便。对于平行线倒圆角时第一个选定对象必须是直线或射线，不能是构造线，因为构造线没有端点，但是可以作为圆角的第二个对象。

（3）对多段线加圆角或删除圆角。

如果想对多段线上适合圆角半径的每条线段的顶点处插入相同长度的圆角弧，可在倒圆角时使用“多段线”选项；如果想删除多段线上的圆角和弧线，也可以使用“多段线”选项，只需将圆角设置为 0，圆角命令将删除该圆弧线段并延伸直线，直到它们相交。

8.1.2 “倒角”命令

倒角是指用斜线连接两个不平行的线型对象。可以用斜线连接直线段、双向无限长线、射线和多段线。

【执行方式】

- 命令行：CHAMFER。
- 菜单栏：选择菜单栏中的“修改”→“倒角”命令。
- 工具栏：选择“修改”工具栏中的“倒角”按钮。
- 功能区：单击“默认”选项卡“修改”面板中的“倒角”按钮。

扫一扫，看视频

动手学——路缘石立面图

源文件：源文件\第 8 章\路缘石立面图 .dwg

本实例绘制如图 8-6 所示的路缘石立面图。

【操作步骤】

（1）在“默认”选项卡中展开“特性”面板，打开线宽下拉列表框，从中选择 0.3。单击“默认”选项卡“绘图”面板中的“矩形”按钮，在图形适当位置绘制一个 140×440 的矩形，如图 8-7 所示。

（2）单击“默认”选项卡“修改”面板中的“倒角”按钮，选择上步所绘矩形左上线段交点为圆角对象，对其进行倒角处理，倒角距离为 40。命令行提示与操作如下。

```
命令： _chamfer↙
（“不修剪”模式）当前倒角距离 1 = 40.0000，距离 2 = 40.0000
选择第一条直线或 [放弃(U)/多段线(P)/距离(D)/角度(A)/修剪(T)/方式(E)/多个(M)]:d↙
指定第一个倒角距离 <40.0000>:↙
指定第二个倒角距离 <40.0000>:↙
选择第一条直线，或 [放弃(U)/多段线(P)/距离(D)/角度(A)/修剪(T)/方式(E)/多个(M)]:↙
选择第一条直线，或 [放弃(U)/多段线(P)/距离(D)/角度(A)/修剪(T)/方式(E)/多个(M)]:↙
选择第二条直线，或 按住 Shift 键选择直线以应用角点或 [距离(D)/角度(A)/方法(M)]:↙
```

结果如图 8-8 所示。

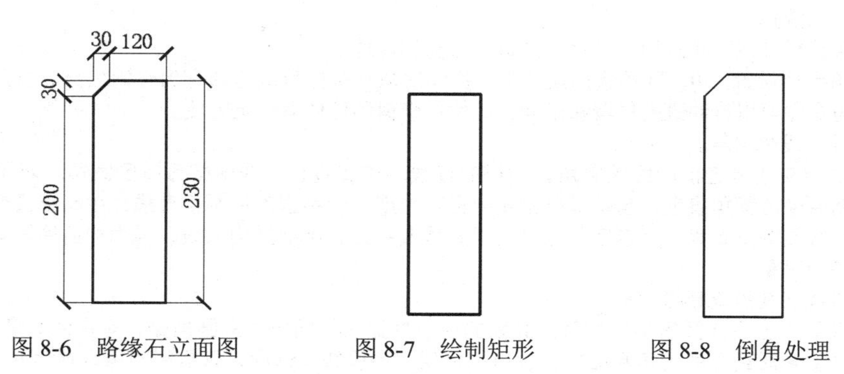

图 8-6　路缘石立面图　　图 8-7　绘制矩形　　图 8-8　倒角处理

【选项说明】

（1）距离 (D)：选择倒角的两个斜线距离。斜线距离是指从被连接的对象与斜线的交点到被连接的两对象的可能交点之间的距离，如图 8-9 所示。这两个斜线距离可以相同也可以不相同，若二者均为 0，则系统不绘制连接的斜线，而是把两个对象延伸至相交，并修剪超出的部分。

（2）角度 (A)：选择第一条直线的斜线距离和角度。采用这种方法斜线连接对象时，需要输入两个参数：斜线与一个对象的斜线距离和斜线与该对象的夹角，如图 8-10 所示。

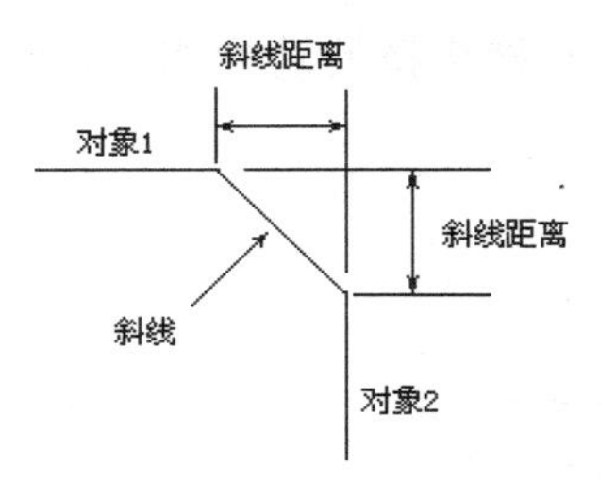

图 8-9　斜线距离

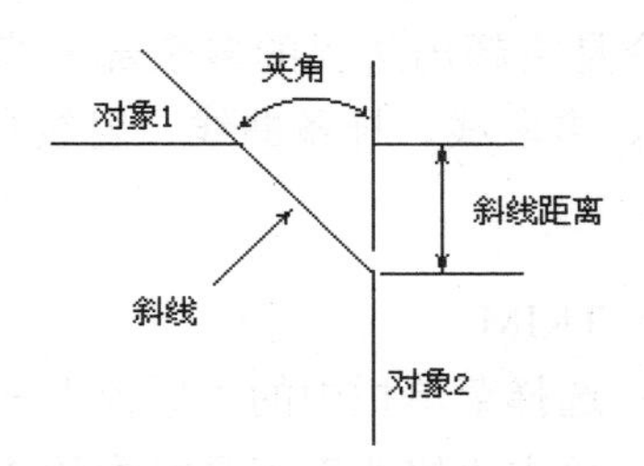

图 8-10　斜线距离与夹角

（3）多段线 (P)：对多段线的各个交叉点进行倒角编辑。为了得到最好的连接效果，一般设置斜线是相等的值。系统根据指定的斜线距离把多段线的每个交叉点都进行斜线连接，连接的斜线成为多段线新添加的构成部分，如图 8-11 所示。

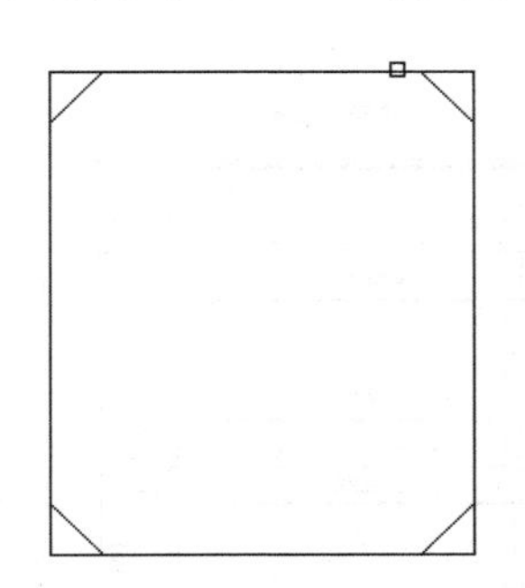

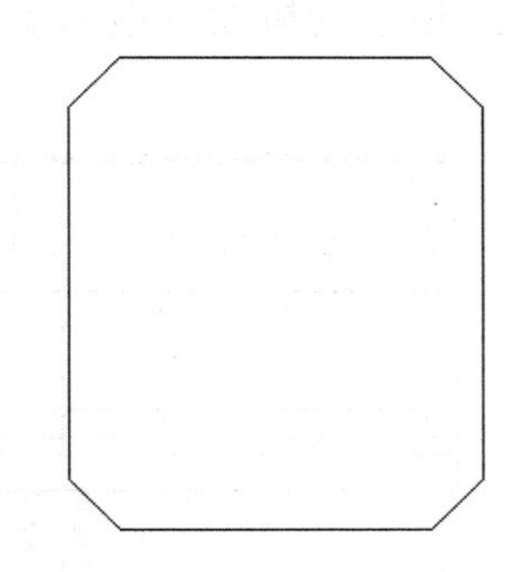

图 8-11　斜线连接多段线

（4）修剪 (T)：与圆角连接命令 FILLET 相同，该选项决定连接对象后，是否剪切原对象。

（5）方式 (E)：决定采用“距离”方式还是“角度”方式来倒角。

（6）多个 (M)：同时对多个对象进行倒角编辑。

练一练——绘制带半圆弯钩的钢筋搭接

绘制如图 8-12 所示带半圆弯钩的钢筋搭接。

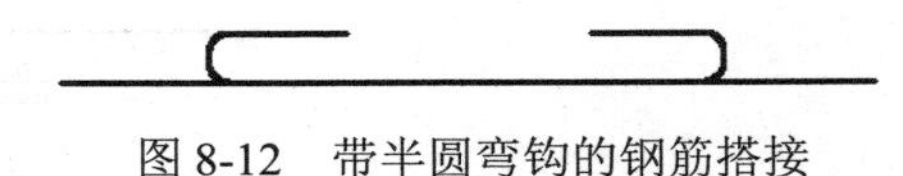

图 8-12　带半圆弯钩的钢筋搭接

思路点拨

（1）利用“多段线”命令绘制带半圆弯钩的钢筋搭接的轮廓。
（2）利用“圆角”命令对图形进行倒圆角处理。

8.2 改变图形特性

用于改变图形特性的命令包括“修剪”“延伸”“拉长”“拉伸”等命令。使用这一类编辑命令，可在对指定对象进行编辑后，使其几何特性发生改变。

8.2.1 “修剪”命令

“修剪”命令是将超出边界的多余部分修剪删除掉，与橡皮擦的功能相似。修剪操作可以修改直线、圆、圆弧、多段线、样条曲线、射线和填充图案。

【执行方式】

- 命令行：TRIM。
- 菜单栏：选择菜单栏中的“修改”→“修剪”命令。
- 工具栏：单击“修改”工具栏中的“修剪”按钮-/--。
- 功能区：单击“默认”选项卡“修改”面板中的“修剪”按钮-/--。

扫一扫，看视频

动手学——桥面板钢筋图

源文件：源文件\第 8 章\桥面板钢筋图 .dwg

本实例绘制如图 8-13 所示的桥面板钢筋图。

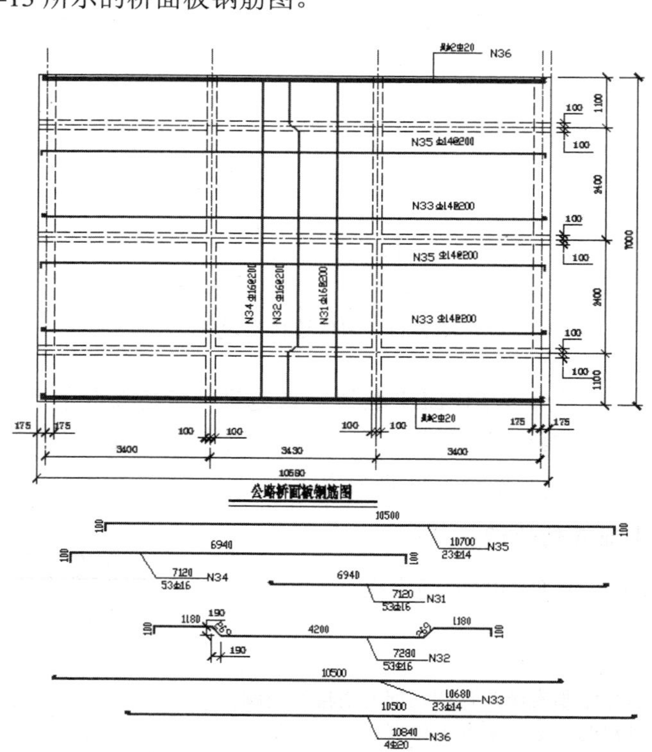

图 8-13　桥面板钢筋图

【操作步骤】

（1）设置图层。

新建并设置“尺寸”“定位中心线”“轮廓线”“钢筋”“虚线”和“文字”6 个图层，然后将“定位中心线”设置为当前图层，如图 8-14 所示。

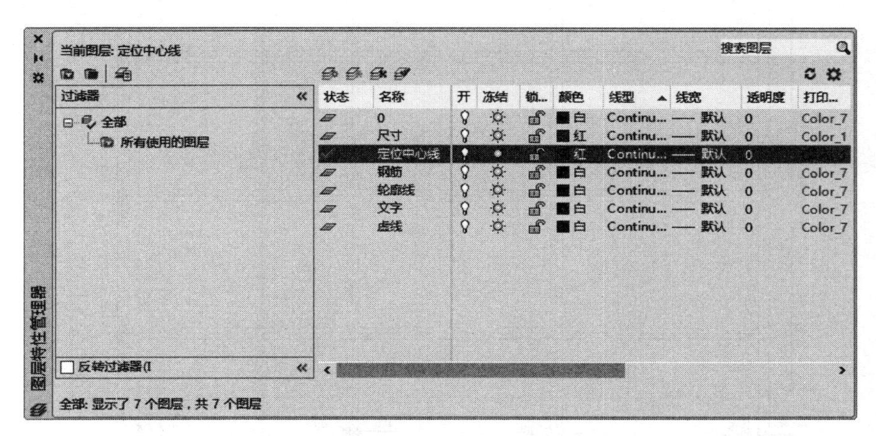

图 8-14　桥面板钢筋图图层设置

（2）绘制桥面板定位中心线。

① 在状态栏中单击“正交模式”按钮，打开正交模式。在状态栏中单击“二维对象捕捉”按钮，打开对象捕捉功能。单击“默认”选项卡“绘图”面板中的“直线”按钮，绘制一条长为 10580 的水平直线。

② 单击“默认”选项卡“绘图”面板中的“直线”按钮，绘制相交于端点、相互垂直的、长为 7000 的直线，如图 8-15 所示。

③ 单击“默认”选项卡“修改”面板中的“复制”按钮，复制刚刚绘制好的水平直线，向上复制的位移分别为 1100、3500、5900、7000。

④ 单击“默认”选项卡“修改”面板中的“复制”按钮，复制刚刚绘制好的垂直直线，向右复制的位移分别为 3575、7005、10405、10580。完成的图形如图 8-16 所示。

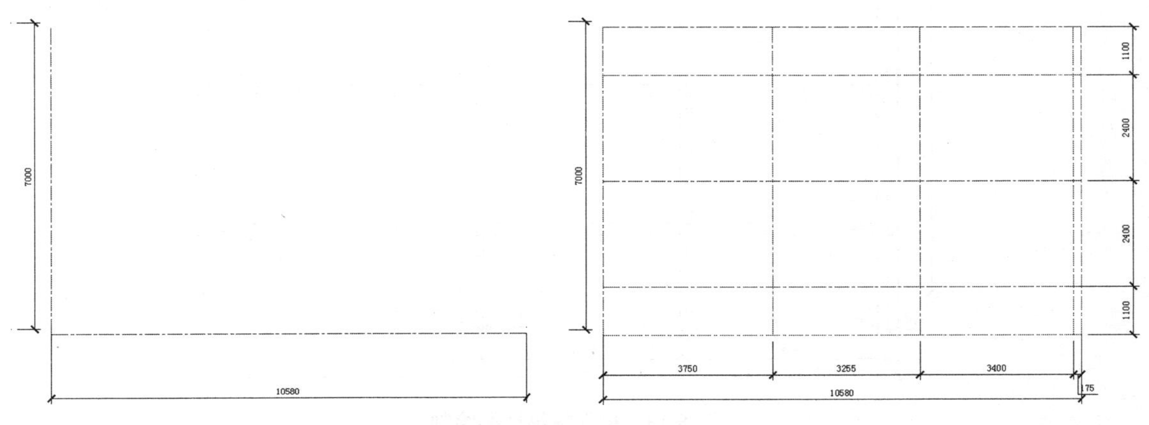

图 8-15　桥面板钢筋图定位轴线的绘制

图 8-16　复制桥面板钢筋图定位轴线

（3）纵横梁平面布置。

① 单击“默认”选项卡“修改”面板中的“复制”按钮，复制纵横梁定位线，结果如图 8-17 所示。

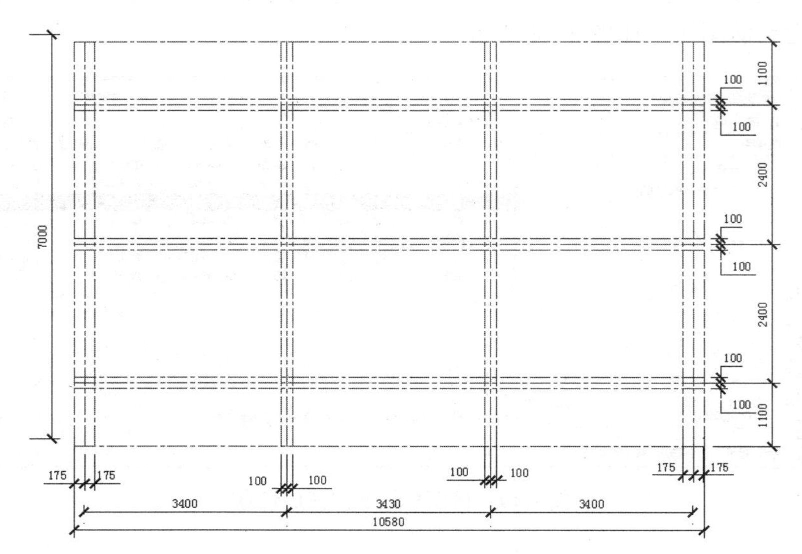

图 8-17　桥面板纵横梁定位线复制

② 单击“默认”选项卡“绘图”面板中的“直线”按钮，绘制桥面板外部轮廓线。

③ 把“虚线”图层设置为当前图层。单击“默认”选项卡“绘图”面板中的“直线”按钮，绘制一条直线。

④ 单击“默认”选项卡“特性”面板中的“特性匹配”按钮，把纵横梁的线型变成虚线，结果如图 8-18 所示。

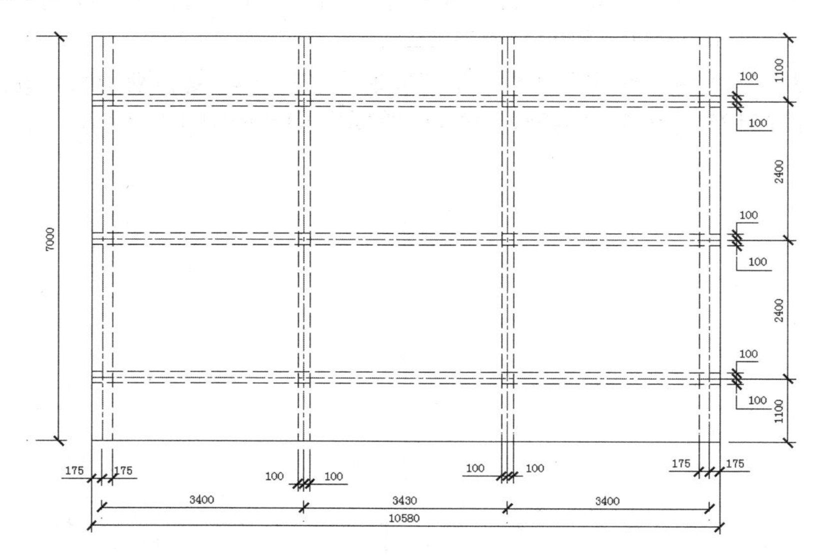

图 8-18　桥面板纵横梁绘制

⑤ 单击“默认”选项卡“修改”面板中的“修剪”按钮-/--，框选剪切纵横梁交接处，完成图形的修剪。命令行提示与操作如下。

```
命令：_trim
当前设置：投影 =UCS，边 = 无
选择剪切边 ...
选择对象或 <全部选择>：指定对角点：框选纵横梁交接处
选择要修剪的对象，或按住 Shift 键选择要延伸的对象，或
[栏选 (F) / 窗交 (C) / 投影 (P) / 边 (E) / 删除 (R) / 放弃 (U)]：
```

结果如图 8-19 所示。

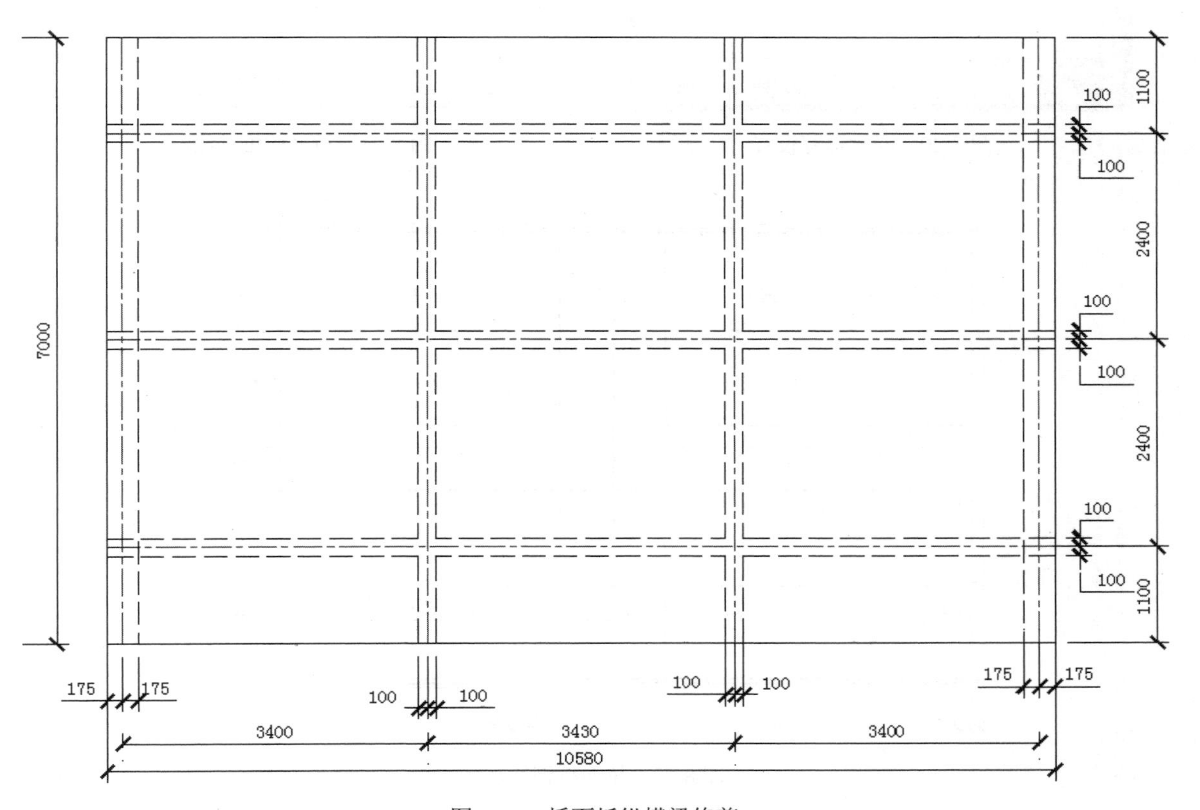

图 8-19　桥面板纵横梁修剪

（4）绘制钢筋。

① 在状态栏中右击“极轴追踪”按钮，在弹出的快捷菜单中选择“正在追踪设置”命令，打开“草图设置”对话框的“极轴追踪”选项卡，设置参数如图 8-20 所示。

② 把“轮廓线”图层设置为当前图层。单击“默认”选项卡“绘图”面板中的“多段线”按钮，绘制钢筋，具体的操作参见桥梁纵主梁钢筋图的绘制。结果如图 8-21 所示。

③ 单击“默认”选项卡“修改”面板中的“复制”按钮，把绘制好的钢筋复制到相应的位置，结果如图 8-22 所示。

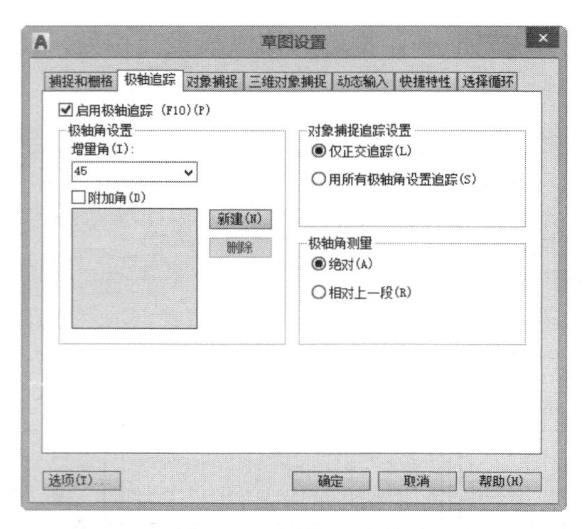

图 8-20　极轴追踪设置

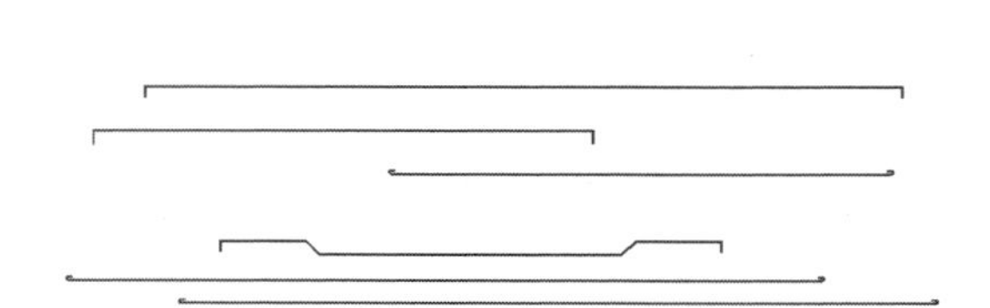

图 8-21　桥面板钢筋绘制

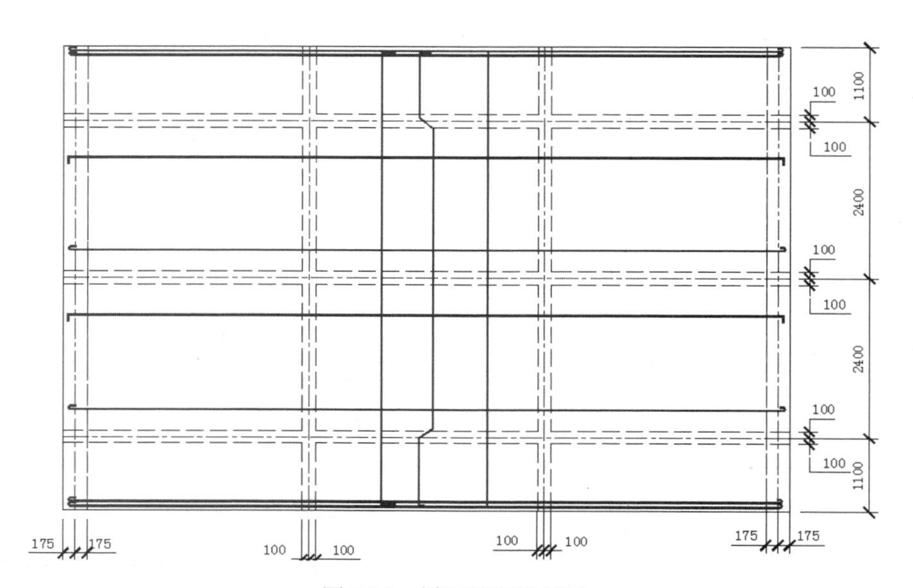

图 8-22　桥面板钢筋复制

技巧

修剪边界对象支持常规的各种选择技巧，点选、框选，而且可以不断累积选择。当然，最简单的选择方式是当出现选择修剪边界时直接按空格键或 Enter 键，此时将把图中所有图形作为修剪边界，我们就可以修剪图中的任意对象。将所有对象作为修剪对象操作非常简单，省略了选择修剪边界的操作，因此大多数设计人员都已经习惯于这样操作。但建议具体情况具体对待，不要什么情况都用这种方式。

【选项说明】

（1）按 Shift 键：在选择对象时，如果按住 Shift 键，系统会自动将“修剪”命令转换成“延伸”命令。

（2）边 (E)：选择该选项时，可以选择对象的修剪方式，即延伸和不延伸。

① 延伸 (E)：延伸边界进行修剪。在此方式下，如果剪切边没有与要修剪的对象相交，系统会延伸剪切边直至与要修剪的对象相交，然后再修剪，如图 8-23 所示。

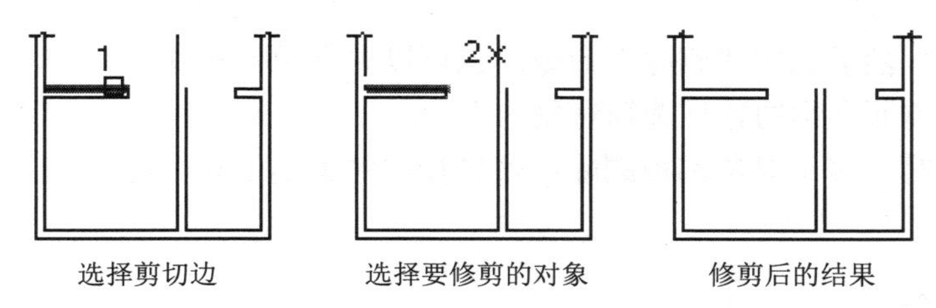

图 8-23　延伸方式修剪对象

② 不延伸 (N)：不延伸边界修剪对象。只修剪与剪切边相交的对象。

（3）栏选 (F)：选择该选项时，系统以栏选的方式选择被修剪对象，如图 8-24 所示。

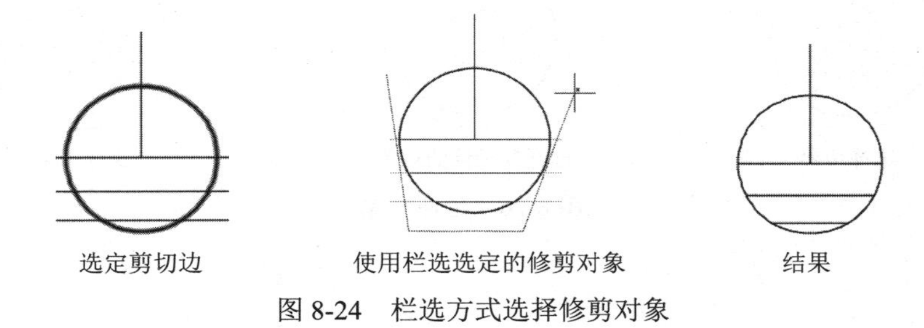

图 8-24　栏选方式选择修剪对象

（4）窗交 (C)：选择该选项时，系统以窗交的方式选择被修剪对象，如图 8-25 所示。

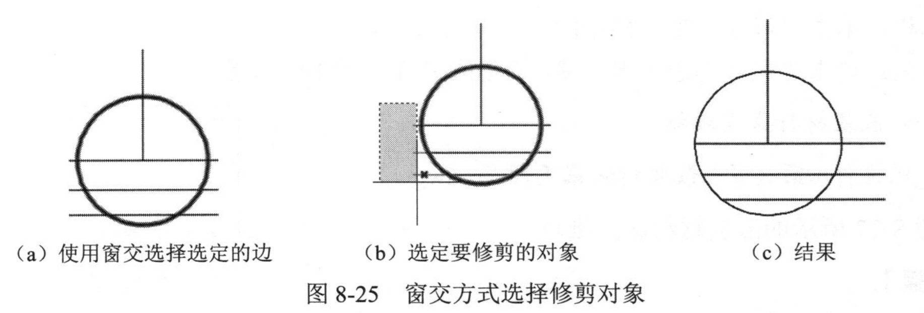

（a）使用窗交选择选定的边
（b）选定要修剪的对象
（c）结果

图 8-25　窗交方式选择修剪对象

8.2.2 “删除”命令

如果所绘制的图形不符合要求或绘错了，可以使用“删除”命令将其删除。

【执行方式】

- 命令行：ERASE。
- 菜单栏：选择菜单栏中的“修改”→“删除”命令。
- 快捷菜单：选择要删除的对象，在绘图区右击，在弹出的快捷菜单中选择“删除”命令。

- 工具栏：单击“修改”工具栏中的“删除”按钮。
- 功能区：单击“默认”选项卡“修改”面板中的“删除”按钮。

【操作步骤】

可以先选择对象，然后调用“删除”命令；也可以先调用“删除”命令，然后再选择对象。选择对象时，可以使用前面介绍的各种选择对象的方法。

当选择多个对象时，多个对象都被删除；若选择的对象属于某个对象组，则该对象组的所有对象都被删除。

8.2.3 “延伸”命令

“延伸”命令用于延伸一个对象，直至另一个对象的边界线，如图 8-26 所示。

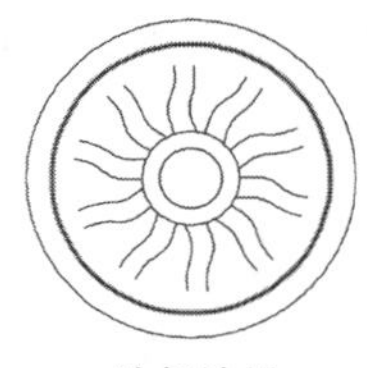
选择边界

选择要延伸的对象

执行结果

图 8-26　延伸对象

【执行方式】

- 命令行：EXTEND。
- 菜单栏：选择菜单栏中的“修改”→“延伸”命令。
- 工具栏：单击“修改”工具栏中的“延伸”按钮。
- 功能区：单击“默认”选项卡“修改”面板中的“延伸”按钮。

扫一扫，看视频

动手学——散装材料露天堆场

源文件： 源文件 \ 第 8 章 \ 散装材料露天堆场 .dwg

绘制如图 8-27 所示的散装材料露天堆场。

图 8-27　散装材料露天堆场

【操作步骤】

（1）单击“默认”选项卡“绘图”面板中的“矩形”按钮，在图形适当位置绘制一个 2140×800 的矩形，如图 8-28 所示。

（2）单击“默认”选项卡“修改”面板中的“分解”按钮，选择上步绘制的矩形为分解对象，按 Enter 键确认进行分解。

（3）单击“默认”选项卡“修改”面板中的“偏移”按钮，选择上步分解的矩形左右两侧竖直直线为偏移对象分别向内进行偏移，偏移距离为 214，如图 8-29 所示。

（4）单击“默认”选项卡“修改”面板中的“偏移”按钮，选择分解的矩形上下两水平边为偏移对象分别向内进行偏移，偏移距离为 80，如图 8-30 所示。

（5）单击“默认”选项卡“修改”面板中的“修剪”按钮-/--，对上步偏移线段进行修剪处理，如图 8-31 所示。

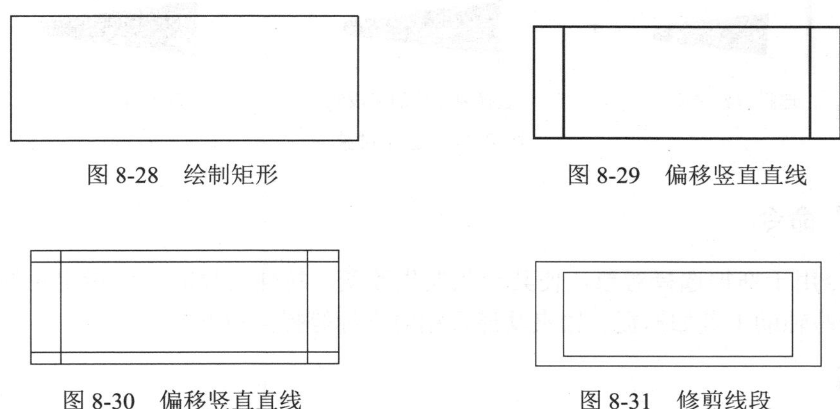

图 8-28 绘制矩形

图 8-29 偏移竖直直线

图 8-30 偏移竖直直线

图 8-31 修剪线段

（6）单击“默认”选项卡“绘图”面板中的“直线”按钮／，在上步图形适当位置绘制几条斜向直线，如图 8-32 所示。

（7）单击“默认”选项卡“修改”面板中的“延伸”按钮--/，选择上步绘制的 4 条直线为延伸对象，对其进行延伸处理，如图 8-33 所示。

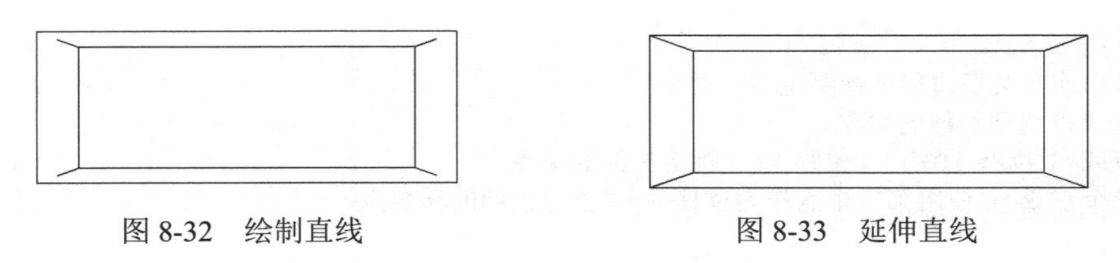

图 8-32 绘制直线

图 8-33 延伸直线

```
命令：EXTEND ↙
当前设置：投影 =UCS，边 = 无
选择边界的边 ...
选择对象或 <全部选择>：↙
选择要延伸的对象，或按住 Shift 键选择要修剪的对象，或 [ 栏选 (F) / 窗交 (C) / 投影 (P) / 边 (E) / 放弃 (U)]：↙
```

结果如图 8-27 所示。

【选项说明】

（1）系统规定可以用作边界对象的有直线段、射线、双向无限长线、圆弧、圆、椭圆、二维和三维多段线、样条曲线、文本、浮动的视口和区域。如果选择二维多段线作为边界对象，系统会忽略其宽度而把对象延伸至多段线的中心线上。如果要延伸的对象是适配样条多段线，则延伸后会在多段线的控制框上增加新节点。如果要延伸的对象是锥形的多段线，系统会修正延伸端的宽度，使多段线从起始端平滑地延伸至新的终止端。如果延伸操作导致新终止端的宽度为负值，则取宽度值为 0，如图 8-34 所示。

（2）选择对象时，如果按住 Shift 键，系统会自动将“延伸”命令转换成“修剪”命令。

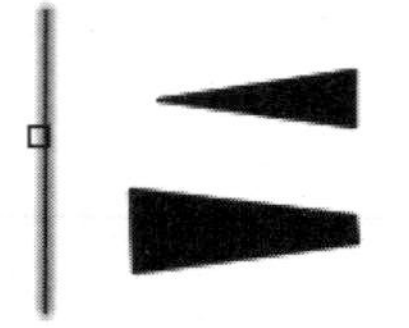

选择边界对象

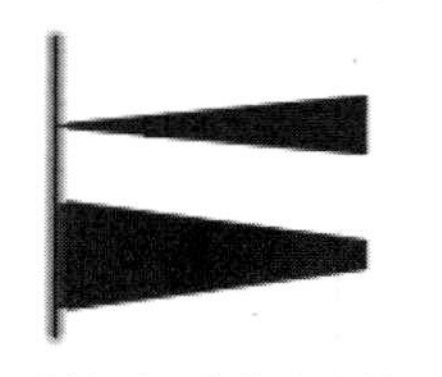

选择要延伸的多段线

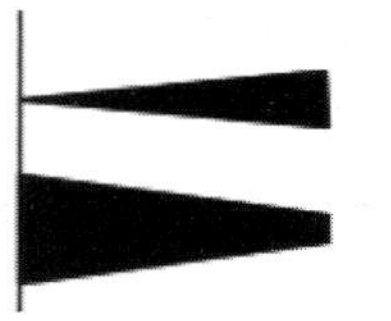

延伸后的结果

图 8-34　延伸对象

8.2.4 “拉伸”命令

“拉伸”命令用于拖拽选择对象，使其形状发生改变。拉伸对象时，应指定拉伸的基点和移置点。可以利用一些辅助工具如捕捉、钳夹功能及相对坐标等提高拉伸的精度。

【执行方式】

- 命令行：STRETCH。
- 菜单栏：选择菜单栏中的“修改”→“拉伸”命令。
- 工具栏：单击“修改”工具栏中的“拉伸”按钮。
- 功能区：单击“默认”选项卡“修改”面板中的“拉伸”按钮。

【操作步骤】

```
命令：_stretch
以交叉窗口或交叉多边形选择要拉伸的对象...
选择对象：框选要拉伸的对象
指定基点或 [位移(D)] <位移>：(指定拉伸的基点)
指定第二个点或 <使用第一个点作为位移>：(指定拉伸的移至点)
```

技巧

STRETCH 仅移动位于交叉选择窗口内的顶点和端点，不更改那些位于交叉选择窗口外的顶点和端点。部分包含在交叉选择窗口内的对象将被拉伸。

【选项说明】

(1) 必须采用“窗交(C)”方式选择拉伸对象。

(2) 拉伸选择对象时，指定第一个点后，若指定第二个点，系统将根据这两点决定矢量拉伸对象。若直接按 Enter 键，系统会把第一个点作为 X 轴和 Y 轴的分量值。

8.2.5 “拉长”命令

“拉长”命令可以更改对象的长度和圆弧的包含角。

【执行方式】

- 命令行：LENGTHEN。
- 菜单栏：选择菜单栏中的“修改”→“拉长”命令。

➘ 功能区：单击“默认”选项卡“修改”面板中的“拉长”按钮。

【操作步骤】

命令：_lengthen
选择要测量的对象或 [增量(DE)/百分比(P)/总计(T)/动态(DY)] <增量(DE)>:（选定对象）
当前长度：10.0000（给出选定对象的长度，如果选择圆弧则还将给出圆弧的包含角）
选择要测量的对象或 [增量(DE)/百分比(P)/总计(T)/动态(DY)] <增量(DE)>: DE（选择拉长或缩短的方式。如选择“增量（DE）”方式）
输入长度增量或 [角度(A)] <2.0000>:（输入长度增量数值。如果选择圆弧段，则可输入选项“A”给定角度增量）
选择要修改的对象或 [放弃(U)]:（选定要修改的对象，进行拉长操作）
选择要修改的对象或 [放弃(U)]:（继续选择，按 Enter 键，结束命令）

【选项说明】

（1）增量 (DE)：用指定增加量的方法来改变对象的长度或角度。

（2）百分数 (P)：用指定要修改对象的长度占总长度的百分比的方法来改变圆弧或直线段的长度。

（3）总计 (T)：用指定新的总长度或总角度值的方法来改变对象的长度或角度。

（4）动态 (DY)：在该模式下，可以使用拖拉鼠标的方法来动态地改变对象的长度或角度。

☞ **教你一招**

拉伸和拉长的区别：

拉伸和拉长工具都可以改变对象的大小，所不同的是拉伸可以一次框选多个对象，不仅改变对象的大小，同时改变对象的形状；而拉长只改变对象的长度，且不受边界的局限。可用以拉长的对象包括直线、弧线和样条曲线等。

练一练——绘制箍筋

绘制如图 8-35 所示的箍筋。

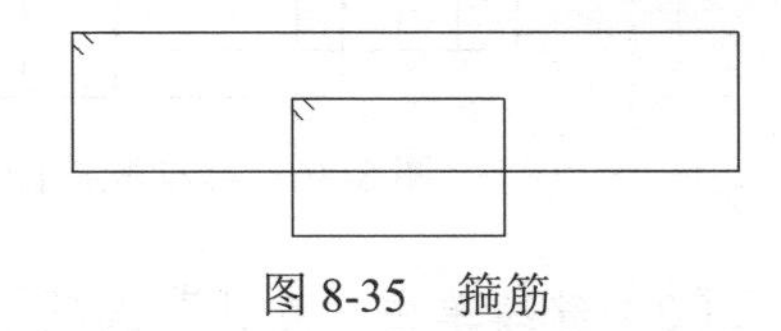

图 8-35　箍筋

思路点拨

源文件：源文件\第 8 章\箍筋.avi

（1）利用“矩形”“直线”和“镜像”命令绘制第一个图形。

（2）利用“复制”命令创建第二个图形。

（3）利用“拉伸”命令，拉伸第二个图形。

8.3　打断、合并和分解对象

除了前面学到的复制类命令、改变位置类命令、改变图形特性的命令以及“圆角”和“倒角”命令之外，“打断”“打断于点”“合并”和“分解”命令同样属于编辑命令。

8.3.1　“打断”命令

“打断”命令用于在两个点之间创建间隔，也就是在打断之处存在间隙。

【执行方式】

- 命令行：BREAK。
- 菜单栏：选择菜单栏中的“修改”→“打断”命令。
- 工具栏：单击“修改”工具栏中的“打断”按钮。
- 功能区：单击“默认”选项卡“修改”面板中的“打断”按钮。

扫一扫，看视频

动手学——楼梯配筋图

源文件：源文件\第 8 章\楼梯配筋图 .dwg

绘制如图 8-36 所示的楼梯配筋图。

【操作步骤】

（1）单击“默认”选项卡“绘图”面板中的“直线”按钮，在空白区域绘制一条长度为 4300 的水平直线，如图 8-37 所示。

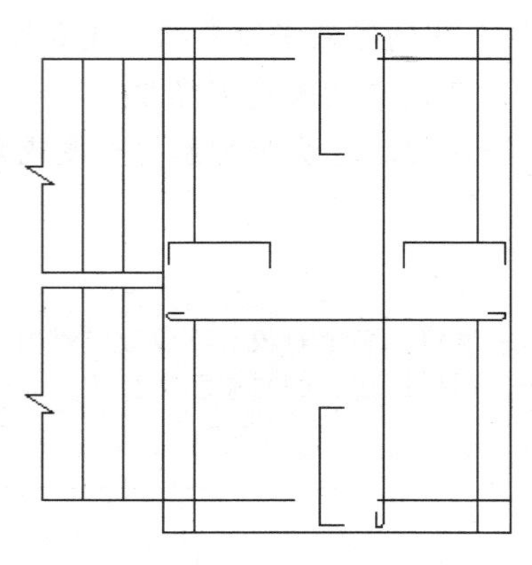

图 8-36　楼梯配筋图

图 8-37　绘制水平直线

（2）继续单击“默认”选项卡“绘图”面板中的“直线”按钮，捕捉刚绘制的水平直线的左端点，向下绘制一条长度为 6500 的竖直直线，如图 8-38 所示。

（3）以同样方法绘制剩余的直线，竖直直线长为 6500，水平直线长为 4300，如图 8-39 所示。

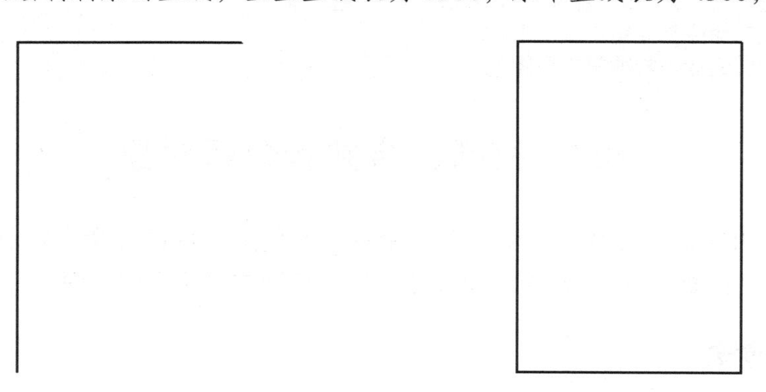

图 8-38　绘制竖直直线

图 8-39　轮廓线

（4）单击“默认”选项卡“修改”面板中的“偏移”按钮，选择上步所绘图形为偏移对象分别向内进行偏移，偏移距离均为 400，如图 8-40 所示。

（5）单击“默认”选项卡“绘图”面板中的“直线”按钮，捕捉偏移后上方直线的左端点为起点水平向左绘制一条长度为 1500 的直线，如图 8-41 所示。

（6）单击“默认”选项卡“修改”面板中的“镜像”按钮，选择上步绘制的直线为镜像对象，选择左侧竖直直线中点为镜像点，对其进行水平镜像，结果如图 8-42 所示。

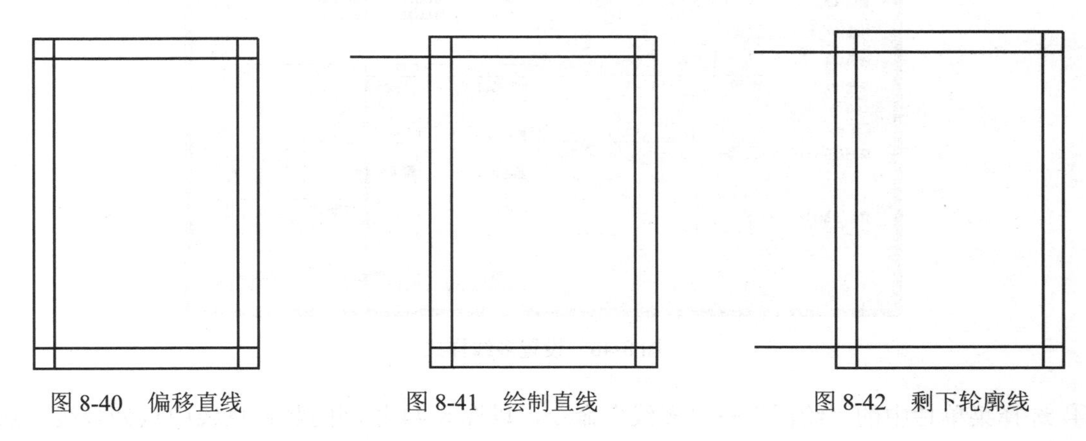

图 8-40 偏移直线　　图 8-41 绘制直线　　图 8-42 剩下轮廓线

☞ 说明

绘制楼梯轮廓时，还可以采用“默认”选项卡“绘图”面板中的“矩形”按钮，绘制一个 4300×6500 的矩形；然后利用“分解”命令将矩形分解；再利用“偏移”或“复制”命令，绘制剩下的线段，最终完成楼梯轮廓的绘制。

（7）绘制楼梯线

① 单击“默认”选项卡“绘图”面板中的“直线”按钮，以左侧直线与上方长度为 1500 的水平直线交点为直线起点，向下绘制一条竖直直线，如图 8-43 和图 8-44 所示。

② 利用“阵列”命令复制楼梯线。单击“默认”选项卡“修改”面板中的“矩形阵列”按钮，选择刚刚绘制的水平为阵列对象，设置列数为 4，行数为 1，列间距为 −500，绘制完成后如图 8-45 所示。

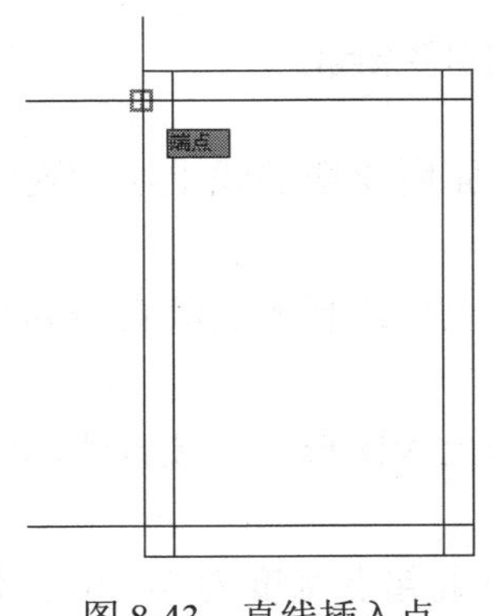

图 8-43 直线插入点

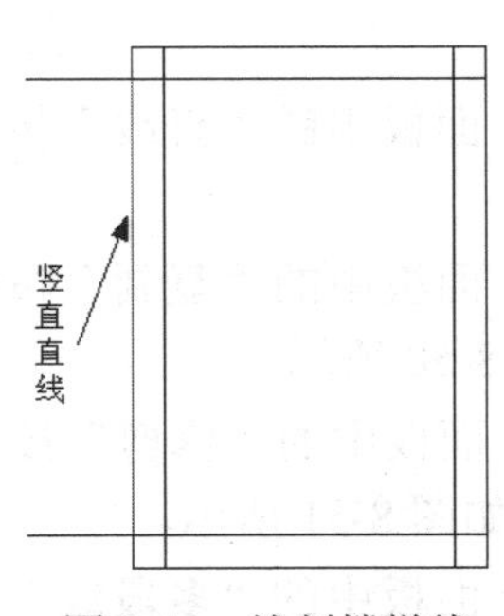

图 8-44 绘制楼梯线

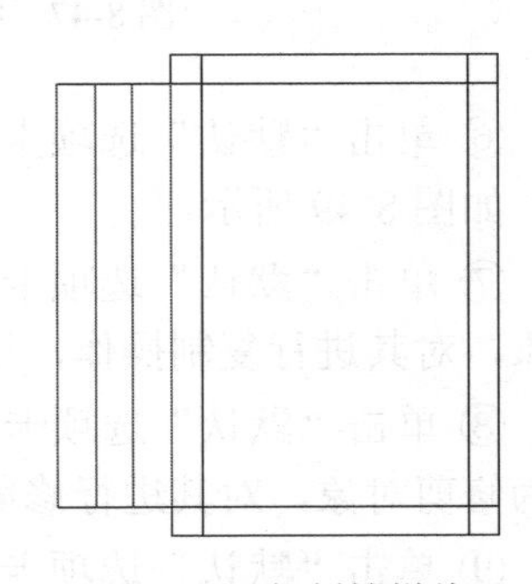

图 8-45 复制楼梯线

③ 选择菜单栏中的“格式”→“多线样式”命令，打开“多线样式”对话框，新建多线样式“楼梯”，将偏移设置为 100 和 -100，如图 8-46 所示。

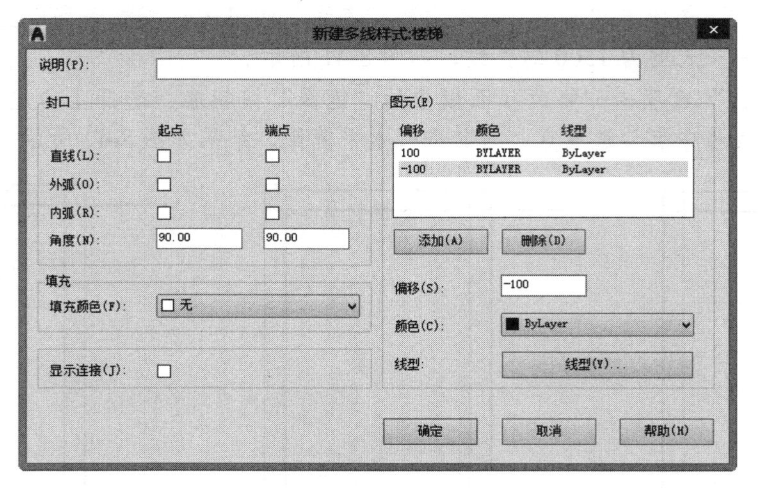

图 8-46　设置多线样式

④ 选择菜单栏中的“绘图”→“多线”命令，以图 8-44 绘制的竖直直线中点为多线起点、阵列后最左侧竖直直线中点为多线终点，绘制多线，如图 8-47 所示。

⑤ 单击“默认”选项卡“修改”面板中的“修剪”按钮 -/--，选择上步所绘多段线间的线段为修剪对象，对其进行修剪处理，如图 8-48 所示。

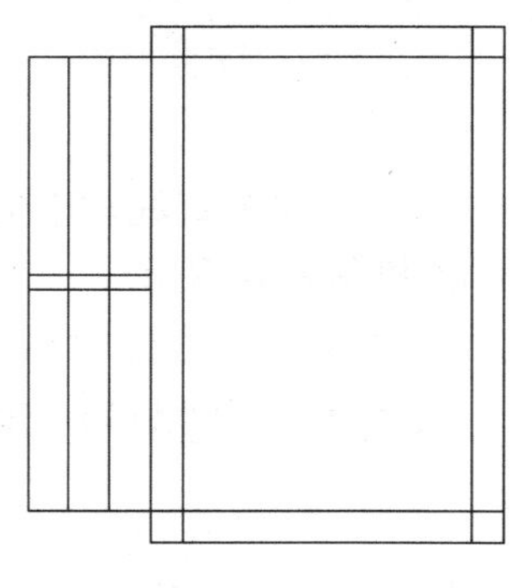

图 8-47　绘制多线

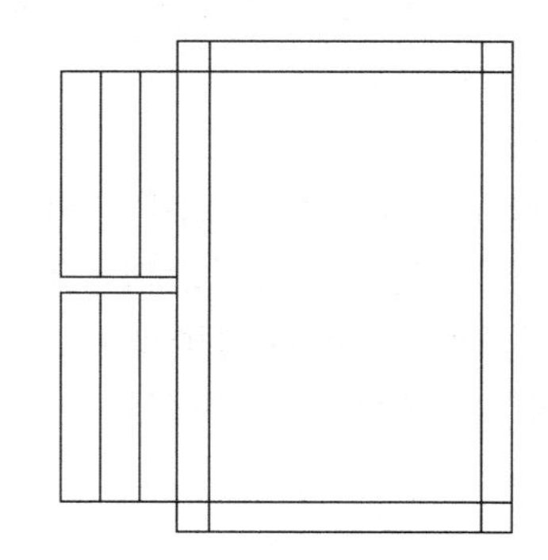

图 8-48　剪切多余线段

⑥ 单击“默认”选项卡“绘图”面板中的“直线”按钮╱，在前面所绘楼梯线上绘制连续直线，如图 8-49 所示。

⑦ 单击“默认”选项卡“修改”面板中的“复制”按钮，选择上步绘制的连续直线为复制对象，对其进行复制操作，结果如图 8-50 所示。

⑧ 单击“默认”选项卡“修改”面板中的“修剪”按钮 -/--，选择上步图形中连续直线间的线段为修剪对象，对其进行修剪处理，如图 8-51 所示。

⑨ 单击“默认”选项卡“绘图”面板中的“多段线”按钮，设置起点宽度为 0，端点宽度

为 0，在上步图形内绘制连续多段线，如图 8-52 所示。

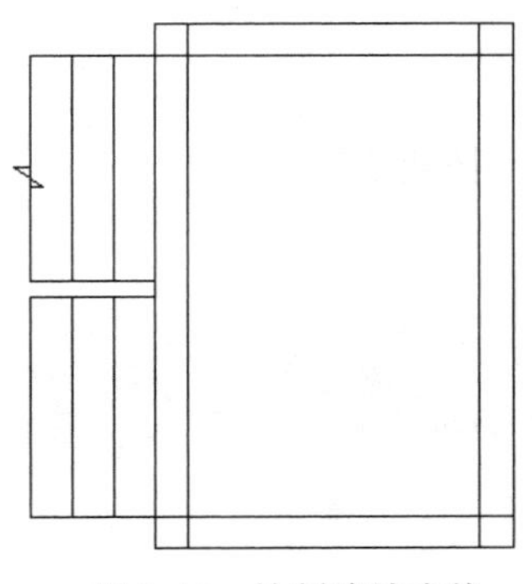
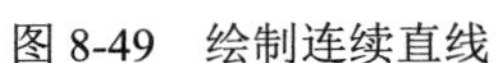

图 8-49　绘制连续直线

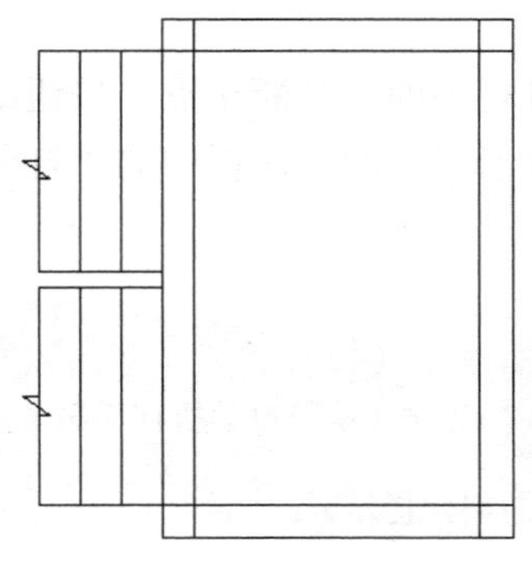

图 8-50　复制连续直线

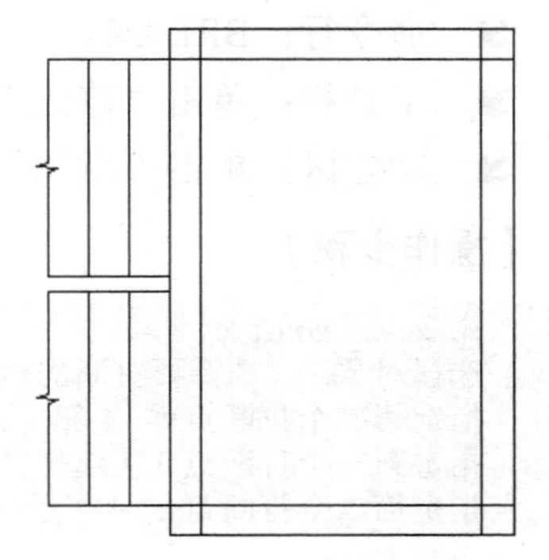

图 8-51　修剪连续直线间的线段

⑩ 单击“默认”选项卡“修改”面板中的“镜像”按钮，选择上步绘制的多段线为镜像对象，对其进行镜像处理，如图 8-53 所示。

⑪ 利用上述方法完成水平方向相同图形的绘制，如图 8-54 所示。

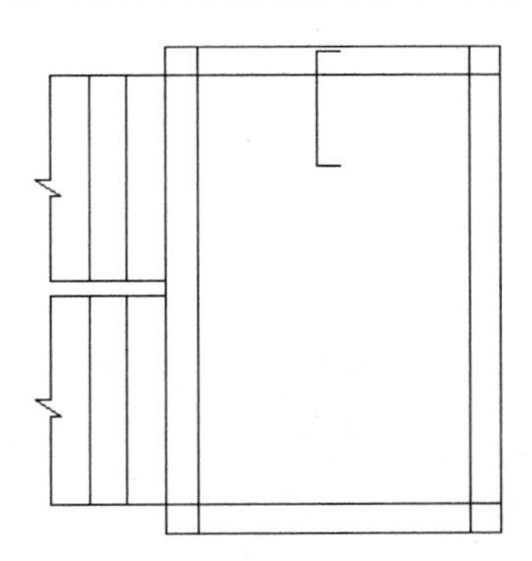

图 8-52　绘制多段线

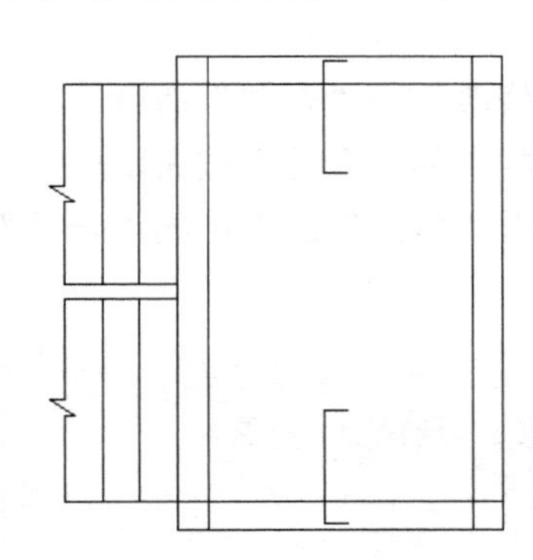

图 8-53　镜像线段

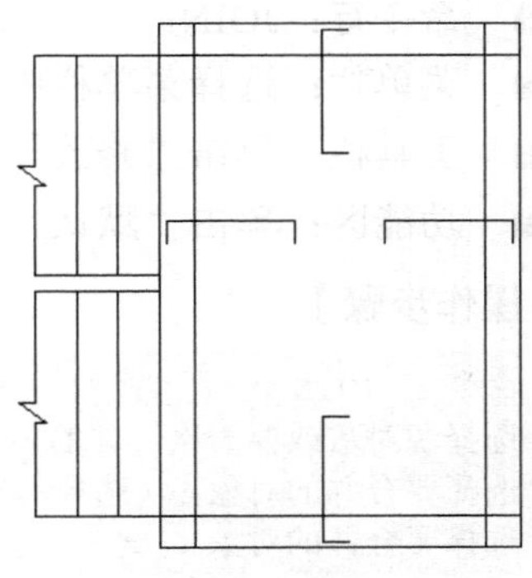

图 8-54　镜像后图形

⑫ 单击“默认”选项卡“绘图”面板中的“多段线”按钮，完成剩余配筋的绘制，如图 8-55 所示。

⑬ 单击“默认”选项卡“修改”面板中的“打断”按钮，选择上步图形中的水平直线及竖直直线为打断对象，对其执行打断操作，最终结果如图 8-36 所示。

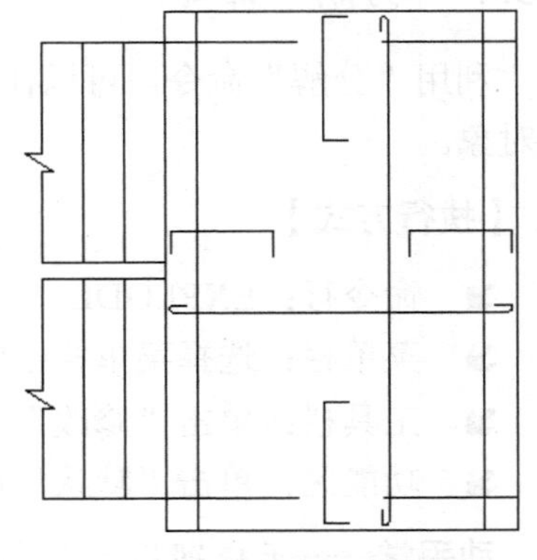

图 8-55　绘制配筋图

【选项说明】

如果选择“第一点 (F)”选项，系统将丢弃前面的第一个选择点，重新提示用户指定两个打断点。

8.3.2 “打断于点”命令

“打断于点”命令用于将对象在某一点处打断，打断之处没有间隙。有效的对象包括直线、圆弧等，但不能是圆、矩形和多边形等封闭的图形。此命令与“打断”命令类似。

【执行方式】

- 命令行：BREAK。
- 工具栏：单击“修改”工具栏中的“打断于点”按钮。
- 功能区：单击“默认”选项卡“修改”面板中的“打断于点”按钮。

【操作步骤】

```
命令： _break
选择对象：(选择要打断的对象)
指定第二个打断点或 [ 第一点 (F)]： _f（系统自动执行“第一点 (F)”选项）
指定第一个打断点：(选择打断点)
指定第二个打断点： @（系统自动忽略此提示）
```

8.3.3 “合并”命令

利用“合并”命令，可以将直线、圆弧、椭圆弧和样条曲线等独立的对象合并为一个对象。

【执行方式】

- 命令行：JOIN。
- 菜单栏：选择菜单栏中的“修改”→“合并”命令。
- 工具栏：单击“修改”工具栏中的“合并”按钮。
- 功能区：单击“默认”选项卡“修改”面板中的“合并”按钮。

【操作步骤】

```
命令： JOIN↙
选择源对象或要一次合并的多个对象：(选择一个对象)
选择要合并的对象：(选择另一个对象)
选择要合并的对象： ↙
```

8.3.4 “分解”命令

利用“分解”命令，可以在选择一个对象后将其分解。此时系统将继续给出提示，允许分解多个对象。

【执行方式】

- 命令行：EXPLODE。
- 菜单栏：选择菜单栏中的“修改”→“分解”命令。
- 工具栏：单击“修改”工具栏中的“分解”按钮。
- 功能区：单击“默认”选项卡“修改”面板中的“分解”按钮。

扫一扫，看视频

动手学——天桥钢筋布置图

源文件：源文件\第 8 章\天桥钢筋布置图 .dwg

绘制如图 8-56 所示的天桥钢筋布置图。

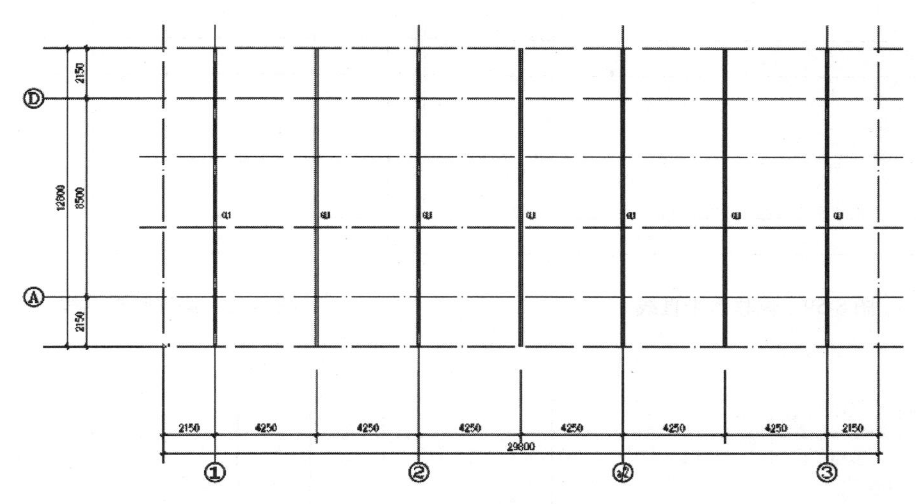

图8-56　天桥钢筋布置图

【操作步骤】

（1）单击“默认”选项卡“绘图”面板中的“直线”按钮，在图形适当位置绘制一条长为31573的水平直线，如图8-57所示。

（2）单击“默认”选项卡“绘图”面板中的“直线”按钮，在图形适当位置绘制一条长为14800的竖直直线，如图8-58所示。

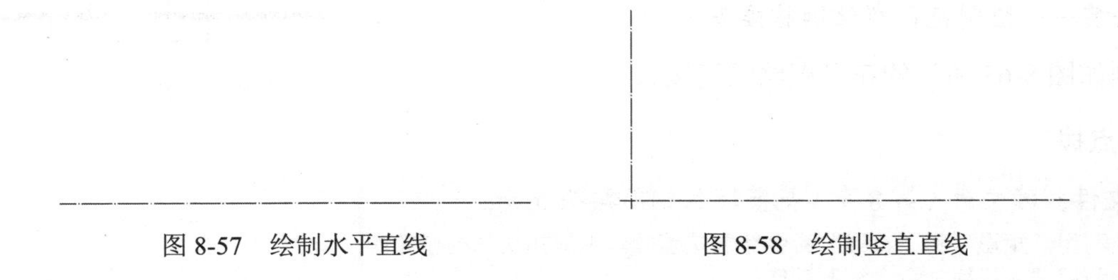

图8-57　绘制水平直线　　　　图8-58　绘制竖直直线

（3）单击“默认”选项卡“修改”面板中的“偏移”按钮，选择上步绘制的水平直线为偏移对象向上进行偏移，偏移距离为2150、8500、2150，如图8-59所示。

（4）单击“默认”选项卡“修改”面板中的“偏移”按钮，选择步骤（2）绘制的竖直直线为偏移对象向右进行偏移，偏移距离为2150、4250、4250、4250、4250、4250、4250、2350，如图8-60所示。

（5）单击“默认”选项卡“绘图”面板中的“矩形”按钮，在轴线适当位置绘制一个100×12800的矩形，如图8-61所示。

（6）单击“默认”选项卡“修改”面板中的“复制”按钮，选择上步绘制的矩形为复制对象，向右进行复制，复制间距为4250，如图8-62所示。

（7）单击“修改”工具栏中的“分解”按钮，选择上步复制的矩形为分解对象，按Enter键确认进行分解。

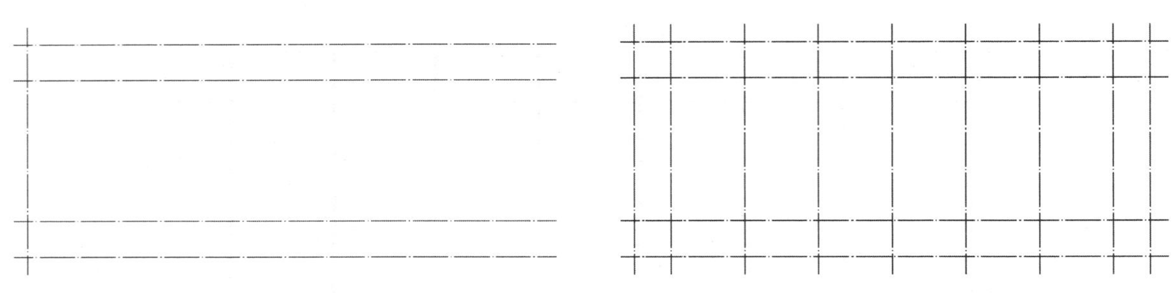

图 8-59　偏移水平直线

图 8-60　偏移竖直直线

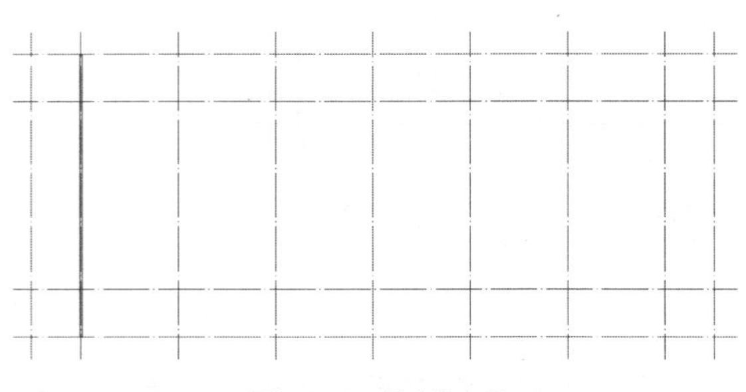

图 8-61　绘制矩形

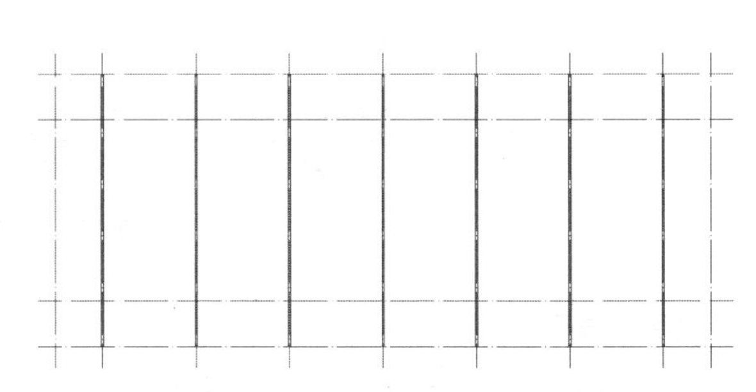

图 8-62　复制矩形

（8）单击“默认”选项卡“修改”面板中的“删除”按钮，选择上步分解矩形的上下水平边为删除对象，将其删除，结果如图 8-56 所示。

练一练——绘制花篮螺丝钢筋接头

绘制如图 8-63 所示的花篮螺丝钢筋接头。

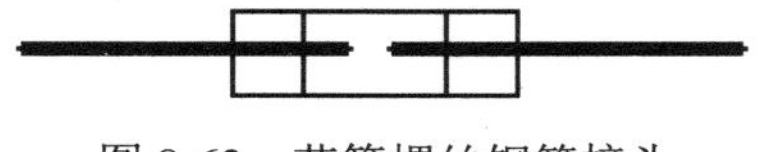

图 8-63　花篮螺丝钢筋接头

思路点拨

源文件：源文件 \ 第 8 章 \ 花篮螺丝钢筋接头 .dwg

（1）利用“矩形”和“直线”命令绘制花篮螺丝钢筋接头的初步轮廓。

（2）利用“多段线”命令绘制钢筋。

（3）利用“打断”命令打断图形。

8.4 对象编辑

在对图形进行编辑时，还可以对图形对象本身的某些特性进行编辑，从而方便图形的绘制。

8.4.1 钳夹功能

要使用钳夹（或称夹点）功能编辑对象，必须先打开钳夹功能。

（1）选择菜单栏中的“工具”→“选项”命令，在弹出的“选项”对话框中选择“选择集”选项卡，如图 8-64 所示。在“夹点”选项组中选中“显示夹点”复选框。在该选项卡中还可以设置代表夹点的小方格的尺寸和颜色。

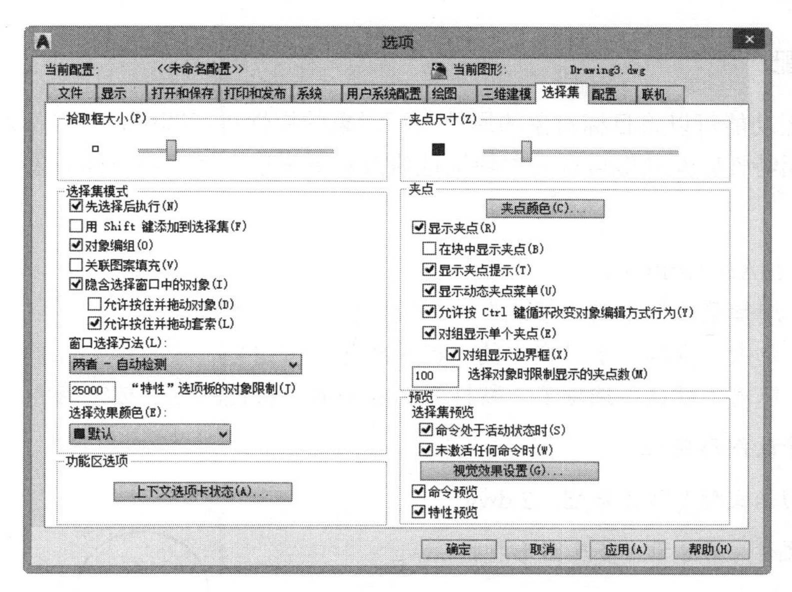

图 8-64 “选择集”选项卡

AutoCAD 在图形对象上定义了一些特殊点，称之为夹点。利用夹点可以灵活地控制对象，如图 8-65 所示。

（2）也可以通过 GRIPS 系统变量来控制是否打开夹点功能，1 代表打开，0 代表关闭。

（3）打开夹点功能后，应该在编辑对象之前先选择对象。

夹点表示对象的控制位置。使用夹点编辑对象，要选择一个夹点作为基点，称为基准夹点。

（4）选择一种编辑操作：镜像、移动、旋转、拉伸和缩放。可以用空格键、Enter 键或键盘上的快捷键循环选择这些功能，如图 8-66 所示。

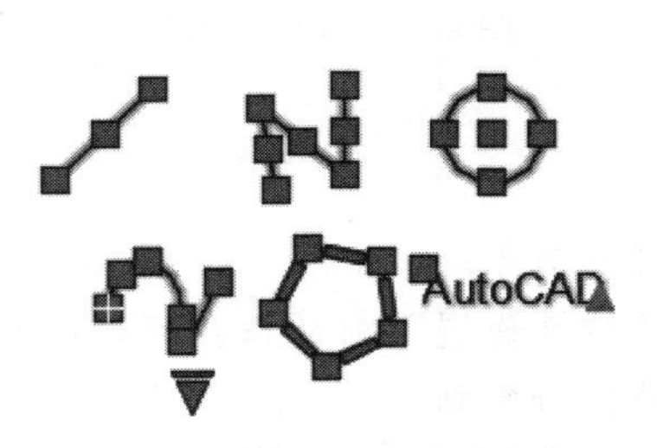

图 8-65　显示夹点

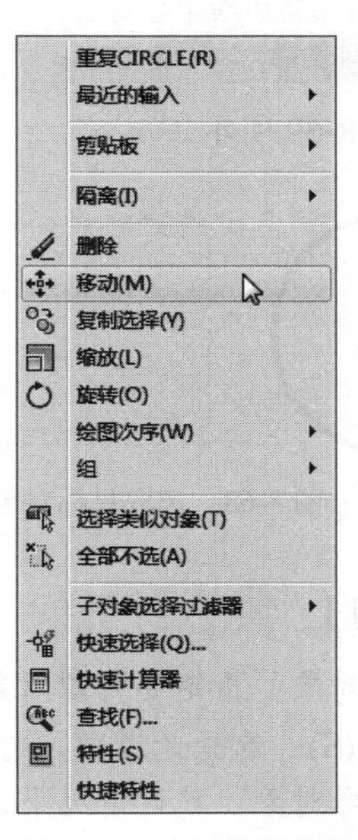

图 8-66　选择编辑操作

8.4.2 特性匹配

利用特性匹配功能可以将目标对象的属性与源对象的属性进行匹配，使目标对象的属性与源对象属性相同。利用特性匹配功能可以方便快捷地修改对象属性，并保持不同对象的属性相同。

【执行方式】

- 命令行：MATCHPROP。
- 菜单栏：选择菜单栏中的“修改”→“特性匹配”命令。
- 工具栏：单击“标准”工具栏中的“特性匹配”按钮。
- 功能区：单击“默认”选项卡“特性”面板中的“特性匹配”按钮。

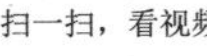

扫一扫，看视频

动手学——修改图形特性

调用素材：初始文件\第 8 章\8.3.2.dwg

源文件：源文件\第 8 章\修改图形特性 .dwg

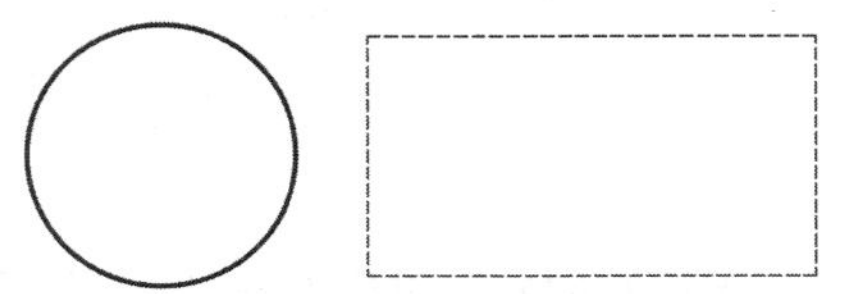

图 8-67　原始文件

【操作步骤】

（1）打开随书资源包中或通过扫码下载的“初始文件\第 8 章\8.3.2.dwg”文件，如图 8-67 所示。

（2）单击“默认”选项卡“特性”面板中的“特性匹配”按钮，将矩形的线型修改为粗实线。命令行提示与操作如下。

```
命令： _matchprop
选择源对象：选取圆
当前活动设置： 颜色 图层 线型 线型比例 线宽 透明度 厚度 打印样式 标注 文字 图案填充 多段线 视口 表格材质 多重引线中心对象
选择目标对象或 [ 设置 (S)]：光标变成画笔形状，选取矩形，如图 8-68 所示
```

结果如图 8-69 所示。

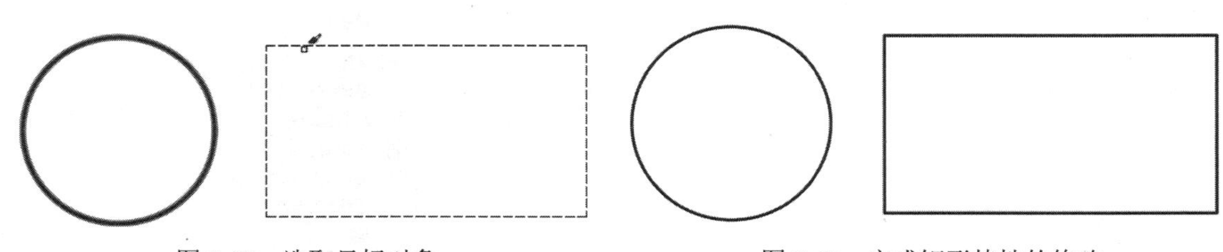

图 8-68　选取目标对象　　　图 8-69　完成矩形特性的修改

【选项说明】

（1）目标对象：指定要将源对象的特性复制到其上的对象。

（2）设置 (S)：选择此选项，打开如图 8-70 所示“特性设置”对话框，可以控制要将哪些对象特性复制到目标对象。默认情况下，选定所有对象特性进行复制。

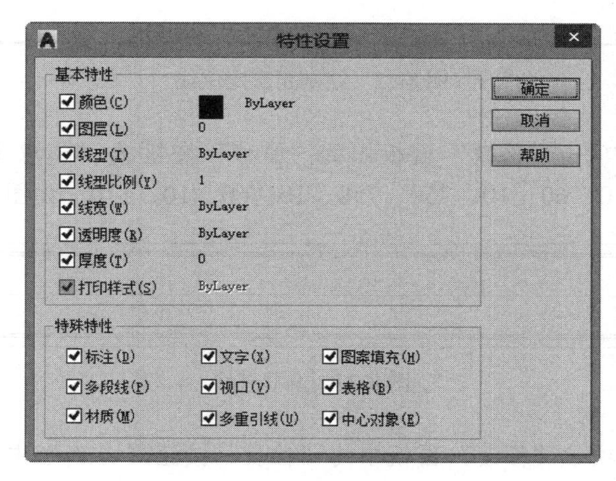

图 8-70　“特性设置”对话框

8.4.3　修改对象属性

【执行方式】

- 命令行：DDMODIFY 或 PROPERTIES。
- 菜单栏：选择菜单栏中的“修改”→“特性”命令或选择菜单栏中的“工具”→“选项板”→“特性”命令。
- 工具栏：单击标准工具栏中的“特性”按钮。
- 快捷键：Ctrl+1。
- 功能区：单击“视图”选项卡“选项板”面板中的“特性”按钮。

动手学——桥梁平面布置图

扫一扫，看视频

源文件：源文件 \ 第 8 章 \ 桥梁平面布置图 .dwg

本例绘制如图 8-71 所示的桥梁平面布置图。

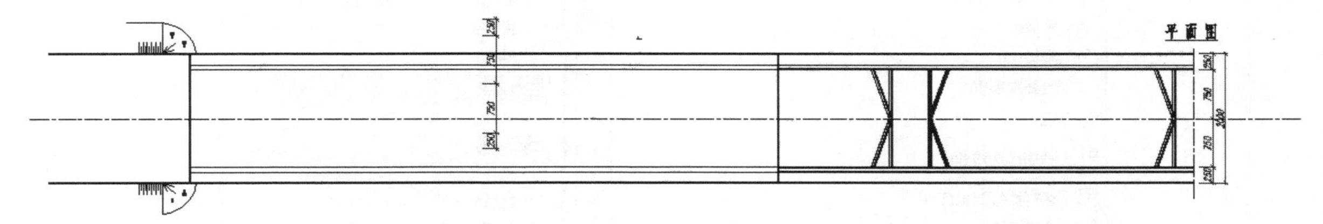

图 8-71　桥梁平面布置图

【操作步骤】

（1）把“定位中心线”图层设置为当前图层。在状态栏中单击“正交模式”按钮，打开正交模式。单击“默认”选项卡“绘图”面板中的“直线”按钮，绘制一条长为 17302 的水平直线，如图 8-72 所示。

图 8-72　绘制正交定位线

（2）单击“默认”选项卡“修改”面板中的“偏移”按钮，选取上步绘制的水平直线，向下偏移，偏移距离170、10、60、10、750、750、10、60、10、170，如图8-73所示。

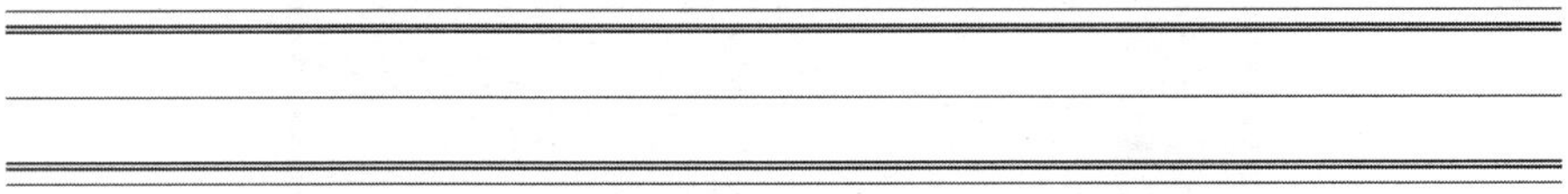

图 8-73　偏移直线

（3）单击“默认”选项卡“修改”面板中的“拉长”按钮，选取中间线段分别向左右方向拉长300，如图8-74所示。

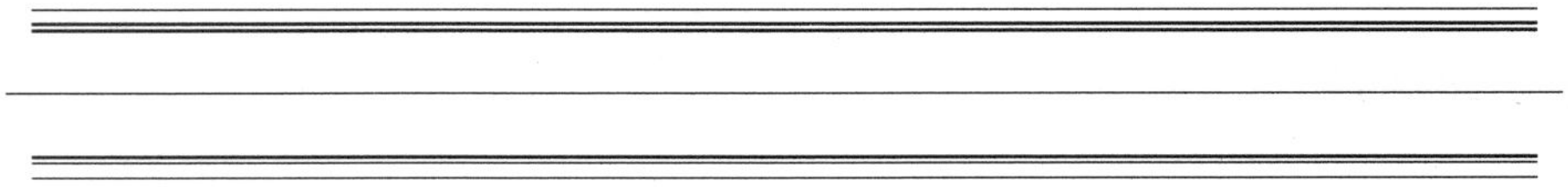

图 8-74　拉长直线

（4）选取上步拉长的线段，单击鼠标右键，在弹出的如图8-75所示快捷菜单中选择“特性”命令，打开“特性”选项板，如图8-76所示。将“线型比例”设置为CENTER，将“线型比例”设置为1，线型显示结果如图8-77所示。

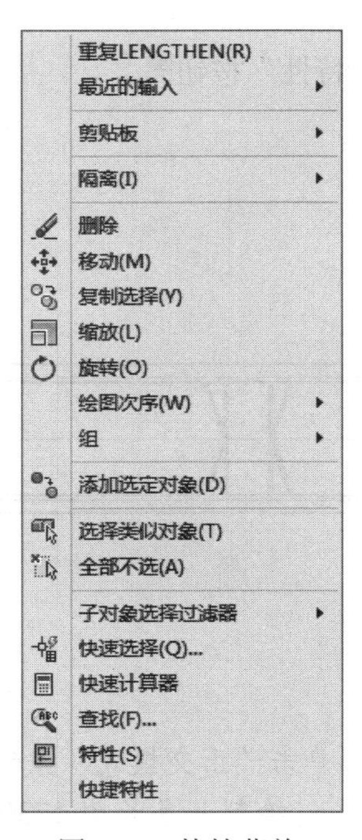

图 8-75　快捷菜单

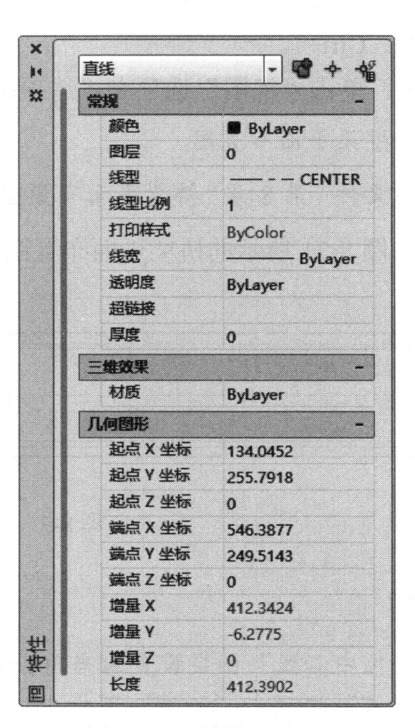

图 8-76　“特性”选项板

（5）单击“默认”选项卡“绘图”面板中的“直线”按钮╱，绘制一条垂直直线，如图 8-78 所示。

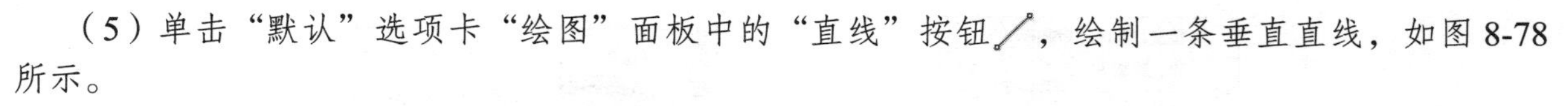

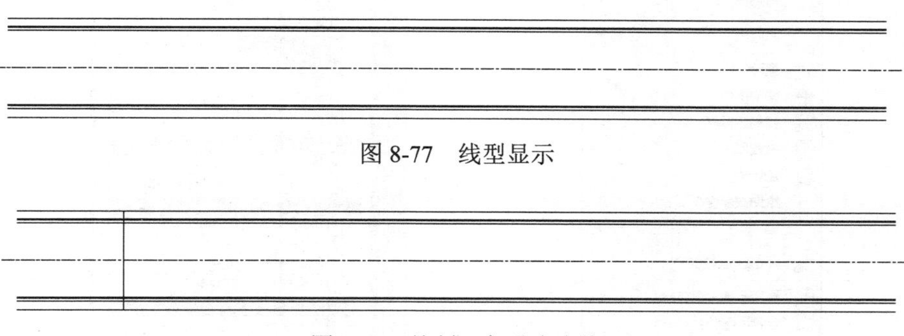

图 8-77　线型显示

图 8-78　绘制一条垂直直线

（6）单击“默认”选项卡“修改”面板中的“偏移”按钮，选取竖直直线连续向右偏移，偏移距离为 8854、6245，如图 8-79 所示。

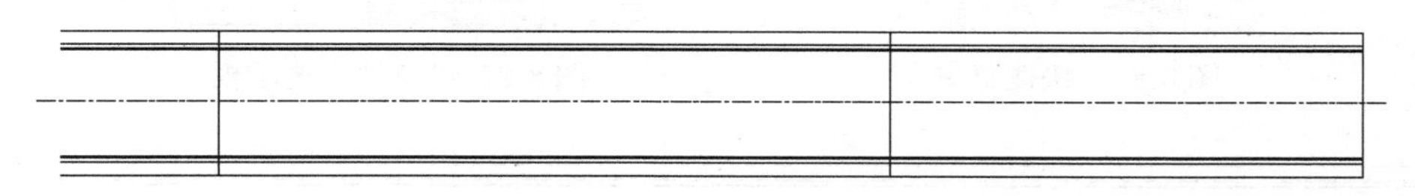

图 8-79　偏移直线

（7）单击“默认”选项卡“修改”面板的“拉长”按钮，选择右侧竖直边，显示夹点拉长直线，上下拉长距离均为 240，如图 8-80 所示。

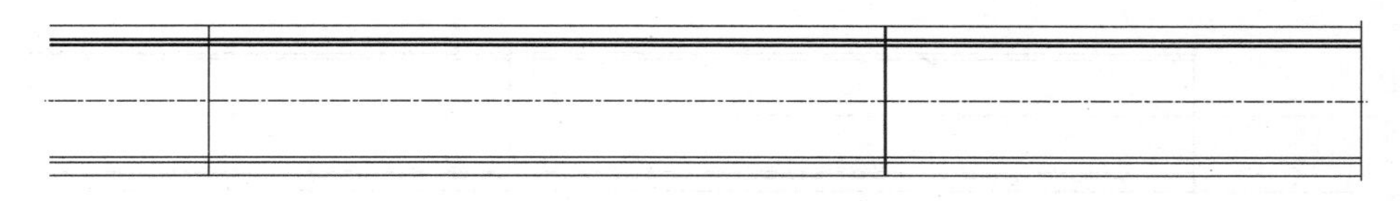

图 8-80　拉长线段

（8）选取上步拉长的线段，单击鼠标右键，在弹出的如图 8-81 所示快捷菜单中选择“特性”命令，打开“特性”对话框，如图 8-82 所示。将“线型比例”设置为 CENTER，将“线型比例”设置为 1，线型显示效果如图 8-83 所示。

（9）单击“默认”选项卡“修改”面板中的“修剪”按钮，修剪掉部分偏移线段，如图 8-84 所示。

（10）单击“默认”选项卡“绘图”面板中的“多段线”按钮，指定起点宽度为 10，端点宽度为 10，绘制连续线段，如图 8-85 所示。

（11）单击“默认”选项卡“修改”面板中的“镜像”按钮，选取上步绘制的多段线，以水平边上适当一点为镜像点进行镜像。单击“默认”选项卡“修改”面板中的“复制”按钮，向右侧复制绘制的多段线，如图 8-86 所示。

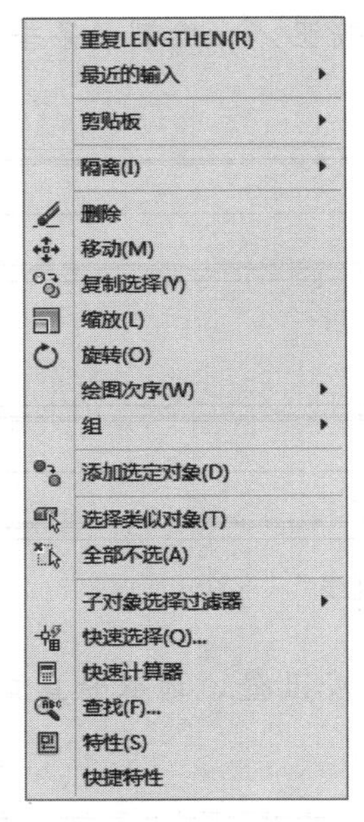

图 8-81　快捷菜单

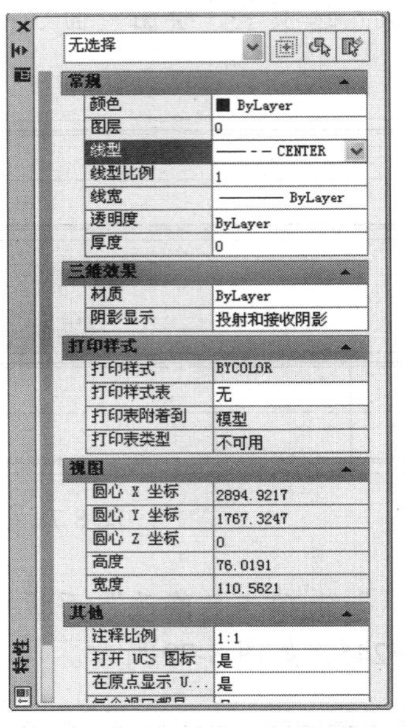

图 8-82　“特性”选项板

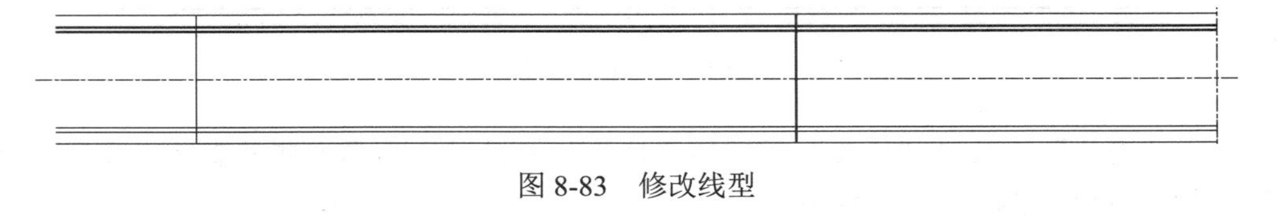

图 8-83　修改线型

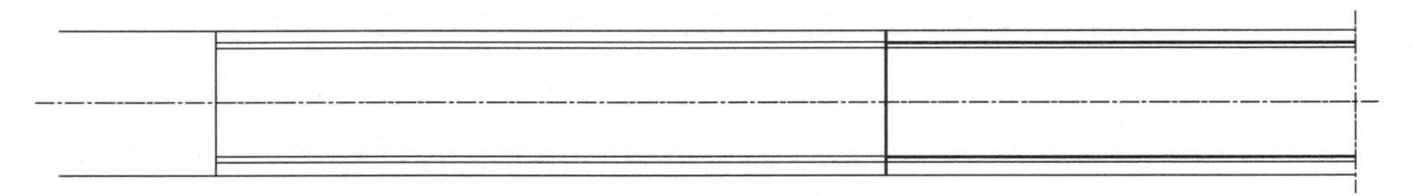

图 8-84　修剪线段

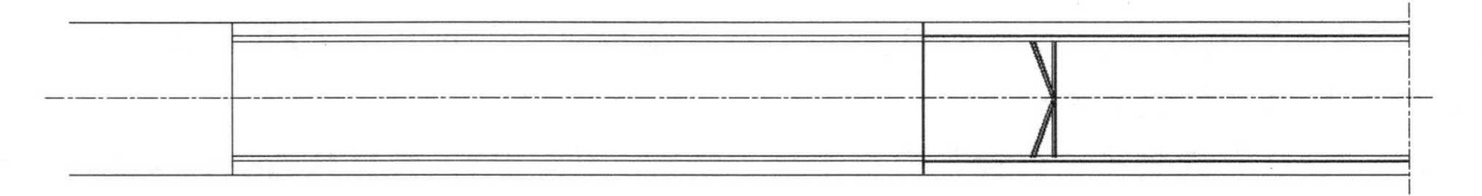

图 8-85　绘制线段

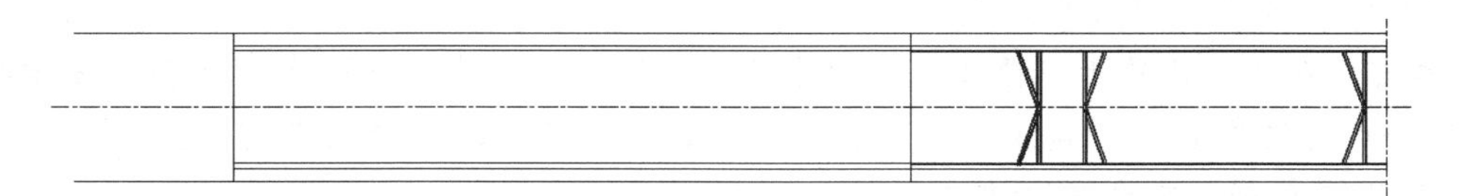

图 8-86　复制图形

（12）单击“默认”选项卡“绘图”面板中的“直线”按钮，绘制多段竖直直线。

（13）单击“默认”选项卡“绘图”面板中的“圆弧”按钮，在绘制的竖直直线右侧绘制圆弧。

（14）单击“默认”选项卡“绘图”面板中的“圆”按钮，在上步绘制的圆弧内绘制圆形，结果如图 8-87 所示。

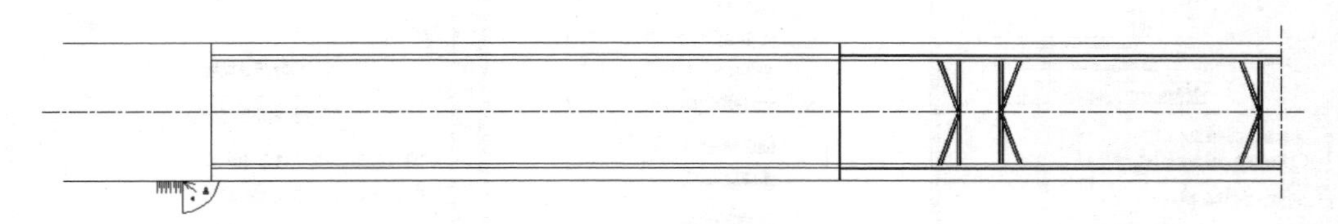

图 8-87　绘制图形

（15）单击“默认”选项卡“修改”面板中的“镜像”按钮，选择上步绘制的图形，以中间线段为镜像线，镜像到上方，如图 8-88 所示。

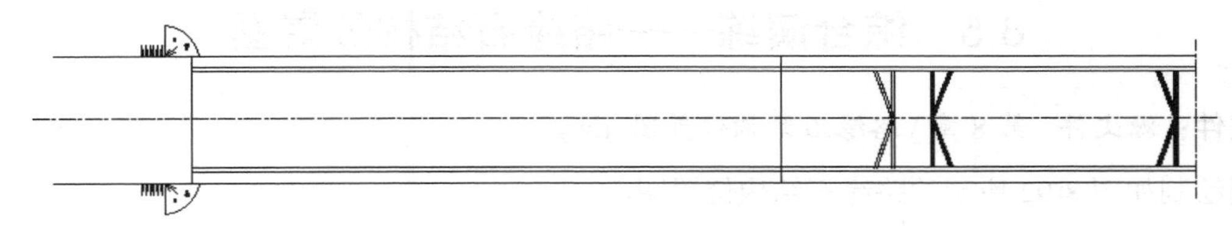

图 8-88　镜像结果

【选项说明】

（1）切换 PICKADD 系统变量的值：单击此按钮，打开或关闭 PICKADD 系统变量。打开 PICKADD 时，每个选定对象都将添加到当前选择集中。

（2）选择对象：使用任意选择方法选择所需对象。

（3）快速选择：单击此按钮，打开如图 8-89 所示“快速选择”对话框，从中可以创建基于过滤条件的选择集。

（4）快捷菜单：在“特性”选项板的标题栏上单击鼠标右键，弹出如图 8-90 所示的快捷菜单。

① 移动：选择此命令，显示用于移动选项板的四向箭头光标，移动光标即可移动选项板。

② 大小：选择此命令，显示四向箭头光标，用于拖动选项板的边或角点使其变大或变小。

③ 关闭：选择此命令，关闭选项板。

④ 允许固定：切换固定或定位选项板。选择此命令，在图形边上的固定区域或拖动窗口时，可以固定该窗口。固定窗口附着到应用程序窗口的边上。

⑤ 描点居左 / 居右：将选项板附着到位于绘图区域右侧或左侧的定位点上。

⑥ 自动隐藏：选择此命令，当光标移动到浮动选项板上时，该选项板将展开；当光标离开该选项板时，它将滚动关闭。

⑦ 透明度：选择此命令，打开如图 8-91 所示“透明度”对话框，从中可以调整选项板的透明度。

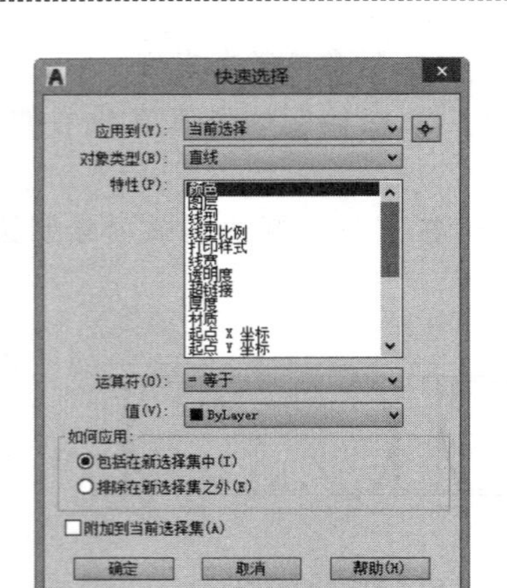

图 8-89 “快速选择”对话框

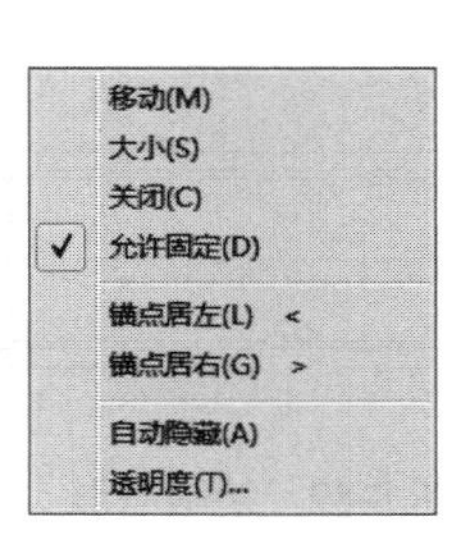

图 8-90 快捷菜单

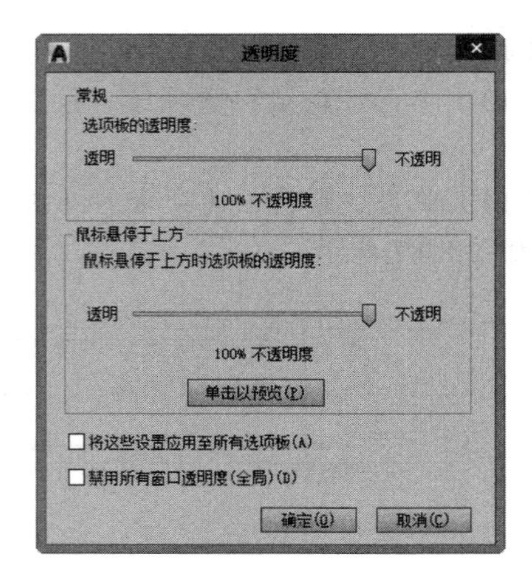

图 8-91 “透明度”对话框

扫一扫，看视频

8.5 综合演练——路缘石结构位置图

源文件： 源文件 \ 第 8 章 \ 路缘石结构位置图 .dwg

本例绘制如图 8-92 所示的路缘石结构位置图。

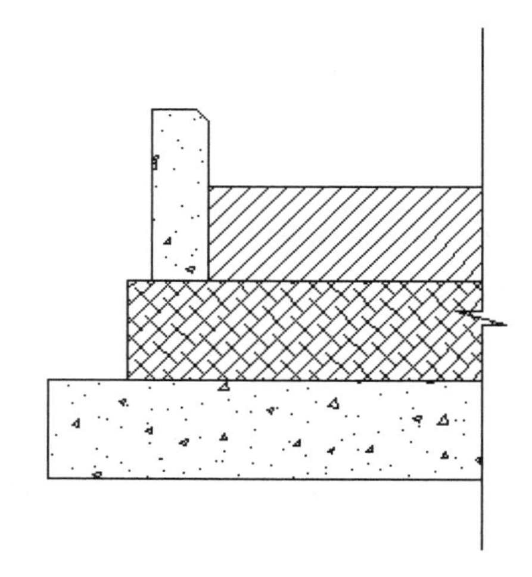

图 8-92 路缘石结构位置图

【操作步骤】

（1）设置图层。

新建并设置以下 8 个图层：“标注尺寸”“道路中线”“尺寸线”“路灯”“坡度”“树”“文字”“路基路面”，如图 8-93 所示。

（2）单击“默认”选项卡“绘图”面板中的“矩形”按钮，绘制一个 54×46 的矩形，如图 8-94 所示。

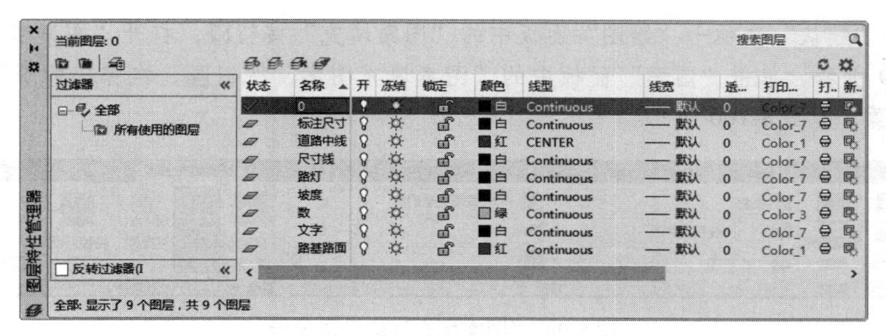

图 8-93　图层设置

（3）单击“默认”选项卡“修改”面板中的“分解”按钮，选取上步绘制的矩形，按 Enter 键确认。

（4）单击“默认”选项卡“修改”面板中的“偏移”按钮，选取水平底边向上偏移 12.5、12.5、12、9，如图 8-95 所示。

（5）单击“默认”选项卡“修改”面板中的“偏移”按钮，选取左侧垂直边向右偏移，偏移距离为 10、2.5、7.5，如图 8-96 所示。

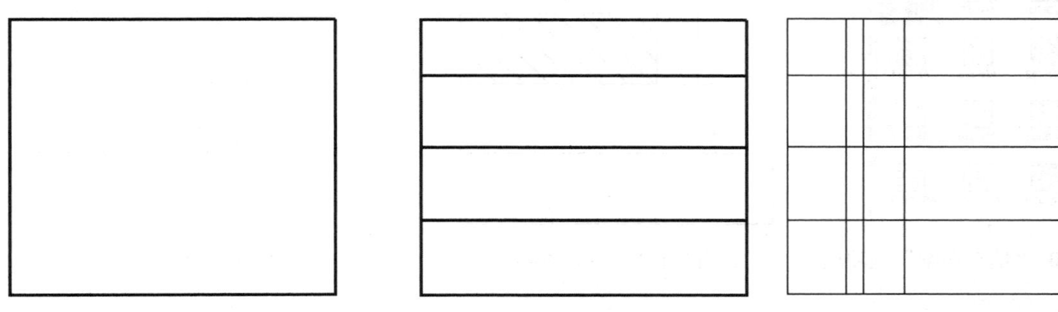

图 8-94　绘制矩形　　图 8-95　偏移线段　　图 8-96　偏移线段

（6）单击“默认”选项卡“修改”面板中的“修剪”按钮，修剪偏移后相交线段，如图 8-97 所示。

（7）单击“默认”选项卡“修改”面板中的“倒角”按钮，对两边进行倒角处理，倒角距离为 2，如图 8-98 所示。

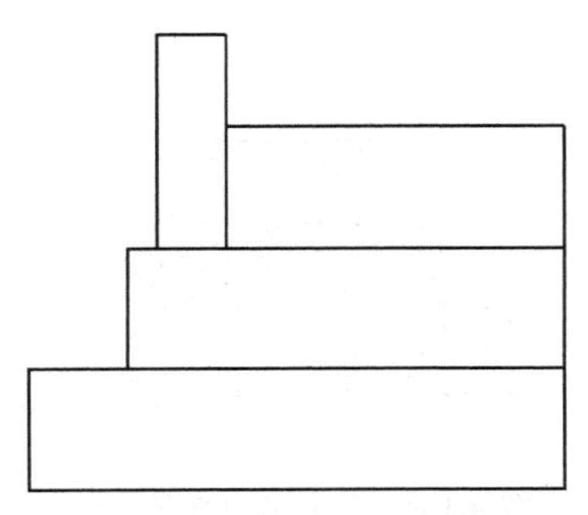

图 8-97　修剪线段

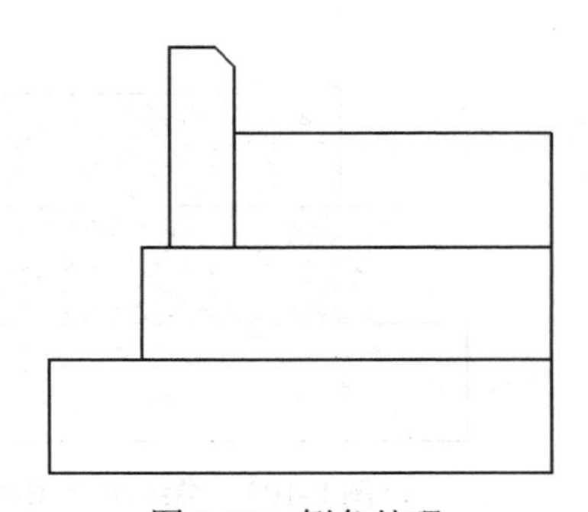

图 8-98　倒角处理

（8）单击“默认”选项卡“绘图”面板中的“图案填充”按钮，打开“图案填充创建”选项卡，如图 8-99 所示。单击“图案”面板中的“图案填充图案”按钮，在弹出的下拉列表框中选择 ANSI31 图案，如图 8-100 所示。

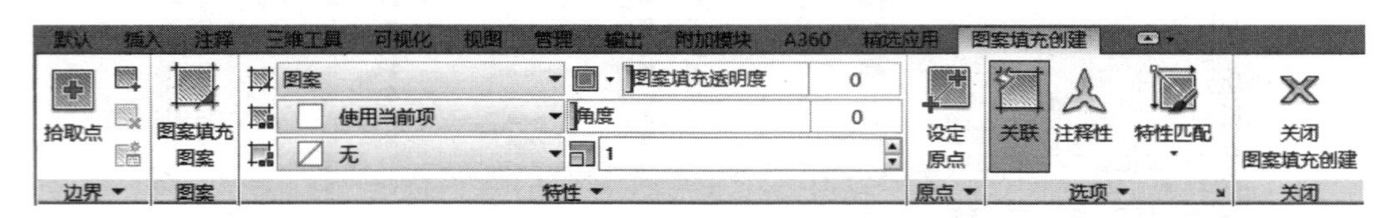

图 8-99 “图案填充创建”选项卡

（9）设置填充图案比例为 1，接着单击“边界”面板中的“拾取点”按钮，在绘图区选择填充区域，结果如图 8-101 所示。

（10）继续单击“默认”选项卡“绘图”面板中的“图案填充”按钮，打开“图案填充创建”选项卡，选择填充图案为 ANSI38，设置填充图案比例为 0.5，角度为 0°，图案填充结果如图 8-102 所示。

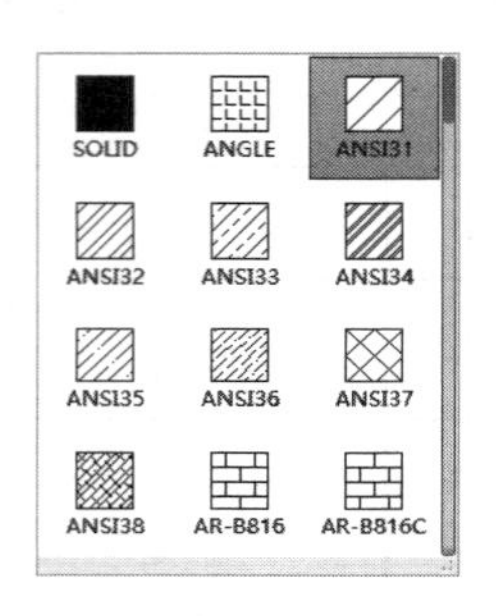

图 8-100 “填充图案”选项板

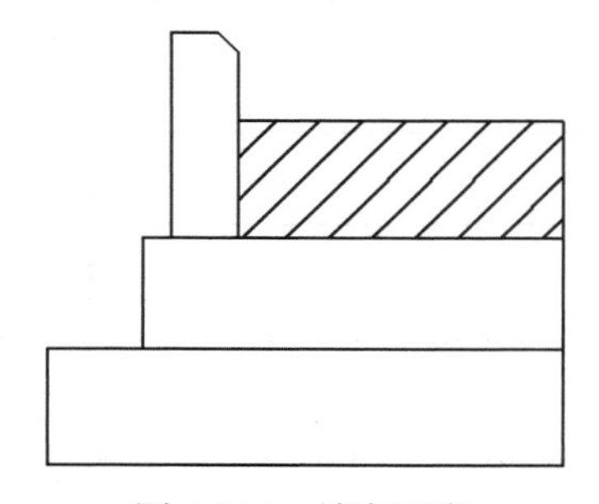

图 8-101 填充图案

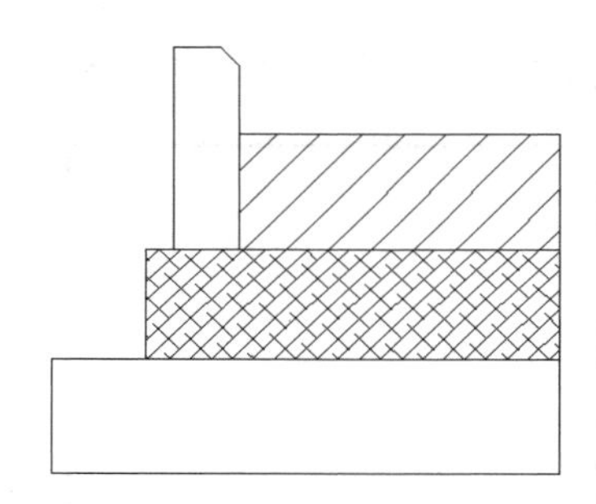

图 8-102 图案填充结果

（11）单击“默认”选项卡“绘图”面板中的“图案填充”按钮，打开“图案填充创建”选项卡，选择填充图案为 AR-CONC，设置填充图案比例为 0.05，角度为 0°，图案填充结果如图 8-103 所示。

（12）单击“默认”选项卡“绘图”面板中的“直线”按钮，绘制折弯线；然后单击“默认”选项卡“修改”面板中的“修剪”按钮，修剪折弯线，如图 8-104 所示。

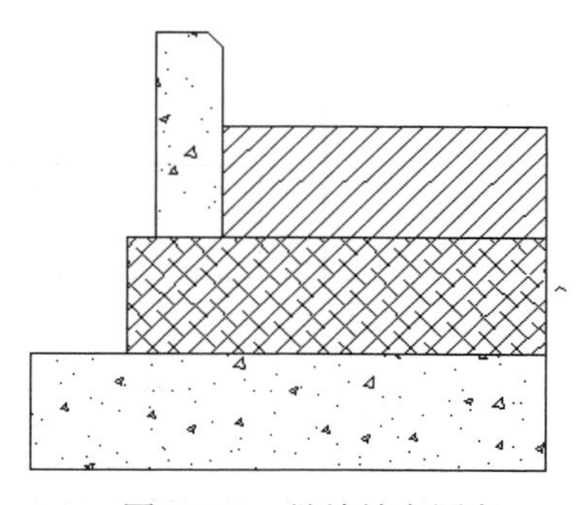

图 8-103 继续填充图案

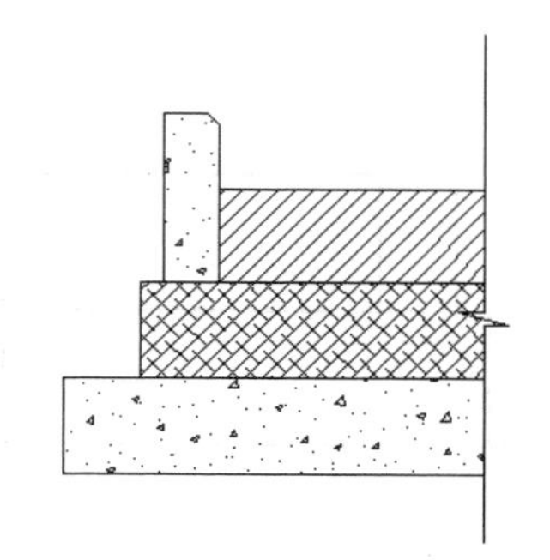

图 8-104 绘制并修剪折弯线

8.6 模拟认证考试

1．拉伸命令能够按指定的方向拉伸图形，此命令只能用（ ）方式选择对象。

A．交叉窗口 B．窗口 C．点 D．ALL

2．要剪切与剪切边延长线相交的圆，则需执行的操作为（ ）。

A．剪切时按住 Shift 键 B．剪切时按住 Alt 键

C．修改“边”参数为“延伸” D．剪切时按住 Ctrl 键

3．关于分解命令（Explode）的描述正确的是（ ）。

A．对象分解后颜色、线型和线宽不会改变

B．图案分解后图案与边界的关联性仍然存在

C．多行文字分解后将变为单行文字

D．构造线分解后可得到两条射线

4．对一个对象圆角之后，有时候发现对象被修剪，有时候发现对象没有被修剪，究其原因是（ ）。

A．修剪之后应当选择“删除”

B．圆角选项里有 T，可以控制对象是否被修剪

C．应该先进行倒角再修剪

D．用户的误操作

5．在进行打断操作时，系统要求指定第二打断点，这时输入了 @，然后回车结束，其结果是（ ）。

A．没有实现打断

B．在第一打断点处将对象一分为二，打断距离为零

C．从第一打断点处将对象另一部分删除

D．系统要求指定第二打断点

6．分别绘制圆角为 20 的矩形和倒角为 20 的矩形，长均为 100，宽均为 80。它们的面积相比较（ ）。

A．圆角矩形面积大 B．倒角矩形面积大

C．一样大 D．无法判断

7．对两条平行的直线倒圆角（Fillet），圆角半径设置为 20，其结果是（ ）。

A．不能倒圆角 B．按半径 20 倒圆角

C．系统提示错误 D．倒出半圆，其直径等于直线间的距离

8．绘制如图 8-105 所示的图形 1。

9．绘制如图 8-106 所示的图形 2。

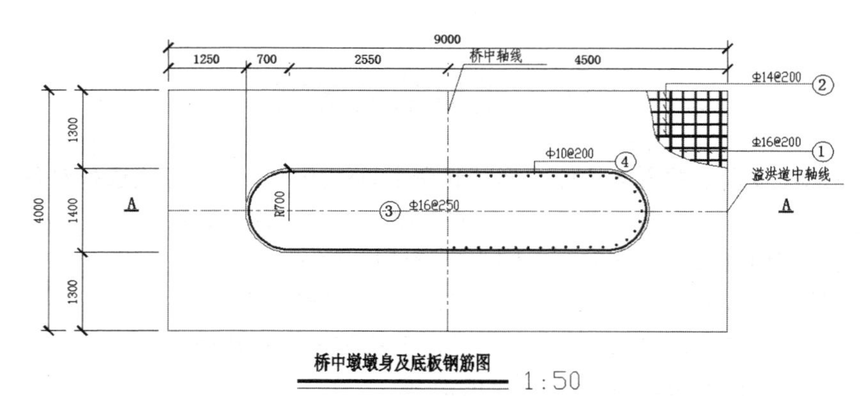

图 8-105　图形 1

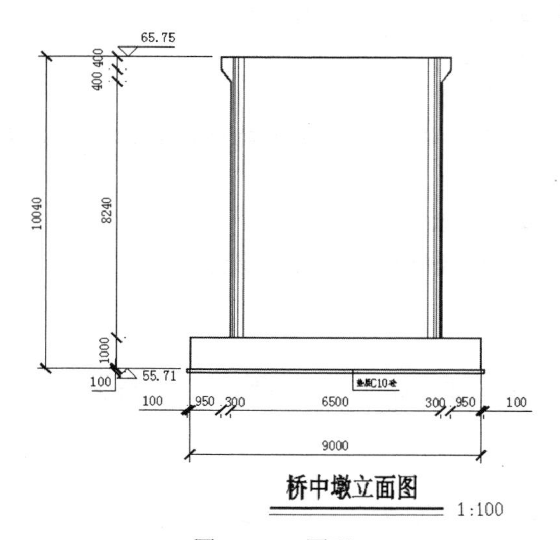

图 8-106　图形 2

第 9 章　文字与表格

内容简介

文字注释是图形中很重要的一部分内容。进行各种设计时，通常不仅要绘出图形，还要在图形中标注一些文字，如技术要求、注释说明等，对图形对象加以解释。此外，表格在 AutoCAD 图形中也有大量的应用，如明细表、参数表和标题栏等。本章将对此进行详细介绍。

内容要点

- 文字样式
- 文字标注
- 文字编辑
- 表格
- 综合演练——绘制 A3 土木工程样板图

案例效果

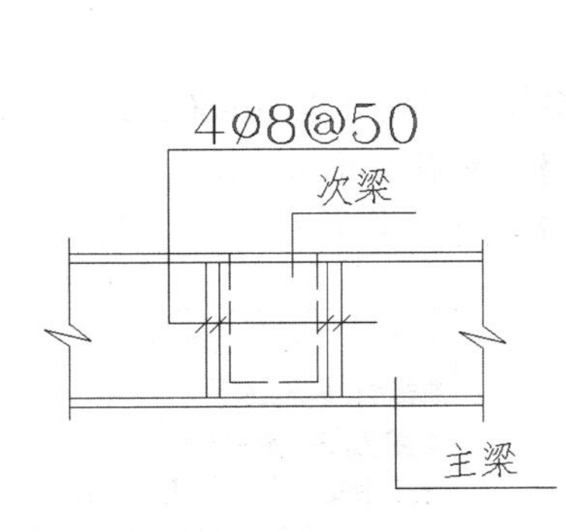

材料明细表								
构件编号	零件编号	规格	长度/mm	数量		重量/kg		总计/kg
				单计	共计	单计	共计	

9.1　文字样式

所有 AutoCAD 图形中的文字都有与其相对应的文字样式。当输入文字对象时，AutoCAD 使用当前设置的文字样式。文字样式是用来控制文字基本形状的一组设置。

【执行方式】

- 命令行：STYLE（快捷命令：ST）或 DDSTYLE。

- 菜单栏：选择菜单栏中的“格式”→“文字样式”命令。
- 工具栏：单击“文字”工具栏中的“文字样式”按钮。
- 功能区：单击“默认”选项卡“注释”面板中的“文字样式”按钮。

【操作步骤】

执行上述操作后，系统打开“文字样式”对话框，如图 9-1 所示。

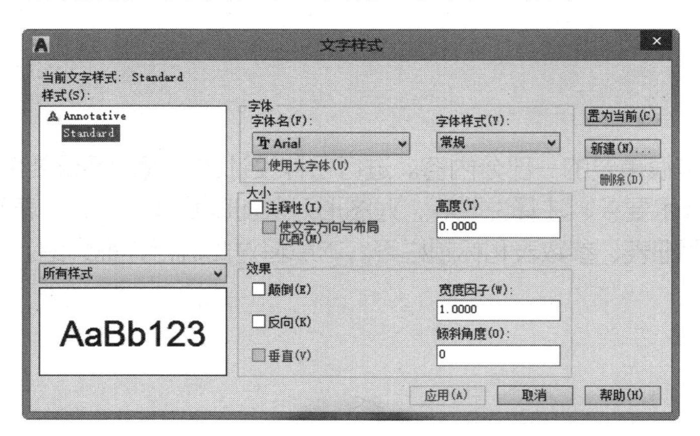

图 9-1 “文字样式”对话框

【选项说明】

（1）“样式”列表框：列出所有已设定的文字样式名或对已有样式名进行相关操作。单击“新建”按钮，打开如图 9-2 所示的“新建文字样式”对话框，从中可以为新建的文字样式输入名称。从“样式”列表框中选中要改名的文字样式并右击，在弹出的快捷菜单中选择“重命名”命令（如图 9-3 所示），可以为所选文字样式输入新的名称。

（2）“字体”选项组：用于确定字体样式。文字的字体确定字符的形状。在 AutoCAD 中，除了它固有的 SHX 形状字体文件外，还可以使用 TrueType 字体（如宋体、楷体、Italley 等）。一种字体可以设置不同的效果，从而被多种文字样式使用，如图 9-4 所示就是同一种字体（宋体）的不同样式。

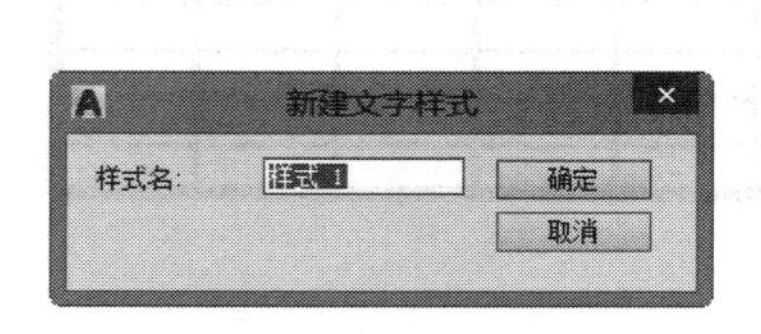

图 9-2 “新建文字样式”对话框

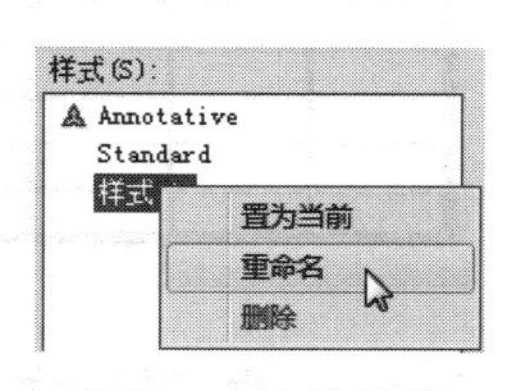

图 9-3 快捷菜单

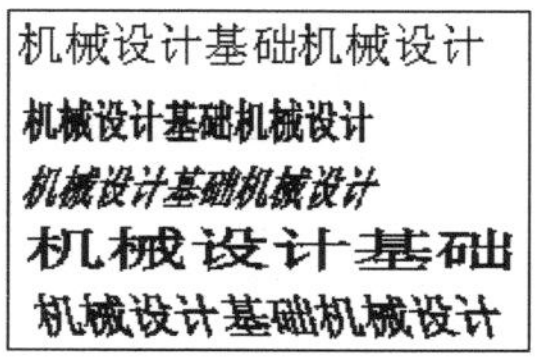

机械设计基础机械设计
机械设计基础机械设计
机械设计基础机械设计
机械设计基础
机械设计基础机械设计

图 9-4 同一字体的不同样式

（3）“大小”选项组：用于确定文字样式使用的字体大小。“高度”文本框用来设置创建文字时的固定字高，在用 TEXT 命令输入文字时，AutoCAD 不再提示输入字高参数。如果在此文本框中设置字高为 0，系统会在每一次创建文字时提示输入字高。因此，如果不想固定字高，就可以把“高度”文本框中的数值设置为 0。

（4）“效果”选项组。

①“颠倒”复选框：选中该复选框，表示将文字倒置标注，如图 9-5（a）所示。

②“反向”复选框：确定是否将文字反向标注，如图 9-5（b）所示的标注效果。

③“垂直”复选框：确定文字是水平标注还是垂直标注。选中该复选框时为垂直标注，如图 9-6 所示；否则为水平标注。

（a）倒置　　（b）反向

图 9-5　文字倒置标注与反向标注

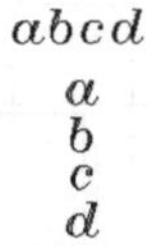

图 9-6　垂直标注文字

④“宽度因子”文本框：设置宽度系数，确定文本字符的宽高比。当比例系数为 1 时，表示将按字体文件中定义的宽高比标注文字。当宽度因子小于 1 时，字会变窄，反之变宽。如图 9-4 所示，是在不同宽度因子下标注的文字。

⑤“倾斜角度”文本框：用于确定文字的倾斜角度。角度为 0 时不倾斜，为正值时向右倾斜，为负值时向左倾斜，效果如图 9-4 所示。

（5）“应用”按钮。

确认对文字样式的设置。当创建新的文字样式或对现有文字样式的某些特征进行修改后，都需要单击此按钮，系统才会确认所做的改动。

9.2　文字标注

在绘制图形的过程中，文字传递了很多设计信息。它可能是一个很复杂的说明，也可能是一条简短的文字信息。当需要标注的文本较短时，可以利用 TEXT 命令创建单行文字；当需要标注很长、很复杂的文字信息时，可以利用 MTEXT 命令创建多行文字。

9.2.1　单行文字标注

可以使用“单行文字”命令创建一行或多行文字，其中每行文字都是独立的对象，可对其进行移动、格式设置或其他修改。

【执行方式】

- 命令行：TEXT。
- 菜单栏：选择菜单栏中的“绘图”→“文字”→“单行文字”命令。
- 工具栏：单击“文字”工具栏中的“单行文字”按钮A。
- 功能区：单击“默认”选项卡“注释”面板中的“单行文字”按钮A或单击“注释”选项卡“文字”面板中的“单行文字”按钮A。

动手学——主次梁相交节点处附加箍筋图

源文件： 源文件\第 9 章\主次梁相交节点处附加箍筋图 .dwg

扫一扫，看视频

本例绘制如图 9-7 所示的主次梁相交节点处附加箍筋图。

【操作步骤】

（1）单击“默认”选项卡“绘图”面板中的“直线”按钮，绘制一条水平直线，如图9-8所示。

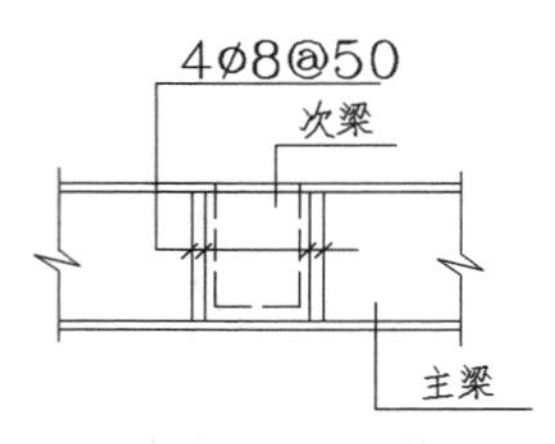

图 9-7　主次梁相交节点处附加箍筋图

图 9-8　绘制水平直线

（2）单击“默认”选项卡“修改”面板中的“偏移”按钮，将水平直线向下偏移，如图 9-9 所示。

（3）单击“默认”选项卡“绘图”面板中的“直线”按钮，绘制折断线，如图 9-10 所示。

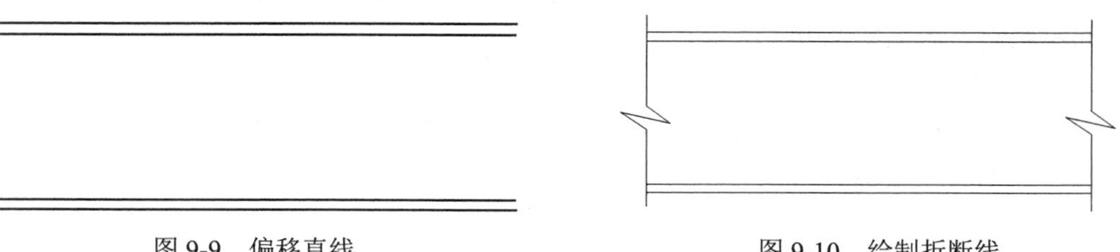

图 9-9　偏移直线

图 9-10　绘制折断线

（4）单击“默认”选项卡“绘图”面板中的“直线”按钮，在内侧绘制竖直直线，如图 9-11 所示。

（5）单击“默认”选项卡“绘图”面板中的“直线”按钮，绘制次梁，并设置线型，如图 9-12 所示。

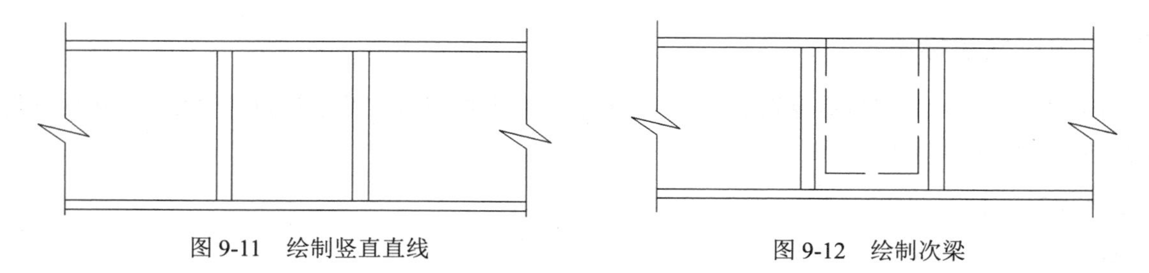

图 9-11　绘制竖直直线

图 9-12　绘制次梁

（6）单击“默认”选项卡“绘图”面板中的“直线”按钮，在图中引出直线。

（7）单击“注释”选项卡“文字”面板中的“单行文字”按钮，标注文字，如图 9-7 所示。

技巧

用 TEXT 命令创建文本时，在命令行输入的文字同时显示在绘图区，而且在创建过程中可以随时改变文本的位置，只要将光标移到新的位置并单击，则当前行结束，随后输入的文字在新的文本位置出现，用这种方法可以把多行文本标注到绘图区的不同位置。

【选项说明】

（1）指定文字的起点：在此提示下直接在绘图区选择一点作为输入文字的起始点。执行上述命令后，即可在指定位置输入文字。输入后按 Enter 键，文本另起一行，可继续输入文字。待全部输入完后按两次 Enter 键，退出 TEXT 命令。可见，TEXT 命令也可创建多行文本，只是这种多行文本每一行是一个对象，不能对多行文本同时进行操作。

技巧

只有当前文字样式中设置的字符高度为 0，在使用 TEXT 命令时，才会出现要求用户确定字符高度的提示。AutoCAD 允许将文本行倾斜排列，如倾斜角度分别是 0°、45° 和 -45° 时的排列效果，如图 9-13 所示。在“指定文字的旋转角度 <0>”提示下输入文本行的倾斜角度或在绘图区拉出一条直线来指定倾斜角度。

（2）对正 (J)：在“指定文字的起点或 [对正 (J)/ 样式 (S)]”提示下输入“J”，用来确定文本的对齐方式。对齐方式决定文本的哪部分与所选插入点对齐。执行此选项，AutoCAD 提示：

```
输入选项 [左(L)/居中(C)/右(R)/对齐(A)/中间(M)/布满(F)/左上(TL)/中上(TC)/右上(TR)/左中(ML)/正中(MC)/右中(MR)/左下(BL)/中下(BC)/右下(BR)]:
```

在此提示下选择一个选项作为文本的对齐方式。当文字水平排列时，AutoCAD 为其定义了如图 9-14 所示的顶线、中线、基线和底线，各种对齐方式如图 9-15 所示，图中大写字母对应上述提示中的各命令。

图 9-13　文本行倾斜排列的效果

图 9-14　文本行的底线、基线、中线和顶线

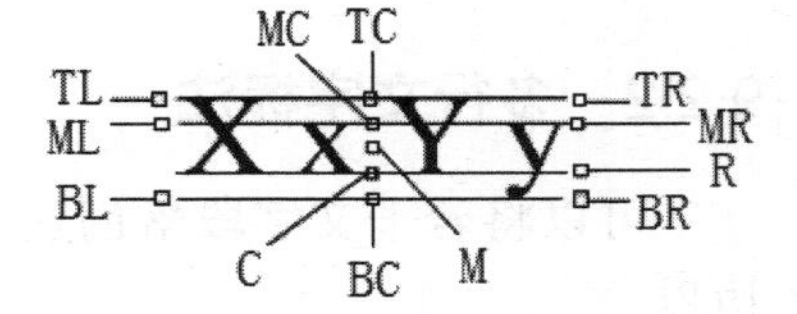

图 9-15　文本的对齐方式

选择“对齐 (A)”选项，要求用户指定文本行基线的起始点与终止点的位置，AutoCAD 提示：

```
指定文字基线的第一个端点：(指定文本行基线的起点位置)
指定文字基线的第二个端点：(指定文本行基线的终点位置)
输入文字：(输入一行文本后按 Enter 键)
输入文字：(继续输入文本或直接按 Enter 键结束命令)
```

输入的文字均匀地分布在指定的两点之间，如果两点间的连线不水平，则文本行倾斜放置，倾斜角度由两点间的连线与 X 轴夹角确定；字高、字宽根据两点间的距离、字符的多少以及文字样式中设置的宽度因子自动确定。指定了两点之后，每行输入的字符越多，字宽和字高越小。

其他选项与“对齐”类似，此处不再赘述。

实际绘图时，有时需要标注一些特殊字符，例如直径符号、上划线或下划线、温度符号等。由于这些符号不能直接从键盘上输入，AutoCAD 提供了一些控制码，用来实现上述要求。常用的控制码及其功能如表 9-1 所示。

表 9-1　AutoCAD 常用控制码

控　制　码	标注的特殊字符	控　制　码	标注的特殊字符
%%O	上划线	\u+0278	电相位
%%U	下划线	\u+E101	流线
%%D	“度”符号（°）	\u+2261	标识
%%P	正负符号（±）	\u+E102	界碑线
%%C	直径符号（ϕ）	\u+2260	不相等（≠）
%%%	百分号（%）	\u+2126	欧姆（Ω）
\u+2248	约等于（≈）	\u+03A9	欧米加（Ω）
\u+2220	角度（∠）	\u+214A	低界线
\u+E100	边界线	\u+2082	下标 2
\u+2104	中心线	\u+00B2	上标 2
\u+0394	差值		

其中，%%O（%%U）是上划线（下划线）的开关，第一次出现此符号的开始画上划线（下划线），第二次出现此符号时上划线（下划线）终止。例如，输入“I want to %%U go to Beijing %%U.”，则得到如图 9-16（a）所示的文本行，输入“50%%D+%%C75%%P12”，则得到如图 9-16（b）所示的文本行。

I want to go to Beijing.

（a）控制码应用示例 1

50°+ø75±12

（b）控制码应用示例 2

图 9-16　文本行

9.2.2　多行文字标注

可以将若干文字段落创建为单个多行文字对象，可以使用文字编辑器格式化文字外观、列和边界。

【执行方式】

- 命令行：MTEXT（快捷命令：T 或 MT）。
- 菜单栏：选择菜单栏中的“绘图”→“文字”→“多行文字”命令。
- 工具栏：单击“绘图”工具栏中的“多行文字”按钮A或单击“文字”工具栏中的“多行文字”按钮A。
- 功能区：单击“默认”选项卡“注释”面板中的“多行文字”按钮A或单击“注释”选项卡“文字”面板中的“多行文字”按钮A。

扫一扫，看视频

动手学——坡口立焊的钢筋接头

源文件：源文件 \ 第 9 章 \ 坡口立焊的钢筋接头 .dwg

绘制如图 9-17 所示的坡口立焊的钢筋接头。

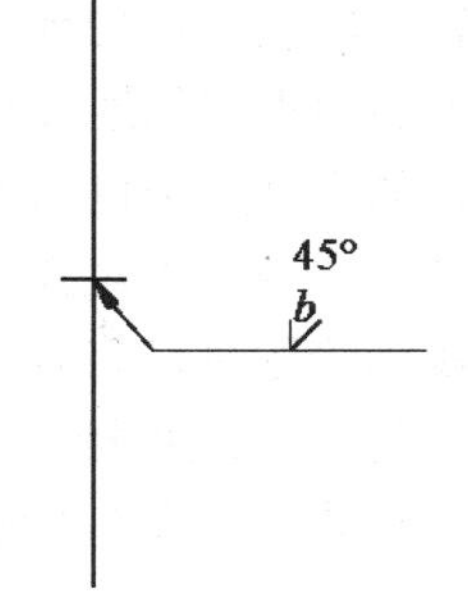

图 9-17　坡口立焊的钢筋接头

【操作步骤】

（1）单击“默认”选项卡“绘图”面板中的“直线”按钮，在图中绘制一条长100的竖直线，然后在其中点绘制一条长为10的水平直线，如图9-18所示。

（2）单击“默认”选项卡“绘图”面板中的“多段线”按钮，绘制箭头和引线，如图9-19所示。

（3）单击“默认”选项卡“绘图”面板中的“直线”按钮，在箭头的尾部水平线上一点，绘制一条长度为5的竖直线，然后以竖直线的下端点为起点，在命令行提示输入下一点时输入“@5,5”，绘制一条45°的直线，结果如图9-20所示。

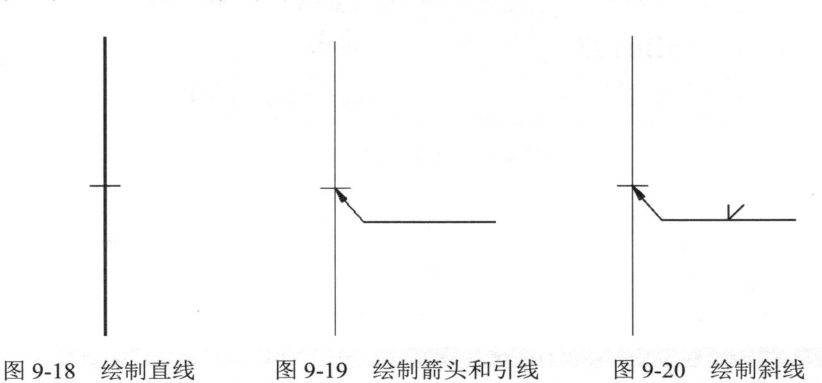

图9-18 绘制直线　　图9-19 绘制箭头和引线　　图9-20 绘制斜线

（4）选择菜单栏中的“格式”→“文字样式”命令，打开“文字样式”对话框，如图9-21所示。单击“新建”按钮，在弹出的“新建文字样式”对话框的“样式名”文本框中输入“标注文字”，单击“确定”按钮，如图9-22所示。返回“文字样式”对话框，在“字体名”下拉列表框中选择Times New Roman字体，字符“高度”设置为5，单击“应用”按钮，如图9-23所示。

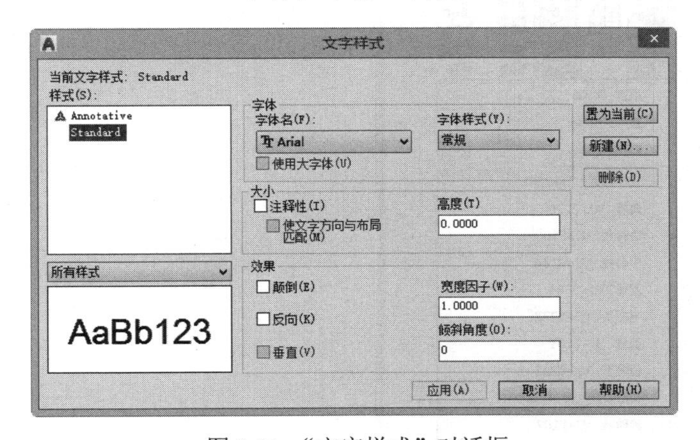

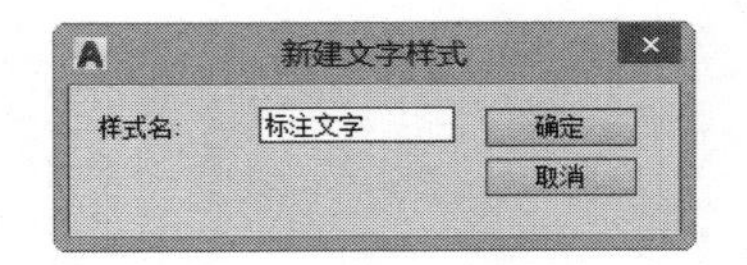

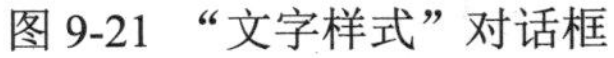

图9-21 “文字样式”对话框　　图9-22 “新建文字样式”对话框

（5）单击“默认”选项卡“注释”面板中的“多行文字”按钮A，在斜线的上方指定文字输入区域后，打开“文字编辑器”选项卡，输入“45”和“b”，如图9-24所示。将光标放置在45后，单击“插入”面板中的“符号”按钮@，在打开的下拉列表中选择“度数”，如图9-25所示。然后选中“b”字符，单击“斜体”按钮I，将字符b改为斜体，结果如图9-17所示。

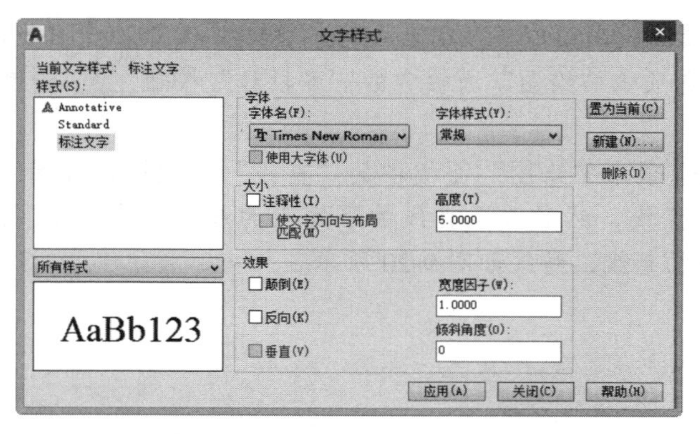

图 9-23　设置文字样式

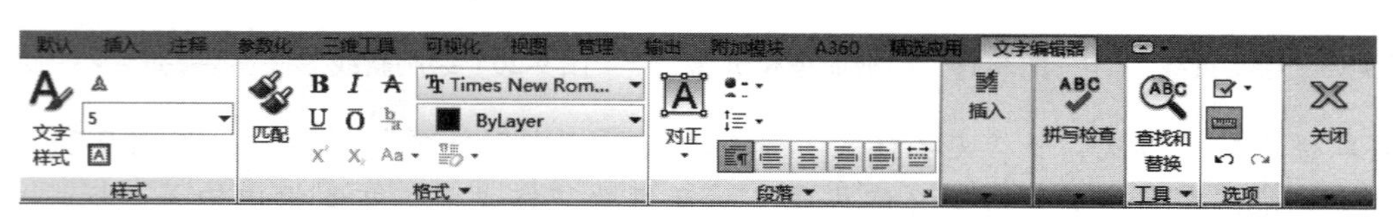

图 9-24　输入文字

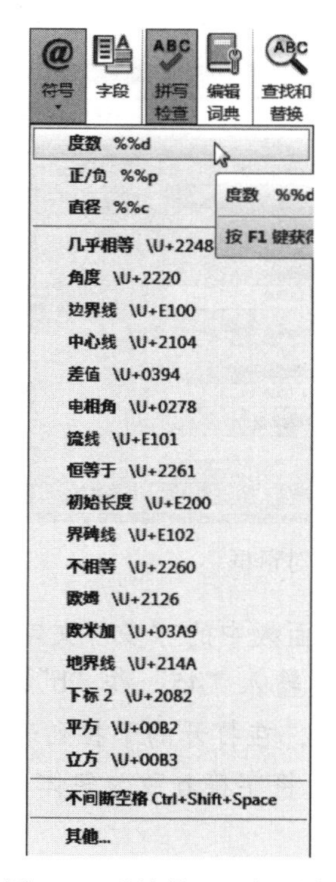

图 9-25　“符号”下拉列表

【选项说明】

1. 命令选项

（1）指定对角点：在绘图区选择两个点作为矩形框的两个角点，AutoCAD 以这两个点为对角点构成一个矩形区域，其宽度作为将来要标注的多行文字的宽度，第一个点作为第一行文本顶线的起点。响应后 AutoCAD 打开“文字编辑器”选项卡和多行文字编辑器，可利用此编辑器输入多行文字并对其格式进行设置。关于该选项卡中各项的含义及编辑器功能，稍后再详细介绍。

（2）对正 (J)：用于确定所标注文字的对齐方式。选择该选项，AutoCAD 提示：

```
输入对正方式 [左上(TL)/中上(TC)/右上(TR)/左中(ML)/正中(MC)/右中(MR)/左下(BL)/中下(BC)/右下(BR)] <左上(TL)>:
```

这些对齐方式与 TEXT 命令中的各对齐方式相同。选择一种对齐方式后按 Enter 键，系统回到上一级提示。

（3）行距 (L)：用于确定多行文字的行间距。这里所说的行间距是指相邻两文本行基线之间的垂直距离。选择此选项，AutoCAD 提示：

```
输入行距类型 [至少(A)/精确(E)] <至少(A)>:
```

在此提示下有“至少”和“精确”两种方式确定行间距。

① 在“至少”方式下，系统根据每行文本中最大的字符自动调整行间距。

② 在“精确”方式下，系统为多行文字赋予一个固定的行间距，可以直接输入一个确切的间距值，也可以输入“nx”的形式。

其中 n 是一个具体数，表示行间距设置为单行文字高度的 n 倍，而单行文字高度是本行文本字符高度的 1.66 倍。

（4）旋转 (R)：用于确定文本行的倾斜角度。选择该选项，AutoCAD 提示：

```
指定旋转角度 <0>:（输入倾斜角度）
```

输入角度值后按 Enter 键，系统返回到“指定对角点或 [高度 (H)/ 对正 (J)/ 行距 (L)/ 旋转 (R)/ 样式 (S)/ 宽度 (W)/ 栏 (C)]:”的提示。

（5）样式 (S)：用于确定当前的文字样式。

（6）宽度 (W)：用于指定多行文字的宽度。可在绘图区选择一点，与前面确定的第一个角点组成一个矩形框的宽作为多行文字的宽度；也可以输入一个数值，精确设置多行文字的宽度。

（7）栏 (C)：根据栏宽、栏间距宽度和栏高组成矩形框。

2.“文字编辑器”选项卡

该选项卡用来控制文字的显示特性。可以在输入文字前设置文字的特性，也可以改变已输入的文字特性。要改变已有文字显示特性，首先应选择要修改的文字选择文字的方式有以下 3 种。

（1）将光标定位到文字开始处，按住鼠标左键，拖到文本末尾。

（2）双击某个文字，则该文字被选中。

（3）3 次单击鼠标，则选中全部内容。

下面介绍该选项卡中部分选项的功能。

（1）“文字高度”下拉列表框：用于确定文本的字符高度。可在文本框中输入新的字符高度，也可从此下拉列表框中选择已设定过的高度值。

（2）“粗体”**B**和“斜体”*I*按钮：用于设置加粗或斜体效果，但这两个按钮只对 TrueType 字体有效，如图 9-26 所示。

（3）“删除线”按钮 A：用于在文字上添加水平删除线，如图 9-26 所示。

（4）“下划线”U和“上划线”Ō按钮：用于设置或取消文字的上、下划线，如图 9-26 所示。

从入门到实践

从入门到实践

~~从入门到实践~~

从入门到实践

从入门到实践

图 9-26　文本样式

（5）“堆叠”按钮：用于层叠所选的文字，也就是创建分数形式。当文本中某处出现“/”、“^”或“#”3 种层叠符号之一时，选中需层叠的文字，才可层叠文本。二者缺一不可。这时符号左边的文字作为分子，右边的文字作为分母进行层叠。

AutoCAD 提供了 3 种分数形式。

- 如果选中“abcd/efgh”后单击该按钮，得到如图 9-27（a）所示的分数形式。
- 如果选中“abcd^efgh”后单击该按钮，则得到如图 9-27（b）所示的分数形式。此形式多用于标注极限偏差。
- 如果选中“abcd#efgh”后单击该按钮，则创建斜排的分数形式，如图 9-27（c）所示。

如果选中已经层叠的文本对象后单击该按钮，则恢复到非层叠形式。

（6）“倾斜角度”（0/）文本框：用于设置文字的倾斜角度。

abcd/efgh（a）分数形式 1　　abcd efgh（b）分数形式 2　　abcd/efgh（c）分数形式 3

图 9-27　文本层叠

技巧

倾斜角度与斜体效果是两个不同的概念，前者可以设置任意倾斜角度，后者是在任意倾斜角度的基础上设置斜体效果。如图 9-28 所示，第一行倾斜角度为 0°，非斜体效果；第二行倾斜角度为 12°，非斜体效果；第三行倾斜角度为 12°，斜体效果。

都市农夫

都市农夫

都市农夫

图 9-28　倾斜角度与斜体效果

（7）“符号”按钮@：用于输入各种符号。单击该按钮，在打开的下拉列表中可以选择所需符号输入到文本中，如图 9-29 所示。

（8）“字段”按钮：用于插入一些常用或预设字段。单击该按钮，系统打开“字段”对话框，如图 9-30 所示。用户可从中选择字段，插入到标注文本中。

（9）“追踪”下拉列表框 a•b：用于增大或减小选定字符之间的空间。1.0 常规间距，设置大于 1.0 表示增大间距，设置小于 1.0 表示减小间距。

（10）“宽度因子”下拉列表框：用于扩展或收缩选定字符。1.0 表示设置代表此字体中字母的常规宽度，可以增大该宽度或减小该宽度。

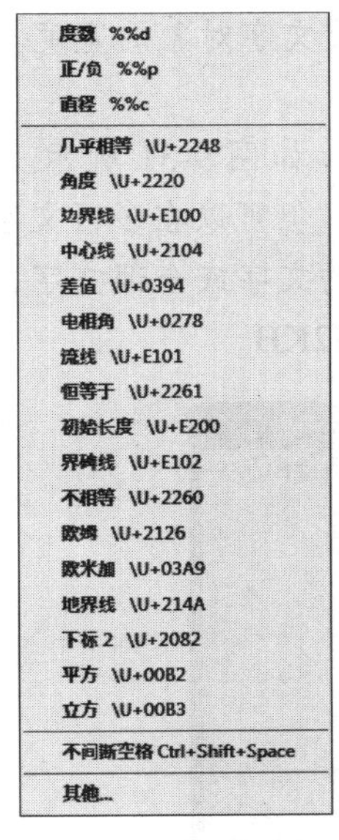

图 9-29 符号列表

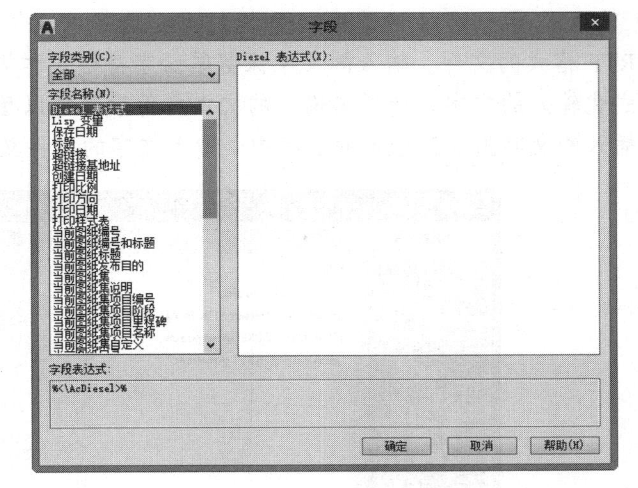

图 9-30 “字段”对话框

（11）“上标” X^2 按钮：将选定文字转换为上标，即在输入线的上方设置稍小的文字。

（12）“下标” X_2 按钮：将选定文字转换为下标，即在输入线的下方设置稍小的文字。

（13）“项目符号和编号”下拉列表：显示用于创建列表的选项，缩进列表以与第一个选定的段落对齐。如果清除复选标记，多行文字对象中的所有列表格式都将被删除，各项将被转换为纯文本。

- 关闭：如果选择该选项，将从应用了列表格式的选定文字中删除字母、数字和项目符号，但不更改缩进状态。
- 以数字标记：将带有句点的数字应用于列表项。
- 以字母标记：将带有句点的字母应用于列表项。如果列表含有的项多于字母表中含有的字母，可以使用双字母继续序列。
- 以项目符号标记：将项目符号表用于列表项。
- 起点：在列表格式中启动新的字母或数字序列。如果选定的项位于列表中间，则选定项下面未选中的项也将成为新列表的一部分。
- 继续：将选定的段落添加到上面最后一个列表，然后继续序列。如果选择了列表项而非段落，选定项下面未选中的项将继续序列。
- 允许自动项目符号和编号：在输入时应用列表格式。以下字符可以用作字母和数字后的标点但不能用作项目符号：句点（.）、逗号（,）、右括号（)）、右尖括号（>）、右方括号（]）和右花括号（}）。
- 允许项目符号和列表：如果选择该选项，列表格式将应用到外观类似列表的多行文字对象中的所有纯文本。

（14）拼写检查：确定输入时拼写检查处于打开还是关闭状态。

（15）编辑词典：显示词典对话框，从中可添加或删除在拼写检查过程中使用的自定义词典。

（16）标尺：在编辑器顶部显示标尺。拖动标尺末尾的箭头可更改文字对象的宽度。列模式处于活动状态时，还会显示高度和列夹点。

（17）输入文字：选择该选项，系统打开“选择文件”对话框，如图 9-31 所示。选择任意 ASCII 或 RTF 格式的文件。输入的文字保留原始字符格式和样式特性，但可以在多行文字编辑器中编辑和格式化输入的文字。选择要输入的文本文件后，可以替换选定的文字或全部文字，或在文字边界内将插入的文字附加到选定的文字中。输入文字的文件必须小于 32KB。

输入文件
查找范围(I):
文档
查看(V)
工具(L)
名称
预览
Camtasia Studio
Inventor Server SDK ACAD 2018
SOLIDWORKS Downloads
SOLIDWORKSComposer
A360
历史记录
文档
收藏夹
FTP
桌面
文件名(N):
文件类型(T):
PDF 文件(*.pdf)
打开(O)
取消

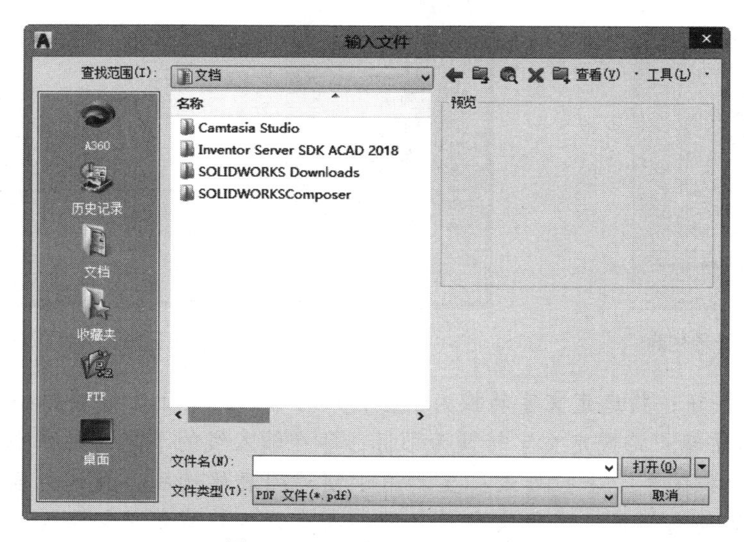

图 9-31 “选择文件”对话框

☞ 教你一招

单行文字和多行文字的区别：

单行文字中的每行文字是一个独立的对象。对于不需要多种字体或多行的内容，可以创建单行文字。对于标签来说，单行文字非常方便。

多行文字可以是一组文字。对于较长、较为复杂的内容，可以创建多行或段落文字。多行文字是由任意数目的文本行段落组成的，布满指定的宽度，还可以沿垂直方向无限延伸。多行文字中，无论行数是多少，单个编辑任务中创建的每个段落集将构成单个对象，用户可对其进行移动、旋转、删除、复制、镜像或缩放操作。

单行文字和多行文字之间的互相转换：对于多行文字，可用“分解”命令将其分解成单行文字；选中单行文字，然后输入 text2mtext 命令，即可将单行文字转换为多行文字。

练一练——结构设计总说明

绘制如图 9-32 所示的结构设计总说明。

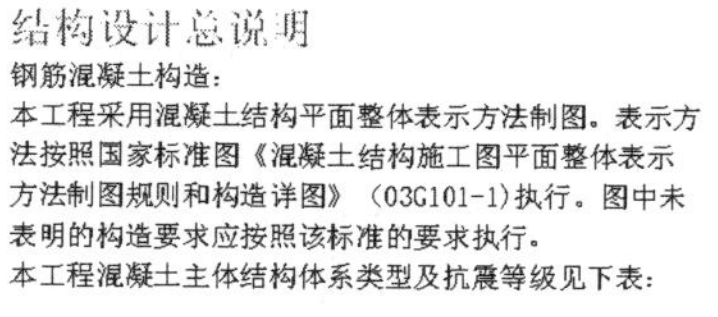

结构设计总说明
钢筋混凝土构造：
本工程采用混凝土结构平面整体表示方法制图。表示方法按照国家标准图《混凝土结构施工图平面整体表示方法制图规则和构造详图》（03G101-1）执行。图中未表明的构造要求应按照该标准的要求执行。
本工程混凝土主体结构体系类型及抗震等级见下表：

图 9-32 结构设计总说明

思路点拨

源文件：源文件\第 9 章\结构设计总说明 .dwg

（1）设置文字样式。

（2）利用“多行文字”命令输入结构设计说明文字。

9.3 文字编辑

AutoCAD 2018 提供了“文字编辑器”选项卡和多行文字编辑器，可以方便、直观地设置需要的文字样式，或是对已有样式进行修改。

【执行方式】

- 命令行：TEXTEDIT。
- 菜单栏：选择菜单栏中的“修改”→“对象”→“文字”→“编辑”命令。
- 工具栏：单击“文字”工具栏中的“编辑”按钮。

【操作步骤】

```
命令：TEXTEDIT↙
当前设置：编辑模式 = Multiple
选择注释对象或 [放弃(U)/模式(M)]:
```

【选项说明】

（1）选择注释对象：选取要编辑的文字、多行文字或标注对象。

要求选择想要修改的文本，同时光标变为拾取框。用拾取框选择对象时：

① 如果选择的文本是用 TEXT 命令创建的单行文字，则深显该文本，可对其进行修改。

② 如果选择的文本是用 MTEXT 命令创建的多行文字，选择对象后则打开“文字编辑器”选项卡和多行文字编辑器，可根据前面的介绍对各项设置或内容进行修改。

（2）放弃 (U)：放弃对文字对象的上一个更改。

（3）模式 (M)：控制是否自动重复命令。选择此选项，命令行提示如下：

```
输入文本编辑模式选项 [单个(S)/多个(M)] <Multiple>:
```

① 单个 (S)：修改选定的文字对象一次，然后结束命令。

② 多个 (M)：允许在命令持续时间内编辑多个文字对象。

9.4 表　　格

在以前的 AutoCAD 版本中，要绘制表格必须采用绘制图线的方法或结合“偏移”“复制”等编辑命令来完成，这样的操作过程繁琐而复杂，不利于提高绘图效率。自从 AutoCAD 2005 新增了“表格”功能，创建表格就变得非常容易了，用户可以直接插入设置好样式的表格。同时随着版本的不断升级，表格功能也在精益求精、日趋完善。

9.4.1 定义表格样式

和文字样式一样，所有 AutoCAD 图形中的表格都有与其相对应的表格样式。当插入表格对象时，系统使用当前设置的表格样式。表格样式是用来控制表格基本形状和间距的一组设置。模板文件 ACAD.DWT 和 ACADISO.DWT 中定义了名为 Standard 的默认表格样式。

【执行方式】

- 命令行：TABLESTYLE。
- 菜单栏：选择菜单栏中的“格式”→“表格样式”命令。
- 工具栏：单击“样式”工具栏中的“表格样式管理器”按钮。
- 功能区：单击“默认”选项卡“注释”面板中的“表格样式”按钮。

扫一扫，看视频

动手学——设置材料明细表样式

源文件：源文件\第 9 章\设置材料明细表样式 .dwg

设置如图 9-33 所示材料明细表的样式。

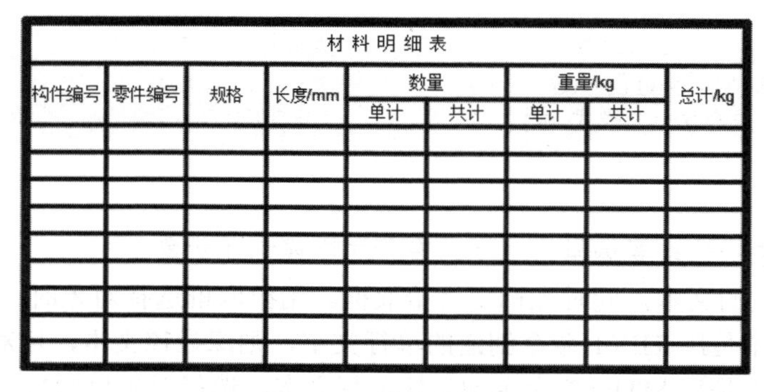

材料明细表										
构件编号	零件编号	规格	长度/mm	数量		重量/kg		总计/kg
				单计	共计	单计	共计	

图 9-33　材料明细表

【操作步骤】

（1）单击“默认”选项卡“注释”面板中的“表格样式”按钮，打开如图 9-34 所示的“表格样式”对话框。单击“新建”按钮，打开如图 9-35 所示的“创建新的表格样式”对话框，输入新样式名为“材料表”。

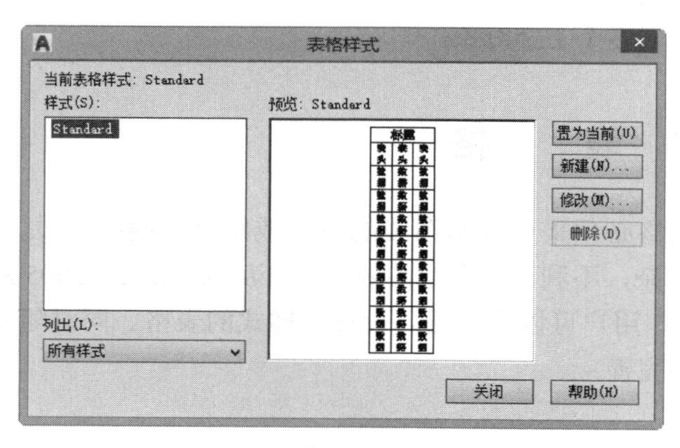

图 9-34　“表格样式”对话框

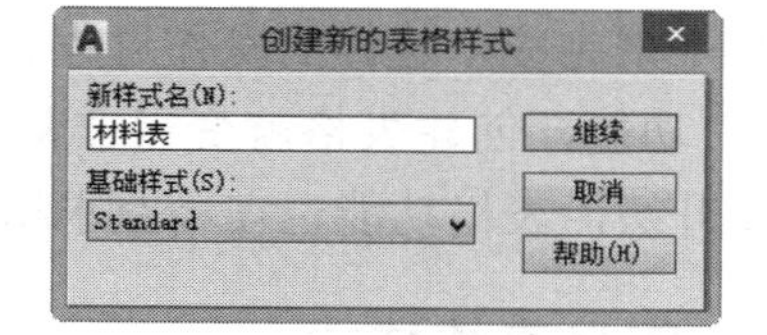

图 9-35　“创建新的表格样式”对话框

（2）单击“继续”按钮，打开“新建表格样式：材料表”对话框。在“常规”选项卡中设置对齐方式为“正中”，如图 9-36 所示。在“文字”选项卡中设置文字高度为 3，如图 9-37 所示。在“边框”选项卡中设置线宽为 0.35mm，单击“所有边框”按钮⊞，设置所有边框的线宽为 0.35mm；然后设置线宽为 0.7mm，单击“外边框”按钮⊡，设置外边框线宽为 0.7mm，如图 9-38 所示。

（3）单击“确定”按钮，返回到“表格样式”对话框，单击“关闭”按钮，完成表格样式的设置。

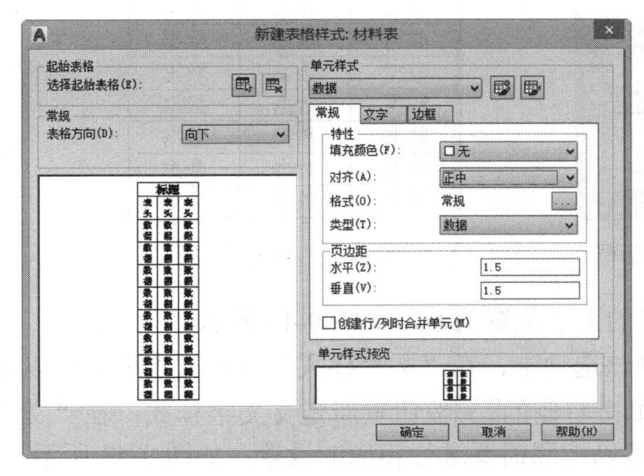

图 9-36 “常规”选项卡

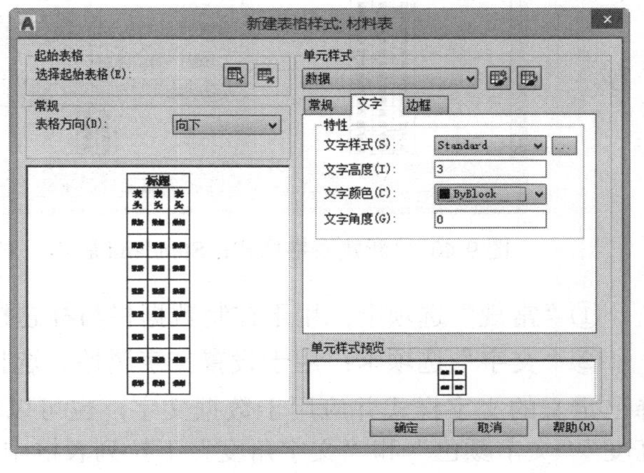

图 9-37 “文字”选项卡

【选项说明】

（1）“新建”按钮：单击该按钮，系统打开“创建新的表格样式”对话框，如图 9-39 所示。输入新的表格样式名后，单击“继续”按钮，在弹出的“新建表格样式：Standand 副本”对话框中可以定义新的表格样式，如图 9-40 所示。

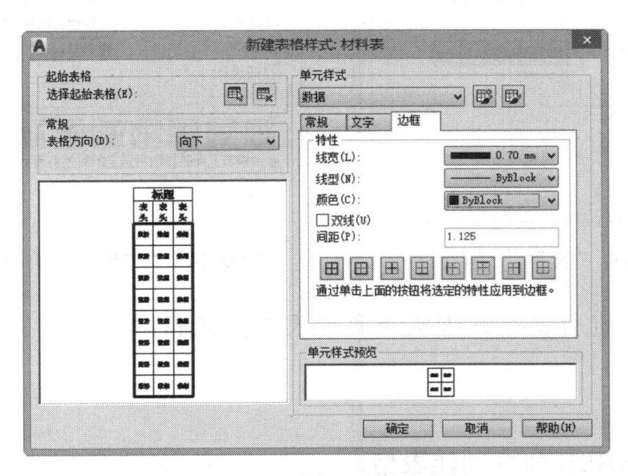

图 9-38 “边框”选项卡

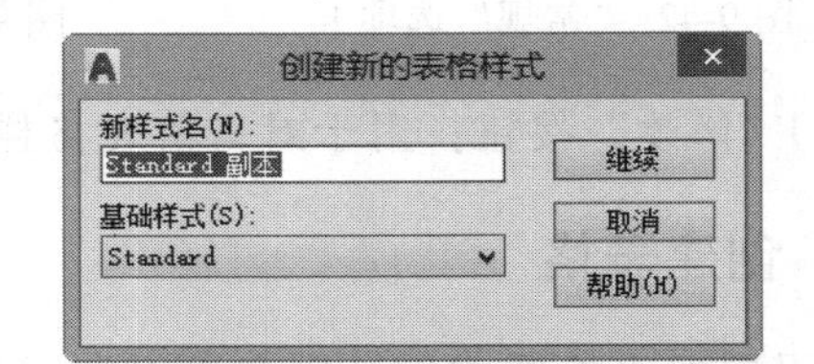

图 9-39 “创建新的表格样式”对话框

在“新建表格样式：Standard 副本”对话框的“单元样式”下拉列表框中有 3 个重要的选项：“数据”“表头”和“标题”，分别控制表格中数据、列标题和总标题的有关参数，如图 9-41 所示。此外，该对话框中还有 3 个重要的选项卡，分别介绍如下。

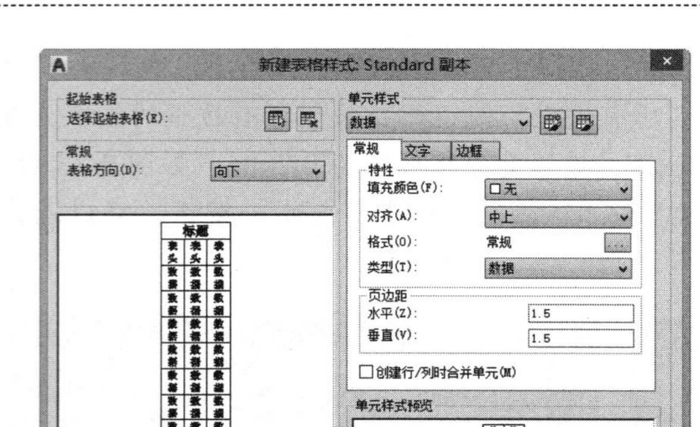

图 9-40 “新建表格样式：Standand 副本”对话框

标题		
表头	表头	表头
数据	数据	数据
数据	数据	数据
数据	数据	数据
数据	数据	数据
数据	数据	数据
数据	数据	数据

图 9-41　单元样式

①“常规”选项卡：用于控制数据栏与标题栏的上下位置关系，如图 9-42 所示。

②“文字”选项卡：用于设置文字属性。选择该选项卡，在“文字样式”下拉列表框中可以选择已定义的文字样式并应用于数据文字，也可以单击右侧的...按钮重新定义文字样式；在“文字高度”“文字颜色”和“文字角度”下拉列表框中可以按照需要进行相应的设置，如图 9-43 所示。

③“边框”选项卡：用于设置表格的边框属性。下面的边框线按钮控制边框线的各种形式，如绘制所有边框线、只绘制外部边框线、只绘制内部边框线、无边框线、只绘制底部边框线等；“线宽”“线型”和“颜色”下拉列表框则控制边框线的线宽、线型和颜色；“间距”文本框用于控制单元格边界和内容之间的间距，如图 9-44 所示。

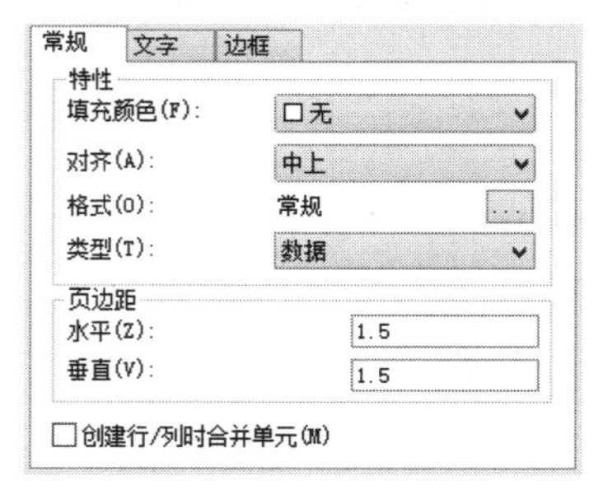

图 9-42 “常规”选项卡

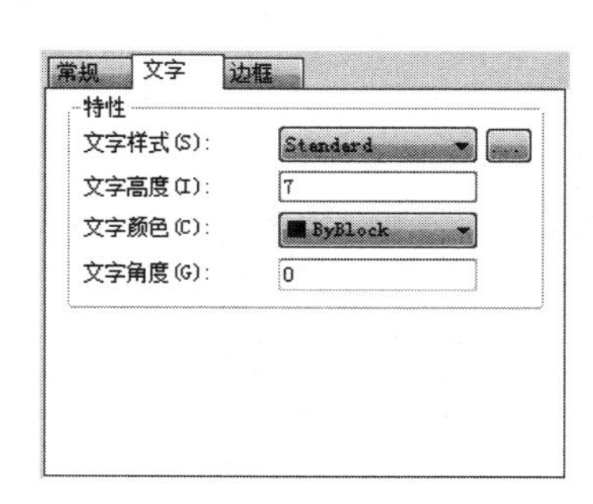

图 9-43 “文字”选项卡

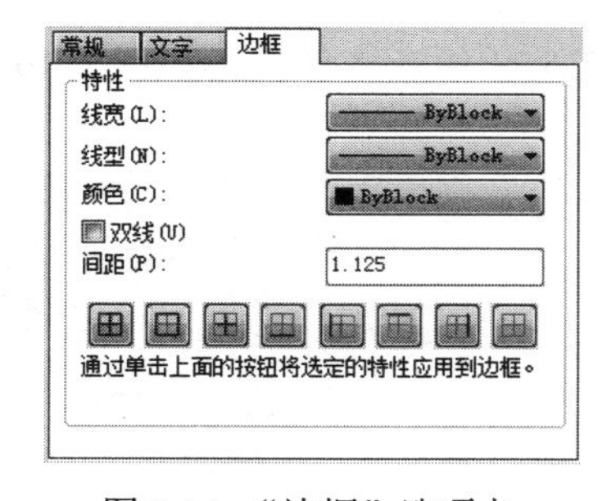

图 9-44 “边框”选项卡

（2）“修改”按钮：用于对当前表格样式进行修改，方式与新建表格样式相同。

9.4.2 创建表格

在设置好表格样式后，用户可以利用 TABLE 命令创建表格。

【执行方式】

- 命令行：TABLE。
- 菜单栏：选择菜单栏中的“绘图”→“表格”命令。
- 工具栏：单击“绘图”工具栏中的“表格”按钮。

➘ 功能区：单击“默认”选项卡“注释”面板中的“表格”按钮▦或单击“注释”选项卡“表格”面板中的“表格”按钮▦。

动手学——绘制材料明细表

调用素材：源文件\第9章\设置材料明细表样式.dwg

源文件：源文件\第9章\材料明细表.dwg

本例绘制表格并对其进行编辑，然后输入文字，如图9-45所示。

材料明细表								
构件编号	零件编号	规格	长度/mm	数量		重量/kg		总计/kg
				单计	共计	单计	共计	

图9-45　材料明细表

【操作步骤】

（1）单击“默认”选项卡“注释”面板中的“表格”按钮▦，打开“插入表格”对话框，设置列数为9，列宽为20，数据行数为10，行高为1，将所有单元样式都设置为“数据”，如图9-46所示。单击“确定”按钮，将表格放置到图中适当位置，如图9-47所示。

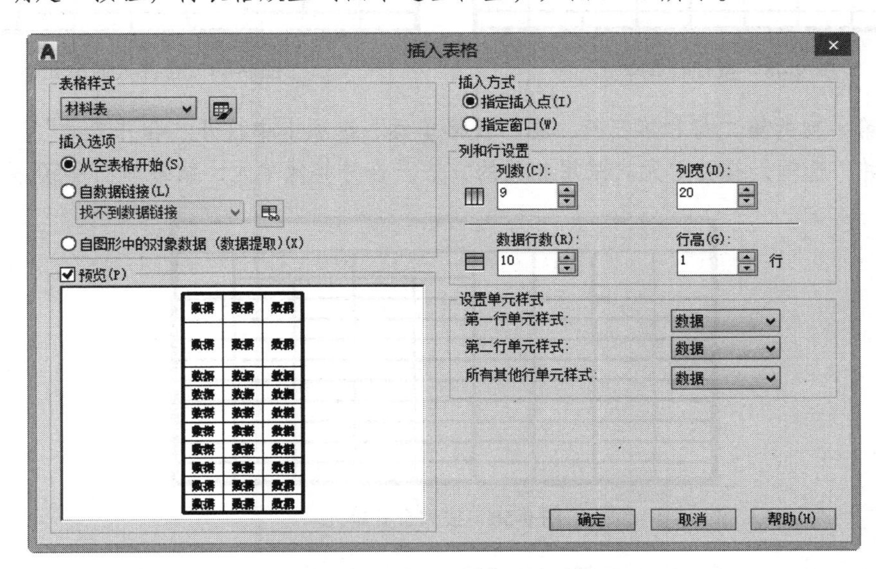

图9-46　“插入表格”对话框

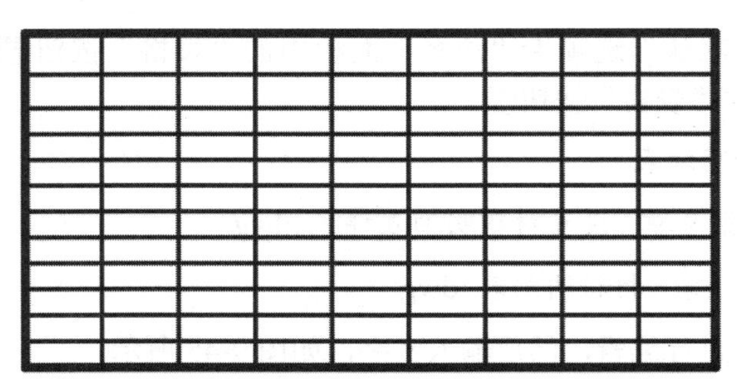

图 9-47　插入表格

（2）选取第一行，在“表格单元”选项卡中打开“合并单元”下拉列表，从中选择“按行合并”选项，合并单元，如图 9-48 所示。采用相同的方法，合并其他单元，结果如图 9-49 所示。

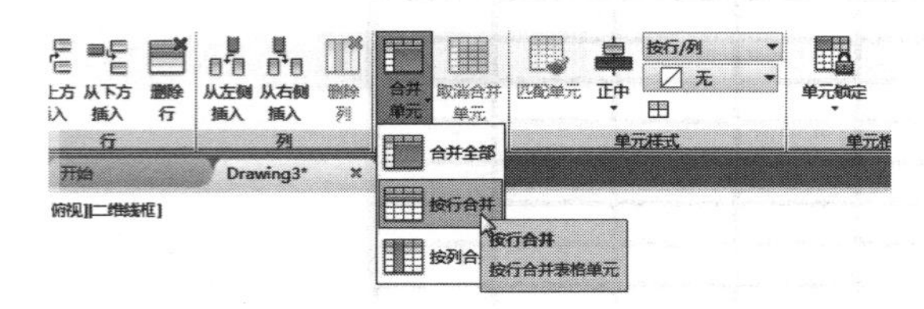

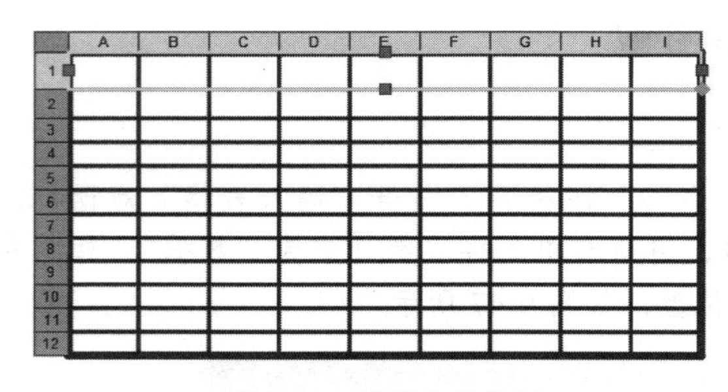

图 9-48　按行合并单元

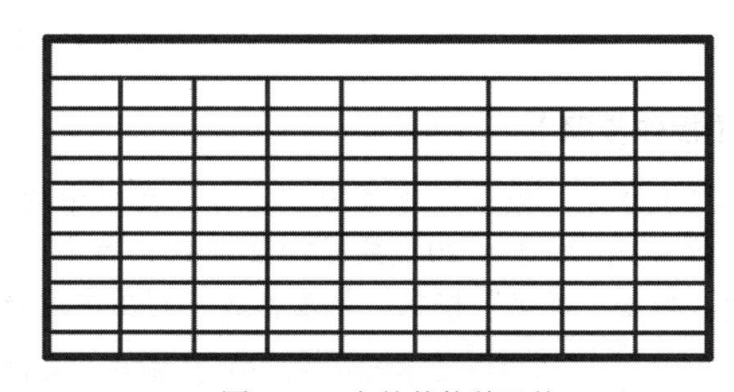

图 9-49　合并其他单元格

（3）选取第一列的第二行和第三行，在“表格单元”选项卡中打开“合并单元”下拉列表，从中选择“按列合并”选项，合并单元。采用相同的方法，合并其他单元，结果如图 9-50 所示。

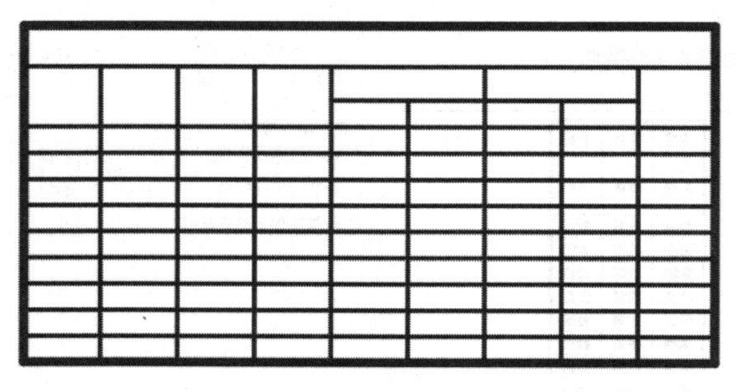

图 9-50　按列合并单元

（4）双击单元格，打开文字编辑器，在各单元格中输入相应的文字或数据，最终完成材料表的绘制，效果如图 9-45 所示。

【选项说明】

（1）“表格样式”选项组：可以在“表格样式”下拉列表框中选择一种表格样式，也可以通过单击后面的按钮来新建或修改表格样式。

（2）“插入选项”选项组：指定插入表格的方式。

①“从空表格开始”单选按钮：创建可以手动填充数据的空表格。

②“自数据链接”单选按钮：通过启动数据连接管理器来创建表格。

③“自图形中的对象数据”单选按钮：通过启动“数据提取”向导来创建表格。

（3）“插入方式”选项组。

①“指定插入点”单选按钮：指定表格左上角的位置。可以使用定点设备，也可以在命令行中输入坐标值。如果表格样式将表格的方向设置为由下而上读取，则插入点位于表格的左下角。

②“指定窗口”单选按钮：指定表的大小和位置。可以使用定点设备，也可以在命令行中输入坐标值。选中该单选按钮时，行数、列数、列宽和行高取决于窗口的大小以及列和行的设置。

技巧

在“插入方式”选项组中选中“指定窗口”单选按钮后，“列和行设置”的两个参数中只能指定一个，另外一个由指定窗口的大小自动等分来确定。

（4）“列和行设置”选项组。

指定列和数据行的数目以及列宽与行高。

（5）“设置单元样式”选项组。

指定“第一行单元样式”“第二行单元样式”和“所有其他行单元样式”分别为标题、表头或者数据样式。

练一练——桥墩（台）支座垫石工程数量表

绘制如图9-51所示的桥墩（台）支座垫石工程数量表。

钢筋编号	直径(cm)	长度(cm)	根数	共长(m)	共重(kg)	一个桥墩	一个桥台
1	Φ10	30	12	3.60	2.22	31.08	15.54
2	Φ10	30	12	3.60	2.22	31.08	15.54
3	Φ10	20	16	3.20	1.97	27.58	13.79
橡胶支座（套）						14	7
30号混凝土(m^3)						0.16	0.08

图9-51　桥墩（台）支座垫石工程数量表

思路点拨

源文件： 源文件\第9章\桥墩（台）支座垫石工程数量表.dwg

（1）设置表格样式。

（2）插入空表格，并调整列宽。

（3）重新输入文字和数据。

9.5　综合演练——绘制A3土木工程样板图

扫一扫，看视频

源文件： 源文件\第9章\绘制A3土木工程样板图.dwg

下面绘制一个A3土木工程样板图，带有自己的标题栏和会签栏。

【操作步骤】

（1）设置单位和图形边界。

① 打开 AutoCAD 2018 应用程序，系统自动建立一个新的图形文件。

② 设置单位。选择菜单栏中的“格式”→“单位”命令，弹出“图形单位”对话框，如图 9-52 所示。设置长度的“类型”为“小数”，“精度”为 0.0000；角度的“类型”为“十进制度数”，“精度”为 0，系统默认逆时针方向为正方向。

③ 设置图形边界。国标对图纸的幅面大小作了严格规定，在这里，按国标 A3 图纸幅面设置图形边界。A3 图纸的幅面为 420mm×297mm，故设置图形边界如下。

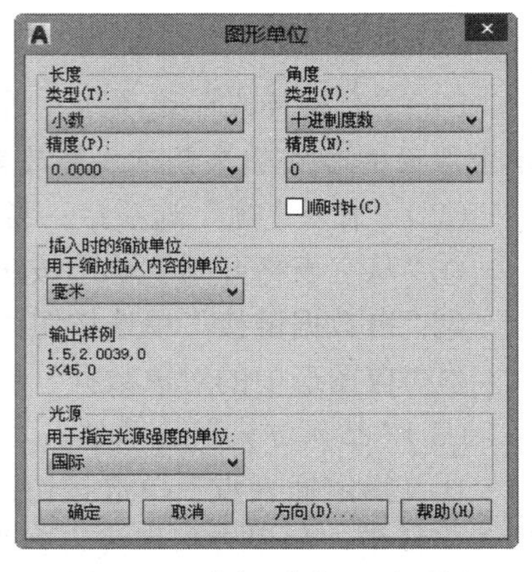

图 9-52 “图形单位”对话框

```
命令：LIMITS↙
重新设置模型空间界限：
指定左下角点或 [开(ON)/关(OFF)] <0.0000,0.0000>: ↙
指定右上角点 <12.0000,9.0000>: 420,297↙
```

（2）设置文本样式。

下面列出一些本练习中的格式，请按如下约定进行设置：文本高度一般注释为 7mm，零件名称为 10mm，图标栏和会签栏中的其他文字为 5mm，尺寸文字为 5mm；线型比例为 1，图纸空间线型比例为 1；单位为十进制，尺寸小数点后 0 位，角度小数点后 0 位。

可以生成 4 种文字样式，分别用于一般注释、标题块中零件名、标题块注释及尺寸标注。

① 单击“默认”选项卡“注释”面板中的“文字样式”按钮，弹出“文字样式”对话框。单击“新建”按钮，系统弹出“新建文字样式”对话框，如图 9-53 所示。接受默认的“样式 1”文字样式名，单击“确定”按钮。

② 系统返回“文字样式”对话框，在“字体名”下拉列表框中选择“仿宋”选项，设置“高度”为 5，“宽度因子”为 0.7，如图 9-54 所示。单击“应用”按钮，再单击“关闭”按钮。其他文字样式进行类似的设置。

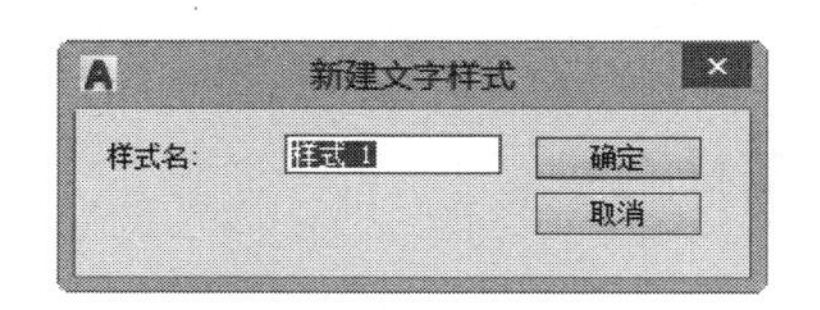

图 9-53 “新建文字样式”对话框

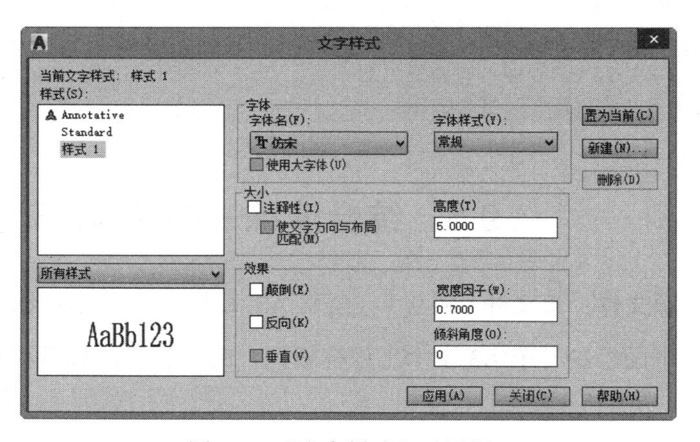

图 9-54 “文字样式”对话框

（3）绘制图框线和标题栏。

① 单击“默认”选项卡“绘图”面板中的“矩形”按钮▭，指定两个角点的坐标分别为（25,10）和（410,287），绘制一个420mm×297mm（A3图纸大小）的矩形作为图纸范围，如图9-55所示（外框表示设置的图纸范围）。

② 单击“默认”选项卡“绘图”面板中的“直线”按钮╱，绘制标题栏，坐标分别为｛（230,10）、（230,50）、（410,50）｝、｛（280,10）、（280,50）｝、｛（360,10）、（360,50）｝和｛（230,40）、（360,40）｝（大括号中的数值表示一条独立连续线段的端点坐标值），如图9-56所示。

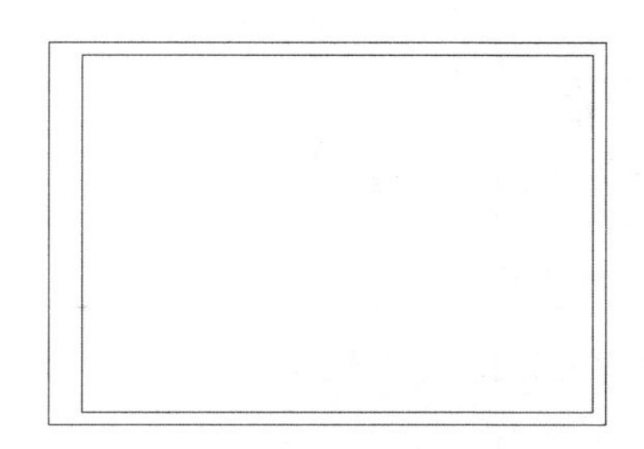

图9-55　绘制图框线

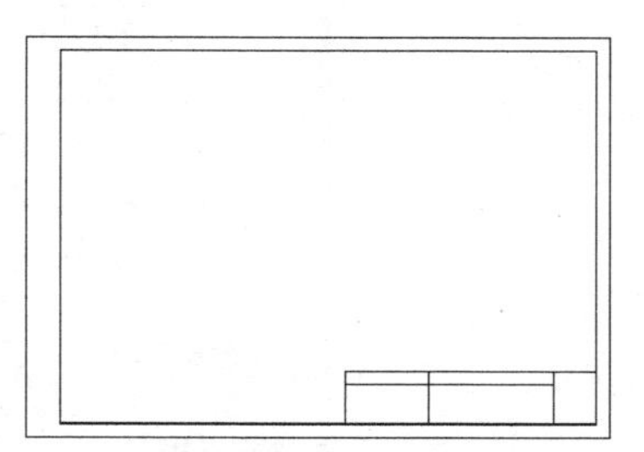

图9-56　绘制标题栏

（4）绘制会签栏。

① 单击“默认”选项卡“注释”面板中的“表格样式”按钮，打开“表格样式”对话框，如图9-57所示。

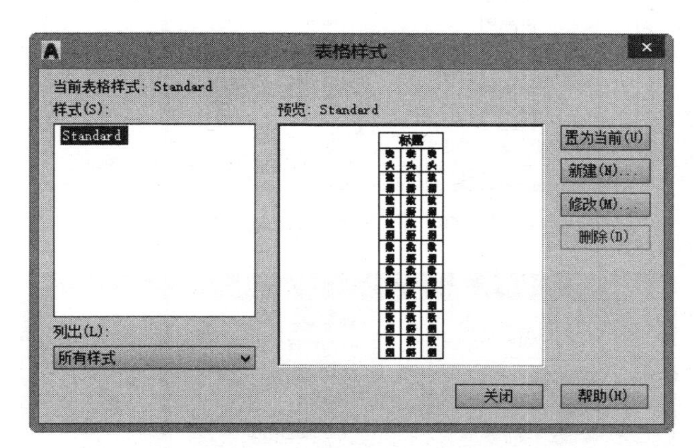

图9-57 “表格样式”对话框

② 单击“修改”按钮，系统打开“修改表格样式：Standard”对话框，在“单元样式”下拉列表框中选择“数据”选项，在“文字”选项卡中将“文字高度”设置为3，如图9-58所示。再选择“常规”选项卡，将“页边距”选项组中的“水平”和“垂直”都设置成1，如图9-59所示。

③ 系统回到“表格样式”对话框，单击“关闭”按钮退出。

④ 单击“默认”选项卡“注释”面板中的“表格”按钮，系统打开“插入表格”对话框，在“列和行设置”选项组中将“列数”设置为3，将“列宽”设置为25，将“数据行数”设置为2（加上标题行和表头行共4行），将“行高”设置为1行（即为5）；在“设置单元样式”选项组中将“第一行单元样式”、“第二行单元样式”和“所有其他行单元样式”都设置为“数据”，如图9-60所示。

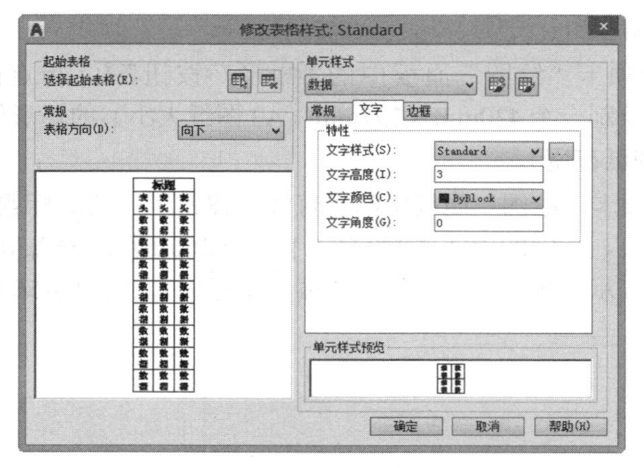

图 9-58 “修改表格样式”对话框

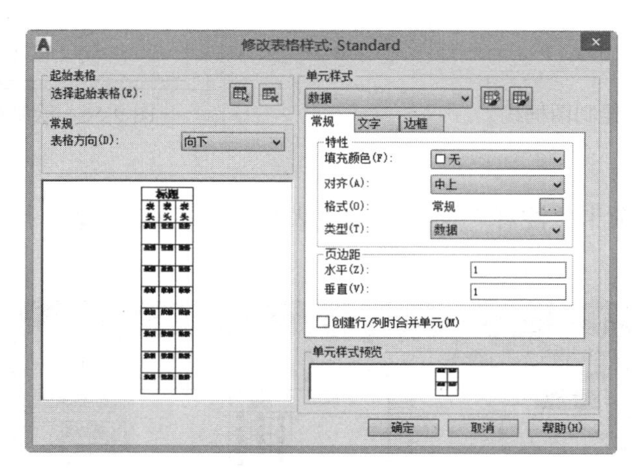

图 9-59 设置“常规”选项卡

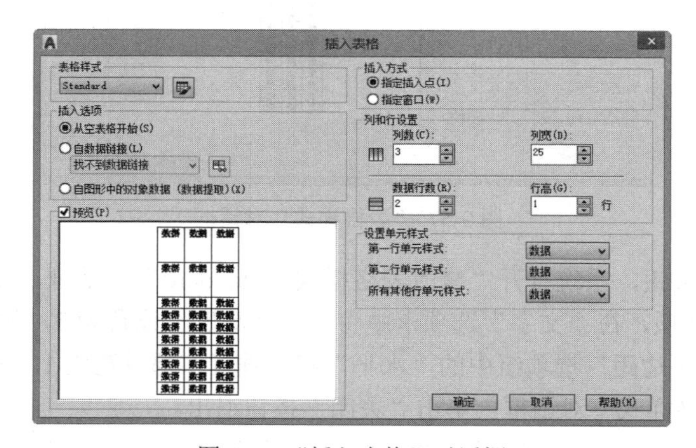

图 9-60 “插入表格”对话框

⑤ 在图框线左上角指定表格位置，系统生成表格，同时打开多行文字编辑器，如图 9-61 所示。在各格内依次输入文字，如图 9-62 所示。最后按 Enter 键或单击多行文字编辑器上的“确定”按钮，

生成的表格如图 9-63 所示。

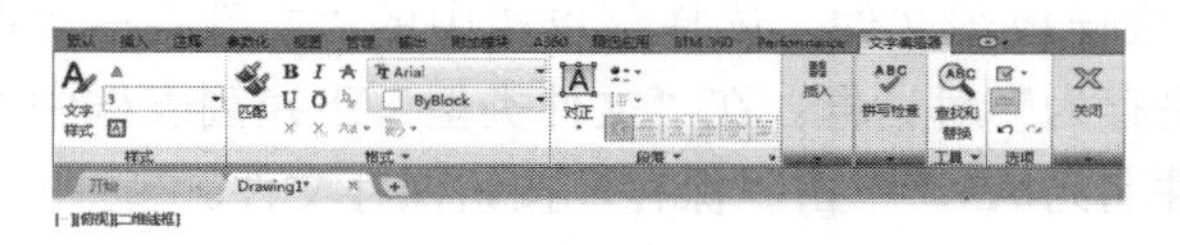

	A	B	C
1			
2			
3			
4			

图 9-61　生成表格

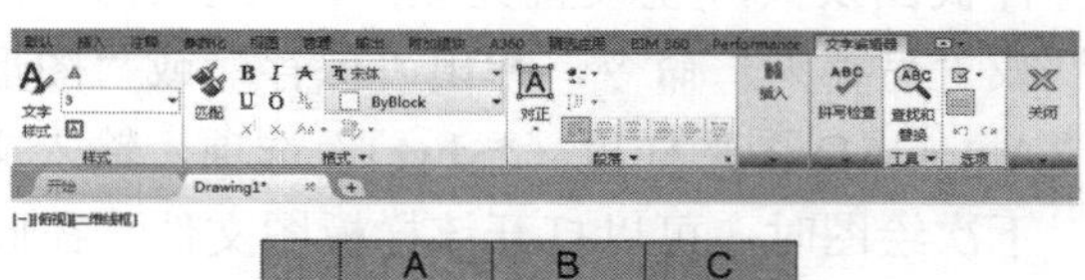

	A	B	C
1	专业	姓名	日期
2			
3			
4			

图 9-62　输入文字

专业	姓名	日期

图 9-63　完成表格

⑥ 单击“默认”选项卡“修改”面板中的“旋转”按钮，把会签栏旋转 -90°。命令行提示与操作如下。

```
命令 :ROTATE
UCS 当前的正角方向 : ANGDIR= 逆时针   ANGBASE=0.00
选择对象 :（选择刚绘制的表格）
选择对象 : ↙
指定基点 :（指定图框左上角）
指定旋转角度，或 [ 复制 (C) / 参照 (R)] <0.00>: -90 ↙
```

这样就得到了一个样板图，带有自己的标题栏和会签栏，如图 9-64 所示。

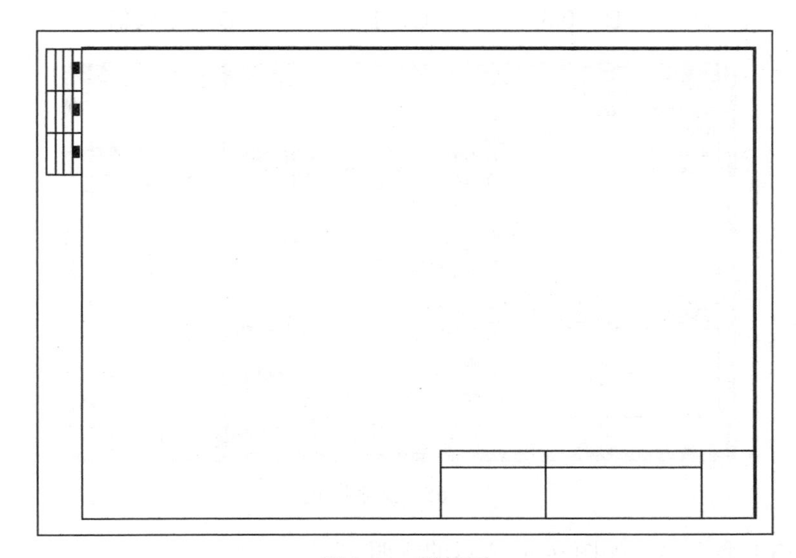

图 9-64　样板图

（5）保存成样板图文件。

样板图及其环境设置完成后，可以将其保存成样板图文件。选择菜单栏中的“文件”→“保存”或“另存为”命令，弹出“保存”或“图形另存为”对话框。在“文件类型”下拉列表框中选择“AutoCAD 图形样板（*.dwt）”选项，输入文件名为 A3，单击“保存”按钮保存文件。

下次绘图时，可以打开该样板图文件，在此基础上开始绘图。

9.6 模拟认证考试

1．在设置文字样式的时候，设置了文字的高度，其效果是（　　）。

A．在输入单行文字时，可以改变文字高度

B．输入单行文字时，不可以改变文字高度

C．在输入多行文字时候，不能改变文字高度

D．都能改变文字高度

2．使用多行文本编辑器时，其中 %%C、%%D、%%P 分别表示（　　）。

A．直径、度数、下划线　　B．直径、度数、正负

C．度数、正负、直径　　D．下划线、直径、度数

3．以下（　　）方式不能创建表格。

A．从空表格开始　　B．自数据链接

C．自图形中的对象数据　　D．自文件中的数据链接

4．在正常输入汉字时却显示“？”，是（　　）原因。

A．因为文字样式没有设定好　　B．输入错误

C．堆叠字符　　D．字高太高

5．按图 9-65 所示设置文字样式，则文字的宽度因子是（　　）。

A．0　　B．0.5　　C．1　　D．无效值

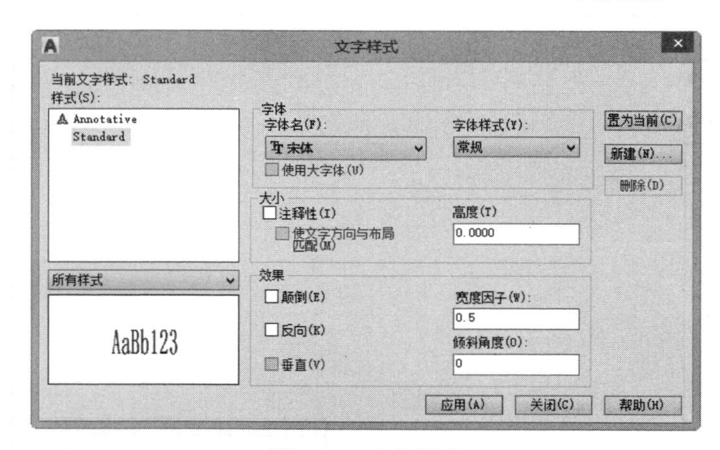

图 9-65　文字样式

6．利用 MTEXT 命令输入如图 9-66 所示的说明文字。

注：

1、图中尺寸除管径及断面以毫米为单位外，其余均以米计。

2、交通信号灯、路灯过路管均雨水管线上方穿越。

3、交叉口路灯过路管根据照明电缆过路情况按每侧2根DN100镀锌钢管敷设。

图 9-66 说明文字

7．绘制如图 9-67 所示的楼梯表。

名称	编号	标高	跨度 L0	断面 AXB	支座 a1	支座 a2	配筋 ⑫	配筋 ⑬	配筋 ⑭	备注
	TL1	1.803 5.120	2310	180X400	180	180	3Φ18	2Φ14	Φ8@200	

图 9-67 楼梯表

第 10 章　尺 寸 标 注

内容简介

尺寸标注是绘图过程中相当重要的一个环节。图形的主要作用是表达物体的形状，而物体各部分的真实大小和各部分之间的确切位置只能通过尺寸标注来表达。因此，若没有正确的尺寸标注，绘制出的图样对于加工制造就没有意义。AutoCAD 提供了方便、准确的标注尺寸功能，本章将详细介绍。

内容要点

- 尺寸样式
- 标注尺寸
- 引线标注
- 几何公差
- 编辑尺寸标注
- 实例——标注斜齿轮

案例效果

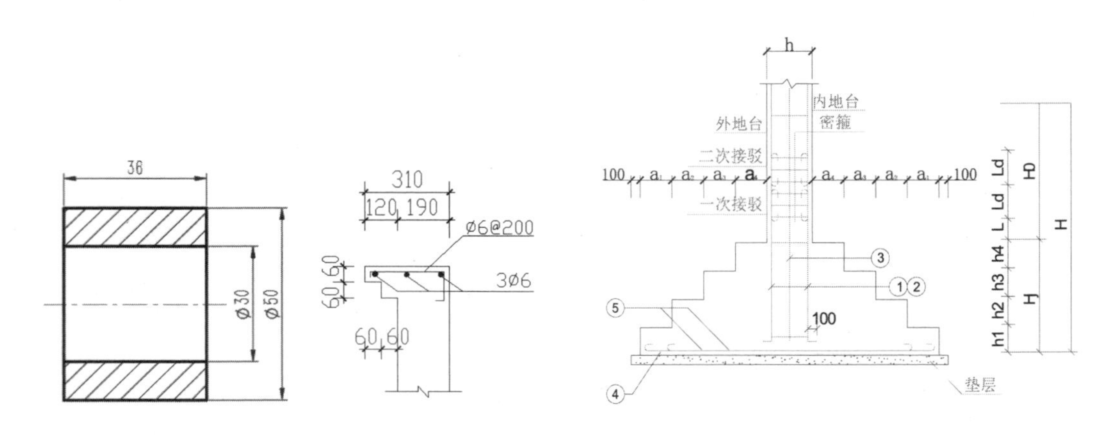

10.1　尺 寸 样 式

组成尺寸标注的尺寸线、尺寸界线、尺寸文本和尺寸箭头可以采用多种形式，尺寸标注以什么形态出现，取决于当前所采用的尺寸标注样式。标注样式决定尺寸标注的形式，包括尺寸线、尺寸界线、尺寸箭头和中心标记的形式、尺寸文本的位置、特性等。在 AutoCAD 2018 中用户可以利用“标注样式管理器”对话框方便地设置自己需要的尺寸标注样式。

10.1.1 新建或修改尺寸样式

在进行尺寸标注前，先要创建尺寸标注的样式。如果用户不创建尺寸样式而直接进行标注，系统使用默认名称为standard的样式。如果用户认为使用的标注样式某些设置不合适，也可以修改标注样式。

【执行方式】

- 命令行：DIMSTYLE（快捷命令D）。
- 菜单栏：选择菜单栏中的“格式”→“标注样式”命令或“标注”→“标注样式”命令。
- 工具栏：单击“标注”工具栏中的“标注样式”按钮。
- 功能区：单击“默认”选项卡“注释”面板中的“标注样式”按钮。

【操作步骤】

执行上述操作后，系统打开“标注样式管理器”对话框，如图10-1所示。利用该对话框可方便直观地定制和浏览尺寸标注样式，包括创建新的标注样式、修改已存在的标注样式、设置当前尺寸标注样式、样式重命名以及删除已有的标注样式等。

【选项说明】

（1）“置为当前”按钮：单击该按钮，把在“样式”列表框中选择的样式设置为当前标注样式。

（2）“新建”按钮：创建新的尺寸标注样式。单击该按钮，系统打开“创建新标注样式”对话框，如图10-2所示。利用该对话框可创建一个新的尺寸标注样式，其中各项功能说明如下。

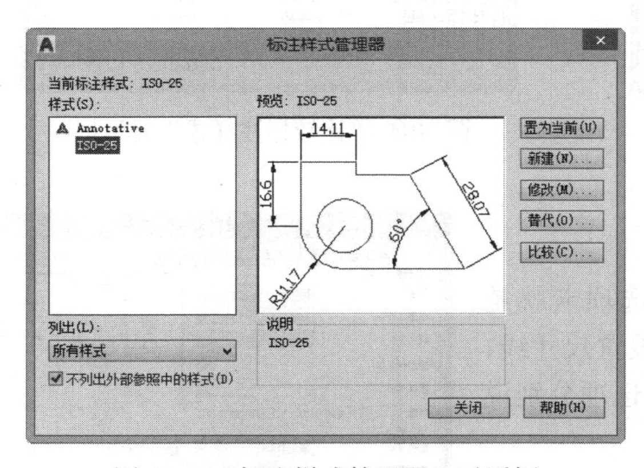

图10-1 “标注样式管理器”对话框

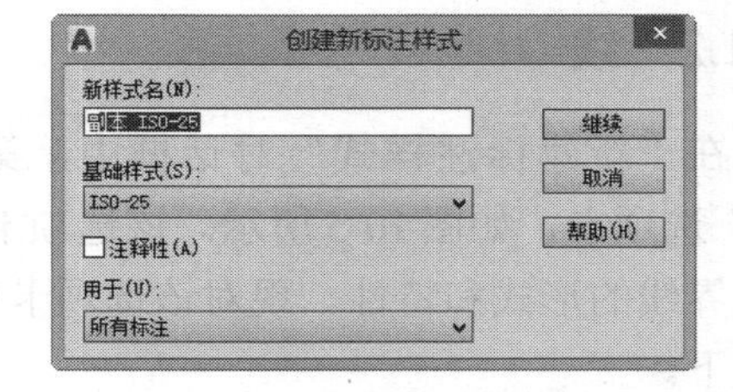

图10-2 “创建新标注样式”对话框

①“新样式名”文本框：为新的尺寸标注样式命名。

②“基础样式”下拉列表框：选择创建新样式所基于的标注样式。单击“基础样式”下拉列表框，打开当前已有的样式列表，从中选择一个作为定义新样式的基础，新的样式是在所选样式的基础上修改一些特性得到的。

③“用于”下拉列表框：指定新样式应用的尺寸类型。单击该下拉列表框，打开尺寸类型列表，如果新建样式应用于所有尺寸，则选择“所有标注”选项；如果新建样式只应用于特定的尺寸标注（如只在标注直径时使用此样式），则选择相应的尺寸类型。

④“继续”按钮：各选项设置好以后，单击该按钮，系统打开“新建标注样式”对话框，如图10-3所示。利用该对话框可对新标注样式的各项特性进行设置。该对话框中各部分的含义和功能将在后面介绍。

（3）“修改”按钮：修改一个已存在的尺寸标注样式。单击该按钮，系统打开“修改标注样式”对话框，该对话框中的各选项与“新建标注样式”对话框中完全相同，可以对已有标注样式进行修改。

（4）“替代”按钮：设置临时覆盖尺寸标注样式。单击该按钮，系统打开“替代当前样式”对话框，该对话框中各选项与“新建标注样式”对话框中完全相同，用户可改变选项的设置，以覆盖原来的设置，但这种修改只对指定的尺寸标注起作用，而不影响当前其他尺寸变量的设置。

（5）“比较”按钮：比较两个尺寸标注样式在参数上的区别，或浏览一个尺寸标注样式的参数设置。单击该按钮，系统打开“比较标注样式”对话框，如图10-4所示。可以把比较结果复制到剪贴板上，然后再粘贴到其他的Windows应用软件中。

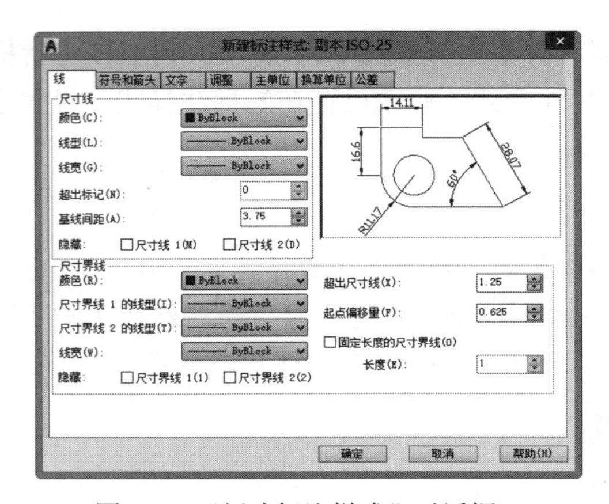

图10-3 “新建标注样式”对话框

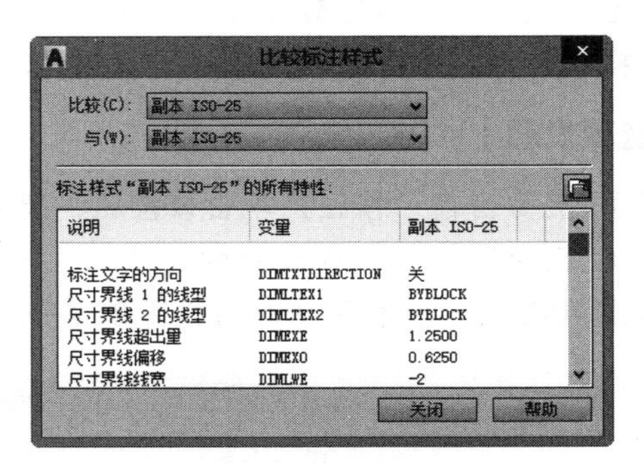

图10-4 “比较标注样式”对话框

10.1.2 线

在“新建标注样式”对话框中，第一个选项卡就是“线”选项卡，如图10-5所示。该选项卡用于设置尺寸线、尺寸界线的形式和特性。现对该选项卡中的各选项分别说明如下。

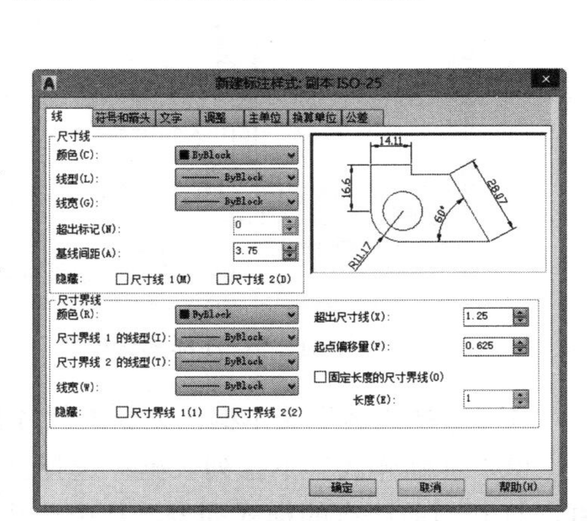

图10-5 “线”选项卡

1. “尺寸线”选项组

用于设置尺寸线的特性，其中各选项的含义如下。

（1）“颜色”（“线型”“线宽”）下拉列表框：用于设置尺寸线的颜色（线型、线宽）。

（2）“超出标记”微调框：当尺寸箭头设置为短斜线、短波浪线等，或尺寸线上无箭头时，可利用此微调框设置尺寸线超出尺寸界线的距离。

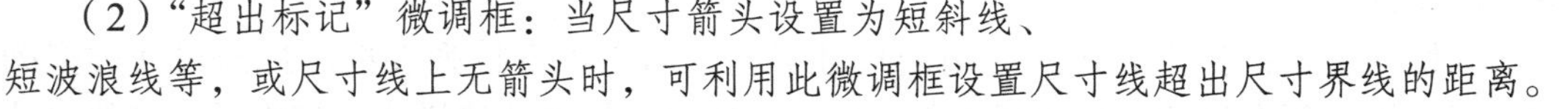

（3）“基线间距”微调框：设置以基线方式标注尺寸时，相邻两尺寸线之间的距离。

（4）“隐藏”复选框组：确定是否隐藏尺寸线及相应的箭头。选中“尺寸线1（2）”复选框，表示隐藏第一（二）段尺寸线。

2. “尺寸界线”选项组

用于确定尺寸界线的形式，其中各选项的含义如下。

（1）“颜色”（“线宽”）下拉列表框：用于设置尺寸界线的颜色（线宽）。

（2）“尺寸界线 1（2）的线型”下拉列表框：用于设置第一条尺寸界线的线型（DIMLTEX1 系统变量）。

（3）“超出尺寸线”微调框：用于确定尺寸界线超出尺寸线的距离。

（4）“起点偏移量”微调框：用于确定尺寸界线的实际起始点相对于指定尺寸界线起始点的偏移量。

（5）“隐藏”复选框组：确定是否隐藏尺寸界线。

（6）“固定长度的尺寸界线”复选框：选中该复选框，系统以固定长度的尺寸界线标注尺寸，可以在其下面的“长度”文本框中输入长度值。

3. 尺寸标注样式预览框

在“新建标注样式”对话框的右上方，有一个尺寸标注样式预览框，其中以样例的形式显示了用户设置的尺寸标注样式。

10.1.3 符号和箭头

在“新建标注样式”对话框中，第二个选项卡是“符号和箭头”选项卡，如图 10-6 所示。该选项卡用于设置箭头、圆心标记、弧长符号和半径标注折弯的形式和特性。现对该选项卡中的各选项分别说明如下。

1. “箭头”选项组

用于设置尺寸箭头的形式。AutoCAD 提供了多种箭头形状，列在“第一个”和“第二个”下拉列表框中。另外，还允许采用用户自定义的箭头形状。两个尺寸箭头可以采用相同的形式，也可采用不同的形式。

（1）“第一（二）个”下拉列表框：用于设置第一（二）个尺寸箭头的形式。单击此下拉列表框，打开各种箭头形式，其中列出了各类箭头的形状即名称。一旦选择了第一个箭头的类型，第二个箭头则自动与其匹配，要想第二个箭头取不同的形状，可在“第二个”下拉列表框中设定。

如果在上述下拉列表框中选择了“用户箭头”选项，则打开如图 10-7 所示的“选择自定义箭头块”对话框。可以事先把自定义的箭头存成一个图块，在该对话框中输入该图块名即可。

（2）“引线”下拉列表框：确定引线箭头的形式，与“第一个”设置类似。

（3）“箭头大小”微调框：用于设置尺寸箭头的大小。

2. “圆心标记”选项组

用于设置半径标注、直径标注和中心标注中的中心标记和中心线形式。其中各项含义如下。

（1）“无”单选按钮：选中该单选按钮，既不产生中心标记，也不产生中心线。

（2）“标记”单选按钮：选中该单选按钮，中心标记为一个点记号。

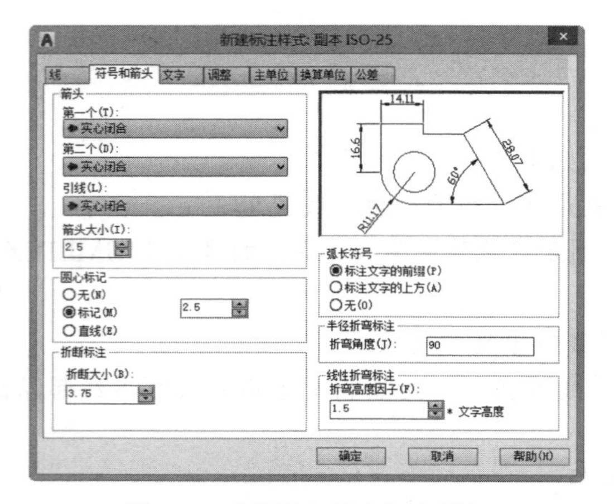

图 10-6 “符号和箭头”选项卡

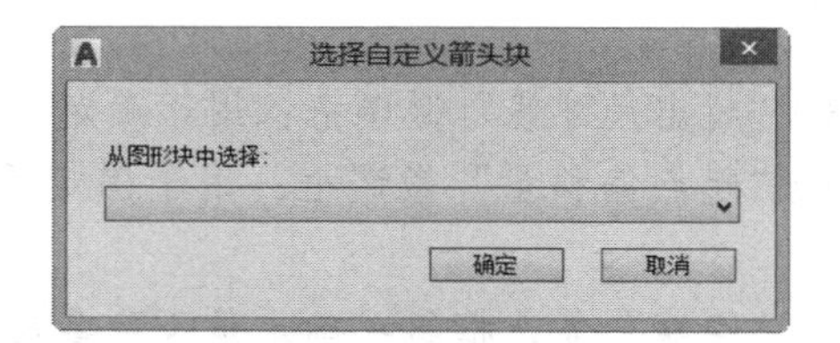

图 10-7 “选择自定义箭头块”对话框

（3）“直线”单选按钮：选中该单选按钮，中心标记采用中心线的形式。

（4）“大小”微调框：用于设置中心标记和中心线的大小和粗细。

3. “折断标注”选项组

用于控制折断标注的间距宽度。

4. “弧长符号”选项组

用于控制弧长标注中圆弧符号的显示，其中 3 个单选按钮的含义介绍如下。

（1）“标注文字的前缀”单选按钮：选中该单选按钮，将弧长符号放在标注文字的左侧，如图 10-8（a）所示。

（2）“标注文字的上方”单选按钮：选中该单选按钮，将弧长符号放在标注文字的上方，如图 10-8（b）所示。

（3）“无”单选按钮：选中该单选按钮，不显示弧长符号，如图 10-8（c）所示。

5. “半径折弯标注”选项组

用于控制折弯（Z 字形）半径标注的显示。折弯半径标注通常在中心点位于页面外部时创建。在“折弯角度”文本框中可以输入连接半径标注的尺寸界线和尺寸线的横向直线角度，如图 10-9 所示。

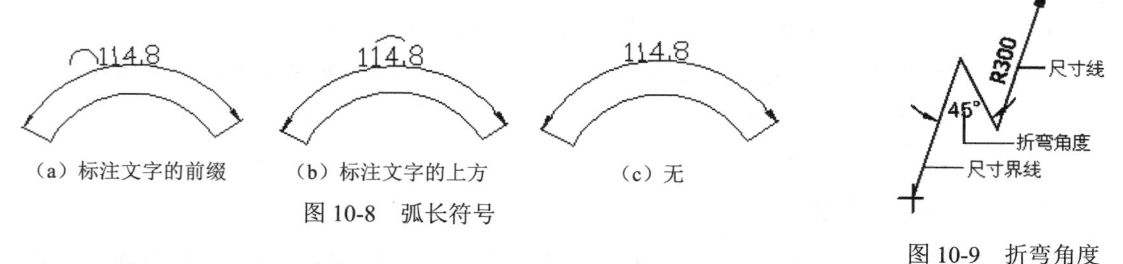

（a）标注文字的前缀　（b）标注文字的上方　（c）无

图 10-8 弧长符号

图 10-9 折弯角度

6. “线性折弯标注”选项组

用于控制折弯线性标注的显示。当标注不能精确表示实际尺寸时，常将折弯线添加到线性标注中。通常，实际尺寸比所需值小。

10.1.4 文字

在“新建标注样式”对话框中，第 3 个选项卡是“文字”选项卡，如图 10-10 所示。该选项卡用于设置尺寸文本文字的形式、布置、对齐方式等，现对该选项卡中的各选项分别说明如下。

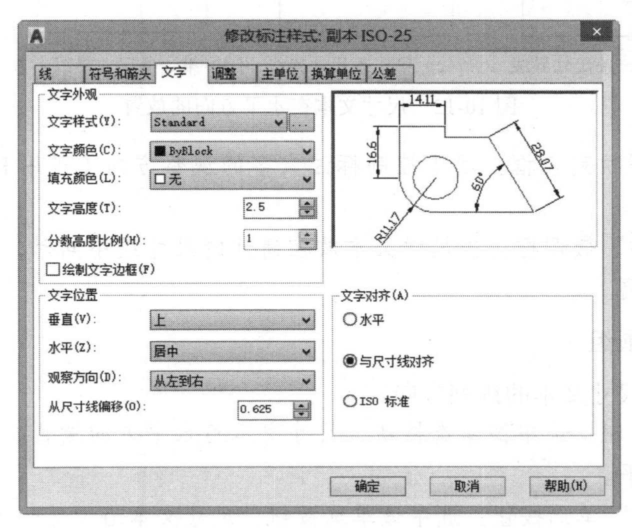

图 10-10 “文字”选项卡

1. “文字外观”选项组

(1)“文字样式”下拉列表框：用于选择当前尺寸文本采用的文字样式。

(2)“文字颜色”下拉列表框：用于设置尺寸文本的颜色。

(3)“填充颜色”下拉列表框：用于设置标注中文字背景的颜色。

(4)“文字高度”微调框：用于设置尺寸文本的字高。如果选用的文本样式中已设置了具体的字高（不是 0），则此处的设置无效；如果文本样式中设置的字高为 0，则以此处设置为准。

(5)“分数高度比例”微调框：用于确定尺寸文本的比例系数。

(6)“绘制文字边框”复选框：选中该复选框，AutoCAD 在尺寸文本的周围加上边框。

2. “文字位置”选项组

(1)“垂直”下拉列表框：用于确定尺寸文本相对于尺寸线在垂直方向的对齐方式，如图 10-11 所示。

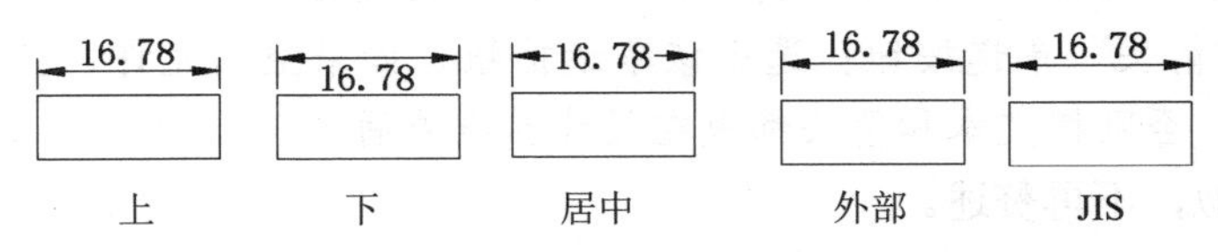

图 10-11 尺寸文本在垂直方向的放置

(2)“水平”下拉列表框：用于确定尺寸文本相对于尺寸线和尺寸界线在水平方向的对齐方式。

其中包括 5 种：居中、第一条尺寸界线、第二条尺寸界线、第一条尺寸界线上方、第二条尺寸界线上方，如图 10-12（a）～图 10-12（e）所示。

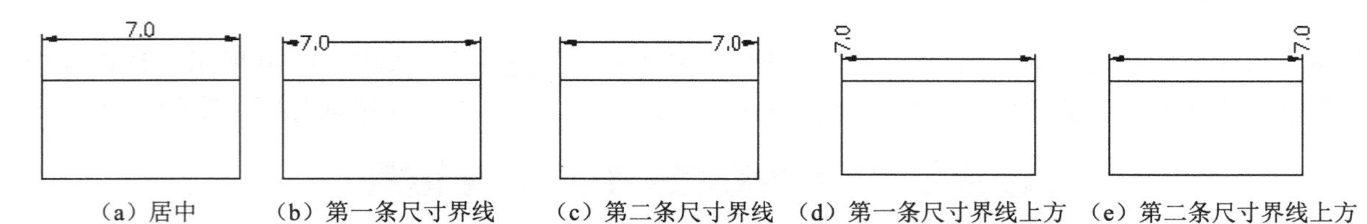

（a）居中　（b）第一条尺寸界线　（c）第二条尺寸界线　（d）第一条尺寸界线上方　（e）第二条尺寸界线上方

图 10-12　尺寸文本在水平方向的放置

（3）“观察方向”下拉列表框：用于控制标注文字的观察方向（可用 DIMTXTDIRECTION 系统变量设置）。

（4）“从尺寸线偏移”微调框：当尺寸文本放在断开的尺寸线中间时，该微调框用来设置尺寸文本与尺寸线之间的距离。

3. “文字对齐”选项组

该选项组用于控制尺寸文本的排列方向。

（1）“水平”单选按钮：选中该单选按钮，尺寸文本沿水平方向放置。不论标注什么方向的尺寸，尺寸文本总保持水平。

（2）“与尺寸线对齐”单选按钮：选中该单选按钮，尺寸文本沿尺寸线方向放置。

（3）“ISO 标准”单选按钮：选中该单选按钮，当尺寸文本在尺寸界线之间时，沿尺寸线方向放置；在尺寸界线之外时，沿水平方向放置。

10.1.5　调整

在“新建标注样式”对话框中，第 4 个选项卡是“调整”选项卡，如图 10-13 所示。该选项卡根据两条尺寸界线之间的空间，设置将尺寸文本、尺寸箭头放置在两尺寸界线内还是外。如果空间允许，AutoCAD 总是把尺寸文本和箭头放置在尺寸界线的里面，如果空间不够，则根据本选项卡的各项设置放置，现对该选项卡中的各选项分别说明如下。

1. “调整选项”选项组

（1）“文字或箭头”单选按钮：选中该单选按钮，如果空间允许，把尺寸文本和箭头都放置在两尺寸界线之间；如果两尺寸界线之间只够放置尺寸文本，则把尺寸文本放置在尺寸界线之间，而把箭头放置在尺寸界线之外；如果只够放置箭头，则把箭头放在里面，把尺寸文本放在外面；如果两尺寸界线之间既放不下文本，也放不下箭头，则把二者均放在外面。

（2）“文字”和“箭头”单选按钮：选中该单选按钮，如果空间允许，把尺寸文本和箭头都放置在两尺寸界线之间；否则把文本和箭头都放在尺寸界线外面。

其他选项含义类似，不再赘述。

2. “文字位置”选项组

用于设置尺寸文本的位置，包括“尺寸线旁边”“尺寸线上方，带引线”和“尺寸线上方，不带引线”，其效果如图 10-14 所示。

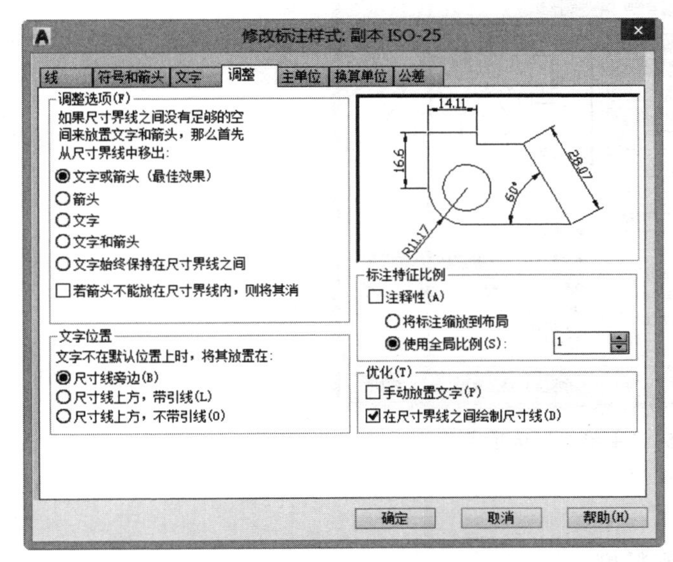

图 10-13 “调整”选项卡

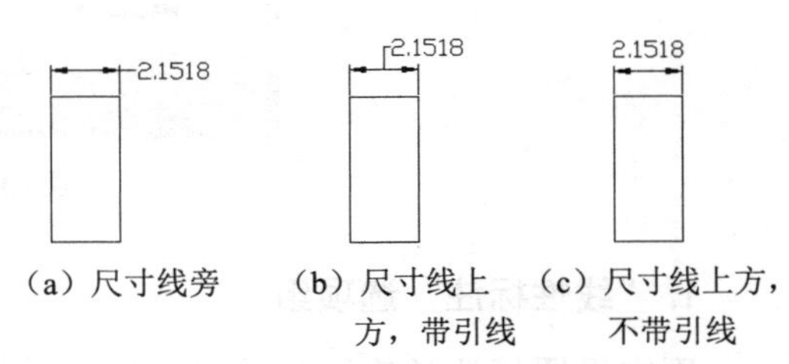

图 10-14 尺寸文本的位置

3. “标注特征比例”选项组

（1）注释性：指定标注为注释性。注释性对象和样式用于控制注释对象在模型空间或布局中显示的尺寸和比例。

（2）“将标注缩放到布局”单选按钮：根据当前模型空间视口和图纸空间之间的比例确定比例因子。当在图纸空间而不是模型空间视口中工作时，或当 TILEMODE 被设置为 1 时，将使用默认的比例因子 1:0。

（3）“使用全局比例”单选按钮：确定尺寸的整体比例系数。其后面的“比例值”微调框可以用来选择需要的比例。

4. “优化”选项组

用于设置附加的尺寸文本布置选项，包含以下两个选项。

（1）“手动放置文字”复选框：选中该复选框，标注尺寸时由用户确定尺寸文本的放置位置，忽略前面的对齐设置。

（2）“在尺寸界线之间绘制尺寸线”复选框：选中该复选框，不管尺寸文本在尺寸界线里面还是在外面，AutoCAD 均在两尺寸界线之间绘出一尺寸线；否则当尺寸界线内放不下尺寸文本而将其放在外面时，尺寸界线之间无尺寸线。

10.1.6 主单位

在“新建标注样式”对话框中，第 5 个选项卡是“主单位”选项卡，如图 10-15 所示。该选项卡用来设置尺寸标注的主单位和精度，以及为尺寸文本添加固定的前缀或后缀。现对该选项卡中的各选项分别说明如下。

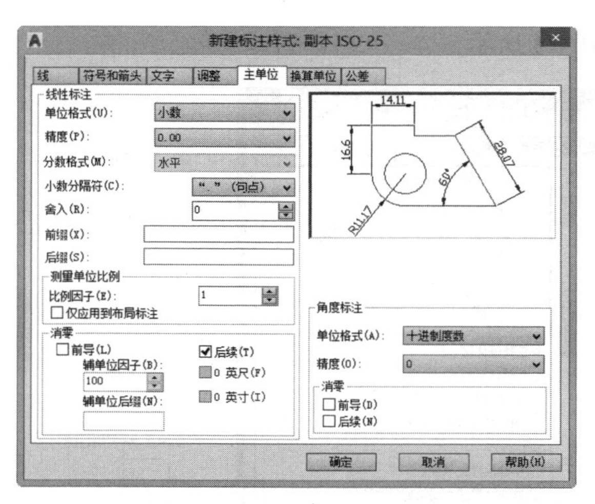

图 10-15 “主单位”选项卡

1. “线性标注”选项组

用来设置标注长度型尺寸时采用的单位和精度。

（1）“单位格式”下拉列表框：用于确定标注尺寸时使用的单位制（角度型尺寸除外）。在其下拉列表框中 AutoCAD 2018 提供了“科学”“小数”“工程”“建筑”“分数”和“Windows 桌面”6 种单位制，可根据需要选择。

（2）“精度”下拉列表框：用于确定标注尺寸时的精度，也就是精确到小数点后几位。

✍ 技巧

精度设置一定要和用户的需求吻合，如果设置的精度过低，标注会出现误差。

（3）“分数格式”下拉列表框：用于设置分数的形式。AutoCAD 2017 提供了“水平”“对角”和“非堆叠”3 种形式供用户选用。

（4）“小数分隔符”下拉列表框：用于确定十进制单位（Decimal）的分隔符。AutoCAD 2018 提供了句点（.）、逗点（,）和空格 3 种形式。系统默认的小数分割符是逗点，所以每次标注尺寸时要注意把此处设置为句点。

（5）“舍入”微调框：用于设置除角度之外的尺寸测量圆整规则。在文本框中输入一个值，如果输入“1”，则所有测量值均为整数。

（6）“前缀”文本框：为尺寸标注设置固定前缀。可以输入文本，也可以利用控制符产生特殊字符，这些文本将被加在所有尺寸文本之前。

（7）“后缀”文本框：为尺寸标注设置固定后缀。

2. “测量单位比例”选项组

用于确定 AutoCAD 自动测量尺寸时的比例因子。其中“比例因子”微调框用来设置除角度之外所有尺寸测量的比例因子。例如，用户确定比例因子为 2，AutoCAD 则把实际测量为 1 的尺寸标注为 2。如果选中“仅应用到布局标注”复选框，则设置的比例因子只适用于布局标注。

3. “消零”选项组

用于设置是否省略标注尺寸时的 0。

（1）“前导”复选框：选中该复选框，省略尺寸值处于高位的 0。例如，0.50000 标注为 .50000。

（2）“后续”复选框：选中该复选框，省略尺寸值小数点后末尾的 0。例如，8.5000 标注为 8.5，而 30.0000 标注为 30。

（3）“0 英尺（寸）”复选框：选中该复选框，采用“工程”和“建筑”单位制时，如果尺寸值小于 1 尺（寸）时，省略尺（寸）。例如，0'-6 1/2" 标注为 6 1/2"。

4. “角度标注”选项组

用于设置标注角度时采用的角度单位。

10.1.7 换算单位

在“新建标注样式”对话框中，第 6 个选项卡是“换算单位”选项卡，如图 10-16 所示。该选项卡用于对替换单位的设置，现对该选项卡中的各选项分别说明如下。

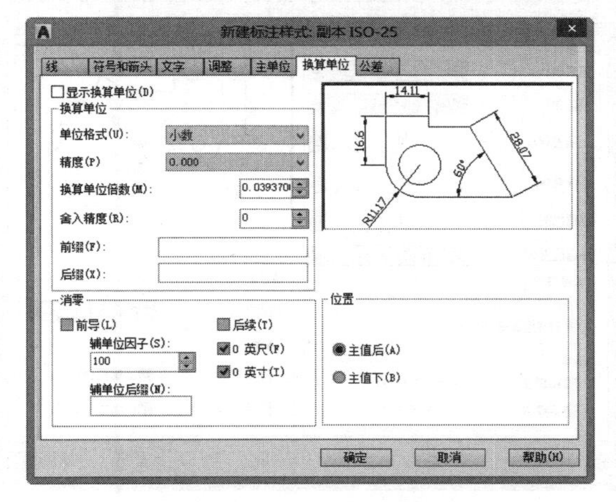

图 10-16 “换算单位”选项卡

1. “显示换算单位”复选框

选中该复选框，则替换单位的尺寸值也同时显示在尺寸文本上。

2. “换算单位”选项组

用于设置替换单位，其中各选项的含义如下。

（1）“单位格式”下拉列表框：用于选择替换单位采用的单位制。

（2）“精度”下拉列表框：用于设置替换单位的精度。

（3）“换算单位倍数”微调框：用于指定主单位和替换单位的转换因子。

（4）“舍入精度”微调框：用于设定替换单位的圆整规则。

（5）“前缀”文本框：用于设置替换单位文本的固定前缀。

（6）“后缀”文本框：用于设置替换单位文本的固定后缀。

3. “消零”选项组

（1）“辅单位因子”微调框：将辅单位的数量设置为一个单位。它用于在距离小于一个单位时以辅单位为单位计算标注距离。例如，如果后缀为 m 而辅单位后缀则以 cm 显示，则输入“100”。

（2）“辅单位后缀”文本框：用于设置标注值辅单位中包含的后缀。可以输入文字或使用控制代码显示特殊符号。例如，输入“cm”可将 .96m 显示为 96cm。

其他选项含义与“主单位”选项卡中“消零”选项组含义类似，不再赘述。

4. “位置”选项组

用于设置替换单位尺寸标注的位置。

10.1.8 公差

在“新建标注样式”对话框中，第 7 个选项卡是“公差”选项卡，如图 10-17 所示。该选项卡用于确定标注公差的方式，现对该选项卡中的各选项分别说明如下。

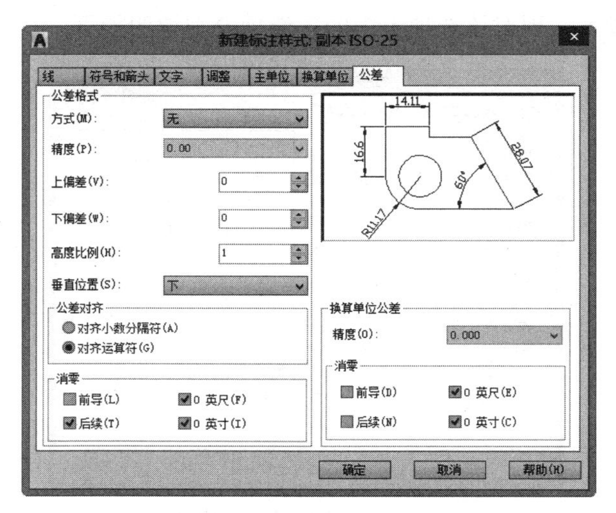

图 10-17 “公差”选项卡

1. “公差格式”选项组

用于设置公差的标注方式。

（1）“方式”下拉列表框：用于设置公差标注的方式。AutoCAD 提供了 5 种标注公差的方式，分别是“无”“对称”“极限偏差”“极限尺寸”和“基本尺寸”。其中“无”表示不标注公差，其余 4 种标注情况如图 10-18 所示。

（2）“精度”下拉列表框：用于确定公差标注的精度。

技巧

公差标注的精度设置一定要准确，否则标注出的公差值会出现错误。

（3）“上（下）偏差”微调框：用于设置尺寸的上（下）偏差。

（4）"高度比例"微调框：用于设置公差文本的高度比例，即公差文本的高度与一般尺寸文本的高度之比。

✍ 技巧

国家标准规定，公差文本的高度是一般尺寸文本高度的 0.5 倍，用户要注意设置。

（5）"垂直位置"下拉列表框：用于控制"对称"和"极限偏差"形式公差标注的文本对齐方式，如图 10-19 所示。

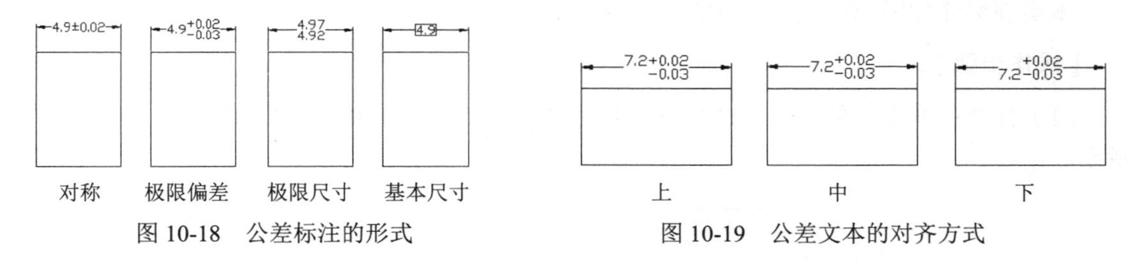

图 10-18　公差标注的形式　　图 10-19　公差文本的对齐方式

2. "公差对齐"选项组

用于在堆叠时，控制上偏差值和下偏差值的对齐。

（1）"对齐小数分隔符"单选按钮：选中该单选按钮，通过值的小数分割符堆叠值。

（2）"对齐运算符"单选按钮：选中该单选按钮，通过值的运算符堆叠值。

3. "消零"选项组

用于控制是否禁止输出前导0和后续0以及0英尺和0英寸部分（可用DIMTZIN系统变量设置）。

4. "换算单位公差"选项组

用于对形位公差标注的替换单位进行设置，各项的设置方法与上面相同。

10.2　标注尺寸

正确地进行尺寸标注是设计绘图工作中非常重要的一个环节，AutoCAD 2017 提供了方便快捷的尺寸标注方法，可通过执行命令实现，也可利用菜单或工具按钮实现。本节重点介绍如何对各种类型的尺寸进行标注。

10.2.1　线性标注

线性标注用于标注图形对象的线性距离或长度，包括水平标注、垂直标注和旋转标注三种类型。

【执行方式】

- 命令行：DIMLINEAR（缩写名：DIMLIN）。
- 菜单栏：选择菜单栏中的"标注"→"线性"命令。
- 工具栏：单击"标注"工具栏中的"线性"按钮⊢⊣。

- 快捷命令：D+L+I。
- 功能区：单击“默认”选项卡“注释”面板中的“线性”按钮或单击“注释”选项卡“标注”面板中的“线性”按钮。

扫一扫，看视频

动手学——标注楼梯配筋尺寸

调用素材：初始文件\第 10 章\楼梯配筋图 .dwg

源文件：源文件\第 10 章\标准楼梯配筋尺寸 .dwg

本实例标注如图 10-20 所示的楼梯配筋尺寸。

【操作步骤】

（1）打开随书资源包中或通过扫码下载的“初始文件\第 10 章\楼梯配筋图 .dwg”，如图 10-21 所示。

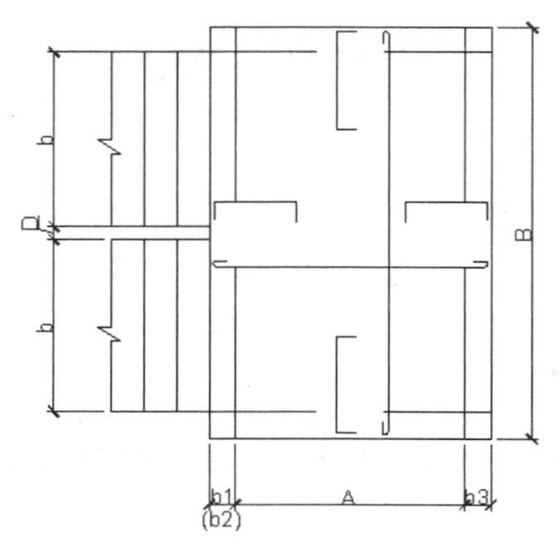

图 10-20 标注楼梯配筋尺寸

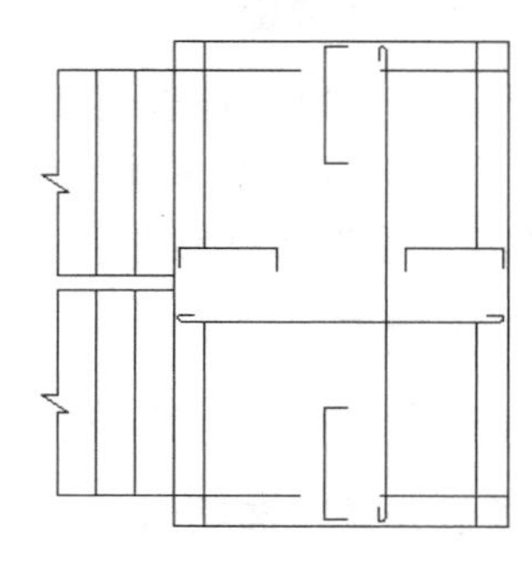

图 10-21 楼梯配筋图

（2）选择菜单栏中的“格式”→“标注样式”命令，弹出“标注样式管理器”，如图 10-22 所示。单击“修改”按钮，弹出“修改标注样式”对话框，如图 10-23 所示。

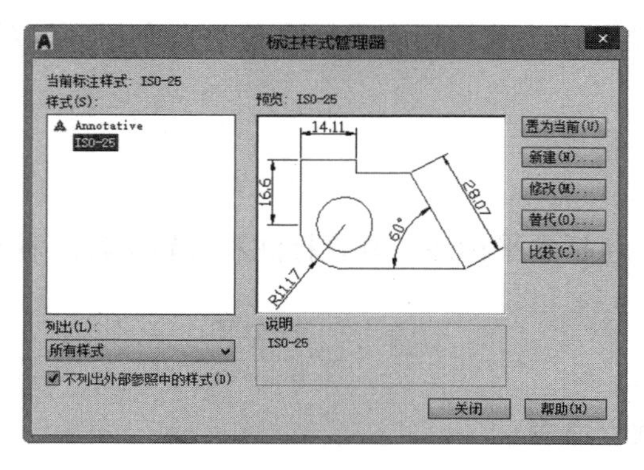

图 10-22 “标注样式管理器”对话框

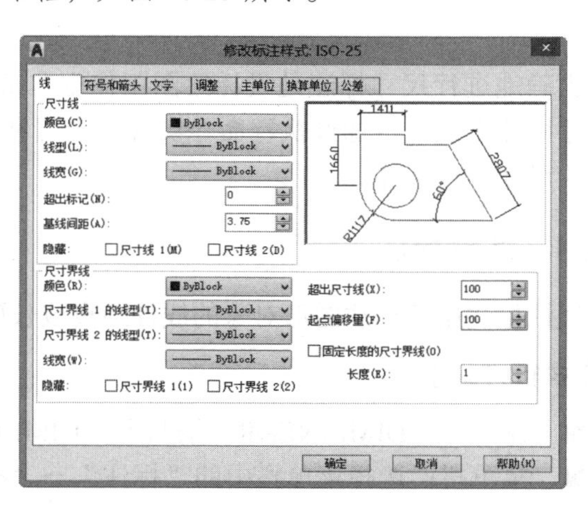

图 10-23 “修改标注样式”对话框

（3）在“线”选项卡中，将“超出尺寸线”设置为100，“起点偏移量”设置为100，如图10-23所示。

（4）选择“符号和箭头”选项卡，将“箭头”设置为“建筑标记”，“箭头大小”为150，如图10-24所示。

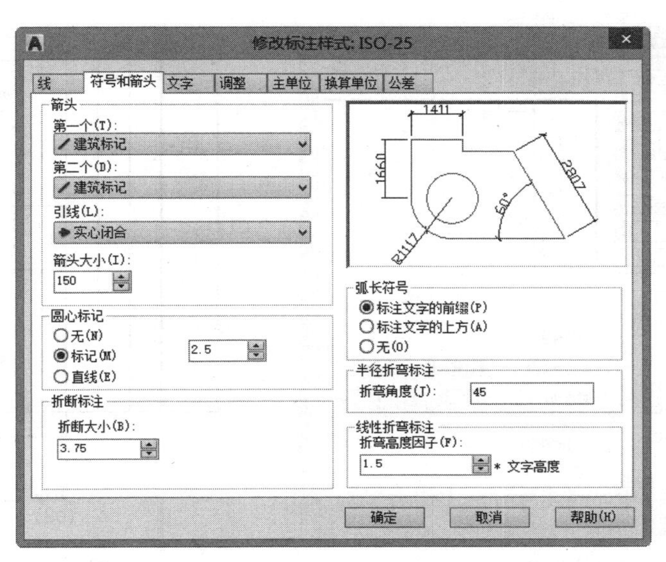

图10-24 “符号和箭头”选项卡

（5）选择“文字”选项卡，将“文字高度”设置为300，“从尺寸线偏移”为100，如图10-25所示。

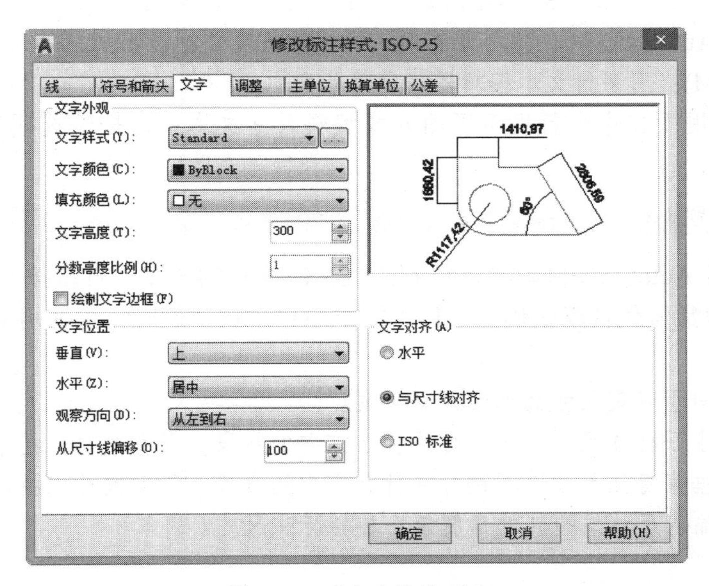

图10-25 “文字”选项卡

（6）选择“主单位”选项卡，将“精度”设置为0，如图10-26所示。

（7）其余选项默认，单击“确定”按钮。返回到“标注样式管理器”对话框，单击“置为当前”按钮，然后单击“关闭”按钮，回到绘图区域。

（8）将“标注”图层设置为当前图层。单击“注释”选项卡“标注”面板中的“线性标注”按钮，对图中的边柱及楼板进行尺寸标注，结果如图 10-27 所示。

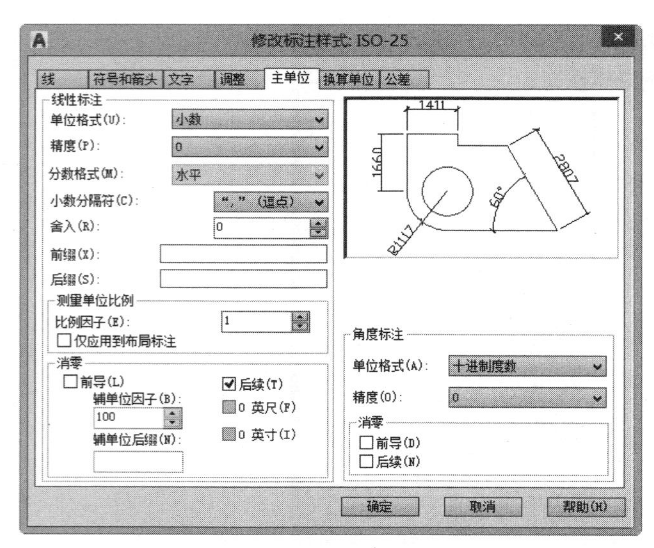

图 10-26 “主单位”选项卡

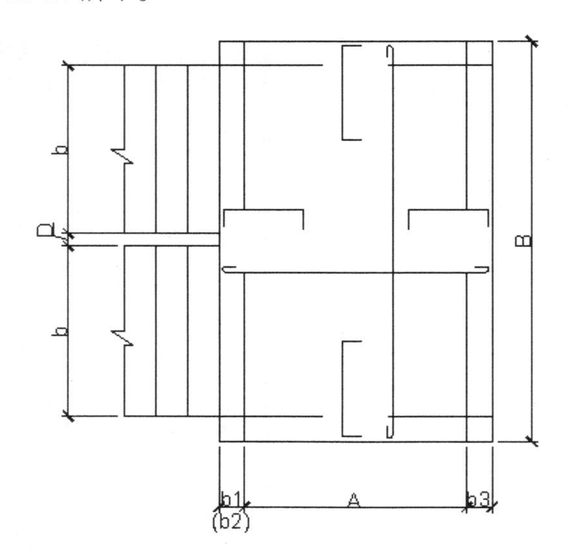

图 10-27 尺寸标注

【选项说明】

（1）指定尺寸线位置：用于确定尺寸线的位置。用户可移动鼠标选择合适的尺寸线位置，然后按 Enter 键或单击，AutoCAD 则自动测量要标注线段的长度并标注出相应的尺寸。

（2）多行文字 (M)：用多行文本编辑器确定尺寸文本。

（3）文字 (T)：用于在命令行提示下输入或编辑尺寸文本。选择该选项后，命令行提示与操作如下。

```
输入标注文字 <默认值>:
```

其中的默认值是 AutoCAD 自动测量得到的被标注线段的长度，直接按 Enter 键即可采用此长度值，也可输入其他数值代替默认值。当尺寸文本中包含默认值时，可使用尖括号“< >”表示默认值。

（4）角度 (A)：用于确定尺寸文本的倾斜角度。

（5）水平 (H)：水平标注尺寸，不论标注什么方向的线段，尺寸线总保持水平放置。

（6）垂直 (V)：垂直标注尺寸，不论标注什么方向的线段，尺寸线总保持垂直放置。

（7）旋转 (R)：输入尺寸线旋转的角度值，旋转标注尺寸。

10.2.2 对齐标注

对齐标注指所标注尺寸的尺寸线与两条尺寸界线起始点间的连线平行。

【执行方式】

- 命令行：DIMALIGNED（快捷命令：DAL）。
- 菜单栏：选择菜单栏中的“标注”→“对齐”命令。
- 工具栏：单击“标注”工具栏中的“对齐”按钮。
- 功能区：单击“默认”选项卡“注释”面板中的“对齐”按钮或单击“注释”选项卡“标注”面板中的“对齐”按钮。

【操作步骤】

```
命令：DIMALIGNED↙
指定第一个尺寸界线原点或 <选择对象>:
指定第二条尺寸界线原点：
指定尺寸线位置或 [多行文字(M)/文字(T)/角度(A)]:
```

【选项说明】

这种命令标注的尺寸线与所标注轮廓线平行，标注起始点到终点之间的距离尺寸。

10.2.3 基线标注

基线标注用于产生一系列基于同一尺寸界线的尺寸标注，适用于长度尺寸、角度和坐标标注。在使用基线标注方式之前，应该先标注出一个相关的尺寸作为基线标准。

【执行方式】

- 命令行：DIMBASELINE（快捷命令：DBA）。
- 菜单栏：选择菜单栏中的“标注”→“基线”命令。
- 工具栏：单击“标注”工具栏中的“基线”按钮。
- 功能区：单击“注释”选项卡“标注”面板中的“基线”按钮。

【操作步骤】

```
命令：DIMBASELINE↙
指定第二条尺寸界线原点或 [选择(S)/放弃(U)] <选择>:
```

【选项说明】

（1）指定第二条尺寸界线原点：直接确定另一个尺寸的第二条尺寸界线的起点，AutoCAD 以上次标注的尺寸为基准标注，标注出相应尺寸。

（2）选择 (S)：在上述提示下直接按 Enter 键，AutoCAD 提示：

```
选择基准标注：(选取作为基准的尺寸标注)
```

✍ 技巧

基线（或平行）和连续（或链）标注是一系列基于线性标注的连续标注，连续标注是首尾相连的多个标注。在创建基线或连续标注之前，必须创建线性、对齐或角度标注。可从当前任务最近创建的标注中以增量方式创建基线标注。

10.2.4　连续标注

连续标注又叫尺寸链标注，用于产生一系列连续的尺寸标注，后一个尺寸标注均把前一个标注的第二条尺寸界线作为它的第一条尺寸界线。适用于长度型尺寸、角度型尺寸和坐标标注。在使用连续标注方式之前，应该先标注出一个相关的尺寸。

【执行方式】

- 命令行：DIMCONTINUE（快捷命令：DCO）。
- 菜单栏：选择菜单栏中的“标注”→“连续”命令。
- 工具栏：单击“标注”工具栏中的“连续”按钮。
- 功能区：单击“注释”选项卡“标注”面板中的“连续”按钮。

扫一扫，看视频

动手学——标注窗台节点详图尺寸

调用素材：初始文件\第 10 章\窗台节点详图 .dwg

源文件：源文件\第 10 章\标注窗台节点详图尺寸 .dwg

本实例标注如图 10-28 所示的窗台节点详图尺寸。

【操作步骤】

（1）打开随书资源包中或通过扫码下载的“初始文件\第 10 章\窗台节点详图 .dwg”，如图 10-29 所示。

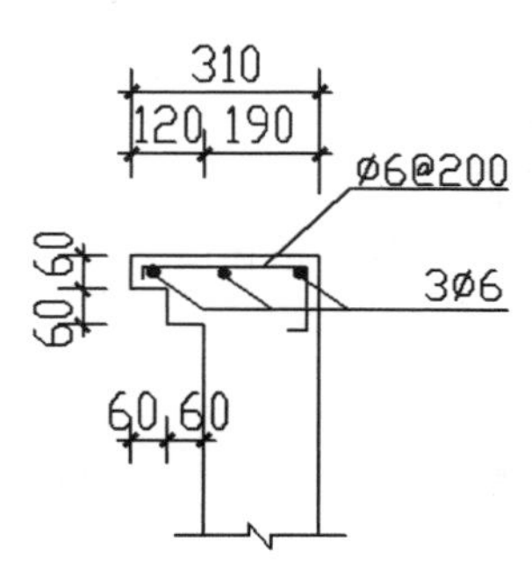

图 10-28　标注窗台节点详图尺寸

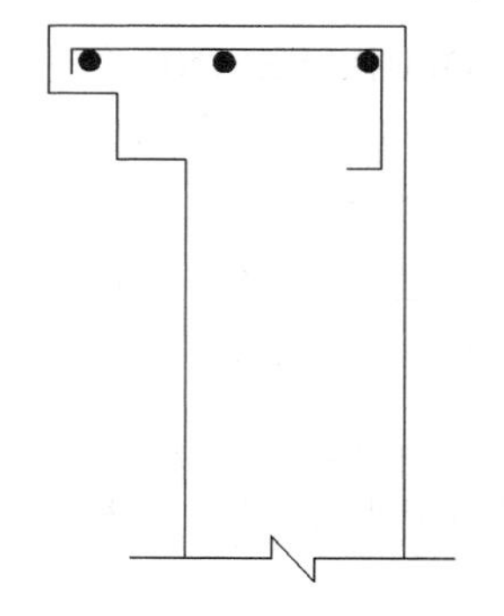

图 10-29　窗台节点详图

（2）选择菜单栏中的“格式”→“标注样式”命令，打开“标注样式管理器”对话框，单击“新建”按钮，创建一个新的标注样式，单击“继续”按钮，打开“新建标注样式：副本 ISO-25”对话框，如图 10-30 所示，在“主单位”选项卡中设置比例因子为 0.2。

（3）单击“注释”选项卡“标注”面板中的“线性”按钮，标注线性尺寸。

（4）单击“注释”选项卡“标注”面板中的“连续”按钮，标注连续尺寸。命令行提示与操作如下。

```
命令： _dimcontinue↙
选择连续标注：选择尺寸值为 120 的线性尺寸。
```

指定第二条尺寸界线原点或 [选择 (S) / 放弃 (U)]< 选择 >:(选择窗台节点详图的右端点为第二条尺寸界线的端点)

标注文字 =190

指定第二条尺寸界线原点或 [选择 (S) / 放弃 (U)]< 选择 >: ↙

选择连续标注 : ↙

继续进行连续标注，效果如图 10-31 所示。

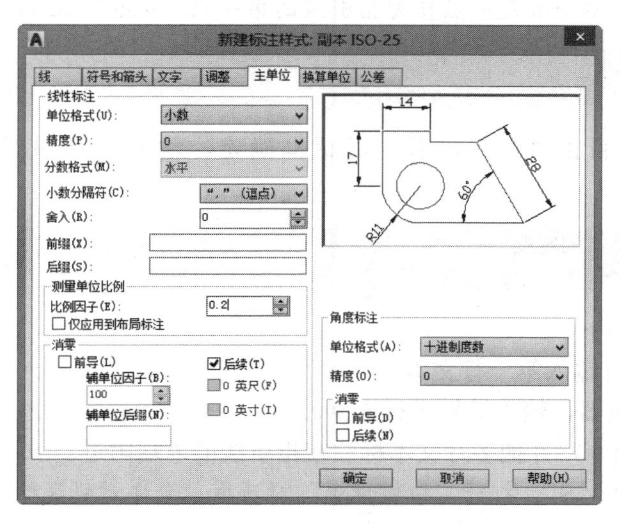

图 10-30 设置“主单位”选项卡

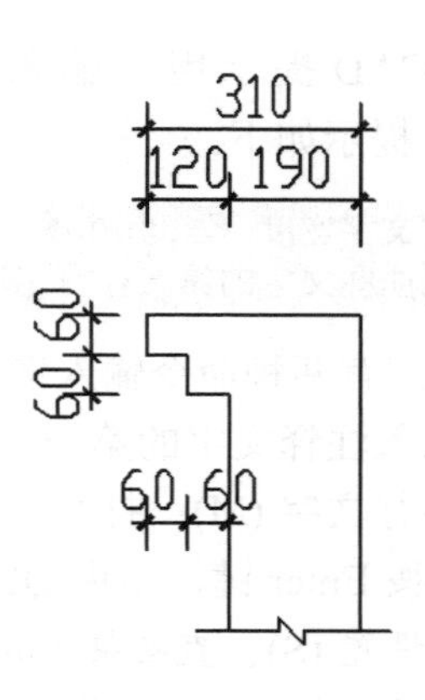

图 10-31 标注尺寸

（5）单击“默认”选项卡“绘图”面板中的“直线”按钮和“注释”面板中的“多行文字”按钮A，标注文字，结果如图 10-28 所示。

技巧

AutoCAD 允许用户利用连续标注方式和基线标注方式进行角度标注。

10.3 引线标注

AutoCAD 提供了引线标注功能，利用该功能不仅可以标注特定的尺寸，如圆角、倒角等，还可以实现在图中添加多行旁注、说明。在引线标注中指引线可以是折线，也可以是曲线，指引线端部可以有箭头，也可以没有箭头。

10.3.1 快速引线标注

利用 QLEADER 命令可快速生成指引线及注释，而且可以通过命令行优化对话框进行用户自定义，由此可以消除不必要的命令行提示，取得最高的工作效率。

【执行方式】

➘ 命令行：QLEADER。

【操作步骤】

```
命令 : QLEADER ↙
指定第一个引线点或 [ 设置 (S)] < 设置 >:
```

【选项说明】

（1）指定第一个引线点：在上面的提示下确定一点作为指引线的第一点。AutoCAD 提示如下。

```
指定下一点 :（输入指引线的第二点）
指定下一点 :（输入指引线的第三点）
```

AutoCAD 提示用户输入的点的数目由“引线设置”对话框确定。输入完指引线的点后 AutoCAD 提示如下。

```
指定文字宽度 <0.0000>:（输入多行文本的宽度）
输入注释文字的第一行 < 多行文字 (M)>:
```

此时，有两种命令输入选择，含义如下。

① 输入注释文字的第一行：在命令行输入第一行文本。

② 多行文字 (M)：打开多行文字编辑器，输入编辑多行文字。

直接按 Enter 键，结束 QLEADER 命令，并把多行文本标注在指引线的末端附近。

（2）设置 (S)：直接按 Enter 键或输入“S”，打开“引线设置”对话框，允许对引线标注进行设置。该对话框包含“注释”“引线和箭头”“附着”3 个选项卡，下面分别进行介绍。

①“注释”选项卡（如图 10-32 所示）。用于设置引线标注中注释文本的类型、多行文本的格式并确定注释文本是否多次使用。

②“引线和箭头”选项卡（如图 10-33 所示）。用来设置引线标注中指引线和箭头的形式。其中“点数”选项组设置执行 QLEADER 命令时 AutoCAD 提示用户输入点的数目。例如，设置点数为 3，执行 QLEADER 命令时，当用户在提示下指定 3 个点后，AutoCAD 自动提示用户输入注释文本。注意设置的点数要比用户希望的指引线的段数多 1。可利用微调框进行设置，如果选中“无限制”复选框，AutoCAD 会一直提示用户输入点直到连续按两次 Enter 键为止。“角度约束”选项组可设置第一段和第二段指引线的角度约束。

图 10-32 “注释”选项卡

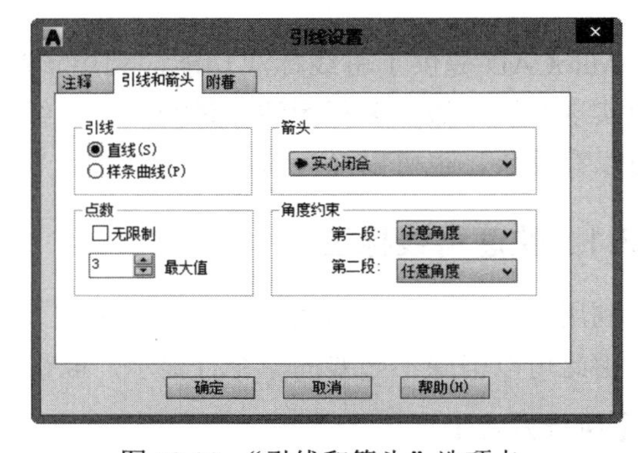

图 10-33 “引线和箭头”选项卡

③“附着”选项卡（如图 10-34 所示）：设置注释文本和指引线的相对位置。如果最后一段指引线指向右边，系统自动把注释文本放在右侧；反之放在左侧。利用该选项卡左侧和右侧的单选按钮分别设置位于左侧和右侧的注释文本与最后一段指引线的相对位置，二者可相同也可不相同。

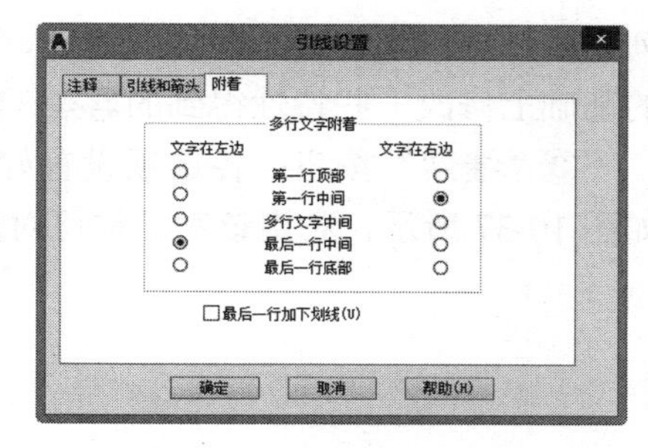

图 10-34 “附着”选项卡

10.3.2　多重引线

多重引线可创建为箭头优先、引线基线优先或内容优先。

1. 多重引线样式

多重引线样式可以控制引线的外观，包括基线、引线、箭头和内容的格式。

【执行方式】

- 命令行：MLEADERSTYLE。
- 菜单栏：选择菜单栏中的“格式”→“多重引线样式”命令。
- 功能区：单击“默认”选项卡“注释”面板上的“多重引线样式”按钮。

【操作步骤】

执行上述操作后，系统打开“多重引线样式管理器”对话框，如图 10-35 所示。利用该对话框可方便直观地定制和浏览多重引线样式，包括创建新的多重引线样式、修改已存在的多重引线样式、设置当前多重引线样式等。

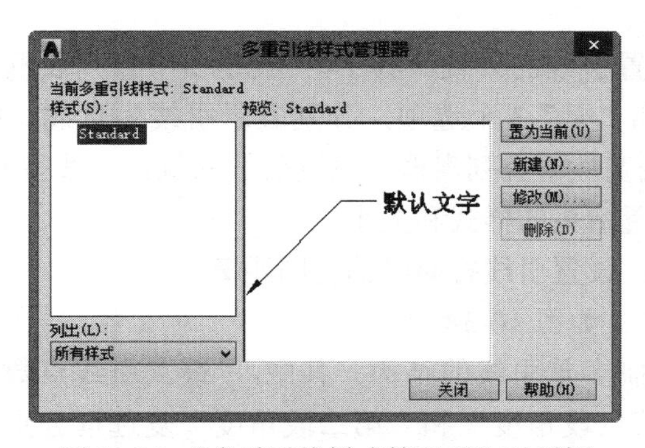

图 10-35 “多重引线样式管理器”对话框

【选项说明】

（1）“置为当前”按钮：单击该按钮，把在“样式”列表框中选择的样式设置为当前多重引线标注样式。

（2）“新建”按钮：创建新的多重引线样式。单击该按钮，系统将打开“创建新多重引线样式”对话框，如图 10-36 所示，利用该对话框可创建一个新的多重引线样式，其中各项功能说明如下。

①“新样式名”文本框：为新的多重引线样式命名。

②“基础样式”下拉列表框：选择创建新样式所基于的多重引线样式。单击“基础样式”下拉

列表框，打开当前已有的样式列表，从中选择一个作为定义新样式的基础，新的样式是在所选样式的基础上修改一些特性得到的。

③“继续”按钮：各选项设置好以后，单击该按钮，系统打开“修改多重引线样式”对话框，如图 10-37 所示，利用该对话框可对新多重引线样式的各项特性进行设置。

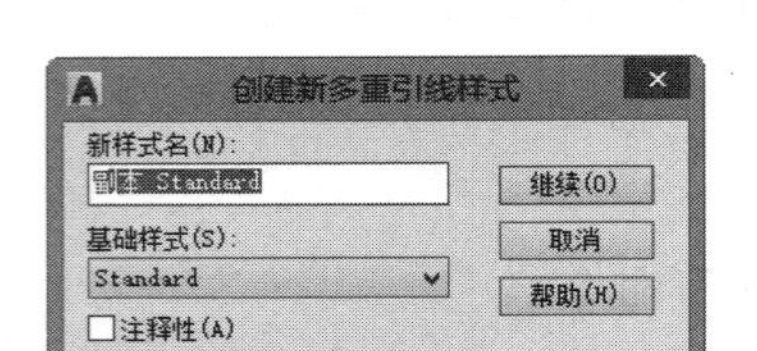

图 10-36 “创建新多重引线样式”对话框

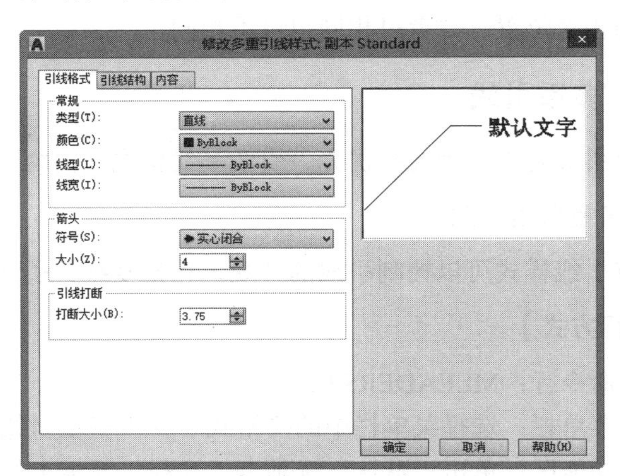

图 10-37 “修改多重引线样式”对话框

（3）“修改”按钮：修改一个已存在的多重引线样式。单击该按钮，系统打开“修改多重引线样式”对话框，可以对已有标注样式进行修改。

“修改多重引线样式”对话框中选项说明如下。

（1）“引线格式”选项卡。

①“常规”选项组：设置引线的外观。其中，“类型”下拉列表框用于设置引线的类型，列表中有“直线”“样条曲线”和“无”3 个选项，分别表示引线为直线、样条曲线或者没有引线；分别在“颜色”“线型”和“线宽”下拉列表框中设置引线的颜色、线型及线宽。

②“箭头”选项组：设置箭头的样式和大小。

③“引线打断”选项组：设置引线打断时的打断距离。

（2）“引线结构”选项卡，如图 10-38 所示。

①“约束”选项组：控制多重引线的结构。其中，“最大引线点数”复选框用于确定是否要指定引线端点的最大数量；“第一段角度”和“第二段角度”复选框分别用于确定是否设置反映引线中第一段直线和第二段直线方向的角度，选中复选框后，可以在对应的输入框中指定角度。需要说明的是，一旦指定了角度，对应线段的角度方向会按设置值的整数倍变化。

②“基线设置”选项组：设置多重引线中的基线。其中“自动包含基线”复选框用于设置引线中是否含基线，还可以通过“设置基线距离”来指定基线的长度。

③“比例”选项组：设置多重引线标注的缩放关系。“注释性”复选框用于确定多重引线样式是否为注释性样式。“将多重引线缩放到布局”单选按钮表示将根据当前模型空间视口和图纸空间之间的比例确定比例因子。“指定比例”单选按钮可用于为所有多重引线标注设置一个缩放比例。

（3）“内容”选项卡，如图 10-39 所示。

①“多重引线类型”下拉列表：设置多重引线标注的类型。下拉列表中有“多行文字”“块”

和“无”3 个选择，即表示由多重引线标注出的对象分别是多行文字、块或没有内容。

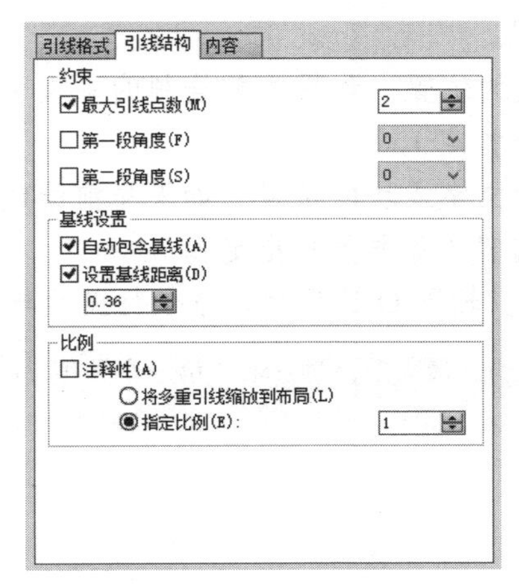

图 10-38 “引线结构”选项卡

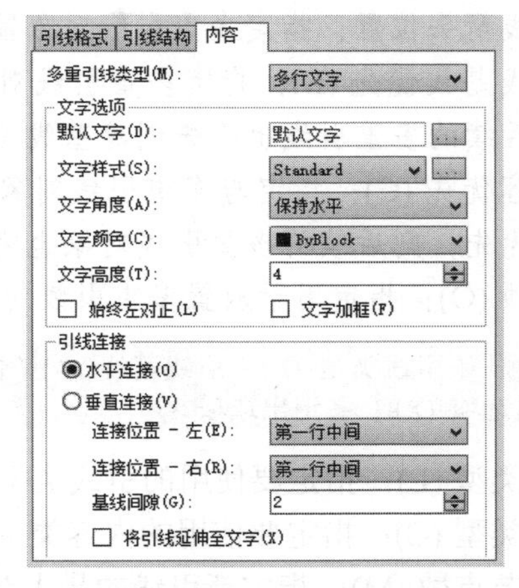

图 10-39 “内容”选项卡

②“文字选项”选项组：如果在“多重引线类型”下拉列表中选中“多行文字”，则会显示出此选项组，用于设置多重引线标注的文字内容。其中，“默认文字”框用于确定所采用的文字样式；“文字角度”下拉列表框用于确定文字的倾斜角度；“文字颜色”和“文字高度”分别用于确定文字的颜色和高度；“始终左对正”复选框用于确定是否使文字左对齐；“文字加框”复选框用于确定是否要为文字加边框。

③“引线连接”选项组：“水平连接”单选按钮表示引线终点位于所标注文字的左侧或右侧。“垂直连接”单选按钮表示引线终点位于所标注文字的上方或下方。

如果在“多重引线类型”下拉列表框中选中“块”，表示多重引线标注的对象是块，则“内容”选项卡如图 10-40 所示。“源块”下拉列表框用于确定多重引线标注使用的块对象；“附着”下拉列表框用于指定块与引线的关系；“颜色”下拉列表框用于指定块的颜色，但一般采用 ByBlock。

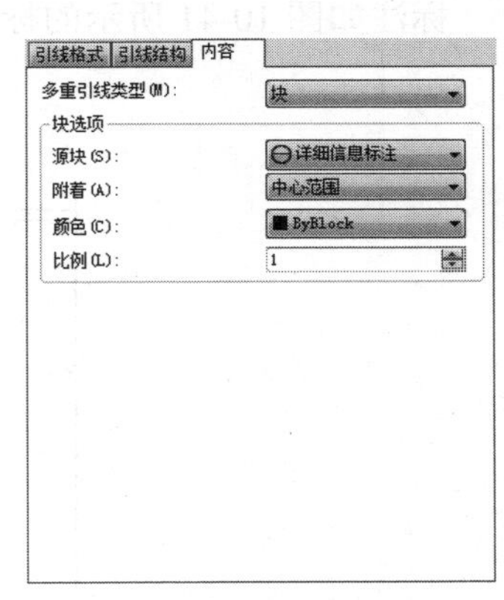

图 10-40 “块”多重引线类型

2. 多重引线标注

【执行方式】

- 命令行：MLEADER。
- 菜单栏：选择菜单栏中的“标注”→“多重引线”命令。
- 工具栏：单击“多重引线”工具栏中的“多重引线”按钮。
- 功能区：单击“默认”选项卡“注释”面板上的“引线”按钮。

【操作步骤】

```
命令：_mleader
指定引线箭头的位置或 [引线基线优先(L)/内容优先(C)/选项(O)] <选项>:（选择位置点）
指定引线箭头的位置：
```

【选项说明】

（1）引线箭头位置：指定多重引线对象箭头的位置。

（2）引线基线优先 (L)：指定多重引线对象的基线的位置。如果先前绘制的多重引线对象是基线优先，则后续的多重引线也将先创建基线（除非另外指定）。

（3）内容优先 (C)：指定与多重引线对象相关联的文字或块的位置。如果先前绘制的多重引线对象是内容优先，则后续的多重引线对象也将先创建内容（除非另外指定）。

（4）选项 (O)：指定用于放置多重引线对象的选项。输入 O 选项后，命令行提示与操作如下。

```
输入选项 [引线类型(L)/引线基线(A)/内容类型(C)/最大节点数(M)/第一个角度(F)/第二个角度(S)/退出选项(X)] <退出选项>:
```

① 引线类型 (L)：指定要使用的引线类型。

② 内容类型 (C)：指定要使用的内容类型。

③ 最大节点数 (M)：指定新引线的最大节点数。

④ 第一个角度 (F)：约束新引线中的第一个点的角度。

⑤ 第二个角度 (S)：约束新引线中的第二个点的角度。

⑥ 退出选项 (X)：返回到第一个 MLEADER 命令提示。

练一练——标注次梁与主梁连接节点大样图

标注如图 10-41 所示的标注次梁与主梁连接节点大样图。

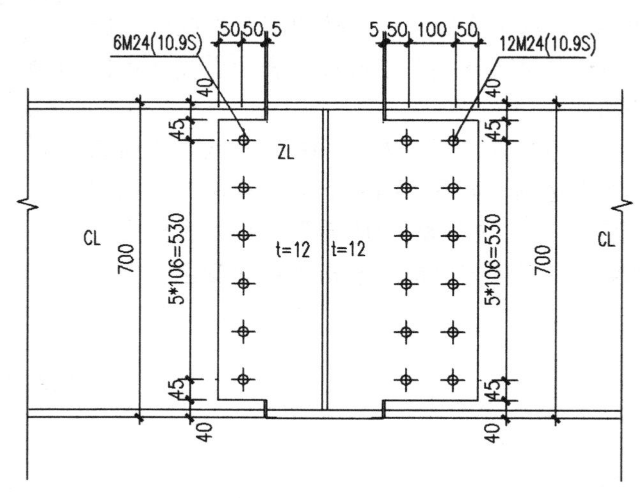

图 10-41　标注次梁与主梁连接节点大样图

思路点拨

源文件：源文件 \ 第 10 章 \ 标注次梁与主梁连接节点大样图 .avi

（1）设置文字样式和标注样式。

（2）标注线性尺寸和连续尺寸。

（3）用引线命令标注引出尺寸。

10.4 编辑尺寸标注

AutoCAD 允许对已经创建好的尺寸标注进行编辑修改，包括修改尺寸文本的内容、改变其位置、使尺寸文本倾斜一定的角度等，还可以对尺寸界线进行编辑。

10.4.1 尺寸编辑

利用 DIMEDIT 命令可以修改已有尺寸标注的文本内容、把尺寸文本倾斜一定的角度，还可以对尺寸界线进行修改，使其旋转一定角度从而标注一段线段在某一方向上的投影尺寸。DIMEDIT 命令可以同时对多个尺寸标注进行编辑。

【执行方式】

- 命令行：DIMEDIT（快捷命令：DED）。
- 菜单栏：选择菜单栏中的"标注"→"对齐文字"→"默认"命令。
- 工具栏：单击"标注"工具栏中的"编辑标注"按钮。
- 功能区：单击"注释"选项卡"标注"面板中"倾斜"按钮。

【操作步骤】

```
命令：DIMEDIT↙
输入标注编辑类型 [默认(H)/新建(N)/旋转(R)/倾斜(O)] <默认>:
```

【选项说明】

（1）默认 (H)：按尺寸标注样式中设置的默认位置和方向放置尺寸文本，如图 10-42（a）所示。选择该选项，命令行提示与操作如下。

```
选择对象：选择要编辑的尺寸标注
```

（2）新建 (N)：选择该选项，系统打开多行文字编辑器，可利用该编辑器对尺寸文本进行修改。

（3）旋转 (R)：改变尺寸文本行的倾斜角度。尺寸文本的中心点不变，使文本沿指定的角度方向倾斜排列，如图 10-42（b）所示。若输入角度为 0，则按"新建标注样式"对话框"文字"选项卡中设置的默认方向排列。

（4）倾斜 (O)：修改长度型尺寸标注的尺寸界线，使其倾斜一定角度，与尺寸线不垂直，如图 10-42（c）所示。

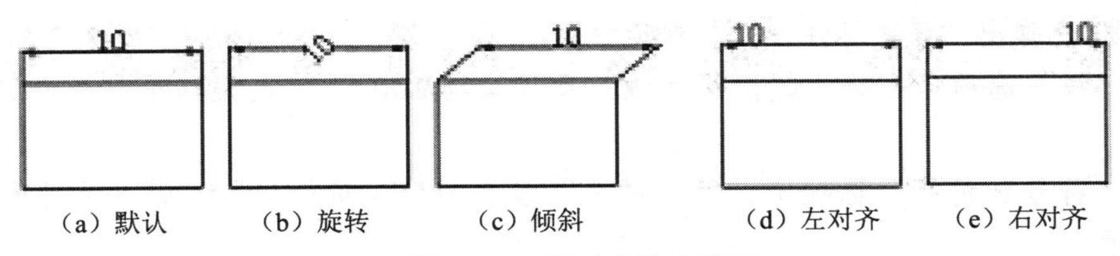

（a）默认　（b）旋转　（c）倾斜　（d）左对齐　（e）右对齐

图 10-42 尺寸标注的编辑

10.4.2 尺寸文本编辑

通过 DIMTEDIT 命令可以改变尺寸文本的位置，使其位于尺寸线上面左端、右端或中间，而且可使文本倾斜一定的角度。

【执行方式】

- 命令行：DIMTEDIT。
- 菜单栏：选择菜单栏中的“标注”→“对齐文字”→（除“默认”命令外其他命令）。
- 工具栏：单击“标注”工具栏中的“编辑标注文字”按钮。
- 功能区：单击“注释”选项卡“标注”面板中的“文字角度”、“左对正”、“居中对正”、右对正。

【操作步骤】

```
命令：DIMTEDIT↙
选择标注：(选择一个尺寸标注)
为标注文字指定新位置或 [左对齐(L)/右对齐(R)/居中(C)/默认(H)/角度(A)]:
```

【选项说明】

（1）为标注文字指定新位置：更新尺寸文本的位置。用鼠标把文本拖动到新的位置，这时系统变量 DIMSHO 为 ON。

（2）左（右）对齐：使尺寸文本沿尺寸线左（右）对齐，如图 10-42（d）和图 10-42（e）所示。该选项只对长度型、半径型、直径型尺寸标注起作用。

（3）居中 (C)：把尺寸文本放在尺寸线上的中间位置，如图 10-42（a）所示。

（4）默认 (H)：把尺寸文本按默认位置放置。

（5）角度 (A)：改变尺寸文本行的倾斜角度。

扫一扫，看视频

10.5 综合演练——基础剖面大样图

源文件：源文件\第 10 章\基础剖面大样图.dwg

本例绘制如图 10-43 所示的基础剖面大样图。

【操作步骤】

（1）选择菜单栏中的“格式”→“标注样式”命令，弹出“标注样式管理器”，如图 10-44 所示。单击“修改”，弹出“修改标注样式”对话框。

（2）选择“线”选项卡，将“超出尺寸线”项设置为 100，“起点偏移量”项设置为 500，如图 10-45 所示。

（3）选择“符号和箭头”选项卡，将“箭头”设置为“建筑标记”，“箭头大小”设置为 70，如图 10-46 所示。

（4）选择“文字”选项卡，将“文字高度”设置为 300，“从尺寸线偏移”设置为 100，如

图 10-47 所示。

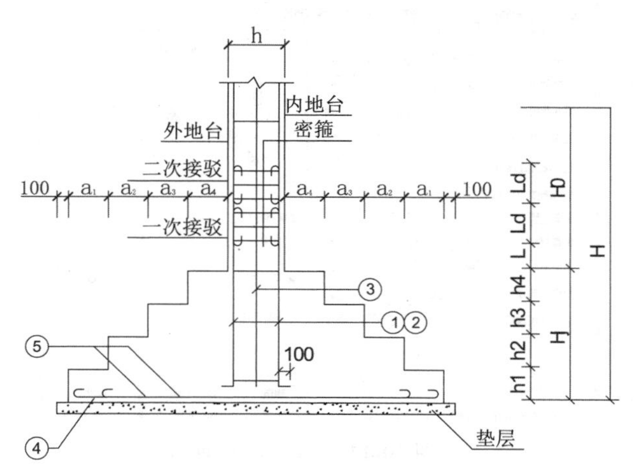

图 10-43 基础剖面大样图

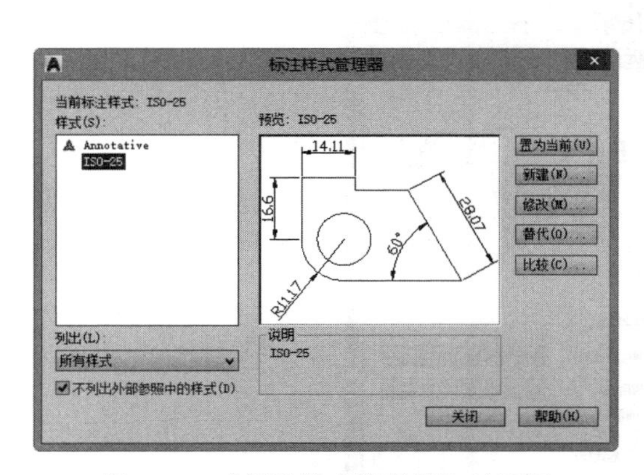

图 10-44 “标注样式管理器”对话框

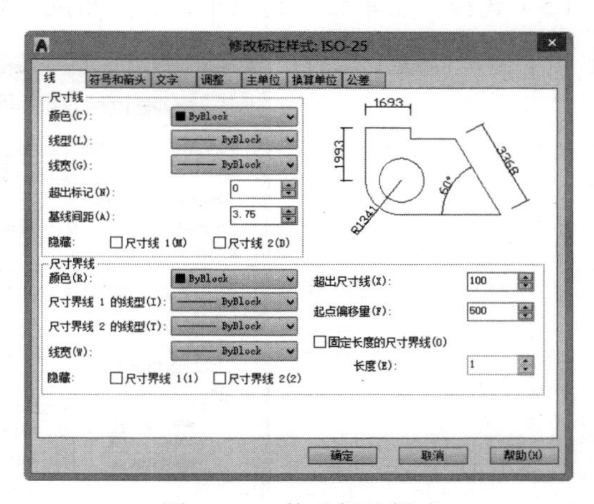

图 10-45 修改标注样式

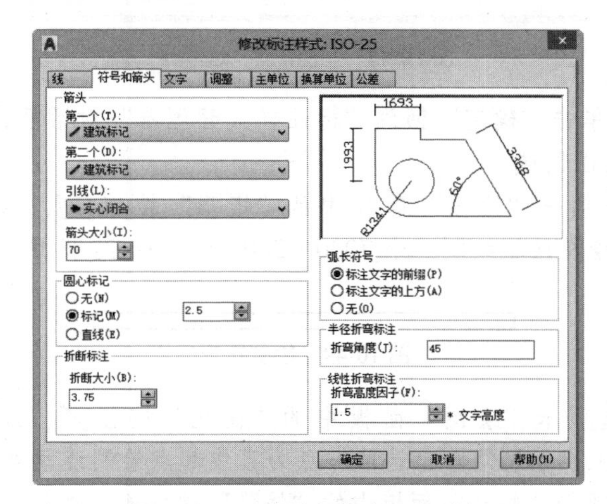

图 10-46 “符号和箭头”选项卡

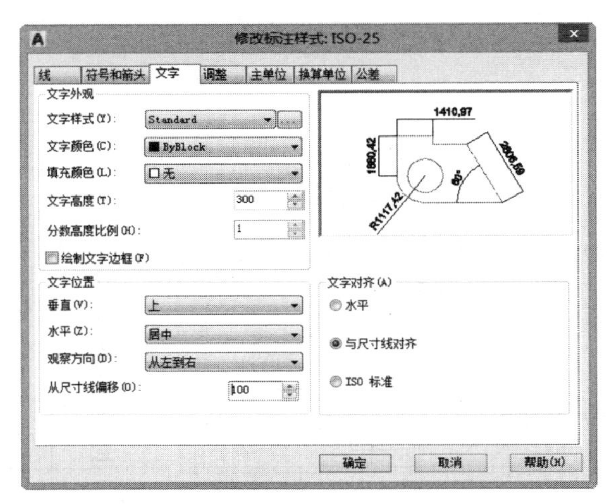

图 10-47 “文字”选项卡

（5）选择“主单位”选项卡，将“精度”设置为 0，如图 10-48 所示。

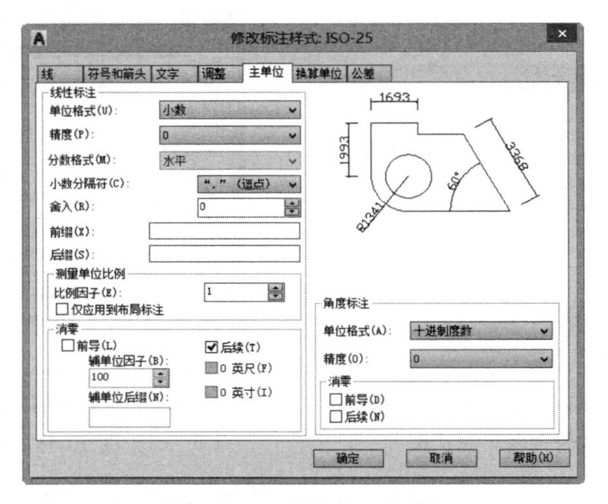

图 10-48 “主单位”选项卡

（6）其余选项默认，单击“确定”回到“标注样式管理器”对话框，单击“置为当前”按钮，然后单击“关闭”，回到绘图区域。

（7）单击“默认”选项卡“绘图”面板中的“矩形”按钮▭，或者选择菜单栏中的“绘图”→“矩形”命令，在绘图区域绘制一个 7000×200 的矩形，结果如图 10-49 所示。

图 10-49 绘制矩形

（8）单击“默认”选项卡“绘图”面板中的“直线”按钮╱，或者选择菜单栏中的“绘图”→“直线”命令，在上步绘制矩形上选取一点为直线起点绘制连续直线，如图 10-50 所示。

（9）单击“默认”选项卡“修改”面板中的“镜像”按钮⚠，选择上步绘制的连续直线为镜像对象，以绘制矩形水平边中点为镜像点，完成镜像，如图 10-51 所示。

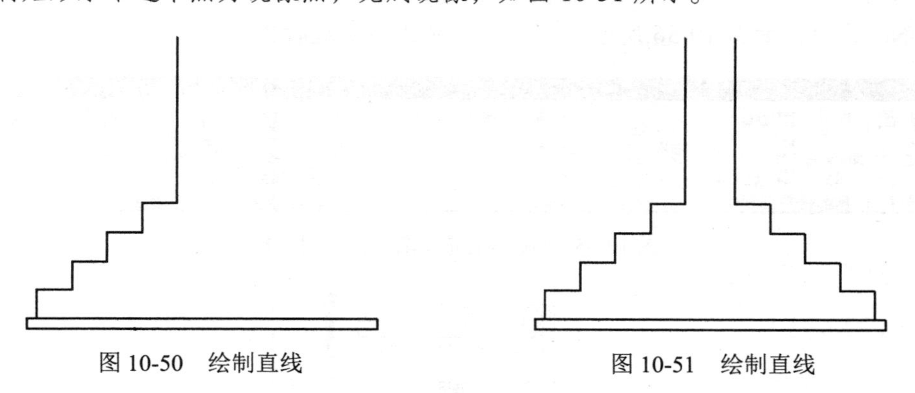

图 10-50　绘制直线　　图 10-51　绘制直线

（10）单击“默认”选项卡“绘图”面板中的“直线”按钮，在上步镜像图形上方绘制一条水平直线，如图 10-52 所示。

（11）单击“默认”选项卡“绘图”面板中的“直线”按钮，在上步绘制直线上绘制连续直线，如图 10-53 所示。

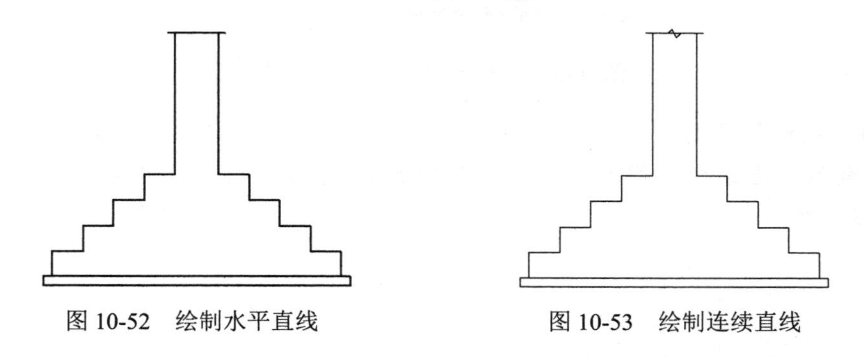

图 10-52　绘制水平直线　　图 10-53　绘制连续直线

（12）单击“默认”选项卡“绘图”面板中的“修剪”按钮，选择上步绘制连续直线为修剪对象对其进行修剪处理，如图 10-54 所示。

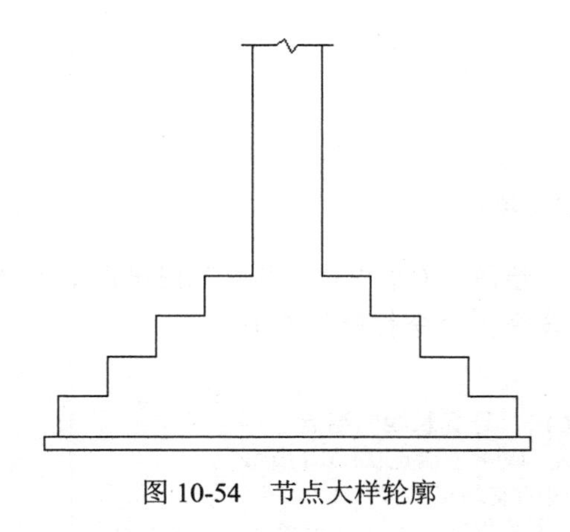

图 10-54　节点大样轮廓

（13）单击“默认”选项卡“绘图”面板中的“图案填充”按钮，弹出“图案填充创建”选项卡，如图 10-55 所示。单击“图案”面板中的“图案填充图案”按钮，弹出“填充图案选项板”，选择 AR-CONC 选项，如图 10-56 所示。对上步绘制的垫层进行图案填充，如图 10-57 所示。

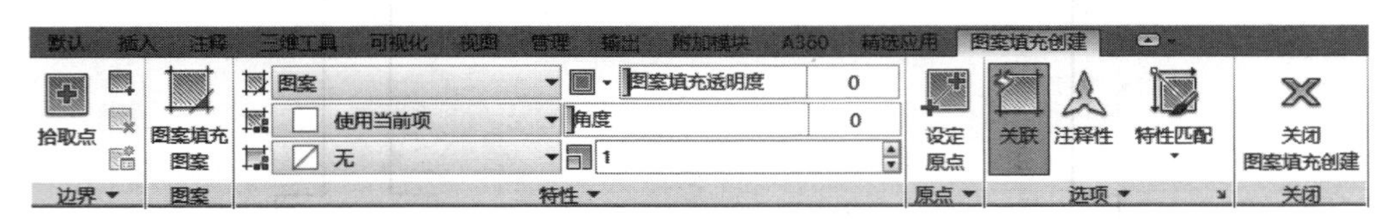

图 10-55 “图案填充和渐变色”对话框

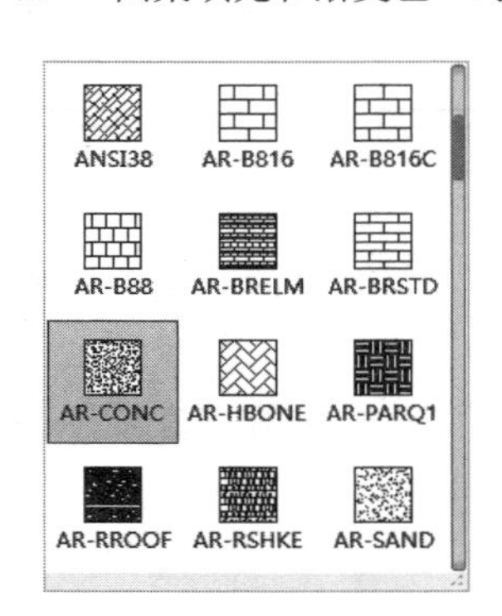

图 10-56 “填充图案选项板”对话框

（14）先将“钢筋”设置为当前层，然后单击“默认”选项卡“绘图”面板中的“多段线”按钮，在图形轮廓上方绘制一条水平直线。在刚绘制的水平直线上方再绘制一条平行的短直线，结果如图 10-58 所示。

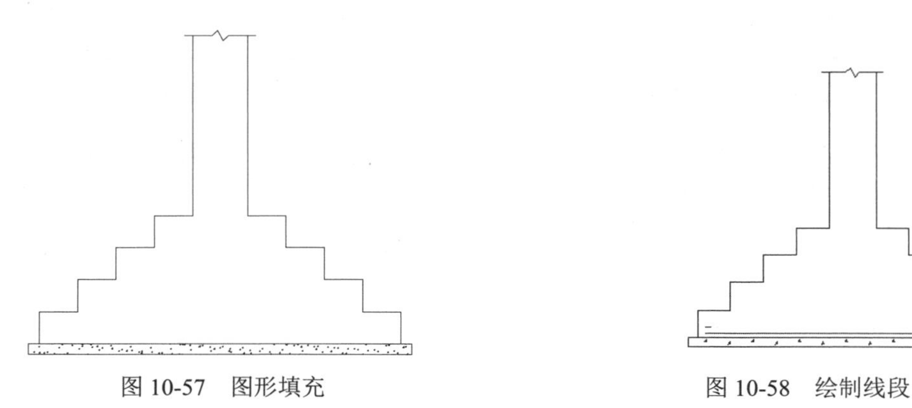

图 10-57 图形填充　　　　图 10-58 绘制线段

（15）单击“默认”选项卡“绘图”面板中的“圆弧”按钮，或选择菜单栏中的“绘图”→“圆弧”→“起点、端点、方向”命令，命令行提示如下。

```
命令：ARC↙
指定圆弧的起点或 [ 圆心 (C)]：选择长线的端点
指定圆弧的第二个点或 [ 圆心（C）/ 端点（E）]：E↙
指定圆弧的端点：选择短线段的左端点
指定圆弧的圆心或 [ 角度（A）/ 方向（D ）/ 半径（R）]：D↙
指定圆弧的起点切向：将鼠标沿起点端点向左拖曳（如图 10-59 所示）。
```

（16）使用相同的方法绘制右端的弯钩，或者利用“镜像”命令，选取左端弯钩，对其进行镜像，结果如图 10-60 所示。

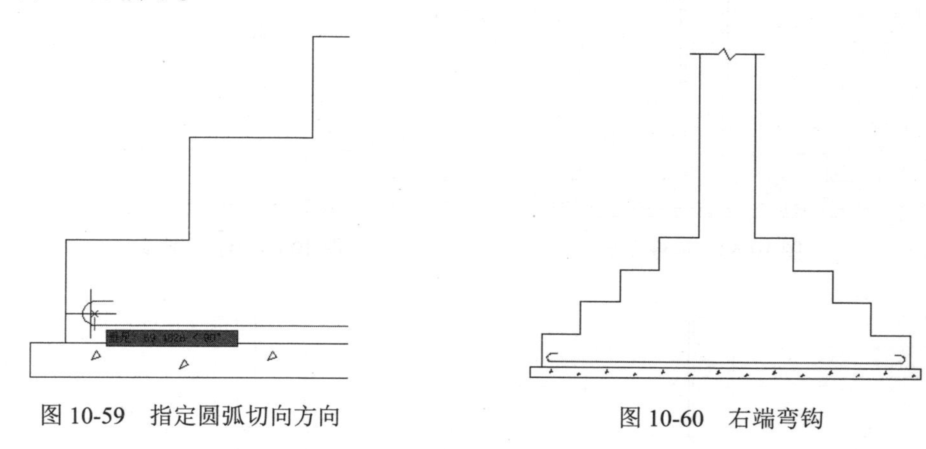

图 10-59 指定圆弧切向方向　　图 10-60 右端弯钩

利用上述方法完成剩余钢筋轮廓的绘制，如图 10-61 所示。

（17）单击“默认”选项卡“绘图”面板中的“直线”按钮，在图形的适当位置绘制连续直线，如图 10-62 所示。

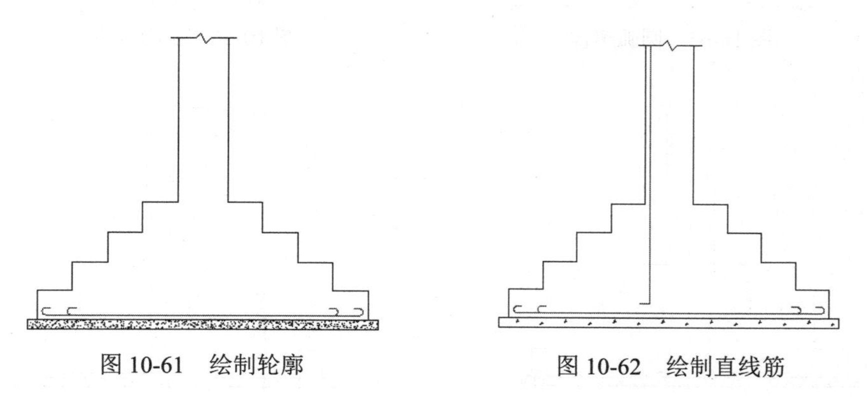

图 10-61 绘制轮廓　　图 10-62 绘制直线筋

（18）单击“默认”选项卡“修改”面板中的“镜像”按钮，选择上步绘制的连续直线为镜像对象，以绘制矩形水平边中点为镜像点，完成镜像，如图 10-63 所示。

（19）单击“默认”选项卡“绘图”面板中的“圆弧”按钮，或选择菜单栏中的“绘图”→“圆弧”→“起点、端点、方向”命令，在图形的适当位置绘制圆弧，结果如图 10-64 所示。

（20）单击“默认”选项卡“修改”面板中的“镜像”按钮，选择上步绘制的圆弧为镜像对象，以绘制矩形水平边中点为镜像点，完成镜像，如图 10-65 所示。

（21）单击“默认”选项卡“绘图”面板中的“直线”按钮，在刚绘制的钢筋中间绘制一条直线，结果如图 10-66 所示。

（22）单击“默认”选项卡“绘图”面板中的“直线”按钮，在上步图形位置处绘制一条适当长度的水平直线，如图 10-67 所示。

（23）单击“默认”选项卡“修改”面板中的“偏移”按钮，选择上步绘制的水平直线为偏移对象将其向下进行偏移，偏移距离为 900、250、250、250、250、250，如图 10-68 所示。

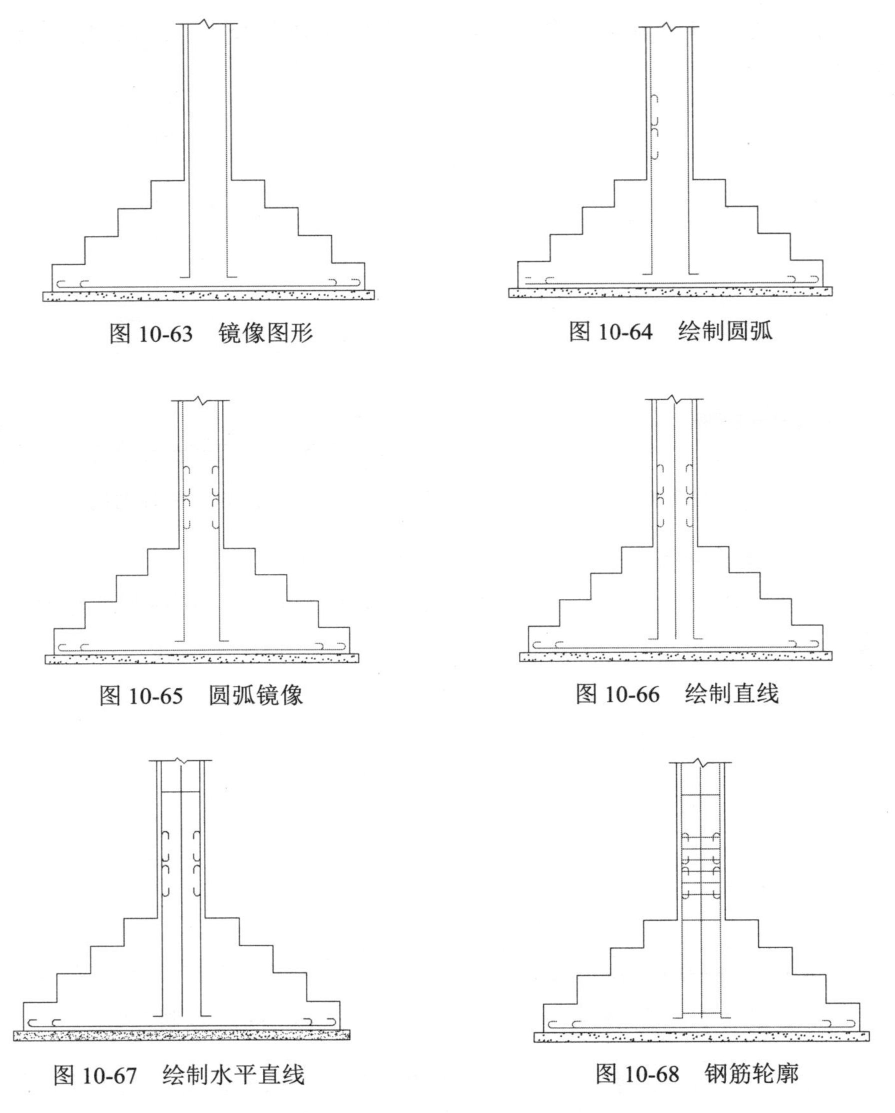

图 10-63　镜像图形

图 10-64　绘制圆弧

图 10-65　圆弧镜像

图 10-66　绘制直线

图 10-67　绘制水平直线

图 10-68　钢筋轮廓

（24）将“标注”层设置为当前层。单击“注释”选项卡“标注”面板中的“线性”按钮和“连续”按钮，为图形添加尺寸标注，如图 10-69 所示。

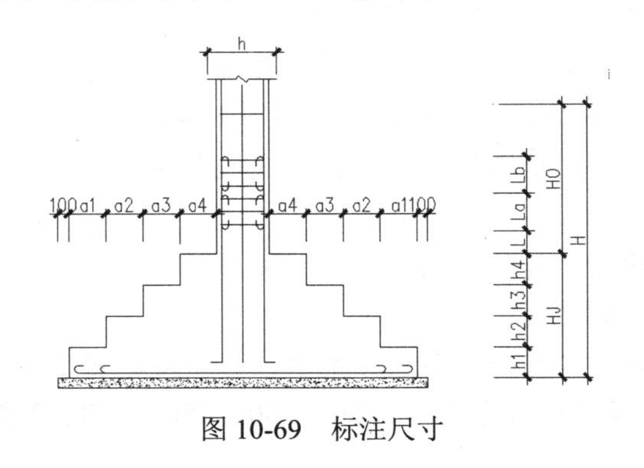

图 10-69　标注尺寸

（25）将文字图层设置为当前图层，利用“直线”按钮和“圆”按钮及“多行文字”按钮为图形添加文字说明。标注结果见图 10-43 所示。

10.6　模拟认证考试

1．如果选择的比例因子为 2，则长度为 50 的直线将被标注为（　　）。

A．100　　B．50

C．25　　D．询问，然后由设计者指定

2．图和已标注的尺寸同时放大 2 倍，其结果是（　　）。

A．尺寸值是原尺寸的 2 倍　　B．尺寸值不变，字高是原尺寸 2 倍

C．尺寸箭头是原尺寸的 2 倍　　D．原尺寸不变

3．将尺寸标注对象如尺寸线、尺寸界线、箭头和文字作为单一的对象，必须将下面（　　）变量设置为 ON。

A．DIMON　　B．DIMASZ　　C．DIMASO　　D．DIMEXO

4．尺寸公差中的上下偏差可以在线性标注的（　　）选项中堆叠起来。

A．多行文字　　B．文字　　C．角度　　D．水平

5．不能作为多重引线线型类型的是（　　）。

A．直线　　B．多段线　　C．样条曲线　　D．以上均可以

6．新建一个标注样式，此标注样式的基准标注为（　　）。

A．ISO-25　　B．当前标注样式

C．应用最多的标注样式　　D．命名最靠前的标注样式

7．标注如图 10-70 所示的图形 1。

8．标注如图 10-71 所示的图形 2。

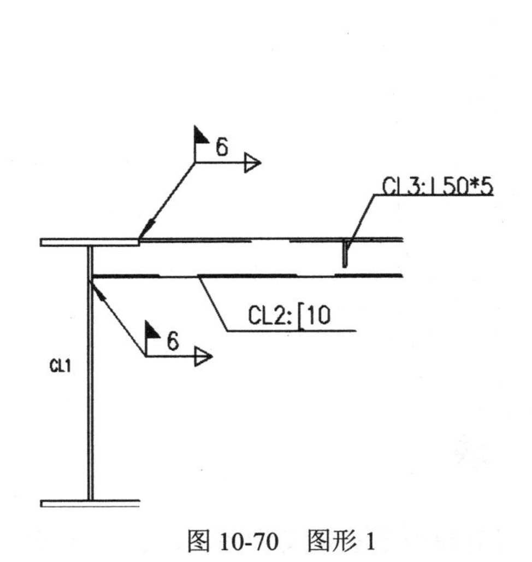

图 10-70　图形 1

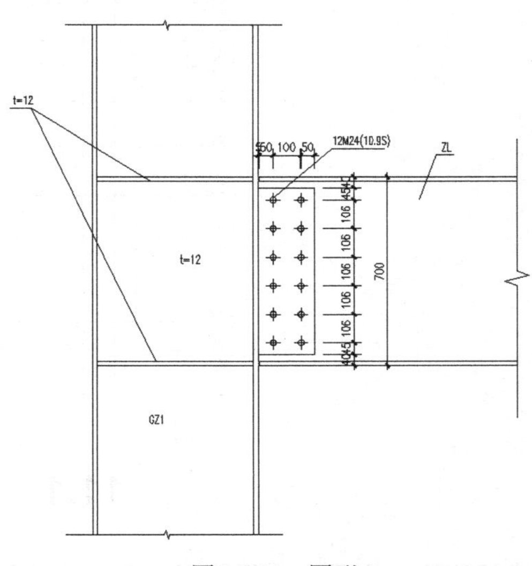

图 10-71　图形 2

第 11 章　辅助绘图工具

内容简介

为了提高系统整体的图形设计效率，并有效地管理整个系统的所有图形设计文件，经过不断地探索和完善，AutoCAD 推出了大量的集成化绘图工具，利用设计中心和工具选项板，用户可以建立自己的个性化图库，也可以利用其他用户提供的资源快速准确地进行图形设计。

本章主要介绍查询工具、图块、设计中心、工具选项板等知识。

内容要点

- 图块
- 图块属性
- 设计中心
- 工具选项板
- 模拟认证考试

案例效果

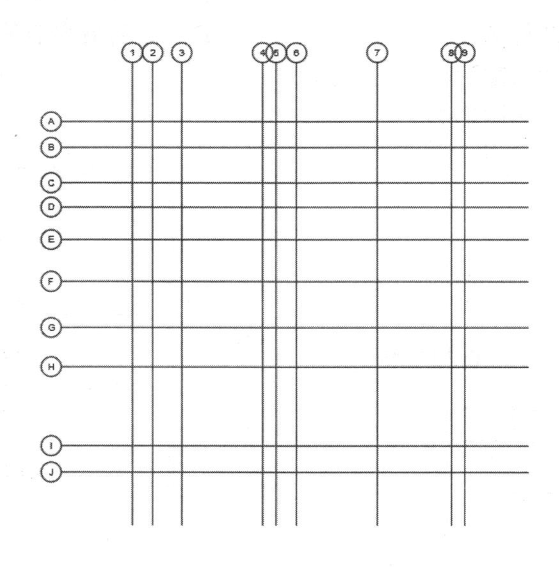

11.1　图　　块

图块又称块，它是由一组图形对象组成的集合，一组对象一旦被定义为图块，它们将成为一个整体，选中图块中任意一个图形对象即可选中构成图块的所有对象。AutoCAD 把一个图块作为一个对象进行编辑修改等操作，用户可根据绘图需要把图块插入到图中指定的位置，在插入时还可以指定不同的缩放比例和旋转角度。如果需要对组成图块的单个图形对象进行修改，还可以利用“分解”命令把图块炸开，分解成若干个对象。图块还可以重新定义，一旦被重新定义，整个图中基于该块的对象都将随之改变。

11.1.1　定义图块

将图形创建一个整体形成块，方便在作图时插入同样的图形，不过这个块只相对于这个图纸，其他图纸不能插入此块。

【执行方式】

- 命令行：BLOCK（快捷命令：B）。
- 菜单栏：选择菜单栏中的“绘图”→“块”→“创建”命令。
- 工具栏：单击“绘图”工具栏中的“创建块”按钮。
- 功能区：单击“默认”选项卡“块”面板中的“创建”按钮或单击“插入”选项卡“块定义”面板中的“创建块”按钮。

动手学——创建轴号图块

源文件：源文件\第 11 章\创建轴号图块 .dwg

扫一扫，看视频

本实例绘制的轴号图块，如图 11-1 所示。本例应用二维绘图及文字命令绘制轴号，利用创建块命令，将其创建为图块。

【操作步骤】

（1）绘制轴号。

① 单击“默认”选项卡“绘图”面板中的“圆”按钮，绘制一个直径为 900 的圆。

② 单击“默认”选项卡“注释”面板中的“多行文字”按钮A，在圆内输入轴号字样，字高为 250，结果如图 11-2 所示。

图 11-1　轴号图块

（2）保存图块。

单击“默认”选项卡“块”面板中的“创建”按钮，打开“块定义”对话框，如图 11-3 所示。单击“拾取点”按钮，拾取轴号的圆心为基点，单击“选择对象”按钮，拾取下面图形为对象，输入图块名称“轴号”，单击“确定”按钮，保存图块。

【选项说明】

（1）“基点”选项组：确定图块的基点，默认值是（0, 0, 0），也可以在下面的 X、Y、Z 文本框中输入块的基点坐标值。单击“拾取点”按钮，系统临时切换到绘图区，在绘图区中选择一点后，返回“块定义”对话框中，把选择的点作为图块的放置基点。

（2）“对象”选项组：用于选择制作图块的对象，以及设置图块对象的相关属性。例如，把图 11-4（a）中的正五边形定义为图块，如图 11-4（b）所示为选中“删除”单选按钮的结果，如图 11-4（c）所示为选中“保留”单选按钮的结果。

图 11-2　绘制轴号

图 11-3　“块定义”对话框

（3）“设置”选项组：指定从 AutoCAD 设计中心拖动图块时用于测量图块的单位，以及缩放、分解和超链接等设置。

（4）“在块编辑器中打开”复选框：选中该复选框，可以在块编辑器中定义动态块，后面将详细介绍。

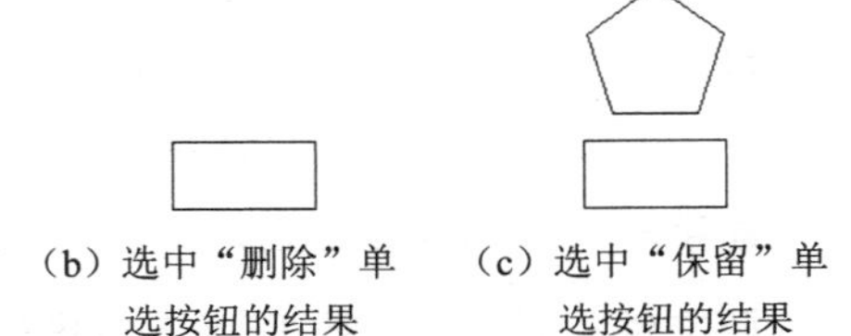

（a）将正五边形定义为图块　（b）选中“删除”单选按钮的结果　（c）选中“保留”单选按钮的结果

图 11-4　设置图块对象

（5）“方式”选项组：指定块的行为。“注释性”复选框，指定在图纸空间中块参照的方向与布局方向匹配；“按统一比例缩放”复选框指定是否阻止块参照不按统一比例缩放；“允许分解”复选框指定块参照是否可以被分解。

11.1.2　图块的存盘

利用 BLOCK 命令定义的图块保存在其所属的图形当中，该图块只能在该图形中插入，而不能插入到其他的图形中。但是有些图块在许多图形中要经常用到，这时可以用 WBLOCK 命令把图块以图形文件的形式（后缀为 .dwg）写入磁盘。图形文件可以在任意图形中用 INSERT 命令插入。

【执行方式】

- 命令行：WBLOCK（快捷命令：W）。
- 功能区：单击“插入”选项卡“块定义”面板中的“写块”按钮。

扫一扫，看视频

动手学——写轴号图块

源文件：源文件 \ 第 11 章 \ 写轴号图块 .dwg

图 11-5　轴号图块

本实例绘制的轴号图块，如图 11-5 所示。本例应用二维绘图及文字命令绘制轴号，利用写块命令，将其定义为图块。

【操作步骤】

（1）绘制轴号。

① 单击“默认”选项卡“绘图”面板中的“圆”按钮，绘制一个直径为900的圆。

② 单击“默认”选项卡“注释”面板中的“多行文字”按钮A，在圆内输入轴号字样，字高为250，结果如图11-6所示。

（2）保存图块。

单击“插入”选项卡“块定义”面板中的“写块”按钮，打开“写块”对话框，如图11-7所示。单击“拾取点”按钮，拾取轴号的圆心为基点，单击“选择对象”按钮，拾取下面图形为对象，输入图块名称“轴号”并指定路径，单击“确定”按钮，保存图块。

图11-6 绘制轴号

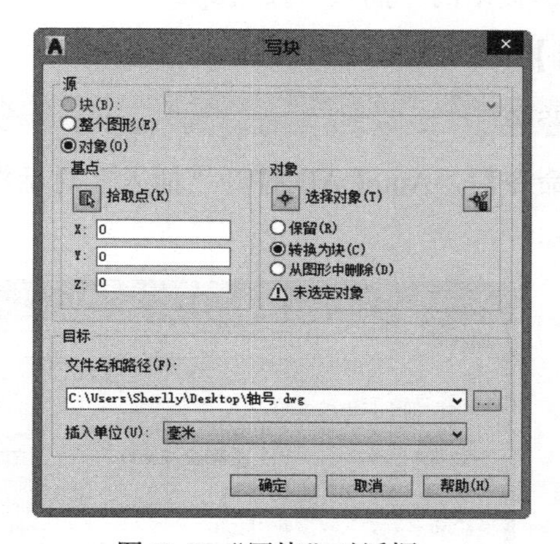

图11-7 “写块”对话框

【选项说明】

（1）“源”选项组：确定要保存为图形文件的图块或图形对象。选中“块”单选按钮，单击右侧的下拉列表框，在其展开的列表中选择一个图块，将其保存为图形文件；选中“整个图形”单选按钮，则把当前的整个图形保存为图形文件；选中“对象”单选按钮，则把不属于图块的图形对象保存为图形文件。对象的选择通过“对象”选项组来完成。

（2）“基点”选项组：用于选择图形。

（3）“目标”选项组：用于指定图形文件的名称、保存路径和插入单位。

☞ 教你一招

创建块与写块的区别：

创建图块是内部图块，在一个文件内定义的图块，可以在该文件内部自由作用，内部图块一旦被定义，它就和文件同时被存储和打开。写块是外部图块，将“块”以主文件的形式写入磁盘，其他图形文件也可以使用它，要注意这是外部图块和内部图块的一个重要区别。

11.1.3 图块的插入

在AutoCAD绘图过程中，可根据需要随时把已经定义好的图块或图形文件插入到当前图形的任意位置，在插入的同时还可以改变图块的大小、旋转一定角度或把图块炸开等。插入图块的方法有多种，本节将逐一进行介绍。

【执行方式】

- 命令行：INSERT（快捷命令：I）。
- 菜单栏：选择菜单栏中的“插入”→“块”命令。
- 工具栏：单击“插入点”工具栏中的“插入块”按钮或“绘图”工具栏中的“插入块”按钮。
- 功能区：单击“默认”选项卡“块”面板中的“插入”按钮或单击“插入”选项卡“块”面板中的“插入”按钮。

【操作步骤】

```
命令：INSERT↙
```

执行上述命令后，AutoCAD 打开“插入”对话框，如图 11-8 所示，用户可以指定要插入的图块及插入位置。

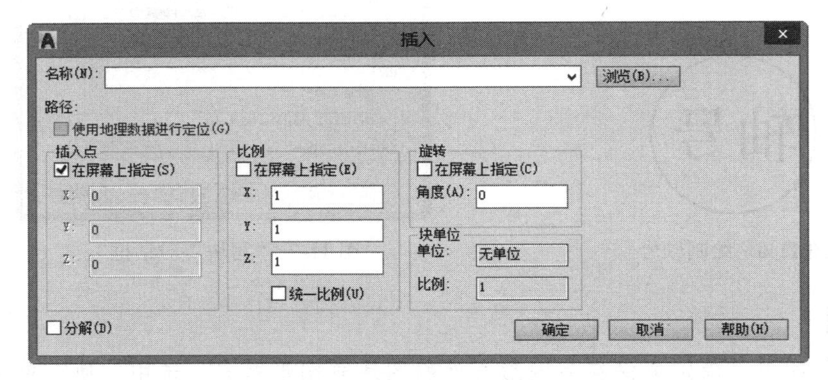

图 11-8 “插入”对话框

【选项说明】

（1）“路径”显示框：显示图块的保存路径。

（2）“插入点”选项组：指定插入点，插入图块时该点与图块的基点重合。可以在绘图区指定该点，也可以在下面的文本框中输入坐标值。

（3）“比例”选项组：确定插入图块时的缩放比例。图块被插入到当前图形中时，可以以任意比例放大或缩小。如图 11-9（a）所示是被插入的图块，按比例系数 1.5 插入该图块的结果如图 11-9（b）所示，按比例系数 0.5 插入该图块的结果如图 11-9（c）所示。X 轴方向和 Y 轴方向的比例系数也可以取不同的值，插入的图块 X 轴方向的比例系数为 1、Y 轴方向的比例系数为 1.5，如图 11-9（d）所示。另外，比例系数还可以是负值，当为负值时表示插入图块的镜像，其效果如图 11-10 所示。

（4）“旋转”选项组：指定插入图块时的旋转角度。图块被插入到当前图形中时，可以绕其基点旋转一定的角度，角度可以是正值（表示沿逆时针方向旋转），也可以是负值（表示沿顺时针方向旋转)。例如，将图 11-11（a）所示图块旋转 30° 后插入的效果如图 11-11（b）所示，将其旋转 −30° 后插入的效果如图 11-11（c）所示。

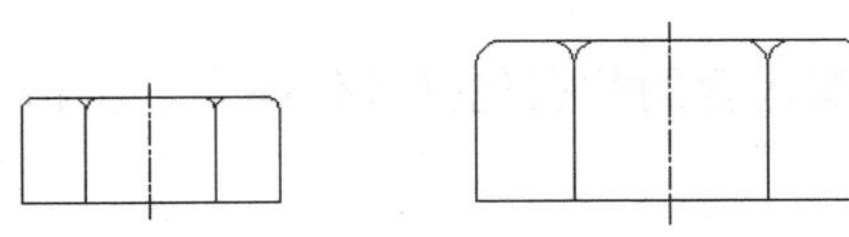

（a）插入的图块　（b）按比例系数 1.5 插入图块　（c）按比例系数 0.5 插入图块　（d）X 轴方向的比例系数为 1，Y 轴方向的比例系数为 1.5

图 11-9　取不同比例系数插入图块的效果

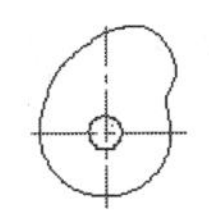

X 比例 =1，Y 比例 =1

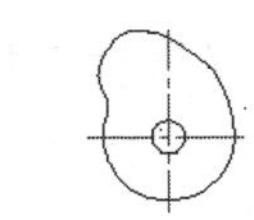

X 比例 =−1，Y 比例 =1

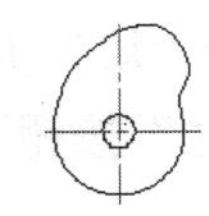

X 比例 =1，Y 比例 =−1

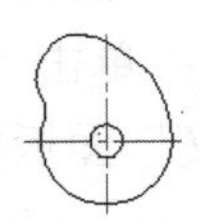

X 比例 =−1，Y 比例 =−1

图 11-10　取比例系数为负值插入图块的效果

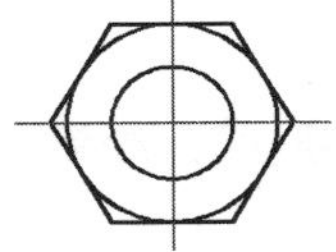

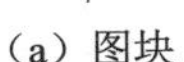

（a）图块

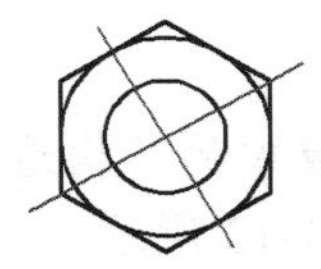

（b）旋转 30° 后插入

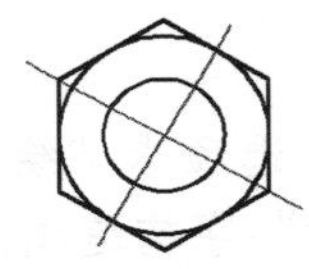

（c）旋转 −30° 后插入

图 11-11　以不同旋转角度插入图块的效果

如果选中“在屏幕上指定”复选框，系统切换到绘图区，在绘图区选择一点，AutoCAD 自动测量插入点与该点连线和 X 轴正方向之间的夹角，并把它作为块的旋转角。也可以在“角度”文本框中直接输入插入图块时的旋转角度。

（5）“分解”复选框：选中该复选框，则在插入块的同时把其炸开，插入到图形中的组成块对象不再是一个整体，可对每个对象单独进行编辑操作。

练一练——创建指北针图块

创建如图 11-12 所示指北针图块。

图 11-12　指北针图块

思路点拨

源文件：源文件 \ 第 11 章 \ 指北针图块 .avi

（1）应用二维绘图及编辑命令绘制指北针。
（2）利用“写块”命令创建指北针图块。

11.2　图块属性

图块除了包含图形对象以外，还可以具有非图形信息，例如把一个椅子的图形定义为图块后，还可把椅子的号码、材料、重量、价格以及说明等文本信息一并加入到图块当中。图块的这些非图形信息，叫做图块的属性，它是图块的一个组成部分，与图形对象一起构成一个整体，在插入图块时 AutoCAD 把图形对象连同属性一起插入到图形中。

11.2.1 定义图块属性

属性是将数据附着到块上的标签或标记。属性中可能包含的数据包括零件编号、价格、注释和物主的名称等。

【执行方式】

- 命令行：ATTDEF（快捷命令：ATT）。
- 菜单栏：选择菜单栏中的“绘图”→“块”→“定义属性”命令。
- 功能区：单击“默认”选项卡“块”面板中的“定义属性”按钮或单击“插入”选项卡“块定义”面板中的“定义属性”按钮。

扫一扫，看视频

动手学——定义轴号图块属性

源文件：源文件\第 11 章\定义轴号图块属性 .dwg

【操作步骤】

（1）单击“默认”选项卡“绘图”面板中的“构造线”按钮，绘制一条水平构造线和一条竖直构造线，组成“十”字构造线，如图 11-13 所示。

（2）单击“默认”选项卡“修改”面板中的“偏移”按钮，将水平构造线连续分别向上偏移，偏移后相邻直线间的距离分别为 1200、3600、1800、2100、1900、1500、1100、1600 和 1200，得到水平方向的辅助线；将竖直构造线连续分别向右偏移，偏移后相邻直线间的距离分别为 900、1300、3600、600、900、3600、3300 和 600，得到竖直方向的辅助线。

（3）单击“默认”选项卡“绘图”面板中的“矩形”按钮和“修改”面板中的“修剪”按钮，将轴线修剪，如图 11-14 所示。

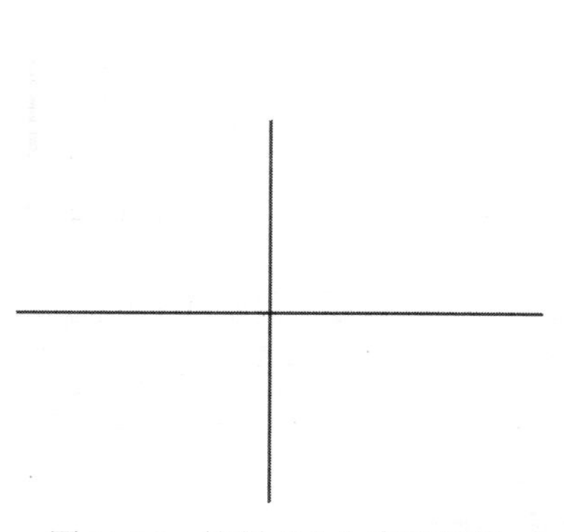

图 11-13 绘制“十”字构造线

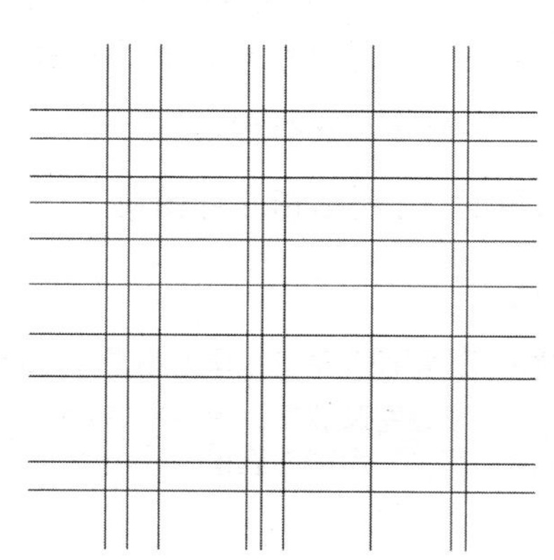

图 11-14 绘制轴线网

（4）单击“默认”选项卡“绘图”面板中的“圆”按钮，在适当位置绘制一个半径为 900 的圆，如图 11-15 所示。

（5）单击“插入”选项卡“块”面板中的“定义属性”按钮，打开“属性定义”对话框，如图 11-16 所示，单击“确定”按钮，在圆心位置，输入一个块的属性值。

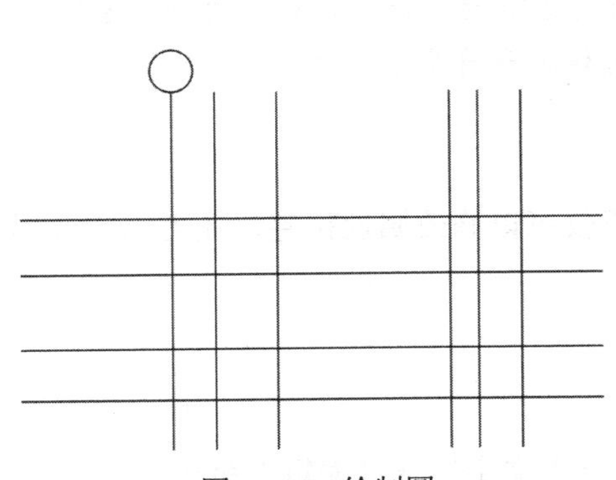

图 11-15 绘制圆

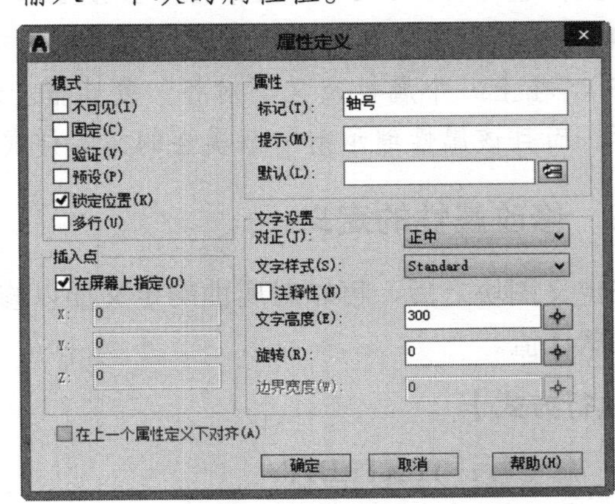

图 11-16 块属性定义

【选项说明】

（1）“模式”选项组。用于确定属性的模式。

①“不可见”复选框：选中该复选框，属性为不可见显示方式，即插入图块并输入属性值后，属性值在图中并不显示出来。

②“固定”复选框：选中该复选框，属性值为常量，即属性值在属性定义时给定，在插入图块时系统不再提示输入属性值。

③“验证”复选框：选中该复选框，当插入图块时，系统重新显示属性值提示用户验证该值是否正确。

④“预设”复选框：选中该复选框，当插入图块时，系统自动把事先设置好的默认值赋予属性，而不再提示输入属性值。

⑤“锁定位置”复选框：锁定块参照中属性的位置。解锁后，属性可以相对于使用夹点编辑块的其他部分移动，并且可以调整多行文字属性的大小。

⑥“多行”复选框：选中该复选框，可以指定属性值包含多行文字，可以指定属性的边界宽度。

（2）“属性”选项组。用于设置属性值。在每个文本框中，AutoCAD 允许输入不超过 256 个字符。

①“标记”文本框：输入属性标签。属性标签可由除空格和感叹号以外的所有字符组成，系统自动把小写字母改为大写字母。

②“提示”文本框：输入属性提示。属性提示是插入图块时系统要求输入属性值的提示，如果不在此文本框中输入文字，则以属性标签作为提示。如果在“模式”选项组中选中“固定”复选框，即设置属性为常量，则不需设置属性提示。

③“默认”文本框：设置默认的属性值。可把使用次数较多的属性值作为默认值，也可不设默认值。

（3）“插入点”选项组。用于确定属性文本的位置。可以在插入时由用户在图形中确定属性文本的位置，也可在 X、Y、Z 文本框中直接输入属性文本的位置坐标。

（4）“文字设置”选项组。用于设置属性文本的对齐方式、文本样式、字高和倾斜角度。

（5）“在上一个属性定义下对齐”复选框。选中该复选框表示把属性标签直接放在前一个属性的下面，而且该属性继承前一个属性的文本样式、字高和倾斜角度等特性。

11.2.2 修改属性的定义

在定义图块之后，可以对属性的定义加以修改，不仅可以修改属性标签，还可以修改属性提示和属性默认值。

【执行方式】

- 命令行：TEXTEDIT。
- 菜单栏：选择菜单栏中的“修改”→“对象”→“文字”→“编辑”命令。

【操作步骤】

```
命令：TEXTEDIT↙
当前设置：编辑模式 = Multiple
选择注释对象或 [放弃(U)/模式(M)]:
```

选择定义的图块，打开“编辑属性定义”对话框，如图 11-17 所示。

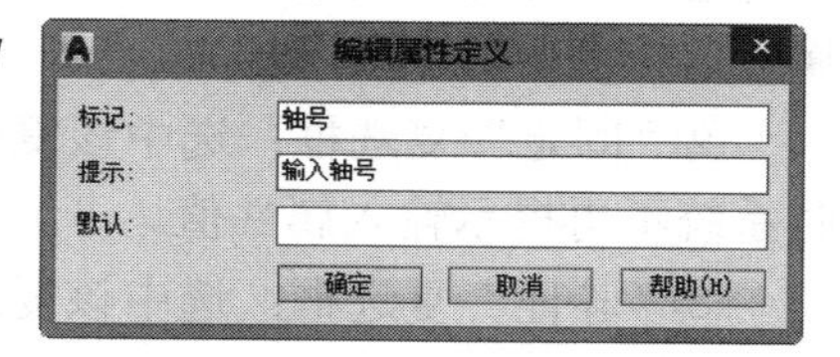

图 11-17 “编辑属性定义”对话框

【选项说明】

该对话框表示要修改属性的“标记”“提示”及“默认值”，可在各文本框中对各项进行修改。

11.2.3 图块属性编辑

当属性被定义到图块当中，甚至图块被插入到图形当中之后，用户还可以对图块属性进行编辑。利用 ATTEDIT 命令可以通过对话框对指定图块的属性值进行修改，利用 ATTEDIT 命令不仅可以修改属性值，而且可以对属性的位置、文本等其他设置进行编辑。

【执行方式】

- 命令行：ATTEDIT（快捷命令：ATE）。
- 菜单栏：选择菜单栏中的“修改”→“对象”→“属性”→“单个”命令。
- 工具栏：单击“修改 II”工具栏中的“编辑属性”按钮。
- 功能区：单击“默认”选项卡“块”面板中的“编辑属性”按钮。

扫一扫，看视频

动手学——编辑轴号图块属性并标注

调用素材：源文件\第 11 章\定义轴号图块属性.dwg

源文件：源文件\第 11 章\编辑轴号图块属性并标注.dwg

标注如图 11-18 所示的轴号。

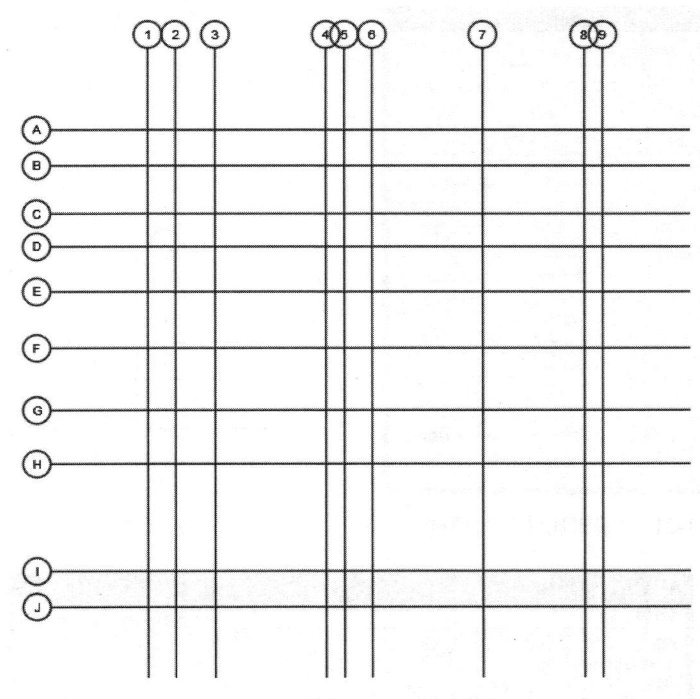

图 11-18　标注轴号

【操作步骤】

（1）单击“默认”选项卡“块”面板中的“创建块”按钮，打开“块定义”对话框，如图 11-19 所示。在“名称”文本框中写入“轴号”，指定圆心为基点；选择整个圆和刚才的“轴号”标记为对象，如图 11-20 所示。单击“确定”按钮，打开如图 11-21 所示的“编辑属性”对话框，输入轴号为“1”，单击“确定”按钮，轴号效果图如图 11-22 所示。

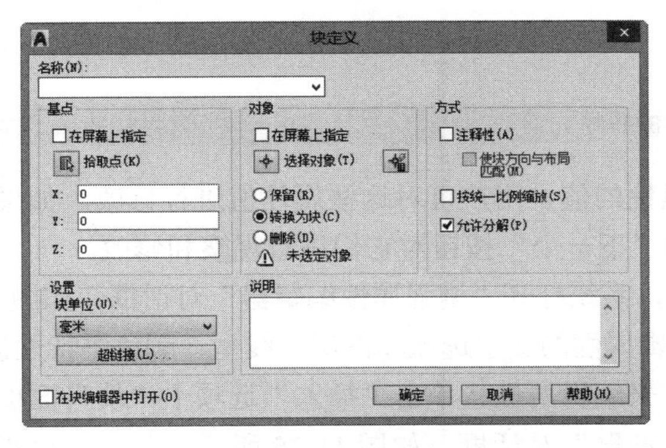

图 11-19　创建块

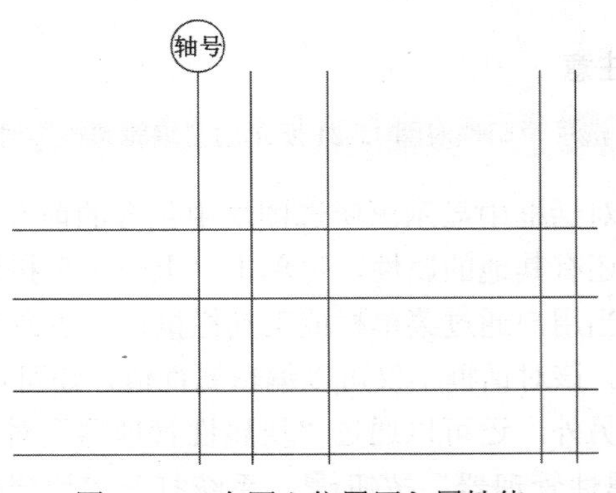

图 11-20　在圆心位置写入属性值

（2）单击“插入”选项卡“块”面板中的“插入块”按钮，打开如图 11-23 所示的“插入”对话框，将轴号图块插入到轴线上，打开“编辑属性”对话框修改图块属性，结果如图 11-18 所示。

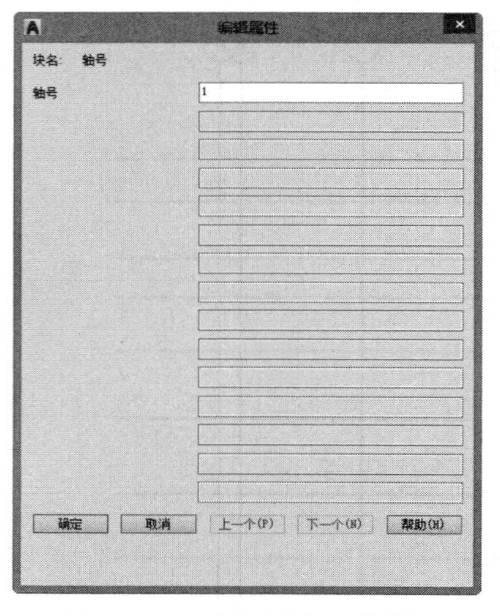

图 11-21 “编辑属性”对话框

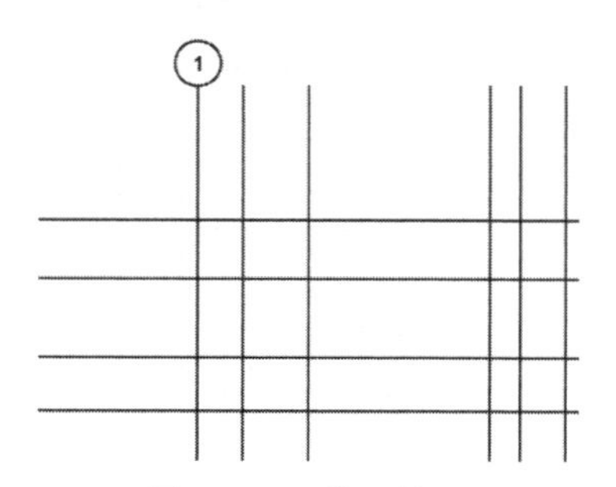

图 11-22 输入轴号

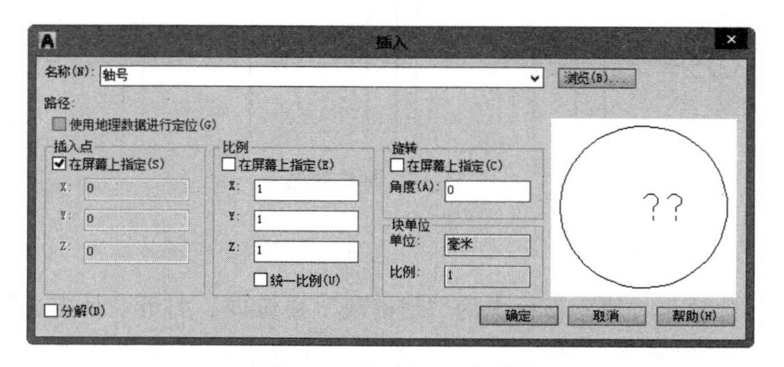

图 11-23 “插入”对话框

【选项说明】

注意

选项说明是对图 11-21 所示的“编辑属性”对话框的解释。

对话框中显示出所选图块中包含的前 8 个属性的值，用户可对这些属性值进行修改。如果该图块中还有其他的属性，可单击“上一个”按钮和“下一个”按钮对它们进行观察和修改。

当用户通过菜单栏或工具栏执行上述命令时，系统打开“增强属性编辑器”对话框，如图 11-24 所示。该对话框不仅可以编辑属性值，还可以编辑属性的文字选项和图层、线型、颜色等特性值。

另外，还可以通过“块属性管理器”对话框来编辑属性。单击“插入”选项卡“块”面板中的“块属性管理器”按钮，系统打开“块属性管理器”对话框，如图 11-25 所示。单击“编辑”按钮，系统打开“编辑属性”对话框，如图 11-26 所示，可以通过该对话框编辑属性。

练一练——标注标高符号

标注如图 11-27 所示标高符号。

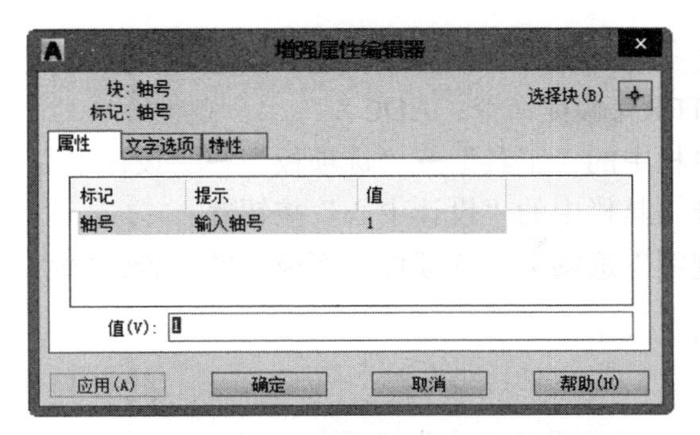

图 11-24 “增强属性编辑器”对话框

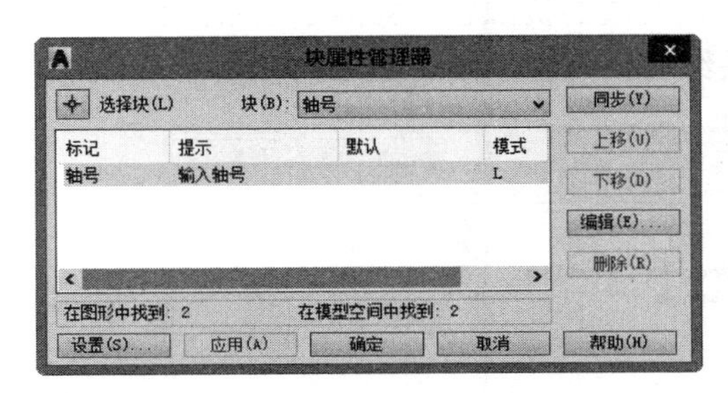

图 11-25 “块属性管理器”对话框

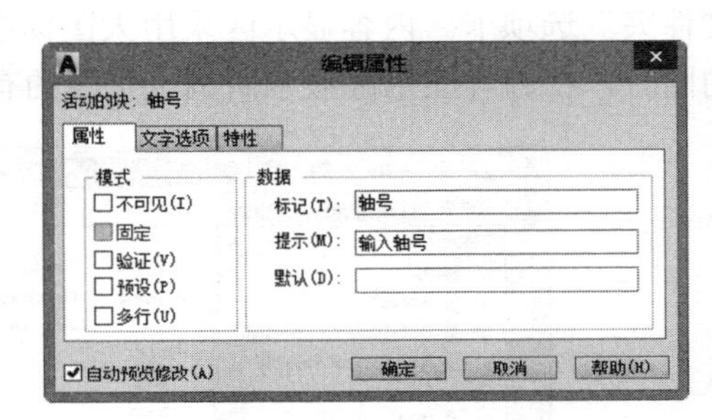

图 11-26 “编辑属性”对话框

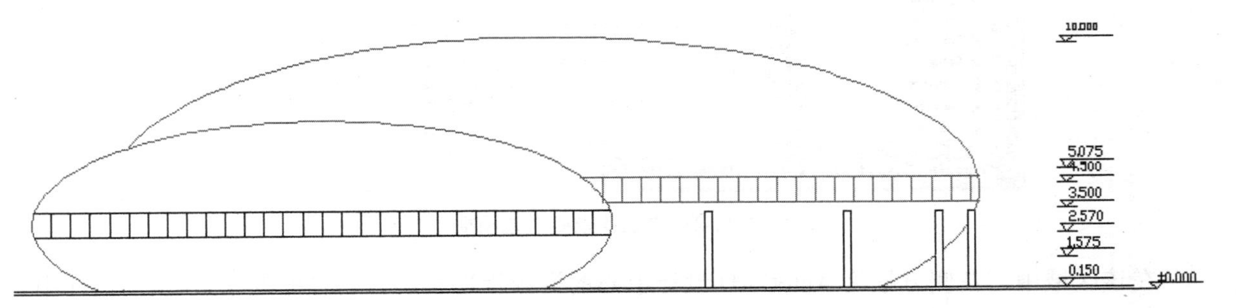

图 11-27 标注标高符号

思路点拨

源文件：源文件 \ 第 11 章 \ 标注标高符号 .dwg

（1）用“直线”命令绘制标高符号。

（2）利用“定义属性”命令和“写块”命令创建标高符号图块。

（3）利用“插入块”命令插入标高图块并输入属性值。

11.3 设计中心

使用 AutoCAD 设计中心可以很容易地组织设计内容，并把它们拖动到自己的图形中。可以使用 AutoCAD 设计中心窗口的内容显示框来观察用 AutoCAD 设计中心资源管理器所浏览资源的细目。

【执行方式】

- 命令行：ADCENTER（快捷命令：ADC）。
- 菜单栏：选择菜单栏中的“工具”→“选项板”→“设计中心”命令。
- 工具栏：单击标准工具栏中的“设计中心”按钮。
- 功能区：单击“视图”选项卡“选项板”面板中的“设计中心”按钮。
- 快捷键：Ctrl+2。

【操作步骤】

执行上述操作后，系统打开“设计中心”选项板。第一次启动设计中心时，默认打开的选项卡为“文件夹”选项卡。内容显示区采用大图标显示，左边的资源管理器显示系统的树形结构，浏览资源的同时，在内容显示区显示所浏览资源的有关细目或内容，如图 11-28 所示。

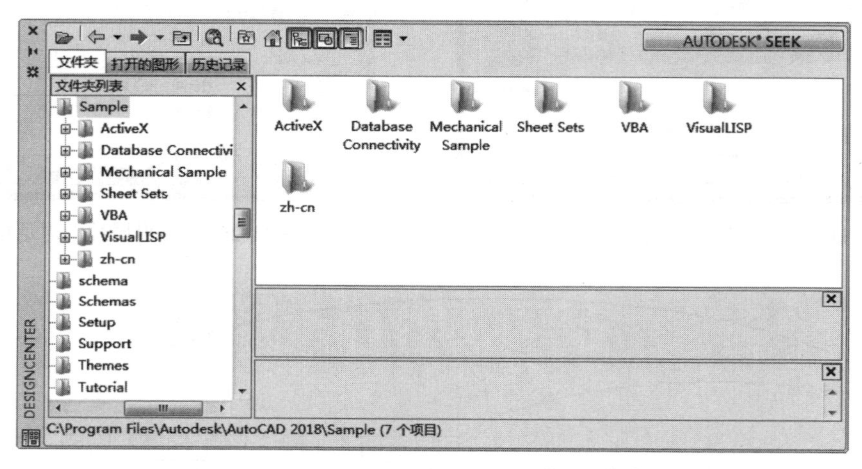

图 11-28 “设计中心”选项板

在该区域中，左侧方框为 AutoCAD 设计中心的资源管理器，右侧方框为 AutoCAD 设计中心的内容显示框。其中，上面窗口为文件显示框，中间窗口为图形预览显示框，下面窗口为说明文本显示框。

【选项说明】

可以利用鼠标拖动边框的方法来改变 AutoCAD 设计中心资源管理器和内容显示区以及 AutoCAD 绘图区的大小，但内容显示区的最小尺寸应能显示两列大图标。

如果要改变 AutoCAD 设计中心的位置，可以按住鼠标左键拖动，松开鼠标左键后，AutoCAD 设计中心便处于当前位置，到新位置后，仍可用鼠标改变各窗口的大小。也可以通过设计中心边框左上方的“自动隐藏”按钮来自动隐藏设计中心。

☞ 教你一招

利用设计中心插入图块：

在利用 AutoCAD 绘制图形时，可以将图块插入到图形当中。将一个图块插入到图形中时，块定义就被复制到图形数据库当中。在一个图块被插入图形之后，如果原来的图块被修改，则插入到图形当中的图块也随之改变。

当其他命令正在执行时，不能插入图块到图形当中。例如，如果在插入块时，在提示行正在执行一个命令，此时光标变成一个带斜线的圆，提示操作无效。另外，一次只能插入一个图块。

AutoCAD 设计中心提供了两种插入图块的方法："利用鼠标指定比例和旋转方式"与"精确指定坐标、比例和旋转角度方式"。

1. 利用鼠标指定比例和旋转方式插入图块

系统根据光标拉出的线段长度、角度确定比例与旋转角度，插入图块的步骤如下。

（1）从文件夹列表或查找结果列表中选择要插入的图块，按住鼠标左键，将其拖动到打开的图形中。松开鼠标左键，此时选择的对象被插入到当前被打开的图形当中。利用当前设置的捕捉方式，可以将对象插入到存在的任何图形当中。

（2）在绘图区单击指定一点作为插入点，移动鼠标，光标位置点与插入点之间距离为缩放比例，单击确定比例。采用同样的方法移动鼠标，光标指定位置和插入点的连线与水平线的夹角为旋转角度。被选择的对象就根据光标指定的比例和角度插入到图形当中。

2. 精确指定坐标、比例和旋转角度方式插入图块

利用该方法可以设置插入图块的参数，插入图块的步骤如下。

（1）从文件夹列表或查找结果列表框中选择要插入的对象，拖动对象到打开的图形中。

（2）右击，可以选择快捷菜单中的"比例""旋转"等命令，如图 11-29 所示。

（3）在相应的命令行提示下输入比例和旋转角度等数值。被选择的对象根据指定的参数插入到图形当中。

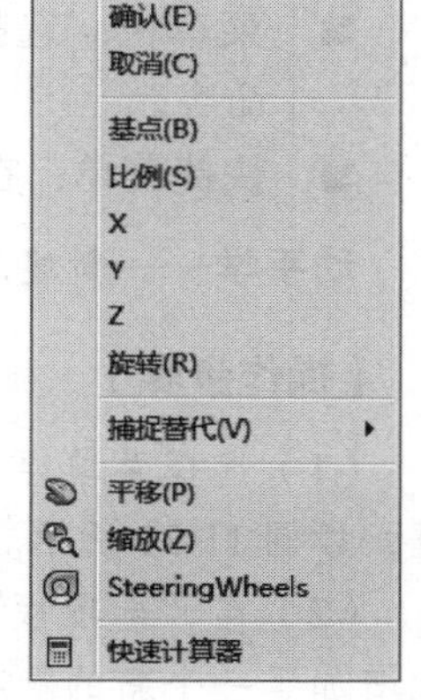

图 11-29 快捷菜单

11.4 工具选项板

工具选项板中的选项卡提供了组织、共享和放置块及填充图案的有效方法。工具选项板还可以包含由第三方开发人员提供的自定义工具。

11.4.1 打开工具选项板

可在工具选项板中整理块、图案填充和自定义工具。

【执行方式】

- 命令行：TOOLPALETTES（快捷命令：TP）。
- 菜单栏：选择菜单栏中的"工具"→"选项板"→"工具选项板"命令。
- 工具栏：单击标准工具栏中的"工具选项板窗口"按钮。
- 功能区：单击"视图"选项卡"选项板"面板中的"工具选项板"按钮。
- 快捷键：Ctrl+3。

【操作步骤】

执行上述操作后，系统自动打开工具选项板，如图11-30所示。

在工具选项板中，系统设置了一些常用图形选项卡，这些常用图形可以方便用户绘图。

扫一扫，看视频

11.4.2 新建工具选项板

用户可以创建新的工具选项板，这样有利于个性化作图，也能够满足特殊作图需要。

【执行方式】

- 命令行：CUSTOMIZE。
- 菜单栏：选择菜单栏中的“工具”→“自定义”→“工具选项板”命令。
- 快捷菜单：在快捷菜单中选择“自定义”命令。

动手学——新建工具选项板

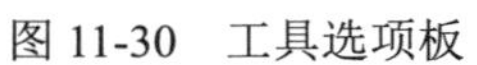
图11-30 工具选项板

【操作步骤】

（1）选择菜单栏中的“工具”→“自定义”→“工具选项板”命令，系统打开“自定义”对话框，如图11-31所示。在“选项板”列表框中右击，在弹出的快捷菜单中选择“新建选项板”命令。

（2）在“选项板”列表框中出现一个“新建选项板”，可以为其命名，确定后，工具选项板中就增加了一个新的选项卡，如图11-32所示。

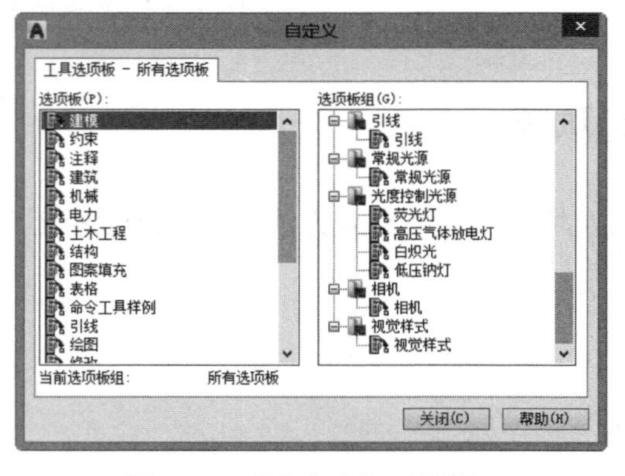

图11-31 “自定义”对话框

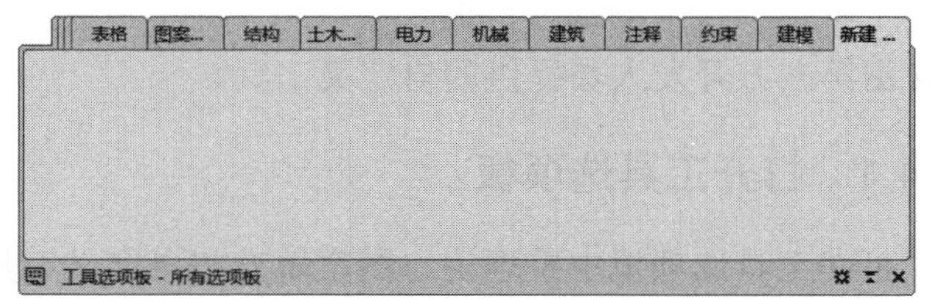

图11-32 新建选项卡

动手学——从设计中心创建选项板

将图形、块和图案填充从设计中心拖动到工具选项板中。

【操作步骤】

（1）单击“视图”选项卡“选项板”面板中的“设计中心”按钮，打开“设计中心”选项板。

（2）在 DesignCenter 文件夹上右击，在弹出的快捷菜单中选择“创建块的工具选项板”命令，如图 11-33 所示。设计中心中存储的图元就出现在工具选项板中新建的 DesignCenter 选项卡上，如图 11-34 所示。

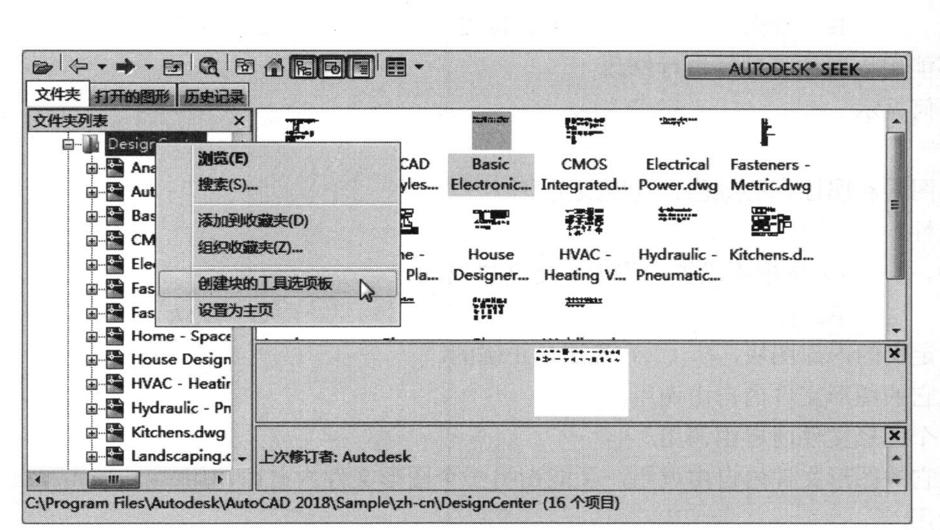

图 11-33　“设计中心”选项板

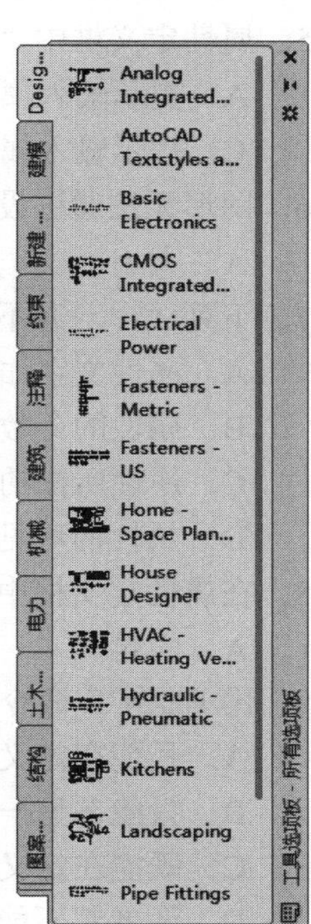

图 11-34　新创建的工具选项板

这样就可以将设计中心与工具选项板结合起来，建立一个快捷方便的工具选项板。将工具选项板中的图形拖动到另一个图形中时，图形将作为块插入。

11.5　模拟认证考试

1．下列（　　）方法不能插入创建好的块。

A．从 Windows 资源管理器中将图形文件图标拖放到 AutoCAD 绘图区域插入块

B．从设计中心插入块

C．用粘贴 PASTECLIP 命令插入块

D．用插入 INSERT 命令插入块

2．将不可见的属性修改为可见的命令是（　　）。

A．EATTEDIT　　B．BATTMAN　　C．ATTEDIT　　D．DDEDIT

3．在 AutoCAD 中，下列（　　）操作均可以打开设计中心。

A．Ctrl+3，ADC　　B．Ctrl+2，ADC

C．Ctrl+3，AGC　　D．Ctrl+2，AGC

4．在设计中心里，单击“收藏夹”，则会（　　）。

A．出现搜索界面　　B．定位到 Home 文件夹

C．定位到 DesignCenter 文件夹　　D．定位到 AutoDesk 文件夹

5．属性定义框中“提示”栏的作用是（　　）。

A．提示输入属性值插入点　　B．提示输入新的属性值

C．提示输入属性值所在图层　　D．提示输入新的属性值的字高

6．图形无法通过设计中心更改的是（　　）。

A．大小　　B．名称　　C．位置　　D．外观

7．下列（　　）不能用块属性管理器进行修改。

A．属性文字如何显示

B．属性的个数

C．属性所在的图层和属性行的颜色、宽度及类型

D．属性的可见性

8．在属性定义框中，（　　）选框不设置，将无法定义块属性。

A．固定　　B．标记　　C．提示　　D．默认

9．用 BLOCK 命令定义的内部图块，（　　）说法是正确的。

A．只能在定义它的图形文件内自由调用

B．只能在另一个图形文件内自由调用

C．既能在定义它的图形文件内自由调用，又能在另一个图形文件内自由调用

D．两者都不能用

10．带属性的块经分解后，属性显示为（　　）。

A．属性值　　B．标记　　C．提示　　D．不显示

第 12 章　图纸布局与出图

内容简介

对于施工图而言，其输出对象主要是打印机，打印输出的图纸将成为施工人员施工的主要依据。在打印时，需要确定纸张的大小、输出比例以及打印线宽、颜色等相关内容。

内容要点

☑ 视口与空间
☑ 出图
☑ 模拟认证考试

案例效果

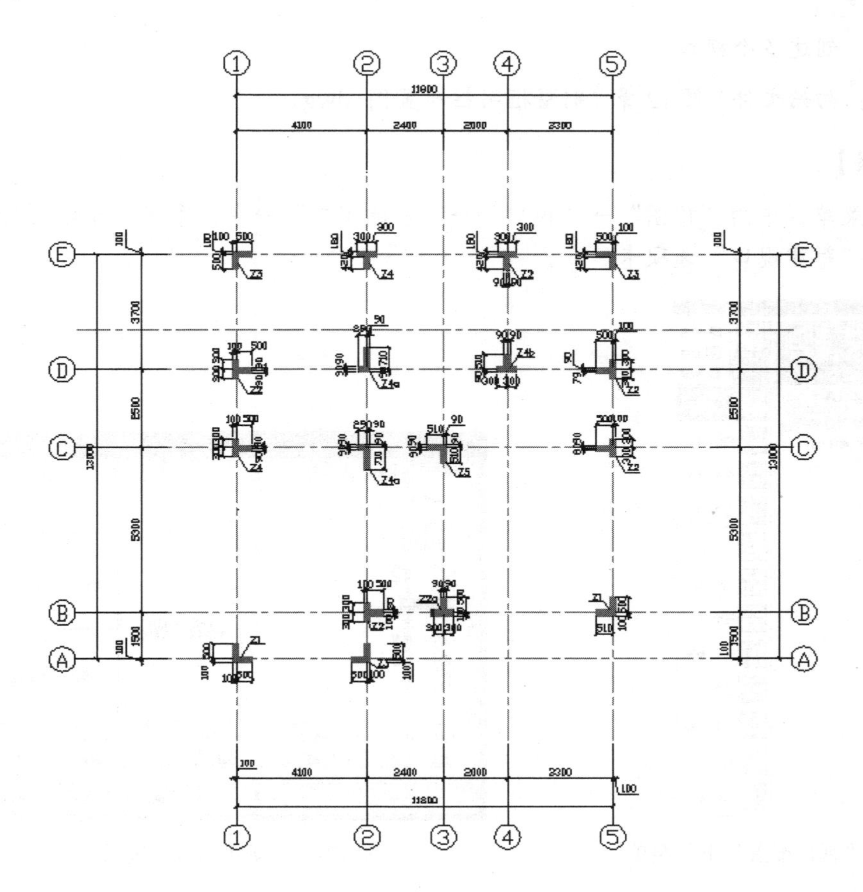

12.1 视口与空间

视口和空间是有关图形显示和控制的两个重要概念，下面简要介绍。

12.1.1 视口

绘图区可以被划分为多个相邻的非重叠视口，在每个视口中可以进行平移和缩放操作，也可以进行三维视图设置与三维动态观察。

1. 新建视口

【执行方式】

- 命令行：VPORTS。
- 菜单栏：选择菜单栏中的“视图”→“视口”→“新建视口”命令。
- 工具栏：单击“视口”工具栏中的“显示‘视口’对话框”按钮。
- 功能区：单击“视图”选项卡“模型视口”面板中的“视口配置”下拉按钮（如图 12-1 所示）。

扫一扫，看视频

动手学——创建多个视口

调用素材：初始文件\第 12 章\别墅框架柱布置图 .dwg

【操作步骤】

（1）选择菜单栏中的“视图”→“视口”→“新建视口”命令，系统打开如图 12-2 所示的“视口”对话框的“新建视口”选项卡。

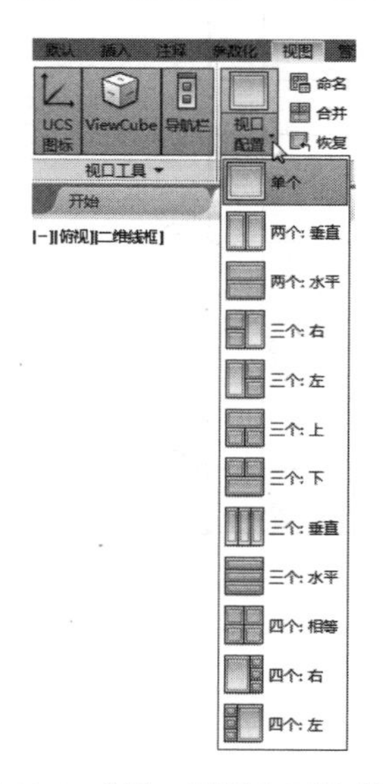

图 12-1 “视口配置”下拉菜单

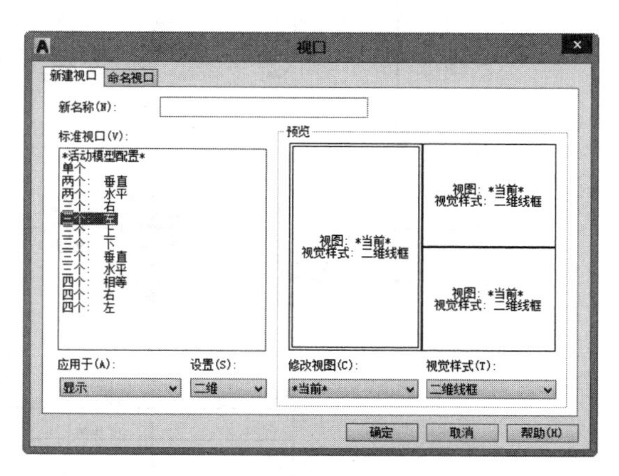

图 12-2 “新建视口”选项卡

（2）在标准视口列表中选择“三个：左”，其他采用默认设置。也可以直接在“模型视口”面板中的“视口配置”下拉列表中选择“三个：左”选项。

（3）单击“确定”按钮，在窗口中创建三个视口，如图 12-3 所示。

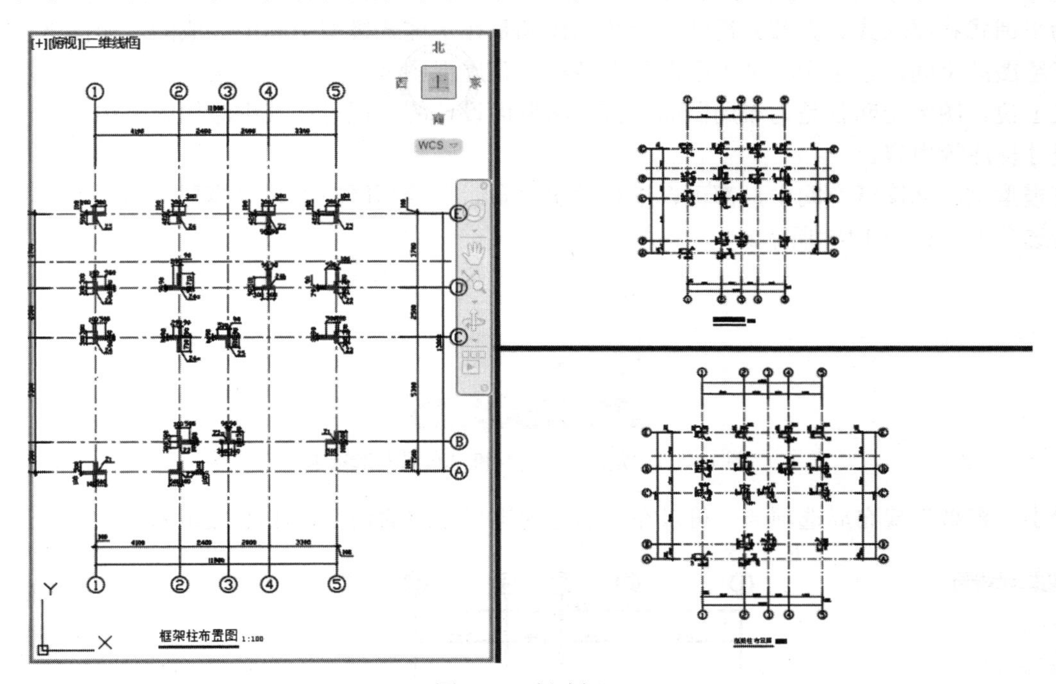

图 12-3　创建视口

2. 命名视口

【执行方式】

- 菜单栏：选择菜单栏中的“视图”→“视口”→“命名视口”命令。
- 工具栏：单击“视口”工具栏中的“显示‘视口’对话框”按钮。
- 功能区：单击“视图”选项卡“模型视口”面板中的“命名”按钮。

【操作步骤】

执行上述操作后，系统打开如图 12-4 所示的“视口”对话框的“命名视口”选项卡，该选项卡用来显示保存在图形文件中的视口配置。其中，“当前名称”提示行显示当前视口名称；“命名视口”列表框用来显示保存的视口配置；“预览”显示框用来预览被选择的视口配置。

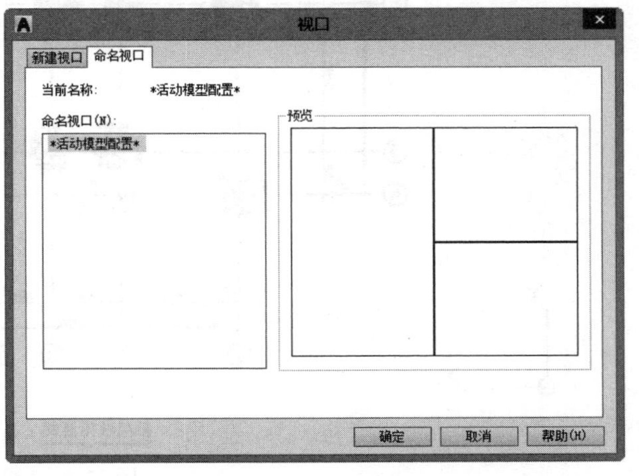

图 12-4　“视口”对话框“命名视口”选项卡

12.1.2 模型空间与图纸空间

AutoCAD 可在两个环境中完成绘图和设计工作，即“模型空间”和“图纸空间”。模型空间又可分为平铺式和浮动式。大部分设计和绘图工作都是在平铺式模型空间中完成的，而图纸空间是模拟手工绘图的空间，它是为绘制平面图而准备的一张虚拟图纸，是一个二维空间的工作环境。从某种意义上说，图纸空间就是为布局图面、打印出图而设计的，还可在其中添加诸如边框、注释、标题和尺寸标注等内容。

在模型空间和图纸空间中，都可以进行输出设置。在绘图区底部有“模型”选项卡及一个或多个布局选项卡，如图 12-5 所示。

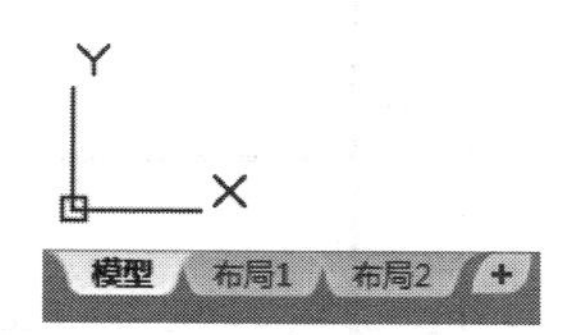

图 12-5 “模型”选项卡和“布局”选项卡

单击“模型”或布局选项卡，可以在它们之间进行空间的切换，如图 12-6 和图 12-7 所示。

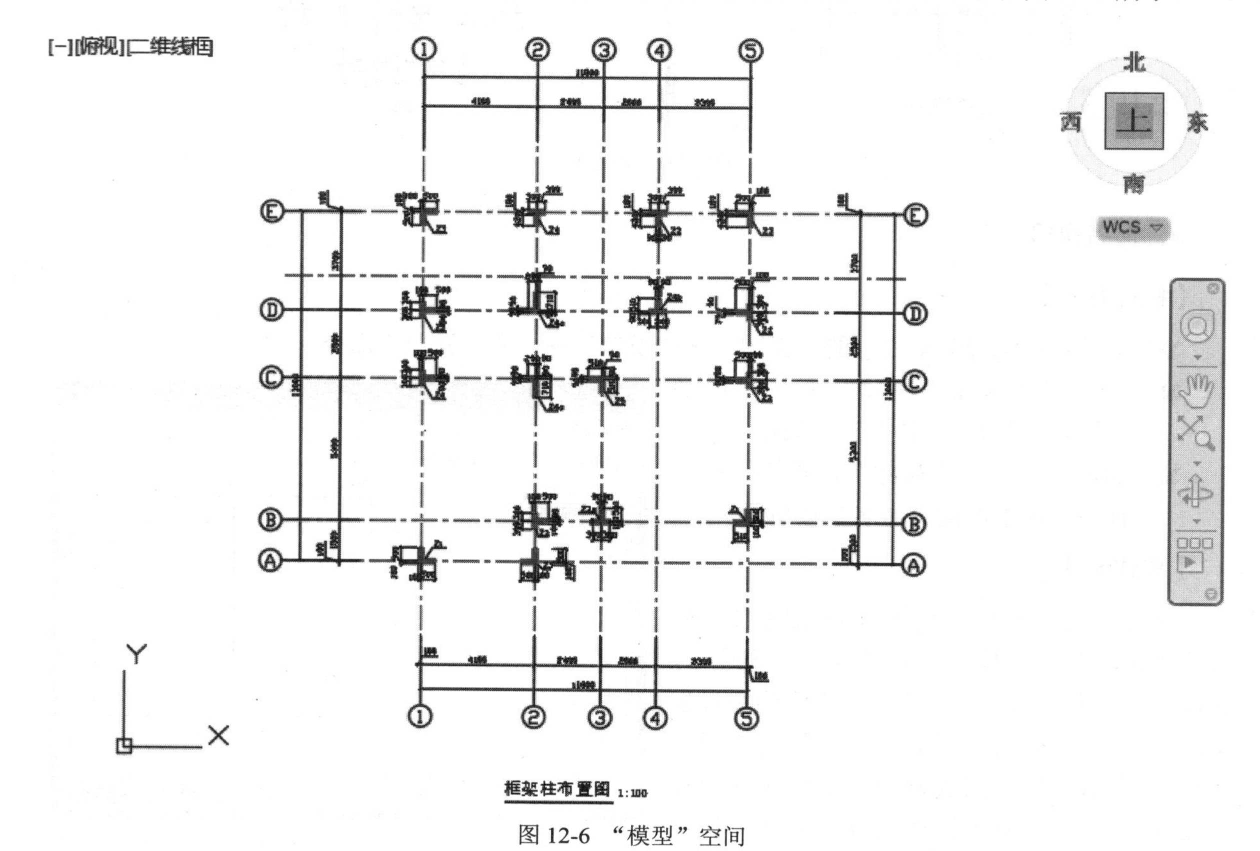

图 12-6 “模型”空间

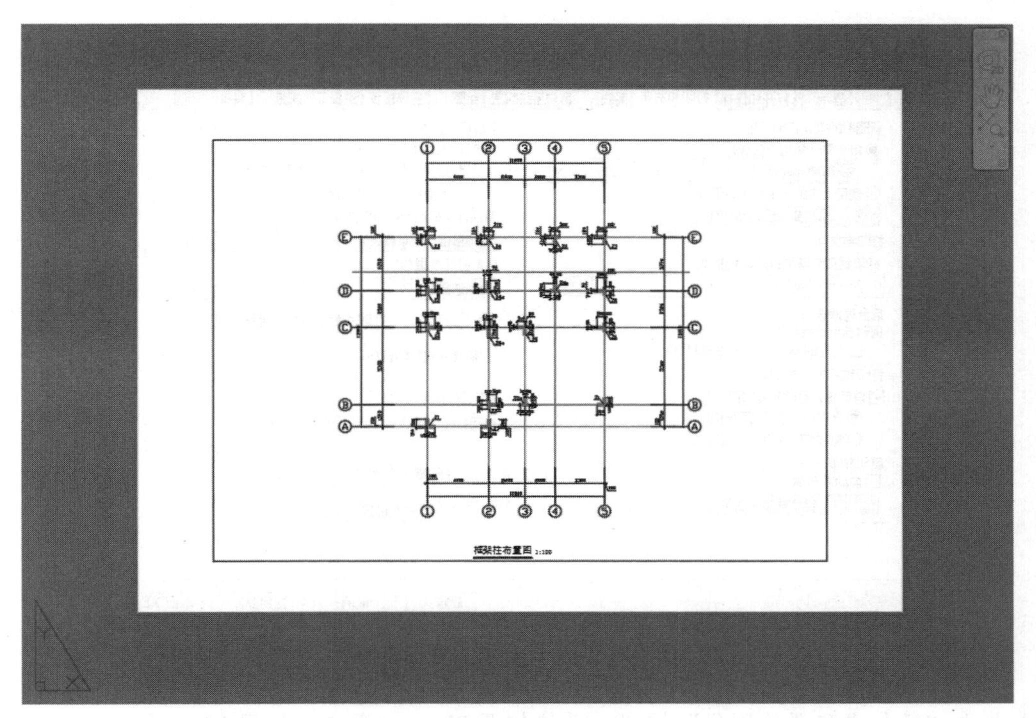

图 12-7 “布局”空间

12.2 出　图

出图是计算机绘图的最后一个环节，正确的出图需要正确的设置，下面简要讲述出图的基本设置。

12.2.1 打印设备的设置

最常见的打印设备有打印机和绘图仪。在输出图样时，首先要添加和配置要使用的打印设备。

1. 打开打印设备

【执行方式】

- 命令行：PLOTTERMANAGER。
- 菜单栏：选择菜单栏中的“文件”→“绘图仪管理器”命令。
- 功能区：单击“输出”选项卡“打印”面板中的“绘图仪管理器”按钮。

【操作步骤】

2. 添加或配置绘图仪

（1）选择菜单栏中的“工具”→“选项”命令，打开“选项”对话框。选择“打印和发布”选项卡，如图 12-8 所示。

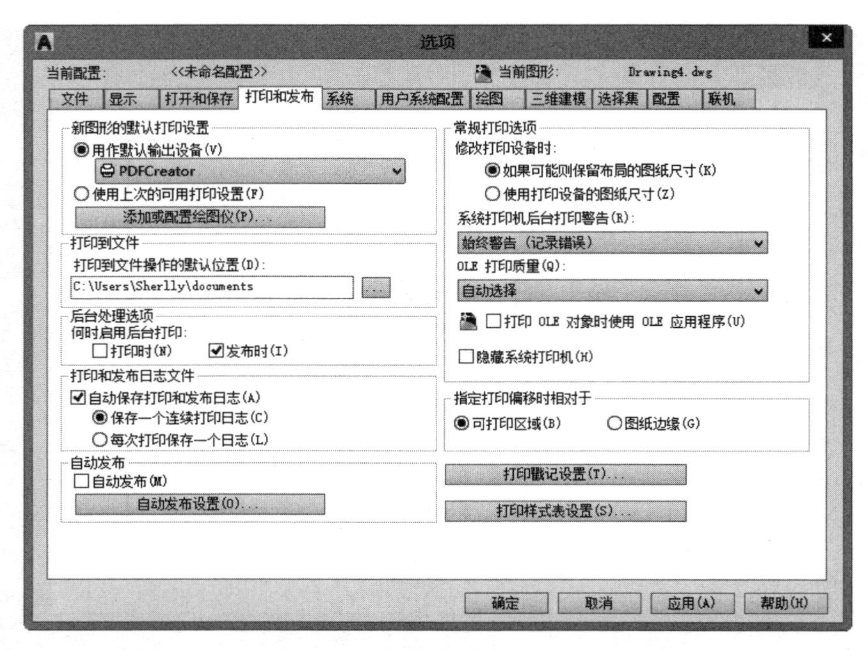

图 12-8 “打印和发布”选项卡

（2）单击“添加或配置绘图仪”按钮，系统打开 Plotters 窗口，如图 12-9 所示。

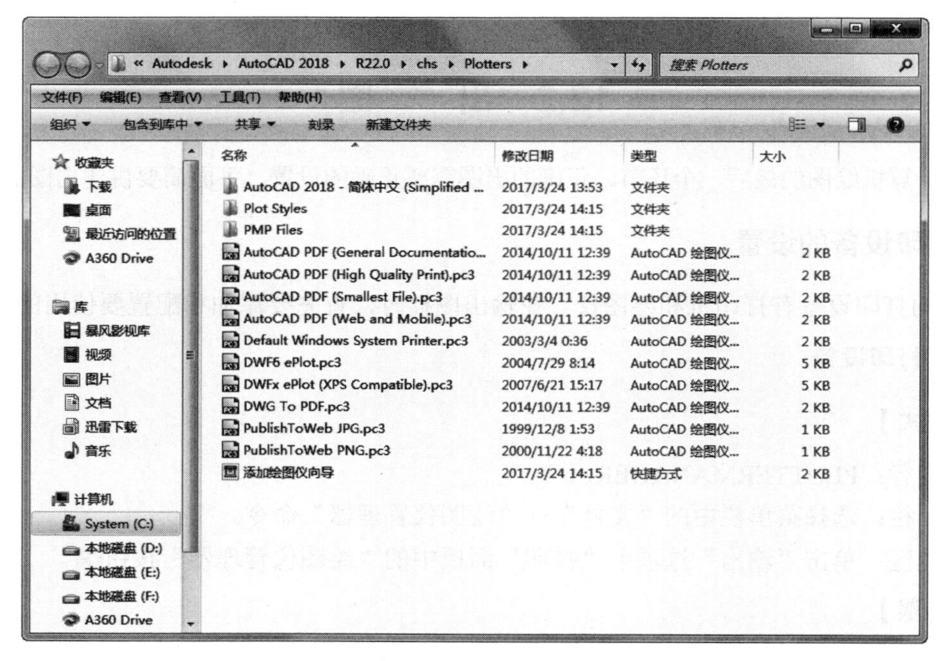

图 12-9 Plotters 窗口

（3）要添加新的绘图仪器或打印机，可双击 Plotters 窗口中的“添加绘图仪向导”选项，打开“添加绘图仪 - 简介”对话框，如图 12-10 所示，按向导逐步完成添加。

3. 绘图仪配置编辑器

双击 Plotters 窗口中的绘图仪配置图标，如 PublishToWeb JPG.pc3，打开“绘图仪配置编辑器”对话框，如图 12-11 所示，对绘图仪进行相关设置。

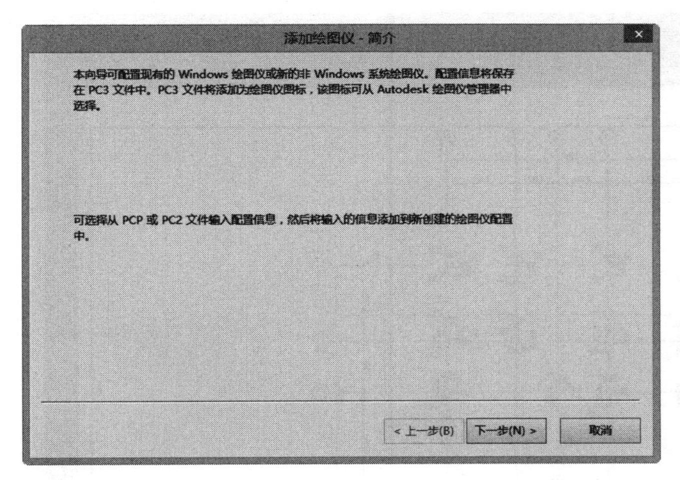

图 12-10 “添加绘图仪 - 简介”对话框

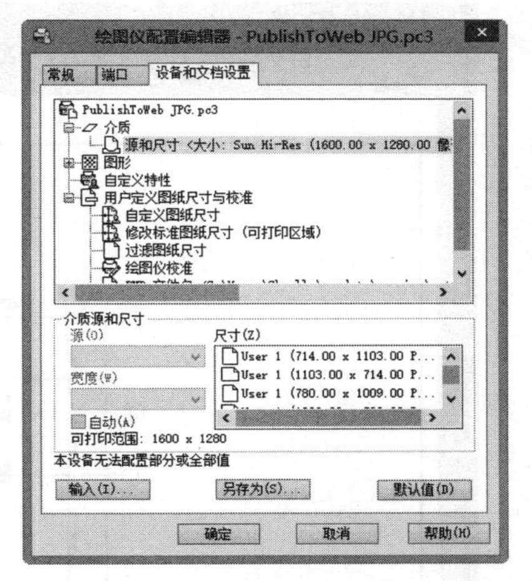

图 12-11 “绘图仪配置编辑器”对话框

在“绘图仪配置编辑器”对话框中有 3 个选项卡，可根据需要进行配置。

☞ 教你一招

出图像文件方法如下：

选择菜单栏中的“文件”→“输出”命令，或直接在命令行中输入“EXPORT”，系统将打开“输出”对话框，在“保存类型”下拉列表框中选择“*.bmp”格式，单击“保存”按钮，在绘图区选中要输出的图形后按 Enter 键，被选图形便被输出为“.bmp”格式的图形文件。

12.2.2 创建布局

图纸空间是图纸布局环境，可用于指定图纸大小、添加标题栏、显示模型的多个视图及创建图形标注和注释。

【执行方式】

- 命令行：LAYOUTWIZARD。
- 菜单栏：选择菜单栏中的“插入”→“布局”→“创建布局向导”命令。

动手学——创建图纸布局

调用素材： 初始文件 \ 第 12 章 \ 别墅框架柱布置图 .dwg

扫一扫，看视频

【操作步骤】

本例创建如图 12-12 所示的图纸布局。

（1）选择菜单栏中的“插入”→“布局”→“创建布局向导”命令，打开“创建布局 - 开始”对话框。在“输入新布局的名称”文本框中输入新布局名称为“别墅框架柱布置图”，如图 12-13

所示。单击“下一步”按钮。

（2）进入打印机选择页面，为新布局选择配置的绘图仪，这里选择“DWG To PDF.pc3”，如图 12-14 所示。单击“下一步”按钮。

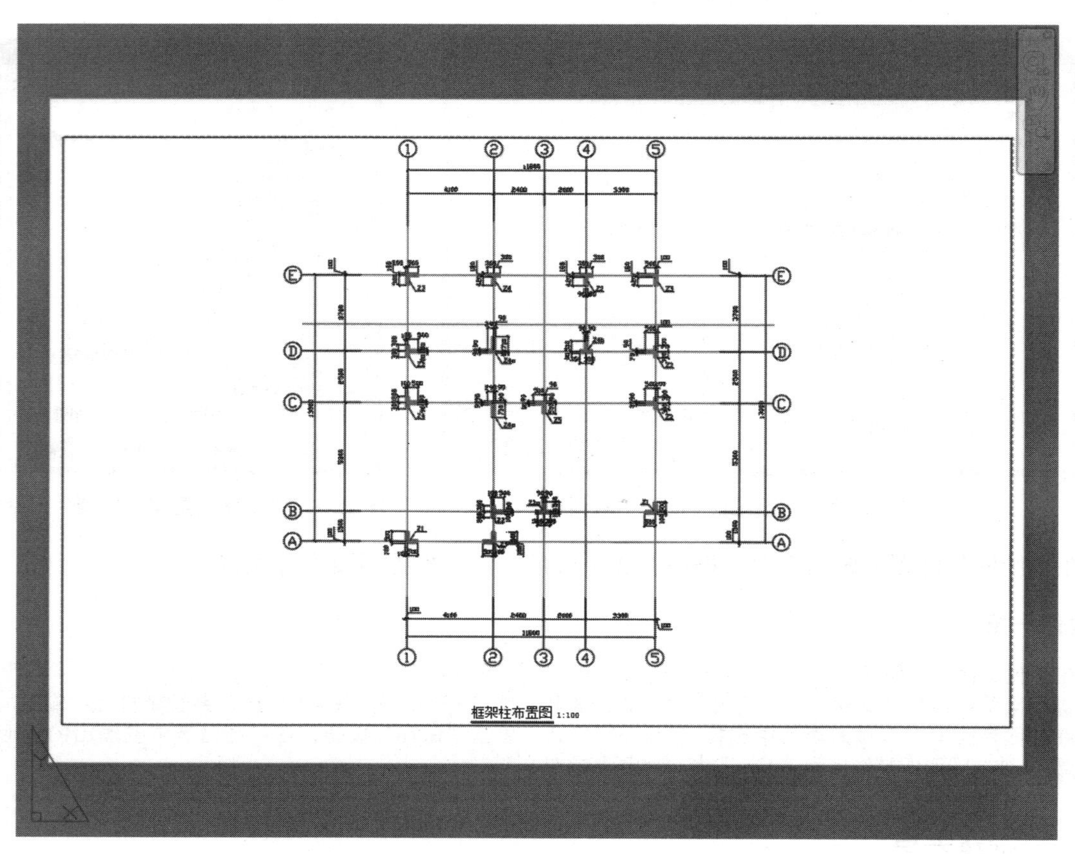

图 12-12　图纸布局

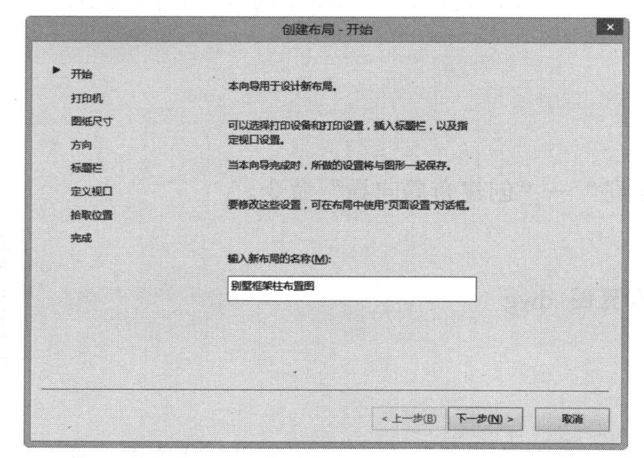

图 12-13　“创建布局 - 开始”对话框

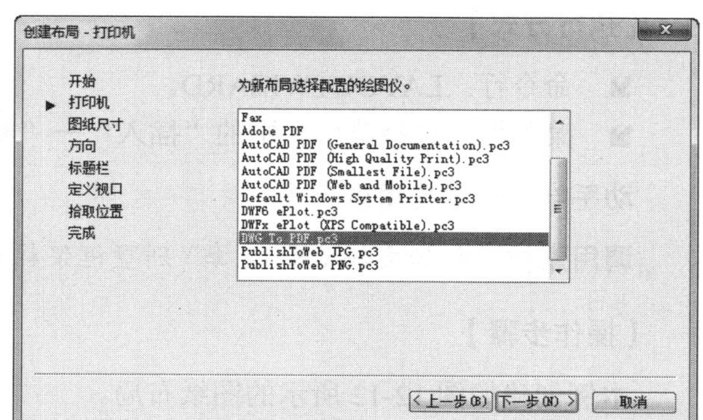

图 12-14　“创建布局 - 打印机”对话框

（3）进入图纸尺寸选择页面，在图纸尺寸下拉列表中选择“ISO A3（420.00×297.00 毫米）”，图形单位选择“毫米”，如图 12-15 所示。单击“下一步”按钮。

（4）进入图纸方向选择页面，选择“横向”图纸方向，如图 12-16 所示，单击“下一步”按钮。

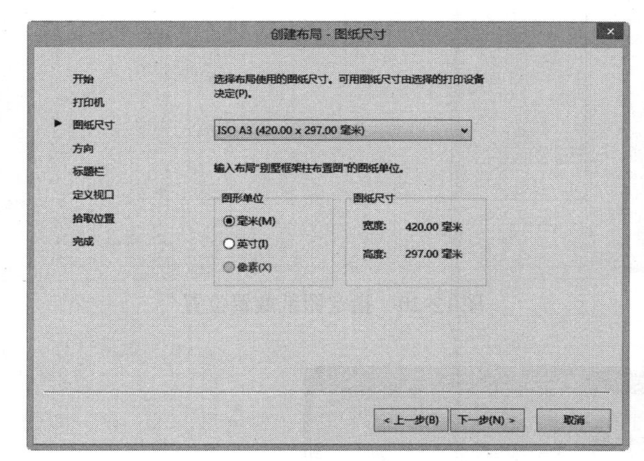

图 12-15 “创建布局 - 图纸尺寸”对话框

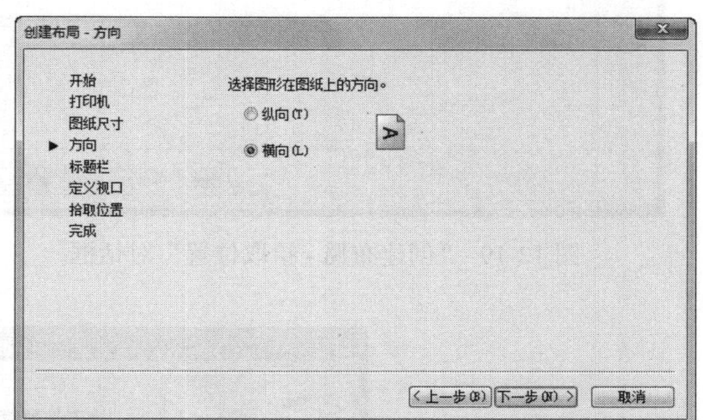

图 12-16 “创建布局 - 方向”对话框

（5）进入布局标题栏选择页面，此零件图中带有标题栏，所以这里选择“无”，如图 12-17 所示，单击“下一步”按钮。

（6）进入定义视口页面，视口设置为“单个”，视口比例为“按图纸空间缩放”，如图 12-18 所示。

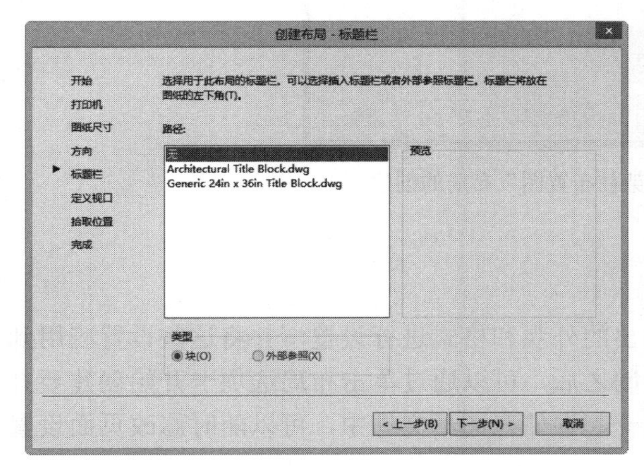

图 12-17 “创建布局 - 标题栏”对话框

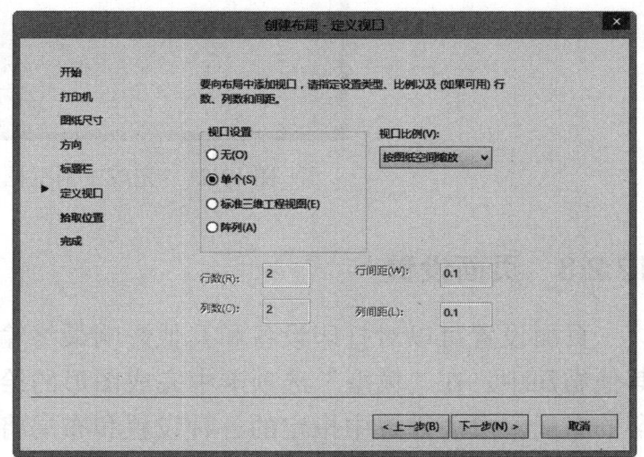

图 12-18 “创建布局 - 定义视口”对话框

（7）进入拾取位置页面，如图 12-19 所示，单击“选择位置”按钮，在布局空间中指定图纸的放置区域，如图 12-20 所示，单击“下一步”按钮。

（8）进入完成页面，单击“完成”按钮，完成新图纸布局的创建，如图 12-21 所示。系统自动返回到布局空间，显示新创建的布局“别墅框架柱布置图”。

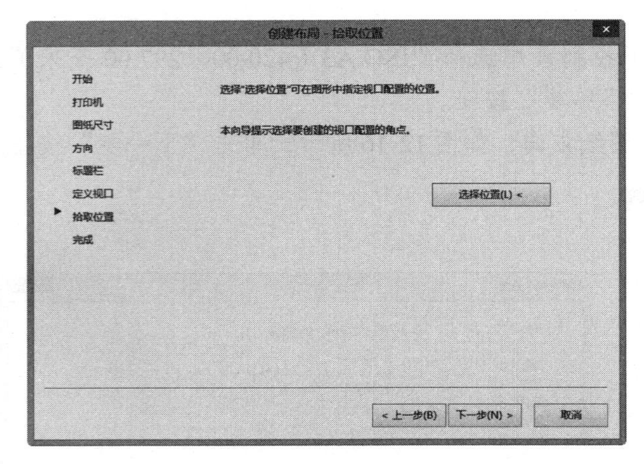

图 12-19 “创建布局 - 拾取位置”对话框

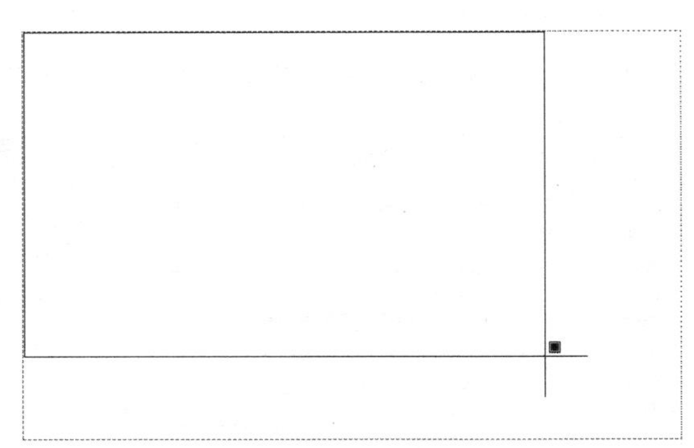

图 12-20 指定图纸放置位置

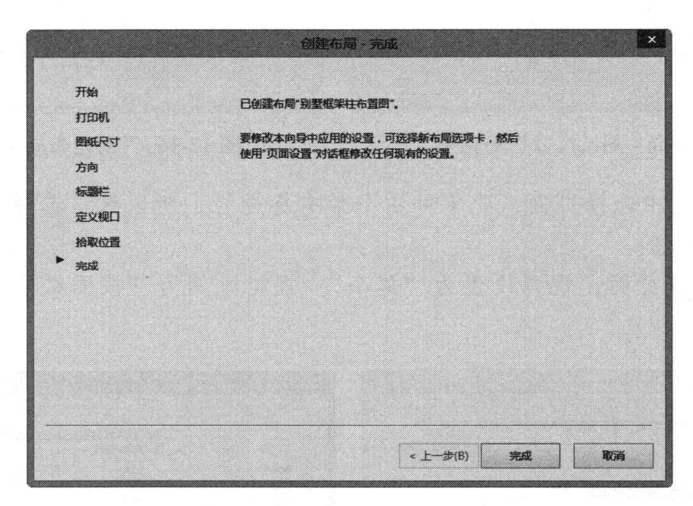

图 12-21 完成“别墅框架柱布置图”布局的创建

12.2.3 页面设置

页面设置可以对打印设备和其他影响最终输出的外观和格式进行设置，并将这些设置应用到其他布局中。在“模型”选项卡中完成图形的绘制之后，可以通过单击布局选项卡开始创建要打印的布局。页面设置中指定的各种设置和布局将一起存储在图形文件中，可以随时修改页面设置中的参数。

【执行方式】

- 命令行：PAGESETUP。
- 菜单栏：选择菜单栏中的“文件”→“页面设置管理器”命令。
- 功能区：单击“输出”选项卡“打印”面板中的“页面设置管理器”按钮。
- 快捷菜单：在“模型”空间或“布局”空间中右击“模型”或布局选项卡，在弹出的快捷菜单中选择“页面设置管理器”命令，如图 12-22 所示。

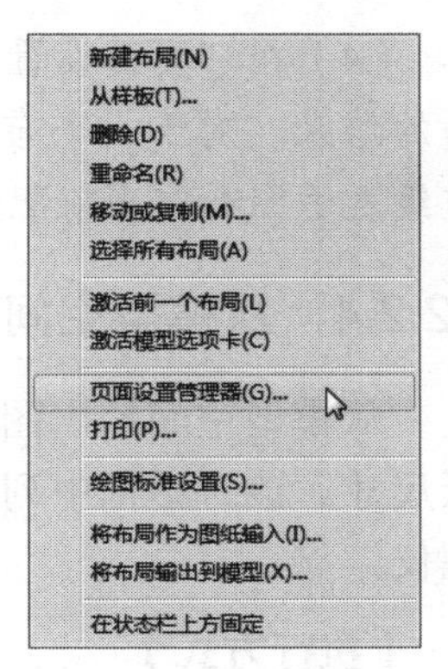

图 12-22 选择“页面设置管理器”命令

扫一扫，看视频

动手学——设置页面布局

调用素材：初始文件 \ 第 12 章 \ 创建图纸布局 .dwg

【操作步骤】

（1）单击“输出”选项卡“打印”面板中的“页面设置管理器”按钮，打开“页面设置管理器”对话框，如图 12-23 所示。在该对话框中，可以完成新建布局、修改原有布局、输入存在的布局和将某一布局置为当前等操作。

（2）在“页面设置管理器”对话框中单击“新建”按钮，打开“新建页面设置”对话框，如图 12-24 所示。

图 12-23 “页面设置管理器”对话框

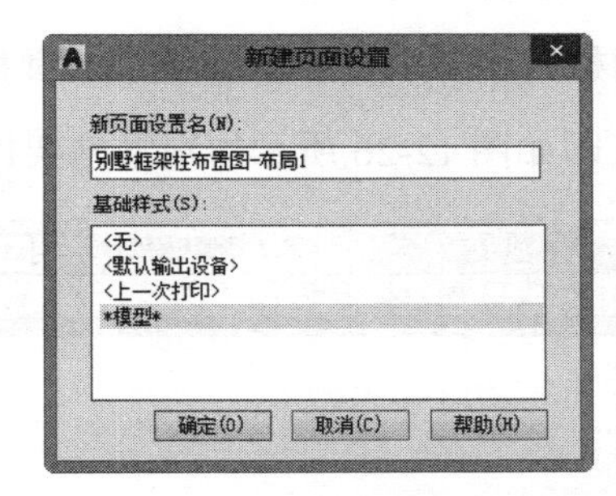

图 12-24 “新建页面设置”对话框

（3）在“新页面设置名”文本框中输入新建页面的名称，如“别墅框架柱布置图 - 布局 1”，单击“确定”按钮，打开“页面设置 - 别墅框架柱布置图 - 布局 1”对话框，如图 12-25 所示。

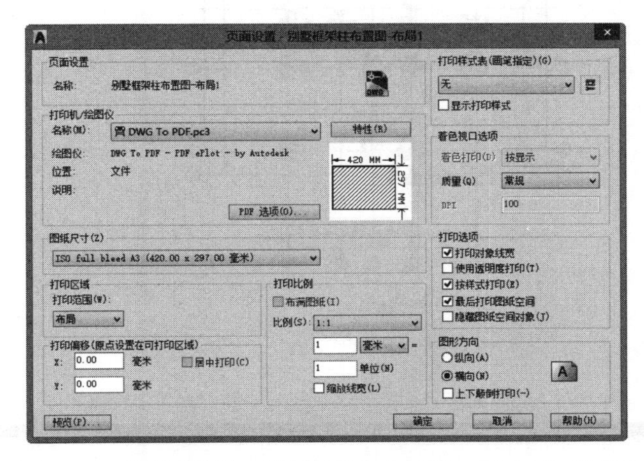

图 12-25 “页面设置 - 别墅框架柱布置图 - 布局 1”对话框

（4）在“页面设置 - 别墅框架柱布置图 - 布局 1”对话框中，可以设置布局和打印设备并预览布局的结果。对于一个布局，可利用“页面设置 - 别墅框架柱布置图 - 布局 1”对话框来完成其设置，虚线表示图纸中当前配置的图纸尺寸和绘图仪的可打印区域。设置完毕后，单击“确定”按钮。

扫一扫，看视频

12.2.4 从模型空间输出图形

从模型空间输出图形时，需要在打印时指定图纸尺寸，即在“打印”对话框中选择要使用的图纸尺寸。该对话框中列出的图纸尺寸取决于在“打印”或“页面设置”对话框中选定的打印机或绘图仪。

【执行方式】

- 命令行：PLOT。
- 菜单栏：选择菜单栏中的“文件”→“打印”命令。
- 工具栏：单击标准工具栏中的“打印”按钮。
- 功能区：单击“输出”选项卡“打印”面板中的“打印”按钮。

动手学——打印别墅框架柱布置图图纸

调用素材：初始文件 \ 第 12 章 \ 别墅框架柱布置图 .dwg

本例打印如图 12-26 所示的别墅框架柱布置图图纸。

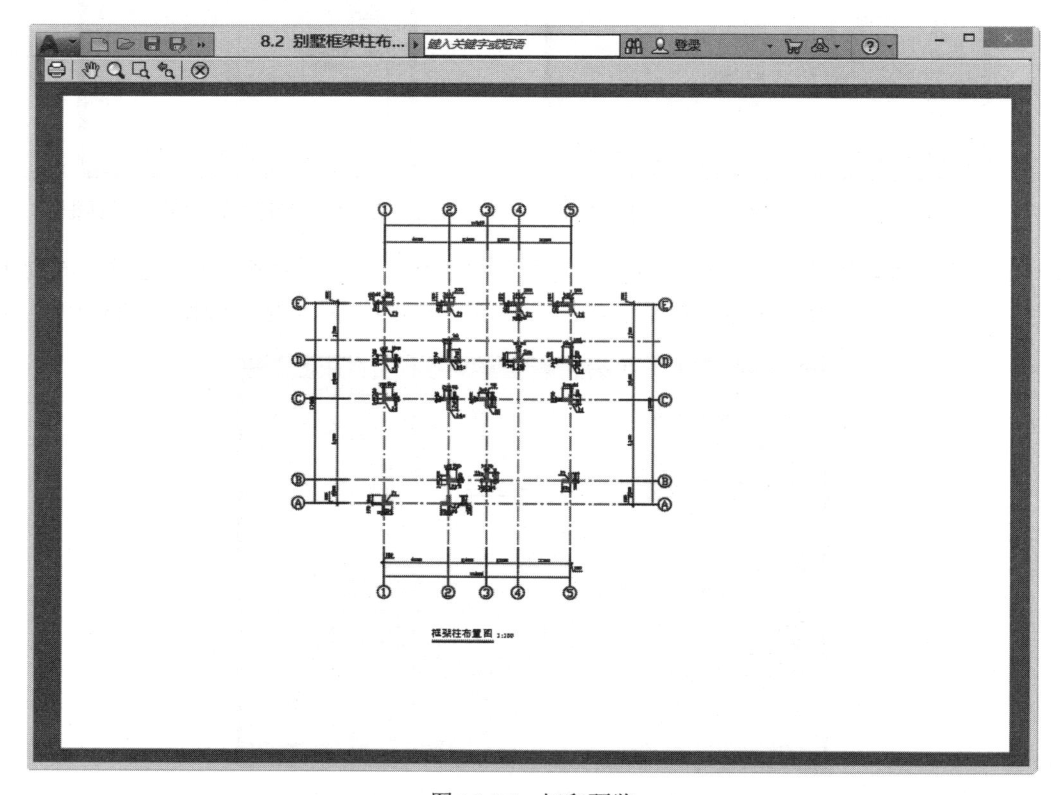

图 12-26　打印预览

【操作步骤】

（1）打开随书资源包中或通过扫码下载的“初始文件\第12章\别墅框架柱布置图.dwg”文件，如图12-26所示。

（2）单击“输出”选项卡“打印”面板中的“打印”按钮，执行打印操作。

（3）打开“打印-模型”对话框，在该对话框中设置打印机名称为“DWG To PDF.pc3”，选择图纸尺寸为“ISO A3（420.00×297.00毫米）”，打印范围设置为“窗口”，选取别墅框架布置图的两角点，勾选“布满图纸”复选框，选择图纸方向为“横向”，其他采用默认设置，如图12-27所示。

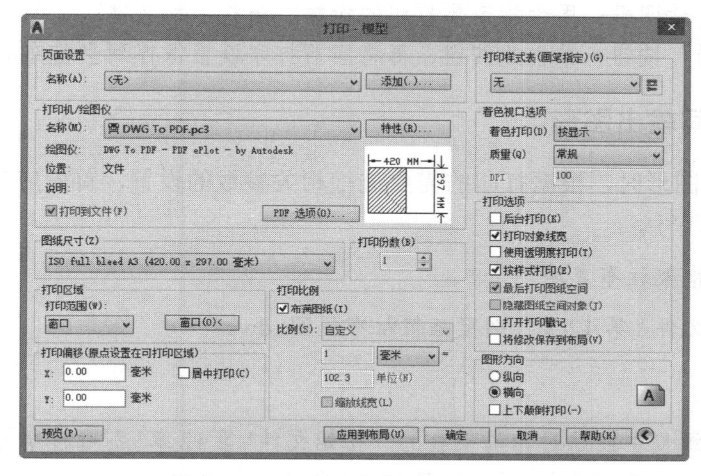

图12-27 “打印-模型”对话框

（4）完成所有的设置后，单击“确定”按钮，打开“浏览打印文件”对话框，将图纸保存到指定位置，如图12-28所示，单击“保存”按钮。

图12-28 “浏览打印文件”对话框

（5）单击“预览”按钮，打印预览效果如图12-26所示。按Esc键，退出打印预览并返回“打印”对话框。

【选项说明】

“打印 - 模型”对话框中的各项功能介绍如下。

（1）“页面设置”选项组：列出了图形中已命名或已保存的页面设置，可以将这些已保存的页面设置作为当前页面设置，也可以单击“添加”按钮，基于当前设置创建一个新的页面设置。

（2）“打印机 / 绘图仪”选项组：用于指定打印时使用已配置的打印设备。在“名称”下拉列表框中列出了可用的 PC3 文件或系统打印机，可以从中选择。设备名称前面的图标用于识别是 PC3 文件还是系统打印机。

（3）“打印份数”微调框：用于指定要打印的份数。当打印到文件时，此选项不可用。

（4）“应用到布局”按钮：单击此按钮，可将当前打印设置保存到当前布局中。

12.2.5 从图纸空间输出图形

从图纸空间输出图形时，根据打印的需要进行相关参数的设置，首先应在“页面设置 - 布局”对话框中指定图纸的尺寸。

扫一扫，看视频

动手学——别墅框架柱布置图

调用素材：初始文件 \ 第 12 章 \ 别墅框架柱布置图 .dwg

【操作步骤】

（1）打开随书资源包中或通过扫码下载的“初始文件 \ 第 12 章 \ 别墅框架柱布置图 .dwg”文件。

（2）将视图空间切换到“布局 1”，如图 12-29 所示。在“布局 1”选项卡上右击，在弹出的快捷菜单中选择“页面设置管理器”命令，如图 12-30 所示。

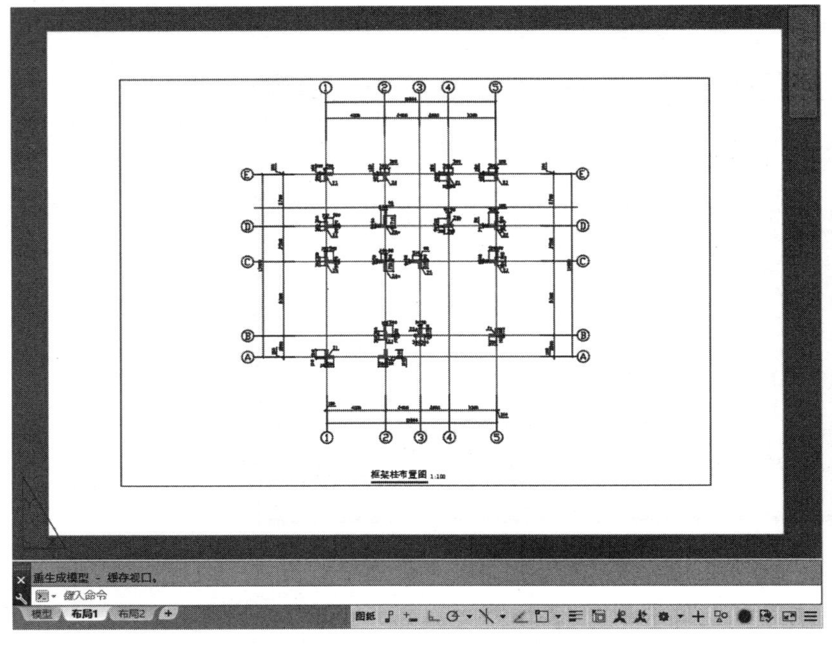

图 12-29 切换到“布局 1”

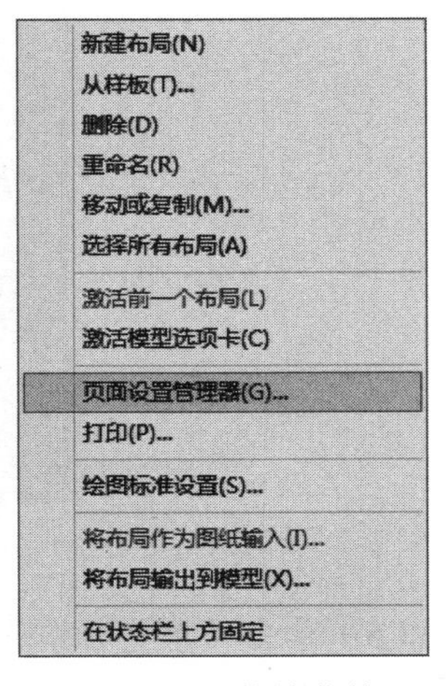

图 12-30 快捷菜单

（3）打开“页面设置管理器”对话框，如图 12-31 所示。单击“新建”按钮，打开“新建页面设置”对话框。

（4）在“新建页面设置”对话框的“新页面设置名”文本框中输入“别墅框架柱布置图”，如图 12-32 所示。

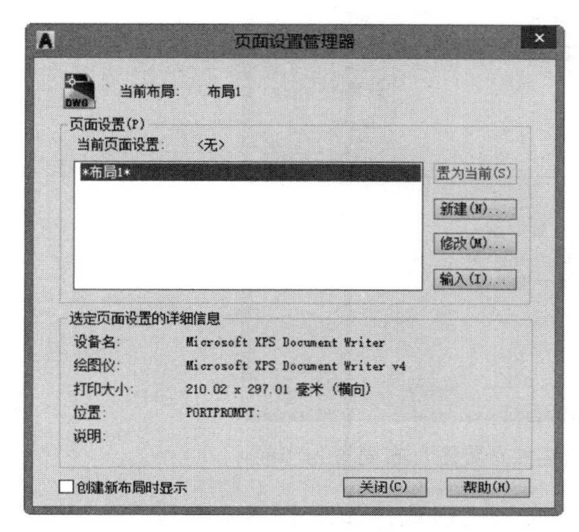

图 12-31 “页面设置管理器”对话框

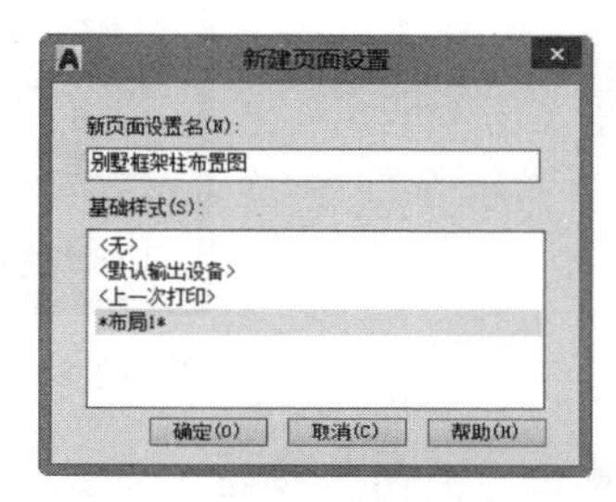

图 12-32 创建“别墅框架柱布置图”新页面

（5）单击“确定”按钮，打开“页面设置 - 布局 1”对话框，根据打印的需要进行相关参数的设置，如图 12-33 所示。

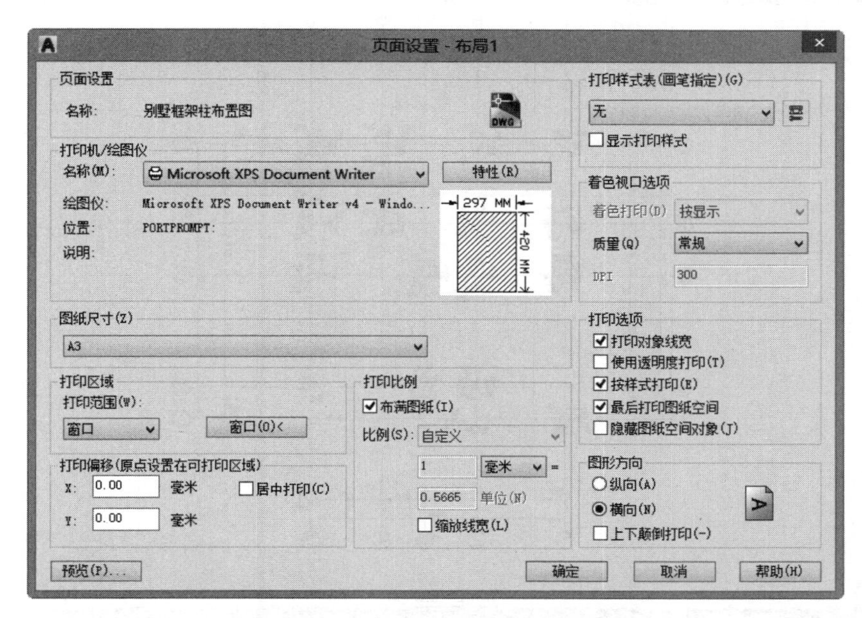

图 12-33 “页面设置 - 布局 1”对话框

（6）设置完成后，单击“确定”按钮，返回到“页面设置管理器”对话框。在“页面设置”列表框中选择“别墅框架柱布置图”选项，单击“置为当前”按钮，将其设置为当前布局，如

图 12-34 所示。

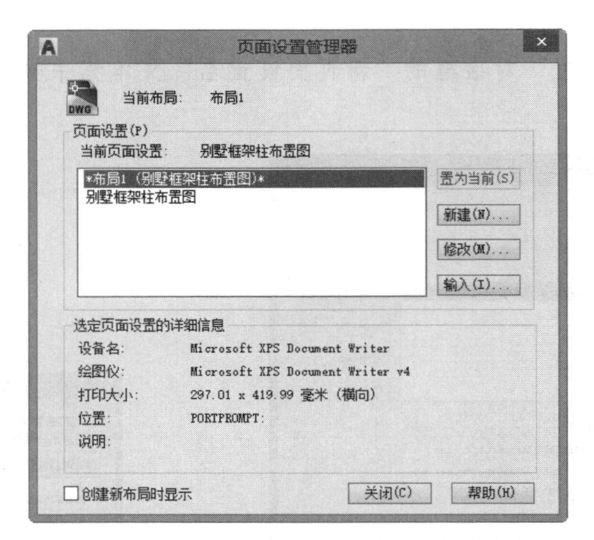

图 12-34　将“别墅框架柱布置图”布局置为当前

（7）单击“关闭”按钮，完成“A 剖面图”布局的创建，如图 12-35 所示。

（8）单击“输出”选项卡“打印”面板中的“打印”按钮，打开“打印 - 布局 1”对话框，如图 12-36 所示，不需要重新设置，单击左下方的“预览”按钮，打印预览效果如图 12-37 所示。

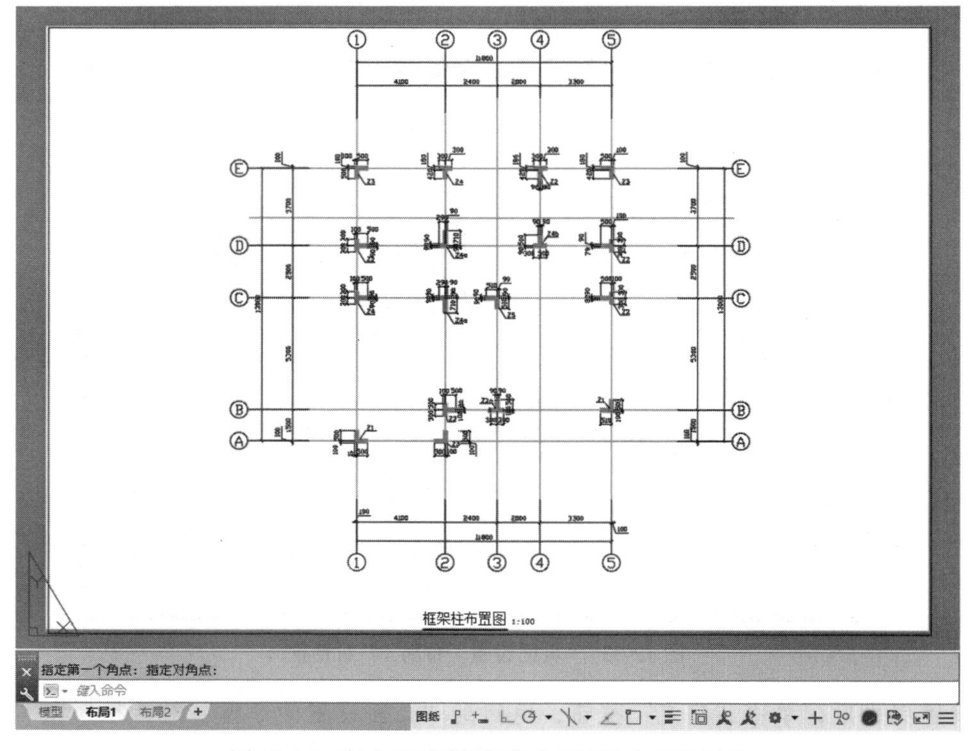

图 12-35　完成“别墅框架柱布置图”布局的创建

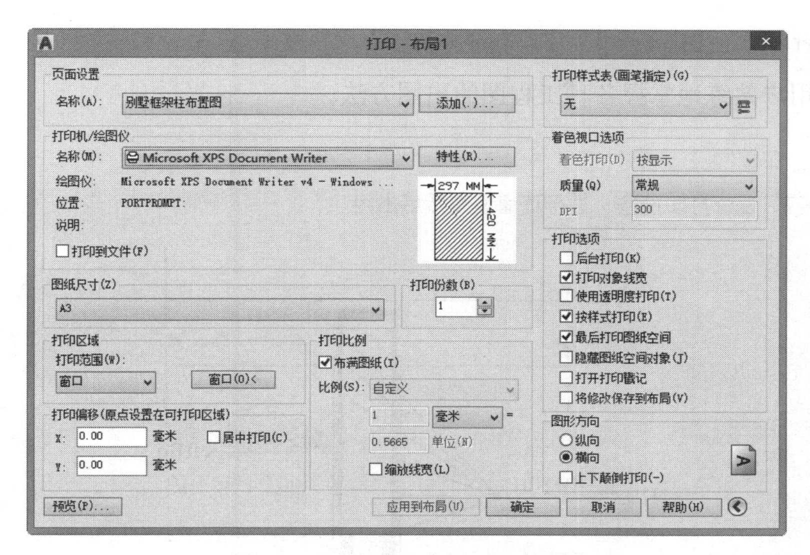

图 12-36 “打印 - 布局 1”对话框

（9）如果对效果满意，在预览窗口中右击，在弹出的快捷菜单中选择“打印”命令，完成一张别墅框架柱布置图的打印。

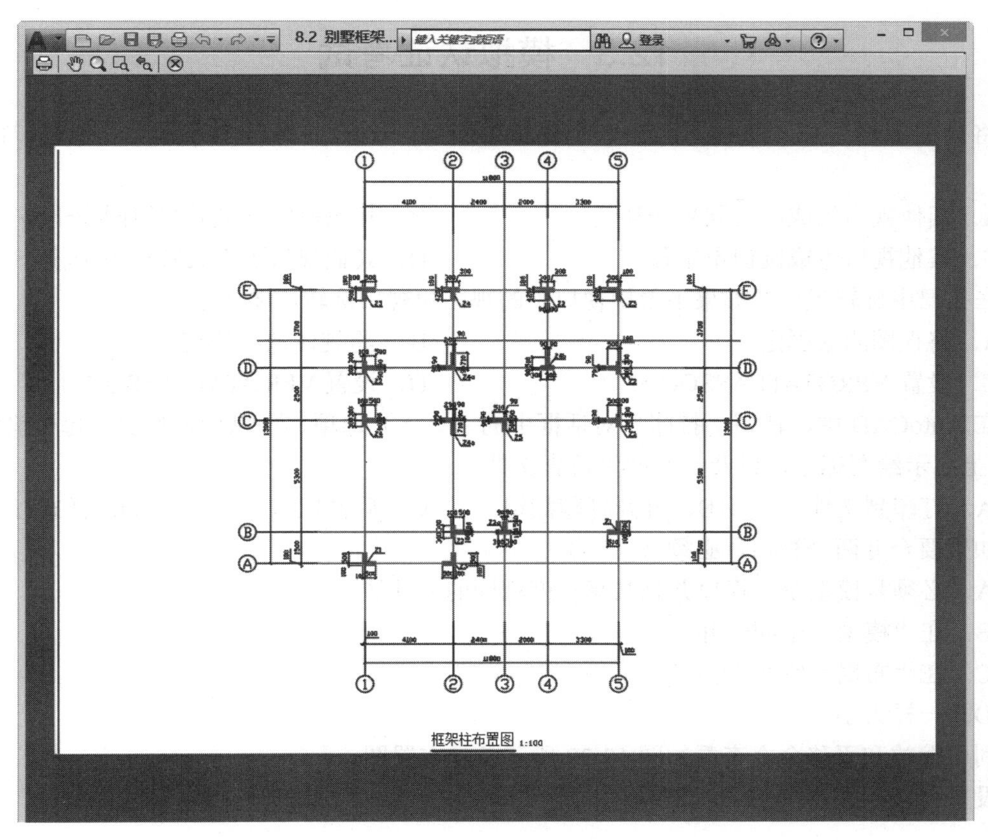

图 12-37　打印预览效果

练一练——打印零件图

本练习要求用户熟练地掌握各种工程图的出图方法。

思路点拨

如图 12-38 所示，设置打印设备、进行页面设置然后出图。

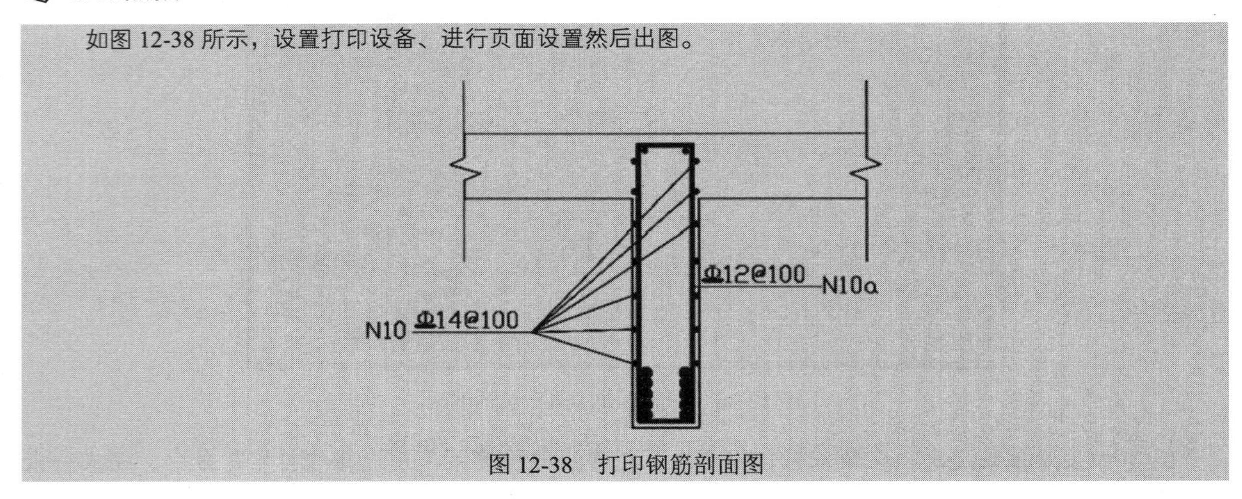

图 12-38　打印钢筋剖面图

12.3　模拟认证考试

1．将当前图形生成 4 个视口，在一个视口中新画一个圆并将全图平移，其他视口的结果是（　　）。

A．其他视口生成圆也同步平移　　B．其他视口不生成圆但同步平移

C．其他视口生成圆但不平移　　D．其他视口不生成圆也不平移

2．在布局中旋转视口，如果不希望视口中的视图随视口旋转，要（　　）。

A．将视图约束固定　　B．将视图放在锁定层

C．设置 VPROTATEASSOC=0　　D．设置 VPROTATEASSOC=1

3．在 AutoCAD 中，使用“打印”对话框中的（　　）选项，可以指定是否在每个输出图形的某个角落上显示绘图标记，以及是否产生日志文件。

A．打印到文件　　B．打开打印戳记　　C．后台打印　　D．样式打印

4．如果要合并两个视口，必须（　　）。

A．必须是模型空间视口并且共享长度相同的公共边

B．在“模型”空间合并

C．在“布局”空间合并

D．一样大小

5．利用缩放和平移命令查看如图 12-39 所示龙骨布置图。

6．设置打印，并将图 12-39 出图。

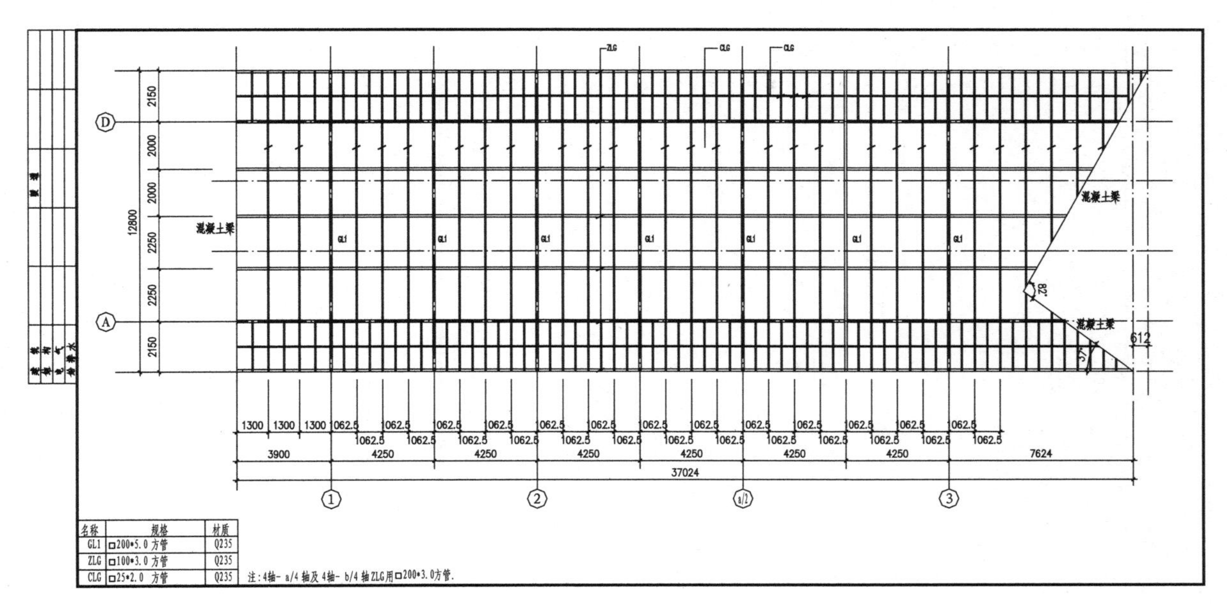
ZLG
CLG
CLG
2150
2000
2000
2250
2250
2150
12800
混凝土梁
GL1
混凝土梁
混凝土梁
612
1300
1300
1300
1062.5
3900
4250
4250
4250
4250
4250
4250
7624
37024
名称
规格
材质
GL1
□200*5.0 方管
Q235
ZLG
□100*3.0 方管
Q235
CLG
□25*2.0 方管
Q235

图 12-39　龙骨布置图

2

别墅是典型的住宅建筑。别墅建筑规模不大、不复杂，易于被初学者接受，而且它包含的建筑构配件比较齐全，所谓“麻雀虽小、五脏俱全”。

第 2 篇　别墅土木工程设计实例篇

本篇围绕别墅结构设计为核心讲述土木工程图绘制的操作步骤、方法和技巧等，包括平面图、别墅结构平面图、基础平面布置图和结构等知识。

本篇内容通过实例加深读者对 AutoCAD 功能的理解，帮助读者掌握各种土木工程图的绘制方法。

第 13 章　别墅平面图

内容简介

本章将以别墅建筑平面图设计为例，详细讲述别墅设计平面图的绘制过程。在讲述过程中，将逐步带领读者完成平面图的绘制，并介绍关于别墅平面设计的相关知识和技巧。本章包括别墅平面图绘制的知识要点，装饰图块的绘制，尺寸、文字标注等内容。

内容要点

- 别墅地下室平面图
- 二层平面图

案例效果

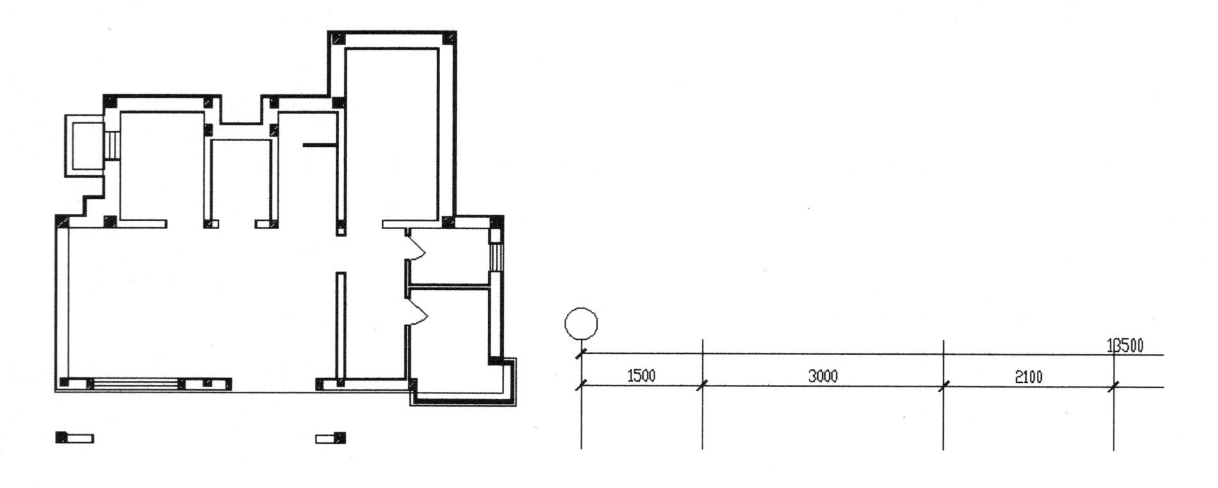

13.1　别墅地下室平面图

扫一扫，看视频

绘制思路

地下室主要包括活动室、放映室、工人房、卫生间、设备间、配电室、集水坑和采光井。下面主要讲述地下室平面图的绘制方法，如图 13-1 所示。

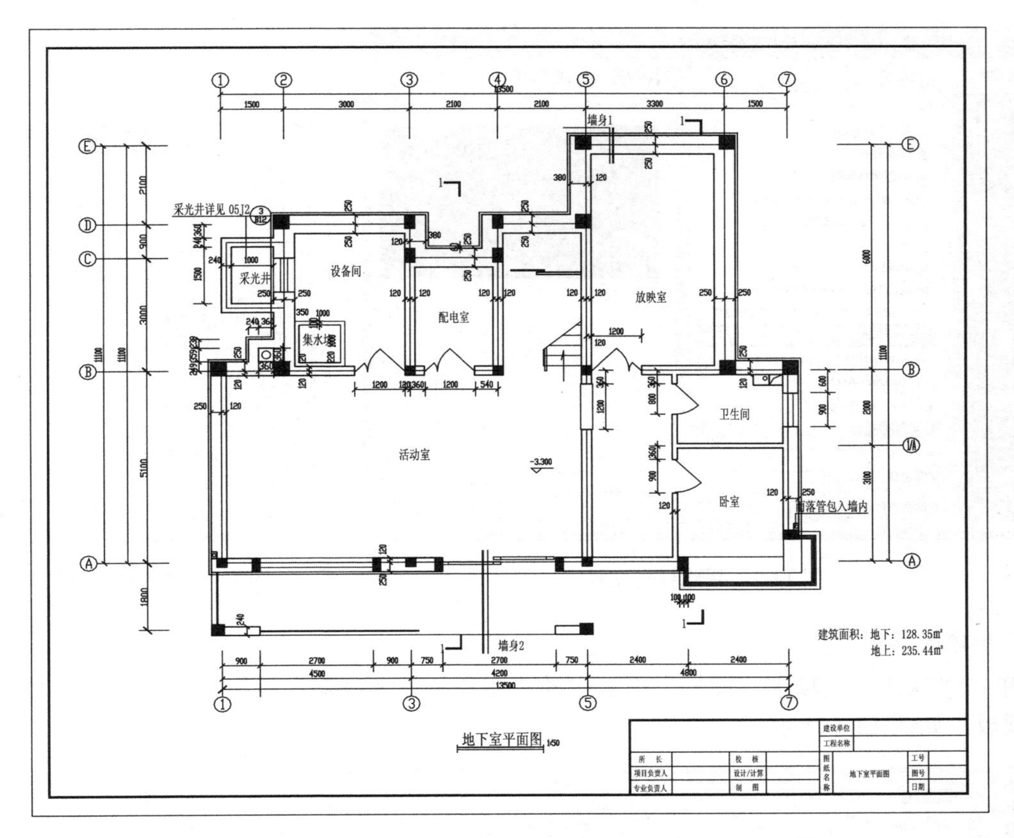

图 13-1 别墅地下室平面图

13.1.1 绘图准备

在正式设计绘制别墅地下室平面图之前，需要进行一些准备工作，比如建立文件、设置单位、设置图幅、创建图层。设计绘图需要合适的单位，足够的图幅，精准的图层。下面简要介绍。

【操作步骤】

（1）打开 AutoCAD 2018 应用程序，单击标准工具栏中的“新建”按钮，弹出“选择样板”对话框，如图 13-2 所示。以“acadiso.dwt”为样板文件建立新文件，并保存到适当的位置。

（2）设置单位。选择菜单栏中的“格式”→“单位”命令，系统打开“图形单位”对话框，如图 13-3 所示。设置长度“类型”为“小数”，“精度”为 0；设置角度“类型”为“十进制度数”，“精度”为 0；系统默认逆时针方向为正，插入时的缩放单位设置为“无单位”。

（3）在命令行中输入 LIMITS 命令，设置图幅为 420000mm×297000mm。命令行提示与操作如下。

```
命令：LIMITS ↙
重新设置模型空间界限：
指定左下角点或 [开(ON)/关(OFF)]<0,0>: ↙
指定右上角点 <12,9>: 420,297 ↙
```

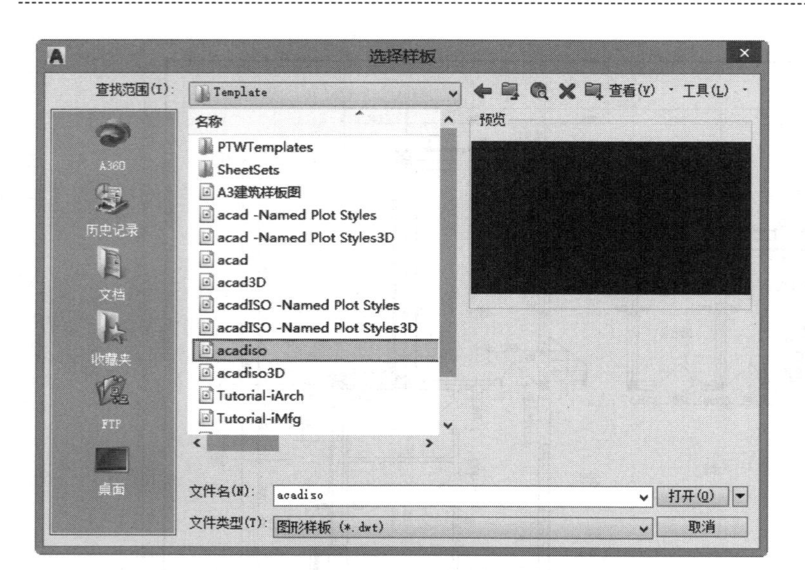

图 13-2　新建样板文件

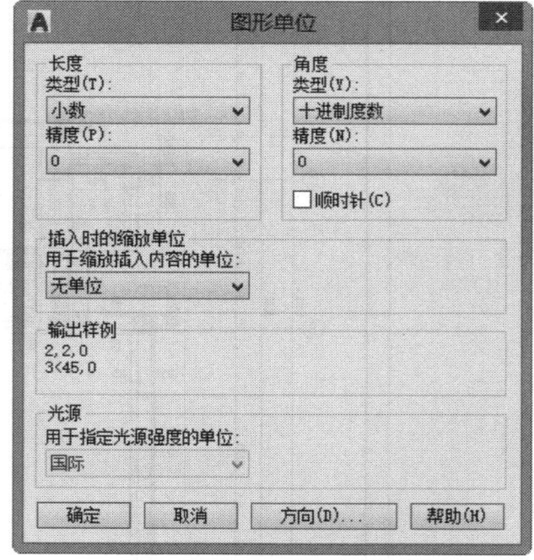

图 13-3 “图形单位”对话框

（4）新建图层。

① 单击“默认”选项卡“图层”面板中的“图层特性管理器”按钮，弹出“图层特性管理器”选项板，如图 13-4 所示。

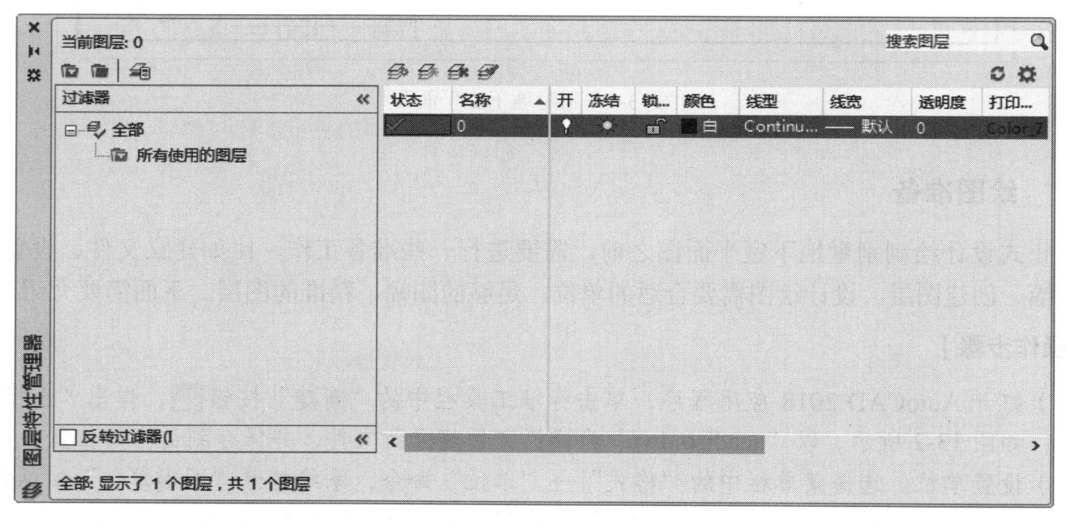

图 13-4 “图层特性管理器”选项板

② 单击“图层特性管理器”选项板中的“新建图层”按钮。

③ 新建图层的图层名称默认为“图层 1”，将其修改为“轴线”，如图 13-5 所示。图层名称后面的选项主要包括：“开 / 关图层”“在所有视口中冻结 / 解冻图层”“锁定 / 解锁图层”“图层默认颜色”“图层默认线型”“图层默认线宽”“打印样式”等。其中，编辑图形时最常用的是“开 / 关图层”“锁定 / 解锁图层”以及“图层默认颜色”“线型的设置”等。

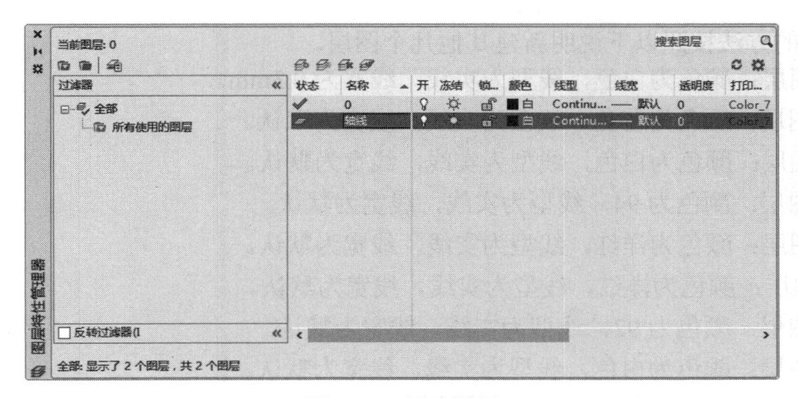

图 13-5　新建图层

④ 单击新建的“轴线”图层“颜色”栏中的色块，弹出“选择颜色”对话框，如图 13-6 所示，选择红色为轴线图层的默认颜色。单击“确定”按钮，返回“图层特性管理器”选项板。

⑤ 单击“线型”栏中的选项，弹出“选择线型”对话框，如图 13-7 所示。轴线一般在绘图中应用点划线进行绘制，因此应将“轴线”图层的默认线型设为中心线。单击“加载”按钮，弹出“加载或重载线型”对话框，如图 13-8 所示。

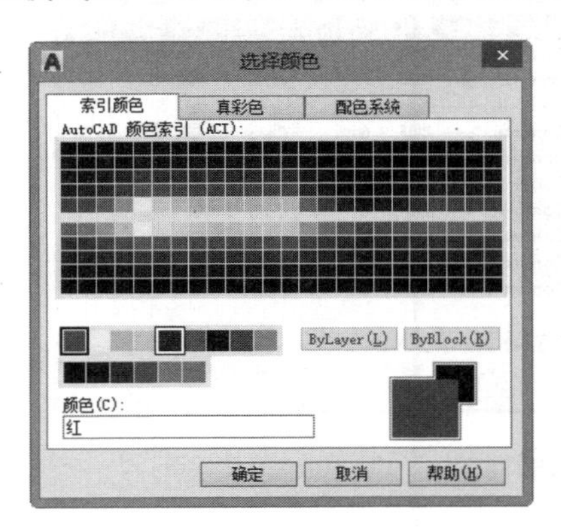

图 13-6　“选择颜色”对话框

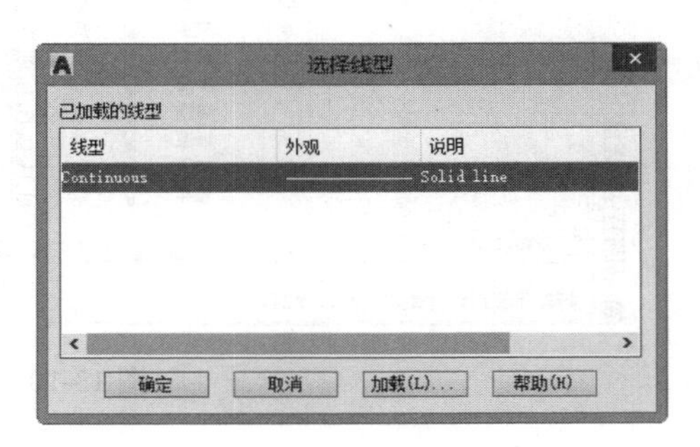

图 13-7　“选择线型”对话框

⑥ 在“可用线型”列表框中选择 CENTER 线型，单击“确定”按钮返回“选择线型”对话框。选择刚刚加载的线型，如图 13-9 所示，单击“确定”按钮，轴线图层设置完毕。

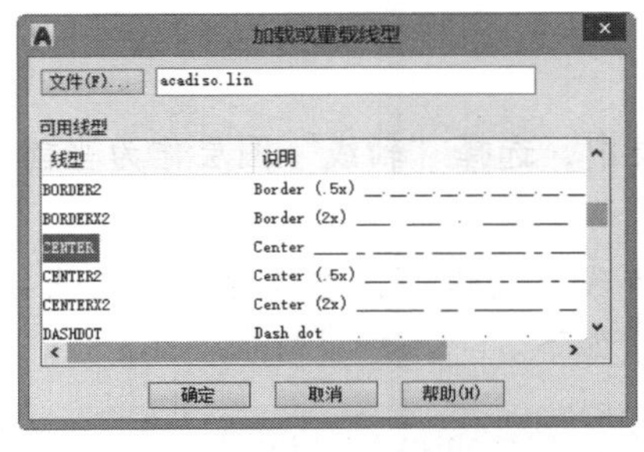

图 13-8　“加载或重载线型”对话框

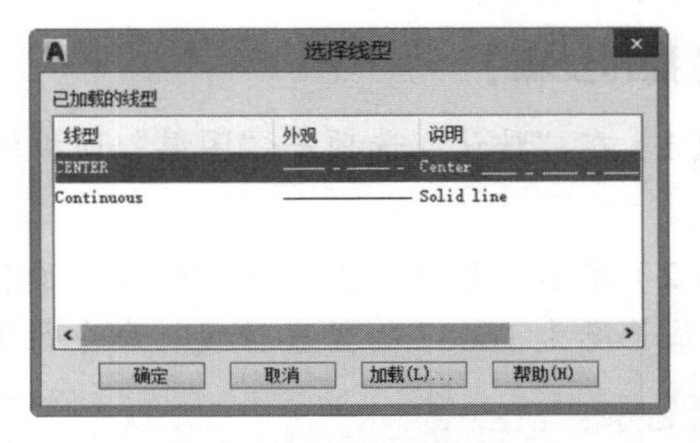

图 13-9　加载线型

⑦ 采用相同的方法按照以下说明新建其他几个图层。

a.“墙线”图层：颜色为白色，线型为实线，线宽为 0.3mm。

b.“门窗”图层：颜色为蓝色，线型为实线，线宽为默认。

c.“文字”图层：颜色为白色，线型为实线，线宽为默认。

d.“尺寸”图层：颜色为 94，线型为实线，线宽为默认。

e.“家具”图层：颜色为洋红，线型为实线，线宽为默认。

f.“装饰”图层：颜色为洋红，线型为实线，线宽为默认。

g.“绿植”图层：颜色为 92，线型为实线，线宽为默认。

h.“柱子”图层：颜色为白色，线型为实线，线宽为默认。

i.“楼梯”图层：颜色为白色，线型为实线，线宽为默认。

在绘制的平面图中，包括轴线、门窗、装饰、文字和尺寸标注几项内容，分别按照上面所介绍的方式设置图层。其中的颜色可以依照读者的绘图习惯自行设置，并没有具体的要求。设置完成后的“图层特性管理器”选项板如图 13-10 所示。

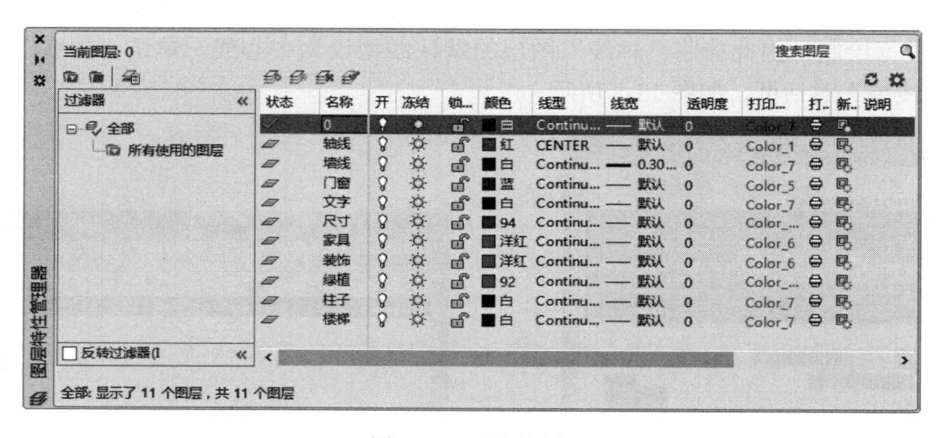

图 13-10　设置图层

13.1.2　绘制轴线

绘制别墅地下室平面图，需要先绘制辅助轴线，根据辅助轴线来确定柱子的位置，然后根据轴线和柱子绘制墙体。

【操作步骤】

（1）在“默认”选项卡“图层”面板的下拉列表中，选择“轴线”图层作为当前层，如图 13-11 所示。

（2）单击“默认”选项卡“绘图”面板中的“直线”按钮／，在空白区域任选一点为起点，绘制一条长度为 16687 的竖直轴线。命令行提示与操作如下。

```
命令：LINE↙
指定第一点：↙（任选起点）
指定下一点或 [放弃(U)]: @0,16687↙
```

结果如图 13-12 所示。

（3）单击“默认”选项卡“绘图”面板中的“直线”按钮╱，以上步绘制的竖直轴线下端点为起点，向右绘制一条长度为 15512 的水平轴线，结果如图 13-13 所示。

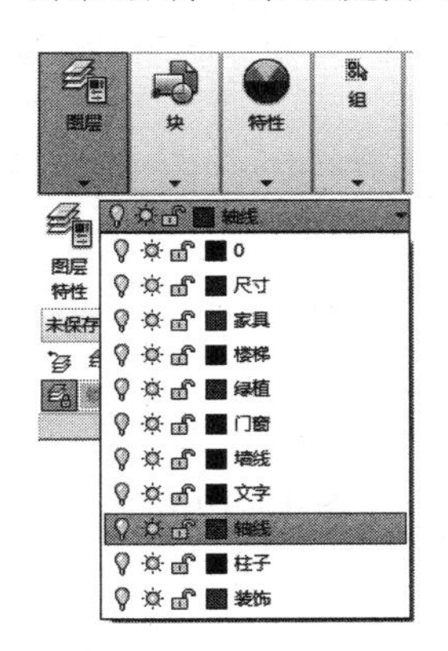

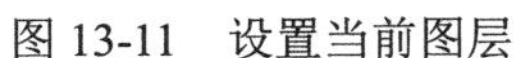

图 13-11　设置当前图层

图 13-12　绘制竖直轴线

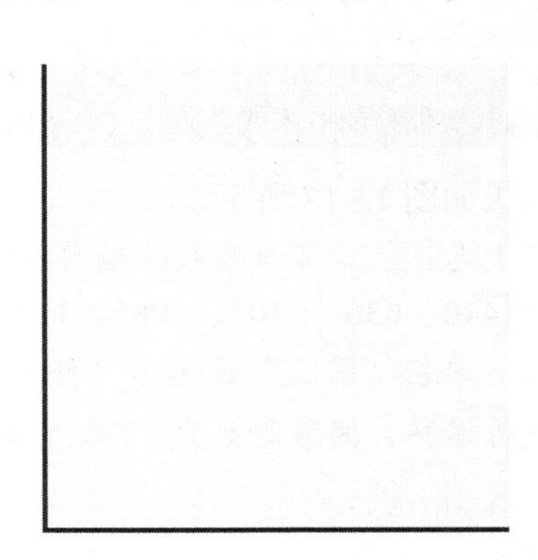

图 13-13　绘制水平轴线

（4）此时，轴线的线型虽然为中心线，但是由于比例太小，显示出来还是实线的形式。选择刚刚绘制的轴线并右击，在弹出的如图 13-14 所示的快捷菜单中选择“特性”命令，弹出“特性”选项板，如图 13-15 所示。

（5）首先将轴线“线型比例”设置为 20，然后单击“默认”选项卡“修改”面板中的“拉长”按钮⤢，输入增量为 500，将两条轴线分别拉长 500，结果如图 13-16 所示。

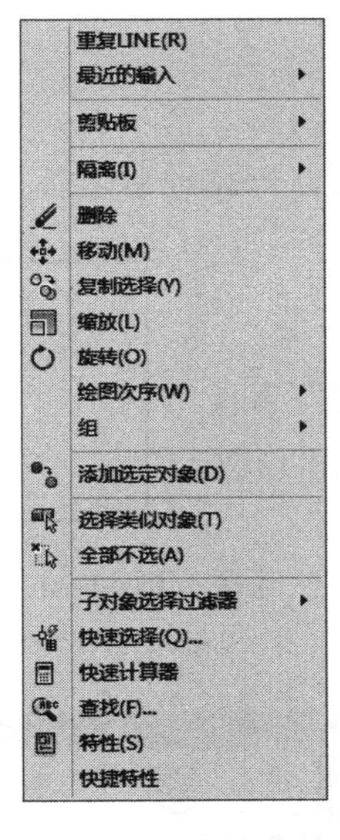

图 13-14　快捷菜单

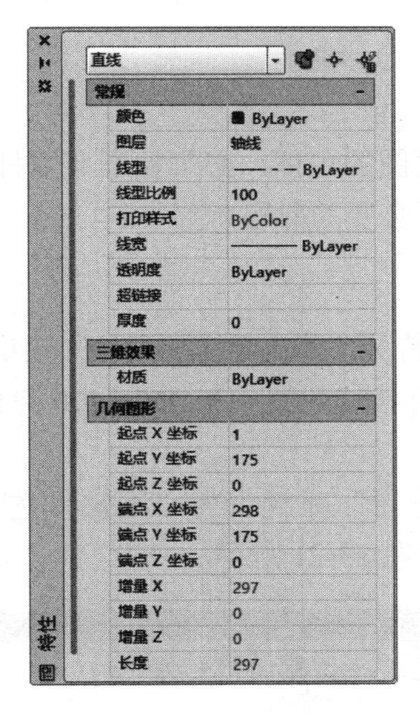

图 13-15　“特性”选项板

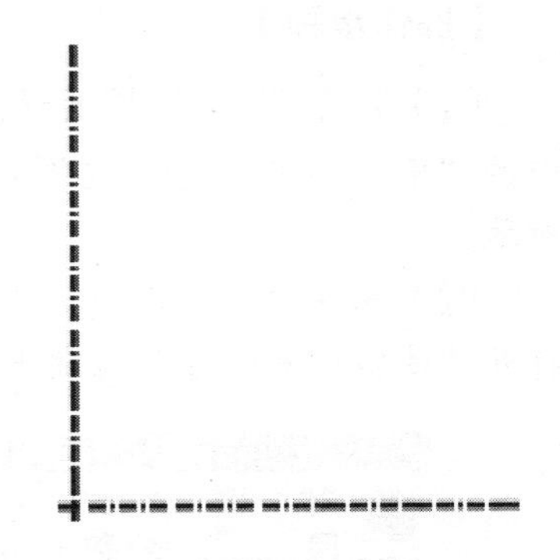

图 13-16　修改轴线比例

（6）单击“默认”选项卡“修改”面板中的“偏移”按钮⊆，设置“偏移距离”为 910，按 Enter 键确认后选择竖直直线为偏移对象，在直线右侧单击鼠标左键，将直线向右偏移 910 的距离。命令行提示与操作如下。

命令：_offset ↙
当前设置：删除源 = 否　图层 = 源　OFFSETGAPTYPE=0
指定偏移距离或 [通过 (T) / 删除 (E) / 图层 (L)] < 通过 >：910 ↙
选择要偏移的对象或 [退出 (E) / 放弃 (U)] < 退出 >：↙（选择竖直直线）
指定要偏移的那一侧上的点或 [退出 (E) / 多个 (M) / 放弃 (U)] < 退出 >：↙（在竖直直线右侧单击鼠标左键）
选择要偏移的对象或 [退出 (E) / 放弃 (U)] < 退出 >：↙

结果如图 13-17 所示。

（7）选择上步偏移直线为偏移对象，将直线向右进行偏移，偏移距离为 625、2255、810、660、1440、1440、636、2303、1085、1500，如图 13-18 所示。

（8）单击“默认”选项卡“修改”面板中的“偏移”按钮，选择底部水平直线为偏移对象向上进行偏移，偏移距离为 1700、1980、3250、3000、900、2100，结果如图 13-19 所示。

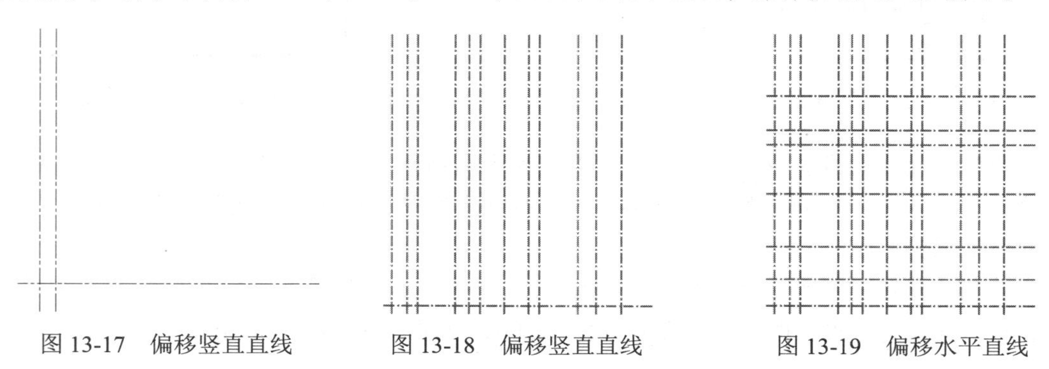

图 13-17　偏移竖直直线　　图 13-18　偏移竖直直线　　图 13-19　偏移水平直线

13.1.3　绘制及布置墙体柱子

柱子、墙体是别墅地下室平面图的主体，必须精准布置柱子的位置，严格绘制墙体，减少为后续绘制门、楼梯、集水坑带来的不必要的问题。

【操作步骤】

（1）先将“柱子”图层置为当前层，然后单击“默认”选项卡“绘图”面板中的“矩形”按钮，在图形空白区域绘制一个 370×370 的矩形，如图 13-20 所示。

图 13-20　绘制矩形

（2）单击“默认”选项卡“绘图”面板中的“图案填充”按钮，系统打开“图案填充创建”选项卡，如图 13-21 所示。

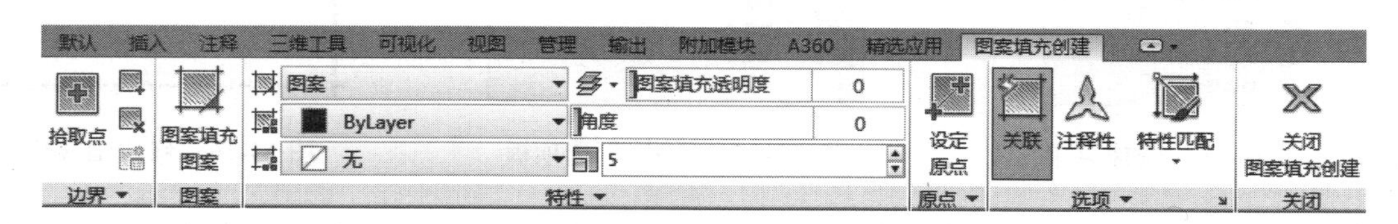

图 13-21　“图案填充创建”选项卡

（3）单击“图案填充创建”选项卡“图案”面板中的“图案填充图案”按钮，系统打开“填充图案”选项板，设置填充图案比例为5，选择“ANSI31”图案，如图13-22所示。

（4）单击“图案填充创建”选项卡“边界”面板中的“添加：拾取点”按钮，在绘图区选择矩形为填充区域，单击“关闭图案填充编辑器”按钮完成填充，效果如图13-23所示。

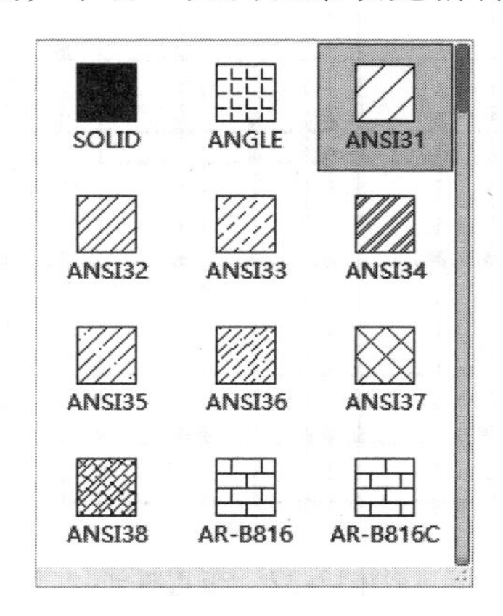

图13-22　填充图案选项板

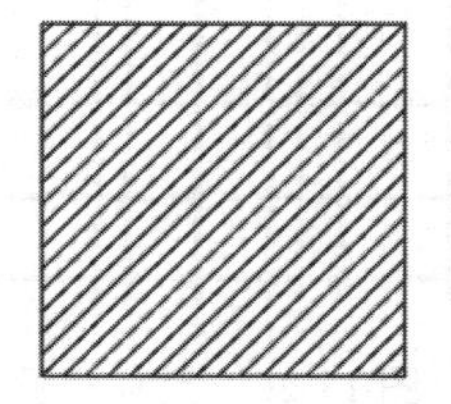

图13-23　填充图形

利用上述方法绘制240×240、240×370、370×240、300×300、180×370的柱子。

（5）单击“默认”选项卡“修改”面板中的“复制”按钮，选择绘制的370×370矩形为复制对象，将其放置到图形轴线上，如图13-24所示。

（6）单击“默认”选项卡“修改”面板中的“复制”按钮，选择绘制的240×370矩形为复制对象，将其放置到图形轴线上，如图13-25所示。

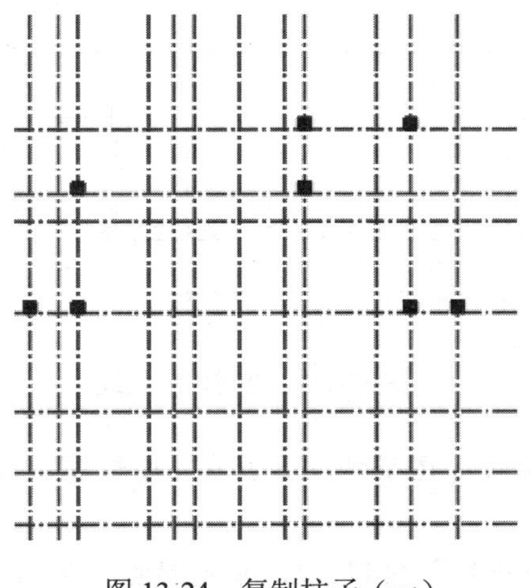

图13-24　复制柱子（一）

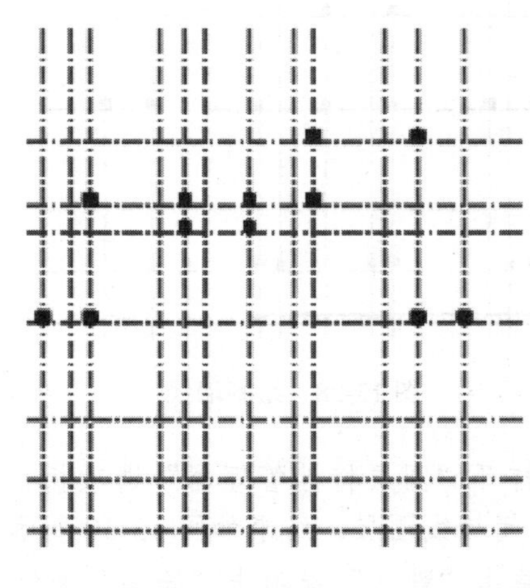

图13-25　复制柱子（二）

（7）单击“默认”选项卡“修改”面板中的“复制”按钮，选择绘制的240×240矩形为复制对象，将其放置到图形轴线上，如图13-26所示。

利用上述方法完成剩余柱子图形的布置，如图13-27所示。

（8）首先将“墙线”图层置为当前层，接着单击“默认”选项卡“绘图”面板中的“多段线”

按钮，指定起点宽度为 25、端点宽度为 25，绘制柱子之间的连接线，如图 13-28 所示。

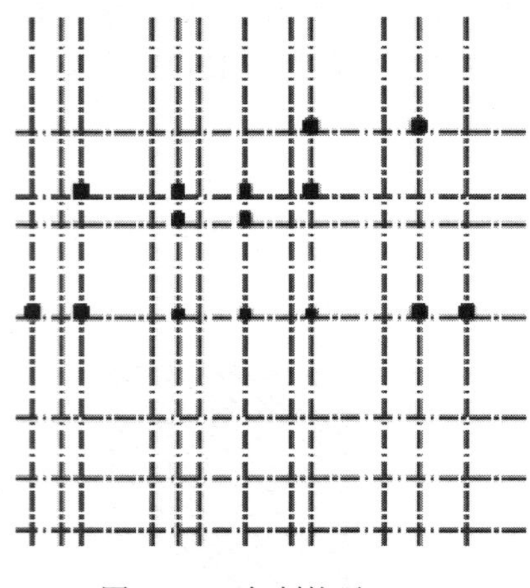
图 13-26　复制柱子（三）

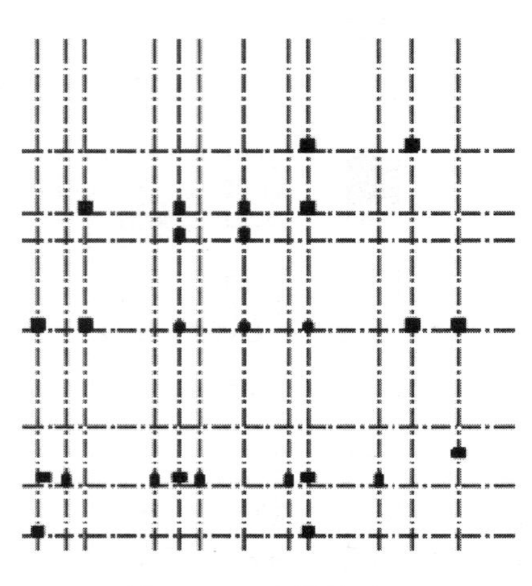
图 13-27　布置柱子

（9）单击“默认”选项卡“绘图”面板中的“多段线”按钮，指定起点宽度为 25，端点宽度为 25，完成剩余墙线的绘制，如图 13-29 所示。

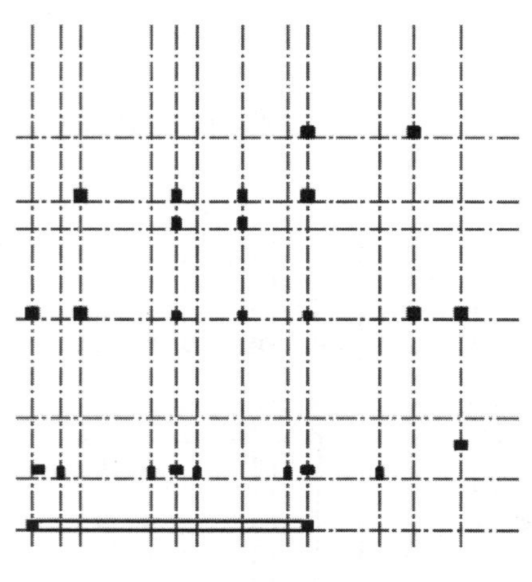
图 13-28　绘制墙线

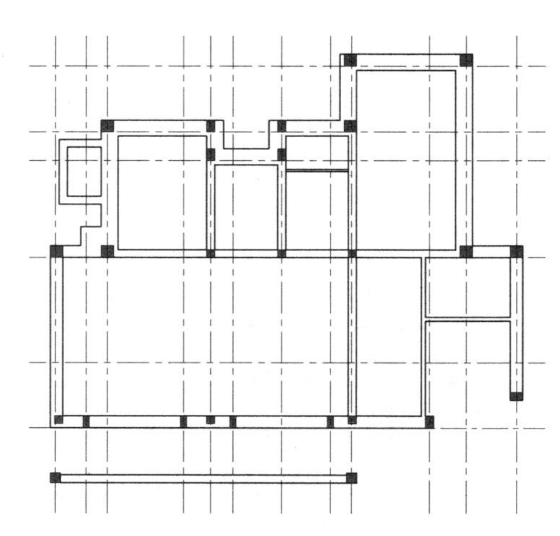
图 13-29　绘制剩余墙线

（10）打开“图层特性管理器”选项板，单击“轴线”图层的“开 / 关”按钮，使其处于关闭状态，关闭轴线图层，结果如图 13-30 所示。

（11）单击“默认”选项卡“绘图”面板中的“多段线”按钮，指定起点宽度为 5、端点宽度为 5，在距离墙线外侧 60 处，绘制图形中的外围墙线，如图 13-31 所示。

（12）在“默认”选项卡“图层”面板中的下拉列表中，选择“门窗”图层作为当前层，如图 13-32 所示。

（13）单击“默认”选项卡“绘图”面板中的“直线”按钮，在图形适当位置绘制一条竖直直线，如图 13-33 所示。

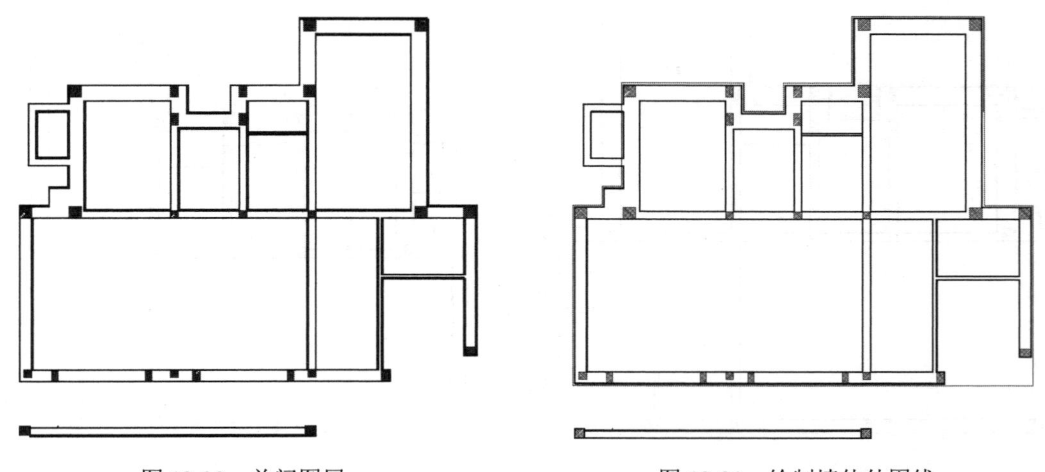

图 13-30 关闭图层　　　　图 13-31 绘制墙体外围线

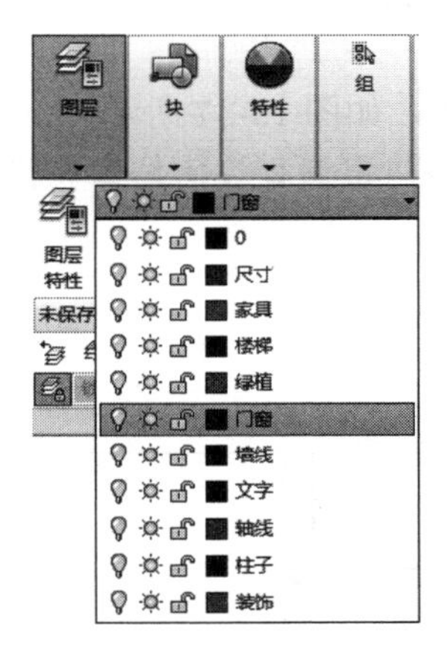

图 13-32 设置当前图层

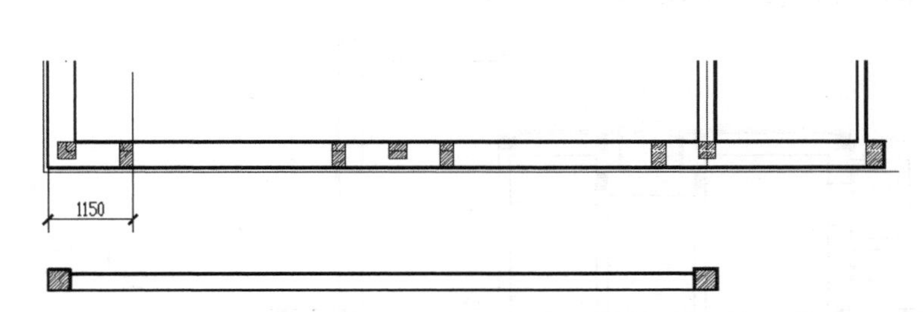

图 13-33 绘制竖直直线

（14）单击“默认”选项卡“修改”面板中的“偏移”按钮，选择上步绘制的竖直直线为偏移对象，并向右进行偏移，偏移距离为 2700，如图 13-34 所示。

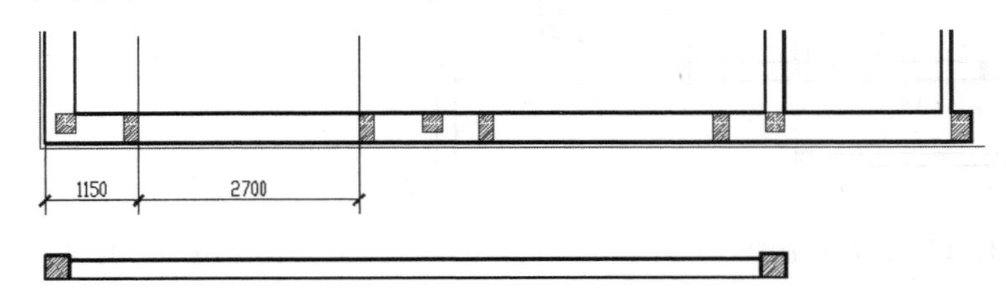

图 13-34 偏移线段

利用上述方法完成剩余窗户辅助线的绘制，如图 13-35 所示。

（15）单击“默认”选项卡“修改”面板中的“修剪”按钮，选择上步绘制的窗户辅助线间的墙体为修剪对象，对其进行修剪，如图 13-36 所示。

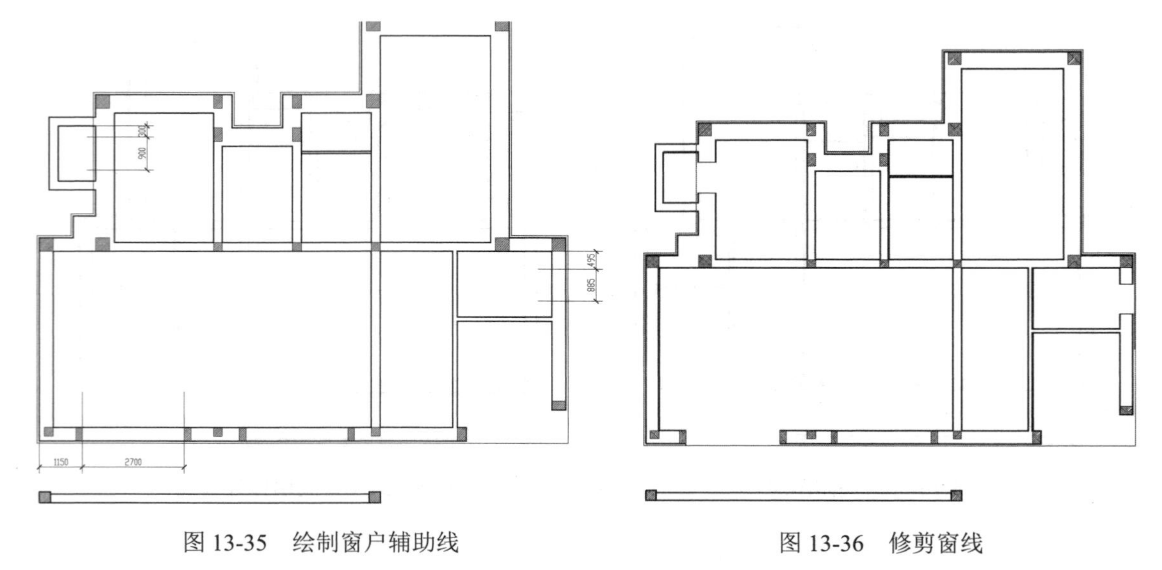

图 13-35 绘制窗户辅助线　　图 13-36 修剪窗线

门洞线的绘制方法与窗洞线的绘制方法基本相同，这里不再详细阐述，如图 13-37 所示。

（16）单击“默认”选项卡“修改”面板中的“修剪”按钮 -/--，选择门窗洞口线间墙体为修剪对象，对其进行修剪，如图 13-38 所示。

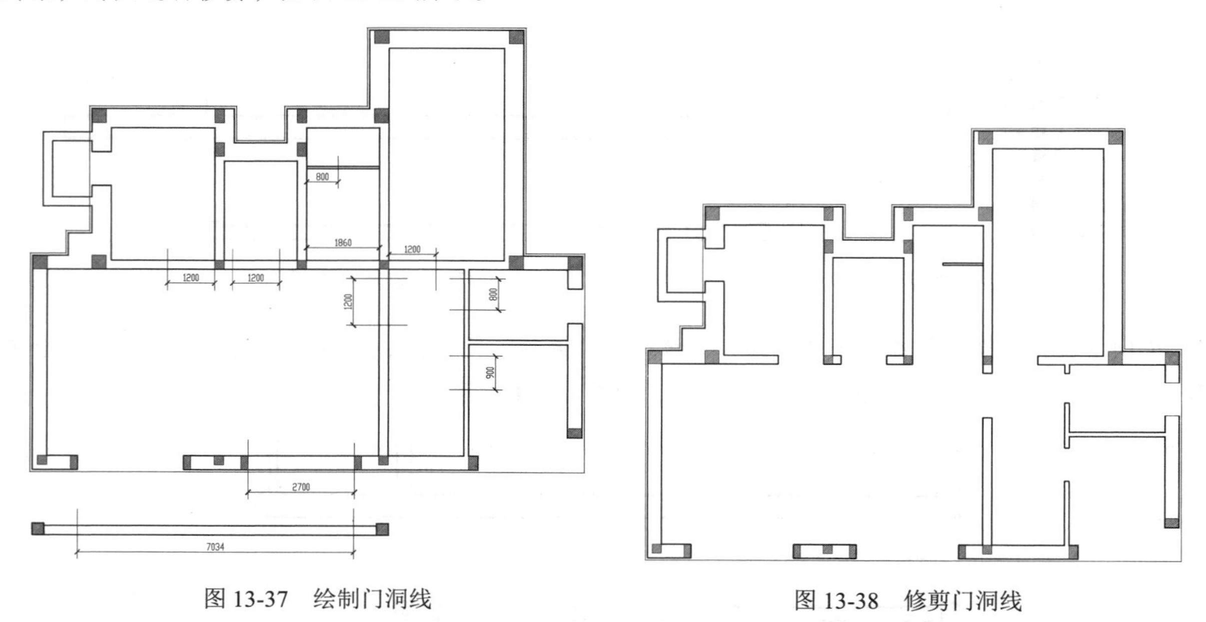

图 13-37 绘制门洞线　　图 13-38 修剪门洞线

（17）选择菜单栏“格式”→“多线样式”命令，打开“多线样式”对话框，如图 13-39 所示。

（18）在“多线样式”对话框中单击右侧的“新建”按钮，打开“创建新的多线样式”对话框，如图 13-40 所示。在“新样式名”文本框中输入“窗”作为多线的名称。单击“继续”按钮，打开“新建多线样式：窗”对话框，如图 13-41 所示。

图 13-39 “多线样式”对话框

图 13-40 “创建新的多线样式”对话框

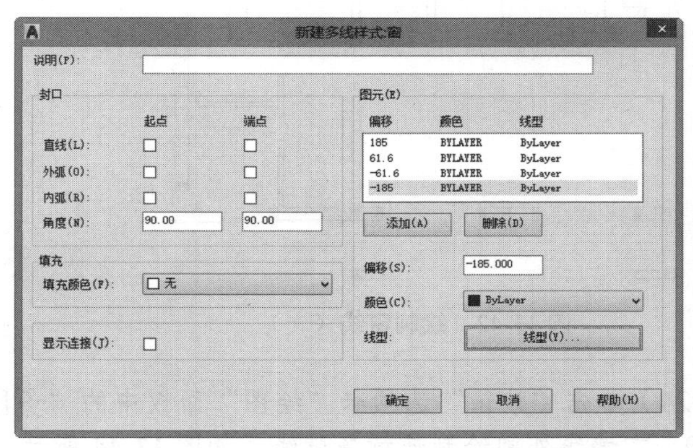

图 13-41 “新建多线样式”对话框

（19）窗户所在墙体宽度为 370，将偏移分别修改为 185 和 −185、61.6 和 −61.6，单击“确定”按钮，回到“多线样式”对话框中，单击“置为当前”按钮，将创建的多线样式设为当前多线样式，单击“确定”按钮，回到绘图状态。

（20）选择菜单栏中的“绘图”→“多线”命令，绘制窗线，命令行提示与操作如下。

```
命令：MLINE↙
当前设置：对正 = 上，比例 = 20.00，样式 = 窗
指定起点或 [对正(J)/比例(S)/样式(ST)]:j↙
输入对正类型 [上(T)/无(Z)/下(B)] <上>:z↙
当前设置：对正 = 无，比例 = 20.00，样式 = 窗
指定起点或 [对正(J)/比例(S)/样式(ST)]:s↙
输入多线比例 <20.00>:1↙
当前设置：对正 = 无，比例 = 8.00，样式 = 窗
指定起点或 [对正(J)/比例(S)/样式(ST)]:↙
指定下一点：↙
指定下一点或 [放弃(U)]:↙
```

结果如图 13-42 所示。

（21）选择菜单栏“格式”→“多线样式”命令，打开“多线样式”对话框。在“多线样式”对话框中单击右侧的“新建”按钮，打开“创建新的多线样式”对话框，如图 13-40 所示。在“新样式名”文本框中输入“500 窗”，作为多线的名称。单击“继续”按钮，打开编辑多线的对话框。

（22）窗户所在墙体宽度为 500，将偏移分别修改为 250 和 −250、83.3 和 −83.3，单击“确定”按钮，返回到“多线样式”对话框中，单击“置为当前”按钮，将创建的多线样式设为当前多线样式，单击“确定”按钮，回到绘图状态。

（23）选择菜单栏中的“绘图”→“多线”命令，在修剪的窗洞内绘制多线，完成窗线的绘制，如图 13-43 所示。

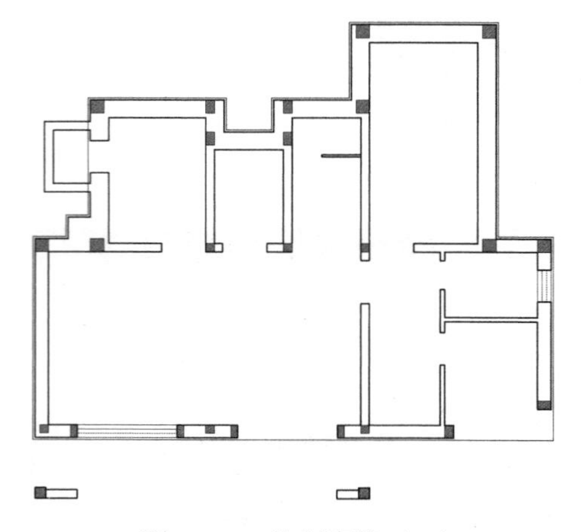

图 13-42　绘制窗线（一）

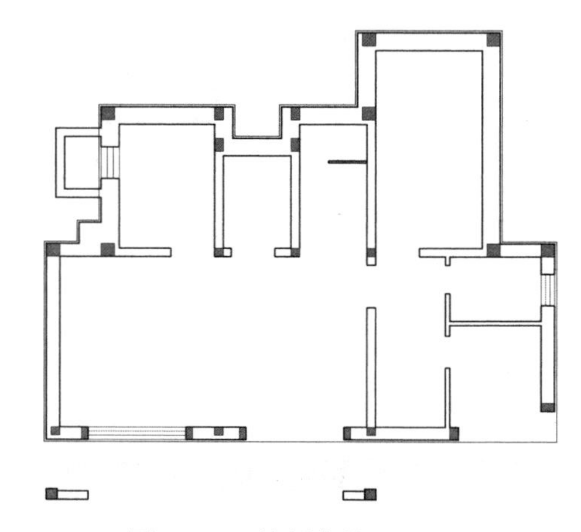

图 13-43　绘制窗线（二）

（24）单击“默认”选项卡“绘图”面板中的“多段线”按钮，指定起点宽度为 0、端点宽度为 0，在墙线外围绘制连续多段线，如图 13-44 所示。

（25）单击“默认”选项卡“修改”面板中的“偏移”按钮，选择上步绘制的多段线为偏移对象向内进行偏移，偏移距离为 100、33、34、33，结果如图 13-45 所示。

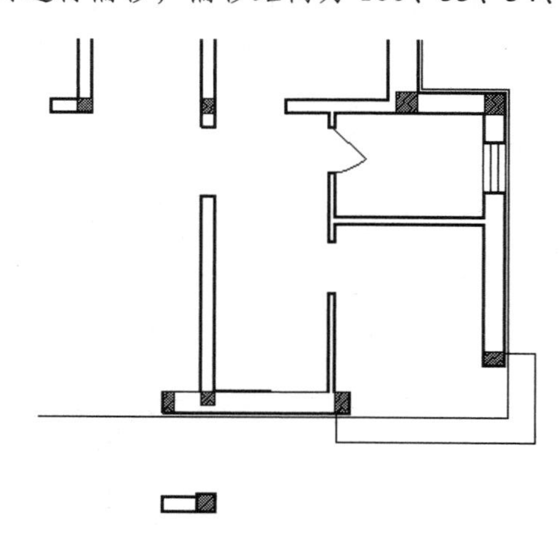

图 13-44　绘制多段线

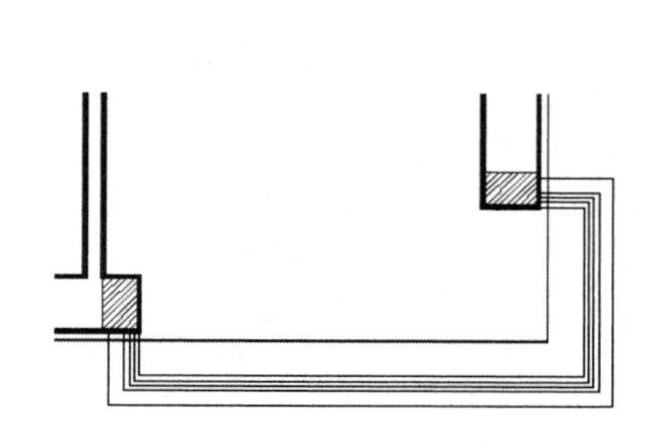

图 13-45　偏移多段线

13.1.4　绘制门

绘制别墅地下室平面图中的“门”，首先在绘图区域空白位置绘制完整的门，然后将“门”定义成图块，最后将“门”图块插入到别墅地下室平面图。

【操作步骤】

（1）单击“默认”选项卡“绘图”面板的“直线”按钮，在图形空白区域绘制一条长为318的竖直直线，如图13-46所示。

（2）单击“默认”选项卡“修改”面板中的“旋转”按钮，选择上步绘制的竖直直线为旋转对象，以竖直直线下端点为旋转基点，将其旋转-45°，如图13-47所示。

图13-46　绘制竖直直线　　图13-47　旋转竖直直线

（3）单击“默认”选项卡“绘图”面板中的“圆弧”按钮，利用“起点、端点、角度”绘制一段角度为90°的圆弧，命令行提示与操作如下。

```
命令：_arc↙
指定圆弧的起点或［圆心(C)］:(选择斜线下端点)↙
指定圆弧的第二个点或［圆心(C)/端点(E)］:_e↙
指定圆弧的端点:(选择左上方门洞竖线与墙轴线交点)↙
指定圆弧的圆心或［角度(A)/方向(D)/半径(R)］:_a↙
指定包含角:-90↙
```

结果如图13-48所示。

同理绘制右侧大门图形，完成右侧大门的绘制，如图13-49所示。

图13-48　绘制圆弧

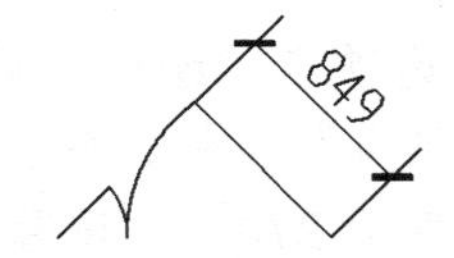

图13-49　绘制门

（4）在命令行中输入WBLOCK命令，打开“写块”对话框，如图13-50所示，以“M1”为对象，以左下角的竖直线的中点为基点，定义“单扇门”图块。

对开门的绘制方法与单扇门的绘制方法基本相同，这里不再详细阐述，结果如图13-51所示。

（5）在命令行中输入WBLOCK命令，打开“写块”对话框，如图13-50所示，以绘制的双扇门为对象，以左下角的竖直线的中点为基点，定义“双扇门”图块。

（6）单击“插入”选项卡“绘图”面板中的“插入块”按钮，弹出“插入”对话框，如图13-52所示。

（7）单击“浏览”按钮，弹出“选择图形文件”对话框，选择“源文件/图块/单扇门”图块，设置旋转角度为 270°，单击“打开”按钮，回到“插入”对话框，单击“确定”按钮，完成图块插入，如图 13-53 所示。

图 13-50 “写块”对话框

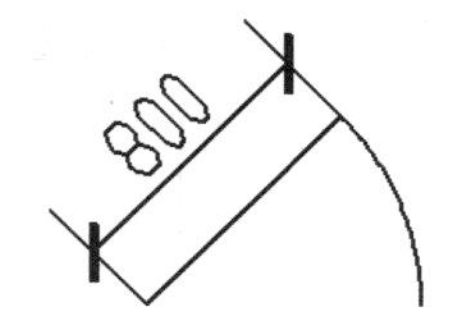

图 13-51 绘制对开门

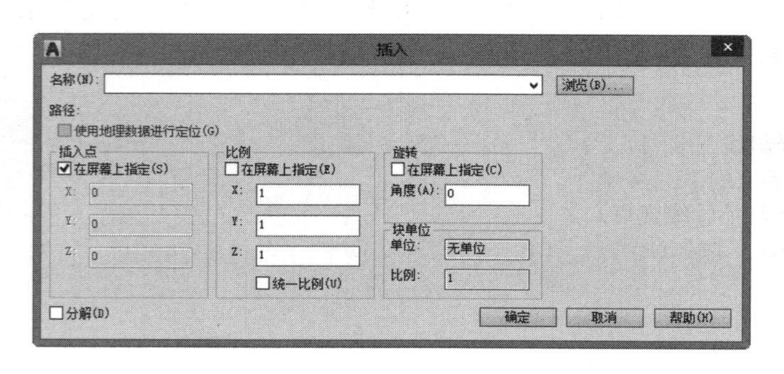

图 13-52 “插入”对话框

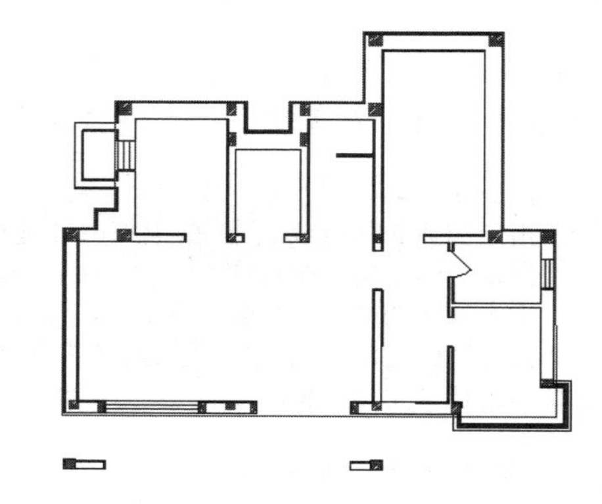

图 13-53 插入门（一）

（8）单击“插入”选项卡“绘图”面板中的“插入块”按钮，弹出“插入”对话框，如图 13-52 所示。单击“浏览”按钮，弹出“选择图形文件”对话框，选择“源文件 / 图块 / 单扇门”图块，设置旋转角度为 270°，设置比例为 8.1，单击“打开”按钮，回到“插入”对话框，单击“确定”按钮，完成图块插入，如图 13-54 所示。

（9）单击“插入”选项卡“绘图”面板中的“插入块”按钮，弹出“插入”对话框，如图 13-52 所示。单击“浏览”按钮，弹出“选择图形文件”对话框，选择“源文件 / 图块 / 对开门”图块，单击“打开”按钮，回到“插入”对话框，单击“确定”按钮，完成图块插入，如图 13-55 所示。

（10）单击“默认”选项卡“绘图”面板的“直线”按钮，在图形底部绘制一条水平直线，如图 13-56 所示。

（11）单击“默认”选项卡“绘图”面板的“矩形”按钮，在上步绘制的直线上方绘制一个 3780×25 的矩形，如图 13-57 所示。

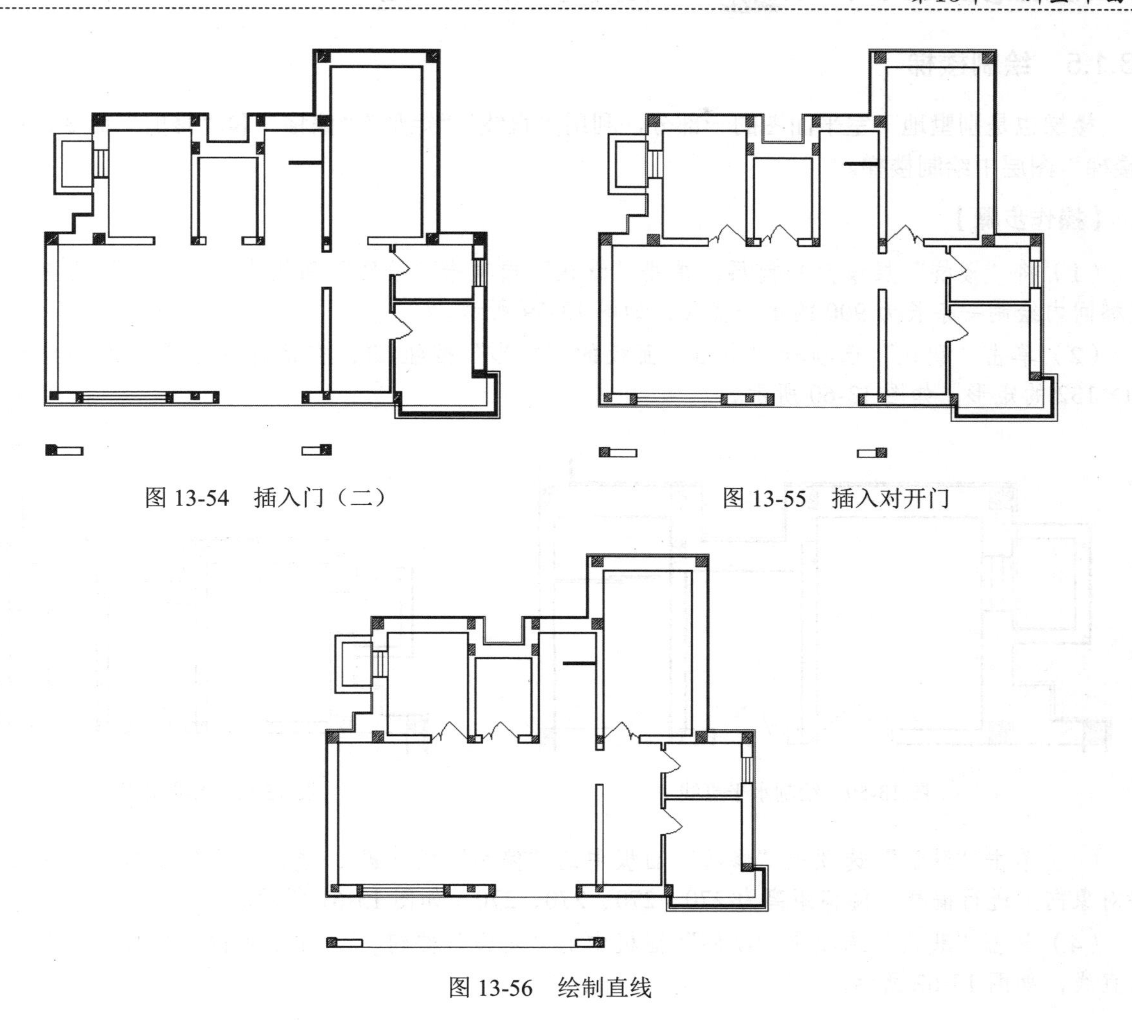

图 13-54 插入门（二）

图 13-55 插入对开门

图 13-56 绘制直线

（12）单击“默认”选项卡“绘图”面板的“直线”按钮 和“矩形”按钮 ，绘制剩余部分的门图形，如图 13-58 所示。

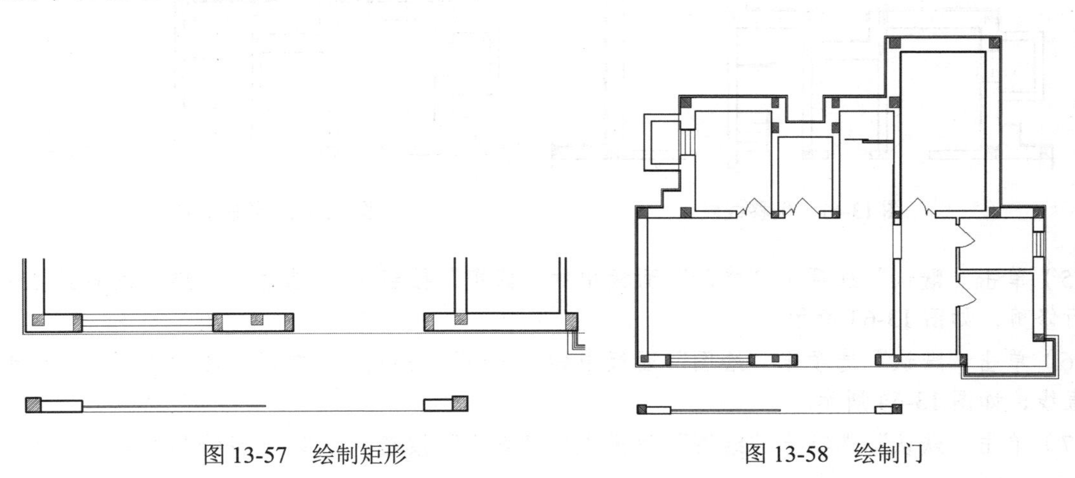

图 13-57 绘制矩形

图 13-58 绘制门

13.1.5 绘制楼梯

楼梯也是别墅地下室平面图的一部分，利用“直线”“矩形”“偏移”和“修剪”命令，可以在“楼梯”图层中绘制楼梯。

【操作步骤】

（1）将“楼梯”层设为当前层，单击“默认”选项卡“绘图”面板中的“直线”按钮╱，在楼梯间内绘制一条长为900的水平直线，如图13-59所示。

（2）单击“默认”选项卡“绘图”面板的“矩形”按钮▭，在楼梯间水平线左侧绘制一个50×132的矩形，如图13-60所示。

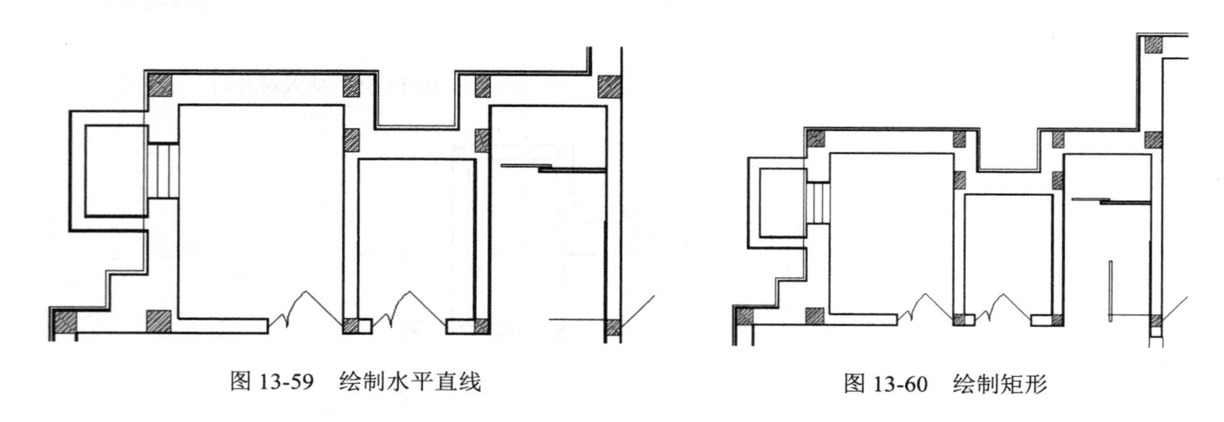

图13-59 绘制水平直线　　图13-60 绘制矩形

（3）单击“默认”选项卡“修改”面板中的“偏移”按钮，选择上步绘制的水平直线为偏移对象向上进行偏移，偏移距离为270、270、270、270，如图13-61所示。

（4）单击“默认”选项卡“绘图”面板中的“直线”按钮╱，在上步偏移线段内绘制一条斜向直线，如图13-62所示。

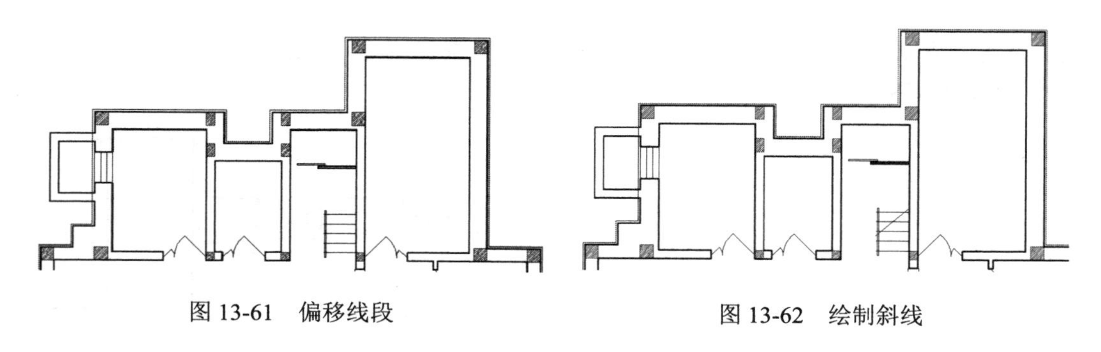

图13-61 偏移线段　　图13-62 绘制斜线

（5）单击“默认”选项卡“修改”面板中的“修剪”按钮-/--，选择上步绘制的斜线上方的线段进行修剪，如图13-63所示。

（6）单击“默认”选项卡“绘图”面板中的“直线”按钮╱，在所绘图形中间位置绘制一条竖直直线，如图13-64所示。

（7）单击“默认”选项卡“绘图”面板中的“直线”按钮╱，以上步绘制的竖直直线上端点为直线起点向下绘制一条斜向直线，如图 13-65 所示。

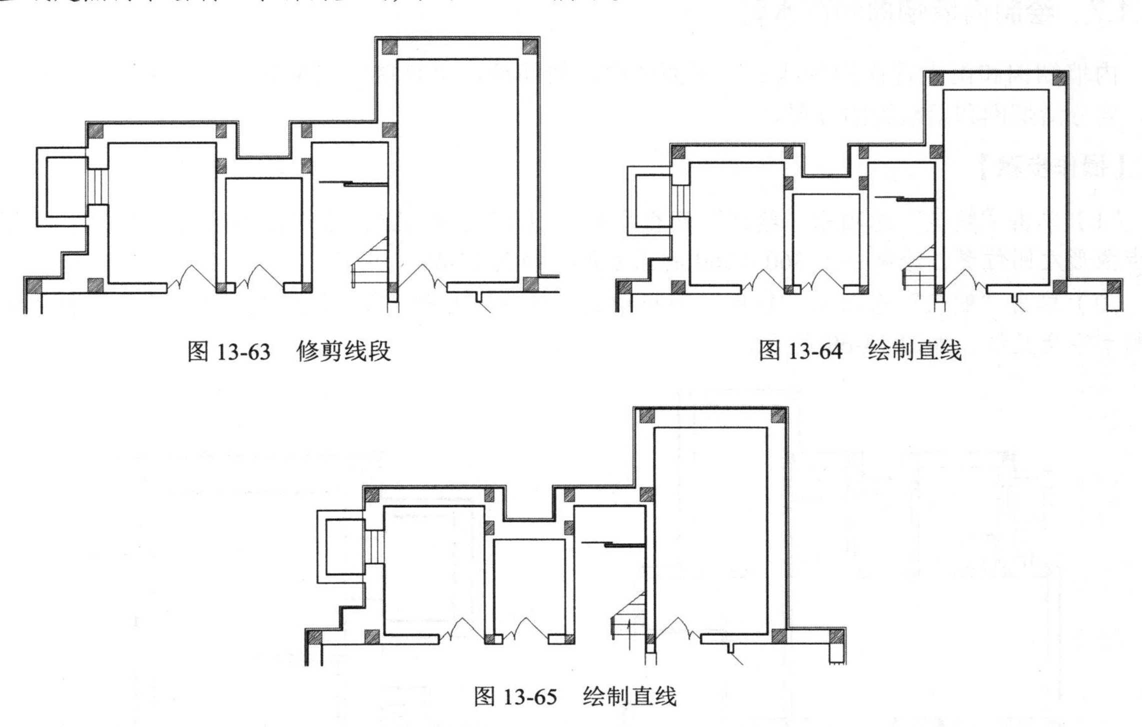

图 13-63　修剪线段

图 13-64　绘制直线

图 13-65　绘制直线

13.1.6　绘制集水坑

集水坑也属于别墅地下室平面图的一部分，先确定集水坑在别墅地下室平面图中的位置，再利用“多段线”“偏移”命令绘制集水坑。

【操作步骤】

（1）单击“默认”选项卡“绘图”面板中的“多段线”按钮，指定起点宽度为 15、端点宽度为 15，在图形适当位置绘制连续多段线，如图 13-66 所示。

（2）单击“默认”选项卡“修改”面板中的“偏移”按钮，选择上步绘制的连续多段线为偏移对象，并向内进行偏移，偏移距离为 100，如图 13-67 所示。

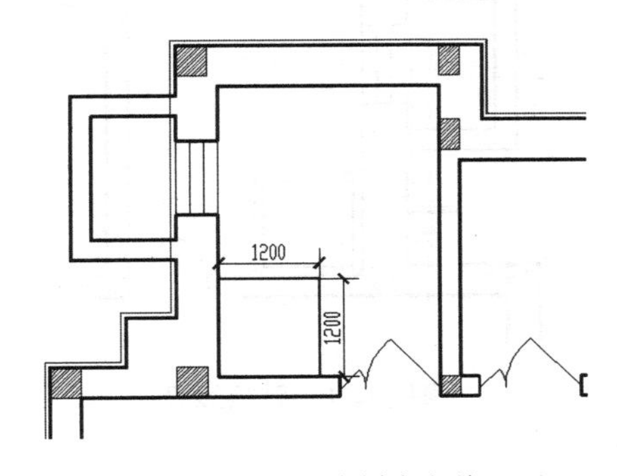

图 13-66　绘制多段线

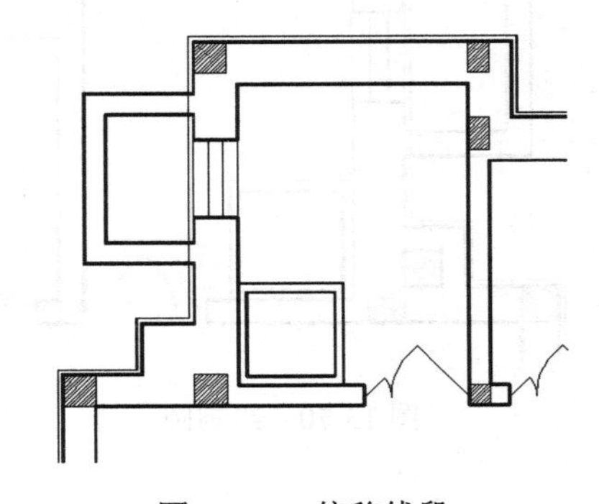

图 13-67　偏移线段

13.1.7 绘制内墙烟囱和雨水管

内墙烟囱和雨水管在别墅地下室平面图中比较简单，可直接运用基础绘图命令绘制图形。注意，要分清烟囱和雨水管的位置。

【操作步骤】

（1）单击“默认”选项卡“绘图”面板中的“矩形”按钮，指定矩形的宽度为15，选择在上步图形左侧位置，绘制一个360×360的正方形，如图13-68所示。

（2）单击“默认”选项卡“绘图”面板中的“直线”按钮，过上步绘制的正方形四边中点绘制十字交叉线，如图13-69所示。

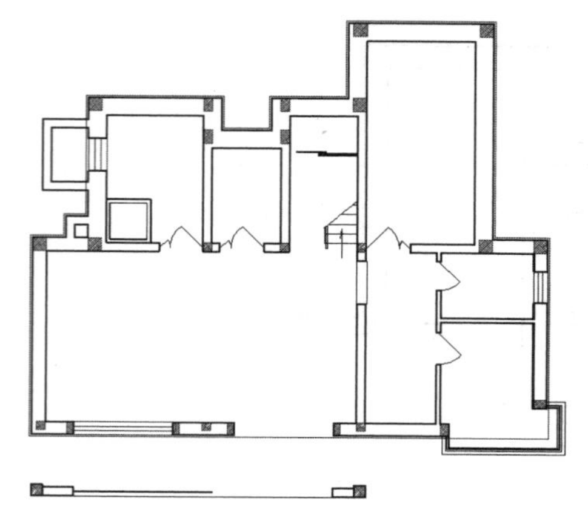

图13-68　绘制正方形

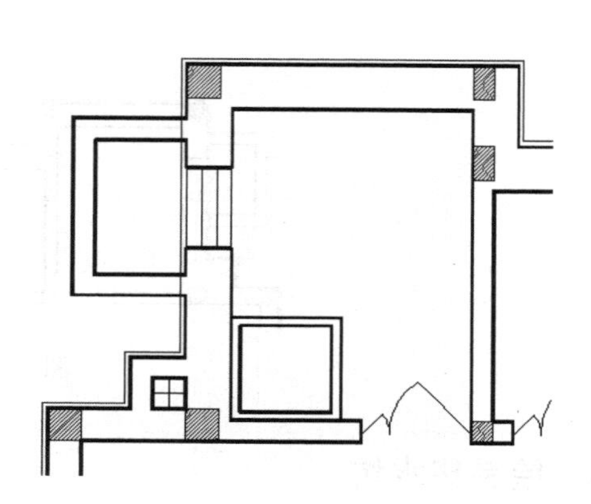

图13-69　绘制交叉线

（3）单击“默认”选项卡“绘图”面板中的“圆”按钮，选择上步绘制的十字交叉线中点为圆心，绘制一个适当半径的圆，如图13-70所示。

（4）单击“默认”选项卡“修改”面板中的“删除”按钮，选择上步绘制的十字交叉线为删除对象，将其删除，如图13-71所示。

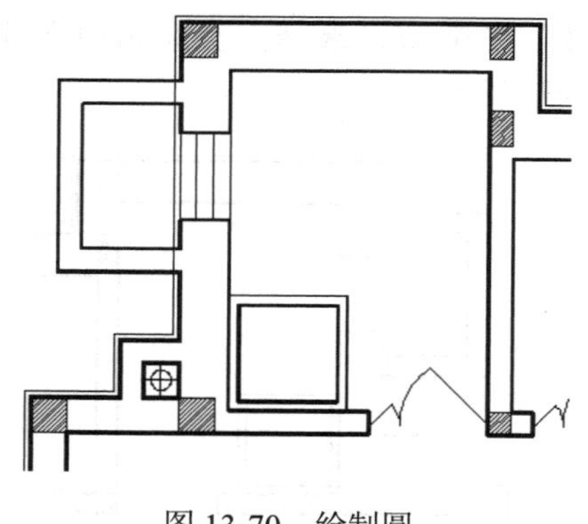

图13-70　绘制圆

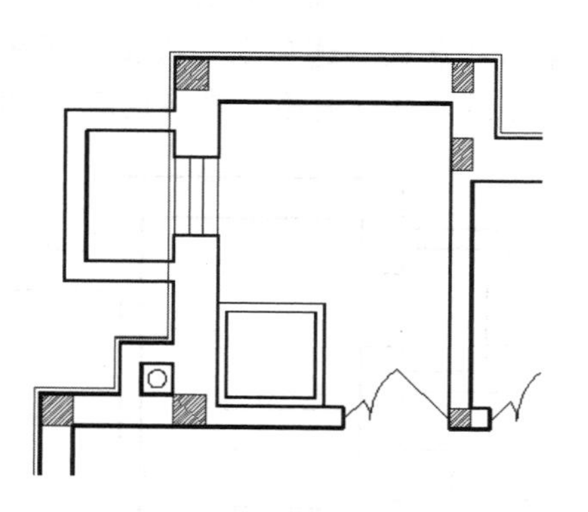

图13-71　删除线段

利用相同方法绘制图形中的雨水管，如图 13-72 所示。

（5）单击“默认”选项卡“绘图”面板中的“直线”按钮，绘制图形中的剩余连接线，如图 13-73 所示。

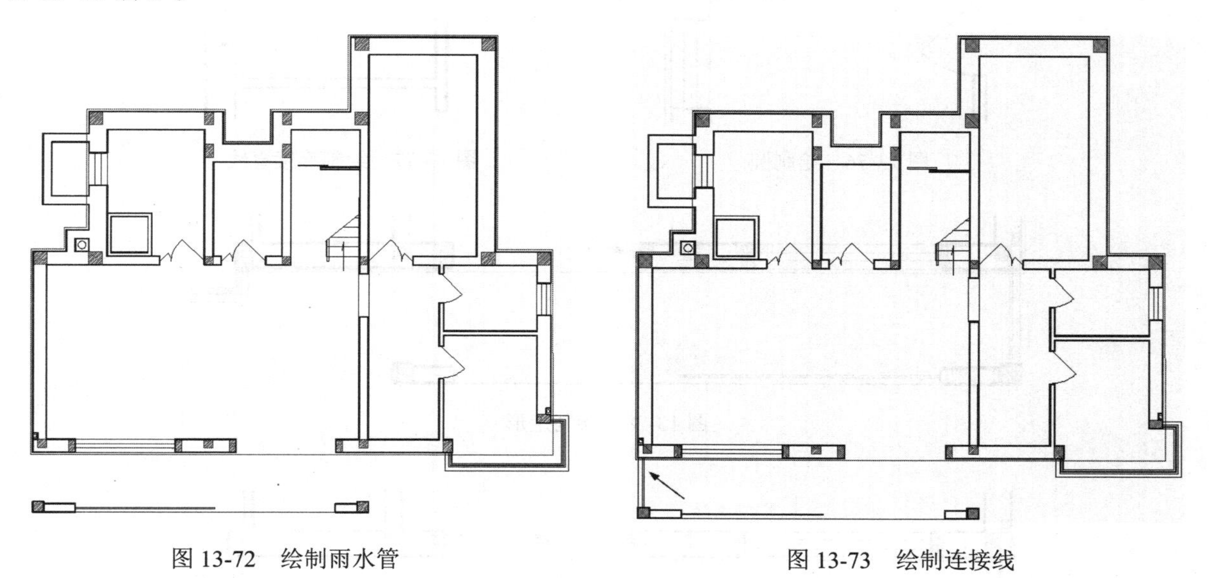

图 13-72 绘制雨水管　　图 13-73 绘制连接线

（6）单击“默认”选项卡“绘图”面板中的“多段线”按钮，指定起点宽度为 25、端点宽度为 25，在图形适当位置绘制连续多段线，如图 13-74 所示。

（7）单击“默认”选项卡“绘图”面板中的“多段线”按钮，指定起点宽度为 25、端点宽度为 25，过上步绘制的多段线底部水平边中点为直线起点，向上绘制一条竖直直线，如图 13-75 所示。

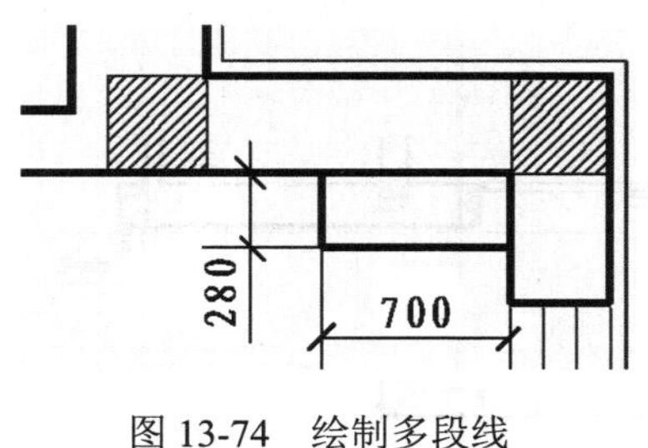

图 13-74 绘制多段线

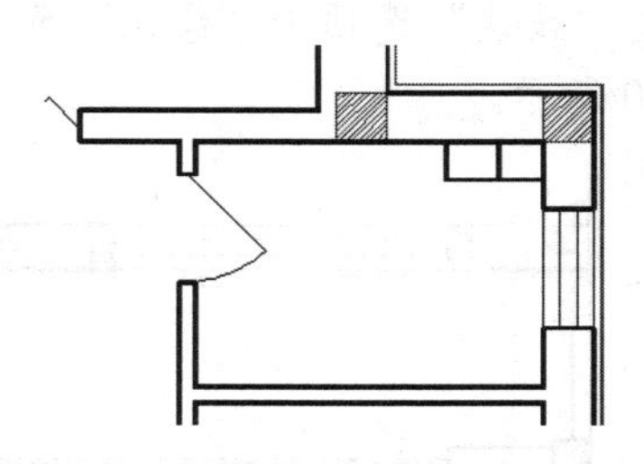

图 13-75 绘制竖直直线

（8）单击“默认”选项卡“绘图”面板中的“圆”按钮，在上步绘制的图形内适当位置选一点为圆心，绘制一个半径为 50 的圆，如图 13-76 所示。

（9）单击“默认”选项卡“绘图”面板中的“直线”按钮，在上步图形内绘制连续直线，如图 13-77 所示。

（10）单击“默认”选项卡“绘图”面板中的“多段线”按钮，在图形适当位置绘制一个 178×74 的矩形，如图 13-78 所示。

（11）单击“默认”选项卡“修改”面板中的“复制”按钮，选择上步绘制的矩形为复制对象对其进行连续复制，如图 13-79 所示。

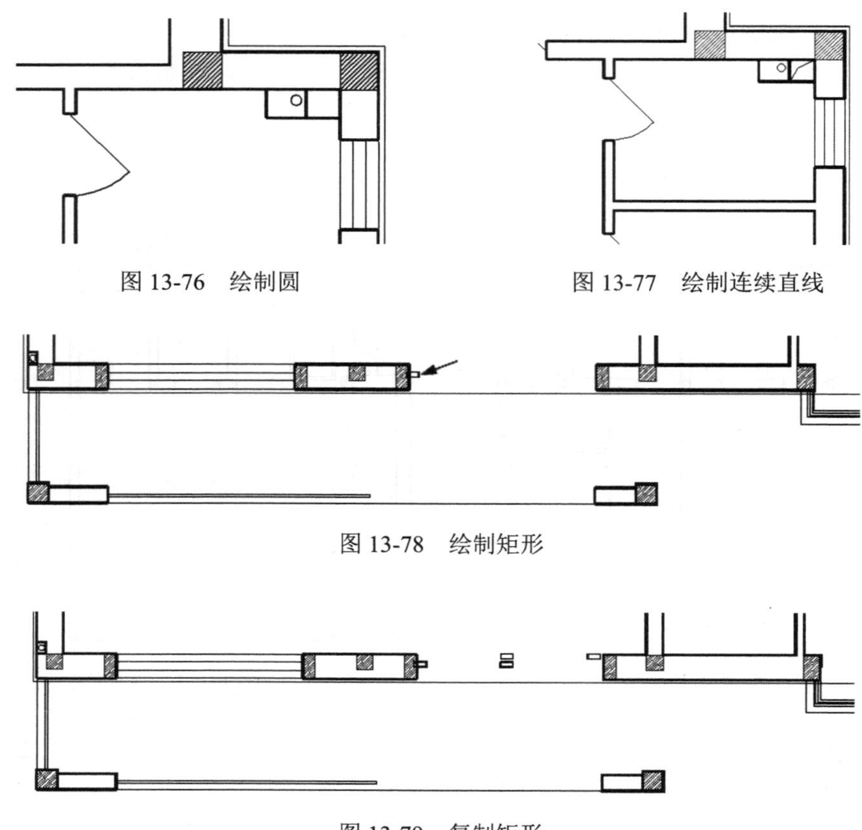

图 13-76　绘制圆

图 13-77　绘制连续直线

图 13-78　绘制矩形

图 13-79　复制矩形

（12）单击“默认”选项卡“绘图”面板中的“直线”按钮，绘制上步复制矩形之间的连接线，如图 13-80 所示。

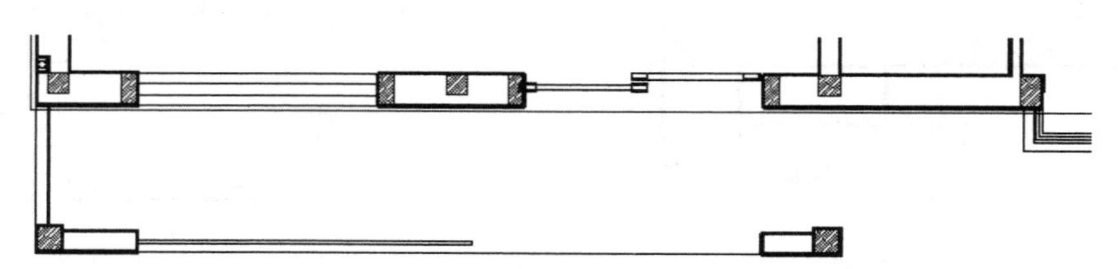

图 13-80　绘制矩形间连接线

13.1.8　尺寸标注

对别墅地下室平面图进行尺寸标注，需要先设置标注样式，然后绘制标注辅助线，最后利用“线性”和“连续”命令进行尺寸标注。

【操作步骤】

（1）设置标注样式。

① 首先将“尺寸”层置为当前层，然后单击“默认”选项卡“注释”面板中的“标注样式”

按钮，弹出“标注样式管理器”对话框，如图 13-81 所示。

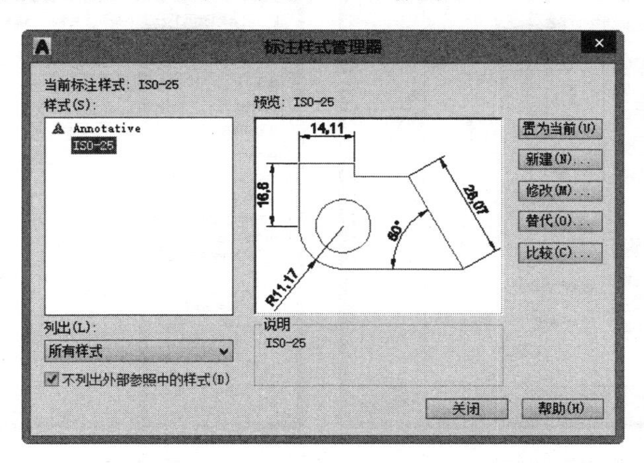

图 13-81 “标注样式管理器”对话框

② 单击“修改”按钮，弹出“修改标注样式”对话框。单击“线”选项卡，对话框显示如图 13-82 所示，按照图中的参数修改标注样式。

③ 单击“符号和箭头”选项卡，按照图 13-83 所示的设置进行修改，箭头样式选择为“建筑标记”，箭头大小修改为 400。

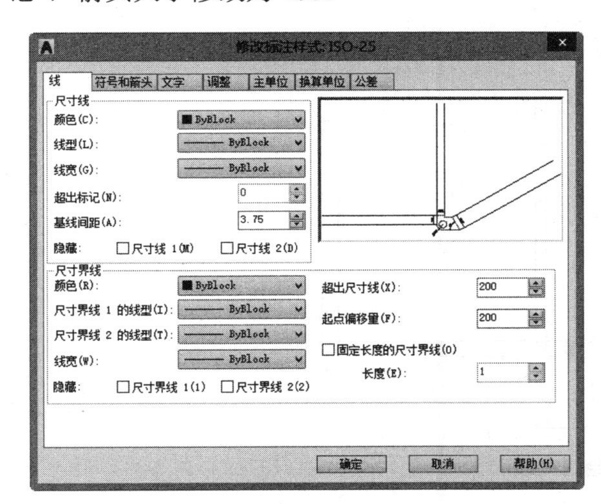

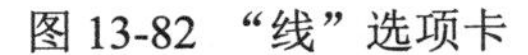

图 13-82 “线”选项卡

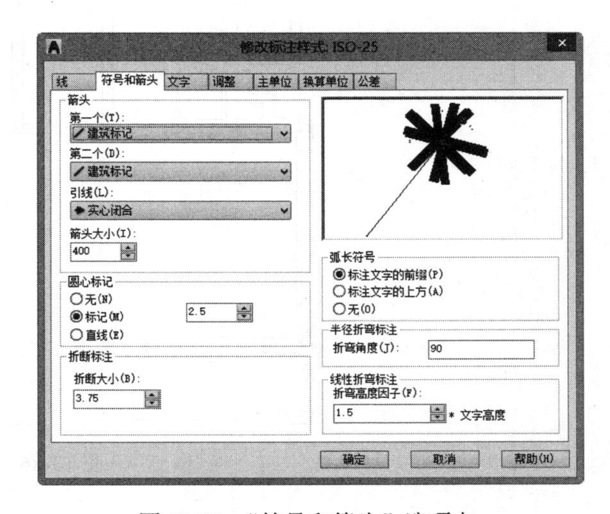

图 13-83 “符号和箭头”选项卡

④ 在“文字”选项卡中设置“文字高度”为 450，如图 13-84 所示。

⑤“主单位”选项卡中的设置如图 13-85 所示。

（2）单击“默认”选项卡“绘图”面板中的“直线”按钮，在墙内绘制标注辅助线，如图 13-86 所示。

（3）单击“注释”选项卡“标注”面板中的“线性”按钮，标注图形细部尺寸。命令行提示与操作如下。

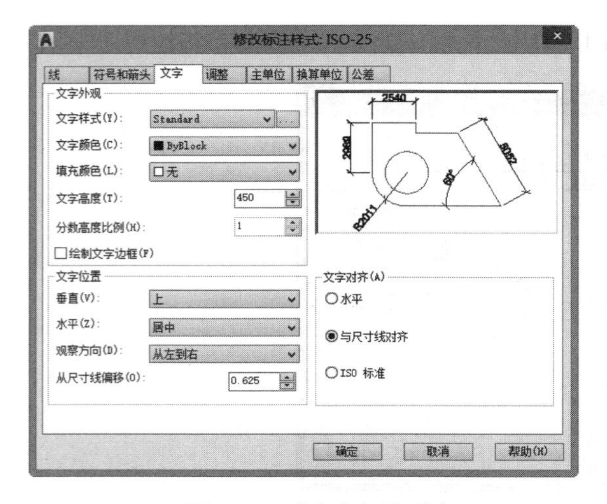

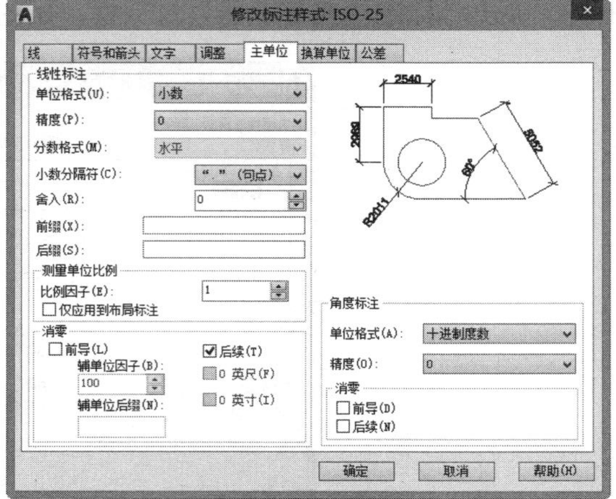

图 13-84 “文字”选项卡　　　　图 13-85 “主单位”选项卡

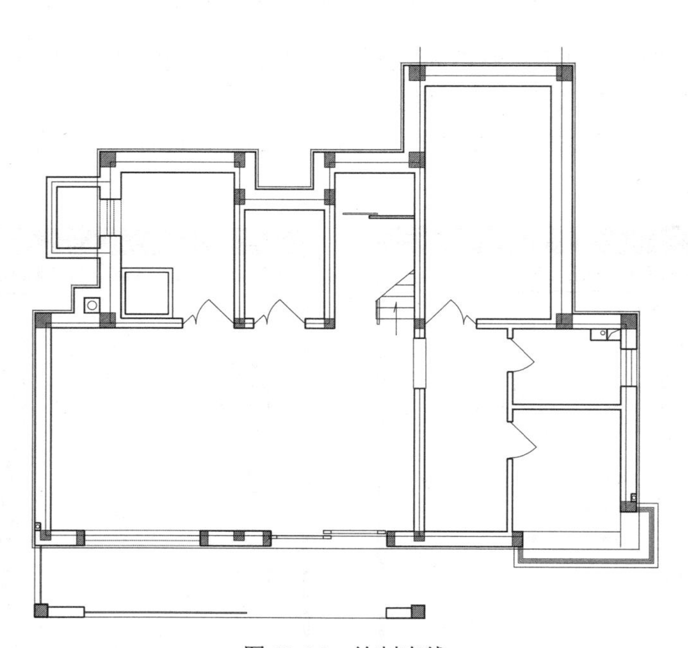

图 13-86　绘制直线

命令：DIMLINEAR↙

指定第一个延伸线原点或 ＜选择对象＞：↙（指定一点）

指定第二条延伸线原点：↙（指定第二点）

指定尺寸线位置或 [多行文字 (M) / 文字 (T) / 角度 (A) / 水平 (H) / 垂直 (V) / 旋转 (R)]：↙（指定合适的位置）

逐个标注，结果如图 13-87 所示。

（4）单击“注释”选项卡“标注”面板中的“线性”按钮和“连续”按钮，标注图形第一道尺寸和第二道尺寸，结果如图 13-88 所示。

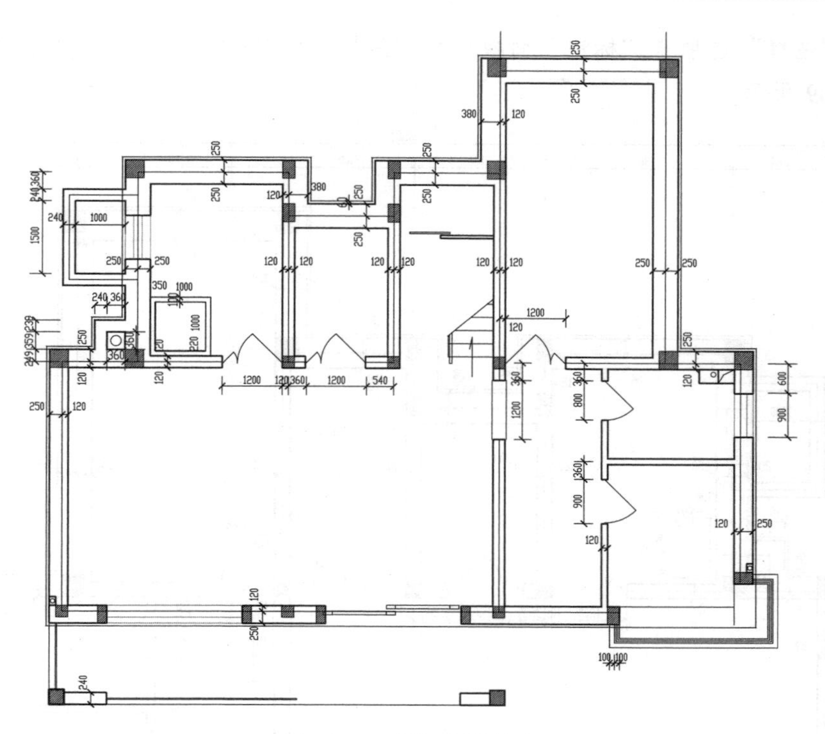

图 13-87　标注细部尺寸

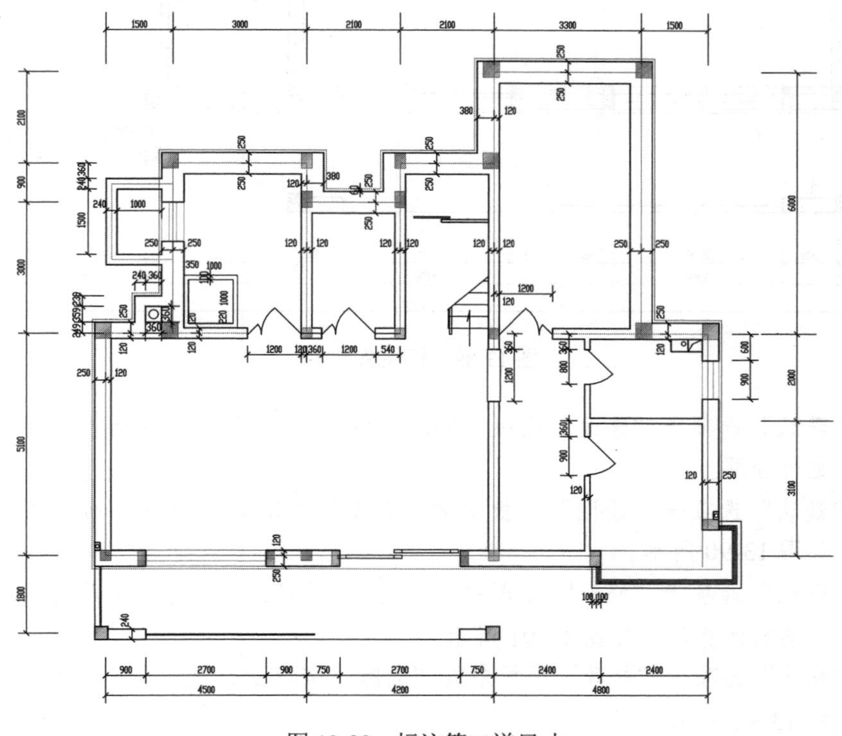

图 13-88　标注第二道尺寸

（5）单击“注释”选项卡“标注”面板中的“线性”按钮和“连续”按钮，标注图形总尺寸，如图 13-89 所示。

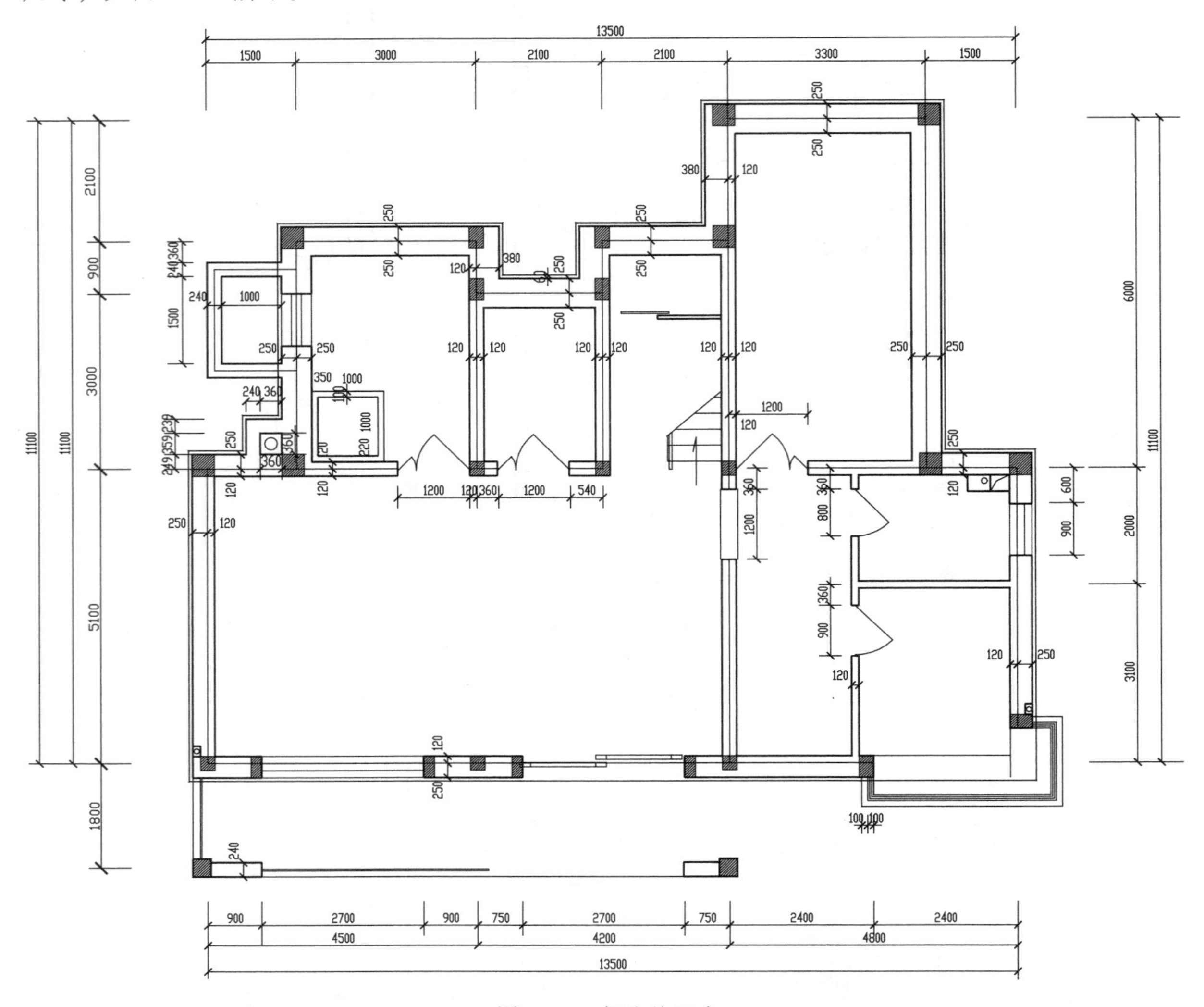

图 13-89　标注总尺寸

（6）单击“默认”选项卡“修改”面板中的“分解”按钮，选取标注的第二道尺寸为分解对象，回车确认进行分解。

（7）单击“默认”选项卡“绘图”面板中的“直线”按钮，分别在横竖四条总尺寸线上方绘制四条直线，如图 13-90 所示。

（8）单击“默认”选项卡“修改”面板中的“延伸”按钮，选取分解后的标注线段，进行延伸，延伸至上步绘制的直线，如图 13-91 所示。

（9）单击“默认”选项卡“修改”面板中的“删除”按钮，选择绘制的直线为删除对象，对其进行删除，如图 13-92 所示。

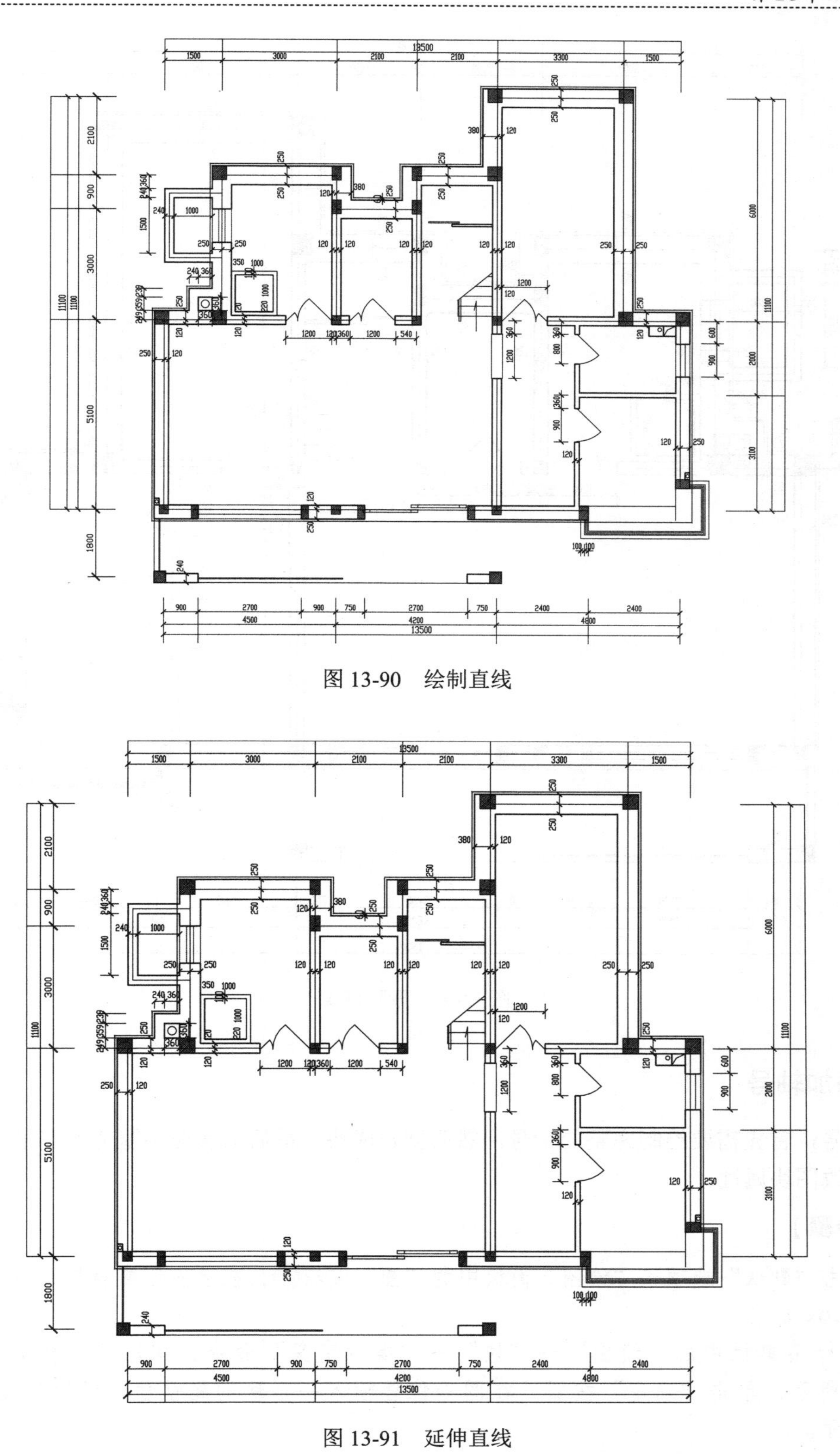

图 13-90　绘制直线

图 13-91　延伸直线

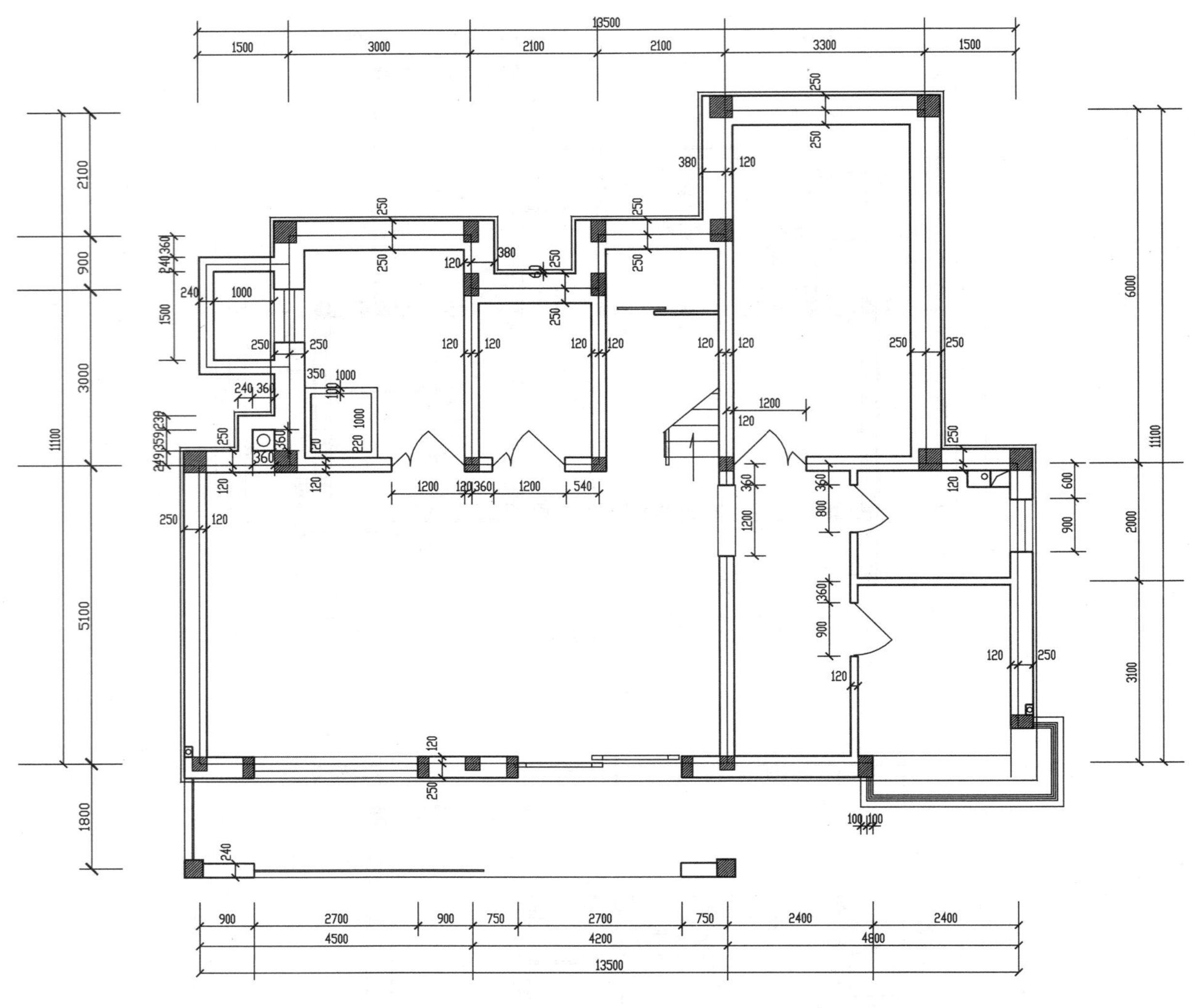

图 13-92　删除直线

13.1.9　添加轴号

添加轴号，首先需要绘制完整的轴号，然后创建成块，最后依次在别墅地下室平面图中插入轴号块，并修改图块属性。

【操作步骤】

（1）单击“默认”选项卡“绘图”面板中的“圆”按钮，在适当位置绘制一个半径为 500 的圆，如图 13-93 所示。

（2）选择菜单栏中的“绘图”→“块”→“属性定义”命令，弹出“属性定义”对话框，如图 13-94 所示，单击“确定”按钮，在圆心位置输入一个块的属性值。设置完成后的效果如图 13-95 所示。

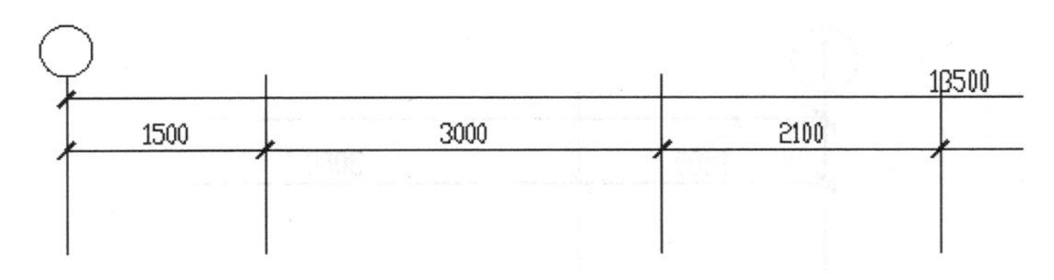

图 13-93 绘制圆

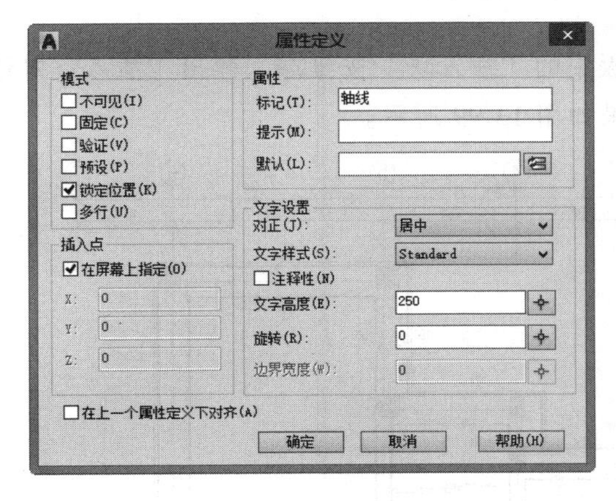

图 13-94 块属性定义

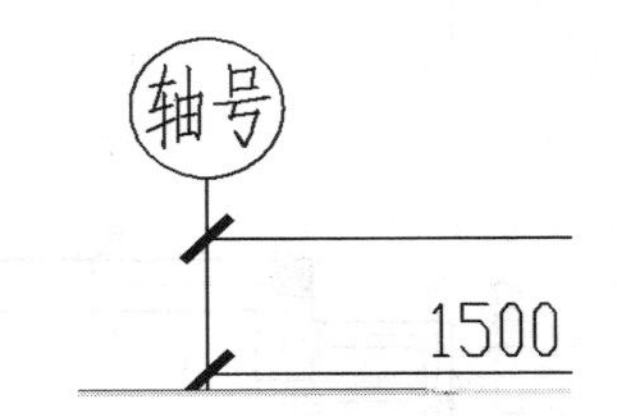

图 13-95 在圆心位置输入属性值

（3）单击“插入”选项卡“块定义”面板中的“创建块”按钮，弹出“块定义”对话框，如图 13-96 所示。在“名称”文本框中输入“轴号”，指定圆心为基点，选择整个圆和刚才的“轴号”标记为对象，单击“确定”按钮，弹出如图 13-97 所示的“编辑属性”对话框，输入轴号为 1，单击“确定”按钮，轴号效果图如图 13-98 所示。

图 13-96 “块定义”对话框

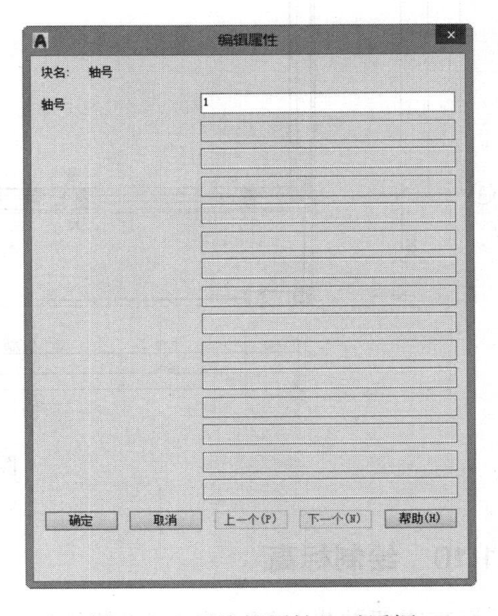

图 13-97 “编辑属性”对话框

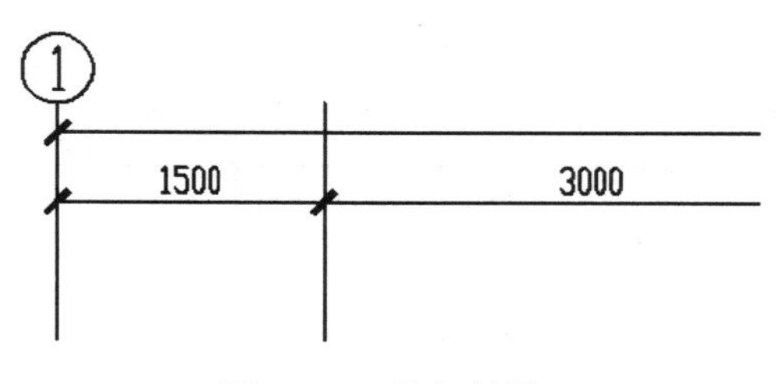

图 13-98　输入轴号

（4）单击“插入”选项卡“绘图”面板中的“插入块”按钮，弹出“插入”对话框，将轴号图块插入到轴线上，并修改图块属性，结果如图 13-99 所示。

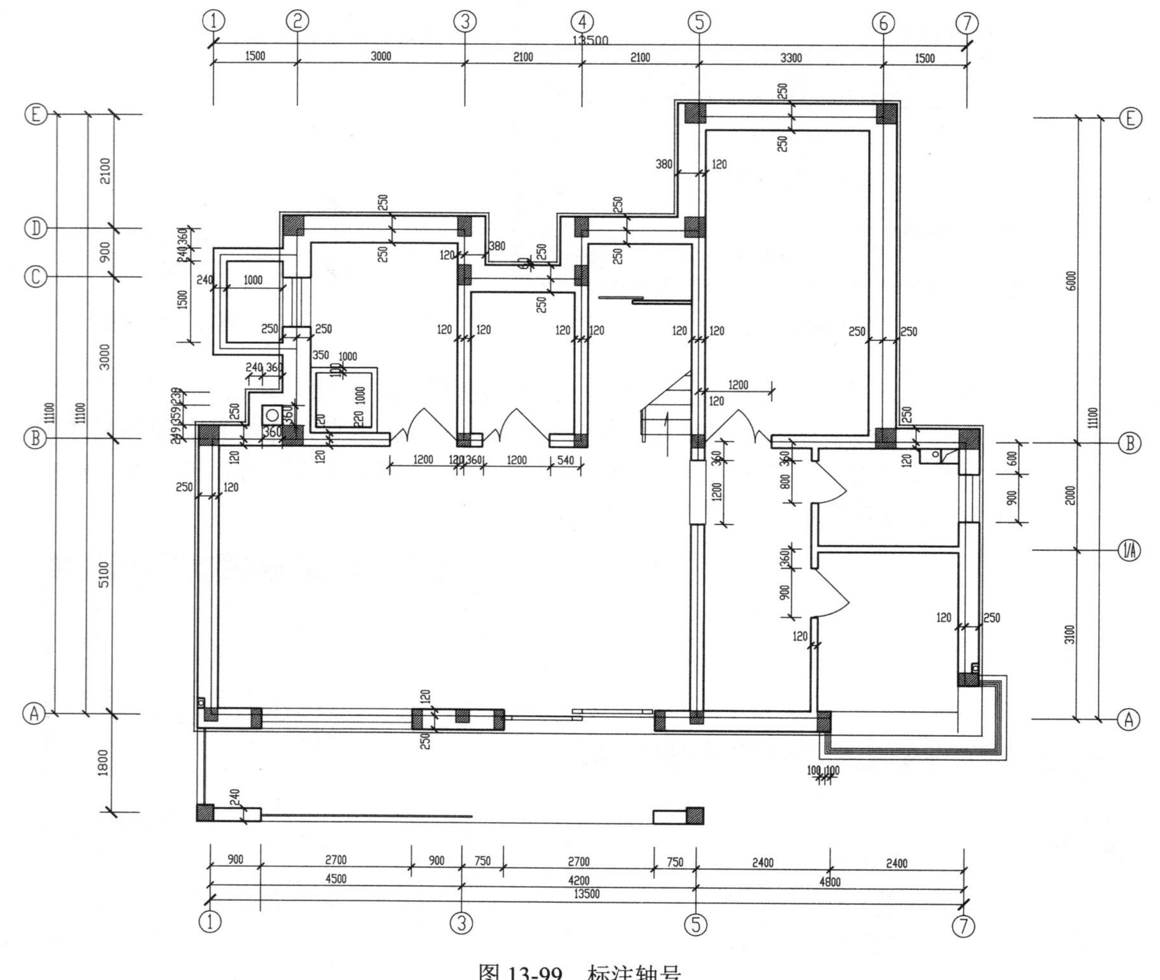

图 13-99　标注轴号

13.1.10　绘制标高

标高需要首先利用“直线”“镜像”“多行文字”命令进行绘制，再利用“移动”命令将标高移动到平面图中合适的位置。

【操作步骤】

（1）单击“默认”选项卡“绘图”面板中的“直线”按钮，在图形空白区域绘制一条长度为500的水平直线，如图13-100所示。

图13-100 绘制水平直线

（2）单击“默认”选项卡“绘图”面板中的“直线”按钮，以上步绘制的水平直线左端点为起点绘制一条斜向直线，如图13-101所示。

（3）单击“默认”选项卡“修改”面板中的“镜像”按钮，选择上步绘制的斜向直线为镜像对象，对其进行竖直镜像，如图13-102所示。

（4）单击“默认”选项卡“注释”面板中的“多行文字”按钮**A**，在上步图形上方添加文字，如图13-103所示。

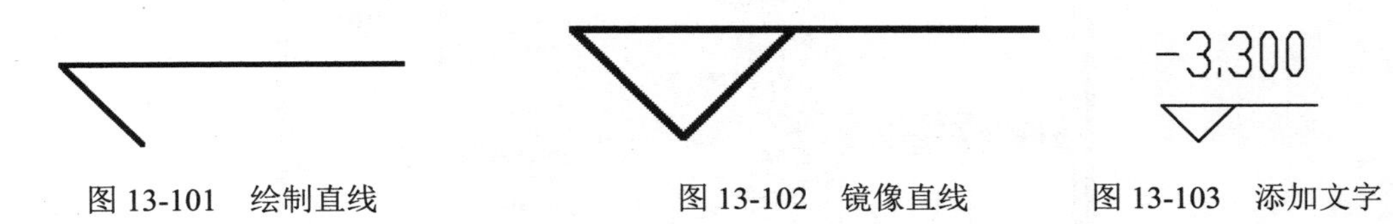

图13-101 绘制直线　　图13-102 镜像直线　　图13-103 添加文字

（5）单击“默认”选项卡“修改”面板中的“移动”按钮，选择上步绘制的标高图形为移动对象将其放置到图形适当位置，如图13-104所示。

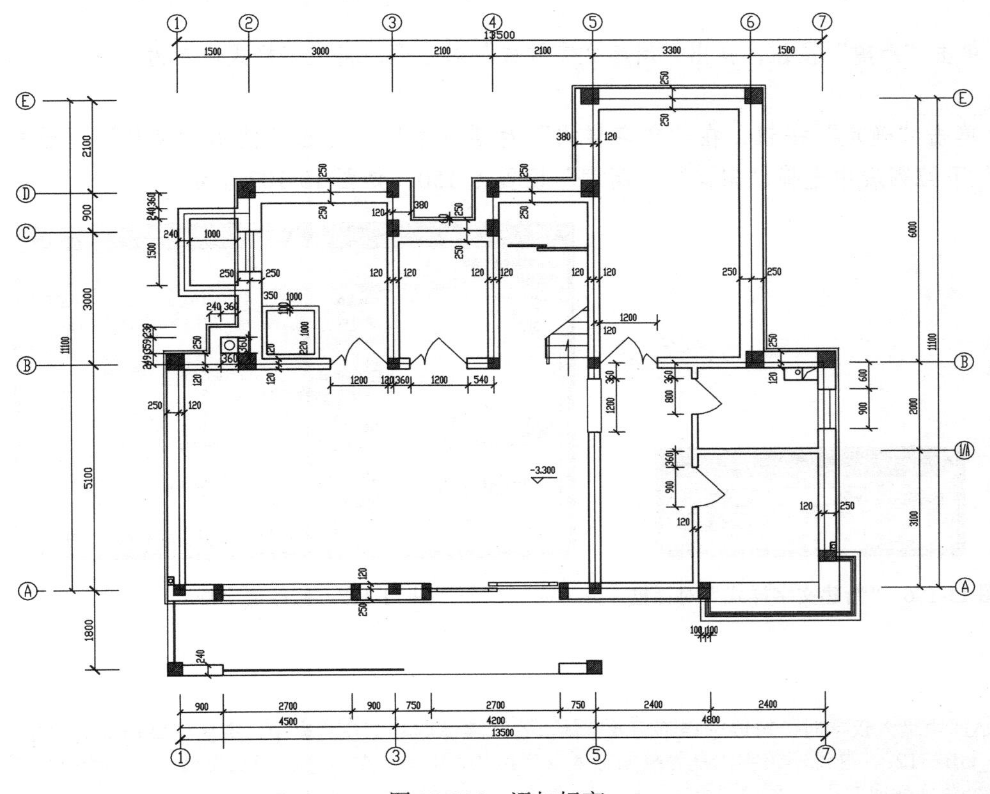

图13-104 添加标高

13.1.11 文字标注

对别墅地下室平面图进行文字标注，需要先设置文字样式，再利用“多行文字”和“复制”命令进行尺寸标注。

【操作步骤】

（1）选择菜单栏中的“格式”→“文字样式”命令，弹出“文字样式”对话框，如图 13-105 所示。

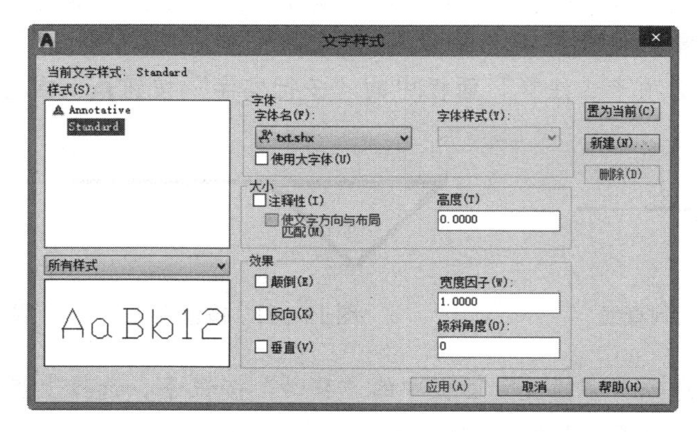

图 13-105 “文字样式”对话框

（2）单击“新建”按钮，弹出“新建文字样式”对话框，将文字样式命名为“说明”，如图 13-106 所示。

（3）单击“确定”按钮，在“文字样式”对话框中取消勾选“使用大字体”复选框，然后在“字体名”下拉列表中选择“宋体”，“高度”设置为 150，如图 13-107 所示。

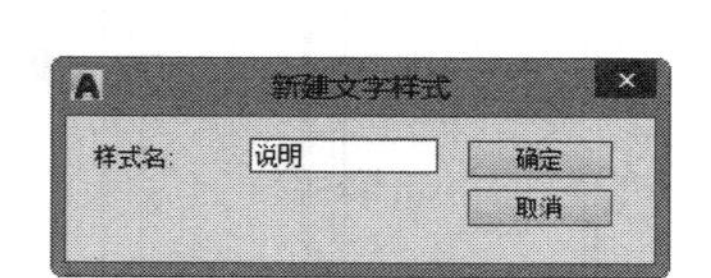

图 13-106 “新建文字样式”对话框

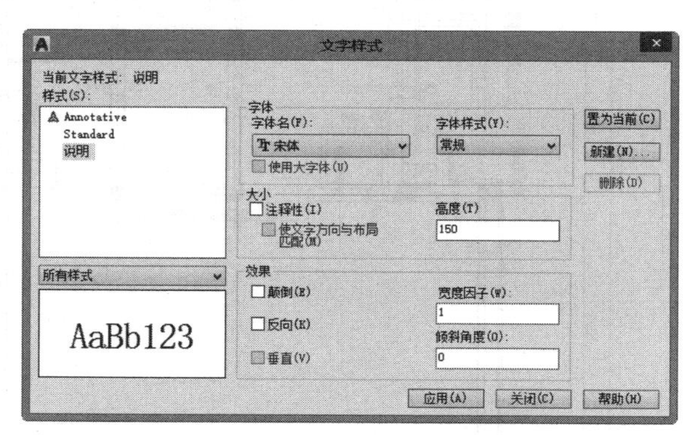

图 13-107 修改文字样式

注意

在 CAD 中输入汉字时，可以选择不同的字体。在“字体名”下拉列表中，有些字体前面有“@”标记，如“@ 仿宋 _GB2312”，这说明该字体是为横向输入汉字用的，即输入的汉字逆时针旋转 90°。如果要输入正向的汉字，则不能选择前面带“@”标记的字体。

（4）将“文字”图层设为当前层。单击“默认”选项卡“绘图”面板中的“多行文字”按钮A和“修改”面板中的“复制”按钮，完成文字的标注，如图 13-108 所示。

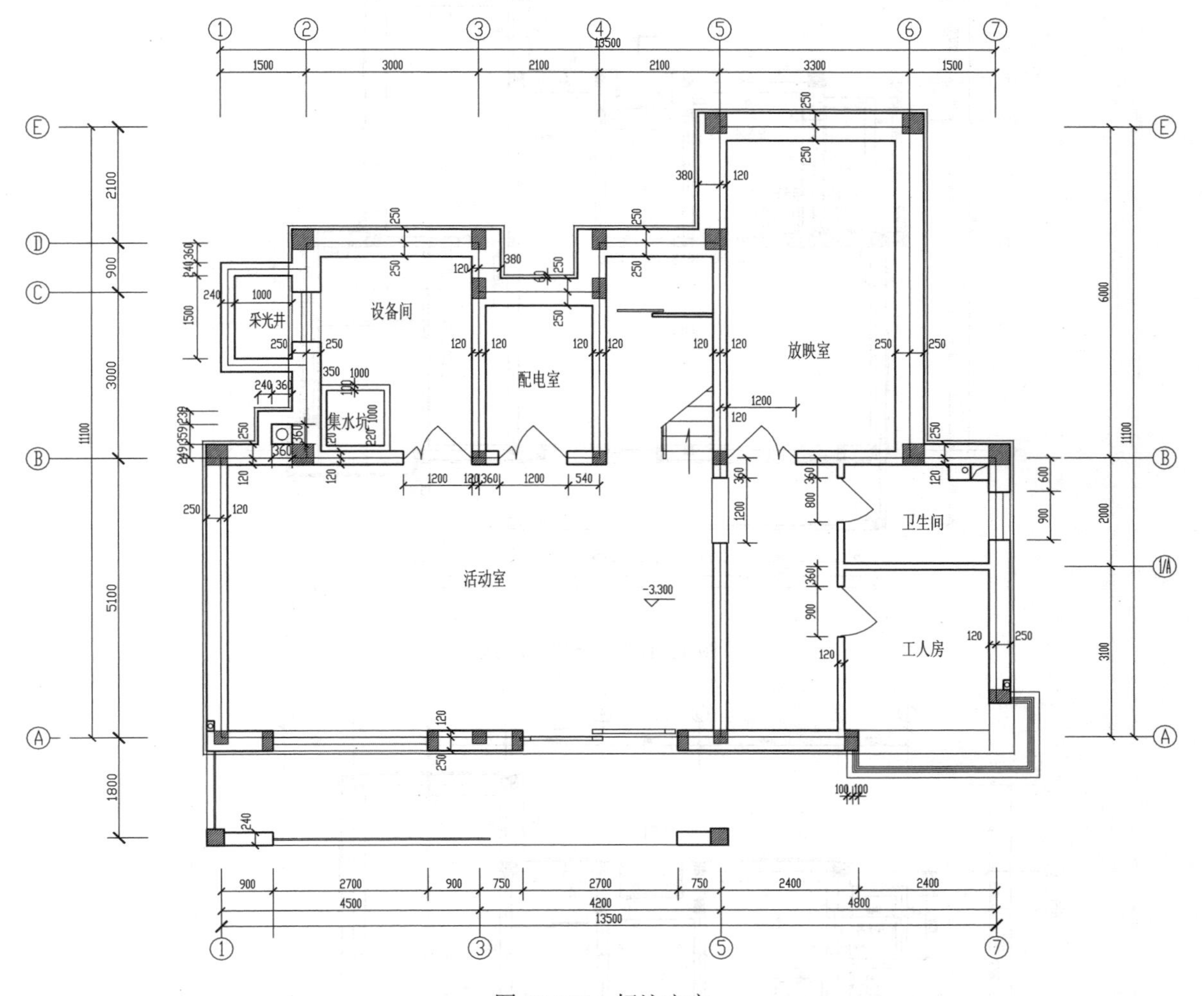

图 13-108　标注文字

13.1.12　绘制剖切号和添加注释说明

剖切符号需要利用“多段线”“多行文字”“镜像”命令来绘制，且要注意剖切符号的位置。最后利用“多行文字”命令添加注释说明。

【操作步骤】

（1）单击“默认”选项卡“绘图”面板中的“多段线”按钮，指定起点宽度为 50、端点宽度为 50，在图形适当位置绘制连续多段线，如图 13-109 所示。

（2）单击“默认”选项卡“绘图”面板中的“多行文字”按钮A，在上步图形左侧添加文字说明，如图 13-110 所示。

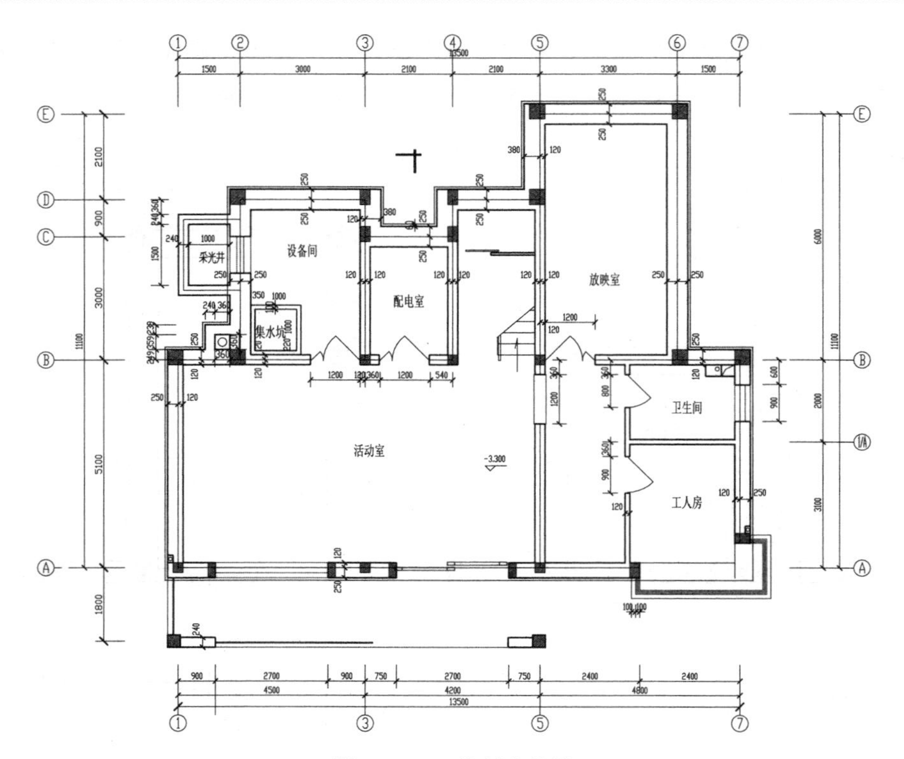

图 13-109　绘制多段线

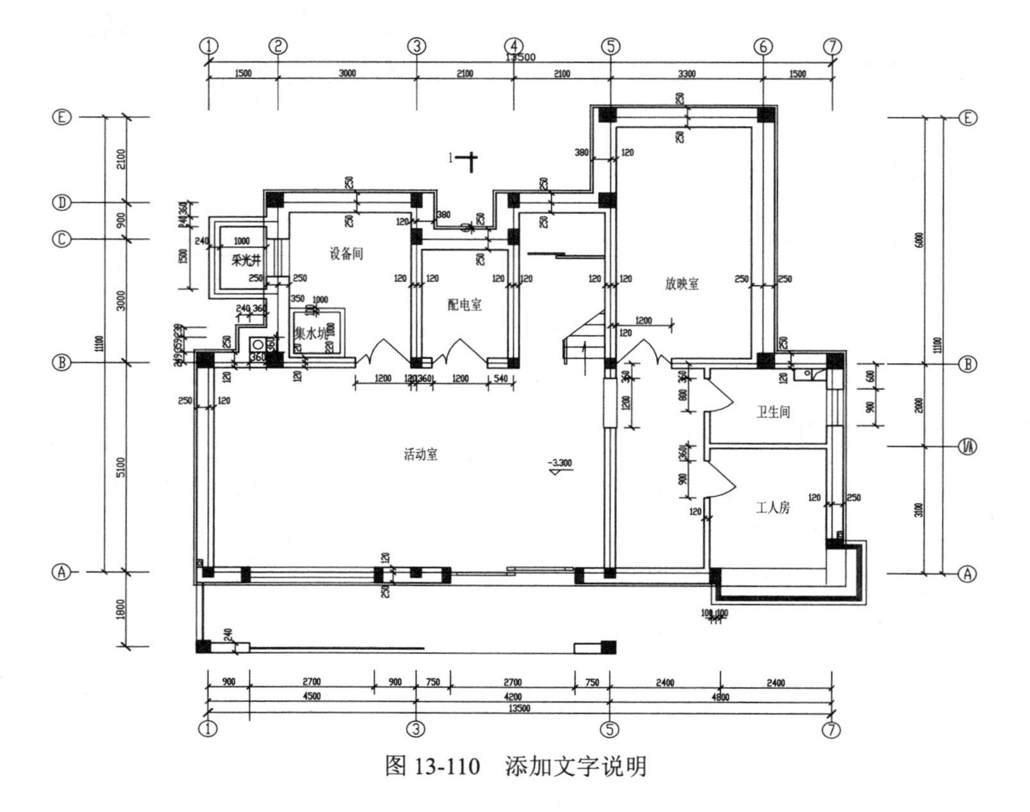

图 13-110　添加文字说明

（3）单击“默认”选项卡“修改”面板中的“镜像”按钮，选择上步图形为镜像对象对其进行水平镜像，如图 13-111 所示。

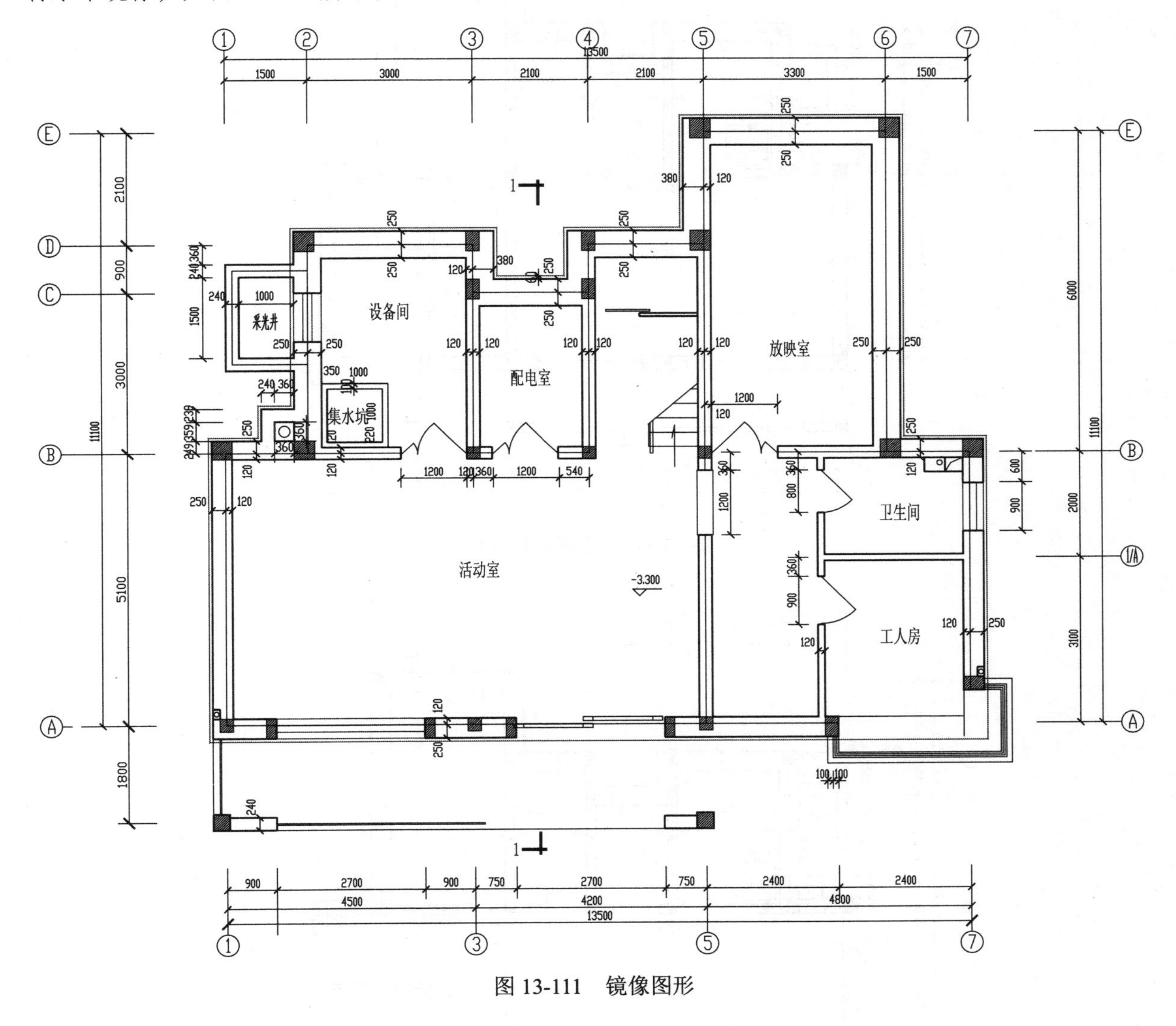

图 13-111 镜像图形

利用上述方法完成剩余剖切符号的绘制，如图 13-112 所示。

利用上述方法最终完成地下室平面图的绘制，如图 13-113 所示。

（4）单击“默认”选项卡“绘图”面板中的“多行文字”按钮**A**，为图形添加注释说明，如图 13-114 所示。

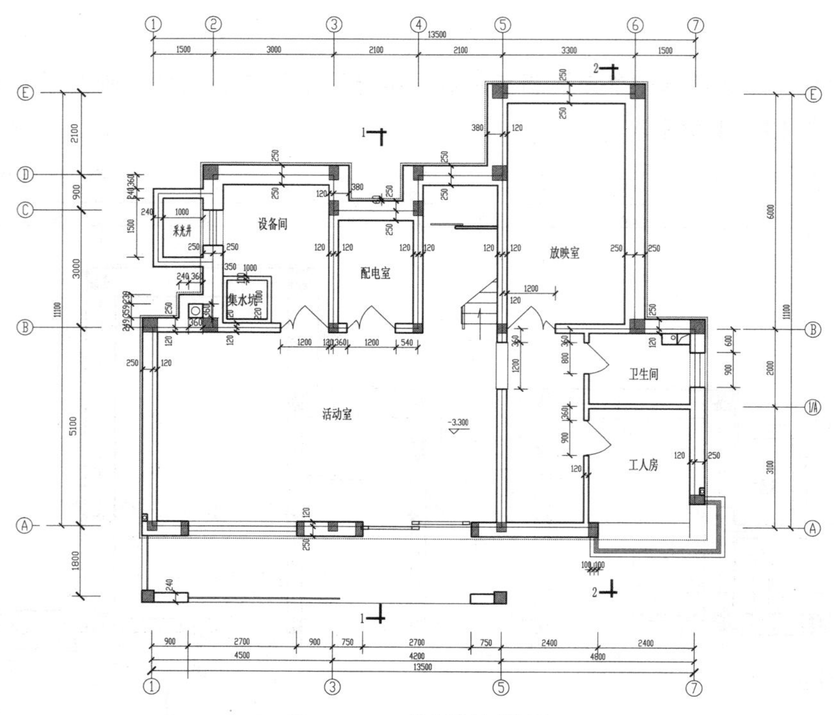

图 13-112　绘制剖切符号

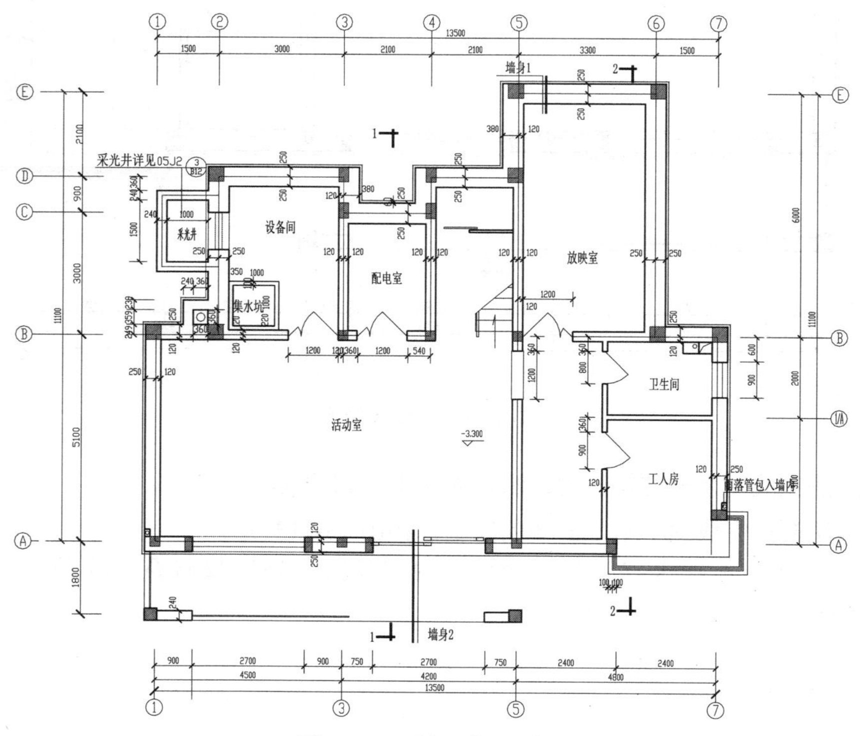

图 13-113　地下室平面图

13.1.13 插入图框

利用“插入块”命令，将图框插入到别墅地下室平面图中合适的地方，然后利用“直线”和“多行文字”命令添加总图名称。

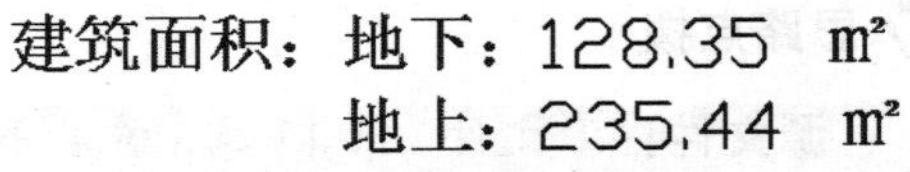

建筑面积：地下：128.35 m²

地上：235.44 m²

图 13-114 添加注释说明

【操作步骤】

（1）单击“插入”选项卡“块”面板中的“插入块”按钮，弹出“插入”对话框，如图 13-115 所示。单击“浏览”按钮，弹出“选择图形文件”对话框，选择“源文件 / 图块 /A2 图框”图块，将其放置到图形适当位置。

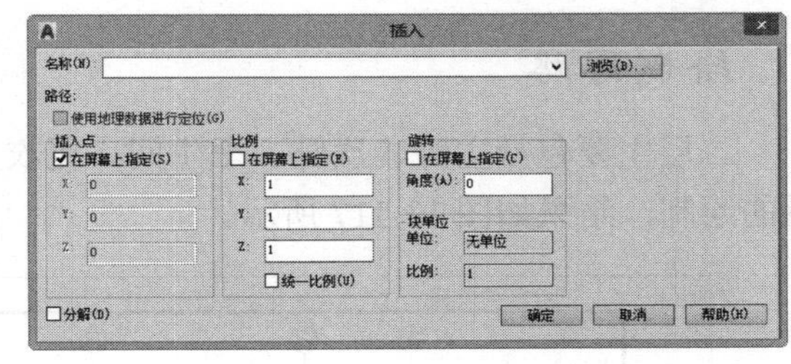

图 13-115 “插入”对话框

（2）单击“默认”选项卡“绘图”面板中的“直线”按钮和“注释”面板中的“多行文字”按钮，为图形添加总图名称，最终完成地下室平面图的绘制，如图 13-1 所示。

练一练——绘制首层平面图

绘制如图 13-116 所示的首层平面图。

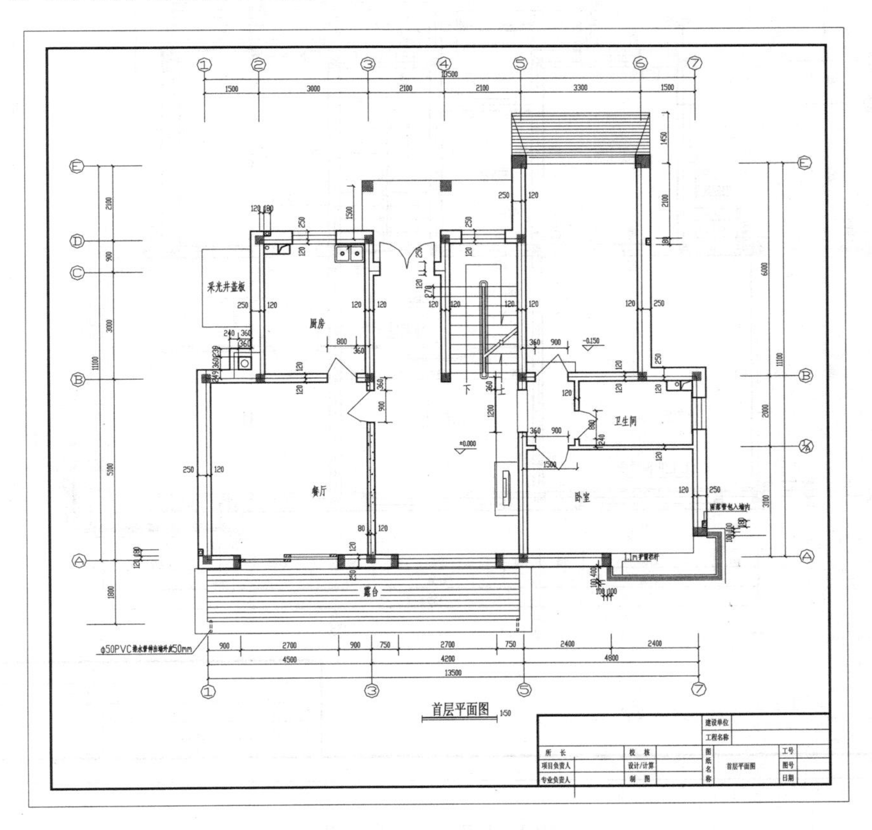

图 13-116 首层平面图

思路点拨

源文件： 源文件 \ 第 13 章 \ 首层平面图 .dwg

首层平面图是在地下层平面图的基础上发展而来的，所以可以通过修改地下室的平面图获得首层建筑平面图。首层的布局与地下室只有细微差别，可对某些不同之处用文字标明。

13.2 二层平面图

绘制思路

二层主要包括主卧、次卧、卫生间、更衣室、书房、过道、露台，利用上述方法完成二层平面图的绘制，结果如图 13-117 所示。

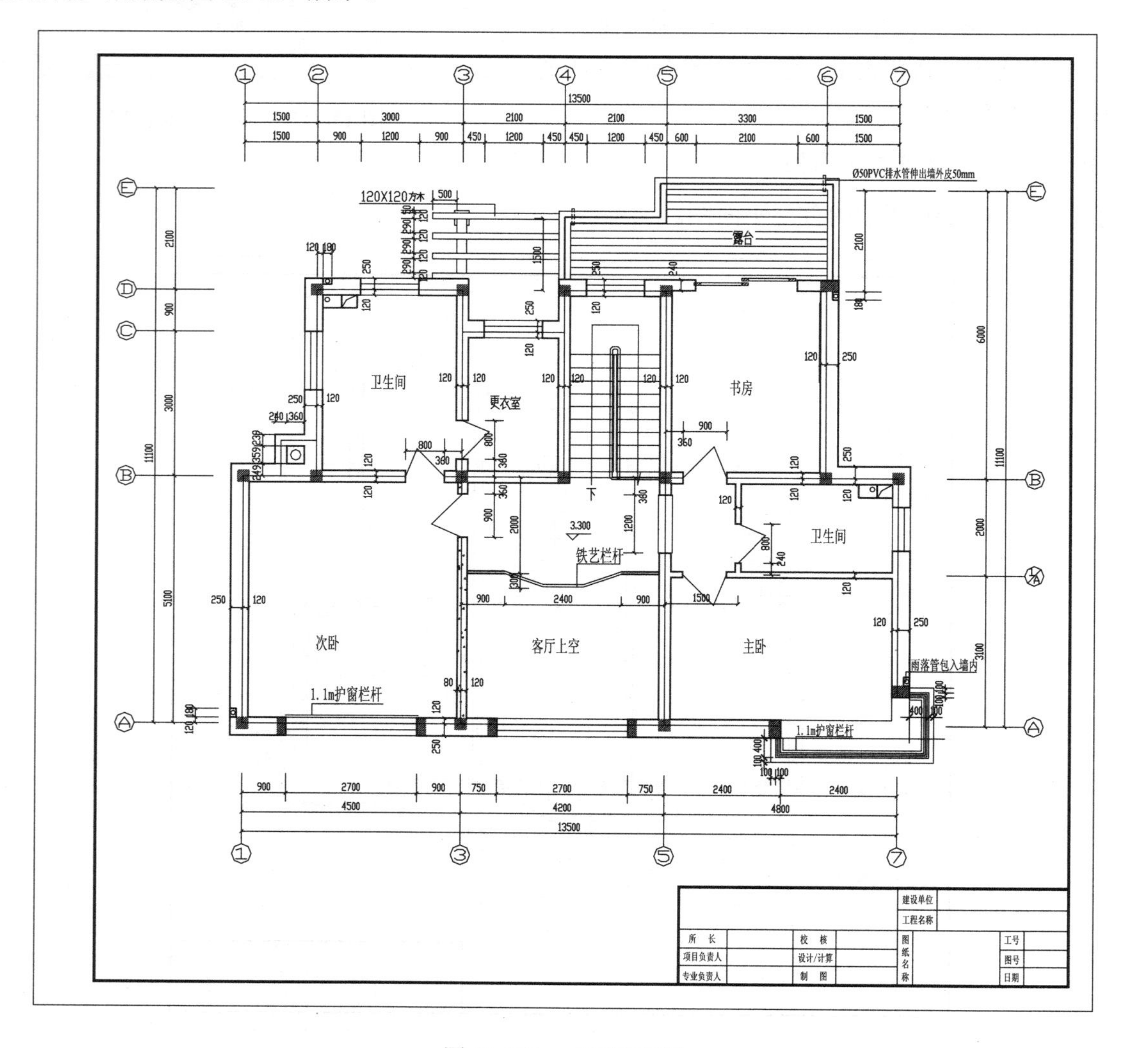

图 13-117　二层平面图

第 14 章　别墅建筑结构平面图

内容简介

本章将以别墅结构平面图为例，详细讲述建筑结构平面图的绘制过程。在讲述过程中，将逐步带领读者完成顶板结构平面图、首层结构平面图、屋顶结构平面图和基础平面图的绘制，并讲述关于住宅建筑结构平面图设计的相关知识和技巧。本章内容包括住宅建筑结构平面图绘制，尺寸文字标注等。

内容要点

- 地下室顶板结构平面布置图
- 屋顶结构平面布置图

案例效果

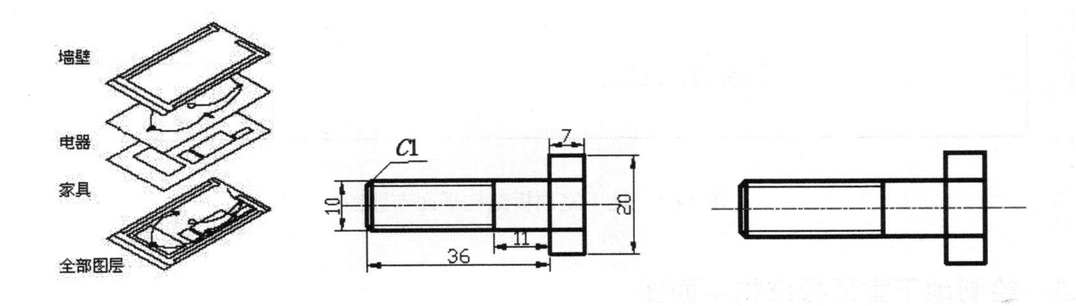

14.1　地下室顶板结构平面布置图

绘制思路

地下室顶板结构平面布置图主要表达地下室顶板浇筑厚度、配筋布置和过梁、圈梁结构等具体结构信息。就本案例而言，由于该别墅属于普通低层建筑，对结构没有什么特殊要求，按一般规范设计就可以达到要求。本节主要讲述地下室顶板结构平面布置图的绘制过程，如图 14-1 所示。

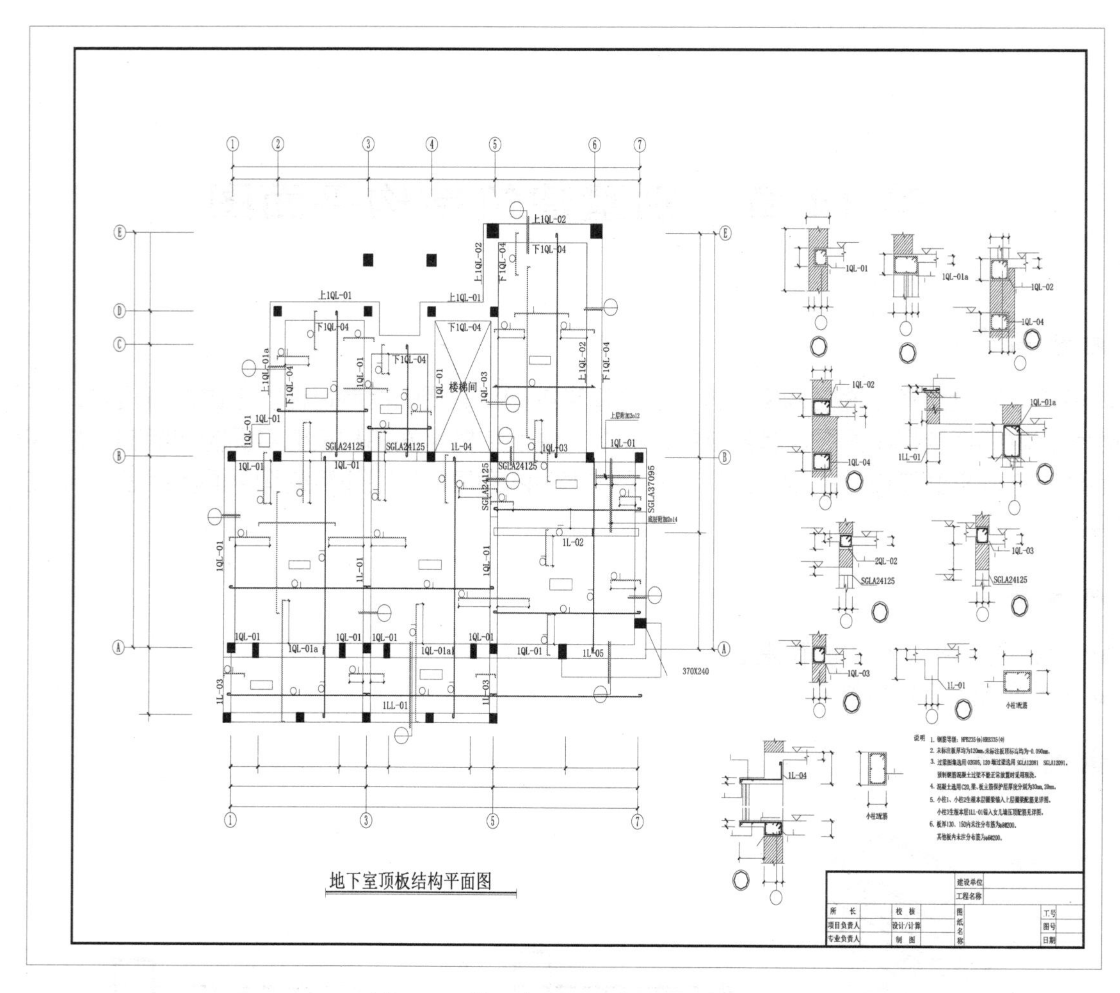

图 14-1　地下室顶板结构平面布置图

扫一扫，看视频

14.1.1　绘制地下室顶板结构平面图

地下室顶板结构平面图是地下室顶板结构平面布置图的主要组成部分，结构比较复杂，涉及的绘图命令较多，绘制起来难度较大。先利用绘图命令，完整地将平面图绘制出，然后对平面图进行标注。

【操作步骤】

1. 绘制地下室顶板结构图

（1）单击“默认”选项卡“绘图”面板中的“矩形”按钮，指定起点宽度为 45、端点宽度为 45，在图形空白位置绘制一个 480×480 的矩形，如图 14-2 所示。

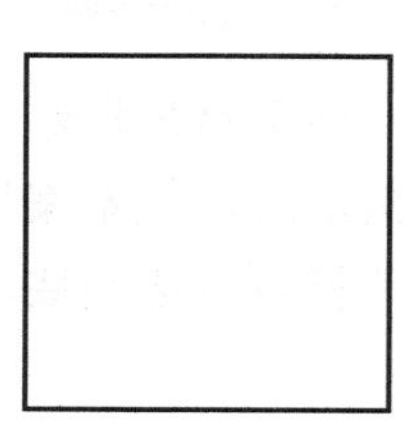

图 14-2　绘制矩形

（2）单击“默认”选项卡“绘图”面板中的“图案填充”按钮，打开“图案填充创建”选项卡，如图 14-3 所示。

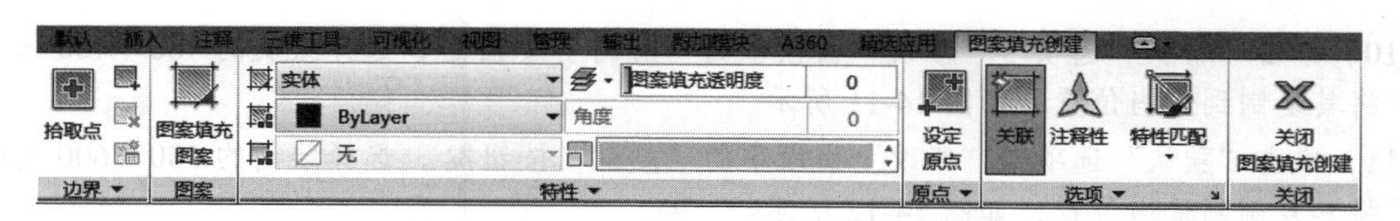

图 14-3 “图案填充创建”选项卡

（3）单击“图案”面板中的“图案填充图案”按钮，系统打开“填充图案”选项板，选择如图 14-4 所示的图案类型。

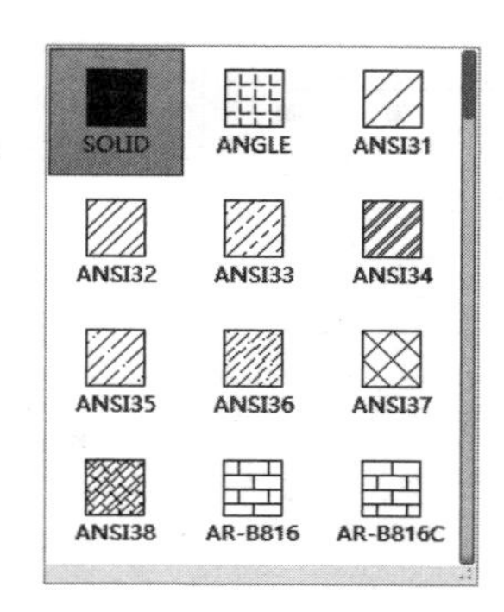

图 14-4 “填充图案”选项板

（4）单击“图案填充创建”选项卡“边界”面板中的“添加：拾取点”按钮，在绘图区选择矩形为填充区域，单击“关闭图案填充创建”按钮完成填充，效果如图 14-5 所示。

（5）利用上述方法完成图形中 360×740 的柱的绘制，如图 14-6 所示。

（6）利用上述方法完成图形中 480×480 的柱的绘制，如图 14-7 所示。

图 14-5 填充矩形

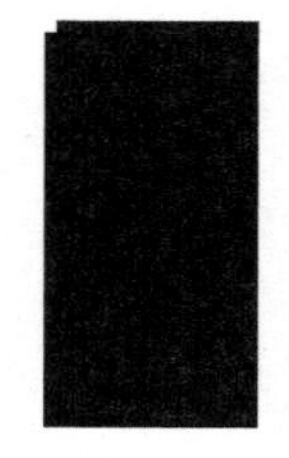

图 14-6 360×740 的柱

图 14-7 480×480 的柱

（7）利用上述方法完成图形中 740×740 的柱的绘制，如图 14-8 所示。

（8）利用上述方法完成图形中 480×740 的柱的绘制，如图 14-9 所示。

（9）利用上述方法完成图形中 600×600 的柱的绘制，如图 14-10 所示。

图 14-8 740×740 的柱

图 14-9 480×740 的柱

图 14-10 600×600 的柱

（10）单击“默认”选项卡“修改”面板中的“复制”按钮，选择绘制的 480×480 的矩形为对象，将其复制到适当位置，如图 14-11 所示。

（11）单击“默认”选项卡“修改”面板中的“复制”按钮，选择绘制的 600×600 的矩形为对象，将其复制到适当位置，如图 14-12 所示。

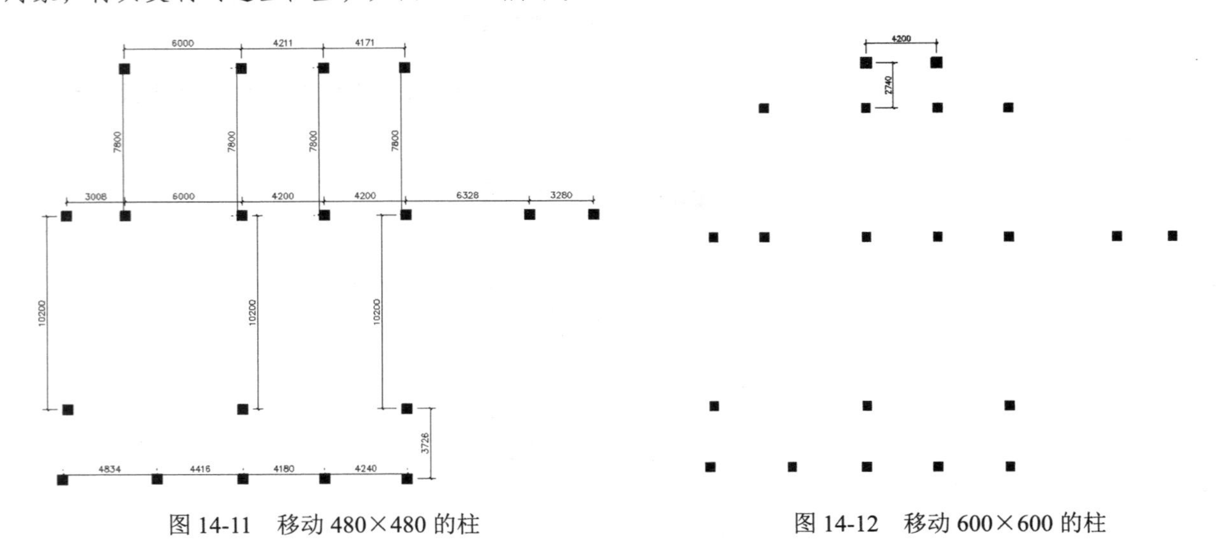

图 14-11　移动 480×480 的柱

图 14-12　移动 600×600 的柱

（12）单击“默认”选项卡“修改”面板中的“复制”按钮，选择绘制的 740×740 的矩形为移动对象，将其放置到适当位置，如图 14-13 所示。

（13）利用上述方法完成图形中剩余构造柱的添加，如图 14-14 所示。

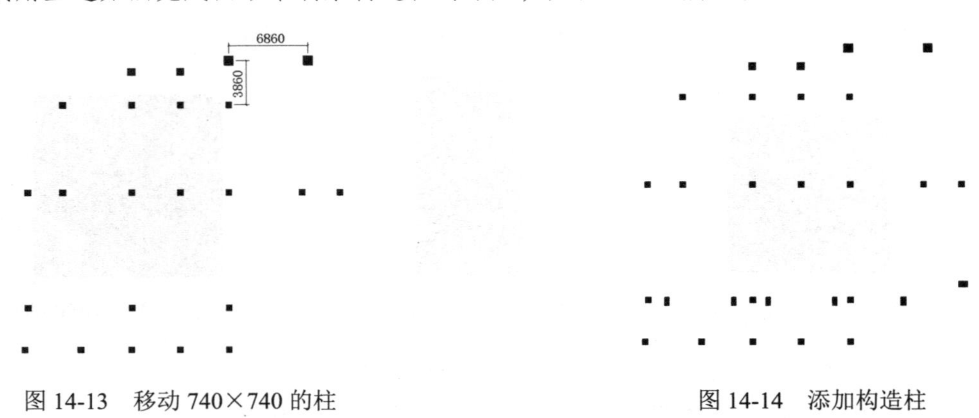

图 14-13　移动 740×740 的柱

图 14-14　添加构造柱

（14）单击“默认”选项卡“绘图”面板中的“矩形”按钮，在图形空白区域任选一点为矩形起点，绘制一个 1444×545 的矩形，如图 14-15 所示。

（15）单击“默认”选项卡“绘图”面板中的“矩形”按钮，完成剩余 1408×449、1393×429、1481×493、1481×592、1452×468、1465×530、1393×434、1384×446 矩形的绘制，如图 14-16 所示。

（16）单击“默认”选项卡“修改”面板中的“复制”按钮，选择上步绘制矩形为移动对象，将其放置到适当位置，如图 14-16 所示。

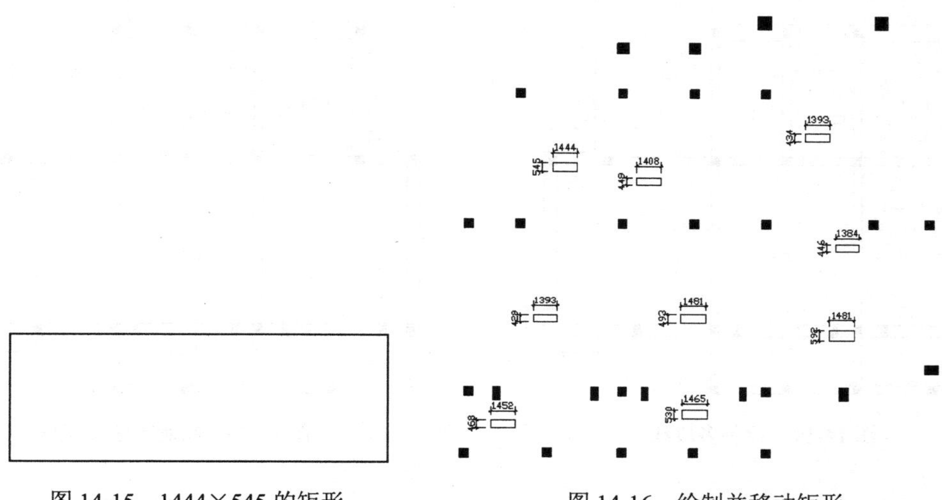

图 14-15　1444×545 的矩形　　　　图 14-16　绘制并移动矩形

（17）单击“默认”选项卡“绘图”面板中的“直线”按钮，在上步图形适当位置处绘制梁，如图 14-17 所示。

（18）单击“默认”选项卡“绘图”面板中的“矩形”按钮，在图形适当位置绘制一个 9600×400 的矩形，如图 14-18 所示。

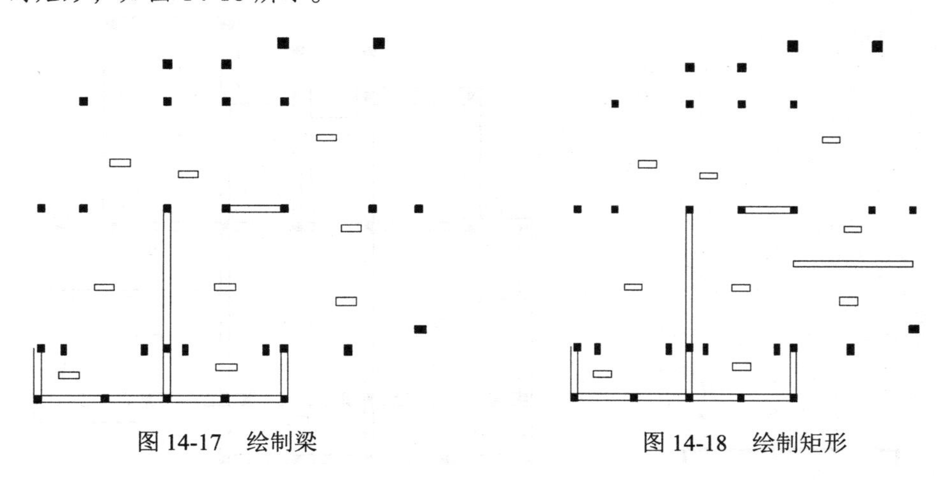

图 14-17　绘制梁　　　　图 14-18　绘制矩形

（19）单击“默认”选项卡“绘图”面板中的“多段线”按钮，指定起点宽度为 5、端点宽度为 5，绘制墙室线及柱间的墙虚线，并对虚线线型进行修改，如图 14-19 所示。

（20）单击“默认”选项卡“绘图”面板中的“直线”按钮，在楼梯间位置绘制十字交叉线，如图 14-20 所示。

（21）新建“支座钢筋”图层，并将“支座钢筋”图层置为当前图层，如图 14-21 所示。

（22）单击“默认”选项卡“绘图”面板中的“多段线”按钮，指定起点宽度为 45、端点宽度为 45，在图形适当位置绘制连续多段线，完成支座配筋的绘制，如图 14-22 所示。

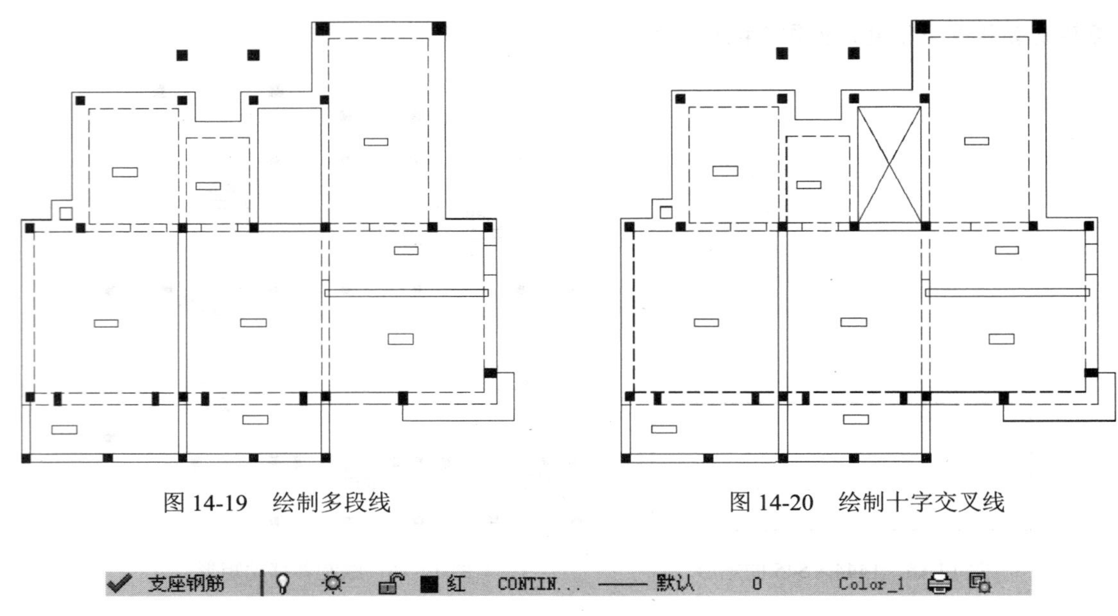

图 14-19　绘制多段线

图 14-20　绘制十字交叉线

图 14-21　支座钢筋图层

（23）单击“默认”选项卡“修改”面板中的“移动”按钮，选择上步绘制的连续多段线为移动对象，将其放置到适当位置，如图 14-23 所示。

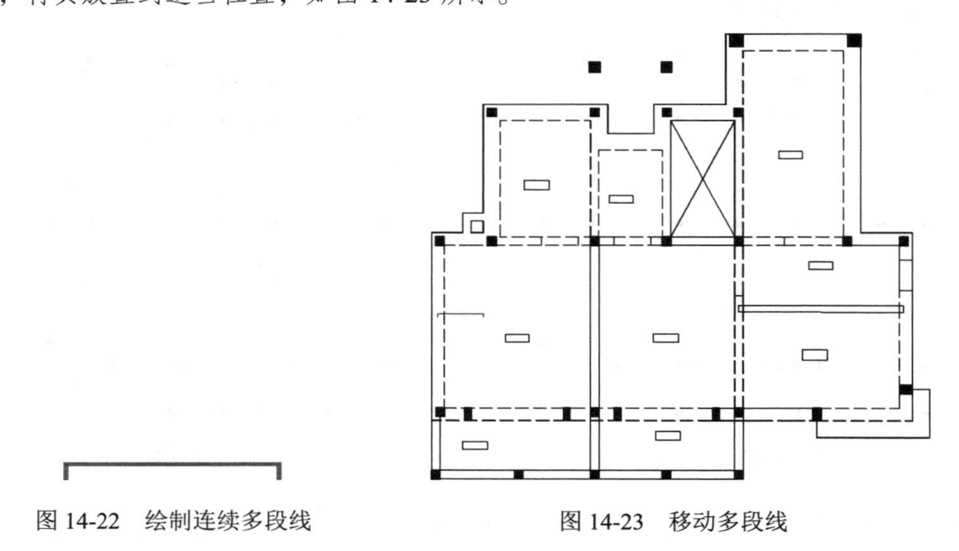

图 14-22　绘制连续多段线

图 14-23　移动多段线

（24）利用上述方法完成剩余支座配筋的绘制，如图 14-24 所示。

（25）新建“板底钢筋”图层，并将图层置为当前层。单击“默认”选项卡“绘图”面板中的“多段线”按钮，指定起点宽度为 45、端点宽度为 45，绘制连续多段线，完成板底钢筋的绘制，如图 14-25 所示。

（26）利用上述方法完成图形中剩余的板底钢筋的绘制，如图 14-26 所示。

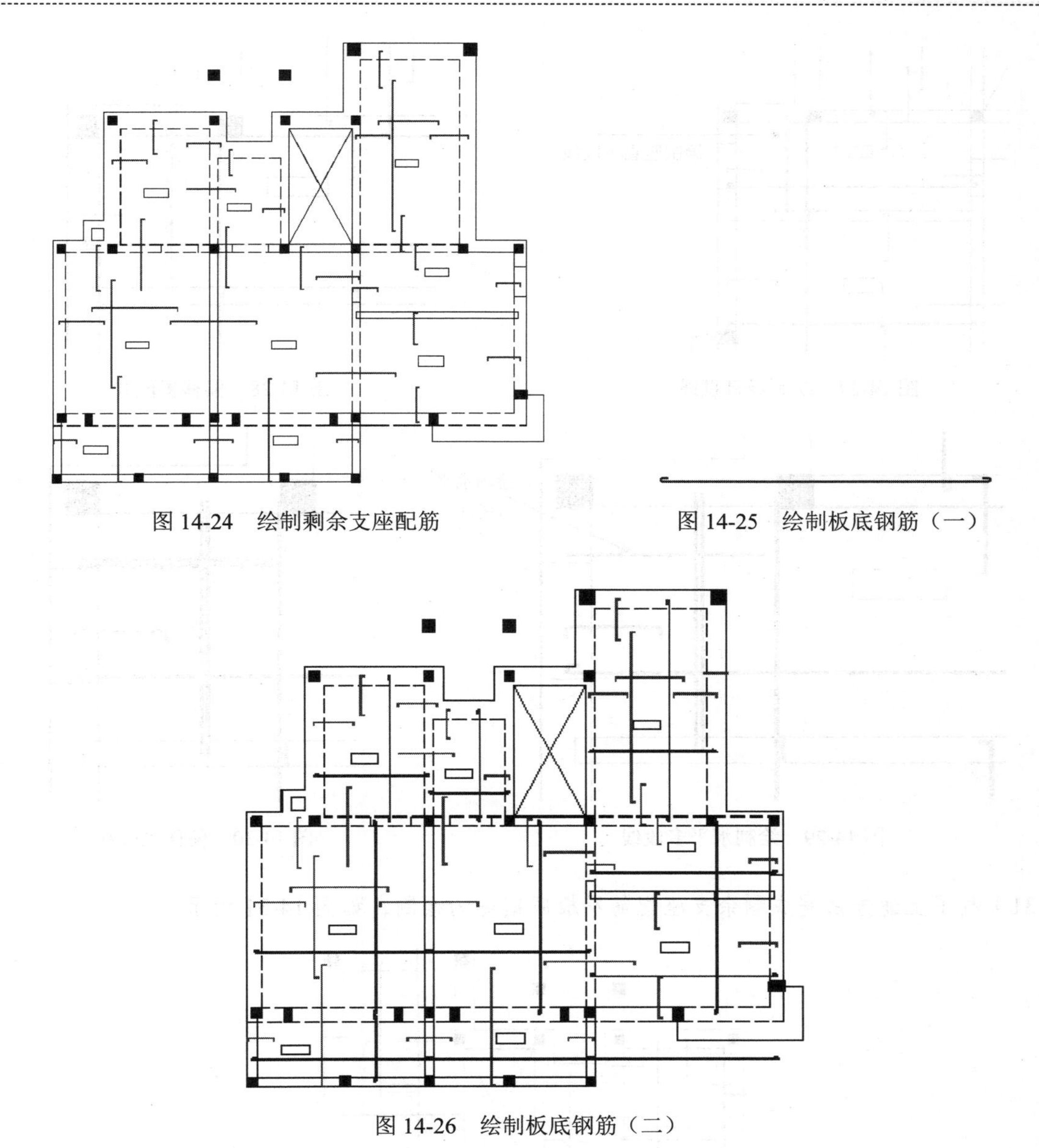

图 14-24　绘制剩余支座配筋

图 14-25　绘制板底钢筋（一）

图 14-26　绘制板底钢筋（二）

（27）单击“默认”选项卡“绘图”面板中的“多段线”按钮，指定起点宽度为 45、端点宽度为 45，绘制一条长度为 3965 的竖直直线，如图 14-27 所示。

（28）单击“默认”选项卡“修改”面板中的“偏移”按钮，选择上步绘制的竖直多段线为偏移对象，向右进行偏移，偏移距离为 98，如图 14-28 所示。

（29）单击“默认”选项卡“绘图”面板中的“多段线”按钮，在上步绘制的多段线上点选一点为起点，绘制一条长度为 2923 的水平多段线，如图 14-29 所示。

（30）单击“默认”选项卡“修改”面板中的“偏移”按钮，选择上步绘制的水平多段线为偏移对象，向下进行偏移，偏移距离为 98，完成支座配筋的绘制，如图 14-30 所示。

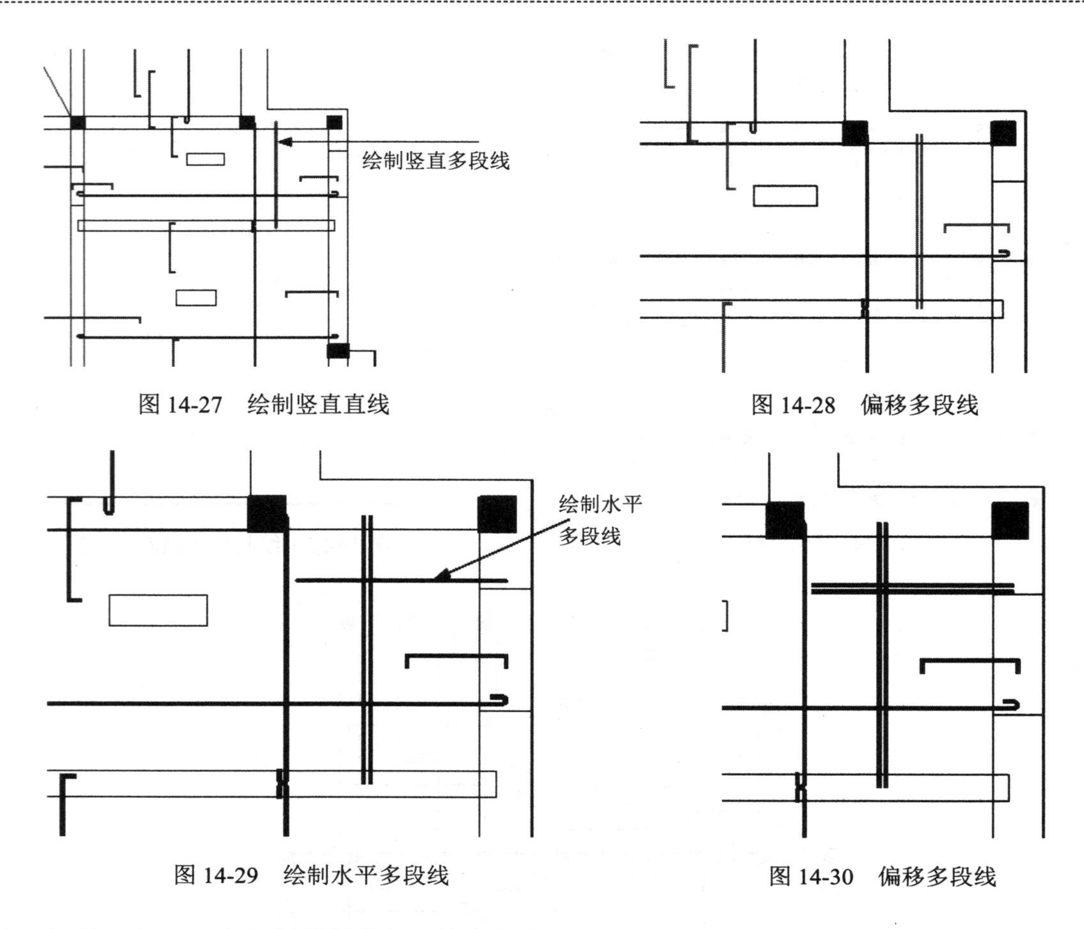

图 14-27　绘制竖直直线

图 14-28　偏移多段线

图 14-29　绘制水平多段线

图 14-30　偏移多段线

（31）利用上述方法完成剩余支座配筋及板底钢筋的绘制，如图 14-31 所示。

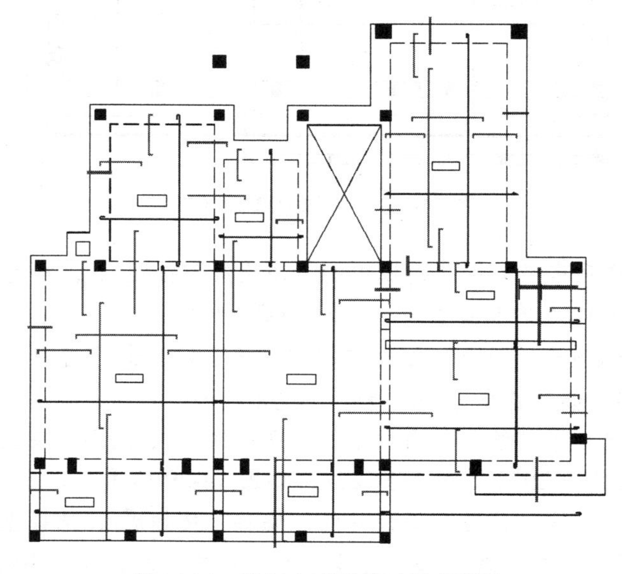

图 14-31　绘制支座配筋及板底钢筋

2. 尺寸标注

（1）设置标注样式。

① 新建“尺寸”图层，并将其置为当前层。选择菜单栏中的“标注”→“标注样式”命令，弹出“标注样式管理器”对话框，如图 14-32 所示。

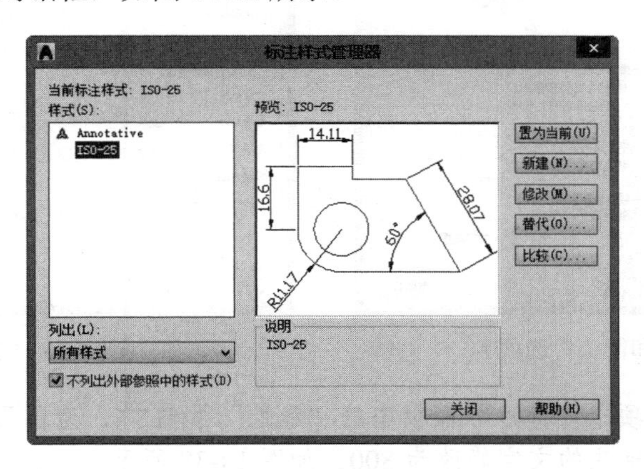

图 14-32 “标注样式管理器”对话框

② 单击“新建”按钮，弹出“创建新标注样式”对话框。在“新样式名”内输入“细部标注”，如图 14-33 所示。

③ 单击“继续”按钮，弹出“新建标注样式：细部标注”对话框。

④ 单击“线”选项卡，对话框显示如图 14-34 所示，按照图中的参数修改标注样式。

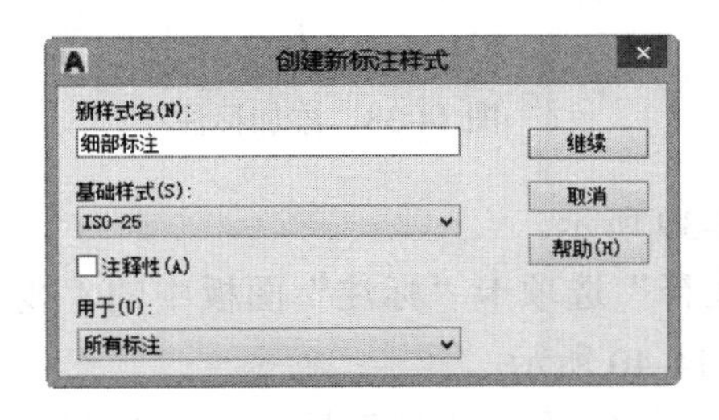

图 14-33 “创建新标注样式”对话框

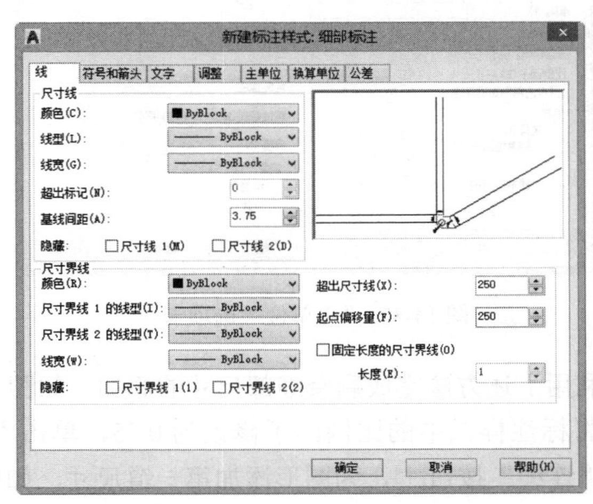

图 14-34 “线”选项卡

⑤ 单击“符号和箭头”选项卡，按照图 14-35 所示的设置进行修改，箭头样式选择为“建筑标记”，箭头大小修改为 100。

⑥ 在“文字”选项卡中设置“文字高度”为 300，如图 14-36 所示。在“主单位”选项卡中的设置如图 14-37 所示。

图 14-35 “符号和箭头”选项卡

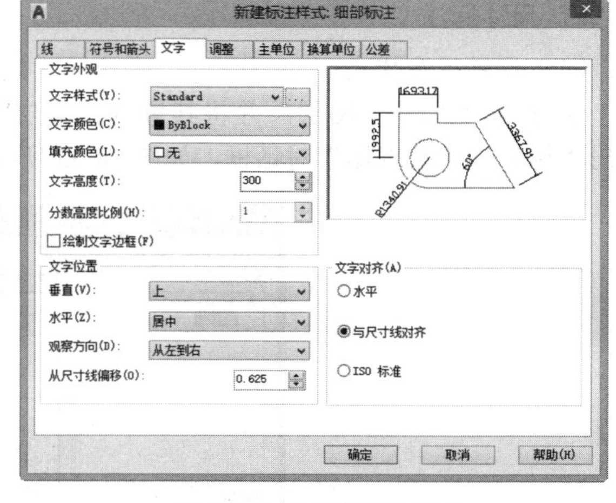

图 14-36 “文字”选项卡

（2）单击“注释”选项卡“标注”面板中的“线性”按钮，为图形添加细部支座钢筋标注，并利用 DDESIT 命令，将标注的文字修改为 800，如图 14-38 所示。

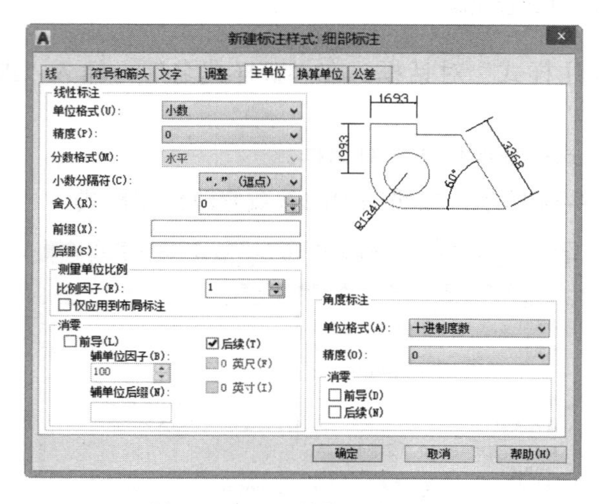

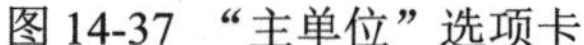

图 14-37 “主单位”选项卡

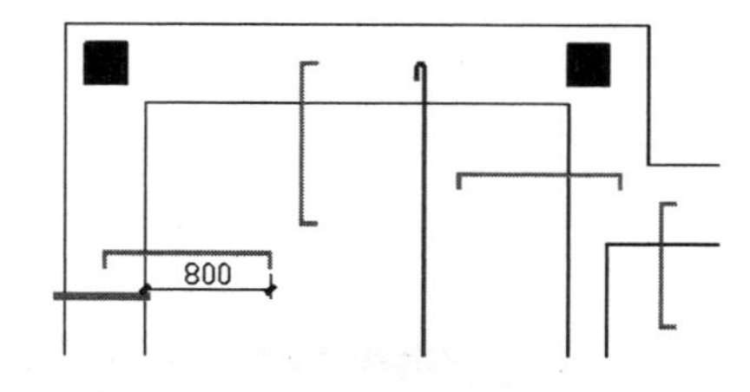

图 14-38 添加标注

① 利用上述方法完成剩余细部尺寸的添加，如图 14-39 所示。

② 将标注样式中的比例因子修改为 0.25，单击“注释”选项卡“标注”面板中的“线性”按钮和“连续”按钮，为图形添加第一道尺寸，如图 14-40 所示。

③ 单击“注释”选项卡“标注”面板中的“线性”按钮和“连续”按钮，为图形添加第二道尺寸，如图 14-41 所示。

④ 单击“注释”选项卡“标注”面板中的“线性”按钮，为图形添加总尺寸，如图 14-42 所示。

⑤ 利用前面讲述的方法完成轴号的添加，如图 14-43 所示。

⑥ 单击“默认”选项卡“注释”面板中的“多行文字”按钮**A**，为图形添加构件名称，如

图 14-44 所示。

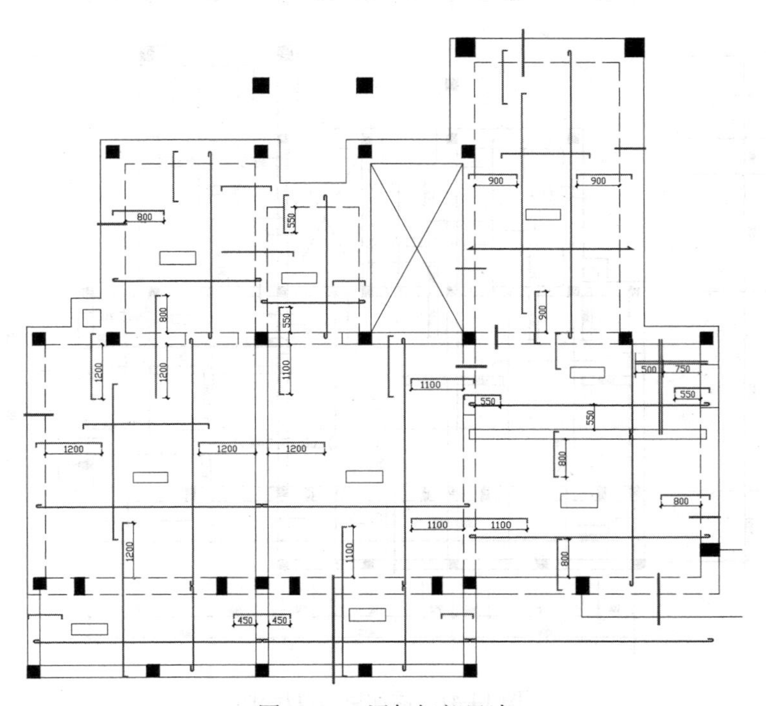

图 14-39　添加细部尺寸

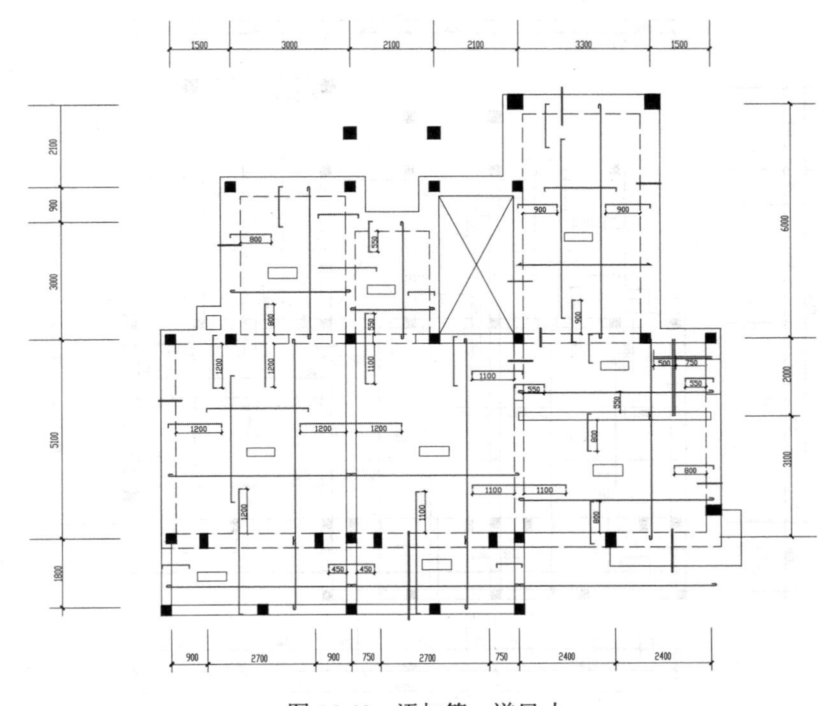

图 14-40　添加第一道尺寸

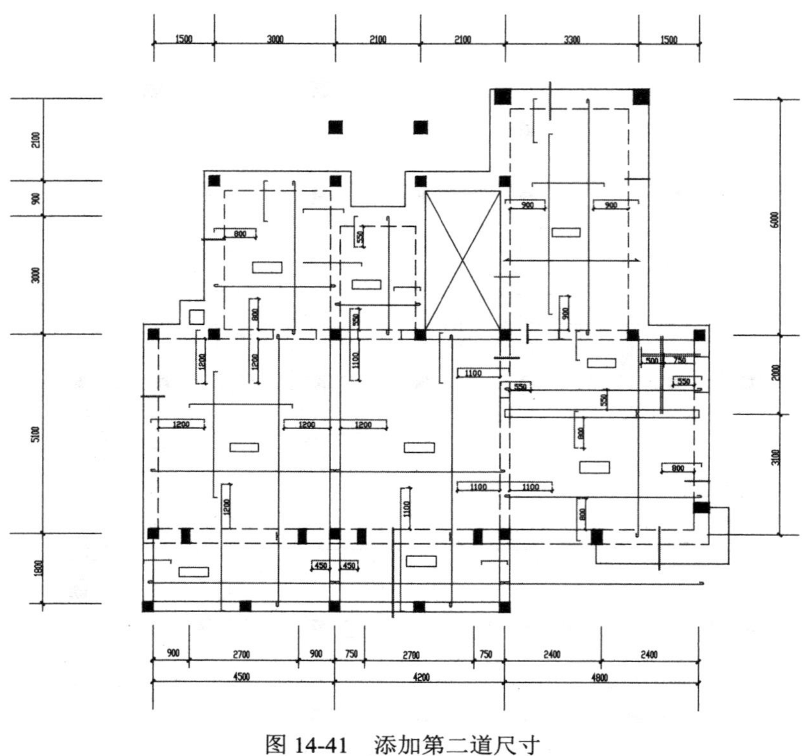

图 14-41　添加第二道尺寸

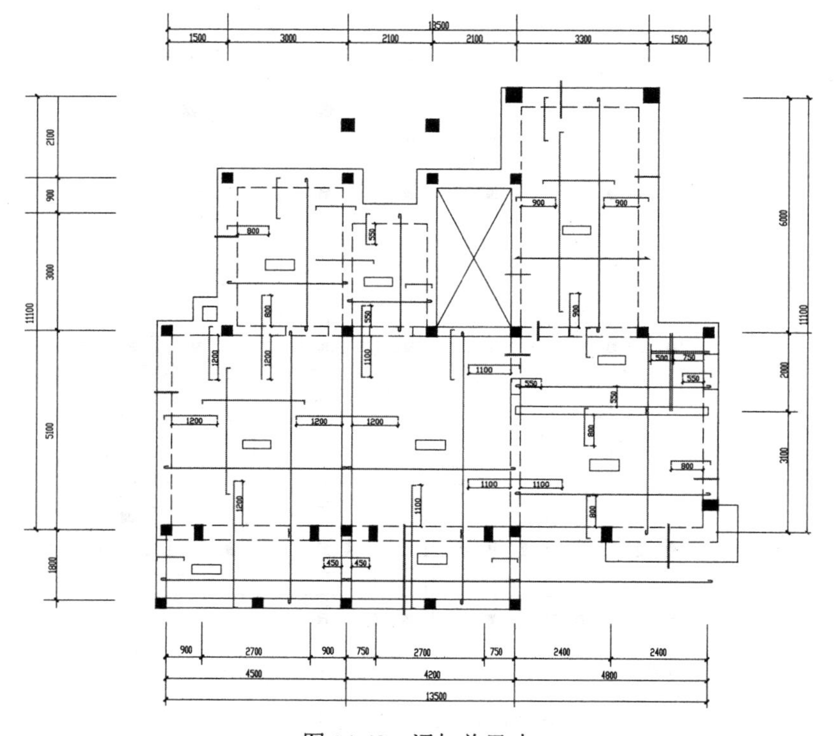

图 14-42　添加总尺寸

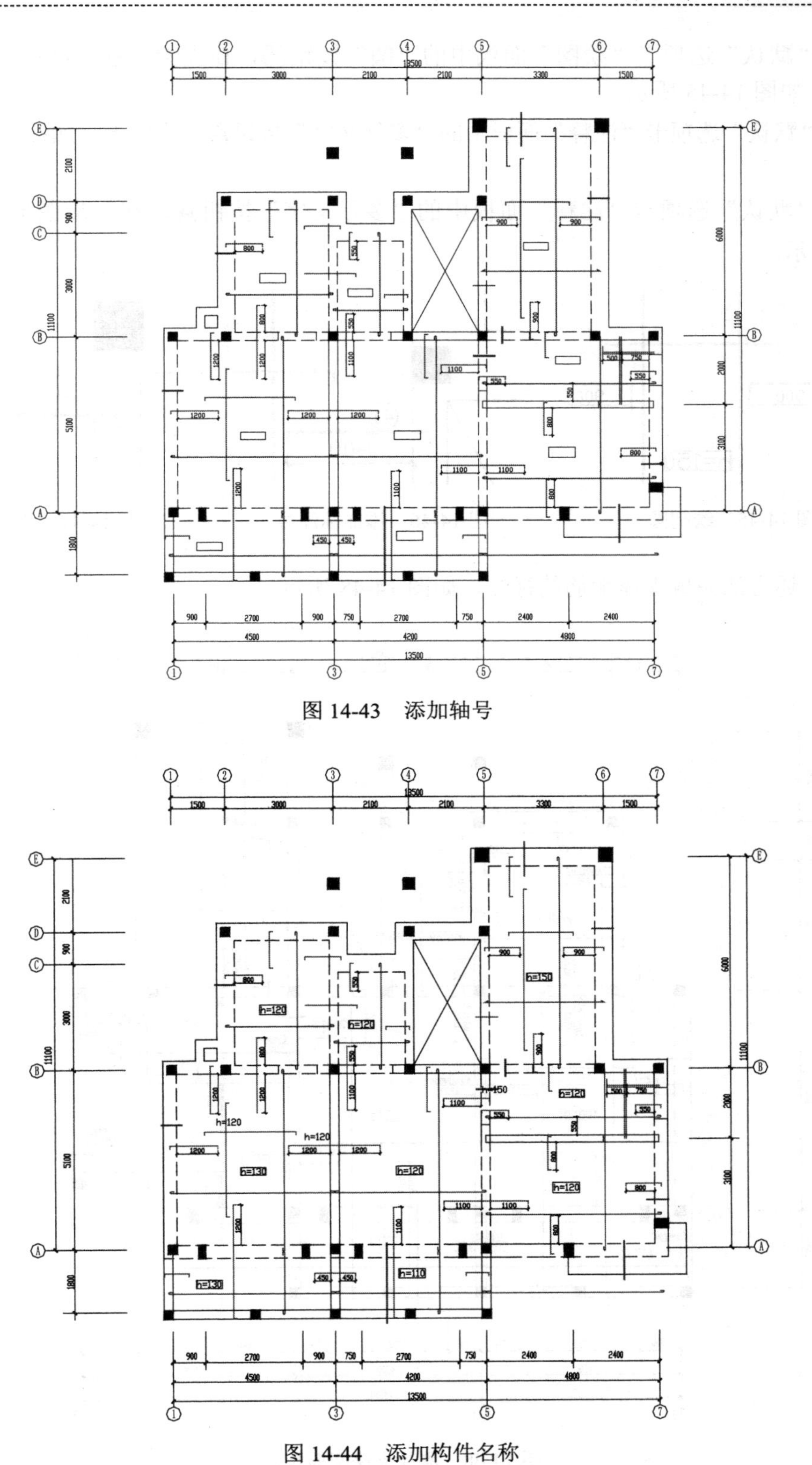

图 14-43　添加轴号

图 14-44　添加构件名称

⑦ 单击“默认”选项卡“绘图”面板中的“圆”按钮，在支架钢筋上部位置绘制一个半径为200的圆，如图14-45所示。

⑧ 单击“默认”选项卡“注释”面板中的“多行文字”按钮A，为图形添加标注号，如图14-46所示。

⑨ 单击“默认”选项卡“注释”面板中的“多行文字”按钮A，在上步图形右侧添加文字，如图14-47所示。

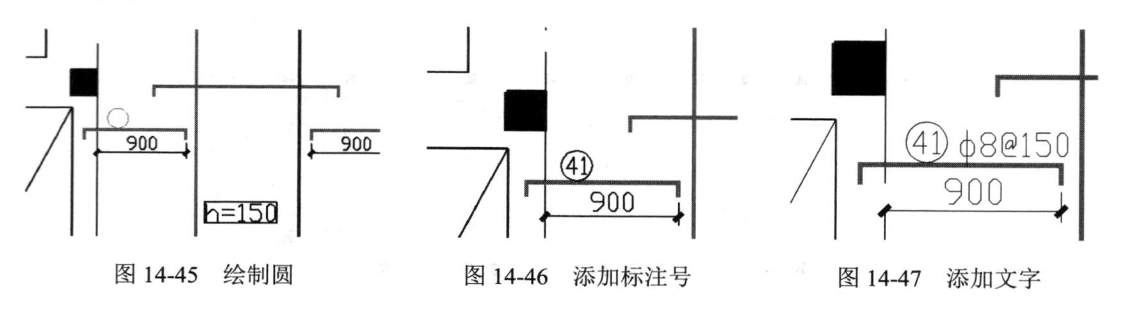

图14-45　绘制圆　　图14-46　添加标注号　　图14-47　添加文字

⑩ 利用上述方法完成支座配筋的标注，如图14-48所示。

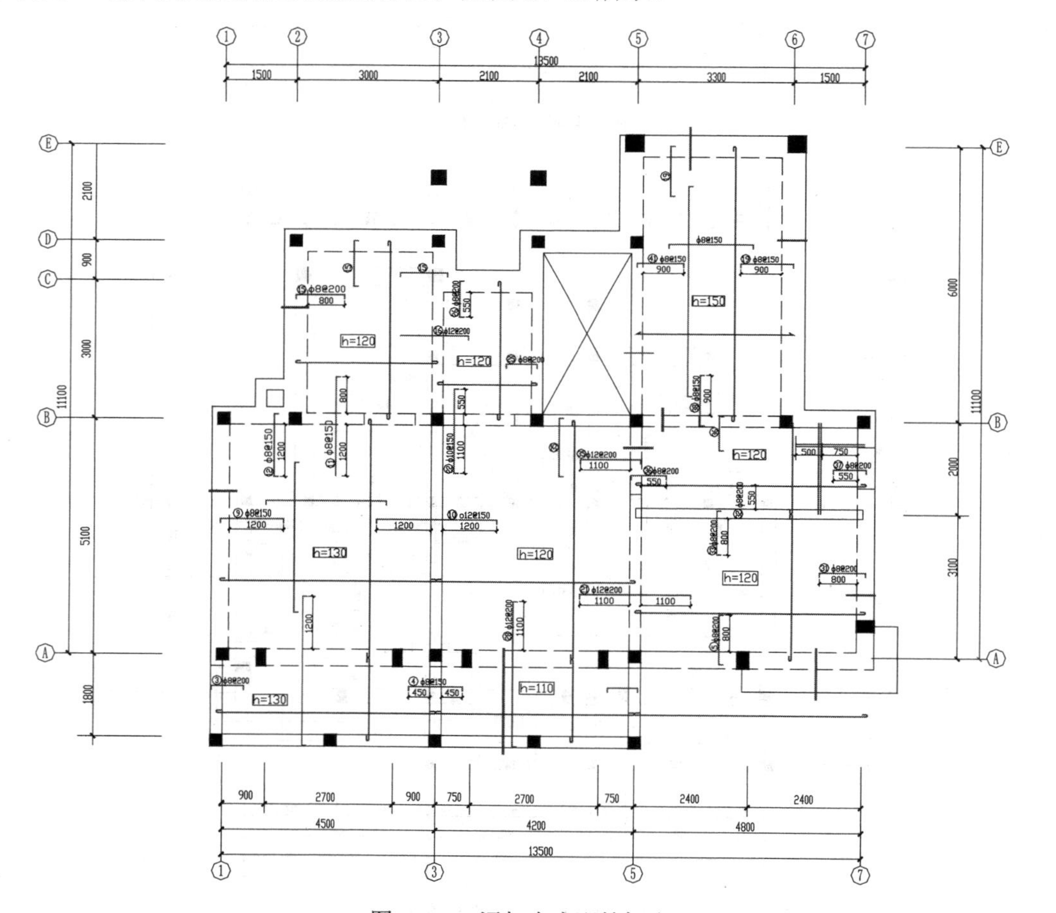

图14-48　添加支座配筋标注

⑪ 利用上述方法完成板底钢筋的标注，如图 14-49 所示。

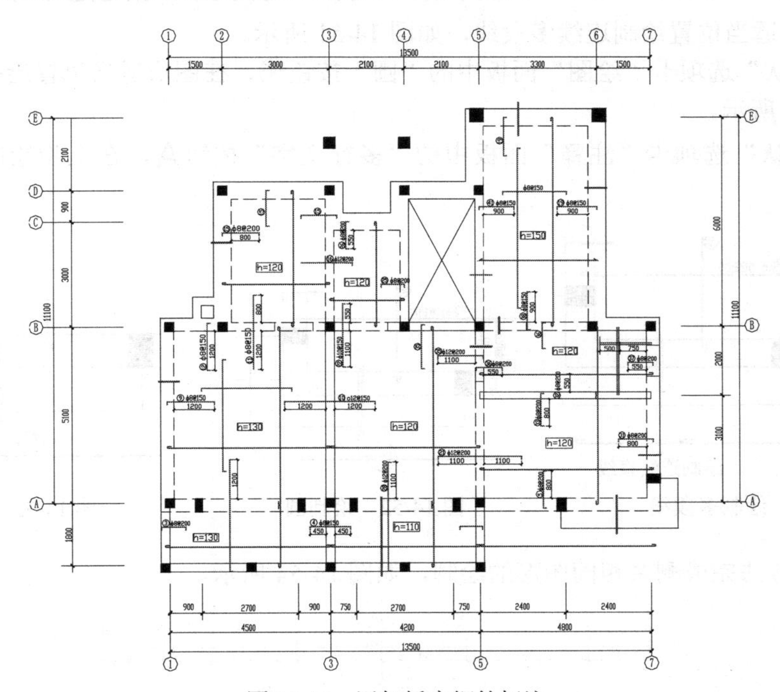

图 14-49　添加板底钢筋标注

⑫ 利用上述方法完成支座钢筋的标注，如图 14-50 所示。

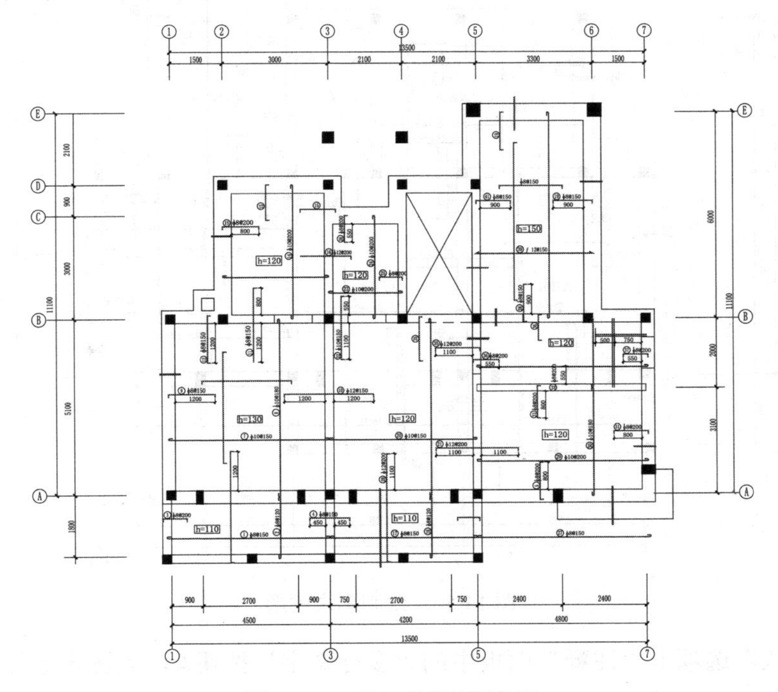

图 14-50　添加支座钢筋标注

⑬ 单击“默认”选项卡“绘图”面板中的“多段线”按钮，指定起点宽度为 0、端点宽度为 0，在上步图形适当位置绘制连续多段线，如图 14-51 所示。

⑭ 单击“默认”选项卡“绘图”面板中的“圆”按钮，在图形适当位置绘制一个半径为 228 的圆，如图 14-52 所示。

⑮ 单击“默认”选项卡“注释”面板中的“多行文字”按钮A，在上步绘制圆内添加文字，如图 14-53 所示。

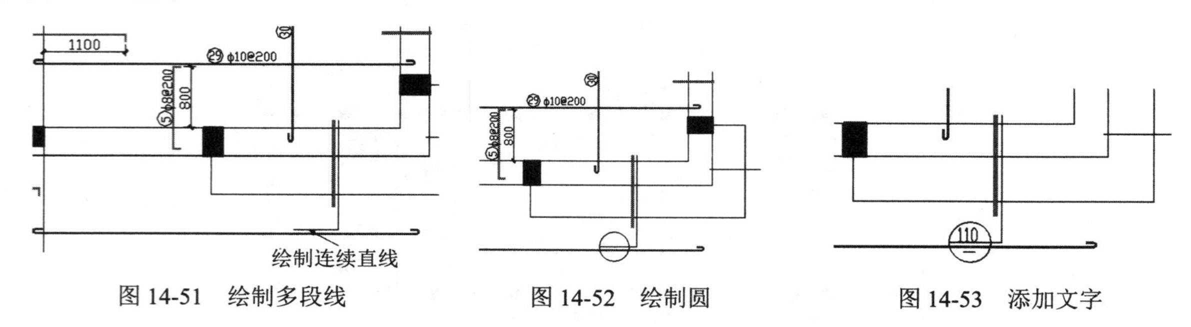

图 14-51　绘制多段线　　图 14-52　绘制圆　　图 14-53　添加文字

⑯ 利用上述方法完成剩余相同图形的绘制，如图 14-54 所示。

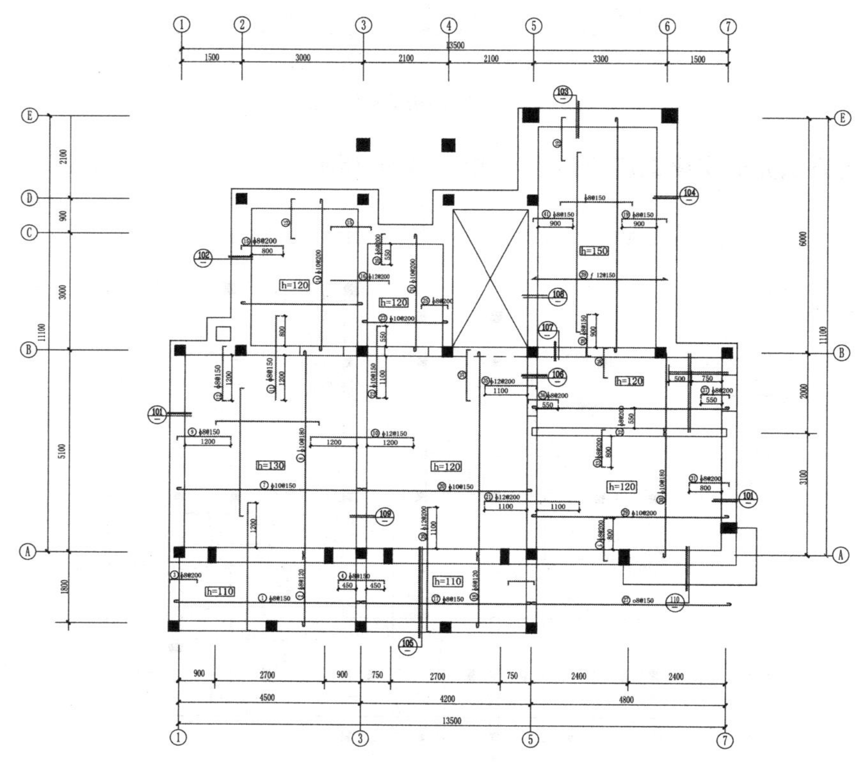

图 14-54　绘制剩余图形

⑰ 单击“默认”选项卡“注释”面板中的“多行文字”按钮A，为图形添加剩余的文字说明，如图 14-55 所示。

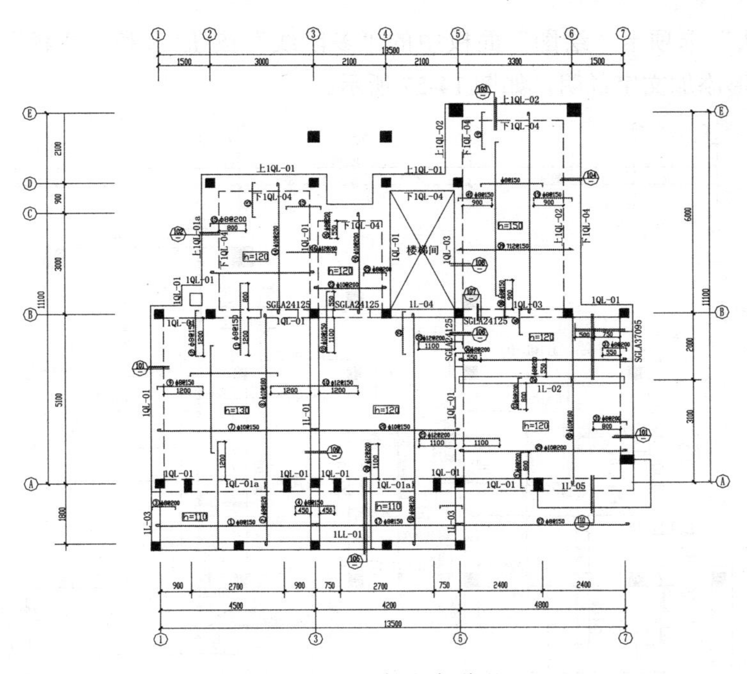

图 14-55　添加文字说明

⑱ 在命令行中输入 QLEADER 命令，为图形添加引线标注，最终完成地下室顶板结构平面图的绘制，如图 14-56 所示。

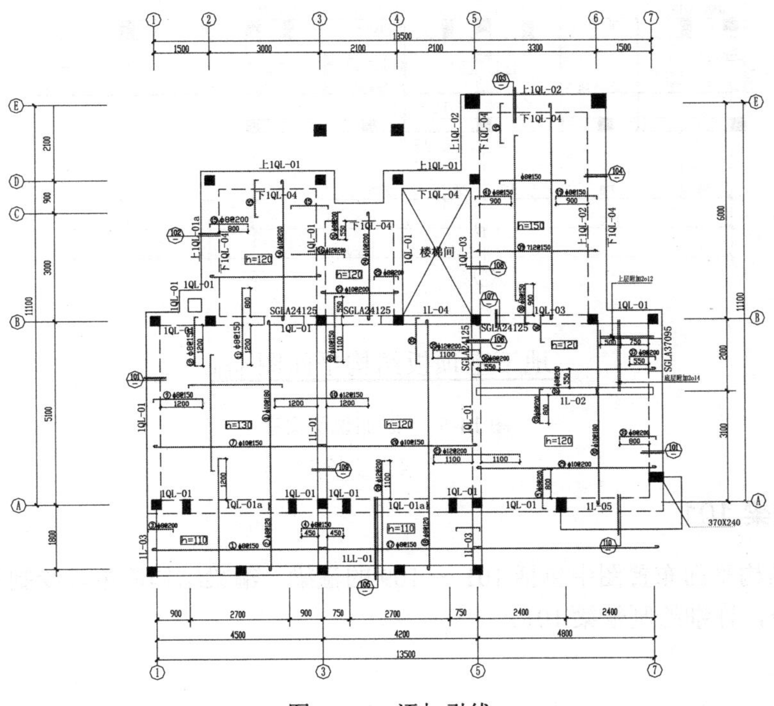

图 14-56　添加引线

⑲ 单击“默认”选项卡“绘图”面板中的“多段线”按钮和“注释”面板中的“多行文字”按钮A，为图形添加文字说明，如图 14-57 所示。

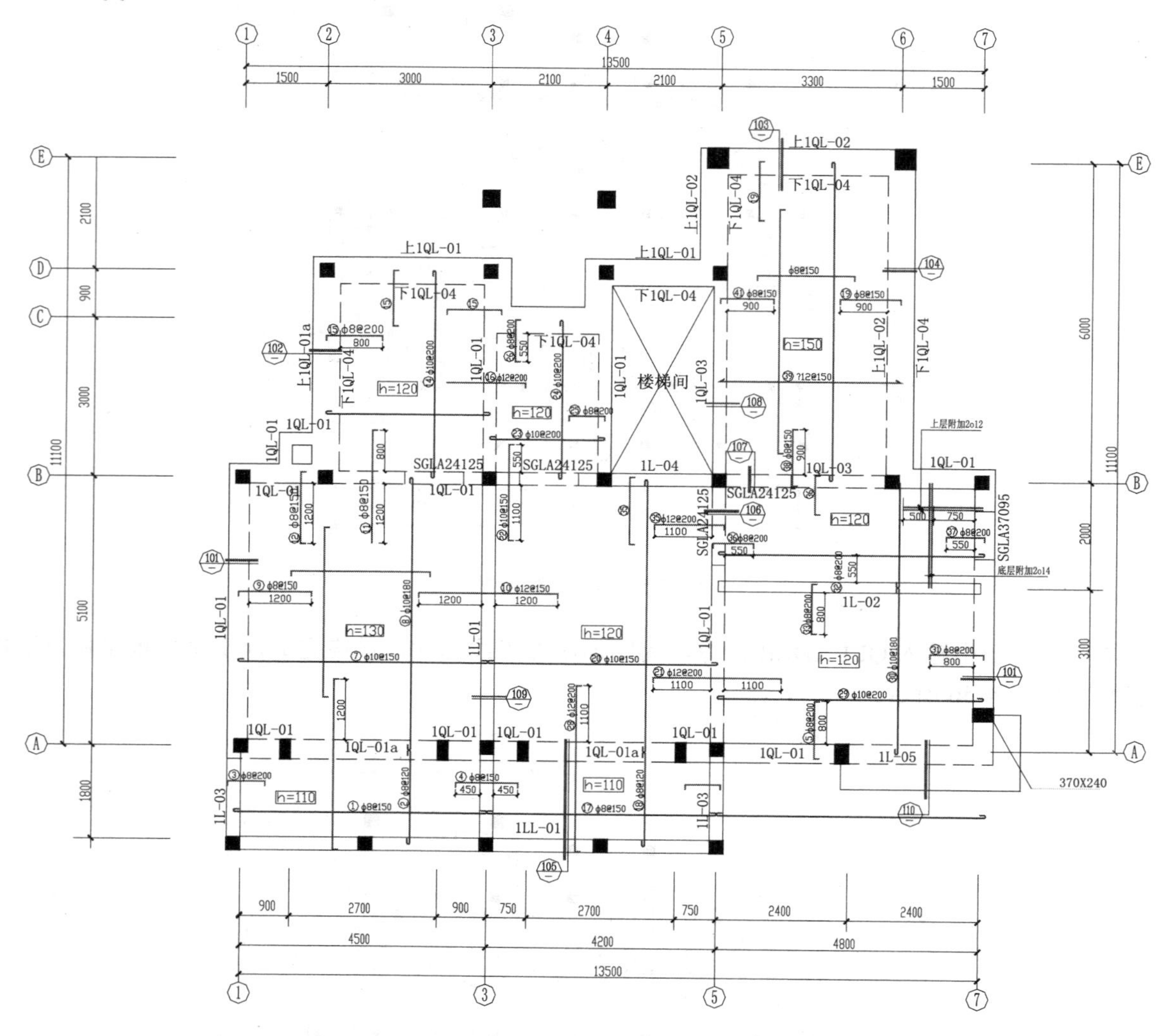

图 14-57　添加说明文字

扫一扫，看视频

14.1.2　绘制箍梁 101

地下室顶板结构平面布置图中包括 101 ～ 109 的箍梁，箍梁结构简单，绘制相对容易。本小节运用基础绘图命令，详细绘制箍梁 101。

【操作步骤】

（1）单击“默认”选项卡“绘图”面板中的“直线”按钮，在图形适当位置绘制一条竖直直线，如图 14-58 所示。

（2）单击“默认”选项卡“修改”面板中的“偏移”按钮，选择上步绘制的竖直直线为偏移对象，向右进行偏移，如图 14-59 所示。

（3）单击“默认”选项卡“绘图”面板中的“直线”按钮，在上步偏移的竖直直线上方绘制一条水平直线，如图 14-60 所示。

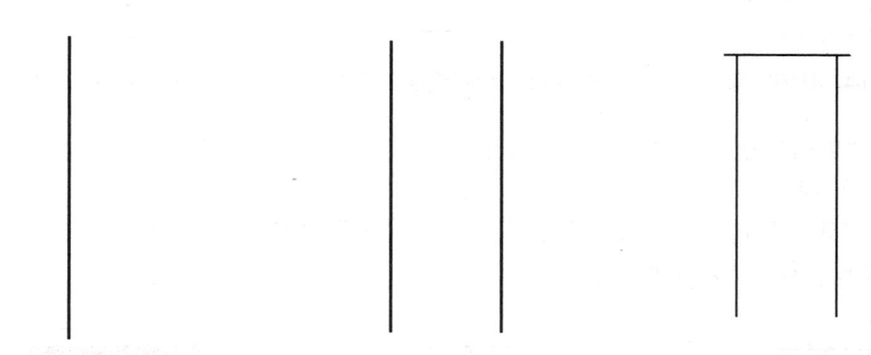

图 14-58 绘制竖直直线　　图 14-59 偏移直线　　图 14-60 绘制水平直线

（4）单击“默认”选项卡“修改”面板中的“偏移”按钮，选择上步绘制的水平直线为偏移对象，向下进行偏移，如图 14-61 所示。

（5）单击“默认”选项卡“绘图”面板中的“直线”按钮，在上步图形适当位置绘制连续直线，如图 14-62 所示。

（6）单击“默认”选项卡“修改”面板中的“复制”按钮，选择上步绘制的连续直线为复制对象，向下端进行复制，如图 14-63 所示。

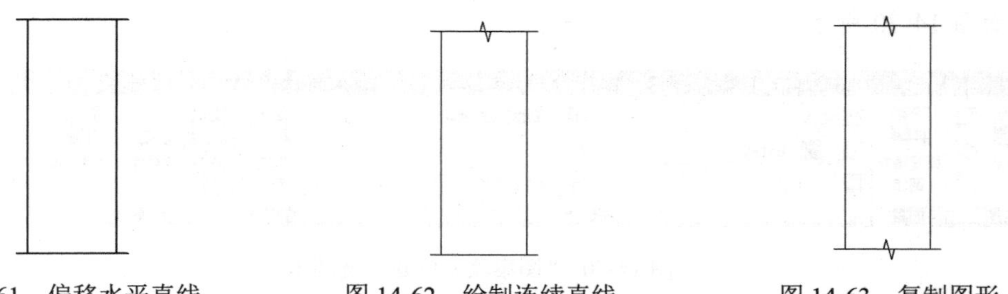

图 14-61 偏移水平直线　　图 14-62 绘制连续直线　　图 14-63 复制图形

（7）单击“默认”选项卡“修改”面板中的“修剪”按钮，选择上步图形中折线中的多余线段为修剪对象，进行修剪处理，如图 14-64 所示。

（8）单击“默认”选项卡“绘图”面板中的“多段线”按钮，指定起点宽度为 0、端点宽度为 0，绘制连续直线，如图 14-65 所示。

（9）单击“默认”选项卡“修改”面板中的“修剪”按钮，对上步绘制的连续多段线进行修剪处理，如图 14-66 所示。

（10）单击“默认”选项卡“绘图”面板中的“多段线”按钮，指定起点宽度为 50、端点宽度为 50，绘制连续多段线，如图 14-67 所示。

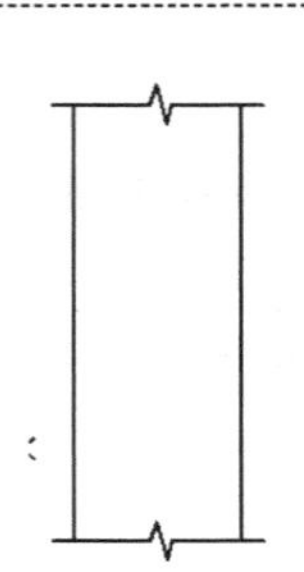

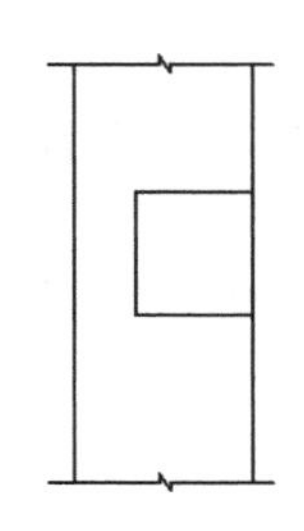

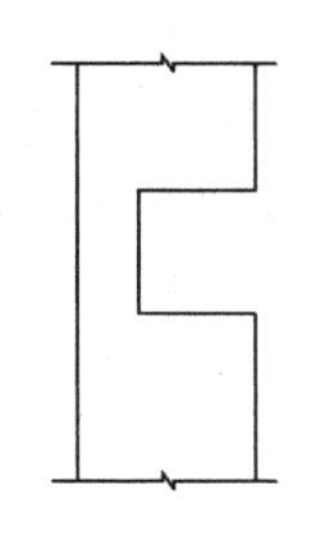

图 14-64　修剪对象　　图 14-65　绘制连续多段线　　图 14-66　修剪对象

（11）单击“默认”选项卡“绘图”面板中的“圆”按钮，在上步图形适当位置绘制一个适当半径的圆，如图 14-68 所示。

（12）单击“默认”选项卡“修改”面板中的“偏移”按钮，选择上步绘制的圆为偏移对象，向内进行偏移，如图 14-69 所示。

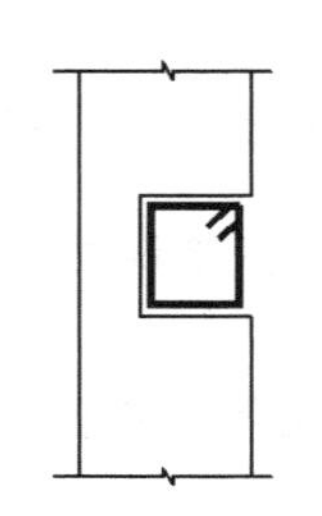

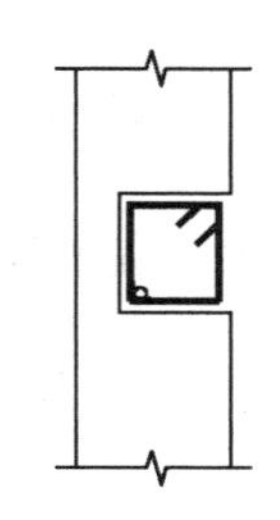

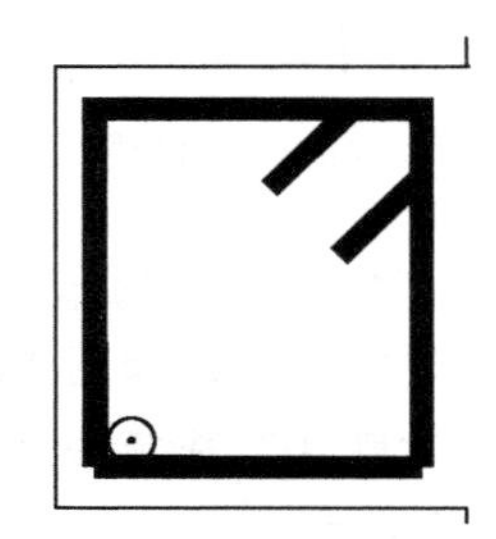

图 14-67　绘制多段线　　图 14-68　绘制圆　　图 14-69　偏移圆

（13）单击“默认”选项卡“绘图”面板中的“图案填充”按钮，系统打开“图案填充创建”选项卡，如图 14-70 所示。

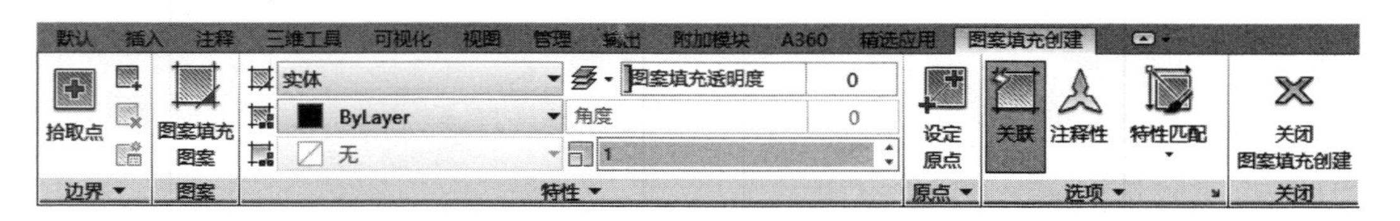

图 14-70　“图案填充创建”选项卡

（14）单击“图案”面板中的“图案填充图案”按钮，系统打开“填充图案”选项板，选择如图 14-71 所示的图案类型。

（15）单击“图案填充创建”选项卡“边界”面板中的“添加：拾取点”按钮，在绘图区选择矩形为填充区域，单击“关闭图案填充创建”按钮完成填充，效果如图 14-72 所示。

（16）单击“默认”选项卡“修改”面板中的“复制”按钮，选择上步填充后的图形为复制对象，对其进行复制，如图 14-73 所示。

（17）单击“默认”选项卡“绘图”面板中的“图案填充创建”按钮，系统打开“图案填充创建”选项卡，如图 14-70 所示。单击“图案”面板“图案填充图案”按钮，系统打开“填充图案”选项板，选择如图 14-73 所示的图案类型。设置填充比例为 50。

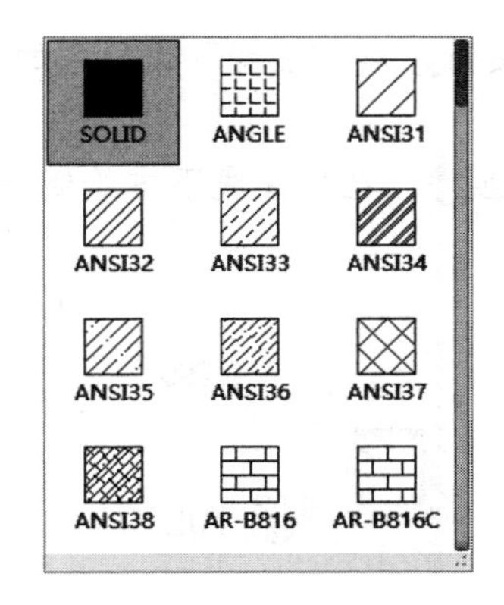

图 14-71　“填充图案”选项板

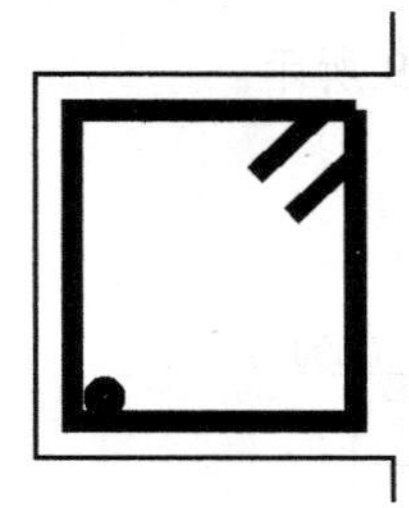

图 14-72　填充图形

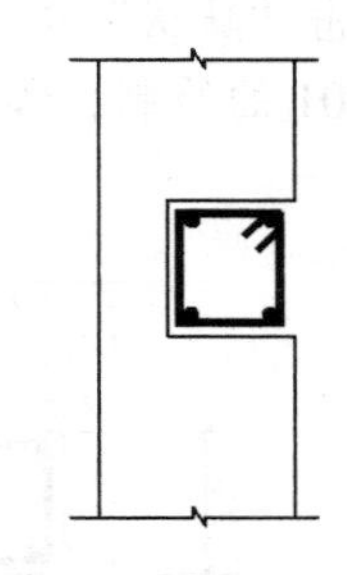

图 14-73　复制图形

（18）单击“图案填充创建”选项卡“边界”面板中的“添加：拾取点”按钮，在绘图区选择填充区域，单击“关闭图案填充创建”按钮完成填充，效果如图 14-74 所示。

（19）单击“默认”选项卡“绘图”面板中的“直线”按钮，完成剩余图形绘制，如图 14-75 所示。

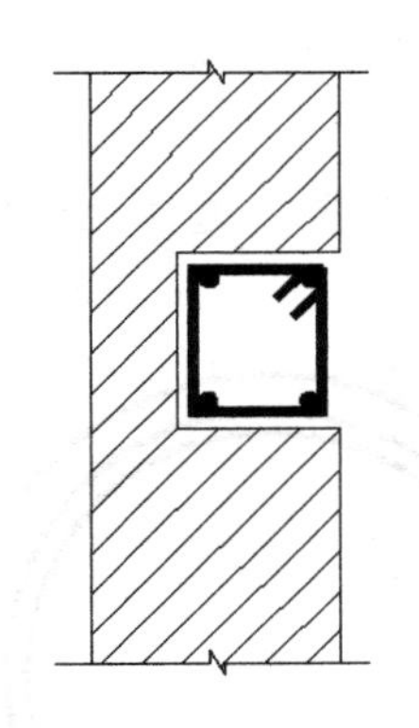

图 14-74　填充图形

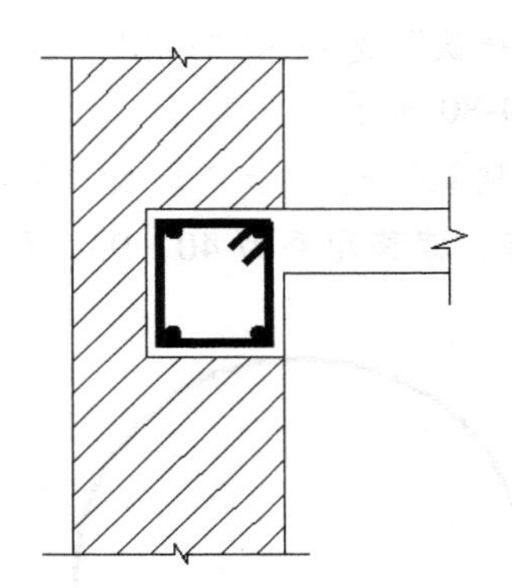

图 14-75　绘制图形

（20）单击“注释”选项卡“标注”面板中的“线性”按钮，为图形添加标注，并修改尺寸文字，如图 14-76 所示。

（21）单击“默认”选项卡“绘图”面板中的“直线”按钮和“注释”面板中的“多行文字”按钮A，为图形添加文字说明，如图 14-77 所示。

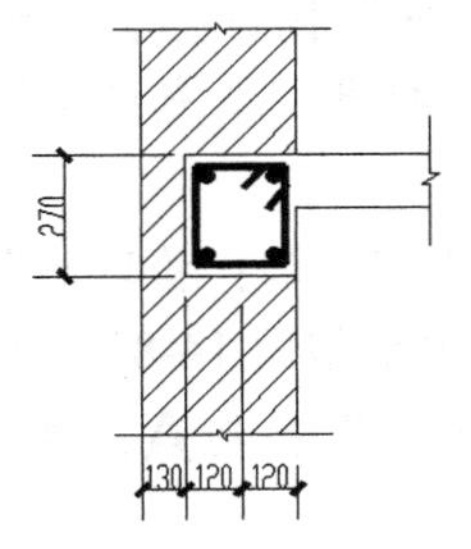

图 14-76　添加标注

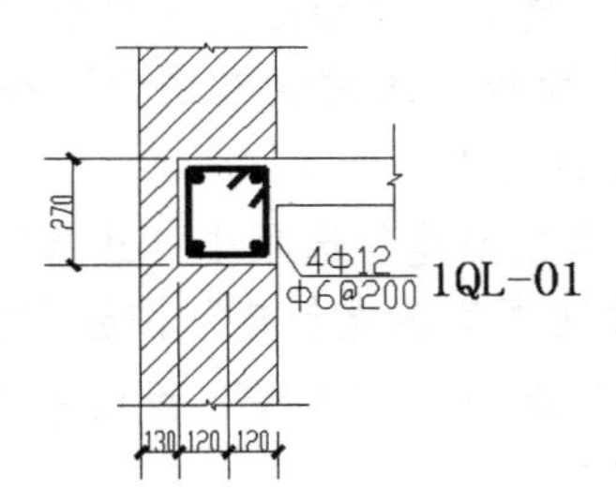

图 14-77　添加文字说明

（22）单击“默认”选项卡“绘图”面板中的“直线”按钮╱和“注释”面板中的“多行文字”按钮A，完成标高的添加，如图 14-78 所示。

（23）单击“默认”选项卡“绘图”面板中的“圆”按钮⊙，在标注线下方绘制一个适当半径的圆，完成 101 的绘制，如图 14-79 所示。

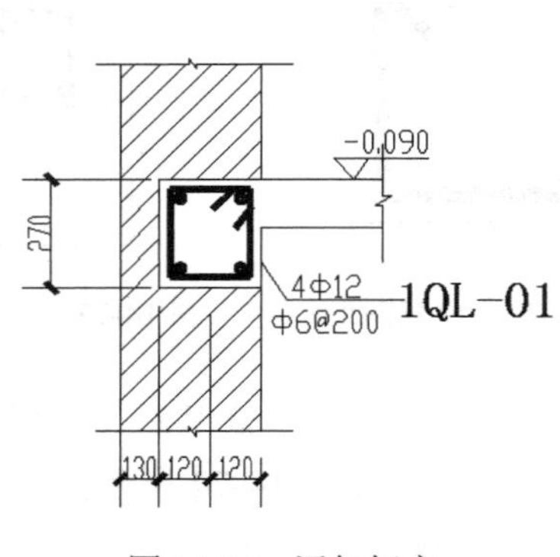

图 14-78　添加标高

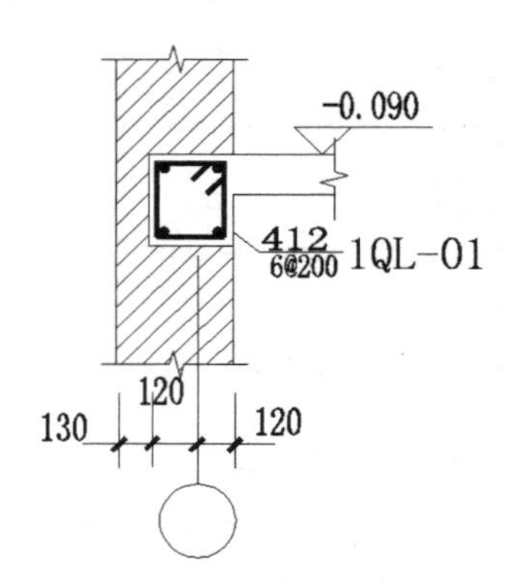

图 14-79　绘制圆

（24）单击“默认”选项卡“绘图”面板中的“圆”按钮⊙，在上步图形下方绘制一个半径为 457 的圆，如图 14-80 所示。

（25）单击“默认”选项卡“修改”面板中的“偏移”按钮，选择上步绘制的圆为偏移对象，向外进行偏移，偏移距离为 40、93，如图 14-81 所示。

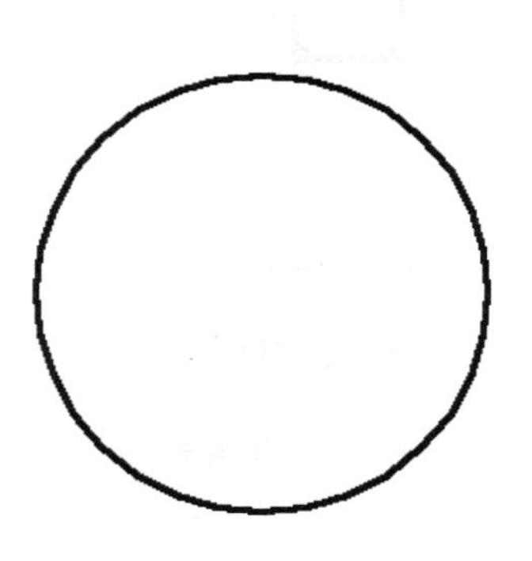

图 14-80　绘制圆

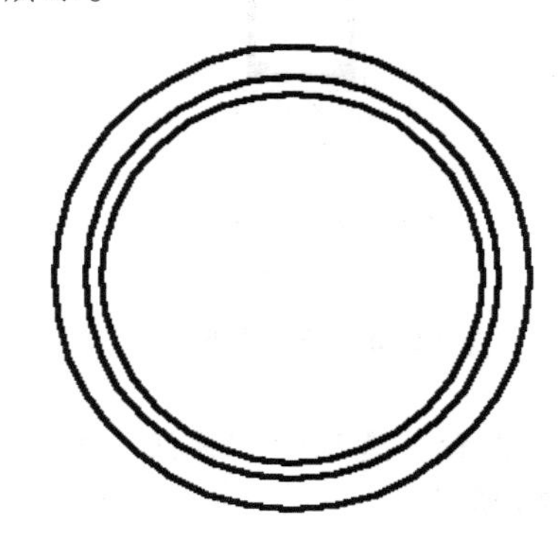

图 14-81　偏移圆

（26）单击“默认”选项卡“绘图”面板中的“图案填充”按钮，系统打开“图案填充创建”选项卡。单击“图案”面板“图案填充图案”按钮，系统打开“填充图案”选项板，选择 SOLID 图案类型。设置填充比例为 1。

（27）单击“图案填充创建”选项卡“边界”面板中的“添加：拾取点”按钮，在绘图区选择填充区域，单击“关闭图案填充创建”按钮完成填充，效果如图 14-82 所示。

（28）单击“默认”选项卡“注释”面板中的“多行文字”按钮A，在上步绘制图形内添加文字，结果如图 14-83 所示。

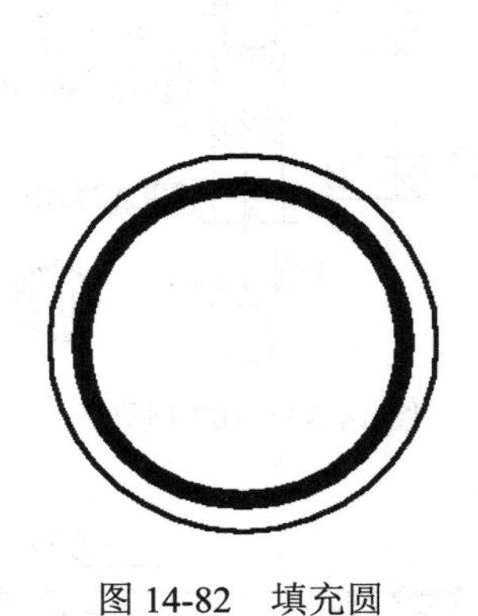

图 14-82 填充圆

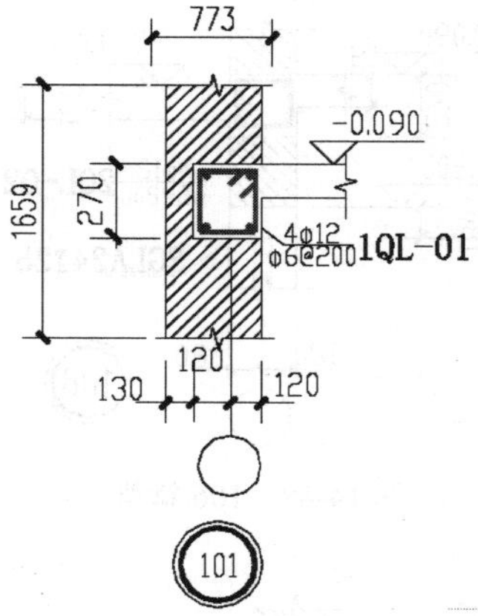

图 14-83 添加文字

14.1.3 绘制箍梁 102 ～ 110

箍梁 102 ～ 110 与箍梁 101 类似，但每个箍梁的作用各不相同。利用绘制箍梁 101 的方法完成 102 ～ 110 的绘制，如图 14-84 ～图 14-92 所示。

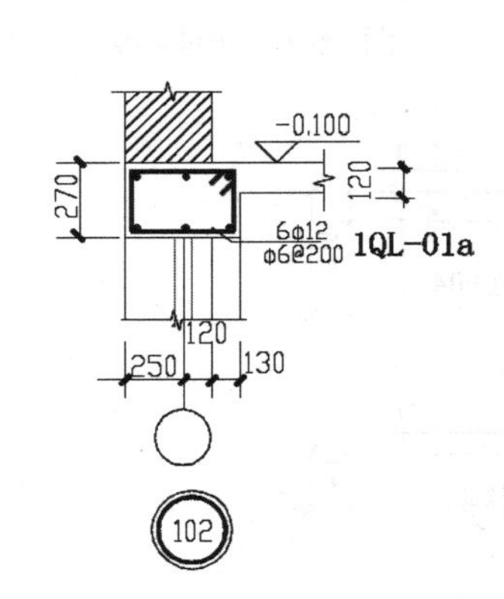

图 14-84 102 箍梁

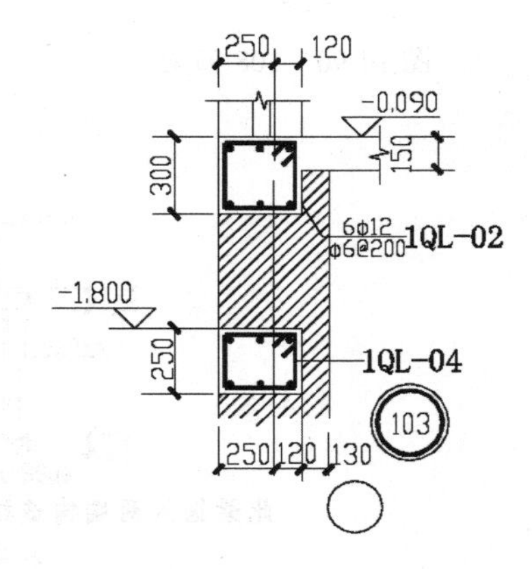

图 14-85 103 箍梁

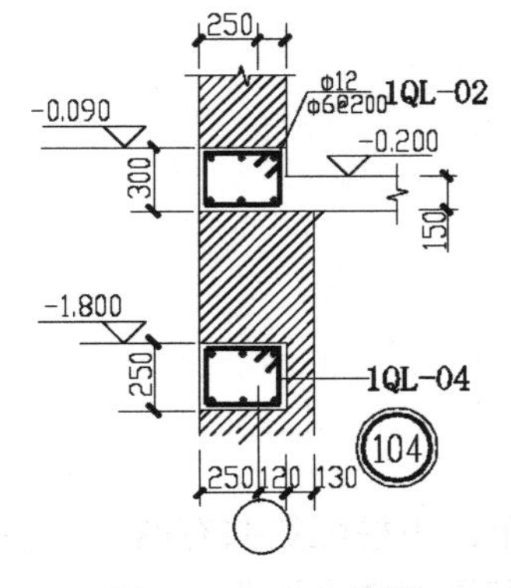

图 14-86 104 箍梁

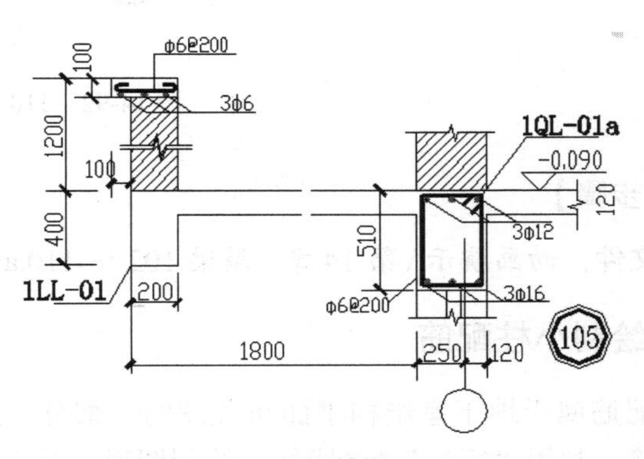

图 14-87 105 箍梁

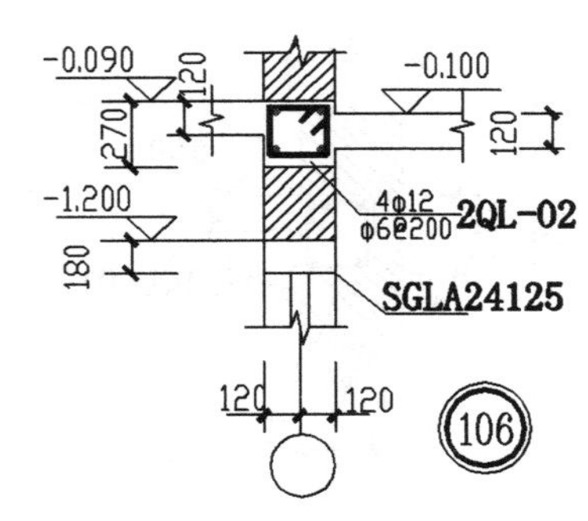

图 14-88　106 箍梁

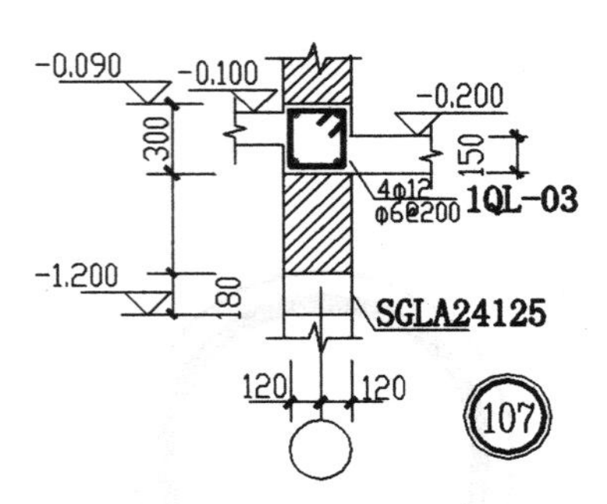

图 14-89　107 箍梁

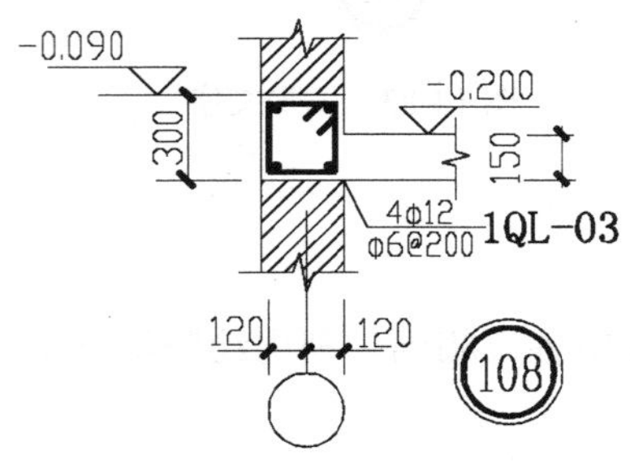

图 14-90　108 箍梁

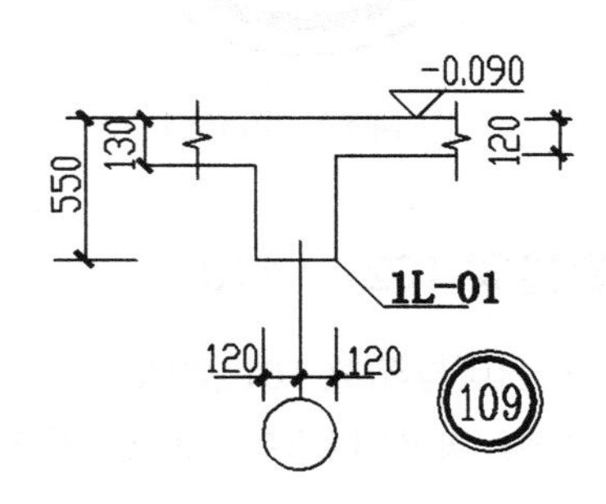

图 14-91　109 箍梁

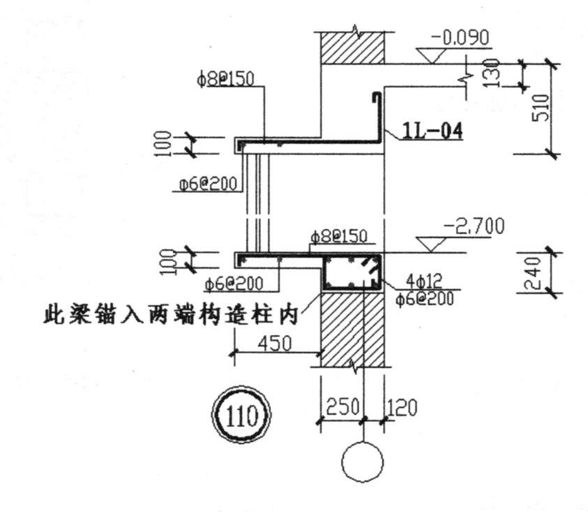

图 14-92　110 箍梁

【操作步骤】

扫一扫，看视频

视频文件：动画演示 \ 第 14 章 \ 箍梁 102 ～ 110.avi

14.1.4　绘制小柱配筋

小柱配筋属于地下室结构平面布置图的一部分，结构简单。小柱配筋共有两个：小柱 1 配筋，小柱 2 配筋。利用“矩形”“多段线”绘制图形，并标注尺寸和添加文字说明。

【操作步骤】

（1）单击“默认”选项卡“绘图”面板中的“矩形”按钮，在图形空白区域绘制适当大小的矩形，如图 14-93 所示。

（2）单击“默认”选项卡“绘图”面板中的“多段线”按钮，指定起点宽度为 50、端点宽度为 50，在上步绘制矩形内绘制连续图形，如图 14-94 所示。

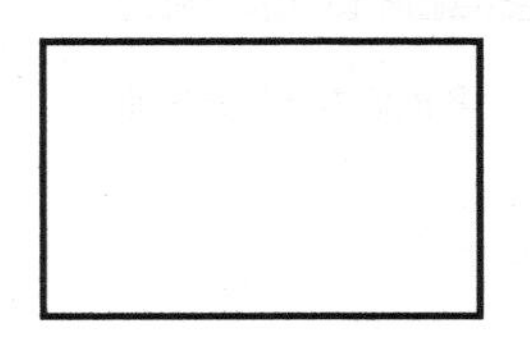

图 14-93　绘制矩形

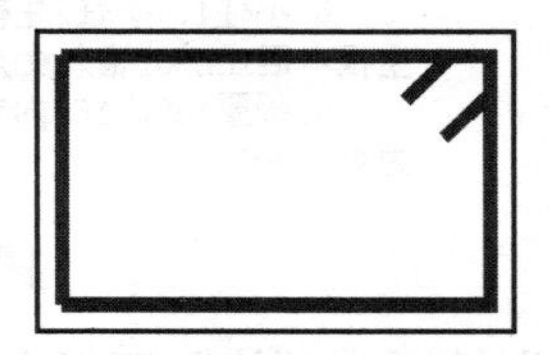

图 14-94　绘制多段线

（3）利用上一小节讲述的方法完成内部图形的绘制，如图 14-95 所示。

（4）单击“注释”选项卡“标注”面板中的“线性”按钮，并修改标注上的文字，为图形添加标注，如图 14-96 所示。

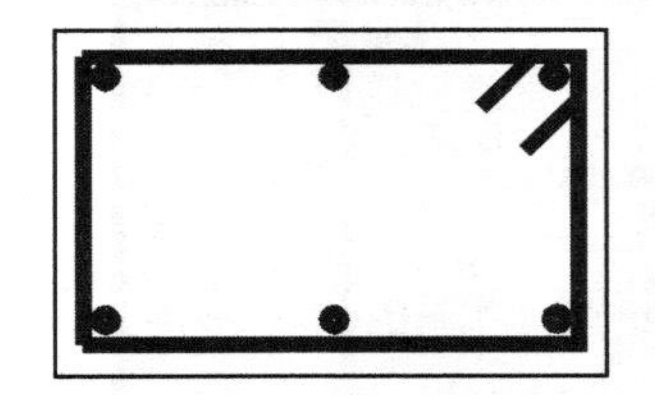

图 14-95　绘制图形

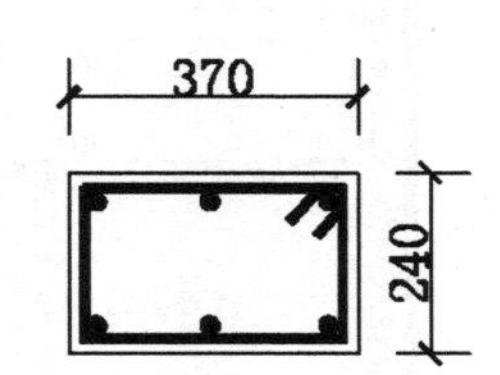

图 14-96　标注图形

（5）单击“默认”选项卡“绘图”面板中的“直线”按钮和“注释”选项卡“多行文字”按钮A，为图形添加文字说明，如图 14-97 所示。

（6）利用上述方法完成小柱 2 配筋的绘制，如图 14-98 所示。

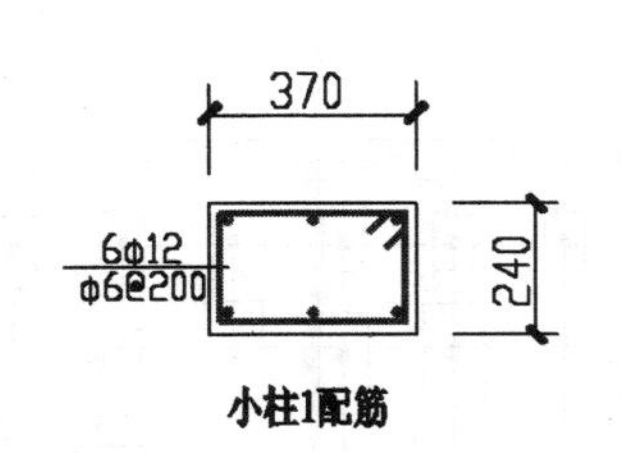

图 14-97　添加文字说明

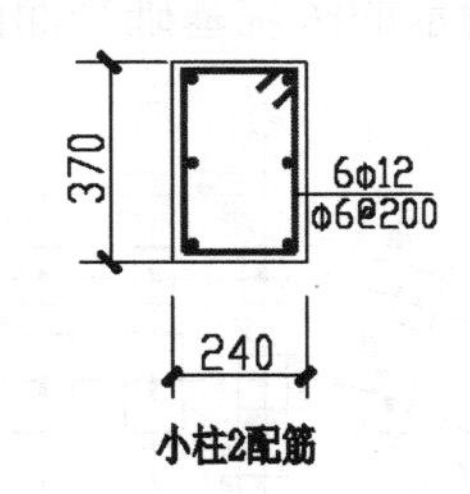

图 14-98　小柱 2 配筋

14.1.5　添加文字说明

文字说明是每个 CAD 图所必备的一项，负责对绘制的平面图进行文字解释。

【操作步骤】

（1）单击“默认”选项卡“注释”面板中的“多行文字”按钮A，为绘制的图形添加说明，如

图 14-99 所示。

说明：

1.钢筋等级：HPB235(Φ)HRB335(Φ)。

2.未标注板厚均为120 mm，未标注板顶标高均为-0.090 mm。

3.过梁图集选用02G05，120墙过梁选用SGLA12081、SGLA12091。预制钢筋混凝土过梁不能正常放置时采用现浇。

4.混凝土选用C20,梁、板主筋保护层厚度分别为30 mm、20 mm。

5.小柱1、小柱2生根本层圈梁锚入上层圈梁配筋见详图。小柱3生根本层1LL-01锚入女儿墙压顶配筋见详图。

6.板厚130、150内未注分布筋为Φ8@200。其他板内未注分布筋为Φ8@200。

图 14-99　说明文字

（2）单击“插入”选项卡“块”面板中的“插入块”按钮，弹出“插入”对话框，如图 14-100 所示。单击“浏览”按钮，弹出“选择图形文件”对话框，选择“源文件 / 图块 /A2 图框”图块，将其放置到图形适当位置。最后结合所学知识为绘制图形添加图形名称，最终完成地下室顶板结构平面布置图的绘制，如图 14-1 所示。

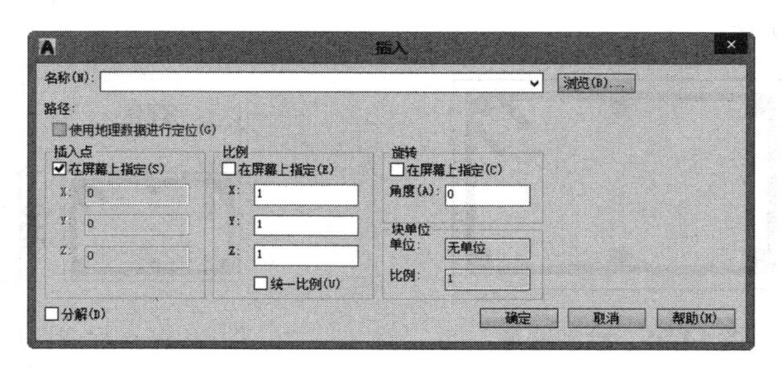

图 14-100　“插入”对话框

练一练——绘制医院基础平面图

绘制如图 14-101 所示的医院基础平面图。

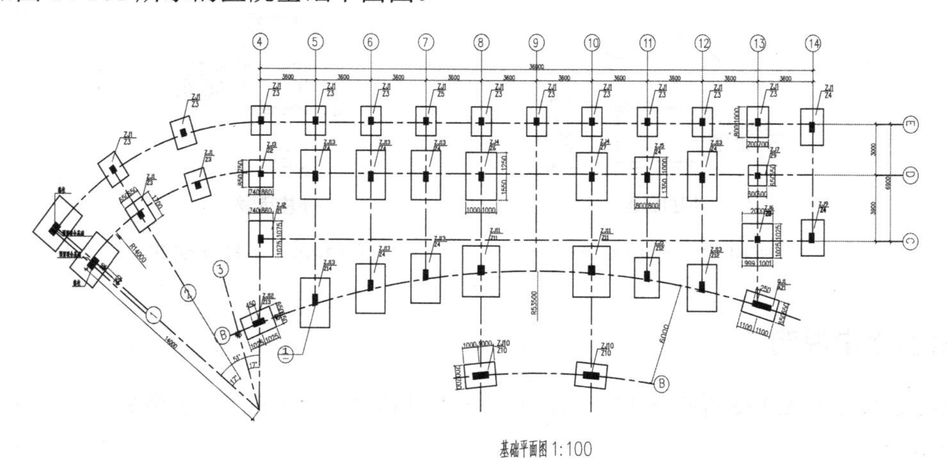

图 14-101　医院基础平面图

思路点拨

源文件：源文件\第 14 章\医院基础平面图 .dwg

（1）设置绘图环境。
（2）绘制轴线。
（3）布置框架柱。
（4）绘制柱子外轮廓。
（5）标注尺寸和文字。

14.2　屋顶结构平面布置图

绘制思路

屋顶结构平面图主要表达屋顶顶板浇筑厚度、配筋布置和过梁、圈梁结构等具体结构信息，包括屋脊线节点详图、板折角详图等屋顶结构特有的结构造型情况。就本案例而言，由于该别墅设计成坡形屋顶，建筑结构和下面两层的结构平面图有所区别。下面讲述屋顶结构平面布置图的绘制，如图 14-102 所示。

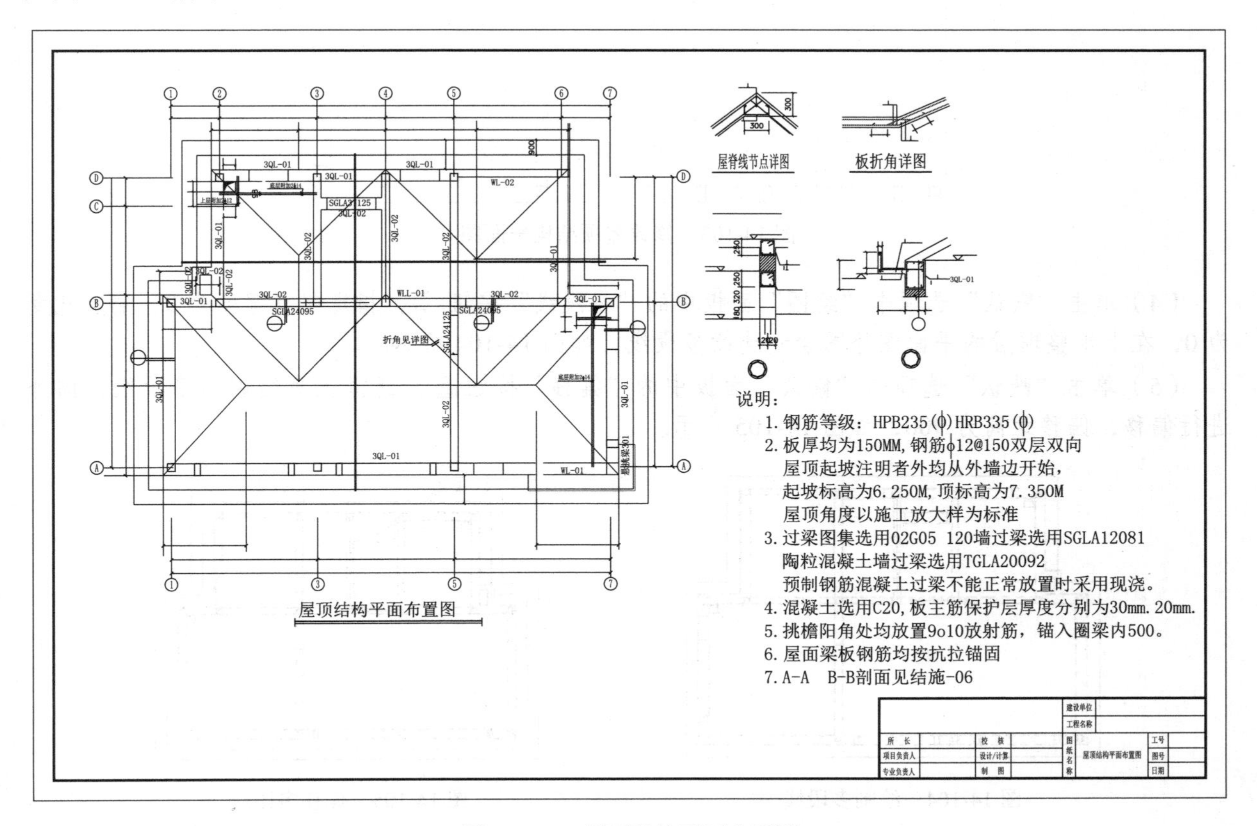

图 14-102　屋顶结构平面布置图

扫一扫，看视频

14.2.1 绘制屋顶结构平面图

屋顶结构平面图是屋顶结构平面布置图的主要组成部分，结构比较复杂，涉及的绘图命令较多，绘制起来难度较大。先利用绘图命令完整地将平面图绘制出，然后对平面图进行标注。

【操作步骤】

（1）单击标准工具栏中的“打开”按钮，打开“源文件”/“地下室顶板结构平面图”。

（2）选择菜单栏中的“文件”→“另存为”命令，将打开的“地下室顶板结构平面图”另存为“屋顶结构平面图”。

（3）单击“默认”选项卡“修改”面板中的“删除”按钮，删除图形并保留部分柱子外部图形墙线，关闭标注图层，并结合所学命令补充缺少部分，结果如图 14-103 所示。

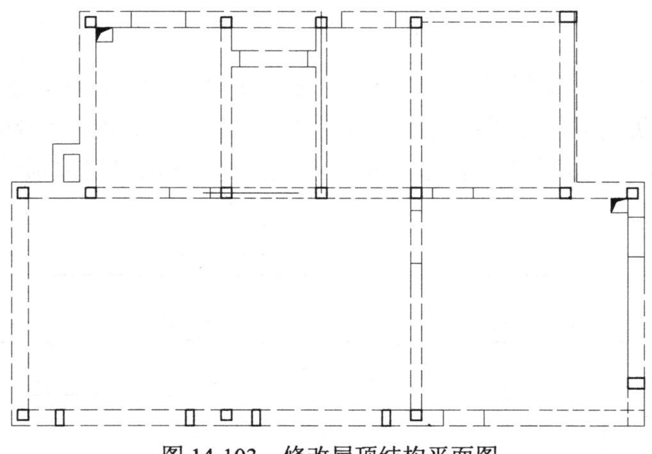

图 14-103 修改屋顶结构平面图

（4）单击“默认”选项卡“绘图”面板中的“多段线”按钮，指定起点宽度为 0、端点宽度为 0，在上步整理后的平面图外围绘制连续多段线，如图 14-104 所示。

（5）单击“默认”选项卡“修改”面板中的“偏移”按钮，选择上步绘制的多段线，向外进行偏移，偏移距离为 900，如图 14-105 所示。

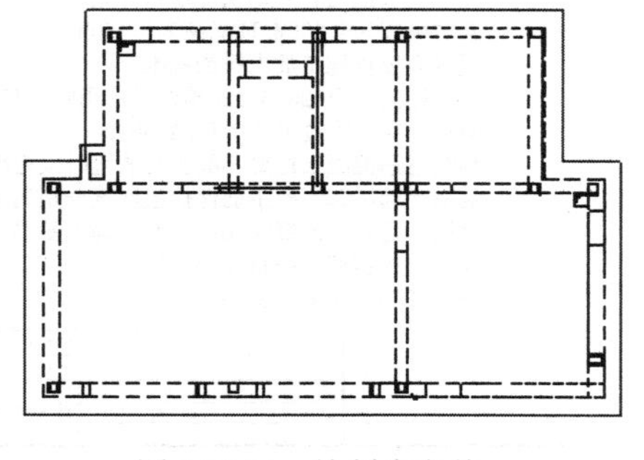

图 14-104 绘制多段线

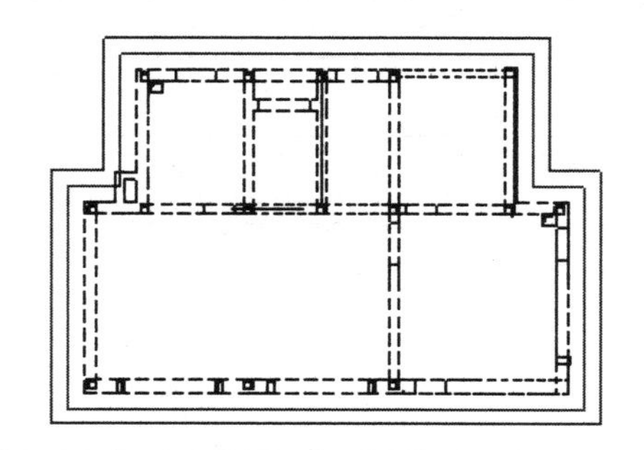

图 14-105 偏移多段线

（6）单击“默认”选项卡“绘图”面板中的“多段线”按钮，指定起点宽度为 30、端点宽度为 30，在上步图形内绘制连续多段线，如图 14-106 所示。

（7）单击“默认”选项卡“绘图”面板中的“多段线”按钮，指定起点宽度为 45、端点宽度为 45，在图形适当位置绘制一根支座钢梁，如图 14-107 所示。

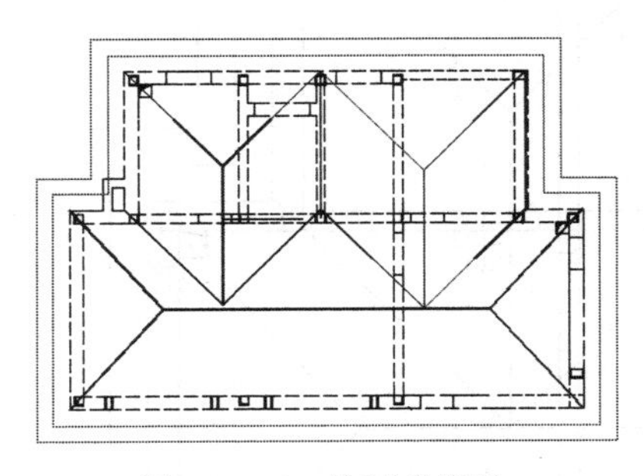

图 14-106　绘制多段线

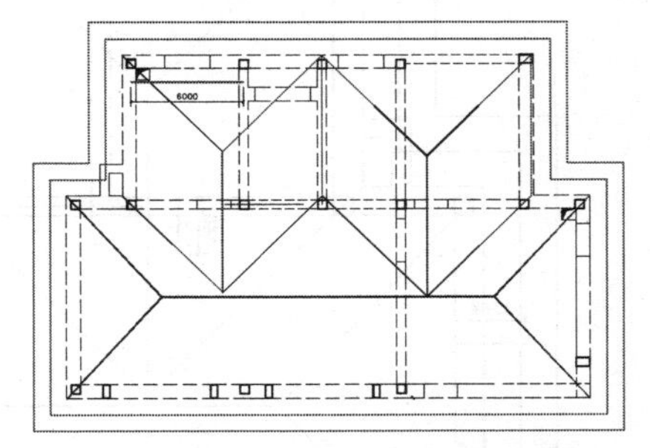

图 14-107　绘制一根支座钢筋

（8）单击“默认”选项卡“修改”面板中的“偏移”按钮，选择上步绘制的支座钢筋为偏移对象，向下进行偏移，偏移距离为 98，如图 14-108 所示。

（9）单击“默认”选项卡“绘图”面板中的“多段线”按钮，指定起点宽度为 45、端点宽度为 45，在上步绘制的支座钢筋上方选择一点为起点，向下绘制一条竖直多段线，如图 14-109 所示。

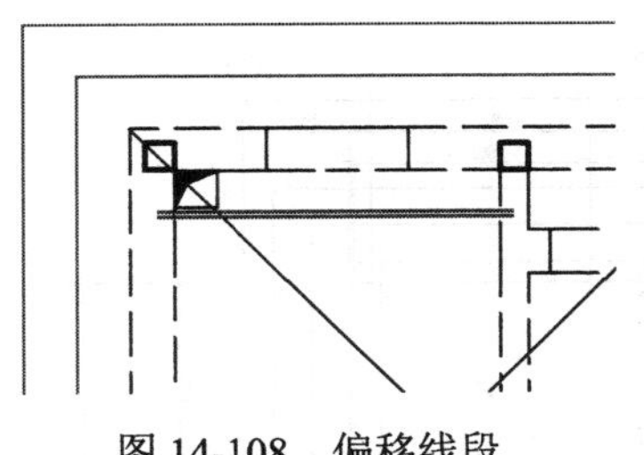

图 14-108　偏移线段

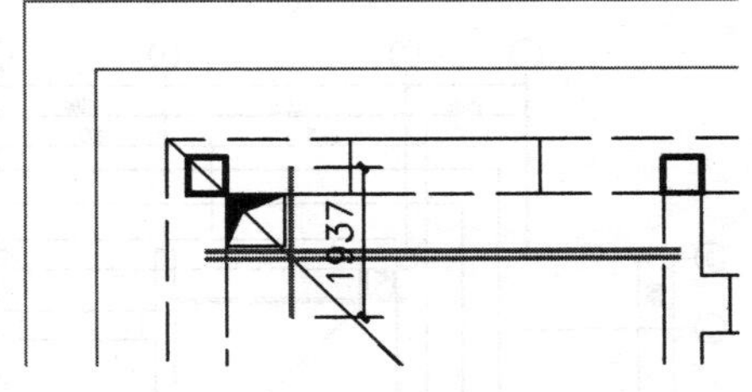

图 14-109　绘制竖直多段线

（10）单击“默认”选项卡“修改”面板中的“偏移”按钮，选择上步绘制的竖直多段线为偏移对象，向右进行偏移，偏移距离为 98，如图 14-110 所示。

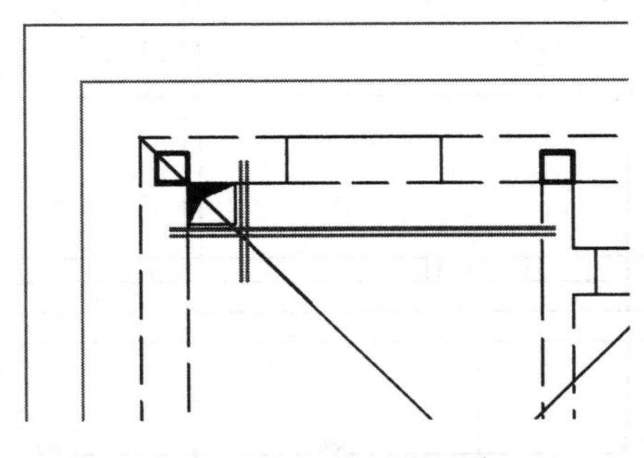

图 14-110　偏移多段线

（11）利用上述方法完成剩余的支座钢筋的绘制，如图 14-111 所示。

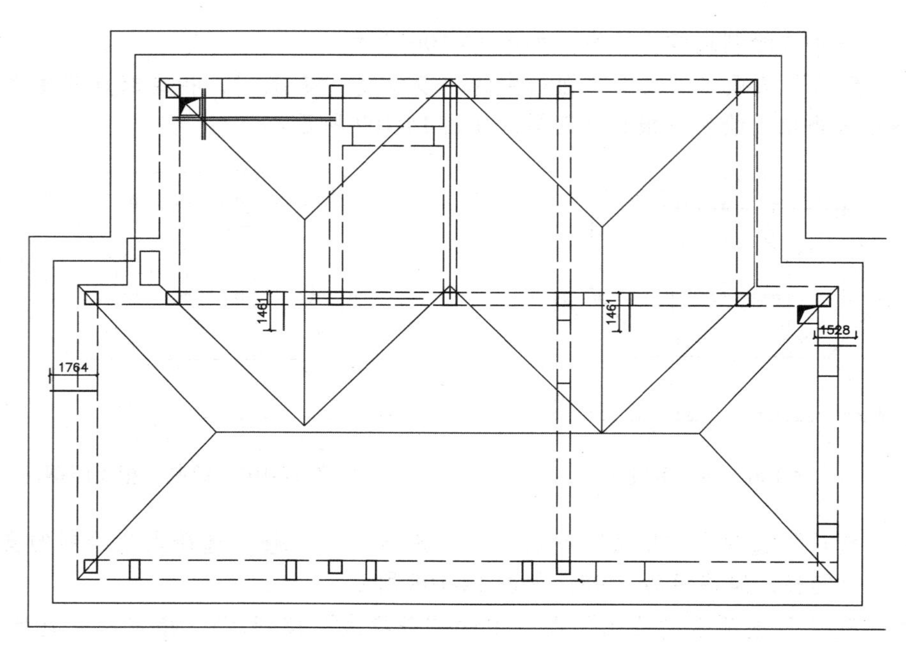

图 14-111　绘制支座钢筋

（12）利用前面讲述的方法为图形添加标注及轴号，如图 14-112 所示。

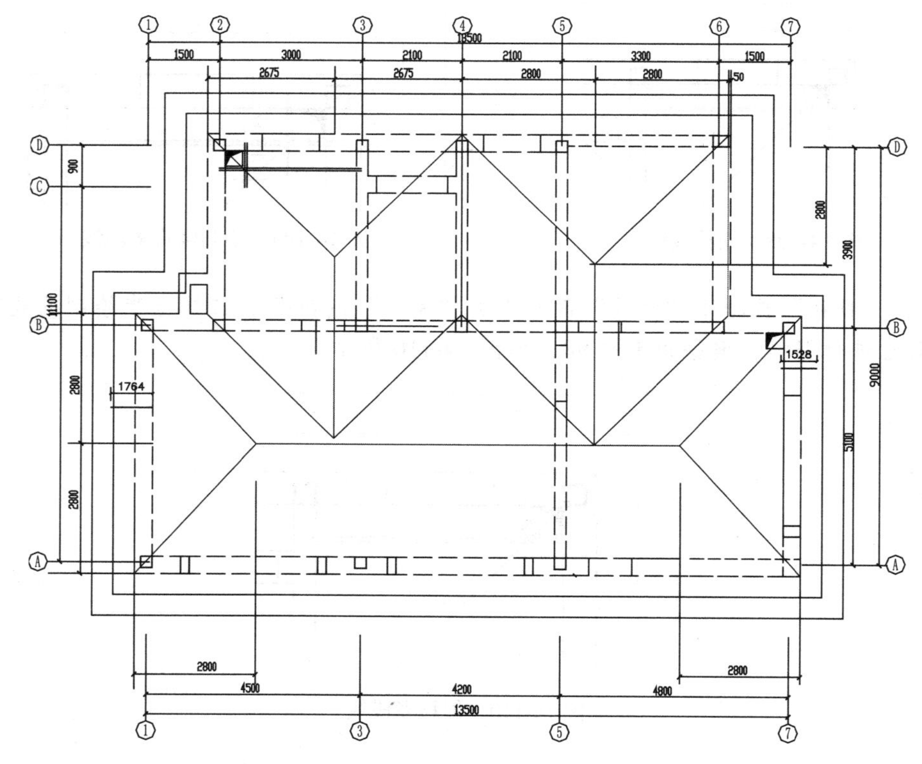

图 14-112　添加标注及轴号

（13）单击“默认”选项卡“绘图”面板中的“多段线”按钮，在支撑梁左侧绘制连续多段线，如图 14-113 所示。

（14）单击“默认”选项卡“绘图”面板中的“圆”按钮，选择上步绘制的水平多段线的端点为圆心，绘制一个半径为 456 的圆，如图 14-114 所示。

（15）单击“默认”选项卡“绘图”面板中的“多行文字”按钮A，在上步绘制的圆内添加文字，如图 14-115 所示。

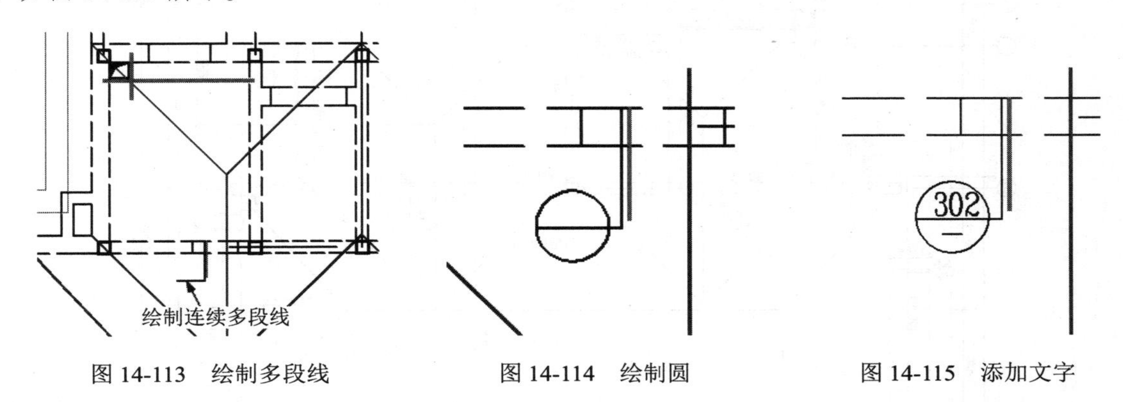

图 14-113　绘制多段线　　图 14-114　绘制圆　　图 14-115　添加文字

（16）利用上述方法完成相同图形的绘制，如图 14-116 所示。

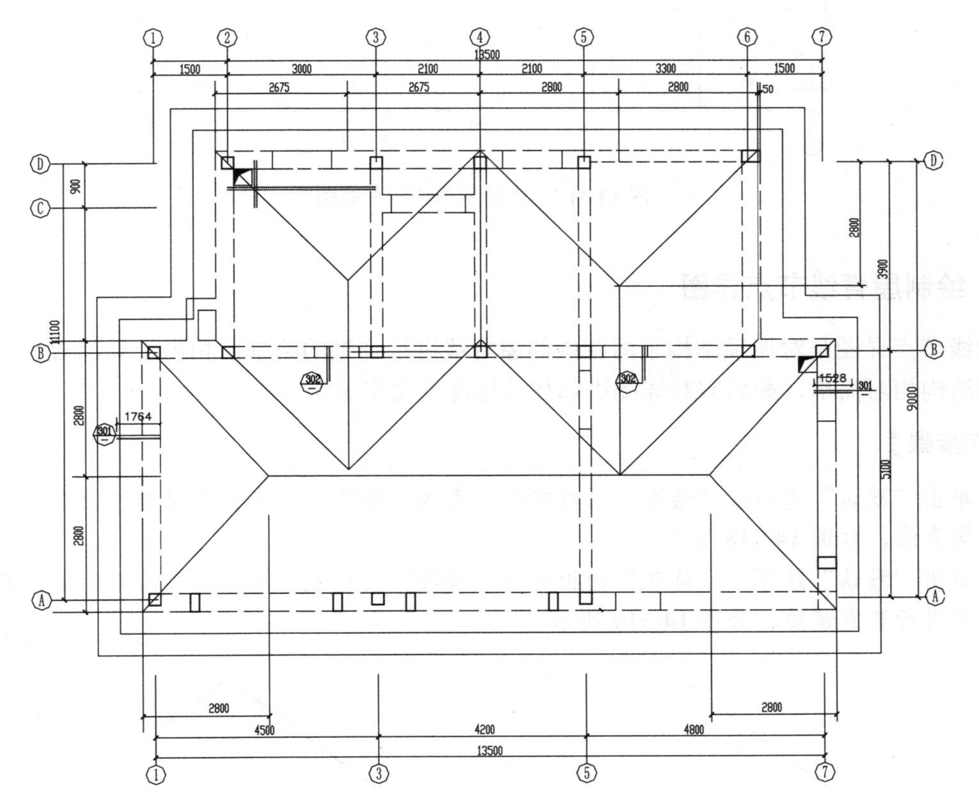

图 14-116　绘制相同图形

（17）单击“默认”选项卡“绘图”面板中的“直线”按钮和“多行文字”按钮A，为图形添加文字说明，打开关闭的标注图层，最终完成屋顶结构平面布置图的绘制，如图 14-117 所示。

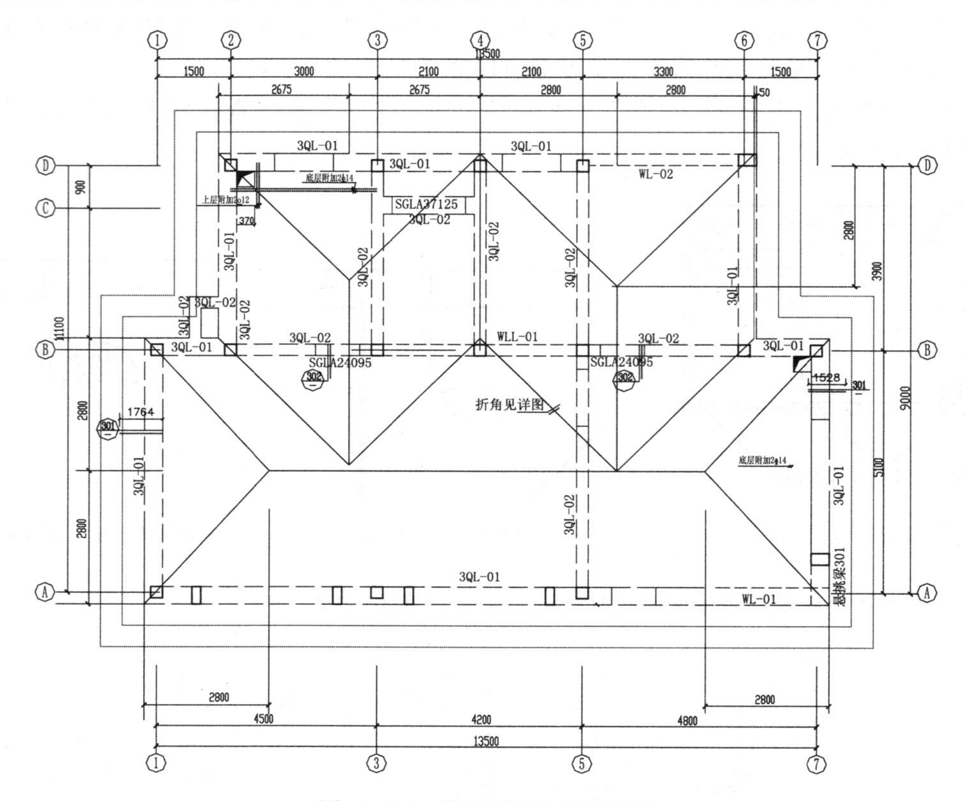

图 14-117 绘制屋顶结构平面图

扫一扫，看视频

14.2.2 绘制屋脊线节点详图

屋脊线节点详图是对屋顶结构平面图中的屋脊线进行详细的绘制，相当于局部放大图。屋脊线节点详图结构相对简单，最后需对详图进行尺寸标注及文字说明。

【操作步骤】

（1）单击“默认”选项卡“绘图”面板中的“直线”按钮，在图形适当位置绘制一条角度为 52°的斜向直线，如图 14-118 所示。

（2）单击“默认”选项卡“修改”面板中的“镜像”按钮，选择上步绘制的斜向直线为镜像对象，对其进行竖直镜像，如图 14-119 所示。

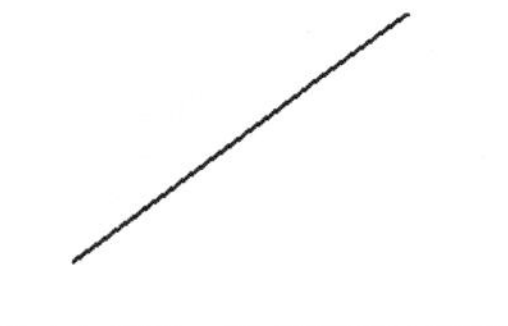

图 14-118 绘制斜向直线

图 14-119 镜像图形

（3）单击“默认”选项卡“修改”面板中的“偏移”按钮，选择上步镜像图形为偏移对象，向下进行偏移，如图 14-120 所示。

（4）单击“默认”选项卡“绘图”面板中的“直线”按钮，在上步图形适当位置绘制一条水平直线，如图 14-121 所示。

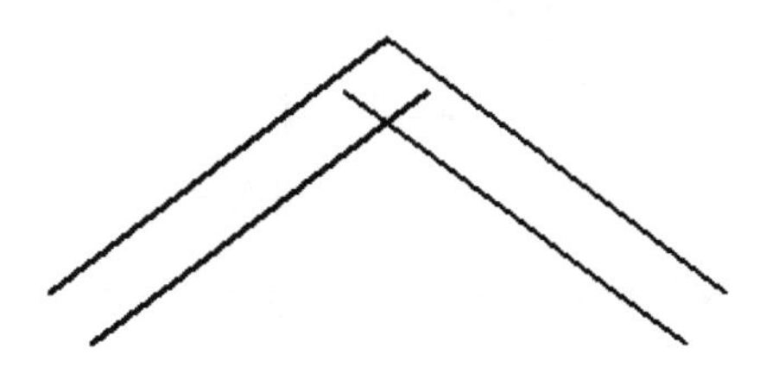
图 14-120　偏移对象

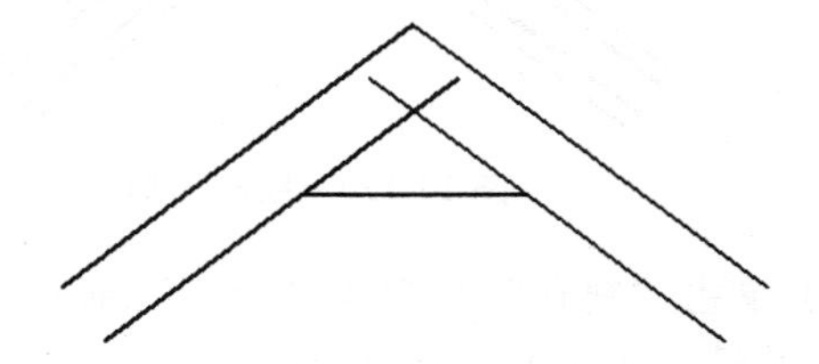
图 14-121　绘制水平直线

（5）单击“默认”选项卡“绘图”面板中的“修剪”按钮，选择上步绘制的水平直线为修剪对象，对其进行修剪处理，如图 14-122 所示。

（6）单击“默认”选项卡“绘图”面板中的“多段线”按钮，指定起点宽度为 50、端点宽度为 50，在上步绘制图形中绘制两条斜向多段线，如图 14-123 所示。

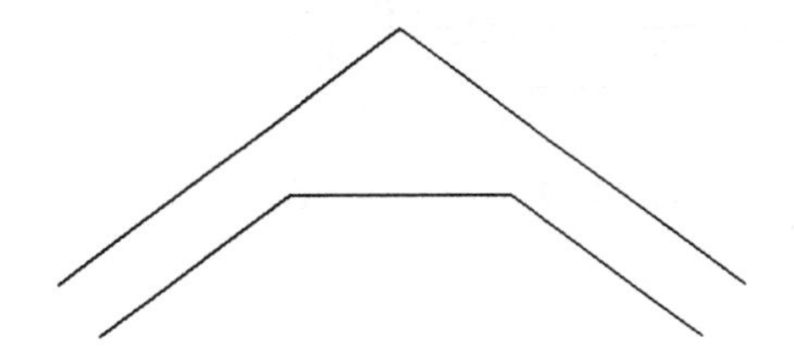
图 14-122　修剪线段

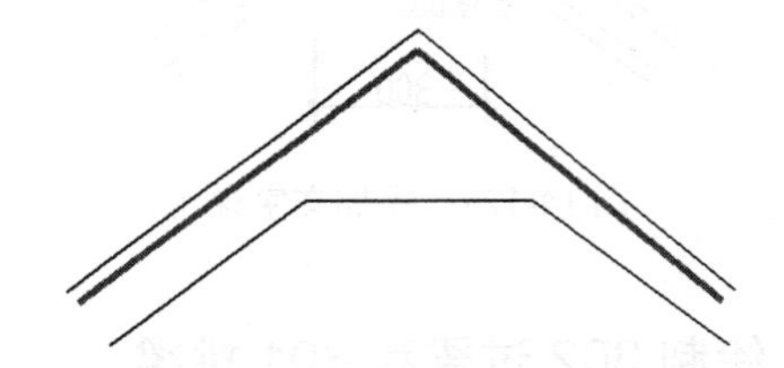
图 14-123　绘制多段线

（7）单击“默认”选项卡“修改”面板中的“偏移”按钮，选择上步绘制的多段线为偏移对象，向下进行偏移，偏移距离为 455，如图 14-124 所示。

（8）单击“默认”选项卡“绘图”面板中的“多段线”按钮，指定起点宽度为 50、端点宽度为 50，在图形适当位置绘制连续多段线，如图 14-125 所示。

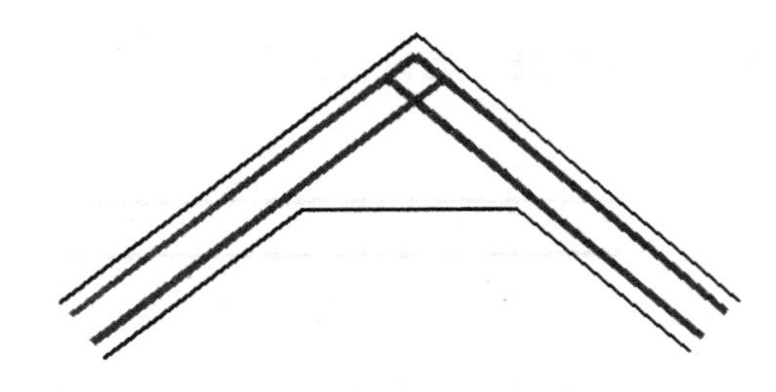
图 14-124　偏移线段

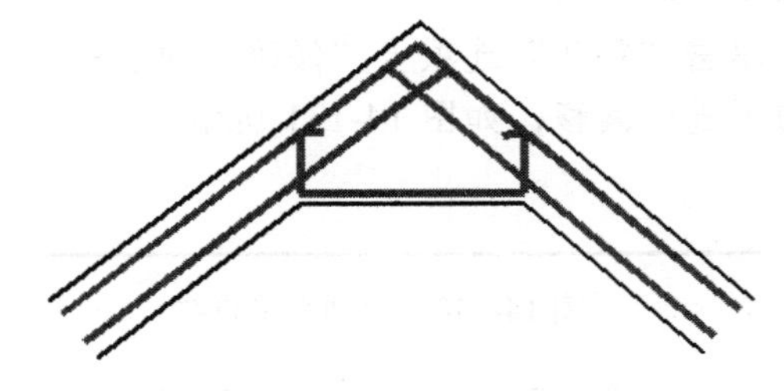
图 14-125　绘制连续多段线

（9）单击“默认”选项卡“绘图”面板中的“圆”按钮和“图案填充”按钮，完成图形剩余部分的绘制，如图 14-126 所示。

（10）单击“注释”选项卡“标注”面板中的“线性”按钮，为图形添加线性标注，并利用

DDEDIT 命令修改标注线上文字，如图 14-127 所示。

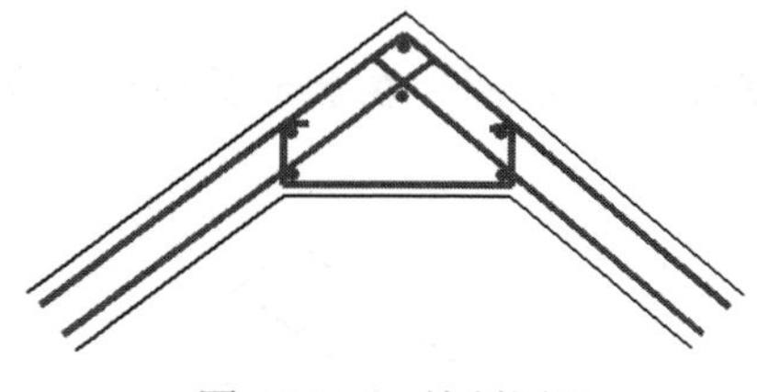
图 14-126　绘制图形

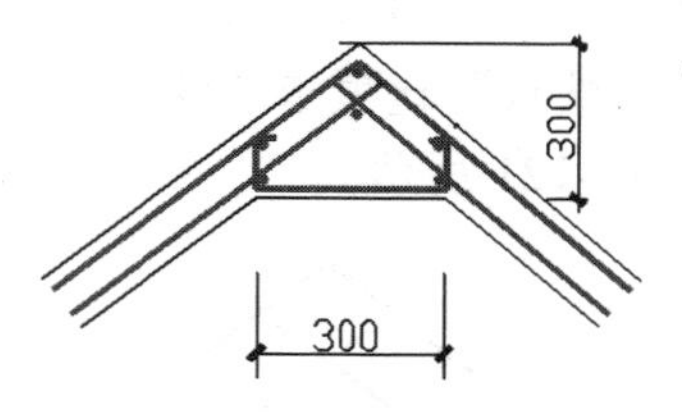

图 14-127　添加线性标注

（11）单击“默认”选项卡“绘图”面板中的“直线”按钮和“多行文字”按钮A，为图形添加文字说明，如图 14-128 所示。

（12）利用上述方法完成板折角详图的绘制，如图 14-129 所示。

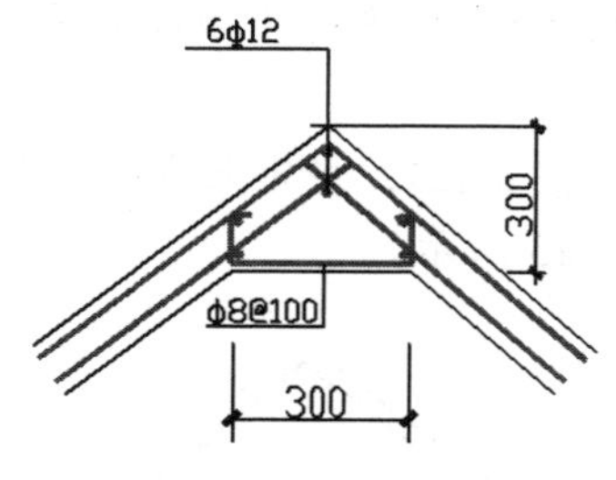

图 14-128　添加文字说明

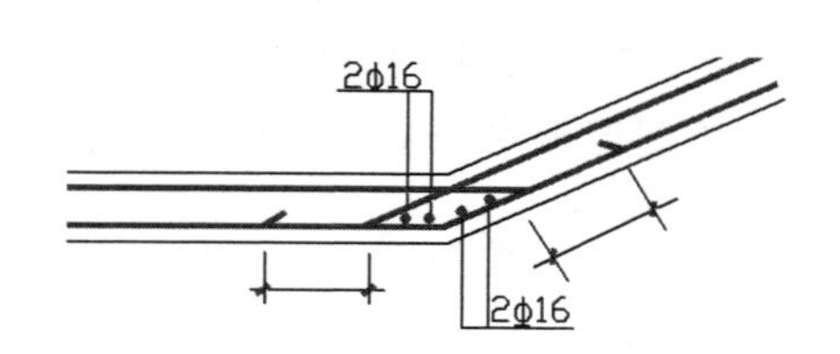

图 14-129　板折角详图

扫一扫，看视频

14.2.3　绘制 302 过梁和 301 挑梁

302 过梁属于地下室结构平面布置图的一部分，结构简单。可利用“直线”“偏移”“修剪”等命令绘制图形，并标注尺寸和添加文字说明。

【操作步骤】

（1）单击“默认”选项卡“绘图”面板中的“直线”按钮，在图形空白位置绘制一条水平直线，如图 14-130 所示。

（2）单击“默认”选项卡“修改”面板中的“偏移”按钮，选择上步绘制的竖直直线为偏移对象，向下进行偏移，如图 14-131 所示。

图 14-130　绘制水平直线

图 14-131　偏移水平直线

（3）单击“默认”选项卡“绘图”面板中的“直线”按钮，在上步偏移线段上方选择一点为直线起点，向下绘制一条竖直直线，如图 14-132 所示。

（4）单击“默认”选项卡“修改”面板中的“偏移”按钮，选择上步绘制的竖直直线为偏移对象，向右进行偏移，偏移距离为 240，如图 14-133 所示。

（5）单击“默认”选项卡“修改”面板中的“修剪”按钮，选择上步偏移线段为修剪对象，对其进行修剪处理，如图 14-134 所示。

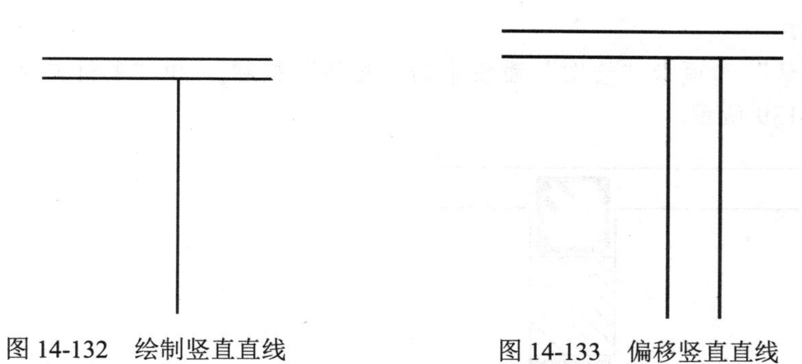

图 14-132 绘制竖直直线　　图 14-133 偏移竖直直线

（6）单击“默认”选项卡“绘图”面板中的“直线”按钮，在上步图形内绘制水平直线，如图 14-135 所示。

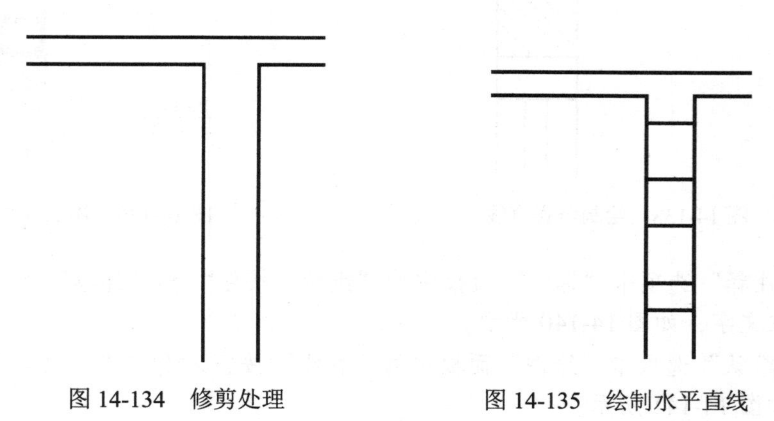

图 14-134 修剪处理　　图 14-135 绘制水平直线

（7）利用所学知识完成直线内挑梁的绘制，如图 14-136 所示。

（8）单击“默认”选项卡“绘图”面板中的“图案填充”按钮，选择 ANSI31 图案类型，设置填充比例为 1000，选择填充区域，效果如图 14-137 所示。

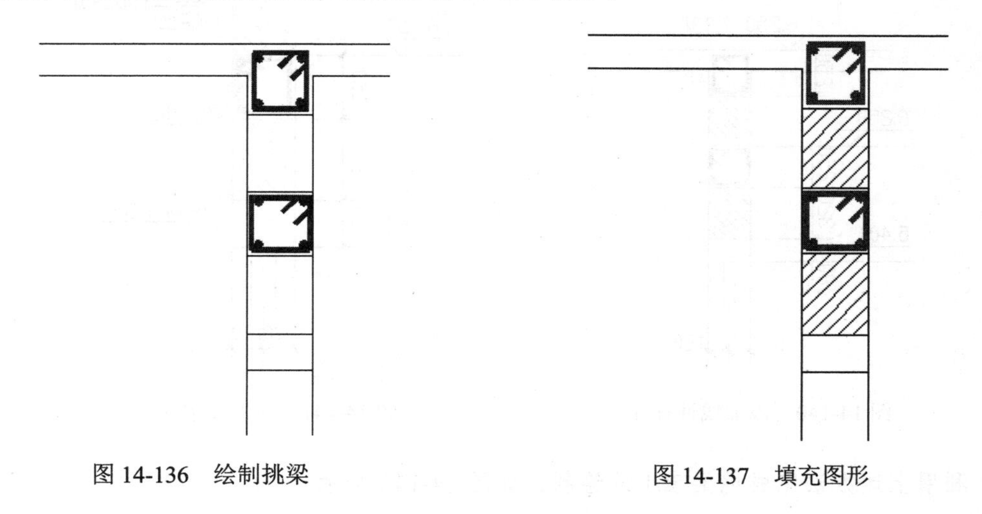

图 14-136 绘制挑梁　　图 14-137 填充图形

（9）单击“默认”选项卡“绘图”面板中的“直线”按钮，在上步图形底部绘制几条竖直直线，如图 14-138 所示。

（10）单击“默认”选项卡“绘图”面板中的“直线”按钮和“多行文字”按钮A，为图形添加标高，如图 14-139 所示。

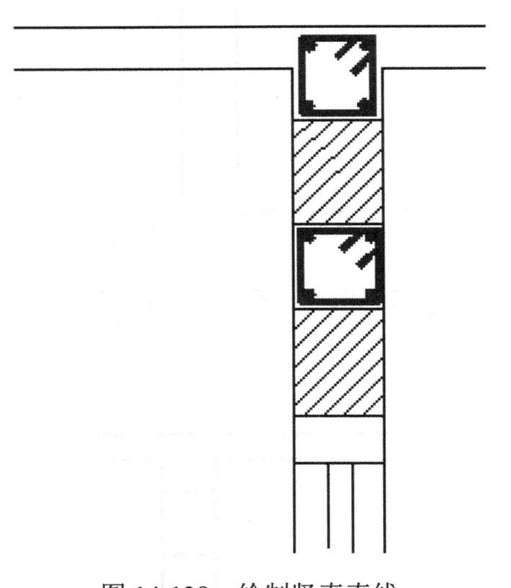

图 14-138　绘制竖直直线

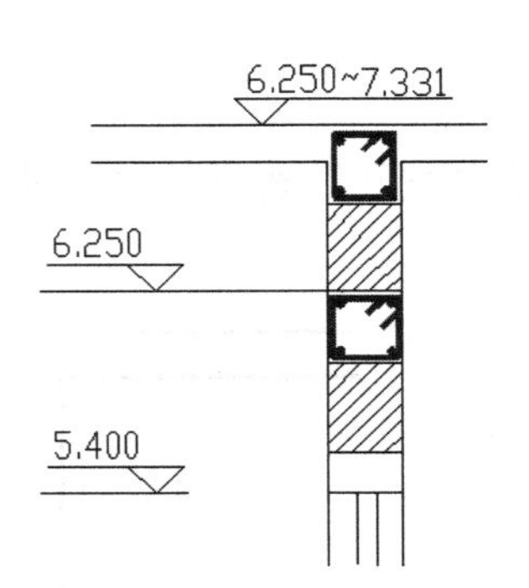

图 14-139　添加标高

（11）单击“注释”选项卡“标注”面板中的“线性”按钮和“连续”按钮，为图形添加标注，并修改标注文字，如图 14-140 所示。

（12）单击“默认”选项卡“绘图”面板中的“直线”按钮和“多行文字”按钮A，为图形添加文字说明，如图 14-141 所示。

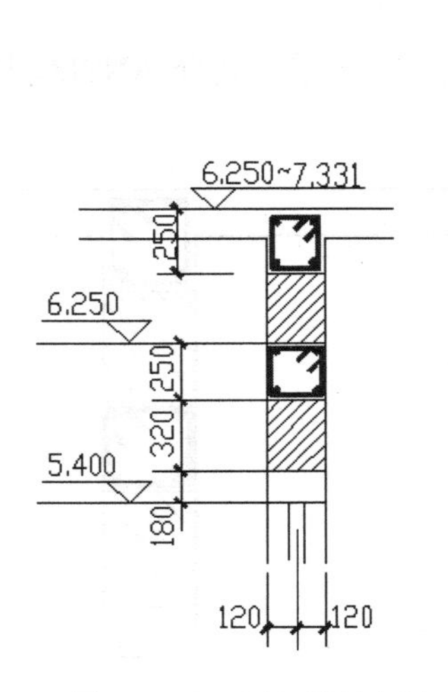

图 14-140　添加线性标注

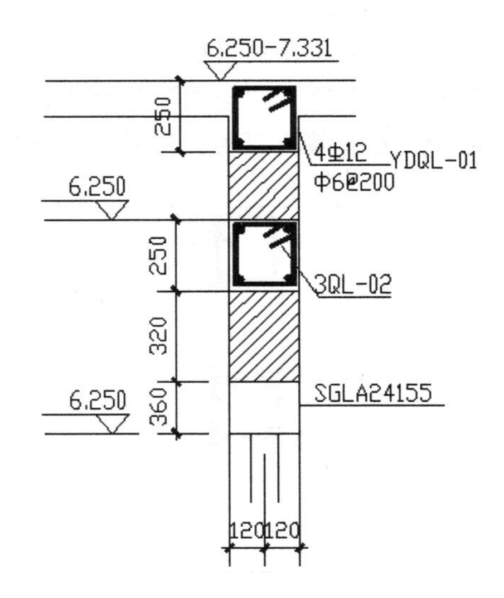

图 14-141　添加文字说明

（13）利用上述方法完成挑梁 301 的绘制，如图 14-142 所示。

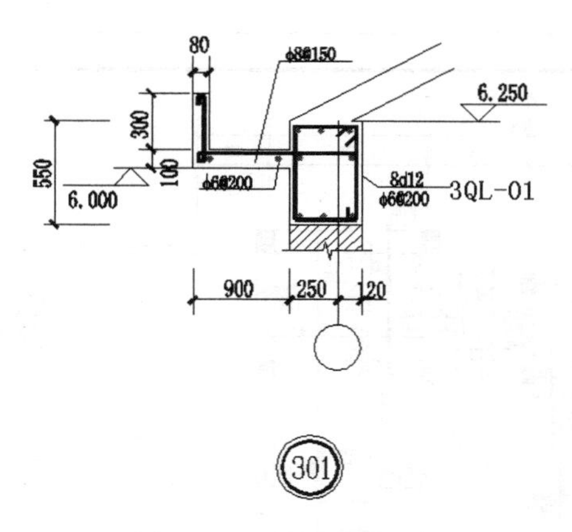

图 14-142　绘制挑梁 301

14.2.4　添加文字说明

文字说明是每个 CAD 图所必备的一项，负责对绘制的平面图进行文字解释。

扫一扫，看视频

【操作步骤】

（1）单击“默认”选项卡“绘图”面板中的“多行文字”按钮**A**，为图形添加文字说明，如图 14-143 所示。

说明:
1. 钢筋等级: HPB235(ф)HRB335(ф)。
2. 板厚均为150 mm,钢筋ф12@150双层双向屋顶起坡注明者外均从外墙边开始，起坡标高为6.250 m,顶标高为7.350 m屋顶角度以施工放大样为标准。
3. 过梁图集选用02G05，120墙过梁选用SGLA12081，陶粒混凝土墙过梁选用TGLA20092预制钢筋混凝土过梁不能正常放置时采用现浇。
4. 混凝土选用C20,板主筋保护层厚度分别为30 mm、20 mm。
5. 挑檐阳角处均放置9ф10放射筋，锚入圈梁内500。
6. 屋面梁板钢筋均按抗拉锚固。
7. A-A、B-B剖面见结施-06。

图 14-143　添加文字说明

（2）结合所学知识为绘制图形添加图形名称，最终完成屋顶结构平面布置图的绘制，如图 14-102 所示。

练一练——绘制首层结构平面布置图

绘制如图 14-144 所示的首层结构平面布置图。

思路点拨

源文件：源文件\第 14 章\首层结构平面布置图 .dwg

（1）绘制首层结构平面图。
（2）绘制箍梁。
（3）标注说明文字。
（4）标注尺寸。

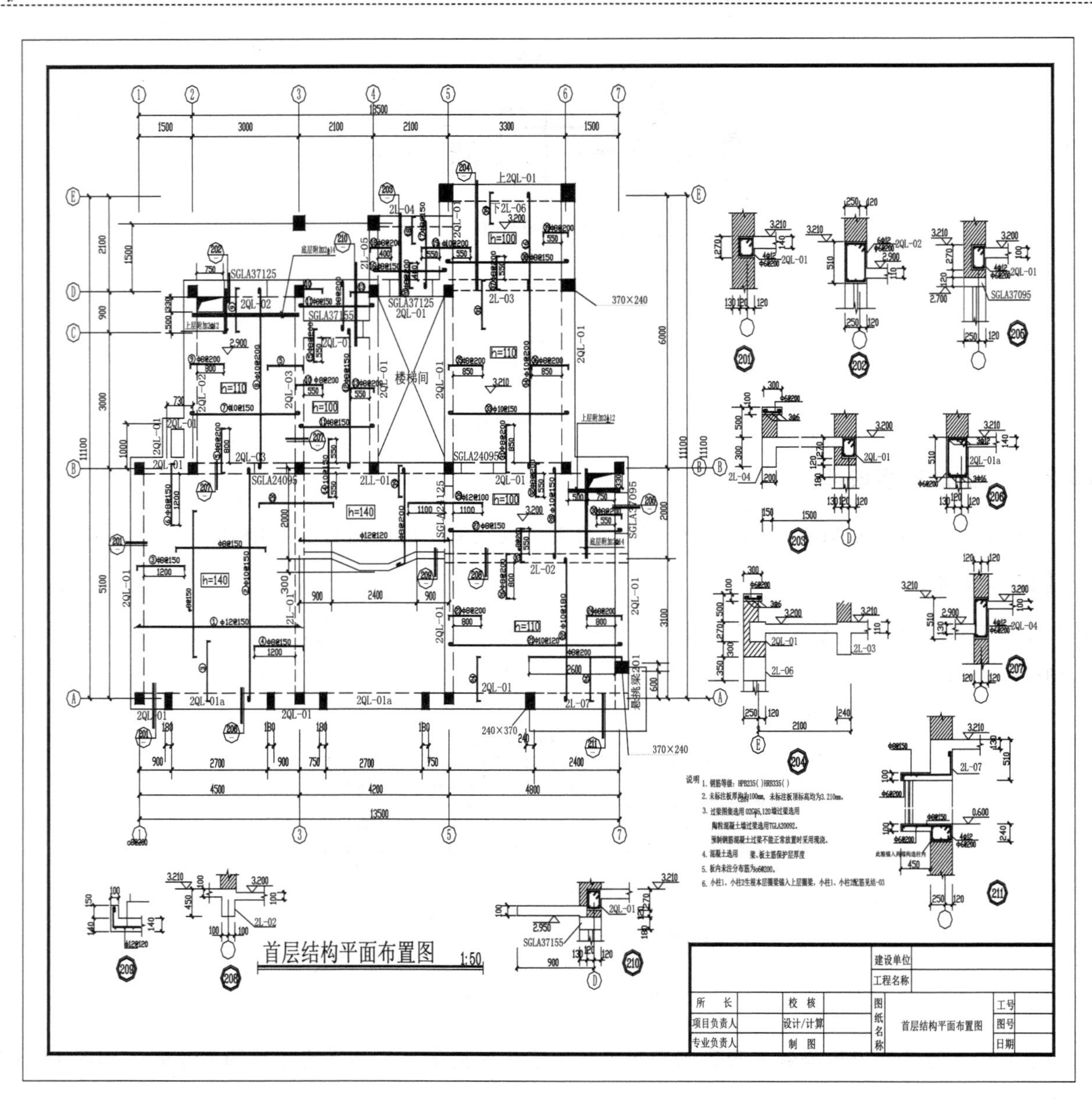

图 14-144　首层结构平面布置图

第 15 章　别墅基础平面布置图

内容简介

基础平面图与上面所讲述的地下室顶板结构平面图类似，其中的基础平面布置图与其他层的平面布置图类似，不再赘述。下面讲述基础平面图中相对独特的建筑结构，比如自然地坪以下防水做法、集水坑结构做法及各种构造柱剖面图等的绘制。

内容要点

- 基础平面图概述
- 绘制基础平面图

案例效果

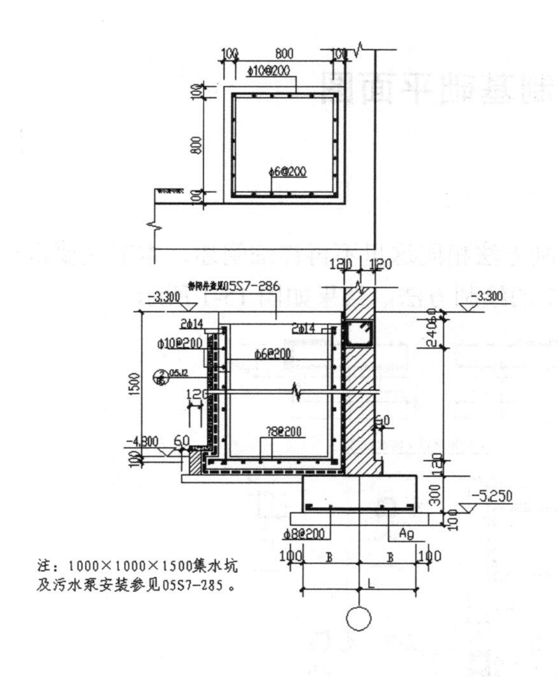

说明：

1. 基础断面图详结-2。
2. 未注明的构造柱均为GZ3。
3. ZJ配筋见结施-09。
4. 采光井位置见建-01。

15.1　基础平面图概述

本节将介绍绘制结构平面图的一些必要的知识，包括基础平面图相关理论知识要点以及图框绘制的基本方法，为后面学习作必要的准备。

基础平面图一般包括以下内容。

（1）绘出定位轴线、基础构件（包括承台、基础梁等）的位置、尺寸、底标高、构件编号，基础底标高不同时，应绘出放坡示意。

（2）标明结构承重墙与墙垛、柱的位置与尺寸、编号，当为钢筋混凝土时，此项可绘平面图，并注明断面变化关系尺寸。

（3）标明地沟、地坑和已定设备基础的平面位置、尺寸、标高，以及无地下室时 ±0.000 标高以下的预留孔与埋件的位置、尺寸、标高。

（4）提出沉降观测要求及测点布置（宜附测点构造详图）。

（5）说明中应包括基础持力层及基础进入持力层的深度、地基的承载能力特征值、基底及基槽回填土的处理措施与要求以及对施工的有关要求等。

（6）桩基应绘出桩位平面位置及定位尺寸，说明桩的类型和桩顶标高、入土深度、桩端持力层及进入持力层的深度、成桩的施工要求、试桩要求和桩基的检测要求（若先做试桩，应先单独绘制试桩定位平面图），注明单桩的允许极限承载力值。

（7）当采用人工复合地基时，应绘出复合地基的处理范围和深度，置换桩的平面布置及其材料和性能要求、构造详图，注明复合地基的承载能力特征值及压缩模量等有关参数和检测要求。

当复合地基另由有设计资质的单位设计时，主体设计方应明确提出对地基承载能力特征值和变形值的控制要求。

15.2　绘制基础平面图

绘制思路

基础平面布置图的绘制方法与上一章节绘制方法相同这里不再详细阐述，本节主要讲述自然地坪以下防水，集水坑结构施工及构造柱剖面 1-7 的绘制方法，结果如图 15-1 所示。

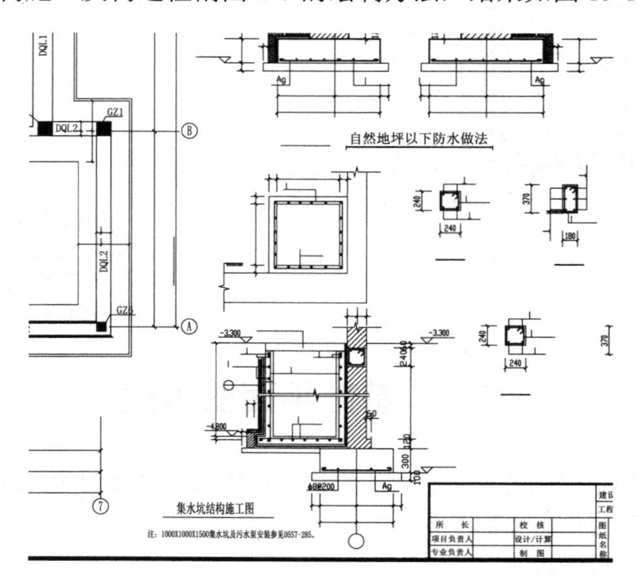

图 15-1　基础平面布置图

15.2.1 绘制自然地坪以下防水图

自然地坪以下防水图是基础平面布置图的一部分，运用“多段线”“镜像”“直线”等命令绘制自然地坪以下防水图。

【操作步骤】

（1）单击“默认”选项卡“绘图”面板中的“多段线”按钮，指定起点宽度为50、端点宽度为50，在图形空白位置绘制连续多段线，如图15-2所示。

（2）单击“默认”选项卡“修改”面板中的“镜像”按钮，选择上步绘制的多段线为镜像对象对其进行镜像处理，如图15-3所示。

图15-2　绘制多段线　　　　图15-3　镜像对象

（3）单击“默认”选项卡“绘图”面板中的“多段线”按钮，指定起点宽度为50、端点宽度为50，在上步绘制的多段线底部绘制连续多段线，如图15-4所示。

（4）单击“默认”选项卡“绘图”面板中的“直线”按钮，在图形适当位置绘制多条水平直线，如图15-5所示。

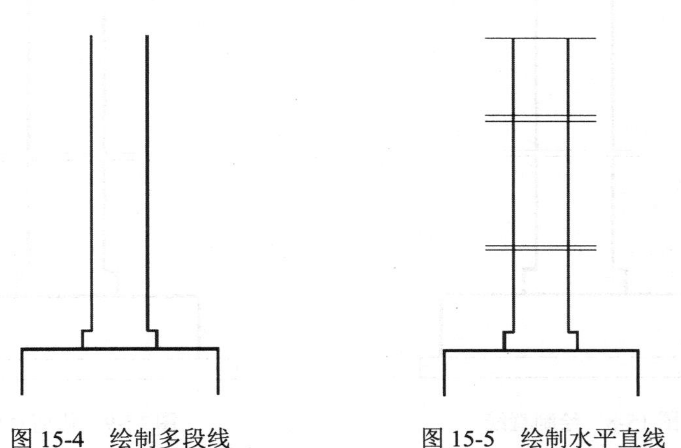

图15-4　绘制多段线　　　　图15-5　绘制水平直线

（5）单击“默认”选项卡“绘图”面板中的“矩形”按钮，在上步图形下部位置绘制一个适当大小的矩形，如图15-6所示。

（6）单击“默认”选项卡“修改”面板中的“修剪”按钮，对上步绘制图形进行修剪处理，如图 15-7 所示。

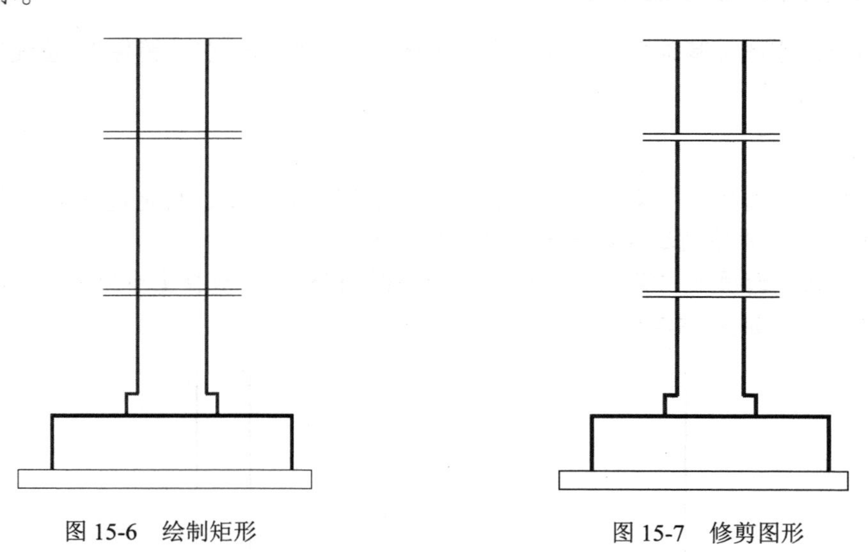

图 15-6　绘制矩形　　　图 15-7　修剪图形

（7）单击“默认”选项卡“绘图”面板中的“直线”按钮，在上步图形顶部位置绘制连续直线，如图 15-8 所示。

（8）单击“默认”选项卡“修改”面板中的“修剪”按钮，以上步绘制的连续直线为修剪对象，对其进行修剪处理，如图 15-9 所示。

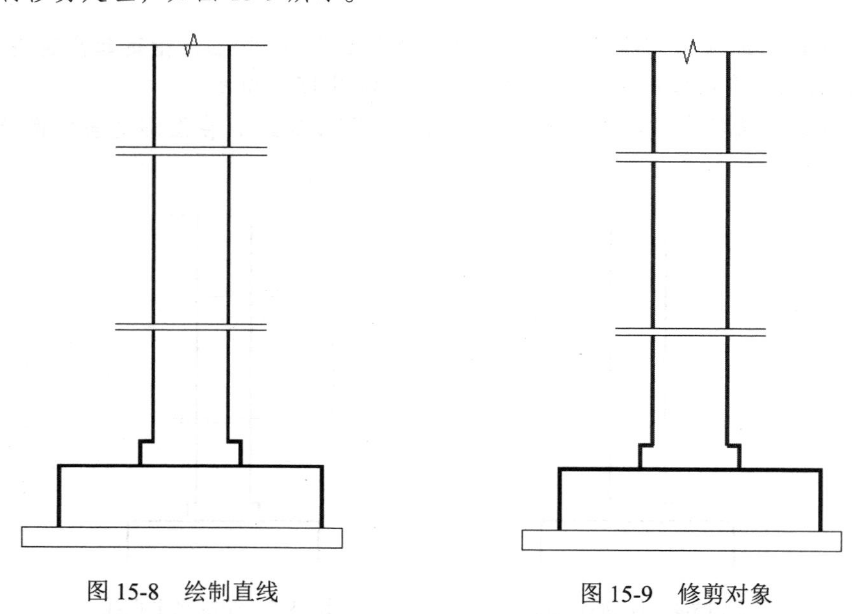

图 15-8　绘制直线　　　图 15-9　修剪对象

（9）利用上述方法完成剩余相同图形的绘制，如图 15-10 所示。

（10）单击“默认”选项卡“绘图”面板中的“直线”按钮，在上步图形左侧绘制连续直线，如图 15-11 所示。

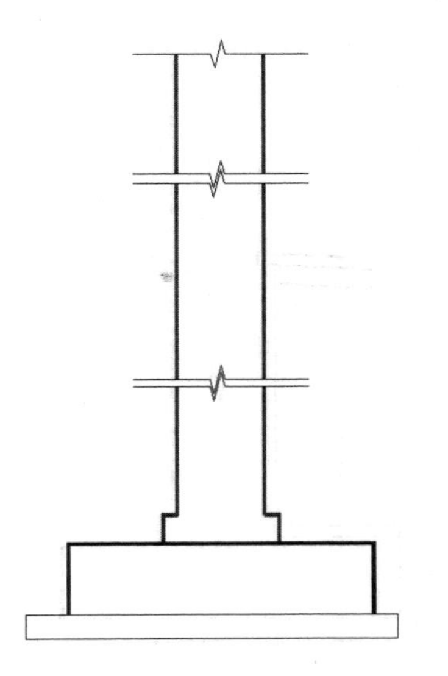

图 15-10　绘制相同图形

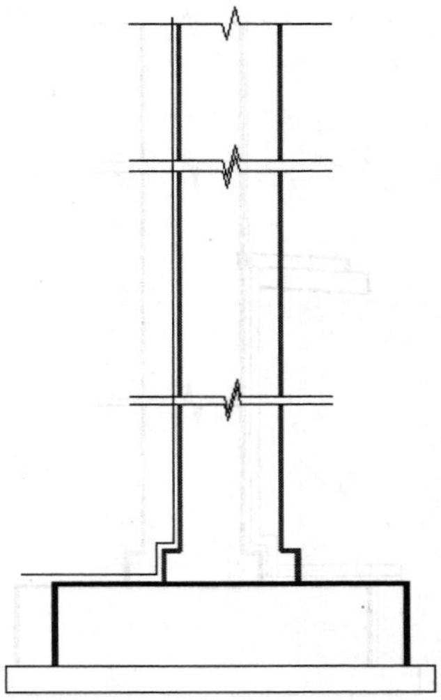

图 15-11　绘制连续直线

（11）单击“默认”选项卡“修改”面板中的“偏移”按钮，选择上步绘制的连续直线为偏移对象向外侧进行偏移，如图 15-12 所示。

（12）单击“默认”选项卡“绘图”面板中的“直线”按钮，在图形适当位置绘制一条竖直直线，如图 15-13 所示。

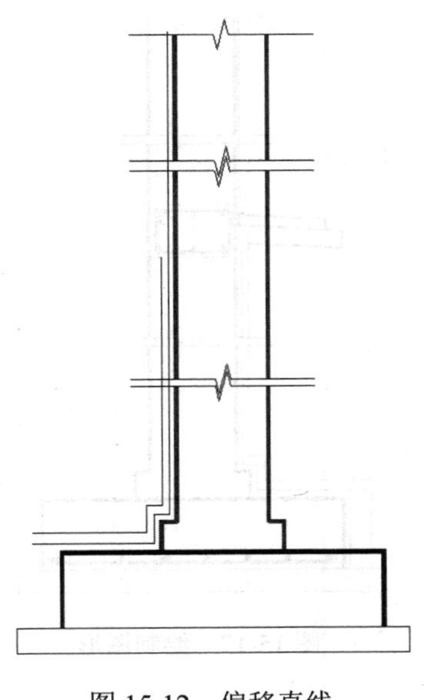

图 15-12　偏移直线

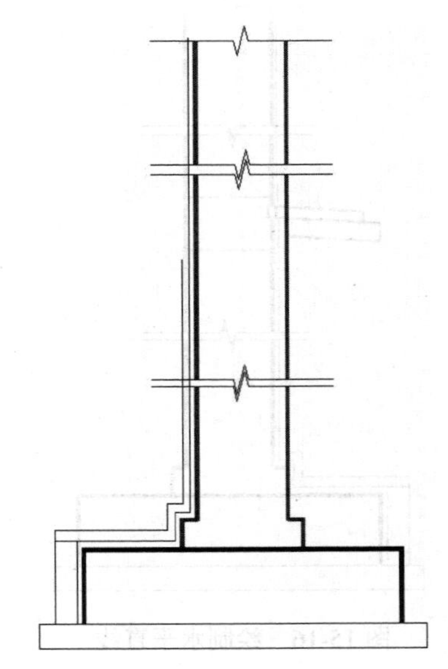

图 15-13　绘制竖直直线

（13）单击“默认”选项卡“绘图”面板中的“多段线”按钮，指定起点宽度为 30、端点宽度为 30，在图形适当位置绘制连续多段线，如图 15-14 所示。

（14）单击“默认”选项卡“修改”面板中的“修剪”按钮，对上步线段进行修剪处理，如图 15-15 所示。

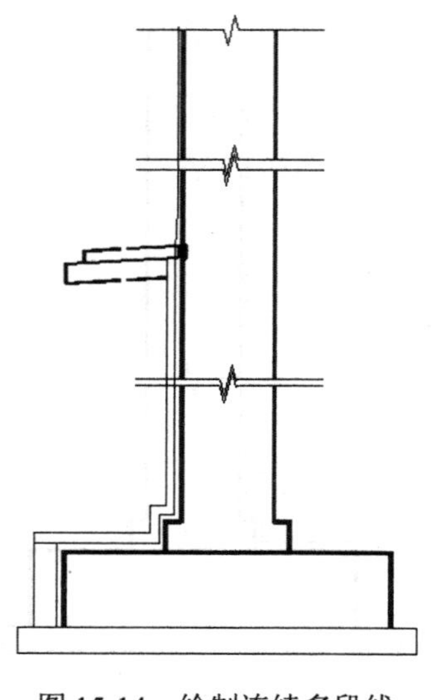

图 15-14　绘制连续多段线

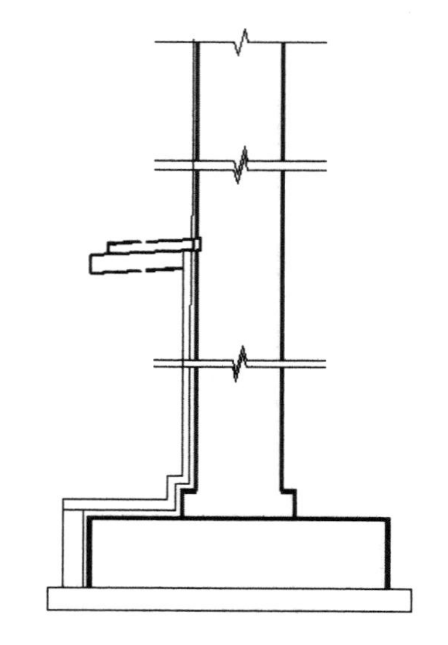

图 15-15　修剪对象

（15）单击“默认”选项卡“绘图”面板中的“直线”按钮，在上步图形内绘制水平直线，如图 15-16 所示。

（16）利用前面讲述的方法完成内部图形的绘制及外部填充区域的绘制，如图 15-17 所示。

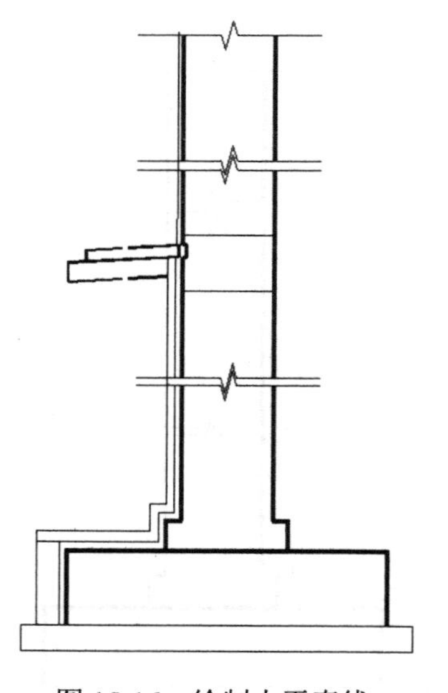

图 15-16　绘制水平直线

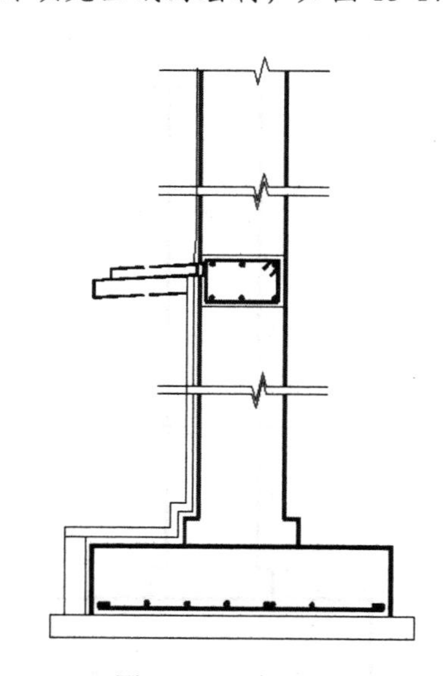

图 15-17　绘制图形

（17）结合前面所学知识完成图形中图案的填充，完成基本图形的绘制，如图 15-18 所示。

（18）单击“注释”选项卡“标注”面板中的“线性”按钮和“连续”按钮，为图形添加标注，并调用 DDEDIT 命令修改标注尺寸线上的尺寸文字，如图 15-19 所示。

（19）单击“默认”选项卡“绘图”面板中的“直线”按钮和“多行文字”按钮 A，为图形添加标高，如图 15-20 所示。

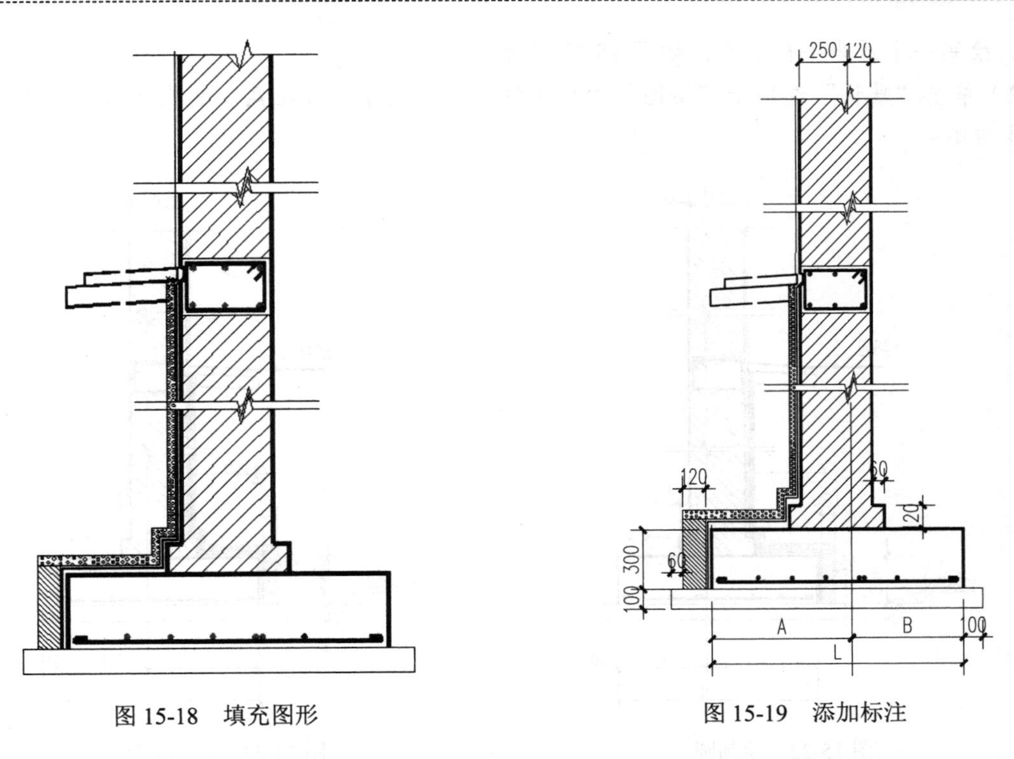

图 15-18　填充图形

图 15-19　添加标注

（20）单击“默认”选项卡“绘图”面板中的“直线”按钮，在图形适当位置绘制一条水平直线，如图 15-21 所示。

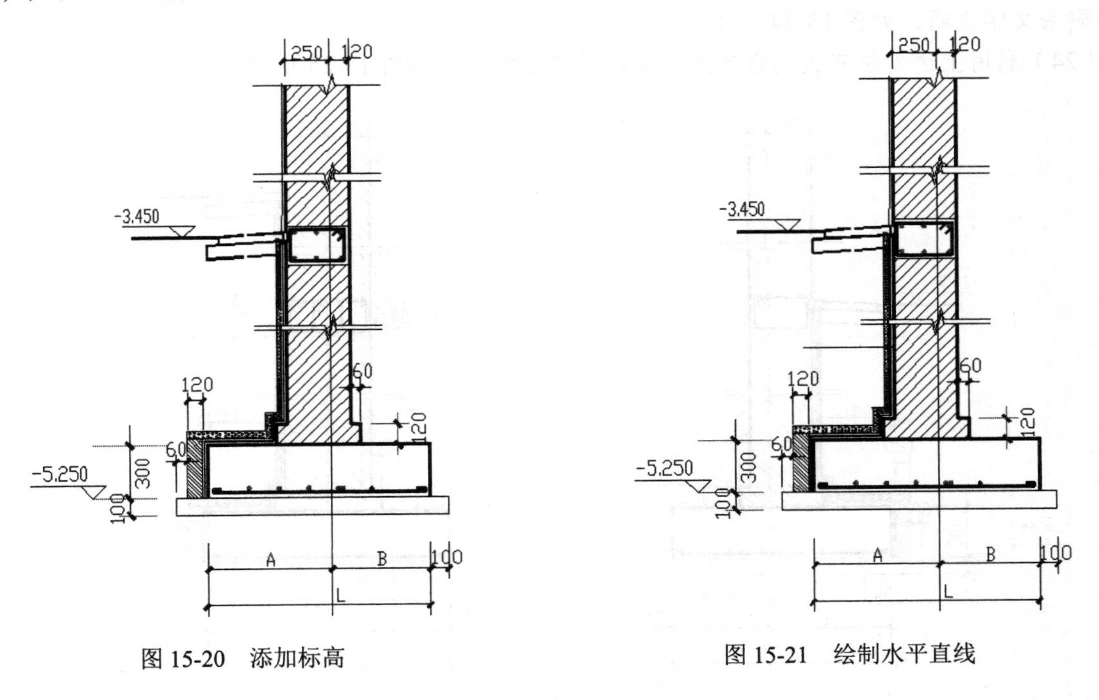

图 15-20　添加标高

图 15-21　绘制水平直线

（21）单击“默认”选项卡“绘图”面板中的“圆”按钮，在上步绘制水平直线上选取一点为圆心，绘制一个适当半径的圆，如图 15-22 所示。

（22）单击“默认”选项卡“绘图”面板中的“多行文字”按钮A，为图形添加文字说明，如图 15-23 所示。

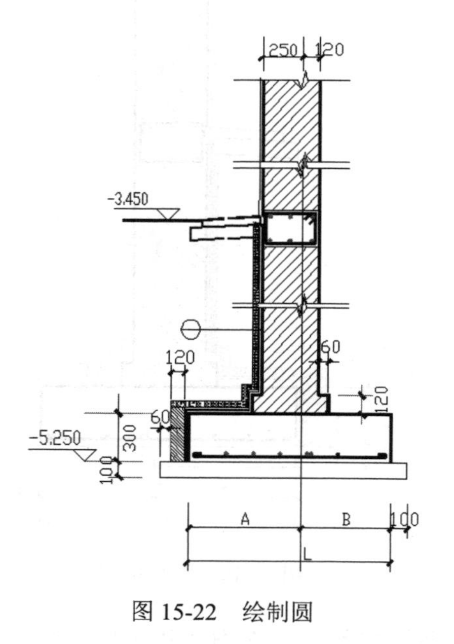

图 15-22　绘制圆

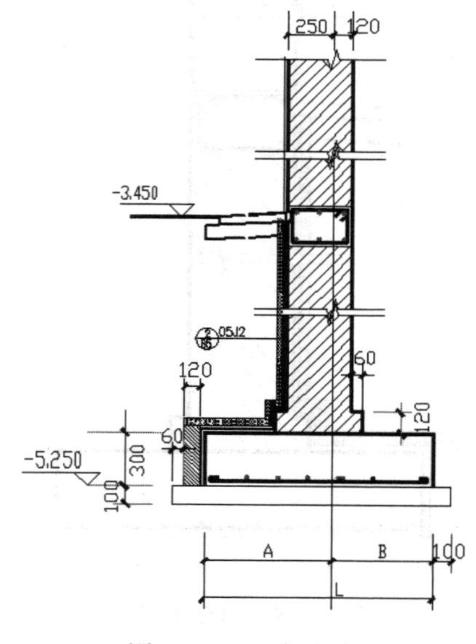

图 15-23　添加文字

（23）单击“默认”选项卡“绘图”面板中的“直线”按钮和“多行文字”按钮A，为图形添加剩余文字说明，如图 15-24 所示。

（24）利用上述方法完成剩余自然地坪以下防水做法，如图 15-25 所示。

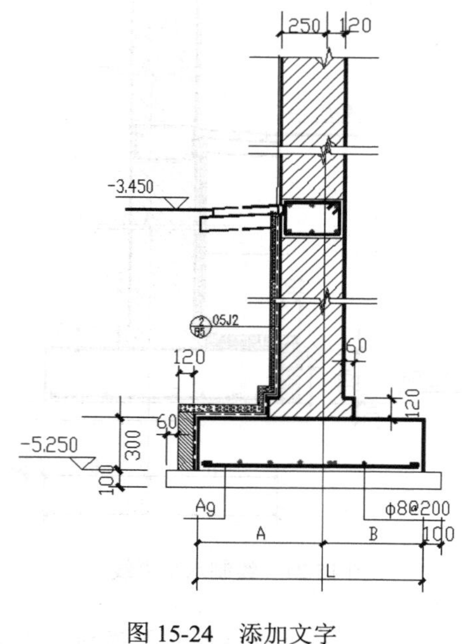

图 15-24　添加文字

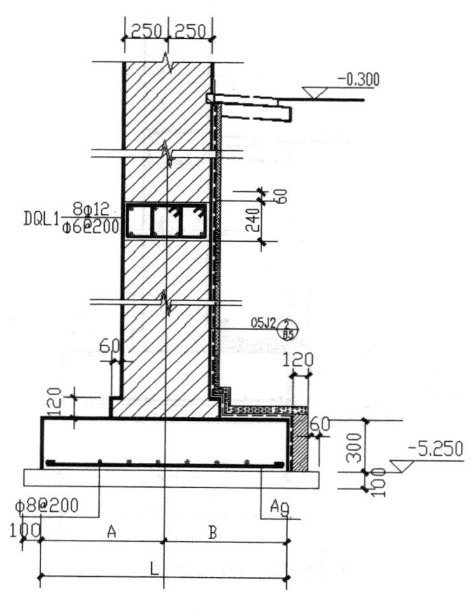

图 15-25　绘制图形

15.2.2 绘制集水坑结构施工图

扫一扫，看视频

集水坑结构施工图是基础平面布置图的一部分，运用“多段线”“镜像”“直线”等命令绘制集水坑结构施工图。

【操作步骤】

（1）单击“默认”选项卡“绘图”面板中的“多段线”按钮，指定起点宽度为50、端点宽度为50，在图形适当位置绘制连续多段线，如图15-26所示。

（2）单击“默认”选项卡“绘图”面板中的“多段线”按钮，指定起点宽度为50、端点宽度为50，在上步多段线下端绘制连续多段线，如图15-27所示。

（3）单击“默认”选项卡“绘图”面板中的“直线”按钮，封闭上步绘制的多段线，如图15-28所示。

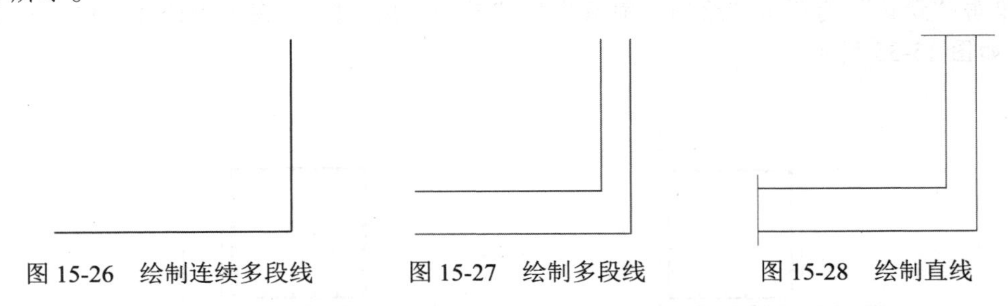

图15-26　绘制连续多段线　　图15-27　绘制多段线　　图15-28　绘制直线

（4）单击“默认”选项卡“绘图”面板中的“直线”按钮，在上步绘制直线上绘制连续直线，如图15-29所示。

（5）单击“默认”选项卡“修改”面板中的“修剪”按钮，对上步绘制的连续线段进行修剪，如图15-30所示。

（6）单击“默认”选项卡“绘图”面板中的“直线”按钮，在上步图形适当位置绘制连续直线，如图15-31所示。

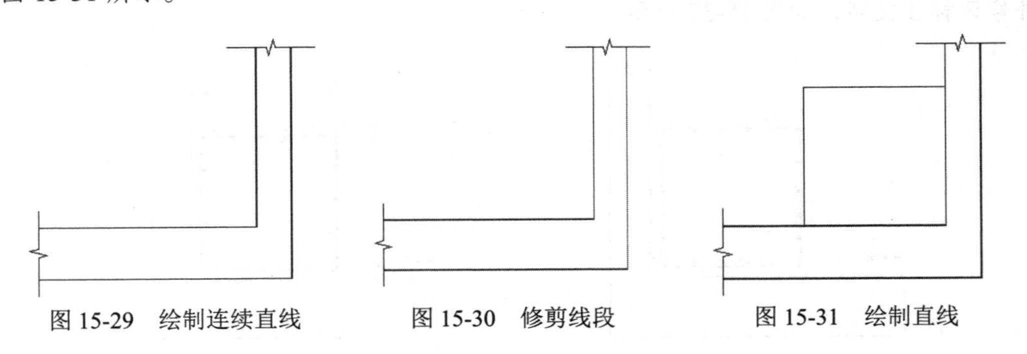

图15-29　绘制连续直线　　图15-30　修剪线段　　图15-31　绘制直线

（7）单击“默认”选项卡“绘图”面板中的“多段线”按钮，指定起点宽度为35、端点宽度为35，绘制连续多段线，如图15-32所示。

（8）单击“默认”选项卡“绘图”面板中的“圆”按钮和“图案填充”按钮，绘制图形如图15-33所示。

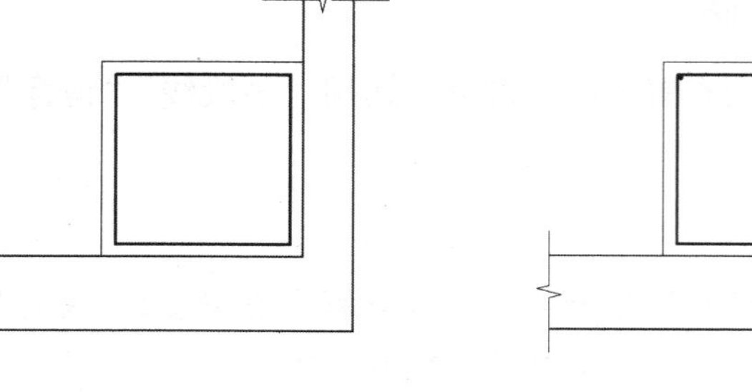
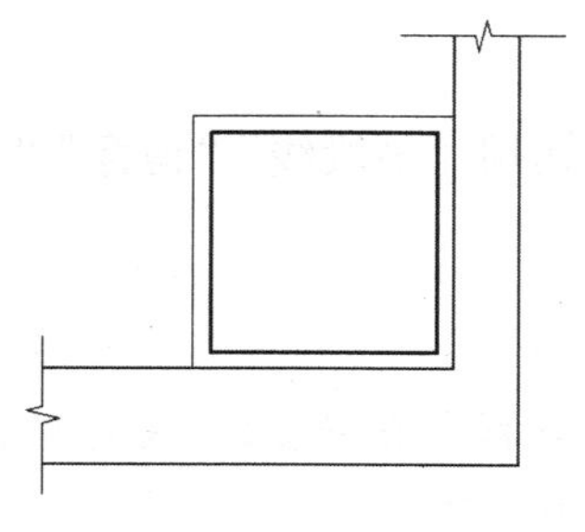

图 15-32　绘制连续多段线　　　　图 15-33　绘制圆图形

（9）单击“默认”选项卡“修改”面板中的“复制”按钮，选择上步绘制图形为复制对象，对其进行连续复制，如图 15-34 所示。

（10）单击“默认”选项卡“绘图”面板中的“矩形”按钮，在上步图形内绘制一个适当大小的矩形，如图 15-35 所示。

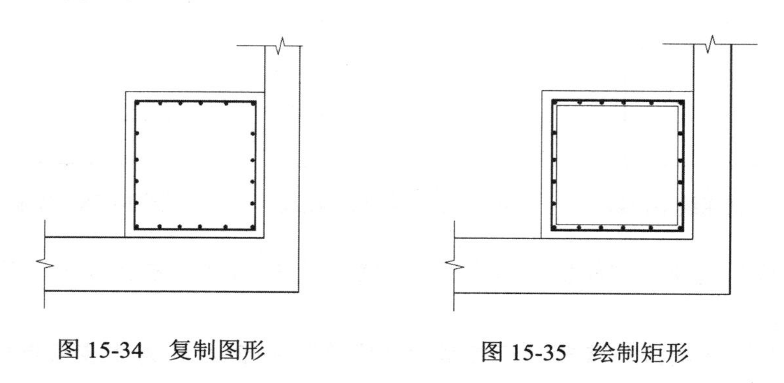

图 15-34　复制图形　　　　图 15-35　绘制矩形

（11）结合所学知识完成基本图形的绘制，如图 15-36 所示。

（12）单击“注释”选项卡“标注”面板中的“线性”按钮和“连续”按钮为上步图形添加标注并修改标注文字，如图 15-37 所示。

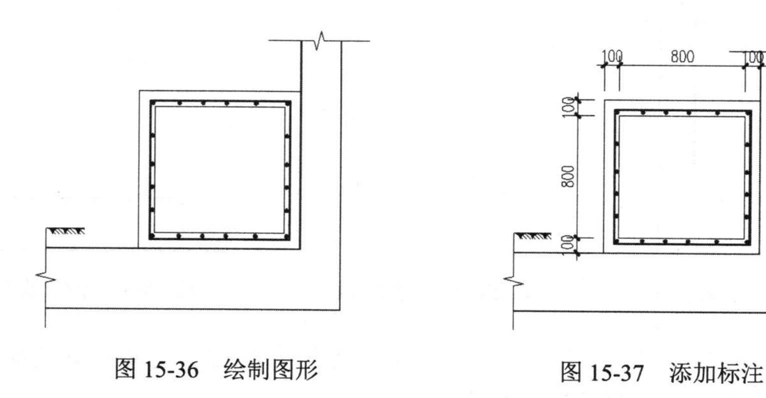

图 15-36　绘制图形　　　　图 15-37　添加标注

（13）单击“默认”选项卡“绘图”面板中的“直线”按钮和“多行文字”按钮A，为图形添加文字说明，如图 15-38 所示。

（14）利用上述方法完成集水坑结构施工图的绘制，如图 15-39 所示。

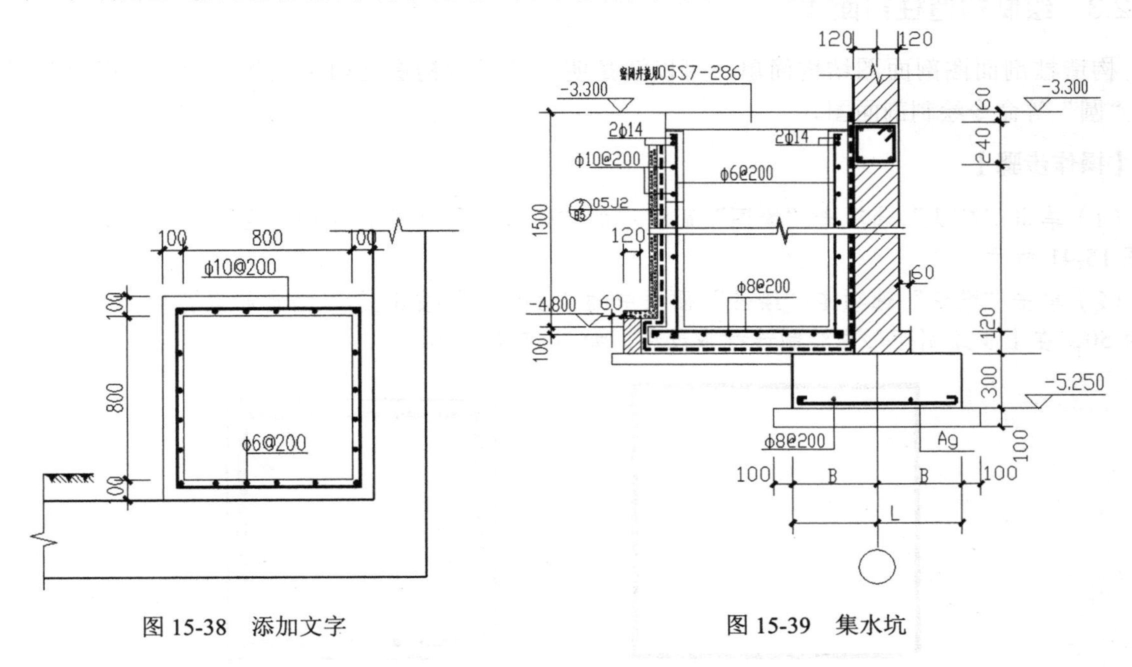

图 15-38　添加文字

图 15-39　集水坑

（15）单击“默认”选项卡“绘图”面板中的“多行文字”按钮**A**，为集水坑结构施工图添加文字说明，如图 15-40 所示。

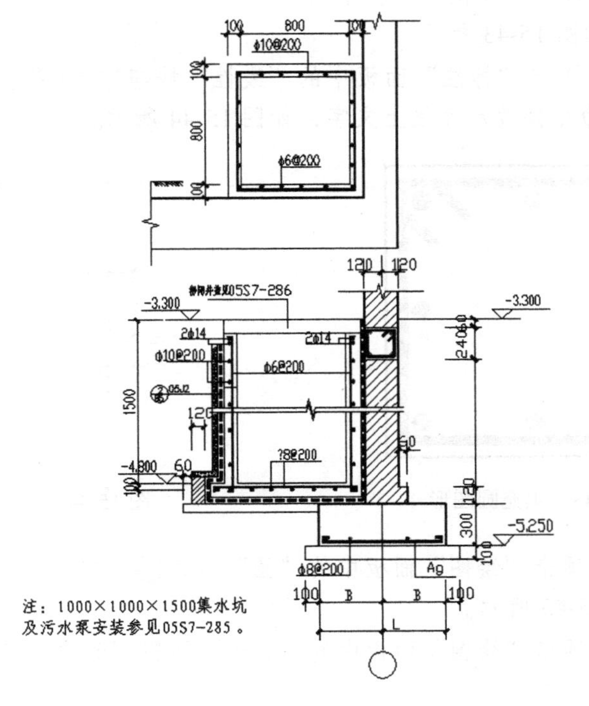

图 15-40　文字说明

扫一扫，看视频

15.2.3 绘制构造柱剖面 1

构造柱剖面图剖面图结构简单，可以清楚明了的显示构造柱内部结构。运用“矩形”“多段线”“圆”等命令绘制剖面图。

【操作步骤】

（1）单击“默认”选项卡“绘图”面板中的“矩形”按钮，在图形空白位置绘制一个矩形，如图 15-41 所示。

（2）单击“默认”选项卡“绘图”面板中的“多段线”按钮，指定起点宽度为 50、端点宽度为 50，在上步绘制矩形内绘制连续多段线，如图 15-42 所示。

图 15-41　绘制矩形

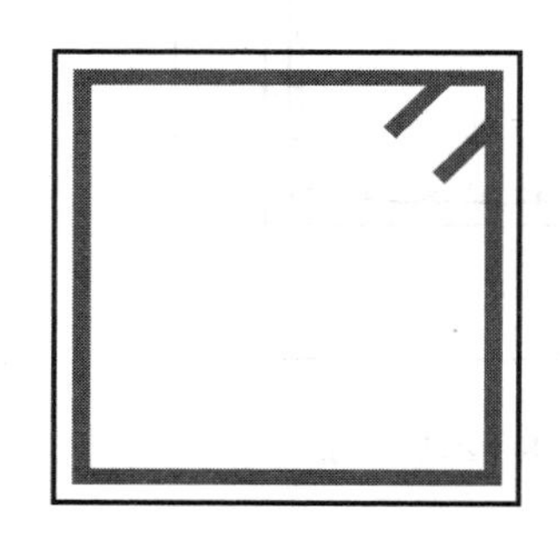
图 15-42　绘制多段线

（3）单击“默认”选项卡“绘图”面板中的“圆”按钮和“图案填充”按钮，在上步绘制多段线内填充圆图形，如图 15-43 所示。

（4）单击“注释”选项卡“标注”面板中的“线性”按钮和“连续”按钮，为图形添加标注，并利用 DDEDIT 命令修改尺寸线上文字，如图 15-44 所示。

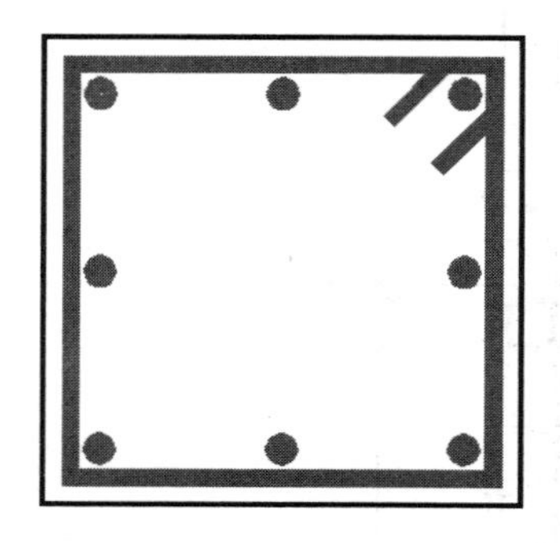
图 15-43　填充圆图形

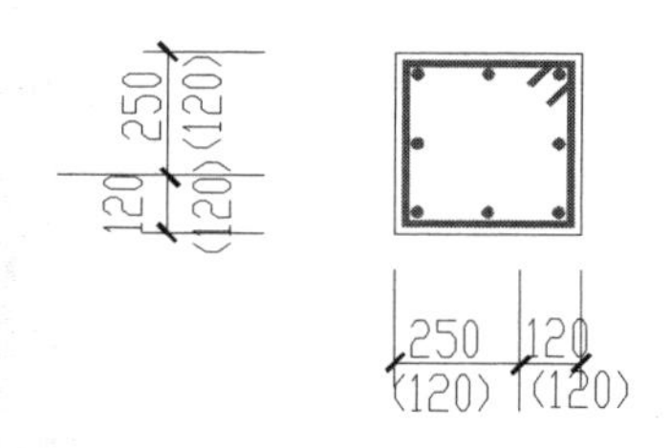

图 15-44　添加标注

（5）单击“默认”选项卡“绘图”面板中的“圆”按钮，在上步图形标注线段上绘制两个相同半径的轴号圆，如图 15-45 所示。

（6）单击“默认”选项卡“绘图”面板中的“直线”按钮和“多行文字”按钮 A，为图形添加文字说明，如图 15-46 所示。

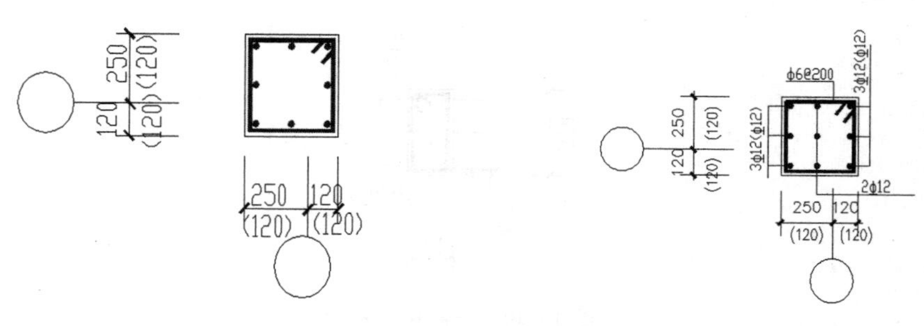

图 15-45　绘制圆　　　图 15-46　添加文字

15.2.4　绘制构造柱剖面 2

利用上述方法完成构造柱 2 的绘制，如图 15-47 所示。

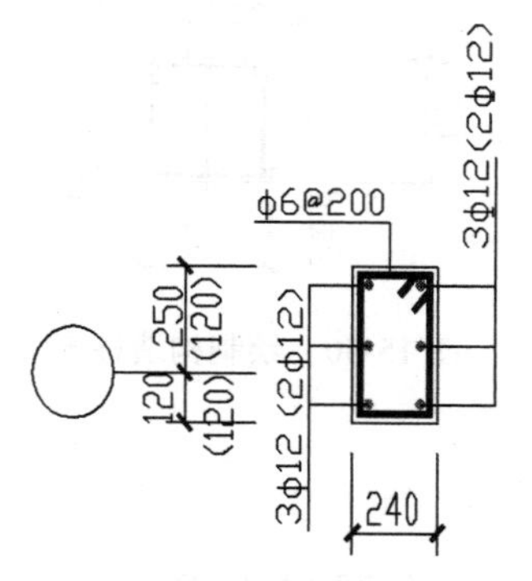

图 15-47　绘制构造柱 2

15.2.5　绘制构造柱剖面 3

利用上述方法完成构造柱 3 的绘制，如图 15-48 所示。

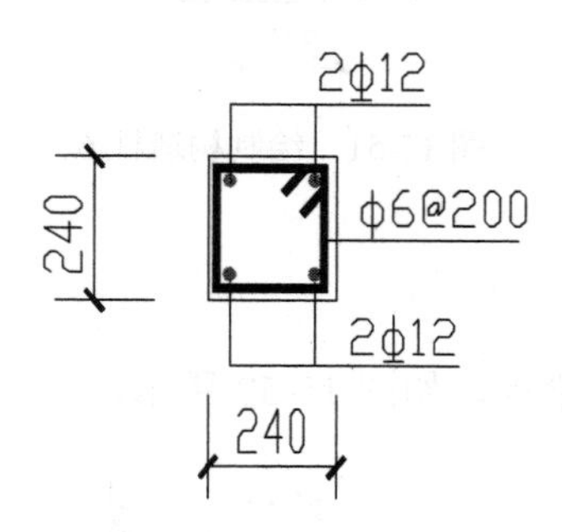

图 15-48　绘制构造柱 3

15.2.6　绘制构造柱剖面 4

利用上述方法完成构造柱 4 的绘制，如图 15-49 所示。

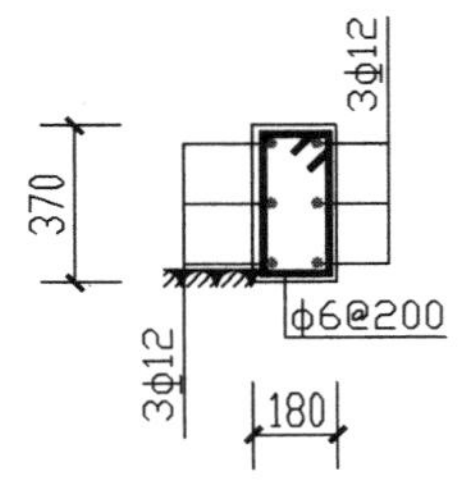

图 15-49　绘制构造柱 4

15.2.7　绘制构造柱剖面 5

利用上述方法完成构造柱 5 的绘制，如图 15-50 所示。

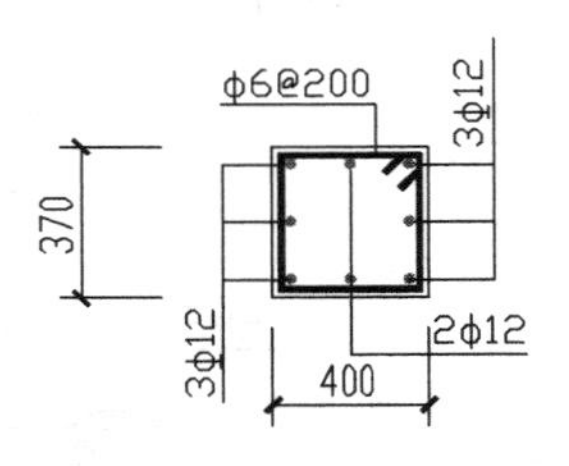

图 15-50　绘制构造柱 5

15.2.8　绘制构造柱剖面 6

利用上述方法完成构造柱 6 的绘制，如图 15-51 所示。

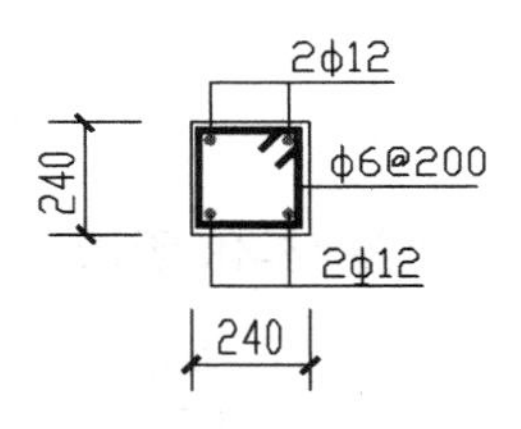

图 15-51　绘制构造柱 6

15.2.9　绘制构造柱剖面 7

利用上述方法完成构造柱 7 的绘制，如图 15-52 所示。

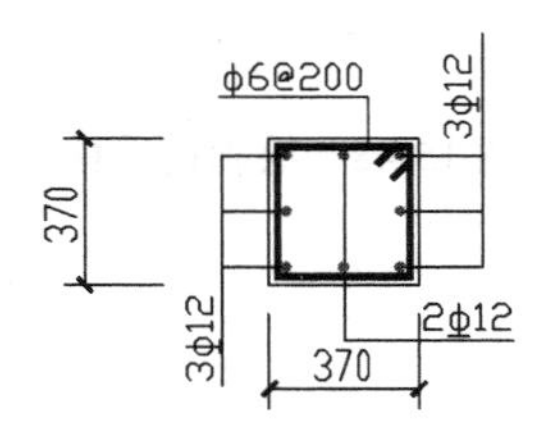

图 15-52　绘制构造柱 7

15.2.10 添加文字说明

文字说明是每个 CAD 图所必备的一项，负责对绘制的平面图进行文字解释。

扫一扫，看视频

【操作步骤】

单击“默认”选项卡“注释”面板中的“多行文字”按钮A，为图形添加文字说明，如图 15-53 所示。

说明:
1. 基础断面图详结-2。
2. 未注明的构造柱均为GZ:
3. ZJ配筋见结施-09。
4. 采光井位置见建-01。

图 15-53 添加文字说明

15.2.11 插入图框

扫一扫，看视频

完整的 CAD 图需要一个大小合适的图框，选择已经绘制好的合适的图框插入到绘图区域，并将其放置到合适的位置。

【操作步骤】

单击“插入”选项卡“绘图”面板中的“插入块”按钮，弹出“插入”对话框，如图 15-54 所示。单击“浏览”按钮，弹出“选择图形文件”对话框，选择“源文件 / 图块 /A2 图框”图块，将其放置到图形适当位置，结合所学知识为绘制图形添加图形名称，最终完成 2L-01 2L-03 2L-04 2L-05 2L-06 2L-07 悬挑梁 201 配筋 2LL-01。

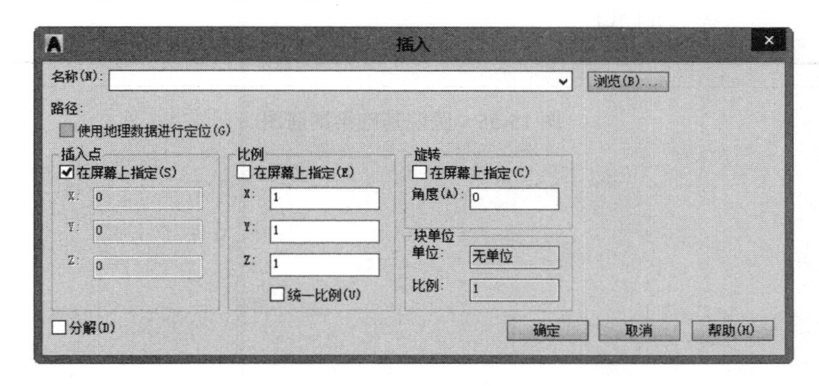

图 15-54 “插入”对话框

练一练——绘制医院基础梁钢筋图

绘制如图 15-55 所示的医院基础梁钢筋图。

思路点拨

源文件：源文件 \ 第 15 章 \ 医院基础梁钢筋图 .dwg

（1）编辑旧文件。
（2）绘制框架梁。
（3）布置框架柱。
（4）绘制钢筋和标注文字。
（5）暗柱配筋表。
（6）绘制节点大样图。
（7）标注总说明文字并插入图框。

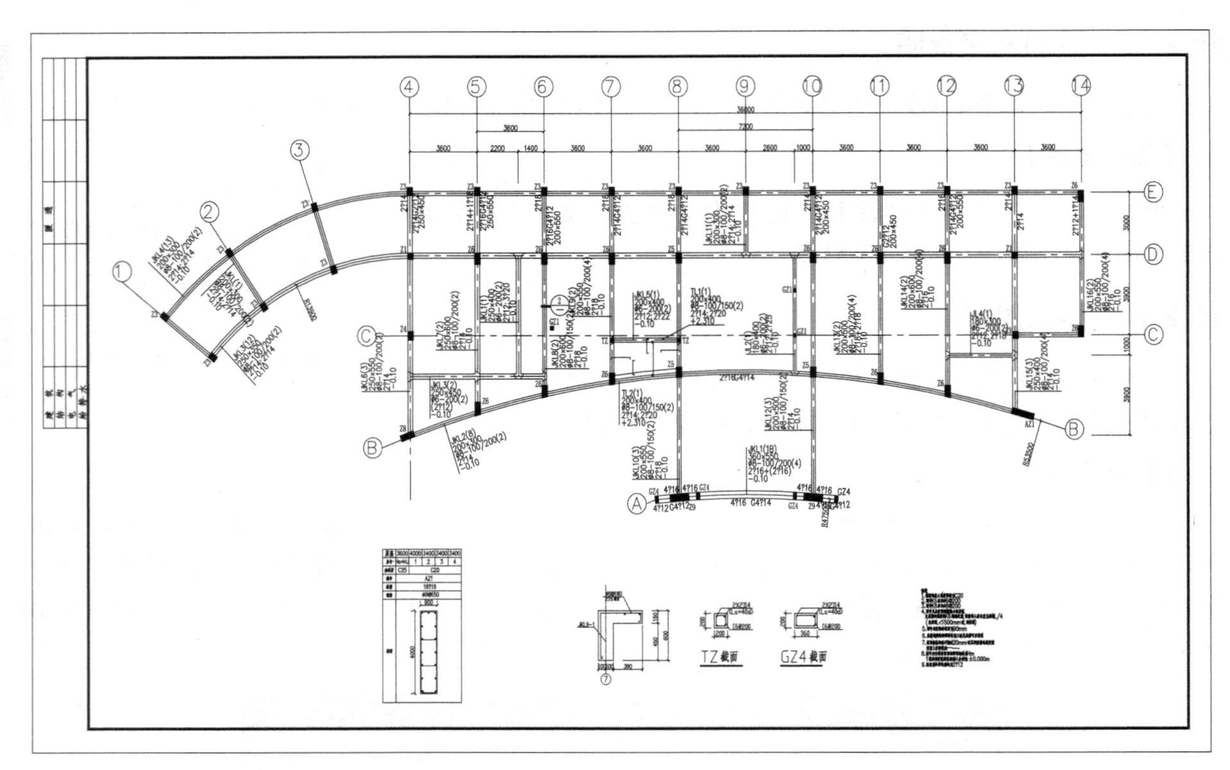

图 15-55　医院基础梁钢筋图

第 16 章　别墅建筑结构详图

内容简介

本章将以别墅结构详图为例，详细讲述各种建筑结构详图的绘制过程。在讲述过程中，将逐步带领读者完成屋顶烟囱、挑梁配筋大样图、楼梯剖面图的绘制，并讲述关于建筑结构详图设计的相关知识和技巧。本章包括别墅结构详图绘制的知识要点、尺寸文字标注等内容。

内容要点

- 烟囱详图
- 基础断面图
- 楼梯结构配筋图

案例效果

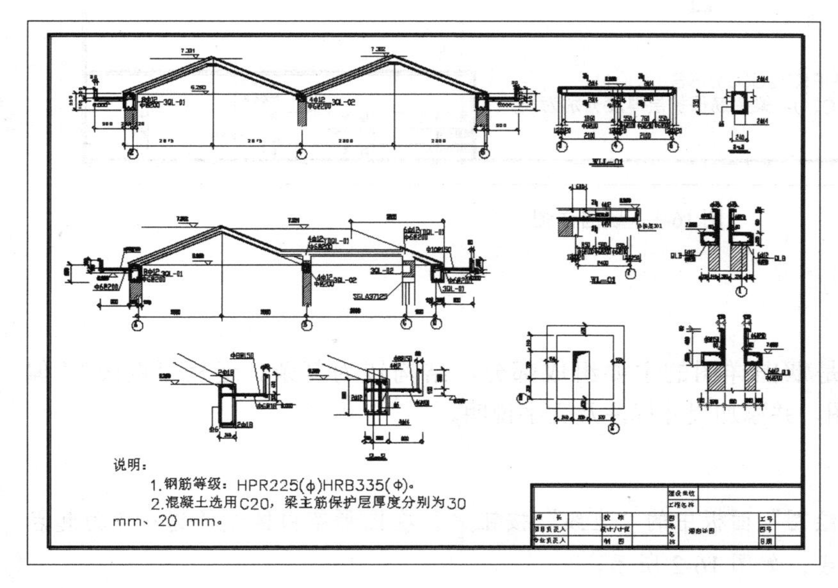

说明：
1.钢筋等级：HPR225(ϕ)HRB335(ϕ)。
2.混凝土选用C20，梁主筋保护层厚度分别为30 mm、20 mm。

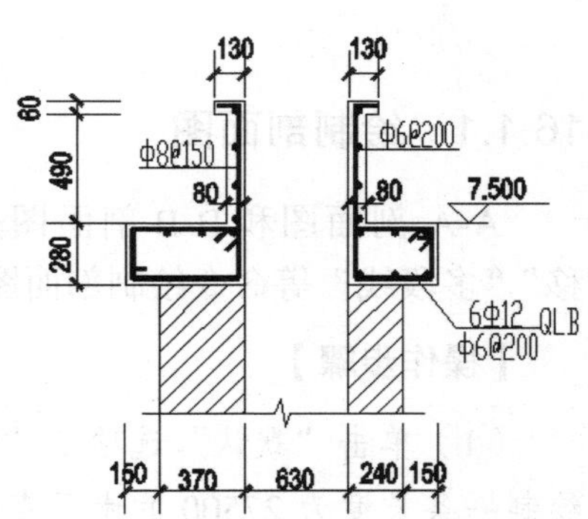

16.1　烟 囱 详 图

绘制思路

相比普通单元住宅而言，烟囱是别墅建筑的独有建筑结构，现代别墅建筑中烟囱基本上失去了它原本排烟的实际作用，变成了一种带有象征意义的建筑文化符号。本节主要讲述 A-A、B-B、WL-01、WL-02 烟囱详图的绘制过程，结果如图 16-1 所示。

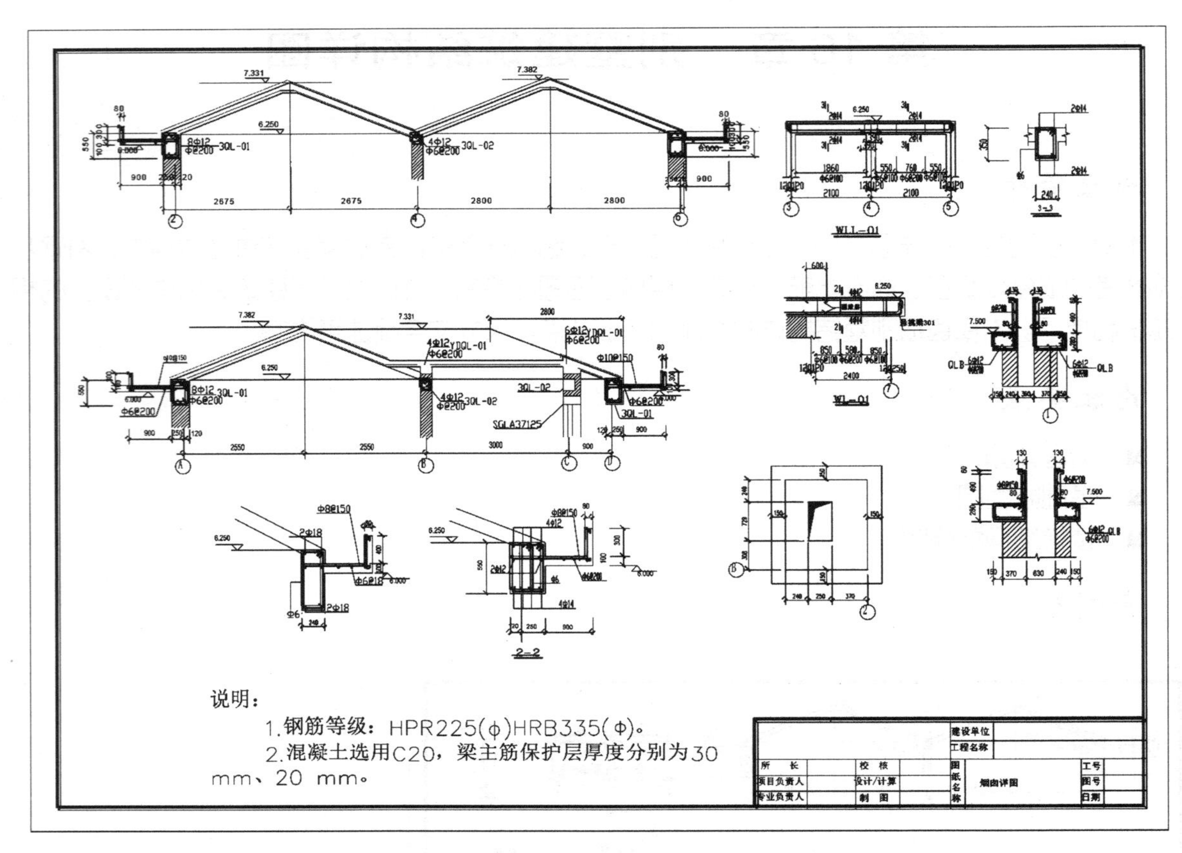

图 16-1 烟囱详图

扫一扫，看视频

16.1.1 绘制剖面图

A-A 剖面图和 B-B 剖面图是烟囱详图的主要组成部分，结构较为复杂。运用“直线”“偏移”“多段线”等命令绘制剖面图，并添加尺寸标注及文字说明。

【操作步骤】

（1）单击“默认”选项卡“绘图”面板中的“直线”按钮，在图形空白区域任选一点为起点绘制一条长度为 27500 的水平直线，如图 16-2 所示。

图 16-2 绘制水平直线

（2）单击“默认”选项卡“绘图”面板中的“直线”按钮，以上步绘制水平直线左端点为直线起点向上绘制一条长度为 2523 的竖直直线，如图 16-3 所示。

图 16-3 绘制竖直直线

（3）单击“默认”选项卡“修改”面板中的“偏移”按钮，选择上步绘制的竖直直线为偏移对象向右进行偏移，偏移距离为925、12149、600、12900、925，如图16-4所示。

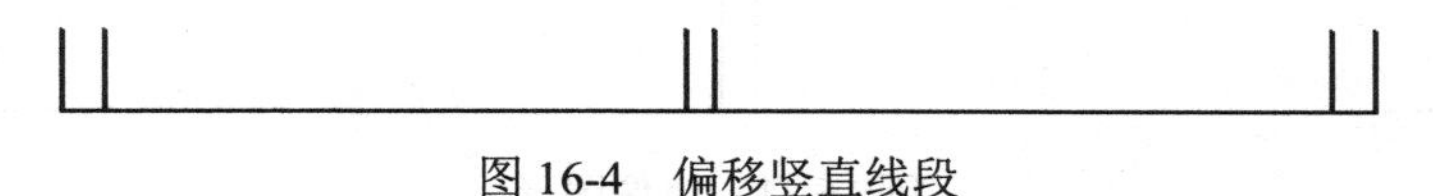

图16-4 偏移竖直线段

（4）单击“默认”选项卡“绘图”面板中的“多段线”按钮，指定起点宽度为50、端点宽度为50，在上步偏移线段上方绘制连续多段线，如图16-5所示。

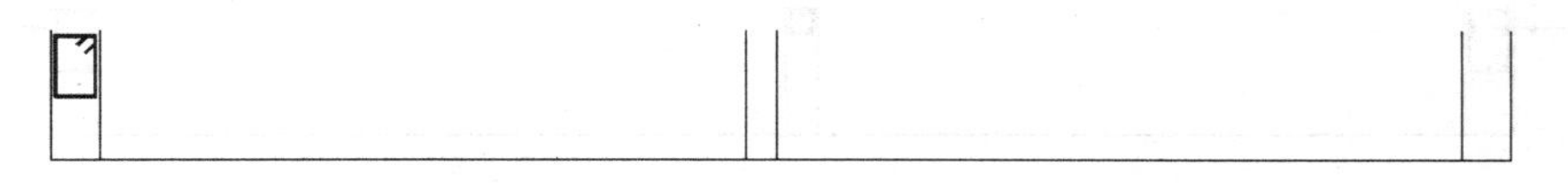

图16-5 绘制连续多段线

（5）单击“默认”选项卡“绘图”面板中的“圆”按钮，在上步绘制的连续多段线内绘制一个半径为50的圆，如图16-6所示。

（6）单击“默认”选项卡“修改”面板中的“偏移”按钮，选择上步绘制的圆为偏移对象向内进行偏移，偏移距离为45，如图16-7所示。

图16-6 绘制圆　　图16-7 偏移圆

（7）单击“默认”选项卡“绘图”面板中的“图案填充”按钮，系统打开“图案填充创建”选项卡，选择SOLID图案类型，选择填充区域，进行图案填充，效果如图16-8所示。

（8）单击“默认”选项卡“修改”面板中的“复制”按钮，选择上步填充图形为复制对象对其进行复制，如图16-9所示。

（9）单击“默认”选项卡“绘图”面板中的“多段线”按钮，指定起点宽度为50、端点宽度为50，绘制连续多段线，如图16-10所示。

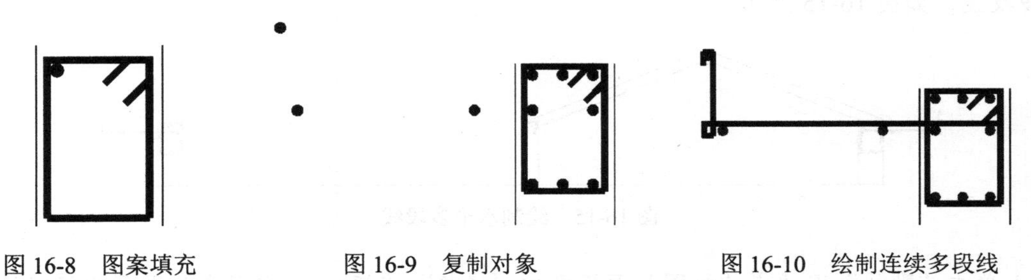

图16-8 图案填充　　图16-9 复制对象　　图16-10 绘制连续多段线

（10）单击“默认”选项卡“修改”面板中的“镜像”按钮，选择左侧已有图形为镜像对象向右进行镜像，如图 16-11 所示。

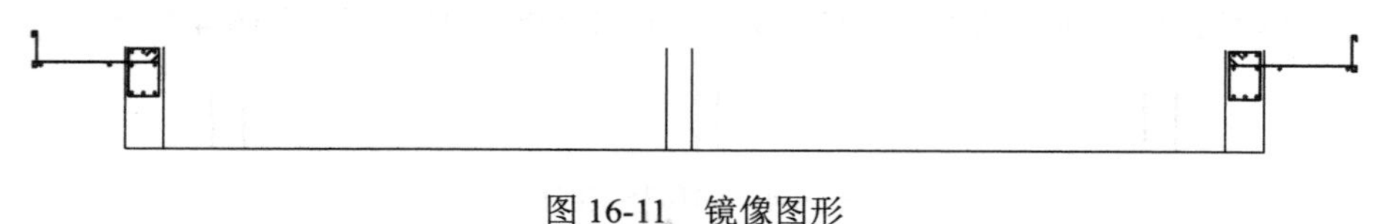

图 16-11　镜像图形

利用上述方法完成中间图形的绘制，如图 16-12 所示。

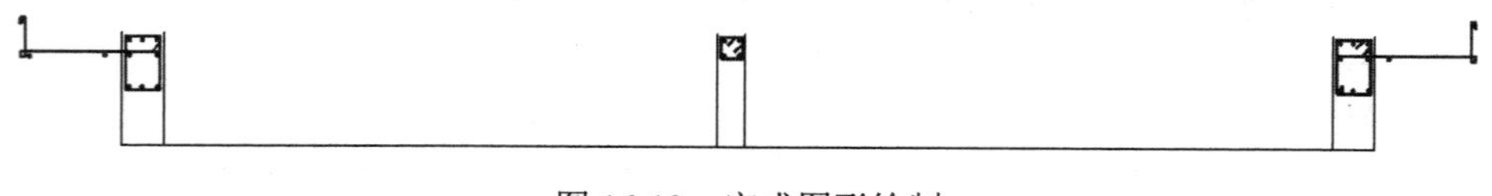

图 16-12　完成图形绘制

（11）单击“默认”选项卡“绘图”面板中的“多段线”按钮，指定起点宽度为 20、端点宽度为 20，绘制屋顶线，如图 16-13 所示。

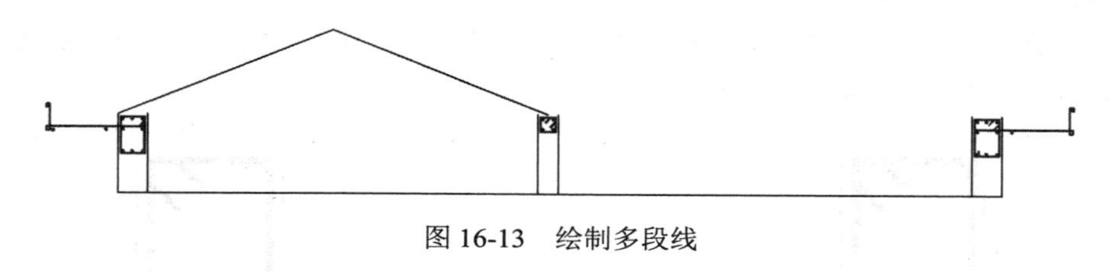

图 16-13　绘制多段线

（12）单击“默认”选项卡“修改”面板中的“偏移”按钮，选择上步绘制的多段线为偏移对象向下进行偏移，偏移距离为 375，如图 16-14 所示。

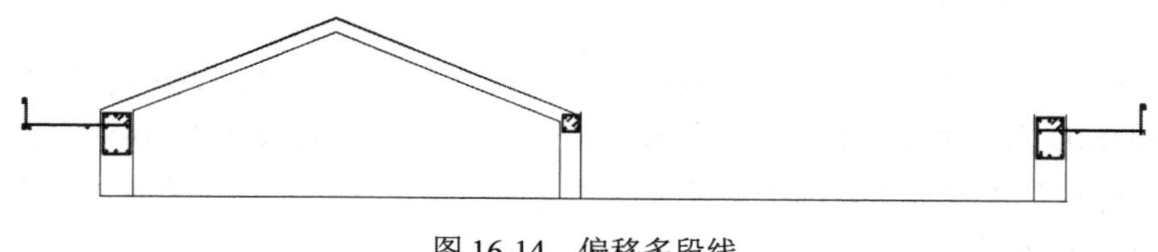

图 16-14　偏移多段线

（13）单击“默认”选项卡“绘图”面板中的“多段线”按钮，在上步绘制多段线上绘制一条水平多段线，如图 16-15 所示。

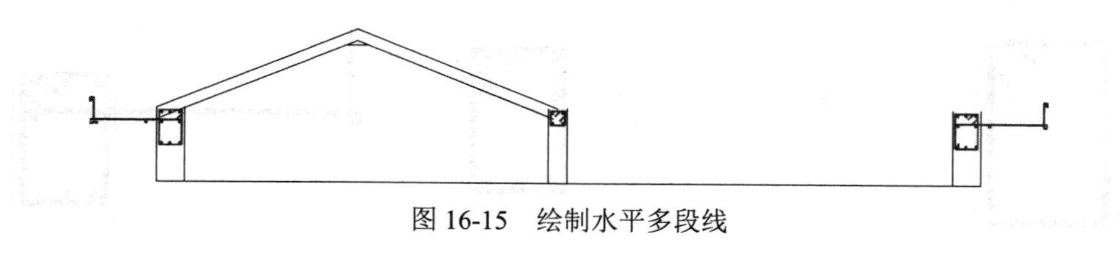

图 16-15　绘制水平多段线

（14）单击“默认”选项卡“绘图”面板中的“修剪”按钮，选择上步图形为修剪线段对其进行修剪处理，如图 16-16 所示。

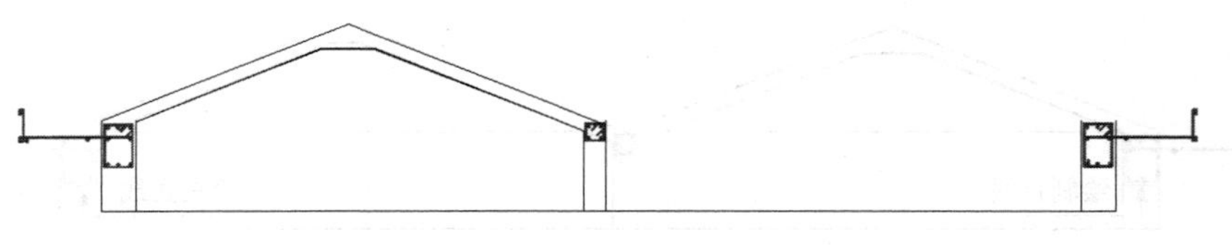

图 16-16　对其进行修剪处理

（15）单击“默认”选项卡“绘图”面板中的“直线”按钮，在上步图形适当位置绘制一条水平直线，并将上步修剪后的多段线进行延伸，如图 16-17 所示。

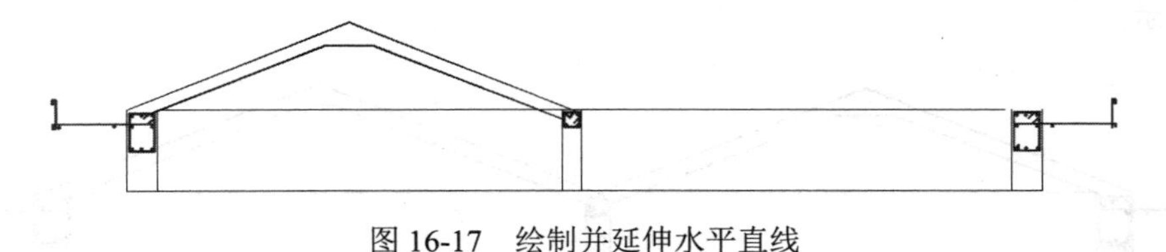

图 16-17　绘制并延伸水平直线

（16）单击“默认”选项卡“绘图”面板中的“修剪”按钮，对上步绘制直线进行修剪处理，如图 16-18 所示。

利用上述方法完成剩余图形绘制，如图 16-19 所示。

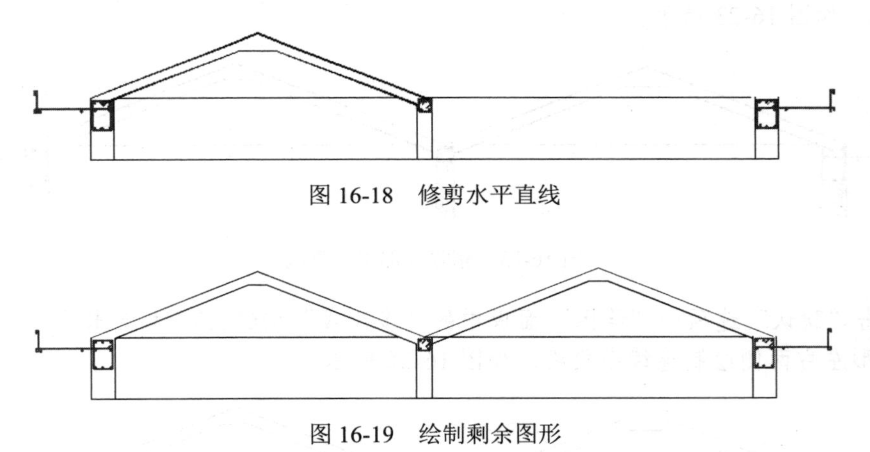

图 16-18　修剪水平直线

图 16-19　绘制剩余图形

（17）单击“默认”选项卡“绘图”面板中的“修剪”按钮，对上步绘制图形进行适当的修剪，如图 16-20 所示。

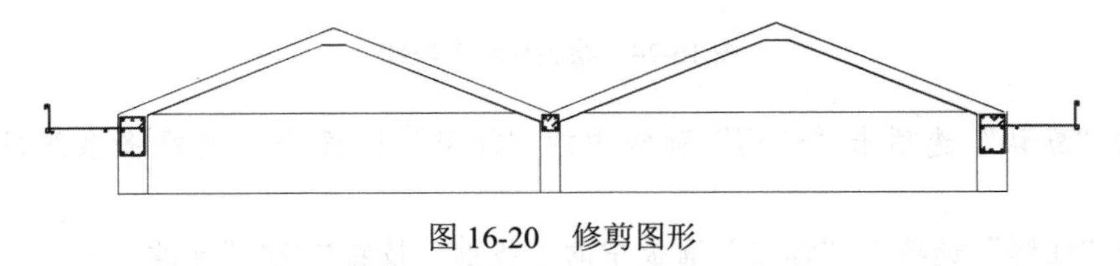

图 16-20　修剪图形

（18）单击“默认”选项卡“绘图”面板中的“直线”按钮，绘制水平直线，封闭填充区域，如图 16-21 所示。

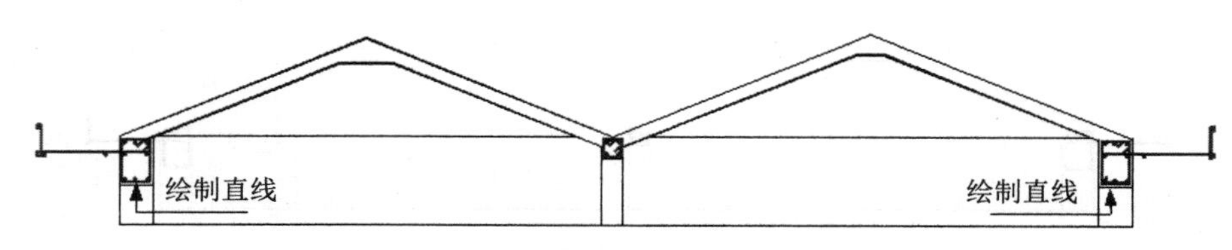

图 16-21　绘制水平直线并封闭填充区域

（19）单击“默认”选项卡“绘图”面板中的“图案填充”按钮，系统打开“图案填充创建”选项卡，选择 ANSI31 图案类型，设置填充比例为 40，选择填充区域，进行图案填充，效果如图 16-22 所示。

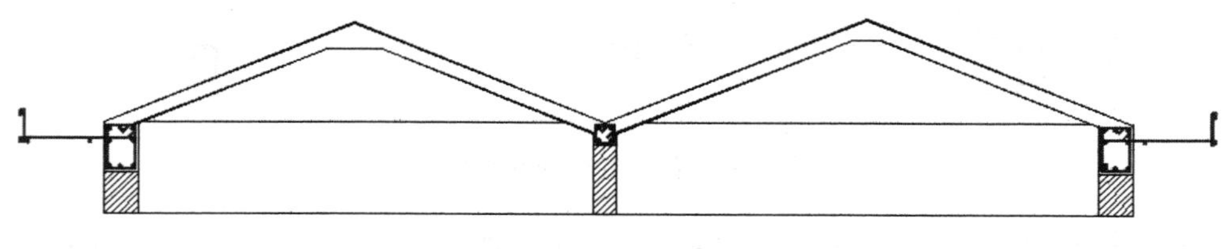

图 16-22　填充图形

（20）单击“默认”选项卡“修改”面板中的“删除”按钮，选择底部水平直线为删除对象，对其进行删除，如图 16-23 所示。

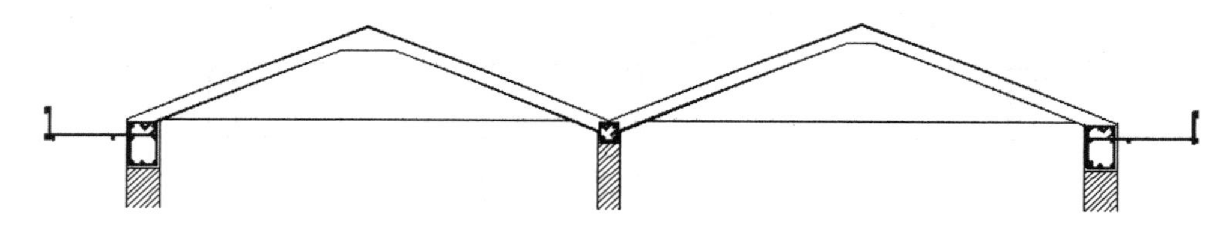

图 16-23　删除底部水平直线

（21）单击“默认”选项卡“绘图”面板中的“多段线”按钮，指定起点宽度为 0、端点宽度为 0，在图形左右两侧绘制连续多段线，如图 16-24 所示。

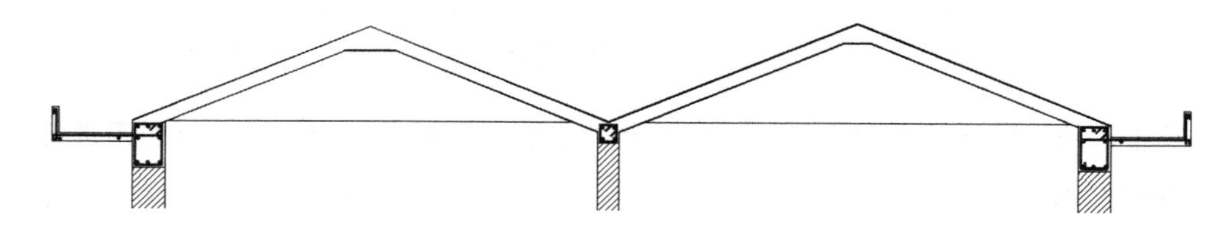

图 16-24　绘制连续多段线

（22）单击“默认”选项卡“绘图”面板中的“修剪”按钮，选择多余线段进行修剪，如图 16-25 所示。

（23）单击“注释”选项卡“标注”面板中的“线性”按钮和“连续”按钮，为图形添加标注，并修改尺寸线上文字，如图 16-26 所示。

轴号的绘制方法前面已经详细讲述过，这里不再详细阐述，添加轴号之后的结果如图 16-27 所示。

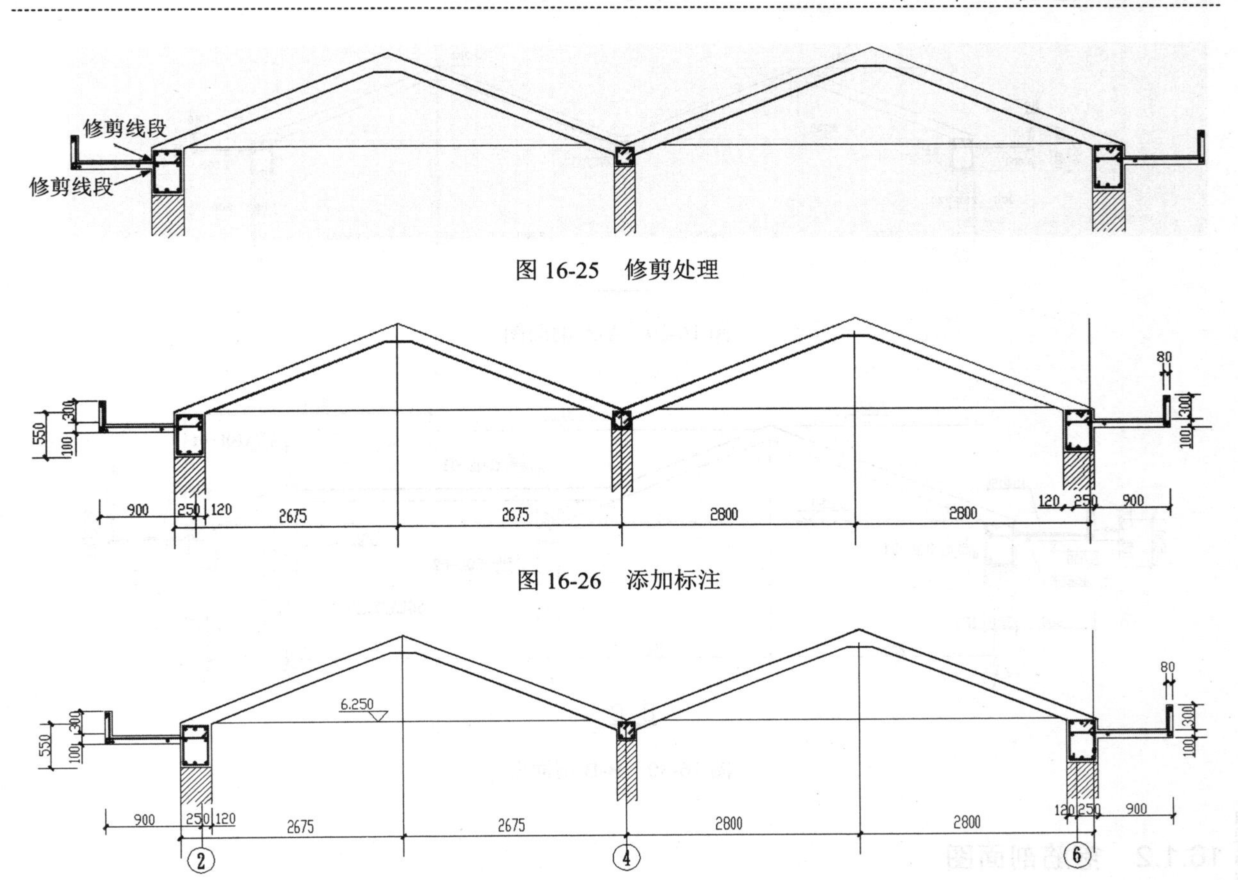

图 16-25 修剪处理

图 16-26 添加标注

图 16-27 添加轴号

（24）单击“默认”选项卡“绘图”面板中的“直线”按钮和“多行文字”按钮A，为 A-A 剖面图添加标高，如图 16-28 所示。

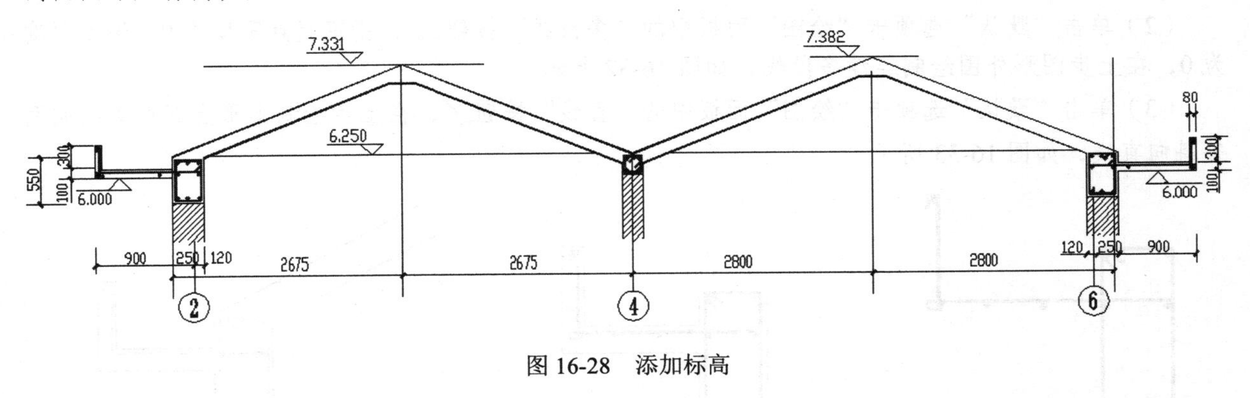

图 16-28 添加标高

（25）单击“默认”选项卡“绘图”面板中的“直线”按钮和“多行文字”按钮A，为图形添加文字说明及标高，最终完成 A-A 剖面图的绘制，如图 16-29 所示。

利用上述方法完成 B-B 剖面图的绘制，如图 16-30 所示。

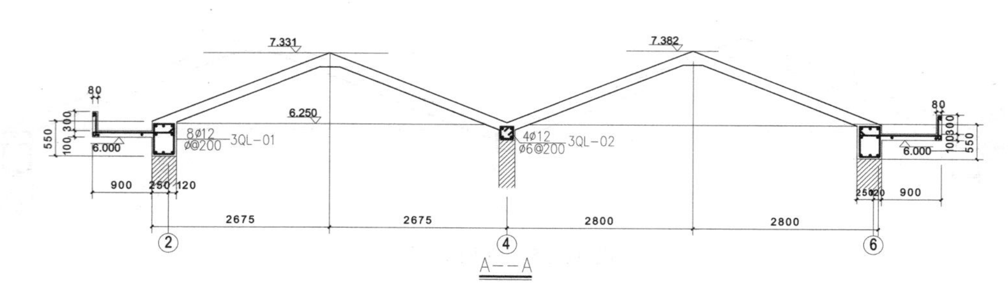

图 16-29　A-A 剖面图

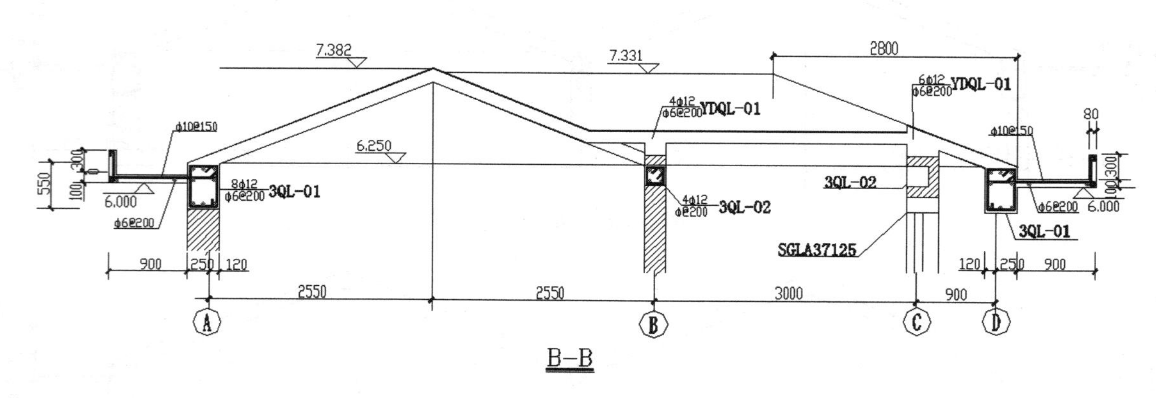

图 16-30　B-B 剖面图

扫一扫，看视频

16.1.2　箍筋剖面图

【操作步骤】

（1）单击“默认”选项卡“绘图”面板中的“多段线”按钮，指定起点宽度为 50、端点宽度为 50，绘制连续多段线，如图 16-31 所示。

（2）单击“默认”选项卡“绘图”面板中的“多段线”按钮，指定起点宽度为 0、端点宽度为 0，在上步图形外围绘制连续多段线，如图 16-32 所示。

（3）单击“默认”选项卡“绘图”面板中的“直线”按钮，在上步绘制图形上部位置绘制两条斜向直线，如图 16-33 所示。

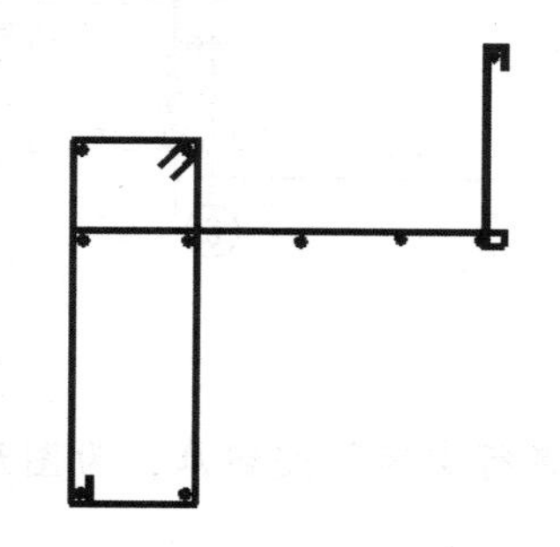

图 16-31　绘制连续多段线（一）

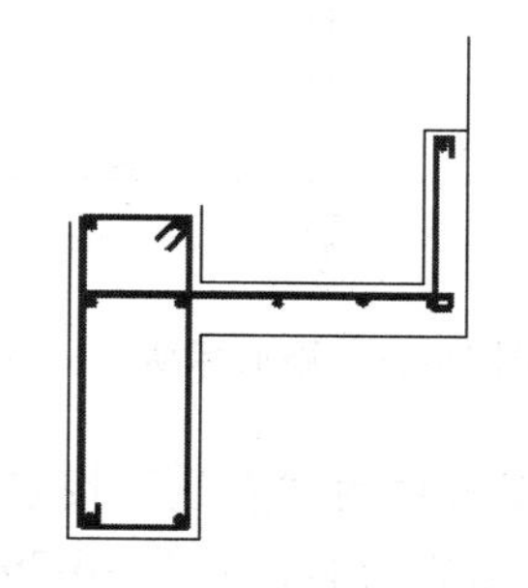

图 16-32　绘制连续多段线（二）

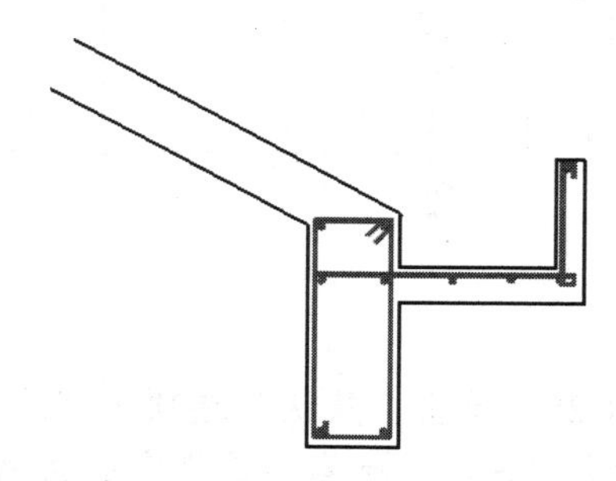

图 16-33　绘制斜向直线

（4）单击“注释”选项卡“标注”面板中的“线性”按钮和“连续”按钮，为1-1剖面图添加标注，并修改标注上文字，如图16-34所示。

文字与标高的添加前面已经讲述过，这里不再详细阐述，最终完成1-1剖面图的绘制，如图16-35所示。

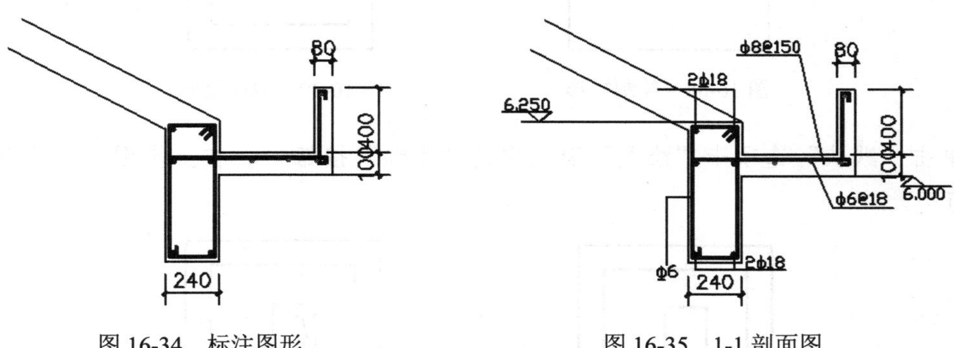

图16-34　标注图形　　　　图16-35　1-1剖面图

利用上述方法完成箍筋2-2剖面图的绘制，如图16-36所示。

利用上述方法完成箍筋3-3剖面图的绘制，如图16-37所示。

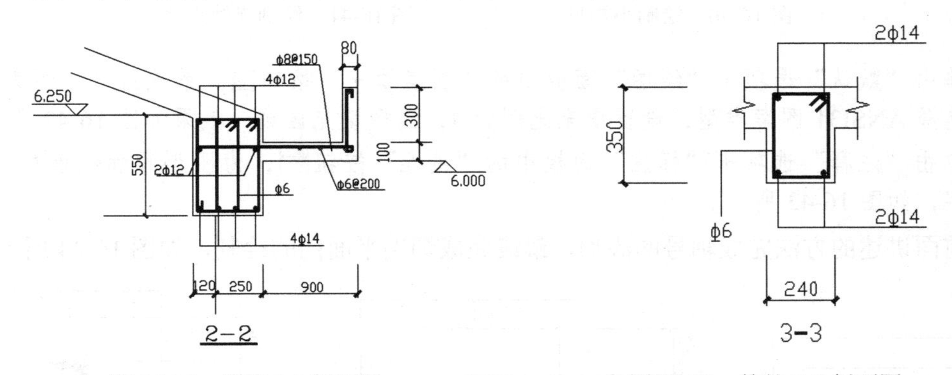

图16-36　箍筋2-2剖面图　　　　图16-37　箍筋3-3剖面图

16.1.3　烟囱平面图的绘制

烟囱平面图结构简单，运用“矩形”“偏移”“直线”等命令，绘制烟囱平面图，并添加轴号。

扫一扫，看视频

【操作步骤】

（1）单击“默认”选项卡“绘图”面板中的“矩形”按钮，在图形适当位置绘制一个适当大小的矩形，如图16-38所示。

（2）单击“默认”选项卡“修改”面板中的“偏移”按钮，选择上步绘制矩形为偏移对象向内进行偏移，如图16-39所示。

（3）单击“默认”选项卡“绘图”面板中的“矩形”按钮，在上步图形内适当位置选取矩形起点，绘制一个小矩形，如图16-40所示。

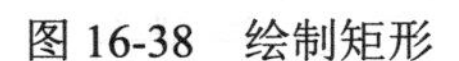

图 16-38　绘制矩形

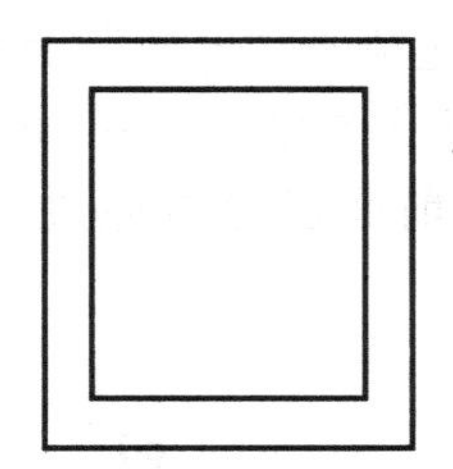

图 16-39　偏移矩形

（4）单击“默认”选项卡“绘图”面板中的“直线”按钮／，在上步图形内绘制直线，如图 16-41 所示。

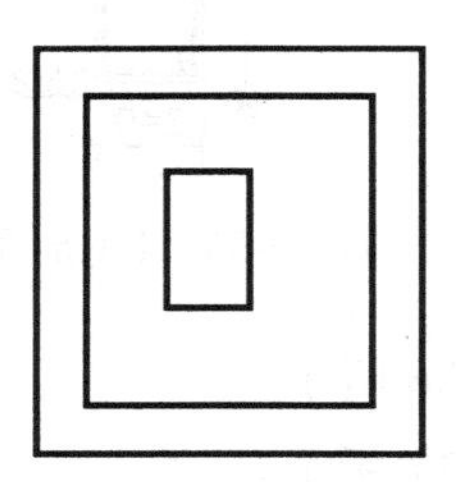

图 16-40　绘制小矩形

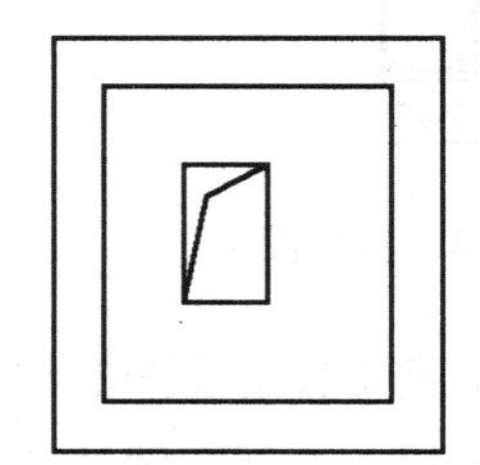

图 16-41　绘制连续直线

（5）单击“默认”选项卡“绘图”面板中的“图案填充”按钮▩，系统打开“图案填充创建”选项卡，选择 ANSI31 图案类型，设置填充比例为 4，选择填充区域，效果如图 16-42 所示。

（6）单击“注释”选项卡“标注”面板中的“线性”按钮├┤，为图形添加线性标注，并修改标注上文字，如图 16-43 所示。

利用前面讲述的方法完成轴号的添加，最终完成烟囱平面图的绘制，如图 16-44 所示。

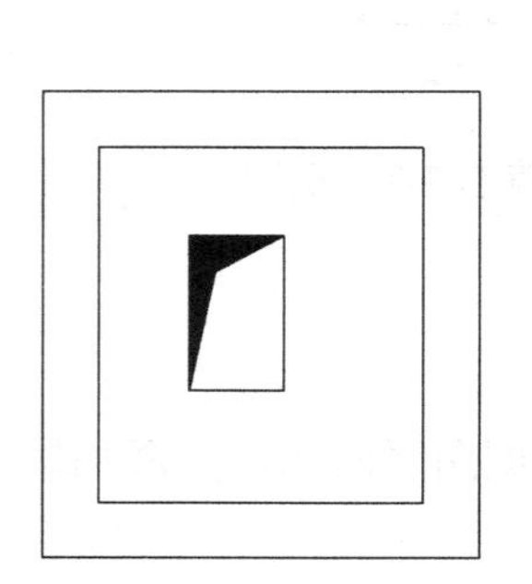

图 16-42　填充图形

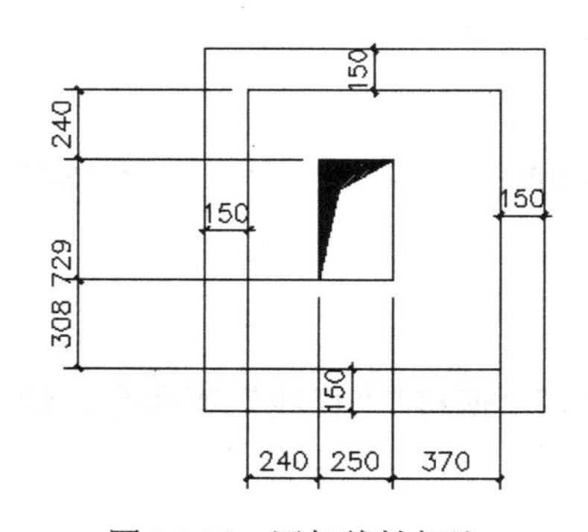

图 16-43　添加线性标注

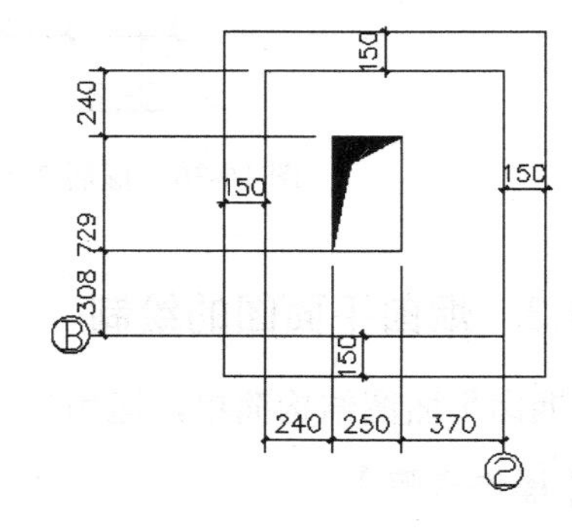

图 16-44　添加轴号

扫一扫，看视频

16.1.4　绘制圈梁

以绘制圈梁 1 的方法，完成绘制圈梁 2。最后为圈梁 1、圈梁 2 分别添加轴号。

【操作步骤】

（1）单击“默认”选项卡“绘图”面板中的“多段线”按钮 ，指定起点宽度为 45、端点宽度为45，在图形适当位置绘制连续多段线。

（2）单击“默认”选项卡“绘图”面板中的“圆”按钮和“图案填充”按钮，完成内部图形的绘制，如图16-45所示。

（3）单击“默认”选项卡“修改”面板中的“镜像”按钮，选择上步绘制的图形为镜像对象对其进行竖直镜像处理，对镜像后的图形进行向右拉伸，如图16-46所示。

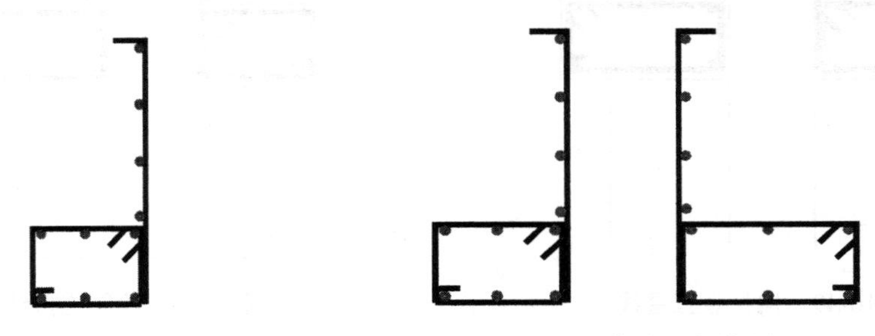

图16-45　绘制轮廓　　　　图16-46　镜像及拉伸图形

（4）单击“默认”选项卡“绘图”面板中的“多段线”按钮，指定起点宽度为0、端点宽度为0，在上步图形上的外围位置，绘制连续多段线，如图16-47所示。

（5）单击“默认”选项卡“绘图”面板中的“直线”按钮，在图形适当位置绘制一条竖直直线，如图16-48所示。

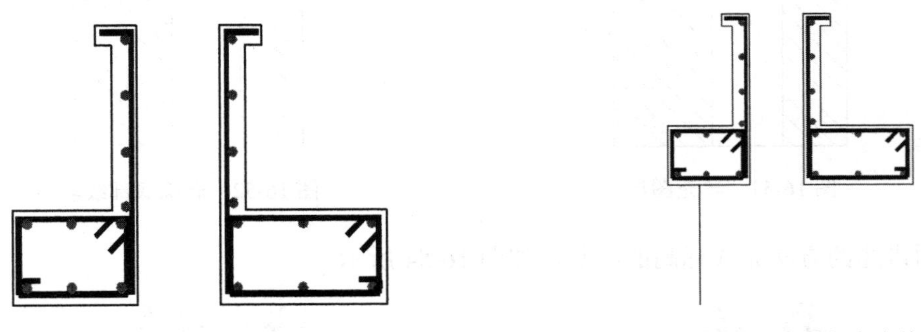

图16-47　绘制连续多段线　　　　图16-48　绘制竖直直线

（6）单击“默认”选项卡“修改”面板中的“偏移”按钮，选择上步绘制的竖直直线为偏移对象向右进行偏移如图16-49所示。

（7）单击“默认”选项卡“绘图”面板中的“直线”按钮，在上步图形底部位置绘制上步竖直直线底部的连接线，如图16-50所示。

（8）单击“默认”选项卡“绘图”面板中的“图案填充”按钮，打开“图案填充创建”选项卡，选择ANSI31的图案类型，设置填充比例为60，选择填充区域，进行图案填充，效果如图16-51所示。

（9）单击“默认”选项卡“修改”面板中的“删除”按钮，选择上步绘制的水平直线为删除对象，将其删除，如图16-52所示。

（10）单击“注释”选项卡“标注”面板中的“线性”按钮和“连续”按钮，为图形添加标注，并修改标注上的文字，如图 16-53 所示。

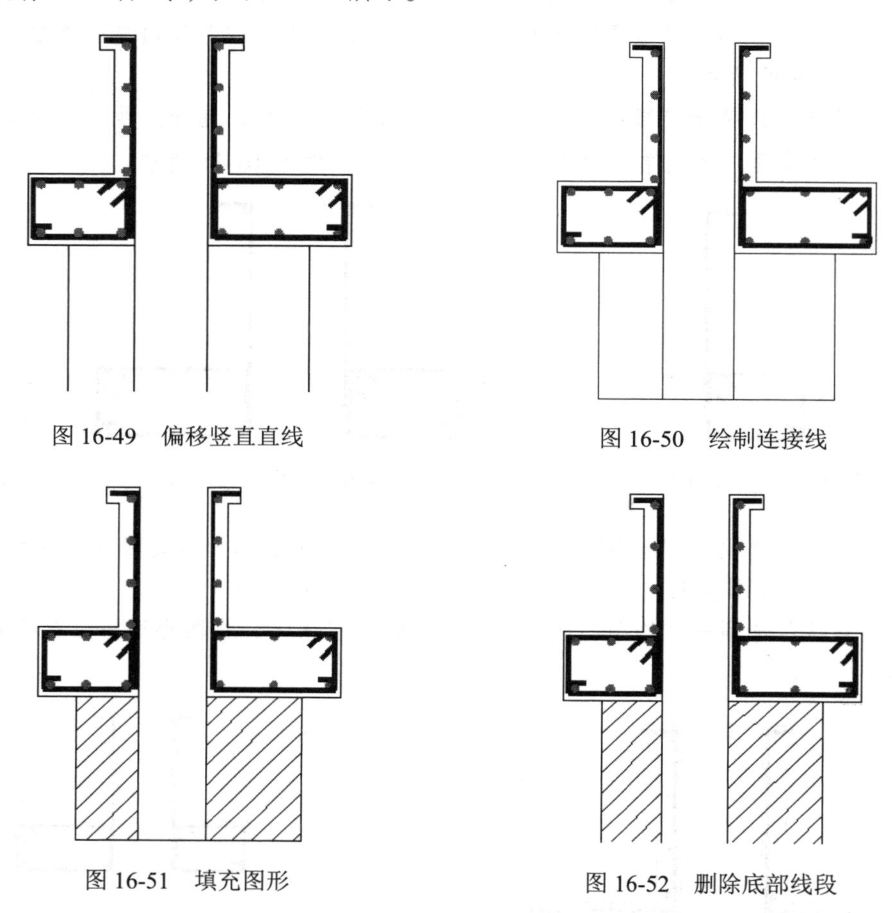

图 16-49　偏移竖直直线

图 16-50　绘制连接线

图 16-51　填充图形

图 16-52　删除底部线段

利用前面讲述的方法完成标高的绘制，如图 16-54 所示。

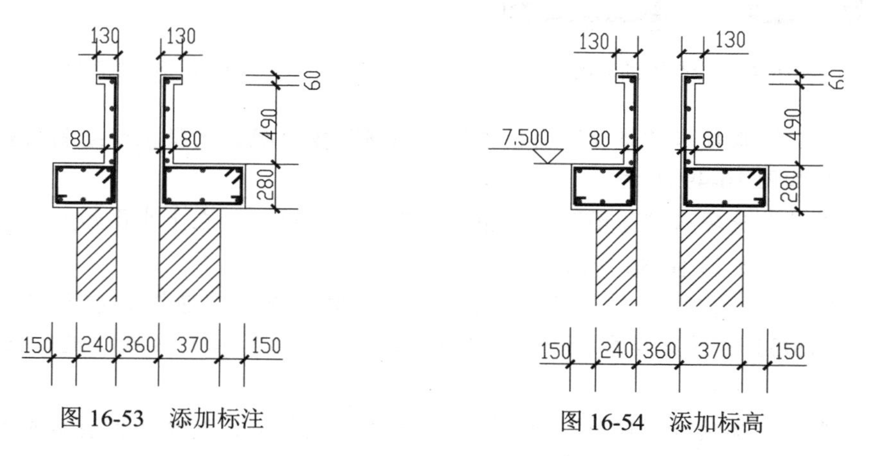

图 16-53　添加标注

图 16-54　添加标高

利用前面讲述的方法完成轴号及文字的添加，如图 16-55 所示。

利用上述方法完成圈梁 2 的绘制，如图 16-56 所示。

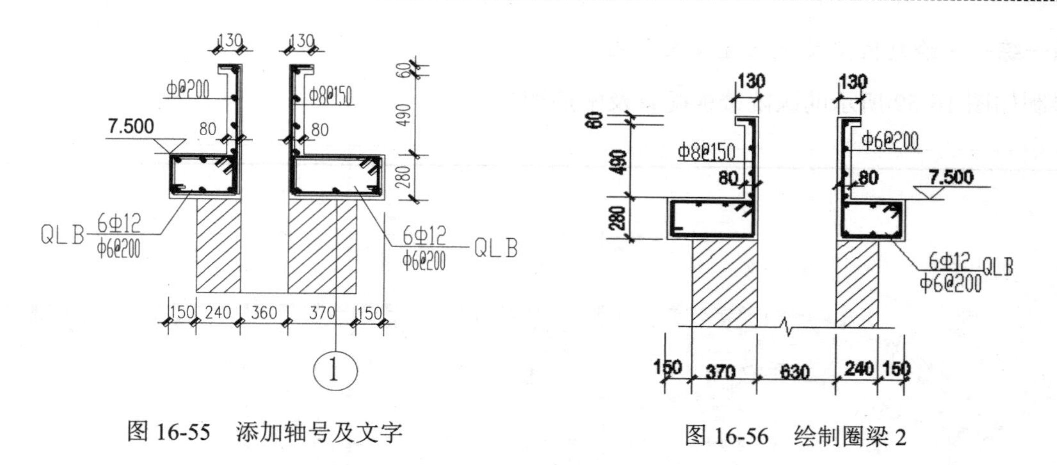

图 16-55　添加轴号及文字　　　　图 16-56　绘制圈梁 2

16.1.5　添加文字说明及图框

扫一扫，看视频

文字说明和图框是一个完整的 CAD 图不可或缺的一部分。文字说明是对 CAD 图的文字解释，图框可以规范 CAD 图。

【操作步骤】

（1）单击“默认”选项卡“注释”面板中的“多行文字”按钮A，为图形添加文字说明，如图 16-57 所示。

说明：

1. 钢筋等级：HPR225（ϕ）HRB335（Φ）。
2. 混凝土选用C20，梁主筋保护层厚度分别为30 mm、20 mm。

图 16-57　添加文字说明

（2）单击“插入”选项卡“绘图”面板中的“插入块”按钮，弹出“插入”对话框。如图 16-58 所示。单击“浏览”按钮，弹出“选择图形文件”对话框，选择“源文件 / 图块 /A2 图框”图块，将其放置到图形适当位置，结合所学知识为绘制图形添加图形名称，最终完成结果如图 16-1 所示。

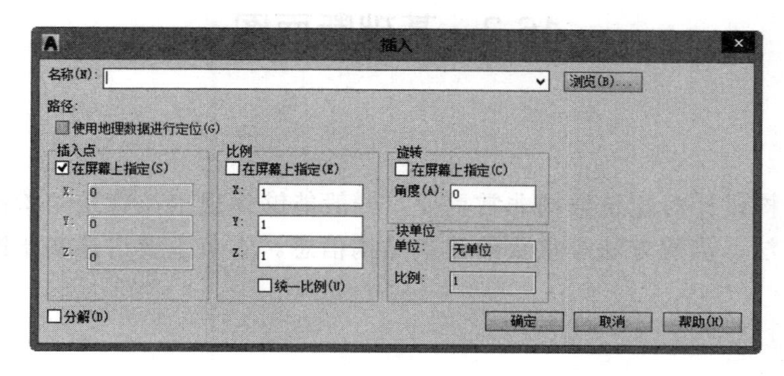

图 16-58　“插入”对话框

练一练——绘制医院楼板配置及配筋图

绘制如图 16-59 所示的医院楼板配置及配筋图。

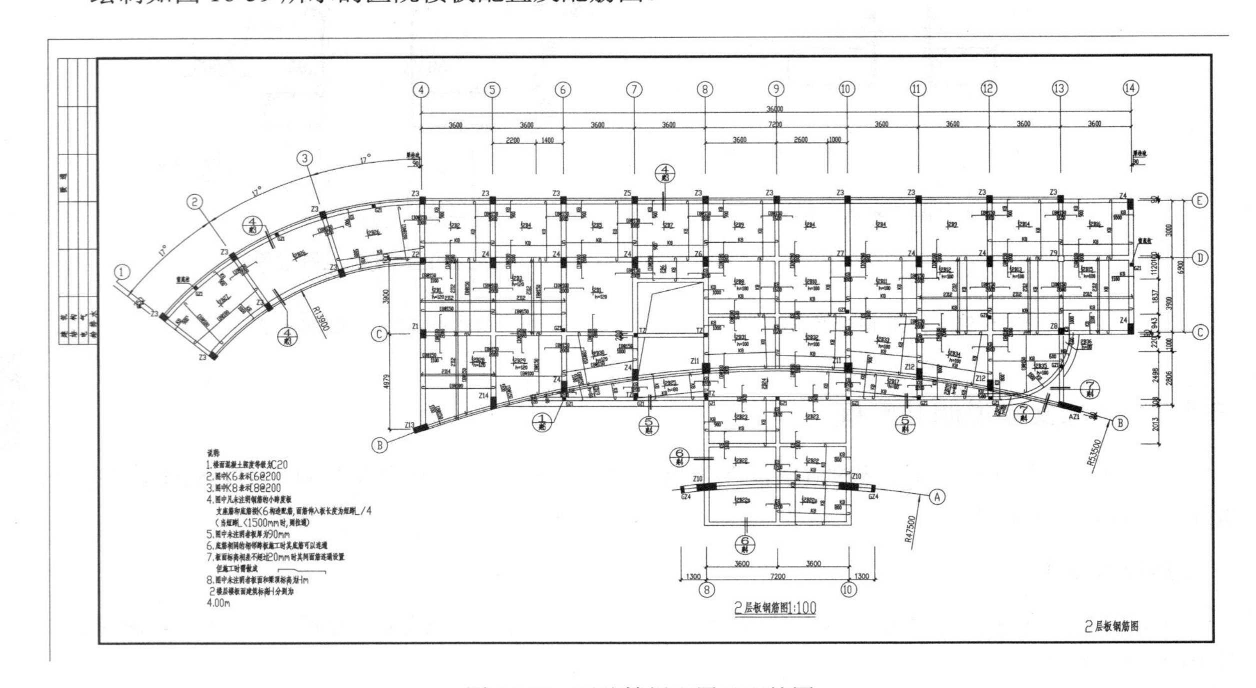

图 16-59　医院楼板配置及配筋图

思路点拨

源文件： 源文件 \ 第 16 章 \ 医院楼板配置及配筋图 .dwg

（1）打开文件并编辑。
（2）绘制主配筋。
（3）绘制构造配筋。
（4）标注配筋。
（5）标注总文字说明。

16.2　基础断面图

绘制思路

基础断面的结构设计对建筑结构非常重要，一般能够体现出该建筑结构的抗震等级、结构强度、防水处理方法、浇筑方法等重要的建筑结构信息。本节主要讲述基础断面图的绘制，如图 16-60 所示。

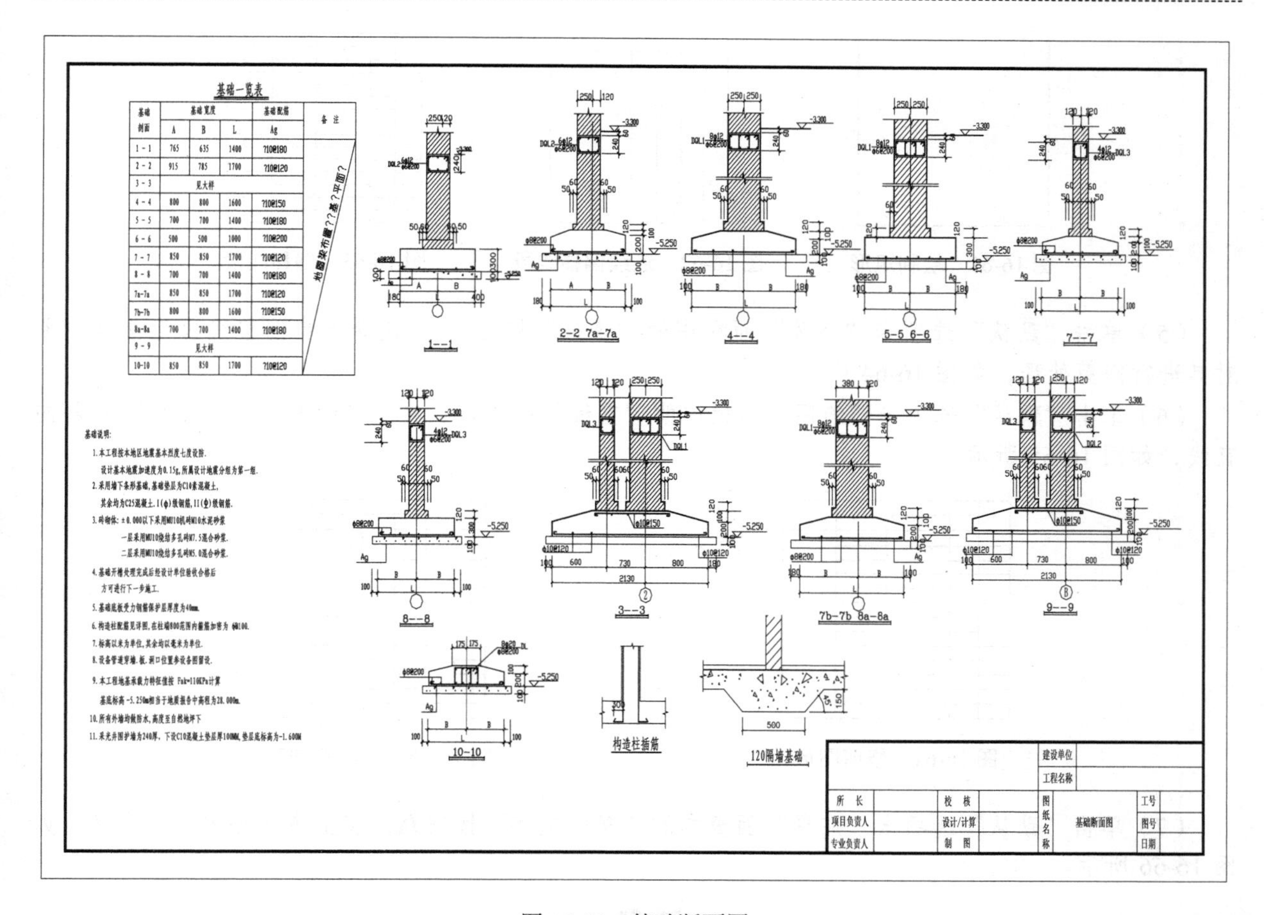

图 16-60 基础断面图

扫一扫，看视频

16.2.1 绘制图例表

图例表是基础断面图中的一部分，表中包括各断面图的详细数据。运用“矩形”“分解”“偏移”等命令绘制图例表。

【操作步骤】

（1）单击“默认”选项卡“绘图”面板中的“矩形”按钮，在图形适当位置绘制一个适当大小的矩形，如图 16-61 所示。

（2）单击“默认”选项卡“修改”面板中的“分解”按钮，选择上步绘制矩形为分解对象，回车确认进行分解。

（3）单击“默认”选项卡“修改”面板中的“偏移”按钮，选择上步分解矩形的左侧竖直直线为偏移对象向右进行连续偏移，如图 16-62 所示。

（4）单击“默认”选项卡“修改”面板中的“偏移”按钮，选择上步分解矩形顶部水平直线为偏移对象连续向下进行偏移，如图 16-63 所示。

图 16-61　绘制矩形

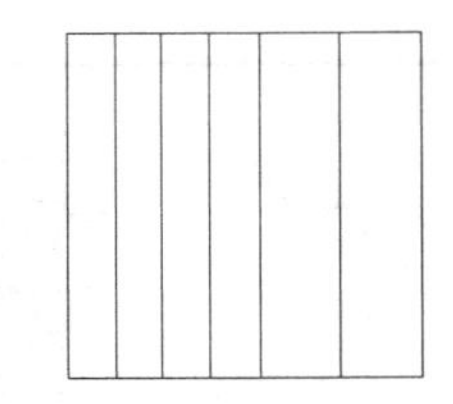

图 16-62　连续偏移线段

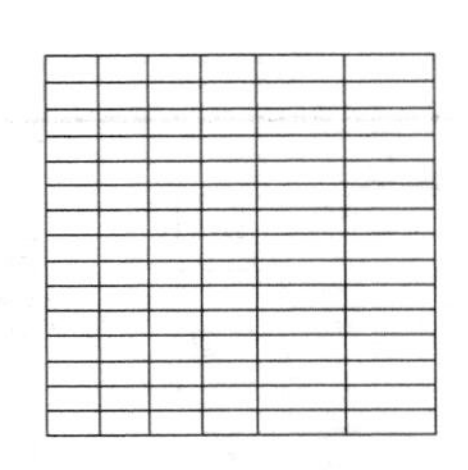

图 16-63　偏移线段

（5）单击“默认”选项卡“修改”面板中的“修剪”按钮，选择上步偏移线段为修剪对象对其进行修剪处理，如图 16-64 所示。

（6）单击“默认”选项卡“绘图”面板中的“直线”按钮，在上步绘制图形内绘制一条斜向直线，如图 16-65 所示。

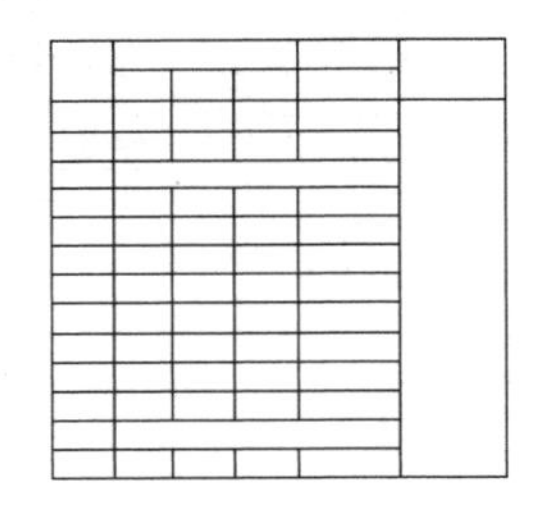

图 16-64　修剪图形

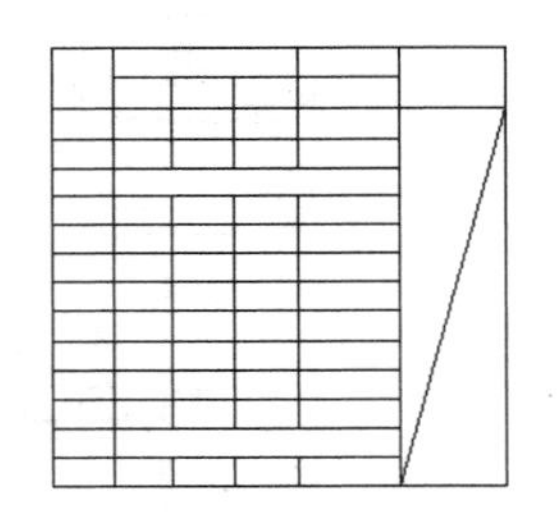

图 16-65　绘制斜向直线

（7）单击“默认”选项卡“注释”面板中的“多行文字”按钮**A**，在上步图形内添加文字，如图 16-66 所示。

基础一览表

基础剖面	基础宽度			基础配筋	备注
	A	B	L	Ag	
1 - 1	765	635	1400	ϕ10@180	地圈梁布置详见基础平面图
2 - 2	915	785	1700	ϕ10@120	
3 - 3	见大样				
4 - 4	800	800	1600	ϕ10@150	
5 - 5	700	700	1400	ϕ10@180	
6 - 6	500	500	1000	ϕ10@200	
7 - 7	850	850	1700	ϕ10@120	
8 - 8	700	700	1400	ϕ10@180	
7a-7a	850	850	1700	ϕ10@120	
7b-7b	800	800	1600	ϕ10@150	
8a-8a	700	700	1400	ϕ10@180	
9 - 9	见大样				
10-10	850	850	1700	ϕ10@120	

图 16-66　添加文字

扫一扫，看视频

16.2.2　1-1 断面剖面图

1-1 断面剖面图是基础断面图中相对重要的一个断面图，结构比较复杂。运用基础绘图命令，详细绘制 1-1 断面剖面图。

【操作步骤】

（1）单击“默认”选项卡“绘图”面板中的“多段线”按钮，指定起点宽度为 30、端点宽度为 30，在图形适当位置绘制连续多段线，如图 16-67 所示。

（2）单击“默认”选项卡“修改”面板中的“镜像”按钮，选择左侧图形为镜像对象对其进行竖直镜像，如图 16-68 所示。

（3）单击“默认”选项卡“绘图”面板中的“矩形”按钮，在上步绘制的图形底部位置绘制一个适当大小的矩形，如图 16-69 所示。

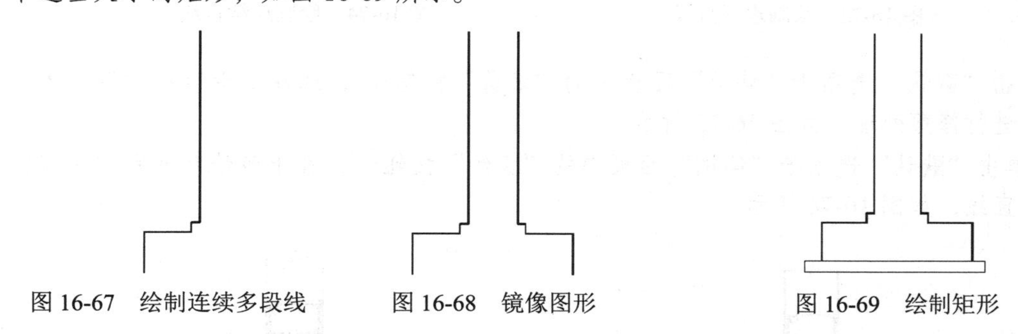

图 16-67　绘制连续多段线　　图 16-68　镜像图形　　图 16-69　绘制矩形

（4）单击“默认”选项卡“绘图”面板中的“直线”按钮，在上步绘制的图形内绘制一条水平直线，如图 16-70 所示。

（5）单击“默认”选项卡“修改”面板中的“偏移”按钮，选择上步绘制的水平直线为偏移对象向下进行偏移，如图 16-71 所示。

（6）单击“默认”选项卡“绘图”面板中的“多段线”按钮，指定起点宽度为 50、端点宽度为 50，在图形适当位置绘制连续多段线，如图 16-72 所示。

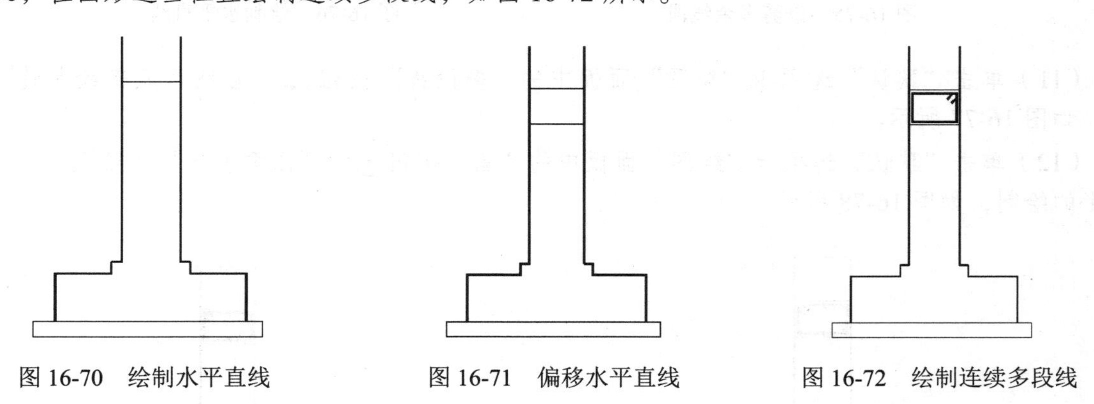

图 16-70　绘制水平直线　　图 16-71　偏移水平直线　　图 16-72　绘制连续多段线

（7）单击“默认”选项卡“绘图”面板中的“直线”按钮，在上步绘制的图形顶部位置绘制一条水平直线，并利用上一小节讲述的方法完成多段线内部图形的绘制，如图 16-73 所示。

（8）单击“默认”选项卡“绘图”面板中的“直线”按钮，在上步绘制的水平直线上绘制连续直线，如图 16-74 所示。

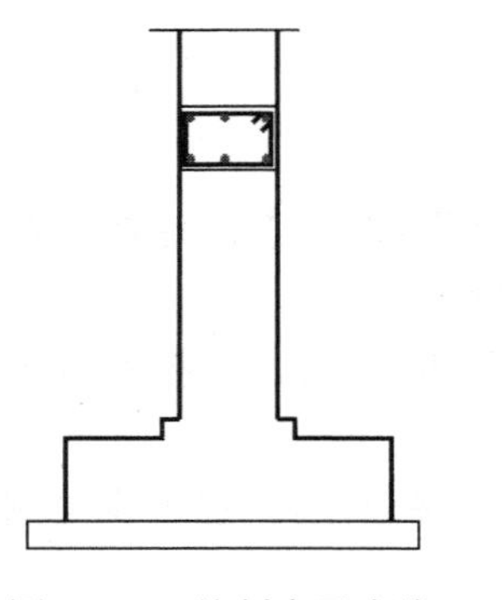

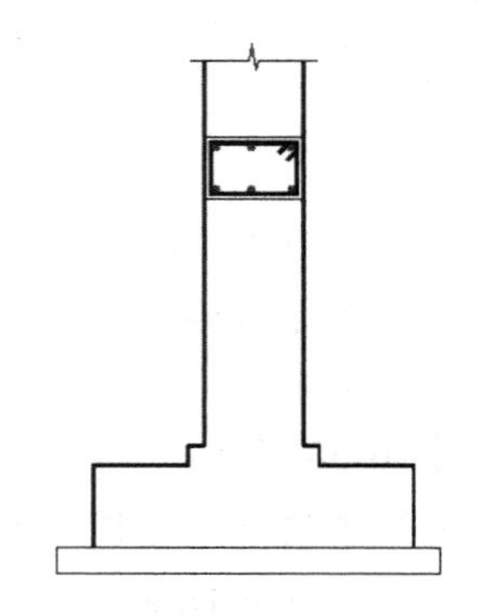

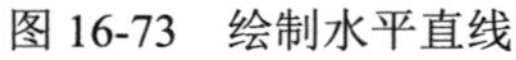

图 16-73　绘制水平直线　　　　图 16-74　绘制连续直线

（9）单击“默认”选项卡“修改”面板中的“修剪”按钮，选择上步绘制的线段之间的多余线段对其进行修剪处理，如图 16-75 所示。

（10）单击“默认”选项卡“绘图”面板中的“直线”按钮，在上步绘制的图形底部位置绘制一条水平直线，如图 16-76 所示。

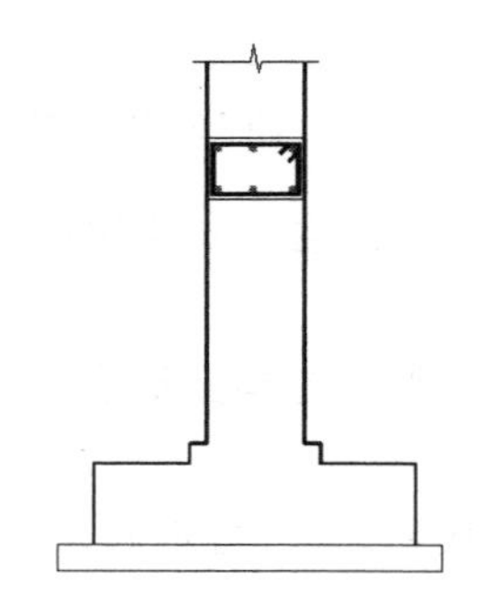

图 16-75　修剪多余线段

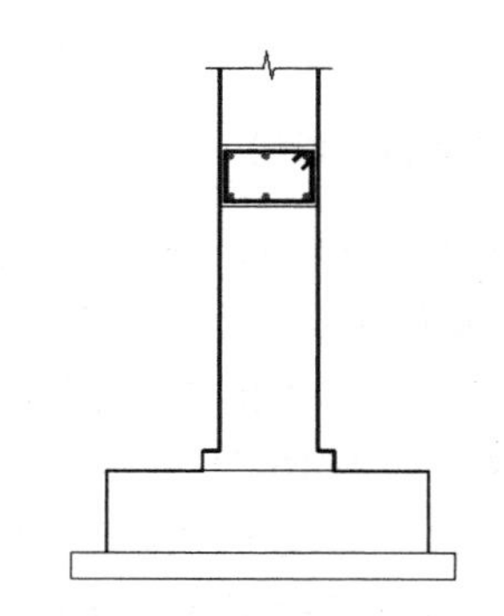

图 16-76　绘制水平直线

（11）单击“默认”选项卡“绘图”面板中的“多段线”按钮，在图形底部绘制连续多段线，如图 16-77 所示。

（12）单击“默认”选项卡“绘图”面板中的“圆”按钮和“图案填充”按钮，完成剩余图形的绘制，如图 16-78 所示。

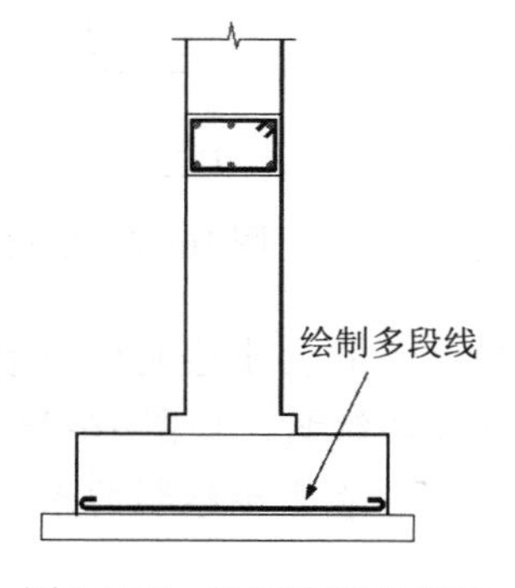

图 16-77　绘制连续多段线

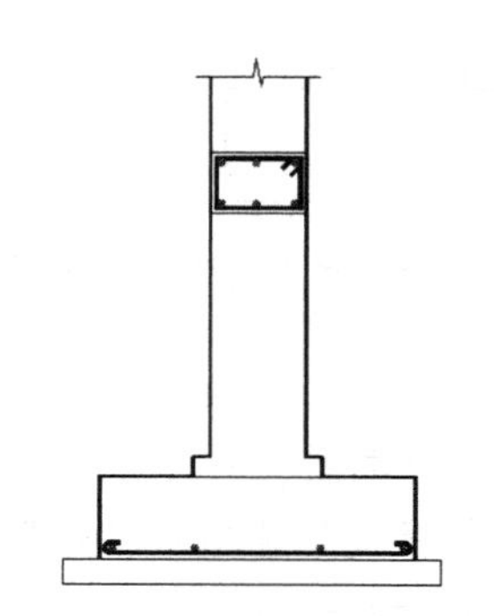

图 16-78　绘制剩余图形

（13）单击“默认”选项卡“绘图”面板中的“图案填充”按钮，打开“图案填充创建”选项卡，选择ANSI31的图案类型，设置填充比例为80，选择填充区域，进行图案填充，效果如图16-79所示。

结合所学知识完成1-1断面剖面图中剩余部分的绘制，如图16-80所示。

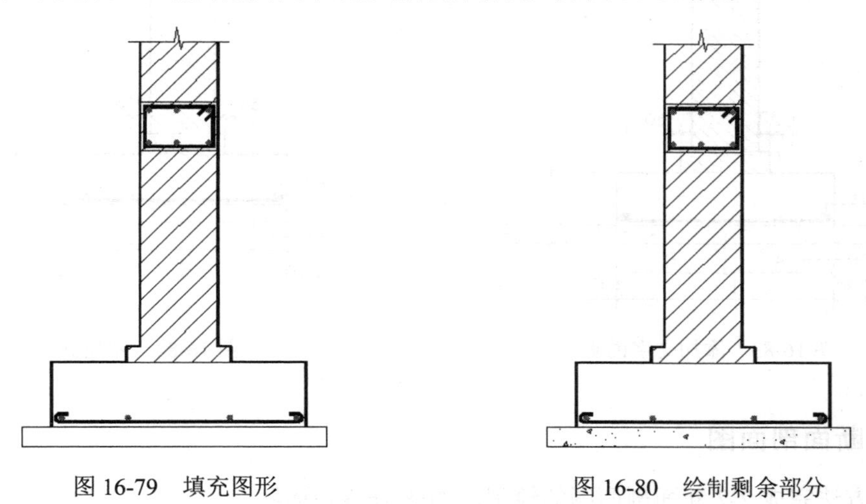

图16-79　填充图形　　　　图16-80　绘制剩余部分

（14）单击“注释”选项卡“标注”面板中的“线性”按钮和“连续”按钮，为图形添加标注并修改标注上文字，如图16-81所示。

利用前面讲述的方法完成标高的绘制，如图16-82所示。

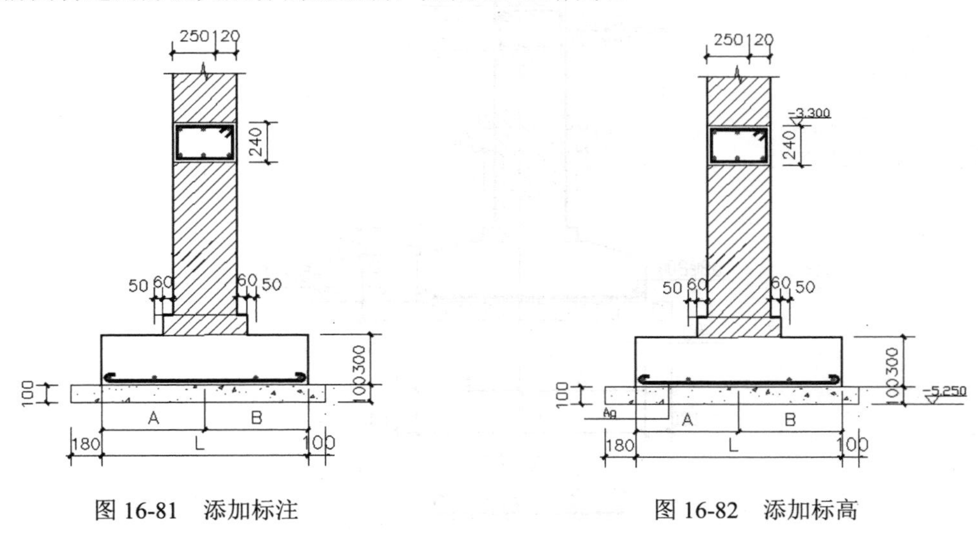

图16-81　添加标注　　　　图16-82　添加标高

（15）单击“默认”选项卡“注释”面板中的“多行文字”按钮A和“绘图”面板中的“直线”按钮，为图形添加文字说明，如图16-83所示。

（16）单击“默认”选项卡“绘图”面板中的“圆”按钮和“直线”按钮，在图形底部添加轴圆，最终完成1-1断面剖面图的绘制，如图16-84所示。

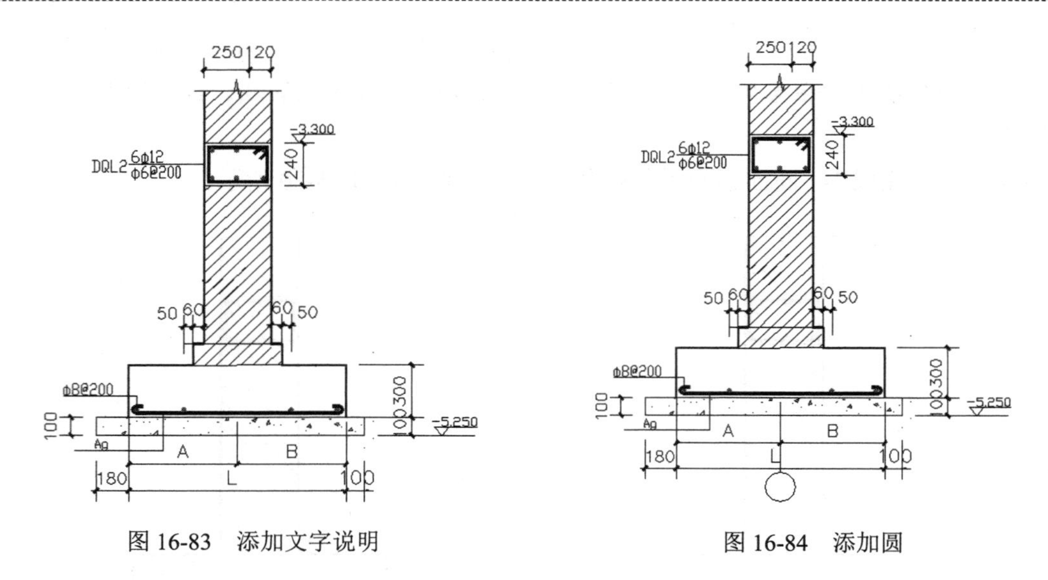

图 16-83　添加文字说明　　　　图 16-84　添加圆

16.2.3　2-2 断面剖面图

利用上述方法完成 2-2 断面剖面图的绘制，如图 16-85 所示。

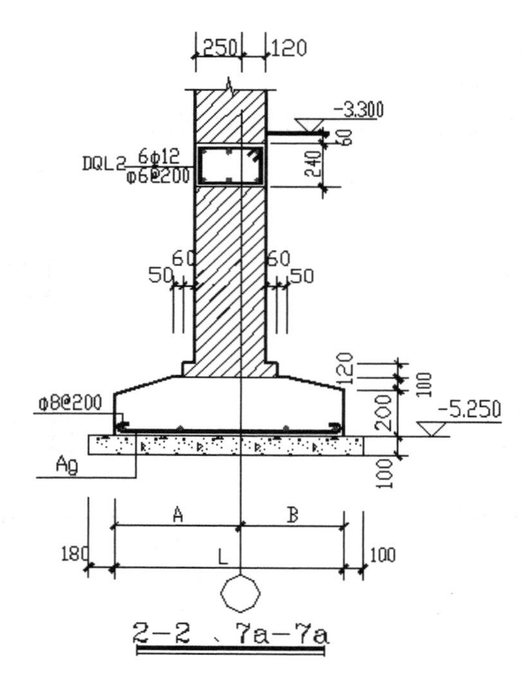

图 16-85　2-2、7a-7a 断面剖面图

16.2.4　3-3 断面剖面图

利用上述方法完成 3-3 断面剖面图的绘制，如图 16-86 所示。

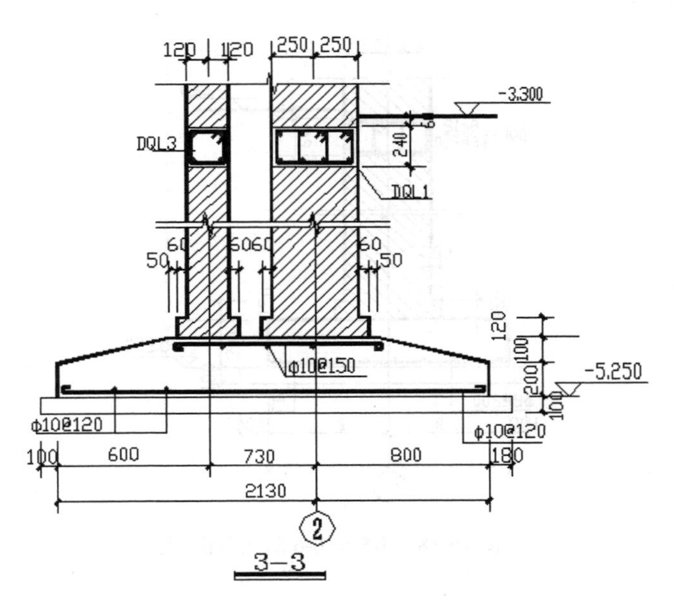

图 16-86 3-3 断面剖面图

16.2.5 4-4 断面剖面图

利用上述方法完成 4-4 断面剖面图的绘制，如图 16-87 所示。

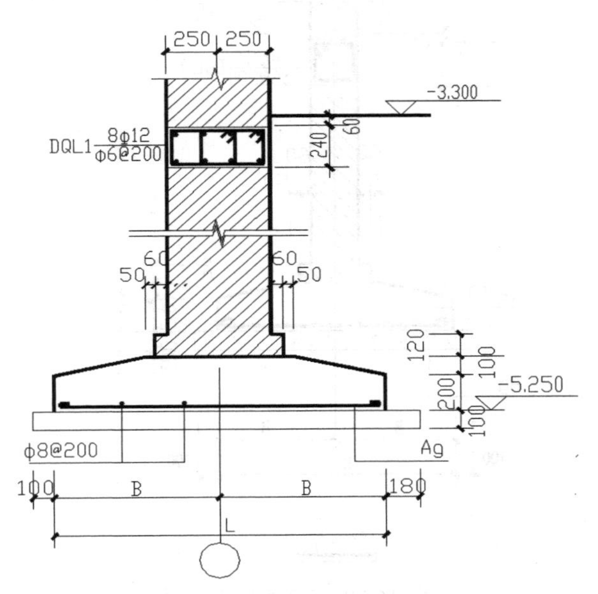

图 16-87 4-4 断面剖面图

16.2.6 5-5 ～ 6-6 断面剖面图

利用上述方法完成 5-5 ～ 6-6 断面剖面图的绘制，如图 16-88 所示。

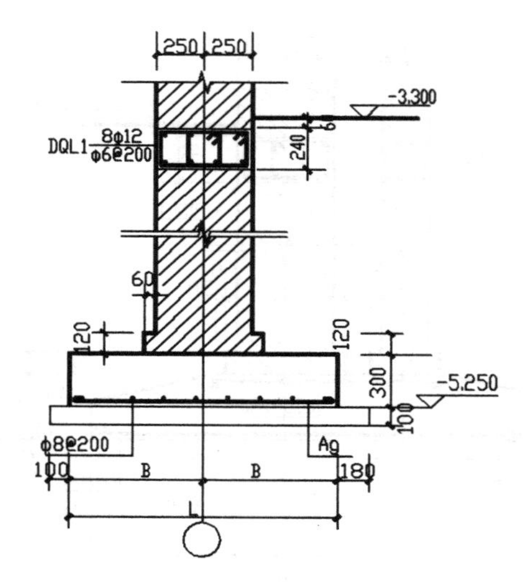

图 16-88　5-5 ～ 6-6 断面剖面图

16.2.7　7-7 断面剖面图

利用上述方法完成 7-7 断面剖面图的绘制，如图 16-89 所示。

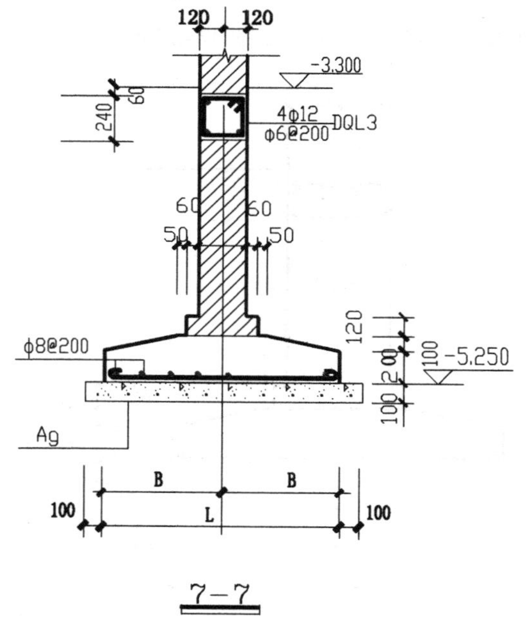

图 16-89　7-7 断面剖面图

16.2.8　8-8 断面剖面图

利用上述方法完成 8-8 断面剖面图的绘制，如图 16-90 所示。

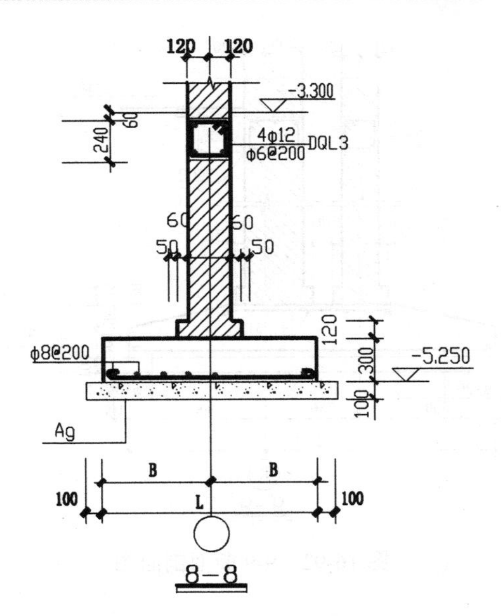

图 16-90 8-8 断面剖面图

16.2.9 7b-7b、8a-8a 断面剖面图

利用上述方法完成 7b-7b、8a-8a 断面剖面图的绘制，如图 16-91 所示。

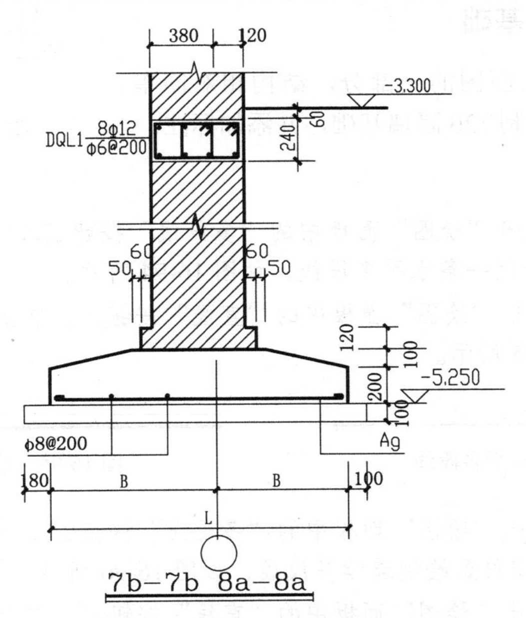

图 16-91 7b-7b 8a-8a 断面剖面图

16.2.10 9-9 断面剖面图

利用上述方法完成 9-9 断面剖面图的绘制，如图 16-92 所示。

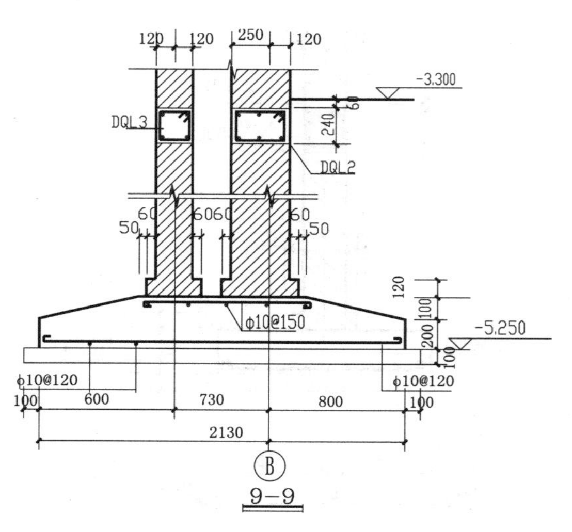

图 16-92　9-9 断面剖面图

16.2.11　10-10 断面剖面图

利用上述方法完成 10-10 断面剖面图的绘制，如图 16-93 所示。

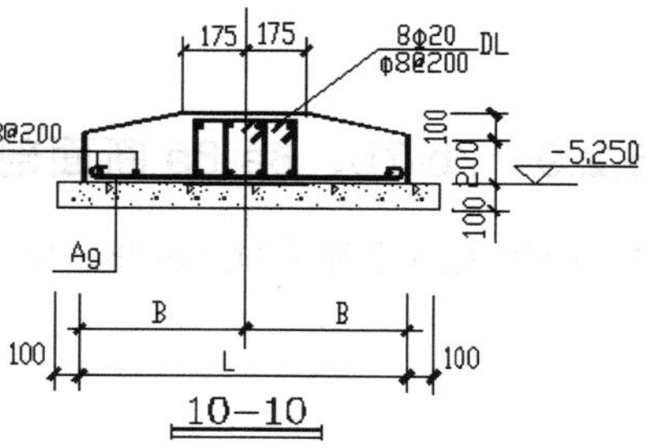

图 16-93　10-10 断面剖面图

扫一扫，看视频

16.2.12　绘制 120 隔墙基础

120 隔墙基础是基础断面图的一部分，结构相对简单。运用基础绘图命令，详细绘制 120 隔墙基础，并添加标注。

【操作步骤】

（1）单击“默认”选项卡“绘图”面板中的“多段线”按钮，指定起点宽度为 50、端点宽度为 50，在图形适当位置绘制一条水平多段线，如图 16-94 所示。

（2）单击“默认”选项卡“绘图”面板中的“直线”按钮，在上步绘制的水平多段线上方绘制一条水平直线，如图 16-95 所示。

图 16-94　绘制水平多段线

图 16-95　绘制水平直线

（3）单击“默认”选项卡“绘图”面板中的“多段线”按钮，指定起点宽度为 0、端点宽度为 0，在上步绘制的图形下端位置绘制连续多段线，如图 16-96 所示。

（4）单击“默认”选项卡“绘图”面板中的“直线”按钮，在上步绘制的图形上端位置选取一点为直线起点，绘制一条竖直直线，如图 16-97 所示。

（5）单击“默认”选项卡“修改”面板中的“偏移”按钮，选择上步绘制的竖直直线为偏移对象向右进行偏移，如图 16-98 所示。

（6）单击“默认”选项卡“修改”面板中的“修剪”按钮，选择上步绘制的竖直直线间的多余线段为修剪对象，对其进行修剪，如图 16-99 所示。

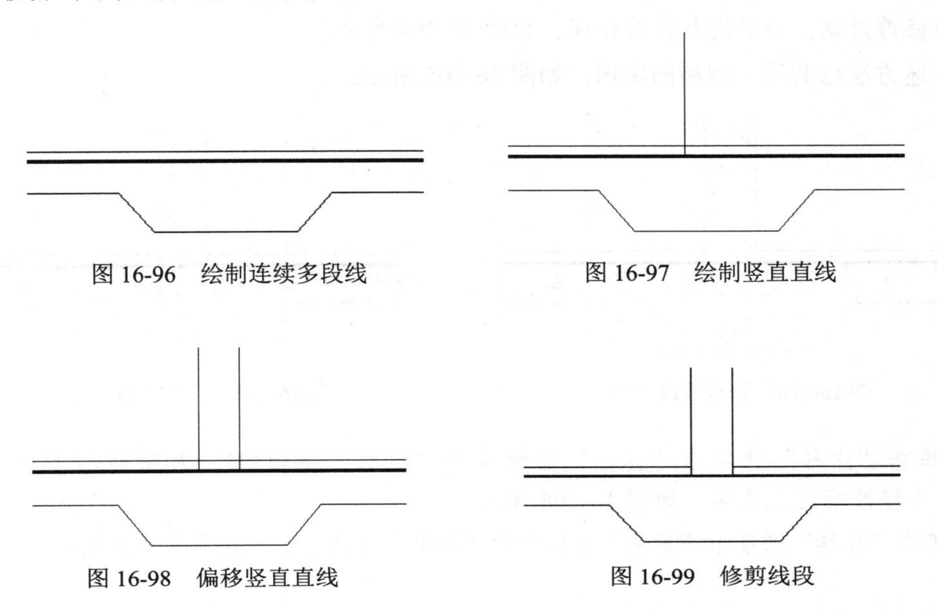

图 16-96　绘制连续多段线　　图 16-97　绘制竖直直线

图 16-98　偏移竖直直线　　图 16-99　修剪线段

（7）单击“默认”选项卡“绘图”面板中的“直线”按钮，在上步绘制的图形的适当位置绘制封闭区域线，如图 16-100 所示。

（8）单击“默认”选项卡“绘图”面板中的“直线”按钮，在上步绘制的图形适当位置绘制多条斜向直线，如图 16-101 所示。

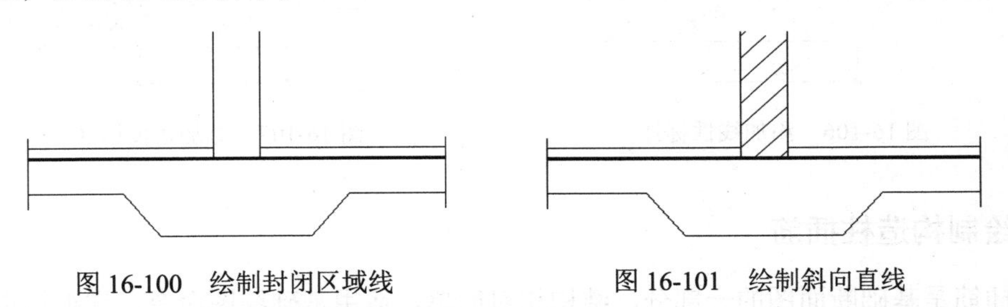

图 16-100　绘制封闭区域线　　图 16-101　绘制斜向直线

结合所学知识，完成上步绘制的图形填充物的绘制，如图 16-102 所示。

（9）单击“默认”选项卡“绘图”面板中的“直线”按钮，在图形左侧竖直边上绘制连续直线，如图 16-103 所示。

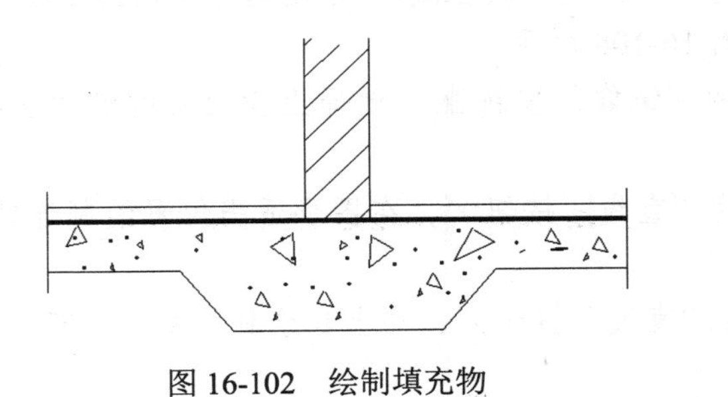

图 16-102　绘制填充物

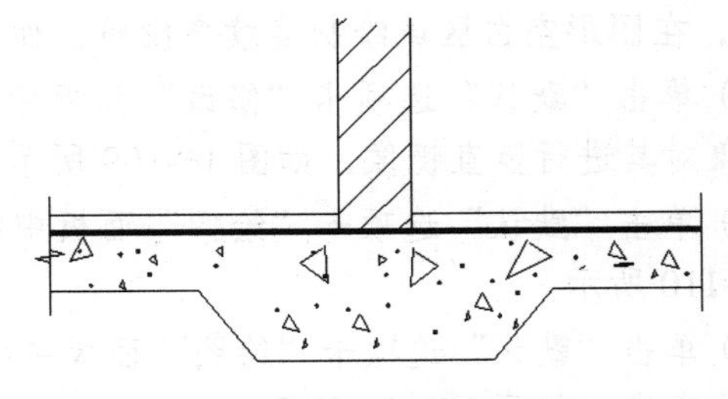

图 16-103　绘制连续直线

（10）单击“默认”选项卡“修改”面板中的“修剪”按钮，选择上步绘制的连续直线间的多余线段为修剪对象，对其进行修剪处理，如图 16-104 所示。

利用上述方法修剪另一侧相同图形，如图 16-105 所示。

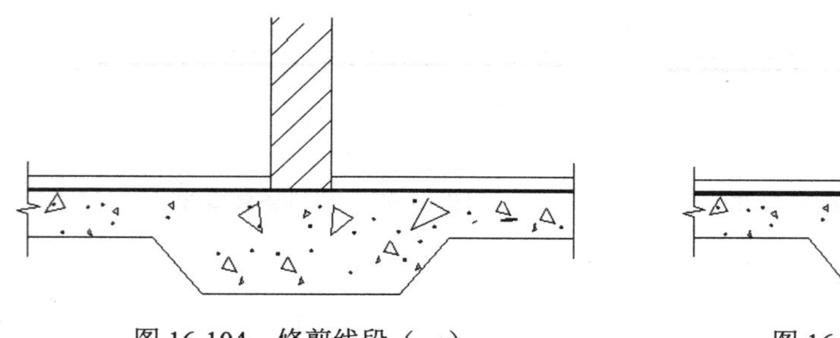

图 16-104　修剪线段（一）

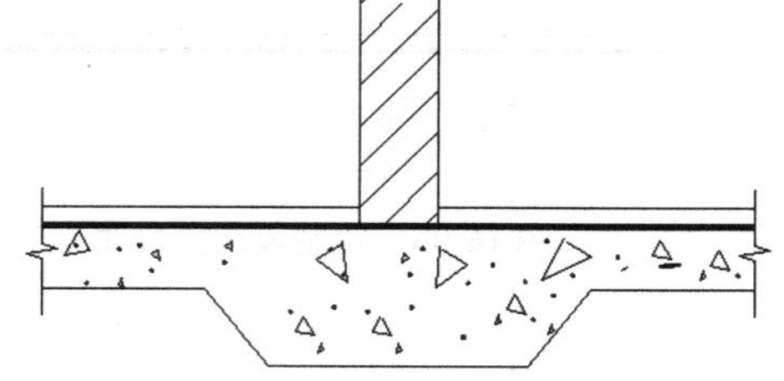

图 16-105　修剪线段（二）

（11）单击“注释”选项卡“标注”面板中的“线性”按钮，为图形添加标注，并调用 DDEDIT 命令修改标注上文字，如图 16-106 所示。

（12）单击“注释”选项卡“标注”面板中的“角度”按钮，为图形添加角度标注，如图 16-107 所示。

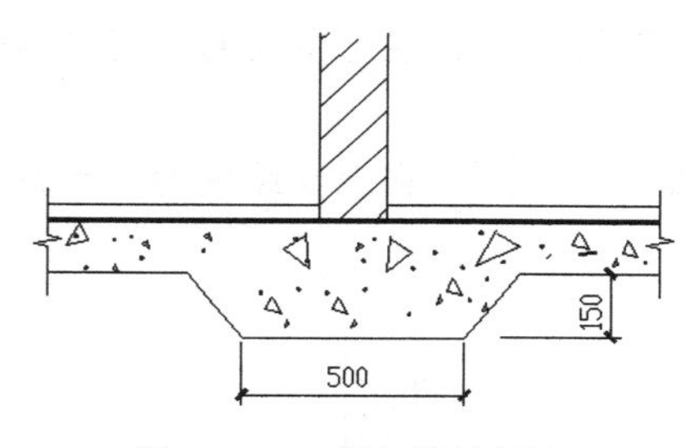

图 16-106　添加线性标注

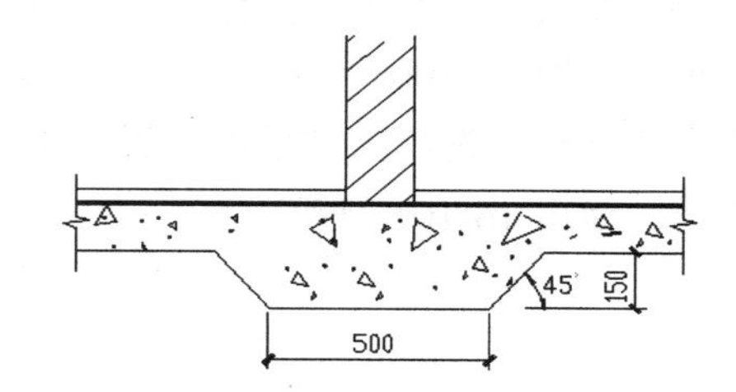

图 16-107　添加角度标注

扫一扫，看视频

16.2.13　绘制构造柱插筋

构造柱插筋是基础断面图的一部分，结构相对简单。运用基础绘图命令，详细构造柱插筋，并添加标注。

【操作步骤】

（1）单击“默认”选项卡“绘图”面板中的“多段线”按钮，指定起点宽度为 50、端点宽度为 50，在图形空白区域绘制连续多段线，如图 16-108 所示。

（2）单击“默认”选项卡“修改”面板中的“镜像”按钮，选择上步绘制的连续多段线为镜像对象对其进行竖直镜像，如图 16-109 所示。

（3）单击“默认”选项卡“绘图”面板中的“直线”按钮，在图形适当位置绘制连续直线，如图 16-110 所示。

（4）单击“默认”选项卡“绘图”面板中的“直线”按钮，在上步绘制的图形底部位置绘制一条水平直线，如图 16-111 所示。

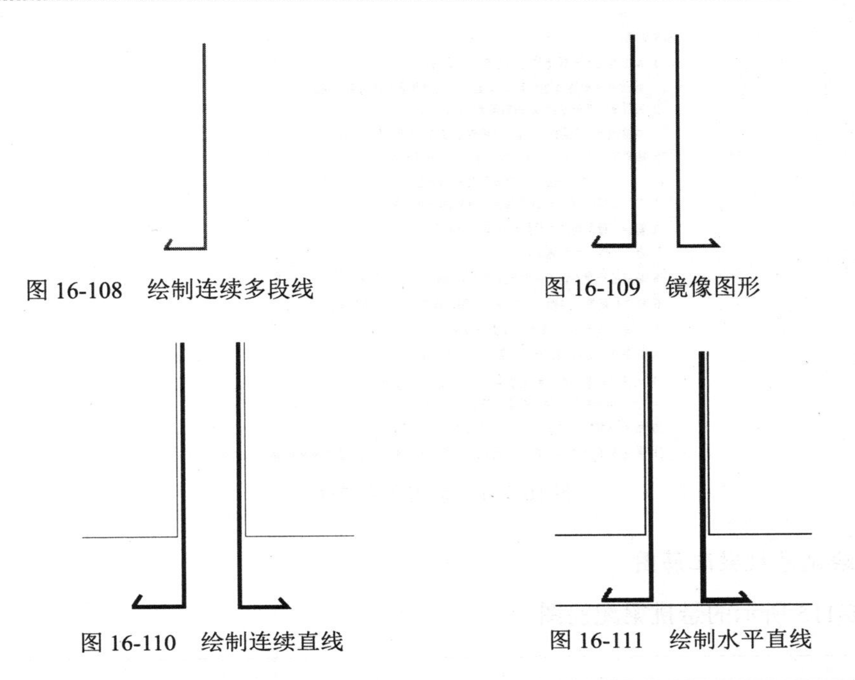

图 16-108 绘制连续多段线

图 16-109 镜像图形

图 16-110 绘制连续直线

图 16-111 绘制水平直线

（5）单击“默认”选项卡“绘图”面板中的“直线”按钮╱和“修剪”按钮-/--，完成图形剩余部分的绘制，如图 16-112 所示。

（6）单击“注释”选项卡“标注”面板中的“线性”按钮├┤，为图形添加线性标注，并调用 DDEDIT 命令修改。如图 16-113 所示。

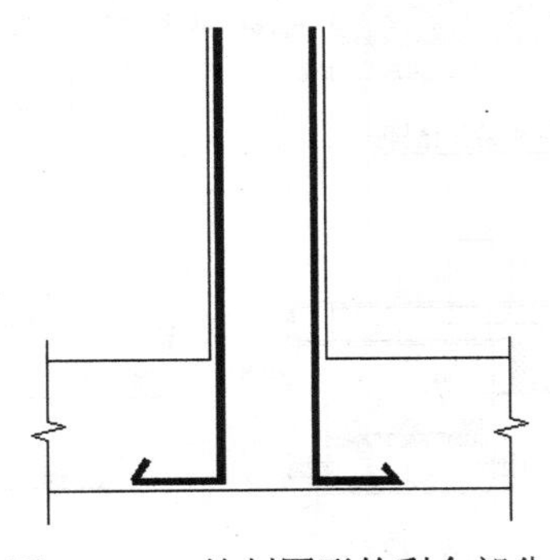

图 16-112 绘制图形的剩余部分

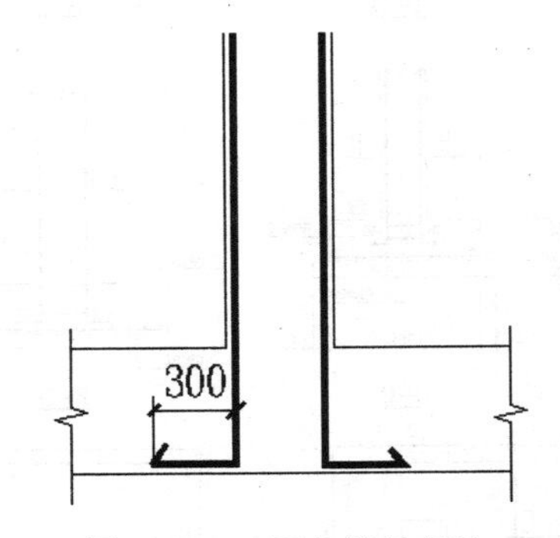

图 16-113 添加线性标注

16.2.14 添加文字说明及图框

扫一扫，看视频

【操作步骤】

（1）单击“默认”选项卡“注释”选项卡中的“多行文字”按钮A，为绘制完成的图形添加文字说明，如图 16-114 所示。

（2）单击“插入”选项卡“绘图”面板中的“插入块”按钮，弹出“插入”对话框。单击“浏览”按钮，弹出“选择图形文件”对话框，选择“源文件 / 图块 /A2 图框”图块，将其放置到图形适当位置，结合所学知识为绘制图形添加图形名称，最终完成基础断面图的绘制，如图 16-114 所示。

基础说明:

1. 本工程按本地区地震基本烈度七度设防。
   设计基本地震加速度为0.15 g,所属设计地震分组为第一组。
2. 采用墙下条形基础,基础垫层为C10素混凝土,
   其余均为C25混凝土。I(ф)级钢筋,II(Φ)级钢筋。
3. 砖砌体:±0.000以下采用MU10机砖M10水泥砂浆。
   一层采用MU10烧结多孔砖M7.5混合砂浆。
   二层采用MU10烧结多孔砖M5.0混合砂浆.
4. 基础开槽处理完成后经设计单位验收合格后
   方可进行下一步施工。
5. 基础底板受力钢筋保护层厚度为40 mm。
6. 构造柱配筋见详图,在柱端800范围内箍筋加密为ф6@100。
7. 标高以米为单位,其余均以毫米为单位。
8. 设备管道穿墙.板.洞口位置参设备图留设。
9. 本工程地基承载力特征值按Fak=110 kPa计算基底标高
   -5.250 m相当于地质报告中高程为28.000 m。
10. 所有外墙均做防水,高度至自然地坪下
11. 采光井围护墙为240厚，下设C10混凝土垫层厚100 mm,垫层底标高为-1.600 m。

图 16-114　添加文字说明

练一练——绘制悬挑梁配筋图

绘制如图 16-115 所示的悬挑梁配筋图。

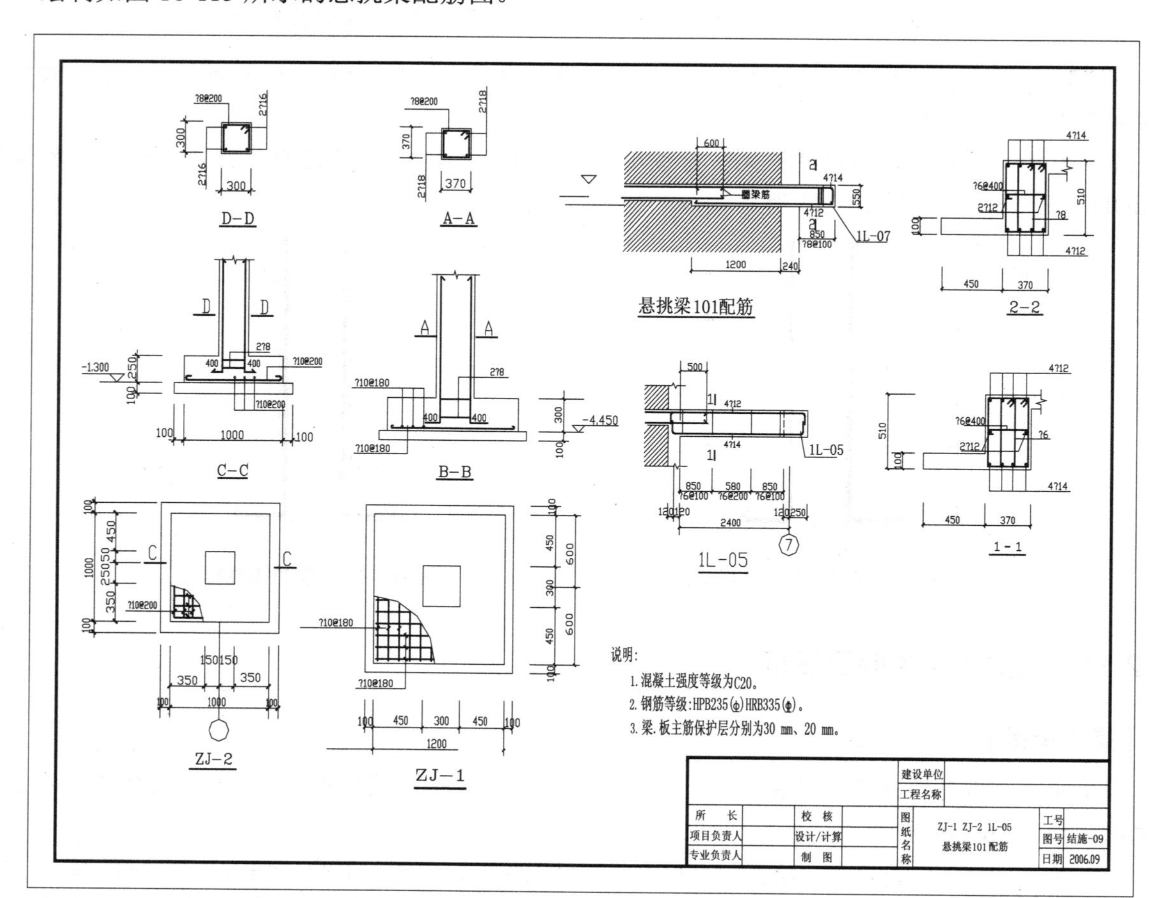

图 16-115　悬挑梁配筋图

思路点拨

源文件： 源文件\第 16 章\悬挑梁配筋图 .dwg

（1）绘图准备。
（2）绘制 ZJ 梁。
（3）绘制 ZJ-2 梁。
（4）绘制 1-1 剖面图。
（5）绘制 101 配筋。
（6）标注说明文字并插入图框。

16.3 楼梯结构配筋图

绘制思路

楼梯是建筑必不可少的附件。楼梯结构图主要表达本案例中各处楼梯的结构尺寸、材料选取、具体做法等。本节主要讲述楼梯结构配筋图的绘制，如图 16-116 所示。

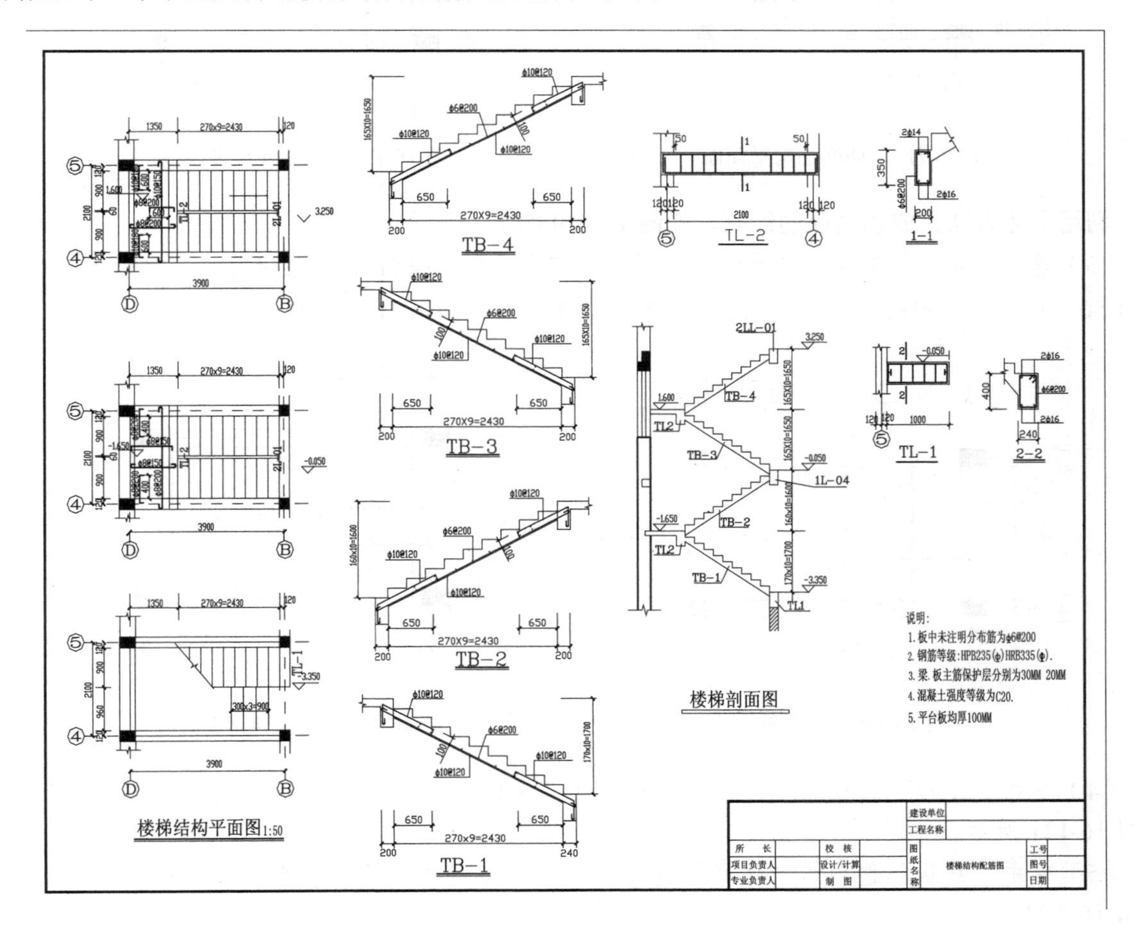

图 16-116 楼梯结构配筋图

扫一扫，看视频

16.3.1 楼梯结构平面图

楼梯结构平面图是楼体结构配筋图中的一部分。本节将利用已经绘制完成的楼梯结构平面图，绘制完整的楼梯结构平面图。

【操作步骤】

（1）单击标准工具栏中的“打开”按钮，打开“源文件”/“楼梯结构平面图”，如图16-117所示。

（2）单击“默认”选项卡“绘图”面板中的“多段线”按钮，指定起点宽度为50、端点宽度为50，在楼梯间绘制连续多段线，如图16-118所示。

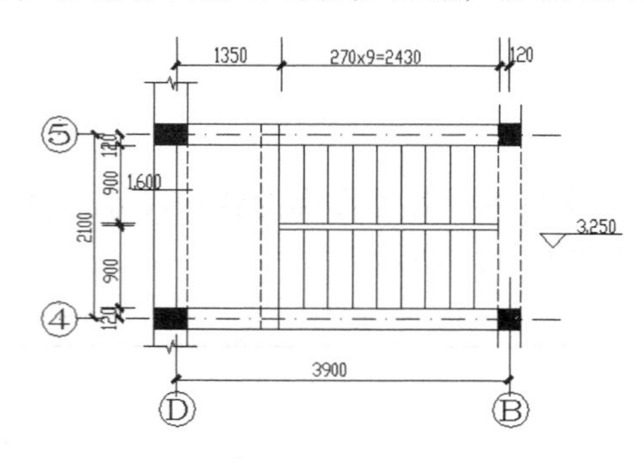

图16-117 楼梯结构平面图

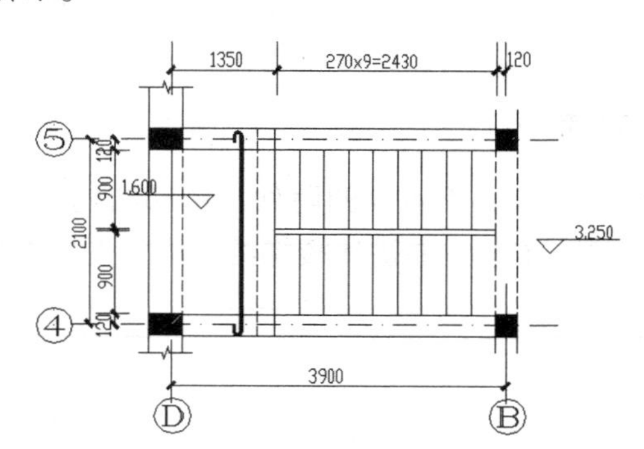

图16-118 绘制连续多段线

利用上述方法完成相同筋的绘制，如图16-119所示。

（3）单击“默认”选项卡“绘图”面板中的“多段线”按钮，指定起点宽度为50、端点宽度为50，在上步绘制的图形适当位置处绘制连续多段线，如图16-120所示。

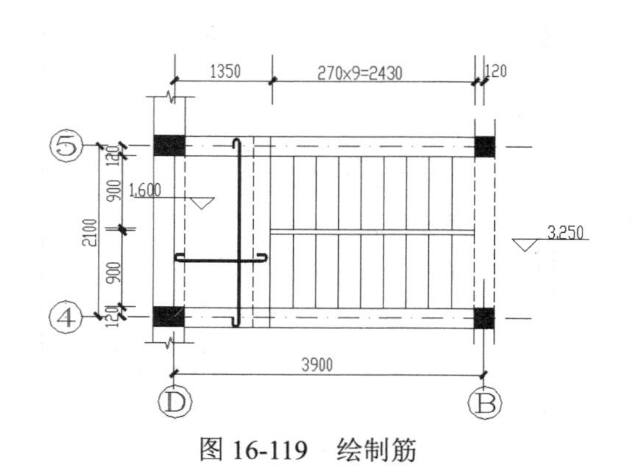

图16-119 绘制筋

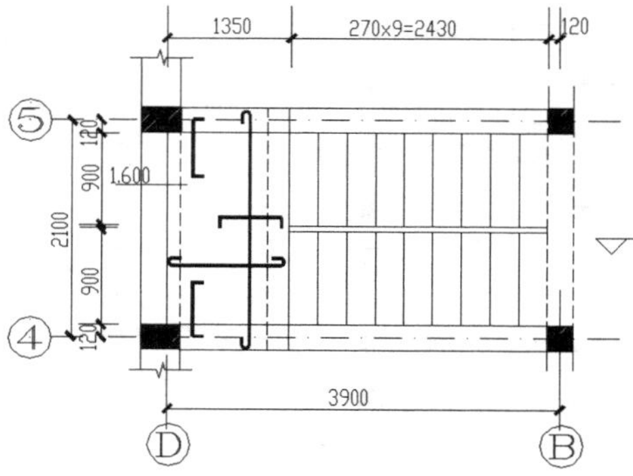

图16-120 绘制连续多段线

（4）单击“注释”选项卡“标注”面板中的“线性”按钮，为上步绘制的图形添加标注，如图16-121所示。

（5）单击“默认”选项卡“注释”选项卡中的“多行文字”按钮A，为图形添加文字说明，如图16-122所示。

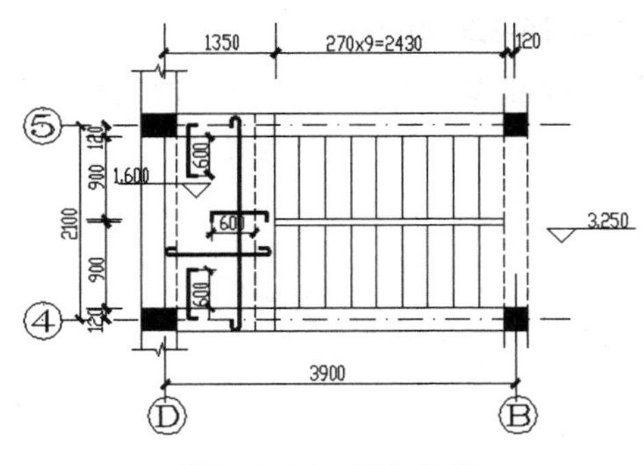

图 16-121　添加标注

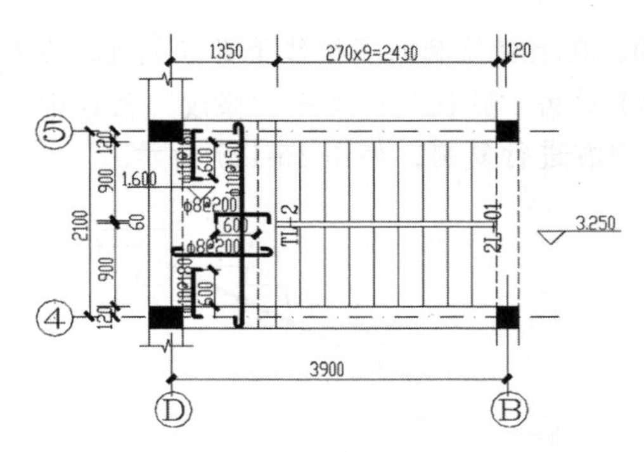

图 16-122　添加文字

利用上述方法完成剩余楼梯结构图的绘制，如图 16-123 所示。

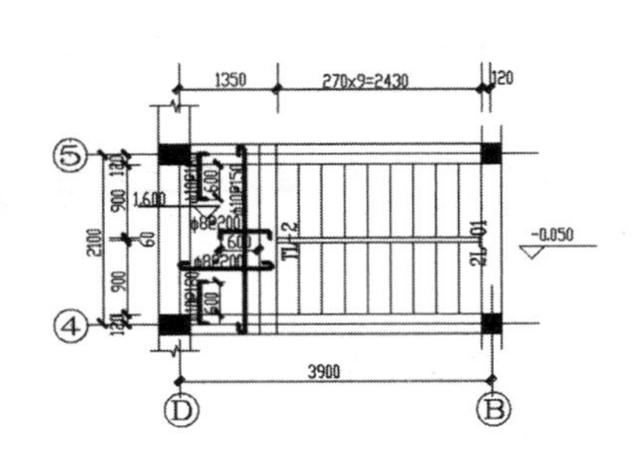

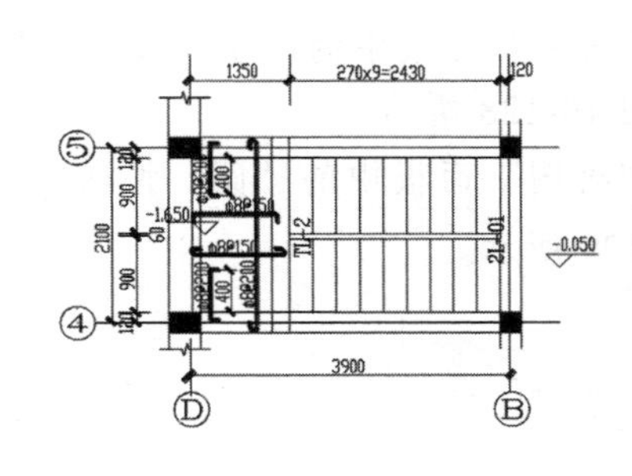

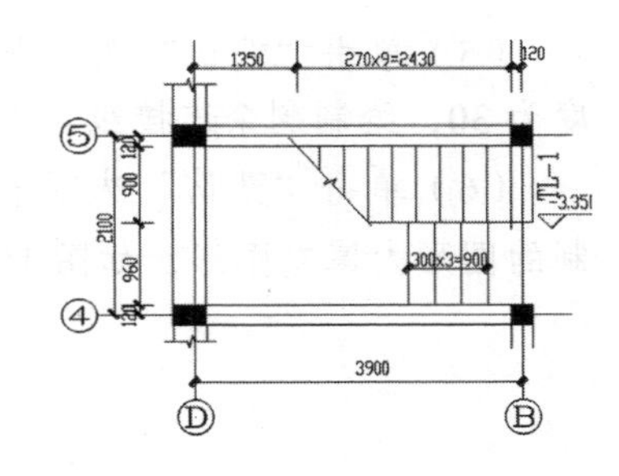

楼梯结构平面图1:50

图 16-123　绘制剩余楼梯结构图

16.3.2　台阶板剖面 TB-4

扫一扫，看视频

台阶板剖面图结构并不复杂，运用基础会图命令，以绘制台阶板剖面 TB-4 来绘制台阶板剖面 TB-2、台阶板剖面 TB-1，并分别进行标注。

【操作步骤】

（1）单击标准工具栏中的“打开”按钮，打开“源文件”/“台板”，如图 16-124 所示。

（2）单击“默认”选项卡“绘图”面板中的“多段线”按钮，指定起点宽度为 30、端点宽度为 30，在上步打开源文件内绘制连续多段线，如图 16-125 所示。

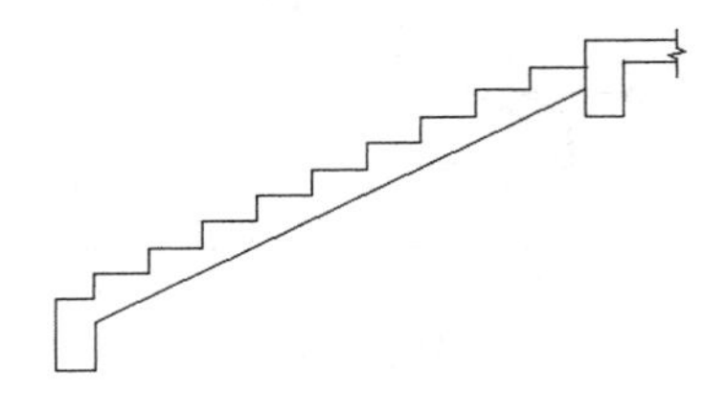

图 16-124　台板

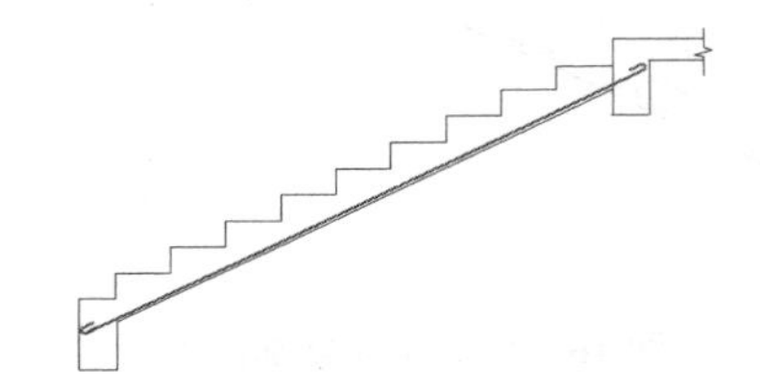

图 16-125　绘制连续多段线

（3）单击“默认”选项卡“绘图”面板中的“多段线”按钮，指定起点宽度为 30、端点宽度为 30，在上步绘制的多段线下部绘制连续多段线，如图 16-126 所示。

（4）单击“默认”选项卡“修改”面板中的“复制”按钮，选择上步绘制的连续多段线为复制对象向右进行复制，如图 16-127 所示。

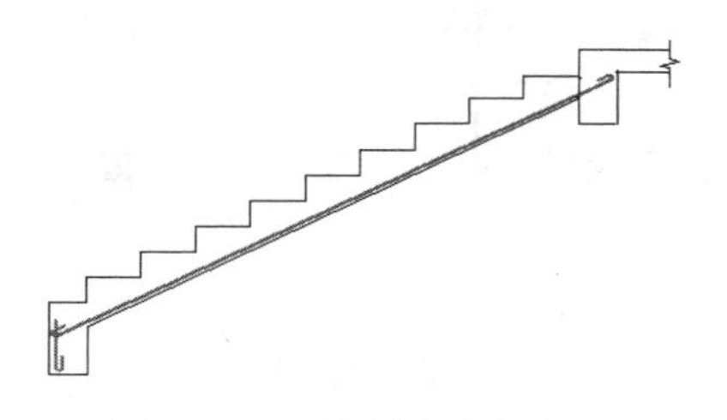

图 16-126　绘制连续多段线

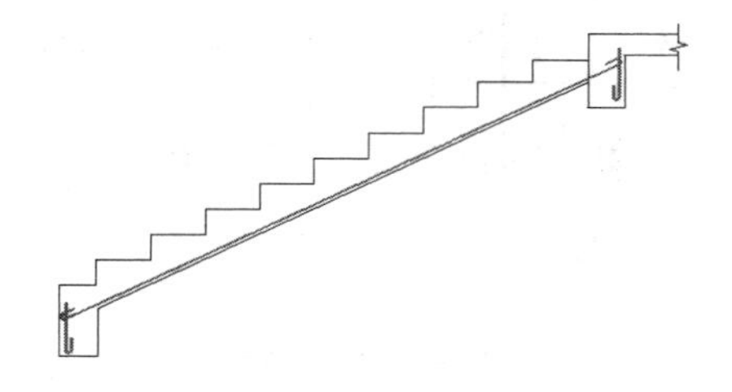

图 16-127　复制连续多段线

（5）单击“默认”选项卡“绘图”面板中的“多段线”按钮，指定起点宽度为 30、端点宽度为 30，绘制剩余连接线，如图 16-128 所示。

（6）单击“默认”选项卡“绘图”面板中的“圆”按钮和“图案填充”按钮，在上步绘制的图形内填充图形，如图 16-129 所示。

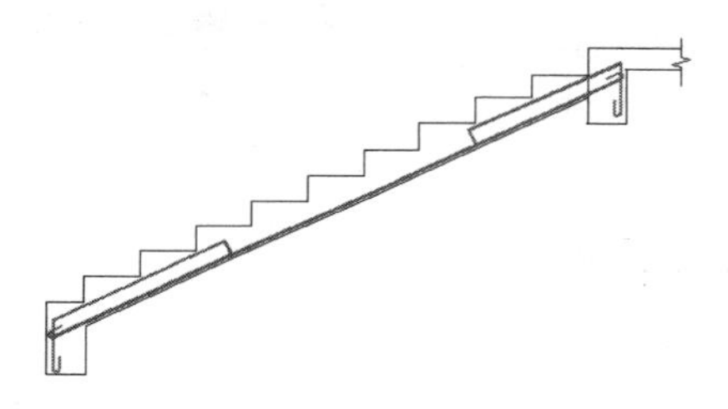

图 16-128　绘制剩余连接线

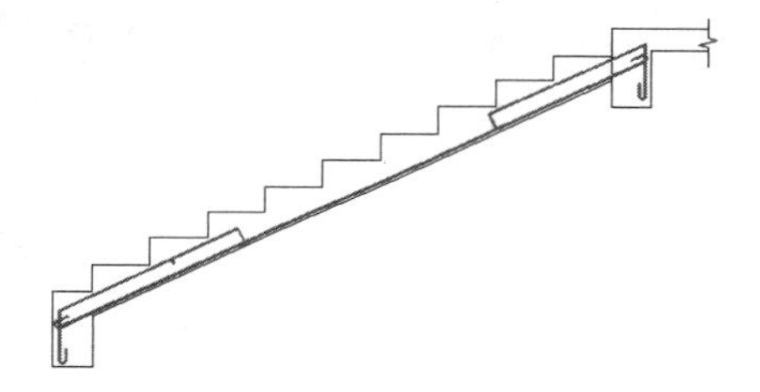

图 16-129　填充图形

（7）单击“默认”选项卡“修改”面板中的“复制”按钮，选择上步绘制的图形为复制对象向右进行连续复制，如图 16-130 所示。

（8）单击“注释”选项卡“标注”面板中的“线性”按钮和“连续”按钮，为图形添加标注，如图 16-131 所示。

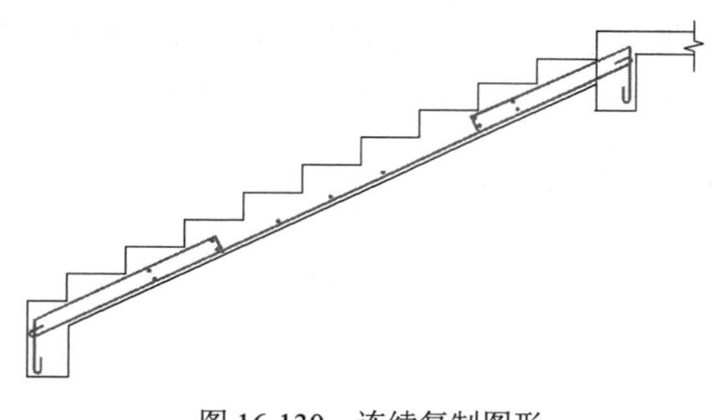

图 16-130　连续复制图形

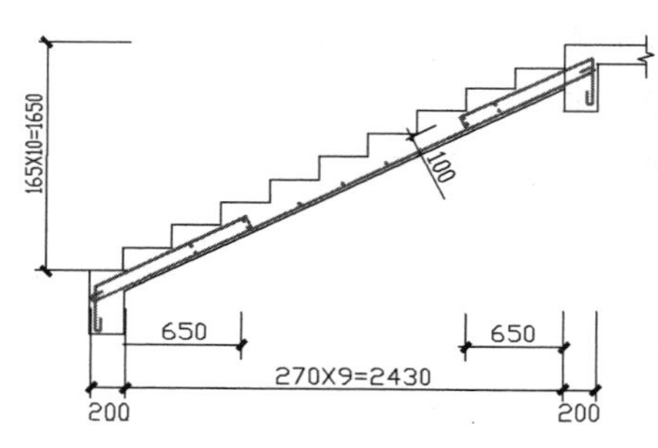

图 16-131　添加标注

（9）单击“默认”选项卡“注释”选项卡中的“多行文字”按钮，为图形添加文字说明，如图 16-132 所示。

利用上述方法完成剩余台阶板剖面 TB-3 的绘制，如图 16-133 所示。

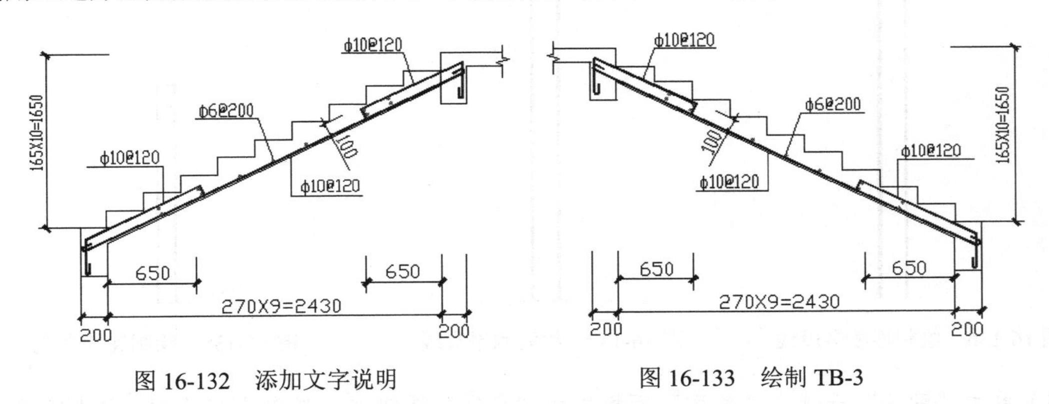

图 16-132　添加文字说明　　　　图 16-133　绘制 TB-3

利用上述方法完成剩余台阶板剖面 TB-2 的绘制，如图 16-134 所示。

利用上述方法完成剩余台阶板剖面 TB-1 的绘制，如图 16-135 所示。

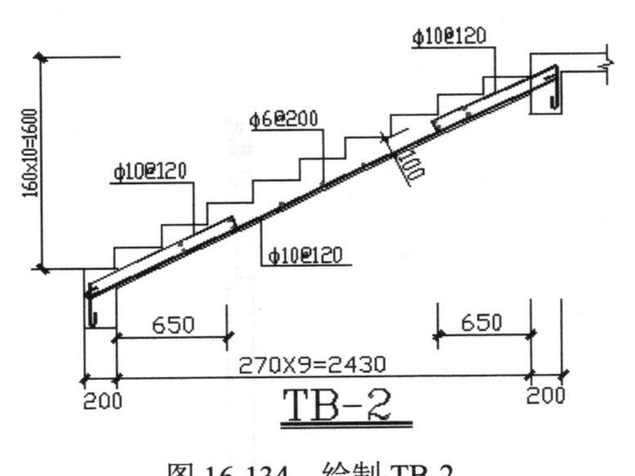

图 16-134　绘制 TB-2

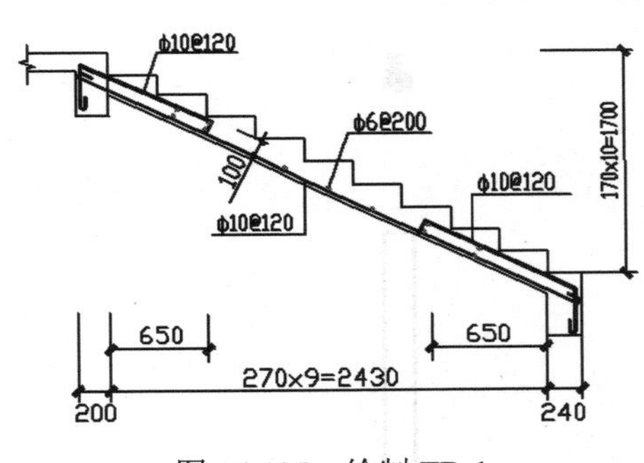

图 16-135　绘制 TB-1

16.3.3　绘制楼梯剖面图

扫一扫，看视频

楼梯剖面图是楼体结构配筋图的一部分，结构相对复杂。运用多“多段线”“直线”“图案填充”等命令，绘制楼梯剖面图。

【操作步骤】

（1）单击“默认”选项卡“绘图”面板中的“多段线”按钮，指定起点宽度为 66、端点宽度为 66，在图形适当位置绘制连续多段线，如图 16-136 所示。

（2）单击“默认”选项卡“绘图”面板中的“直线”按钮，在上步绘制的图形底部绘制一条水平直线，如图 16-137 所示。

（3）单击“默认”选项卡“绘图”面板中的“直线”按钮，在上步绘制的图形适当位置绘制连续直线，如图 16-138 所示。

（4）单击“默认”选项卡“绘图”面板中的“图案填充”按钮，打开“图案填充创建”选项卡，选择 ANSI31 图案类型，设置填充比例为 2，选择填充区域，效果如图 16-139 所示。

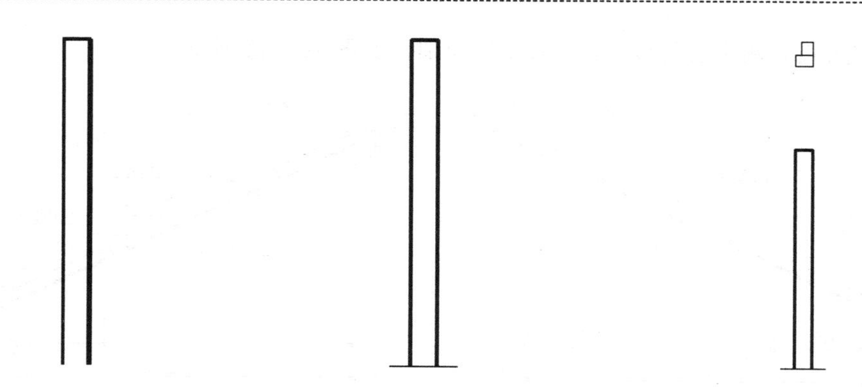

图 16-136　绘制连续多段线　　图 16-137　绘制水平直线　　图 16-138　绘制连续直线

（5）单击“默认”选项卡“绘图”面板中的“直线”按钮，绘制上步绘制的图形之间的连接线，如图 16-140 所示。

（6）单击“默认”选项卡“绘图”面板中的“直线”按钮，在上步绘制的图形上部绘制两条竖直直线，如图 16-141 所示。

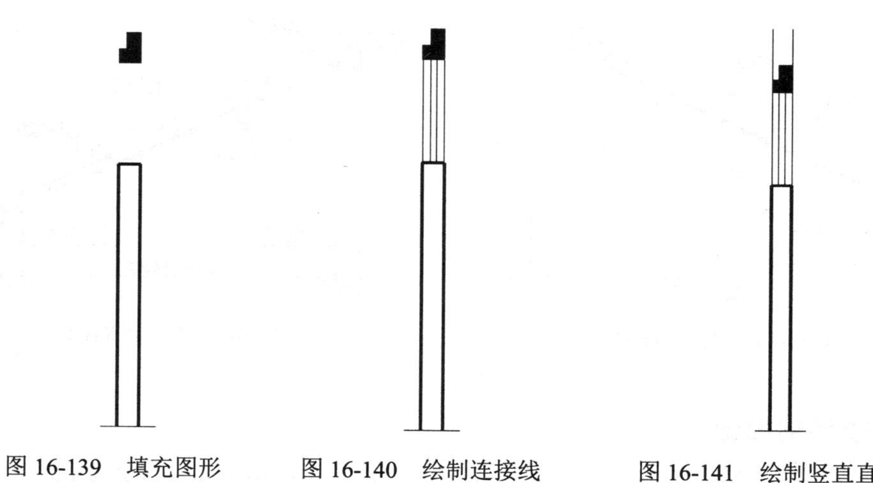

图 16-139　填充图形　　图 16-140　绘制连接线　　图 16-141　绘制竖直直线

（7）单击“默认”选项卡“绘图”面板中的“直线”按钮，在上步绘制的图形适当位置绘制一条水平直线，如图 16-142 所示。

（8）单击“默认”选项卡“绘图”面板中的“直线”按钮，在上步绘制的图形适当位置绘制连续折弯线，如图 16-143 所示。

（9）单击“默认”选项卡“修改”面板中的“修剪”按钮，对上步绘制的折弯线进行修剪，如图 16-144 所示。

利用上述方法完成底部相同图形的绘制，如图 16-145 所示。

（10）单击“默认”选项卡“绘图”面板中的“直线”按钮，在上步绘制的图形适当位置绘制连续直线，如图 16-146 所示。

（11）单击“默认”选项卡“修改”面板中的“修剪”按钮，选择上步绘制的连续直线为修剪对象对其进行修剪，如图 16-147 所示。

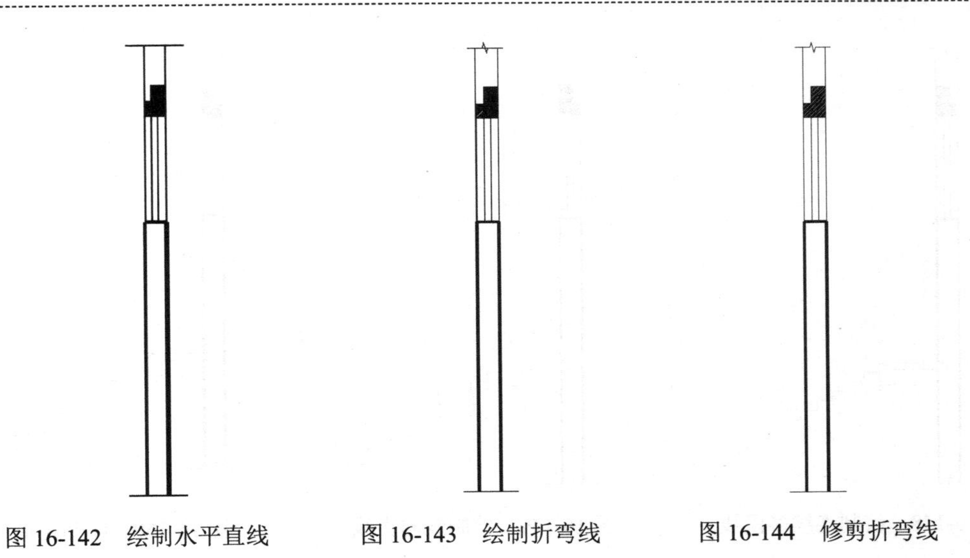

图 16-142 绘制水平直线　　图 16-143 绘制折弯线　　图 16-144 修剪折弯线

（12）单击“默认”选项卡“绘图”面板中的“多段线”按钮，指定起点宽度为 0、端点宽度为 0，在上步绘制的图形上绘制连续多段线，如图 16-148 所示。

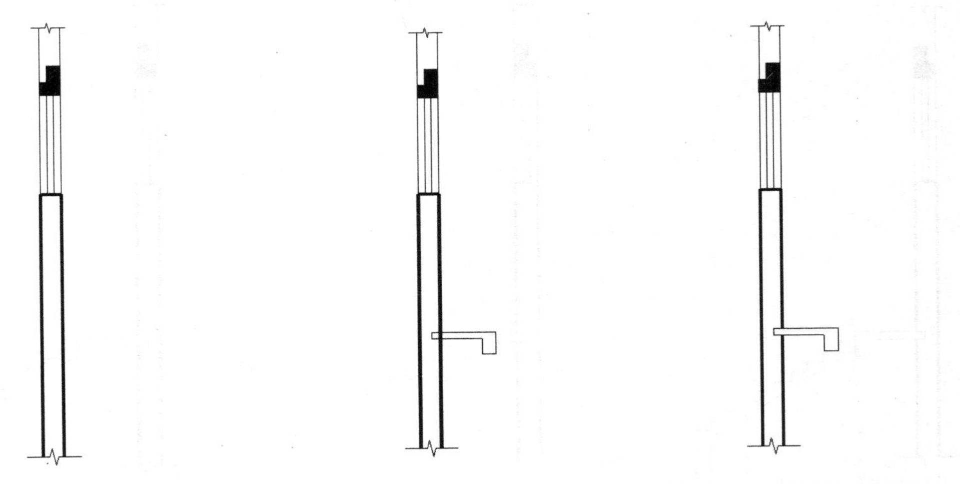

图 16-145 绘制底部相同图形　　图 16-146 绘制连续直线　　图 16-147 修剪连续直线

（13）单击“默认”选项卡“绘图”面板中的“直线”按钮，在上步绘制的图形适当位置绘制一条斜向直线，如图 16-149 所示。

（14）单击“默认”选项卡“绘图”面板中的“矩形”按钮，在上步绘制的图形底部绘制一个矩形，如图 16-150 所示。

（15）单击“默认”选项卡“修改”面板中的“分解”按钮，选择上步绘制的矩形为分解对象，回车进行确认。

（16）选择上步分解的矩形底部水平线为删除对象对其进行删除，如图 16-151 所示。

（17）单击“默认”选项卡“绘图”面板中的“直线”按钮，在上步绘制的图形适当位置绘制一条水平直线，如图 16-152 所示。

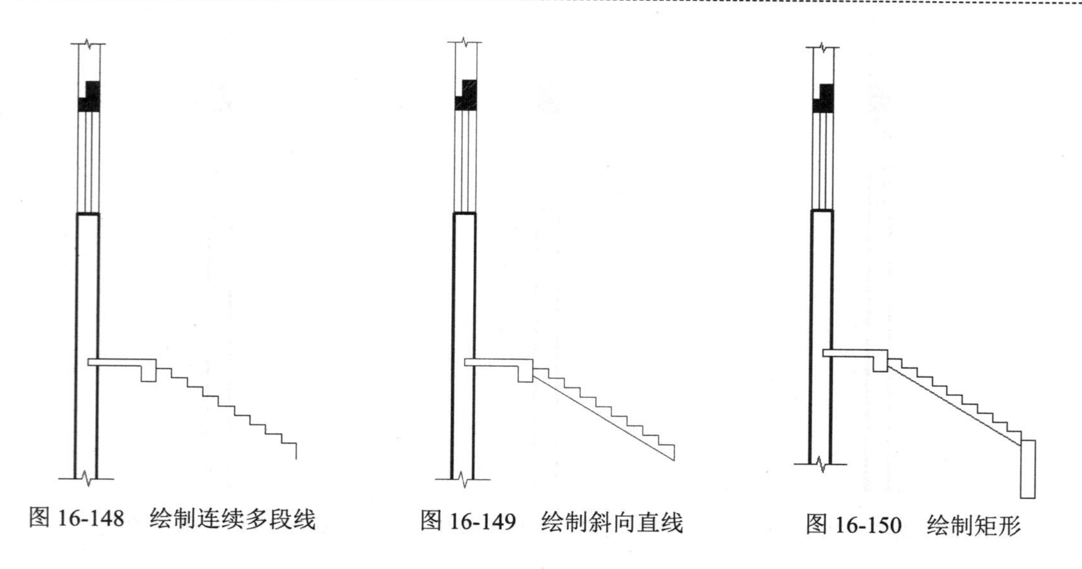

图 16-148　绘制连续多段线　　图 16-149　绘制斜向直线　　图 16-150　绘制矩形

（18）单击“默认”选项卡“绘图”面板中的“直线”按钮，在上步绘制的图形内绘制斜向直线，如图 16-153 所示。

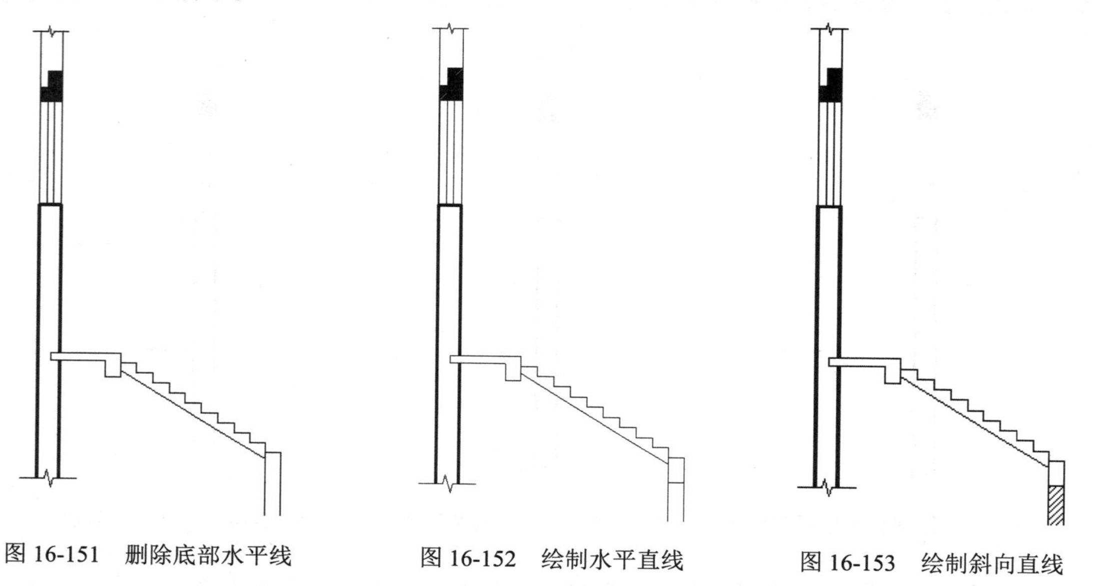

图 16-151　删除底部水平线　　图 16-152　绘制水平直线　　图 16-153　绘制斜向直线

利用上述方法完成上步图形的绘制，如图 16-154 所示。

（19）单击“注释”选项卡“标注”面板中的“线性”按钮和“连续”按钮，为图形添加标注，如图 16-155 所示。

（20）单击“默认”选项卡“绘图”面板中的“直线”按钮和“注释”面板中的“多行文字”按钮A，为图形添加标高，如图 16-156 所示。

（21）单击“默认”选项卡“绘图”面板中的“直线”按钮和“注释”面板中的“多行文字”按钮A，为图形添加文字说明，完成楼梯剖面图的绘制，如图 16-157 所示。

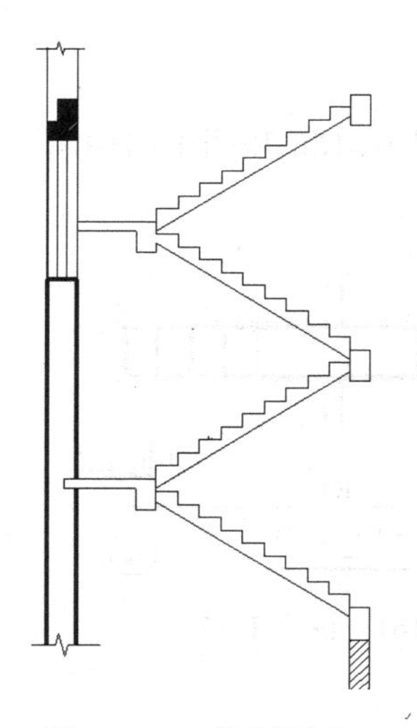

图 16-154　绘制图形

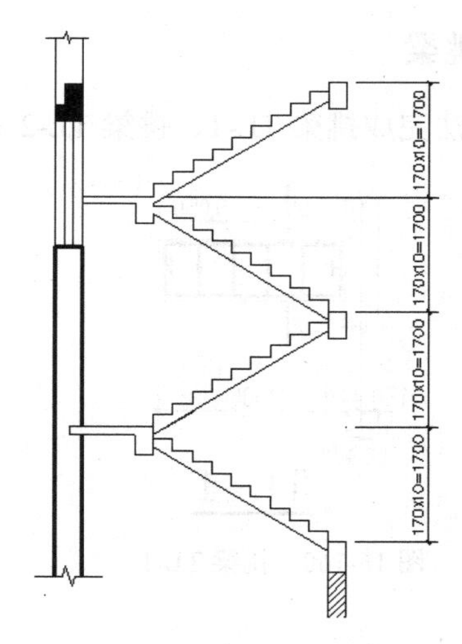

图 16-155　添加标注

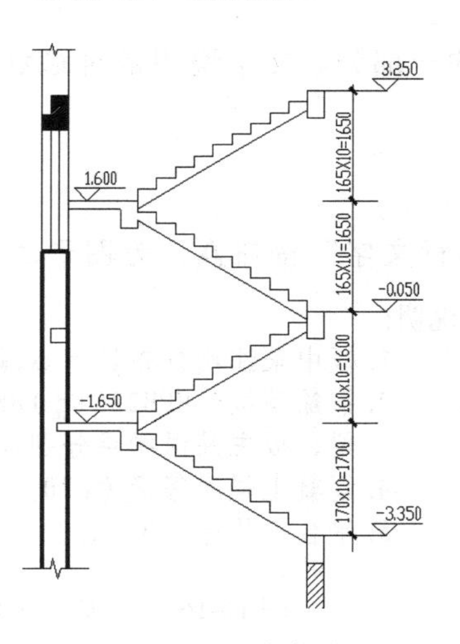

图 16-156　添加标高

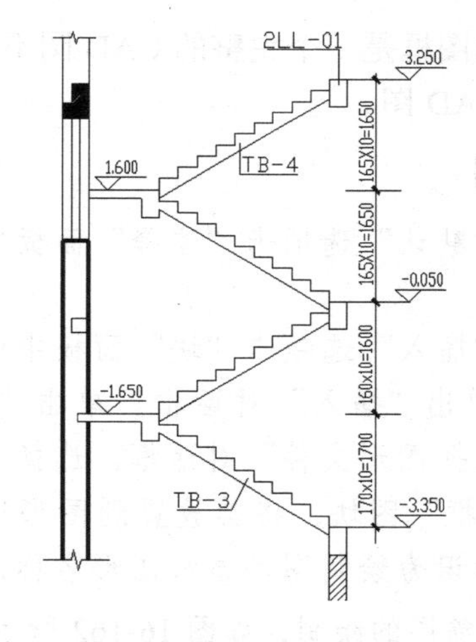

图 16-157　添加文字说明

16.3.4　绘制箍梁

利用前面讲述的方法完成箍梁 1-1、箍梁 2-2 的绘制，如图 16-158 和图 16-159 所示。

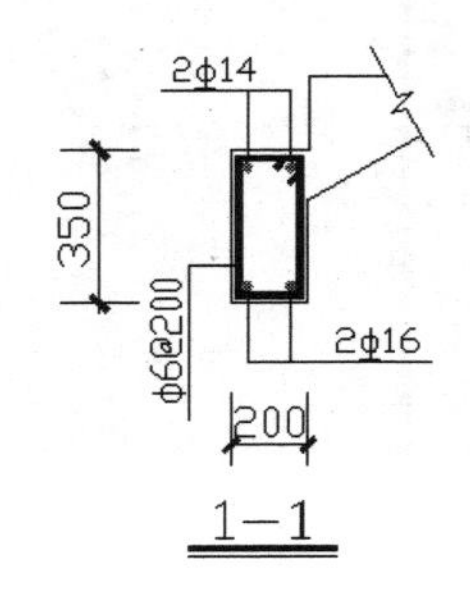

图 16-158　箍梁 1-1

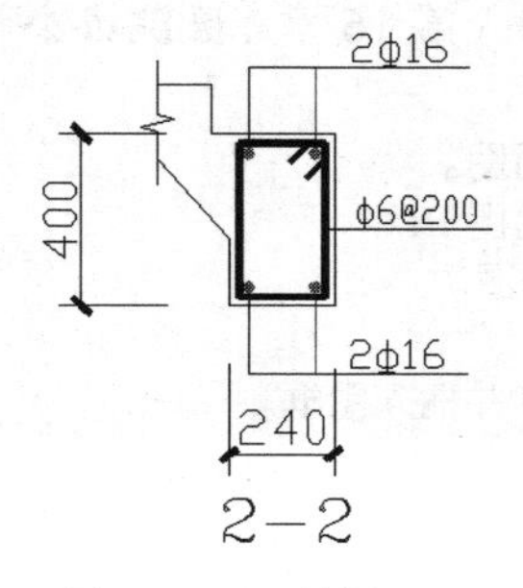

图 16-159　箍梁 2-2

16.3.5 绘制挑梁

利用上述方法完成挑梁 TL-1、挑梁 TL-2 的绘制，如图 16-160 和图 16-161 所示。

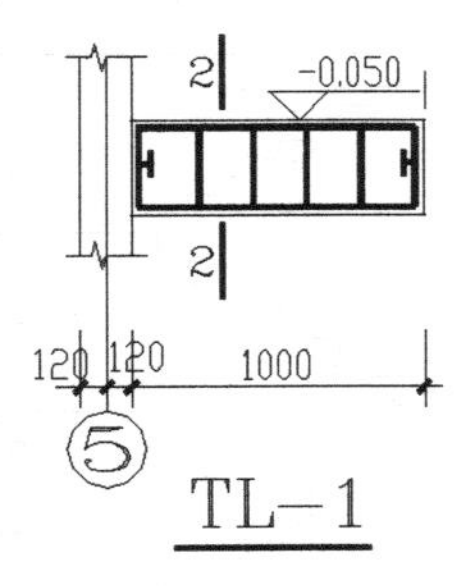

图 16-160 挑梁 TL-1

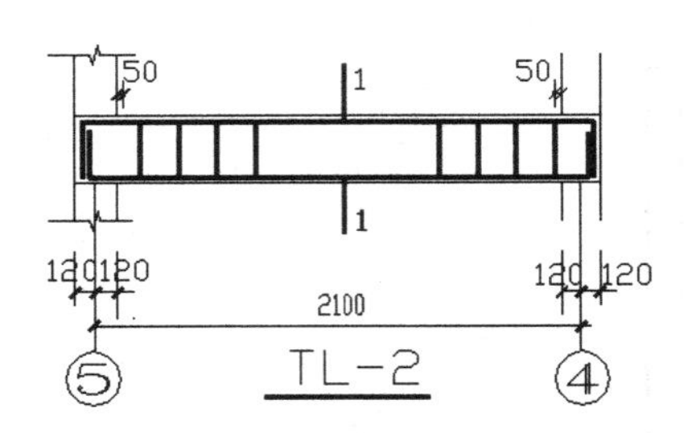

图 16-161 挑梁 TL-2

扫一扫，看视频

16.3.6 添加文字说明及图框

文字说明和图框是一个完整的 CAD 图不可或缺的一部分。文字说明是对 CAD 图的文字解释，图框可以规范 CAD 图。

【操作步骤】

（1）单击“默认”选项卡“注释”面板中的“多行文字”按钮**A**，为图形添加文字说明，如图 16-162 所示。

（2）单击“插入”选项卡“块”面板中的“插入块”按钮，弹出“插入”对话框。单击“浏览”按钮，弹出“选择图形文件”对话框，选择“源文件 / 图块 /A2 图框”图块，将其放置到图形适当位置，结合所学知识为绘制图形添加图形名称，最终完成楼梯结构配筋图的绘制，如图 16-162 所示。

说明:

1. 板中未注明分布筋为φ6@200。
2. 钢筋等级: HPB225(φ)HRB335(φ)。
3. 梁、板主筋保护层分别为30 mm、20 mm。
4. 混凝土强度等级为C20。
5. 平台板均厚100 mm。

图 16-162 添加文字说明

练一练——绘制医院办公楼楼梯详图

绘制如图 16-163 所示的医院办公楼楼梯详图。

思路点拨

源文件：源文件 \ 第 16 章 \ 医院办公楼楼梯详图 .dwg

（1）绘图准备。
（2）绘制楼梯平面图。
（3）绘制楼梯剖面图 III。
（4）绘制 1-1 剖面图。
（5）绘制基础一。
（6）标注说明文字并插入图框。

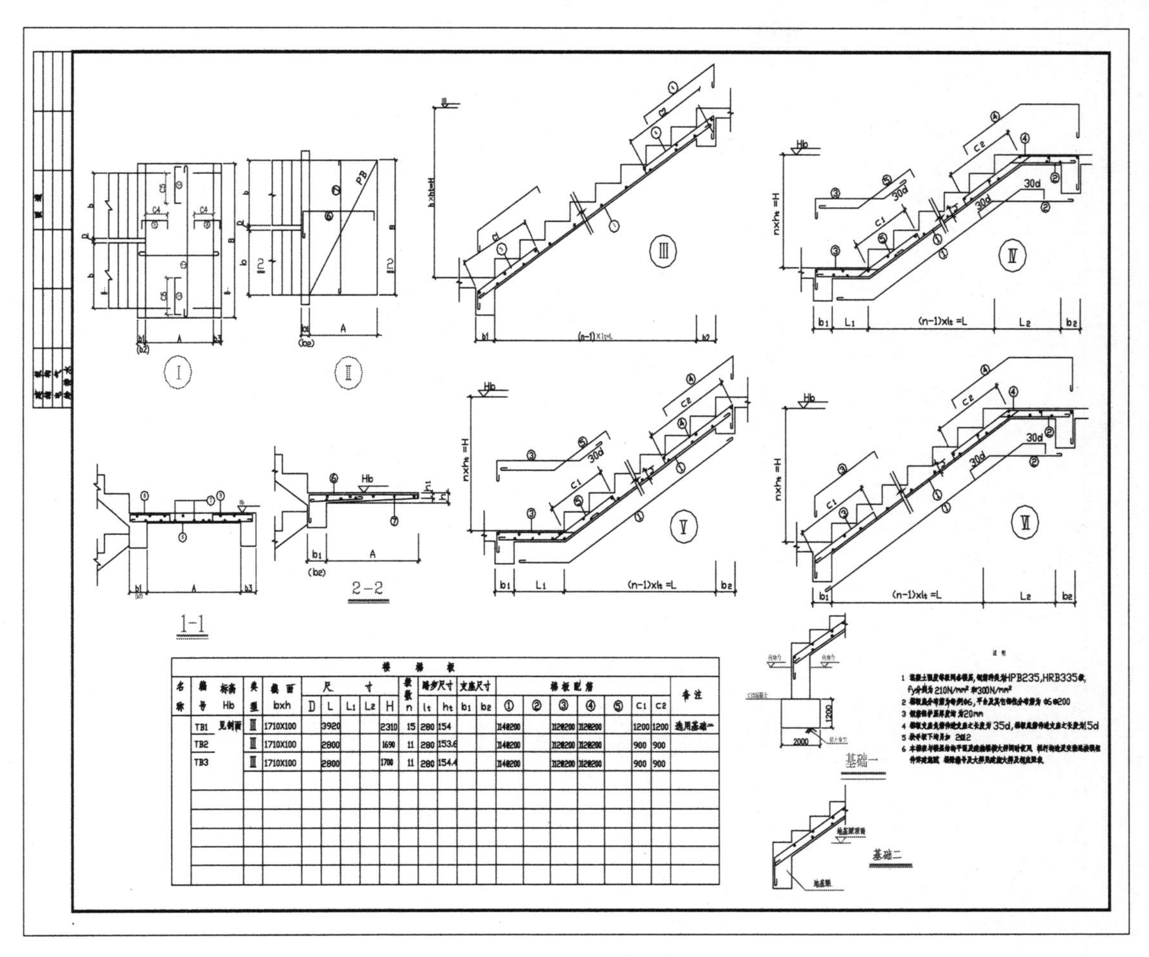

楼梯板																						
名称	编号	标高 Hb	类型	截面 bxh	尺寸 D	L	L1	L2	H	级数 n	踏步尺寸 lt	ht	支座尺寸 b1	b2	梯板配筋 ①	②	③	④	⑤	C1	C2	备注
	TB1	见剖面	Ⅲ	1710X100		3920			2310	15	280	154			Ⅱ14@200		Ⅱ12@200	Ⅱ12@200		1200	1200	选用基础一
	TB2		Ⅲ	1710X100		2800			1690	11	280	153.6			Ⅱ14@200		Ⅱ12@200	Ⅱ12@200		900	900	
	TB3		Ⅲ	1710X100		2800			1700	11	280	154.4			Ⅱ14@200		Ⅱ12@200	Ⅱ12@200		900	900	

图 16-163 医院办公楼楼梯详图

3

体育馆属于大跨空间结构，应用的建筑结构形式同普通小跨度住宅建筑是有区别的，多采用框架、钢结构、网壳等结构形式。由于体育馆跨度大、荷载重，因此，在进行结构设计时，要充分考虑其受力特点，设计合理的结构形式及构件截面，达到最佳的受力状态，同时还要考虑节材、节能的要求。

第 3 篇　体育馆土木工程设计实例篇

本篇围绕体育馆结构设计为核心展开讲述土木工程图绘制的操作步骤、方法和技巧等，包括基础平面图、梁配筋图、柱配筋图、楼梯详图和构件详图等知识。

本篇内容通过实例加深读者对 AutoCAD 功能的理解和掌握，以及各种土木工程图的绘制方法。

扫一扫，看视频

第 17 章　体育馆结构设计总说明及首页图

内容简介

前面讲解了结构设计的基本知识，并通过住宅结构设计实例阐述了结构设计施工图绘制的过程。从这一章开始，介绍大型结构设计施工图的绘制过程。以某地区体育馆为例，进行整套结构施工图的绘制。大型结构同普通民用建筑不同，其跨度较大，承受荷载较多，因此构件的界面一般较大，配筋较密集。随着现代建筑结构形式不断创新，各种独特的结构形式不断出现，为结构设计带来了新的问题。进行结构设计时，需要综合考虑安全、使用、节材等问题。本章的内容主要是对某地区体育馆结构设计的总体简介，并讲解了结构设计图首页图的绘制过程。

内容要点

- 体育馆结构设计简介
- 结构设计总说明
- 绘制构造说明图

案例效果

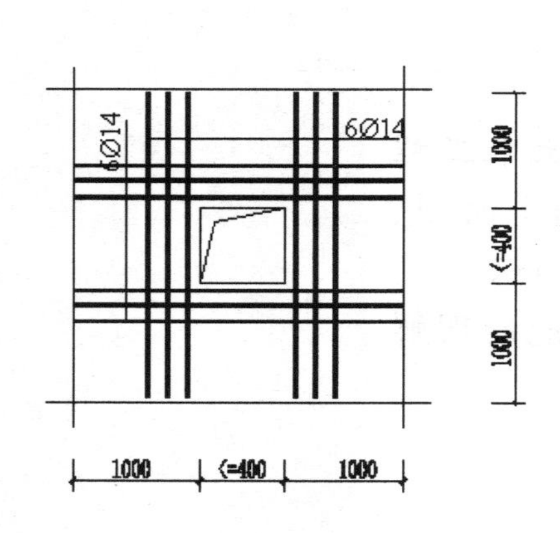

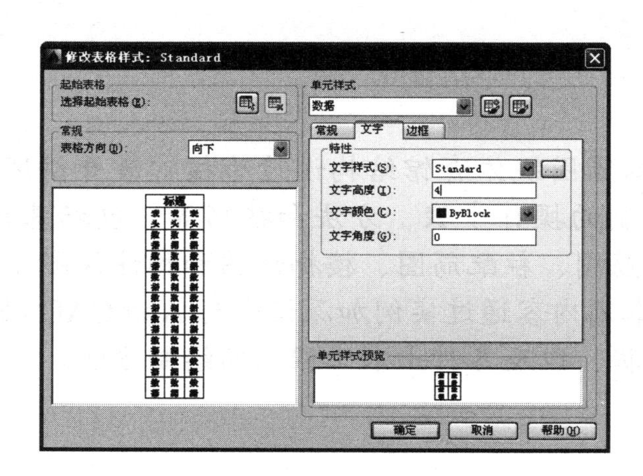

17.1　体育馆结构设计简介

在进行体育馆结构设计前，要对有关基本问题进行必要的了解或准备，包括自然条件、设计依据、材料、地基和基础、钢筋混凝土结构构造和网架等相关事项。下面进行具体介绍。

17.1.1　自然条件

体育馆设计要根据地形、地质条件、功能要求等各个方面确定结构设计方案。此体育馆采用了钢筋混凝土框架结构，共两层，首层层高为5.35m，二层层高为7.65m，室内外高差0.45m。建筑物的设计使用年限为50年。

17.1.2 体育馆设计依据

（1）结构设计参考了以下规范。

《建筑结构荷载规范》（GB 50009—2012）；

《建筑地基基础设计规范》（GB 50007—2011）；

《建筑抗震设计规范（附条文说明）》（GB 50011—2010）；

《混凝土结构设计规范》（GB 50010—2010）；

《混凝土结构工程施工质量验收规范》（GB 50204—2015）；

《河北省建筑结构设计统一技术措施》（参考）。

（2）本设计所采用的荷载标准值。

风荷：基本风压按本地区风荷标准值：0.4MPa。

雪荷：基本雪压0.25MPa。

不上人钢筋混凝土屋面雨篷挑沿活荷载：0.7MPa。

上人钢筋混凝土屋面活荷载：1.5MPa。

楼面均布活荷载。

看台活荷载：3.5MPa。

二层回廊活荷载：3.5MPa。

二层房间活荷载：3.5MPa。

楼梯间活荷载：3.5MPa。

网架下悬荷载（包括吊顶）：1.0MPa。

网架屋顶活荷载：0.7MPa。

使用及施工堆料重量均不得超过以上值，其他未注明者均按荷载规范取值。

（3）最大冻土深度0.60m。

（4）抗震设计依据。

① 根据《建筑抗震设计规范（附条文说明）》（GB 50011—2010）；

② 本地区抗震烈度7，近震建筑场地按地质勘查部门提供为III类，场地土类型为中软土；

③ 安全等级为二级，结构重要性系数为1.0；

④ 抗震等级为二级，本工程采用中国建筑科学研究院编制的PM SATWE软件，计算用TAT校核，地基部分用EF计算。

17.1.3 材料

（1）混凝土。

垫层混凝土C10，框架柱及室外地面以下所有混凝土C30，其余混凝土C25。

（2）钢筋。

一级钢：设计强度为210×10^9Pa；

二级钢：设计强度为 360×10^9Pa。

（3）预埋件采用型钢及钢板 Q235。

（4）焊缝的焊脚尺寸不小于 6mm。

（5）填充墙。

围护墙 0.000m 以下采用 MU10 砖，M5 水泥砂浆；以上墙采用厚 250mm MU4 轻质砌块墙，M5 混合砂浆。

防潮层用 1:2 水泥砂浆加 5% 防水粉，20 厚。

（6）砌筑砂浆采用 M5 混合砂浆。

17.1.4 地基和基础

（1）本工程地基承载力按 f_k=100kPa 设计，基础持力层为第二层粉质黏土。

（2）基槽开挖后应会同勘察、设计等有关部门组织验槽。

17.1.5 钢筋混凝土结构构造

1. 一般规定

混凝土保护层最小厚度，从钢筋的最外边缘算起，见表 17-1 中所示规定。

表 17-1 一般规定

环境类别		板、墙、壳			梁			柱		
		≤ C20	C25 ~ C45	≥ C50	≤ C20	C25 ~ C45	≥ C50	≤ C20	C25 ~ C45	≥ C50
一		20	15	15	30	25	25	30	30	30
二	a	—	20	20	—	30	30	—	30	30
	b	—	25	20	—	35	30	—	40	35

一类：室内正常环境（沧州地区位于寒冷地区）。

二类：① 室内潮湿环境，非严寒和非寒冷地区的露天环境与无侵蚀性的水或土壤直接接触的环境；② 严寒和寒冷地区的露天环境与无侵蚀性的水或土壤直接接触的环境。

说明

基础中纵向受力钢筋的最小保护层厚度不应小于 40mm；当无垫层时不应小于 70mm。地下部分柱可与柱上部同，另加 20mm 1:2 水泥砂浆。

2. 现浇板

（1）本工程采用现浇钢筋混凝土板。

（2）现浇钢筋混凝土楼板的板内下下筋不得在跨中搭接，应伸至梁的中心线且锚固长度不小于 10*D*，板内边跨负筋伸至梁外缘处，板内负筋不得在支座处搭接，钢筋伸入梁内长度不小于 30*D*。所有板钢筋需要搭接时，在同一接头区段内受力钢筋接头面积不应超过受力钢筋总截面面积的 25%，受力钢筋接头间距应大于 500。

（3）双向板的底筋短向筋放在底层，长向筋置于短向筋上。

（4）图中未注明的楼板分布筋均为 ϕ6@200。

（5）楼板上的孔洞应预留。当孔洞尺寸不大于 250 时将板筋由洞边绕过，不得截断。

3. 框架梁柱

（1）梁柱内均采用封闭箍筋，箍筋末端弯钩 135°，弯钩端头平直端长度不小于 10*D*。

（2）本设计采用平面整体表示法制图，具体各部位表示含义见图集 00G101。图中框架柱梁的构造措施除满足图集 00G101 的要求外，还应满足图集 97G329-1 的要求。

17.1.6　网架说明

（1）本工程中未涉及网架，由网架厂家二次设计，梁顶柱顶埋件由网架设计方确定。

（2）网架重量基复合板根据有关资料初估为 50kg/m^2。

（3）网架传力按板模型传至梁，待网架支点荷载确定后对梁另行复核。

（4）网架支撑形式采用下悬支撑，高度初定为 3m。

17.2　结构设计总说明

结构设计总说明图一般在 AutoCAD 中绘制，具体方法下面进行介绍。

17.2.1　建立新文件

图纸中任何单项工程都应包含结构设计总说明。首先在 AutoCAD 中以无样板打开－公制方式建立新文件，并保存在相应的文件夹中，命名为“首页图”，如图 17-1 所示。

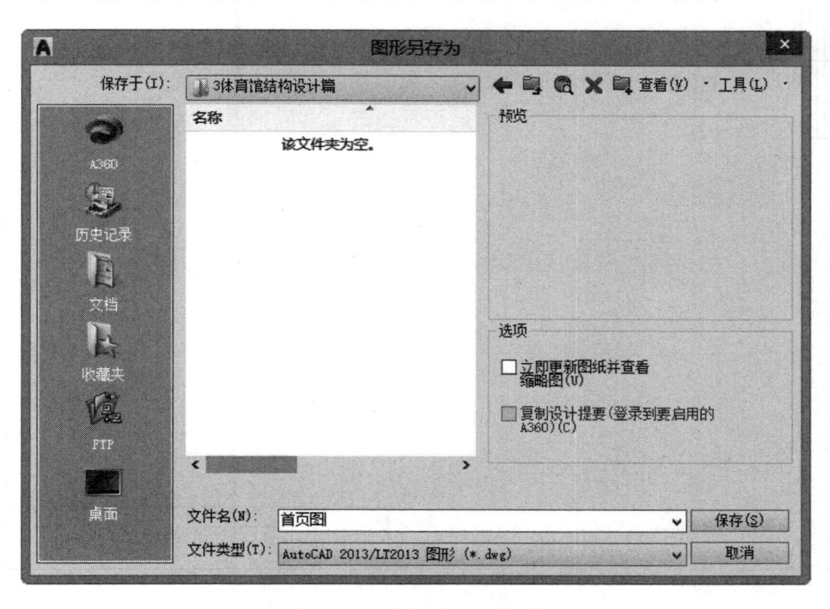

图 17-1　建立首页图文件

17.2.2　设置图层

单击“默认”选项卡“图层”面板中的“图层特性”按钮，打开“图层特性管理器”选项板，设置图层，如图 17-2 所示。分别创建图框、文字、表格、详图、标注几个图层，具体颜色及线型设置见图 17-2。

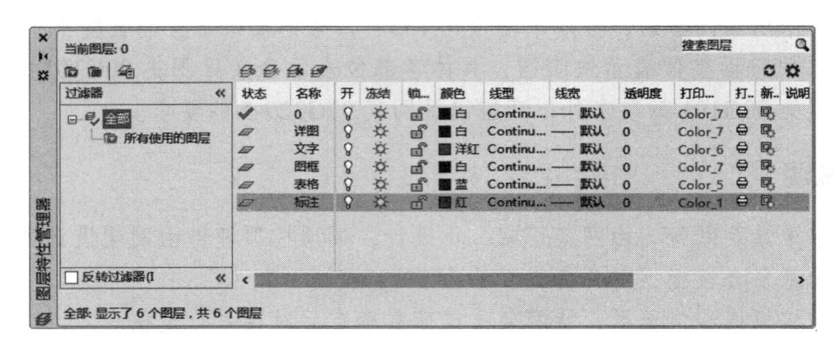

图 17-2　设置图层

17.2.3　插入图框

由于总说明绘图部分较少，可直接先插入图框，再输入结构设计总说明及其他部分。首页图采用 A1 图幅，因此可以插入 A1 图框模块。

打开源文件 \ 图库 \A2 图框，利用“插入块”命令，将 A2 图框插入图中适当的位置，如图 17-3 所示。

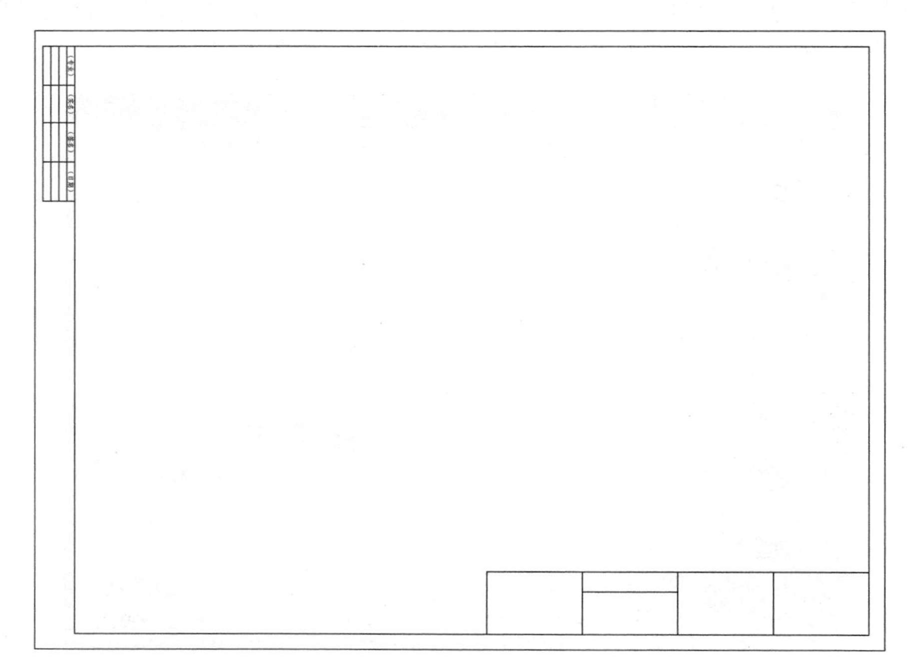

图 17-3　插入 A2 图框

17.2.4 编写结构设计总说明

（1）将“文字”图层设置为当前图层，选择菜单栏中的“格式”→“文字样式”命令，打开“文字样式”对话框，分别建立“标题”“内容”两种新的文字样式，字体及字符高度见表 17-2。

表 17-2 新建文字样式

文字样式	字　体	字符高度
标题	仿宋 _GB2312	5
内容	仿宋 _GB2312	4

（2）在命令行中输入 TEXT 命令，输入“结构设计总说明”到图幅的左上部分。

（3）单击“默认”选项卡“注释”面板中的“多行文字”按钮A，输入结构设计总说明的内容，结果如图 17-4 所示。

结构说明

一：自然条件

本建筑为框架结构，各房间的使用功能见建筑图
首层层高为5.35米二层7.65米
室内外高差为0.45M

二.本工程室外地面的绝对高程见建筑总图
本工程设计图中的尺寸除注明外，均以 mm为单位，标高以m为单位.

三.建筑物使用年限为50年.

四.结构设计条件

1：基本规范
<1>建筑结构荷载规范<GBJ9-87>
<2>建筑地基设计规范<GBJ7-89>
<3>建筑抗震设计规范<GBJ11-89>及93局部修订条文
<4>混凝土结构设计规范<GBJ10-89>及93局部修订条文
<5>混凝土结构施工及验收规范<GB50204-92>
<6>河北省建筑结构设计统一技术措施(参考)

2：本设计所采用的荷载标准值
<1>风荷 基本风压按本地区风荷标准值0.4KN/M2
<2>雪荷 基本雪压0.25KN/M2
<3>：不上人钢筋混凝土屋面 雨蓬 挑沿活荷载 0.7KN/M2
上人钢筋混凝土屋面 活荷载 1.5KN/M2

<4>楼面均布活荷
看台活荷载 3.5KN/M2
二层回廊活荷 3.5KN/M2
二层房间活载 3.5KN/M2
楼梯间活载 3.5KN/M2
网架下悬荷载(包括吊顶) 1.0KN/M2
网架屋顶活荷 0.7KN/M2
使用及施工堆料重量均不得超过以上值，其它未注明者均按荷载规范取值.

3.最大冻土深度 0.60m

4：抗震设计依据
<1> 根据建筑抗震设计规范<GBJ11-89>及93局部修订条文并参考范抗震设计规GB50011-2001. 本建筑为丙类建筑
<2>本地区抗震烈度7°.近震，建筑场地按地质勘查部门提供为III类.场地土类型为中软土
<3> 安全等级为二级结构重要性系数为1.0
<4> 抗震等级为二级 本工程采用中国建筑设计研究院编制的PM，SATWE软件计算用TAT校核，地基部分用EF计算

五：材料
1.混凝土
垫层混凝土C10，框架柱及室外地面以下所有混凝土C30，其余混凝土C25
2.钢筋
一级?--(设计强度fy=210N/mm2)
?--(二级设计强度fy=310N/mm2)
3.预埋件采用型钢及钢板Q235
4.焊缝的焊脚尺寸不小于6mm.

5.填充墙
<1>围护墙±0.00以下MU10砖M5水泥砂浆
以上墙采用厚250mmMU4轻质砌块墙，M5混合砂浆
<2>防潮层用1:2水泥砂浆加5%防水粉20厚
6.砌筑砂浆采用M5混和砂浆

七 地基及基础
1：本工程地基承载力按fk=100kPa设计.基础持力层为第二层粉质粘土
2：基槽开挖后应会同勘察 设计等有关部门组织验槽

八.钢筋混凝土结构构造
1.一般规定
<1>混凝土保护层最小厚度 从钢筋的最外边缘算起

表9.2.1纵向受力钢筋的混凝土保护层最小厚度

环境类别		板,墙,壳			梁			柱		
		≤C20	C25~C45	≥C50	≤C20	C25~C45	≥C50	≤C20	C25~C45	≥C50
一		20	15	15	30	25	25	30	30	30
二	a	-	20	20	-	30	30	-	30	30
	b	-	25	20	-	35	30	-	40	35

(沧州地区位于寒冷地区)
一类：室内正常环境
二：
a：室内潮湿环境，非严寒和非寒冷地区的露天环境与无侵蚀性的水或土壤直接接触的环境
b：严寒和寒冷地区的露天环境与无侵蚀性的水或土壤直接接触的环境
注：基础中纵向受力钢筋的最小保护层厚度不应小于40mm；当无垫层时不应小于70mm
地下部分柱可与柱上部同另加20MM1:2水泥砂浆

<2>钢筋的接头和锚固
<1>受力钢筋的接头宜优先使用焊接或机械连接，同一截面钢筋接头截面面积不得超过钢筋总面积的50%
若用同心对接焊 双面焊接长度 5d .单面焊接长度 10d
钢筋的接头位置 上部结构梁板上筋在跨中1/3范围内 下筋在支座处
基础梁钢筋反之
钢筋的接头和锚固长度见图集 00G101
<2>严格按照施工验收规范要求做好混凝图土的养护 应采用麻袋或.薄膜等材料覆盖养护
<3>应按施工规范控制拆模时间悬挑构件待混凝土强度达到100%后方可拆模
其他构件应待混凝土强度达到后方可拆模
<4>对于梁净跨度大于4M及悬臂构件，模板均应按规定起拱，且起拱高度不小于20MM.
<5>基础及楼板顶预留洞位置尺寸，穿墙板预留套管的留设应对照设备专业图纸核对无误后留设
<6>过梁见构件图中过梁选用表

2：现浇板
<1>本工程采用现浇钢筋混凝土板
<2>现浇钢筋混凝土楼板的板内下下筋不得在跨中搭接应伸至梁的中心线且锚固长度不小于10D
板内边跨负筋伸至梁外缘处，板内负筋不得在支座处搭接，钢筋伸入梁内长度不小于30D
所有板钢筋需要搭接时，在同一接头区段内受力钢筋接头面积不应超过受力钢筋总截面面积的25%
受力钢筋接头间距应大于500
<3>双向板的底筋短向筋放在底层长向筋置于短向筋上.
<4>图中未注明的楼板分布筋均为?6@200
<5>楼板上的孔洞应预留当孔洞尺寸不大于250时将板筋由洞边绕过，不得截断，当孔洞尺寸大于250时

3框架梁，柱
<1>梁柱内均采用封闭箍筋箍筋末端弯钩135度，弯钩端头平直端长度不小于10D
<2>本设计采用平面整体表示法制图，具体各部位表示含义见图集 00G101
图中框架柱梁的构造措施除满足 00G101的要求外还应满足97G329-1的要求
框架梁纵向钢筋的构造 P37 框架箍筋的构造 P42
框架柱纵向钢筋的连接构造 P26 柱顶钢筋锚固见P27
框架梁中间支座纵向钢筋构造 P40吊筋箍筋构造见P41，吊筋及附加箍筋在所有次梁主梁上均设吊筋2?22，附加箍筋?8
<3>梁柱内均采用封闭箍筋箍筋末端弯钩135度，弯钩端头平直端长度不小于10D
<4>平台斜梁纵筋箍筋直径见梁平面配筋图箍筋加密区见00G101

九.砌体结构构造
1.空心砌体填充墙与柱间的拉结筋应按建筑图中的位置预留如附图所示
非承重砌块墙的组砌及拉接详图中的相应节点95QJ12
2.在填充墙的无柱转角处以及墙长大于4M且墙长范围内无框架柱或构造柱时
再墙转角及填充墙中央设置一个构造柱构造柱的截面宽同墙厚高250
构造柱配筋：主筋4?12箍筋?6@200，其上下端500范围内箍筋间距100
3：构造柱纵筋预留于框架梁上生根于框架梁内500纵筋绑扎完后应先砌墙后浇柱
填充墙应在主体结构施工完毕后由上而下逐层砌筑未经许可不得随意增改填充墙
填充墙砌至梁板下时应待砌体沉实后在砌体与梁板间用砌块斜砌填实

十.网架说明
1：网架本工程中未涉及由网架厂家二次设计，梁顶柱顶埋件由网架设计方确定
2：网架重量基复合板根据有关资料初估为50KG/M*M
3：网架传力按板模型传至梁，待网架支点荷载确定后对梁另行复核
4：网架支撑形式采用下悬支撑，高度初定为3米

十一.其他说明
1在施工及使用过程中均应做沉降观测 外围每柱下均应设置观测点如附图所示
沉降观测 方法见<建筑地基基础设计规范>附录一
观测资料由甲方归档并及时提供给设计院
2施工过程中除按本图要求执行外，尚应对照各专业图纸且应符合现行的设计与施工规范
各专业图纸如果存在不符之处 应及时提供设计院解决
3施工过程中所使用的各种材料应为具备产品合格证并经检测符合设计要求的建筑材料

图 17-4 结构设计总说明

（4）将“线宽”设置为 0.35mm，用 LINE 命令在标题“结构设计总说明”下面绘制一条下划线，如图 17-5 所示。

结构设计总说明

图 17-5 绘制下画线

17.2.5 绘制表格

在结构设计总说明中有时会包含一些表格，可以利用 AutoCAD 中的表格进行绘制。

（1）单击“默认”选项卡“注释”面板中的“表格样式”按钮，打开“修改表格样式”对话框，修改当前表格样式，将“文字高度”设置为 4，“页边距垂直”设置为 0，“对齐方式”设置为正中，其余默认，如图 17-6 所示。接着单击“默认”选项卡“注释”面板中的“表格”按钮，新建表格，将“数据行数”设置为 3，“行高”为 1 行，“列数”为 11，“列宽”为 15，如图 17-7 所示。

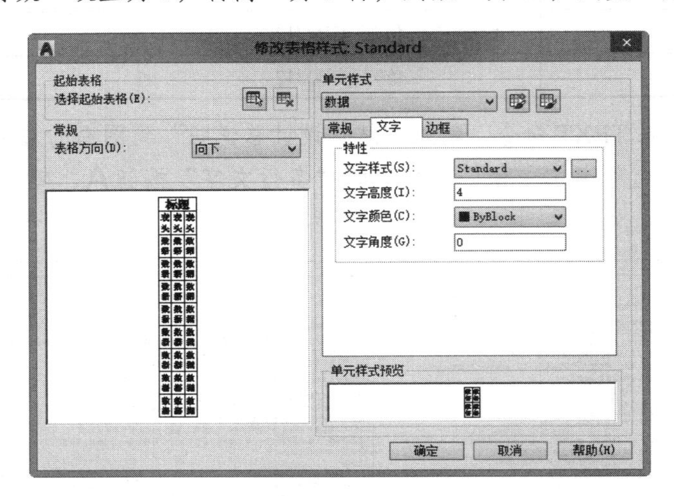

图 17-6　修改表格样式

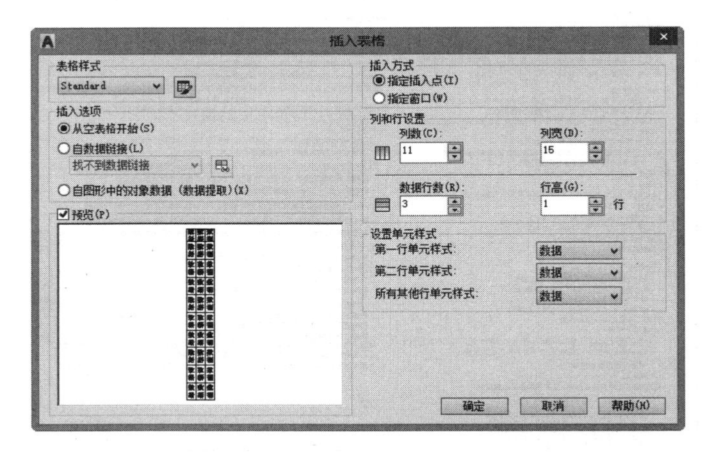

图 17-7　新建表格

创建后的表格如图 17-8 所示。

（2）所创建的表格可以在绘图过程中进行修改。用鼠标选择表格的第一列和第二列的第一行、第二行共四个单元格，如图 17-9 所示，单击右键，选择“合并”→“全部”，将单元格合并，如图 17-10 所示。

（3）同理，将其他需要合并的单元格进行合并，最后如图 17-11 所示。

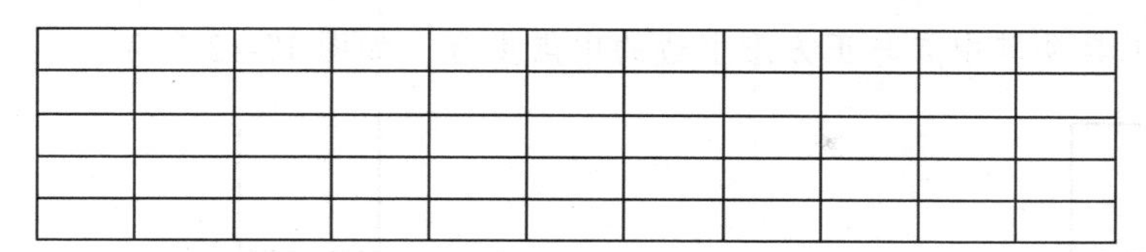

图 17-8 创建表格

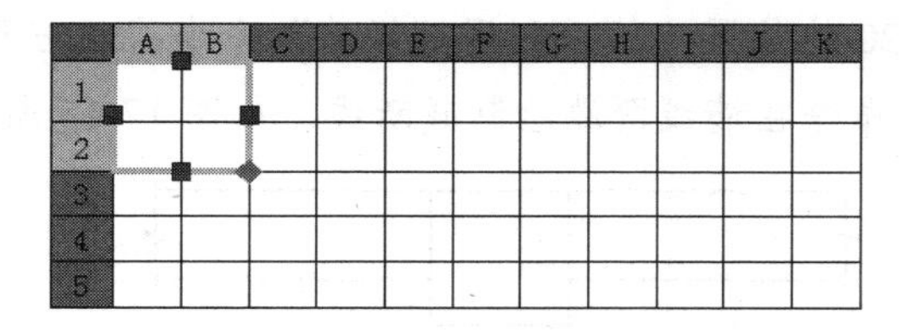

图 17-9 选择单元格

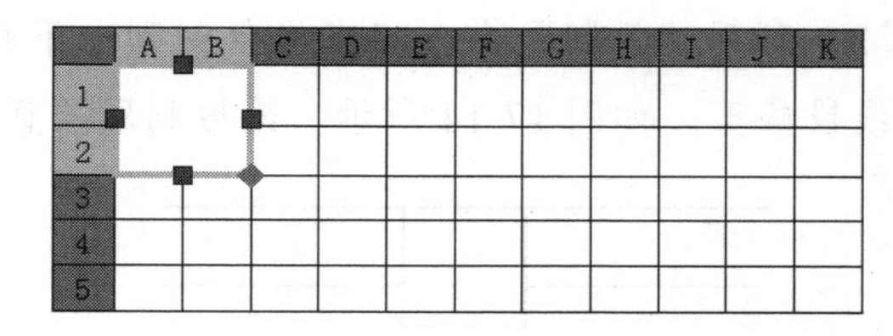

图 17-10 合并单元格

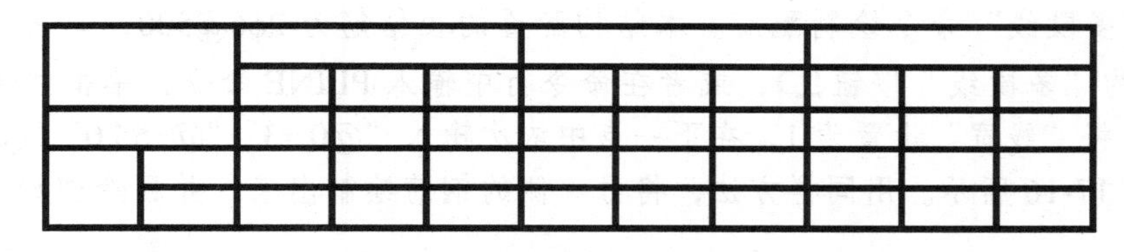

图 17-11 合并单元格

（4）依次在单元格中填入相应文字，并调整行距，最终表格结果见表 17-1。

17.3 绘制构造说明图

构造说明图是体育馆结构设计总说明及首页图的一部分，先绘制填充墙拉结筋做法，接着绘制柱上沉降观测点做法详图，最后绘制留洞做法详图。

17.3.1 绘制填充墙拉结筋做法

在结构设计总说明中包含具体结构构造措施，需要另附详图加以说明，往往首页图中也包含这部分内容。

本设计包含砌体结构部分，依据规范规定，填充墙与柱间需要设置拉结筋，以增强结构的整体性，提高抗震性能。墙与构造柱中配置了 2ϕ6@500 的拉结筋，由柱伸入墙体长度为 1000mm。根据《混凝土结构设计规范》黏结锚固方面的规定，足以达到其黏结锚固强度，因此可以按此进行配置。

其具体的设置方式需要附加详图说明。

1. 绘制详图

（1）首先将当前图层设置为“详图”。由于图幅较小，采用 1:10 的比例进行绘制。

（2）选择矩形工具，在图中绘制一个 30×30 的正方形，为构造柱的截面，如图 17-12 所示。单击“默认”选项卡“绘图”面板中的“直线”按钮╱，在正方形上部绘制一条长度为 150 的水平直线，并利用捕捉工具令其中点与正方形上边的中点重合，如图 17-13 所示。

图 17-12　绘制柱截面　　　　图 17-13　绘制墙线

（3）利用“复制”命令将直线复制到向下距离 20 的位置，然后利用“修剪”命令将正方形中间的线段修剪，如图 17-14 所示。最后利用“直线”命令在墙线两端绘制截断线，如图 17-15 所示。

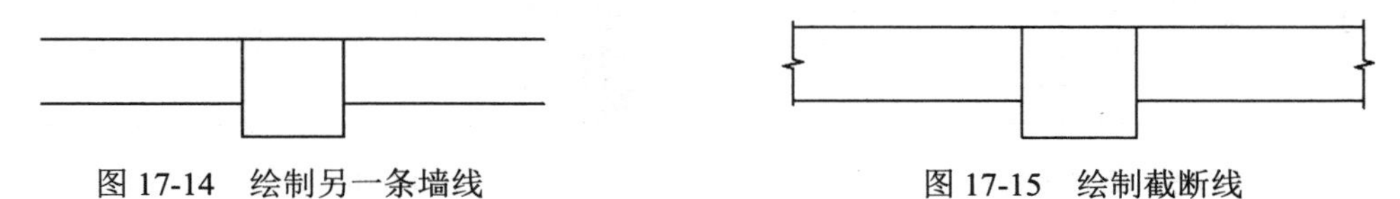

图 17-14　绘制另一条墙线　　　　图 17-15　绘制截断线

（4）利用“多段线”命令绘制配筋。本结构配置的拉结筋为 2ϕ6@500，单击“默认”选项卡“绘图”面板中的“多段线”按钮，或者在命令行中输入 PLINE 命令，单击柱子正方形的左上角点，输入 W，将“线宽”设置为 1，在下一点中依次输入“@0,-3”“@-55,0”“@0,-3”“@2,0”，绘制完成时如图 17-16 所示。用同样方法，将另一侧的钢筋绘制出来，并删除初始定位的线段，如图 17-17 所示。

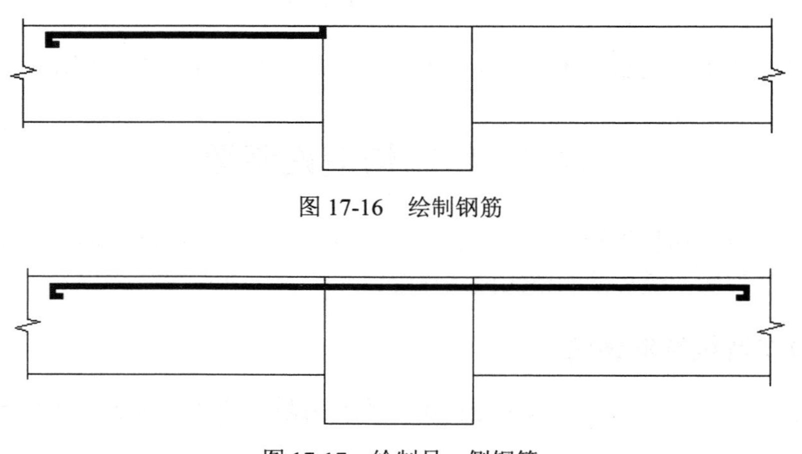

图 17-16　绘制钢筋

图 17-17　绘制另一侧钢筋

（5）利用“直线”命令在墙线之间任意位置绘制一条垂直线，作为辅助线，如图 17-18 所示。利用“镜像”命令将钢筋镜像到墙线另一侧，如图 17-19 所示。

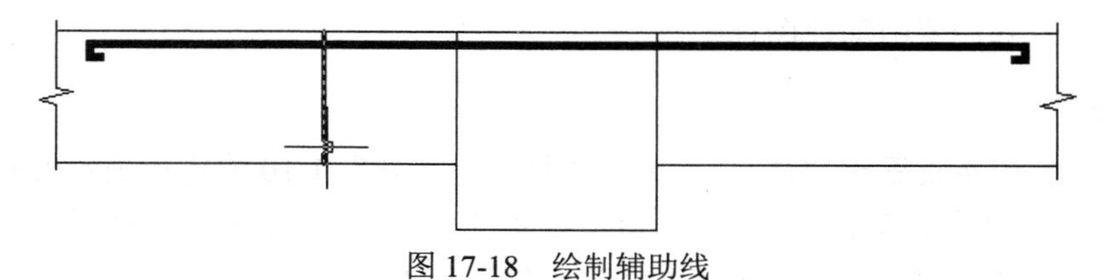

图 17-18　绘制辅助线

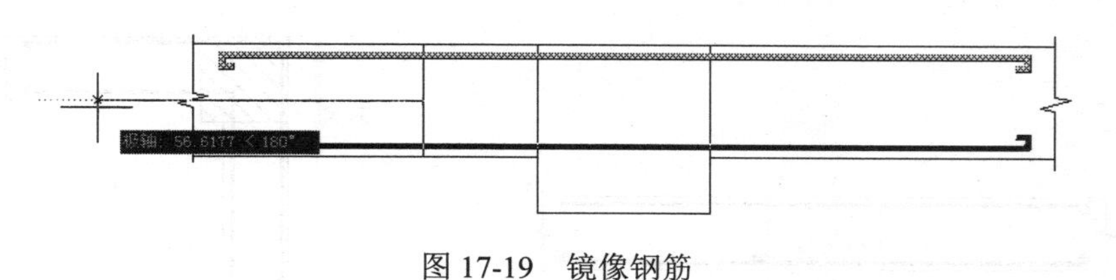

图 17-19 镜像钢筋

（6）删除辅助线，如图 17-20 所示。

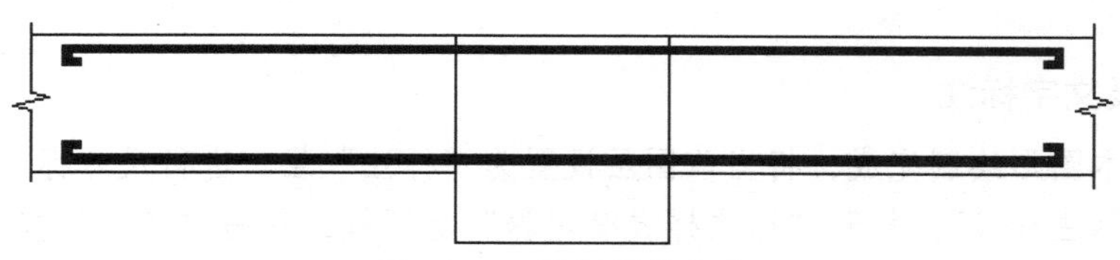

图 17-20 绘制钢筋完成

（7）由于是光圆钢筋，其黏结锚固强度很差，与混凝土的握裹力相对较弱。在承载受力时，钢筋与混凝土之间仅仅通过摩擦力传递受力，极容易发生滑移，使构件破坏。因此，钢筋两端要进行弯勾，增强钢筋的黏结锚固强度。

（8）单击“默认”选项卡“绘图”面板中的“图案填充”按钮，打开“图案填充创建”选项卡，如图 17-21 所示。选择填充图案为 ANSI31，如图 17-22 所示。

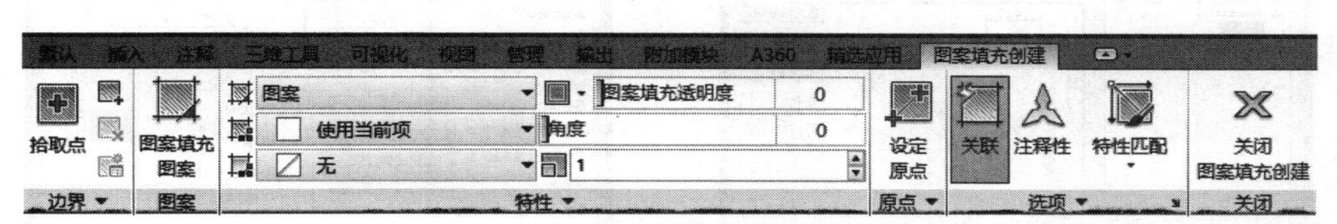

图 17-21 “图案填充创建”选项卡

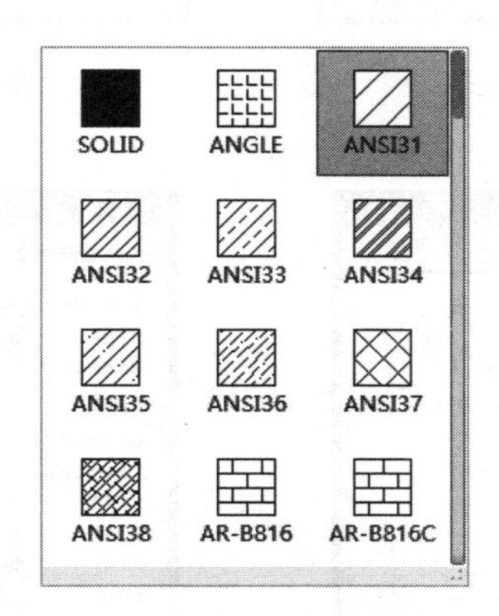

图 17-22 选择填充图案

（9）单击“边界”面板中的“拾取点”按钮，将构造柱的正方形选中，按 Enter 键确认，单击“确定”按钮，将柱子截面填充，如图 17-23 所示。

（10）依照同样的方法，绘制转角处拉结筋构造详图，如图 17-24 所示。

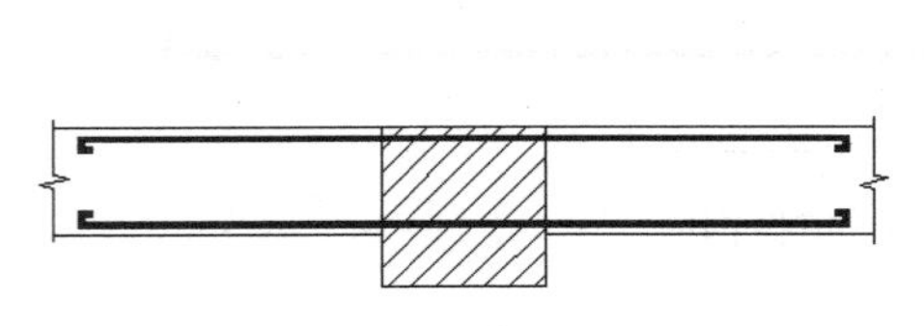

图 17-23　填充柱子截面

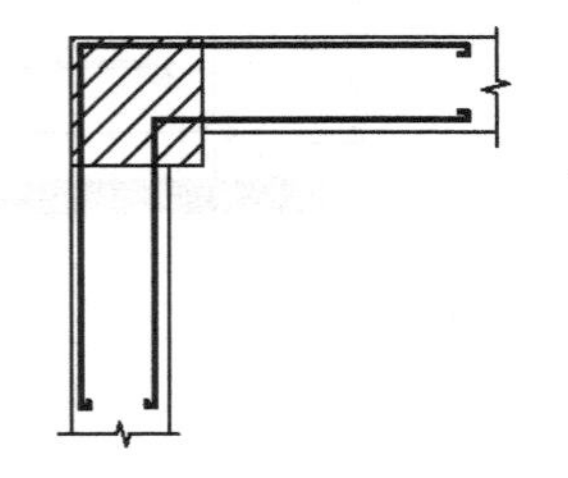

图 17-24　转交处拉结筋构造详图

2. 尺寸标注及文字标注

（1）详图的基本图形绘制完成，将当前图层设置为“标注”层，进行尺寸标注。首先选择菜单栏中的“格式”→“标注样式”，打开“标注样式管理器”对话框，单击“修改”按钮，设置标注样式，如图 17-25 所示。在“线”选项卡中，设置“超出尺寸线”为 2，“起点偏移量”为 6，如图 17-26 所示。在“符号和箭头”选项卡中选择箭头符号为“建筑标记”,“箭头大小”设置为 4，如图 17-27 所示。文字设置如图 17-28 所示。

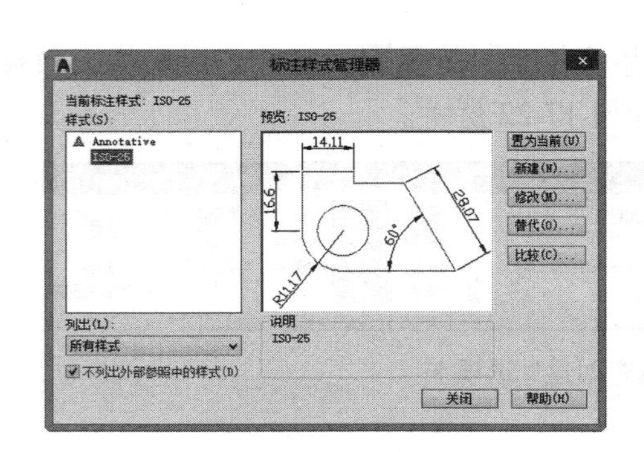

图 17-25　修改标注样式

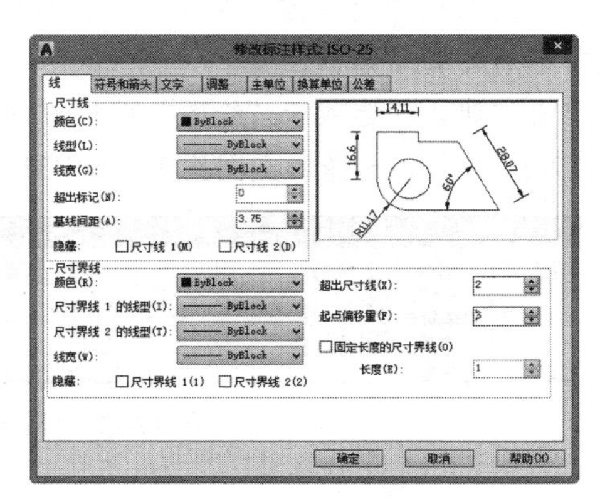

图 17-26　修改尺寸线

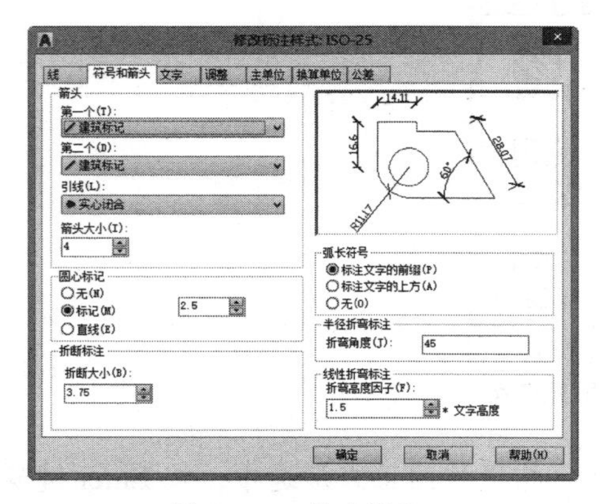

图 17-27　修改箭头

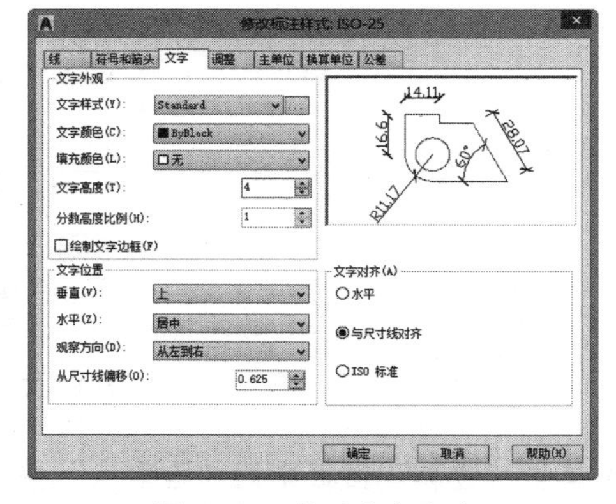

图 17-28　修改文字高度

（2）修改后对详图中的距离进行标注，尺寸标注后可依据实际尺寸对标注文字进行修改，如

图 17-29 所示。

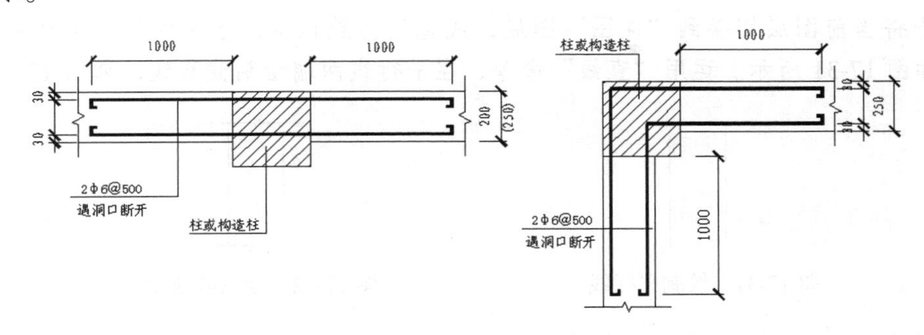

图 17-29　尺寸标注

（3）将图层设置为“文字”，在图下方添加详图名称，并绘制下划线，如图 17-30 所示。

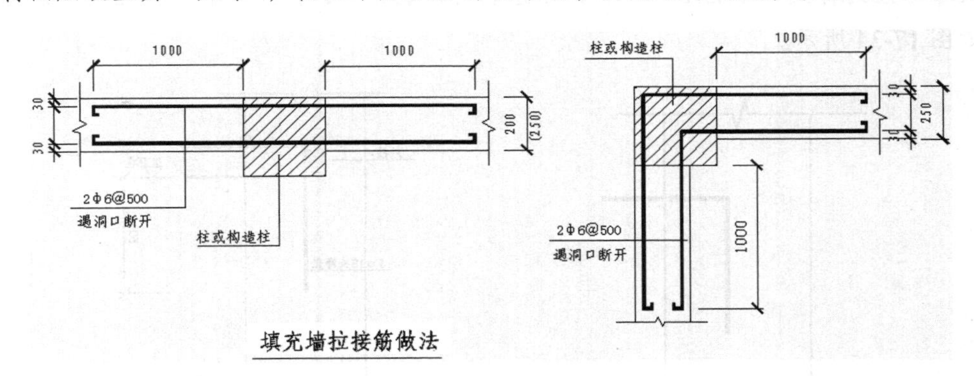

图 17-30　插入详图标题

17.3.2　绘制柱上沉降观测点做法详图

随着社会的不断进步，物质文明的极大提高及建筑设计施工技术水平的日臻成熟完善，同时，也因土地资源日渐减少与人口增长之间日益突出的矛盾，高层及超高层建（构）筑物越来越多。为了保证建（构）筑物的正常使用寿命和建（构）筑物的安全性，并为以后的勘察设计施工提供可靠的资料及相应的沉降参数，建（构）筑物沉降观测的必要性和重要性愈加明显。现行规范规定，高层建筑物、高耸构筑物、重要古建筑物及连续生产设施基础、动力设备基础、滑坡监测等均要进行沉降观测。

特别应在高层建筑物施工过程中应用沉降观测，加强过程监控，指导合理的施工工序，预防在施工过程中出现不均匀沉降，及时反馈信息，为勘察设计施工部门提供详尽的一手资料，避免因沉降原因造成建筑物主体结构的破坏或产生影响结构使用功能的裂缝，造成巨大的经济损失。

本工程为体育馆框架结构，其沉降对结构的安全和整体性以及使用功能都会造成严重的影响，因此，需要对其沉降进行严格的观测。

为了能够反映出建（构）筑物的准确沉降情况，沉降观测点要埋设在最能反映沉降特征且便于观测的位置。一般要求建筑物上设置的沉降观测点纵横向要对称，且相邻点之间间距以 15 ～ 30 m

为宜，均匀地分布在建筑物的周围。

（1）首先将当前图层切换到“详图”图层，线宽设为默认值，绘制两条长 150、间距 50 的垂直平行线，如图 17-31 所示。运用“直线”命令，在平行线两端绘制截断线，如图 17-32 所示。

图 17-31　绘制平行线　　图 17-32　绘制截断线

（2）同样单击“默认”选项卡“绘图”面板中的“多段线”按钮，在平行线之间绘制钢筋，线宽为 1，水平和垂直方向的长度均为 50，如图 17-33 所示。

（3）尺寸标注的样式和 17.3.1 节中拉结筋绘制时设置相同，标注之后对标注文字进行修改，绘制完成后如图 17-34 所示。

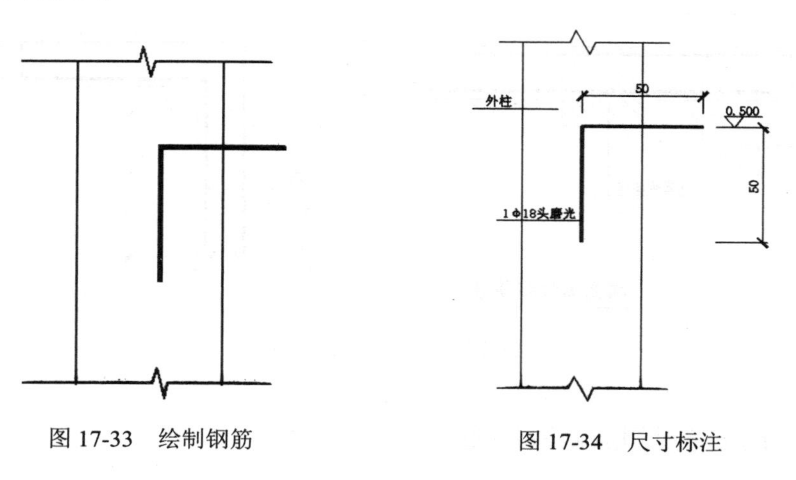

图 17-33　绘制钢筋　　图 17-34　尺寸标注

（4）最后添加详图标题，完成绘制。

17.3.3　绘制留洞做法详图

由于建筑设计的原因，在结构的墙或楼板等部位需要开孔留洞。但由于洞口的影响，其传力途径和受力状态均会改变，因此要加强构造措施以抵消这种影响。我国《混凝土结构设计规范（2015 年版）》（GB 50010—2010）中对在剪力墙上开孔留洞做了具体的规定。洞口上方要设置连梁，连梁的正截面受弯承载力计算方法同普通钢筋混凝土梁正截面受弯承载力计算方法相同。

剪力墙墙肢两端应配置竖向受力钢筋，并与墙内的竖向分布钢筋共同用于墙的正截面受弯承载力计算。每端的竖向受力钢筋不宜少于 4 根直径为 12mm 的钢筋或 2 根直径为 16mm 的钢筋；沿该竖向钢筋方向宜配置直径不小于 6mm、间距为 250mm 的拉筋。

剪力墙洞口上、下两边的水平纵向钢筋除应满足洞口连梁正截面受弯承载力要求外，不应少于 2 根直径不小于 12mm 的钢筋；钢筋截面面积分别不应小于洞口截断的水平分布钢筋总截面面积的一半。纵向钢筋自洞口边伸入的长度不应小于规范规定的受拉钢筋锚固长度。本工程中在孔口横向及竖向均配置了钢筋，以增强洞口处的抗力。

同时，剪力墙洞口应全长配置箍筋，箍筋直径不宜小于 6mm，间距不宜大于 150mm。

在顶层洞口连梁纵向钢筋伸入墙内的锚固长度范围内，应设置间距不大于 150mm 的箍筋，箍筋直径宜与该连梁跨内箍筋直径相同。同时，门窗洞边的竖向钢筋应接受拉钢筋锚固在顶层连梁高度范围内。

（1）设置当前图层为“详图”，用“直线”命令绘制四条长为 80 的直线，如图 17-35 所示。利用中点捕捉命令，绘制两条垂直和水平辅助线，如图 17-36 所示。在空白处绘制以边长为 20 的正方形，用同样的方法绘制辅助线，如图 17-37 所示。

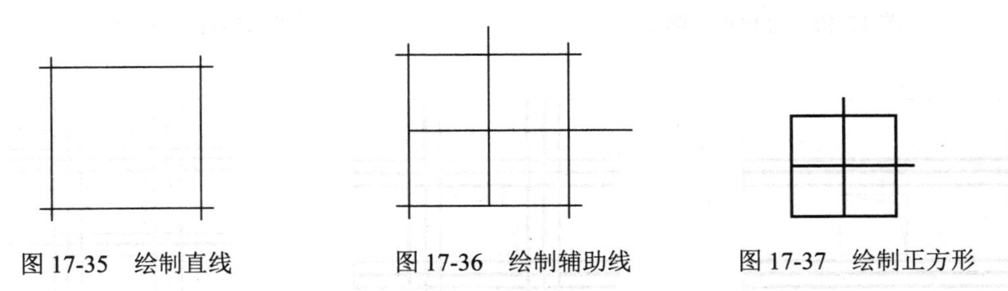

图 17-35　绘制直线　　图 17-36　绘制辅助线　　图 17-37　绘制正方形

（2）利用“移动”命令，以辅助线的交点为移动基点，将小正方形移动到大正方形的中心位置，如图 17-38 所示。删除辅助线，在小正方形的内部绘制斜线表示留洞，如图 17-39 所示。

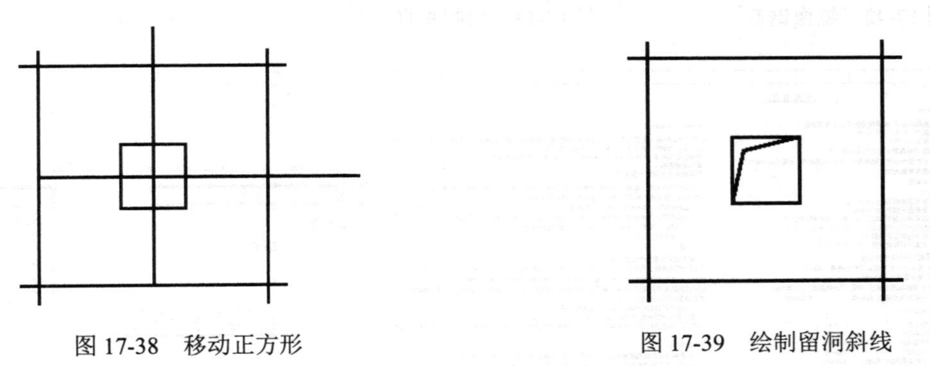

图 17-38　移动正方形　　图 17-39　绘制留洞斜线

（3）利用“多段线”命令，在距离外轮廓线左上角点 20 的位置，绘制一条水平直线作为钢筋，如图 17-40 所示。选择钢筋线，单击“默认”选项卡“修改”面板中的“矩形阵列”按钮，设置阵列为 1 列 3 行，同时行偏移为 5，确定后如图 17-41 所示。

（4）选择上步的三条钢筋线，单击“默认”选项卡“修改”面板中的“镜像”按钮，利用捕捉中点工具捕捉洞口的垂直两边中点作为基准线，将钢筋镜像到洞口另一侧，如图 17-42 所示。运用同样方法在垂直方向上进行绘制，绘制结果如图 17-43 所示。

（5）运用 17.3.1 节中的标注样式设置进行尺寸标注，并将其移动到图中合适的位置，如图 17-44 所示。

（6）标注完成后首页图绘制完成，如图 17-45 所示。

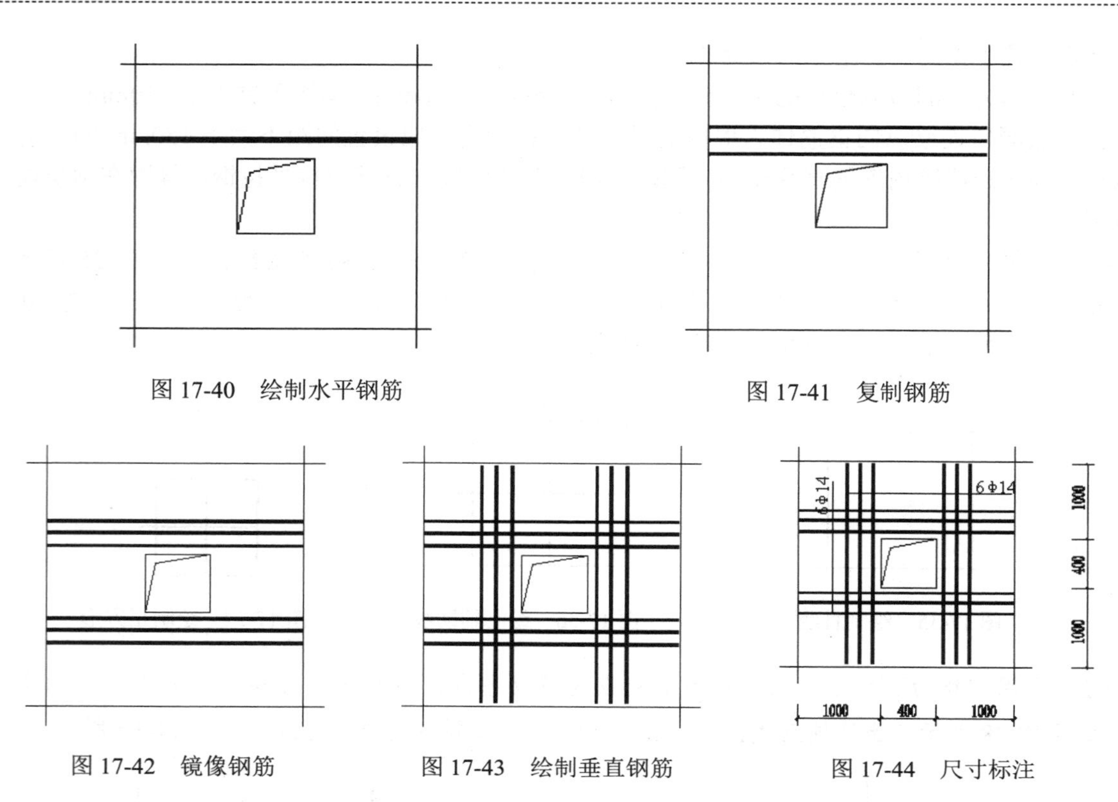

图 17-40　绘制水平钢筋

图 17-41　复制钢筋

图 17-42　镜像钢筋

图 17-43　绘制垂直钢筋

图 17-44　尺寸标注

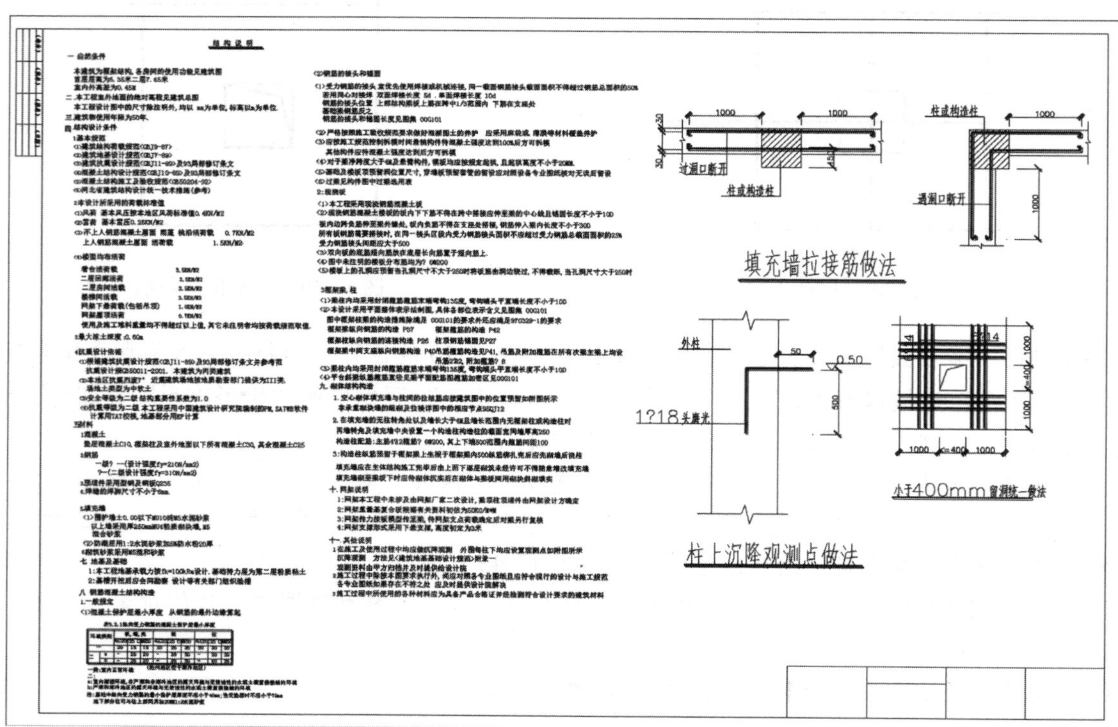

图 17-45　总平面图

第 18 章　体育馆基础平面图及梁配筋图

扫一扫，看视频

内容简介

体育馆基础采用连续条形基础，基础由柱和连梁组成，本章将绘制其基础平面及梁的配筋图。在结构施工过程中，首先要放线，挖基坑和砌筑基础。这些工作都要根据基础平面图和基础详图来进行。基础平面图是假想用一个平面沿房屋的地面与基础之间把房屋断开后，移去上层的房屋和泥土（基坑没有填土之前）所做出的基础水平投影。

内容要点

- 建立新文件
- 绘制轴线
- 绘制柱子
- 绘制基础梁
- 绘制梁配筋标注
- 尺寸标注
- 插入图框

案例效果

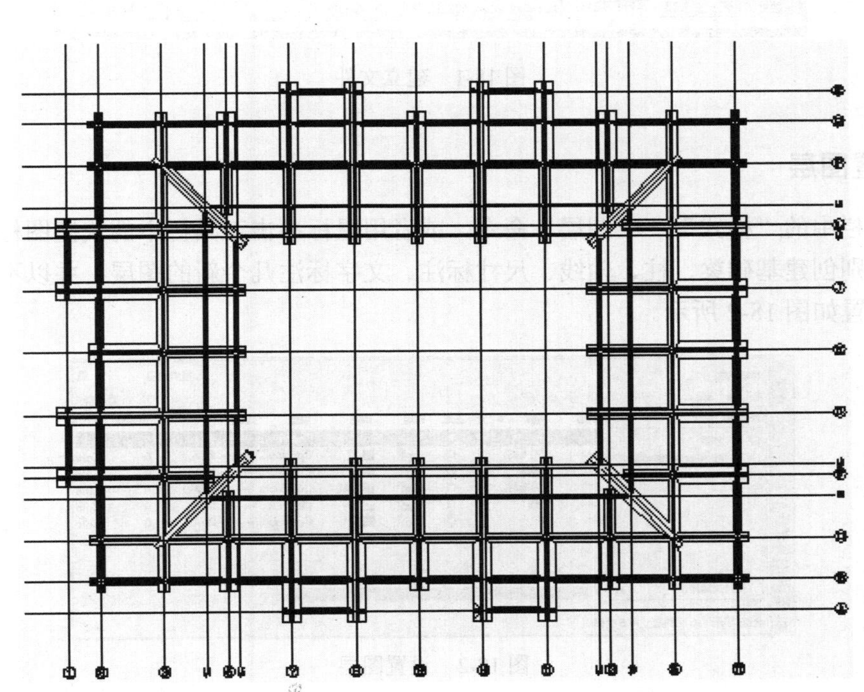

18.1 建立新文件

在正式设计前应该进行必要的准备工作，包括建立文件和设置图层等，下面进行简要介绍。

18.1.1 建立文件

在 AutoCAD 中以无样板打开 - 公制形式建立新文件，并保存为“基础平面及梁配筋图”，如图 18-1 所示。

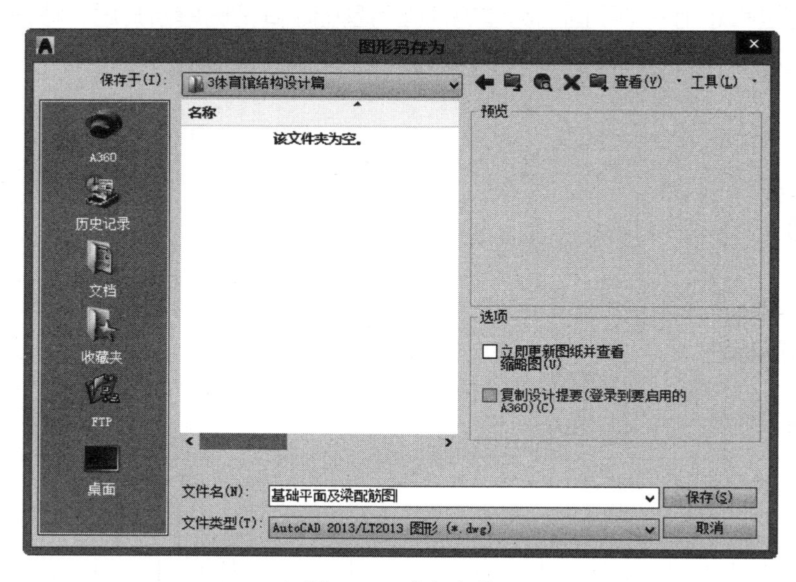

图 18-1　建立文件

18.1.2 设置图层

选择菜单栏中的“格式”→“图层”命令，或者用鼠标单击工具栏中的快捷图标，打开图层特性管理器，分别创建基础梁、柱、轴线、尺寸标注、文字标注几个新的图层，并以不同的颜色进行区分。图层设置如图 18-2 所示。

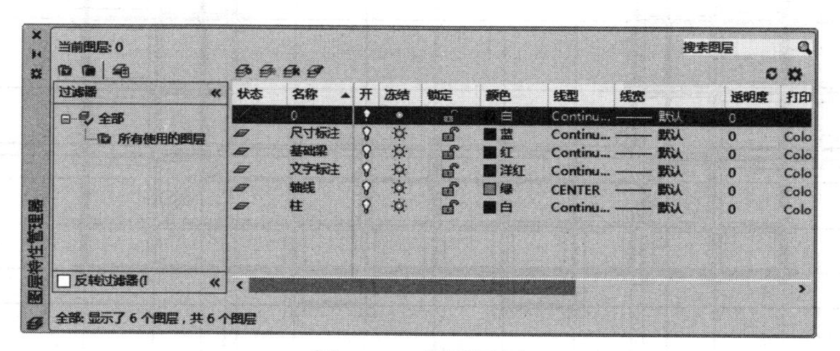

图 18-2　设置图层

18.2 绘制轴线

轴线是设计的基准线，一般设计的第一步工作就是绘制轴线。下面介绍体育馆基础平面轴线的绘制方法。

18.2.1 绘制轴线的直线部分

（1）将“轴线”图层设为当前图层，单击“默认”选项卡“绘图”面板中的“直线”按钮╱，绘制一条长为30的垂直直线，选择该直线右击鼠标打开“特性”对话框，设置“线型比例”为0.2，如图18-3所示。

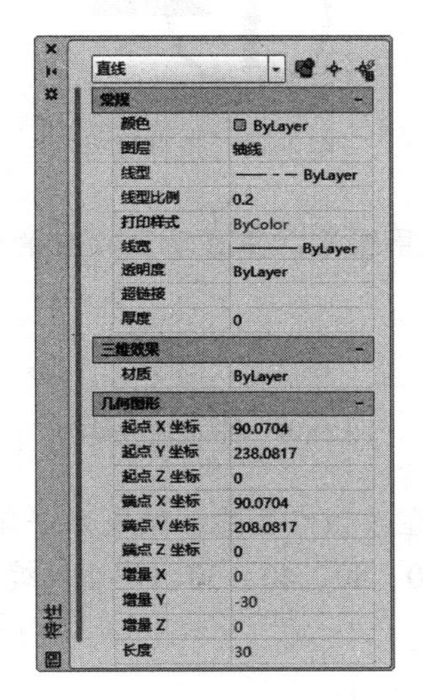

图18-3　修改线型比例

（2）单击“默认”选项卡“修改”面板中的“复制”按钮，或者在命令行中直接输入COPY命令，选择直线，打开状态栏中的“极轴”功能项，将直线水平复制，间距分别为30、60、40、20、10、50、60、60、60、60、50、10、20、40、60，如图18-4所示。

图18-4　绘制定位轴线直线部分

在使用“复制”命令时，在命令行中输入的第二点值可利用相对距离输入，如第一条直线可输入“@30,0”，接着输入“@90,0”，依次类推，得到轴线结果。

18.2.2 绘制轴线编号

依据结构图绘制的一般规定，轴线编号的外轮廓圆应为8～10mm。

（1）单击“默认”选项卡“绘图”面板中的“圆”按钮，在空白处绘制一个直径为8的圆，如图 18-5 所示。然后单击“默认”选项卡“绘图”面板中的“多行文字”按钮 A，输入文字“1”，这里文字样式可根据需要进行设置，设置方法可以参考前面几章关于文字样式设置的方法。输入后将文字的高度设置为 6，将之移动到圆的中心处，如图 18-6 所示。

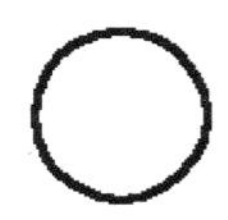

图 18-5　绘制圆

（2）打开状态栏中的“对象捕捉”按钮以及工具栏中的“捕捉”工具栏，单击“默认”选项卡“修改”面板中的“移动”按钮✥，选择编号外轮廓的上方 1/4 切点处，如图 18-7 所示。将其移动至第一条垂直轴线的下端，如图 18-8 所示。

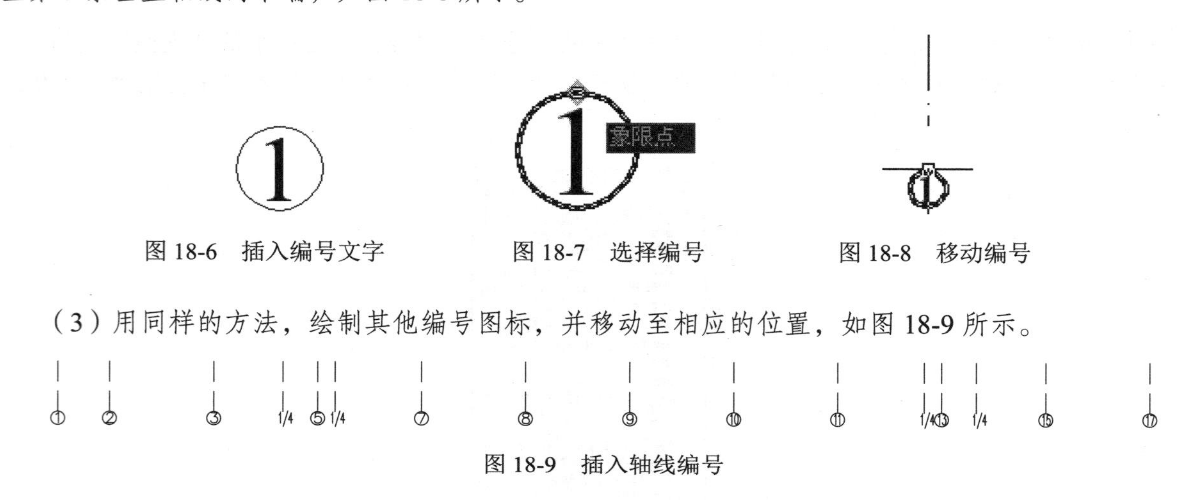

图 18-6　插入编号文字　　图 18-7　选择编号　　图 18-8　移动编号

（3）用同样的方法，绘制其他编号图标，并移动至相应的位置，如图 18-9 所示。

图 18-9　插入轴线编号

（4）继续绘制横向的轴线，将线型改为点画线，绘制水平轴线，其间距由下至上分别为 30、40、40、20、10、50、60、60、50、10、20、40、40、30，并插入编号，绘制完成后如图 18-10 所示。

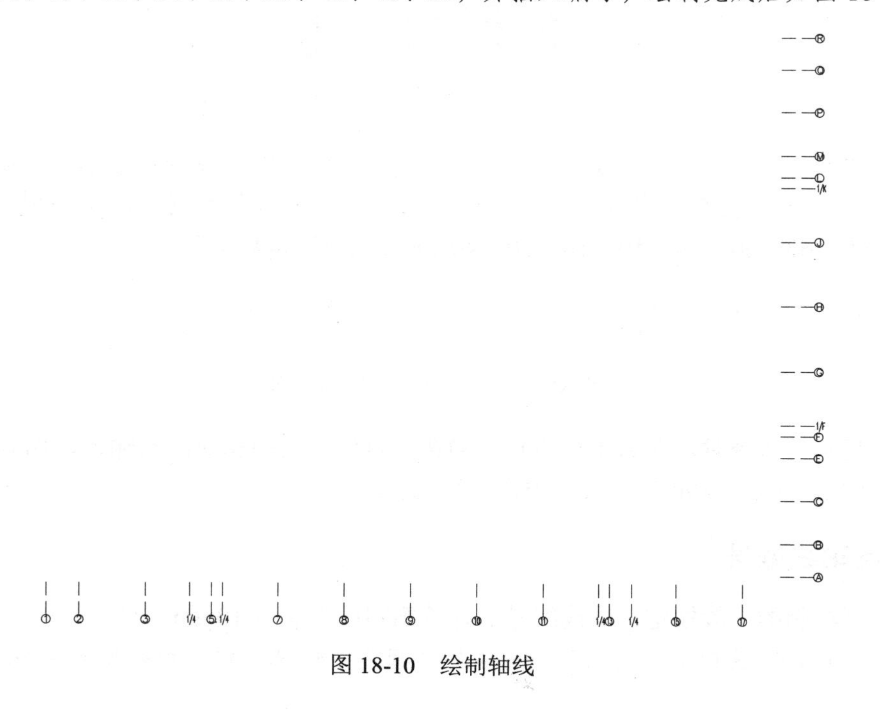

图 18-10　绘制轴线

18.3 绘制柱子

在绘制轴线的基础上可以进行柱子的绘制，下面进行简要介绍。

18.3.1 绘制辅助线

将图层“0”设置为当前图层，利用“直线”命令在第一条纵轴上绘制一条垂直直线，然后利用“复制”命令将其复制到其他纵轴上，如图18-11所示。用同样方法绘制横轴辅助线，如图18-12所示。

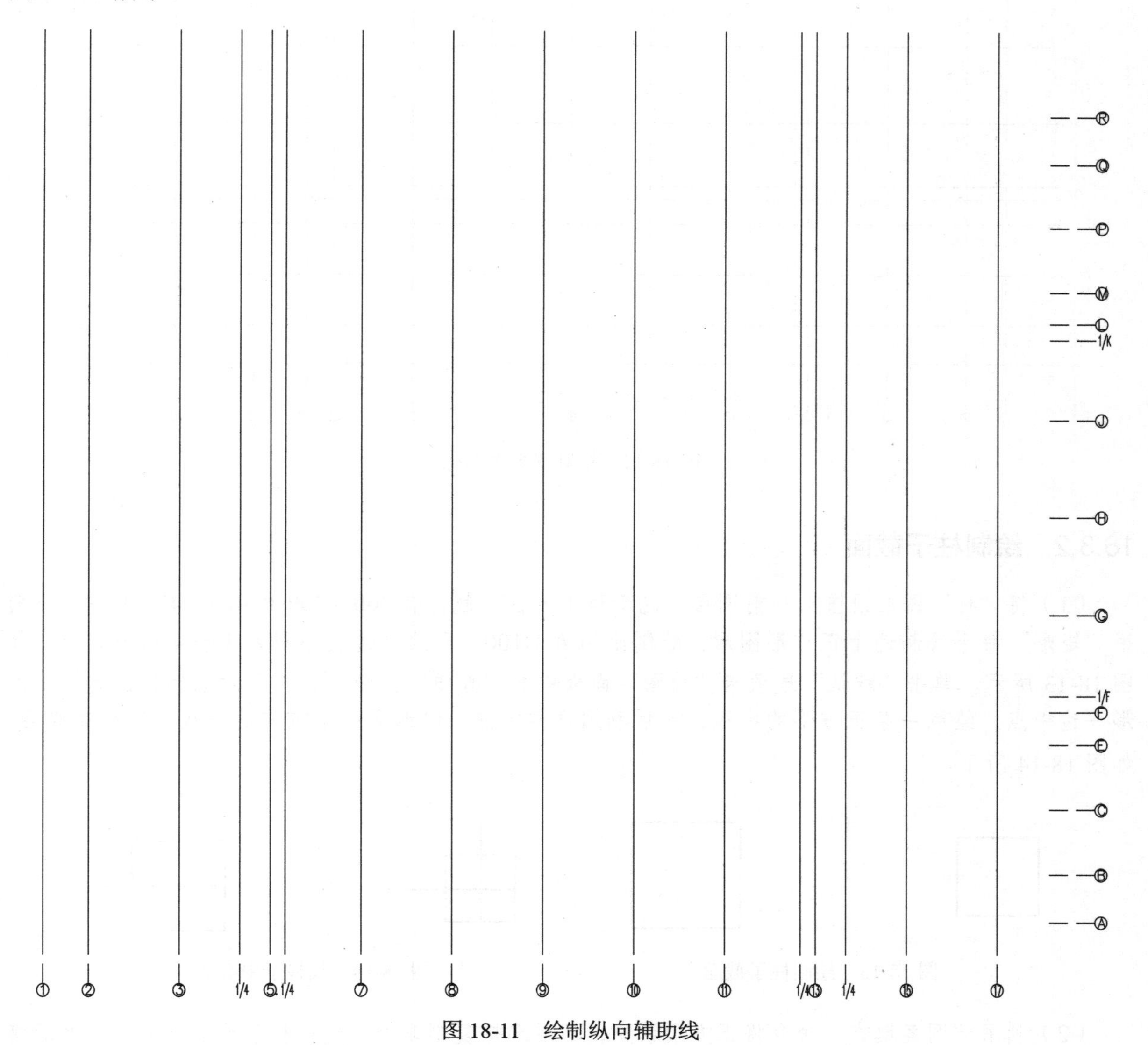

图18-11 绘制纵向辅助线

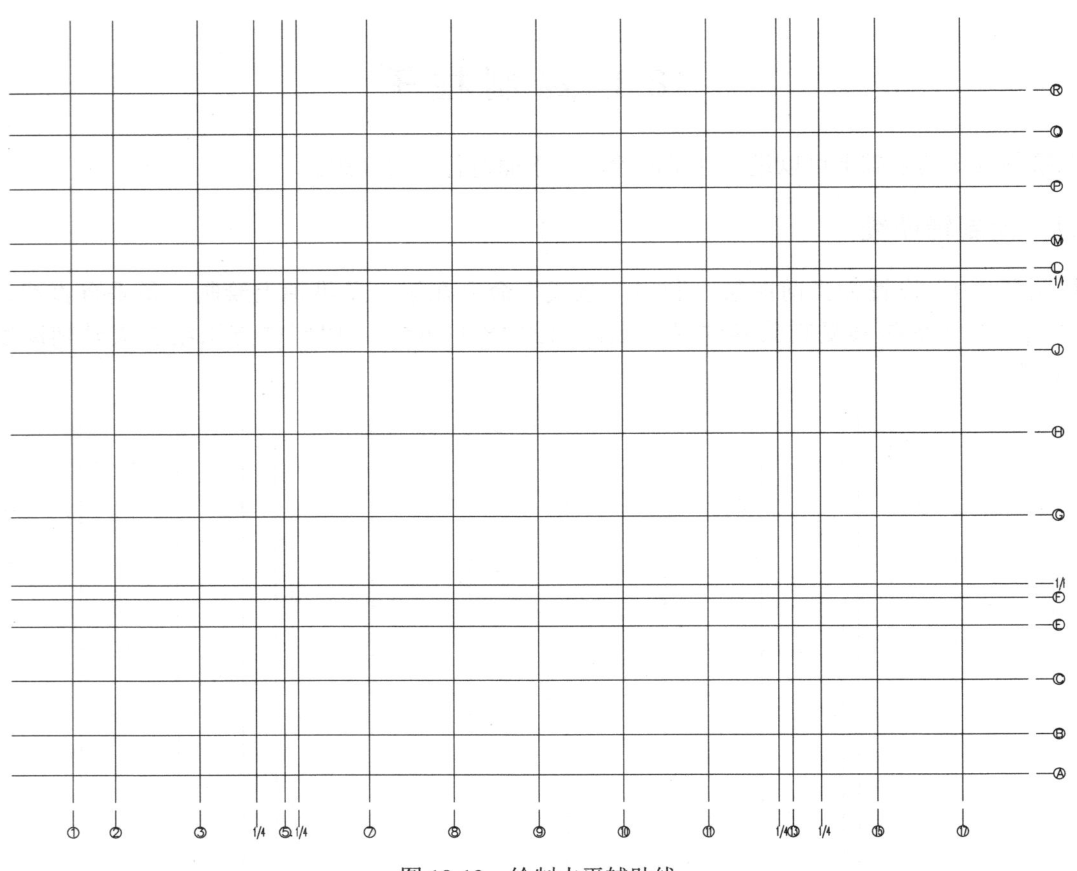

图 18-12　绘制水平辅助线

18.3.2　绘制柱子截面

（1）将“柱”图层设置为当前图层。此工程中的柱子截面有 300×300 和 400×400 两种，分别用“矩形”命令绘制两个正方形图形，绘制比例为 1:100，即绘制边长分别为 3 和 4 的正方形，如图 18-13 所示。单击“默认”选项卡“绘图”面板中的“直线”按钮，打开对象捕捉，选择正方形一边中点，绘制一条正方形的中线，然后利用同样方法，绘制另一个方向的中线，绘制完成后，如图 18-14 所示。

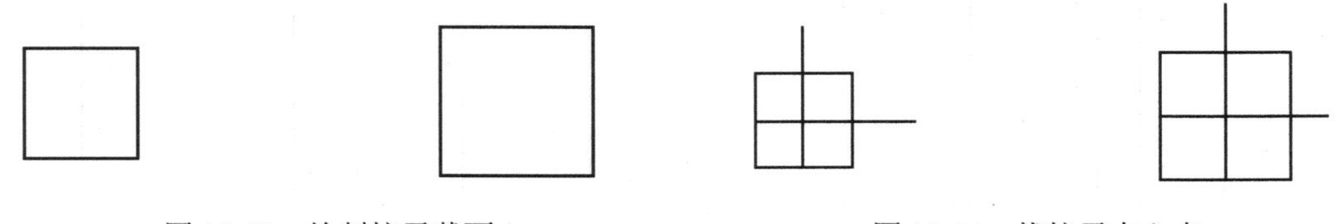

图 18-13　绘制柱子截面　　　　图 18-14　找柱子中心点

（2）利用“图案填充”命令将正方形填充，然后选择复制命令，选择柱子截面正方形，然后将选取点设置为中线交点，依次将其移动至图中的轴线交点，如图 18-15 所示。

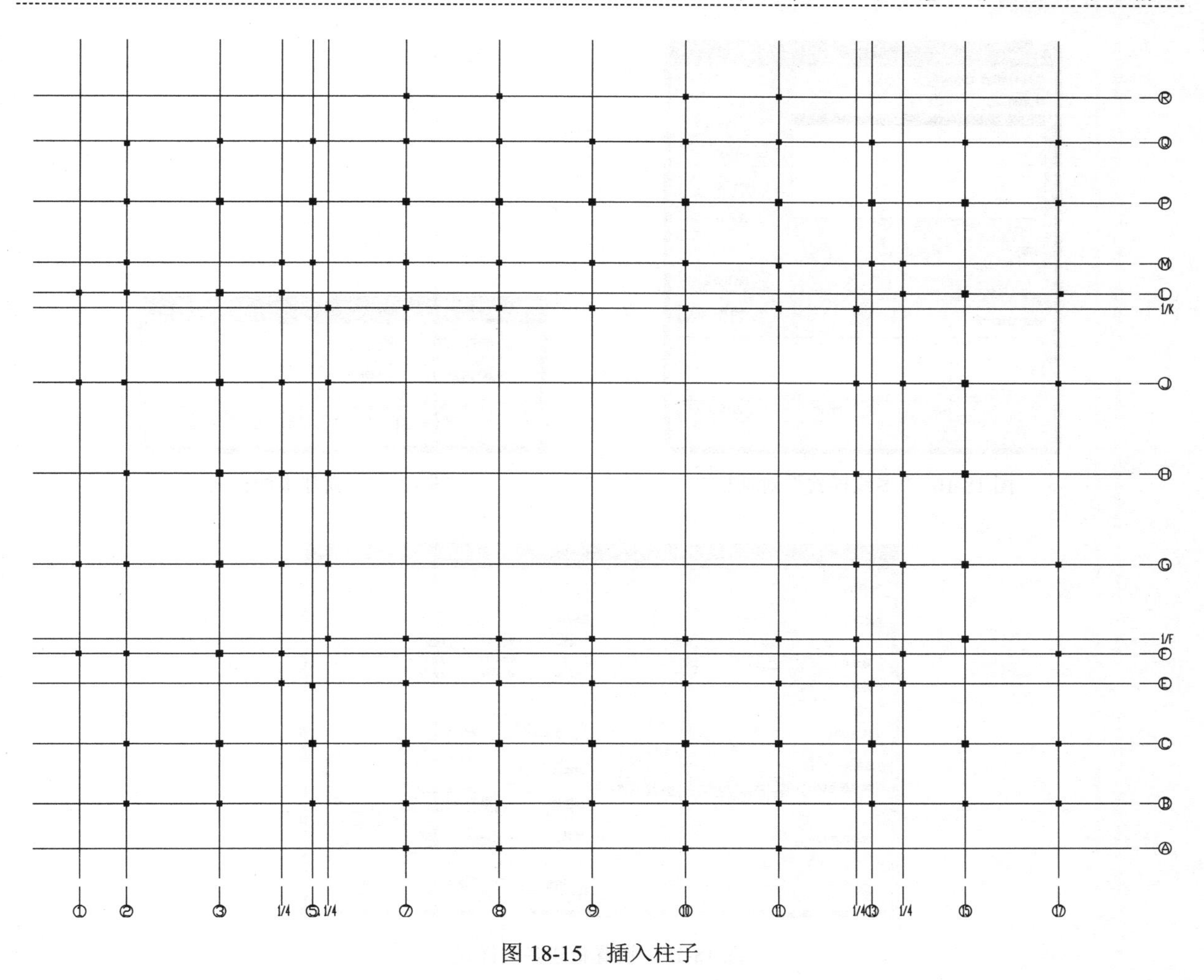

图 18-15 插入柱子

18.4 绘制基础梁

在绘制轴线的基础上可以进一步绘制基础梁，下面进行简要介绍。

18.4.1 设置线型

基础梁分为四种，宽度分别为 1.6m、1.0m、0.8m 和 0.3m，依据 1:100 的绘图比例，实际绘制宽度分别为 16mm、10mm、8mm 和 3mm。由于梁的图形由平行线组成，因此可以利用多线功能进行绘制。

（1）选择菜单栏中的“格式”→“多线样式”命令，打开“多线样式”对话框，如图 18-16 所示。单击“新建”按钮，新建多线样式，命名为“梁 1”，如图 18-17 所示。

（2）单击“继续”按钮，进入“新建多线样式：梁 1”对话框，选中“起点”和“端点”复选框，并在右侧图元对话框中将偏移量分别设为 1.5 和 −1.5，如图 18-18 所示。

图 18-16 “多线样式”对话框

图 18-17 新建多线样式

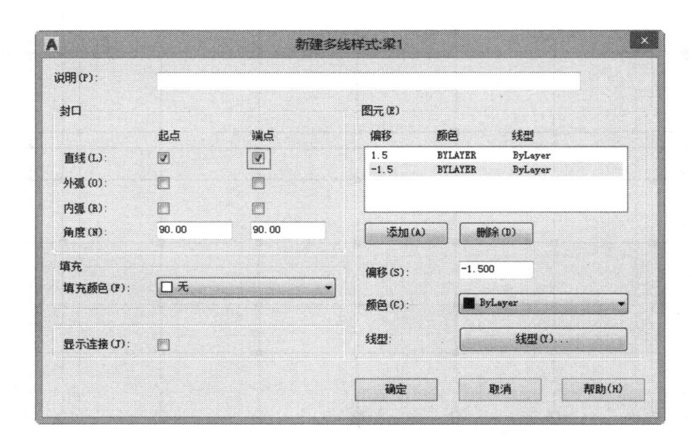

图 18-18 设置新建多线样式

（3）利用同样的方法，再创建三种多线样式，分别如下。

梁 2：偏移量为 4 和 -4。

梁 3：偏移量为 5 和 -5。

梁 4：偏移量为 8 和 -8。

单击“确定”按钮，回到绘图区域。

18.4.2 绘制基础梁

（1）利用设置好的多线绘制基础梁。首先设置图层，将“基础梁”图层设置为当前图层，并将柱层设置为不可见，如图 18-19 所示。

（2）选择菜单栏中的“绘图”→“多线”命令，当命令行提示输入多线样式时，输入“梁 1”，选择梁 1 多线样式作为当前的多线样式，并将“比例”设置为 1,“对正”设置为无，见命令行说明。设置好后，单击轴线 2 与轴线 B 的交点，输入“@0,-15”，绘制一小段多线，如图 18-20 所示。再单击轴线 2 与轴线 B 的交点，输入“@0,440”，如图 18-21 所示。

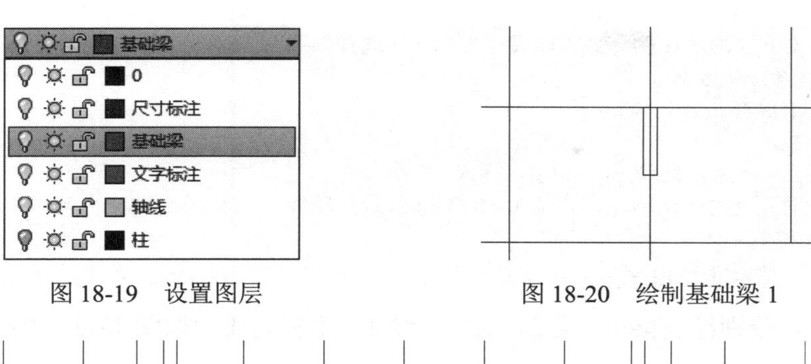

图 18-19 设置图层　　　　图 18-20 绘制基础梁 1

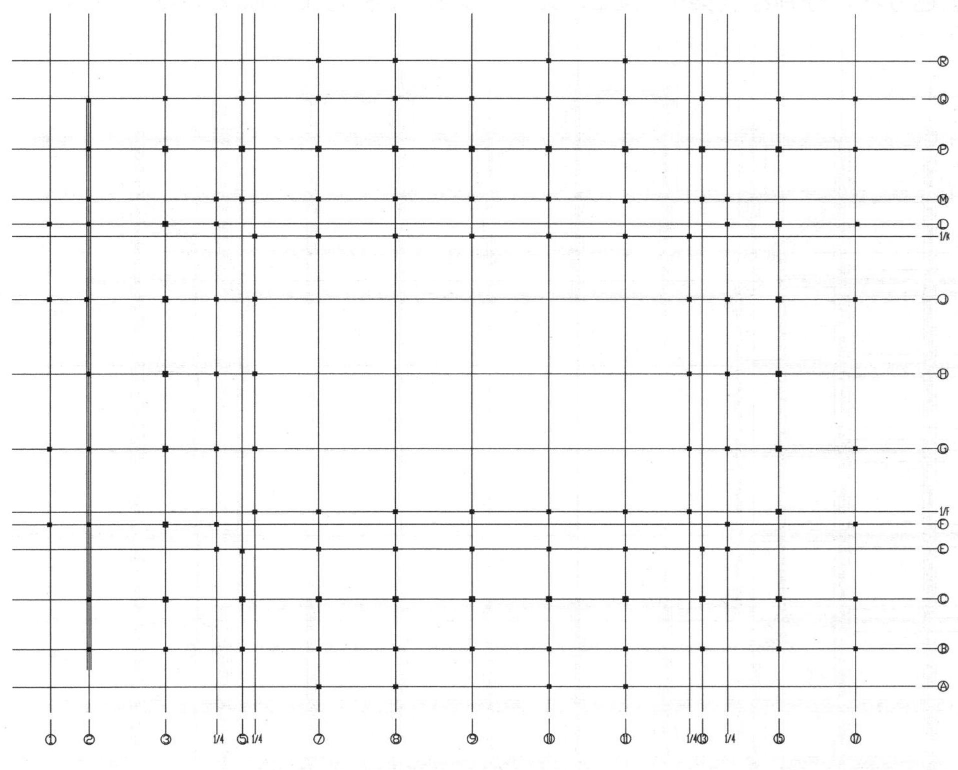

图 18-21 绘制基础梁 2

命令行提示如下。

```
命令 :MLINE ↙
当前设置 : 对正 = 无，比例 = 1.00，样式 = STANDARD
指定起点或 [ 对正 (J)/ 比例 (S)/ 样式 (ST)]:  st ↙
输入多线样式名或 [?]:  梁 1 ↙
当前设置 : 对正 = 无，比例 = 1.00，样式 = 梁 1
指定起点或 [ 对正 (J)/ 比例 (S)/ 样式 (ST)]:  j ↙
输入对正类型 [ 上 (T)/ 无 (Z)/ 下 (B)] < 无 >:  z ↙
当前设置 : 对正 = 无，比例 = 1.00，样式 = 梁 1
指定起点或 [ 对正 (J)/ 比例 (S)/ 样式 (ST)]:  s ↙
输入多线比例 <1.00>:  1 ↙
当前设置 : 对正 = 无，比例 = 1.00，样式 = 梁 1
```

```
指定起点或 [ 对正 (J) / 比例 (S) / 样式 (ST)]：（选择轴线 2 与轴线 B 的交点）
指定下一点： @0,-15 ↙
指定下一点或 [ 放弃 (U)]：↙
命令： MLINE ↙
当前设置：对正 = 无，比例 = 1.00，样式 = 梁 1
指定起点或 [ 对正 (J) / 比例 (S) / 样式 (ST)]：（选择轴线 2 与轴线 B 的交点）
指定下一点： @0,440 ↙
指定下一点或 [ 放弃 (U)]：↙
```

按照上述方法，分别绘制梁 1、梁 2、梁 3、梁 4，绘制完成后如图 18-22 所示。

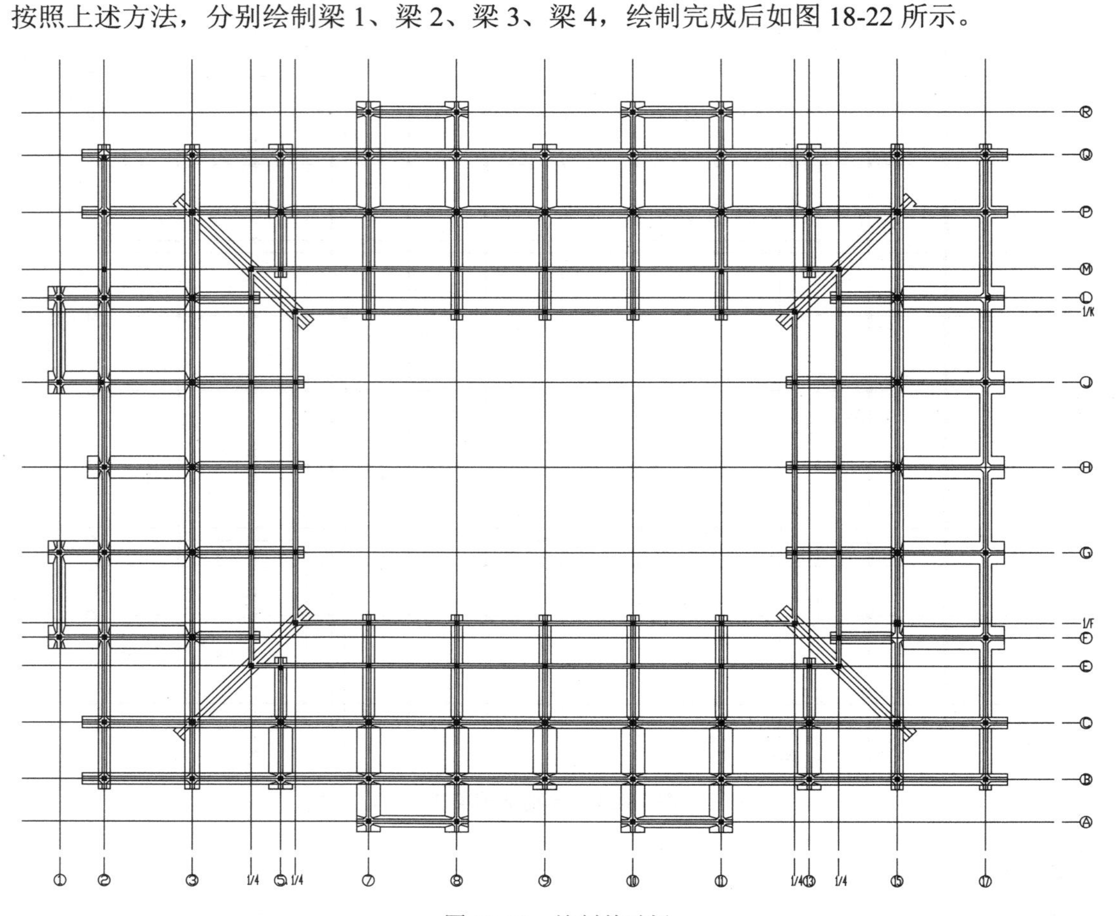

图 18-22　绘制基础梁

18.4.3　修改多线交点

多线和多线的交叉点处，由于多线性质的原因，需要进行修改。例如图中某处的交点如图 18-23 所示，需要将其进行截断处理。但是利用修剪工具比较繁琐，利用 AutoCAD 自带的多线编辑工具比较简单。

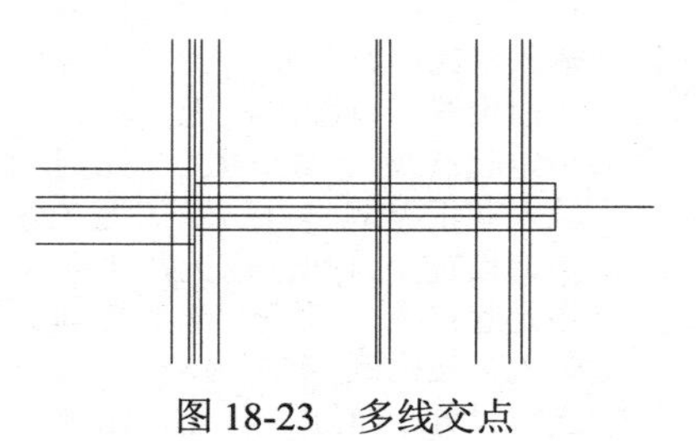

图 18-23　多线交点

（1）选择菜单栏中的“修改”→“对象”→“多线”命

令，打开“多线编辑工具”对话框，如图 18-24 所示。

（2）选择“十字打开”工具，回到绘图区域，单击相交的两组多线，如图 18-25 所示，多线变为十字打开的相交模式。

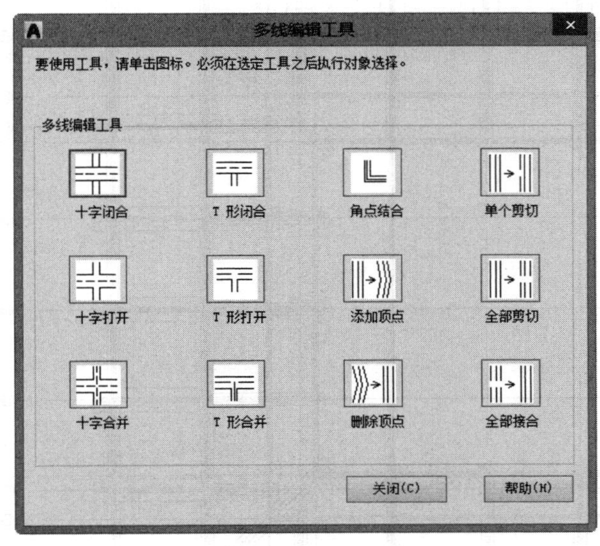

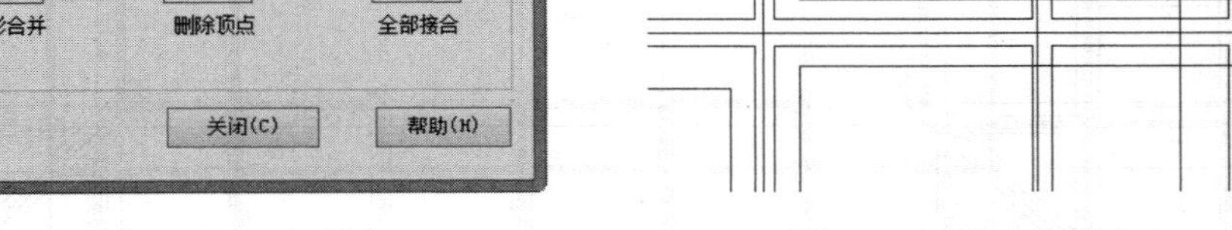

图 18-24 “多线编辑工具”对话框　　图 18-25 修改多线交点

（3）继续修改多线交点，以其中一个交点为例进行说明，如图 18-26 所示。将相交的两条多线选中，单击“默认”选项卡“修改”面板中的“分解”按钮，将多线分解。然后单击“默认”选项卡“修改”面板中的“倒角”按钮，输入“d”，设置“倒角距离”为 2，单击所要修改的两条交线，修改倒角，如图 18-27 所示。

（4）利用“直线”命令绘制基础梁的相交线。画法为选择外层直线的交点，然后利用中点捕捉功能，将其与内层直线倒角的中点相连，绘制完成后如图 18-28 所示。

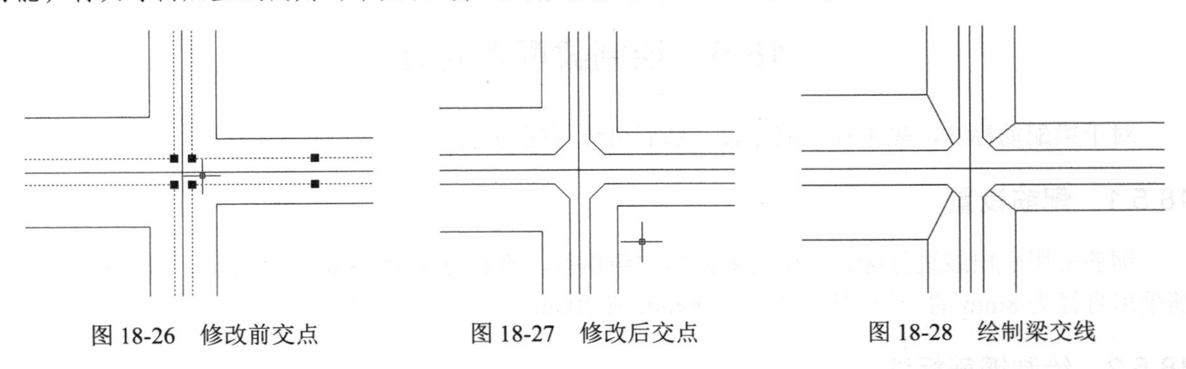

图 18-26 修改前交点　　图 18-27 修改后交点　　图 18-28 绘制梁交线

（5）依次类推，利用上述方法，将其他多线的交点修改成倒角形式，并绘制梁的斜向交线，绘制完成后全图如图 18-29 所示。

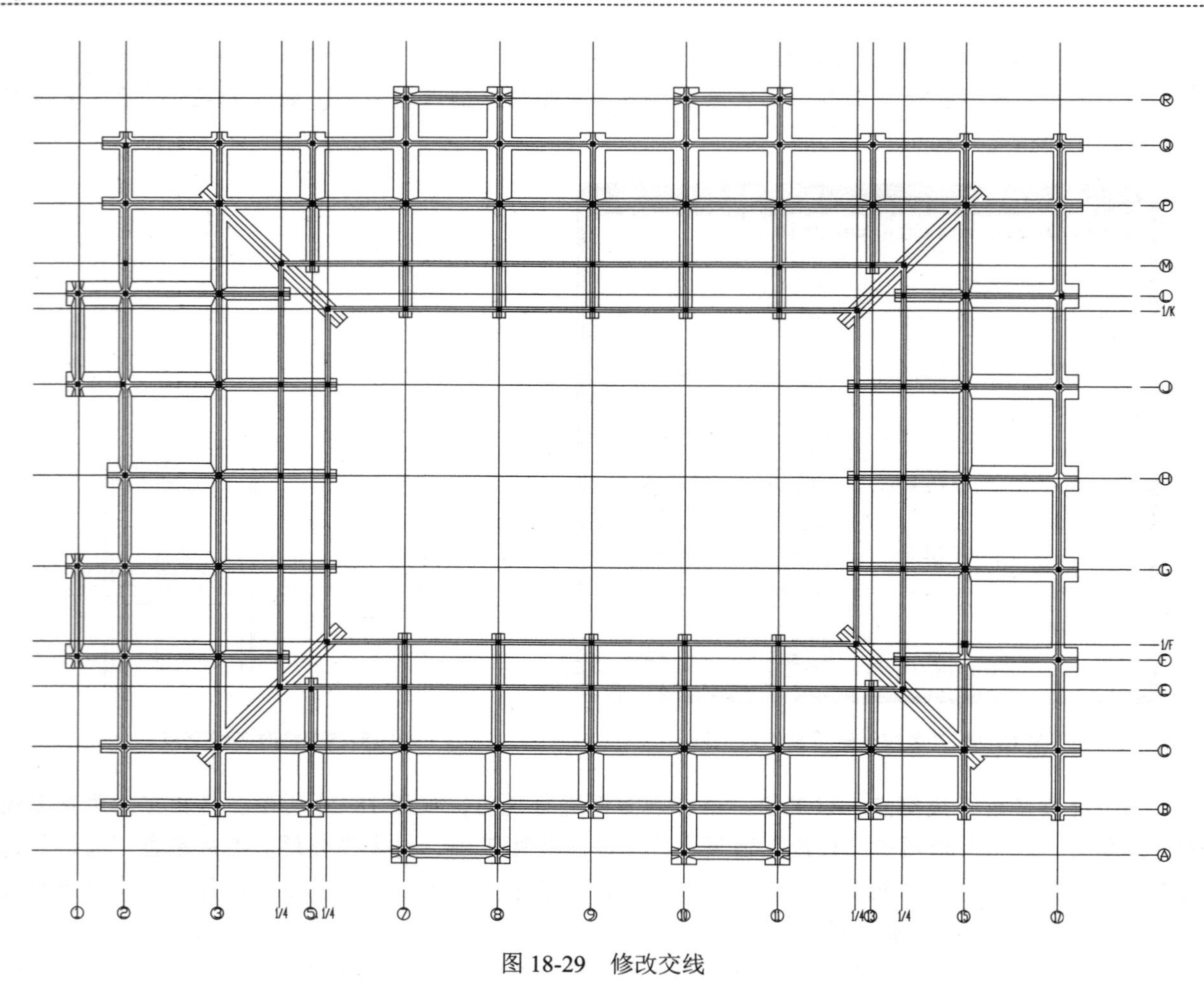

图 18-29　修改交线

18.5　绘制梁配筋标注

对于梁配筋标注，先进行配筋设置，然后再进行配筋标注。

18.5.1　配筋设置

钢筋采用引出线进行标识。受力筋采用二级钢筋，直径分别为 18mm、22mm、25mm 三种，箍筋采用直径为 8mm 的一级钢筋，间距 100mm 或 200mm。

18.5.2　绘制钢筋标注

（1）以主梁为例，首先，将当前图层设置为“文字标注”，利用“直线”命令，由梁内部引出直线，如图 18-30 所示。利用多行文字编辑工具，在直线右侧输入主梁的配筋标注，如图 18-31 所示。

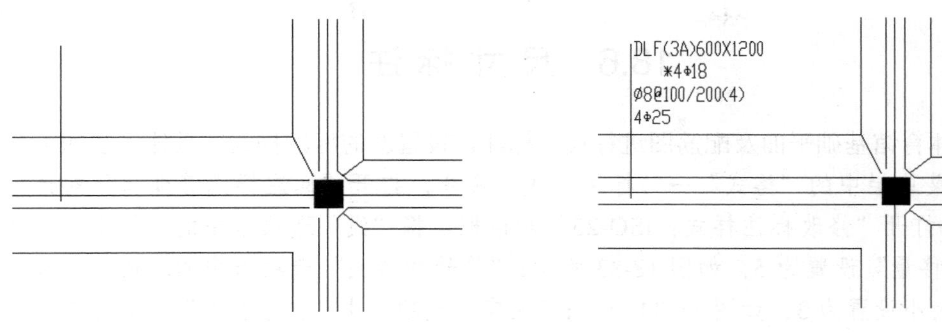

图 18-30 绘制引出线　　　　图 18-31 输入配筋标注

（2）利用这种方法，将其他主梁及次梁的配筋形式标注到图中，如图 18-32 所示。

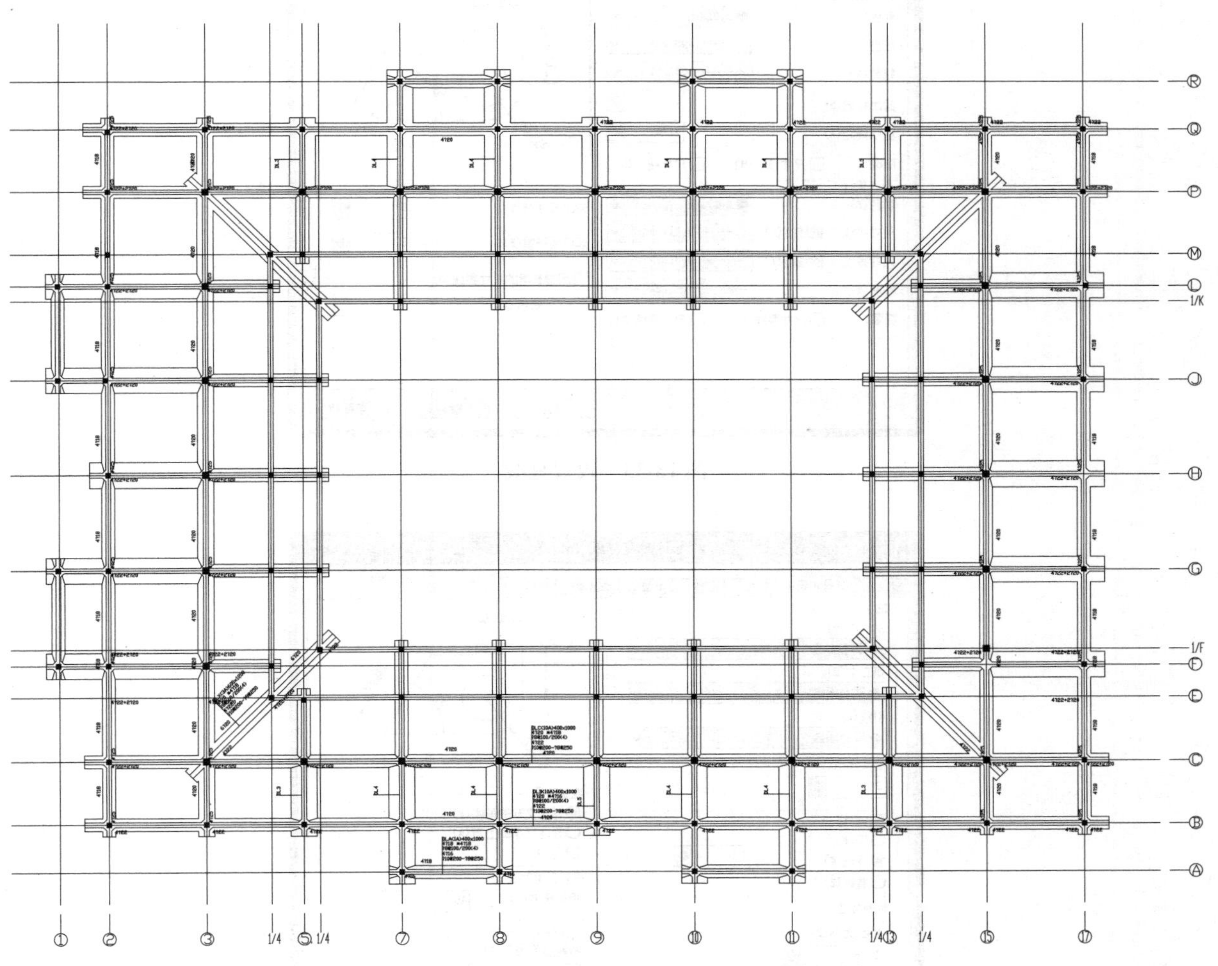

图 18-32 插入配筋标注

18.6　尺寸标注

对绘制的体育馆基础平面及配筋图进行尺寸标注，设置新的标注样式，具体方法如下。

（1）选择菜单栏中的“格式”→“标注样式”命令，打开“标注样式管理器”对话框，单击“修改”按钮，打开“修改标注样式：ISO-25”对话框。将“线”选项卡中的“超出尺寸线”修改为 3，“起点偏移量”设置为 5，如图 18-33 所示；“符号和箭头”选项卡中的“箭头”选择为建筑标记，并将其大小设置为 3，如图 18-34 所示；“文字”选项卡中“文字高度”设置为 3。

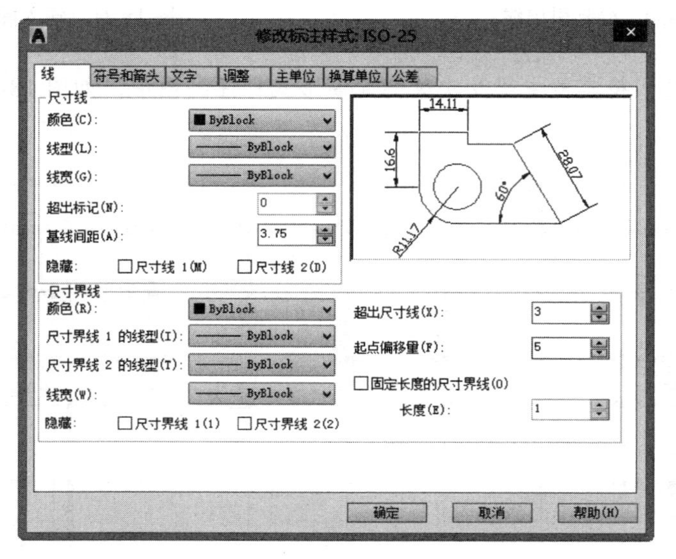

图 18-33　设置直线

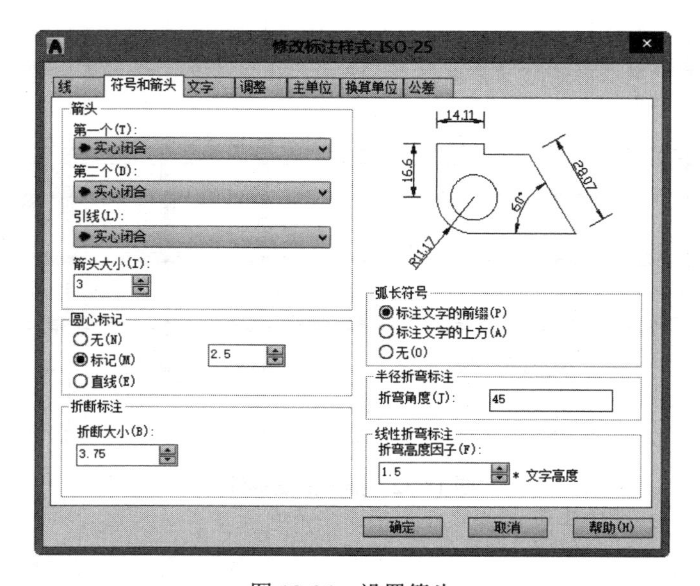

图 18-34　设置箭头

（2）单击“确定”按钮，确认修改，回到绘图界面，将图中的梁截面以及轴线间距进行尺寸标注。标注方法如前几章所述，结果如图 18-35 所示。

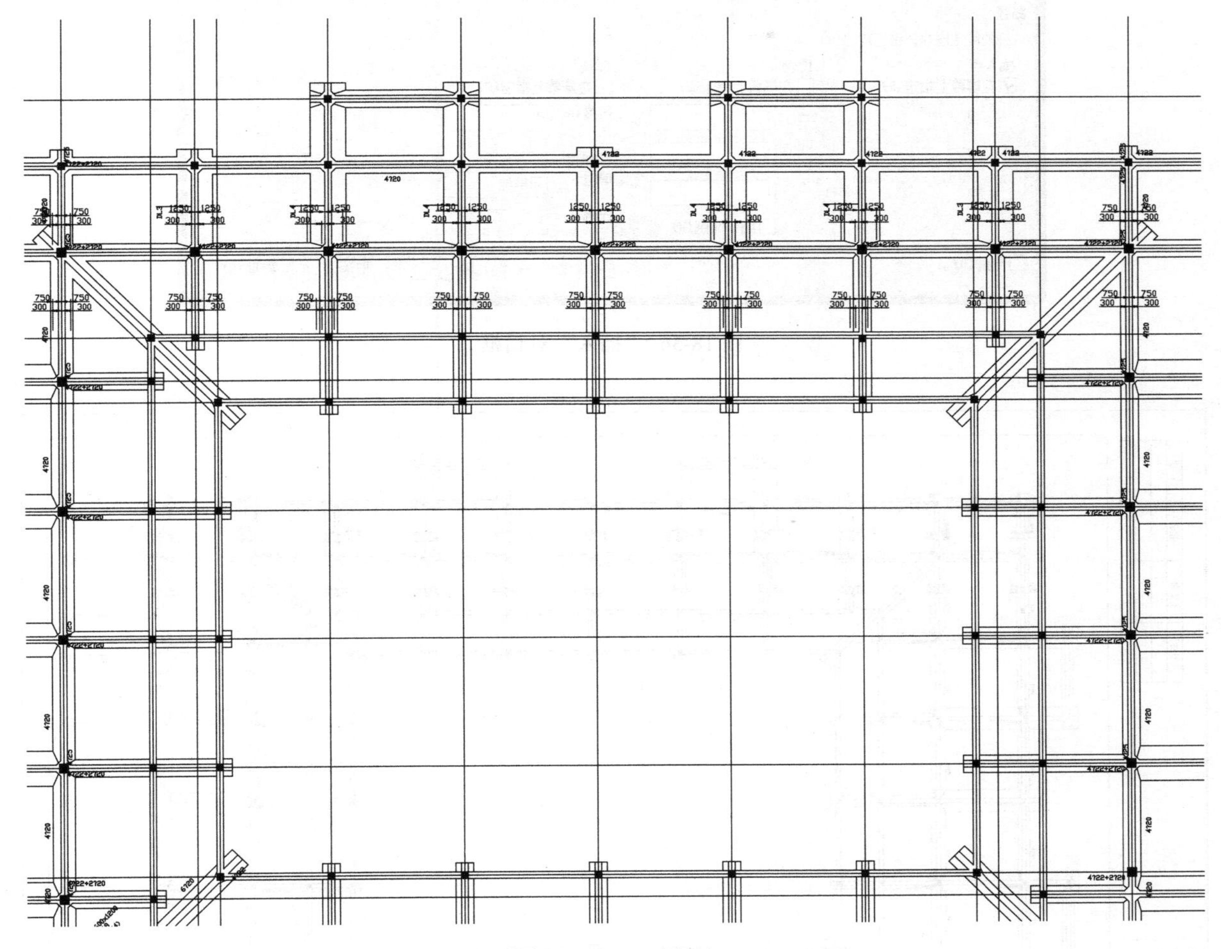

图 18-35　尺寸标注

18.7 插入图框

图形绘制完毕后，需要插入图框，以完成完整的图纸绘制。

（1）单击“插入”选项卡“绘图”面板中“插入块”按钮，打开“插入”对话框，如图 18-36 所示，选择源文件 \ 图库 \A2 图框，将其插入至图中合适的位置，然后利用“缩放”命令，调整图签的大小。

（2）关闭辅助线图层，至此体育馆基础平面及梁配筋图绘制完成，如图 18-37 所示。

练一练——绘制住宅基础平面图

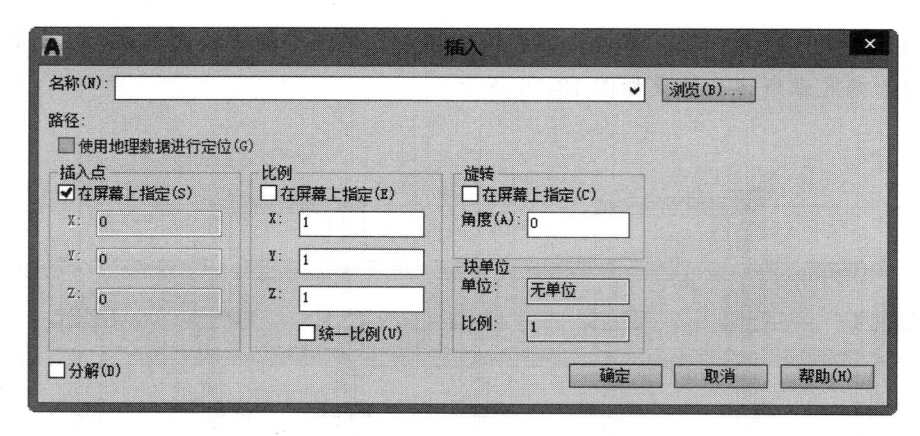

图 18-36 “插入”对话框

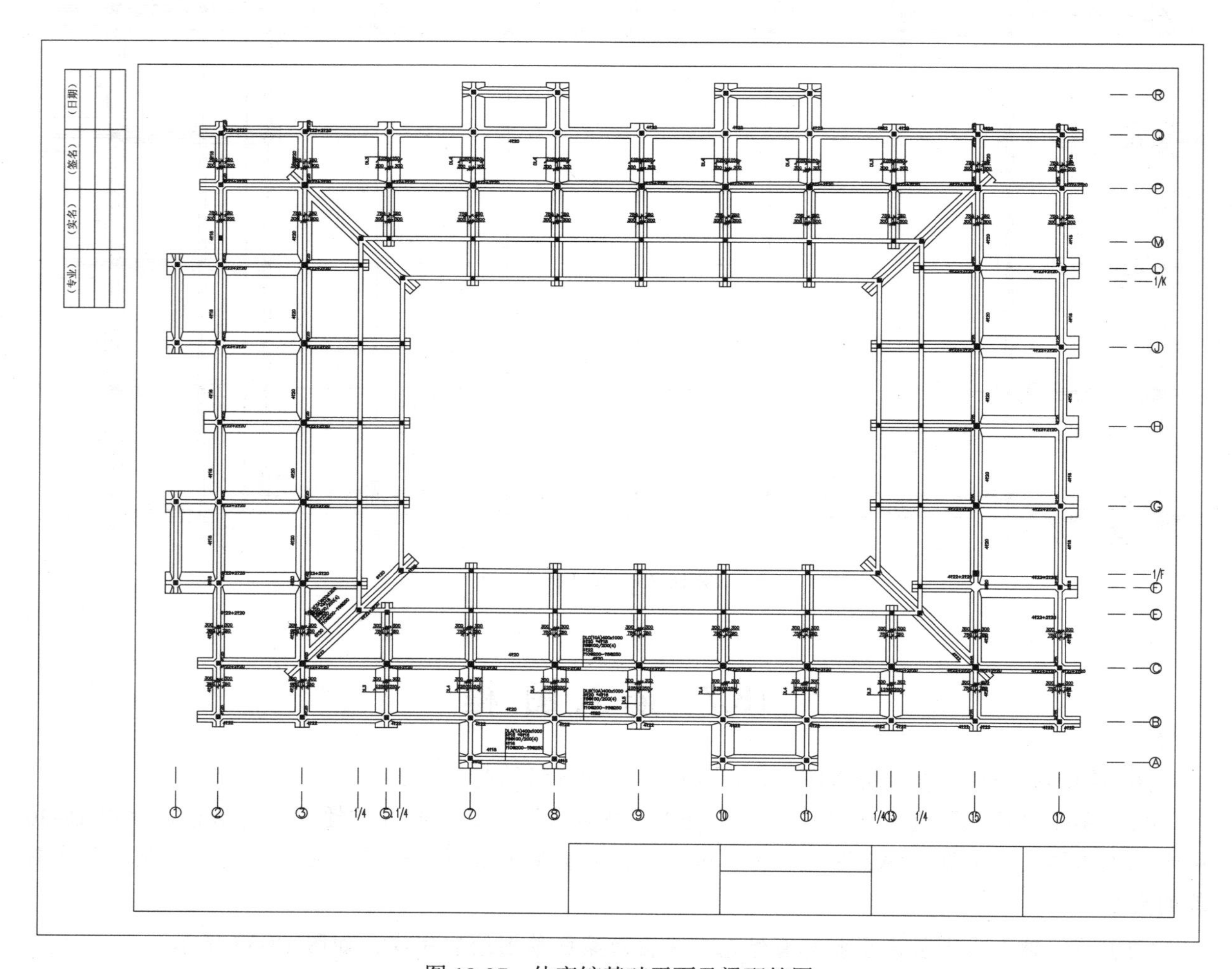

图 18-37 体育馆基础平面及梁配筋图

绘制如图 18-38 所示的住宅基础平面图。

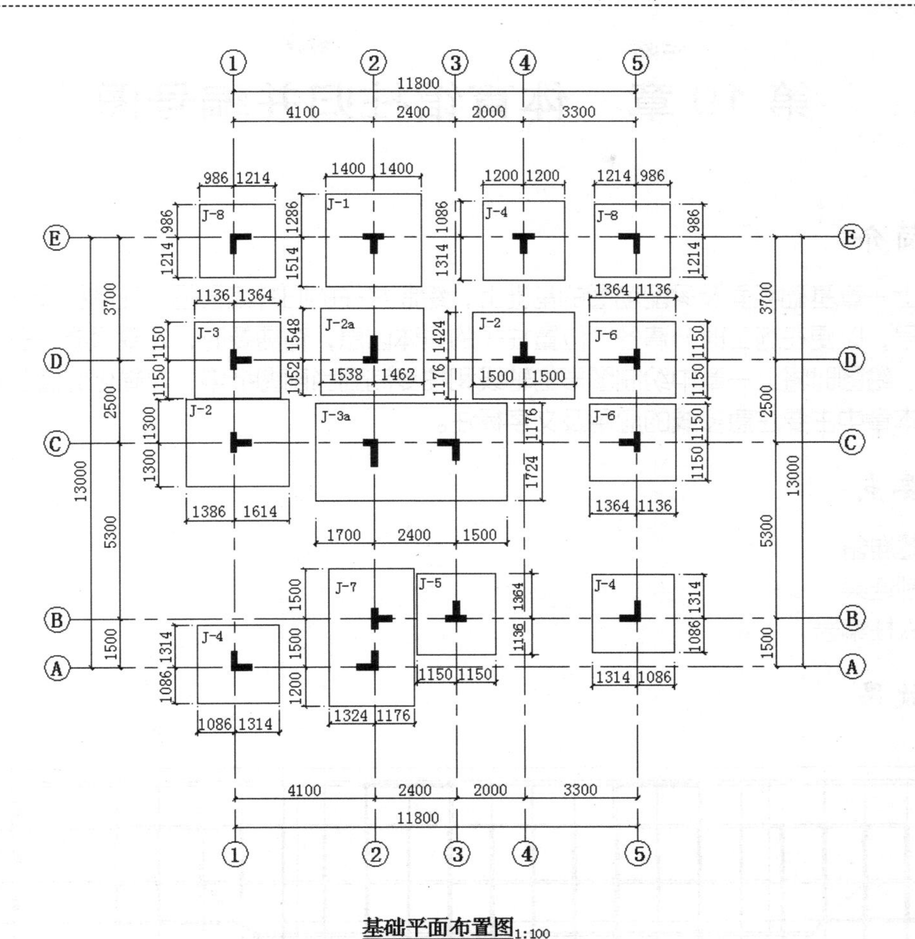

图 18-38　住宅基础平面图

思路点拨

源文件：源文件\第 18 章\住宅基础平面图 .dwg

（1）设置绘图环境。
（2）绘制轴线。
（3）绘制构造柱。
（4）绘制框架柱。
（5）标注尺寸和文字。

扫一扫，看视频

第 19 章　体育馆柱归并编号图

内容简介

本章在上一章基础平面及梁配筋图的基础上，绘制柱子的归并编号图。在结构设计时，需要对柱子进行编号，以便在施工时分清各个位置柱子的具体信息，有需要时，还要根据柱子的结构绘制柱配筋详图。绘图时将上一章中绘制图形的轴线和柱复制到当前图纸中，以简化绘图的过程，提高绘图效率。本章中主要注意多线的应用及文字标注。

内容要点

- 绘图准备
- 绘制连梁
- 输入柱编号

案例效果

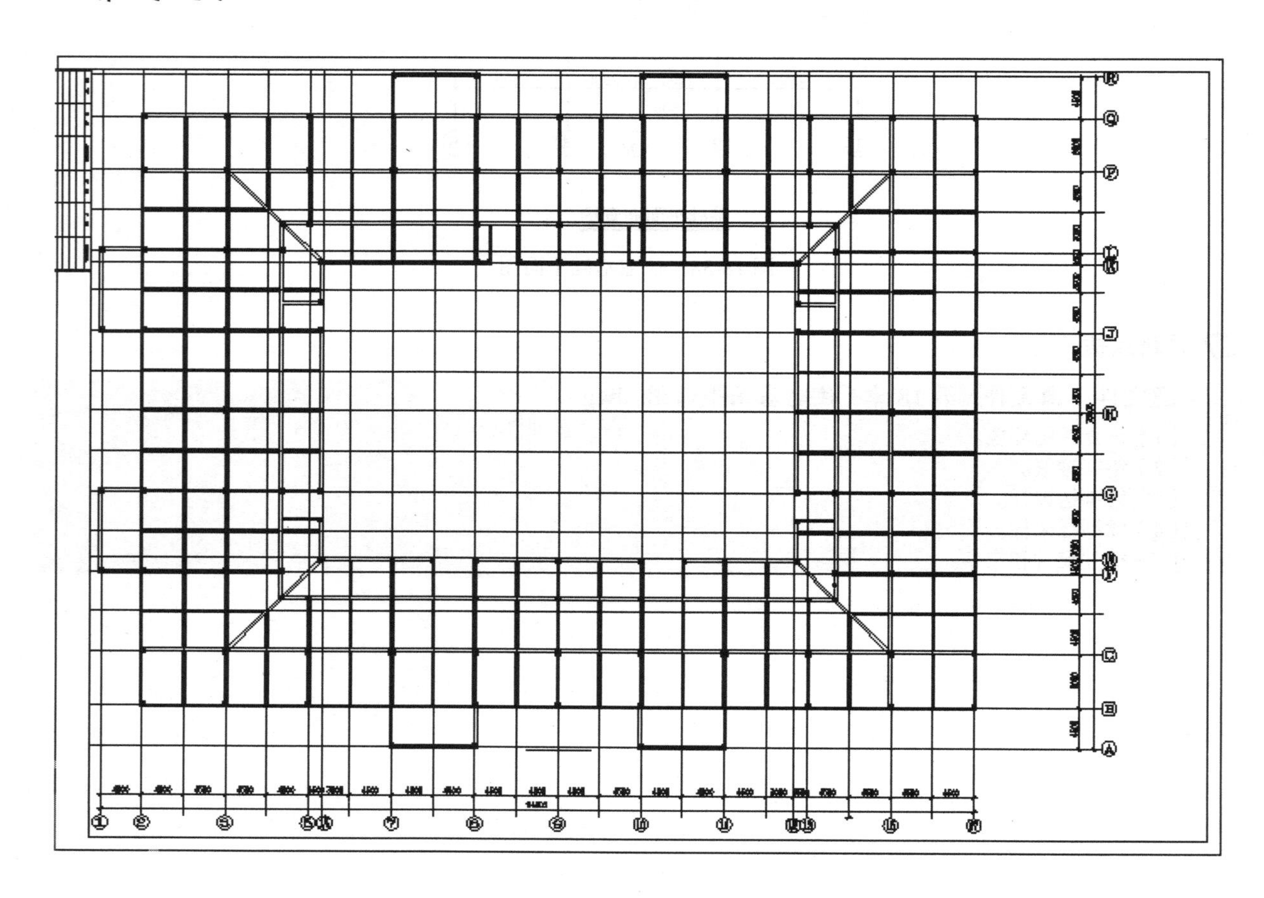

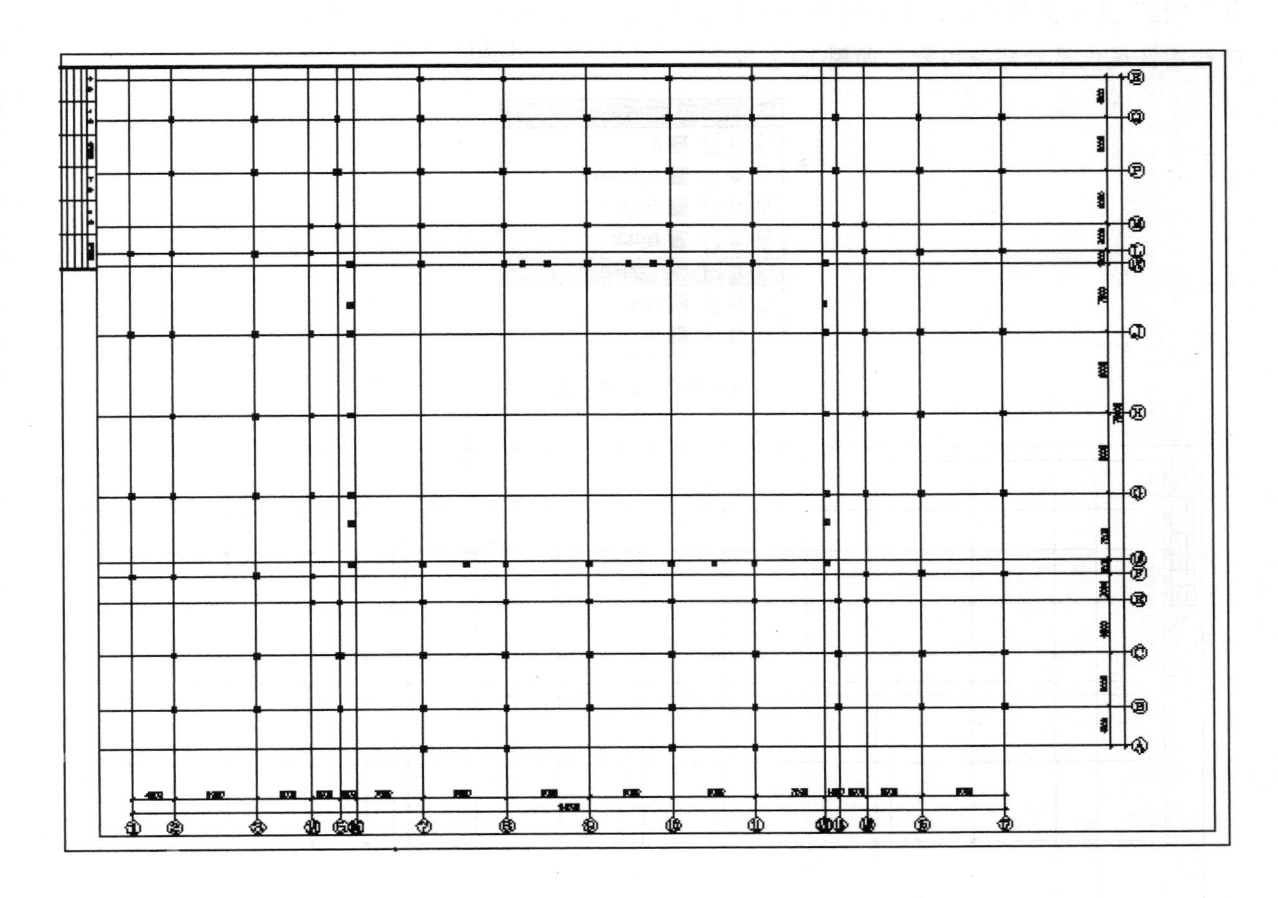

19.1 绘图准备

在正式设计前应该进行必要的准备工作，包括建立文件、设置图层和绘制辅助线等，下面进行简要介绍。

19.1.1 建立新文件

首先打开 AutoCAD 2018 的界面，单击“新建文件”按钮，以无样板打开 - 公制方式建立新文件，并保存为“柱归并编号图”，如图 19-1 所示。

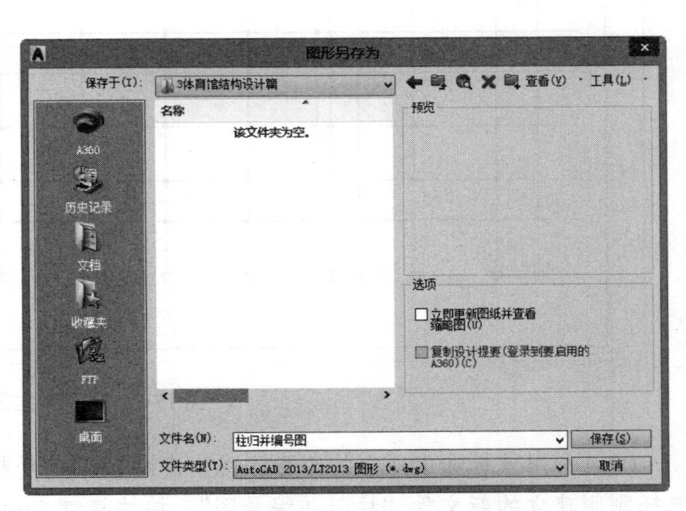

图 19-1 保存文件“柱归并编号图”

19.1.2 复制图形并设置图层

（1）首先打开上一章中绘制的基础平面及梁配筋图。只将“轴线”“尺寸标注”“柱”几个图层打开，其他图层均设置为关闭，如图 19-2 所示。然后删除多余的尺寸标注，此时绘图区域仅显示部分内容，如图 19-3 所示。

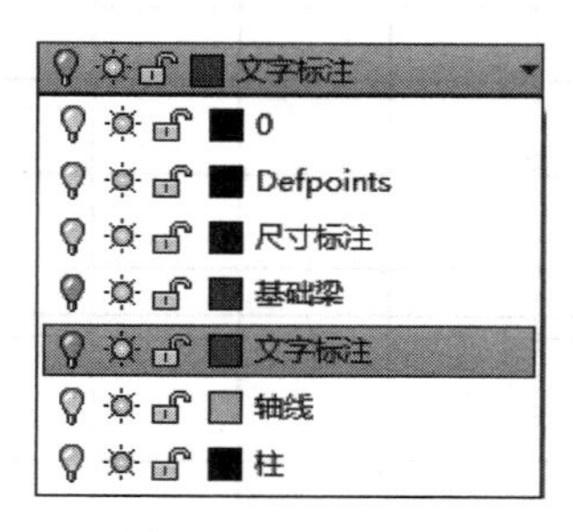

图 19-2　设置图层

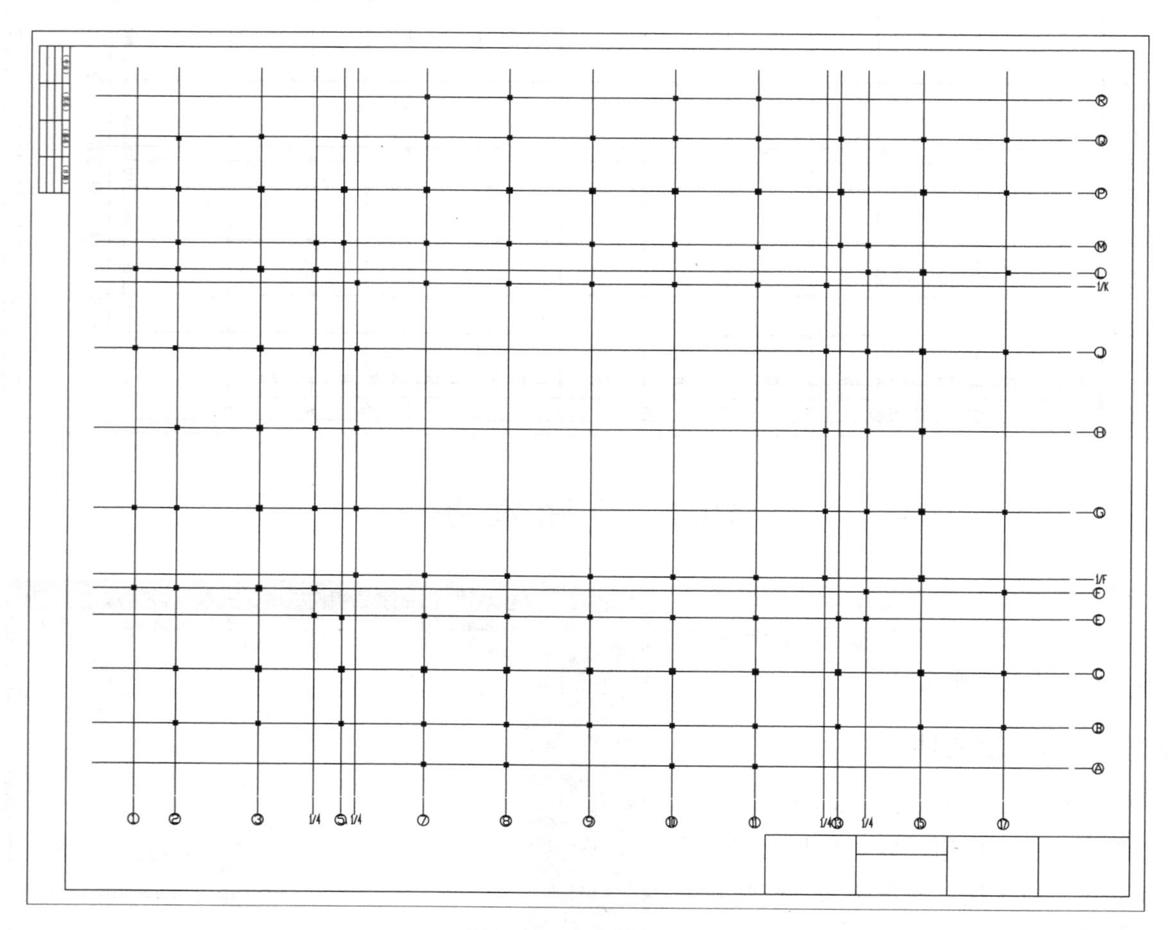

图 19-3　隐藏其他部分

（2）利用鼠标选中所有的图形，按快捷键 Ctrl+C 复制所有图形，然后单击菜单栏中的“窗口”，选择刚刚建立的新文件“柱归并编号图”，按快捷键 Ctrl+V 粘贴图形。此时命令栏中会提示输入插入点，可以输入“0,0”，作为插入点。插入后图形将自动复制到新建文件中。

（3）打开“图层特性管理器”，可以看到，随着刚才的复制，原文件中的图层也复制到了新文件中，修改图层设置，保留“柱”“轴线”“尺寸标注”几个新的图层。最终图层设置如图 19-4 所示。

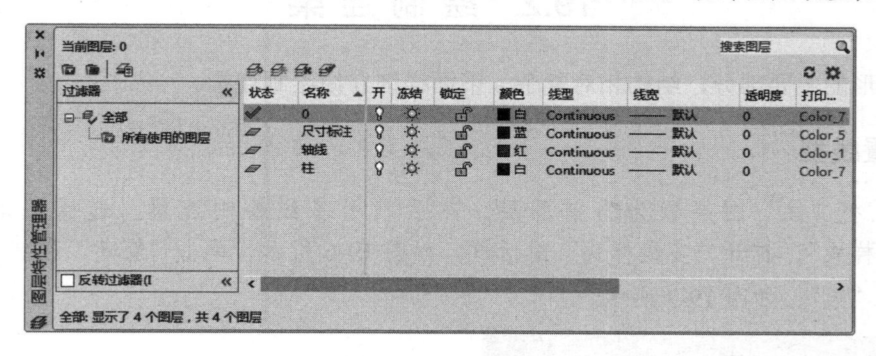

图 19-4 设置图层

19.1.3 绘制辅助线

将“0”层设置为当前图层，依照上一章的方法，利用“直线”命令和“复制”命令，绘制水平和垂直的辅助直线。绘制时注意，水平线和垂直线均应与轴线对齐，否则绘制梁等图线时将会产生偏移，然后对图形进行整理修改。绘制完成后图形如图 19-5 所示。

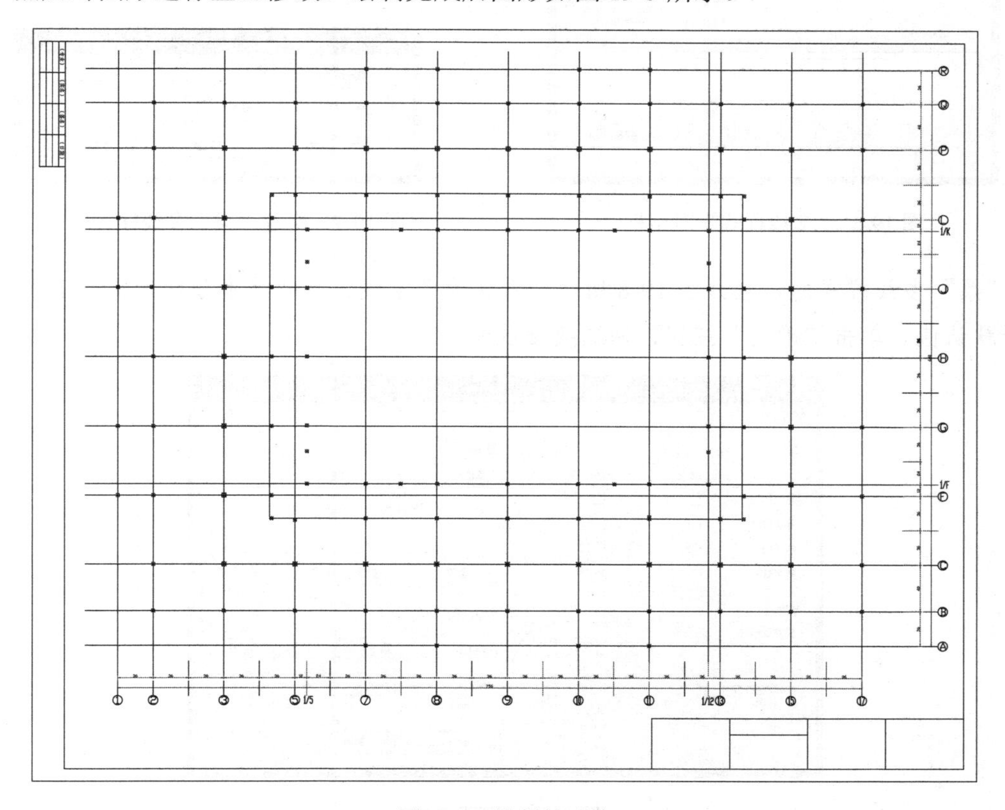

图 19-5 绘制辅助线

19.2 绘制连梁

连梁是图形的主要部分，结构相对复杂。下面详细介绍绘制连梁。

19.2.1 设置线型

（1）首先将“柱”图层置为当前图层，然后利用多线绘制连梁。选择菜单栏中的“格式”→“多线样式”，打开“多线样式”对话框，如图 19-6 所示。单击“新建”按钮，新建多线样式，并命名为“梁”，如图 19-7 所示。

图 19-6 “多线样式”对话框

图 19-7 新建“梁”多线样式

（2）“梁”多线样式的设置如图 19-8 所示。默认为两条线，其偏移量分别设置为 1 和 -1，其余设置选择默认值。单击“确定”按钮，回到绘图区域。

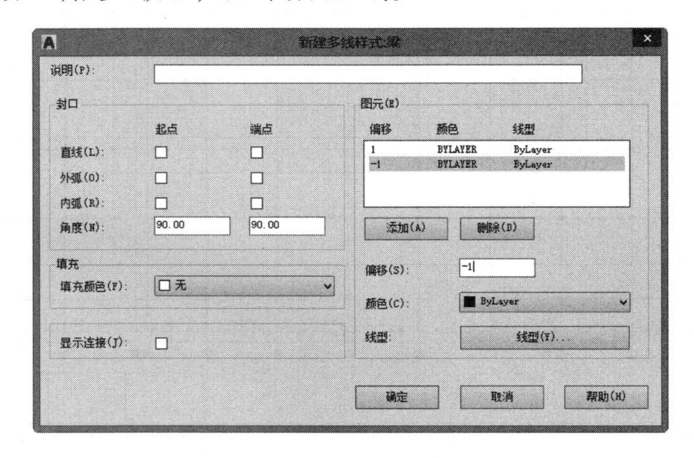

图 19-8 设置多线

19.2.2　绘制连梁

（1）新建“梁”图层，颜色设置为红色，其余默认，并将“梁”图层设为当前图层。连梁是柱之间的梁部分，用多线命令可以简便地将其绘制出来，在绘制前需要对当前的多线样式进行设置。在命令行中输入 MLINE 命令，命令行提示如下。

```
命令：mline↙
当前设置：对正 = 上，比例 = 20.00，样式 = STANDARD
指定起点或 [对正(J)/比例(S)/样式(ST)]:  st↙
输入多线样式名或 [?]:  梁↙
当前设置：对正 = 上，比例 = 20.00，样式 = 梁
指定起点或 [对正(J)/比例(S)/样式(ST)]:  j↙
输入对正类型 [上(T)/无(Z)/下(B)] <上>:  z↙
当前设置：对正 = 无，比例 = 20.00，样式 = 梁
指定起点或 [对正(J)/比例(S)/样式(ST)]:  s↙
输入多线比例 <20.00>:  1↙
当前设置：对正 = 无，比例 = 1.00，样式 = 梁
指定起点或 [对正(J)/比例(S)/样式(ST)]:
```

（2）然后选择轴线②与轴线 B 的交点，将其向上拖至轴线②与轴线 Q 的交点处，如图 19-9 所示。

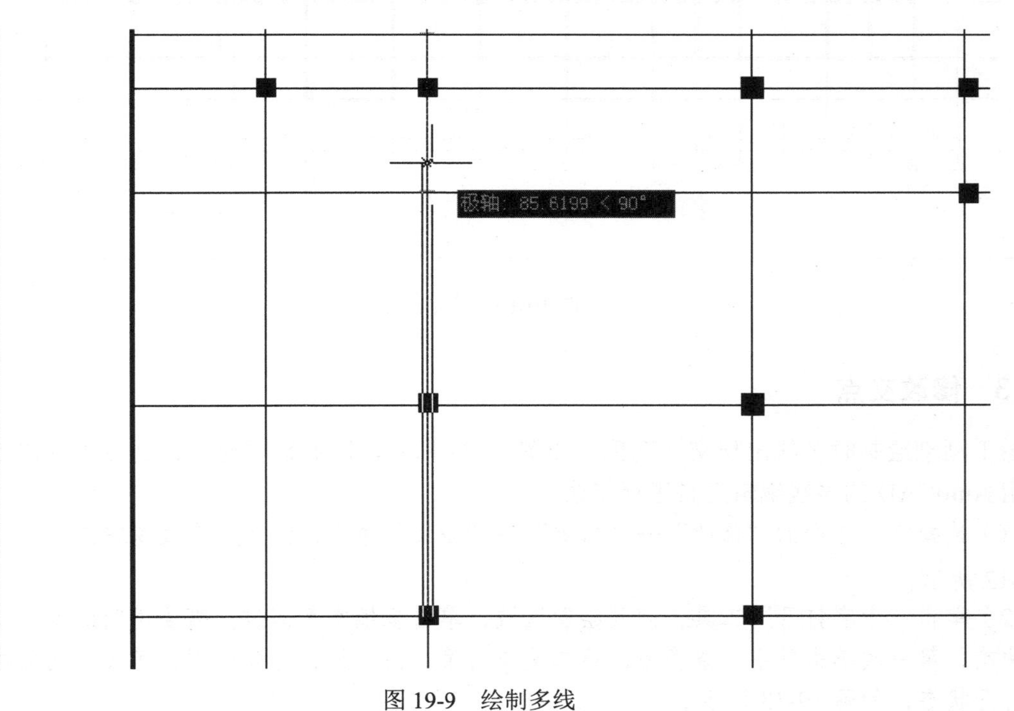

图 19-9　绘制多线

（3）依据上面的方法，绘制其他轴线上的多线。绘制完成后如图 19-10 所示。

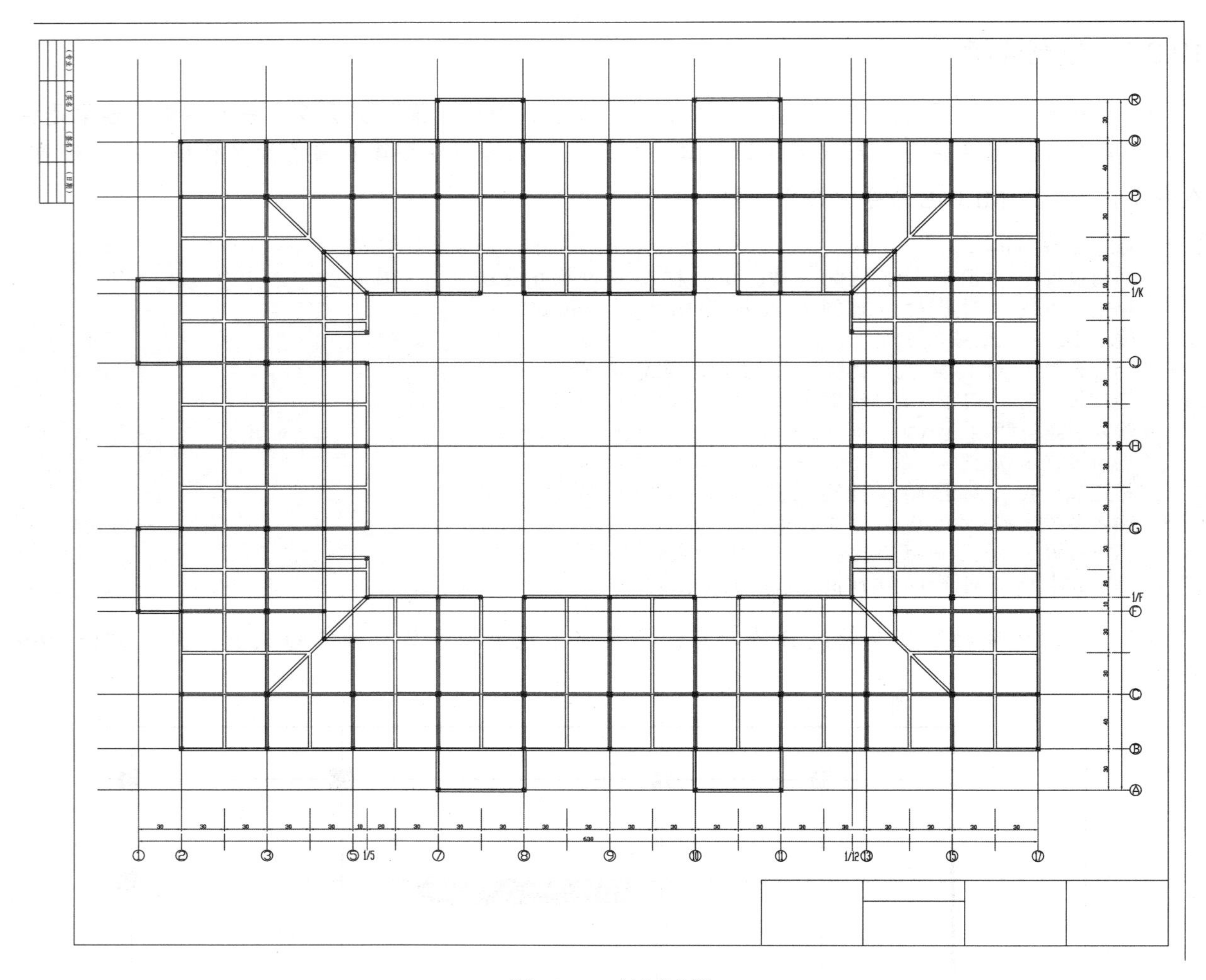

图 19-10　绘制连梁

19.2.3　修改交点

由于刚刚绘制时多线出现交叉现象，如图 19-11 所示，因此需要对多线交点进行修正。此时可以利用 AutoCAD 的多线编辑工具进行修改。

（1）选择菜单栏中的“修改”→“对象”→“多线”命令，打开“多线编辑工具”对话框，如图 19-12 所示。

（2）单击“十字打开”工具，回到绘图区域，单击多线交叉部位。需要说明的是，单击时需要单击两次，第一次单击其中一条多线，第二次单击第二条多线，可以看到，多线交叉部位的交叉点变成打开状态，如图 19-13 所示。

（3）对于一条多线的端点位于另一条多线上时的交叉点，可以单击“T 形打开”工具，再分别单击交叉的两条直线，如图 19-14 和图 19-15 所示。

对于其他交点也可利用此方法进行修正。

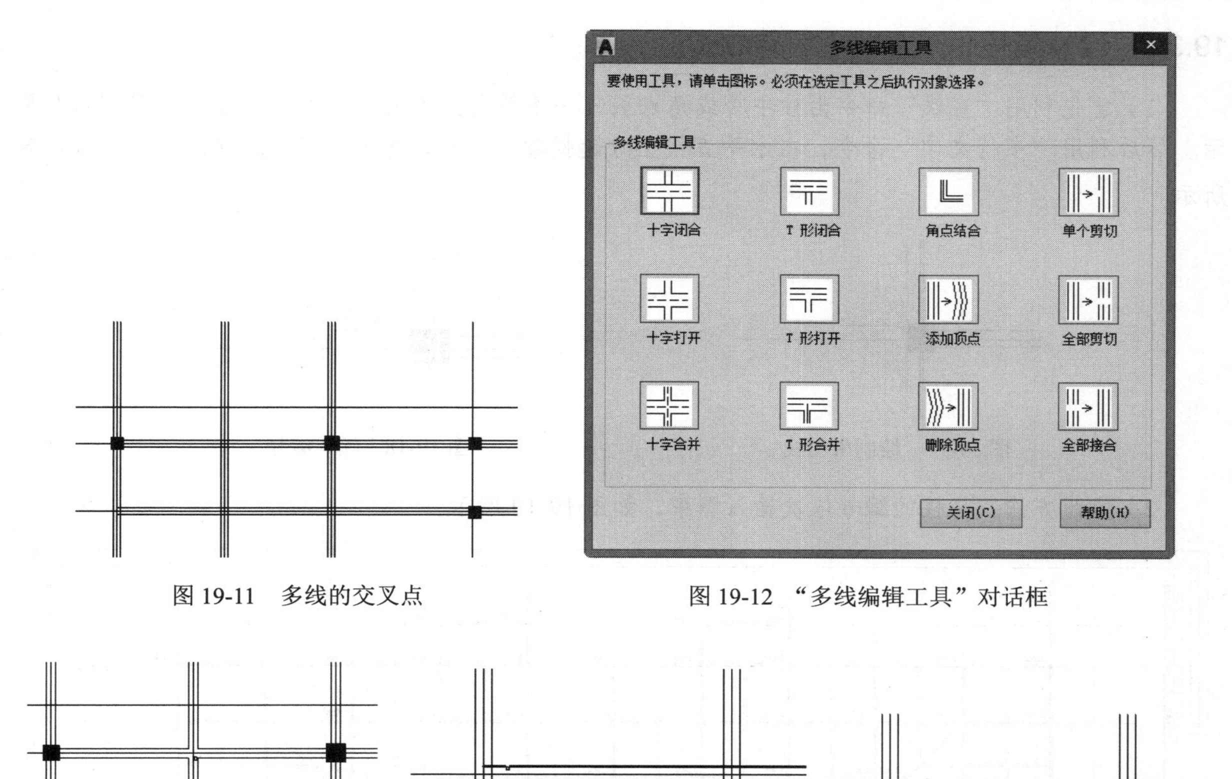

图 19-11　多线的交叉点

图 19-12　“多线编辑工具”对话框

图 19-13　修改多线交叉点

图 19-14　修改前

图 19-15　修改后

19.3　输入柱编号

下面详细介绍如何对平面图输入柱编号。

19.3.1　文字样式

首先在图层下拉菜单中选择“编号”图层，将其设置为当前图层。在菜单栏中，选择菜单栏中的“格式”→“文字样式”命令，打开“文字样式”对话框，将文字高度设置为4，单击“应用”按钮，确认修改，如图 19-16 所示。

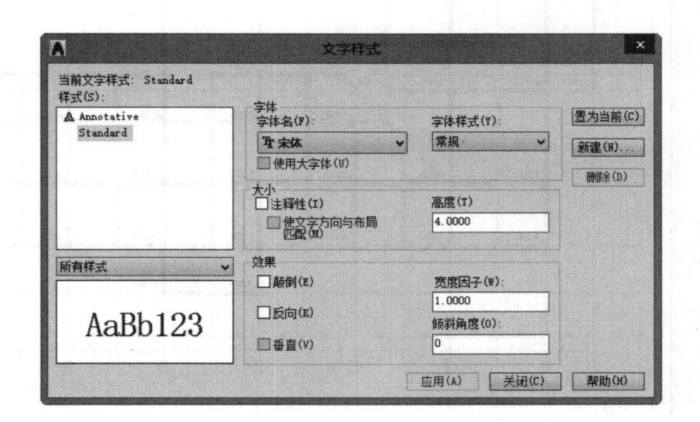

图 19-16　修改文字高度

19.3.2 绘制编号

（1）首先利用“直线”命令由柱中心或角点引出一条斜向直线及一条水平直线，如图 19-17 所示。然后利用“多行文字”命令，在水平直线上方选择输入位置，输入文字“Z-1(2)”，如图 19-18 所示。

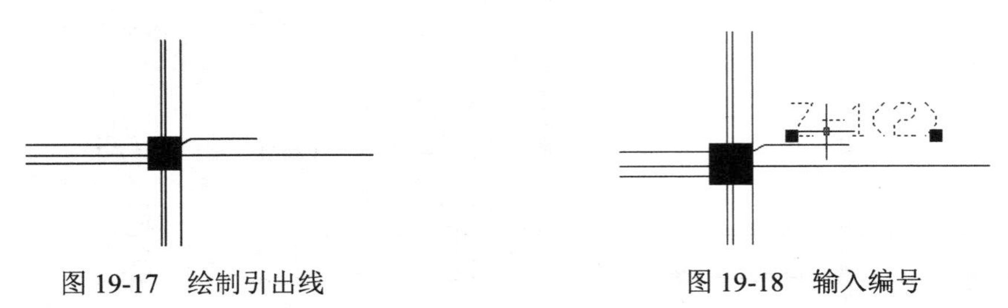

图 19-17　绘制引出线　　图 19-18　输入编号

（2）依此方法，将柱的编号依次输入图中，如图 19-19 所示。

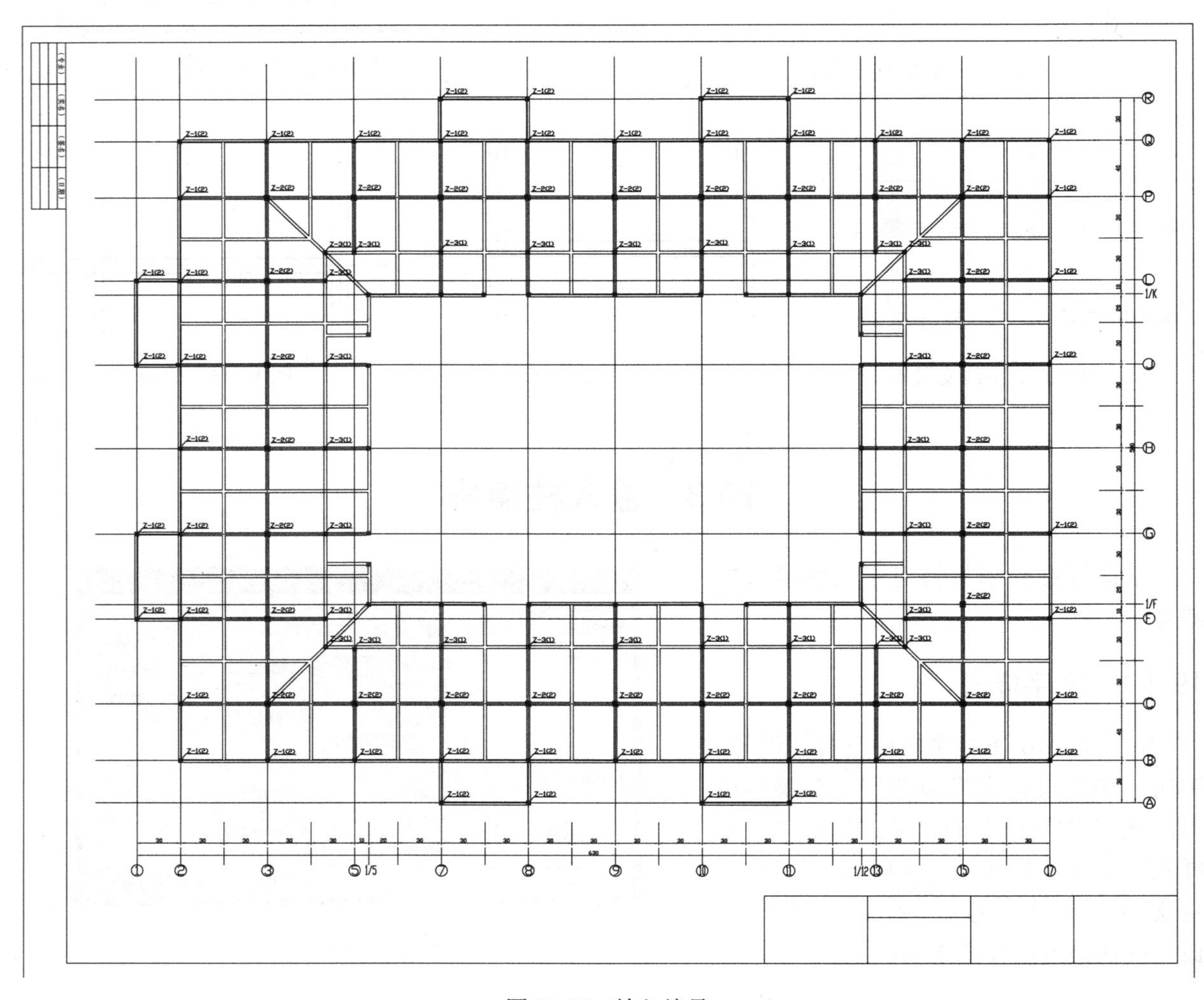

图 19-19　输入编号

（3）在图下方正中位置输入图名“柱归并编号图”，如图 19-20 所示。

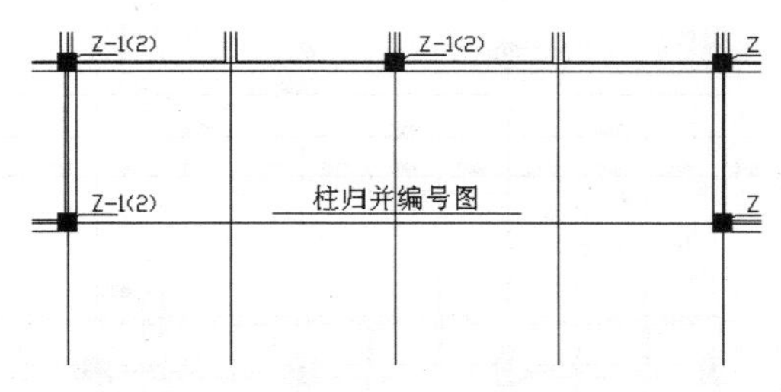

图 19-20 输入图名

（4）最后关闭“辅助线”图层，完成绘制，如图 19-21 所示。

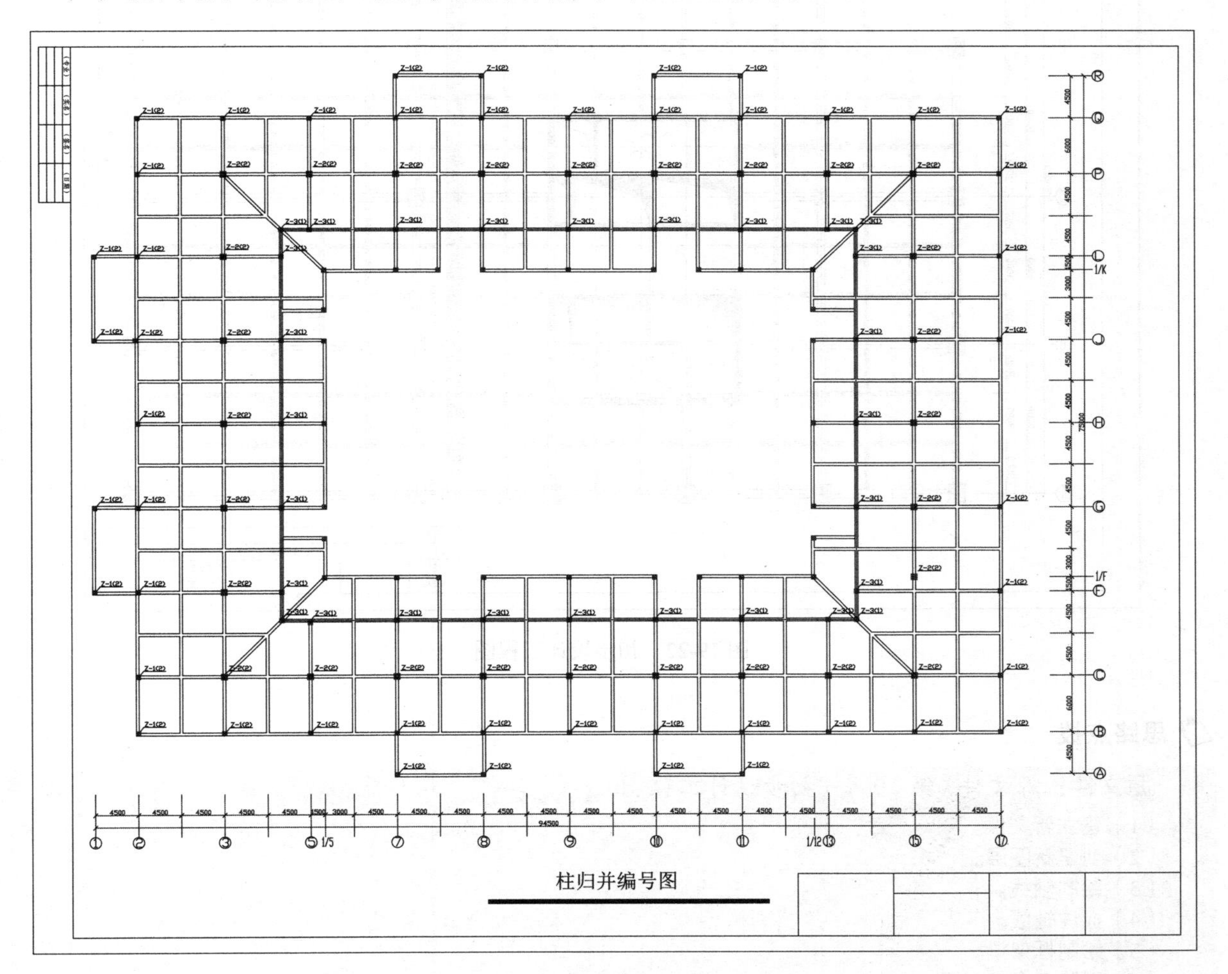

图 19-21 绘制完成

练一练——绘制初步设计工程图

绘制如图 19-22 所示的初步设计工程图。

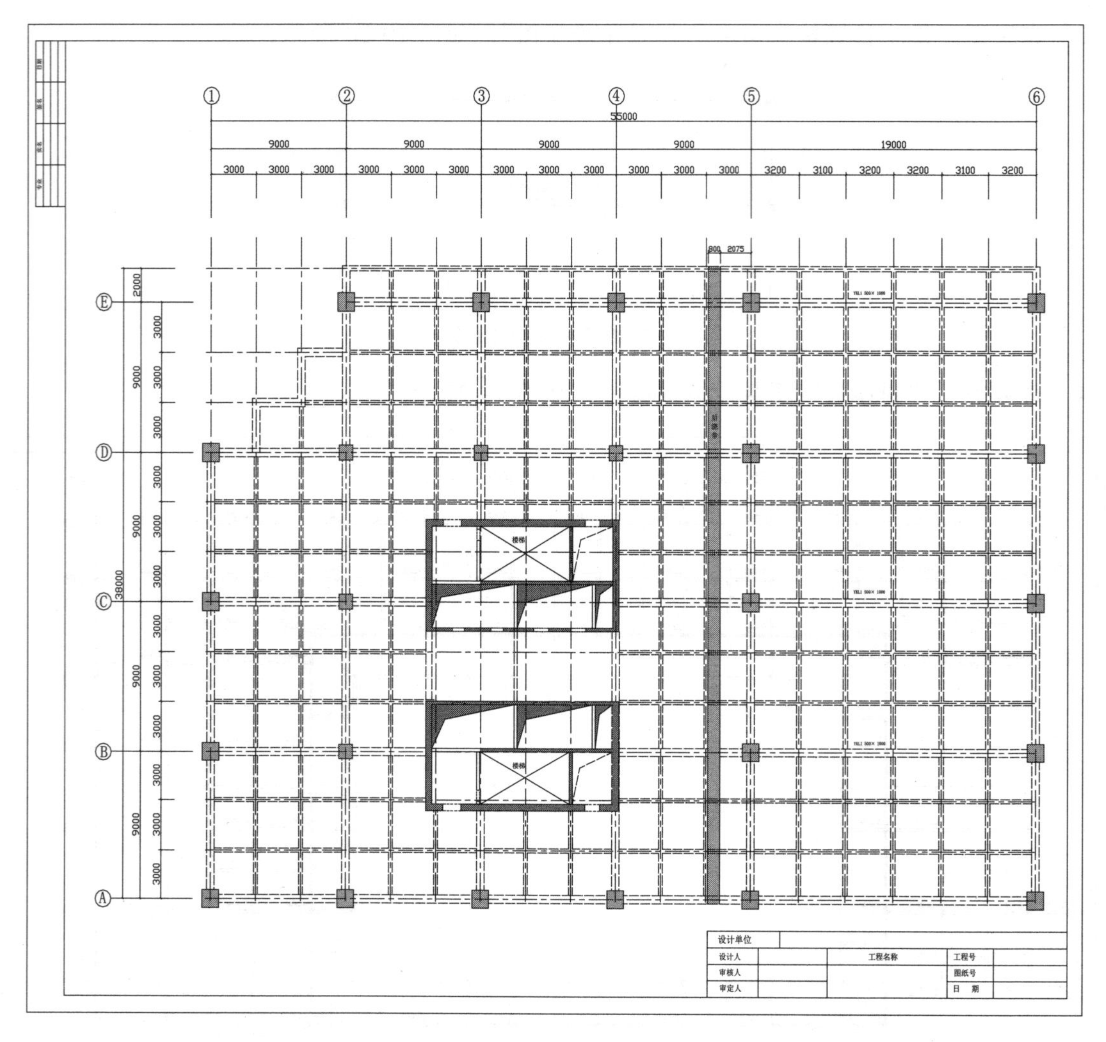

图 19-22　初步设计工程图

思路点拨

源文件：源文件\第 19 章\初步设计工程 .dwg

（1）建立新文件。
（2）创建新图层。
（3）绘制轴线。
（4）标注轴线。
（5）绘制框架梁。
（6）删除多余框架梁。
（7）布置框架柱。
（8）布置剪力墙及楼梯。

第 20 章　体育馆梁配筋图

扫一扫，看视频

内容简介

本章主要介绍工程梁配筋图的绘制方法。绘制时同样可以利用前面两章中绘制的部分内容，简化绘制过程。体育馆属于大跨空间结构，其配筋较多也较密集，因此在设计时通常多采用粗直径钢筋，构件截面及构件设计承载力较大。

内容要点

- 绘图准备
- 绘制轴线
- 绘制梁
- 插入钢筋标注
- 绘制梁截面配筋图
- 绘制水箱

案例效果

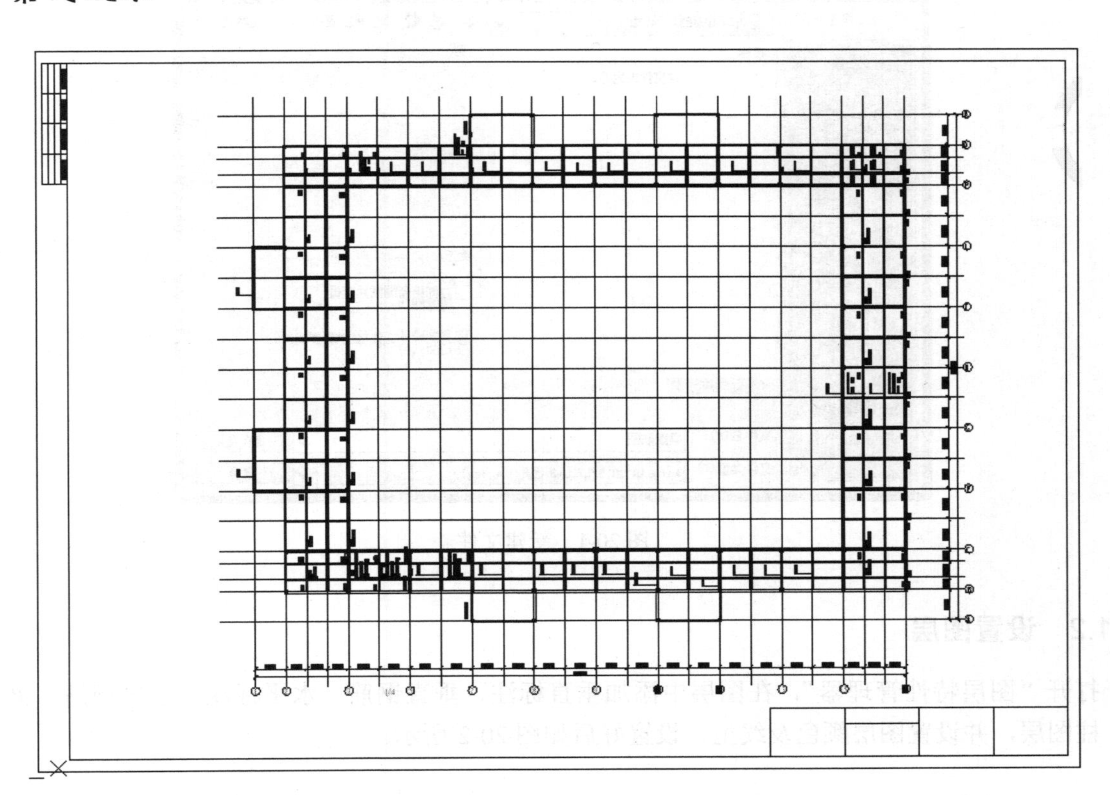

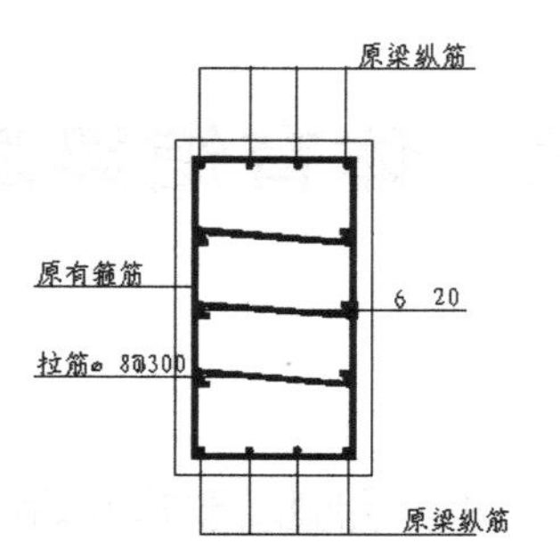

B, C, P, Q轴通梁温度腰筋
2, 3, 15, 17轴通梁温度腰筋
及拉筋统一做法
(原纵筋已增设温度筋)

20.1 绘图准备

在正式设计前应该进行必要的准备工作，包括建立文件、设置图层等，下面进行简要介绍。

20.1.1 建立新文件

打开 AutoCAD，以无样板打开 - 公制方式建立新文件，并保存为“梁配筋图”，如图 20-1 所示。

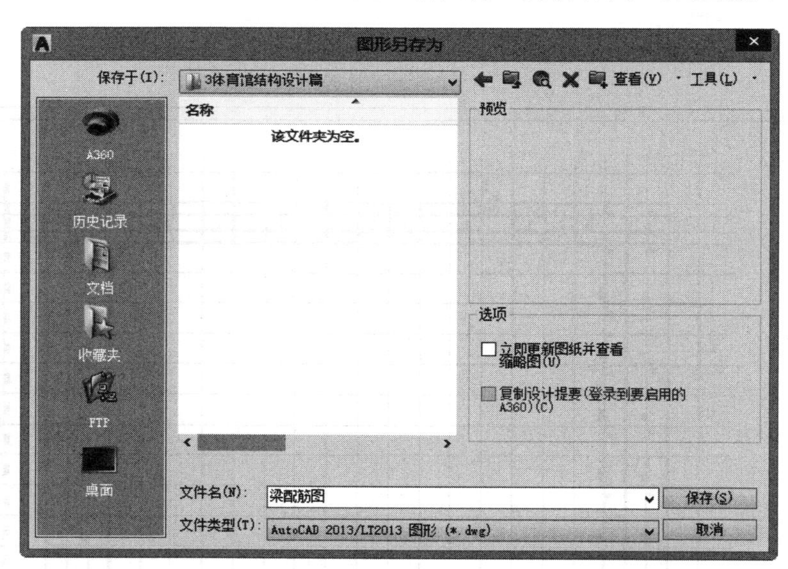

图 20-1　新建文件

20.1.2 设置图层

打开“图层特性管理器”，在图层中添加垂直标注、垂直钢筋、水平标注、水平钢筋、梁、轴线、柱图层，并设置图层颜色及线型，设置好后如图 20-2 所示。

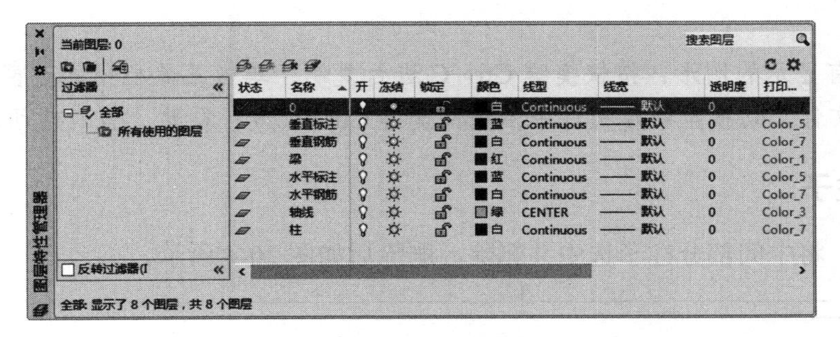

图 20-2　设置图层

20.2　绘制轴线

轴线是设计的基准线，一般设计的第一步工作就是绘制轴线。下面介绍体育馆梁配筋图轴线的绘制方法。

20.2.1　复制图形

（1）首先打开第 18 章绘制的“基础平面及配筋图”，将其轴线、边框及柱子所在图层设置为可见，其余图层设置为隐藏，如图 20-3 所示。

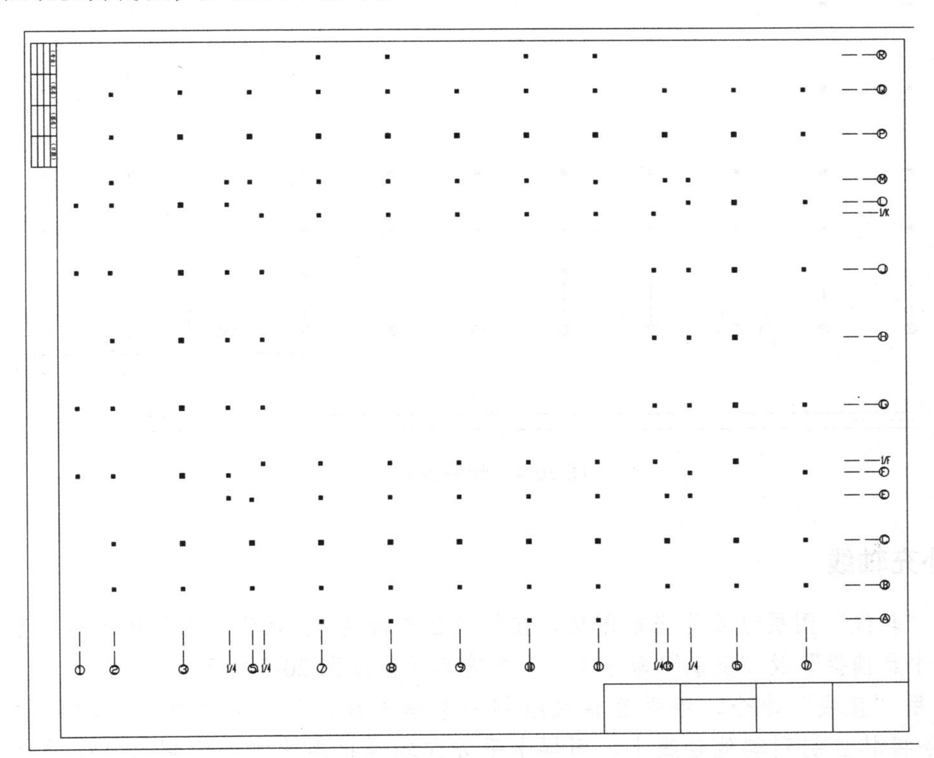

图 20-3　隐藏图层

（2）选中所有显示的图形，按快捷键 Ctrl+C 进行复制，单击菜单栏中的“窗口”，在菜单中选择“梁配筋图”文件，切换至新建文件中，按快捷键 Ctrl+V 进行粘贴，插入点可设置为 (0,0)。

20.2.2 删除柱子

插入图形后，将中间部分柱子选中并删除，删除后如图 20-4 所示。

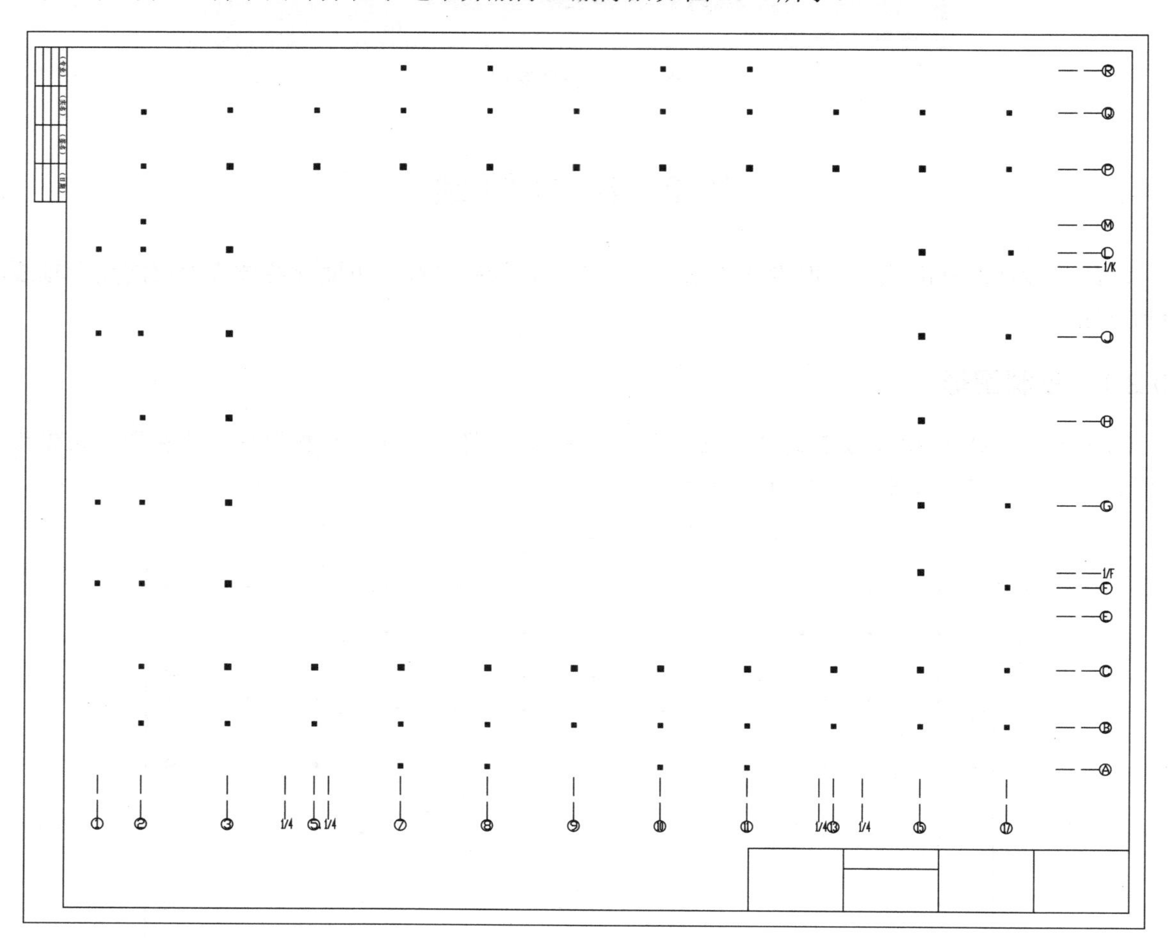

图 20-4　删除多余柱子

20.2.3 补充轴线

（1）将“轴线”图层设置为当前图层。在轴线 2 与轴线 3、轴线 3 与轴线 5 等轴线之间补充轴线，利用“中点捕捉”及“复制”命令实现。补充后轴线如图 20-5 所示。

（2）利用“直线”命令，沿垂直轴线绘制一条垂直线，长度充满整个图框为宜。然后利用“复制”命令将其复制到其他轴线上。同样水平方向轴线也用此方法绘制水平辅助线，如图 20-6 所示。

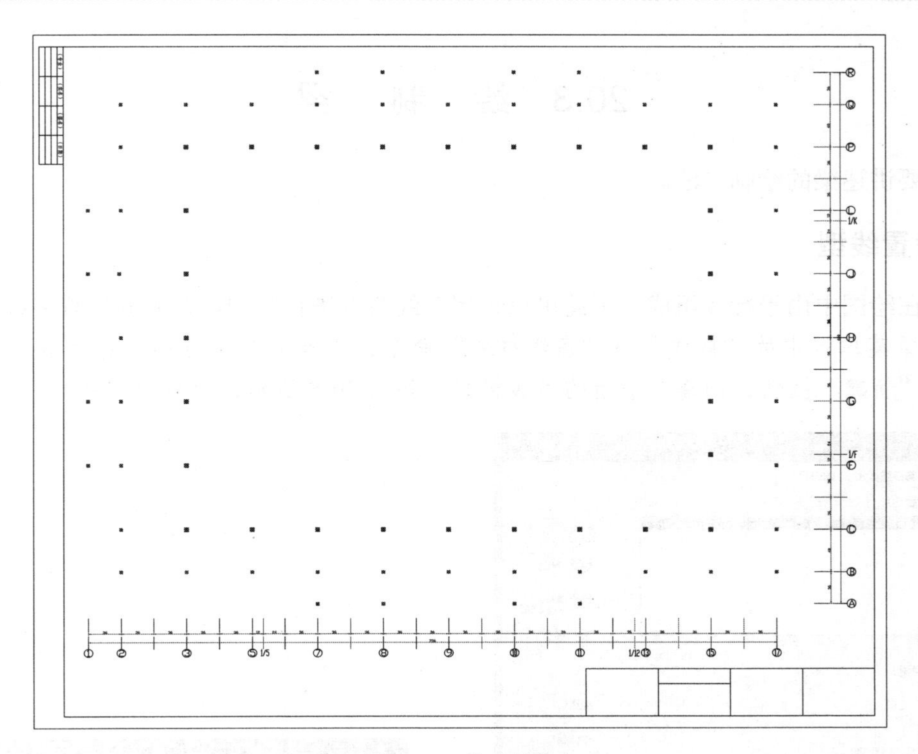

图 20-5　修改轴线

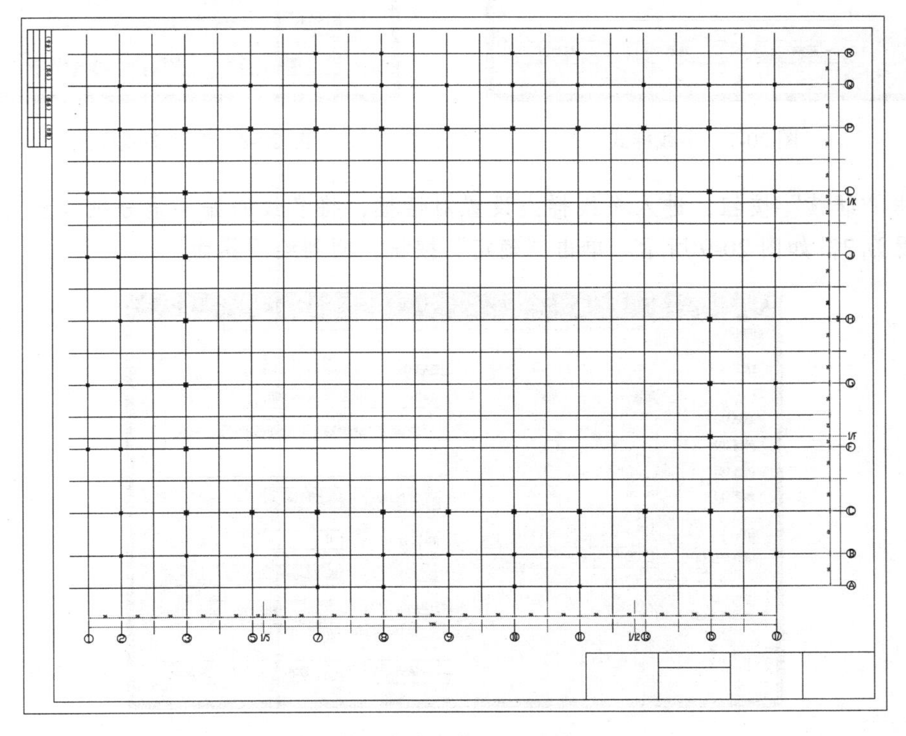

图 20-6　绘制辅助线

20.3 绘 制 梁

下面简要讲述梁的绘制方法。

20.3.1 设置线型

由于梁在绘图中由平行线组成，因此可以采用多线命令进行绘制。首先要设置多线样式。

（1）选择菜单栏中的“格式”→“多线样式”命令，打开“多线样式”对话框，如图 20-7 所示。再单击“新建”按钮，创建一个新的多线样式，如图 20-8 所示，命名为“梁”。

图 20-7　多线样式

图 20-8　新建多线样式

（2）单击“继续”按钮，进入多线样式设置对话框，将多线的偏移量分别设置为 1 和 −1，即墙线宽度设置为 2，如图 20-9 所示。单击“确定”按钮，回到绘图界面。

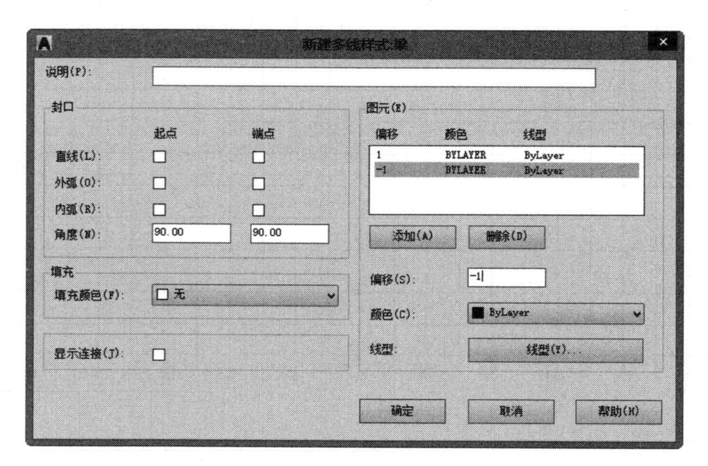

图 20-9　设置多线样式

20.3.2 绘制梁

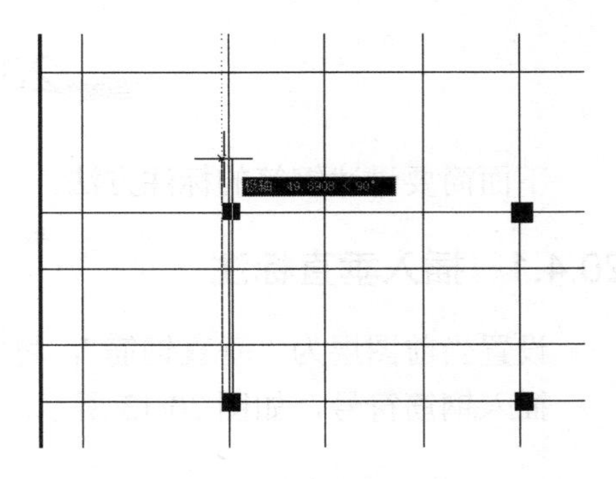

图 20-10 绘制梁线

（1）在图层下拉菜单中，将“柱”图层设置为可见，再将“梁”图层设置为当前图层。由轴线 2 和轴线 B 的交点开始画起。首先在命令行中输入 MLINE 命令，进入多线绘制模式。输入“ST”，将多线样式改为“梁”，然后输入“S”，将比例设置为 1，输入“J”，将“对中”修改为“上”（输入 T），按图 20-10 的方式，单击柱子左上角，开始绘制。

（2）绘制完成后修改多线交叉点。选择菜单栏中的“修改”→“对象”→“多线”命令，打开多线编辑工具。选择“十字打开”图标，在图中修改多线交叉点，如图 20-11 所示。

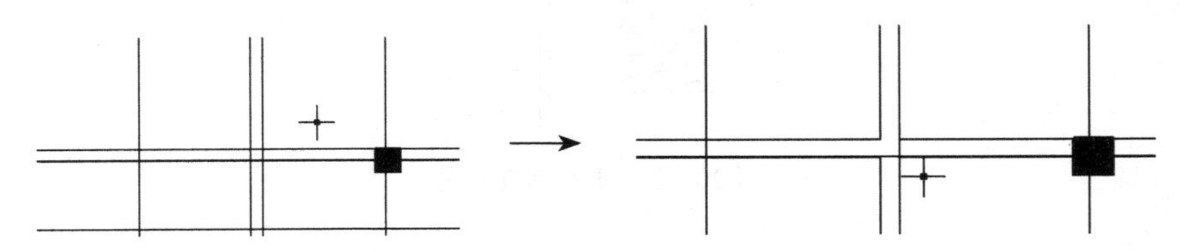

图 20-11 修改多线交点

全部绘制完成后，如图 20-12 所示。

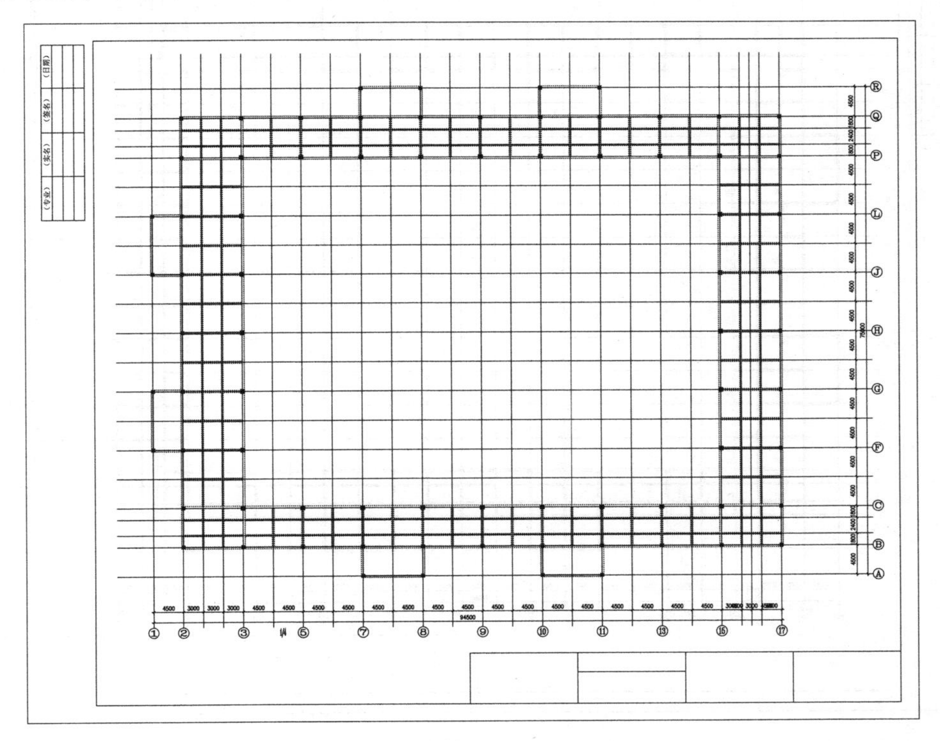

图 20-12 绘制完成

20.4 插入钢筋标注

下面简要讲述钢筋的标注方法。

20.4.1 插入垂直标注

设置当前图层为“垂直钢筋”，将字体设置为宋体。

插入钢筋符号，如图 20-13 所示。同样插入垂直钢筋标注的符号，如图 20-14 所示。

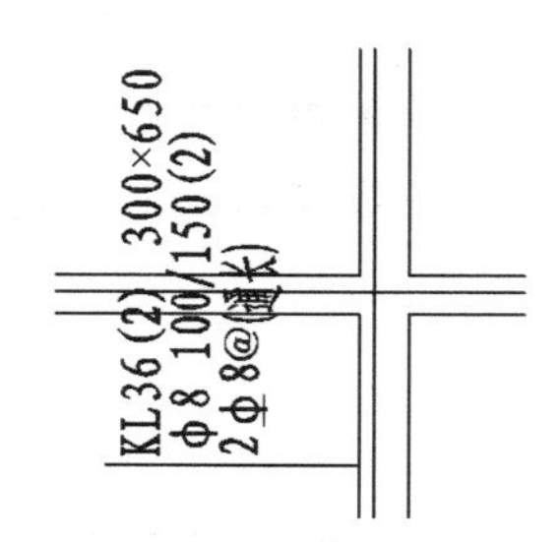

图 20-13 插入钢筋符号

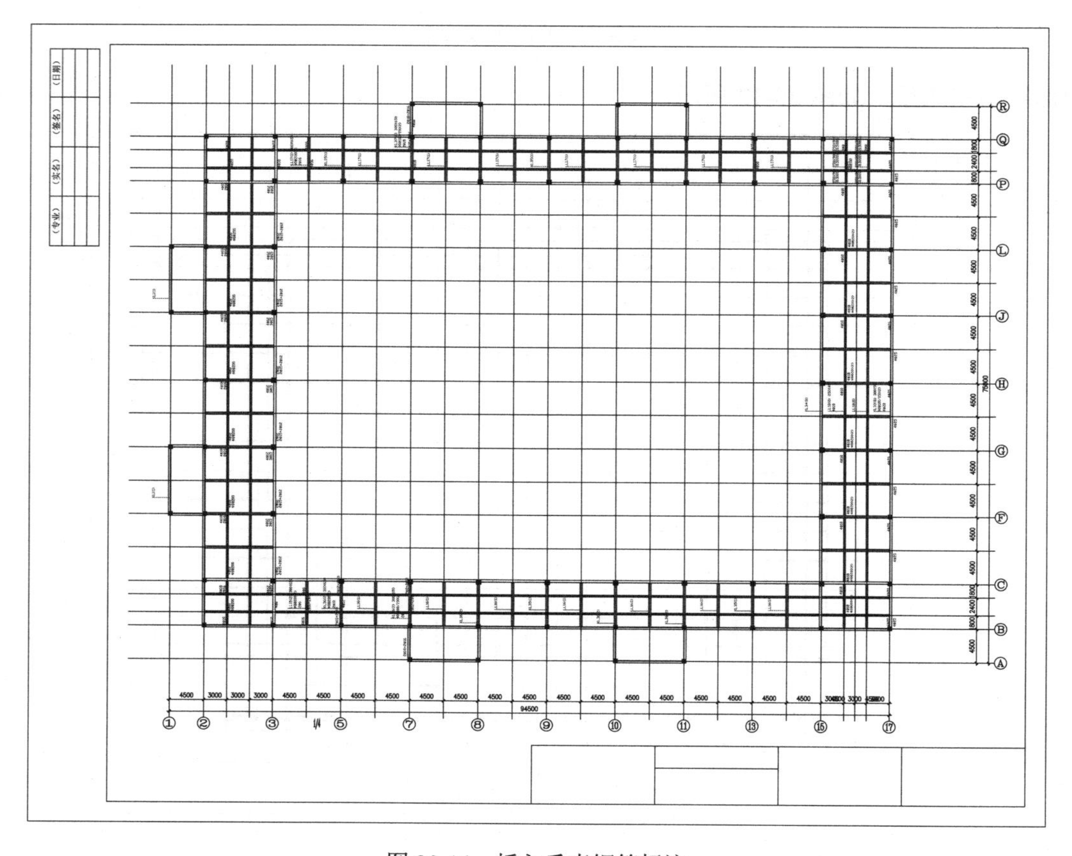

图 20-14 插入垂直钢筋标注

20.4.2 插入水平标注

水平钢筋标注及插入方法与垂直钢筋相同，插入后如图 20-15 所示。

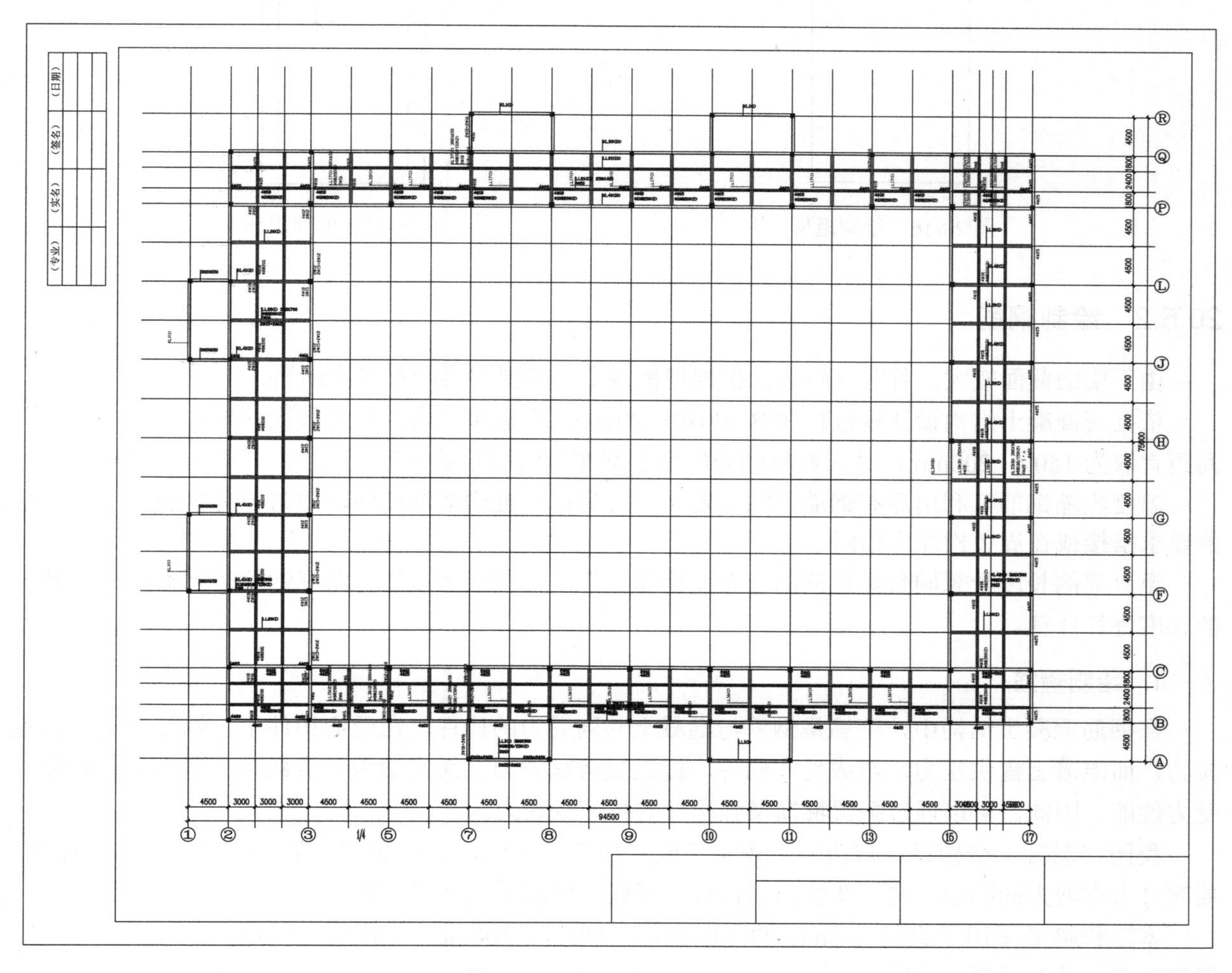

图 20-15 插入水平钢筋标注

20.5 绘制梁截面配筋图

下面主要讲述梁截面配筋图的绘制过程。

20.5.1 绘制截面

首先将“梁”图层设置为当前图层，将“轴线”图层设置为隐藏。在图中间用“矩形”命令绘制一个 20×38 的矩形，如图 20-16 所示。单击“默认”选项卡“修改”面板中的“偏移”按钮，选择矩形，将偏移距离设置为 2，如图 20-17 所示。

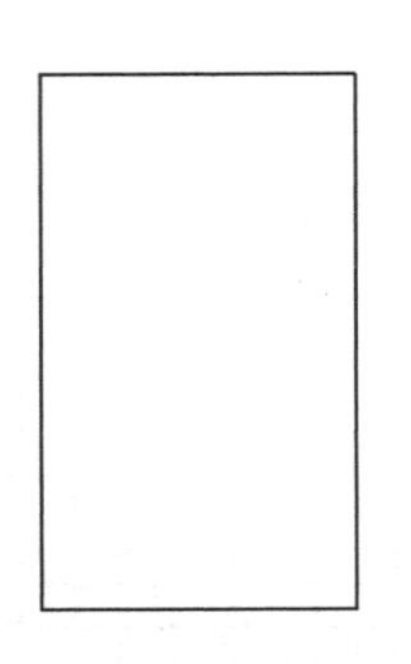
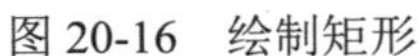

图 20-16　绘制矩形

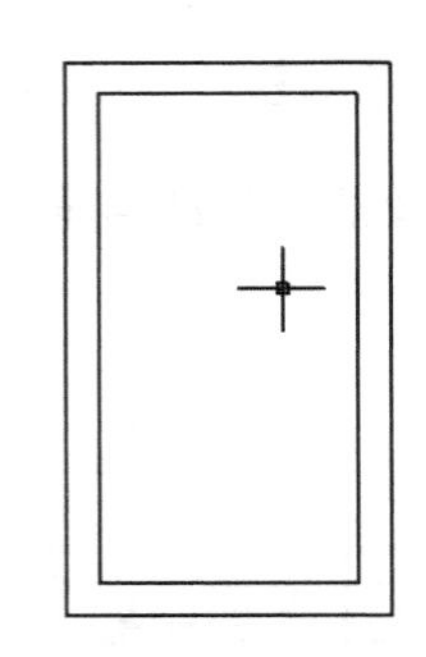

图 20-17　偏移矩形

20.5.2　绘制钢筋

由于梁的截面较大，且跨度较长，根据规范规定，需要对梁配置温度钢筋。

依据《混凝土结构设计规范》(GB 50010—2010)，在温度、收缩应力较大的现浇区域内，钢筋间距宜取为 150 ～ 200mm，并应在板的未配筋表面布置温度收缩钢筋。

温度收缩钢筋可利用原有钢筋贯通布置，也可另行设置构造钢筋网，并与原有钢筋按受拉钢筋的要求搭接或在周边构件中锚固。

温度筋的长度计算同负弯矩筋的分布筋计算一样，如图纸上设计有温度钢筋时可参照分布钢筋的长度进行计算。

1. 绘制箍筋

在钢筋混凝土结构中，箍筋是钢筋与混凝土共同受力的构件。在受弯构件中，钢筋提供足够的拉力，而混凝土提供压力，组成受弯构件，提供受弯承载力。而当梁承受荷载时，剪力会影响梁的受力性能。因此，可以通过配置箍筋增强构件的抗剪承载力。

我国《混凝土结构设计规范》中规定了配置箍筋的方法，并且限制了最小配箍率。在设计时，要充分考虑剪力的影响，在一些受集中荷载的区域，要将箍筋加密配置。

本工程箍筋采用了直径为 8mm 的光圆钢筋，间距为 300mm。同时在腰筋处还设置了拉结筋，增强截面钢筋对混凝土的约束。

绘制过程如下。

单击“多段线”命令，将内层矩形绘制成宽度为 0.5mm 的粗实线，如图 20-18 所示。此为梁截面箍筋，用以约束混凝土，提高抗剪承载力。

2. 绘制纵筋

纵向钢筋是承载受力的主要受力钢筋。在计算构件受弯承载力时，通常不考虑架力筋和腰筋的影响，仅将受压钢筋和受拉钢筋计算其中。

纵向受力钢筋提供了抵抗弯矩，提供了构件的受弯承载力。在设计截面时，首先要根据标准荷载组合，确定构件的截面及配筋率。然后选择合适的钢筋进行配置。同时还要注意钢筋的间距。

我国现代建筑不断向大跨、重载的方向发展，构件尺寸不断加大，同时配筋也不断增多。在一些梁柱节点等部位，按照现行规范设计的配筋十分密集，这样带来很多的负面影响。比如在浇筑混凝土时，混凝土骨料不易下落，且振捣困难。严重时，还会产生蜂窝孔洞等混凝土缺陷，影响工程质量。现阶段解决这个矛盾的方法主要是采取粗钢筋及采用分排布置钢筋的方式来保证钢筋间距，但是收效不是很明显，同时还增加了施工难度和工程造价。因此，在设计时，既要满足承载力的要求，同时还要考虑施工、使用等方面的要求，具体情况具体分析，选择合适的配筋方式进行配置。

继续绘制纵向受力钢筋。在箍筋矩形内部，绘制一个直径为 0.5 的圆，用 HATCH 命令将其填充为实心，并复制 3 个排列于梁的顶部，如图 20-19 所示。单击镜像按钮，选择 4 个实心圆，利用中点捕捉工具，捕捉矩形长边中点作为镜像轴，将其镜像到底层，如图 20-20 所示。

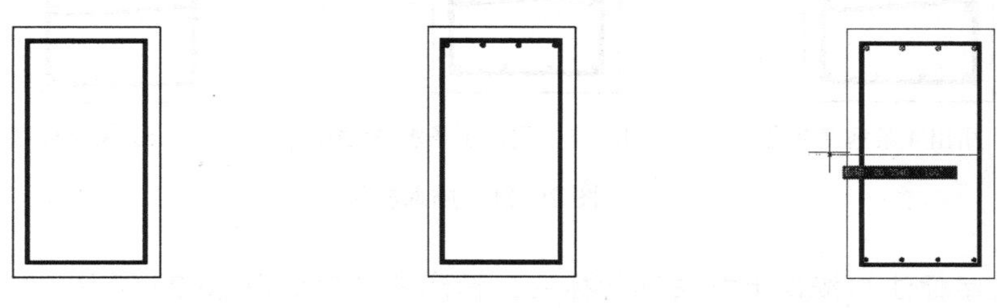

图 20-18　绘制内层矩形　　图 20-19　绘制纵筋　　图 20-20　镜像纵筋

3. 绘制腰筋和拉结筋

梁截面的腰筋主要用于增强混凝土表面的抗裂性能。体育馆跨度较大，导致梁的截面比较高，混凝土面积较大。由于温度收缩的影响，混凝土表面产生表面张力，当其达到混凝土抗拉强度时，构件表面就会出现裂缝，影响混凝土耐久性及外观，因此《混凝土结构设计规范》规定构件的尺寸超过一定范围即要配置腰筋。同时本工程中还采取了拉结筋的方式，增强对混凝土的约束，同时可以有效地固定腰筋的位置。

同样，在截面侧面绘制腰筋，同绘制纵向钢筋的方法一致，结果如图 20-21 所示。用“多段线”命令，在最上一排腰筋部位绘制转折线，如图 20-22 所示。本工程梁截面设置了三根拉结筋，因此复制拉结筋，如图 20-23 所示。

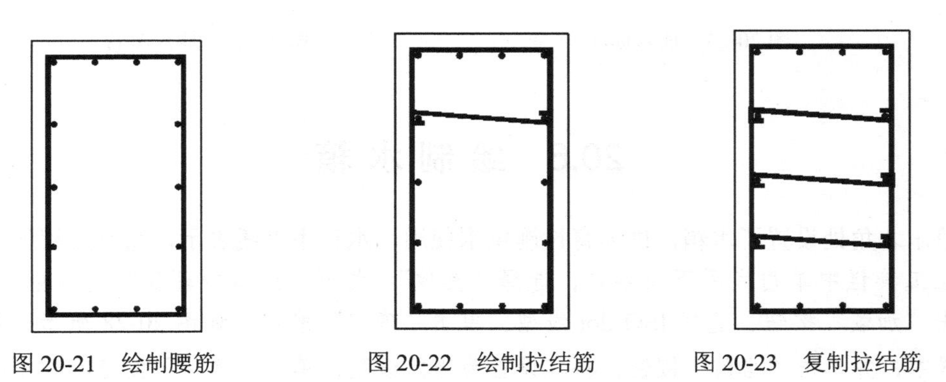

图 20-21　绘制腰筋　　图 20-22　绘制拉结筋　　图 20-23　复制拉结筋

20.5.3　绘制标注

（1）在顶部纵向钢筋的中心处，利用“直线”命令引出 4 条垂直直线，如图 20-24（a）所示。然后画 1 条水平直线，将其相连，并向右引出，如图 20-24（b）所示。利用“多行文字”命令插入文字标注，如图 20-24（c）所示。

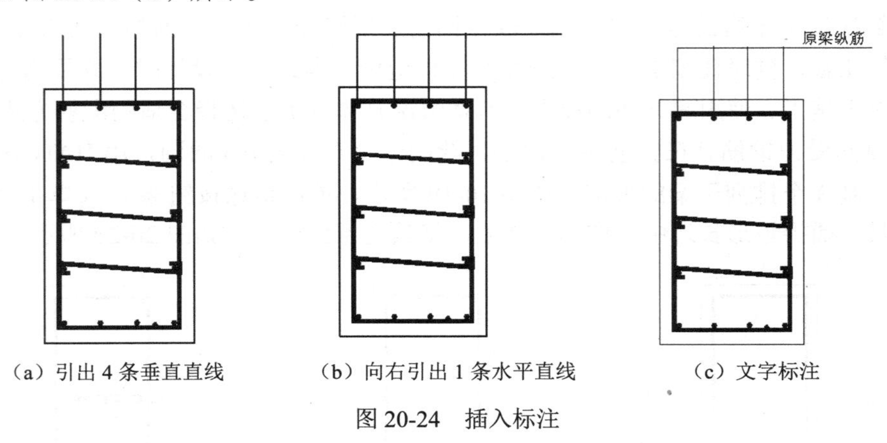

（a）引出 4 条垂直直线　（b）向右引出 1 条水平直线　（c）文字标注

图 20-24　插入标注

（2）其余文字标注均按以上方法进行标注，标注完成后如图 20-25 所示。然后在图下方添加图名，完成绘制，如图 20-26 所示。

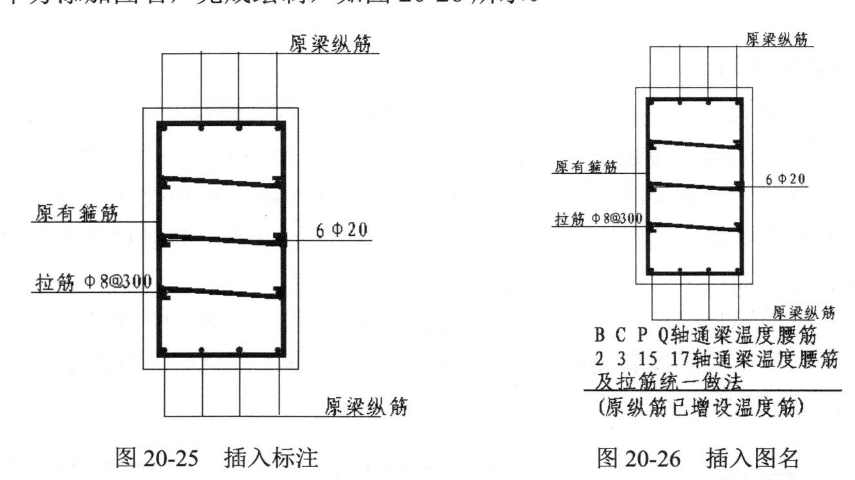

图 20-25　插入标注　　图 20-26　插入图名

20.6　绘制水箱

体育馆东北角处设置了水箱，供体育设施供水使用。水箱用虚线表示，绘制过程如下。

（1）在工具栏中单击线型下拉菜单，选择“其他”，打开“线型管理器”对话框，如图 20-27 所示。单击“加载”按钮，选择 ISO dot 线型，单击“确定”按钮，如图 20-28 所示，将其加载到线型管理器中，并单击“当前”按钮，将其设置为当前线型，单击“确定”按钮回到绘图区域。

（2）在结构右上角、轴线 15 和轴线 17 之间绘制两个长为 60、宽为 7 的矩形，如图 20-29 所示。

（3）单击线型下拉菜单，将当前线型还原为 ByLayer 线型，在矩形的上方引出标注线，并标注文字“此梁上放置水箱”，如图 20-30 所示。

（4）最后在图的下方正中部位插入图名，结束绘制，如图 20-31 所示。

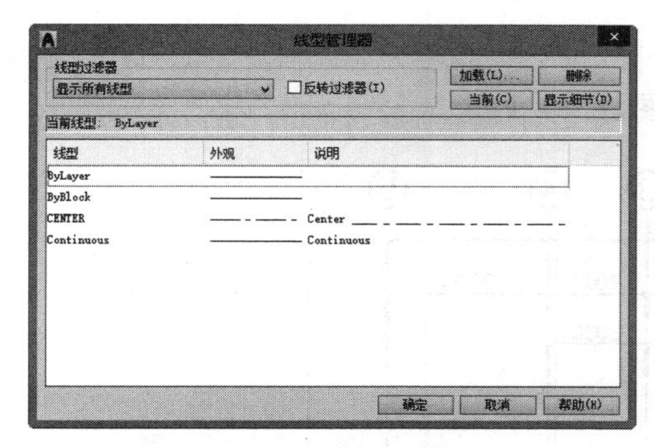

图 20-27　线型管理器

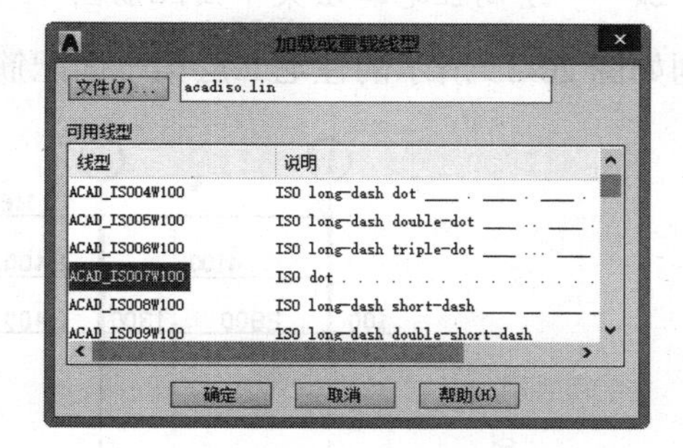

图 20-28　加载线型

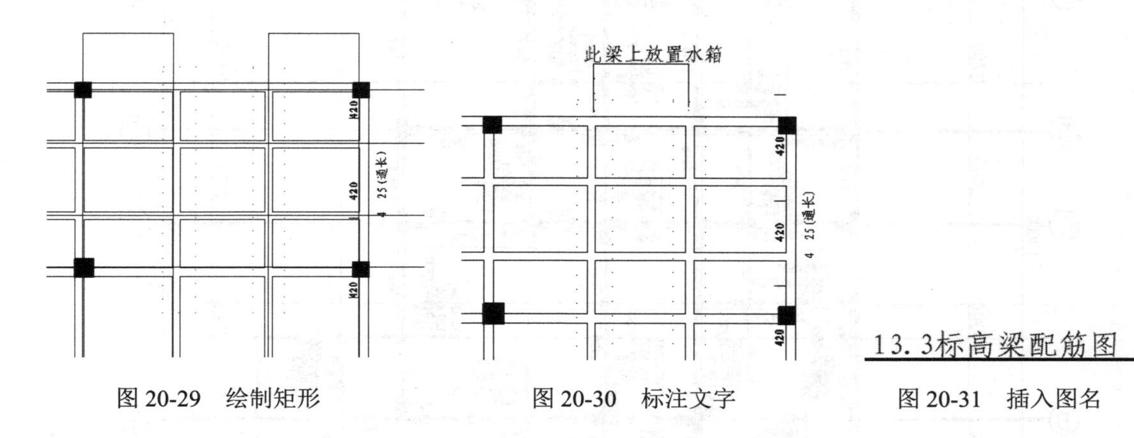

图 20-29　绘制矩形　　图 20-30　标注文字　　图 20-31　插入图名

（5）关闭轴线，并删除多余的辅助线，最终绘制结果如图 20-32 所示。

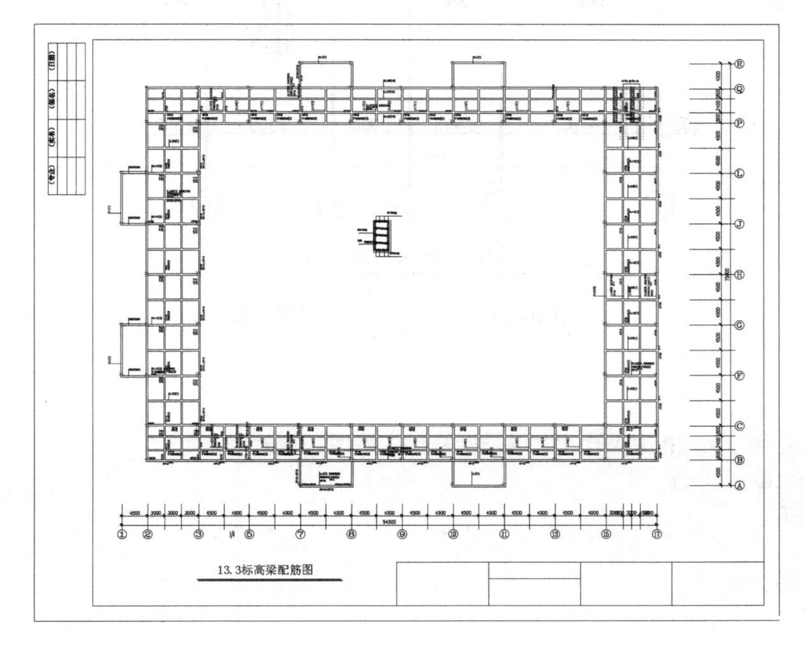

图 20-32　绘制结果

练一练——绘制住宅二层梁平面配筋图

绘制如图 20-33 所示的住宅二层梁平面配筋图。

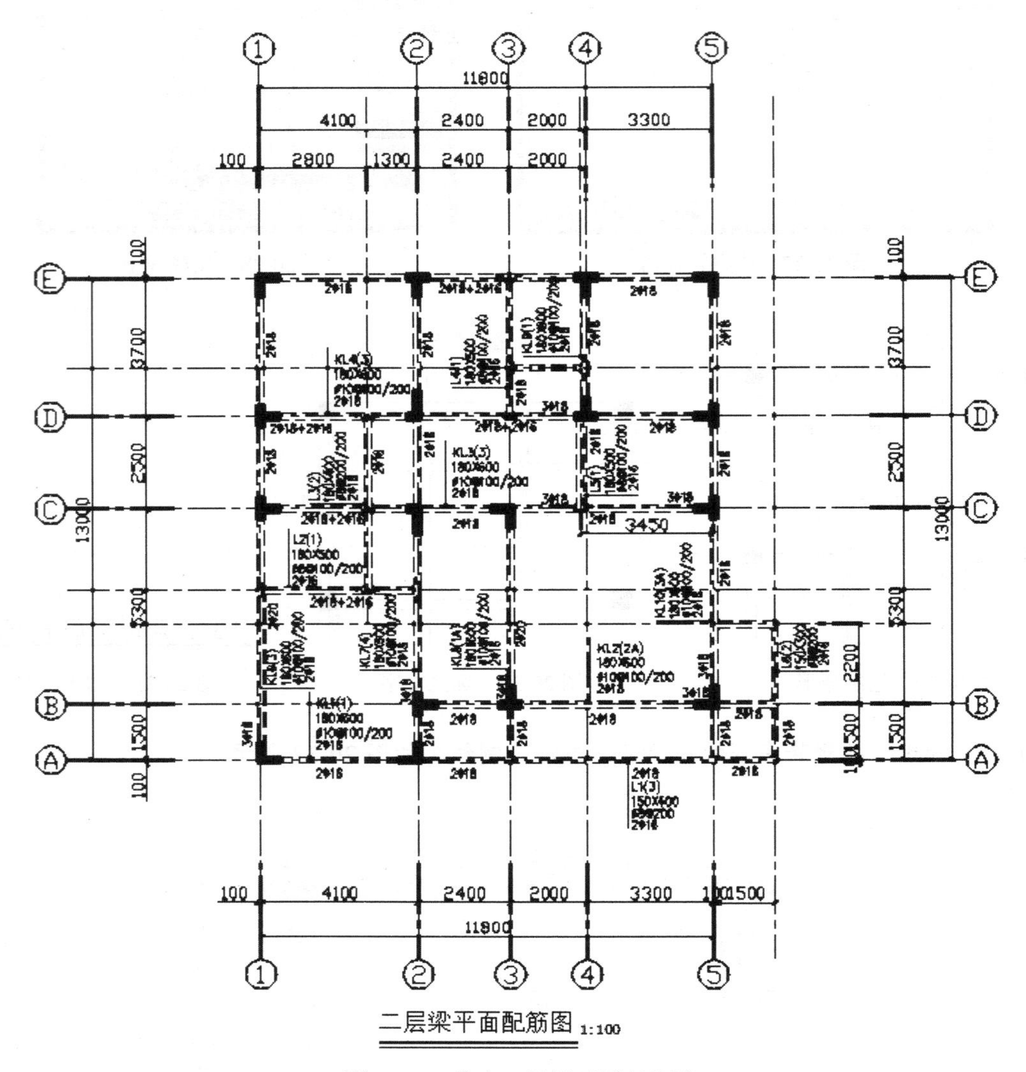

图 20-33　住宅二层梁平面配筋图

思路点拨

源文件： 源文件\第 20 章\住宅二层梁平面配筋图 .dwg

（1）打开基础梁平面配筋图。

（2）绘制框架梁。

（3）绘制吊筋。

（4）标注尺寸和文字。

第 21 章　体育馆柱配筋图

内容简介

本章主要讲解柱配筋图的绘制方法，并绘制体育馆柱配筋示意图。柱子是受压构件，需要配置纵向受压钢筋及环向的箍筋加以约束，达到承受竖向荷载的作用。本章中，将不同标高及不同截面的柱配筋详图绘制在表格中，构成柱配筋图。

内容要点

- 绘图准备
- 绘制钢筋表格
- 绘制柱配筋详图
- 尺寸标注
- 绘制标高
- 添加文字说明及图框

案例效果

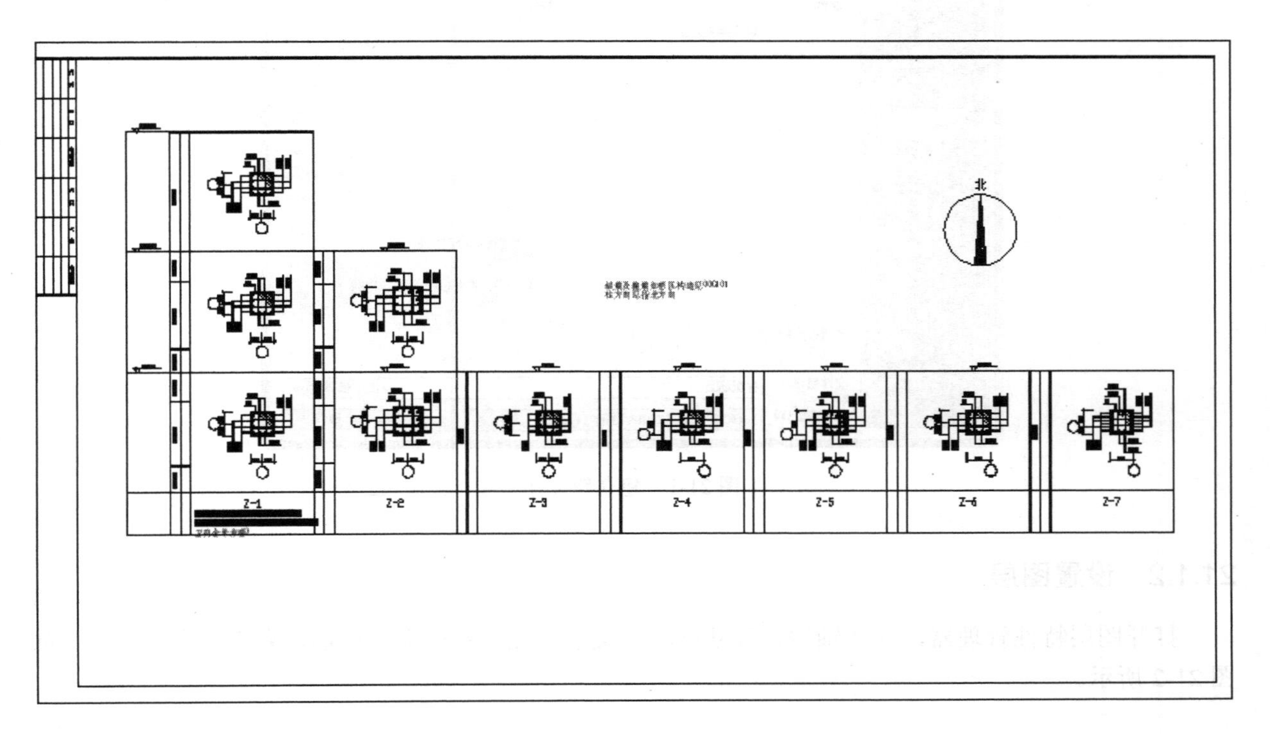

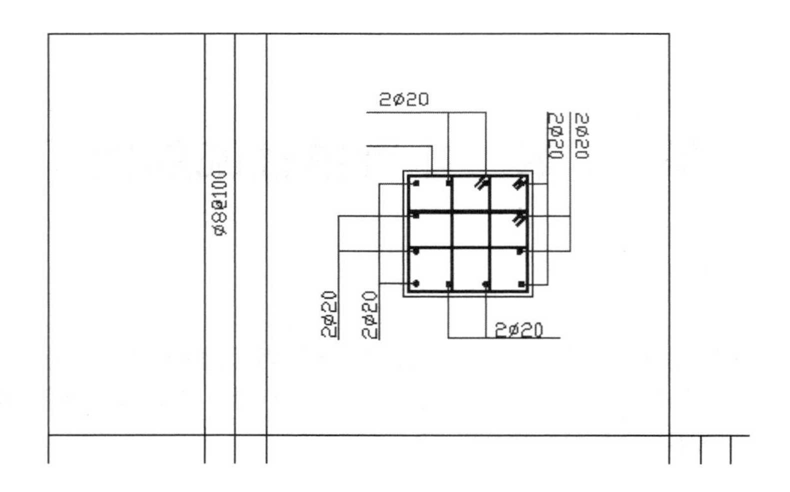

21.1 绘图准备

在正式设计前应该进行必要的准备工作，包括建立文件、设置图层等，下面进行简要介绍。

21.1.1 建立新文件

以无样板打开 - 公制方式建立新文件，命名为“柱配筋图”，保存至相关目录，如图 21-1 所示。

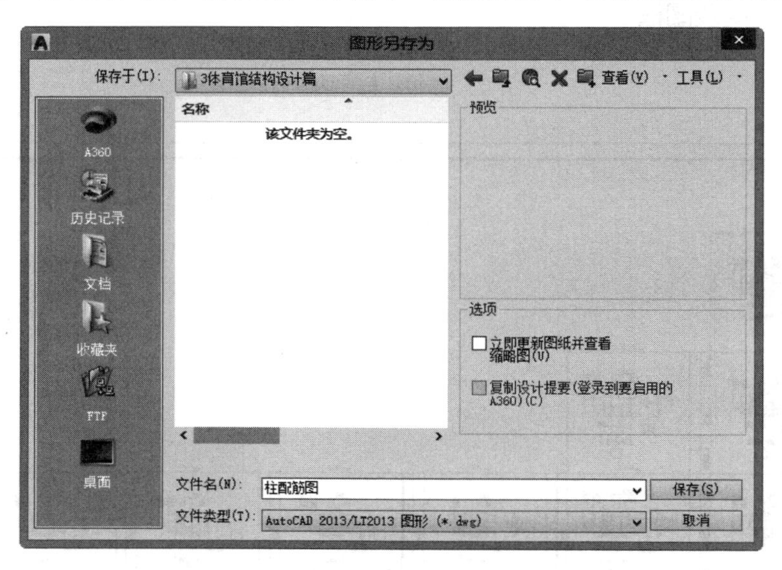

图 21-1　建立新文件

21.1.2 设置图层

打开图层特性管理器，新建轴线、尺寸标注、文字标注、柱截面、配筋、表格几个新图层，如图 21-2 所示。

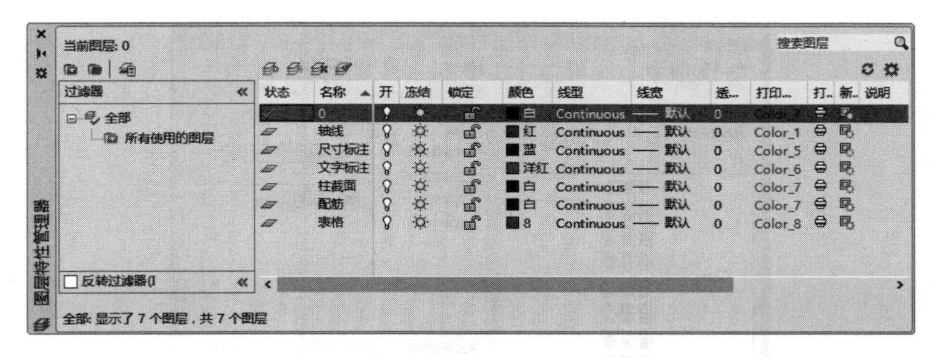

图 21-2 设置图层

21.2 绘制钢筋表格

AutoCAD 开发了表格功能，使工程制图中的表格可以更加简便地绘制出来。下面利用表格工具，对钢筋表框进行绘制。

21.2.1 绘制表格

（1）将“表格”图层设置为当前图层，单击“默认”选项卡“注释”面板中的“表格样式”按钮，弹出“表格样式”对话框，如图 21-3 所示。单击“新建”按钮，输入新样式名：“样式一”，单击“继续”按钮，进入“新建表格样式：样式一”对话框，如图 21-4 所示，将“文字高度”设置为 60，页边距水平、垂直均设置为 0。

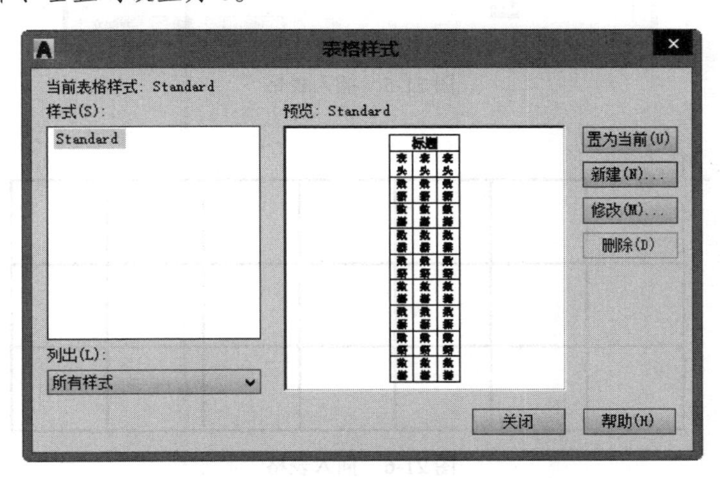

图 21-3 表格样式

（2）单击“默认”选项卡“注释”面板中的“表格”按钮，将“表格样式”选择为样式一，“列数”设为 7，“列宽”为 90，“数据行数”设置为 1，“行高”为 1 行，如图 21-5 所示。单击“确定”按钮，在屏幕中某处单击，插入表格，如图 21-6 所示。

图 21-4　设置表格样式

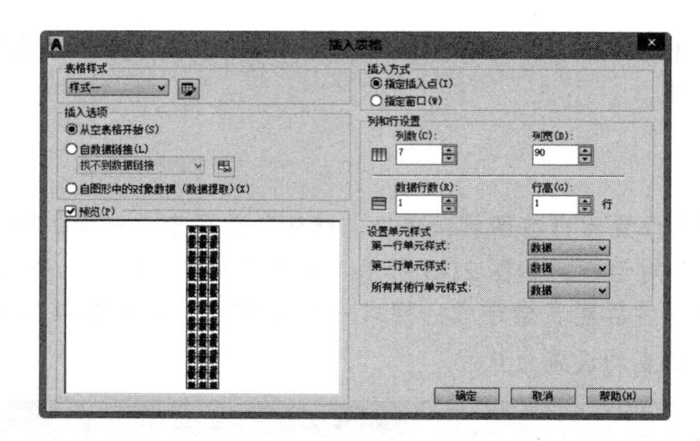

图 21-5　插入表格

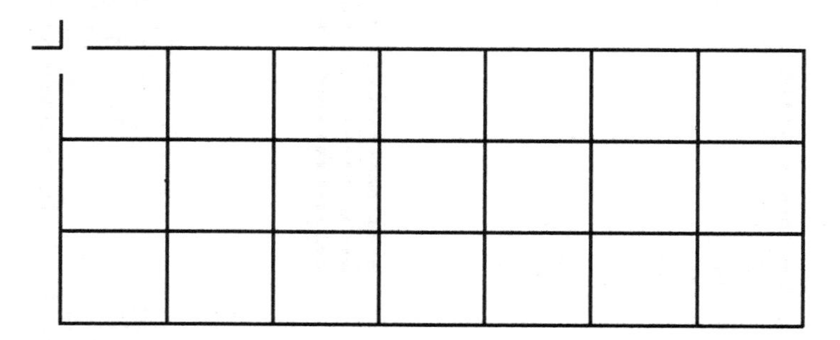

图 21-6　插入表格

21.2.2　修改表格

（1）选中表格，单击“默认”选项卡“修改”面板中的“分解”按钮，回车确认，将表格分解。然后将表格按照图 21-7 的形式进行修改。

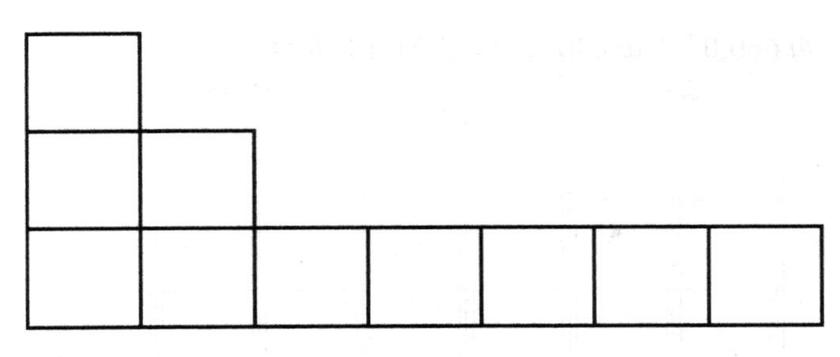

图 21-7　修改表格

（2）单击“默认”选项卡“绘图”面板中的“直线”按钮，或在命令行中输入LINE命令，在表格左上角单击鼠标，然后按Enter键取消绘制直线。这主要是为了确定相对坐标。

（3）单击“默认”选项卡“绘图”面板中的“直线”按钮，在命令行中输入“@6,0”，然后向下拖拽，绘制垂直直线，如图21-8所示。单击其与最下边的交点完成绘制。

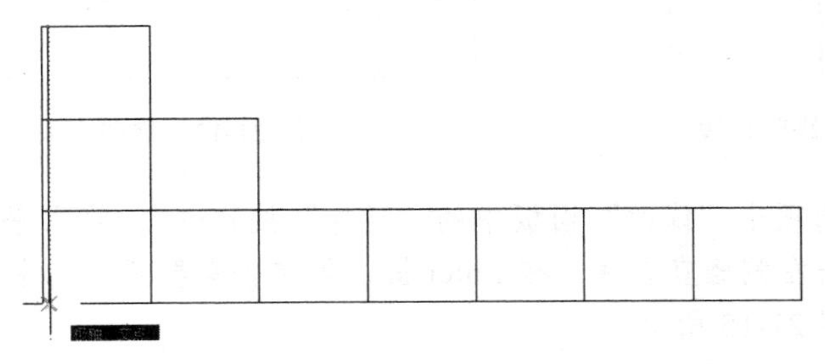

图 21-8　绘制直线 1

（4）单击“默认”选项卡“绘图”面板中的“直线”按钮，在命令行中输入“@6,0”，向上拖拽，绘制第二条直线，如图21-9所示。

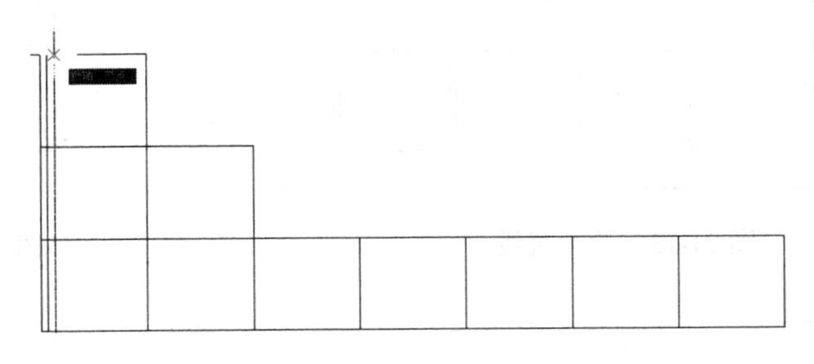

图 21-9　绘制直线 2

（5）选择刚刚绘制的两条垂直直线，单击“默认”选项卡“修改”面板中的“复制”按钮，以整个表格的左下角为基准点，将其分别复制到每一列的左侧，如图21-10所示。

（6）单击“默认”选项卡“修改”面板中的“修剪”按钮，选择第二排水平线，回车，然后单击出头的垂直线，将其截去，如图21-11所示。同样其他直线也将出头的直线截去，完成结果如图21-12所示。

（7）单击“默认”选项卡“绘图”面板中的“直线”按钮，然后单击图形左上角，依次输入

“@-30,0”“@0,-270”“@660,0”“@0,30”，如图 21-13 所示。

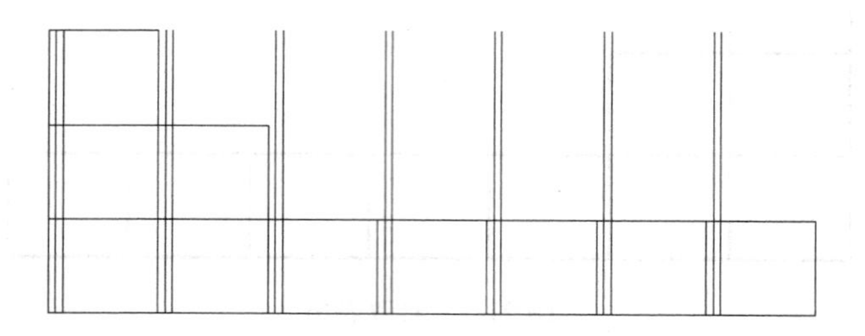

图 21-10　复制图形

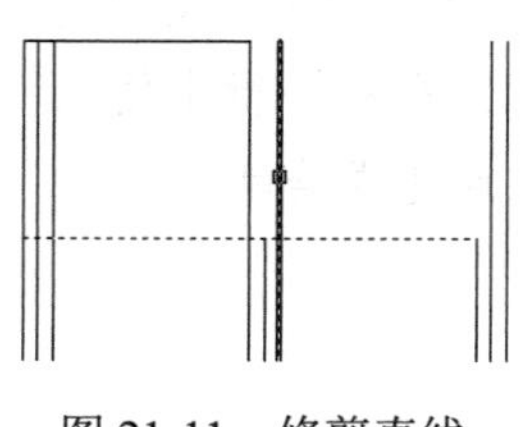

图 21-11　修剪直线

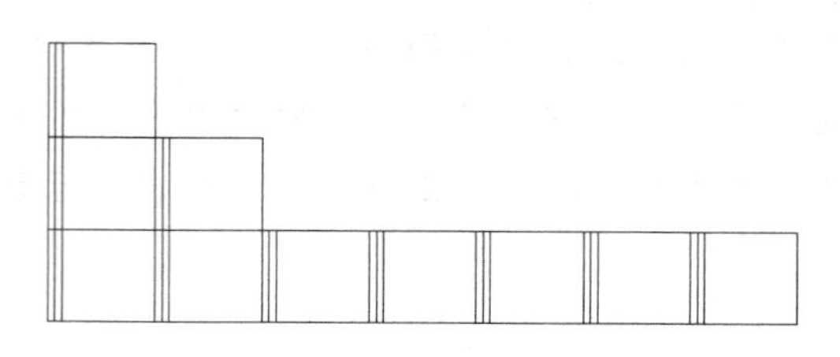

图 21-12　修剪完成

（8）单击“默认”选项卡“修改”面板中的“延伸”按钮--/，将水平和垂直直线分别延伸至最外层的直线。首先单击左侧竖直直线，按 Enter 键，再单击需要延伸的水平线，如图 21-14 所示。全部修改之后，表格如图 21-15 所示。

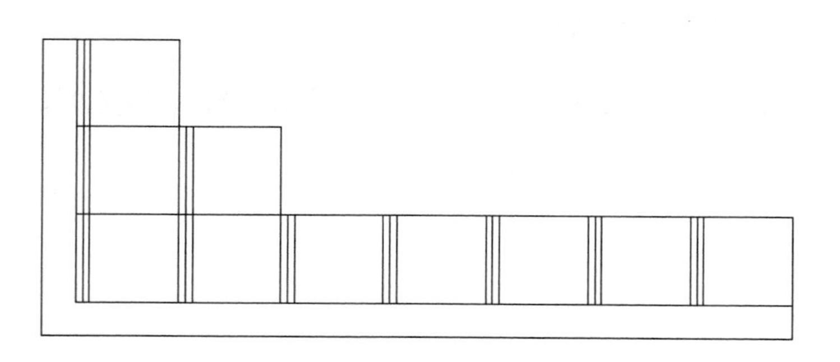

图 21-13　绘制直线

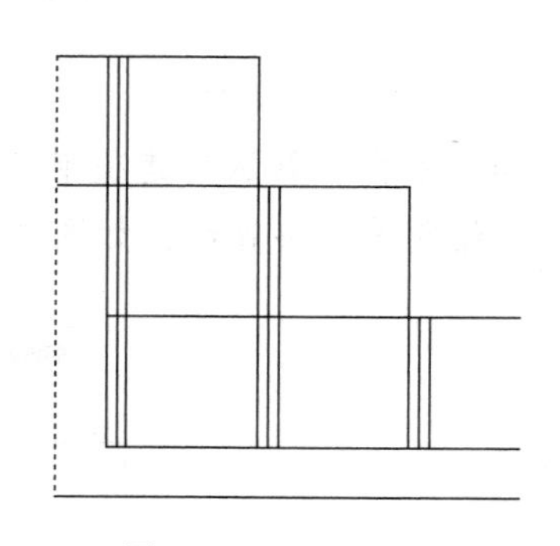

图 21-14　延伸直线

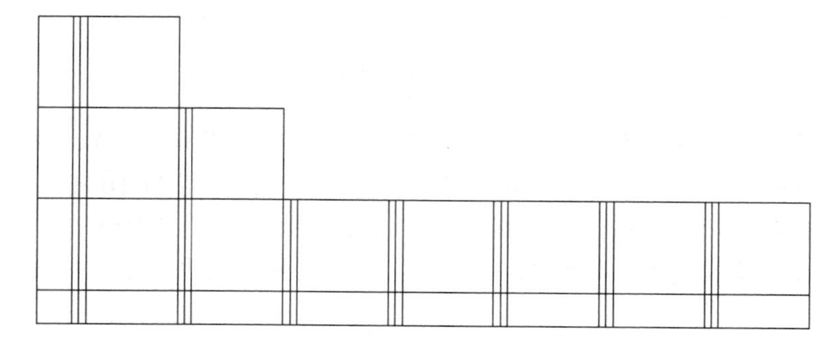

图 21-15　延伸完成

（9）在第一列组纵向直线和第二列组纵向直线上各绘制两条水平短线，如图21-16所示。

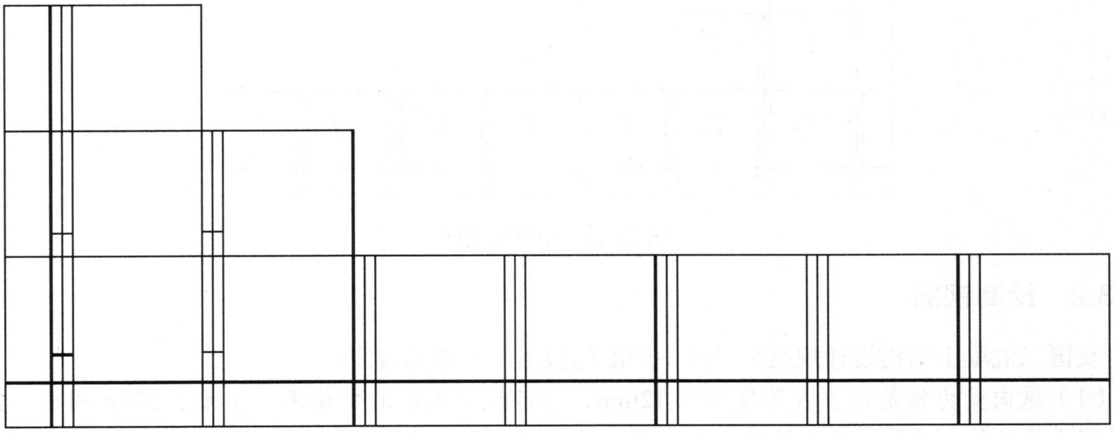

图21-16　绘制短线

21.3　绘制柱配筋详图

柱配筋详图是体育馆柱配筋图的重要部分，下面详细介绍柱配筋详图。

21.3.1　绘制柱截面

（1）先将“柱截面”图层设置为当前图层。接着放大图形，在最上方一层表格中绘制柱截面。单击“默认”选项卡“绘图”面板中的“矩形”按钮，在单元格中间绘制一个边长为25的正方形，如图21-17所示。

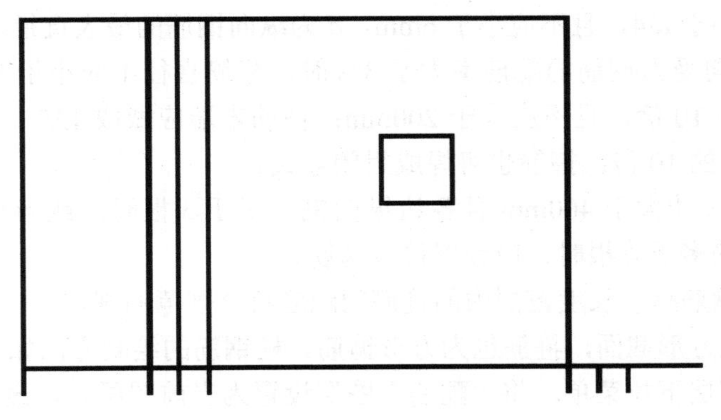

图21-17　绘制柱剖面

（2）复制正方形，在其他单元格进行复制。其中，第二列单元格中的柱截面为300×300，所以绘制的正方形边长为30×30。其余均为25×25的正方形。绘制完成后如图21-18所示。

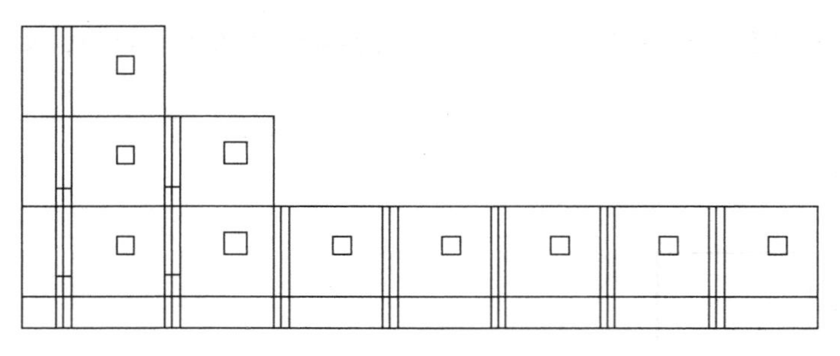

图 21-18　绘制柱剖面

21.3.2　绘制钢筋

我国《混凝土结构设计规范》对柱中的配筋做出了明确的规定：

（1）纵向受力钢筋的直径不宜小于 12mm，全部纵向钢筋的配筋率不宜大于 5%；圆柱中纵向钢筋宜沿周边均匀布置，根数不宜少于 8 根，且不应少于 6 根。

（2）当偏心受压柱的截面高度≥ 600mm 时，在柱的侧面上应设置直径为 10 ～ 16mm 的纵向构造钢筋，并相应设置符合箍筋或拉筋。

（3）柱中纵向受力钢筋的净间距不应小于 50mm；对水平浇筑的预制柱，其纵向钢筋的最小净间距可按梁的有关规定取用。

（4）在偏心受压柱中，垂直于弯矩作用平面的侧面上的纵向受力钢筋以及轴心受压柱中各边的纵向受力钢筋，其中距不宜大于 300mm。

柱中的箍筋应符合下列规定：

① 柱及其他受压构件中的周边箍筋应做成封闭式；对圆柱中的箍筋，搭接长度不应小于锚固长度，且末端应做成 135° 弯钩，弯钩末端平直段长度不应小于箍筋直径的 5 倍。

② 箍筋间距不应大于 400mm 及构件截面的短边尺寸，且不应大于 15*d*，*d* 为纵向受力钢筋的最小直径。

③ 箍筋直径不应小于 *d*/4，且不应小于 6mm，*d* 为纵向钢筋的最大直径。

④ 当柱中全部纵向受力钢筋的配筋率大于 3% 时，箍筋直径不应小于 8mm，间距不应大于纵向受力钢筋最小直径的 10 倍，且不应大于 200mm；箍筋末端应做成 135° 弯钩且弯钩末端平直段长度不应小于箍筋直径的 10 倍；箍筋也可焊成封闭环式。

⑤ 当柱截面短边尺寸大于 400mm 且各边纵向钢筋多于 3 根时，或当柱截面短边尺寸不大于 400mm 但各边纵向钢筋多于 4 根时，应设置符合箍筋。

⑥ 柱中纵向受力钢筋搭接长度范围内的箍筋间距应符合规范的规定。

本工程的柱均为正方形截面，箍筋也为方形箍筋。柱钢筋的绘制方法如下：

选择工具栏中的图层下拉菜单，将“配筋”图层设置为当前图层。以最上方单元格内的钢筋截面为例进行说明。

（5）首先单击“默认”选项卡“修改”面板中的“偏移”按钮，设置偏移量为 1，选中正方形边框，单击正方形内侧，创建内圈箍筋的轮廓线，如图 21-19 所示。单击“默认”选项卡“绘图”面板中的“多段线”按钮，沿内圈正方形绘制箍筋，线宽设定为 0.3。绘制完成后如

图 21-20 所示。

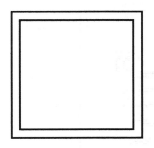

图 21-19　偏移正方形

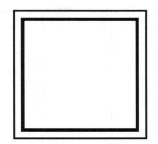

图 21-20　绘制箍筋

☞ **说明**

绘制多段线时，由于线宽的原因，若仅绘制到与起始点相接，则接头处转折点会出现间断现象，因此多绘制一段多线，转折点方自然许多。

（6）在箍筋内部，绘制一直径为 1 的圆，并将其填充为实心，如图 21-21 所示。利用“复制”或“镜像”命令，将其复制到箍筋周围纵筋位置，如图 21-22 所示。继续利用“多段线”命令，绘制中间的箍筋及箍筋的弯起部分，如图 21-23 所示。

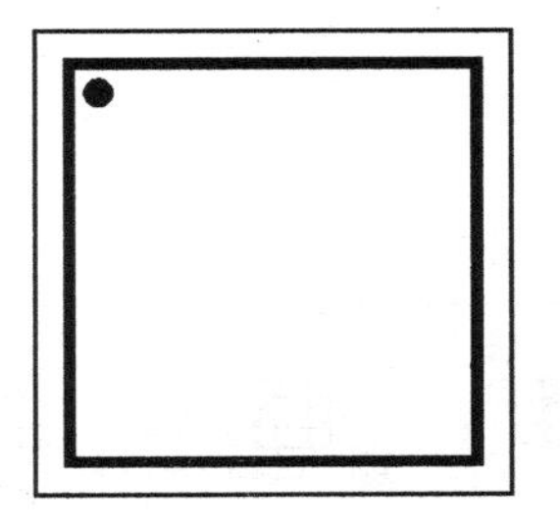

图 21-21　绘制纵筋

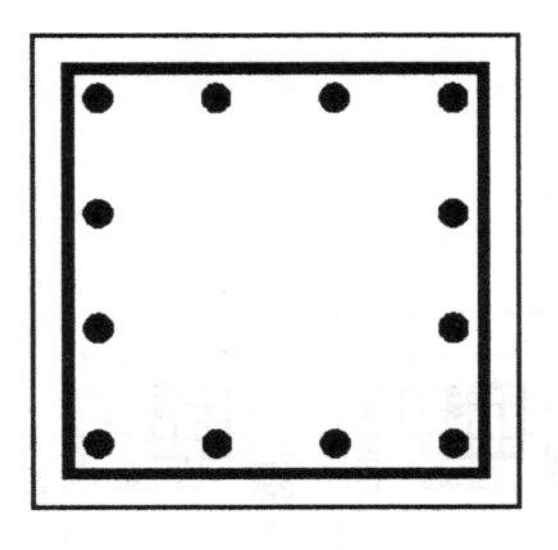

图 21-22　复制纵筋

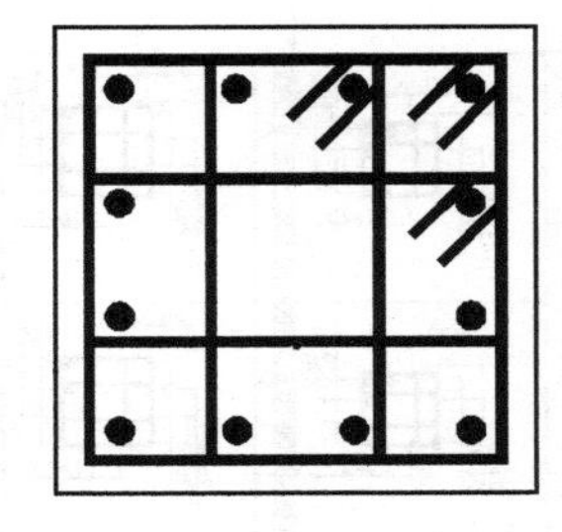

图 21-23　绘制箍筋

（7）将“文字标注”图层设置为当前图层。利用“直线”命令，从钢筋引出标注线，如图 21-24 所示。然后用“多行文字”命令插入文字标注，如图 21-25 所示。

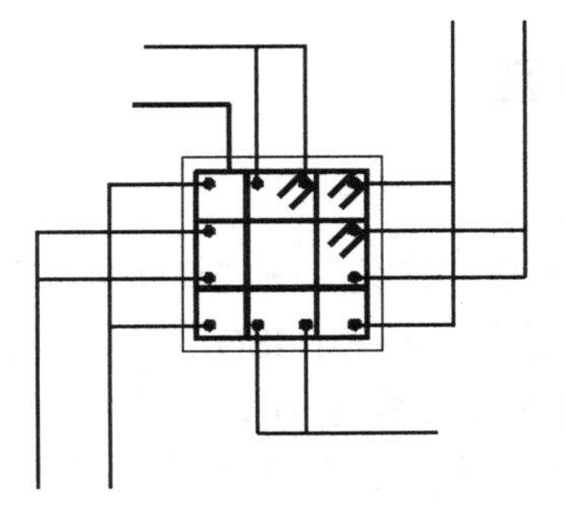

图 21-24　绘制标注线

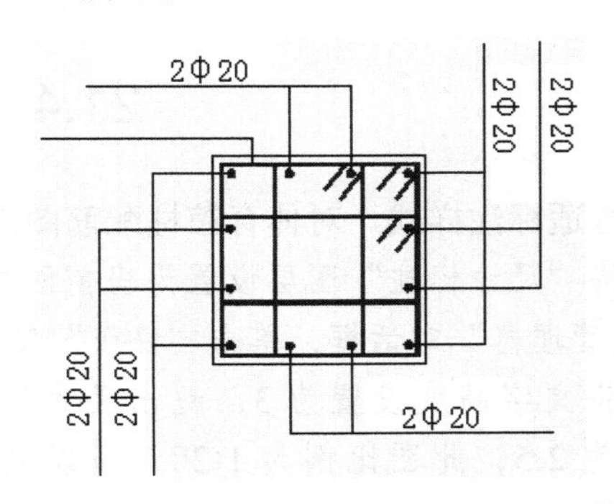

图 21-25　钢筋标注

（8）在左侧纵向表格中标注箍筋间距，如图 21-26 所示。

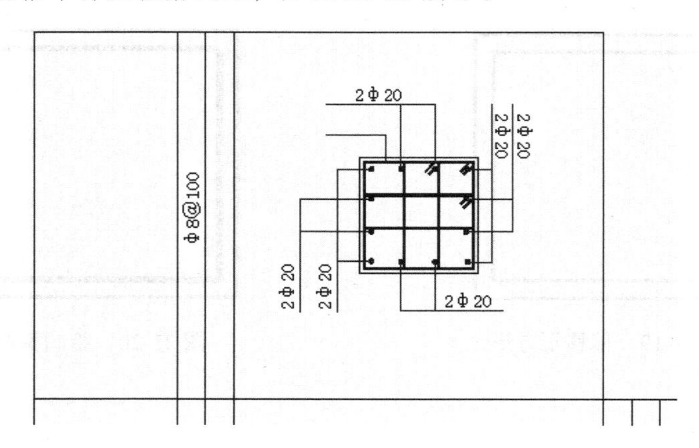

图 21-26　箍筋间距标注

（9）依照上述方法，分别对其他柱截面分别进行钢筋绘制及钢筋标注。绘制完成后如图 21-27 所示。

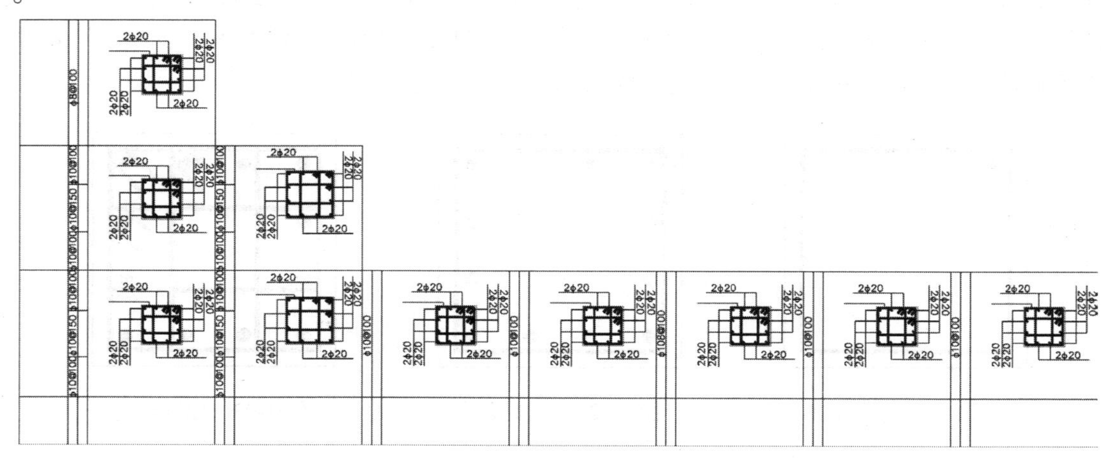

图 21-27　绘制钢筋及钢筋标注

21.4　尺寸标注

设置合适标注样式，对体育馆柱配筋图进行尺寸标注。

（1）将“尺寸标注”图层设置为当前图层。选择菜单栏中“格式”→“标注样式”命令，打开“标注样式管理器”对话框，单击“修改”按钮，打开“修改标注样式：ISO-25”对话框。

（2）将文字高度设置为 3，超出尺寸线 2.5，起点偏移量设置为 10，箭头设置为建筑标记，箭头大小为 2.5，此图比例为 1:20，所以在“主单位”选项卡中将测量比例因子设置为 20，如图 21-28 所示。

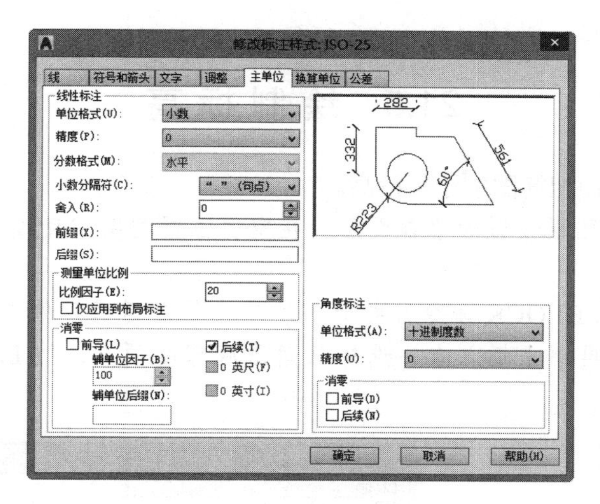

图 21-28　设置比例因子

（3）对柱子截面进行尺寸标注，如图 21-29 所示。

（4）将“轴线”图层设置为当前图层，绘制直径为 8 的圆形，将其插入柱中心线处，如图 21-30 所示。

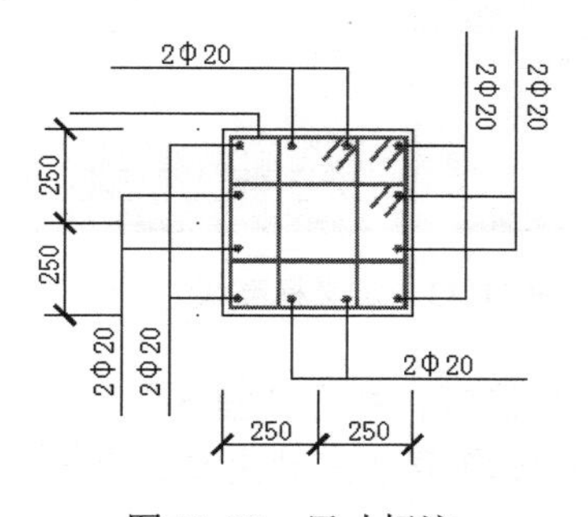

图 21-29　尺寸标注

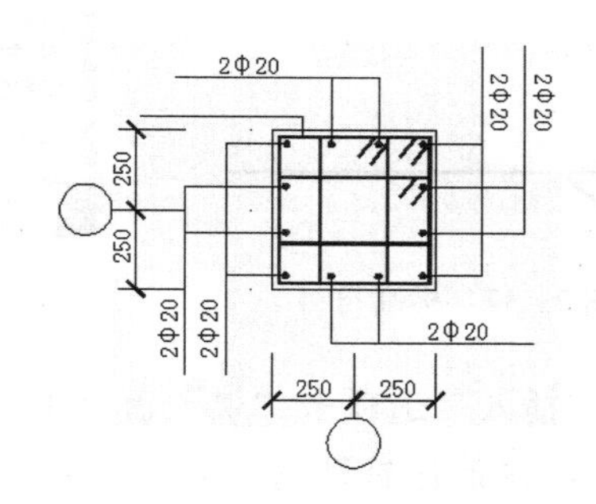

图 21-30　插入轴线

（5）将其他钢筋配筋截面也进行尺寸标注和插入轴线编号。插入后如图 21-31 所示。

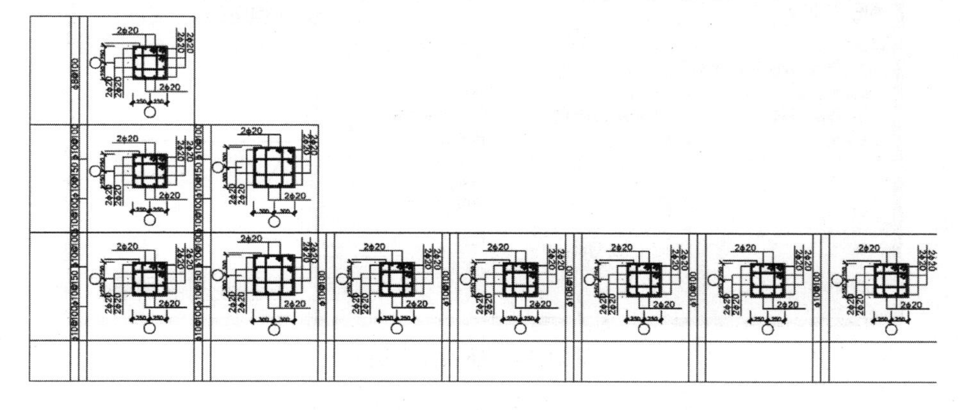
图 21-31　插入尺寸标注及轴线编号

21.5 绘制标高

通过插入块的形式，在配筋图中绘制标高。

（1）将“尺寸标注”图层设置为当前图层。在空白位置利用“直线”命令绘制标高符号，如图 21-32 所示。

（2）在命令行中输入 BLOCK 命令，打开“块定义”对话框，单击“选择对象”，选择标高符号，按 Enter 键确认，再单击插入点，选择三角形底部的顶点，按 Enter 键确认，块名称输入“标高”，如图 21-33 所示。

图 21-32　标高符号

图 21-33　定义标高块

（3）单击“插入”选项卡“块”面板中的“插入块”按钮，打开“插入”对话框，在块名称内输入“标高”，其他值保持默认，如图 21-34 所示。将标高符号插入到表格中的水平线的位置，如图 21-35 所示。

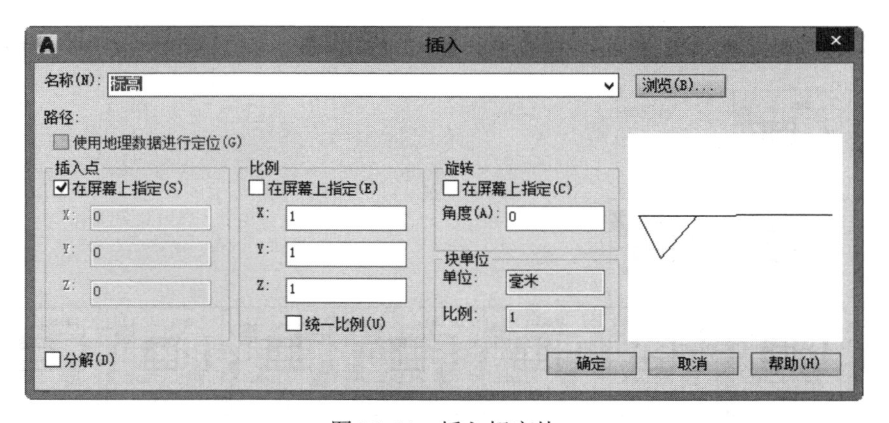

图 21-34　插入标高块

（4）在标高线上输入标高数值，如图 21-36 所示。

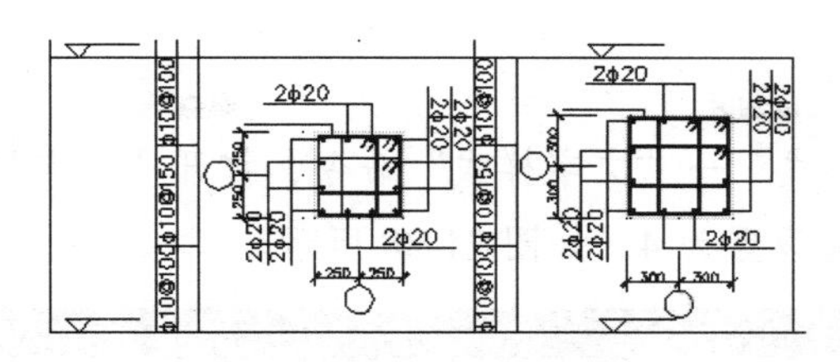

图 21-35 插入标高

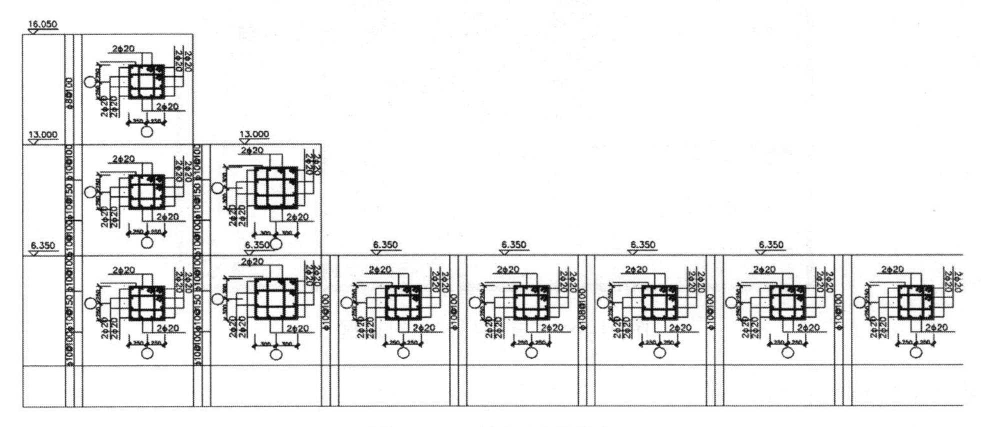

图 21-36 输入标高数值

21.6 添加文字说明及图框

图形绘制完毕后，需要插入图框和必要的文字，以完成完整的图纸绘制。

21.6.1 插入图框

将“0”层设置为当前图层。单击“插入”选项卡“块”面板中的“插入块”按钮，将源文件\图库\A2 图框插入到图中，如图 21-37 所示。

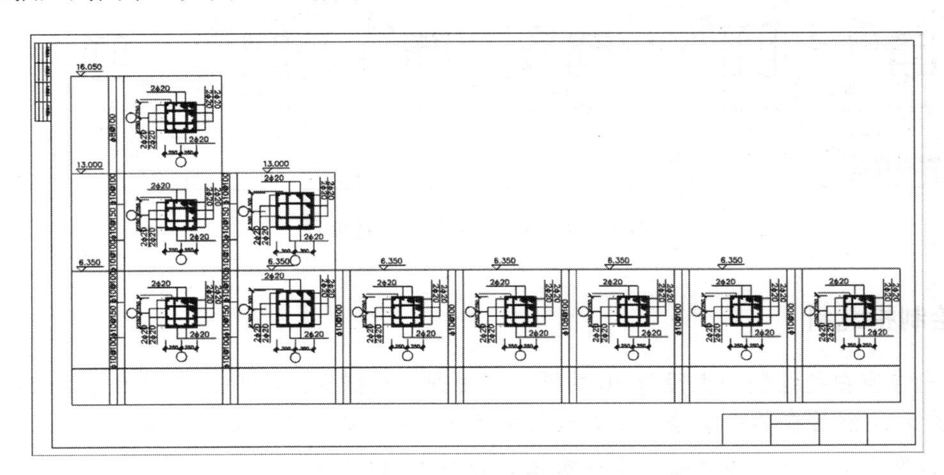

图 21-37 插入图框

21.6.2 插入文字说明

（1）选择菜单栏中的“格式”→“文字样式”命令，打开“文字样式”对话框，新建样式“样式 1”，将字体改为宋体，字高设置为 4，如图 21-38 所示。

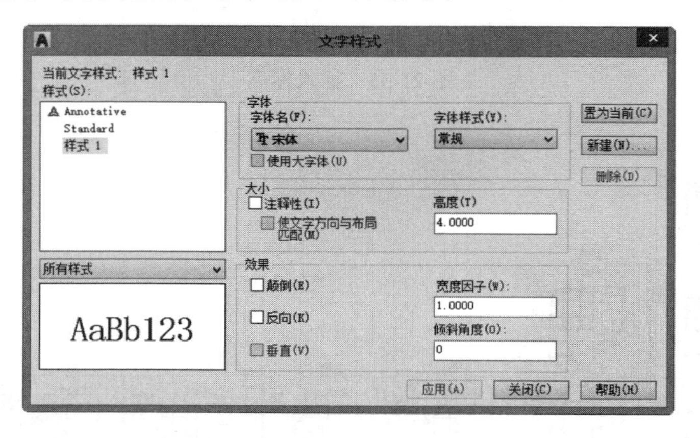

图 21-38 “文字样式”对话框

（2）用“文字样式：样式 1”在表格下方标注出柱子编号名称，然后在表格外的空白位置编写文字描述，如图 21-39 所示。

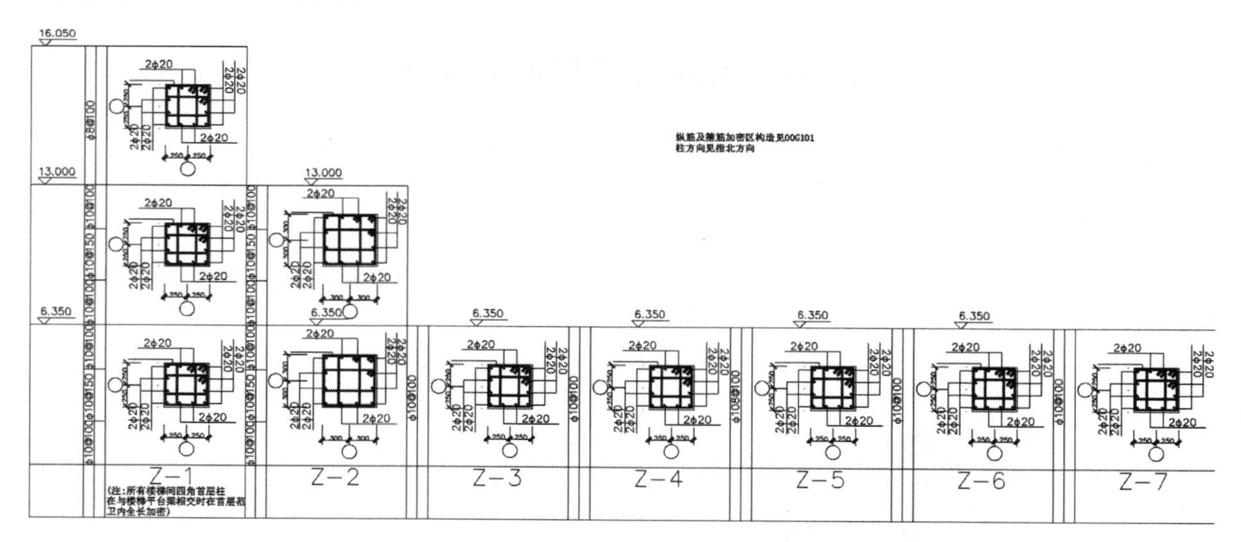

图 21-39 插入文字描述及柱编号

21.6.3 绘制指北针

（1）首先在空白处绘制一直径为 50 的圆，利用圆切点捕捉工具，在圆的上下切点绘制直线，如图 21-40 所示。然后在其一端绘制一条倾斜度为 8°左右的斜线，如图 21-41 所示。利用“镜像”命令，将其镜像至另一侧，将多余线条修剪掉，如图 21-42 所示。

（2）单击“默认”选项卡“绘图”面板中的“图案填充”按钮，打开“图案填充创建”选项卡，如图 21-43 所示。填充选择为实体，填充对象依次选择两条斜线和圆弧，按 Enter 键确认，将箭头填充起来，如图 21-44 所示。

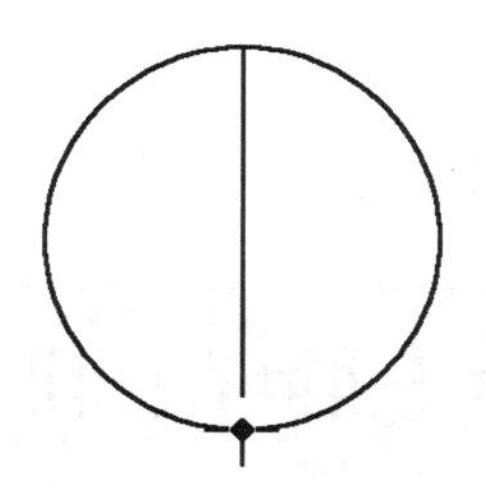

图 21-40　绘制圆形

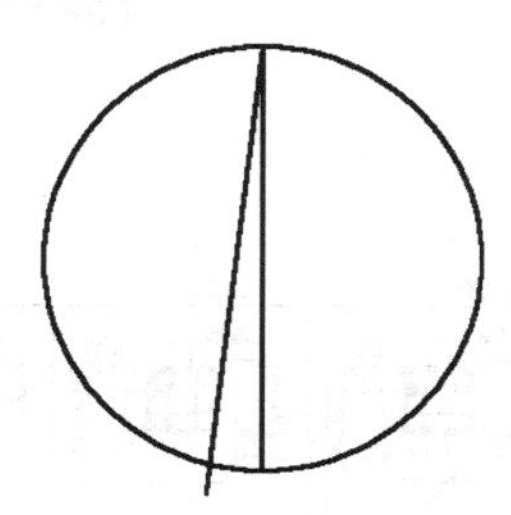

图 21-41　绘制斜线

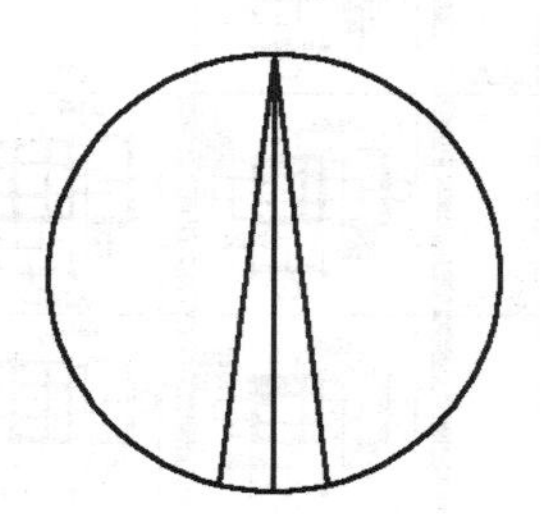

图 21-42　绘制箭头

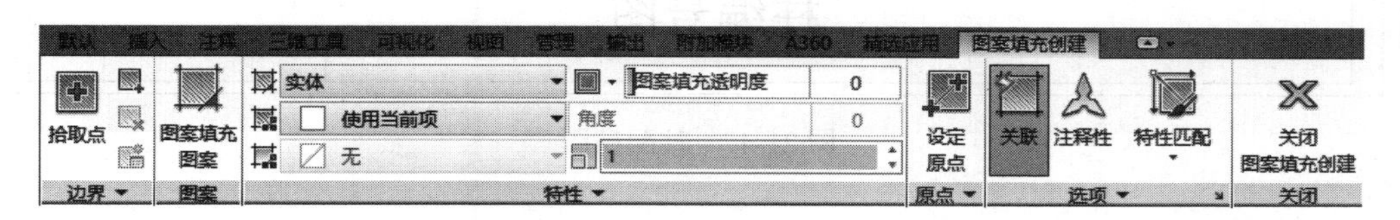

图 21-43　“图案填充创建”选项卡

（3）在指北针的顶部输入“北”字，选择文字单击鼠标右键，选择“特征”，打开“特性”选项板，将文字高度修改为 20，如图 21-45 所示。修改后指标针如图 21-46 所示。

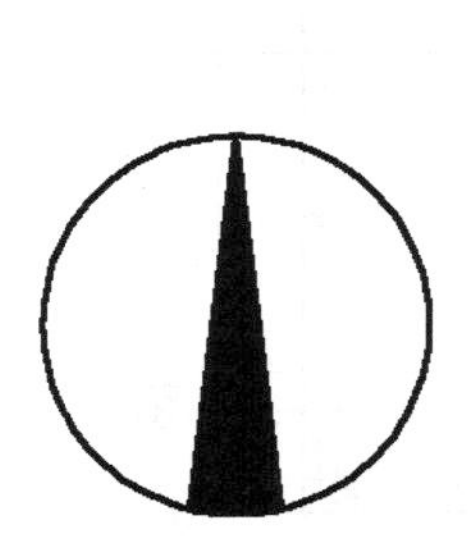

图 21-44　填充箭头

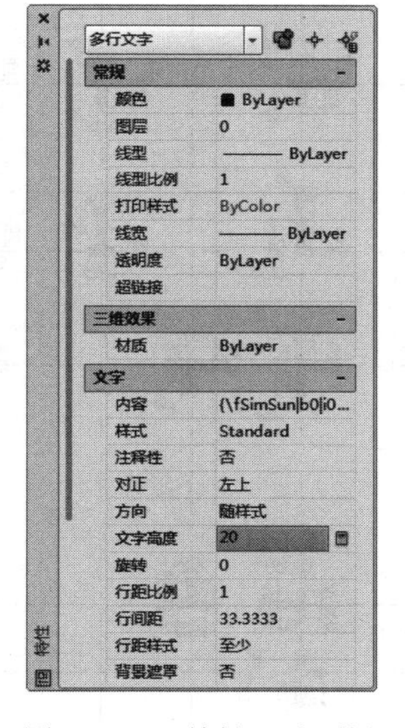

图 21-45　“特性”选项板

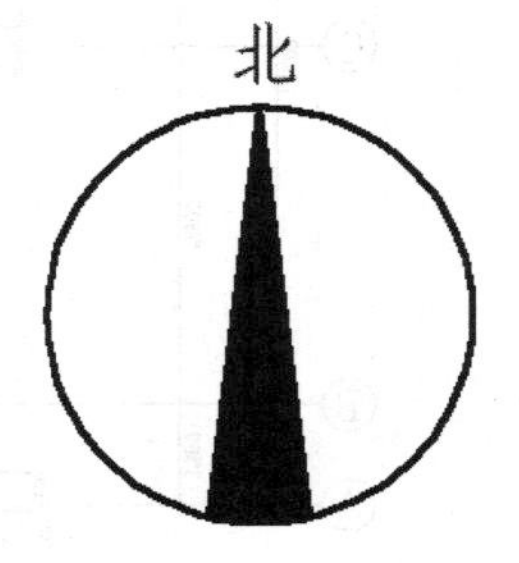

图 21-46　指北针

（4）全图绘制完成如图 21-47 所示。

练一练——绘制住宅框架柱布置图

绘制如图 21-48 所示的住宅框架柱布置图。

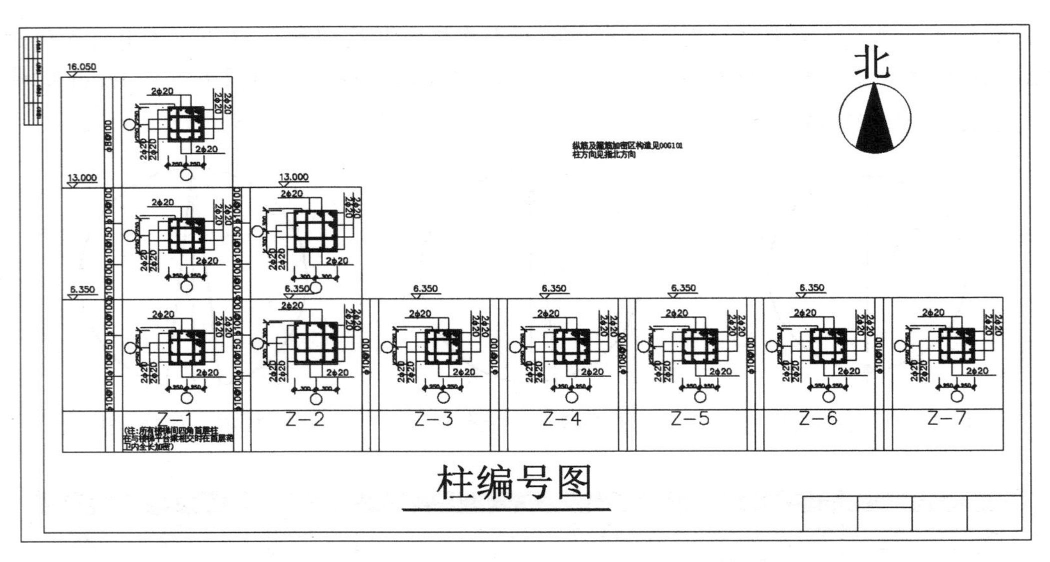

图 21-47　柱配筋图

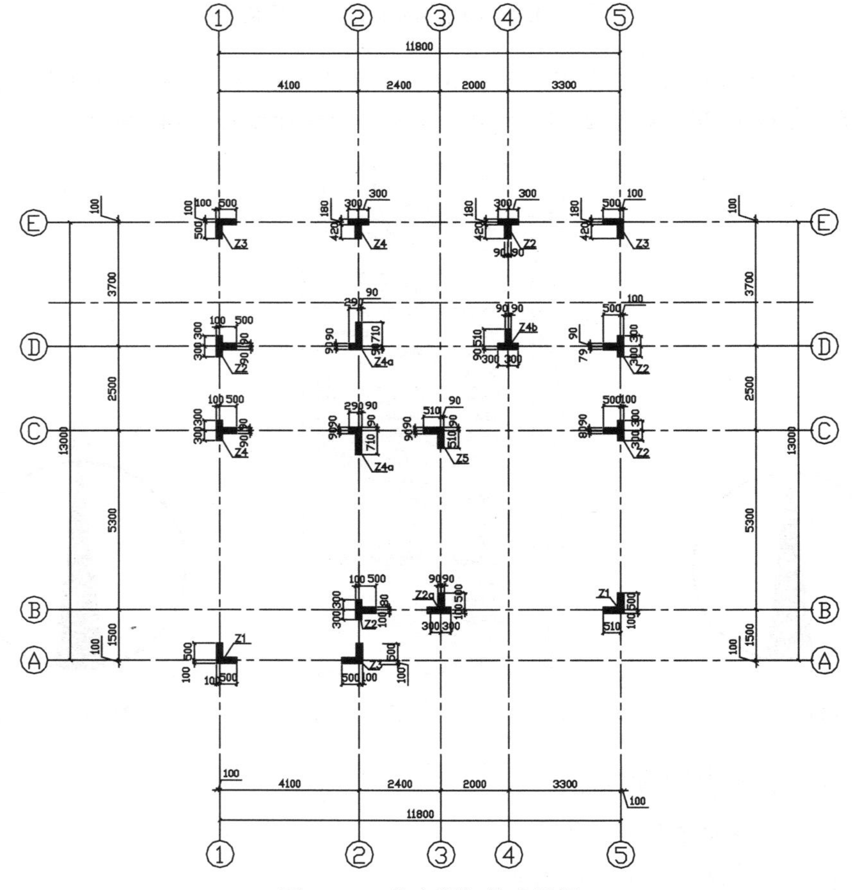

图 21-48　住宅框架柱布置图

思路点拨

源文件： 源文件\第21章\住宅框架柱布置图.dwg

（1）打开基础梁平面配筋图并编辑。
（2）标注尺寸。
（3）标注文字。

扫一扫，看视频

第 22 章　体育馆楼梯详图

内容简介

本章将绘制楼梯详图。楼梯详图主要包括楼梯的平面图、楼梯侧立面图及楼梯的梁板配筋详图。绘制楼梯详图时，首先要注意楼梯的轴线位置，以及楼梯板的配筋情况，要将其表达清楚。楼梯台阶绘制时可采用阵列或者复制命令。在绘制楼梯侧立面图时，采用镜像命令，可简化绘图过程。

内容要点

☑　绘图准备
☑　绘制楼梯平面图
☑　绘制 A–A 剖面图
☑　绘制梁截面配筋图
☑　添加文字说明及图框

案例效果

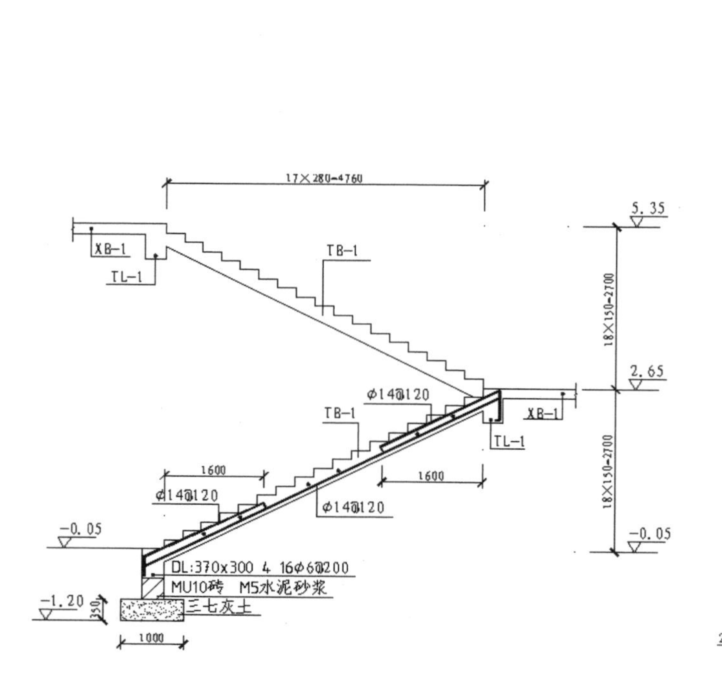

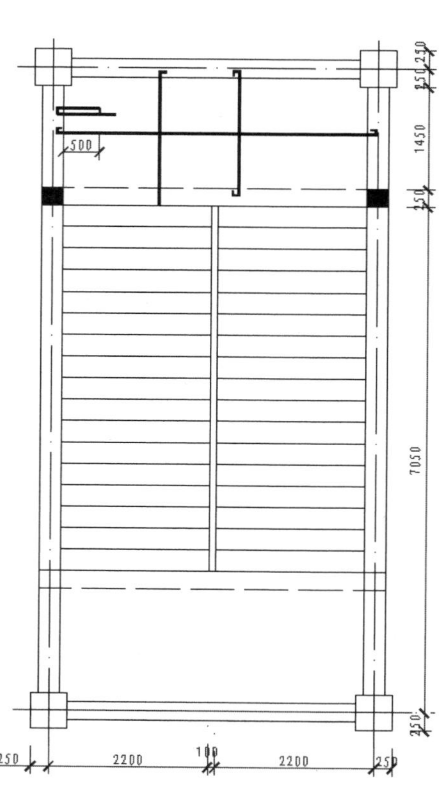

22.1 绘 图 准 备

在正式设计前应该进行必要的准备工作，包括建立文件、设置图层等，下面进行简要介绍。

22.1.1 建立新文件

以无样板打开 - 公制方式在 AutoCAD 中建立新文件，并保存为“楼梯详图”。

22.1.2 设置图层

单击“默认”选项卡“图层”面板中的“图层特性”按钮，打开“图层特性管理器”选项板，新建以下图层：辅助线、楼梯、截面、配筋、标注、文字，如图 22-1 所示。

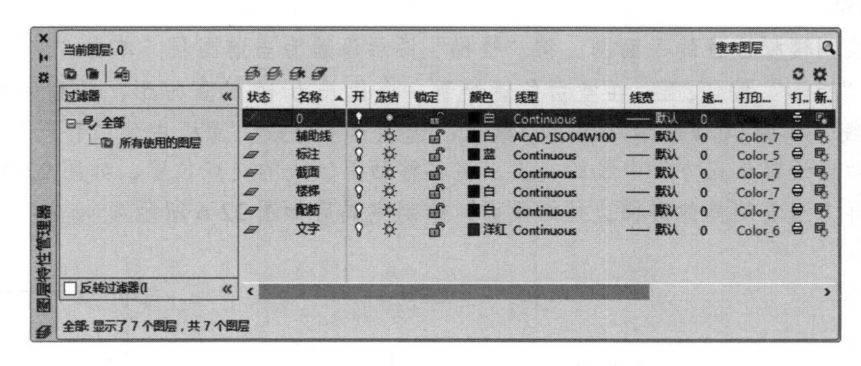

图 22-1 图层设置

22.2 绘制楼梯平面图

楼梯平面图是体育馆楼梯详图的一部分。下面详细讲述绘制楼梯平面图。

22.2.1 绘制辅助轴线

楼梯详图图幅应用 A2 图幅，楼梯平面图的绘制比例为 1:50。为了准确定位楼梯图形的位置以及方便绘图，首先绘制辅助线。将“辅助线”图层设置为当前图层。单击“默认”选项卡“绘图”面板中的“直线”按钮，在图中分别绘制两条相交的直线，如图 22-2 所示。选择竖直方向的直线，单击“默认”选项卡“修改”面板中的“复制”按钮，选择直线上一点，在命令行中输入“@90,0”，将其复制到另一侧。用同样方法复制水平直线，复制距离为 180。绘制完成后如图 22-3 所示。

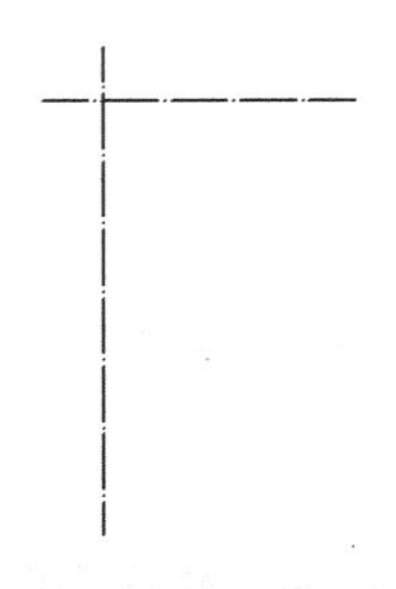

图 22-2　绘制相交线

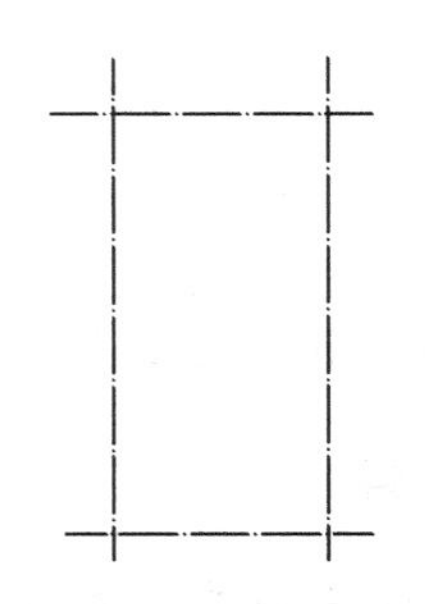

图 22-3　复制轴线

22.2.2　绘制楼梯

1. 绘制边柱

（1）首先绘制楼梯边柱的平面图。将“楼梯”图层设置为当前图层。单击“默认”选项卡“绘图”面板中的“矩形”按钮，在空白位置绘制一个边长为 10 的正方形，并利用中点捕捉工具，作出其中心轴线，如图 22-4 所示。单击“默认”选项卡“修改”面板中的“移动”按钮，选择正方形，将移动点设置为正方形中线的交点，将其移动至轴线的交点位置，如图 22-5 所示。

（2）用同样方法复制其他楼梯边柱的截面，绘制完成后如图 22-6 所示。

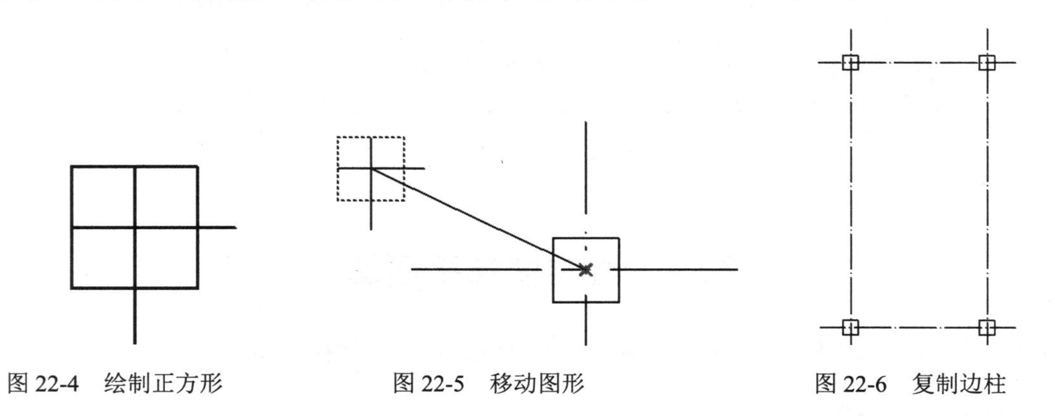

图 22-4　绘制正方形　　图 22-5　移动图形　　图 22-6　复制边柱

2. 绘制墙线

（1）选择菜单栏中的“格式”→“多线样式”命令，打开“多线样式”对话框，如图 22-7 所示。单击“新建”按钮，新建多线样式，命名为 LOUTI，将偏移量设置为 2.5 和 −2.5，其余选项默认，如图 22-8 所示。

（2）在命令行中输入 MLNE 命令，将多线比例设置为 1，绘制多线，如图 22-9 所示。

（3）再次打开“多线样式”对话框，新建 LOUTI2 多线样式，将偏移量设置为 3 和 −3，如图 22-10 所示。

（4）继续绘制竖向楼梯两侧墙线，如图 22-11 所示。

图 22-7 “多线样式”对话框

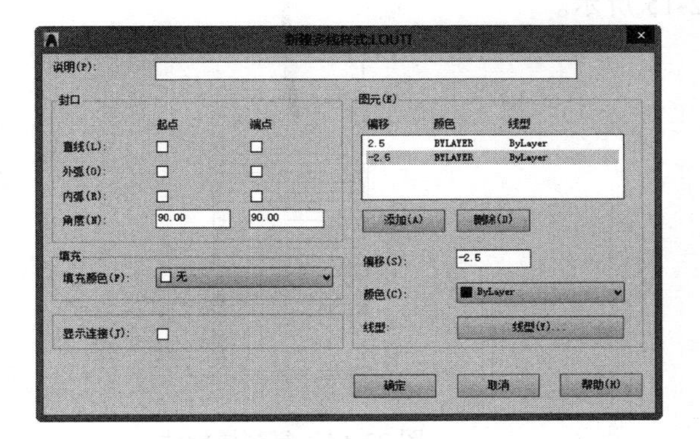

图 22-8　新建多线样式“LOUTI”

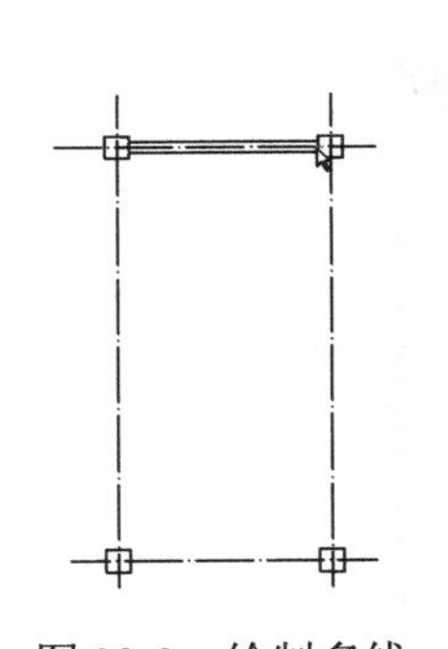

图 22-9　绘制多线

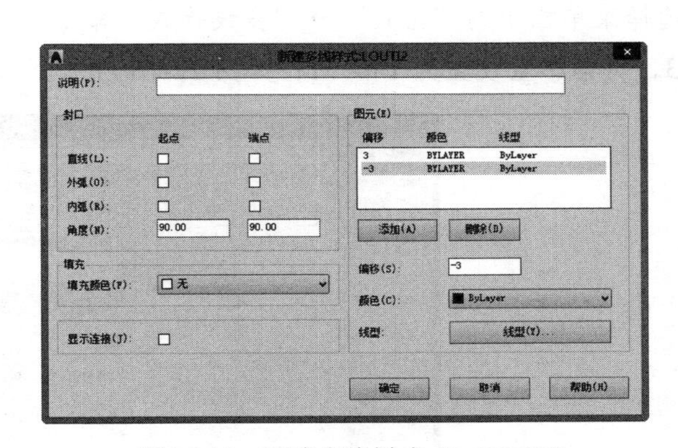

图 22-10　新建多线样式“LOUTI2”

3. 绘制楼梯线

（1）单击“默认”选项卡“绘图”面板中的“直线”按钮，单击左侧墙线的外侧直线与上侧柱子的交点，如图 22-12 所示，然后在命令行中输入“@0,-34”“@96,0”，结果如图 22-13 所示。

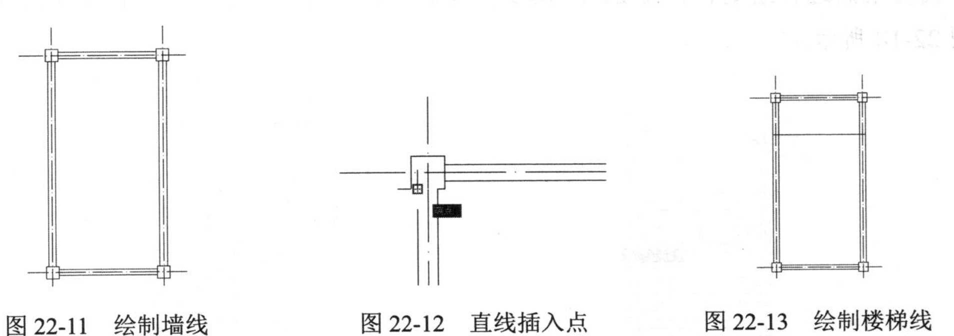

图 22-11　绘制墙线　　图 22-12　直线插入点　　图 22-13　绘制楼梯线

（2）利用“阵列”命令复制楼梯线，单击“默认”选项卡“修改”面板中的“矩形阵列”按钮，选择刚刚绘制的水平直线为阵列对象，设置行数为 18，列数为 1，行间距为 -6，单击“确定”，绘制完成后如图 22-14 所示。利用“修剪”命令，将墙线内多余的楼梯线修剪掉，修剪后如图 22-15 所示。

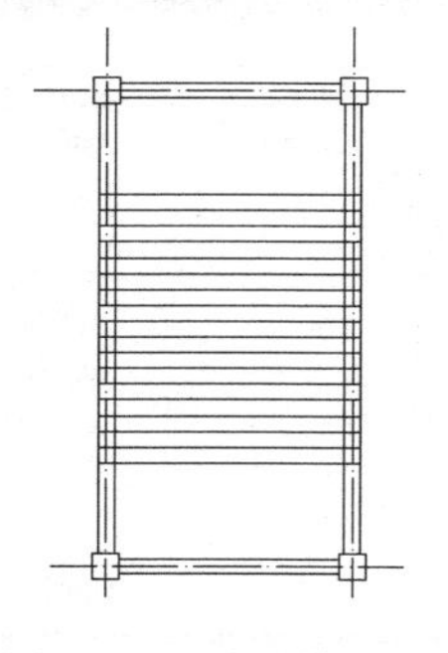
图 22-14　复制楼梯线

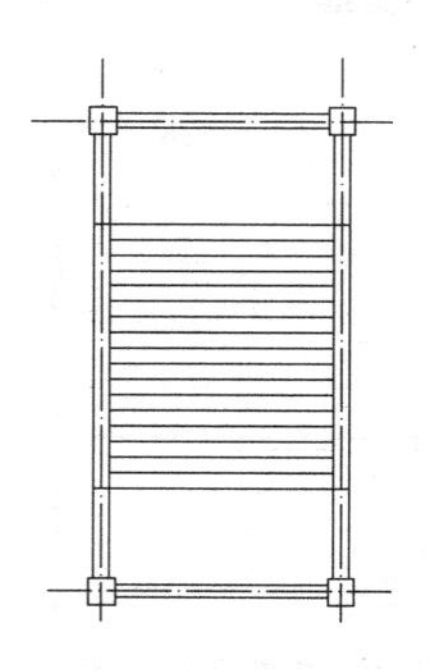
图 22-15　修剪结果

（3）选择菜单栏中的“格式”→“多线样式”命令，打开“多线样式”对话框，新建多线样式为 LOUTI3，将偏移量设置为 1 和 −1，如图 22-16 所示。

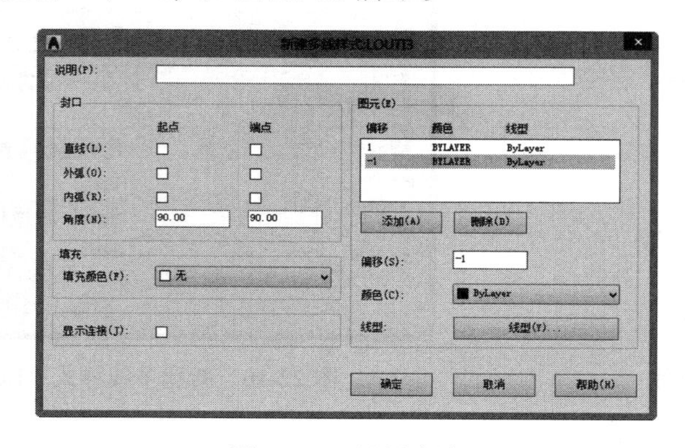

图 22-16　设置多线

（4）绘制多线。在命令行中输入 MLINE 命令，然后设置多线的输入格式，利用中点捕捉工具，选择楼梯线的中点进行绘制，如图 22-17 所示。绘制完成后用“修剪”命令将多线内部的线段剪切掉，如图 22-18 所示。

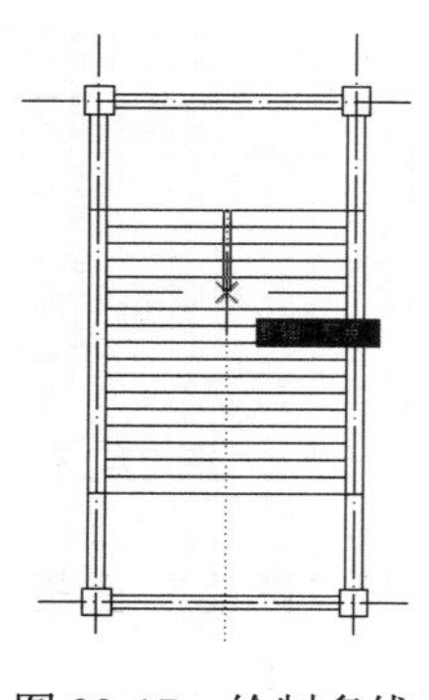
图 22-17　绘制多线

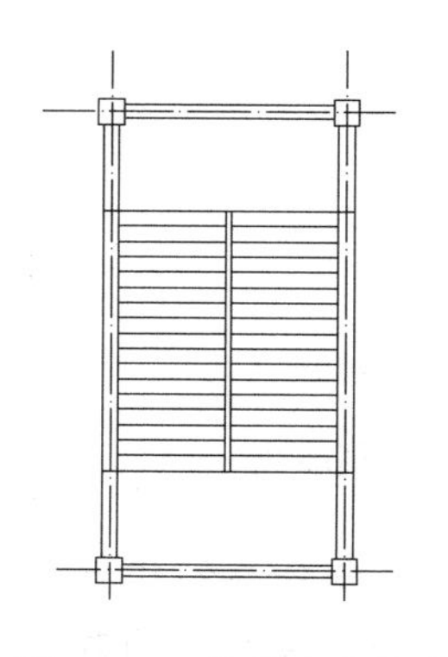
图 22-18　修剪多余线段

（5）利用上节中加载轴线样式方法，另外加载虚线 ISO dash 线型，如图 22-19 所示。

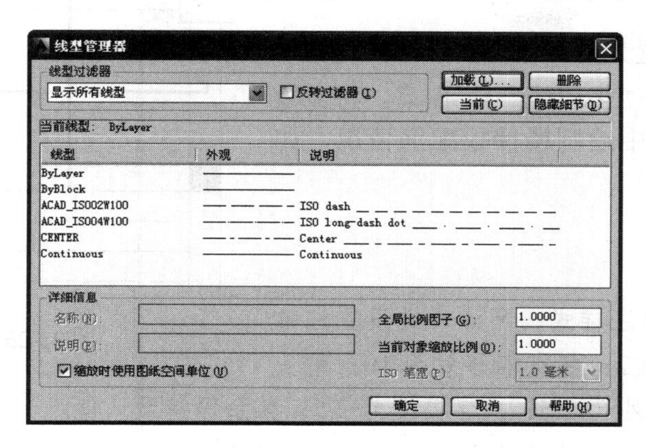

图 22-19　加载虚线

（6）将虚线设置为当前线型，然后利用“直线”命令，在楼梯线的左侧第一排角点处单击，如图 22-20 所示。然后在命令行中输入“@0,5”“@96,0”，绘制一条水平虚线，如图 22-21 所示。

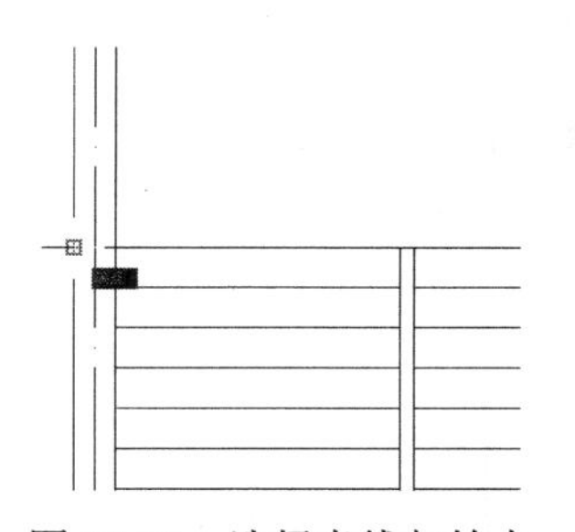

图 22-20　选择虚线起始点

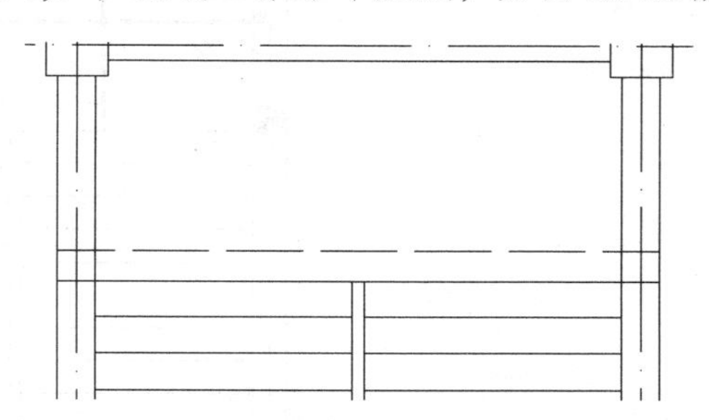

图 22-21　绘制虚线

（7）在楼梯另一侧同样绘制相同直线，起始点为下方楼梯线端点，输入“@0,-5”“@96,0”，如图 22-22 所示。在命令行中输入 SOLID 命令，依次在图中选中上方虚线与墙线的 4 个交点，如图 22-23 所示，将其填充。填充后的结果如图 22-24 所示。

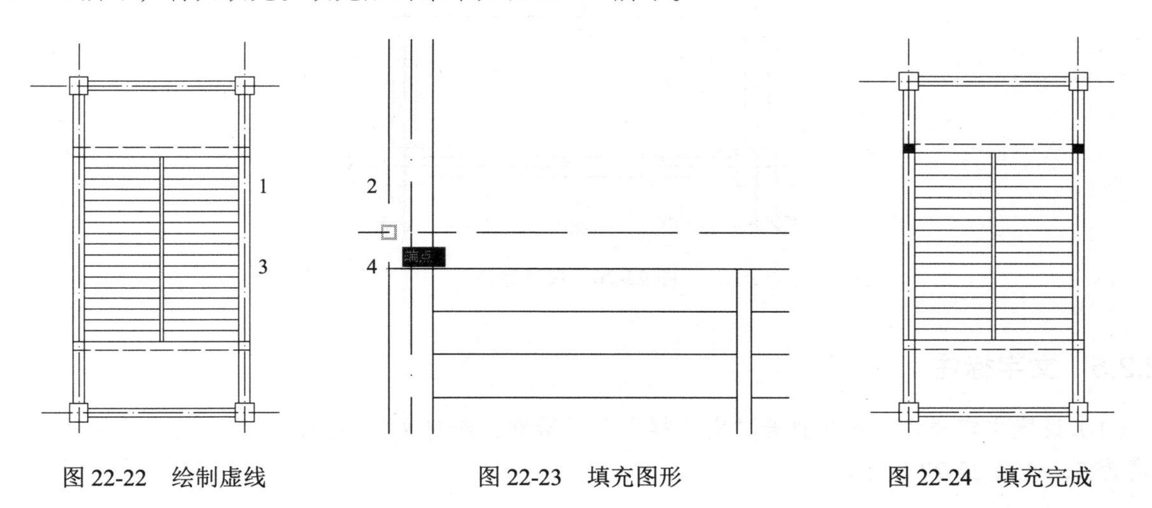

图 22-22　绘制虚线

图 22-23　填充图形

图 22-24　填充完成

22.2.3 绘制配筋

将“配筋”图层设置为当前图层，单击“默认”选项卡“绘图”面板中的“多段线”按钮，将多段线宽度设置为0.5，在图中绘制楼梯板配筋情况，如图 22-25 所示。

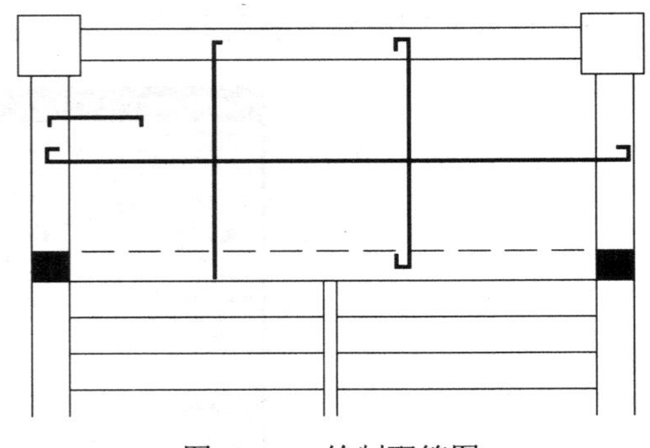
图 22-25 绘制配筋图

22.2.4 尺寸标注

（1）首先设置尺寸标注样式。尺寸样式设置注意以下参数：超出尺寸线为 2；起点偏移量为 10；箭头样式为建筑标记；箭头大小为 2.5；文字高度为 2.5；其余保持默认值。

（2）将图中的边柱及楼板进行尺寸标注，标注完成后如图 22-26 所示。

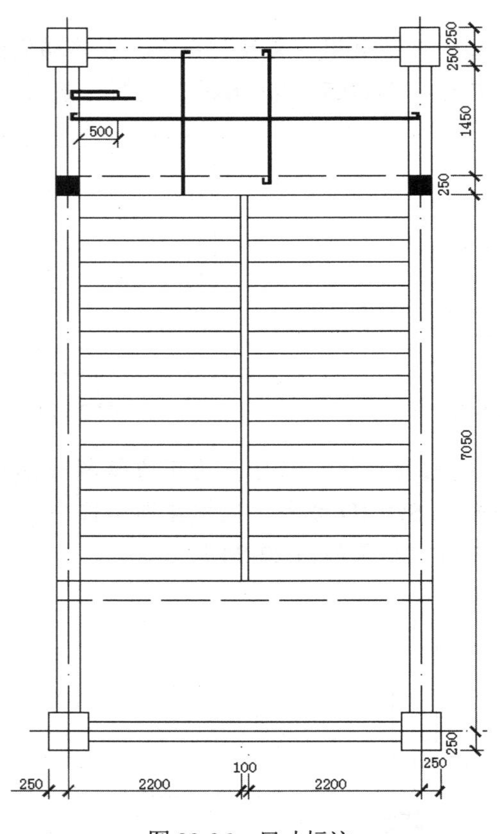

图 22-26 尺寸标注

22.2.5 文字标注

（1）设置文字样式。首先打开“文字样式”对话框，新建文字样式，将字体设置为宋体，字符高度为 5，如图 22-27 所示。

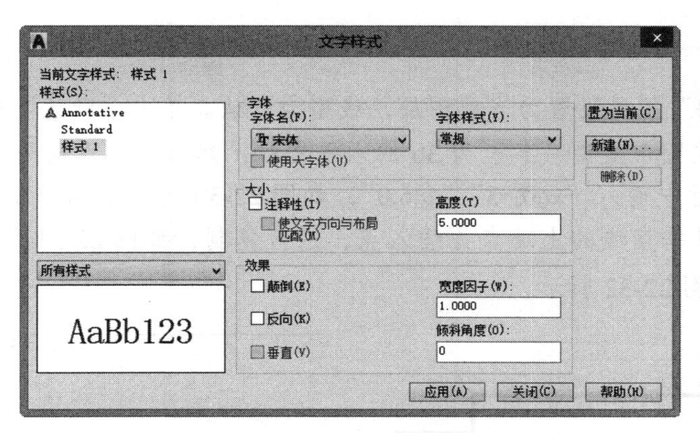

图 22-27 新建文字样式

（2）设置完成后，单击“应用”按钮，将其设置为当前文字样式。

（3）利用“多行文字”命令，然后在屏幕上单击鼠标左键，输入标注文字，关闭轴线后如图 22-28 和图 22-29 所示。

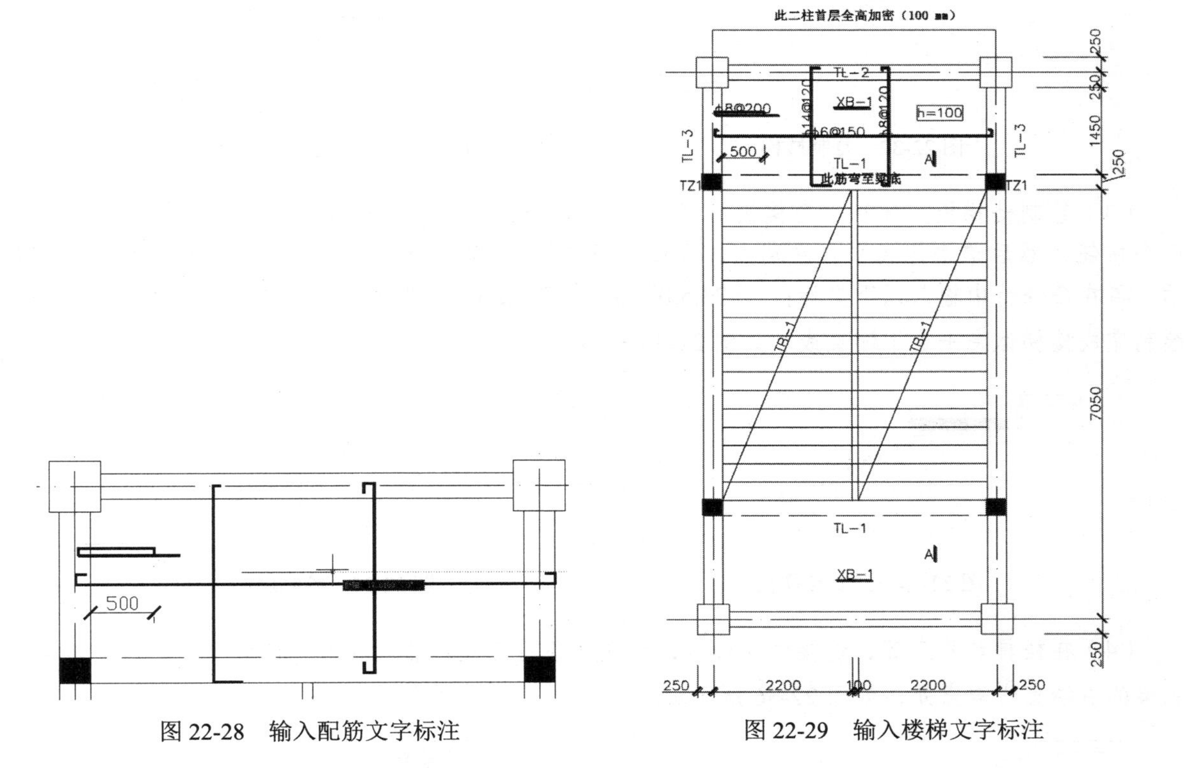

图 22-28 输入配筋文字标注　　图 22-29 输入楼梯文字标注

22.3 绘制A-A剖面图

A-A 剖面图是体育馆楼梯详图的一部分。下面详细讲述绘制 A-A 剖面图。

22.3.1 绘制楼梯

（1）首先将“楼梯”图层设置为当前图层，线型为默认。单击“默认”选项卡“绘图”面板中的“直线”按钮，在图中绘制一条长为30的水平直线，然后在其右端分别绘制垂直和水平两条楼梯线，依次在命令行中输入“@0,-3”“@6,0”，如图22-30所示。选择刚刚绘制的两条楼梯线，利用“复制”命令，以垂直线的上端点为插入点，进行复制，如图22-31所示。共复制17次，即楼梯为18级台阶，如图22-32所示。

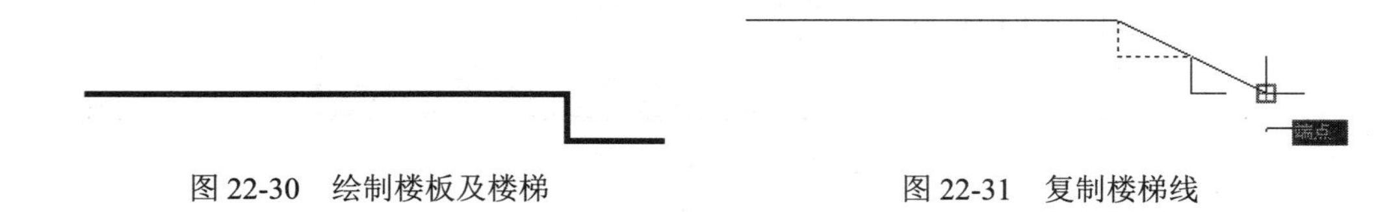

图22-30　绘制楼板及楼梯　　图22-31　复制楼梯线

（2）绘制一条楼梯休息平台的楼板线，如图22-33所示。

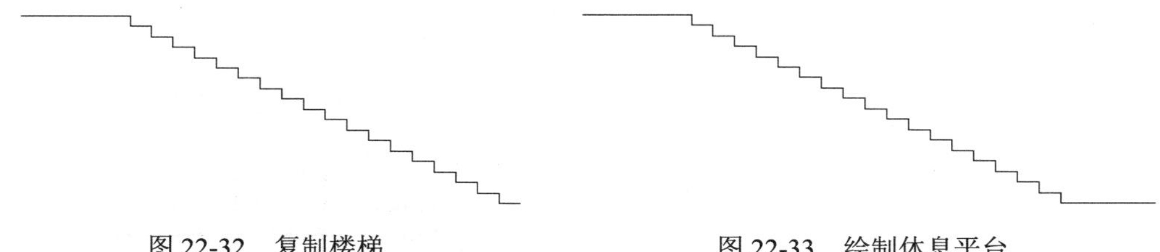

图22-32　复制楼梯　　图22-33　绘制休息平台

（3）绘制楼梯板。休息平台楼板厚度在图中为3.5，因此，由顶端开始绘制时，首先单击直线命令按钮，然后单击休息平台左端点，在命令行中输入“0,-3.5”，按Enter键确认，如图22-34所示。再在命令行中输入以下坐标：“@23.5,0”“@0,-8”“@6.5,0”“@0,4”，以绘制楼梯板的下表面线。绘制完成楼梯休息平台下端直线。如图22-35所示。

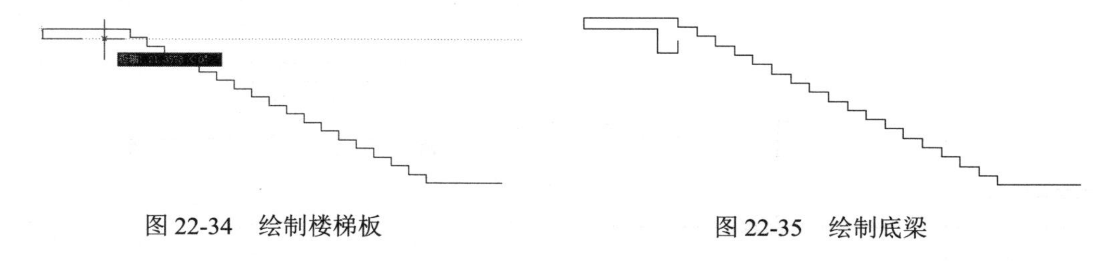

图22-34　绘制楼梯板　　图22-35　绘制底梁

（4）在楼梯台阶底部，连接楼梯台阶，形成一条斜直线，然后利用“移动”命令，将其移动至底梁的右端直线端点处，如图22-36所示。

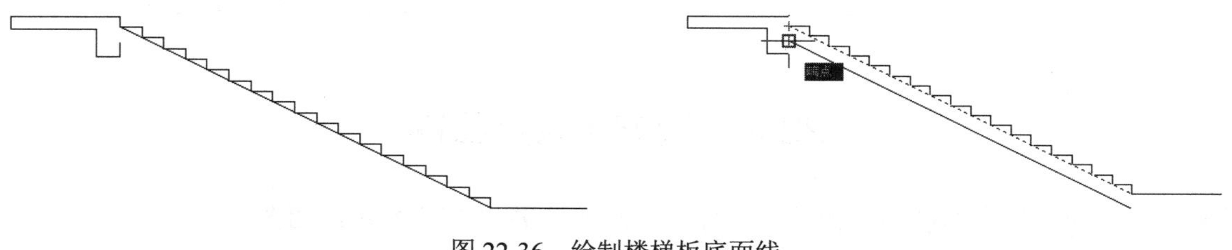

图22-36　绘制楼梯板底面线

（5）在下层楼梯休息平台右端点处绘制直线，在命令行中输入“0,-3.5”，然后利用 AutoCAD 的辅助绘图功能，将其与楼梯板的底面斜线相连，如图 22-37 所示。

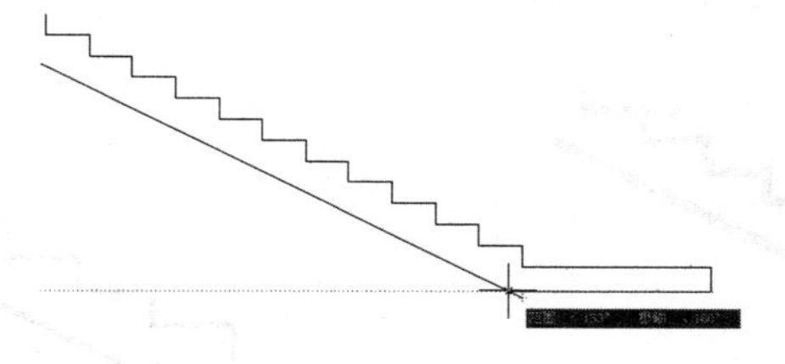

图 22-37　绘制底层休息平台

（6）选择绘制的楼梯所有图形，然后单击“默认”选项卡“修改”选项卡“镜像”按钮，以右侧图形外某一条直线为对称轴，进行镜像复制，如图 22-38 所示。

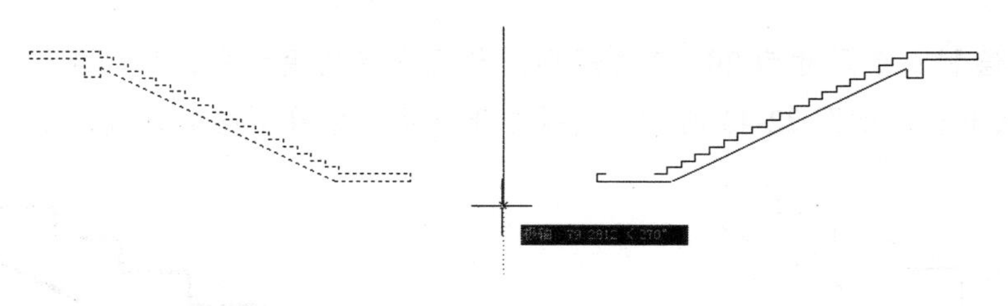

图 22-38　复制楼梯

（7）复制后，选择右侧镜像后的图形，然后单击“默认”选项卡“修改”面板中的“移动”按钮，以上层楼梯休息平台板的右上顶点为移动点，将其移动至与左侧图形下层休息平台板的右侧顶点重合，如图 22-39 所示。

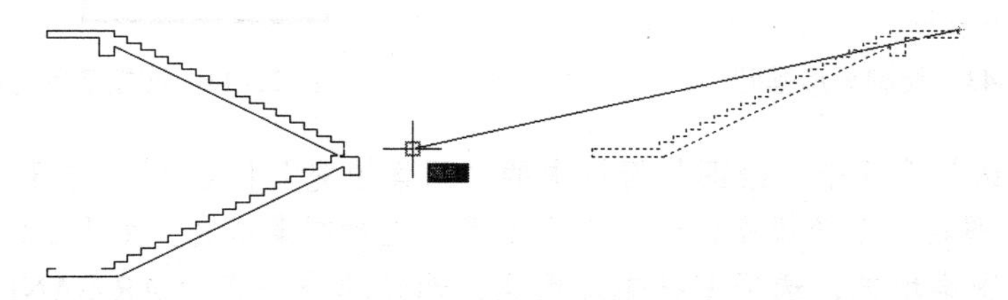

图 22-39　移动图形

（8）绘制完成后，删除底部休息平台以及中层休息平台的多余线段，如图 22-40 所示。

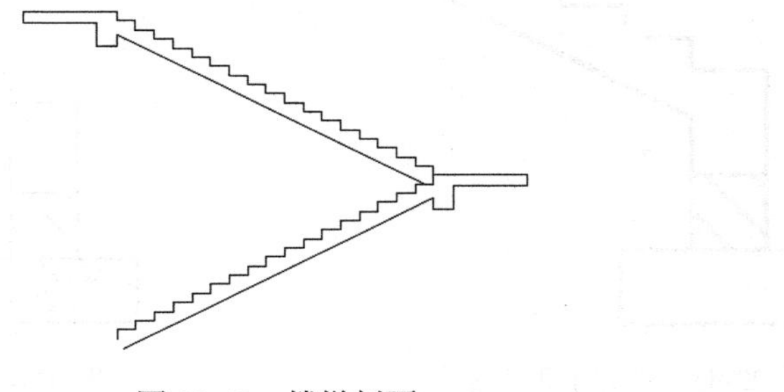

图 22-40　楼梯剖面

（9）在最下端的楼梯尽头处，绘制直线，依次输入“@−7,0”“@0,−17”，如图 22-41 所示。

（10）单击“默认”选项卡“绘图”面板中的“矩形”按钮，然后绘制一个边长为 7 的正方形，如图 22-42 所示。

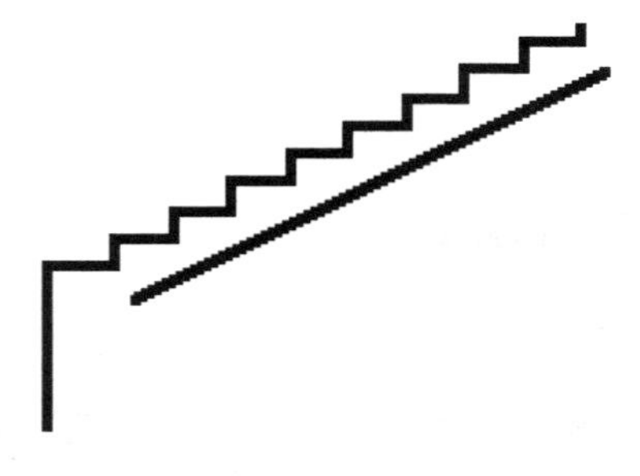

图 22-41　绘制直线

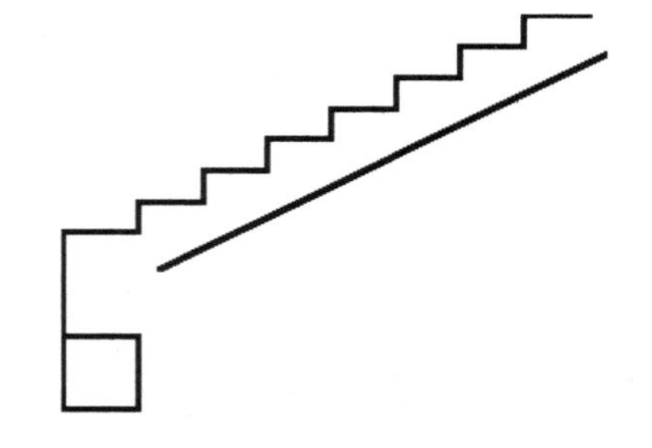

图 22-42　绘制正方形

（11）在下方绘制一个尺寸为 20×7 的矩形，利用中点捕捉命令，移动矩形，将其上边中点与小正方形下边中点重合，如图 22-43 所示。连接小正方形与楼梯下端的直线，如图 22-44 所示。

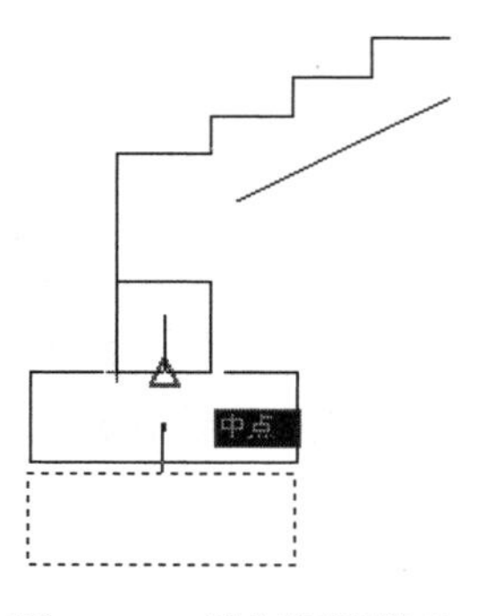

图 22-43　绘制矩形基础

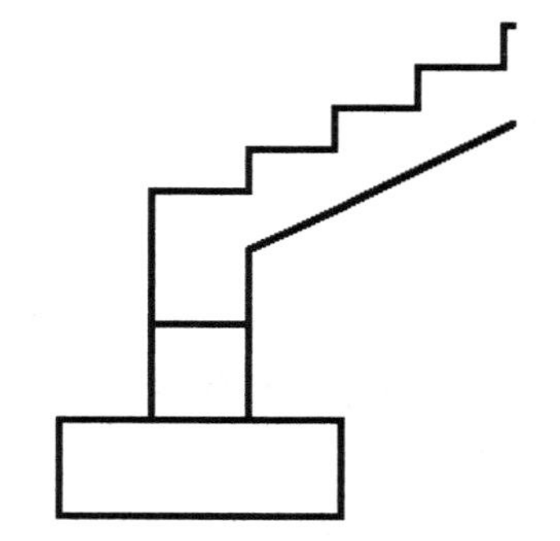

图 22-44　连接基础与楼梯

（12）单击“默认”选项卡“绘图”面板中的“图案填充”按钮，打开“图案填充创建”选项卡，选择 ANSI31 图案。选择填充区域为小正方形，进行图案填充，如图 22-45 所示。

（13）继续进行图案填充，选择基础矩形图案，选择填充图案为 AR-SAND 图案，并将填充比例设置为 0.05，填充效果如图 22-46 所示。

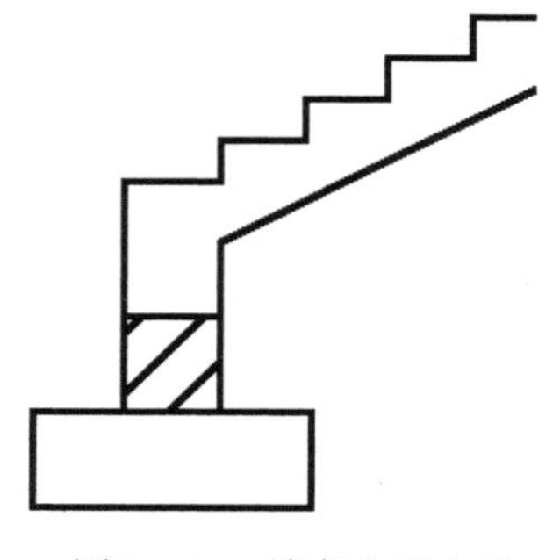

图 22-45　填充小正方形

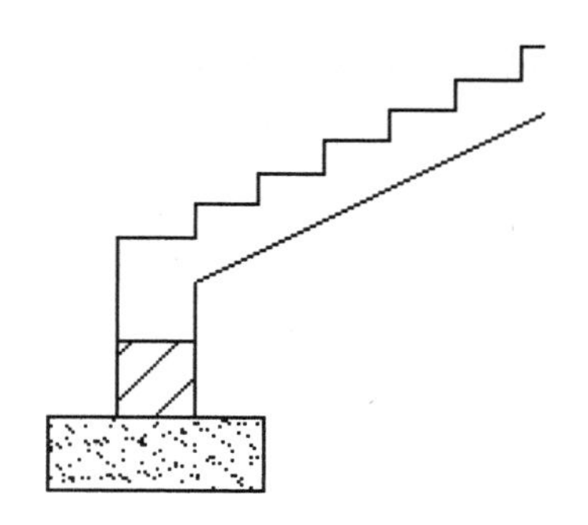

图 22-46　调整填充比例

（14）在楼梯上层及中层休息平台的端部，绘制截断线，如图 22-47 所示。

完成后，楼梯结构绘制完成，如图 22-48 所示。

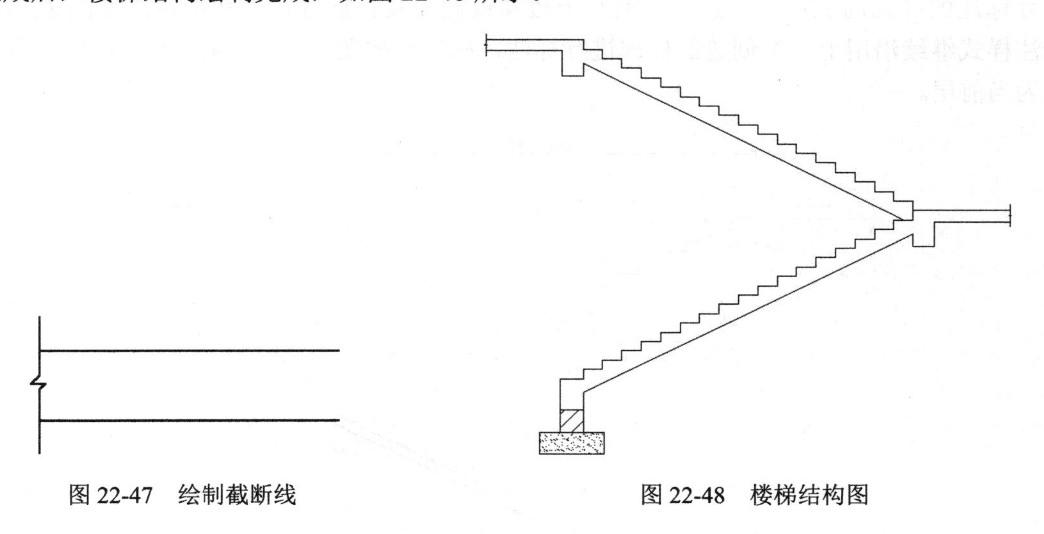

图 22-47 绘制截断线

图 22-48 楼梯结构图

22.3.2 绘制钢筋

将“配筋”图层设置为当前图层。楼梯板配筋同普通钢筋混凝土梁类似，由于其承受竖向荷载的作用，也属于受弯构件。其上部受压，底部受拉，因此，在楼梯板底部需配置纵向受拉钢筋，且横向需要配置横向钢筋，起到短向受拉的作用。配筋如图 22-49 所示。

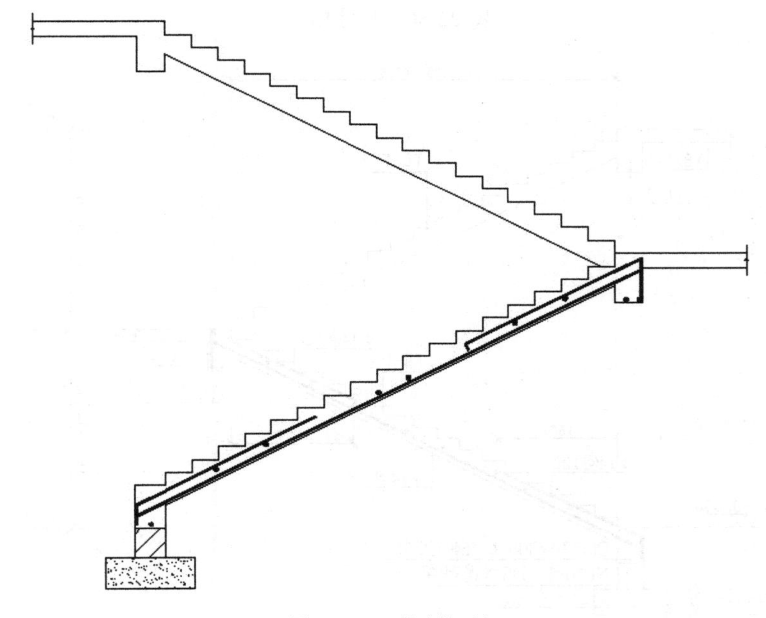

图 22-49 绘制钢筋

绘制钢筋时同样使用多段线进行绘制。绘制过程大体相同，不再赘述。

22.3.3 尺寸标注及文字标注

尺寸标注的样式同上一节一致，对混凝土楼梯板截面及钢筋进行尺寸标注，如图 22-50 所示。文字标注样式继续沿用上一节创建的样式进行标注，标注后如图 22-51 所示。标注时注意使用相应图层作为当前层。

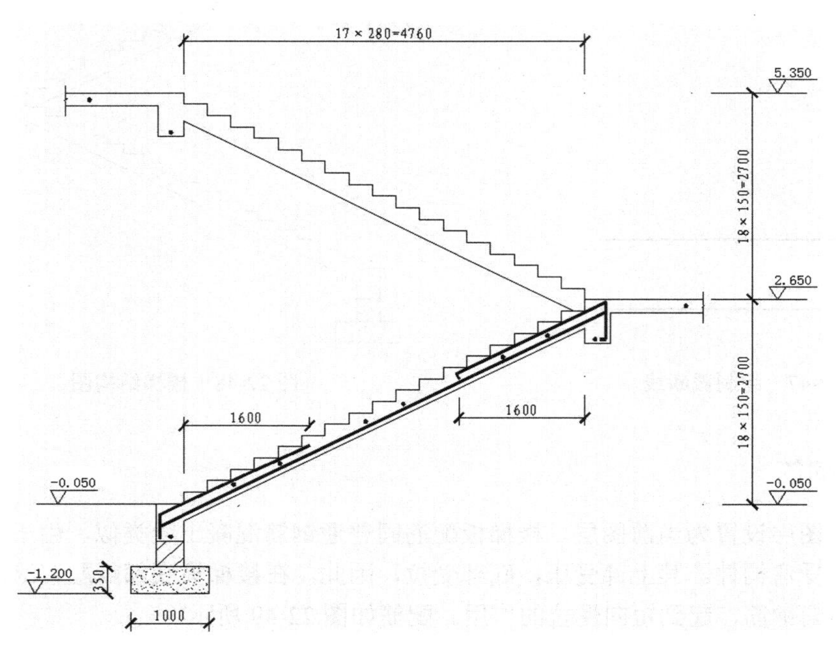

图 22-50　尺寸标注

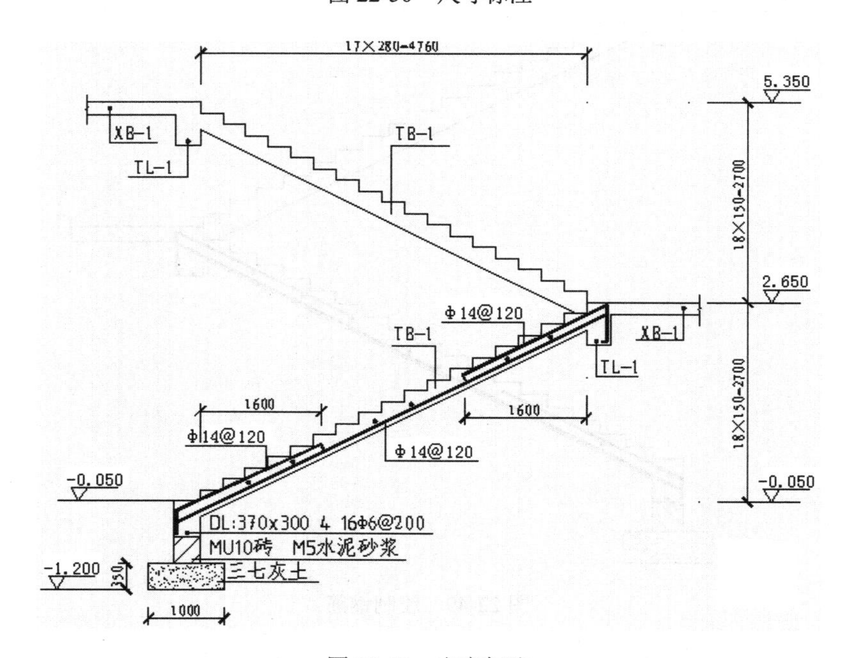

图 22-51　文字标注

至此，楼梯剖面图绘制完成。

22.4　绘制梁截面配筋图

梁截面配筋图是体育馆楼梯详图的一部分。下面详细讲述绘制梁截面配筋图。

22.4.1　绘制截面图

将“截面”图层设置为当前图层，单击“默认”选项卡“绘图”面板中的“矩形”按钮，绘制两个矩形来代表梁的截面。由于图纸采用 A1 图幅，截面绘图比例设置为 1:20，因此，矩形尺寸为 12.5×25 和 12.5×12.5，如图 22-52 所示。

图 22-52　绘制梁截面

22.4.2　绘制钢筋

（1）将“配筋”图层设置为当前图层，单击“默认”选项卡“绘图”面板中的“多段线”按钮，绘制钢筋。首先利用中点捕捉工具及直线工具绘制矩形中轴线，如图 22-53 所示。

（2）再绘制两个矩形，尺寸分别为 10×18.5 和 10×10，并绘制其中轴线，如图 22-54 所示。

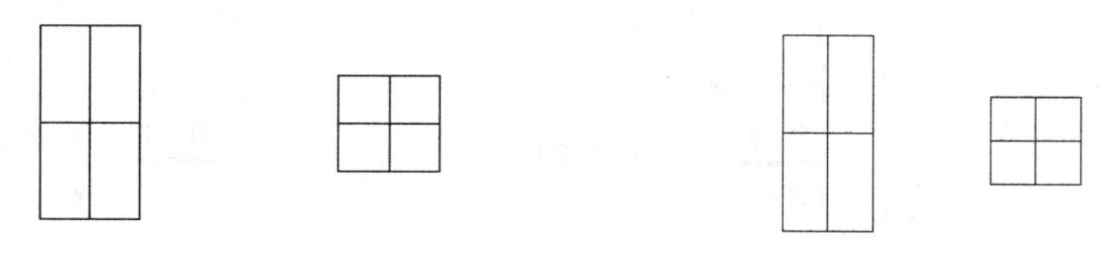

图 22-53　绘制轴线　　　　图 22-54　绘制钢筋辅助矩形

（3）将其移动至截面矩形内部，注意中轴线的交点重合，如图 22-55 所示。

（4）单击“默认”选项卡“绘图”面板中的“多段线”按钮，沿内部矩形绘制多段线，宽度设置为 0.1，如图 22-56 所示。

图 22-55　移动矩形　　　　图 22-56　绘制钢筋

（5）在钢筋矩形内部绘制直径为 1 的圆，并进行填充，将其复制并分别排列到矩形内部，表示纵向钢筋。另外在右上角绘制两条伸出的短斜线，表示箍筋弯起部分。删除辅助中轴线，如图 22-57 所示。

图 22-57　绘制纵向钢筋及箍筋弯起

22.4.3　尺寸标注及文字标注

对钢筋及混凝土梁截面进行尺寸标注，并表明钢筋配筋信息及混凝土截面，如图 22-58 所示。

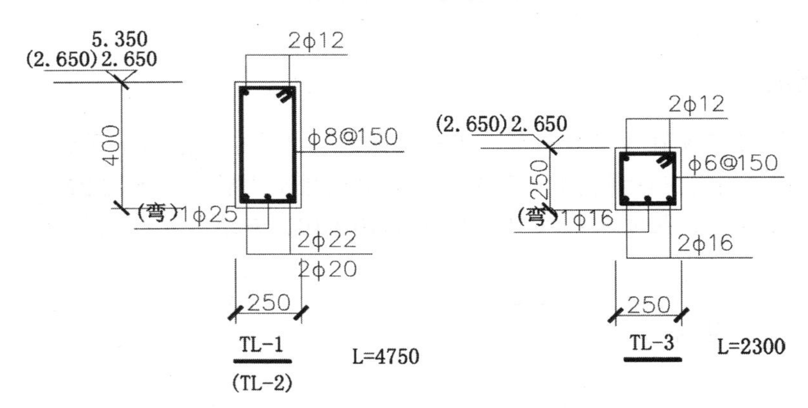

图 22-58　尺寸标注及文字标注

22.5　添加文字说明及图框

文字说明和图框是一个完整的 CAD 图不可或缺的一部分。文字说明是对 CAD 图的文字解释，图框可以规范 CAD 图。

22.5.1　文字说明

将 0 层设置为当前图层，然后单击“默认”选项卡“注释”面板中的“多行文字”按钮A，在图中输入图幅的文字说明，如图 22-59 所示。

说　明
1. 楼梯采用C25混凝土。
2. 图中未注明分布筋 6@200。
3. 板钢筋伸入梁内，弯至梁底。
4. TZ1:300×240,8 14，Φ8@100
下部深入基础梁（或板）70mm，顶标高2.650。
5. 楼梯板厚150mm。
6. 楼梯转向建筑图。

图 22-59　编写文字说明

22.5.2　插入图框

单击“插入”选项卡“块”面板中的“插入块”按钮，将源文件 / 图库 /A2 图签插入到图中合适的位置，如图 22-60 所示。本图绘制完成。

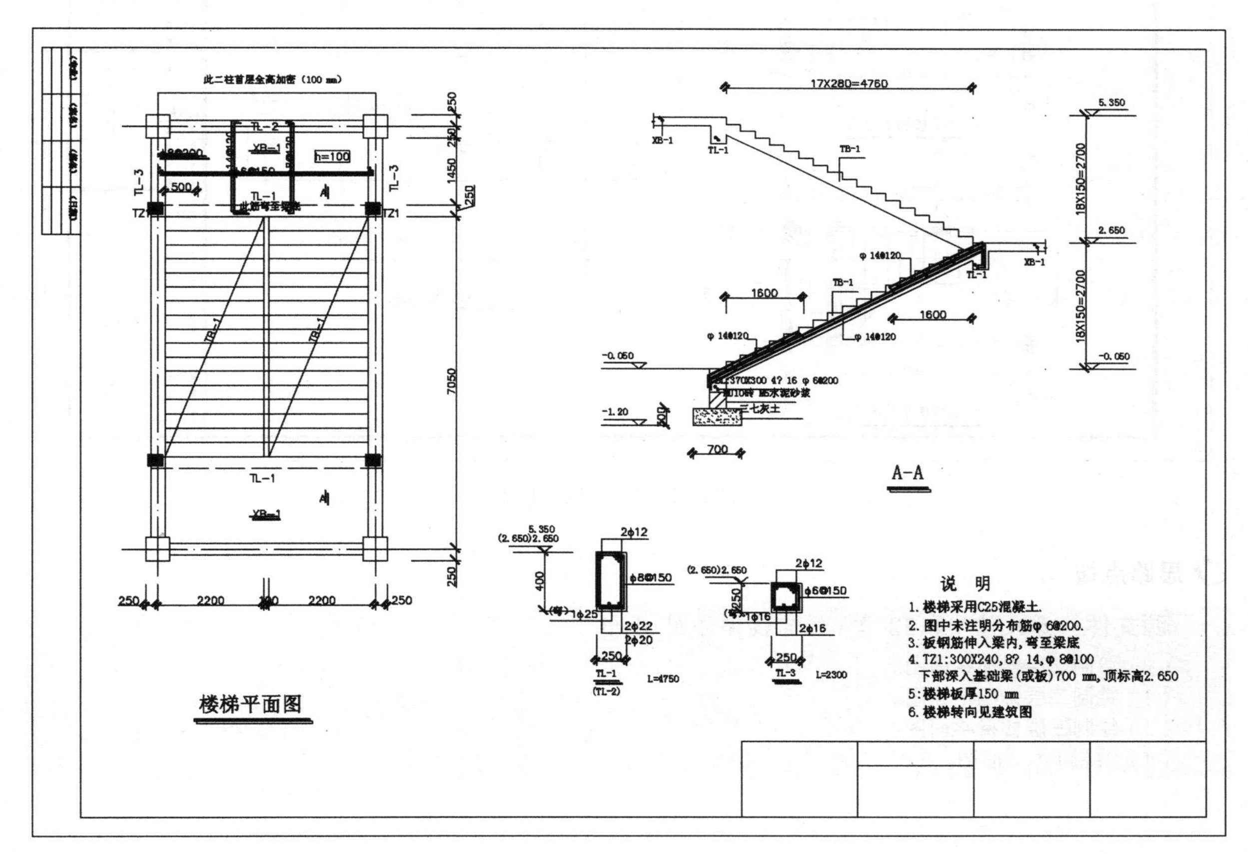

图 22-60　插入图框

练一练——绘制住宅楼梯详图

绘制如图 22-61 所示的住宅楼梯详图。

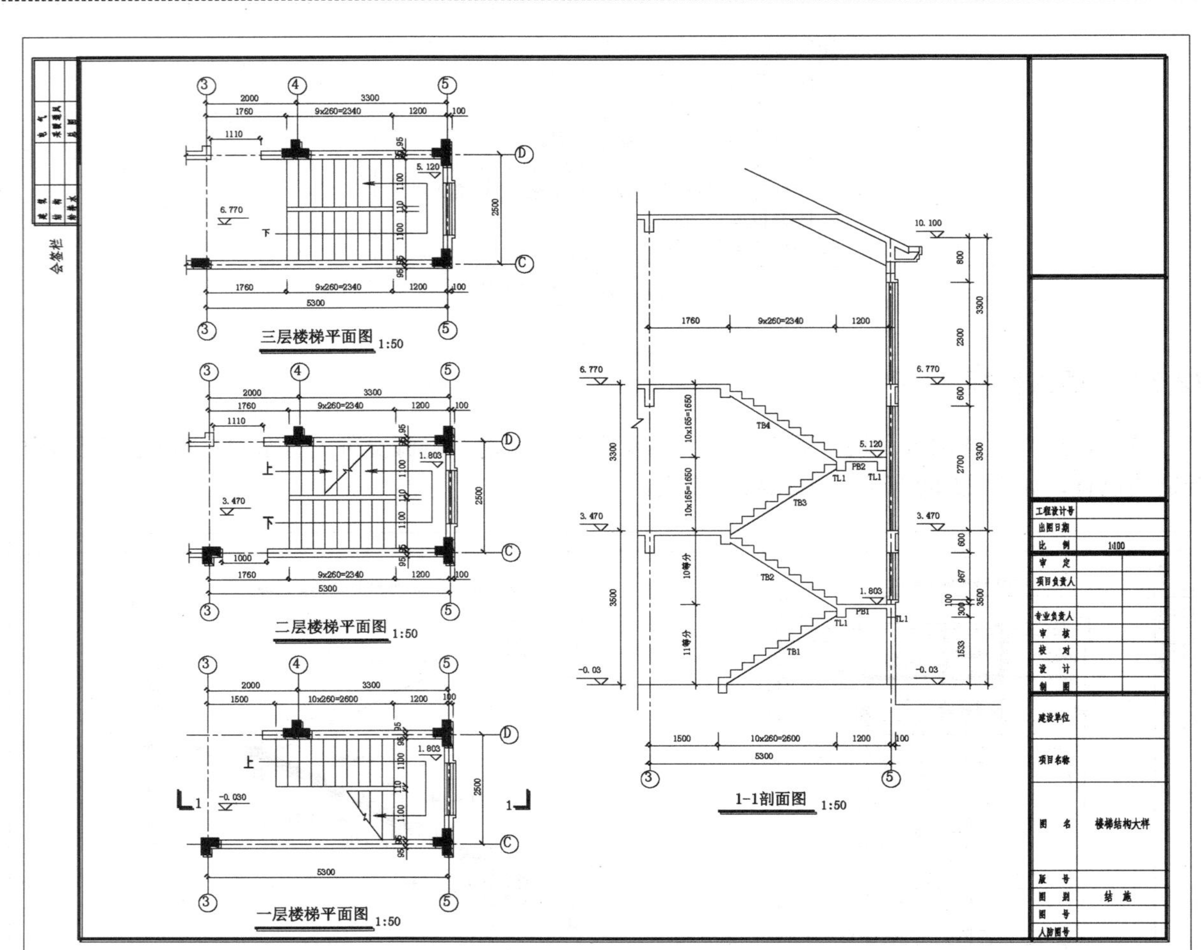

图 22-61　住宅楼梯详图

思路点拨

源文件：源文件\第 22 章\住宅楼梯详图 .dwg

（1）绘制一层楼梯平面图。

（2）绘制二层楼梯平面图。

（3）绘制三层楼梯平面图。

（4）绘制 1-1 剖面图。

第 23 章　体育馆结构设计构件图

扫一扫，看视频

内容简介

本章为此工程最后一幅图，为各个结构构件细部详图的集合。包括：基础剖面示意图、基础平面图、墙基示意图、基础梁纵剖面示意图、梁节点做法、管沟详图、基础平面标注构造示意图、基础加腋处配筋详图、混凝土地梁后浇带做法。

内容要点

- 绘图准备
- 绘制基础剖面示意图
- 绘制基本平面详图
- 绘制基础梁节点配筋构造图
- 绘制混凝土地梁后浇带
- 插入图框

案例效果

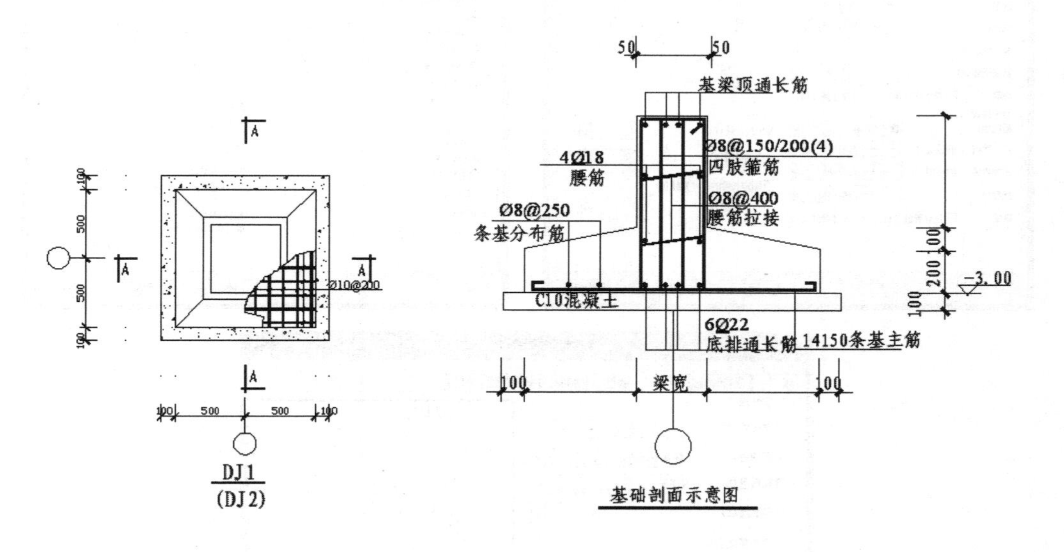

23.1　绘图准备

在正式设计前应该进行必要的准备工作，包括建立文件、设置图层等，下面进行简要介绍。

23.1.1　建立文件及设置图层

首先在 AutoCAD 中新建文件，并保存为“构件详图”。选择菜单栏中的图层管理器，设置图层。新建以下图层：构件、钢筋、尺寸标注、文字标注，如图 23-1 所示。

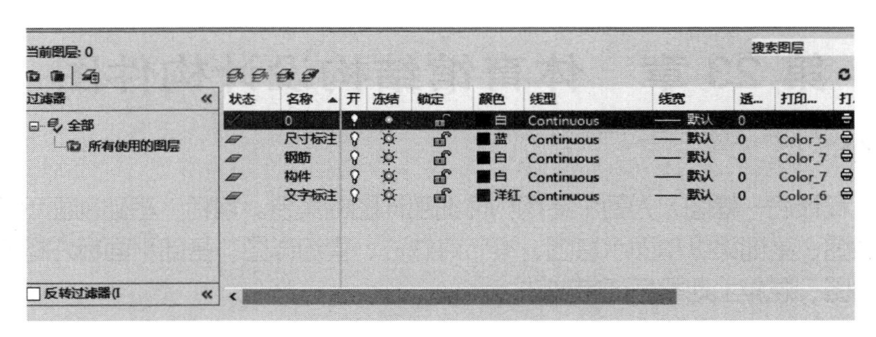

图 23-1　设置图层

23.1.2　设置标注样式

选择菜单栏中的“格式”→“标注样式”命令，打开“标注样式管理器”对话框。单击“修改”，打开“修改标注样式：ISO-25”对话框，将其文字高度设置为 3，尺寸超出尺寸线为 2，起点偏移量为 10，箭头为建筑标记，箭头大小为 2.5，如图 23-2 所示。

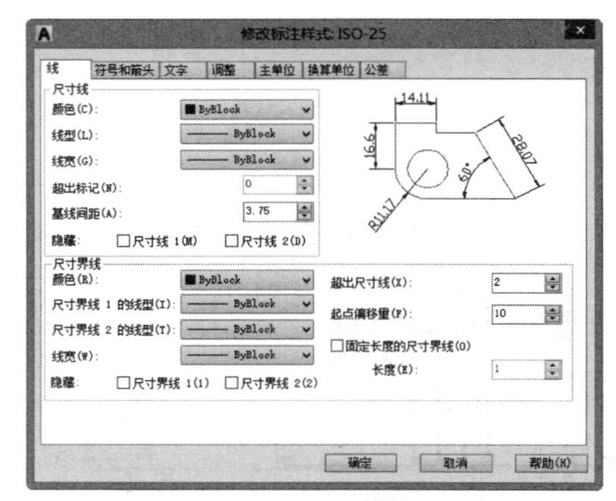

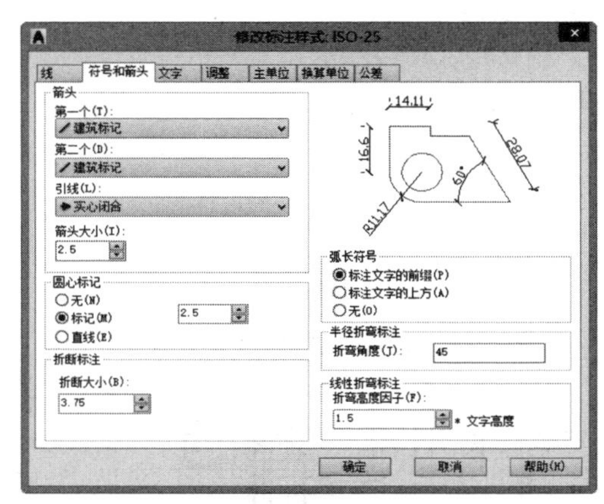

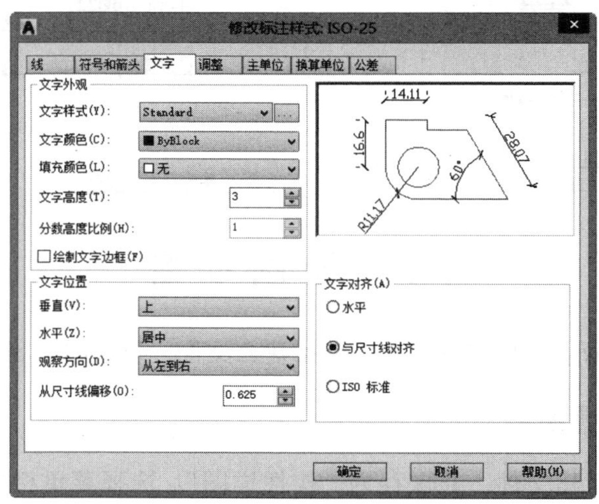

图 23-2　修改标注样式

23.1.3　设置文字样式

（1）选择菜单栏中的“格式”→“文字样式”命令，打开“文字样式”对话框，如图23-3所示，单击“新建”按钮，将新建文字样式命名为“文字样式”，文字字体设置为宋体，字符高度为3。

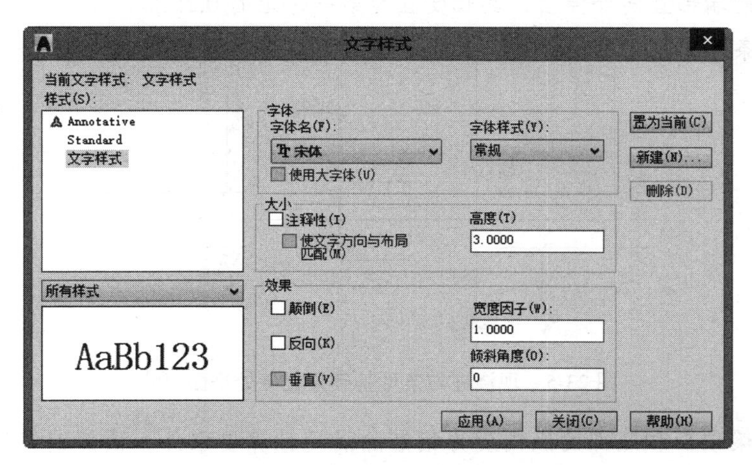

图 23-3　设置文字标注样式

（2）再次新建文字样式，命名为“钢筋标注”，字体设置为Times New Roman，文字高度为3，如图23-4所示。

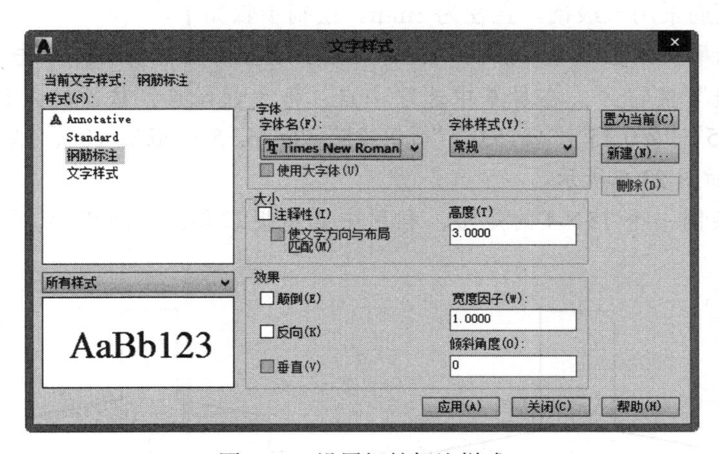

图 23-4　设置钢筋标注样式

23.2　绘制基础剖面示意图

绘制基础剖面示意图，可以先绘制基础结构外形，接着绘制配筋，最后进行文字标注。

23.2.1　绘制基础结构外形

本工程采用的是柱下条形基础，根据《建筑地基基础设计规范》（GB 50007—2011）的规定，条形基础设计时应符合以下规定。

（1）柱下条形基础梁的高度宜为柱距的 1/4 ～ 1/8。翼板厚度不应小于 200mm。当翼板厚度大于 250mm 时，其坡度宜小于或等于 1:3。

（2）条形基础的端部宜向外伸出，其长度宜为第一跨距的 0.25 倍。

（3）现浇柱与条形基础梁的交接处，其平面尺寸不应小于图 23-5 的规定。

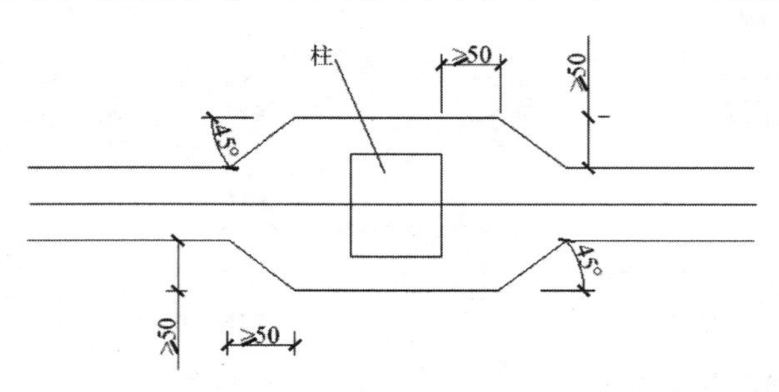

图 23-5　现浇柱与条形基础梁交接处平面尺寸

（4）条形基础梁顶部和底部的纵向受力钢筋除满足计算要求外，顶部钢筋计算配筋全部贯通，底部通长钢筋不应少于底部受力钢筋截面总面积的 1/3。

（5）柱下条形基础的混凝土强度等级，不应低于 C20。

本工程为混凝土框架结构，采用条形基础，基础混凝土强度等级为 C10，配置二级钢筋作为受压和受拉的钢筋，箍筋采用一级钢，直径为 8mm。绘制步骤如下。

（6）绘制基础轮廓使用直线命令。将“构件”图层设置为当前图层，单击“默认”选项卡“绘图”面板中的“直线”按钮，在屏幕中选取一点，作为起始点，依次输入如下相对坐标进行绘制：“@0,10”“@25,5”“@0,25”“@15,0”“@0,−25”“@25,−5”“@0,−10”，最后输入“c”，按 Enter 键确认闭合，如图 23-6 所示。

（7）在其下方绘制一个 75×4 的矩形，利用中点捕捉工具，移动矩形，将其与基础中心线对齐，如图 23-7 所示。

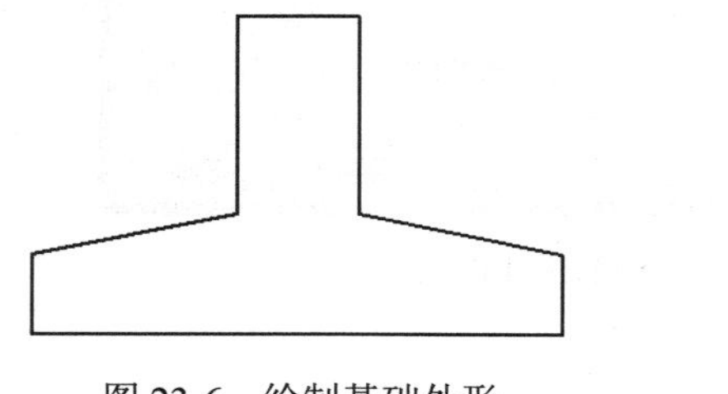

图 23-6　绘制基础外形

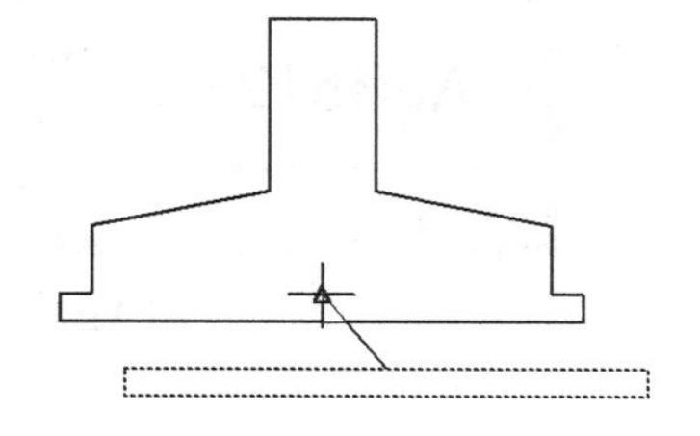

图 23-7　绘制基础底座

23.2.2　绘制配筋

单击“默认”选项卡“绘图”面板中的“多段线”按钮，从基础底部开始，绘制钢筋代表符号。在底部左侧单击一点，输入“w”，设置线宽为 0.5，依照图 23-8 的方式绘制钢筋。在图中绘制一直径为 1 的圆，并用 SOLID 图案进行填充，并依照图 23-9 的方式进行复制排列。

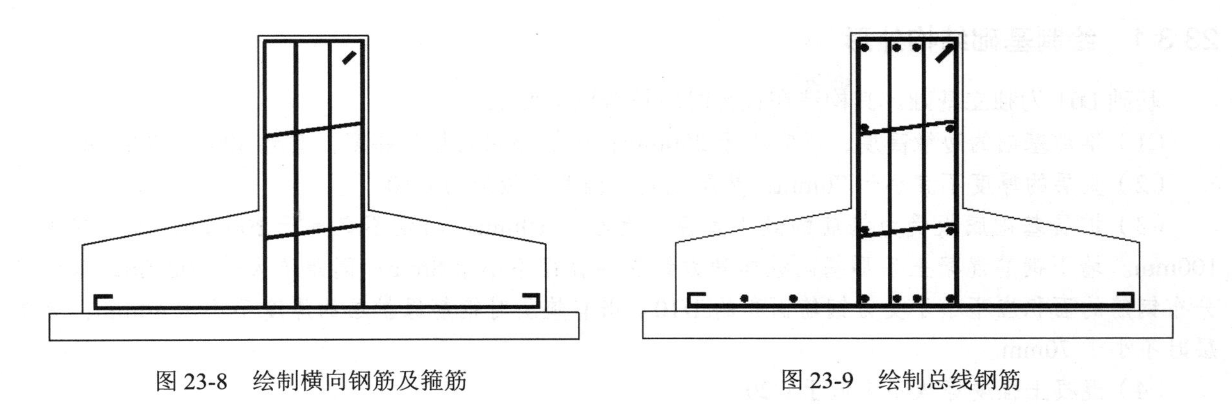

图 23-8 绘制横向钢筋及箍筋　　　　图 23-9 绘制总线钢筋

23.2.3 添加文字标注

单击“默认”选项卡“注释”面板中的“多行文字”按钮A，在图中添加文字及钢筋标注。注意文字标注要将文字样式设置为“文字样式”，而钢筋标注要将文字样式设置为“钢筋标注”，标注后如图 23-10 所示（注：具体尺寸按图 23-10 所给的尺寸标注）。

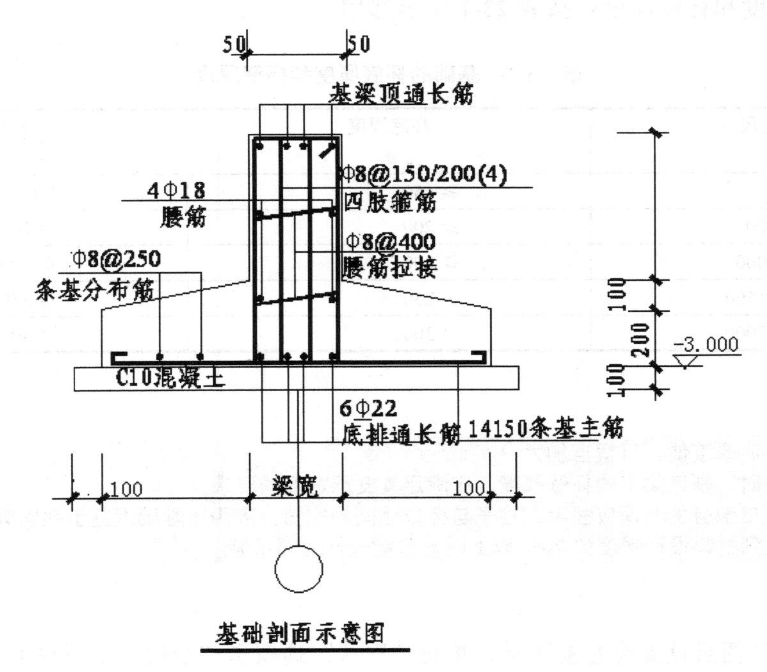

图 23-10 基础剖面示意图

23.3 绘制基础平面详图

绘制基础平面详图，先绘制基础结构外形，接着绘制钢筋，最后进行尺寸和文字标注。

23.3.1 绘制基础结构外形

基础 DJ1 为独立基础。其构造在设计时应符合以下要求。

（1）锥形基础的边缘高度，不宜小于 200mm；阶梯形基础每阶高度，宜为 300 ～ 500mm。

（2）垫层的厚度不宜小于 70mm；垫层混凝土强度等级应为 C10。

（3）扩展基础底板受力钢筋的最小直径不宜小于 10mm；间距不宜大于 200mm，也不宜小于 100mm。墙下钢筋混凝土条形基础纵向受力钢筋的直径不小于 8mm；间距不大于 300mm；每延米分布钢筋的面积应不小于受力钢筋面积的 1/10。当有垫层时钢筋保护层的厚度不小于 40mm；无垫层时不小于 70mm。

（4）混凝土强度等级不应低于 C20。

（5）当柱下钢筋混凝土独立基础的边长和墙下钢筋混凝土条形基础的宽度大于或等于 2.5m 时，底板受力钢筋的长度可取边长或宽度的 0.9 倍，并宜交错布置。

（6）钢筋混凝土条形基础底板在 T 形及十字形交接处，底板横向受力钢筋仅沿一个主要受力方向通常布置，另一方向的横向受力钢筋可布置到主要受力方向底板宽度 1/4 处。在拐角处底板横向受力钢筋应沿两个方向布置。

基础的杯底厚度和杯壁厚度可按表 23-1 所示选用。

表 23-1 基础的杯底厚度和杯壁厚度 （单位：mm）

柱截面长边尺寸 h	杯底厚度 a_1	杯壁厚度 t
$h<500$	≥ 150	150 ～ 200
$500 \leqslant h<800$	≥ 200	≥ 200
$800 \leqslant h<1000$	≥ 200	≥ 300
$1000 \leqslant h<1500$	≥ 250	≥ 350
$1500 \leqslant h<2000$	≥ 300	≥ 400

☞ **说明**

（1）双肢柱的杯底厚度值，可适当加大；
（2）当有基础梁时，基础梁下的杯壁厚度，应满足其支承宽度的要求；
（3）柱子插入杯口部分的表面应凿毛，柱子与杯口之间的空隙，应用比基础混凝土强度等级高一级的细石混凝土充填密实，当达到材料设计强度的 70% 以上时，方能进行上部吊装。

操作步骤如下。

（1）将“构件”图层设置为当前图层，单击“默认”选项卡“绘图”面板中的“矩形”按钮，分别绘制边长为 25、30、50 和 60 的四个正方形，如图 23-11 所示。可以借助辅助线，将矩形的中心对齐，具体过程参见前几章的内容，结果如图 23-12 所示。

（2）截断斜向的直线，如图 23-13 所示。

（3）在命令行中输入 HATCH 命令，打开“图案填充创建”选项卡，选择 AR-SAND 图案，设置填充图案比例为 0.05，然后选择外层的两个矩形，进行图案填充，效果如图 23-14 所示。

（4）单击“默认”选项卡“绘图”面板中的“直线”按钮和“样条曲线拟合”按钮，在柱右下角处，绘制一段曲线，代表内部剖切面，如图 23-15 所示。删除剖切面内部直线，如图 23-16 所示。

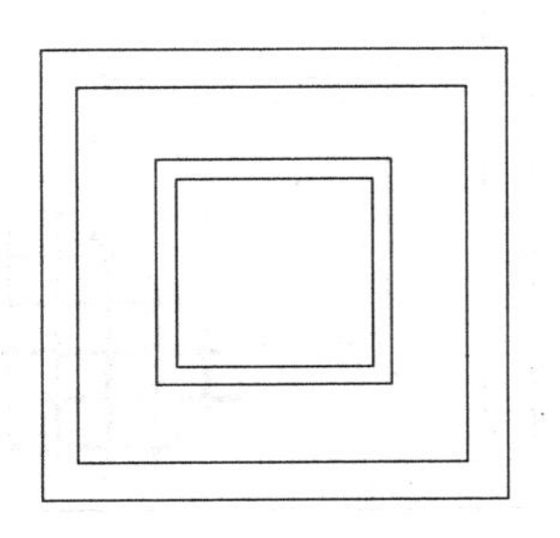

图 23-11 绘制柱平面图

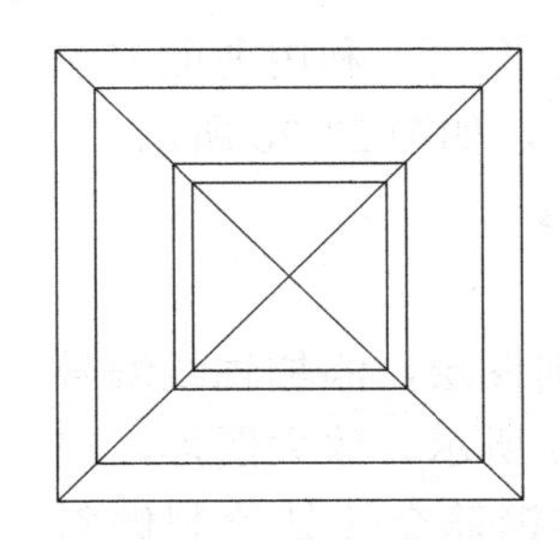

图 23-12 对齐矩形中心

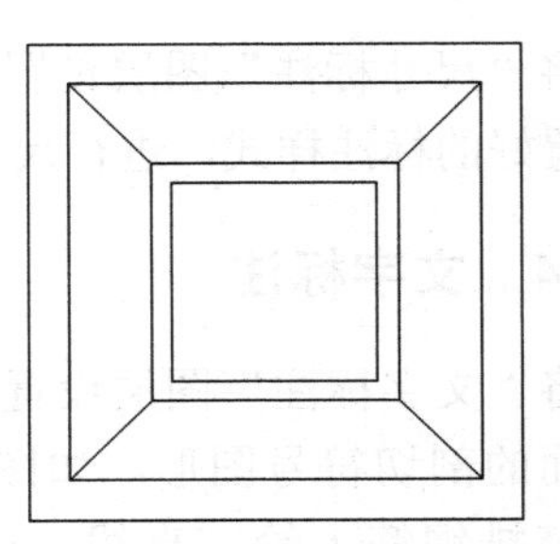

图 23-13 截断斜直线

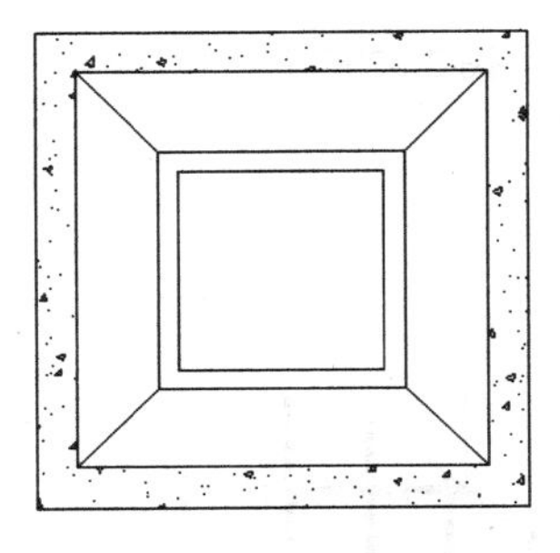

图 23-14 填充矩形

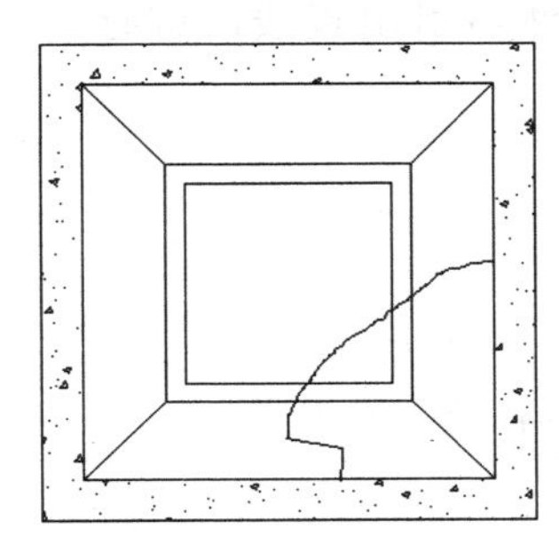

图 23-15 绘制剖切线

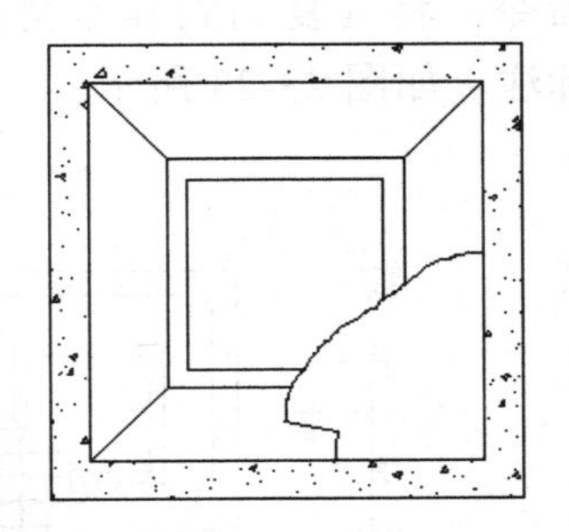

图 23-16 删除剖切面内部直线

23.3.2 绘制钢筋

（1）将“钢筋”图层设置为当前图层，单击“默认”选项卡“绘图”面板中的“多段线”按钮，然后在剖切面内绘制多段线，宽度设置为 0.5，如图 23-17 所示。单击“默认”选项卡“修改”面板中的“矩形阵列”按钮，选择垂直方向的钢筋为阵列对象，设置列数为 5，行数为 1，列间距为 -5，单击“关闭阵列”按钮，完成阵列。

（2）阵列之后如图 23-18 所示。同样阵列水平钢筋，然后将剖切面外的钢筋进行修剪，如图 23-19 所示。

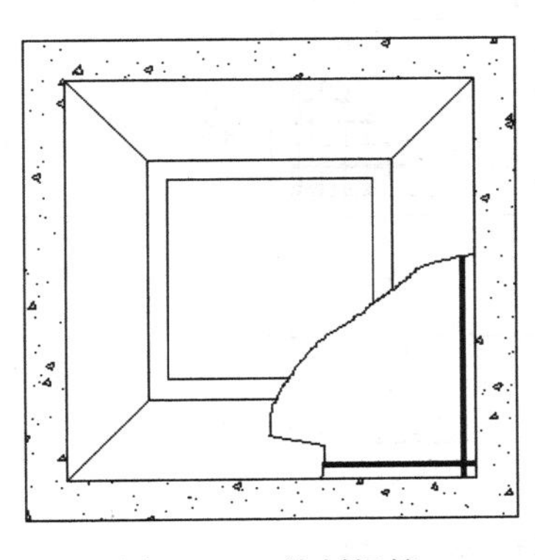

图 23-17 绘制钢筋

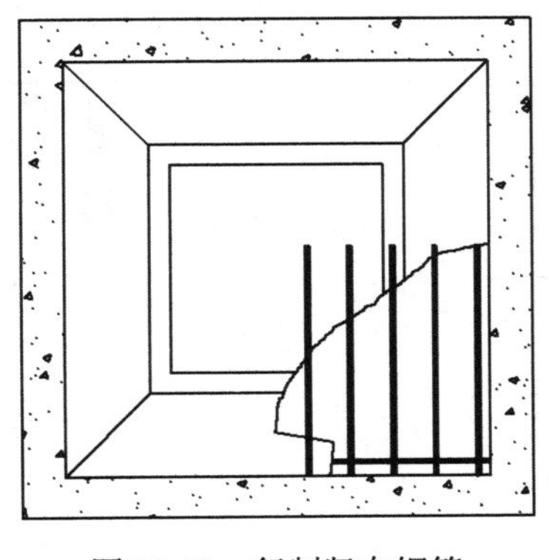

图 23-18 复制竖向钢筋

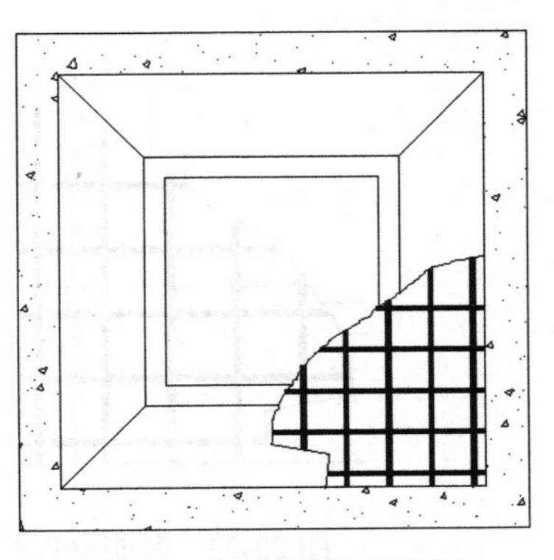

图 23-19 复制水平钢筋

23.3.3 尺寸标注

将“尺寸标注”图层设置为当前图层，利用前面方法及设置好的标注样式，进行尺寸标注，如图 23-20 所示。

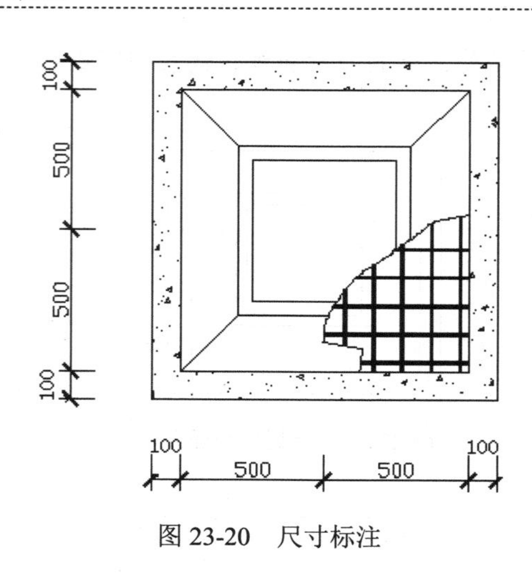

图 23-20 尺寸标注

23.3.4 文字标注

将“文字标注”图层设置为当前图层，添加轴线编号及剖面的剖切符号图形，如图 23-21 所示。放大图形，在中间某排钢筋上绘制直线，在其与钢筋交接处绘制倾斜 45° 的小短直线，如图 23-22 所示。利用“阵列”或“复制”命令，将其复制到其他交点，然后引出直线，进行钢筋标注，如图 23-23 所示。

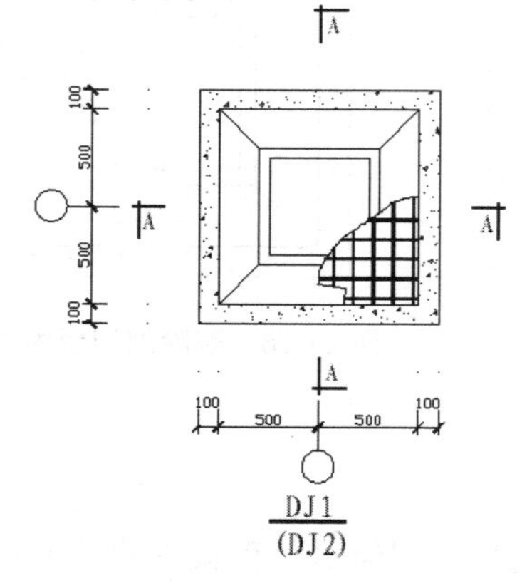

图 23-21 剖切符号

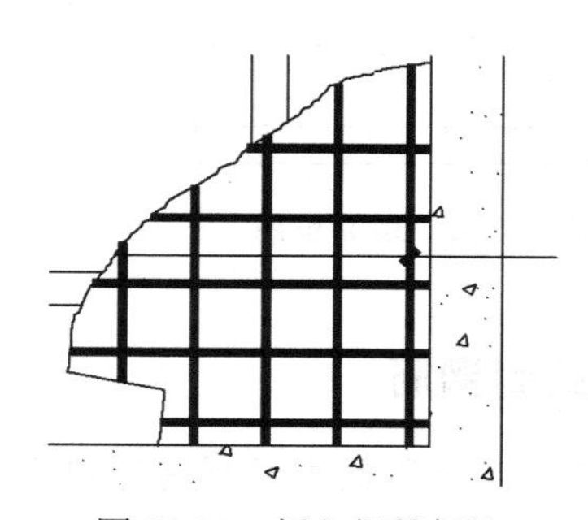

图 23-22 插入钢筋标注

全部绘制完成后如图 23-24 所示。

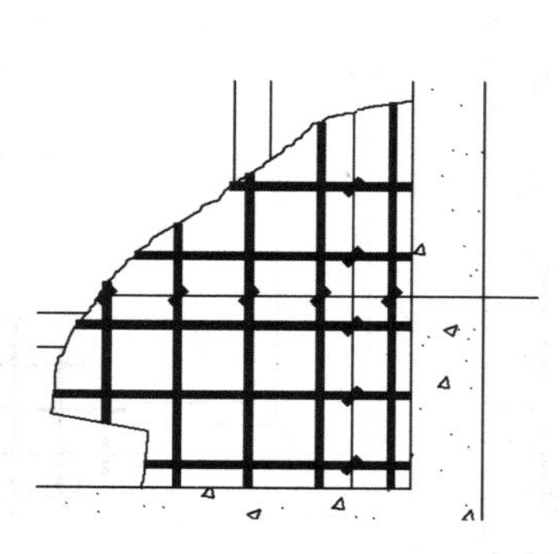

图 23-23 复制钢筋标注

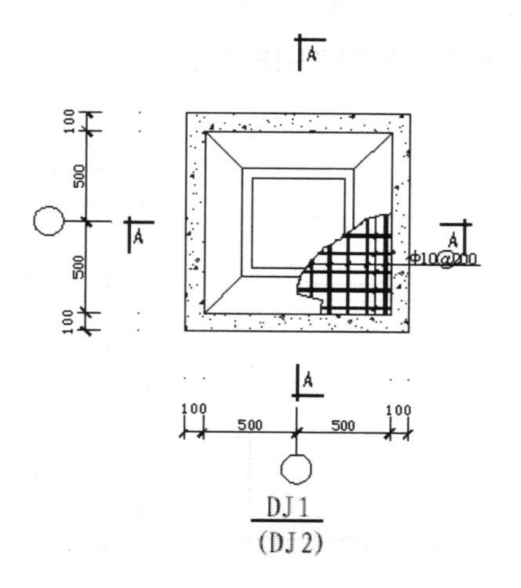

图 23-24 绘制完成

23.4　绘制基础梁节点配筋构造图

23.4.1　绘制梁

将“构件”图层设置为当前图层，在基础梁图中复制节点部分的基础梁线，如图 23-25 所示。

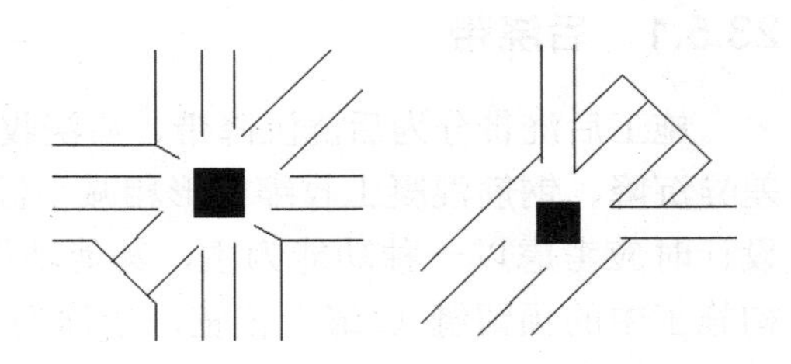

图 23-25　基础梁节点

23.4.2　绘制节点配筋

（1）将“钢筋”图层设置为当前图层，单击“默认”选项卡“绘图”面板中的“多段线”按钮，绘制钢筋。在图 23-26 左图中，首先绘制四条相交的倾斜 45° 的直线，线宽为 0.5，右图中绘制钢筋。

（2）然后绘制直径为 1 的圆，填充为实心，将其进行复制，沿钢筋周边布置，如图 23-27 所示。

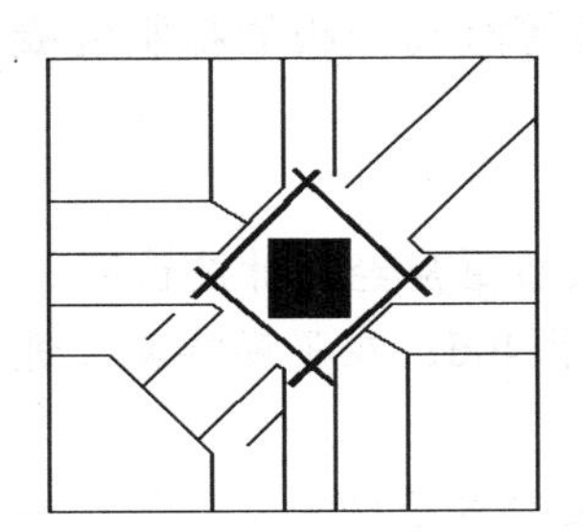

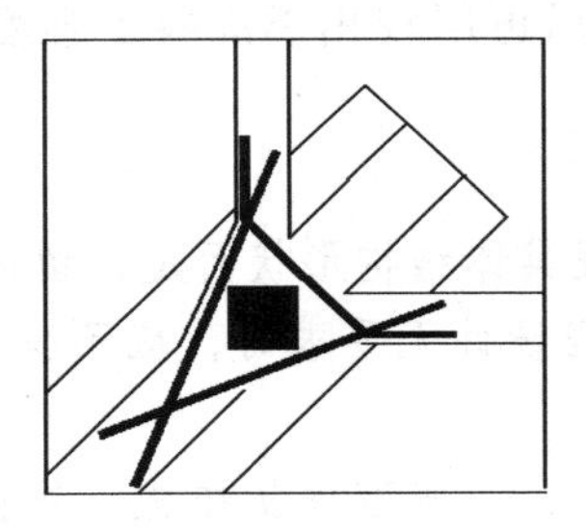

图 23-26　绘制水平箍筋

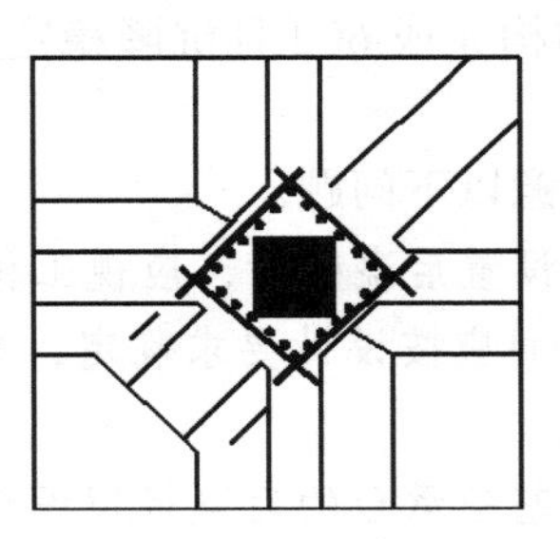

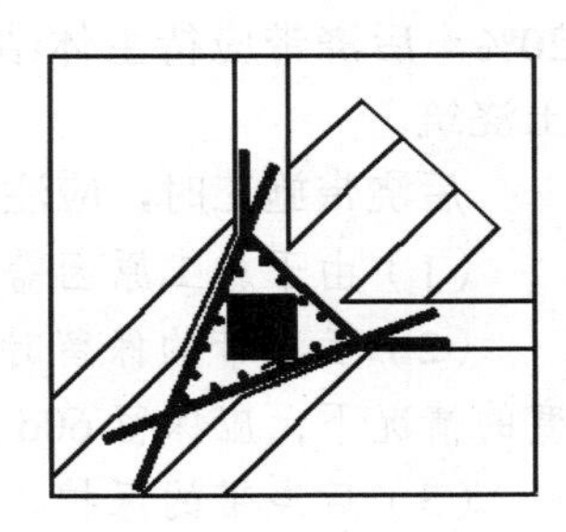

图 23-27　绘制竖向钢筋

23.4.3　标注钢筋

将“文字标注”图层设置为当前图层，然后单击“默认”选项卡“绘图”面板中的“多行文字”按钮A，对钢筋进行标注，如图 23-28 所示（注：具体尺寸按图 23-28 所给的尺寸标注）。

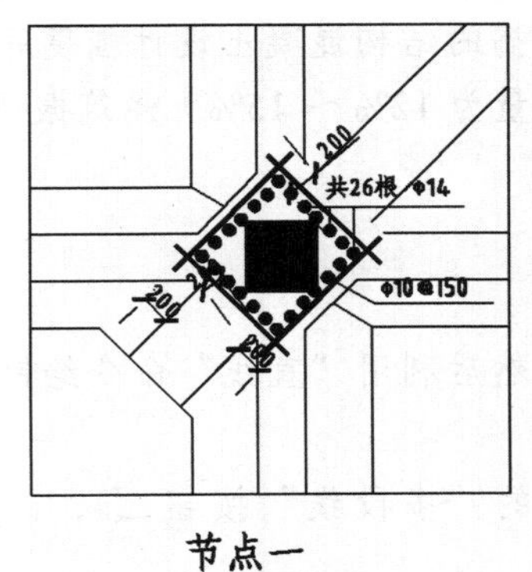

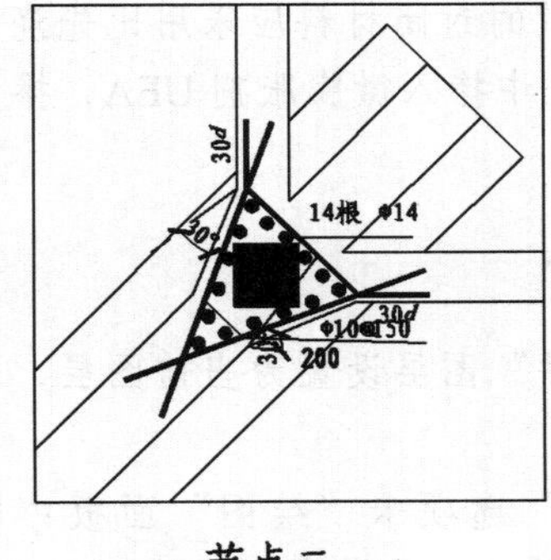

图 23-28　文字标注

23.5 绘制混凝土地梁后浇带

23.5.1 后浇带

施工后浇带分为后浇沉降带、后浇收缩带和后浇温度带，分别用于解决高层主楼与低层裙房间差异沉降、钢筋混凝土收缩变形相减小温度应力等问题。这种后浇带一般具有多种变形缝的功能，设计时应考虑以一种功能为主，其他功能为辅。施工后浇带是整个建筑物，包括基础及L：部结构施工中的预留缝（“缝”很宽，故称为“带”），待主体结构完成，将后浇带混凝土补齐后，这种“缝”即不存在，既在整个结构施工中解决了高层主楼与低层裙房的差异沉降，又达到了不设永久变形缝的目的。

通常在设计中，写在结构设计总说明中，做法如下：后浇带采用掺膨胀剂的补偿收缩混凝土，水中养护 14d 的混凝土限制膨胀率大于或等于 0.015%，后浇带中梁、板钢筋跨内均增加 20%，后浇带应待主体结构完成 60d 且沉降稳定后再用较相邻混凝土强度等级高一级的膨胀混凝土浇筑。

后浇带施工时，应注意以下问题。

（1）由于施工原因需设置后浇带时，应视工程具体结构形状而定，留设位置应经设计院认可。

（2）后浇带的保留时间应按设计要求确定，当设计无要求时，应不少于 40d；在不影响施工进度的情况下，应保留 60d。

（3）后浇带的保护。基础承台的后浇带留设后，应采取保护措施，防止垃圾杂物掉入。保护措施可采用木盖覆盖在承台的上皮钢筋上，盖板两边应比后浇带各宽出 500mm 以上。地下室外墙竖向后浇带可采用砌砖保护。楼层面板后浇带两侧的梁底模及梁板支承架不得拆除。

（4）后浇带的封闭。浇筑结构混凝土时，后浇带的模板上应设一层钢丝网，后浇带施工时，钢丝网不必拆除。后浇带无论采用何种形式设置，都必须在封闭前仔细地将整个混凝土表面的浮浆凿除，并凿成毛面，彻底清除后浇带中的垃圾及杂物，并隔夜浇水湿润，铺设水泥浆，以确保后浇带混凝土与先浇捣的混凝土连接良好。地下室底板和外墙后浇带的止水处理，按设计要求及相应施工验收规范进行。后浇带的封闭材料应采用比先浇捣的结构混凝土设计强度等级高一级的微膨胀混凝土（可在普通混凝土中掺入微膨胀剂 UEA，掺量为 12% ～ 15%）浇筑振捣密实，并保持不少于 14d 的保温、保湿养护。

23.5.2 绘制后浇带

（1）首先将“构件”图层设置为当前图层，然后利用“直线”命令绘制后浇带的轮廓线，如图 23-29 所示。

（2）单击“默认”选项卡“绘图”面板中的“多段线”按钮，绘制后浇带配筋情况，如图 23-30 所示。绘制时，多线宽度设置为 0.5。

（3）利用前面所说的标注样式进行文字及尺寸标注，如图 23-31 所示（注：具体尺寸按图 23-31 所给的尺寸标注）。

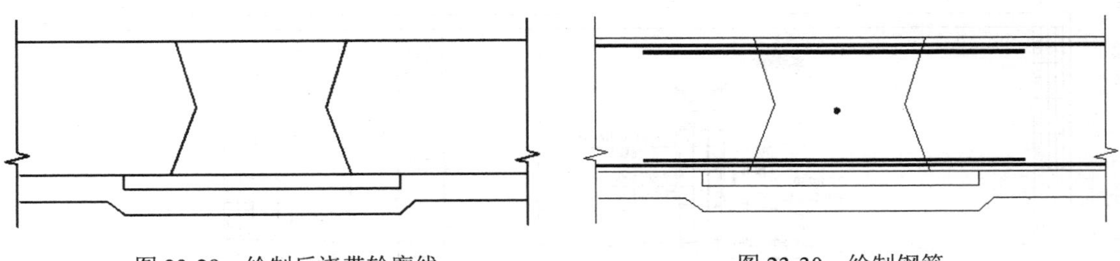

图 23-29 绘制后浇带轮廓线　　　　图 23-30 绘制钢筋

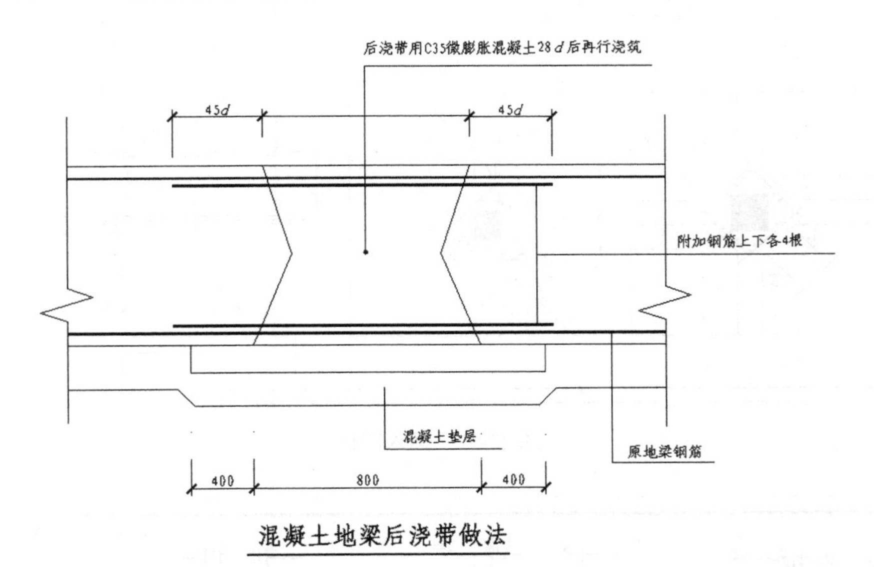

图 23-31 后浇带做法详图

23.6 插入图框

利用以上方法，绘制其他构件详图，绘制完成后，将其摆放到合适的位置，单击“插入”选项卡“块”面板中的“插入块”按钮，将源文件\图库\A2 图签插入图中合适的位置，然后修改图框的大小，完成后如图 23-32 所示。

练一练——绘制住宅基础构件详图

绘制如图 23-33 所示的住宅基础构件详图。

思路点拨

源文件： 源文件\第 23 章\住宅基础构件详图 .dwg

（1）绘制基础详图 1。
（2）绘制基础详图 2。
（3）绘制基础详图 3。
（4）绘制基础详图柱表。

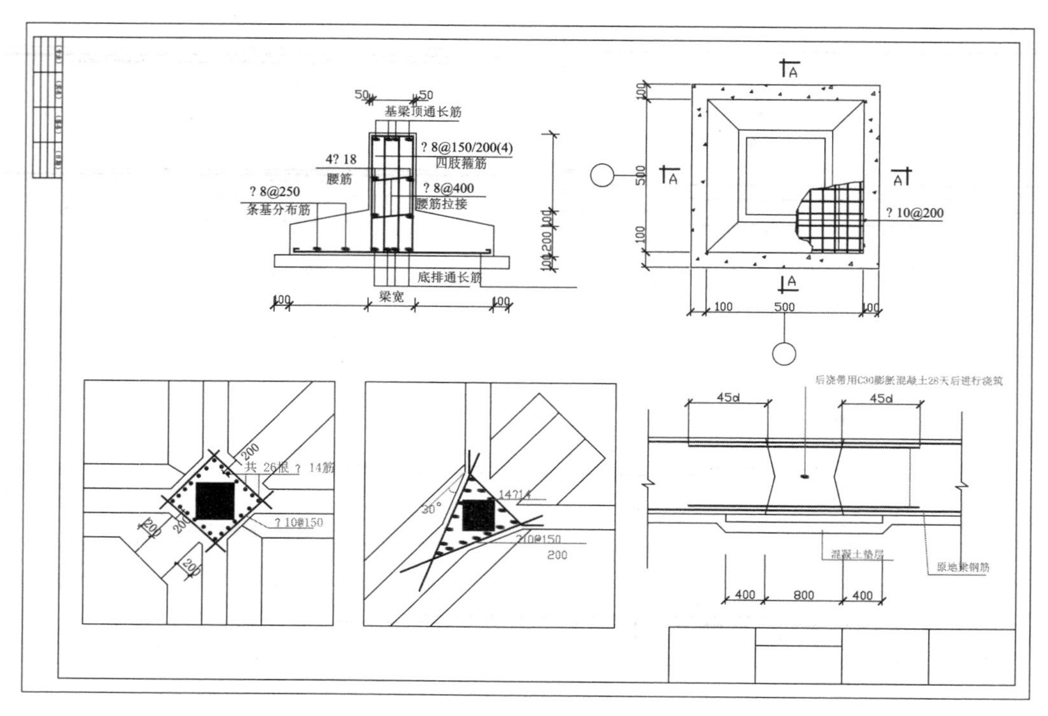

图 23-32　插入图框

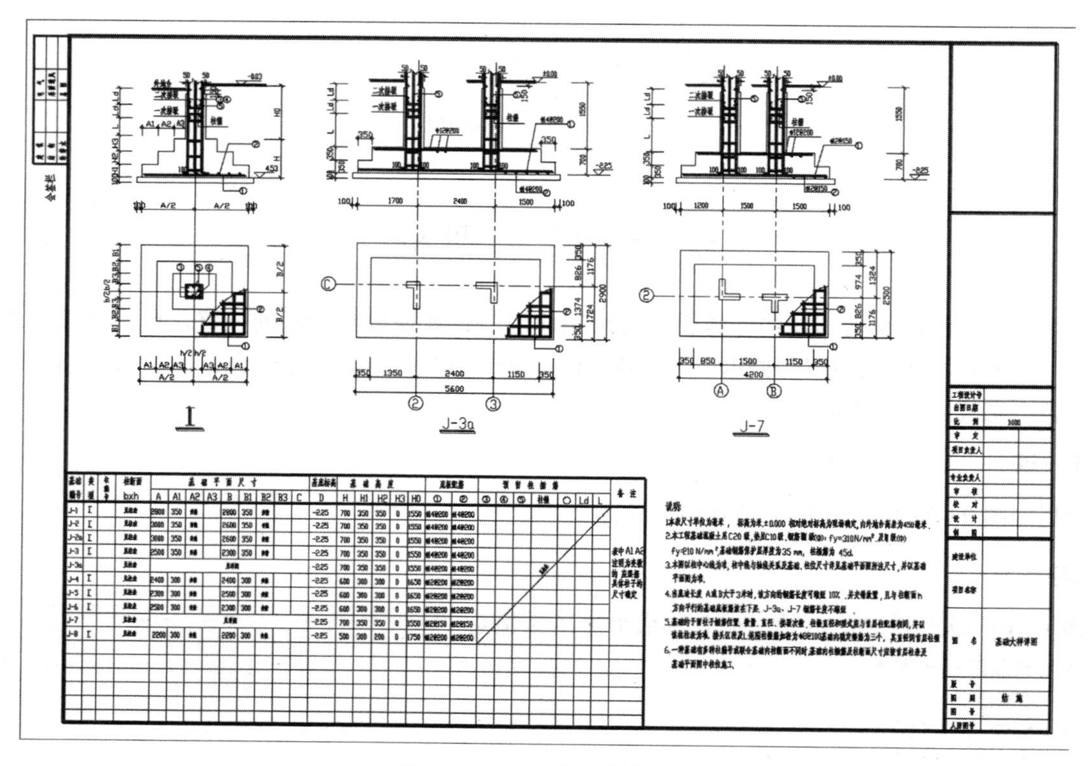

图 23-33　住宅基础结构详图